최신 출제기준 반영

가스산업기사

최갑규 저

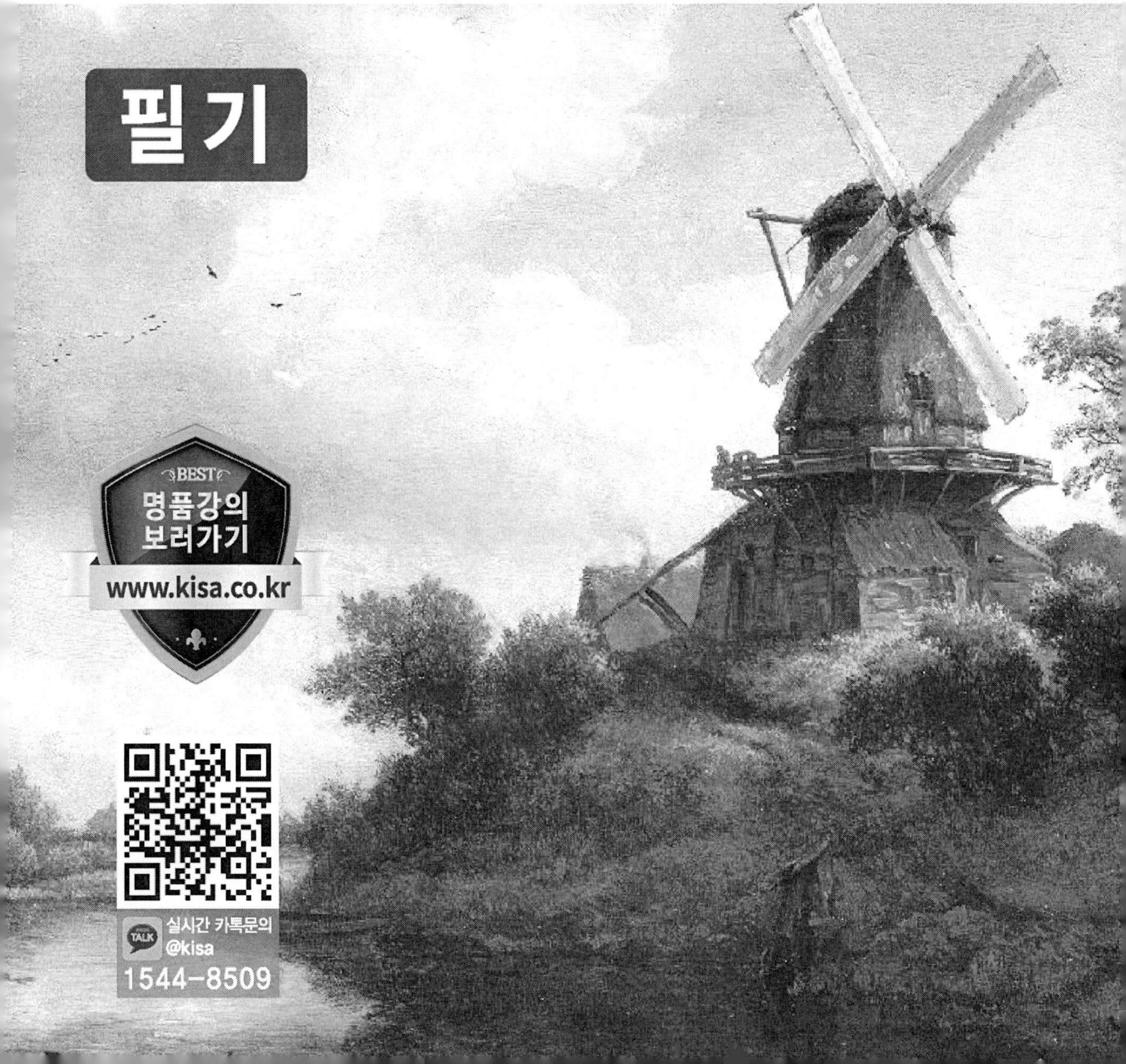

필기

명품강의 보러가기
www.kisa.co.kr

실시간 카톡문의
@kisa
1544-8509

머리말

우리나라는 급속한 경제성장과 더불어 산업시설에서부터 가정에 이르기까지 가스설비의 수요가 큰 폭으로 증가하고 있다. 오늘날의 시설물에 있어 가스 설비의 환경 유지하기 위하여 반드시 필요한 자격증이 가스산업기사 이다. 이 가스의 취급, 시공 및 유지관리, 점검을 하기 위해서는 광범위한 지식과 기술이 요구되며 이에 가스 취급 기술을 담당할 기술인으로서 그 수요는 계속될 것이다.

이에 저자는 가스산업기사 필기시험을 짧은 기간 동안 본 교재 한 권으로도 충분히 공부할 수 있도록 최근 11여년 과년도문제를 전부 해설하였고 이론을 요약 정리한 본 교재를 집필하게 되었다.

본 교재의 특징으로는
1. 가스산업기사 시험에 자주 출제되는 내용을 요약 정리하였으며
2. 각 년도별 시험문제를 보기 쉽게 정리하였으며
3. 계산문제는 공식과 풀이과정을 자세하게 정리하였으며
4. 이론문제도 이해하기 쉽도록 상세하게 설명하였으며
5. CBT 모의고사 및 해설수록

마지막으로 본 교재를 집필하는데 있어 오타나 잘못된 내용이 나오지 않도록 최대한의 노력을 기울였으나 내용 중 본의 아니게 미비 된 부분이나 오타가 있으면 지속적으로 수정할 것을 약속드리며 수험생 여러분의 필기시험 합격을 기원하며, 본 교재가 출판되도록 고생하신 도서출판 올배움 관계자 분께 감사드린다.

저자 씀

자격시험안내

1 개요

고압가스가 지닌 화학적, 물리적 특성으로 인한 각종 사고로부터 국민의생명과 재산을 보호하고 고압가스의 제조과정에서부터 소비과정에 이르기까지 안전에 대한 규제대책, 각종 가스용기, 기계, 기구 등에 대한 제품검사, 가스취급에 따른 제반시설의 검사 등 고압가스에 관한 안전관리를 실시하기 위한 전문 인력을 양성하기 위하여 자격제도 제정.

2 시행기관 및 원서접수

한국산업인력공단(www.q-net.or.kr)

3 수행직무

고압가스 및 용기제조의 공정관리, 가스의 사용방법 및 취급요령 등을 위해 예방을 위 한 지도 및 감독업무와 저장, 판매, 공급 등의 과정에서 안전관리를 위한 지도 및 감독 업무 수행.

4 시험과목 및 검정방법

구분	시험과목	검정방법
필기시험	① 연소공학 ② 가스설비 ③ 가스안전관리 ④ 가스계측	객관식 4지 택일형, 과목당 20문항(과목당 30분)
실기시험	가스실무	필답형(1시간30분)+작업형(1시간 정도)

5 합격기준

① 필기 : 100점을 만점으로 하여 과목당 40점 이상, 전 과목 평균 60점 이상
② 실기 : 100점을 만점으로 하여 60점 이상

6 응시절차

1	필기원서접수	Q-net를 통한 인터넷 원서접수
		필기접수 기간내 수험원서 인터넷 제출
		사진(6개월 이내에 촬영한 90*120픽셀 사진파일(JPG) 수수료 전자결제
		시험장소 본인 선택(선착순)
2	필기시험	수험표, 신분증, 필기구(흑색 싸인펜 등) 지참
3	합격자 발표	Q-net을 통한 합격 확인(마이페이지 등)
		응시자격(기술사, 기능사, 산업기사, 서비스 분야 일부 종목)
		제한 종목은 합격예정자 발표일로부터 8일 이내에(토, 공휴일 제외)
		반드시 응시자격서류를 제출하여야 되며 단, 실기접수는 4일 임
4	실기원서 접수	실기접수기간내 수험원서 인터넷(www.Q-net.co.kr) 제출
		사진(6개월 이내에 촬영한 반명함판 사진파일(JPG), 수수료(정액)
		시험일시, 장소, 본인 선택(선착순)
		단, 기술사 면접시험은 시행 10일전 공고
5	실기시험	수험표, 신분증, 필기구, 공학용 계산기, 수험자 지참준비물(작업형 시험한정) 지참
6	최종합격자 발표	Q-net를 통한 합격확인(마이페이지 등)
7	자격증 발급	(인터넷) 공인인증 등을 통한 발급, 택배 가능 (방문수령) 여권규격사진 및 신분확인서류

모두 바르게 빨리 **올배움 한다.**

이러닝교육기관 올배움이 특별한 이유!

01 SINCE 1997 국가기술자격증 이러닝교육기관 올배움
02 고객이 신뢰하는 브랜드대상 수상기관
03 합격생이 인정하는 최고의 명품강의

올배움 www.kisa.co.kr 1544-8509 카톡 ID : kisa

[전국 한국산업인력공단 안내]

기관명	주소	연락처
서울지역본부	(02512)서울 동대문구 장안벚꽃로 279(휘경동 49-35)	02-2137-0590
서울서부지사	(03302)서울 은평구 진관3로 36(진관동 산100-23)	02-2024-1700
서울남부지사	(07225)서울시 영등포구 버드나루로 110(당산동)	02-876-8322
서울강남지사	(06193)서울시 강남구 테헤란로 412 알레르망타워 15층(대치동)	02-2161-9100
인천지사	(21634)인천시 남동구 남동서로 209(고잔동)	032-820-8600
경인지역본부	(16626)경기도 수원시 권선구 호매실로 46-68(탑동)	031-249-1201
경기동부지사	(13313)경기 성남시 수정구 성남대로 1214 광우빌딩(1~7층)	031-750-6200
경기서부지사	(14488) 경기도 부천시 길주로 463번길 69(춘의동)	032-719-0800
경기남부지사	(17561)경기 안성시 공도읍 공도로 51-23	031-615-9000
경기북부지사	(11801)경기도 의정부시 바대논길 21 해인프라자 3~5층(고산동)	031-850-9100
강원지사	(24408)강원특별자치도 춘천시 동내면 원창 고개길 135(학곡리)	033-248-8500
강원동부지사	(25440)강원특별자치도 강릉시 사천면 방동길 60(방동리)	033-650-5700
부산지역본부	(46519)부산시 북구 금곡대로 441번길 26(금곡동)	051-330-1910
부산남부지사	(48518)부산시 남구 신선로 454-18(용당동)	051-620-1910
경남지사	(51519)경남 창원시 성산구 두대로 239(중앙동)	055-212-7200
경남서부지사	(52733)경남 진주시 남강로 1689(초전동 260)	055-791-0700
울산지사	(44538)울산광역시 중구 종가로 347(교동)	052-220-3277
대구지역본부	(42704)대구시 달서구 성서공단로 213(갈산동)	053-580-2300
경북지사	(36616)경북 안동시 서후면 학가산 온천길 42(명리)	054-840-3000
경북동부지사	(37580)경북 포항시 북구 법원로 140번길 9(장성동)	054-230-3200
경북서부지사	(39371)경상북도 구미시 산호대로 253(구미첨단의료 기술타워 2층)	054-713-3000
광주지역본부	(61008)광주광역시 북구 첨단벤처로 82(대촌동)	062-970-1700
전북지사	(54852)전북특별자치도 전주시 덕진구 유상로 69(팔복동)	063-210-9200
전북서부지사	(54098)전북특별자치도 군산시 공단대로 197번지 풍산빌딩 2층(수송동)	063-731-5500
전남지사	(57948)전남 순천시 순광로 35-2(조례동)	061-720-8500
전남서부지사	(58604)전남 목포시 영산로 820(대양동)	061-288-3300
대전지역본부	(35000)대전광역시 중구 서문로 25번길 1(문화동)	042-580-9100
충북지사	(28456)충북 청주시 흥덕구 1순환로 394번길 81(신봉동)	043-279-9000
충북북부지사	(27480)충북 충주시 호암수청2로 14 (호암동) 충주농협 호암행복지점 3~4층	043-722-4300
충남지사	(31081)충남 천안시 서북구 상고1길 27(신당동)	041-620-7600
세종지사	(30128)세종특별자치시 한누리대로 296(나성동)	044-410-8000
제주지사	(63220)제주 제주시 복지로 19(도남동)	064-729-0701

출제기준(필기)

직무분야	안전관리	중직무분야	안전관리	자격종목	가스산업기사	적용기간	2024.1.1.~2027.12.31.
○직무내용 : 가스 및 용기제조의 공정관리, 가스의 사용방법 및 취급요령 등을 위해 예방을 위한 지도 및 감독업무와 저장, 판매, 공급 등의 과정에서 안전관리를 위한 지도 및 감독 업무를 수행하는 직무이다.							
필기검정방법	객관식		문제 수	80		시험시간	2시간

필기과목 명	문제 수	주요항목	세부항목	세세항목
연소공학	20	1. 연소이론	1. 연소기초	1. 연소의 정의 2. 열역학 법칙 3. 열전달 4. 열역학의 관계식 5. 연소속도 6. 연소의 종류와 특성
			2. 연소계산	1. 연소현상 이론 2. 이론 및 실제 공기량 3. 공기비 및 완전연소 조건 4. 발열량 및 열효율 5. 화염온도 6. 화염전파 이론
		2. 가스의 특성	1. 가스의 폭발	1. 폭발 범위 2. 폭발 및 확산 이론 3. 폭발의 종류
		3. 가스안전	1. 가스화재 및 폭발방지 대책	1. 가스폭발의 예방 및 방호 2. 가스화재 소화이론 3. 방폭구조의 종류 4. 정전기 발생 및 방지대책

필기과목 명	문제 수	주요항목	세부항목	세세항목
가스설비	20	1. 가스설비	1. 가스설비	1. 가스제조 및 충전설비 2. 가스기화장치 3. 저장설비 및 공급방식 4. 내진설비 및 기술사항
			2. 조정기와 정압기	1. 조정기 및 정압기의 설치 2. 정압기의 특성 및 구조 3. 부속설비 및 유지관리
			3. 압축기 및 펌프	1. 압축기의 종류 및 특성 2. 펌프의 분류 및 각종 현상 3. 고장원인과 대책 4. 압축기 및 펌프의 유지관리
			4. 저온장치	1. 저온생성 및 냉동사이클, 냉동장치 2. 공기액화사이클 및 액화 분리장치
			5. 배관의 부식과 방식	1. 부식의 종류 및 원리 2. 방식의 원리 3. 방식시설의 설계, 유지관리 및 측정
			6. 배관재료 및 배관설계	1. 배관설비, 관이음 및 가공법 2. 가스관의 용접·융착 3. 관경 및 두께계산 4. 재료의 강도 및 기계적 성질 5. 유량 및 압력손실 계산 6. 밸브의 종류 및 기능
		2. 재료의 선정 및 시험	1. 재료의 선정	1. 금속재료의 강도 및 기계적 성질 2. 고압장치 및 저압장치재료
			2. 재료의 시험	1. 금속재료의 시험 2. 비파괴 검사
		3. 가스용기기	1. 가스사용기기	1. 용기 및 용기밸브 2. 연소기 3. 콕 및 호스 4. 특정설비 5. 안전장치 6. 차단용밸브 7. 가스누출경보/차단장치

필기과목 명	문제 수	주요항목	세부항목	세세항목
가스안전관리	20	1. 가스에 대한 안전	1. 가스제조 및 공급, 충전 등에 관한 안전	1. 고압가스 제조 및 공급·충전 2. 액화석유가스 제조 및 공급충전 3. 도시가스 제조 및 공급·충전 4. 수소 제조 및 공급·충전
		2. 가스사용시설 관리 및 검사	1. 가스저장 및 사용에 관한 안전	1. 저장 탱크 2. 탱크로리 3. 용기 4. 저장 및 사용시설
		3. 가스사용 및 취급	1. 용기, 냉동기, 가스용품, 특정설비 등 제조 및 수리 등에 관한 안전	1. 고압가스 용기제조 수리 검사 2. 냉동기기제조, 특정설비 제조 수리 3. 가스용품 제조
			2. 가스사용·운반·취급 등에 관한 안전	1. 고압가스 2. 액화석유가스 3. 도시가스 4. 수소
			3. 가스의 성질에 관한 안전	1. 가연성가스 2. 독성가스 3. 기타가스
		4. 가스사고 원인 및 조사, 대책수립	1. 가스안전사고 원인 조사 분석 및 대책	1. 화재사고 2. 가스폭발 3. 누출사고 4. 질식사고 등 5. 안전관리 이론, 안전교육 및 자체검사
가스계측	20	1. 계측기기	1. 계측기기의 개요	1. 계측기 원리 및 특성 2. 제어의 종류 3. 측정과 오차
			2. 가스계측기기	1. 압력계측 2. 유량계측 3. 온도계측 4. 액면 및 습도계측 5. 밀도 및 비중의 계측 6. 열량계측
		2. 가스분석	1. 가스분석	1. 가스 검지 및 분석 2. 가스 기기분석
		3. 가스미터	1. 가스미터의 기능	1. 가스미터의 종류 및 계량 원리 2. 가스미터의 크기선정 3. 가스미터의 고장처리
		4. 가스시설의 원격감시	1. 원격감시장치	1. 원격감시장치의 원리 2. 원격감시장치의 이용 3. 원격감시 설비의 설치·유지

차례

제 1 과목 연소공학 ··· 1

제 2 과목 가스설비 ··· 27

제 3 과목 가스안전관리 ··· 121

제 4 과목 가스계측 ··· 161

가스산업기사 과년도 출제문제

2013년 제1회 ··	180
2013년 제2회 ··	203
2013년 제4회 ··	225
2014년 제1회 ··	246
2014년 제2회 ··	272
2014년 제4회 ··	300
2015년 제1회 ··	328
2015년 제2회 ··	357
2015년 제4회 ··	383
2016년 제1회 ··	410
2016년 제2회 ··	438
2016년 제4회 ··	463
2017년 제1회 ··	493
2017년 제2회 ··	523
2017년 제4회 ··	553

2018년 제1회	580
2018년 제2회	606
2018년 제4회	634
2019년 제1회	661
2019년 제2회	689
2019년 제4회	719
2020년 제1・2회	748
2020년 제3회	778
CBT 모의고사 1회	805
CBT 모의고사 2회	836
CBT 모의고사 3회	863
CBT 모의고사 4회	892
CBT 모의고사 5회	920
CBT 모의고사 6회	949
CBT 모의고사 7회	978

제 1 과목

연소공학

1. **가연성 가스의 폭발범위**
   ① 일산화탄소는 고압일수록 폭발범위 좁아진다.
   ② 수소+공기의 혼합가스는 10 atm까지는 좁아지다가 그 이상이 다시 넓어진다.
   ③ 일반적으로 압력이 넓을수록 폭발범위는 넓어진다.

2. **연소속도에 대한 설명**
   ① 단위면적의 화염면이 단위시간에 소비하는 미연소 혼합기의 체적이라고 정의하기도 한다.
   ② 일반적으로 온도를 높이면 연소속도 증가
   ③ 산소 분압이 높아지면 연소속도 증가
   ④ 탄화수소는 당량비가 1.05~1.1 연소속도가 최대로 되나 일산화탄소, 수소의 혼합기체 경우는 당량비가 2가 최대치를 나타낸다.

3. **층류에서 난류로 변화시 현상**
   ① 예혼합연소의 경우 화염전파 속도 증가
   ② 확산연소일 경우 단위 면적당의 연소율 증가
   ③ 화염의 성질이 크며 화염대의 두께가 두꺼워진다.

4. ① 가연물이 아닌 것
   ㉠ 0족(He, Ne, Ar, Kr, Xe, Rn)
   ㉡ N_2(질소)
   ㉢ H_l(저위발열량)$= H_h - 600(9H+w)$
      H_h(고위발열량)$= H_l + 600(9H+w)$
      $600(9H+w) = H_h - H_l$

② H_l(저위발열량)$= H_h - 600(9H+w)$

H_h(고위발열량)$= H_l + 600(9H+w)$

$600(9H+w) = H_h - H_l$

③ CCl_4(사염화탄소)
  ㉠ 할로겐 화합물(증발성액체, 화학소화약제)소화약제로 이용
  ㉡ 불연성의 무색투명의 휘발성 액체

④ 화염속도
  ㉠ 연료의 종류
  ㉡ 혼합기의 온도, 조성, 압력에 대한 것으로 변화

⑤ 폭발지수＝폭발강도/발화강도

5. 자연 발화 형태
① 분해열에 의한 발열 : 아세틸렌(흡열화합물), 셀룰로이드, 니트로셀룰로오스
② 산화열의 축적에 의한 발열 : 건성유, 석탄
③ 미생물에 의한 발열 : 퇴비장, 먼지
④ 흡착열에 의한 발열 : 활성탄, 목탄

6. 연소 속도 느릴 경우
① 역화현상 없다.
② 취급상 안전
③ 집중화염 얻기 어렵다.
④ 불꽃의 온도 낮다.

7. 발열량
① 천연가스 : 9500 kcal/Nm³ ② 석탄가스 : 5670 kcal/Nm³
③ 수성가스 : 2800 kcal/Nm³ ④ 발생로가스 : 1100~1500 kcal/Nm³

8. 분진폭발 위험
① Mg·Al 분말 ② 석탄가루
③ 황린   ④ 황등

9. 공기비$(m) = \dfrac{21}{21-O_2} = \dfrac{N_2}{N_2 - 3.76 O_2}$

$N_2 = 100 - (CO_2 + O_2 + CO)$

10. 연소시 산소 농도가 높아지면
① 연소속도증가　　　② 화염온도 높아짐
③ 발열량 높아짐　　　④ 연소 범위 넓어짐
⑤ 발화점, 인화점 낮아짐

11.
① 성적계수(ϵ) = $T_2/T_1 - T_2$
② 열펌프= $T_1/T_1 - T_2$
③ 효율= $T_1 - T_2/T_1$

12. 비열값 : 비열비는 항상 1보다 크다.
① 단원자분자 : 1.67
② 이원자분자 : 1.4
③ 삼원자 분자 : 1.33

13.
① 실제 기체가 이상기체(완전기체) 가깝게 될 조건 : 고온, 저압
② 완전 기체가 실제기체에 가깝게 될 조건 : 고압, 저온

14. 기체 연료의 연소
① 확산연소 : 역화 우려 없다.
② 예혼합연소
　㉠ 역화의 우려 있다.
　㉡ 연료와 공기를 미리 혼합기내에서 혼합시켜 연소
　㉢ 고온의 화염면(반응면)이 형성되어 스스로 전파해 나가는 것

15.
① 이론 연소 가스량 : 이론 혼합기가 완전 반응하였을 때 발생하는 연소 가스량
② 화염은 전파시의 유동상태에 따라 층류염과 난류염으로 구분한다.

16. 집진장치(분진제거장치)
① 건식 집진장치
　㉠ 중력침강식
　㉡ 관성력식
　㉢ 싸이클론식(원심력식) : 경제성과 집진성능을 고려 비교적 입경이 클 경우 사용
　㉣ 여과기 : 대표적(백필터)
　㉤ 전기식 : 대표적(코트렐집진장치)

② 습식집진장치
  ㉠ 세정식 : 연소가스를 고도로 청정하고자 할 때
  ㉡ 유수식
  ㉢ 가압수식 : ⓐ 벤투리스크레버   ⓑ 싸이클론스크레버   ⓒ 충전탑

17. **오토사이클에 대한 설명**
  ① 열효율은 압축비에 대한 함수
  ② 압축비가 커지면 열효율 상승한다.
  ③ 열효율은 공기표준 사이클보다 낮다.
  ④ 이상연소에 의해 열효율은 크게 제한을 받는다.
  ⑤ 전기 점화기관의 이상적인 사이클로서 등적사이클이라고도 함

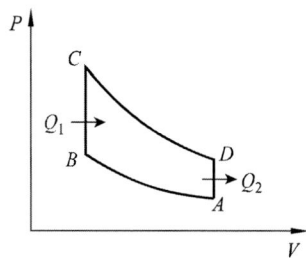 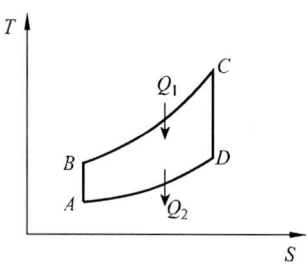

  ㉠ A - B : 단열압축   ㉡ B - C : 등적가열
  ㉢ C - D : 단열팽창   ㉣ D - A : 등적방열

18. **완전연소 구비조건**
  ① 충분한 시간   ② 충분한 산소
  ③ 고온도분위기   ④ 충분한 연소공간
  ⑤ 연료와 공기의 적정혼합   ⑥ 연료와 공기의 예열

19. **카르노사이클의 P-V 선도**

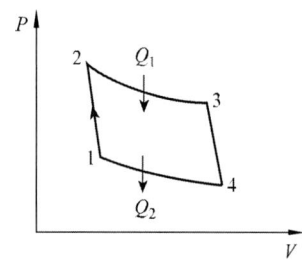

  ① 1 - 2 : 단열압축   ② 2 - 3 : 등온팽창
  ③ 3 - 4 : 단열팽창   ④ 4 - 1 : 등온압축

20. 냉동사이클 선도

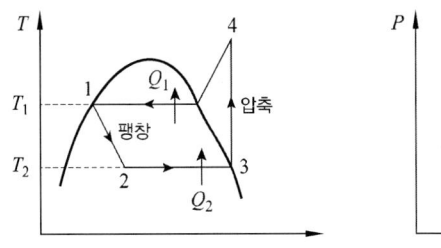
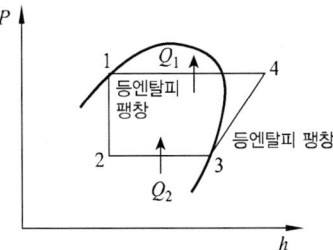

① 1-2(단열팽창=등엔탈피팽창) : 팽창밸브를 지나 교축팽창시키면 엔탈피가 일정한 상태에서 압력과 온도가 내려가 습증기가 된다.

② 2-3(등온팽창) : 습증기가 증발기에 들어가서 외부로부터 열 Q_2를 받아 증발하여 냉동시키려는 물체를 냉각

③ 3-4(단열압축) : 건포화증기의 냉매를 압축기로 과열증기로 만듦

④ 4-1(등온압축=냉각과정) : 과열증기가 압축기에 의해 냉각되어 열량 Q_1을 방출하고 포화액으로 되는 등온 냉각과정

⑤ COP(성적계수)= $Q_2/Aw = Q_2/Q_1 - Q_2 = T_2/T_1 - T_2$

21. 디젤사이클(정압사이클)

어떤 압축비이상이 되면 단열압축에 의해 공기자신의 온도가 상승하므로 연료를 분사하면 점화하지 않아도 연소가 시작한다. 이런 기관을 압축점화기관이라 한다.

22. 내연기관 사이클

① 오토사이클   ② 디젤사이클   ③ 사바테사이클

23. 가스터빈 사이클(브레이톤사이클)

고온 고속의 연소가스를 분사시켜 직접회전일을 얻어 동력을 발생시키는 열기관으로 등압연소사이클이라고도 함. 제트엔진, 자동차, 발전소, 선박 등에 이용

[사이클 구성]

① 단열압축(1-2) : 압축기에서 동작유체를 압축하면 온도와 압력 상승

② 정압가열(2-3) : 고온고압의 동작유체를 연소실에서 정압하에서 연소

③ 단열팽창(3-4) : 터빈을 돌려 일을 한다.

④ 정압배기(4-1) : 터빈에서 일을 하고 난 폐기를 개방형은 대기 중 분출, 밀폐형은 냉각기를 거쳐 다시 압축기로 보낸다.

24. 강제 점화 방법
① 전기 불꽃에 의해 화염액을 만드는 : 불꽃 점화
② 전열선들의 가열표면을 혼합기와 접촉시키는 : 열면 점화
③ 혼합기중에 화염을 뿜어주는 : 토치점화
④ 혼합기중에 플라즈마 또는 고온가스를 유입하는 : 플라즈마 점화
⑤ 대전류의 금속 증기를 이용하여 점화하는 : 퓨즈 점화

25.
① 엔트로피 $(\triangle S) = \dfrac{\triangle Q}{T}$ ($\triangle Q$: 가열열량, $T(°K)$: 절대온도)

② 평형상수 $(K) = \dfrac{C \times D}{A \times B}$

26. 가연성 기체의 최소 발화에너지는
① 온도가 높을수록 : 낮아진다.
② 연소속도 빠를수록 : 낮아진다.
③ 열전도율 적을수록 : 낮아진다.
④ 압력이 높을수록 : 낮아진다.

27. 열역학적 변화
① $n = 0$(등압변화)   ② $n = 1$(등온변화)
③ $n = k$(단열변화)   ④ $n = \infty$(등적변화)

28. 가연물의 구비조건
① 활성화에너지(점화에너지)가 작아야 한다.
② 열전도율이 작아야 한다.
③ 산소와 친화력이 있어야 한다.
④ 발열량(연소열량)이 커야 한다.

29. 증가상태 방정식
① Van der waals 식(반데르왈스식)
② Clausisus(클라우시스식)
③ Berthelet 식(베르디리트식)

30. 이상기체를 정적하에서 가열시 온도와 압력 : 높아진다.

31. HAZOP(해저프)의 자료수집
    ① 안전과 훈련교육   ② 공정설명서   ③ 유해, 위험설비목록

32. 연소의 형태
    ① 표면연소 : 코크스, 목탄, 숯, 금속분
    ② 분해연소 : 석탄, 목재, 중유, 종이, 플라스틱, 합성수지 등
    ③ 증발연소 : 알코올, 에테르, 등유, 경유, 양초, 나프탈렌 등
    ④ 자기연소 : 니트로셀룰로스, 유기과산화물, 질산에스테르, 니트로소화합물, 질산메틸, TNT(트리니트로톨루엔), 나트륨아미드 등
    ⑤ 확산연소, 예혼합연소 : 기체연료의 연소

33. ① 폭굉파 : 반응 후 온도상승
    ② $CO_2(max)\%$: 이론공기량으로 연소시켰을 때
    ③ 착화열 : 연료가 착화온도까지 가열하는데 소모된 열량
    ④ 화격자연소율 : 화격자 $1m^2$당 1시간에 연소하는 석탄량
    ⑤ 예혼합버너의 종류 : ㉠ 저압버너   ㉡ 고압버너   ㉢ 송풍버너
    ⑥ 수증기온도(T)= Q/C(C : 수증기비열, Q : 열량)

34. 착화온도가 낮아지는 조건
    ① 발열량이 높을수록   ② 압력이 높을수록
    ③ 분자구조 복잡할수록   ④ 산소 농도가 클수록

35. 폭굉(detonation)
    가스중의 화염의 전파속도가 음속보다 큰 경우로, 파면선단에 충격파라고 하는 압력파가 생겨 격렬한 파괴작용을 일으키는 현상
    ① 폭굉유도거리가 짧아지는 조건
        ㉠ 고압일수록
        ㉡ 정상연소속도가 큰 혼합가스일수록
        ㉢ 관속에 방해물이 있거나 관경이 가늘수록
        ㉣ 점화원의 에너지가 클수록
    ② 폭굉유도거리 : 최초의 완만한 연소가 격렬한 폭굉으로 발전할 때까지의 거리
    ③ ㉠ 폭굉파가 벽면에 부딪히면 : 2.5배
        ㉡ 파면압력 : 2배
        ㉢ 밀폐된 공간 : 7~8

② 연소 시보다 온도 : 10~20% 상승

36. $API도 = \dfrac{141.5}{비중} - 131.5$

　　 보오메도 $= \dfrac{140}{비중} - 130 \, (\rho < 1) = 145 - \dfrac{145}{비중} \, (\rho > 1)$

37. ① 분해 폭발을 일으키는 가스
　　　㉠ C_2H_4O 　㉡ C_2H_2 　㉢ N_2H_4
　　② 고체가 액체로 되었다가 기체로 되어 불꽃을 내면서 연소 : 증발연소
　　③ 불꽃 중 탄소가 많이 생겨 황색으로 빛나는 불꽃 : 휘염

38. **위험성을 나타내는 물성치**
　　비중, 점도, 발열량, 인화점, 착화점, 비등점, 연소열 등

39. **혼합기체의 압력** $(PV) = P_1 V_1 + P_2 V_2 \rightarrow P = \dfrac{P_1 V_1 + P_2 V_2}{V}$

40. ① 중합반응 : HCN, C_2H_4O
　　② 촉매폭발
　　　㉠ 염소와 아세틸렌　㉡ 염소와 수소　㉢ 염소와 암모니아

41. **층류흐름 속도**
　　① 연소가스의 유동확산 및 화염의 형상에 따름
　　② 연료의 종류
　　③ 혼합기의 온도, 조성, 압력에 따름

42. **연소반응이 일어나기 위한 필요 조건**
　　① 가연물　② 공기중 산소　③ 점화원　④ 열

43. ① 이상기체의 엔탈피불변 : 교축과정
　　② 엔트로피불변 : 단열과정
　　③ 단열화염온도에 가장 큰 영향 : 연료의 발열량
　　④ Mollier(몰리엘) 선도 : 압력과 엔탈피와의 관계
　　⑤ 어떤 계에 있어서 에너지 증가는 그 계에 흡수된 가열량에서 그 계가 한 일을 뺀 것

과 같다 : 열역학 법칙

⑥ 디젤사이클에서의 열효율$(\eta) = 1 - \dfrac{1}{\epsilon^{k-1}} \times \dfrac{\alpha^k - 1}{k(\alpha - 1)} \times 100$

여기서, α : 등압팽창비, ϵ : 압축비, k : 비열비

⑦ 오토사이클의 열효율$(\eta) = 1 - (1/\epsilon)^{k-1}$

⑧ 연소효율$(\eta) = \dfrac{\text{실제 발생열량}}{\text{연료의 저위 발열량}} \times 100$

⑨ 전열효율$(\eta) = \dfrac{\text{유효 열량}}{\text{실제 발생열량}} \times 100$

44. 화염의 이동속도
① 발열량이 높을수록 커진다.　② 1차 공기온도가 높을수록
③ 입자의 직경이 작을수록　　④ 석탄화도가 낮을수록 커진다.

45. 공기비가 적을 경우
① 매연 발생　　② 열손실 증가
③ 미연소가스로 인한 폭발

46. 공기비가 클 때
① 연소 실내 온도 상승　　② 통풍력 증가 배기가스 손실열 많아짐
③ SO_3 많아져 저온 부식 발생　　④ NO_2 많아져 대기오염 유발

47. 폭발등급
① 1등급(0.6 mm 초과) : 아세톤, 가솔린, 벤젠, 일산화탄소, 암모니아, 에탄, 메탄, 프로판 등
② 2등급(0.4 mm 초과 ~ 0.6 mm 이하) : 에틸렌, 석탄가스
③ 3등급(0.4 mm 이하) : 수소, 수성가스, 아세틸렌, 이황화탄소

48. 이상기체를 등온 팽창시킬 때 열량$(Q) = APV_1 \ln(V_2 / V_1)$

49. A(실제공기량) $= m \times A_0$(이론공기량)

50.
① 1차 공기 : 연료의 무화에 필요한 공기
② 2차 공기 : 완전연소용 공기

51. 공기중의 습기를 흡수하거나 수분에 접촉되면 발열을 일으키는 것
① Na(나트륨) ② K(칼륨)
③ $(C_2H_5)_3Al$(알킬알루미늄) ④ 알킬리튬

52. 역화의 원인
① 오일의 인화점이 너무 낮다. ② 오일에 물 또는 협잡물이 들어있다.
③ 1차공기 압력이 너무 낮다. ④ 오일배관 중에 공기가 들어있다.

53. 액체인화점
① 액체 표면에서 증기의 분압이 연소 하한값의 조성과 같아지는 온도
② 불을 대어올릴 때 불이 붙는 최저 온도

54. 완전가스에 대한 설명
① 분자상호간의 인력 무시, 완전탄성체로 되어 있다. 분자 자신이 차지하는 부피 무시
② 아보가드로 법칙을 따른다.
③ 보일-샤를의 법칙을 따른다.
④ 줄의 법칙 성립
⑤ 내부에너지는 체적에 관계없이 온도에 의해서만 결정된다.
⑥ 법칙은 고온, 저압에서 성립한다.
⑦ H_2, CO_2 등은 20℃ 1atm에서는 완전가스로 보아도 큰 지장없다.
⑧ 질량은 있고, 응축액화시킬 수 없다.

55. 고온체의 색깔과 온도

암적색	적색	휘적색	황적색	백적색	휘백색
700℃	800℃	950℃	1100℃	1300℃	1500℃

56. 완전가스 방정식
① $PV = nRT$ ② $PV = WRT/M$
③ $PV = GRT$ ④ $PV = ZnRT$
⑤ $PV = ZWRT/M$ ⑥ $PV = RT$

57. 정전기 예방 대책
① 접지 시설을 한다.
 - 접지 접속선 단면적 : 5.5 mm² 이상

- 접지 저항치 총합 : 100 Ω 이하
- 피뢰설비 : 10 Ω 이하
② 공기중 상대 습도를 70% 이상으로 한다.
③ 공기를 이온화한다.

58. 1atm에서 비점

① 프로판(C_3H_8) : -42.1℃   ② 부탄(C_4H_{10}) : -0.5℃
③ 메탄(CH_4) : -161.5℃   ④ 에탄(C_2H_6) : -88.63℃
⑤ O_2 : -183℃   ⑥ N_2 : -196℃
⑦ Ar : -186℃   ⑧ CO_2 : -78.5℃
⑨ C_3H_6 : -47.7℃   ⑩ H_2 : -252℃
⑪ NH_3 : -33.3℃   ⑫ Cl_2 : -34℃
⑬ HCN : 25.7℃   ⑭ H_2S : -10℃

59. ① 기체
  ㉠ 확산연소(발염연소), 혼합기연소(예혼합연소)
② 액체
  ㉠ 분무 : 액체연료의 연소에 가장 효율적인 방법
  ㉡ 증발
  ㉢ 분해연소
③ 고체
  ㉠ 증발   ㉡ 표면   ㉢ 분해   ㉣ 자기

60. 이론 연소 온도에 영향을 미치는 조건
① 연료의 저위발열량이 커지면 : 이론 연소 온도 커짐
② 공기비가 커지면 : 이론 연소 온도 커짐
③ 산소 농도 커지면 : 이론 연소 온도 커짐
④ 연료의 고위 발열량이 커지면 : 이론 연소 온도 저하

61. 공기비(m)
① $m = 0$(연소하지 않음)
② $m = 1$(이론 공기량 상태에서의 완전연소)
③ $m > 1$(완전연소)
④ $m < 1$(불완전연소)

62. 착화온도(발화온도)

① 목탄 : 250~320℃
② 건조목재 : 280~300℃
③ 석탄 : 330~450℃
④ 가솔린 : 210~400℃
⑤ 아세틸렌 : 400~440℃
⑥ C_3H_8 : 460~520℃
⑦ C_4H_{10} : 430~510℃
⑧ 에탄올 : 423℃
⑨ 코크스 : 460~550℃
⑩ 수소 : 580~590℃
⑪ 메탄 : 615~682℃
⑫ CO : 637~658℃

63. 가연성 가스이며 독성인 가스

① CO : 50 ppm 12.5~74%
② NH_3 : 25 ppm 15~28%
③ C_6H_6 : 10 ppm 1.4~6.7%
④ HCN : 10 ppm 6~41%
⑤ H_2S : 10 ppm 4.3~45.5%
⑥ C_2H_4O : 50 ppm 3~80%
⑦ CH_3OH : 200 ppm 7.3~36%

64. 등심연소(석유램프연소)

모세관현상에 의해 연료 저장탱크에서 등심선단으로 빨려 올라간다.
이 연소 화염 길이 : 유속이 낮을수록, 연소온도가 높을수록 크다.

65. 비가역 과정

① 열전달
② 마찰
③ 자유팽창
④ 믹싱(혼합)
⑤ 비탄성체변화

66. 열역학 제2법칙(경험에 의한 비가역 법칙, 엔트로피법칙)

① 일은 열로 변화할 수 있지만 열은 일로 변화되지 않는다.
② 클라우시스 표현 : 열은 외부에서 일을 하여 주지 않고는 저온 물체에서 고온 물체로 이동할 수 없다.
③ 켈빈의 표현 : 열기관에서 동작유체가 일을 하기 위해서는 그것보다 더 낮은 저온 물체를 필요로 한다.
④ 반응이 일어나는 속도를 알 수 있다.
⑤ 고립계에서 모든 자발적 과정은 엔트로피가 증가하는 방향으로 진행된다.
⑥ 우주전체의 에너지는 일정 : 에너지 보존의 법칙(열역학 제1법칙)

67. 연료의 구비 조건

① 발열량이 높을 것

② 완전연소 시킬 것
③ 연소시 유해가스를 발생시키지 않을 것
④ 조달이 용이하고 자원이 풍부할 것
⑤ 연소효율이 클 것
⑥ 공기중에서 쉽게 연소할 것

68. **단열 가역적 팽창시 최종온도(T_2)**

    $T_2 = (P_2/P_1)^{K-1/K} \times T_1$

69. **확산연소** : 불꽃은 황색 또는 황적계통색, 선단에 그을음이 많음

70. **난류예혼합화염과 층류예혼합화염의 특징**
    ① 난류예혼합화염의 연소속도는 층류예혼합화염의 연소속도보다 수배 내지 수십배 빠르다.
    ② 난류예혼합화염의 휘도는 층류예혼합화염의 휘도보다 높다.
    ③ 난류예혼합화염은 다량의 미연소분 존재
    ④ 난류예혼합화염의 두께가 층류예혼합화염의 두께보다 크다.

71. ① CO_2, N_2 농도 증가시 : 연소 속도 감소
    ② 안전간격은 : 적을수록 위험하다.
    ③ 산소농도를 높이면
       ㉠ 점화에너지 감소　　　　　㉡ 발화온도 낮아짐

72. **연소의 정의**
    ① 가연성 물질이 공기중의 산소와 화합하여 연소할 경우 빛과 열을 수반하며 격렬히 타는 현상
    ② 다량의 열을 동반하는 발열 화학 반응
    ③ 활성화학 물질에 의해 자발적으로 반응이 계속되는 현상
    ④ 반응에 의해 발생하는 열에너지로서 반자발적으로 반응이 계속되는 현상

73. ① 발화지연 : 어느 온도에서 가열하기 시작하여 발화에 이르기까지의 현상
    ② H_h(고위발열량) $= 8100C + 34000(H - 0/8) + 2500S$
    　H_l(저위발열량) $= 8100C + 34000(H - 0/8[유효수소]) + 2500S - 600(9H + W)$
    ③ 임계상태 : 순수한 물질이 평형에서 증기-액체로 존재할 수 있는 최대의 온도와 압력

④ ㉠ 수분이 증가 : 열손실 증가, 통풍불량 원인
　㉡ 휘발분 증가 : 장염(긴화염), 발열량 저하
　㉢ 고정탄소 : 단염, 발열량 증가
　㉣ 회분 : 연소율 나쁘게 해 열효율 저하
⑤ 화재의 기호
　㉠ A급 화재(일반화재) : 백색, 목재, 물, 산, 알칼리
　㉡ B급 화재(유류 및 가스) : 황색, CO_2, 분말, 포말
　㉢ C급 화재(전기화재) : 청색, CO_2, 분말
　㉣ D급 화재(금속화재) : 무색, 건조사, 팽창질석, 팽창진주암

74. **방폭구조의 설명**
① 안전증방폭구조 : 구조상 및 온도상승에 대하여 특별히 안전도를 증가시킨 구조
② 본질안전증방폭구조 : 공적기관에서 점화시험 등의 방법으로 확인한 구조
③ 유입 방폭구조 : 유면상에 존재하는 폭발성가스에 인화될 우려가 없도록 한 구조
④ 내압 방폭구조 : 용기내부에서 폭발성가스가 폭발하여도 압력에 견디고 내부의 폭발화염이 외부로 전해지지 않도록 한 구조
⑤ 압력 방폭구조 : 용기 내부에 보호기체(N_2)를 압입하여 내부의 압력을 유지함으로써 외부에서 폭발성가스가 침입되지 않도록 한 구조

75. ① 소염 : 발화한 화염이 전파되지 않고 도중에서 꺼져버리는 현상
② 소염거리 : 두 장의 평행판거리를 좁혀가면서 화염이 틈 사이로 전달되는가의 여부를 보아 화염이 전달되지 않게 될 때의 평행한 사이거리

76. ① 폭굉유도거리 : 최초의 완만한 연소가 격렬한 폭굉으로 발전할 때까지의 거리
② 기체상수(R)값
　㉠ 0.082 $\ell\cdot$atm/mol K　　㉡ 848 kg$\cdot$m/kmol K
　㉢ 1.99 cal/mol K　　　　　　㉣ 8.314×10^7 erg/mol K
③ 과잉공기 백분율(%) $= \dfrac{A-A_0}{A_0}\times100$

　여기서 A_0 : 이론공기량, A : 실제공기량
④ K(비열비)$= CP/CV = CP-CV$
⑤ 르샤틀리에 법칙$= \dfrac{100}{L} = \dfrac{V_1}{L_1}+\dfrac{V_2}{L_2}+\dfrac{V_3}{L_3}+...+\dfrac{V_n}{L_n}$

제과목 연소공학

77. **기상 폭발발생을 예방하기 위한 대책**
    ① 환기에 의해 가연성 기체의 농도 상승을 억제한다.
    ② 집진, 집무장치 등에서 분진 및 분무의 퇴적을 방지한다.
    ③ 반응에 의해 가연성 기체의 발생가능성을 검토하고 반응을 억제 또는 발생한 기체를 밀봉한다.

78. **연소파와 폭굉파에 대한 설명**
    ① 연소파와 폭굉파는 연소반응을 일으키는 파이다.
    ② 연소파와 폭굉파는 전파속도, 판면의 구조, 발생압력이 크게 다르다.
    ③ 가연조건에 있을 때 기상에서의 연소반응 전파 형태이다.

79. **일산화탄소 성질**
    ① 활성탄 촉매하에 염소와 반응하여 포스겐을 생성 $CO + Cl_2 \xrightarrow{\text{활성탄}} COCl_2$
    ② 강한 환원성을 가지고 있어 각종 금속을 단체로 생성(금속야금법에 사용)
    $CuO + CO \rightarrow CO_2 + Cu$
    ③ 고온, 고압하에서 카보닐 생성하기 때문에 Fe, Ni 용기에 보관할 수 없다.
    ④ 카보닐을 방지하기 위해서는 금속내면에 은(Ag), 동(Cu), 알루미늄(Al) 등의 라이닝
    ⑤ 독성이며 50 ppm, 폭발범위 12.5~74%

80. **폭굉에 대한 설명**
    ① 가연성 물질의 산화 과정
    ② 발열반응에 의해 열을 발생
    ③ 자발적으로 반응이 계속된다.
    ④ 연소범위는 온도나 압력에 따라 달라진다.

81. **폭굉에 대한 설명**
    ① 폭굉범위는 폭발범위보다 좁다.
    ② 연소속도는 약 1,000~3,500 m/sec이다.
    ③ 초음속으로 마하 3~10 정도
    ④ 높은 압력과 충격파에 의해 일어난다.

82. **몰리엘 선도 있는 것**
    ① 건포화증기구역
    ② 습포화증기구역
    ③ 과냉각구역
    ④ 과열증기구역
    ⑤ 포화액선

83. 보염 : *유동장에서 화염을 안정시키고 연소변동을 억제하면서 연소하는 것
① 파일럿 화염을 사용하는 방법   ② 순환류를 사용하는 방법
③ 대항분류를 이용하는 방법   ④ 적열된 고체벽을 이용하는 방법
⑤ 1차 연소실을 설치하는 방법   ⑥ 다공판을 이용하는 방법
*유동장 : 유체의 흐름이 일어나는 영역

84. 증기의 성질
증기압력이 높아지면 엔탈피, 현열, 포화온도는 커지고 증발잠열은 감소한다.

85. ① 동력기관에 기관의 열효율=실제적인 일/이상적인 일
② 가역단열과정 : 등엔트로피과정(단열압축=압축기)
③ 단열팽창과정 : 등엔탈피과정
④ 외부한 일(W) : $P \times \triangle V(V_2 - V_1)$
⑤ 증발연소 시 발생하는 화염 : 확산화염(양초, 나프탈렌, 황) ⇒ 고체 연료 중 증발연소

86. 자연발화 방지법(석탄, 퇴비저장시 내부의 열축적으로 인해 자연적으로 발화가 일어남)
① 저장실의 온도를 낮출 것
② 습도가 높은 것을 피할 것
③ 통풍을 잘 시킬 것
④ 열이 쌓이지 않게 퇴적방법에 주의할 것

87. ① 가연성 가스의 폭발 범위 : 공기중에서 가연성 가스가 연소할 수 있는 가연성 가스 농도 범위
② 표면 연소 : 적열된 코크스 또는 숯의 표면에 접촉하여 연소하는 형태

88. 열효율 향상 대책
① 공급하는 연료를 회수열을 이용 예열
② 장치에 대한 적정 작업조건을 강구하고 손실열을 줄인다.
③ 가능한 연속작업을 하여 축열손실을 줄인다.
④ 장치의 설치조건과 운전조건이 합치되도록 한다.

89. 동 및 동합금을 사용할 수 없는 가스
① C_2H_2 ② NH_3 ③ H_2S

90. ① 전효율=기계효율×버킷효율×노즐효율

② 제거소화
　　㉠ 가스화재시 밸브 및 콕크를 잠그어 소화
　　㉡ 유전지대화재 질소 폭탄 투하
　　㉢ 산불화재시 나무제거
③ 불휘염 : 청색으로서 고체입자를 포함하지 않은 화염
　휘염 : 황색으로서 고체입자를 포함한 화염
④ 암모니아 누설시험
　　㉠ 네슬러시약 : 소량 누설시 황색, 다량 누설시 자색
　　㉡ 적색리트머스시험지 : 청색
　　㉢ 염화수소 : 흰연기
　　㉣ 페놀프탈레인 : 홍색
　　㉤ 후각
⑤ 후레온누설시험 : 헬라이드토오치의 불꽃색으로 검사
　　㉠ 누설 안 될 때 : 청색　　㉡ 소량 누설시 : 녹색
　　㉢ 다량 누설시 : 자색　　㉣ 극심할 때 : 꺼진다.

91. **가연성 가스의 최소 발화에너지와 영향인자와의 관계**
① 가스의 전압이 높아지면 최소 발화에너지는 작아진다.
② 가스의 열전도율이 낮을수록 최소 발화에너지는 작아진다.
③ 가스의 연소 속도가 클수록 최소 발화에너지는 작아진다.
④ 가스를 소염거리이하로 하면 최소 발화에너지는 무한대이다.

92. **정상화염 속도에 영향을 주는 요인**
① 온도　② 압력　③ 조성　④ 가연성 가스와 공기의 혼합비

93. **공연비** : 가연 혼합기중의 연료와 공기의 질량비

94. **액체 연소**
① 분무연소
② 액면연소
③ 등심연소
④ 증발연소
　　㉠ 분무연소 : 공업적으로 이용되며 미세하게 분무시켜 표면적을 크게함과 동시에 공기의 혼합을 좋게, 응답성이 좋고, 과부한 연소가능

ⓒ 액면연소 : 증발에 의해 발생한 증기가 연소하는 형태
ⓒ 등심연소(석유램프연소) : 대류 및 복사열에 의해 발생한 연료 증기가 등심의 상부 및 측면에서 확산연소, 연소화염길이는 공기의 유속이 낮을수록 연소온도가 높을수록 크다.

95. 고체 가연물을 연소시킬 때 나타나는 연소의 형태
① 증발연소 → 분해연소 → 표면연소

96.
① 연소율 : 화상의 단위면적에 있어 단위시간에 연소하는 연료의 중량
② 연료의 사출률이 작은 순서 : 확산화염 → 분무화염 → 미분탄화염
③ 연소속도의 영향 : ㉠ 화염온도   ㉡ 반응계온도   ㉢ 가연성 물질의 종류
④ $CO_2(max)\%$: $21 \times CO_2/21-O_2$

97. 분진 폭발의 위험성을 방지하기 위한 조건
① 분진 취급 공정을 가능하면 습식법으로 한다.
② 분진이 일어나는 근처에 습식의 스크레나장치를 설치 분진제거
③ 분진의 퇴적을 방지하기 위해 정기적으로 분진제거
④ 환기 장치는 공정별로 단독 집진기를 사용

98. 위험물 구분
① 1류 : 산화성 고체, 조연성(냉각소화)
  ㉠ 무기과산화물류   ㉡ 과염소산염류
  ㉢ 아염소산염류   ㉣ 염소산염류
② 2류 : 가연성 고체, 강환원제(냉각, 건조사)
  ㉠ 유황   ㉡ 금속분   ㉢ 황화린
  ㉣ 적린   ㉤ 철분   ㉥ 마그네슘
③ 3류 : 자연발화, 금수성(건조사, 팽창질석, 팽창진주암)
  ㉠ 칼륨   ㉡ 나트륨   ㉢ 알킬알루미늄
  ㉣ 알킬리튬   ㉤ 황린
④ 4류 : 인화성액체(질식소화)
  ㉠ 특수인화물   ㉡ 석유류
  ㉢ 알코올류   ㉣ 동식물류
⑤ 5류 : 자기연소성, 오랜 시간 경과시 산화반응에 의해 열분해 일어남(대량주수소화)
  ㉠ $C_3H_5(ONO_2)_3$: 니트로글리세린

ⓒ $C_6H_2(CH_3)(NO_2)_3$: 트리니트로톨루엔(TNT)
ⓓ $C_6H_2(NO_2)_3OH$: 피크린산
ⓔ $C_6H_7O_2(ONO_2)_3$: 니트로셀룰로오스
ⓕ CH_3ONO : 초산메틸(질산메틸)
ⓖ $NaNH_2$: 나트륨아미드

⑥ 6류 : 산화성액체(건조사, 탄산가스)
 ㉠ 황산　　　　　　　　㉡ 질산
 ㉢ 과산화수소　　　　　㉣ 과염소산

99. 층류 연소 속도 측정법 종류
① 슬롯버너　　　　　② Soap bubble(비눗물방울법)
③ 평면화염버너법　　④ 분젠버너법

100. 연소실열부하 : 연소실 단위 체적당 열발생률

연소실열부하 = $\dfrac{G_f \times H_l}{V}$

여기서, G_f(kg/h) : 연료소비량, H_l(kcal/kg) : 저위발열량

101. 액체 연료의 시험 방법
① 동점성(세이볼트식) : Redwood viscometer
② 인화점 : (타크식), (펜스키마아텐스식)
③ 황함량 : (석영관산소법)

102.
① 전압은 분압의 합과 같다 : 돌턴의 법칙
② $2H_2 + O_2 \rightarrow 2H_2O$: 완전연소 조성비, 양론혼합기

103. 고체연료의 연소과정 중 화염 이동속도에 대한 설명
① 발열량이 높을수록 화염 이동속도 커진다.
② 1차 공기온도가 높을수록 화염 이동속도 커진다.
③ 입자 직경이 작을수록 화염 이동속도 커진다.
④ 석탄화도가 낮을수록 화염 이동속도 커진다.

104.
① 완전연소 반응식

"$C_mH_n + (m+n/4)O_2 \rightarrow mCO_2 + n/2H_2O$"

㉠ $C_3H_8 + 5O_2 \rightarrow 3CO_2 + 4H_2O$

㉡ $CH_4 + 2O_2 \rightarrow 1CO_2 + 2H_2O$

㉢ $C_4H_{10} + 6.5O_2 \rightarrow 4CO_2 + 5H_2O$

② 보일의 법칙(T= 일정)

$$P_1V_1 = P_2V_2 \quad \therefore V_2 = \frac{P_1 \times V_1}{P_2}$$

∴ 온도가 일정할 때 기체의 체적(V_2)은 압력에 반비례한다.

③ 샤를의 법칙(P= 일정)

$$V_1/T_1 = V_2/T_2 \quad \therefore V_2 = \frac{V_1 \times T_2}{T_1}$$

∴ 압력이 일정할 때(P) 기체의 체적(V_2)은 절대온도에 비례한다.

④ 보일-샤를의 법칙

$$P_1V_1/T_1 = P_2V_2/T_2 \quad \therefore V_2 = P_1 \times V_1 \times T_2/P_2 \times T_1$$

∴ 기체의 체적은(V_2) 절대온도에 비례(T_2)하고 압력(P_2)에 반비례한다.

105. ① 체적당 이론 산소량(O_0) = $1.867C + 5.6(H - O/8) + 0.7S$(Nm³/kg)

② 중량당 이론 산소량(O_0) = $2.667C + 8(H - O/8) + 1S$(kg/kg)

③ 체적당 이론 공기량(A_0) = $8.89C + 26.67(H - O/8) + 3.33S$(Nm³/kg)

④ 중량당 이론 공기량(A_0) = $11.49C + 34.5(H - O/8) + 4.31S$(kg/kg)

106. ① 이상기체의 등온과정 : 내부에너지 변화가 없다.

② 이상기체의 단열과정 : 엔트로피 변화가 없다.

③ 촉매폭발

㉠ Cl_2+H_2 ㉡ Cl_2+NH_3 ㉢ $Cl_2+C_2H_2$

④ 고정탄소 = 100-(CO_2+O_2+CO)

연료비 = 고정탄소/휘발분

⑤ 백운현상 : LNG 누출 시 공기 중의 수분이 노점이하로 되어 하얗게 서리가 생기는 것

⑥ 롤오버현상 : 초저온의 액화천연가스등이 수상에 노출하여 물과의 온도차에 의해 폭발적으로 기화

⑦ 증기폭발 : 가연성 액체가 비점이상의 온도에서 발생한 증기가 혼합기체가 되어 증발되는 현상

⑧ 블레비(BLEVE) : 액체가 급격한 상태변화를 하여 증기가 된 후 폭발하는 현상

107. 자연발화온도(Autoignition temperature)에 영향을 주는 요인 중 증기농도에 관한 사항
① 가연성 혼합기체의 AIT는 가연성 가스와 공기의 혼합비가 1 : 1일 때 가장 높다.
② 가연성 증기에 비해 산소농도가 클수록 AIT는 높아진다.
③ AIT는 가연성 증기의 농도가 양론농도보다 약간 높을 때가 가장 낮다.

108. 화염 방지기에 관한 내용
① 용도에 따라 차이는 있으나 구멍의 지름이 화염거리 이상으로 되어 있다.
② 화염 방지기의 주된 기능은 화염 중의 열을 흡수하는 것이다.
③ 화염 방지기는 폭굉을 예방하기 위해서는 사용될 수 없다.
④ 화염방지기의 형태는 금속철망, 다공성철판, 주름진 금속리본 등 여러 가지가 있다.

109. 시안화수소
① 장기간 저장시 중합폭발의 위험이 있다.
② 98% 이상으로 착색되지 아니한 것은 60일이 경과되기 전에 다른 용기에 충전한다.
③ 안정제 : 오산화인, 염화칼슘, 인, 인산, 동, 동망, 황산, 아황산가스
④ 독성 및 가연성(10ppm 6~41%)
⑤ 무색이며, 복숭아 냄새가 난다.
⑥ 휘발하기 쉽고 물에 잘 용해
⑦ 아세틸렌과 반응 아크릴로니트릴을 만들 수 있다 : $C_2H_2 + NCN \rightarrow CH_2CHCN$

110.
① 헨리의 법칙 : 일정한 온도에서 일정량의 용매에 용해하는 기체의 질량은 압력에 정비례한다(용해도가 작은 기체 적용 O_2, H_2, N_2, CO_2 등).
② 돌턴의 법칙 : 기체혼합물의 전체압력은 각 성분 기체의 분압의 합과 같다.
③ 헤스의 법칙(총열량 불변의 법칙) : 반응초기와 나중상태만 결정되면 그 중간 경로에 관계없이 총열량을 합한 값은 항상 일정하다.

111. 위험성을 나타내는 성질에 관한 설명
① 비등점(비점)이 낮으면 인화의 위험성이 높아진다.
② 유지, 파라핀, 나프탈렌 등 가연성 고체는 화재시 가연성 액체로 되어 화재를 확대한다.
③ 전기 전도도가 낮은 인화성 액체는 유동이나 여과시 정전기를 발생하기 쉽다.

112. 폭발범위에 관한 설명
① 연료의 분자량이 커질수록 폭발하한계는 작아진다.
② 연료의 분자량이 작을수록 폭발상한계는 커진다.
③ 상부 인화점은 폭발상한계에 해당하는 압력의 증기압을 낼 수 있는 정도이다.

113. ① 층류 연소속도는
　　㉠ 비중이 적을수록 크게 된다.　　㉡ 압력이 클수록 크게 된다.
　　㉢ 열전도율 클수록 크게 된다.　　㉣ 비열이 작을수록 크게 된다.
　　㉤ 분자량이 작을수록 크게 된다.

114. 실제 가스엔탈피 설명
① 온도, 질량, 압력의 함수　　② 압력과 비체적의 함수
③ 온도와 비체적의 함수

115. ① 1 kWh = 860 kcal/h
② 1 Psh = 632 kcal/h
③ 1 Hph = 641 kcal/h
④ 1 RT(냉동능력) = 3320 kcal/h = 1.2 kW
⑤ 1 CHu/lb℃ : 순수한 물 1 lb(파운드)를 1℃(14.5~15.5)올리는데 필요한 열량
⑥ 1 BTu/lb°F(60.5~61.5) 올리는데 필요한 열량
⑦ 1 kcal : 순수한 물 1 kg을 14.5~15.5°F까지 올리는데 필요한 열량
⑧ 최소점화에너지는 혼합기 온도가 상승함에 따라 작아진다.
⑨ 1 Therm : 1000000 BTU

116. ① $H_l = H_h - 600(9H + W)$
② $H_h = H_l + 600(9H + W)$
③ $600(9H + W) = H_h - H_l$
④ 총발열량과 진발열량의 차이는 연료중의 수소성분
⑤ 아세톤, 톨루엔, 벤젠 등 제4류 위험물 위험물로서 분류된 이유 : 공기보다 밀도가 큰 가연성 증기를 발생하기 때문
⑥ 폭발억제 : 불활성가스를 미리 주입하여 폭발을 미연에 방지

117. 폭굉방지 및 방호에 관한 내용
① 파이프의 지름대 길이의 비는 가급적 작도록 한다.

② 파이프 라인에 오리피스같은 장애물이 없도록 한다.
③ 공정라인에서 회전이 가능하면 가급적 완만한 회전을 이루도록 한다.

118. ① 미분탄연소 형식
  ㉠ U형   ㉡ L형
  ㉢ 코너형연소(각우연소)   ㉣ 슬래그형 연소
② 분진폭발 : 마그네슘, 알루미늄, 금속분말, 곡물가루, 목재분말, 합성수지
③ 물질 연소시 온도와 색
  ㉠ 600℃ : 어두운색   ㉡ 800℃ : 붉은색
  ㉢ 1000℃ : 오렌지색   ㉣ 1200℃ : 노란색
  ㉤ 1500℃ : 눈부신 황백색   ㉥ 2000℃ : 매우 눈부신 흰색
  ㉦ 2500℃ : 푸른기가 있는 흰백색

119. 인화점에 대한 설명
① 인화점이하에서 증기의 가연농도가 존재할 수 없다.
② mist, foam이 존재할 때는 인화점이하에서는 발화가 가능하다.
③ 압력이 증가하면 증기 발생이 억제되고 인화점은 낮아짐.
④ 가연성 액체가 인화하는데 충분한 농도의 증기를 발생하는 최저 농도

120. ① 수격현상(Water hammering) : 관내의 흐르는 액체의 유속을 급격변화시키면 유체가 관벽을 치는 현상
② 공동현상(Cavitation) : 급격한 압력 강하로 인하여 액체로부터 기포가 분리되면서 소음, 진동 충격을 발생하는 현상
③ 서징현상(Surging) : 송출 유량과 송출압력의 주기적인 변동으로 인해 압력계 지침이 흔들리는 현상

121. 비압축성 유체가 작용하는 힘
① 관성력   ② 중력에 의한 힘   ③ 압력차에 의한 힘

122. ① 충격강도 : 충격파로 인한 압력상승에서 구함
② 단면적이 갑자기 축소될 때 일어나는 현상
  ㉠ 유량일정   ㉡ 유속증가   ㉢ 압력감소   ㉣ 마찰손실 커짐
③ 성능계수(성적계수)

$$\text{냉동효과(냉동력)를 표시하는 기준} = \frac{\text{저온체에서 흡수된 열량}}{\text{공급된 일}}$$

④ 냉동력(1RT) : 냉매 1 kg이 증발기에서 흡수하는 열량으로 3320 kcal/h이다.
⑤ CO_2 함량을 분석하는 직접적인 목적
 ㉠ 공기비 조절 ㉡ 열효율을 높이기 위해 ㉢ 산화염의 양을 알기 위해

123. 산소의 성질, 취급

① 임계압력 : 50.1 atm, 임계온도 : -118.4℃, 비점 : -183℃
② 산화력을 가지므로 연소에 꼭 필요한 가스이다.
③ 공기액화분리기에서 미량의 아세틸렌이나 탄화수소가 축적된다.
④ 액체산소는 담청색이며, 물에 약간 녹는다.
⑤ 0족 기체, C, Cl, Br, I, Pt, Cu의 모든 원소와 반응한다.
⑥ 유기물과(석유류, 유지류, 글리세린)접촉하면 발화위험이 있기 때문에 사염화탄소용제로 세척한다.
⑦ 액체가 기화되면 800배 체적의 기체가 된다.
⑧ 산소 용기재질 : Mn강, Cr강, 18-8스테인리스강
⑨ 안전 밸브 : 파열판식
⑩ 산소용기도색 : 녹색(의료용은 백색)
⑪ FP : 150 kg/cm²
⑫ 윤활유 : 물 또는 10% 이하의 묽은 글리세린수
⑬ 이음매 없는 용기에 사용한다.
⑭ 염소산칼륨($2KClO_3$)에 이산화망간(MnO_2)을 혼합가열 분해시킨다.

$$2KClO_3 \xrightarrow{MnO_2} 2KCl + 3O_2$$

124.

시험지 및 변색	시험지	변색
① 암모니아(NH_3)	적색리트머스 시험지	청색
② 염소(Cl_2)	KI전분지(요오드칼륨전분지)	청색
③ 시안화수소(HCN)	질산구리 벤젠지	청색
④ 일산화탄소(CO)	염화파라듐지	흑색
⑤ 황화수소(H_2S)	연당지(초산납시험지)	흑색
⑥ 포스겐($COCl_2$)	하리슨시험지	심등색
⑦ 아세틸렌(C_2H_2)	염화제1동착염지	적색
⑧ 아황산가스(SO_2)	암모니아 적신 헝겊	흰연기

125. 기체연료의 특징

① 적은 공기량으로 완전연소시킬 수 있다.

② 가스 누설시 폭발의 위험이 있다.
③ 발열량이 낮은 연료로 고온을 얻을 수 있다.
④ 황분, 회분이 거의 없어 전열면 오손이 없다.
⑤ 연소조절 및 점화 소화가 용이하다.
⑥ 연소효율 높고 완전연소한다.
⑦ 고온으로 얻기 쉽고 전열효과가 크다.

126. ① 단열변화에서 엔트로피 변화량 : 불변
② 포화증기를 압축했을 때
    ㉠ 온도상승   ㉡ 수증기 응축   ㉢ 부피감소
③ 증발연소에서 발생하는 화염 : 확산화염
④ 유류 및 가스(B급 화재) : CO_2, 포, 드라이케미칼
⑤ 연소반응이 완료되지 않아 연소가스중에 반응이 중간 생성물이 들어있는 현상 : 열해리
⑥ 불완전연소의 원인
    ㉠ 공기공급량 부족시   ㉡ 가스기구 및 연소기구가 맞지 않을 때
    ㉢ 배기 및 환기 불충분시   ㉣ 후레임 냉각시
⑦ 블로우오프(blow off) : 불꽃의 기저부에 대한 공기의 움직임이 세어지면 불꽃이 노즐에서 정착하지 않고 떨어지게 되어 꺼져 버리는 현상
⑧ 리프팅(lifting) : 가스의 유출속도가 연소속도보다 큰 경우로 화염이 염공으로부터 떨어져 연소되는 현상
⑨ 백파이어(back fire) : 가스의 유출속도가 연소속도보다 느린 경우로 화염이 연소기 내부로 침입되어 연소되는 현상
⑩ 노 내 분위기가 환원성 또는 산성으로 확인하는 방법 : 연소가스 중의 CO함량 분석
⑪ 혼합기체 특성 : 압력비=몰비=부피비 용량
⑫ 3대 소화작용 : 냉각소화, 질식소화, 제거소화
⑬ 폭발한계는 폭굉한계보다 그 범위가 넓다.
    ㉠ 수소 : 15~90%(산소)   18.3~59(공기중)
    ㉡ CO : 3.8~90%   15~70%
    ㉢ CH_4 : 6.3~53%   4.2~50%
    ㉣ C_2H_2 : 3.5~92%   4.2~50%
    ㉤ C_2H_8 : 2.5~42.5%   2.1~38%
⑭ 수성가스 : $CO+H_2$

제 2 과목

가스설비

1. **원심압축기의 특징**(☞ 대왕소압무효)
   ① 압축비가 적다.
   ② 무급유식이다.
   ③ 효율이 크다.
   ④ 압축유체에 윤활유가 혼입되지 않음
   ⑤ 대용량의 용량 제어가 가능하다.
   ⑥ 왕복 압축기와 같은 맥동현상 없다.
   ⑦ 소형이므로 설치면적이 적고 기계적 진동이 적다.

2. **터보압축기의 특징**(☞ 무기써고용대)
   ① 무급유식이며 원심형이다.
   ② 효율이 낮다.
   ③ 서징현상이 있으므로 운전 중 주의를 요한다.
   ④ 기체의 맥동이 없고 연속적이다.
   ⑤ 용량조절이 가능하나 비교적 어렵고 범위도 좁다.
   ⑥ 고속회전이므로 형태가 적고 경량이다.
   ⑦ 대용량 적당하고 설치면적 적다.

3. **왕복 압축기의 특징**(☞ 고용압기저용)
   ① 윤활유식 또는 무급유식이다.
   ② 용적형이다.
   ③ 압축기의 효율이 높다.
   ④ 용량조절이 용이하고 범위가 넓다.
   ⑤ 고압을 얻을 수 있다.

⑥ 기체의 송출에 맥동이 있으므로 방진장치가 필요하다.
⑦ 저속회전이며, 형태가 크고, 중량이 무겁고, 고가이며, 설치면적 크다.

4. **냉매의 구비조건**(☞ 비독증악부응)
   ① 임계온도가 높을 것   ② 증발잠열이 클 것
   ③ 응고 온도가 낮을 것   ④ 증발온도가 낮을 것
   ⑤ 응축압력이 낮을 것   ⑥ 부식성이 없을 것
   ⑦ 비체적이 적을 것   ⑧ 인체에 해가 없을 것
   ⑨ 연소성, 폭발성이 없을 것   ⑩ 악취나 독성이 없을 것

5. **왕복펌프**(☞ 피플다)
   ① 피스톤펌프 : 비교적 용량이 크고 압력이 낮은 경우
   ② 플런저펌프 : 용량이 작고 압력이 높을 경우
   ③ 다이어프램펌프 : 진흙이나 모래가 많은 물 또는 특수 용액에 사용

6. **회전펌프(로터리펌프)(편심펌프), 기어펌프(치차펌프), 나사(스크류)**(☞ 베기나)
   ① 흡입, 토출밸브가 없고 연속회전하므로 토출액의 맥동이 적다.
   ② 점성이 있는 액체 이송에 없다.
   ③ 고압용 유압펌프로 널리 사용

7. **왕복동압축기 용량제어 방법**(☞ 회타바언주)
   ① 회전수를 가감하는 방법
   ② 타임드밸브에 의한 방법
   ③ 바이패스 밸브에 의한 압축가스를 흡입측으로 되돌리는 방법
   ④ 언로드장치에 의해 흡입밸브를 개방하는 방법
   ⑤ 흡입, 주밸브를 폐쇄시키는 방법
   ⑥ 클리어런스포켓을 사용 클리어런스를 증대시키는 방법

8. **도시가스 가열방법에 의한 분류**(☞ 부자외축)
   ① 부분연소식 : 원료일부를 산소를 공급하여 연소시켜 열을 얻음
   ② 자열식(지열식) : 산화나 수첨분해 반응에 의한 발열 반응 이용
   ③ 외열식 : 외부에서 가열
   ④ 축열식 : 반응기내에 연소후 원료를 송입하여 열원으로 이용

9. **수소취성(탈탄작용)**
   ① 고온, 고압하에서 강 중의 탄소와 화합하여 메탄을 생성, 수소취성 발생
   ② 방지재료 : V, Mo < W, Cr, Ti(바나듐, 몰리브덴, 텅스텐, 크롬, 티탄) (☞ 바몰티텅크)
   ③ 방지원소 : 5~6% 크롬강, 18~8 스테인리스강

10. **압축기의 분류**
    ① 체적(용적)압축기(☞ 왕회스)
       ㉠ 왕복동식   ㉡ 회전식   ㉢ 스크류식
    ② 원심식 압축기(☞ 원축혼)
       ㉠ 원심식 - 터보형 : 임펠러 출구각 90° 보다 작을 때
              - 레이디얼형 : 임펠러 출구각 90°일 때
              - 다익형 : 임펠러 출구각 90° 보다 클 때
       ㉡ 축류식
       ㉢ 혼류식

11. **왕복동 압축기 안전장치(☞ 두고안)**
    ① 안전두 작동압력 : 정상압력+3 kg/cm²
    ② 고압스위치 : 정상압력+4 kg/cm²
    ③ 안전밸브 작동압력 : 정상압력+5 kg/cm² 또는 $TP \times 0.8$배 이하

12. **왕복동 압축기 용량제어 방법**
    ① 회전수를 가감하는 방법
    ② 타임드 밸브에 의한 법
    ③ 흡입수를 폐쇄시키는 방법
    ④ 바이패스 밸브에 의해 압축가스를 흡입측으로 되돌리는 방법
    ⑤ 언로드장치에 의해 흡입밸브를 개방하는 방법
    ⑥ 클리어런스 포켓을 설치하여 클리어런스를 증대시키는 방법

13. **압축비가 클 때 장치가 미치는 영향(☞ 토윤이체소)**
    ① 토출가스 온도상승으로 인한 실린더 과열 우려
    ② 윤활유 열화 및 탄화
    ③ 체적 효율 감소
    ④ 소요동력 증대

14. 다단 압축의 목적(☞ 소가힘이세다)
① 소요일량이 절약
② 가스의 온도 상승을 방지할 수 있다.
③ 힘의 평형이 양호해진다.
④ 이용 효율 증가

15. 캐비테이션(고동현상)
급격한 압력강하로 인해 액체로부터 기포가 분리되면서 소음, 진동 충격을 발생하는 현상
① 영향(☞ 소깃양)
  ㉠ 소음과 진동 발생
  ㉡ 깃에 대한 침식
  ㉢ 양정과 효율 저하
② 발생조건(☞ 유관양입)
  ㉠ 유량 증대시
  ㉡ 관로 내의 온도 상승시
  ㉢ 흡입 양정이 지나치게 길 때
  ㉣ 흡입관 입구 등에서 마찰 저항증가
③ 방지대책
  ㉠ 펌프의 회전수를 낮춘다.
  ㉡ 양흡입 펌프를 사용한다.
  ㉢ 펌프의 설치 위치를 낮추어 흡입양정을 짧게 한다.
  ㉣ 펌프를 두 대 이상 설치
  ㉤ 관경을 크게 하고 흡입측 저항 요소를 줄인다.
  ㉥ 임펠러를 액 중에 완전히 잠기게 한다.

16. 수격작용
펌프에서 물압송시 급히 펌프가 멈추거나 수량 조절 밸브를 급히 폐쇄시 심한 압력 변화가 생겨 관벽을 치는 현상
① 방지책(☞ 조관송플)
  ㉠ 관로에 조압수조(서지탱크)설치
  ㉡ 관경을 크게 하고 유속을 느리게
  ㉢ 펌프를 송출구 가까이 설치
  ㉣ 플라이 휘일을 설치하여 펌프의 급변을 막는다.

17. 서징(Surging)현상

펌프 운전시 송출압력과 송출유량의 주기적인 변동으로 펌프입구 및 출구에 설치된 진공계, 압력계 지침이 흔들리는 현상

① 발생원인(☞ 공수운)
  ㉠ 배관 중에 공기탱크나 물탱크가 있을 때
  ㉡ 수량 조절밸브가 저장탱크 뒤쪽에 있을 때
  ㉢ 펌프 운전시 주기적으로 운동, 양정, 토출량이 변화할 때

② 방지법(☞ 배가 교회에 있다)
  ㉠ 배관 내 경사를 완만하게 한다.
  ㉡ 가이드베인을 컨트롤하여 풍량을 감소한다.
  ㉢ 교축밸브를 압축기 가까이 설치한다.
  ㉣ 회전수를 적당히 변화시킨다.

18. 유전양극법

① 원리 : 매설배관보다 저전위금속을 직접 또는 도선으로 전기적으로 접속하여 양금속사이의 고위 전위차를 이용하여 매설배관에 방식전류를 주는 방식

② 장점(☞ 타시과)
  ㉠ 타금속 매설물의 간섭이 거의 없다.
  ㉡ 시공간단하고 가격 저렴하다.
  ㉢ 과방식의 위험이 적다.

③ 단점(☞ 방전양)
  ㉠ 방식효과 범위가 좁다.
  ㉡ 전류 조절이 안 된다.
  ㉢ 양극이 소모하기 때문에 보충이 필요하다.
  ㉣ 평상시의 관리장소가 많아진다.

19. 선화(lifting)

① 선화
  ㉠ 연소하는 불꽃이 과잉 공기나 압력에 의해 염공으로부터 떨어져 연소되는 현상
  ㉡ 가스의 유출속도가 연소속도보다 크게 되었을 때 불꽃이 염공을 떠나 공중에서 연소되는 현상

② 원인(☞ 노가연댐)
  ㉠ 가스의 공급압력이 너무 높을 경우
  ㉡ 노즐의 구경이 너무 작은 경우

ⓒ 염공이 적은 경우
ⓔ 댐퍼를 너무 많이 열었을 경우
ⓜ 연소 가스의 배기 및 환기 불충분시

20. **역화(back fire)**
① 역화 : 가스의 연소속도가 유출속도에 비해 크게 되었을 때 불꽃이 염공에서 연소기 내부로 침입하는 현상
② 원인
ⓐ 가스의 압력이 너무 낮을 때
ⓑ 노즐의 구경이 너무 큰 경우
ⓒ 콕의 먼지나 이물질이 부착되었을 때

21. ① 연통수평부 길이 : 5 m 이하
② 굴곡부수 : 4개소 이하
③ 높이가 10 m 초과시 : 보온조치

22. **천연가스를 도시가스로 사용할 경우 공급방법**
① 천연가스를 그대로 공급한다.
② 천연가스를 공기로 희석해 공급
③ 종래의 도시가스에 혼입해 공급
④ 종래의 도시가스와 유사한 성질의 가스로 개질해 공급

23. **LNG 저장탱크와 접촉하는 부분재질 3가지**
① 9% 니켈강
② 알루미늄 합금강
③ 18-8 스테인리스강

24. **천연가스와 비교한 LNG의 장점**
① 액화하면 1/600로 체적을 줄일 수 있다.
② 불순물을 함유하지 않는다.
③ 대량의 천연가스를 액상으로 수송 용이

25. **베이퍼록(Vapor-lock)**
① 베이퍼록 : 저비점 액체 이송시 펌프 입구쪽에서 액체가 끓는 현상

② 방지책
  ㉠ 관경을 크게 하고, 펌프의 설치위치를 낮춘다.
  ㉡ 흡입관로의 청소
  ㉢ 흡입배관을 단열처리한다.
  ㉣ 실린더 라이너의 외부를 냉각한다.
③ 발생원인
  ㉠ 흡입관로의 막힘, 스케일 부착 등에 의해 저항이 증대시
  ㉡ 흡입관경이 적거나 펌프의 설치위치가 적당하지 않을 때
  ㉢ 흡입배관 외부온도 상승시
  ㉣ 펌프 냉각기가 정상 작동하지 않거나 설치되지 않는 경우

26. 열처리 종류
① 담금질(퀜칭=소입) : 경도 및 강도 증가, 수냉시키는 방법(물, 기름)
② 뜨임(템퍼링=소려) : 인성증가
③ 풀림(어닐링=소둔) : 가공응력 및 내부응력 제거
④ 불림(노멀라이징=조준) : 조직의 미세화, 편석이나 잔류응력 제거(공랭시키는 방법)
⑤ 심냉처리 : 0℃ 이하에서 처리
⑥ 심욕처리

27. 가스 정량 분석시 흡수제
① 염소 : KI 수용액, 가성소다 수용액
② 암모니아 : 황산
③ 수소 : 파라듐블랙
④ C_2H_2 : 발연황산
⑤ 산화질소 : 아황산소다의 알칼리성 용액

28. 가스크로마토그래피
① 캐리어가스 : H_2, He, N_2, Ar(☞ 수헬질아)
② 흡착형 충전제 : 활성탄, 활성알루미나, 실리카겔, 몰리큘러시브
③ 냉매로 쓰이는 가스
  ㉠ 프레온 ㉡ CO_2 ㉢ NH_3
④ 조정기의 설치 목적 : 가스의 공급 압력 조절
⑤ 안전밸브 중 일정압력이하시 가스 분출 정지 : 스프링식 안전밸브
⑥ 압축산소가스를 도관에 의해 수송시 설치할 설비 : 안전밸브, 압력계

⑦ 액화가스를 도관에 의해 수송시 설치할 설비 : 온도계, 압력계
⑧ 원심펌프를 ㉠ 직렬 연결시 : 양정증가 ㉡ 병열 연결시 : 유량증가(☞ 유병양직)

29. ① 동판$(t) = \dfrac{PD}{(200S\eta - 1.2P)} + C$

② 프로판$(t) = \dfrac{PD}{(50f\eta - P)} + C$

③ LP가스 분출량$(Q) = m^3 h = 0.009 D^2 \sqrt{\dfrac{h}{d}}$

④ LP가스 분출량$(Q) = m^3/h = 0.11 K D^2 \sqrt{\dfrac{h}{d}}$

여기서, S : 허용응력(kg/mm³ = 인장강도/안전율(1/4), K : 유량계수,
η : 효율(%), D^2 : 노즐지름(mm), P : 최고 사용압력(kg/cm²),
d : 가스비중, D : 안지름(mm), h : 허용압력손실(mmH₂O),
C : 부식여유치(mm)

30.

조정기	입구압력	조정압력(출구압력)
2단 1차용	1.0~15.6 kg/cm²	0.57~0.83 kg/cm²
자동교체분리형	1.0~15.6 kg/cm²	0.32~0.83 kg/cm²
1단저압	0.7~15.6 kg/cm²	230~330 mmH₂O
2단 2차용	0.25~3.5 kg/cm²	230~330 mmH₂O
자동교체일체형	1.0~15.6 kg/cm²	255~330 mmH₂O
일단준저압	1.0~15.6 kg/cm²	500~3000 mmH₂O

31. **회전펌프**
펌프 본체의 회전자가 회전시 케이싱과 회전자 사이의 유체가 밀려나가 액체 토출
① 특징
㉠ 흡입, 토출 밸브가 없다. ㉡ 고진공을 얻을 수 있다.
㉢ 고압, 소유량에 적당 ㉣ 연소송출로 액의 맥동이 적다.
㉤ 고점도의 유체수송 적합
② 종류
㉠ 베인펌프(편심펌프) ㉡ 기어펌프(치차펌프) ㉢ 나사펌프(스크류펌프)

32. ① 액화염소 액화방법
㉠ 고압법 ㉡ 냉흡수법 ㉢ 상압저온법

② 암모니아 공급 용기방식의 순서
암모니아병 → 압력계 → 감압밸브 → 압력계 → 안전밸브 → 폐지밸브
③ 증기압축 냉동기에서
  ㉠ 엔탈피 일정 : 팽창밸브   ㉡ 엔트로피 일정 : 압축기

33. 왕복 펌프

실린더 중에서 피스톤, 플런저 등을 왕복시켜 액체를 송출하는 펌프로 송출량은 적지만 고압을 얻을 때 사용

① 특징
  ㉠ 소형으로 고압, 고점도, 소유량시 사용
  ㉡ 단속적인 토출로 맥동이 일어나기 쉽다(공기실 설치 : 펌프맥동을 감소하기 위해).
  ㉢ 밸브의 글랜드부가 고장나기 쉽다.
  ㉣ 토출량이 일정 정량 송출 가능
  ㉤ 회전수 변화에 따른 토출압력 변화가 적다.

② 종류
  ㉠ 피스톤 펌프 : 비교적 용량이 크고 압력이 낮은 경우
  ㉡ 플런저 펌프 : 용량이 적고 압력이 높은 경우
  ㉢ 다이어프램 펌프
    ⓐ 부식성 유체의 수송 가능
    ⓑ 특수약품 및 특수 유체 수송 적합
    ⓒ 진흙탕 및 모래가 섞인 액체 적합
    ⓓ 글랜드가 없고 누설을 방지할 수 있다.

③ 왕복펌프 송출량$(Q) = m^3/min = 0.785 \times D^2 \times S \times N \times n$
여기서, D : 실린더 직경(m), S : 행정거리(m), N : 기통수, n : rpm(회전수)

> **참고** $\dfrac{\pi(3.14)}{4} = 0.785$

④ 구밸브 : 고형물이 들어가 있는 액이나 점성액에 적합
   원추밸브 : 고압에 적합한 밸브

34. 고압가스 장치재료

① LPG, C_2H_2 용기 : 탄소강
② 초저온 장치 : 동, 알루미늄
③ 고압가스 장치 : 스테인리스강, 크롬강
④ 산소, 수소, 탄산가스 : 망간강, 크롬강

35. ① 안전밸브 분출면적

$$A(\text{cm}^2) = \frac{W}{230P\sqrt{M/T}}$$

여기서, A : 분출부 유효면적(cm^2), T : 분출시 온도(K),
P : 분출압력($\text{kg/cm}^2 \cdot$ a), M : 가스분자량(kg/kmol), W : 분출량(kg/h)

② 저압유량 계산식

$$Q(\text{m}^3/\text{h}) = K\sqrt{\frac{D^5 \cdot h}{S \cdot L}}$$

여기서 Q : 가스유량(m^3/h), S : 가스비중, D : 관내경(cm),
h : 압력손실(mmH_2O), L : 관길이(m), K : 폴정수(0.707)

③ 중·고압유량 계산식

$$Q(\text{m}^3/\text{h}) = K\sqrt{\frac{D^5(P_1^2 - P_2^2)}{S \cdot L}}$$

여기서 P_1 : 초압(kg/cm^2), P_2 : 종압(kg/cm^2), K : 52.31(콕의 계수)

36. 용접용기 장점
① 저렴한 강판을 사용할 수 있다.
② 두께가 균일하다(두께 공차가 적다).
③ 용기의 모양, 선택이 자유롭다.

37. **1냉동톤(냉동능력=RT)** : 0℃ 물 1톤을 24시간 동안 0℃ 얼음으로 만드는 능력
0℃ 물 → 0℃ 얼음(잠열)
∴ 1000 kg×79.68 kcal/kg=79680 kcal÷24 h=3320 kcal/h
∴ 1 RT=3320 kcal/h

38. 터보식 펌프
① 원심펌프
  ㉠ 터빈펌프
    ⓐ 대용량 적합
    ⓑ 고양정, 저점도 액체 적당
    ⓒ 고양정을 얻기 위해 단수가감
    ⓓ 안내깃(가이드베인) 있다.
  ㉡ 볼류트펌프
    ⓐ 안내깃 없다.

　　　　　ⓑ 비교회전도 100~600 m³/min·m·LPM
　　② 사류펌프 : 비교회전도 500~1300 m³/min·m·LPM
　　③ 축류펌프 : 비교회전도 1200~2000 m³/min·m·LPM
　　④ 프라이밍이란 : 펌프내에 액을 충만시키는 것

39. ① 저장탱크 사이 유지거리 $(l) = \dfrac{D_1 + D_2}{4}$

② 고압설비 압력계 눈금범위 : 상용압력 1.5~2배 이하
③ LPG 사용시 관이 막히면 : 수분존재
④ 황동 : 구리 + 아연
⑤ 청동 : 구리 + 주석

40. 압축기 윤활유
① 공기, 수소, 아세틸렌 압축기 : 양질의 광유
② 염소 : 농황산(진한황산)
③ 산소 : 물 또는 10% 이하의 묽은 글리세린수
④ LP가스 : 식물성유
⑤ 염화메탄 : 화이트유
⑥ 아황가스 : 화이트유

41. ① 압축가스 : 산소, 수소, 질소, CO_2, He, ≠, Ar 등 ⇒ 이음매 없는 용기 사용
② 액화가스 : C_4H_8, C_4H_{10}, NH_3 등 ⇒ 용접용기 사용
③ 용해가스 : C_2H_2 ⇒ 용접용기 사용

42. 냉동장치 냉매의 구비조건
① 임계온도가 높을 것　　　② 증발 잠열이 클 것
③ 응고 온도가 낮을 것　　　④ 응축압력이 낮을 것
⑤ 증발온도 낮을 것　　　　⑤ 부식성 없을 것
⑦ 악취나 독성이 없을 것　　⑧ 연소성 폭발성 없을 것
⑨ 비체적이 적을 것　　　　⑩ 인체에 해가 없을 것

43. 부취제(향료)
액화석유가스, 액화천연가스, 나프타가스 등은 색도 없고, 냄새도 거의 없거나 약하므로 누설시 쉽게 발견할 수 없어 냄새를 낼 수 있는 부취제 첨가

① 공기중 1/1000 상태 감지
② 구비조건(☞ 독도는 도보로 가면 연소 후 화학적으로 안정)
　㉠ 독성 및 가연성이 아닐 것
　㉡ 도관을 부식시키지 말 것
　㉢ 토양에 대한 투과성이 클 것
　㉣ 도관내의 상용 온도에서 응축되지 말 것
　㉤ 보통 존재하는 냄새와 명확히 구별될 것
　㉥ 가스관이 가스미터에 흡착되지 말 것
　㉦ 연소 후 유해한 냄새가 나지 않을 것
　㉧ 화학적으로 안정할 것
　㉨ 가격이 쌀 것
③ 종류(☞ 석양마)
　㉠ THT(테트라히드로티오펜) : 석탄가스 냄새
　㉡ TBM(터시어리부틸메르캅탄) : 양파썩는 냄새
　㉢ DMS(디메틸설파이드) : 마늘냄새
④ 주입방식(액체)
　㉠ 펌프주입 방식 : 다이어프램 펌프 이용
　㉡ 적하주입 방식 : 중력에 의해
　㉢ 미터연결바이패스방식 : 오리피스 차압이용

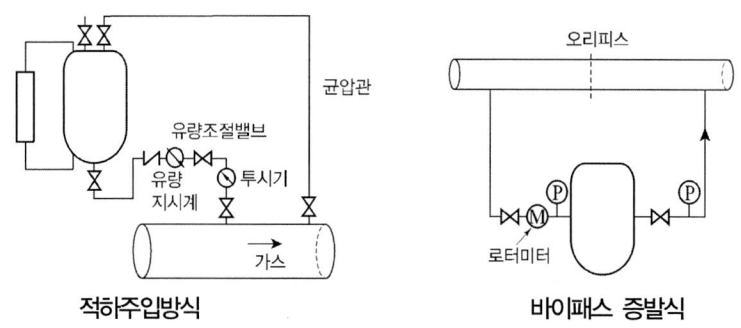

적하주입방식　　　**바이패스 증발식**

⑤ 증발식 부취설비 : 부취제 증기를 가스흐름에 혼합하는 방식
　㉠ 장점
　　ⓐ 동력이 필요치 않다.　　ⓑ 관내 유속이 큰 곳 사용
　　ⓒ 설비비가 싸다.　　　　ⓓ 온도, 압력 변동이 적은 곳
　㉡ 단점
　　ⓐ 부취제 첨가물을 일정하게 유지하는 것이 어렵다.
　　ⓑ 유량변동이 적은 소규모 사용

ⓒ 종류
    ⓐ 바이패스 증발식　　　ⓑ 위크증발식

44. **방호벽 설치할 곳**
    ① 판매시설 용기 보관실 벽
    ② 압축가스 압축기와 충전용기 보관장소 사이
    ③ 압축가스 압축기와 충전장소 사이
    ④ C_2H_2 압축기와 충전용기 보관장소 사이
    ⑤ C_2H_2의 압축기와 충전장소 사이
    ⑥ 저장시설의 저장탱크와 사업소 내 1, 2종 보호시설
    ⑦ 특정고압가스 사용시설 중 저장량이 300 kg 이상(압축가스는 60 m³인 용기보관실벽)

45. **오토클레이브** : 고온·고압 하에서 화학적인 합성 반응을 위한 고압반응가마
    ① 종류
        ㉠ 교반형
        ㉡ 가스교반형 : 가늘고 긴 수직형 반응기로 유체가 순환됨으로써 교반이 행해지는 방식
        ㉢ 회전형 : 오토클레이브 자체가 회전하는 형식으로 고체를 액체로 처리할 때나 액체에 기체를 작용시키는 경우 사용
        ㉣ 진탕형(☞ 가고장뚜)
            ⓐ 가스누설가능성이 없다.
            ⓑ 고압력에 사용할 수 있고 반응물의 오손이 없다.
            ⓒ 장치전체가 진동(전·후)하므로 압력계는 본체로부터 떨어져 설치
            ⓓ 뚜껑의 뚫어진 구멍에 촉매가 끼어들어갈 염려가 있다.

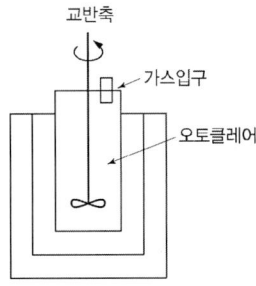

46. **가스배관 경로 선정 4요소(☞ 최은구가)**
    ① 최단거리로 할 것
    ② 은폐, 매설을 피할 것

③ 구부러지거나 오르내림을 적게 할 것
④ 가능한 옥외 설치할 것

47. 지하에 정압기 설치할 때 유의점(☞ 대방역동내침수)
① 대기균압조치 ② 방호조치 ③ 동결방지 조치
④ 내진조치 ⑤ 침수방지조치

48. 중간 압력이상 상승 원인
① 다음단의 흡입, 토출밸브 불량
② 다음단의 피스톤링 마모
③ 다음단의 클리어런스 밸브 불완전 폐쇄
④ 중간단 냉각기의 기능저하
⑤ 중간단에서의 바이패스 순환
⑥ 토출배관의 저항증대

49. 정압기 특성
① 정특성 : 유량과 2차압력의 관계(☞ 정유이)
② 동특성 : 부하변동이 큰 곳(☞ 동부)
③ 유량특성 : 메인밸브 열림과 유량과의 관계(☞ 유메)
④ 사용 최대차압 및 최소차압 : 메인밸브에는 1차 압력과 2차 압력의 차압이 작용하여 정압 성능에 영향을 주나 이것이 실용적으로 사용할 수 있는 범위에서 최대로 되었을 때 차압

50. 메카니컬 시일방식
(1) 더블시일형의 특성(☞ 인기를 보내누)
① 인화성 또는 유독액이 강한 액일 때
② 기체를 시일할 때
③ 보온, 보냉이 필요한 때
④ 내부가 고진공일 때
⑤ 누설되면 응고되는 액일 때

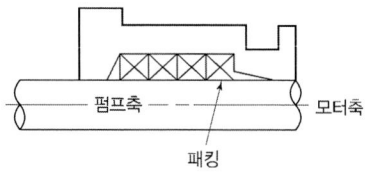

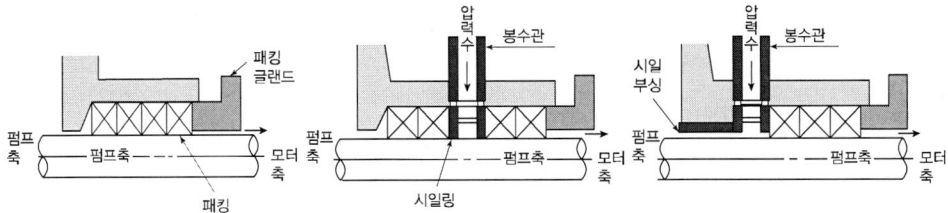

(2) 밸런스시일의 특징(☞ 내비하)
① 내압이 4~5 kg/cm²일 때
② LPG 액화가스와 같이 낮은 비점의 액일 때
③ 하이드로카본일 때

(3) 아웃사이드형의 특징(☞ 저점스구)
① 저응고점의 액일 때
② 점성계수가 100 CP를 초과하는 액일 때
③ 스타핑박스가 고진공일 때
④ 구조재 스프링재가액의 내식성에 문제 있을 때

51. ① $PS = r \times Q \times H / 75 \times \eta \times 60$
$PS = r \times Q \times H / 75 \times \eta \times 3600$

② $KW = r \times Q \times H / 102 \times \eta \times 60$
$KW = r \times Q \times H / 102 \times \eta \times 3600$

여기서, r(물의 비중량) : 1000 kg/m³, Q(유량) : m³/min,
H(전양정) = 흡입양정 + 토출양정, η(효율) : %

③ 웨버지수(WI) = $Hg / \sqrt{d}$

여기서, Hg : 도시가스 총발열량(kcal/m³), d : 도시가스 공기에 대한 비중

④ ㉠ 냉동기의 성능계수(성적계수) = $T_2 / T_1 - T_2$

여기서, T_1 : 고온측 온도, T_2 : 저온측 온도

㉡ 열펌프 = $T_1 / T_1 - T_2$

㉢ 효율 = $T_1 - T_2 / T_1$

⑤ 체적효율(η)

㉠ $\eta = 1 - \epsilon (P_2 / P_1)^{1/K} - 1)$

㉡ $n = 1 - \epsilon (P_2 / P_1 - 1)$

여기서, ϵ : 실린더 간 극비, P_1 : 초압(kg/cm²), P_2 : 종압(kg/cm²),
K : 단열지수

52. 정전기 발생 방지책
① 공기를 이온화 한다.
② 상대습도를 70% 이상으로 한다.
③ 접지를 한다.

53.
① 도로가 평탄할 경우 경사도 : 저압관 1/500, 중·고압관 1/200~1/300
② 액화천연가스 대량 저장시 : 돔루프저장탱크(구면지붕형 저장탱크)
③ LPG 주성분과 LNG 주성분 : C_8H_8, CH_4
④ 액화순서 : 산소 → 아르곤 → 질소(O_2 : -183℃, Ar : -186℃, N_2 : -196℃)
　기화순서 : 질소 → 아르곤 → 산소

54. 가스홀더
① 종류
　㉠ 무수식 가스홀더 : 실린더 모양의 외통과 그 내면에 따라서 상, 하는 피스톤 및 저판, 지붕판에 의해 구성되어 있다.
　　특징
　　ⓐ 수조가 없으므로 기초가 단단하고 기초시 설비가 절감
　　ⓑ 유수식 가스홀더에 비해 작동 중 가스압이 거의 일정
　　ⓒ 저장가스를 건조한 상태에서 저장
　　ⓓ 구형가스 홀더에 비해 유효 가동량 크다.
　㉡ 유수식 홀더 : 수조위에 가스탱크가 띄워져 있고 가스의 출입에 의해 가스조가 상, 하로 승강하여 가스저장
　　특징
　　ⓐ 제조설비가 저압인 경우 사용(☞ 제구기동가)
　　ⓑ 구형가스홀더에 비해 유효 가동량이 크다.
　　ⓒ 기초설비가 많이 든다.
　　ⓓ 동결 방지 장치 필요
　　ⓔ 가스조가 건조해 있으면 수분을 흡수한다.
　　ⓕ 압력이 가스조의 수에 따라 변동한다.
② 기능(☞ 일제공피)
　㉠ 일시적 중단시 공급량 확보
　㉡ 제조가 수요를 따르지 못할 때 공급량 확보
　㉢ 공급가스의 성분, 열량, 연소성을 균일화
　㉣ 피크시 도관의 수송량을 감소시킨다.

55. 독성가스 제해제(해독제)
① 염소 : 소석회, 가성소다, 탄산소다(☞ 소가탄)
② 황화수소 : 가성소다, 탄산소다(☞ 황가탄)
③ 포스겐 : 가성소다, 소석회(☞ 포가소)
④ 시안화수소 : 가성소다(☞ 시가)
⑤ 암모니아, 산화에틸렌, 염화메탄 : 다량의 물(☞ 암산염)

56.
① 정압기에서 2차압력을 감지하여 2차변동을 메인밸브로 전하는 부분 : 다이어프램
② 액화천연가스 기화기(☞ 오서중)
  ㉠ 오픈랙기화기 : 해수이용(일반적)
  ㉡ 서브버지드콘버션 기화기
  ㉢ 중간매체식 기화기
③ 유량 조절용 밸브 : 글로우브 밸브
④ 기화기 사용시 이점(☞ 한공기설)
  ㉠ 한랭시(겨울철)에도 충분한 가스를 공급할 수 있다.
  ㉡ 공급가스의 조성이 일정하다.
  ㉢ 기화량 가감이 용이하다.
  ㉣ 설치 면적이 적다.
⑤ 동 및 동합금 사용금지
  ㉠ 암모니아   ㉡ 황하수소   ㉢ 아세틸렌
⑥ 고압가스 보관용기
  ㉠ 구형   ㉡ 원통형   ㉢ 타원형

57. LPG수입기지 플랜트 설비 시스템(☞ 저이고)
수입 LPG → 수입설비 → 저온저장설비 → 이송설비 → 고압저장설비 → 출하설비

58.
① 암모니아는 질소와 수소로부터 고압(200~1000 atm)하에서 산화알루미늄 촉매하에 450~550℃ 온도를 가해 제조 : $N_2 + 3H_2 \rightarrow 2NH_3$
② 메탄올은 일산화탄소와 수소로부터 고압하에 얻음 : $CO + 2H_2 \rightarrow CH_3OH$
③ 포스겐은 일산화탄소와 염소로부터 제조 : $CO + Cl_2 \rightarrow COCl_2$

59.
① 플립스식 사이클 : 수소나 헬륨을 냉매로 한 공기 액화사이클
② 클라우드식 사이클 : 콘덴서(응축기)에 의해 응축시켜 재액화한 LPG를 다시 저온탱크에 끌어들여 차압에 의해 증발시켜 그 일부를 저온액으로하여 저장하는 냉동사이클

60. 습식아세틸렌 제조법 중 투압식 특징
① 대량 생산 가능
② 후기가스 발생 적다.
③ 불순가스 발생이 적다.
④ 온도상승이 느리다.

61.
① 염소가스를 다량 소비하는 경우 공급방식
  ㉠ 저장탱크방식 ㉡ 반응탱크방식 ㉢ 집합장치방식
② 탈황장치 필요 : 나프타(원유를 상압증류시 생산하는 비점이 200℃ 이하인 유분)
③ 디스펜서에 내장되어 있는 자동온도 보정장치의 기준온도 : 15℃
④ 겨울철 한냉시 용기에 액체가 남아있다면 : 부탄
⑤ LPG 사용설비기구 : 압력조정기, 중간콕크, 호스(플랙시블)

62. 축류펌프 특징
① 양정변화에 대해 유량 변화가 적다.
② 양정변화에 대해 효율저하가 적다.
③ 구조는 간단하나 유로가 간편하다.
④ 저양정에 회전속도를 크게 할 수 없다.

63. 도시가스 제조법
① 열분해 공정
  ㉠ 분자량이 큰 탄화수소(나프타, 원유, 중유)를 800~900℃ 정도로 열분해하여 10000 kcal/m³ 정도의 가스를 제조
  ㉡ 원료가스와의 경유, 타르 등 처리설비, 배수처리 설비 필요
  ㉢ 생성물은 에탄, 에틸렌, 수소, 메탄, 프로필렌 등의 가스상 탄화수소와 벤젠, 톨루엔, 나프탈렌, 타르 등으로 분해
  ㉣ 연소가스외의 SO_2 등의 비연료가스를 제거하는 설비가 필요하다.
② 수첨해공정(수소화분해공정)
  ㉠ 반응온도 700~800℃, 압력은 20~60기압이다.
  ㉡ 원료는 나프타 및 LPG
  ㉢ 반응기내에서 순환하고 있는 가스량과 원료 송입량과의 비 1:10이다.
  ㉣ 7500~10000 kcal/m³ 정도의 열량 얻음
③ 대체 천연가스 공정
  ㉠ LPG 원유에 수분, 산소, 수소를 반응시켜 수증기 개질, 부분연소, 수첨분해 등에 의해 가스화
  ㉢ 메탄합성, 탈탄산 등의 공정과 병용해서 천연가스와 거의 일치하는 가스를 제조하는 과정

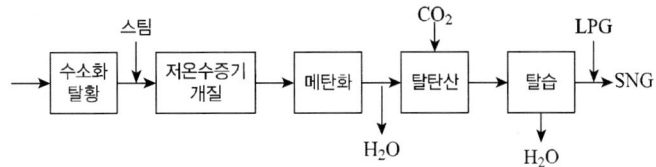

④ 부분연소공정
  ㉠ 메탄에서 나프타까지의 탄화수소를 원료로 하여 탄화수소를 분해에 필요한 열을 노내에 산소 또는 공기를 흡입시킴에 의해 원료일부를 연소시켜 2000~3000 kcal/Nm³ 정도의 가스를 제조
  ㉡ $aC_mH_n + bH_2O + cO_2 + dN_2 \rightarrow eCO_2 + fCO_2 + gH_2 + hCH_4 + iC + jH_2O + kH_2$

⑤ 접촉분해공정
  ㉠ 촉매를 사용하여 반응온도 400~800℃에서 탄화수소와 수증기를 반응시켜 메탄, 일산화탄소, 에탄, 에틸렌, 프로필렌 등의 저급 탄화수소를 변화하는 반응
  ㉡ $aC_mH_n + bH_2O \rightarrow cH_2 + dCO + eCO_2 + fCH_4 + gC + hH_2O$
  ㉢ 특징
    ⓐ 반응온도 상승시(700℃ 이상) : 일산화탄소, 수소 많은 저발열량가스 생성 이산화탄소, 메탄 적은 저발열량 가스 생성
    ⓑ 반응압력 상승시 : 일산화탄소, 수소 적은 저발열량가스 생성 이산화탄소, 메탄 많은 저발열량가스 생성
    ⓒ 수증기비가 증가시 : 이산화탄소, 수소 증가, 일산화탄소, 메탄 감소
       수증기비가 감소시 : 이산화탄소, 수소 감소, 일산화탄소, 메탄 증가
  ㉣ 종류
    ⓐ 사이클링식 접촉 분해공정 : 천연가스에서 원유가스 700~800℃에서 저압으로 니켈 촉매하에 수증기를 반응시켜 CO_2, CO, H_2가 주성분인 가스 제조
    ⓑ 저온수증기 개질 프로세스 : 액화석유가스에서 나프타까지 450~500℃ 니켈 촉매하에 20 kg/cm² 전·후의 압력으로 수증기를 반응하여 CH_4이 주성분인 가스제조, 열량은 6500 kcal/N·m³
    ⓒ 고온수증기 개질 프로세스 : 천연가스에서 나프타까지 650~800℃에서 니켈 촉매하에 35 kg/cm² 압력으로 수증기를 반응하여 H_2가 주성분인 고발열량 가스 제조

64. **초저온 용기의 단열 성능시험에 있어서 시험용으로 쓰이는 저온액화가스**
  ① 액화산소(-183℃)　　② 액화질소(-196℃)　　③ 액화아르곤(-186℃)

65. ① HL(마찰손실수두)$= \lambda I U^2 / 2gd$
② 체적유량$(Q)[\text{m}^3/\text{sec}] = A \times U$
③ 중량유량$(Q) = r \times A \times U$
④ 압축기$(\text{Pr}) = P_2/P_1 = n\sqrt{P_2/P_1}$

여기서, λ : 마찰계수, I : 관길이(m), U_2 : 유속(m/sec), g : 중력가속도,
d : 관지름(cm), A : 면적(m^2)

66. 터보펌프의 정지순서
① 토출변(밸브) 닫음 ② 모터 정지
③ 흡입면 닫음 ④ 드레인 빼기

67. 가스 압축기 정지시 조작순서
① 전동기 스위치를 내린다. ② 주흡입밸브 닫는다.
③ 최종 스톱밸브 닫는다. ④ 드레인 밸브 열어둔다.
⑤ 냉각수 주입밸브 닫는다.

68. ① 도시가스 제조 전처리 공정(☞ 진유황수습)
㉠ 제진 ㉡ 탈유 ㉢ 탈황 ㉣ 탈수 ㉤ 탈습
② 줄-톰슨효과 : 압축가스를 단열팽창시키면 온도와 압력이 내려간다.
③ 최고사용압력 8 kg/cm^2인 LP가스 배관자료
㉠ 고압배관용 탄소강관 : 사용압력이 100 kg/cm^2 이상시 사용
㉡ 고온배관용 탄소강관 : 350℃ 이상시 사용
㉢ 압력배관용 탄소강관 : 사용 압력이 10 kg/cm^2 이상~100 kg/cm^2 미만시 사용
㉣ 보일러 열교환기용 합금강관
④ 저장탱크 설치 : 압력계, 안전밸브, 액면계
⑤ 가스제조시 수분제거 방법
㉠ 액체흡착법 ㉡ 고체흡착법 ㉢ 냉각법

69. 가스제조기지 선택시 유의점(☞ 공수경 원조가 프로세스)
① 공급탱크 ② 수요의 변동 ③ 경제성
④ 원료선택 ⑤ 조업성 ⑥ 프로세스(공정)

70. 2단감압방식 조정기 사용시 이점
① 가스중의 수분중에 의한 영향을 받기 어렵다.

② 소구경의 관치수에서 다량의 공급을 할 수 있다.
③ 저압배관에 비해 가스누출이 있는 경우 누설량이 많다.
④ 소비선이 저압이므로 공급 범위 전역에 걸쳐 비교적 안정된 압력으로 공급이 가능하다.

71. 2단감압법의 장점(☞ 공중배각)
① 공급가스의 압력이 일정하다.
② 중간 배관이 가늘어도 된다.
③ 배관입상에 의한 압력강하를 보정할 수 있다.
④ 각 연소기구에 알맞은 압력으로 공급이 가능

72. 도시가스 원료인 LNG특징
① 상온에서 쉽게 저장할 수 없다.
② 대기 및 수질오염 등의 문제가 없다.
③ 냉열이용 가능
④ 기화설비만으로 도시가스를 쉽게 만들 수 있다.
⑤ 액화탄산가스 드라이아이스 제조
⑥ 공기액화 분리에 의한 액체산소 및 질소 제조
⑦ 저온에 의한 매연탈황

73. 고압가스 재해에 관한 설명
① 자기분해 폭발을 일으키는 가스는 C_2H_2, C_2H_4, N_2H_4, O_3 등이다.
② 아세틸렌은 산화폭발, 분해폭발, 화합폭발을 한다.
③ 일산화탄소는 가연성가스이므로 공기와 공존시 폭발할 수 있다.

74. 진공단열법의 종류(☞ 분고다)
① 고진공단열법 : 10^{-3} Torr(mmHg)
② 분말진공단열법 : 10^{-2} Torr(mmHg)
③ 다층진공단열법 : 10^{-5} Torr(mmHg)
④ 충진용분말(☞ 퍼규알)
  ㉠ 퍼얼라이트
  ㉡ 규조토
  ㉢ 알루미늄분말

75. 펌프의 상사법칙

① $Q(유량) = Q' \times (N_2/N_1)^1 \times (D_2/D_1)^3$

② $H(P)양정(압력) = H' \times (N_2/N_1)^2 \times (D_2/D_1)^2$

③ $Kw(Ps)동력(마력) = Kw' \times (N_2/N_1)^3 \times (D_2/D_1)^5$

여기서, N_1(rpm) : 처음 회전수, N_2(rpm) : 나중 회전수,
D_1(cm) : 처음 관경, D_2(cm) : 나중 관경

76. ① 자동절체식 조정기 사용시 이점(☞ 전잔용분)

㉠ 전체용기 수량이 수동교체식보다 적어도 된다.

㉡ 잔액이 거의 없어질 때까지 사용가능

㉢ 용기 교환주기가 길다.

㉣ 분리형일 경우 도관의 압력 손실이 크게 해도 된다.

② 가스액화 분리장치의 구성요소(☞ 한정불)

㉠ 한랭발생 장치

㉡ 정류장치

㉢ 불순물 제거 장치

③ 킬드강 : 0~30℃ 정도 사용

④ 전효율 : 기계효율 × 수력효율

⑤ 오픈랙(Open rack)기화기 : 기화열을 모두 해수 이용

77. 암모니아 합성탑

① 합성탑으로 들어가는 가스는 1 : 3(N_2+3H_2 → 2NH_3)의 혼합가스로서 온도는 450~550℃ 압력은 200~1000 atm으로 압축되어 들어간다.

② 보통 촉매는 5단으로 나뉘어 충전되며 최하단은 촉매를 충전한 열교환기이다.

③ 암모니아 합성탑은 내압용기와 내부 구조물(촉매유지 및 열교환)로 되어 있다.

④ 암모니아 합성에 사용되는 촉매는 Al_2O_3, Fe_2O_3, K_2O를 첨가한 것이 사용된다.

78. 구형저장 탱크의 특징(☞ 강용형표기)

① 강도가 크다.   ② 용량이 크다.

③ 형태가 아름답다.   ④ 표면적이 적어도 된다.

⑤ 기초구조 단순 공사 용이

79. 방식법의 특징

① 강제배류법

㉠ 장점
ⓐ 전류전압 조정이 용이하며 효과가 좋다.
ⓑ 전철의 휴지기간중에도 방식이 가능하고 간접작용이 없다.
㉡ 단점
ⓐ 전원이 별도 필요
ⓑ 다른 매설금속체의 장해(간섭)에 관하여 검토가 필요하다.
ⓒ 전철의 신호장애에 관한 검토 필요

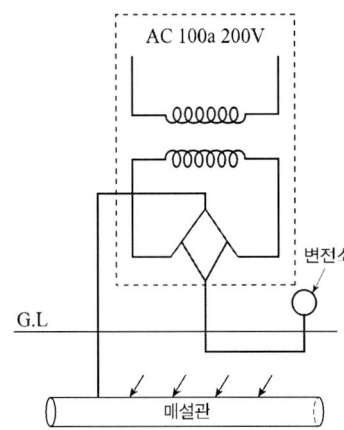

② 유전양극법(☞ 시소다과)
㉠ 장점
ⓐ 다른 매설금속체에 방해 작용이 없다.
ⓑ 소규모 설비에는 경제적이다.
ⓒ 시공이 단순하다.
ⓓ 과방식의 염려가 없다
㉡ 단점(☞ 강대정전방근무)
ⓐ 전류 조절이 불가능하다.
ⓑ 정기적으로 전극(양극)을 보충할 필요가 있다.
ⓒ 방식범위가 좁다.
ⓓ 대규모 설비시는 시설비가 많이 든다.
ⓔ 강한 전식에는 무력하다.

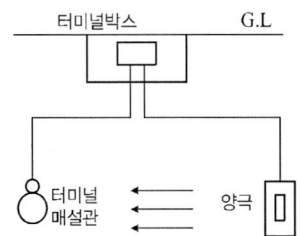

③ 선택배류법
　㉠ 장점
　　ⓐ 전철의 전류를 활용할 수 있으므로 별도 유지비가 필요하다.
　　ⓑ 전철 운행동안에는 자연히 방식된다.
　　ⓒ 시공비가 별도로 들지 않는다.
　㉡ 단점
　　ⓐ 과방식의 우려가 있다.
　　ⓑ 다른 매설금속체의 간섭 우려가 있다.
　　ⓒ 전철과의 관계위치에 의한 효과 범위가 변화될 수 있다.
　　ⓓ 전철의 휴지기간 또는 레일 전위가 높은 경우에도 효과가 없다.

④ 외부전원법
　㉠ 장점
　　ⓐ 전극 수명이 길다.
　　ⓑ 방식 범위가 넓다.
　　ⓒ 전압 전류 조정이 가능
　　ⓓ 대형 설비에는 전원 장치수를 적게 할 수 있어 경제적이다.
　㉡ 단점
　　ⓐ 초기 시공비가 많이 든다.
　　ⓑ AC전원이 필요하다.
　　ⓒ 강력한 다른 매설체의 간섭 우려가 있다.

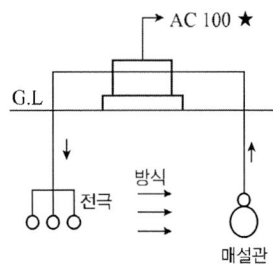

80. 가스의 액화온도

① HCN : 25.7℃　　② H₂S : -10℃　　③ NH₃ : -33.3℃
④ Cl₂ : -34℃　　⑤ C₄H₁₀ : -0.5℃　　⑥ C₃H₈ : -42.1℃
⑦ CO₂ : -78.5℃　　⑧ C₂H₂ : -81℃　　⑨ CH₄ : -161.5℃
⑩ O₂ : -183℃　　⑪ Ar : -186℃　　⑫ N₂ : -196℃
⑬ H₂ : -252℃

81. 가스 제조시설
① LPG와 나프타 혼합시설
② LPG와 공기 혼합시설
③ 나프타 분해 반응시설

82.
① 도시가스 제조의 원료 송입법에 의한 분류
  ㉠ 연속식 : 연속식인 원료의 송입으로 가스의 발생이 연속적이며 가스발생량의 조절은 일반적으로 장치에 대해 50~100% 사이에서 발생량 조절
  ㉡ 배치식 : 일정량의 원료를 가스화실에 넣고 가스화한 후 가스가 발생하지 않으면 잔류물을 제거하는 반복하는 방식으로 가스발생량의 급격한 조절이 곤란
  ㉢ 사이클링식 : 연속식과 배치식의 중간적인 형식 일정기간동안 연속적으로 원료를 투입하여 가스를 발생시키고 장치내의 온도가 내려가면 원료의 송입을 정지하고 승온하는 조작을 자동운전으로 행하는 것으로서 가스발생량 조절은 장치의 운전 장치로 행함

② 가열방식에 의한 분류
  ㉠ 부분연소식 : 원료에 소량의 공기와 산소를 혼합한 후 원료를 가스 발생을 위한 반응기에 넣고 원료의 부분을 연소시켜 발생한 열을 가스화열원으로 이용하여 가스를 발생시키는 방식
  ㉡ 자열식(오드사밍식) : 가스화에 필요한 열을 발열반응(산화반응과 수첨분해 반응)에 의해 가스를 발생시키는 방식
  ㉢ 외열식 : 원료가 들어있는 반응기를 외부에서 가열하여 발생한 열로 가스를 발생시키는 방식
  ㉣ 축열식 : 반응기내에서 연료를 연소시켜 반응기를 가열한 후 원료를 송입하여 가스를 발생시키는 방식

83. 천연가스를 도시가스로 사용할 경우 공급방식
① 천연가스를 그대로 공급한다(발열량 9000~9500 kcal/Nm^3).
② 천연가스를 공기로 희석해 공급(발열량 4500~6000 kcal/Nm^3)
③ 종래의 도시가스에 섞어서 공급한다.
④ 종래의 도시가스와 유사한 성질의 가스로 개질해서 공급

84. 액화천연가스
① 성질
  ㉠ 공기보다 가볍다(가스비중 0.55), 기화한 가스는 무색, 무취, -113℃ 이하에서는

건조한 공기 보다 무거워진다.
ⓒ 메탄을 주성분으로 에탄, 프로판, 부탄류, 펜탄류 등의 저급지방족 탄화수소와 질소가 소량 함유 되어 있다.
ⓒ 액비중은 0.415로서 물보다 가볍다.
② 연소시 발열량은 11000 kcal/m²
⑪ 액화하면 체적이 약 1/600로 감소한다. 천연가스의 주성분인 메탄을 1 kg 당 0℃ 1 atm에서 가스상태로 약 1.4 m³이지만 이것을 -162℃ 1 atm으로 액화하면 0.0024 m³로 체적이 약 1/600로 줄어든다.

② 액화천연가스의 제조 : 지하에서 산출한 천연가스를 액화하기 전에 제진, 탈황, 탈탄산, 탈수, 탈습 등의 전처리를 한 다음 액화

③ 도시가스 원료로서 특징
㉠ 불순물이 거의 없어 탈황설비 등의 정제설비가 필요치 않다. 깨끗한 연료이므로 사용시 환경오염 문제를 유발하지 않는다.
ⓒ LNG 인수기지에는 저온저장 설비 등 일련의 이입설비로 기화시키기 때문에 기화장치 필요
ⓒ 초저온 액체이기 때문에 설비의 재료 선택 및 그 취급 운전에는 특별한 주의가 필요, LNG는 저장중 외부에서 열의 침입에 의해서 BOG(Boil Off Gas)가 발생하기 때문에 LNG 탱크내에서 일시적으로 가스의 온도가 높아질 수 있다.
② 냉열 이용 가능하다.

④ 부식성 : 금속에 대한 부식성은 없으나 저온액체이므로 어떤 종류의 금속에서는 저온취성을 일으킨다(9% 니켈강 사용).

⑤ 인체에 미치는 영향 : LNG로부터 기화한 가스는 메탄이 주성분으로 에탄, 프로판등을 포함한다. 그 자체에는 특성은 없으나 이들은 단순 질식성 가스이므로 고농도가 존재할 경우 공기 중 산소 농도 저하에 의한 산소결핍증에 주의해야 한다.

85. ① 백운현상 : LNG가 누출시 그 기화열로 주위의 공기가 냉각되어 공기중의 수분이 노점이하로 되어 하얗게 서리가 걸리는 것 같은 상태로 되기 때문에 LNG의 누출을 육안으로 확인하는 것이 가능
② 롤오버현상 : 초저온 액화천연가스등이 수상에 누출하여 물과의 큰 온도차에 의해 폭발적으로 기화하는 현상

86. **액화천연가스 기화장치의 종류**
① 개방형 기화기(open rack vaporizer) : 해수를 가열원으로 사용하는 것으로 해상 수송용이 LNG 수입기지에 적합하다. 기화기는 여러 개의 핀튜브로 된 판넬과 판넬 양쪽

측면에 해수를 투입시켜 기화시킴
  ㉠ 특징
    ⓐ 보수가 쉽고 안정성이 높다.
    ⓑ 해수축을 개방하여 경제성이 높다.
    ⓒ 해수의 유입으로 필요한 열을 얻을 수 있다.
    ⓓ 핀튜브 및 헤드파이프는 저온재료인 Al 사용
    ⓔ 해수량의 조정은 수동밸브로 하여 해수온도의 계절적 변동에 따라 조절한다.
② 잠수형 기화기(submerged conversion vaporizer) : 액중 연소를 이용한 기화기로서 연소가스는 주조 내에서 열교환기 내부로 고속 분출하여 연소가스를 포함한 물은 에어리프트(Air Lift)에 의해 열교환기 층을 상승하는 운동을 발생한다.
  ㉠ 특징
    ⓐ 공기량과 연료메탄의 혼합비는 10 : 1로 자동제어 한다.
    ⓑ 튜브외벽에 얼음생성이 거의 없다.
    ⓒ 에어리프트 효과의 격렬함에 의해 전열이 크다.
    ⓓ 버너는 고부하연소, 안전성 및 넓은 부하변동이 요구 됨
    ⓔ 발열량은 기화가스 출구온도를 일정하게 자동제어 한다.
③ 중간 매체식 기화기(Inter Mediate Fluid Vaporizer) : 해수와 LNG 사이를 중간 열매체(C_3H_8)를 개입시켜 열교환하는 것으로 해수에 의해 가열 프로판액은 증발하여 LNG 열교환에 달하여 LNG에 열량을 부여한 후 응축, 액화됨.
  ㉠ 특징
    ⓐ 해수와 프로판이 다같이 빙결 위험이 없다.
    ⓑ 열교환기의 필요 면적은 콤팩트할 수 있다.
    ⓒ 직접 가열방식에 비해 약 2배의 전열면적이 필요하다.
    ⓓ 부하 및 해수 온도에 대해 해수량의 연속적인 제어가 가능

87. ① 고압장치 배관계에 생기는 응력(☞ 열내용냉배)
  ㉠ 열팽창에 의한 응력
  ㉡ 내압에 의한 응력
  ㉢ 용접에 의한 응력
  ㉣ 냉간가공에 의한 응력
  ㉤ 배관재료의 무게 또는 유체 무게에 의한 응력
  ㉥ 배관 부속물인 밸브, 플랜지 등에 의한 응력
② 배관의 진동 원인(☞ 안관압바라)
  ㉠ 안전밸브 분출에 의한 진동

ⓛ 관에 흐르는 유체의 압력 변화에 의한 진동
ⓒ 압축기 및 펌프의 구동에 의한 진동
ⓔ 관의 굽힘에 의해 생기는 힘의 영향
ⓜ 바람, 지진 등에 의한 진동

88. LNG 냉열이용

액화천연가스는 대기압하에서 상온의 기체로 되는데 210 kcal/kg의 열을 필요로 한다.
① 공기액화분리에 의한 액체산소 및 액체질소의 제조
② 액화탄산 및 드라이아이스 제조
③ 냉동식품의 제조 및 냉동창고에 의한 저장
④ 저온에 의한 배연탈황
⑤ 고무, 플라스틱 등의 저온파쇄처리
⑥ 해수의 담수화 변환

89.

① 정유가스(off gas)＝업가스 : 수소나 메탄 등의 탄화수소를 주성분으로 한 가스로서 석유정제의 정유가스와 석유화학의 정유가스이다. 이것은 메탄, 에틸렌 등의 수소 및 수소 등을 개질한 것으로 석유정제와 석유화학의 부산물
② 나프타(납사) : 도시가스, 석유화학, 합성비료의 원료 등으로 사용되는 가솔린으로 원유의 상압증류에 얻어지는 비점이 200℃ 이하의 유분을 말한다.
   ㉠ 성질
      ⓐ 유황분이 적을 것(0.05% 이하)
      ⓑ 카본석출이 적을 것
      ⓒ 파라핀계 탄화수소가 많을 것(80% 이상)
      ⓓ 유출온도가 높지 않을 것
      ⓔ 촉매의 활성에 악영향을 주지 않을 것
   ㉡ C/H : 탄소와 수소의 중량비를 표시한 것으로 가스와 원료의 가스화가 용이함을 평가하는 지수

90. 합성천연가스(대체천연가스) SNG 특징

① 석유, 원유, 나프타, LNG의 각종 탄화수소가 원료이며 가스화제로서 H_2, O_2, H_2O 등을 사용한다.
② 메탄이 주성분이고 발열량은 9000 kcal/m³ 이상으로 고압수송이 가능한 가스
③ 원료의 C/H비는 4.5~18이지만 합성한 SNG는 수소를 첨가하거나 탄소를 제거하여 (CO_2, C) C/H비가 3인 것으로 제조된다.

91. 가스의 탈수방법

① 냉각에 의한 탈수방법 : 냉동기를 이용하는 방식과 이용하지 않는 방식
② 액체 흡착제에 의한 방법 : 디에틸렌 글리콜 등의 흡수제를 사용하고 가스중의 수분을 흡수제거
③ 고체 흡착에 의한 방법 : 알루미나겔들의 흡착제를 사용하고 가스중의 수분을 흡착하는 방식
   ㉠ 흡착제
      ⓐ 실리카겔   ⓑ 알루미나겔
      ⓒ 활성알루미나겔   ⓓ 몰레큘러시브
   ㉡ 장점
      ⓐ 장치의 구조, 운전이 간단하다.
      ⓑ 극히 낮은 노점의 가스가 얻어진다.
      ⓒ 부식발포 등의 장애가 비교적 적다.
      ⓓ 소량의 가스를 처리할 때도 비용이 높지 않다.
      ⓔ 가스의 온도, 유량, 압력 등의 변동에 의해 크게 영향을 받지 않는다.
   ㉢ 단점
      ⓐ 설비비가 높다.
      ⓑ 열 소비가 비교적 많다.
      ⓒ 흡착, 재생이 불연속이다.
      ⓓ 건조제가 가스중의 성분에 의해 독을 받기 쉽고 붕괴하기 쉽다.

92. 가스미터 부착시 유의사항

① 입구와 출구를 구별할 것
② 입구배관에는 드레인 및 여과기 설치
③ 배관 상호에 부담 배제
④ 수평으로 부착할 것
⑤ 지면으로부터 1.6~2 m 이내
⑥ 전선과 15 cm 이상 접속기, 점멸기, 굴뚝과는 30 cm 이상, 안전기, 계량기, 개폐기는 60 cm 이상 유지
⑦ 부식성 가스와 접촉하는 곳 피할 것

93.
① 기체액화사이클
   ㉠ 린덴식 사이클   ㉡ 카피쟈
   ㉢ 클라우드식   ㉣ 필립스식

② 내연기관사이클
  ㉠ 오토사이클   ㉡ 디젤사이클   ㉢ 샤바테사이클

94. **LP가스 연소기구의 구비조건**
   ① 연소열을 가장 유효하게 이용할 수 있을 것
   ② LP가스를 완전히 연소시킬 수 있을 것
   ③ 취급이 간단하고 안전성이 높을 것
   ④ 전가스 소비량 및 각 버너의 가스소비량은 표시치의 ±10% 이내

95. **LP가스 연소방식에 따른 분류**
   ① 적화식 연소방식
      연소에 필요한 공기를 모두 2차 공기로 취하고 1차 공기를 취하지 않는 연소방식으로 단순히 가스를 대기중에 분출하여 연소시키는 것(순간온수기, 각종 파일로토버너, 각종 에어퍼지버너)
   ② 분젠식 버너(1차 공기량 60%+2차 공기량 40%)
      가스가 노즐에서 일정한 압력으로 분출, 그때의 운동에너지로 연소에 필요한 일부분의 공기(1차공기)를 흡입하여 혼합관 내에서 혼합염공에서 연소한다. 이때 불꽃주의에서 2차 공기를 흡입하여 가스를 완전연소시킨다(일반가스기구, 온수기, 가스레인지 등).
   ③ 세미분젠식 연소방식(1차 공기량 40%+2차 공기량 60%)
      적화식 연소방식과 분젠식 연소방식의 중간적인 연소방식, 불꽃의 색은 청색으로 내염과 외염의 구별이 뚜렷하지 않다(목욕탕, 온수기, 버너).
   ④ 전 1차 공기식 버너
      연소에 필요한 공기를 모두 1차 공기로 혼합시켜 연소하는 것으로 2차 공기가 필요하다. 따라서 1차 공기량만으로 연소하기 때문에 연소속도가 빨라 역화의 우려가 있으므로 버너는 특수한 구조로 된 것 사용(난방용 가스스토브, 건조로용 그릴용 버너 등)

96. **도시가스 배관에서 가스공급이 불량하게 되는 원인**
   ① 정압기 고장 또는 능력부족
   ② 미터의 불량 또는 고장
   ③ 배관내의 물의 고임, 녹으로 인한 폐쇄

97. ① 저온장치에서 냉동 효과란 : 흡입열량(증발기에서 흡수한 열량)

② 도시가스 제조설비에서 천연가스 중 불순물로서 저온 분리장치에서 제거되는 물질
: 벤젠
③ 1차 공기를 다량으로 필요로 하는 경우에 사용하는 노즐은 : 평노즐
④ 암모니아 저장탱크에 사용할 수 없는 것 : 구리합금, 순수구리, 알루미늄 합금
⑤ 압력조정기 규격 용량 : 총가스 소비량의 150%
가스미터 규격 용량 : 총가스 소비량의 120%
⑥ 일반적으로 LPG용 노즐보다 도시가스용 노즐이 더 크다.
⑦ LPG 수송배관의 이음부분에 사용할 수 있는 패킹 : 실리콘 고무

98. 공기액화분리장치의 폭발원인 및 방지대책

① 폭발원인(☞ 오질탄아)
 ㉠ 액체공기중의 오존의 혼입
 ㉡ 공기중 질소 또는 질소 화합물 혼입
 ㉢ 압축기용 윤활유 분해에 따른 탄화수소 생성
 ㉣ 공기중 C_2H_2 혼입
② 방지대책(☞ 여윤공정)
 ㉠ 여과기 설치
 ㉡ 윤활유는 양질의 광유 사용
 ㉢ 공기가 맑은 곳에 공기 취입구 설치
 ㉣ 정기적으로 장치내부를 불연성 세제(사염화탄소)로 세척한다.

99. 고압 또는 중압인 가스홀더(☞ 관응맨)

① 응축액을 외부에서 뽑을 수 있는 장치를 할 것
② 맨홀 또는 검사구를 설치할 것
③ 응축액 동결을 방지하는 조치를 할 것
④ 관의 입구 및 출구에는 온도 또는 압력의 변화에 의한 신축을 흡수하는 조치를 할 것
⑥ 고압가스 안전관리법의 규정에 의한 검사를 받는 것일 것

100. SPPH 49 - S - H - 100A - SCh120 - AKS
　　　　① 　② 　③ 　④ 　　⑤ 　　　⑥

① 고압배관용 탄소강관　　　② 최저인장강도 kg/mm^2
③ 열간가공 이음매 없는 강관　　④ 호칭지름 100 mm
⑤ SCh 120번(스케줄 번호)　　⑥ AKS(제조회사)

101. ① 개방형 압축기의 특징
　　　㉠ 소음과 진동이 크다.
　　　㉡ 압축기와 전동기를 별개로 사용할 수 있다.
　　　㉢ 보수, 점검 취급이 간편하다.
　　　㉣ 압축기 회전수를 바꾸어 사용 조건에 적합한 운전이 가능하다.
② 밀폐형 압축기 특징
　　　㉠ 소음과 진동이 적다.
　　　㉡ 압축기와 전동기는 일체형
　　　㉢ 보수, 점검이 어렵다.
　　　㉣ 압축기 회전수를 바꿀 수 없다.

102. 누설검지액으로 갖추어야 할 조건
① 인체에 무해할 것
② 포의 유지시간이 길 것
③ 배관 및 고무관을 부식시키지 말 것
④ 미량의 누출에 대해서도 직접 발포할 것

103. 고압장치재료 중 구리관의 특징
① 전도성이 좋고 절연성은 나쁘다.
② 외부충격에 약하다.
③ 알칼리에는 강하고 산에는 약하다.
④ 내면이 매끈하며 유체저항 적다.
⑤ 공극성이 좋아 기름이 용이
⑥ 증류수에는 부식이 됨

104. 나사식 압축기 특징
① 용량 조절이 어렵다.
② 용적형이다.
③ 무급유식 또는 급유식이다.
④ 기체는 맥동이 없고 연속적으로 압축

105. 압축기에서 용량 조절을 하는 목적
① 압축기 보호　　　　　　　② 수요공급의 균형유지
③ 실린더 내의 온도상승 방지　④ 소요동력 절감

106. 용기재료 구비조건(☞ 경내가 저온)
① 경량일 것
② 내식성이 있을 것
③ 가공 및 용접성이 좋고 가공 중 결함이 생기지 않을 것
④ 저온 및 사용 중 견디는 점성, 연성강도를 가질 것

107.
① 희석제 : 메탄, 일산화탄소, 에틸렌, 질소, 수소, 프로판(☞ 메일에질수프)
② HCN 안정제 : 오산화인, 염화칼슘, 인, 인산, 아황산가스, 동, 동망, 황산(☞ 오염인 아동황)
③ 다공물질 : 석회, 석면, 규조토, 목탄, 탄산마그네슘, 산화철, 다공성 플라스틱
   (☞ 석규목탄산화나)
④ 수소취성 방지재료 : 바나듐, 몰리브덴, 티탄, 텅스텐, 크롬(☞ 바몰티텅크)

108. 파열판식 안전밸브 특징
① 구조가 간단하고 취급이 쉽다.
② 압력상승 속도가 큰 곳에 적합하여 중합반응 우려가 큰 곳 사용
③ 스프링식 안전밸브와 같은 밸브시트 누설은 없다.
④ 작동 후 새로운 것으로 교환
⑤ 슬러지, 부식성 유체 측정가능

109.
① 가스홀더 : 가스수요의 시간적 변동에 대해 가스를 안정하게 공급
② 회전식 펌프 : 압축이 연속적이고, 고진공을 얻을 수 있어 진공펌프로 사용
③ 가스의 비중 기준 : 가스는 공기, 액체나 고체는 물
④ 정압기 이상 감압에 대처방법(☞ 이정저)
   ㉠ 2차측 압력 감시장치   ㉡ 정압기 2계열 설치   ㉢ 저압배관 루프화
⑤ 고압식 액체산소 분리장치에서 산소를 분리할 때 원료공기의 압축기에서 압축 압력은 : 150~200 atm
⑥ 가스분출시 정전기 발생하기 쉬운 경우 : 가스 속에 액체나 고체의 미립자가 있을 때
⑦ LP가스의 주성분 : 프로판, 부탄, 프로필렌, 부틸렌, 프로틴, 부타디엔

110. 보온재의 구비조건(☞ 비열한 사기꾼이나)
① 비중이 작아야 한다.(가벼워야 한다)
② 열전도율이 작아야 한다.(보온능력이 커야 한다)

③ 사용온도에 견디고 변형되지 말아야 한다.
④ 기계적 강도가 있어야 한다.
⑤ 다공질이며 기공이 균일해야 한다.
⑥ 시공이 쉽고, 시공 후 결함이 없을 것
⑦ 흡습성이 없을 것
⑧ 가격이 저렴하고 구입이 용이할 것

111. 도시가스 배관 매설 깊이
① 수평거리로 건축물까지 : 1.5 m 이상
② 지하철 및 터널 : 10 m 이상
③ 수도시설로서 독성가스 혼입할 우려가 있는 배관 : 300 m 이상
④ 궤도 중심과 : 4 m 이상
⑤ 외면으로부터 지하의 다른 시설과 : 0.3 m 이상
⑥ 철도부지와 수평거리, 도로경계와 수평거리, 산이나 들 : 1 m 이상
⑦ 시가지외 인도, 보도, 방호구조물 내 : 1.2 m 이상

112. 냉매의 구비조건
① 압축비가 적을 것
② 점도가 작을 것
③ 열전도율이 클 것
④ 증발잠열이 클 것
⑤ 화학적으로 안정할 것
⑥ 금속에 대한 부식성이 없을 것
⑦ 인체에 대한 독성이 없을 것
⑧ 누설시 발견이 용이할 것
⑨ 인화폭발성이 없을 것
⑩ 임계온도가 높고 응고점 낮을 것
⑪ 저온에서는 대기압 정도의 압력으로 증발이 가능하고 낮은 압력으로 액화하기 쉬울 것

113. 각종 검지 방식
① 접촉연소방식 : 가연성 가스이용
② 반도체 방식 : 가연성 가스, 독성 가스
③ 격막갈바니식 : 산소

④ 격막전극방식 : 염소, NH₃ HCN 등

114. 하버-보시법의 NH₃ 합성

$N_2+3H_2 \Leftrightarrow 2NH_3+23.5$ kcal

① 온도 : 450~550℃
② 압력 : 200~1000 atm
③ 촉매 : Fe_2O_3, K_2O, Al_2O_3

115. 도시가스 공급시설 : 가스발생설비, 가스정제설비, 가스홀더, 배송기, 압송기, 정압기, 배관(압축기, 안전장치, 압력계, 펌프, 탱크) ⇒ 안전설비

116. 고압장치의 재료

① 초저온 장치 : 18-8 스테인리스강, 9% 니켈강, 크롬강, 알루미늄합금강
② LPG, C_2H_2 : 탄소강
③ 산소, 수소 : 망간강, Cr 강
④ 고압가스장치 : 18-8 스테인리스강, 크롬강

117.

① 대체천연가스 : 고압으로 수송하기 위해 압송기 필요
② 폭발방지 장치설치 : LPG 저장능력 10 ton 이상 설치
③ 동 및 동합금을 사용하면 안되는 것 : C_2H_2, NH_3, H_2S
④ 도시가스공급순서 : 공장 → 공급소 → 고압배관 → 중압정압기 → 탱크 → 소비시설 → 가스버너 → 압력조정기
⑤ 유해성분의 양 : 건조한 도시가스 1 m³ 당
　S(황전량) : 0.5 g 이하, NH_3 : 0.2 g 이하, H_2S : 0.02 g 이하

118.

① 역화방지 장치설치장소(☞ 오고수아)
　㉠ 가연성가스를 압축하는 압축기와 오토클레이브와의 사이
　㉡ C_2H_2의 고압 건조기와 충전용 교체 밸브사이
　㉢ 수소화염 또는 산소 - 아세틸렌 화염 사용시설
　㉣ 아세틸렌 충전용지관
② 역류방지밸브 설치장소(☞ 유충암독)
　㉠ 가연성가스 압축기와 충전용 주관과의 사이
　㉡ C_2H_2의 유분리기와 고압건조기 사이
　㉢ 암모니아, 메탄올의 합성탑이나 정제탑과 압축기 사이

㉣ 독성가스(액화염소) 감압설비뒤의 배관

119. 복정류탑 중간에 있는 응축기 작용
하부통에 대해서는 증발기, 상부통에 대해서는 분류기의 작용

120. 고압가스 적용범위
① 압축가스 : 상용온도 또는 35℃에서 10 kg/cm² 이상
② 액화가스 : 상용온도 또는 35℃에서 2 kg/cm² 이상
③ 아세틸렌 : 상용온도 또는 15℃에서 0 kg/cm² 이상
④ HNC, C_2H_4O, CH_3Br : 액화가스 중 상용온도에서 0 kg/cm²

121. 고압가스의 분류(상태에 따른 분류)
① 압축가스 – 상온에서 압축시 액화되지 않는 가스를 압축한 가스
  예) 산소 : -183℃   수소 : -252℃
     질소 : -196℃   메탄 : 162℃
② 액화가스 – 상온에서 압축하면 비교적 쉽게 액화
  예) 암모니아 : -33.3℃   염소 : -34℃
     시안화수소 : 25.7℃   프로판 : -42℃   부탄 : -0.5℃
③ 용해가스 – 용제 속에 가스를 용해시킨 가스
  예) C_3H_2(-84℃)

122. 성질에 따른 분류
① 가연성가스 : 폭발하한이 10% 이하 하한과 상한의 차가 20% 이상시

	하한(%)~상한(%)	차 이
수소	4~75	71
CO	12.5~74	61.5
C_2H_2	2.1~81	79
C_3H_8	2.2~9.5	7.3
C_4H_{10}	1.8~8.4	6.6
CH_4	5~15	10

② 조연성가스 : 자기자신은 연소하지 않고 타 물질의 연소를 돕는 가스
  예) O_2, O_3, Cl_2, N_2O, NO_2
③ 불연성가스 : He, Ne, Ar(☞ 헤네아), N_2, CO_2

123. 독성에 의한 분류

① 독성가스 : 허용농도가 200 ppm 이하인 가스

예 CO : 50 ppm 　　　　　Cl_2 : 1 ppm

$COCl_2$: 0.1 ppm 　　　　C_2H_4O : 50 ppm

> **참고** 허용농도 : 건강한 성인 남자가 1일 8시간 작업하여도 인체에 해를 끼치지 않는 한계농도 (1ppm은 1/100만을 나타냄)

124. 몰과 기체 부피와의 관계

① 아보가드로의 법칙

　㉠ 온도와 압력이 일정하면 모든 기체는 같은 부피 속에 같은 수의 분자가 들어 있다.

　㉡ 표준상태(0℃, 1 atm)에서 모든 기체의 체적은 1 kmol당 22.4 Nm^3이고, 분자수는 $6.02×10^{23}$개이다.

② n(몰)= W(무게)/M(분자량)= 부피/22.4ℓ = 분자수/($6.02×10^{23}$)

125. 이상기체(완전가스)의 성질

① 기체분자 상호간의 작용하는 인력과 분자의 크기 무시, 분자의 충돌은 완전 탄성체로 이루어짐
② 보일-샤를의 법칙을 만족
③ 아보가드로의 법칙을 따른다.
④ 온도에 관계없이 비열비 일정
⑤ 내부 에너지는 체적에 관계없이 온도에 의해서만 결정(주울의 법칙 성립)

126. 이상기체의 법칙 [P(압력)= V(부피)= T(온도)]

① 보일의 법칙(온도일정) T = 일정

$P_1 V_1 = P_2 V_2$, $V_2 = (P_1 × V_1)/P_2$

∴ 온도가 일정할 때 기체의 체적(V_2)은 압력(P_2)에 반비례한다.

② 샤를의 법칙(P = 일정)

$V_1/T_1 = V_2/T_2$

∴ $V_2 = (V_1 × T_2)/T_1$

∴ 압력이 일정할 때 기체의 체적은 절대온도(T_2)에 비례한다.

③ 보일-샤를의 법칙

$(P_1 × V_1)/T_1 = (P_2 × V_2)/T_2$

$$\therefore V_2 = (P_1 \times V_1 \times T_2)/(P_2 \times T_1)$$

∴ 기체의 체적은 압력에 반비례하고, 절대온도에 비례한다.

127. 이상기체 상태방정식(온도, 압력, 부피와의 관계)

$P \cdot V = n \cdot R \cdot T$ (압력 부피 몰 기체상수 절대온도)

> **참고** 기체상수 $R = 0.082 \ell \cdot atm/mol \cdot K$
> 600ℓ의 용기에 40 atm, 27°C에서 O_2가 충전되어 있다. 몇 kg의 O_2가 충전되어 있는가?
> $$PV = \frac{WRT}{M}$$
> $\therefore W = PVM/RT = (40\text{atm} \times 600\ell \times 32\text{kg/mol} \cdot K \times (273+27)K) = 31219.5\text{g} = 31.22\text{kg}$

128. $P \cdot V = G \cdot R \cdot T$

여기서, G : 질량, R : $848/M$ [kg·m/kg·K]

129. 돌턴의 분압법칙 : 기체혼합물 전체 압력은 각 성분 기체의 분압의 합과 같다.

① 분압 = 전압 × (성분기체몰수/전몰수) = 전압 × (성분기체부피/전부피)
  = 전압 × (성분기체분자수/저분자수)

> **참고** 수소 8몰과 질소 4몰의 혼합기체가 나타내는 전압이 18기압이었다면 이 때의 수소의 분압은
> 분압 = 18기압 × [8/(8+4)] = 12기압
> ∴ 압력비 = 몰수비 = 부피비 = 분자수비

130. 혼합기체의 전압을 구하는 식

$P \cdot V = P_1 V_1 + P_2 V_2$ 에서 $P(\text{전압}) = (P_1 V_1 + P_2 V_2)/V$

여기서, P_1 : 처음압력, V_1 : 처음체적, P_2 : 나중압력, V_2 : 나중체적, V : 전체부피

131. 실제기체의 상태방정식(반데르바알스의 방정식)

실제기체(분자간의 인력이 무시된 상태 성립)

$(P + a/V^2)(V - b) = RT$

여기서, a/V^2 : 기체 분자간의 인력, b : 기체 자신이 차지하는 부피

132. $PV = ZnRT$ (Z : 압축계수 = 보정계수)

133. 기체의 확산속도의 법칙으로부터 구하는 법

$U_B/U_A = \sqrt{M_A/M_B} = t_A/t_B$

> **참고** 산소와 수소의 확산속도비
> $$H_2/O_2 = \sqrt{\frac{32}{2}} = 4 \qquad \therefore 1:4$$
> ∴ 분자량이 적을수록 확산속도비는 커진다.

134. 혼합기체의 조성
① 몰(%)=(성분기체의 몰수/기체전체의 몰수)×100
② 용량(%)=(어느 성분기체의 용량/기체전체의 용량)×100
③ 중량(%)=(어느 성분기체의 중량/기체전체의 중량)×100

135. 기체의 용해도
① 압력에 비례하고, 온도에 반비례
② 혼합기체의 용해도는 압력에 비례하므로 각 성분기체의 분압에 비례

136. 헨리의 법칙
① 정의 : 일정한 온도에서 용매에 용해하는 기체의 질량은 압력에 정비례한다.
② 용해도가 작은 기체만 적용 가능 : O_2, H_2, N_2, CO_2(☞ 산수질이)
  용해도가 큰 기체 적용 불가 : HCl, NH_3, SO_2, H_2S

137. 연소의 3요소
① 가연물
② 산소공급원 : 공기, 일산화질소, 염소, 불소(지연물)
③ 점화원 : 화기, 전기불꽃, 마찰, 충격, 산화열

138. 연소의 형태
① 확산연소 : 가연성가스와 공기가 급격히 혼합 연소(수소, 아세틸렌)
② 자기연소 : 산소 없이 스스로 연소(질산에스테르, 초산에스테르, 화약, 폭약 등)
③ 표면연소 : 숯, 마그네슘, 알루미늄, 코크스, 목탄
④ 분해연소 : 열분해에 의해 가연성 가스를 방출시켜 연소(석탄, 목재, 중유, 고체파라핀)
⑤ 증발연소 : 인화성액체의 온도상승에 따른 증발에 연소(알코올, 에테르, 등유, 경유)

139. 발화의 발생원인
① 온도　　　　　　　　　② 조성

③ 압력   ④ 용기의 크기와 형태

140. 폭발의 유형
① 산화폭발 : 가연성가스의 폭발(CH_4, C_3H_8, C_2H_2, C_4H_{10} 등)
② 분해폭발 : 가압하에서 단일가스의 폭발(아세틸렌, 산화에틸렌)
③ 종합폭발 : 중합열에 의한 폭발(시안화수소)
④ 촉매폭발 : 직사일광 등에 의한 폭발(수소와 염소혼합가스, 염소와 아세틸렌, 염소와 암모니아)
⑤ 분진폭발 : Mg, Al 등 분말의 폭발

141. 폭굉(detonation)
① 폭발중에서 특히 격렬한 경우를 폭굉이라 하며 가스 중의 음속보다도 화염의 전파속도가 큰 경우로 이때에는 파면선단에 충격파라고 하는 솟구치는 압력파가 발생하여 격렬한 파괴 작용을 일으키는 현상
② 폭굉시 : 1,000~3,500 m/sec
  정상연소시 : 0.03~10 m/sec

142. 폭굉유도 거리 : 최초의 완만한 연소가 격렬한 폭굉으로 발전할 때까지의 거리

143. 폭굉유도거리가 짧아지는 경우(☞ 고정관점)
① 고압일수록(압력이 높을수록)
② 정상연소 속도가 큰 혼합가스일수록
③ 관 속에 방해물이 있거나 관지름이 작을수록
④ 점화원의 에너지가 클수록

144. 발화온도 : 공기 중에서 가연성 물질을 가열하여 점화원 없이 스스로 연소할 수 있는 최저 온도

145. 발화점에 영향을 주는 인자(원인) (☞ 가발가기점)
① 가연성가스와 공기의 혼합비
② 발화가 생기는 공간의 형태와 크기
③ 가열속도와 지속시간
④ 외벽의 재질과 촉매효과
⑤ 점화원의 종류와 에너지 투여법

146. 가연성 물질의 착화온도(발화온도)

① 가솔린 : 210~400℃
② 아세틸렌 : 400~440℃
③ 부탄 : 430~510℃
④ 프로판 : 460~520℃
⑤ 에틸렌 : 500~519℃
⑥ 수소 : 580~590℃
⑦ 메탄 : 610~682℃

147.
탄화수소의 발화점은 탄화수가 많을수록 낮아진다.

148. 외부점화원
충격, 마찰, 충격파, 전기불꽃, 단열압축, 열복사, 자외선, 화염 등

149. 최소점화에너지
가스가 발화하는데 필요한 최소에너지 온도, 조성, 압력에 따라 다름

150. 단독으로 폭발할 수 있는 것

① 아세틸렌(C_2H_2)
② 산화에틸렌(C_2H_4O)
③ 히드라진(N_2H_4)

151. 르샤틀리에의 법칙의 혼합가스 폭발범위를 구하는 식

$$\frac{100}{L} = \frac{V_1}{L_1} + \frac{V_2}{L_2} + \frac{V_3}{L_3} + \cdots + \frac{V_n}{L_n}$$

여기서, L : 혼합가스의 폭발 한계값(%), L_1, L_2, L_3 : 각 성분의 단독 폭발한계 값
V_1, V_2, V_3 : 각 성분의 체적

152. 압력의 영향

① 일반적으로 가스의 압력이 높아질수록 발화온도가 낮아지고 폭발범위는 넓어진다.
② 수소와 공기의 혼합가스는 10 atm까지는 폭발범위가 좁아지나, 그 이상의 압력에선 다시 넓어진다.
③ 일산화탄소와 공기의 혼합가스는 압력이 높을수록 폭발범위가 좁아진다.

153. 안전간격
8ℓ의 구형용기 안에 폭발성 혼합가스를 채우고 점화시켜 발생된 화염이 용기 외부의 폭발성 혼합가스에 전달되는지의 여부를 측정하였을 때 화염을 전달시킬 수 없는 한계의 틈(안전간격이 적은 가스일수록 위험하다.)

154. 안전간격에 따른 폭발등급

① 폭발 1등급 : 안전간격 0.6 mm 초과(☞ 아가를벤 일암은 에메한 프로판과 부탄이다.)
- ㉠ 아세톤
- ㉡ 가솔린
- ㉢ 벤젠
- ㉣ 일산화탄소
- ㉤ 암모니아
- ㉥ 에탄
- ㉦ 메탄
- ㉧ 프로판
- ㉨ 부탄 등

② 폭발 2등급 : 0.4 mm 초과~0.6 mm 이하(☞ 에석하다)
- ㉠ 에틸렌
- ㉡ 석탄가스

③ 폭발 3등급 : 0.4 mm 이하(☞ 수수한 아이)
- ㉠ 이황화탄소
- ㉡ 수소
- ㉢ 수성가스
- ㉣ 아세틸렌

155. 안전공간
액화가스 충전용기나 탱크에서 온도상승에 따른 가스의 팽창을 고려한 공간

안전공간 $= (V_1 / V) \times 100$

여기서, V : 전체부피, V_1 : 기체상태의 부피(전체부피−액체부피)

156. 수소(H_2)

① 상온에서 무색, 무미, 무취의 가연성 기체
② 확산속도가 가장 빠르다.
③ $2H_2 + O_2 \rightarrow 2H_2O + 136.6\,kcal$(수소폭명기)
   $H_2 + Cl_2 \rightarrow 2HCl + 44\,kcal$(염소폭명기)
   $H_2 + F_2 \rightarrow 2HF + 128\,kcal$(불소폭명기)
④ 고온에서 금속산화를 환원시킴
   $CuO + H_2 \rightarrow Cu + H_2O$
⑤ 고온, 고압하에서 탄소성분과 반응하여 수소취성(탈탄반응)을 일으킨다.
   $Fe_3C + 2H_2 \rightarrow CH_4 + 3Fe$
⑥ 고온, 고압하에서 질소와 반응하여 NH_3 생성
   $N_2 + 3H_2 \rightarrow 2NH_3 + 24\,kcal$
⑦ 탈탄방지 첨가원소
   V, Mo, Ti, W, Cr, Nb
⑧ 탈탄방지 재료
   5~6% Cr강, 18-8 스테인리스강
⑨ 탈탄촉진 조건
   고온, 고압, 탄소함유량이 많을수록

(1) 공업적 제조법
　① 물의 전기분해(수전해법)
　　㉠ 순도 높은 수소를 제조
　　㉡ 소요전력이 많다.
　　㉢ 음극(H_2) : 양극(O_2) = 2 : 1의 비율로 발생
　　　$2H_2O \rightarrow 2H_2(-) + O_2(+)$
　　㉣ 전해액 : 농도 20% 정도의 수산화나트륨
　　㉤ 전극 : 니켈 도금한 강판
　② 수성가스법(석탄 또는 코크스의 가스화법)
　　㉠ $C + H_2O \rightarrow CO + H_2 - 31.4\,kcal$
　　㉡ $C + H_2O \rightarrow CO + H_2 - 29.6\,kcal$
　　㉢ $C + \dfrac{1}{2}O_2 \rightarrow CO + 26.4\,kcal$
　③ 석유 분해법 : $C_3H_8 + 3H_2O \rightarrow 3CO + 7H_2$
　④ 천연가스 분해법
　　㉠ 수증기 개질법(온도 1400℃, 압력 : 10 kg/cm^2)
　　　$CH_4 + H_2O \rightarrow CO + 3H_2 - 49.2\,kcal$
　　㉡ 부분산화법(파우더법, 800~1000℃, 15 kg/cm^2)
　　　$2CH_4 + O_2 \rightarrow 2CO + 4H_2 + 17\,kcal$
　⑤ 일산화탄소 전화법
　　㉠ $CO + H_2O \rightarrow CO_2 + H_2 + 9.8\,kcal$
　　㉡ 제1단계 전화반응(고온전화반응)
　　　촉매 : Fe_2O_3, Cr_2O_3, 온도 : 350~500℃
　　㉢ 제2단계 전화반응(저온전화반응)
　　　촉매 : CuO, ZnO, 온도 : 200~250℃

(2) 용도
　① 로케트 추진 연료
　② 암모니아 합성원료가스
　③ 환원성을 이용한 금속의 제련
　④ 에탄올의 합성원료
　⑤ 윤활유 정제용, 나프타 중유 등의 수소화 탈황
　⑥ 비점 : -252.5℃
　⑦ 임계압력 : 12.8 atm
　⑧ 임계온도 : -239.9℃

157. 산소(O_2)

(1) 일반적 성질
① 공기 중 21% 함유, 무색·무미·무취
② 조연성 가스로 자신은 연소하지 않음
③ 유기물의 분해, 합성
④ 용제, 유지류는 산화 폭발의 위험이 있다.
⑤ 액체가 기화되면 800배 체적의 기체가 됨
⑥ 산소 또는 공기중 방전시키면 O_3(오존) 생성

(2) 연소에 관한 성질
① 고압에서 산소를 사용할 때, 유지류나 유기물과 접촉하면 산화폭발 – 사염화탄소 세척제 사용
② 공기 중 산소농도 증가시
    ㉠ 연소속도증가   비점 : -183℃
    ㉡ 화염온도상승   임계압력 : 50.1 atm
    ㉢ 발화온도저하   임계온도 : -118.4℃
    ㉣ 화염길이 감소

(3) 산소 취급시 주의사항
① 가연성 가스용기와 구분하여 저장
② 용기나 계기류 : 윤활유, 그리스 부착 불가
③ 압력계는 '금유'라는 표시 있는 산소전용 압력계
④ 용기는 보일러, 화기 등과 멀리 떨어져야 함.

(4) 산소용기 : 이음매 없는 용기
① 용기재질 : Mn강, Cr강, 18-8 스테인리스강
② 최고충전압력 : 150 kg/cm^2
③ 안전밸브 : 파열판식
④ 용기도색 : 녹색(의료용은 백색)
⑤ 윤활유 : 물 또는 10% 이하의 묽은 글리세린수

(5) 산소의 제조법
① 실험적 제조법
    $2H_2O_2 + MnO_2 \rightarrow 2H_2O + MnO_2 + O_2$
    $2KClO_3 \rightarrow 2KCl + 3O_2$
    $2HgO \rightarrow 2Hg + O_2$
② 공업적 제조법
    ㉠ 물의 전기분해 : $2H_2O \rightarrow 2H_2 + O_2$

ⓒ 공기액화 분리법 : 산소와 질소의 비등점차 이용
　　O_2(-183℃), N_2(-195.8℃) 상부에서 얻음.

(6) 산소의 용도
　① 로케트 추진용　　② 산소호흡(의약용)
　③ 산소용접　　　　④ 제철, 열처리용
　⑤ 탄화수소 부분 산화용

(7) 공기액화분리장치
　① 액화순서 : 산소먼저
　② 기화순서 : 질소먼저
　③ 공기액화분리장치의 종류
　　㉠ 전저압식 공기분리장치
　　　ⓐ 조작압력 5 kg/cm²g 이하
　　　ⓑ 산소발생량 500 Nm³/h 이상
　　　ⓒ 대용량 적합
　　㉡ 중압식 공기분리장치
　　　ⓐ 조작압력 10~30 kg/cm²g 정도
　　　ⓑ 질소취득량이 많을 때, 소요량
　　㉢ 저압식 액산플랜트
　　　ⓐ 조작압력 25 kg/cm²g
　　　ⓑ 중압팽창터빈 사용
　　　ⓒ Ar 회수가 가능
　④ 공기액화분리장치 세척 : 1년에 1회(사염화탄소)

158. 질소(N_2 Nitrogen)

① 무색, 무미, 무취의 기체
② 상온에서 다른 원소와 반응하지 않고, 타지도 않는 불연성 가스
③ 고온에서 산소와 반응하여 산화질소가 된다.
④ Mg, Li < Ca 등과 화합하여 질화마그네슘(Mg_3N_2), 질화리튬(Li_3N_2), 질화칼슘(Ca_3N_2) 생성
⑤ 비점(-195.8℃) 극저온냉매로 이용
⑥ 임계온도 : -147.0℃, 임계압력 : 33.5 atm

(1) 용도
　① 암모니아 합성 원료 가스
　② 가연성가스장치 퍼지용

③ 액체질소 : 식품 등의 금속 동결용
④ 기밀시험용 및 치환용
⑤ 금속의 산화방지용 및 전구의 필라멘트 보호제

159. 희가스(Rare Gas)

① 일반적 성질
  ㉠ 주기율표 0족 : 다른 원소와 거의 화합하지 않는 불활성 가스임
  ㉡ 무색, 무미, 무취
  ㉢ 희가스를 방전시키면 특유의 빛 발생

  He : 황백색   Ne : 주황색
  Ar : 적색   Kr : 녹자색
  Xe : 청자색   Rn : 청록색

  ㉣ Ar : -185.87℃   임계압력 : 40
    Ne : -245.9℃   임계압력 : 26.9
    He : -268.9℃   임계압력 : 2.26

② 용도
  ㉠ 네온사인용
  ㉡ 가스 크로마토그래피 분석 캐리어 가스용
  ㉢ 형광등의 방전관용
  ㉣ 금속의 제련 및 열처리 등에서 보호가스용

160. 염소(Cl_2, Chlorine)

① 일반적 성질
  ㉠ 자극성 냄새가 나는 황록색의 기체
  ㉡ 조연성 가스
  ㉢ 수분을 함유하면 철 등의 금속과 반응하여 부식발생(온도 120℃ 이상)
    $H_2O + Cl_2 \rightarrow HClO + HCl$
    $Fe + 2HCl \rightarrow FeCl_2 + H_2$
  ㉣ HClO(차아염소산) 생성 : 살균·표백 작용
  ㉤ $H_2 + Cl_2 \rightarrow 2HCl$(염소폭명기)
  ㉥ 비점 : -34.05℃, 임계압력 : 76.1 atm

② 공업적 제조법
  ㉠ 수은에 의한 소금의 전기분해
    $2NaCl + (Hg) \rightarrow Cl_2 + 2Na + (Hg)$

$2Na(Hg) + 2H_2O \rightarrow 2NaOH + H_2 + (Hg)$

ⓒ 격막법에 의한 소금의 전기분해

$NaCl \rightarrow Na + Cl$

$2Na + 2H_2O \rightarrow 2NaOH + H_2$

ⓒ 염산의 전기분해

$2HCl \rightarrow Cl_2 + H_2$

③ 용기재질 : 탄소강, 이음매 없는 용기

ⓐ 도색 : 갈색

ⓑ 밸브재질 : 황동

ⓒ 안전밸브 : 가용전(65~68℃ 용융)

ⓓ 염소 재해제 : 소석회($Ca(OH)_2$, 620 kg), 가성소다 수용액(NaOH, 670 kg), 탄산소다 수용액(Na_2CO_3, 870 kg)

④ 용도

ⓐ 종이, 펄프, 포스겐의 원료, 염화비닐, 염화수소

ⓑ 상수도 : 살균용

ⓒ 섬유 : 표백용

ⓓ 금속티탄, 알루미늄 공업용

161. 암모니아(NH_3)

① 일반적 성질

ⓐ 비점 : -33.3℃, 임계압력 : 111.3 atm

ⓑ 무색, 자극성의 기체, 물에 잘 용해된다.

$NH_3 + H_2O \rightarrow NH_4OH$(암모니아수)

용해량 : 물 1 cc(800~900 cc)

ⓒ 상온 : 8.46 atm 액화

ⓓ 증발잠열이 크므로 대형 냉매로 사용

ⓔ 허용농도 : 25 ppm, 폭발범위 : 15~28%

② 화학적 성질

ⓐ 염화수소(HCl)와 만나면 흰 연기를 낸다.

$NH_3 + HCl \rightarrow NH_4Cl$

ⓑ 암모니아는 동(Cu)이나 동합금과 반응하여 착염을 생성하여 완전하게 보관할 수 없다.

$Cu(OH)_2 + 4NH_3 \rightarrow Cu(NH_3)_4^{2+} + 2OH^-$

ⓒ 용기 재질 : 탄소강

② 고온·고압 하에서 강재를 질화, 취화시키므로 18-8 스테인리스강 사용
③ 공업적 제조법
  ㉠ 하버 보시법
    $N_2 + 3H_2 \rightarrow 2NH_3 + 22$ kcal
    450~550℃, 촉매 : $Fe + Al_2O_3$, 200~1000 atm
  ㉡ 석회질소법
    $CaCO_3 \rightarrow CaO + CO_2$
    $CaO + 3C \rightarrow CaC_2 + CO$
    $CaC_2 + N_2 \rightarrow CaCN_2 + C$
    $CaCN_2 + 3H_2O \rightarrow CaCO_3 + 2NH_3 \uparrow$
④ 암모니아 합성공정에 따른 분류
  ㉠ 저압법 : 150 kg/cm² (구우데법, 케로그법) (☞ 감자케구)
  ㉡ 중압법 : 300 kg/cm² (뉴파우더법, IG법, 동공시법, 신파우서법, J.C.I 법)
    (☞ 뉴아이제이동신)
  ㉢ 고압법 : 600~1000 kg/cm² (클로드, 카쟈레법) (☞ 키가클카)
⑤ 용도 : 드라이아이스 제조
  ㉠ 요소, 질소비료 제조(가장 많이 사용)
  ㉡ 대형 냉매로 사용(소형 : 프레온)
  ㉢ 탄산마그네슘, 탄산암모늄 등 탄산염 제조
⑥ 누설검사(☞ 네적염페)
  ㉠ 네슬러 시약 : 소량(황색), 다량(자색) (☞ 황소자다)
  ㉡ 적색 리트머스 시험지 : 청색(☞ 청
  ㉢ 염화수소(HCl) : 백색연기   연
  ㉣ 페놀프탈렌지 : 홍색   홍)
  ㉤ 취기

162. 일산화탄소(CO, Carbon Oxide)
① 물리적 성질
  ㉠ 무색, 무미, 무취
  ㉡ 물에 녹지 않아 수상치환으로 포집
  ㉢ 독성가스 : 50 ppm
  ㉣ 비점 : -192℃
  ㉤ 임계압력 : 35 atm
② 화학적 성질
  ㉠ 상온에서 염소와 반응하여 포스겐 생성
    $CO + Cl_2 \rightarrow COCl_2$

ⓒ 강한 환원성을 가지고 있음(금속야금법에 사용)

   $CuO + CO \rightarrow CO_2 + Cu$

ⓒ 고온·고압하에서 카보닐을 생성

   $Ni + 4CO \rightarrow Ni(CO)_4$(니켈카보닐)

   $Fe + 5CO \rightarrow Fe(CO)_5$(철카보닐)

   ∴ CO는 Fe, Ni 용기에 보관할 수 없다.

ⓔ 카보닐방지원소 : 은, 동, 알루미늄 등 라이닝

③ 제조법

ⓐ 실험실적 제조법(개미산에 진황산을 작용시켜 얻음)

ⓑ 공업적 제조법

   $CH_4 + H_2O \rightarrow CO + 3H_2$

   $C + H_2O \rightarrow CO + H_2$

④ 용도

ⓐ 메탄올 합성 : $CO + 2H_2 \rightarrow CH_3OH$

ⓑ 촉매 : CuO, ZnO, CrO_3

ⓒ 포스겐 제조

163. 이산화탄소(CO_2, Carbon Dioxide)

① 물리적 성질

ⓐ 공기 중 0.03% 포함   ⓑ 불연성

ⓒ 드라이아이스의 제조원료   ⓓ 비점 : -78.5℃

ⓔ 임계압력 : 72.9 atm

② 화학적 성질

ⓐ 물에 거의 녹지 않으나, 조금은 녹아 탄산을 만들어 약산성을 나타낸다.

ⓑ 배관 속에 CO_2가 습기와 반응하여 탄산을 만든다.

   $CO_2 + H_2O \rightarrow H_2CO_3$

ⓒ 석회유와 반응하면 백색침전이 생긴다.

   $CO_2 + Ca(OH)_2 \rightarrow CaCO_3 \downarrow + H_2O$

ⓓ 드라이아이스를 제조 : CO_2 기체를 100 atm까지 액화한 후 -25℃로 냉각하여 단열팽창 시키면 된다.

③ 제조법

ⓐ 일산화탄소 전화반응

   $CO + H_2O \rightarrow CO_2 \uparrow + H_2$

ⓑ 석회석을 가열, 분해시켜 제조

$CaCO_3 \rightarrow CaO + CO_2 \uparrow$

ⓒ 코크스 연소시 발생

$C + O_2 \rightarrow CO_2 \uparrow$

④ 용도

 ㉠ 탄산수, 사이다 등의 청량제에 사용   ㉡ 소화제

 ㉢ 요소$(NH_2)_2CO$의 원료   ㉣ 드라이아이스 제조

164. L. P. G(Liquefied Petroleum Gas)

① 주성분

 ㉠ C_3H_8(프로판)   ㉡ C_3H_6(프로필렌)

 ㉢ C_4H_{10}(부탄)   ㉣ C_4H_8(부틸렌)

 ㉤ C_4H_6(부타디엔)   ㉥ C_3H_4(프로틴)

② 탄화수소의 분류

 ㉠ 알칸족(2n+2) : CH_4, C_2H_6, C_3H_8, C_4H_{10}, C_5H_{12}(펜탄)

 ㉡ 알켄족(2n) : CH_4, C_3H_6, C_4H_8, C_5H_{10}(펜텐)

 ㉢ 알킨족(2n-2) : C_2H_2, C_4H_6

③ 특성

 ㉠ 공기보다 무겁다.(1.52배) : 누설시 낮은 곳에 모여 인화의 위험이 크다.

 ㉡ 액체상태에서 물보다 가볍다. (물비중 : 1kg/ℓ)

  C_3H_8 : 0.509, C_4H_{10} : 0.582

 ㉢ 기화하면 체적은 250배 정도 늘어난다.

  예) 44 g = 22.4 ℓ, 509 g = x

$$x = \frac{509\,g \times 22.4\,\ell}{44\,g} = 259.12\,\ell$$

 ㉣ 기화·액화가 용이하다.

  1atm 상태 : 프로판 -42.1℃, 부탄 : -0.5℃ 냉각시 액화

 ㉤ 기화잠열이 크다(누설시 주위 열량을 빼앗아 용기 주의에 서리가 생김).

  C_3H_8 : 101.8 kcal/kg

  C_4H_{10} : 92 kcal/kg

 ㉥ 무색, 무미, 무취 : 사람이 냄새로 감지할 수 있도록 메르캅탄 첨가, 공기중에 1/1000(0.1%)

 ㉦ 용해성이 있다. 물에 용해되지 않고, 에테르, 알코올 등에 용해된다. 천연고무를 용해시킨다.

 ㉧ 발열량이 크다.

$C_3H_8 + 5O_2 \rightarrow 3CO_2 + 4H_2O + 530\ kcal/kmol$

$C_4H_{10} + 6.5O_2 \rightarrow 4CO_2 + 5H_2O + 700\ kcal/kmol$

ⓩ 프로판 1 kg이 완전 연소할 경우 : $(1000\ g/44\ g) \times 530\ kcal = 12000\ kcal/kg$

프로판 1 m³ 완전 연소할 경우 : $(1000\ \ell/22.4\ \ell) \times 530\ kcal = 24000\ kcal/m^3$

ⓒ 연소시 다량의 공기가 필요하다.

㉠ 연소범위가 좁다.

C_3H_8 : 2.1~9.5%

C_4H_{10} : 1.8~8.4%

ⓣ 발화온도가 높다.

C_3H_8 : 460~520℃

C_4H_{10} : 430~510℃

㉴ 발화점에 영향을 주는 요소

165. 메탄(CH_4)

① 물리적 성질

㉠ 무색, 무취의 기체로서 가연성

㉡ 비점 : -161.5℃　　　　　압력 : 45.8 atm

㉢ 할로겐 원소와 치환반응

② 제조법(금속니켈 촉매로) : $CO + 3H_3 \rightarrow CH_4 \uparrow + H_2O$

③ 용도

㉠ 메탄올합성가스원료($CO + 2H_2 \rightarrow CH_3OH$)

㉡ 연료용

㉢ 블랙의 흑색잉크 제조용

㉣ 메탄속에 A-C 방전시켜 아세틸렌 제조

166. 에틸렌(C_2H_4)

① 물리적 성질

㉠ 물에 용해되지 않는다.

㉡ 비점 : -103.71℃

㉢ 무색의 달콤한 냄새를 가진 마취성 가스

㉣ 알코올, 에테르는 잘 용해됨

㉤ 임계압력 : 50 atm

② 화학적 성질(부가반응 일으킴) : $C_2H_4 + H_2O \rightarrow C_2H_5OH$,　$C_2H_4 + H_2 \rightarrow C_2H_6$

③ 용도

㉠ 폴리에틸렌 제조
㉡ 산화에틸렌 제조 : $C_2H_4 + \frac{1}{2}O_2 \Rightarrow C_2H_4O$
㉢ 에틸알코올 제조 : $C_2H_4 + H_2O \Rightarrow C_2H_5OH$
㉣ 에틸렌글리콜 제조
㉤ 금속의 용접, 절단 이용

167. 포스겐($COCl_2$)
① 물리적 성질
㉠ 상온에서 자극적인 냄새
㉡ 독성가스(농도 0.1 ppm)
㉢ 유기용매에 잘 녹음(벤젠, 에테르)
㉣ 무색의 액체이며, 담황색으로 시판

② 화학적 성질
㉠ 포스겐 압력 가하면 쉽게 액화 : $COCl_2 + H_2O \rightarrow CO_2 + 2HCl$
㉡ 흡수제로 알칼리 사용 : $COCl_2 + 4NaOH \rightarrow Na_2CO_3 + 2NaCl + 2H_2O$

③ 용도
㉠ 염료, 의약, 가소제
㉡ 농약제조
㉢ 접착제, 도료 등 원료

168. 아세틸렌(C_2H_2)
① 물리적 성질
㉠ 무색의 기체로 약간 에테르향기가 있고 불순물로 인해 특이한 냄새가 남
H_2S, PH_3(인화수소), NH_3, SiH_4(규화수소)
㉡ 고체 아세틸렌은 승화함
㉢ 액체보다 고체 아세틸렌이 안전하다.
㉣ 물에는 거의 녹지 않고 유기용매(아세톤, DMF) 용해된다.

② 화학적 성질
㉠ 흡열 화합물이므로 압축하면 분해폭발
$C_2H_2 \Rightarrow 2C + H_2 + 54.2$ kcal
㉡ Cu, Ag, Hg 등의 금속과 화합시 폭발성물질인 아세틸라이드 생성
$C_2H_2 + 2Cu \Rightarrow Cu_2C_2 + H_2$(동아세틸라이드)
$C_2H_2 + 2Ag \Rightarrow Ag_2C_2 + H_2$(은아세틸라이드)

$C_2H_2 + 2Hg \Rightarrow Hg_2C_2 + H_2$(수은아세틸라이드)

③ 제조법

    ㉠ 칼슘카바이드에 물을 가하여 제조

        $CaC_2 + 2H_2O \Rightarrow Ca(OH)_2 + C_2H_2 \uparrow$

    ㉡ 석유 크레킹으로 제조

        $C_3H_8 \xrightarrow[1000 \sim 1200\text{℃}]{\text{Creaking}} C_2H_2 \uparrow + CH_4 + H_2$

④ 가스발생기를 압력에 따라 구분하면

    ㉠ 저압식 : $0.07 \, kg/cm^2$ 미만

    ㉡ 중압식 : $0.07 \sim 1.3 \, kg/cm^2$ 미만

    ㉢ 고압식 : $1.3 \, kg/cm^2$ 이상

⑤ 가스발생기 자체로서 구비조건

    ㉠ 안전기를 갖추고 산소역류, 역화시 발생기에 위험이 미치지 않을 것

    ㉡ 가스 수요에 맞고 일정한 압력을 유지할 것

    ㉢ 가열, 지연발생이 적을 것

    ㉣ 구조가 간단하고 취급이 간편할 것

    ㉤ 발생기의 적당한 온도 : 50~60℃

        습식아세틸렌발생기 표면온도 : 70℃

⑥ 쿨러 : 수분, 암모니아 제거

⑦ 가스청정기(불순물제거)

    ㉠ 불순물 : PH_3, H_2S, N_2, NH_3, H_2, CO, CH_4

    ㉡ 불순물존재 : 아세틸렌의 순도저하, 용해도저하, 악취발생

⑧ 아세틸렌 청정제 : 에퓨렌, 카타리솔, 리카솔

⑨ 유분리기(오일세퍼레이터) : 압축기에서 압축된 가스중의 오일제거

⑩ 건조기 : $CaCl_2$로 수분제거

⑪ 아세틸렌 압축기

    ㉠ 윤활유 : 양질의 광유

    ㉡ 온도상승방지위해 압축기는 수중에서 작동

    ㉢ 충전중 온도에 불구하고 $25 \, kg/cm^2$ 압력으로 하면 희석제 첨가

        CH_4, CO, C_2H_4, N_2

    ㉣ 역화방지기내부 : 물, 모래, 자갈, 페로실리콘

⑫ 다공물질 : 석면, 석회석, 규조토, 목탄, 탄산마그네슘, 산화철, 다공성플라스틱

    ㉠ 다공도 : 75% 이상~92% 미만

    ㉡ 다공질의 구비조건(☞ 고기가 안경을 화학적으로 분석)

　　　　　　ⓐ 고다공도일 것　　　　ⓑ 기계적 강도가 클 것
　　　　　　ⓒ 가스 충전이 쉬울 것　　ⓓ 안정성이 있을 것
　　　　　　ⓔ 경제적일 것　　　　　ⓕ 화학적으로 안정할 것
　　⑬ 용도 : 용접 및 절단용
　　⑭ 가스발생기
　　　　㉠ 주수식, 침지식, 투입식
　　　　㉡ 이중투입식이 공업적으로 가장 많이 사용
　　⑮ 다공도 측정방법

$$다공도(\%) = \frac{V-E}{V} \times 100$$

　　　　여기서, V : 다공질물의 용적, E : 아세톤 침윤 잔용적

169. 산화에틸렌(C_2H_4O)

① 물리적 성질
　　㉠ 물, 알코올, 에테르, 유기용매에 잘 녹는다.
　　㉡ 독성가스(50 ppm)
　　㉢ 비점 : 10.73℃
　　㉣ 폭발범위 : 3~80%

② 화학적 성질
　　㉠ 가연성이며, 중합 및 분해폭발
　　㉡ 물과 반응하여 에틸렌글리콜 생성
　　　$C_2H_4O + H_2O \Rightarrow C_2H_4(OH)_2$
　　㉢ 암모니아와 반응 아민을 생성
　　　$C_2H_4O + NH_3 \Rightarrow HOC_2H_4NH_2$(에탄올아민)

170. 프레온(Freon)

① 일반적 성질
　　㉠ 무색, 무미, 무취
　　㉡ 불연성, 비폭발성, 열에 대해 안정
　　㉢ 액화가 쉽고, 증발잠열이 커서 냉매로 사용
　　　프레온 12 : CCl_2F_2
　　　프레온 22 : $CHClF_2$
　　　프레온 13 : $CClF_3$
　　㉣ 800℃의 불에 접촉하면 포스겐의 유독가스 발생

ⓜ 전기적 절연내력이 크다.
ⓑ 천연고무나 수지침식
② 용도
㉠ 가정용 냉장고, 공기조화용, 제빙용 등의 냉매
㉡ 에어졸 용제
㉢ 우레탄의 발포제
③ 누설검사
㉠ 비눗물의 기포발생 유무
㉡ 헬라이드토오치램프의 불꽃색으로 검사
ⓐ 누설없을 때 : 청색 ⓑ 소량누설시 : 녹색
ⓒ 다량누설시 : 자색 ⓓ 극심할 때 : 불이 꺼짐

171. 시안화수소(HCN)
① 일반적 성질
㉠ 무색이고, 복숭아 냄새가 나는 기체, 독성이 강하다(10 ppm).
㉡ 휘발하기 쉽고, 물에 잘 용해된다.
㉢ 오래된 시안화수소는 급격한 중합에 의해 폭발위험이 있으므로 충전후 60일을 넘지 않도록 한다.
㉣ 안정제 : 황산, 아황산가스, 염화칼슘, 인산(H_3PO_4), 오산화인(P_2O_5), 동망(Cu)
㉤ 인화성 액체
㉥ 아세틸렌과 반응하여 아크릴로 니트릴을 만들 수 있다.
$C_2H_2 + HCN \Rightarrow CH_2=CHCN$
② 용도 : 살충제, 아크릴섬유의 원료

172. 벤젠(C_6H_6)
① 물리적 성질
㉠ 무색, 특유의 냄새가나는 휘발성 액체
㉡ 물에 녹지 않고, 유기 용매에 잘 녹음
② 화학적 성질
㉠ 연소시 그을음이 난다.
㉡ 2중 결합, 치환 반응
③ 용도
㉠ D.D.T 염료에 사용
㉡ 페놀수지, 나일론 제조용

④ 비점 : 25.6℃, 임계압력 : 55 atm

173. 황화수소(H_2S)
① 일반적 성질
㉠ 화산 속에 포함되어 있다.
㉡ 달걀 썩은 냄새, 물에 약간 녹아 산성 나타냄
㉢ 공기중에서 완전연소
$$2H_2S+3O_2 \rightarrow 2H_2O+2SO_2 \uparrow$$
㉣ 연당지(($CH_2COO)_2Pb$)와 반응하여 흑색으로 변화시킨다.
㉤ 비점 : -61.80℃   임계압력 : 88.9 atm
② 제조법
$$FeS+2HCl \rightarrow FeCl_2+H_2S \uparrow$$
③ 용도
㉠ 환원제로 이용
㉡ 정성분석 이용
㉢ 공업약품, 의약품제조원료
㉣ 금속정련, 형광물질제조원료

174. 이황화탄소(CS_2)
① 일반적 성질
㉠ 상온에서 무색, 투명 또는 담황색 액체 일반적으로 불쾌한 냄새
㉡ 인화하기 쉬운 액체로 유독(허용농도 20 ppm)
㉢ 비교적 불안정, 상온에서 빛에 의해 천천히 분해
㉣ 인화점 -30℃, 발화온도 100℃로 전구 표면이나 증기파이프에 접촉만해도 발화한다.
$$CS_2+3O_2 \rightarrow CO_2+2SO_2$$
㉤ 증기를 흡입하거나 액체에 장시간 접촉시 신경계의 장애를 일으킴

175. 아황산가스(SO_2)
① 일반적 성질
㉠ 강한 자극성을 가진 무색의 기체 : 불활성으로 안정된 기체 200℃로 가열해도 분해되지 않음
㉡ 물에 용해(20℃에서 36배) 산성
㉢ 액체 이산화황은 순수하면 전도도가 낮음

② 용도
  ㉠ 황산 제조용
  ㉡ 하이드로썰파이드의 제조
  ㉢ 제당, 펄프공업에서 표백제로 이용

176. 기화기 사용시 이점
① 한냉시에도 충분히 기화시킬 수 있다.
② 공급가스 조성이 일정
③ 기화량 가감 용이
④ 설비비 및 인건비 절감

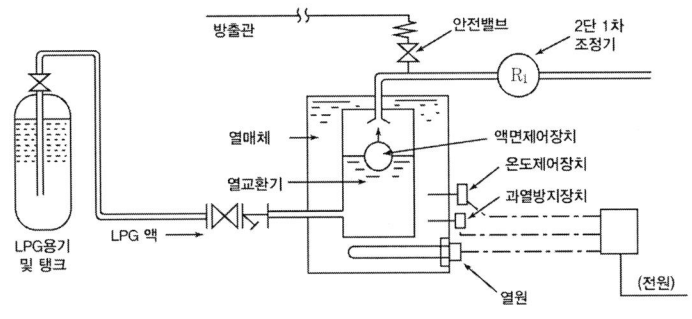

기화장치의 구조도

177. 정압기 설치 시공 기준
① 입구 및 출구 : 가스차단장치 설치
② 정압기출구배관 : 경보장치
③ 지하에 설치시 : 침수방지조치(침수위험 있는)
④ 수분동결우려 : 동결방지 조치
⑤ 분해점검 : 2년에 1회 이상 작동상황 : 1주일에 1회 이상
⑥ 출구 : 가스압력 측정기록할 수 있는 장치
⑦ 전기설비 : 방폭설비

178. 정압기 특성(☞ 정동유사)
① 정특성 : 유량과 2차 압력의 관계
② 유량특성 : 메인밸브열림과 유량의 관계
③ 동특성 : 부하 변화가 큰 곳
④ 사용최대차압 : 사용할 수 있는 범위에서 최대로 되었을 때의 차압

179. 정압기의 종류
[레이놀드식 정압기]
① 피셔식 정압기
② 레이놀드 정압기
③ 엑셀플로우(axial flow)식 정압기

180. 이상감압 방지조치
① 2차측 압력감시 장치
② 정압기 2계열 설치
③ 저압배관의 루프화

181. 신축조인트
① 상온스프링 : 자유팽창량의 $\frac{1}{2}$ 만큼, 짧게 시공
② 루프형(만곡형) : 고온, 고압옥외배관용 굽힘 반지름 6배 이상
③ 슬리브(미끄럼형)
④ 벨로우즈형(펙렉스신축이음=파상형=주름통식), 응력이 생기지 않음
⑤ 신축허용길이 큰 순서(루우프 > 슬리브 > 벨로우즈 > 스위블)

182. 고압장치에서의 안전밸브 설치장소(☞ 반장은 왕압봉)
① 반응탑, 정류탑
② 저장탱크상부
③ 왕복압축기 각단
④ 압축기, 펌프의 토출측, 흡입측
⑤ 액봉의 우려있는 배관
⑥ 감압밸브, 조절밸브뒤의 배관

183. 플러그밸브
① 중·고압용
② 개폐신축
③ 가스관의 불순물 따라 차단 효과 불량

184. 글로우브밸브
① 중·저압용
② 유량조절용이, 기밀성 유지 양호
③ 압력손실이 크다.

185. 볼밸브
① 저·중·고압용

② 배관안지름과 동일, 압력손실 적음
③ 압력계 : 부르동관 압력계

186. **배관용강관**
① 배관용 탄소강관(SPP) : 사용압력이 10 kg/cm² 이하인 증기, 물, 기름, 가스배관에 사용
② 압력 배관용 탄소강관(SPPS) : 10 kg/cm² 이상~100 kg/cm² 이하
③ 고압 배관용 탄소강관(SPPH) : 100 kg/cm² 이상 사용
④ 고온 배관용 탄소강관(SPHT)
⑤ 배관용 아크 용접 탄소강 강관(SPPY, SPW)
⑥ 배관용 합금강관(SPA)
⑦ 저온 배관용 탄소강관(SPLT)

187. **열전달용강관**
① 보일러 열교환기용 탄소강 강관(STH)
② 보일러 열교환기용 합금강 강관(STHA, STHB)
③ 보일러 열교환기용 스테인리스 강관(STS×TB)

188. **구조용강관**
① 일반구조용탄소강관(SPS)
② 기계구조용탄소강관(STM, SM)
③ 구조용합금강관(STA)

189. **배관재료의 구비조건(☞ 절토관내가)**
① 절단 가공이 용이
② 토양, 지하수 등에 내식성을 가질 것
③ 관의 접합이 용이하고 가스의 누설을 방지할 수 있을 것
④ 내부의 가스압과 외부로부터의 하중, 충격하중에 견디는 구조일 것
⑤ 가스유통이 원활한 것일 것

190. 스케줄번호(SCH) = $\dfrac{P}{S} \times 10$

여기서, S : 허용응력(kg/mm²) = 인장강도 × $\dfrac{1}{4}$

P : 사용압력(kg/cm²)

191. 보온재의 구비조건

① 비중이 적어야 한다(가벼워야 한다).
② 열전도율이 적어야 한다.
③ 사용 온도에 견디고 변질되지 말아야 한다.
④ 기계적 강도가 있어야 한다.
⑤ 시공이 용이해야 한다.
⑥ 다공질이며 가공이 균일해야 한다.

192. 유기질보온재

① 폼류
  ㉠ 경질우레탄폼　　　　　㉡ 폴리스티렌폼
  ㉢ 염화비닐폼 ⇒ 80℃ 이하
② 펠트류
  ㉠ 양모펠트　　　　　　　㉡ 우모펠트 ⇒ 100℃ 이하
③ 텍스류
  ㉠ 톱밥　　　　　　　　　㉡ 녹재
  ㉢ 펄프 ⇒ 120℃ 이하　　㉣ 기포성수지

193. 무기질보온재

① 탄산마그네슘(250℃) : 염기성탄산마그네슘 85%+석면 15%
② 그라스울(유리섬유) : 300℃
③ 석면(400℃) : 진동받는 부분 사용, 암유발(폐암)
④ 규조토(500℃) : 진동받는 부분 사용불가
⑤ 암면(400℃) : 부스러지기 쉬움
⑥ 규산칼슘 : 650℃ 이하
⑦ 세라믹화이버 : 1,300℃ 이하

194. 패킹재료

① 플랜지패킹(☞ 고오석합성)
  ㉠ 고무패킹 : 대표적(네오프렌 : -46~121℃)
  ㉡ 오일시일패킹 : 한지내유가공
  ㉢ 석면조인트시트
  ㉣ 합성수지패킹 : 대표적(테프론 : -260~260℃)
② 나사용패킹(☞ 페일액)

㉠ 페인트
㉡ 일산화연 : 냉매배관
㉢ 액상합성수지 : -30~130℃
③ 글랜드패킹(밸브회전부분사용) (☞ 석아모)
㉠ 석면얀
㉡ 석면각형패킹 : 내열, 내산성 좋아 대형밸브 그랜드
㉢ 아마죤패킹 : 면포+내열고무콤파운드 가공성형 압축기용 그랜드
㉣ 모울드패킹 : (석면+흑연+수지) 배합성형 밸브, 펌프등 사용

195. 행거종류
① 스프링행거   ② 리지드행거   ③ 콘스탄트행거

196. 서포트의 종류
① 스프링서포트   ② 리지드서포트
③ 롤러서포트   ④ 파이프슈

197. 리스트레인트
① 앵커   ② 스톱   ③ 가이드

198. 배관을 시공할 때 고려할 사항
① 배관내의 압력손실(허용압력손실)
② 배관경로의 결정(배관의 길이)
③ 관지름의 결정
④ 가스소비량의 결정
⑤ 용기의 크기 및 필요본수의 결정
⑥ 감압방식의 결정 및 조정기의 선정

199. 관지름 결정 4요소
① 가스소비량   ② 허용압력손실
③ 가스의 종류   ④ 배관거리와 부속품수

200. 배관설비의 완성검사법
① 내압시험   ② 기밀시험
③ 가스치환   ④ 기능검사

201. 마찰저항에 의한 압력손실
① 유속의 제곱에 비례한다.   ② 관의 길이에 비례
③ 관의 내경 5제곱에 반비례   ④ 유체의 점도에 따라 변한다.

202. 압력강하 산출식
$H = 1.293(S-1)h$

여기서, H : 가스의 압력손실(mmH$_2$O), S : 가스비중, h : 배관의 입상높이

203. LP가스공급 및 소비설비의 압력손실요인
① 배관의 직관부에서 발생하는 압력손실
② 관의 입상에 의한 압력손실
③ 엘보우, 티, 밸브 등에 의한 압력손실
④ 가스미터, 콕크 등에 의한 압력손실

204. 노즐에 의한 LP가스 분출량 계산식
$Q = 0.009 D^2 \sqrt{\dfrac{p}{d}}$

여기서, Q : 분출가스량(m^3/h), D : 노즐지름(mm),
P : 노즐직전의 가스압력(mmH$_2$O), d : 가스비중

205. 저압배관의 굵기
$Q = K \sqrt{\dfrac{D^5 \cdot h}{S \cdot L}}$

여기서, Q : 가스유량(m^3/h), K : 유량계수(폴의 정수 : 0.707),
D : 파이프의 안지름(cm), h : 허용압력손실(mmH$_2$O), S : 가스비중,
L : 파이프 길이(m)

206. 중·고압배관의 굵기
$Q = K \sqrt{\dfrac{D^5(P_1^2 - P_2^2)}{S \cdot L}}$

여기서, P_1 : 초압(kg/cm^{2}a), P_2 : 종압(kg/cm^{2}a)

207. 가스배관 경로 선정 4요소
① 최단거리로 할 것   ② 구부러지거나 오르내림을 적게 할 것
③ 은폐하거나 매설을 피할 것   ④ 가능한 옥외 설치

208. 배관계에서 발생하는 응력의 원인
　① 열팽창에 의한 응력
　② 내압에 의한 응력
　③ 용접에 의한 응력
　④ 냉간가공에 의한 응력
　⑤ 배관부속품, 밸브 플렌지 등에 의한 응력
　⑥ 파이프속을 흐르는 유체무게의 의한 응력

209. 배관계에서 발생하는 진동의 원인
　① 펌프 및 압축기에 의한 영향
　② 관의 굴곡에 의한 영향
　③ 안전밸브 작동에 의한 영향
　④ 관내를 흐르는 유체의 압력변화에 의한 영향
　⑤ 바람 및 지진등에 의한 영향

201. 배관 지하 매설
　① 지면으로부터 : 1 m 이상
　② 폭 8 m 이상의 도로 매설시 : 1.2 m 이상

211. 고압가스 용기의 구비조건
　① 경량이고 충분한 강도를 가질 것
　② 내식성 및 내마모성을 가질 것
　③ 가공성, 용접성이 좋고 가공 중 결함이 생기지 않을 것
　④ 저온 및 사용온도에 견디는 연성, 점성강도를 가질 것

212. 염소, 아세틸렌, 암모니아, LPG : 탄소강사용
　① 산소, 수소, 탄산가스 : 망간강
　② 산소, 질소, 탄산가스, 프로판의 저온 용기 : 알루미늄합금
　③ 초저온가스용기 : 오스테나이트계 스테인리스강(Cr 18% + Ni 8%)

213. ① 저탄소강 : 탄소함유량 0.3% 미만
　② 중탄소강 : 탄소함유량 0.3~0.6%
　③ 고탄소강 : 탄소함유량 0.6% 초과

214. 가스충전구의 형식에 의한 종류
① A형 : 가스충전구의 숫나사인 것
② B형 : 가스충전구가 암나사인 것
③ C형 : 가스충전구가 없는 것

215. 그랜드너트개폐방향
왼나사, 오른나사가 있고, 왼나사인 것은 그랜드너트 육각모서리에 "U"자형 홈각인

216. 초저온 용기의 검사(☞ 인기내외용단압)
① 인장시험　　② 기밀시험　　③ 내압시험
④ 외관검사　　⑤ 용접부에 관한 시험　　⑥ 단열성능시험
⑦ 압궤시험

217. 납붙임 또는 접합용기의 검사
① 외관검사　　② 기밀시험　　③ 고압가압시험

218. 내압시험압력
① 액화가스, 압축가스 = $FP \times \dfrac{5}{3}$ 배
② 아세틸렌 = $FP \times 3$ 배
③ 고압가스설비 = 상용압력 $\times 1.5$ 배

219. 기밀시험 압력
① 초저온 및 저온용기 = $FP \times 1.1$ 배
② 아세틸렌용기 = $FP \times 1.8$ 배
③ 기타용기 = 최고충전압력이상

220. 용접용기의 장점(강용두)
① 저렴한 강판을 사용하므로 경제적이다.
② 용기의 형태 및 치수가 자유로이 선택된다.
③ 두께 공차가 적다(두께가 균일하다).

221. 고압가스 용기의 구비조건
① 경량이고 충분한 강도를 가질 것
② 내식성 및 내마모성을 가질 것

③ 가공성 용접성이 좋고 가공 중 결함이 생기지 않을 것
④ 저온 및 사용온도에 견디는 연성, 점성강도 가질 것

222. 용기의 재료
① 탄소강 : 염소, 아세틸렌, 암모니아, LPG(저압)
② 망간강 : 산소, 수소, 탄소(고압)
③ 알루미늄합금 : 산소, 질소, 탄산가스, 프로판(저온가스용기)
④ 오스테나이트계 스테인리스강 : (18-8) : 초저온용기

223. 탄소강을 탄소 함유량에 따라 분류
① 저탄소강 : 0.3% 미만
② 중탄소강 : 0.3%~0.6% 미만
③ 고탄소강 : 0.6% 초과

224. 용기용 밸브
① 가스충전구는 : 왼나사
② 기타 : 오른나사(단, 가연성가스이나 NH_3, CH_3Br : 오른나사)

225. 가스충전구의 형식에 의한 분류
① A형 : 가스충전구가 숫나사인 것
② B형 : 가스충전구가 암나사인 것
③ C형 : 가스충전구에 나사 없는 것

226. 그랜드너트개폐방향 : 왼나사, 오른나사가 있으며 "왼나사인 것은" 그랜드너트 육각 모서리에 "V"자형 홈각인

227. 강으로 제조한 이음매 없는 용기의 신규검사 항목(☞ 인기내외파충압)
① 인장시험   ② 기밀시험   ③ 내압시험
④ 외관검사   ⑤ 파열시험   ⑥ 충격시험
⑦ 압궤시험(인기내외파충압)

228. 초저온용기(☞ 인기내외용단압)
① 인장시험   ② 기밀시험   ③ 내압시험
④ 외관검사   ⑤ 용접부에 관한 시험   ⑥ 단열성능시험
⑦ 압궤시험

229. 납붙임 또는 접합용기(☞ 외기고)
① 외관검사　　　② 기밀시험　　　③ 고압가압시험

230. 내압시험 압력(TP)
① 액화가스 및 압축가스 = $FP \times \frac{5}{3}$ 배
② 아세틸렌 = $FP \times 3$ 배
③ 고압가스설비 = 상용압력 $\times 1.5$ 배

231. 수조식 내압시험 특징(☞ 소비내)
① 소형용기에서 행한다.
② 비수조식에 비해 측정결과에 대한 신뢰성이 크다.
③ 내압시험압력까지의 각 압력에서 팽창이 정확하게 측정된다.
④ 항구증가율 = $\frac{항구증가량}{전증가량} \times 100$ 이때 항구증가율이 10% 이하시 합격

232.
① 기밀시험 : 누설여부측정
② 질소 : 탄산가스(CO_2), 건조공기등 사용

233. 단열성능시험
① 액화질소, 액화산소, 액화아르곤 같은 초저온용기의 단열 상태를 보는 것 이때 충전량은 내용적의 $\frac{1}{3}$ 이상~$\frac{1}{2}$ 이하 되도록
② 침입열량
　㉠ 1000ℓ 이하 : 0.0005 kcal/ℓh℃
　㉡ 1000ℓ 초과 : 0.002 kcal/ℓh℃
③ $Q = \frac{W \cdot Q}{H \times \Delta t \times u}$ (산소 : -183℃, 아르곤 : -186℃, 질소 : -196℃)

여기서, Q(비점) : 침입열량(kcal/ℓh℃), H : 측정시간(h), W : 측정중 기화가스량(kg),
V : 용기내용적(ℓ), q : 시험용액화가스의 기화잠열(kcal/kg),
Δt : 시험용 저온액화가스의 비점과 외기와의 온도차(℃)

234. 질량검사 : 용기의 두께 감소율 측정
① 내용적 500ℓ 미만 용기 : 최초각인 질량이 95% 이상이면 합격
② 내압시험에서 영구팽창률이 : 6% 이하인 것은 90%가 합격

235. 구형 저장탱크의 특징 (☞ 강용형표기 보건)
① 강도가 크다.　　　　　　② 용량이 크다.
③ 형태가 아름답다.　　　　 ④ 표면적이 적다.
⑤ 기초구조단순공사가 용이하다.　⑥ 보존이 유리하고 누설완전방지
⑦ 건설비가 싸다.

236. 구형 저장탱크 내용적 계산
$$V = \frac{4\pi r^3}{3} = \frac{\pi D^3}{6}$$

237. 횡형 저장탱크
$$V = \pi r^2 \left(l + \frac{l_1 + l_2}{3} \right)$$

238. 기밀시험 압력(AP)
① 아세틸렌용기 : FP×1.8(FP : 최고충전압력)
② 저온 및 초저온 : FP×1.1
③ 기타용기 : FP 이상

239. 압축기의 분류
① 용적식(체적식)
　㉠ 왕복동식　　㉡ 회전식　　㉢ 스크류식
② 터보식(원심식)
　㉠ 터보형 : 임펠러 출구각이 90℃보다 작을 때
　㉡ 레이디얼형 : 90℃일 때, 다익형 : 90° 클 때

240. 작동압력에 따른 분류
① 팬(fan) : 토출압력이 0.1 kg/cm²(1000 mmAq) 미만
② 송풍기(blower) : 토출압력이 0.1 kg/cm² 이상~1kg/cm² 이하
③ 압축기(compressor) : 1 kg/cm² 이상

241. 밸브의 구비조건
① 운전중 분해하지 않을 것
② 유체저항이 적을 것

③ 파손에 강하고 고온에서 변형이 적을 것
④ 작동이 확실할 것

242. 압축기의 안전장치
① 안전두 작동압력 = 정상고압 + 3 kg/cm²
② 안전밸브 작동압력 = 정상고압 + 5 kg/cm² 또는 내압시험압력 × 0.8

243. 왕복동 압축기 용량제어방법
① 회전수를 가감하는 방법
② 타임드밸브에 의한 방법
③ 흡입주밸브를 폐쇄시키는 방법
④ 바이패스 밸브에 의해 압축가스를 흡입측으로 되돌리는 방법

244. 왕복동 압축기 이론 피스톤 압출량

$$V_a = \frac{\pi D^2}{4} \cdot l \cdot N \cdot R \cdot 60$$

여기서, V : 피스톤 압출량(m³/h), D : 피스톤지름(m), l : 행정거리(m),
N : 기통수, R : 분당회전수(rpm), ηV : 체적효율(%)

245. 실제적인 피스톤 압출량

$$V_g = \frac{\pi D^2}{4} L \cdot N \cdot R \cdot 60 \cdot \eta V$$

246. 왕복동압축기의 체적효율

$$\eta V = \frac{V_a}{V_g} \times 100$$

247. 왕복동압축기의 압축효율

$$\eta c = \frac{지시동력}{이론적동력} \times 100$$

248. 왕복동 압축기의 기계효율

$$\eta m = \frac{축동력}{실제적인 \, 가스의 \, 압축소요동력} \times 100 = \frac{공급받은 \, 에너지}{유효한 \, 기계적인 \, 일}$$

249. 압축비
① 단단압축기의 경우 = $r = p_2(토출절대압)/p_1(흡입절대압)$
② 다단압축기의 경우 = $r = Z\sqrt{\dfrac{P_2}{P_1}}$

250. 압축비가 클 때 장치에 미치는 영향
① 토출가스 온도 상승으로 인한 실린더과열 우려
② 윤활유 열화 및 탄화
③ 체적 효율 감소
④ 소요동력 및 축수하중 증대
⑤ 압축기능력 감퇴

251. 다단압축의 목적
① 소요일량이 절약된다.
② 가스의 온도상승을 방지할 수 있다.
③ 힘의 평형이 양호해진다.
④ 이용효율이 증가한다.

252. 서징현상(Surging)
① 송출압력과 송출유량의 주기적 변동으로 인하여 펌프입구 및 출구압력계 지침이 흔들리는 현상
② 압축기, 송풍기, 펌프에서 토출측 저항이 커지면 풍량이 감소하고 어느 풍량까지 감소하였을 때 관로에 강한 공기의 맥동과 진동을 발생시켜 불안전하게 운전되는 현상
③ 방지법
　㉠ 배관 내 경사를 완만하게 고려한다.
　㉡ 가이드베인을 컨트롤해 풍량을 감소시킨다.
　㉢ 교축밸브를 압축기 가까이 설치
　㉣ 회전수를 변화시킨다.
　㉤ 토출가스를 흡입측에 바이패스 시키거나 방출밸브에 의해 대기로 방출시킨다.

253. 터보 압축기의 용량제어방법
① 베인콘트롤(깃각도) 조절에 의한 방법
② 바이패스에 의한 방법

③ 회전수 가감에 의한 방법
④ 흡입 및 토출댐퍼에 의한 조절

254. 윤활의 목적
① 마찰저항을 줄이고 운전을 원활하게 한다.
② 기계수명을 연장시킨다.
③ 기계효율을 높인다.
④ 가스의 누설을 방지한다.
⑤ 방청효과 지닌다.

255. 윤활의 구비조건
① 사용가스와 반응하지 않고 화학적으로 안정할 것
② 인화점이 높고 응고점이 낮을 것
③ 점도가 적당하고 항유화성이 클 것
④ 수분 및 산등의 불순물이 적을 것
⑤ 정제도가 높아 잔류탄소가 적을 것
⑥ 열안정성이 좋아 쉽게 열분해하지 않을 것

256. 압축기의 내부윤활유
① 공기 압축기, 수소 압축기, 아세틸렌 압축기 ⇒ 양질의 광유
② 염화메탄 압축기, 아황산가스 압축기 ⇒ 화이트유
③ 산소 압축기 : 물 또는 10% 이하의 묽은 글리세린수
④ 염소 압축기 : 농황산(진한황산)
⑤ LP가스 압축기 : 식물성유

257. 공기압축기의 내부 윤활유

잔류탄소 전 질량	인화점	교반온도	교반시간
1% 이하	200℃	170℃	8시간
1%~1.5%	230℃	170℃	12시간

258. 중간압력 이상 상승원인
① 다음단의 흡입, 토출밸브 불량
② 다음단의 피스톤링 마모
③ 다음단의 클리어런스 밸브완전 폐쇄

④ 토출배관의 저항 증대
⑤ 중간단 냉각기의 능력저하
⑥ 중간단의 바이패스 순환

259. 토출 압력저하 원인
① 흡입 토출밸브 불량　　② 흡입관 저항증대
③ 흡입관로의 누설　　　　④ 흡입측 바이패스 순환
⑤ 전단냉각기의 과냉　　　⑥ 전단피스톤링의 마모

260. 압축기 점검 주기
① 1500~2000시간
　㉠ 흡입·토출밸브　　㉡ 오일필터　　㉢ 프레임윤활유
　㉣ 흡입필터　　　　　㉤ 실린더 내면
② 3500~4500시간
　㉠ 피스톤로드　　　　㉡ 메탈릭패킹
③ 8000~9000 시간
　㉠ 프레임　　　　　　㉡ 커넥팅로드　　㉢ 크로스헤드
　㉣ 크랭크샤프트　　　㉤ 주베어링　　　㉥ 실린더
　㉦ 피스톤　　　　　　㉧ 피스톤로드　　㉨ 안전밸브
　㉩ 실린더헤드

261. 펌프의 종류
① 터보형
　㉠ 원심식 - 터빈 : 안내깃이 있다.
　㉡ 사류식(중양정) - 볼류트 : 안내깃이 없다.
　㉢ 축류식(저양정)
② 용적형
　㉠ 왕복식
　　ⓐ 피스톤　　ⓑ 플런저　　ⓒ 다이어프램
　㉡ 회전식
　　ⓐ 베인펌프　ⓑ 기어펌프　ⓒ 나사펌프
③ 특수형
　㉠ 마찰펌프　　㉡ 기포
　㉢ 제트펌프　　㉣ 수격

262. 더블시일형의 특징
① 인화성 또는 유독액이 강한 액일 때
② 기체를 시일할 때
③ 보온·보냉이 필요한 때
④ 내부가 고진공일 때
⑤ 누설되면 응고되는 액일 때

263. 펌프의 양정
① 축류펌프 : 1~5 m
② 사류펌프 : 5~8 m
③ 볼류트펌프 : 10~12 m
④ 터빈펌프 : 20~30 m

264. 펌프의 동력
① $PS = \dfrac{r \times Q \times H}{75 \times n}$ $(Q = m^3/\text{sec})$

② $PS = \dfrac{r \times Q \times H}{75 \times n \times 60}$ $(Q = m^3\text{min})$

③ $PS = \dfrac{r \times Q \times H}{75 \times n \times 3600}$ $(Q = m^3/h)$

④ $KW = \dfrac{r \times Q \times H}{102 \times n}$ (m^3/sec)

⑤ $KW = \dfrac{r \times Q \times H}{102 \times n \times 60}$ $(Q = m^3/\text{min})$

⑥ $KW = \dfrac{r \times Q \times H}{102 \times n \times 3600}$ $(Q = m^3/h)$

265.
① 펌프의 회전수 : $m = \dfrac{120f}{P}$

$$N = m\left(1 - \dfrac{S}{100}\right) = \dfrac{120f}{P}\left(1 - \dfrac{S}{100}\right)$$

여기서, m : 등기속도(rpm), S : 미끄럼률(%), P : 전동기 극수
f : 전원의 주파

② 펌프의 상사법칙

㉠ 풍량$(Q) = Q_1 \times \left(\dfrac{N_2}{N_1}\right)^1$

㉡ 풍압$(P) = P_1 \times \left(\dfrac{N_2}{N_1}\right)^2$

ⓒ 풍마력$(HP) = HP_1 \times \left(\dfrac{N_2}{N_1}\right)^3$

266. 비교회전도(비속도)

① 1단일 때 : $NS = \dfrac{N \times \sqrt{Q}}{H^{\frac{3}{4}}}$

② 2단일 때 : $NS = \dfrac{N \times \sqrt{Q}}{\left(\dfrac{H}{n}\right)^{\frac{3}{4}}}$

여기서, N : 임펠러의 회전수(rpm), Q : 토출량(m³/min), H : 양정(m)
n : 단수

267. 캐비테이션(공동현상) : 급격한 압력강하로 인하여 액체로부터 기포가 분리되면서 소음, 진동, 충격을 발생하는 현상

① 영향(☞ 소양깃)
 ㉠ 소음과 진동발생
 ㉡ 깃에 따라 침식
 ㉢ 양정곡선과 효율곡선 저하
② 발생조건
 ㉠ 과속으로 유량이 증가될 때
 ㉡ 관로 내의 온도 상승시
 ㉢ 흡입양정이 지나치게 길 때
 ㉣ 흡입관 입구 등에서 마찰저항 증가시
③ 방지대책
 ㉠ 양흡입펌프를 사용한다.
 ㉡ 두 대 이상의 펌프를 사용한다.
 ㉢ 회전자를 완전히 액중에 잠기게 한다.
 ㉣ 관경을 크게 하고 유속을 줄인다.

268. 수격작용(water hammer)

① 급히 펌프가 멈추거나 수량조절밸브를 급히 폐쇄할 때 심한 압력변화가 생겨 관벽을 치는 현상
② 방지법
 ㉠ 조압수조를 관로에 설치(Surge Tank)

ⓒ 관경을 크게 하고 관내 유속을 느리게 한다.
　　ⓓ 밸브는 펌프 송출구 가까이에 설치하고 적당히 제어
　　ⓔ 펌프에 플라이휠을 설치하여 펌프의 속도가 급격히 변화하는 것을 막는다.

269. 금속의 성질
① 인성 : 질긴 성질
② 연성 : 늘어나는 성질(순서 : 금, 은, 알루미늄, 구리, 백금, 압, 아연, 철, 니켈)
③ 전성 : 타격, 압연작업에 의해 얇은판으로 넓게 퍼질 수 있는 성질(순서 : 금, 은, 백금, 알루미늄, 철, 니켈, 구리, 아연)
④ 취성 : 잘 부러지고 깨지는 성질
⑤ 가단성 : 단조, 압연, 인발 등에 의해 변형할 수 있는 성질
⑥ 강도 : 외력에 대해서 재료단면에 작용하는 최대저항력(kg/mm^2)
⑦ 경도 : 재료의 단단한 정도
⑧ 피로 : 재료에 인장과 압축하중을 연속적으로 반복하여 작용시켰을 때 파괴되는 현상
⑨ 크리프 : 어느 온도(350℃) 이상에서 일정한 응력이 작용할 때 시간의 경과와 더불어 변형이 증대되고 때로는 파괴되는 현상

270. 금속재료의 종류
① 탄소강 : 보통강이라고도 함, (Fe+C)가 주성분
② 탄소함유량에 의한 분류
　　㉠ 순철 : 탄소 0.035% 이하
　　㉡ 강 : 탄소 0.035%~1.7% 이하, 0.3% 이하(연강), 0.3% 이상(경강)
　　㉢ 주철 : 탄소 1.7% 이상~6.68% 이하 함유
③ 18-8스테인리스강(오스테나이트계 스테인리스강) : Cr(18%)+Ni(8%)

271. 특수강에 각종 원소가 미치는 영향
① Ni(니켈) : 인성증가, 저온에서 충격저항증가
② Cr(크롬) : 내마모성, 내식성, 내열성, 담금질증가
③ Mn(망간) : 강도, 경도, 인성증가, 점성 크고 고온가공 쉽게 한다.
④ Mo(몰리브덴) : 뜨임 취성방지, 고온에서 인장강도 증가
⑤ S(황) : 적열 취성 원인, 절삭성이 좋아진다. 인장강도, 연신율 충격값 등을 저하
⑥ Cu(구리) : 내산성 증가
⑦ Si(규소) : 자기특성, 내열성 증가

272. 동 및 동합금
① 암모니아 및 아세틸렌가스에는 침식 및 폭발의 위험성(동)
② 동합금
　㉠ 황동 : 동+아연합금(놋쇠라고도 함)
　㉡ 청동 : 동+주석합금
③ 알루미늄합금 : 실린더헤드, 크랭크케이스, 피스톤 등 압축기

273. 고온, 고압장치의 조건
① 고온강도 및 점성강도가 클 것
② 크리프 강도가 클 것
③ 조직의 균일화로 점성강도가 클 것
④ 장시간 가열해도 조직이 안정하고 내구성이 클 것

274. 열처리 : 금속을 적당한 온도로 가열 냉각시켜 특별한 성질을 부여하는 것
① 담금질(퀜칭) : 강의 경도 및 강도증가
② 뜨임(템퍼링) : 인성을 증가
③ 풀림(어닐링) : 상온가공을 용이하게 할 목적 가공경화나 내부응력 제거
④ 불림(노멀라이징) : 거칠어진 조직을 미세화하고 편석이나 잔류응력 제거

275. 응력 변형도(☞비탄상하극파)

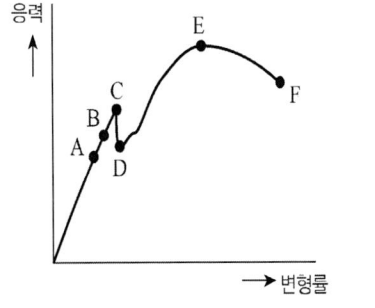

A : 비례한계점
B : 탄성한계점
C : 상항복점
D : 하항복점
E : 극한(인장)강도점
F : 파괴점

응력 변형도

276. 부식 : 수분과 공기 중의 산소와 반응되어 산화됨으로 금속의 화학적 및 전기화학적 반응에 의해 표면에서 소모되는 현상
① 부식의 원인(☞미국의 박이농)
　㉠ 미주전류에 의한 부식　　㉡ 국부전지에 의한 부식
　㉢ 박테리아에 의한 부식　　㉣ 이종금속간의 접촉에 의한 부식

ⓜ 농염 전지작용에 의한 부식
② 부식의 형태
㉠ 전면부식
㉡ 국부부식 : 부식이 특정한 부분에 집중되는 양식
㉢ 선택부식 : 기계 강도가 적은 다공질의 침식층을 형성하는 양식, 주철의 흑연화 부식, 황동의 탈아연부식, 탈알루미늄 부식
㉣ 입계부식 : Cr량이 감소되어 내식성의 저하로 생기는 부식
㉤ 응력부식 : 부식 환경이 되면 취성 파괴가 일어나는 현상

277. 에로션(황산의 이송배관발생)
펌프의 회전차등 유속이 큰 부분에서 부식성 환경에서 마모 바나듐어택(V_2O_5 오산화바나듐) : 중유나 연료유의 회분중에 V_2O_5가 고온에서 용융시 다량의 산소가 금속 표면을 산화시켜 부식

278. 부식속도에 영향을 끼치는 인자
① 내부인자(조구표응전) : 조성, 조직, 구조, 표면상태, 응력상태, 전기화학적특성, 온도
② 외부인자(유용수부친) : 유동상태, 용존가스, 생물수식, 부식액의 조성, PH(수소이온농도)

279. 건식부식
: 고온가스와 금속이 접촉될 경우 양자간의 화학적 친화력이 크면 금속의 산화, 황화, 질화, 할로겐화 등의 부식이 발생
① 수소(수소취성) : 고온, 고압하에서 강에 침투하여 탄소와 결합하여 메탄(CH_4 가스를 형성시켜 탈탄반응 일으킴
㉠ $Fe_3C+2H_2 \Rightarrow CH_4+3Fe$
㉡ 탈탄방지첨가원소 : V, Mo, Ti, W, Cr(☞바, 몰, 티, 텅, 크)
② 산소(산화촉진) : 수분이 존재할 때 고온뿐만이 아니라 상온에서도 산화피막 형성부식
㉠ 내산화성원소 : Al, Cr, Ni, Si(☞알, 크, 니, 소)
③ 질소(질화촉진) : 고온상태에서 질소와 친화력이 큰 Al, Cr, Mo, Ti(알크모티) 등과 반응하여 부식
㉠ 내질화성원소 : Ni
④ 일산화탄소(침탄 및 카보닐화) : 고온, 고압하에서 강자성체 금속인 Fe, Ni, CO 등과 반응 금속 카보닐생성 취화
㉠ $Ni+4CO \rightarrow Ni(CO)_4$(☞니켈카보닐)

ⓛ Fe+5CO → Fe(CO)$_5$(☞철카보닐)

ⓒ 내침탄성원소 : Al, Ti < V, Si(☞알, 티, 바, 소)

⑤ 암모니아(탈탄반응 및 질화촉진)
  ㉠ 고온, 고압하에서 강재에 탈탄반응과 질화작용을 동시 발생, Cu 및 Cu 합금 침식사용불가

⑥ 황하수소 및 아황산가스(황화촉진)
  ㉠ 고온에서 거의 모든 금속과 작용 황화현상 Fe, Ni 심하게 부식시킴
  ㉡ SO$_2$+H$_2$O → H$_2$SO$_3$(황산), H$_2$SO$_3$+$\frac{1}{2}$O$_2$ → H$_2$SO$_4$(황산)
  ㉢ 내황화성원소 : Al, Cr, Si

280. 방식법(부인피를 전도하라)

① 부식환경의 처리에 의한 방법
② 인히비터(부식억제제)에 의한 방법
③ 피복에 의한 방법
④ 전기 방식법(☞강유선외)
  ㉠ 강제배류법   ㉡ 유전(회생)양극법
  ㉢ 선택배류법   ㉣ 외부전원법

281. 내압용기의 강도

$G_1 = \dfrac{W}{A} = \dfrac{P \cdot D}{200t}$ (kg/mm^2) : 원통접선방향

여기서, D : 안지름, P : 내압(kg/cm^2), t : 두께, C_2 : $P \cdot D/400t$(원통의 축방향)

282. 동판두께 구하는 식

$t = \dfrac{PD}{200S\eta - 1.2P} + C$

여기서, t : 동판의 최소두께(mm), D : 동판의 안지름(mm), η : 용접이음효율,
P : 설계압력(kg/cm^2), S : 허용응력(kg/cm^2) = 인장강도의 $\dfrac{1}{4}$
C : 부식여유치

283. 비파괴 검사

① 음향검사 : 테스트해머 이용 결함 유무 판단
  ㉠ 청음 : 합격
  ㉡ 둔탁음 : 불합격

② 침투검사 : 표면에 나타난 미소균열 구멍검출
③ 자분검사(자기검사) : 피검사물을 자석화시켜 자분의 밀집여부로 검사
④ 표면결함검사 : 표면균열의 검사는 X선이나 초음파보다 정밀도 높다.
⑤ 방사선투과검사 : X선이나 γ선 이용 결함유무 검출
⑥ 용접부 결함 검사 가장 적합 가장 널리 사용, 내부결함 측정
⑦ 초음파검사 : 내부의 결함과 불균일층의 존재 여부 검사하는 방법
　　고압장치의 판두께 측정
⑧ 와류검사 : 내면 및 표면결함 측정
⑨ 전위차법 검사
⑩ 설파프린터법 : 강재중의 황의 편성분포 상태 검출 묽은 황산에 침적한 사진용 인화지 사용

284. 쥬울톰슨효과 : 압축가스를 단열팽창시키면 온도와 압력이 내려간다.

285. 가스액화분리장치
① 가역가스액화사이클
② 다원액화사이클 : 증기 압축 냉동사이클에서 비점이 낮은 냉매를 사용하여 저비점의 기체를 액화
③ 린덴의 공기액화 사이클
④ 클로우드의 공기액화사이클
⑤ 카피자의 공기액화사이클 : 공기의 압축압력 7 atm 정도 열교환에 축냉기를 사용, 원료공기냉각시킴, 원료공기 중의 수분과 탄산가스를 제거하고 터빈식 팽창기를 사용
⑥ 필립스의 공기액화사이클 : 수소나 헬륨을 사용한 효율적인 냉동방식

286. 저온장치의 단열법
① 상압단열법 : 단열하는 공간에 분말, 섬유 등의 단열재를 충전방법(일반적으로 사용)
② 진공단열법 : 공기의 열전도율보다 낮은 값을 얻기 위해 공기에 의한 전열을 제거한 단열법
　㉠ 고진공단열법 : 압력이 10^{-3}Torr
　㉡ 분말진공단열법 : 압력이 10^{-2}Torr(충진용 분말 : 퍼얼라이트, 규조토, 알루미늄분말)
　㉢ 다층진공단열법 : 압력이 10^{-5}Torr

287. LNG의 주성분 : CH₄(메탄), 비점 : -162℃, 임계온도 : -82℃

288. 오토클레이브 : 고온, 고압하에서 화학적인 반응을 위한 고압반응가마
   (1) 종류
      ① 교반형 : 교반기에 의해 내용물의 혼합 균일하게
        • 단점
          ㉠ 교반측의 스타핑박스에서 가스누설의 가능성 많다.
          ㉡ 회전속도를 증가시키거나 압력을 높이면 누설되기 쉬우므로 압력과 회전 속도에 제한있다.
      ② 진탕형 : 횡형오토글레이브 전체가 수평전, 후 운동을 하므로 내용물을 교반시키는 형식
        • 장점
          ㉠ 뚜껑판 뚫어진 구멍에(안전밸브, 압력계)촉매가 끼일 염려가 있다.
          ㉡ 장치전체가 진동하므로 압력계는 본체로부터 떨어져 설치한다.
          ㉢ 가스누설의 가능성이 없다.
          ㉣ 고압에 사용할 수 있고 반응물 오손 없다
      ③ 회전형 : 오토클레이브 자체가 회전하는 형식, 고체를 액체로 처리할 때나 액체에 기체를 작용시키는 경우
      ④ 가스교반형 : 가늘고 긴 수직형 반응기로 유체가 순환됨으로써 교반이 행해지는 방식으로 공업적으로 대형의 화학공장에 채택되거나 연속 반응의 실험실에 사용된다.

289. 고압가스 반응기 : 소형시 : 합성관, 대형 : 합성탄, 합성로, 전화로
   ① 암모니아 합성법
      ㉠ 고압합성(600~1000 kg/cm²) : 클로우드법, 카자레법
      ㉡ 중압합성(300 kg/cm² 전후) : 뉴파우더법, IG법, 케미그법, 신파우더법, 뉴데법, JCI법
      ㉢ 저압합성(150 kg/cm² 전후) : 구우데법, 케로그법

290. 석유화학장치
   ① 반응장치
      ㉠ 탱크식 반응기(☞탱아디)
          ⓐ 아크릴클로라이드와 합성
          ⓑ 디클로로에탄의 합성

ⓛ 탑식반응기(☞탑에벤)
　　ⓐ 에틸벤젠의 제조　　ⓑ 벤졸의 염소화
ⓒ 관식반응기(☞관에 염을 해라)
　　ⓐ 에틸렌의 제조　　ⓑ 염화비닐의 제조
ⓔ 내부연소식 반응기(☞내압아)
　　ⓐ 합성용가스의 제조　　ⓑ 아세틸렌의 제조
ⓜ 축열식 반응기 : 아세틸렌의 제조
ⓗ 유동층식 접촉 반응기
　　ⓐ 석유의 개질　　ⓑ 에틸렌의 제조

291. 공기액화분리기장치
① 공기액화분리장치의 종류
　㉠ 전저압식 공기액화분리장치
　　ⓐ 장치조작압력 : 5 kg/cm² 이하
　　ⓑ 산소발생량 : 500 Nm³ 이상 대용량
　㉡ 저압식 액산플랜트
　　ⓐ 장치조작압력 : 25 kg/cm² 정도
　　ⓑ Ar 회수가 가능
　㉢ 중압식 공기액화 분리장치
　　ⓐ 장치 조작압력 : 10~30 kg/cm², 중압
　　ⓑ 산소 비해 질소 취득량 많을 때 소요량 적합

292. 복식정류장치 : 현재 가장 많이 사용
• 산소순도 : 99.5%, 질소순도 : 99.8%
① 종류
　㉠ 고압식 액화분리장치
　　ⓐ 하부탑의 압력 : 5 atm 정도, 온도 : -150℃
　　ⓑ 상부탑 압력 : 0.5 atm, 순도 : 99.6~99.8%
　㉡ 저압식 액화 분리장치
　　ⓐ 원료공기는 터보 압축기압축 : 5 atm 정도
　　ⓑ 하부탑 : 5 atm
　　ⓒ 상부 : 98% 정도 액체질소, 하부 : 40% 정도의 액체공기로 분리
　　ⓓ 순도 : 99.6~99.8%
　　ⓔ 불순질소 : 순도 96%~98%로 상부 탑상부에서 분리

293. 탄산가스 흡착기

① 탄산가스 : 저온장치에서 고형의 드라이아이스가 되어 수분을 얼음으로 변하여 밸브 및 배관의 흐름을 폐쇄한다.

② CO_2 흡수제 : NaOH 수용액 ($2NaOH + CO_2 \rightarrow Na_2CO_3 + H_2O$)

294. 건조기

① 물이나 기름이 압축기 내에 들어가면 액햄머링이 일어나 압축기가 파손된다.

② 소다건조기의 흡수제 : 입상가성소다

③ 겔건조기의 흡착제 : 실리카겔, 활성알루미나, 염화칼슘, 몰레큘레시브

295. 아세틸렌 제조장치

(1) 가스발생기

- 카바이드와 물을 가지고 C_2H_2을 발생시키는 철강제 탱크
- 주수식, 침지식, 투입식이 사용, 투입식이 가장 많이 사용

① 주수식 : 카바이드에 물을 넣은 방법

    ㉠ 불순가스발생이 적고 잔류가스발생이 적다.

    ㉡ 카바이드 교체시 공기혼입의 우려가 있다.

    ㉢ 카바이드에 접촉하는 물이 적기 때문에 온도 상승으로 분해 및 중합의 우려가 있다.

② 침지식(접촉식) : 물과 원료를 소량씩 접촉시키는 방법

    ㉠ 발생기의 온도상승이 쉽다.

    ㉡ 가스발생량을 자동으로 조절할 수 있다.

    ㉢ 불순가스와 잔류가스가 발생할 수 있다.

    ㉣ 카바이드 교체시 공기의 혼입우려

③ 투입식 : 물에 카바이드를 넣은 방법

    ㉠ 대량생산에 적합하다.

    ㉡ 잔류가스가 발생한다.

    ㉢ 카바이드 투입량에 의해서 아세틸렌 가스량을 조절

    ㉣ 카바이드 수중에 있으므로 온도상승이 적다.

(2) 가스발생기를 압력에 따라 구분

    ① 저압식 : $0.07 \, kg/cm^2$ 미만

    ② 중압식 : $0.07 \sim 1.3 \, kg/cm^2$ 미만

    ③ 고압식 : $1.3 \, kg/cm^2$ 이상

(3) 가스발생기 자체로서 구비조건
　① 안전기를 갖추고 산소의 역류, 역화시 발생기에 위험이 미치지 않을 것
　② 가스 수요에 맞고 일정한 압력을 유지할 것
　③ 가열, 지연발생이 적을 것
　④ 구조가 간단하고 취급이 쉬울 것
　⑤ 가스발생기 적당한 온도 50~60℃ 정도, 습식 아세틸렌 발생기 표면온도 70℃ 이하 유지

(4) 쿨러 : 발생된 가스를 냉각하여 수분, 암모니아 제거

(5) 가스청정기
　① 불순물 : PH_3, H_2S, O_2, NH_3, H_2, CH_4, CO
　　(인화수소, 황화수소, 산소, 암모니아, 수소, 메탄, 일산화탄소)
　② 불순물 존재시
　　㉠ 악취발생　　　㉡ 용해도저하　　　㉢ 순도저하
　③ 아세틸렌 청정제
　　㉠ 에퓨렌　　　㉡ 리카솔　　　㉢ 카타리솔

(6) 아세틸렌 압축기
　① 윤활유는 : 양질의 광유
　② 온도상승방지 : 압축기는 수중에서 작동
　③ 회전수 100 rpm 전후의 2~3단의 왕복동 압축기를 사용하며 압축기용량은 보통 15~60 m^3/h 사용
　④ 아세틸렌 충전중에는 온도에 불구하고 25 kg/cm^2 이상 올리지 말 것
　⑤ 25MPa로 충전할 경우 희석제 첨가
　　CH_4 : 메탄, CO : 일산화탄소, C_2H_4 : 에틸렌
　　N_2 : 질소, H_2 : 수소, C_3H_8 : 프로판(메일에질수프)

(6) 역화 방지기
　내부 – 물, 모래, 자갈, 페로실리콘

(7) 다공물질
　① 다공물질의 명칭 : 석면, 석회석, 규조토, 목탄, 탄산마그네슘, 산화철, 다공성플라스틱
　② 다공도 : 75% 이상~92% 미만
　③ 다공질의 구비조건
　　㉠ 고 다공도일 것　　　㉡ 기계적 강도가 클 것
　　㉢ 가스충전이 쉬울 것　㉣ 안전성이 있을 것
　　㉤ 경제적일 것　　　　㉥ 화학적으로 안정할 것

296. LP가스 설비

(1) LP가스의 일반적인 특성

　　㉠ LPG는 액화석유가스라고 함
　　㉡ 저급 탄화수소계로서 탄소수가 3~4개
　　㉢ 주로 프로판(C_3H_8)과 부탄(C_3H_8)이 주성분

① 기화 및 액화가 용이
　　㉠ 상온 : 프로판 : 7 kg/cm^2, 부탄 : 2 kg/cm^2 ⇒ 가압액화
　　㉡ 상압(대기압) : 프로판 : -42.1℃, 부탄 : -0.5℃ ⇒ 냉각액화

② LP가스는 공기보다 무겁다.
　　㉠ 공기보다 비중이 크므로 누설시 낮은 곳에 모여 인화 위험성
　　㉡ 프로판 : 1.52배, 부탄 : 2배 ⇒ 공기보다 무겁다.

③ 액상의 LP가스는 물보다 가볍다.
　　㉠ 액체상태의 LP가스는 물에 용해되지 않는다.
　　㉡ 비중 : C_3H_8 : 0.51 kg/L, C_4H_{10} : 0.582 kg/L

④ 기화하면 체적이 커진다.
　　㉠ C_3H_8 : 250배　　㉡ C_4H_{10} : 230배

⑤ 증발잠열이 크다.
　　㉠ C_3H_8 : 101.8 kcal/kg　　㉡ C_4H_{10} : 92.1 kcal/kg

⑥ 프로필렌
　　㉠ 비점 : -47.7℃　　㉡ 폭발범위 : 2.4~10.3%

⑦ 부틸렌
　　㉠ 비점 : -6.26℃　　㉡ 폭발범위 : 1.6~9.3%

　　∴ C_3H_8 : ㉠ 임계온도 : 96.8℃　㉡ 임계압력 : 42 atm
　　∴ C_4H_{10} : ㉠ 임계온도 : 152℃　㉡ 임계압력 : 37 atm

297. LP가스의 연소특성

① 연소시 많은 공기가 필요하다
　　㉠ 프로판의 연소반응식
　　　　$C_3H_8 + 5O_2 \rightarrow 3CO_2 + 4H_2O + 530$ kcal/mol
　　㉡ 부탄의 연소반응식
　　　　$C_4H_{10} + 6.5O_2 \rightarrow 4CO_2 + 5H_2O + 700$ kcal/mol

② 연소시 발열량 크다.
　　㉠ 프로판 : 12,000 kcal/kg　　㉡ 부탄 : 11,800 kcal/kg

　　　　ⓒ 등유 : 8,800 kcal/kg　　　　ⓓ 경유 : 9,200 kcal/kg
　　　　ⓔ 전기 : 860 kW
　③ 연소범위가 좁다. (폭발범위)
　　　　㉠ C_3H_8 : 2.1~9.5%　　　　㉡ C_4H_{10} : 1.8~8.4%
　④ 착화온도가 높다. (발화온도)
　　　　㉠ C_3H_8 : 460~520℃　　　　㉡ C_4H_{10} : 430~510℃
　　　　㉢ CH_4 : 615~682℃　　　　㉣ C_2H_2 : 400~440℃
　　　　㉤ C_2H_4 : 500~519℃
　⑤ 용해성이 있음 – 고무, 페인트, 그리스, 윤활유 등 용해
　⑥ 연소속도가 늦다.
　　　　㉠ 부탄 : 3.65 m/sec　　　　㉡ 프로판 : 4.45 m/sec
　　　　㉢ 메탄 : 6.65 m/sec
　⑦ 무색, 무취, 무독, 무미
　　　　㉠ 중독성 없으나 많은 양 마시면 신경마비
　　　　㉡ 공기중 : $\dfrac{1}{1000}$ 향료 첨가(모노메르캅탄, 에틸메르캅탄) ⇒ 향료

298. 도시가스와 비교한 LP가스의 특성

(1) 특성
　① 열용량이 크기 때문에 관지름이 작은 배관으로 공급
　② 발열량이 높다.
　③ 특별한 가압 장치 불필요
　④ 입지적 제약 없다.
　⑤ 일정하게 공급가능
　⑥ 공급가스압을 자유로이 설정할 수 있어 다방면으로 이용된다(가정용 85% 사용, 공업용 15% 정도)
　⑦ 조성 일정하고 가격이 저렴하여 경제성 높다.

(2) 단점
　① 저장탱크 및 용기의 집합공급장치 필요, 부탄의 경우 재액화 방지
　② 연소용 공기 또는 산소가 다량으로 필요, 도시가스 10배 정도에 비해 프로판 24배 부탄 31배 필요
　③ 예비용기 확보 고려

299. LP가스 누설시의 조치사항

① 주위화기를 제거한다.

② 용기의 원밸브를 닫는다.
③ 창문을 열고 환기를 시킨다.
④ 용기 및 가스기구이상시 판매점에 연락하여 조치 취한다.

300. LP가스용기
① 용기종류 : 용접용기
② 용기재질 : 탄소강(C : 0.33%, P : 0.04%, S : 0.05%)
③ 용기도색 : 회색(글씨는 적색)
④ 안전밸브형식 : 스프링식
⑤ 최고충전압력 및 기밀시험 압력 : 15.6 kg/cm^2
⑥ 내압시험압력 : 26 kg/cm^2(최고충전압력의 $\frac{5}{3}$배)
⑦ 용기증지부착대상 : 내용적 10ℓ 이상~125ℓ 미만
⑧ 용기스커트부착대상 : 내용적 20ℓ~125ℓ 미만

301. LPG 용기설치시 주위사항
① 가능한 옥외설치
② 용기주위 2 m 이내에는 화기를 두지 말 것
③ 통풍이 양호하고 직사광선을 받지 않을 것
④ 충전용기는 40℃ 이하 유지
⑤ 습기가 없는 곳에 설치하고 녹슬지 않게 받침대 위에 고정
⑥ 금속관과 고무관의 접속부는 호스밴드로 꼭 조일 것
⑦ 용기 교환시는 화기 없는 상태에서 밸브 및 콕크를 잠그고 행할 것
⑧ 용기 교환 후 비눗물 등으로 누설검사실시

302. LP가스공급방식
① 강제기화방식
　㉠ 생가스 공급방식 : 기화기(베이퍼라이져)에 의하여 기화된 그대로의 가스를 공급하는 방식
　　• 단점 : 0℃ 이하가 되면 재액화가 쉽기 때문에 가스배관은 보온처리
　㉡ 공기혼합가스공급방식 : 기화한 부탄에 공기를 혼합하여 공급하는 방식 부탄을 다량 소비하는 경우 사용
　㉢ 변성가스공급방식 : 부탄을 고온의 촉매로서 분해하여 메탄, 수소 일산화탄소등의 연질가스로 변성시켜 공급
　　• 용도 : 금속의 열처리나 특수제품 가열등 사용

㉣ 공기혼합공급목적
ⓐ 재액화방지　　　　　　ⓑ 발열량조절
ⓒ 누설시 손실검사　　　　ⓓ 소요 공기량 보충
㉤ LP가스를 변성하여 도시가스를 제조하는 방법
ⓐ 변성혼합방식　　　　　ⓑ 공기혼합방식
ⓒ 직접혼합방식

303. LP가스이송설비
① 탱크자체압력에 의한 이송
② 펌프에 의한 이송 : 기어펌프, 원심펌프 이용
③ 압축기에 의한 이송
㉠ 압축기를 사용함으로서 오는 장·단점
- 장점
ⓐ 펌프에 비해 이송시간이 짧다.
ⓑ 잔가스 회수가 용이하다.
ⓒ 베이퍼록 현상의 우려 없다.
- 단점
ⓐ 압축기 오일이 저장탱크에 들어가 드레인 원인이 된다.
ⓑ 저온에서 부탄이 재액화될 우려가 있다.
㉡ 펌프사용시 단점
ⓐ 이송시간이 길다.
ⓑ 잔가스회수가 용이하지 못하다
ⓒ 베이퍼록 현상우려 있다.

304. LP가스 부속설비
(1) 조정기(regulator)
① 역할
㉠ 유출되는 공급가스의 압력을 연소기구에 알맞은 압력으로 감압시킨다.
(200~330 mmH$_2$O)
㉡ 소비중단시 가스차단
㉢ 조정기의 사용목적 : 가스의 공급압력을 조정하여 연소기에 알맞은 압력으로 공급 안정된 연소를 도모하기 위함
② 조정기의 용어
㉠ 조정기입구압력 : 용기로부터 유출되는 고압측압력

ⓛ 조정기출구압력 : 조정기를 통과한 후 조정압력

ⓒ 폐쇄압력 : 가스유출이 정지될 때의 압력

ⓔ 조정기용량 : 조정기로부터 나온 가스유출량

ⓜ 안전장치 : 조정기의 압력상승을 방지하는 장치

305. 조정기의 감압방식

① 1단 감압방식 : 용기내의 가스압력을 한번에 사용, 압력까지 낮추는 방식

㉠ 장점
  ⓐ 장치 간단
  ⓑ 조작 간단

㉡ 단점
  ⓐ 최종압력의 정확을 가하기 힘들다.
  ⓑ 배관의 굵기가 비교적 굵어진다.

② 2단 감압방식 : 용기내의 가스압력을 소비압력보다 약간 높은 상태로 감압하고 다음 단계에서 소비압력까지 낮추는 방식

㉠ 장점
  ⓐ 공급압력이 일정하다.
  ⓑ 중간배관이 가늘어도 된다.
  ⓒ 배관입상에 의한 압력강하를 보정
  ⓓ 각 연소기구에 알맞은 압력으로 공급가능

㉡ 단점
  ⓐ 재액화의 문제가 있다.
  ⓑ 조정기가 많이 소요된다.
  ⓒ 검사방법 복잡하다.
  ⓓ 설비가 복잡하다.

③ 자동 교체식 조정기의 사용시 이점

㉠ 전체용기 수량이 수동 교체식의 경우보다 작아도 된다.

㉡ 잔액이 거의 없어질 때가지 소비된다.

㉢ 용기교환 주기의 폭을 넓힐 수 있다.

㉣ 자동 절체식 분리형을 사용할 경우 1단 감압식의 경우에 비해 배관의 압력손실을 크게 해도 된다.

306. 조정기의 성능

① 조정압력 : 230~330 mmH$_2$O 범위

② 최대폐쇄압력 : 350 mmH₂O 이하
③ 저압조정기 안전장치 작동개시 압력 : 700 ± 140 mmH₂O

307. 조정기의 설치시 주의사항
① 조정기와 용기의 탈착 작업은 판매자가 할 것
② 조정기의 규격용량은 : 총가스소비량의 150% 이상
③ 통풍이 양호한 곳에 설치
④ 접속부는 반드시 비눗물 등으로 검사할 것

308. 가스미터
① 사용목적 : 소비자에게 공급하는 가스의 체적측정
② 고려할 사항
   ㉠ 사용 최대 유량에 적합한 계량능력일 것
   ㉡ 사용중에 기차변화가 없고 정확하게 계량할 것
   ㉢ 내압, 내열성에 좋고 내구성이 좋으며 부착이 간단하여 유지관리가 용이할 것

309. 가스미터의 종류
① 실측식
   • 건식-막식 : 그로바식, 독립내기식
      -회전식 : 루트식, 로터리식, 오벌식
   • 습식
② 추측식 : 오리피스식, 터빈식, 선근차식

310. 가스미터의 특징
① 막식 가스미터
   ㉠ 장점
      ⓐ 가격이 싸다.
      ⓑ 부착후 유지관리에 시간을 요하지 않는다.
   ㉡ 단점 : 대용량시 설치면적이 크다.
② 루트미터
   ㉠ 장점
      ⓐ 대유량의 가스측정에 적합(100~5000 m³/h)하다.
      ⓑ 중압가스 계량이 용이하다.
      ⓒ 설치면적이 적다.

ⓒ 단점
  ⓐ 스트레이너의 설치 후 유지관리가 필요하다.
  ⓑ 소유량(0.5 m³/h)에서는 부동의 우려가 있다.
③ 습식가스미터
  ㉠ 장점
    ⓐ 사용중 기차변동이 거의 없다.
    ⓑ 계량이 정확하다.
  ㉡ 단점
    ⓐ 수위조정 등의 관리가 필요하다.
    ⓑ 설치 면적이 크다.
④ LP가스미터의 최대유량 : 압력차가 30mmH₂O

311. 가스미터의 표시
① MAX 1.5 m³/h : 사용최대유량은 1.5 m³/h
② 0.5 ℓ/rev : 계량실 1주기체적이 0.5 ℓ

312. 가스미터의 성능
① 가스미터의 기밀시험 : 1000 mmH₂O, 최근에는 1500 mmH₂O
② 사용공차 : 실제 사용되고 있는 상태에서 ±4%가 되어야 한다.
③ 검정공차 : 사용최대유량의 20~80%의 범위에 ±1.5%임
④ 감도유량 : 가스미터가 작동하는 최소유량
  ㉠ 일반 가정용 LP가스미터 : 15 ℓ/h
  ㉡ 일반 막식가스미터 : 3 ℓ/h
⑤ 막식가스미터의 검정 유효기간은 : 만 7년

313. 급·배기 방식에 따른 연소기구의 분류
① 개방형 연소기구 : 실내에서 공기를 흡입하여 연소하고 폐가스를 실내에 방출
  (가스난로, 석유난로, 가스레인지, 소형순간온수기)
② 반 밀폐형 연소기구 : 실내에서 공기를 흡입하여 연소 폐가스를 배기통에 의해 옥외로 배출
③ 밀폐형 연소기구 : 공기를 옥외에서 흡입하고 폐가스도 옥외로 배출
  (대형온수기나 대형가스보일러)

314. 파이롯버너 : 메인버너에 점화하기 위한 점화용버너

① 연통의 높이
  ㉠ 연통의 수평부 길이 : 5 m 이하
  ㉡ 굴곡부 : 4개소 이하
  ㉢ 높이가 10 m를 초과할 때는 보온조치함

315. 나프타란

원유의 상압증류에 의해 얻어지는 비점이 200℃ 이하의 유분을 말함

① PONA 값

  여기서, P : 파라핀계탄화수소(많을수록 좋다), O : 올레핀계탄화수소,
  N : 나프탄계탄화수소, A : 방향족계탄화수소 ⇒ 적은 것이 좋다.

  탄소/수소(C/H비)
  ㉠ 탄소와 수소의 중량비 $\left(\dfrac{C}{H}\right)$ 표시 가스화의 용이함을 평가하는 지수
  ㉡ C/H가 약 3에 가까운 원료쪽이 가스화 용이(CH_4 : 12/4=3, C_4H_{10} : 48/10=4.8)

316. 액화천연가스(LNG) : 천연가스를 −162℃까지 냉각액화

① 불순물을 포함하지 않는다.
② 주성분 : CH_4(메탄)
③ 액화하면체적 : $\dfrac{1}{600}$ 이 줄어든다.
④ LNG의 제조
  ㉠ 전처리 : 제진 - 탈유 - 탈황 - 탈수 - 탈습
  ㉡ 액화방법
    ⓐ 단열팽창법
    ⓑ 캐스케이드법 : 초저온을 얻기 위해 2개의 냉동사이클을 조합시켜 비점이 다른 냉매를 사용하는 방식

317. LNG의 성질

① 무독, 무공해 발열량이 높다. (9500~11000 kcal/m³)
② 폭발한계 5~15% 연소속도 느리다.
③ 공기보다 가볍다.
④ 액비중 0.425 kg/ℓ

318. 천연가스를 도시가스로 공급하는 방법
① 천연가스를 그대로 공급한다.
② 천연가스를 공기로 희석해 공급
③ 종래의 도시가스를 혼입하여 공급
④ 종래의 도시가스와 유사한 성질의 가스로 개질하여 공급

319. 도시가스의 제조
① 가스제조방식
　㉠ 접촉분해공정
　㉡ 대체천연가스공정
　㉢ 부분연소공정
　㉣ 수소화분해공정
　㉤ 열분해공정
② 원료송입법에 의한 분류
　㉠ 연속식 : 원료를 연속적으로 공급
　㉡ 배치식 : 원료를 일정하게 투입시킨 다음 가스발생
　㉢ 사이크링식 : 연속식과 배치식의 중간
③ 가열방식에 의한 분류
　㉠ 부분연소식 : 원료일부를 산소를 공급하여 연소시켜 열이용
　㉡ 자열식 : 산화나 수첨분해반응에 의한 발열반응
　㉢ 외열식 : 외부에서 가열
　㉣ 축열식 : 반응기 내에서 연소부 연료를 송입하여 열원으로 사용
④ 가스제조방식
　㉠ 열분해프로세스 : 나프타, 원유, 중유등의 분자량이 큰 탄화수소를 800~900℃로 분해하여 10000 kcal/m³ 정도의 고열량가스를 제조하는 방식
　㉡ 접촉분해프로세스 : 사용온도 400~800℃에서 탄화수소와 수증기와 반응 H_2, CH_4, C_2H_4, CO_2, C_2H_6, C_3H_6 등의 저급탄화수소로 변환
　㉢ 수소화분해프로세스 : 탄화수소 원료를 열분해 또는 접촉분해하여 메탄을 주성분으로 하는 고열량 가스제조
　㉣ 부분연소 프로세스
　㉤ 대체 천연가스 프로세스

320. 가스공급방식
① 저압공급 : 일반주택의 공급(1 kg/m² 미만)

② 중압공급 : 1 kg/cm² 이상~10 kg/cm² 미만)
③ 고압공급 : 10 kg/cm² 이상(수송할 가스량이 많고 배관길이가 길 때 수송압력을 大 많은 양 가스 수송

321. 가스홀더(gas holder)
① 가스홀더의 기능
  ㉠ 일시적 중단시 공급량 확보
  ㉡ 제조가 수요를 따르지 못할 때 공급량 확보
  ㉢ 공급가스의 성분, 열량, 연소성 등을 균일화 한다.
  ㉣ 피크시 배관 수송량을 감소시킨다.
② 가스홀더의 종류
  ㉠ 유수식   ㉡ 무수식   ㉢ 고압(구형)홀더
③ 유수식 가스홀더의 특징
  ㉠ 제조설비가 저압인 경우 사용
  ㉡ 구형 홀더에 비해 유효 가동량이 크다.
  ㉢ 기초비가 크다.
  ㉣ 동결방지장치가 필요하다.
  ㉤ 가스가 건조해 있으면 물의 수분을 흡수한다.

322. 압송기 : 공급지역이 넓어 수요가 많은 경우 가스압력이 부족하여 압송기를 사용하여 공급(종류 : 터보식, 왕복동식, 나사식(스크류식), 회전식)

323. 부취제 종류 및 특성
① THT(테트라히드로티오펜) : 석탄가스 냄새
② TBM(터시어리부틸메르갑탄) : 양파 썩는 냄새
③ DMS(디메칠썰파이드) : 마늘 냄새

324. 부취제의 구비조건
① 도관을 부식시키지 말 것
② 보통 존재하는 냄새와 명확히 구분될 것
③ 가스관이나 가스미터에 흡착되지 말 것
④ 화학적으로 안정할 것
⑤ 물에 용해되지 말 것
⑥ 토양에 대한 투과성이 좋을 것

⑦ 독성이 없을 것
⑧ 도관내에서 응축하지 말 것

325. 부취제의 주입설비
① 액체주입방식 : 가스흐름에 부취제를 액체상태 그대로 직접 주입
  ㉠ 펌프주입방식 : 소용량의 다이어프램 펌프 등으로 직접주입, 규모 큰 부취설비 적합
  ㉡ 적하주입방식 : 부취제 주입용기를 가스압력으로 균형을 유지시켜 중력에 의해 떨어지게 하는 방식
  ㉢ 미터연결바이패스방식 : 가스배관에 설치되어 있는 오리피스의 차압으로 바이패스라인과 가스유량을 변화시켜 가스흐름중에 주입하는 방식
② 증발식 부취설비 : 가스흐름에 부취제의 증기를 직접 혼합시키는 방식, 동력 필요 없고 설비 싸다.
  ㉠ 바이패스 증발식
  ㉡ 위크증발식 : 석면(아스베스토)심을 통하여 부취제가 상승하고 여기에 가스가 접촉하는데 따라 부취제가 증발되어 부취

326. 부취제가 누설되었을 때 제거하는 방법
① 활성탄에 의한 흡착
② 화학적 산화처리
③ 연소법

327.
① 저압공급 : 가스홀더의 압력을 이용하여 가스를 공급하며 가스제조 공장과 공급지역이 좁을 때
② 고압공급 : 원거리 지역에 대량의 가스를 공급

328. 압력계
① 1차 압력계
  ㉠ 액주계(마노미터)   ㉡ 자유피스톤식 압력계
② 2차 압력계
  ㉠ 부르동관식   ㉡ 벨로우즈
  ㉢ 다이어프램   ㉣ 전기저항식압력계
  ㉤ 피에조전기압력계

③ 1차 압력계
  ㉠ 액주계(마노미터) : U자관, 단관식, 경사관식, 2액마노미터
    $P_2 = P_1 + r \times h$
    여기서, r : 비중(g/cm²), P_1 : 대기압, P_2 : 측정압력, h : 높이차
  ㉡ 대기압측정이나 저압측정 많이 사용
  ㉢ 자유피스톤형(부유피스톤)압력계
    ⓐ 부르동관 압력계의 눈금교정 및 연구실용
    ⓑ 이상 상태에서 측정해야 될 절대압(P)
    $$P = \frac{W + W_1}{A} + P_1 \qquad A = \frac{\pi D^2}{4}$$
    여기서, A : 실린더 단면적, P_1 : 대기압, W : 피스톤 무게,
    P : 절대압, W_1 : 추의 무게, D : 실린더 지름

제 3 과목

가스안전관리

1. 가연성가스의 정의
① 폭발한계의 하한이 10% 이하인 것
② 폭발한계의 상한과 하한의 차가 20% 이상인 것

2. 가연성가스의 폭발범위
① CS_2 : 1.2~44%
② C_4H_{10} : 1.8~8.4%
③ C_3H_8 : 2.1~9.5%
④ C_2H_2 : 2.5~81%
⑤ C_2H_4 : 3.1~32%
⑥ C_2H_6 : 3.0~12.5%
⑦ C_2H_4O : 3.0~80%
⑧ H_2 : 4.0~75%
⑨ H_2S : 4.3~45.5%
⑩ CH_3CHO : 4.1~55%
⑪ CH_3Cl : 4.0~22%
⑫ CH_4 : 5~15%
⑬ HCN : 5.6~40.5%
⑭ CO : 12.5~74%
⑮ CH_3Br : 13.5~14.5%
⑯ NH_3 : 15~28%

3. 가연성가스전기설비는 방폭설비로 해야함 (단, NH_3, CH_3Br 제외)

4. 독성가스의 허용농도(허용농도 200ppm 이하)
① $COCl_2$: 0.1ppm
② O_3, Br_2, F_2 : 0.1ppm
③ PH_3 : 0.3ppm
④ Cl_2 : 1ppm
⑤ HF : 불화수소(3ppm)
⑥ SO_2, HCl, HCHO : 5ppm
⑦ C_6H_6, HCN, H_2S : 10ppm

⑧ CH_3Br, CH_2=초추(아크릴로니트릴) : 20ppm
⑨ NH_3, NO : 25ppm
⑩ CO, C_2H_4O : 50ppm
⑪ CH_3Cl, CH_3CHO : 100ppm
⑫ CH_3OH : 200ppm

5. 초저온용기정의
섭씨 −50℃ 이하인 액화가스를 충전하기 위한 용기로서 단열재로 피복하거나 냉동 설비로 냉각하여 용기내의 가스온도가 상용의 온도를 초과하지 않도록 한 용기

6. 충전용기란
고압가스의 충전질량 또는 충전압력이 $\frac{1}{2}$ 이상 충전용기

7. 잔가스용기란
고압가스의 충전질량 또는 충전압력이 $\frac{1}{2}$ 미만 충전된 용기

8. 접합용기 및 납붙임용기
내용적이 $1l$ 이하인 용기

9. 처리능력 정의
0℃, $0kg/cm^2 \cdot g$

10. 방호벽
높이 2m 이상, 두께 12cm 이상의 철근콘크리트

11. 1종 보호 시설
① 학교・유치원・어린이장・놀이방・어린이놀이터・학원・병원(의원 포함)・도서관・청소년수련시설・경로당・시장・공중목욕탕・호텔・여관・극장・교회 및 공회당
② 사람을 수용하는 건축물로 연면적 $1000m^2$ 이상
③ 예식장, 장례식장 및 전시장, 기타유사한 시설로서 수용인원 300명 이상 건축물
④ 아동복지시설 또는 장애인복지시설로서 수용인원 20명 이상 건축물
⑤ 문화재 보호법에 지정된 건축물(박물관)

12. 2종 보호시설
① 주택
② 사람을 수용하는 건축물로서 연면적이 100m² 이상 ~ 1000m² 미만인 것

13. 안전거리
처리능력 독성 및 가연성 산소 기타 가스

처리능력 \ 액화가스 kg / 압축가스 m³	독성 및 가연성 1종	2종	산소 1종	2종	기타 가스 1종	2종
1만 이하	17m	12m	12m	8m	8m	5m
2만 이하	21m	14m	14m	9m	9m	7m
3만 이하	24m	16m	16m	11m	11m	8m
4만 이하	27m	18m	18m	13m	13m	9m
4만 초과	30m	20m	20m	14m	14m	10m

14. 가연성가스 제조시설의 고압가스설비는 외면으로부터
① 다른 가연성가스 제조시설고압가스 설비 5m 이상
② 산소제조시설의 고압가스설비와 10m 이상 유지

15. 방호벽
① 액화석유가스 : 저장탱크와 가스충전장소와의 사이
② 일반고압가스
  ㉠ 아세틸렌가스를 용기에 충전하는 장소 또는 그 충전용기 보관장소 장소 사이
  ㉡ 100kg/cm² 이상의 압축가스를 용기에 충전하는 장소 또는 그 충전용기보관 장소 사이

16. 방호벽 규격
① 철근콘크리트 : 높이 2m 이상, 두께 12cm 이상
② 콘크리트블록 : 높이 2m 이상, 두께 15cm 이상
③ 박강판 : 높이 2m 이상, 두께 3.2mm 이상
④ 후강판 : 높이 2m 이상, 두께 6mm 이상

17. 가연성가스 저장탱크외부
    ① 도색 : 은백색
    ② 가스명칭 : 적색

18. 가스설비 및 저장설비는
    ① 화기취급장소까지 : 2m 이상
    ② 가연성가스 및 산소가스저장설비 : 8m 이상 우회거리

19. 독성가스는 흡입장치, 재해장치설치

20. 고압가스 설비시험
    ① 내압시험 : 상용압력 × 1.5배
    ② 기밀시험 : 상용압력이상(질소, 탄산가스, 공기 등으로 실시)

21. 내용적 5m^3 이상의 가스저장하는 저장탱크에는 가스방출장치 설치

22. 역화방지 장치
    ① 가연성가스를 압축하는 압축기와 오토클레이브와의 사이
    ② 아세틸렌 고압건조기와 충전용 교체밸브사이배관
    ③ 수소화염 또는 산소, 아세틸렌화염 사용시설
    ④ 아세틸렌 충전용지관

23. 300m^2(3Ton) 이상 저장탱크와 다른 저장탱크간의 거리 : 1m 이상

24. 방류둑 설치
    ① 가연성(LPG포함) : 1000Ton 이상
    ② 산소의 액화가스 저장탱크 : 1000Ton 이상
    ③ 특정제조시설의 가연성가스 : 500Ton
    ④ 독성 액화가스 저장탱크 : 5Ton 이상

25. **방유제내면과 그 외면 10m 이내** : 저장탱크부속설비 이외의 것 설치 금지

26. **고압가스설비** : 상용압력의 2배 이상에서 항복을 일으키지 않는 두께

27. 압력계
① 상압압력의 1.5배 이상 : 2배 이하
② 2개 이상의 표준압력계설치 : 1일 100m³ 이상인 사업소

28. 안전밸브, 파열판 : 가스방출관설치
① 내압시험압력의 10/8배 이하작동
② 산소탱크는 상용압력의 1.5배
③ 가연성 : 지상 5m 또는 저장탱크 정상부로부터 2m 높이 중 착화원이 없는 위치

29. 역류방지밸브 설치위치
① 암모니아, 메탄올의 합성탑이나 정제탑과 압축기와의 사이
② 독성가스 감압설비와 당해가스의 반응설비간의 배관
③ 아세틸렌 압축기의 유분리기와 고압건조기와의 사이
④ 가연성가스압축기와 충전용주관과의 사이

30. 공기액화분리기
① 액화공기탱크와 액화산소증발기와의 사이 : 여과기 설치(단, 공기압축량 1000m³/h 제외)
② 액화산소통내의 액화산소 : 1일 1회 이상분석
③ 액화산소 5l 중 : C_2H_2의 질량 : 5mg
　탄화수소탄소질량 : 500mg → 넘을 때
　운전 정지 후 액화산소방출
④ 폭발원인
　㉠ 공기취입구로 부터의 C_2H_2의 혼입
　㉡ 공기중의 질소화합물 혼입
　㉢ 공기중의 오존의 혼입
　㉣ 압축기용 윤활유 분해에 따른 탄화수소 생성
⑤ 대책
　㉠ 공기취입구에서 용접 작업이나 카바이드 작업중지
　㉡ 분리장치내 여과기 설치
　㉢ 압축기용 윤활유 양질의 광유
　㉣ CCl_4 등 세척제로 1년 1회 이상 청소

31. 공기압축기의 내부윤활유

	인화점	시간
탄소량 1% 이하	200℃	8시간
탄소량 1% 이상 ~ 1.5 이하	230℃	12시간

32. 압축기종류에 따른 윤활유
① 산소 : 물 또는 10% 이하의 묽은 글리세린수
② C_2H_2, 수소, 공기 : 양질의 광유
③ 염소 : 진황산
④ LP가스 : 식물성유
⑤ 염화메탄 : 화이트유
⑥ SO_2 가스 : 화이트유

33. 아세틸렌 제조설비
① 동, 수은, 은 등과 폭발성물질생성
② 62% 이하 동합금사용
③ 다공질물 75%~92% 미만 채우고(아세톤, DMF)고루 침윤시킨 후 충전
④ 충전시, 온도에 불구하고 2.5MPa로(메탄, 질소, 메틸렌, 일산화탄소 희석제첨가, 충전후 15℃, 1.5MPa 정지)
⑤ 발생기표면온도 : 70℃ 이하

34. 산화에틸렌
① 질소, 탄산가스로 치환하고 항상 5℃ 이하 유지
② 충전용기 45℃에서 4kg/cm^2 이상 질소, 탄산가스충전

35. 시안화수소
① 충전시순도 : 98% 이상
② 안정제 : 오산화인, 염화칼슘, 인산, 아황산가스, 동, 황산
③ 충전후 : 24시간정치(누설검사, 충전년월일표지)
④ 용기에 충전된 시안화수소는 60일 경과되기전 다른용기에 충전
⑤ 저장시 : 1일 1회 이상 질산구리벤젠지로 누설검사

36. 긴급차단장치
    ① 설치 : 5m³ 이상의 가연성, 독성저장탱크의 가스 이충전배관
    ② 일반제조시설 : 조작위치 5m 이상 외면온도 110℃ 이상 자동작동

37. 독성가스 제조설비
    ① 외부 : 식별조치
    ② 누설우려부분 : 위험표지

38. 2중배관으로 해야 할 독성가스 대상기준
    ① 포스겐   ② 황화수소   ③ 시안화수소
    ④ 아황산가스   ⑤ 산화에틸렌   ⑥ 암모니아
    ⑦ 염소   ⑧ 염화메탄(포황시아산암염메)

39. 액화가스용량
    상용온도에서 90% 초과금지(독성은 90% 초과방지 : 과충전방지장치)

40. 압축금지
    ① 가연성가스중의 산소 또는 산소중의 가연성가스가 4% 이상 시
    ② 수소, 에틸렌, 아세틸렌중의 산소 또는 산소중의 그 합이 2% 이상 시

41. ① 충전용주관의 압력계 : 매월 1회 이상 검사
    ② 기타 압력계 : 3월 1회 이상 검사

42. 안전밸브
    ① 냉동설비 쓰이는 압축기최종단 : 6개월 1회
    ② 압축기 최종단 : 1년 1회 이상
    ③ 기타 : 2년 1회 이상

43. 산소압축기의 내부 윤활유
    석유류, 유지류, 글리세린 사용금지(폭발)

44. 드레인세퍼레이터 : 수분제거

45. 용기밸브, 충전용지관 가열 : 열습포 또는 40℃ 이하 물

46. 배관
　① 지하설치 : 지면으로부터 1m 길이
　② 수중설치 : 선박, 파도의 영향없는 곳
　③ 상용압력의 2배 이상에서 항복 일으키지 않은 두께
　④ 배관은 40℃ 이하 유지
　⑤ 배관 : 압축가스 : 압력계설치, 액화가스 : 압력계, 온도계
　⑥ 안전밸브 : 내압시험압력의 10/8 이하 작동
　⑦ 기밀시험 : 상용압력이상
　⑧ 내압시험 : 상용압력 × 1.5배 이상

47. 독성가스
　① 건축물 : 1.5m
　② 지하가 및 터널 : 10m
　③ 수도시설로서 독성가스가 혼입할 우려가 있는 곳 : 300m

48. ① (지하배설시)다른 시설물 : 0.3m
　② 방호구조물안에 설치 : 0.6m
　③ 산이나 돌, 도로경계와 수평거리, 철도부지와 수평거리 → 1m 이상
　④ 시가지의 도로노면밑, 인도, 보도등 노면밑, 방호된 경우 → 1.2m 이상
　⑤ 철도부지밑 배설 : 궤도중심과 4m 이상
　⑥ 도로폭이 8m 미만 : 1m 이상
　⑦ 도로폭이 8m 이상 : 1.2m 이상

49. 배관지상설치시 상용압력 따른 공지보유
　① 상용압력 $2kg/cm^2$ 미만 : 5m
　② 상용압력 $2kg/cm^2$ 이상 ~ $10kg/cm^2$ 미만 : 9m
　③ 상용압력 $10kg/cm^2$ 이상 : 15m

50. 배관해저설치시 : 다른 배관과 수평거리 30m 이상

51. ① **차량정지목** : ㉠ 2000l 이상 ㉡ : 5000l 이상
　② **안전공간** : 10%의 안전공간유지

52. 용기보관장소의 충전용기 보관기준
① 충전용기, 빈용기 구분
② 가연성, 독성 및 산소용기는 구분
③ 계량기 등 외에 두지 말 것
④ 2m 이내는 인화성, 발화성물질금지
⑤ 40℃ 이하, 직사광선 피할 것
⑥ 휴대용 손전등 이외 등화 휴대금지
⑦ 5l 넘는 충전용기 : 전도, 전락 등의 충격조치와 난폭취급금지

53. 저장능력 산정기준
① 압축가스저장탱크

$$Q = (P+1)V_1$$

여기서 Q : 저장능력(m³), P : 35℃에서 최고충전압력, V_1 : 내용적

② 액화가스 저장탱크 저장설비

$$W = 0.9dV_2$$

여기서 W : 저장능력(kg), d : 상온온도에서 액화가스비중(kg/l),
V_2 : 용기내용적

③ 액화가스용기 및 차량에 고정된 탱크의 저장능력

$$W = C/V_2$$

여기서 W : 저장능력(kg), V : 내용적(l), C : 정수

- 액화암모니아 : 1.86
- 탄산가스 : 1.34
- 액화부탄 : 2.05
- 후레온 : 0.86
- 액화프로판 : 2.35

54. 에어졸 제조기준
① 에어졸제조설비 및 충전용기 저장소는 화기 또는 인화성물질과 8m 이상의 우회거리
② 온수시험탱크 46℃이상 ~ 50℃ 미만에서 에어졸 누출 시험
③ 35℃에서 내압 8kg/cm² 이하, 내용적 90% 이하
④ 용기기준
  ㉠ 100cm³ 초과용기 : 강 또는 경금속 사용
  ㉡ 용기내 용적 : 1l 이하
  ㉢ 두께 0.125mm, 유리제용기 : 합성수지
  ㉣ 100cm³ 초과용기 : 제조자명칭, 기호명시

㉤ 30cm³ 이상용기 : 에어졸제조 사용된 일 없을 것

55. 제조소 설비사이의 거리
① 제조설비 : 제조소 경계와 20m 이상
② 고압가스설비 : 다른 고압가스설비 30m 이상
③ 가연성가스저장탱크와 저장능력이 20만 m³이상인 압축기와의 거리 30m 이상거리

56. 고압가스 저장설비
① 기화설비주위 : 방호벽설치
② 용기보관실(판매시설) : 방호벽설치
③ 저장탱크(소형) : 85% 초과 저장금지
④ 액화가스 1Ton, 압축가스 100m³ 이상 기초 : 부등침하방지

57. 액화석유가스 연료용으로 사용하는 저장시설
호스의 길이 : 3m 이내

58. 가연성가스 충전용기 보관실 및 주위 2m 이내 : 화기사용, 인화성, 발화성물질금지

59. 고압가스충전용기의 운반기준
① 차량전후경계표시 : 적색으로 "위험고압가스"
② 밸브돌출용기 : 고정식프로텍터, 캡설치
③ 자전거, 오토바이 적재금지
④ 독성가스
㉠ 용기사이 : 목재, 칸막이 또는 패킹 쉬울 것
㉡ 고무장갑, 고무장화, 보호구, 제독제, 방독면, 공구휴대
⑤ 가연성과 산소 : 서로 마주보지 않게 함
⑥ 염소와 아세틸렌, 암모니아 또는 수소 : 동일차량 적재금지

60. 운반책임자 동승
① 압축가스 : ㉠ 독성 : 100m³ ㉡ 가연성 : 300m³ ㉢ 조연성 : 600m³
② 액화가스 : ㉠ 독성 : 1Ton ㉡ 가연성 : 3Ton ㉢ 조연성 : 6Ton

61. 방호벽 설치할 곳
① C_2H_2 압축기와 충전장소 사이

② C₂H₂ 압축기와 충전용기 보관장소 사이
③ 압축가스 압축기와 충전장소사이
④ 압축가스 압축기와 충전용기 보관장소 사이
⑤ 판매시설용기 보관실벽
⑥ 특정고압가스 사용시설 중 저장량이 300kg 이상(압축가스 50m²)인 용기보관실벽
⑦ 납붙임 접합용기 : 가연성은 2Ton 이상

62. 차량에 고정된 저장탱크의 운반기준

① 차량전후 경계표시
　㉠ 가로치수 : 차체폭의 30% 이상
　㉡ 세로치수 : 가로치수 20% 이상
② 부득이한 경우 : 정사각형 또는 형상 600cm² 이상
③ 저장탱크마다 : 주밸브설치
④ 충전관 : 안전밸브, 압력계, 긴급탈압밸브
⑤ 초과운반금지
　㉠ 독성(NH_3 제외) : 12000l 이하
　㉡ 가연성 및 산소 : 18000l 이하
⑥ 액면요동방지 : 방파판설치
⑦ 조작상자와 후범퍼 : 20cm 이상, 저장탱크 후면과 후범퍼 : 30cm 이상, 주밸브와 후범퍼 : 40cm 이상

63. 특정고압가스 : 산소, 수소, 아세틸렌, 액화염소, 액화암모니아

① 가연성가스 사용 중 시설중 저장설비, 기화장치외면에서 화기취급장소 : 8m 이상 우회거리
② 산소저장설비 화기 취급검지 : 5m 이내
③ 안전밸브 : 액화가스저장능력 300kg 이상
④ 특정고압가스 사용시설 : 1일 1회 이상 작동상황점검
⑤ 안전거리 : 저장능력 500kg 이상인 액화염소 저장시설
⑥ 방호벽 : 액화가스 저장량 300kg 압축가스 저장량 : 60m³ → 이상용기 보관실벽
⑦ 충전용기관리
　㉠ 40℃ 이하유지
　㉡ 배관 및 밸브가열시 열습포 또는 40℃ 이하 물
　㉢ 밸브개폐 천천히

64. 고압가스 품질검사
① 산소
  ㉠ 동암모니아 시약의 오르잣트법
  ㉡ 순도 : 99.5%
  ㉢ 35℃에서 120kg/cm² 이상(충전압력)
② 수소
  ㉠ 피롤카롤 또는 하이드로 썰파이드 시약 오르잣트법
  ㉡ 순도 : 98.5%
  ㉢ 35℃에서 120kg/cm² 이상
③ 아세틸렌
  ㉠ 발연황산 시약의 오르잣트법, 브롬시약의 뷰렛법
  ㉡ 순도 : 98% 이상 질산은 시약의 정성 시험에 합격할 것
  ㉢ 가스충전량 3kg 이상일 것

65. 용기냉동기 특정설비제조
① 용기재료 : 스테인레스강, 알루미늄합금
② 용접용기 : C : 0.33% P : 0.04% S : 0.05%
  이음매 없는 용기 : C : 0.55% P : 0.04% S : 0.05%
③ 용기동판 : 최대와 최소두께의 차 평균두께의 10% 이하
④ 초저온용기
  ㉠ 오스테나이트계 스테인레스강
  ㉡ 알루미늄합금
  ㉢ 동합금
⑤ 무이음새용기 : 최고충전압력의 1.7이상 곱한 압력
⑥ 동판 $t = PD/200Sn - 1.2P + C$
  여기서 P : 최고충전압력(kg/cm²), D : 안지름(cm), S : 재료허용압력(kg/cm²),
      n : 용접효율, C : 부식여유
⑦ 부식여유
  ㉠ 암모니아 : 1000l 이하 : 1mm 1000l 초과 : 2mm
  ㉡ 염소 : 1000l 이하 : 3mm 1000l 초과 : 5mm

66. 스커트부착 : 20l 이상 ~ 125l 미만 LPG 용기

67. 용착금속인장 시험연신율 : 22% 이상

68. 용접용기의 내압시험은 : 영구증가율 10% 이하

69. 초저온용기 용접부시험
3개의 시험편으로 −150℃ 이하의 충격최저 2kg·m/cm² 이상, 평균 3kg·m/cm² 이상

70. 초저온 용기 단열성능시험
① 1000l 이하 : 침입열량 0.005kcal/lh℃
② 1000l 이상 : 침입열량 0.002kcal/lh℃

71. 특정설비제조의 8mm 미만 판 : 스테이 부착하지 말 것

72. 납붙임용기 또는 접합용기시험 : 최고충전압력 4배
① 외관검사　② 기밀시험　③ 고압가압시험

73. 500l 미만인 용기(C_2H_2, 저온 및 초저온용 제외)
① 각인질량의 95% 이상
② 영구증가율 6% 이하~90% 이상 → 합격

74. 비열처리재료 : 용기 재료로 오스테나이트계 스테인레스강, 내식알루미늄 합금판, 내식알루미늄 합금 단조품

75. 내압시험압력
① 아세틸렌 : 최고충전압력의 × 3배
② 압축가스, 저온액화가스, 초저온 : 최고충전압력 × 5/3

76. 기밀시험압력
① 아세틸렌 : 최고충전압력의 1.8배
② 초저온 및 저온용기 : 최고충전 압력의 1.1배
③ 그 밖의 용기 : 최고충전압력

77. 불합격용기의 파기
① 절단 등의 방법으로 파기하여 원형으로 가공할 수 없도록 할 것
② 3일전까지 용기검사 신청인에게 통지하고, 검사원이 검사장소에서 직접 파기
③ 파기용기는 인수서한(통지후 1일)내에 인수치 않으면 임의로 매각처분

78. 합격용기의 각인표시

① V : 내용적(l)
② W : 용기질량(kg)
③ TW : 다공질물 및 용제질량(kg)
④ TP : 내압시험압력(kg/cm^2)
⑤ FP : 최고충전압력(kg/cm^2)

79. 용기부속품 기호와 번호

① AG : 아세틸렌가스의 용기부속품
② PG : 압축가스의 용기부속품
③ LPG : 액화석유가스의 용기부속품
④ LG : 액화석유가스이외의 용기부속품
⑤ LT : 초저온 및 저온 용기부속품
⑥ DP : 최고사용압력(kg/cm^2)

80. 용기도색

공업용		용기도색	의료용	
가스 명칭 표시	가스 종류		가스 종류	가스 명칭 표시
흑 색	암모니아	백 색	산 소	전 부 백 색
백 색	탄산가스	청 색	아산화질소	
	염 소	갈 색	헬 륨	
	기타	회 색	탄산가스	
적 색	L P G			
백 색	수 소	주 황 색	싸이크로프로판	
-	-	흑 색	질 소	
흑 색	아세틸렌	황 색	-	
백 색	산 소	녹 색	-	
		자 색	에틸렌	

81. 용기충전시설(액화석유가스)

저장능력	사업소경계와의 거리
10톤 이하	17[m]
10톤 초과 20톤 이하	21[m]
20톤 초과 30톤 이하	24[m]
30톤 초과 40톤 이하	27[m]
40톤 초과	30[m]

(1) 액화석유가스 충전시설 중 저장설비 및 충전설비(전용공업지역 내는 제외)는 그 외면으로부터 사업소 경계까지 다음의 기준에서 정한 거리 이상을 유지할 것(단, 지하에 설치한 저장설비의 경우 1/2 이상 유지).
(2) 저장탱크와 가스충전장소와의 사이에는 방호벽을 설치
(3) 저장탱크 및 그 지주에는 외면으로부터 5[m] 위치에서 조작할 수 있는 냉각살수장

치를 설치
(4) 저장탱크와 다른 저장탱크 사이에는 저장탱크 최대지름을 합산한 길이의 1/4이 1[m] 미만일 경우에는 1[m], 1[m] 이상일 경우에는 그 길이의 간격유지(단, 물분무 장치 설치 시에는 제외)
(5) 저장탱크를 지하에 묻을 때 기준
　① 저장탱크 외면에 부식방지코팅 및 전기부식방지조치를 하고, 천정·벽 및 바닥의 두께가 각각 30[cm] 이상의 방수조치를 한 철근콘크리트 방에 설치
　② 저장탱크 주위에는 마른모래를 채울 것.
　③ 저장탱크 정상부와 지면과의 거리는 60[cm] 이상으로 할 것.
　④ 저장탱크를 2개 이상 인접하여 설치하는 경우 상호간에 1[m] 이상 거리유지
　⑤ 저장탱크를 묻는 곳의 주위에는 지상에 경계를 표시
　⑥ 안전밸브에는 지상에서 5[m] 이상의 가스 방출관을 설치
(6) 저장탱크에 부착된 배관에는 그 저장탱크의 외면으로부터 5[m] 위치에서 조작할 수 있는 긴급차단장치를 설치(단, LPG를 이입하기 위한 배관은 역류방지밸브로 갈음할 수 있다.)
(7) 저장탱크 외부에는 은백색 도료를 바르고 보기 쉽도록 "액화석유가스" 또는 "LPG"를 붉은 글씨로 표시
(8) 주거지역·상업지역에 설치하는 저장능력 10[ton] 이상의 저장탱크에는 폭발방지장치를 설치
(9) 저장설비 및 가스설비는 살수장치 등의 설비를 갖출 것.
(10) 충전시설에는 가스누설경보기를 설치
(11) 가스설비에는 정전기를 제거하는 조치를 할 것.
(12) 전기설비는 방폭구조인 것일 것.
(13) 가스설비는 상용압력의 1.5배 이상(물에 의한 내압시험이 곤란하여 공기, 질소 등의 체로 내압시험을 실시할 경우에는 1.25배)의 내압시험에서 이상이 없고, 상용압력 이상 기밀 시험에서 이상이 없을 것.
(14) 가스설비에 장치하는 압력계의 최고눈금 : 상용압력의 1.5배 이상 2배 이하
(15) 가스설비에 설치한 안전장치의 방출구 위치 : 지면에서 5[m] 이상 또는 그 저장탱크 상부에서 2[m] 이상의 높이 중 높은 위치에 설치
(16) 가스설비와 화기 취급장소와의 우회거리는 8[m] 이상 유지
(17) 사업소에는 표준이 되는 압력계를 2개 이상 보유
(18) 배관을 지하에 매설시 전기부식방지 조치를 한 후 1[m] 이상 깊이에 매설
(19) 배관은 온도 변화에 의한 신축을 흡수하는 조치를 할 것.
(20) 배관은 항상 40[℃] 이하로 유지

(21) 배관의 적당한 곳에 압력계 및 온도계를 설치
(22) 배관의 적당한 곳에 안전밸브를 설치하고, 그 분출면적은 배관의 최대지름부 단면적의 1/10이상으로 하고, 작동압력은 내압시험압력의 8/10이하이고, 배관의 설계압력 이상일 것.
(23) LPG가 충전된 납붙임용기 및 접합용기의 가스누출시험온도 : 46[℃] 이상 50[℃] 미만
(24) 충전시설은 연간 10,000[ton]의 LPG를 처리할 수 있는 규모

82. 차량에 고정된 탱크 충전시설

① 저장탱크에 가스를 충전시 내용적의 90[%]를 넘지 않을 것
② 가스를 충전시 정전기를 제거하는 조치를 할 것.
③ LPG에는 공기 중의 혼합비율 용량이 1/1,000(0.1[%])의 상태에서 감지할 수 있는 향료를 섞어 탱크로리 및 용기에 충전(단, 공업용은 제외)
④ 가스설비의 기밀시험이나 시운전시 불활성가스를 사용할 것(부득이한 경우 공기사용 가능).
⑤ 충전용 주관의 압력계는 매월 1회 이상, 기타 압력계는 3월에 1회 이상 오차 비교 검사
⑥ 안전밸브는 1년에 1회 이상 TP의 8/10 이하의 압력에서 작동하도록 조정
⑦ 안전밸브 및 방출밸브에 설치된 스톱밸브는 항상 열어둘 것.
⑧ 차량에 고정된 5,000[L] 이상의 탱크인 경우 차량 정지목을 비치할 것.
⑨ LPG 충전설비는 1일 1회 이상 그 설비의 작동상황을 점검·확인
⑩ 수리 등을 위해 설비 내에 들어갈 때는 치환에 사용된 불활성가스 또는 액체를 공기로 재치환 할 것. 이 경우 공기 중의 산소 농도는 18[%]~22[%] 일 것.
⑪ 용기보관장소에 충전용기를 보관할 때는 주위[m](우회거리)이내 인화성·발화성 물질을 두지 말 것.
⑫ 차량에 고정된 탱크는 저장탱크 외면으로부터 3[m] 이상 떨어져 정지할 것.
⑬ 가스를 용기 또는 차량에 고정된 탱크에 충전시 다음 계산식에 인해 산정된 충전량을 초과하지 않도록 할 것.

$$G = \frac{V}{C}$$

G : 액화석유가스의 질량[kg]
V : 용기 또는 차량에 고정된 탱크 내용적[L]
C : 프로판은 2.35, 부탄은 2.05

⑭ 밸브 또는 충전용지관 가열시는 열습포 또는 40[℃] 이하의 물 사용
⑮ 납붙임 또는 접합용기에 가스 충전시 충전압력은 35[℃]에서 4[kg/cm^2]이하가 되도록 할 것.

83. 용기저장소에 관한 안전

① 용기보관실 및 사무실은 동일부지 내에 구분하여 설치하되 용기보관실의 면적은 19[m²], 사무실은 9[m²] 이상일 것.
② 가스누출경보기는 용기보관실에 설치하되 분리형으로 설치할 것.
③ 용기보관실의 전기시설은 방폭구조를 하고 전기스위치는 외부에 설치할 것.
④ 용기보관실에는 온도계를 설치하고 40[℃] 이하로 유지할 것.
⑤ 판매업소 및 영업소에는 계량기를 비치할 것.
⑥ 판매업소 및 영업소에는 판매계획에 따라 4륜차 이상을 확보할 것.(가스전용운반차량)
⑦ 충전용기는 항상 40[℃] 이하로 유지하고 잔가스 용기와 구분할 것.
⑧ 용기보관실 주위의 2[m](우회거리) 이내에는 환기취급을 하거나 인화성 및 가연성 물질을 두지 아니할 것.

84. 조정기(압력)

① 압력조정기 종류에 따른 입구압력 및 조정압력 범위

종 류	입 구 압 력	조 정 압 력
1단 감압식 저압조정기	0.7[kg/cm³]~15.6[kg/cm³]	230[mmH₂O]~330[mmH₂O]
1단 감압식 준저압조정기	1.0[kg/cm³]~15.6[kg/cm³]	500[mmH₂O]~3,000[mmH₂O]
2단 감압식 1차용 조정기	1.0[kg/cm³]~15.6[kg/cm³]	0.57[mmH₂O]~0.83[mmH₂O]
2단 감압식 2차용 조정기	0.25[kg/cm³]~3.5[kg/cm³]	230[mmH₂O]~330[mmH₂O]
자동절체식 일체형 조정기	1.0[kg/cm³]~15.6[kg/cm³]	255[mmH₂O]~330[mmH₂O]
자동절체식 분리형 조정기	1.0[kg/cm³]~15.6[kg/cm³]	0.32[mmH₂O]~0.83[mmH₂O]

② 기밀시험 합격기준

구분 \ 종류	1단 감압식 저압 조정기	1단감압식 준저압조정기	2단감압식 1차용조정기	2단감압식 2차용조정기	자동절체식 일체형조정기	자동절체식 분리형조정기
입구측	15.6[kg/cm³] 이상	15.6[kg/cm³] 이상	18[kg/cm³] 이상	5[kg/cm³] 이상	18[kg/cm³] 이상	18[kg/cm³] 이상
출구측	550[mmH₂O]	조정압력의 2배 이상	1.5[kg/cm³] 이상	550[mmH₂O]	550[mmH₂O]	1.5[kg/cm³] 이상

③ 조정기의 최대 폐쇄압력
  ㉠ 1단 감압식 저압조정기 : 2단 감압식 2차용 조정기·자동절체식 일체형 조정기 : 350[mmH₂O] 이하
  ㉡ 2단 감압식 1차용조정기 : 자동절체식 분리형 조정기 : 0.95[kg/cm³] 이하
  ㉢ 1단 감압식 준저압조정기 : 조정압력의 1.25배 이하

④ 조정압력이 330[mmH₂O] 이하인 조정기의 안전장치의 작동압력
  ㉠ 작동 표준압력 : 700[mmH₂O]
  ㉡ 작동 개시압력 : 560[mmH₂O] ~ 840[mmH₂O]
  ㉢ 작동 정지압력 : 504[mmH₂O] ~ 840[mmH₂O]

85. 연소기 종류와 가스소비량 및 사용압력 범위

①

종류	가스소비량[kcal/h]		사용압력 [mmH₂O]
	전가스소비량	버너 1개의 소비량	
레인지	14,400 이하	5,000 이하	330 이하 (다만, 이동식 부탄 연소기는 제외한다.)
오븐	5,000 이하	5,000 이하	
그릴	6,000 이하	3,600 이하	
오븐레인지	19,400 이하	3,600 이하	
밥솥	4,800 이하 (오븐부는 5,000이하)	4,800 이하 (오븐부는 5,000 이하)	
온수기·온수 보일러 및 난방기	200,000 이하	-	
그 밖의 가정용 연소기류	20,000 이하	-	
업무용 대형 연소기	위 종류마다의 가스소비량 또는 버너 1개의 소비량을 초과하는 것		3,000 이하
	튀김기, 국솥, 그리들, 브로일러, 소독조, 다단식, 취반기 등		

② 상용압력의 1.5배 이상의 기밀시험에서 누설이 없을 것.
③ 전가스소비량 및 각 버너의 가스소비량은 표시값의 ±10[%] 이내일 것.
④ 전기점화장치는 10회 작동시 8회 이상 점화되고 연속하여 2회 이상의 점화불량이 없을 것.
⑤ 콕은 6천회(순간온수기용은 1만 2천회)반복 작동시험 후 이상이 없을 것.
⑥ 전기점화장치는 6,000회(순간온수기용은 12,000회) 반복작용시험 후 이상이 없을 것.

86. 액화석유가스 저장탱크에 의한 저장

① 저장 설비 주의 8[m](우회거리) 내에는 화기취급 물질을 두지 말 것.
② 5[m] 이상 떨어진 위치에서 조작할 수 있는 냉각살수장치를 설치할 것.(다만, 소형저장탱크인 경우는 그러하지 아니하다.)
③ 저장탱크와 다른 저장탱크간의 거리는 두 저장탱크의 최대지름을 합산한 길이가 1/4 이상에 해당하는 거리를 유지할 것.

④ 지상에 설치하는 저장탱크의 외면에는 은백색도료를 바르고 주위에서 보기쉽도록 "액화석유가스" 또는 "LPG"를 붉은 글씨로 표시할 것.

⑤ 기초는 지반 침하로 그 설비에 유해한 영향을 끼치지 아니하도록 할 것.(저장능력이 3[ton] 미만은 제외)

⑥ 가스설비는 상용압력의 1.5배(물에 의한 내압시험이 곤란하여 공기, 질소 등으로 하는 경우 1.25배) 이상의 압력으로 실시하는 내압시험에 이상이 없고 상용압력으로 실시하는 기밀시험에 이상이 없을 것.

⑦ 저장설비 및 가스설비에 장치하는 압력계는 사용압력의 1.5배 이상 2배 이하의 최고 눈금 있는 것일 것.

⑧ 설비에 설치하는 안전장치의 경우 안전밸브에는 가스방출관을 설치할 것.(방출구의 위치는 주의에 화기 등이 없는 안전한 위치에 설치하며 지면으로 5[m] 이상 또는 저장탱크 정상부로부터 2[m] 이상의 높이 중 높은 위치)

⑨ 긴급차단장치를 설치할 것.(저장탱크 외면으로부터 5[m] 이상 떨어진 위치)

⑩ 배관은 상용압력의 2배 이상의 압력에서 항복을 일으키지 아니하는 두께 이상일 것.

⑪ 배관은 지면으로부터 1[m] 이상의 깊이에 매설할 것.

⑫ 배관은 항상 40[℃] 이하로 유지할 것.

⑬ 배관의 적당한 곳에는 압력계 및 온도계를 설치할 것.

⑭ 배관의 적당한 곳에 안전밸브를 설치하고 그 분출 면적은 최대지름부 단면적의 10분의 1 이상이며 설정압력은 TP의 10분의 8 이하일 것.

87. 충전용기 집적에 의한 저장

① 경계책 설치하고 경계책과 용기보관장소 사이에는 20[m] 이상의 거리를 유지할 것.

② 충전용기와 잔가스용기의 보관장소는 1.5[m] 이상의 간격을 두어 구분할 것.

③ 지표면 아래의 장소에 용기를 보관하지 아니할 것.

④ 바닥으로부터 3[m] 이내의 도랑이나 배수시설이 있을 경우에는 방수재료 이중 복개할 것.

⑤ 용기의 단위 집적량은 30톤을 초과하지 아니할 것.

⑥ 파렛트에 넣어 집적된 용기군 사이의 통로는 그 너비가 2.5[m] 이상일 것.

⑦ 파렛트에 넣지 아니한 용기군 사이의 통로는 그 너비가 1.5[m] 이상일 것.

⑧ 파렛트에 넣어 집적된 용기의 높이는 5[m] 이하일 것

⑨ 파렛트에 넣어 아니한 용기는 2단 이하로 쌓을 것.

⑩ 저장탱크에 가스를 충전할 때에는 상용의 온도에서 내용적의 90[%] 넘지 아니할 것.

⑪ 차량에 고정된 탱크는 저장탱크의 외면으로부터 3[m] 이상 떨어져 정지할 것.(저장탱크와 차량에 고정된 탱크와의 사이에 방호책을 설치한 경우에는 그러하지 아니하다.)

⑫ 가스를 충전하는 때에는 정전기를 제거하는 조치를 할 것.
⑬ 안전밸브 또는 방출밸브에 설치된 스톱밸브는 항상 열어둘 것.(다만, 수리·청소 등을 위해 특별한 경우는 그러하지 아니하다.)
⑭ 차량에 고정된 탱크에는 차량정지목을 설치할 것.(내용적이 5천[L] 이상)
⑮ 충전용 주관의 압력계는 매월 1회 이상 그 밖의 압력계는 3월에 1회 이상 표준이 되는 압력계로 그 기능을 검사할 것.
⑯ 안전밸브는 1년에 1회 이상 당해설비의 설계압력 이상 내압시험압력의 10분의 8 이하의 압력에서 작동하도록 조정할 것.

88. 점검기준(가스공급시마다 실시하는 점검)
① 충전용기의 설치위치
② 충전용기와 화기와의 거리
③ 충전용기 및 배관의 설치상태
④ 충전용기로부터 압력조정기·가스계량기·호스 및 연소기에 이르는 각 접속부 및 배관 또는 호스의 누설여부
⑤ 가스용품의 관리 및 작동상태

89. 액화석유가스 사용시설에 관한 안전
① 저장능력 250[kg] 이상인 고압배관에는 안전장치를 설치할 것
② 가스사용시설의 저압부 배관은 8[kg/cm^2] 이상의 내압시험에 합격한 것일 것.(용기와 조정기 입구측까지의 고압부 배관은 내압시험압력 이상)
③ 가스사용시설을 시공한 후 조정기 출구로부터 연소기까지의 배관 또는 호스에 840~1,000[mmH$_2$O]의 압력으로 기밀시험하여 이상이 없을 것(압력이 330~3,000[mmH$_2$O]인 것은 3,500[mmH$_2$O] 이상을 실시).
④ 가스계량기 설치장소
  ㉠ 가스계량기는 화기와 2[m] 이상 우회거리
  ㉡ 설치높이는 지면으로부터 1.6[m] 이상 2[m] 이내 설치
  ㉢ 가스계량기와 전기계량기 및 전기개폐기와의 거리 60[cm] 이상
    굴뚝, 전기점멸기, 전기접속기와의 거리 30[cm]
    절연조치하지 아니한 전선과 15[cm] 이상

⑤ 배관의 고정·부착조치
   ㉠ 관지름이 13[mm] 미만의 것 : 1[m] 마다 고정
   ㉡ 관지름이 13[mm] 이상 33[mm] 미만 : 2[m] 마다 고정
   ㉢ 관지름이 33[mm] 이상 : 3[m] 마다 고정

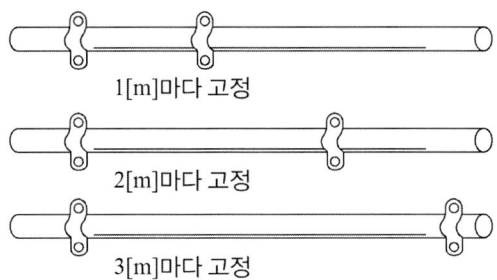

배관의 고정 부착 예

⑥ 배관의 표시
   ㉠ 지상배관의 표면색상 : 황색
   ㉡ 지하 매몰배관 : 적색 또는 황색
   ㉢ 바닥으로부터 1[m] 높이에 폭 3[cm]의 띠를 2중으로 표시
⑦ 가스사용시설 중 호스의 길이는 3[m] 이내로 하며 "T"형으로 연결하지 않을 것.(단, 퓨즈콕 등의 출구쪽에 설치하는 호스의 경우에는 3[m] 이상으로 할 수 있다.)
⑧ 가스사용시설 중 저장설비·감압설비 및 배관(건축물 내에 설치된 것은 제외)은 화기취급 장소와 8[m](주거용 시설은 2[m]) 이상의 우회거리를 유지할 것.

90. 도시가스 제조소의 위치

① 액화 천연가스 저장설비 및 처리설비는 그 외면으로부터 사업소 경계까지 50[m] 이상 거리 또는 안전거리 산식에 의한 거리 중 큰 쪽과 동등 이상의 거리를 유지할 것.

$$L = C \cdot \sqrt[3]{143,000\,W}$$

L : 유지거리[m]
C : 정수 저압지하식 저장탱크 0.24, 그 밖에 처리설비 0.576
W : 저장탱크는 저장능력의 제곱근[ton]

② 액화석유가스 저장설비 및 처리설비는 그 외면으로부터 제1종 및 제2종 보호시설까지 30[m] 이상거리 유지
③ 고압인 가스공급시설은 통로·공지 등으로 구획된 안전구역 내에 설치하되 그 면적은 2만[m^2] 미만일 것.
④ 안전구역 내의 고압인 가스공급시설은 그 외면으로부터 그 안전구역에 인접하는 다

른 안전구역 내에 있는 고압인 공급시설과 30[m] 이상의 거리 유지
⑤ 가스공급시설은 그 외면으로부터 그제조소의 경계와 20[m] 이상의 거리 유지.
⑥ 액화천연가스의 저장탱크는 그 외면으로부터 처리능력이 20만[m³] 이상인 압축기와 30[m] 이상 거리 유지.

91. 도시가스 제조시설의 구조 및 설비

① 저장탱크의 저장능력이 500[ton] 이상의 것은 주위에 방류둑설치.
② 방류둑의 내측 및 그 외면으로부터 10[m](저장능력이 1,000[ton] 미만인 액화가스 저장탱크에 속한 것은 8[m]) 이내에는 그 저장탱크의 부속시설 및 배관외의 것을 설치하지 않을 것.
③ 액화가스 저장탱크로서 5,000[L] 이상의 것에 설치한 배관에는 저장탱크 외면으로부터 10[m] 위치에서 조작할 수 있는 긴급차단장치를 설치할 것.
④ 정압기는 설치 후 2년 1회 이상 분해 점검실시, 1주일에 1회 이상 작동상황 점검.
⑤ 배관을 지하에 매설시 지면으로부터 1[m](차량이 통행하는 폭 8[m]) 이상의 도로에서는 1.2[m] 이상의 깊이에 매설
⑥ 배관의 누설검사
　매몰한 날 이후 3년에 1회 이상 실시, 최고사용압력이 고압인 경우 1년에 1회 이상 실시
⑦ ㉠ 내압시험 : 최고사용압력이 중압이상인 배관은 최고사용압력의 1.5배 이상
　 ㉡ 기밀시험 : 가스 사용시설(연소기제외)은 최고사용압력의 1.1배 또는 840[mmH₂O] 중 높은 압력
⑧ 도시가스의 유해성분, 열량, 압력 및 연소성의 측정
　 ㉠ 열량측정은 매일 06시30분~09시 사이, 17시부터 20시30분 사이 제조소의 배송기 또는 압송기 출구에서 자동열량측정기로 측정
　 ㉡ 압력측정은 가스홀더출구, 정압기출구 및 가스공급시설의 끝부분의 배관에서 자기압력계를 사용, 가스압력은 일반가정용 100[mmH₂O] 이상 250[mmH₂O] 이내 유지
　 ㉢ 연소성측정은 매일 06시30분~09시 사이, 17시부터 20시30분 사이 각각 1회씩 가스홀더 및 압송기 출구에서 측정 웨베지수가 표준 웨베지수의 ±4.5[%] 이내 유지
　　 ㉮ 연소속도

$$C_p = K\frac{1.0H_2 + 0.6(CO + C_mH_n) + 0.3CH_4}{\sqrt{d}}$$

　　　　C_p : 연소속도
　　　　H_2 : 도시가스중의 수소함유율(단위 : 용량[%])
　　　　CO : 도시가스중의 일산화탄소 함유율(단위 : 용량[%])

C_mH_n : 도시가스중의 메탄외의 탄화수소함유율(단위 : 용량[%])

CH_4 : 도시가스중의 메탄함유율(단위 : 용량[%])

d : 도시가스의 공기에 대한 비중

K : 도시가스중 산소함유율에 따라 정하는 정수로서 도표에서 구한 값

㉯ 웨베지수

제①항의 규정에 의하여 구한 열량과 ㉮의 규정에 의하여 구한 비중을 다음 계산식에 의하여 계산한 값으로 한다.

$$WI = \frac{H_g}{\sqrt{d}}$$

WI : 웨베지수

Hg : 도시가스의 총발열량(단위 : kcal/m³)

d : 도시가스의 공기에 대한 비중

92. 유해성분측정

도시가스성분 중 유해성분의 양은 0[℃], 1.013250[Bar]의 압력에서 건조한 도시가스 1[m³] 당 황전량은 0.5[g], 황화수소는 0.02[g], 암모니아는 0.2[g]을 초과하지 못한다.

93. 일반도시가스 사업의 제조소 및 공급소 안전거리

① 가스발생 및 가스홀더는 그 외면으로부터 사업장의 경계까지의 거리가 최고사용압력이 고압인 것은 20[m] 이상, 중압인 것은 10[m] 이상, 저압인 것은 5[m] 이상 유지

② 가스 혼합기·가스정제설비·배송기·압송기 그 밖에 가스공급시설의 부대설비(배관제외)는 그 외면으로부터 경계까지의 거리가 3[m] 이상 유지(단, 최고사용압력이 고압인 것은 20[m] 이상, 제1종 보호시설까지의 거리는 30[m] 이상 유지)

③ 비상공급시설은 그 외면으로부터 제1종 보호시설까지의 거리가 15[m] 이상, 제2종은 10[m] 이상이 되도록 할 것.

④ 정압기 조명도는 150룩스로 할 것.

94. 고압가스운반차량 차량의 경계표시

① 차량의 전후에서 명료하게 볼 수 있도록 "위험고압가스"라 표시하고 "적색삼각기"를 전석 외부 보기 쉬운 곳에 게양, 다만 RTC의 경우 좌우에서 볼 수 있도록 할 것.

② 경계표지의 크기(KS M 5334 적색 발광도료 사용)

㉮ 가로치수 : 차체폭의 30[%] 이상

㉯ 세로치수 : 가로치수의 20[%] 이상의 직사각형으로 표시

㉰ 정사각형의 경우 : 면적을 600[cm²] 이상의 크기로 표시

③ 표지의 예

 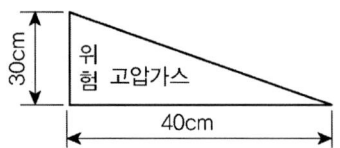

95. 독성가스의 식별표지 및 위험표지

① 식별 표지

독성가스(염소) 제조시설

독성가스(암모니아) 저장소

㉮ 백색바탕에 흑색글씨(가스의 명칭은 적색)로 기재
㉯ 문자의 크기는 가로 및 세로가 각각 10[cm] 이상으로 하고, 30[m] 이상의 거리에서도 식별할 수 있을 것.

② 위험표지(가스의 누설 우려 부분에 표시)

독성가스누설(주의)부분

㉮ 백색바탕에 흑색글씨("주의"는 적색)로 기재
㉯ 문자의 크기는 가로 및 세로가 각각 5[cm] 이상으로 하고, 10[m] 이상의 위치에서도 식별이 가능할 것.

96. 제조설비의 점검사항

① 제조설비 등의 사용 개시전 점검사항
  ㉮ 제조설비 등에 있는 내용물의 상황
  ㉯ 계기류의 기능 특히 인터록(inter lock), 긴급용 시퀀스, 경보 및 자동제어장치의 기능
  ㉰ 긴급차단 및 긴급방출장치, 통신설비, 제어설비, 정전기방지 및 제거설비 그 밖에 안전설비의 기능
  ㉱ 각 배관계통에 부착된 밸브 등의 개폐상황 및 맹판의 탈착상황
  ㉲ 회전기계의 윤활유 보급상황 및 회전구동상황
  ㉳ 제조설비 등 당해 설비의 전반적인 누설유무
  ㉴ 가연성가스 및 독성가스가 체류하기 쉬운 곳의 당해 가스농도

㉠ 전기, 물, 증기, 공기 등 유틸리티시설의 준비상황
㉡ 안전 용 불활성가스 등의 준비상황
㉢ 비상 전력 등의 준비상황
㉣ 그 밖에 필요한 사항의 이상 유무

② 제조설비 등의 사용종료시 점검사항
㉮ 사용종료 직전에 있어서의 각 설비운전상황
㉯ 사용종료 후에 있어서의 제조설비 등에 있는 잔유물의 상황
㉰ 제조설비내의 가스액 등의 불활성가스 등에 의한 치환상황, 특히 수리점검작업상 설비내에 사람이 들어갈 경우에는 공기로의 치환상황
㉱ 개방하는 제조설비와 다른 제조설비 등과의 차단상황
㉲ 제조설비 등의 전반에 대하여 부식, 마모, 손산, 폐쇄, 결합부의 풀림, 기초의 경사 및 침하, 그 밖의 이상 유무

97. 인체용 에어졸

① 특정부위에 계속하여 장시간 사용하지 말 것.
② 가능한한 인체에서 20[cm] 이상 떨어져서 사용할 것.
③ 온도 40[℃] 이상의 장소에 보관하지 말 것.
④ 사용 후 불속에 버리지 말 것.

98. 통신시설

①

통신 범위	사업소내 전체	사무소와 사무소간	종업원 상호간
통신 설비	① 페이징 설비 ② 구내 방송설비 ③ 휴대용 확성기 ④ 사이렌 ⑤ 메가폰(사업소 내의 면적 1,500[m²]이하만	① 페이징 설비 ② 구내 방송설비 ③ 구내 전화 ④ 인터폰	① 페이징 설비 ② 휴대용 확성기 ③ 트랜시버(계기 등에 영향이 없을 경우만) ④ 메가폰(사업소 내의 면적 1,500[m²]이하만

② 각 통신시설 장비

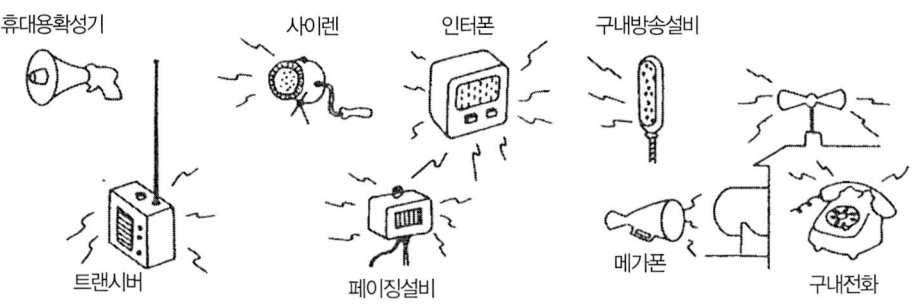

99. 방류둑

① 적용범위

  ㉠ 고압가스 일반제조시설
    ㉮ 가연성 및 산소의 액화가스 저장능력이 1,000톤 이상일 때(독성가스는 5톤 이상)
  ㉡ 냉동제조시설 : 독성가스를 냉매로 하는 수액기의 내용적이 10,000[L] 이상인 것.
  ㉢ 액화석유가스 저장시설 : LPG의 저장능력이 1,000톤 이상일 때(충전사업에서)
  ㉣ 도시가스시설 중 LPG용량이 다음과 같을 때
    ㉮ 가스도매사업 : 저장능력이 500톤 이상
    ㉯ 일반 도시가스사업 : 저장능력이 1,000톤 이상

② 방류둑의 용량

  ㉠ 저장능력에 해당하는 전량(100[%])이다.
    ※ 액화산소의 저장탱크 : 저장능력 상당용적의 60[%]
  ㉡ 2기 이상의 저장탱크를 집합방류둑 내에 설치한 경우 : 최대 저장탱크능력 상당용적+잔여저장탱크 총 능력 상단용적의 10[%](이때 격리벽의 높이는 방류둑 보다 10[cm] 낮게 할 것)
  ㉢ 냉동설비의 수액기 : 당해 방류둑 내에 설치된 수액기 내용적의 90[%] 이상의 용적

③ 방류둑의 구조 및 기준

  ㉠ 방류둑의 재료는 철근콘크리트, 철골·철근콘크리트, 금속, 흙 또는 이들을 혼합한 액밀한 구조일 것.
  ㉡ 액이 체류하는 표면적은 가능한한 적게 할 것(대기와 접하는 부분이 많으면 기화량 증대)
  ㉢ 높이에 상당하는 당해가스의 액두압에 견딜 수 있을 것.
  ㉣ 가연성 및 독성 또는 가연성과 조연성의 액화가스 방류둑을 혼합배치하지 말 것.
  ㉤ 방류둑의 내면과 그 외면으로부터 10[m] 이내에는 저장탱크 부속설비 이외의 것을 설치하지 아니할 것.
  ㉥ 성토는 수평에 대하여 45°이하의 구배를 가지고 성토한 정산부의 폭은 30[cm] 이상일 것.
  ㉦ 방류둑의 계단 및 사다리는 출입구 둘레 50[m] 마다 1개 이상 설치하고 그 둘레가 50[m] 미만일 경우는 2개소 이상 분산 설치할 것.
  ㉧ 저장탱크를 건물 내에 설치한 경우에는 그 건물구조가 방류둑의 구조를 갖는 것일 것.

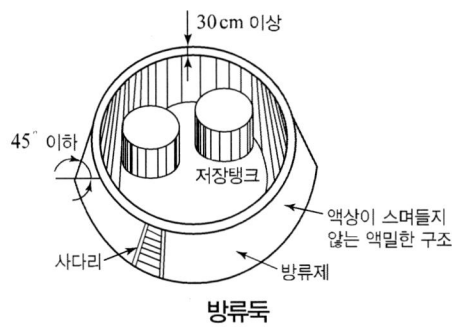
방류둑

100. 배관재료의 구비조건
① 관내의 가스유통이 원활한 것일 것.
② 내부의 가스압과 외부로부터의 하중 및 충격하중 등에 견디는 강도를 가지는 것일 것.
③ 토양, 지하수 등에 대하여 내식성을 가지는 것일 것.
④ 관의 접합이 용이하고 가스의 누설을 방지할 수 있는 것일 것.
⑤ 절단가공이 용이한 것일 것.
⑥ 관의 재료는 당해 가스로 인한 화학작용에 의하여 약화되지 않을 것.

101. 물분무장치의 적용시설
① 일반고압가스 제조시설 중 가연성 저장탱크와 산소 저장탱크 (300[m³], 3[ton] 이상 간에 1[m](지름이 다른 경우 $\frac{D_1 + D_2}{4}$[m])의 이격거리를 유지하지 않았을 경우
② 액화석유가스 제조시설 중 저장탱크 2기가 설치되어 이격거리를 유지하지 않았을 경우
③ 저장시설 중 저장탱크 2기가 설치되어 이격거리를 유지하지 않았을 경우

시설비	저장탱크의 내화구조상 구분	노출된 경우	준내화 구조 저장탱크 암면: 두께 25[mm] 이상 아연도 철판: 두께 0.35[mm] 이상	내화구조 저장탱크 주변화재를 고려하여 충분한 내화성능을 갖는 것	비고
① 저장탱크간의 간격이 1[m] 이내 또는 최대 지름을 합산한 것이 1/4 중 큰 치수 이상을 이격하지 않은 경우	물분무장치 (표면적 1[m²]당의 분무량)	8 [L/분]	6.5[L/분]	48[L/분]	① 소화전 ㉮ 호스끝 수압은 3.5[kg/cm²] 이상 ㉯ 방수능력은 400[L/분] 이상
	소화전(소화전 1개당의 표면적)	30 [m²]	38[m²]	60[m²]	

102. 저장탱크 주위의 온도상승 방지조치 기준

① 방류둑을 설치한 가연성가스 저장탱크 : 방류둑 외면 10[m] 이내
② 방류둑을 설치하지 아니한 가연성가스 저장탱크 : 저장탱크 외면 20[m] 이내
③ 가연성 물질을 취급하는 설비 : 외면 20[m] 이내

103. 가스설비의 수리

① 각 설비의 작업할 수 있는 허용농도
  ㉠ 가연성가스 : 폭발하한계의 1/4 이하
  ㉡ 독성가스 : 허용농도 이하
  ㉢ 산소가스 : 18~22[%] 이하
② 가스설비 내를 대기압 이하까지 가스치환을 생략할 경우
  ㉠ 당해가스설비의 내용적이 1[m^3] 이하인 것.
  ㉡ 출입구의 밸브가 확실히 폐지되어 있으며, 또한 내용적이 5[m^3] 이상의 가스설비에 이르는 사이에 2개 이상의 밸브를 설치한 것.
  ㉢ 사람이 그 설비 밖에서 작업하는 것인 것.
  ㉣ 화기를 사용하지 아니하는 작업인 것.
  ㉤ 설비의 간단한 청소 또는 가스켓의 교환, 기타 이들에 준하는 경미한 작업인 것.

104. 아세톤 및 디메틸포름아미드의 충전량

다공질물의 다공도[%] \ 용기부분	내용적 10L 이하	내용적 10L 초과
90 이상 ~ 92 이하	41.8[%] 이하	43.4[%] 이하
87 이상 ~ 90 미만	-	42.0[%] 이하
83 이상 ~ 90 미만	38.5[%] 이하	-
80 이상 ~ 83 미만	37.1[%] 이하	-
75 이상 ~ 87 미만	-	40.0[%] 이하
75 이상 ~ 80 미만	34.8[%] 이하	-

[표] 아세톤의 최대 충전량

다공질물의 다공도[%] \ 용기부분	내용적 10L 이하	내용적 10L 초과
90 이상 ~ 92 이하	43.5[%] 이하	43.7[%] 이하
85 이상 ~ 90 미만	41.1[%] 이하	42.8[%] 이하
80 이상 ~ 85 미만	38.7[%] 이하	40.3[%] 이하
75 이상 ~ 80 미만	36.3[%] 이하	37.8[%] 이하

[표] D.M.F의 최대 충전량

105. 다공질물의 다공포 측정방법

① 용기에 다공질물을 충전한 상태에서 온도[℃]에서 아세톤, D.M.F 또는 물의 흡수량으로 측정한다.

② 다공질물의 구비조건 : 규조토, 석면, 석회석, 목탄, 산화철, 탄산마그네슘, 다공성 플라스틱 등을 사용해서 반죽해 넣고 200[℃]에서 건조고화시킨 것을 다공질물이라 한다.

㉮ 화학적으로 안정할 것. ㉯ 고다공도일 것.
㉰ 기계적 강도가 있을 것. ㉱ 안전성이 있을 것.
㉲ 가스충전이 쉬울 것.   ㉳ 경제적이고 구입이 쉬울 것.

> **참고** ■ 다공도[%]를 구하는 공식
>
> $$다공도[\%] = \frac{(V-E)}{V} \times 100$$
>
> 여기서, V : 다공질물의 용적
> E : 아세톤 침윤잔용적

106. 고압가스설비 배관두께

① 원통형의 것

고압가스 설비의 부분 \ 고압가스 설비의 구분	동체 내경과 외경의 비가 1.2 미만인 것	동체 내경과 외경의 비가 1.2 이상인 것
동 판	$t = \dfrac{PD}{50f\eta - P} + C$	$t = \dfrac{D}{2}\left(\sqrt{\dfrac{25f\eta + P}{25f\eta - P}}\right) + C$

② 구형의 것

$$t = \frac{PD}{50f\eta - P} + C$$

t : 두께[mm]

P : 상용압력[kg/cm²]의 수치
   단, 가운데 볼록한 경판에 있어서는 1.67배의 수치

D : ㉮ 원통형의 경우
   ㉠ 동판 : 동체의 안지름[mm]
   ㉡ 접시형 경판 : 중앙만곡부 안지름
   ㉢ 반타원체 경판 : 반타원체 내면의 장축부 길이
   ㉣ 원추형 경판 : 단곡부 안지름
㉯ 구형의 경우 : 안지름에서 각각 부식 여부에 상당하는 부분을 제외한 부분의 수치

W : 접시형 경판의 형상에 의한 계수 $\dfrac{3+\sqrt{n}}{4}$

n : 중앙만곡부의 안지름과 단곡부의 안지름의 비

V : 반타원체 경판의 형상에 의한 계수로 다음 산식에 의하여 계산된 수치 $\dfrac{2+m^3}{3}$

m : 반타원체형의 내면의 장축부의 길이와 단축부의 길이비

d : 부식 여유에 상당하는 부분을 제외한 동체의 안지름[mm]

f : 재료의 항복점[kg/mm^2]

107. 긴급차단장치

① 적용시설
  ㉠ 액화석유가스(L.P.G) 저장탱크(내용적 5,000[L] 이상)의 액상의 가스를 이입 또는 충전하는 배관
  ㉡ 가연성가스, 독성가스, 산소의 저장탱크(내용적 5,000[L] 이상)의 액상의 가스를 이입 또는 충전하는 배관(다만, 액상의 가스를 이입하기 위한 배관은 역류방지밸브로 갈음할 수 있다.)

② 부착위치
  ㉠ 저장탱크 주밸브(main valve) 외측으로서 저장탱크에 가까운 위치 또는 저장탱크 내부에 설치

③ 차단조작기구(mechanism)
  ㉠ 동력원 : 액압(유압), 기압, 전기(보안전력 사용), 스프링 등
  ㉡ 조작위치
    ㉮ 저장탱크로부터[m] 이상 떨어진 곳(가용전시 110[℃]에서 자동차단)
    ㉯ 방류둑을 설치한 경우는 그 외측
    ㉰ 주위 상황에 따라 신속히 작동할 수 있는 위치에 작동레버 병설

④ 긴급차단장치 작동원리

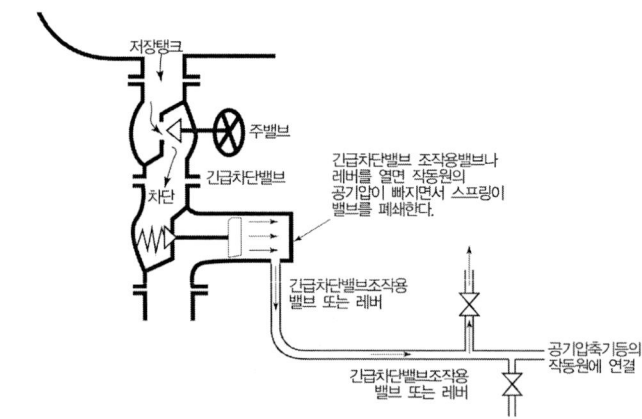

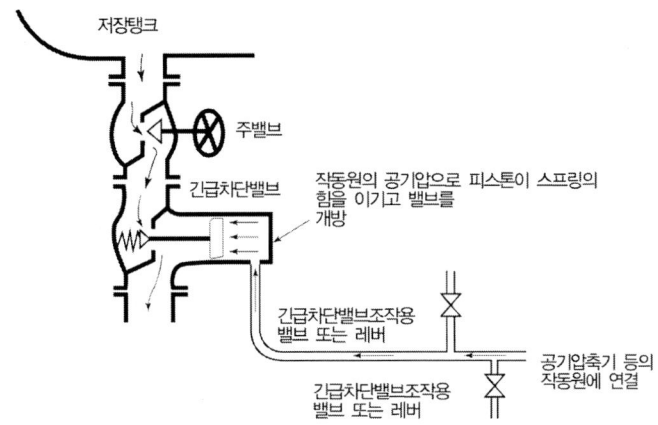

긴급차단장치의 작동원리

108. 안전밸브 분출구의 면적

$$a = \frac{W}{230P\sqrt{\frac{M}{T}}}$$

a : 안전밸브 분출부 유효면적   P : 절대압력 (kg/cm³·a)
T : 분출시 절대온도(K)   M : 가스분자량
W : 1시간당 분출가스량 (kg/h)

109. 액화석유가스 강제통풍시설기준

①

구 분	내 용
지상의 실	① 통풍구는 바닥면에 접하고 외기에 면할 것. ② 실의 바닥면적 1[m²]당 300[cm²](3[%]) 이상의 통풍구 면적 ③ 사방이 둘러싸인 실은 2방향 이상 분산된 통풍구
지하실 또는 충분한 통풍구를 갖지 못하는 실 (강제통풍장치)	① 실의 바닥면적 1[m²]당 0.5[m³/분] 이상일 것. ② 흡입구는 바닥면 가까이 설치(비중이 무거우므로) ③ 배기가스 방출구는 지상 5[m] 이상의 안전한 위치 ※ 배기가스 중 당해 농도 0.5[%] 정도 이상일 경우 가스 누설장소를 정밀조사하여 즉시 보수할 것.

② 냉동제조시설
　㉠ 자연통풍 : 냉동능력 1[RT]당 0.5[m²] 이상의 개구부(창, 문)
　㉡ 강제통풍 : 냉동능력 1[RT]당 2[m³/min] 이상의 통풍능력

110. 가스별 제독제 보유량

가스별	제독제	보유량
염소	가성소다수용액	670[kg]〈저장탱크 등이 2기 이상 있을 경우, 저장탱크는 그 수의 제곱근의 수치, 기타의 제조설비는 저장설비 및 처리설비(내용적이 5[m³] 이상의 것에 한한다) 수의 제곱근의 수치를 곱하여 얻은 수량, 이하 염소에 있어서는 탄산소다 수용액 및 소석회에 대하여도 같다.
	탄산소다수용액	870[kg]
	소석회	620[kg]
포스겐	가성소다수용액	390[kg]
	소석회	360[kg]
황화수소	가성소다수용액	1,140[kg]
	탄산소다수용액	1,500[kg]
시안화수소	가성소다수용액	250[kg]
아황산가스	가성소다수용액	530[kg]
	탄산소다수용액	700[kg]
	물	다량
암모니아·산화에틸렌·염화메탄	물	다량

111. 제독에 필요한 보호구

① 보호구의 종류와 수량

종류	보유수량
① 공기호흡기 또는 송기식 마스크(전면형) ② 보호복(고무 또는 비닐제품)	긴급작업에 종사하는 작업원수의 수량
③ 격리식 방독마스크(전면고농도형) ④ 보호장갑 및 보호장화(고무 또는 비닐제품)	독성가스를 취급하는 전 종업원수의 수량

㉮ 보관장소 : 독성가스가 누설되기 쉬운 곳, 긴급시 독성가스에 접하지 아니하고 반출할 수 있는 위치

㉯ 보관방법 : 항상 청경하고 기능이 양호한 상태로 보관하고 정기적인 점검 실시

㉰ 장착훈련 : 작업원에게 3개월마다 1회 이상 사용훈련 실시

112. 합격용기의 표시방법

(1) 적용시설 : 고압가스 안전관리법에 의해 합격된 용기
    ① 가연성가스 용기 : "연"자를 표시(적색으로 표시하되 수소는 백색)
    ② 독성가스인 용기 : "독"자를 표시

(2) 고압가스용기에 표시하는 색상
  ① 재검사 합격표시

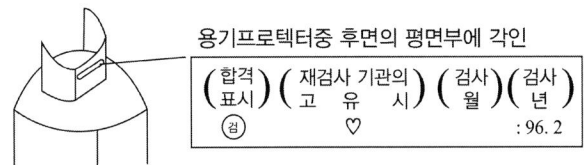

  ② 일반공업용

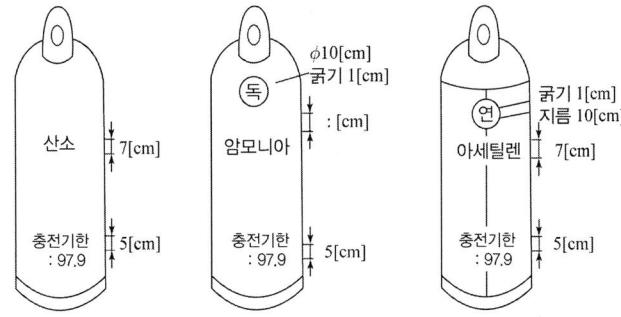

  ③ 의료용

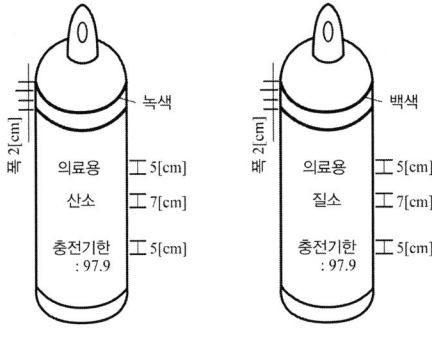

113. 휴대설비

품 명	운반하는 독성가스의 량		비 고
	액화가스 질량 1,000		
	미만의 경우	이상의 경우	
소석회	20[kg] 이상	40[kg] 이상	염소, 염화수소, 포스겐, 아황산가스 등 효과가 있는 액화가스에 적용한다.

① 보호구 : 방독마스크, 공기호흡기, 보호의, 보호장갑, 보호장화
② 자재 : 적색기, 휴대용 손전등. 메가폰 또는 휴대용 확성기, 로프(15[m] 이상), 멍석, 또는 쥬트포, 물통, 누설검지액(비눗물 및 10[%] 암모니아수, 5[%] 염산), 차바퀴 고정목(2개 이상)

114. 단열성능시험

① 시험방법 : 시험용 저온 액화가스를 용기에 충전하여 밸브를 모두 닫고 가스방출 밸브를 열어 가스의 기화량이 일정량으로 균일한 상태에 이를 때까지 정지 후 방출된 기화량을 측정

② 시험용 저온 액화가스

시험용 액화가스의 종류	비점[℃]	기화잠열[kcal/kg]
액 화 질 소	-196	48
액 화 산 소	-183	51
액 화 알 곤	-186	38

③ 시험시의 충전량 : 저온액화가스 용기의 내용적에 1/3 이상 1/2 이하가 되도록 충전
④ 침입열량의 측정 : 가스기화량의 측정은 저울 또는 유량계 사용
⑤ 판정

· 계산식 : $Q = \dfrac{W \times q}{H \times t \times V}$

여기서, Q : 침입열량[kcal/h·℃·l]
W : 측정중의 기화가스량[kg]
H : 측정시간[hr]
△t : 시험용 저온 액화가스의 비점과 외기와의 온도차[℃]
V : 용기내용적[l]
q : 시험용 액화가스의 기화잠열[kcal/kg]

· 합격기준 내용적 1,000[L] 이하 : 0.0005[kcal/h ℃ L] 이하일 것.
내용적 1,000[L] 초과 : 0.002[kcal/h ℃ L] 이하일 것.

115. 기화장치

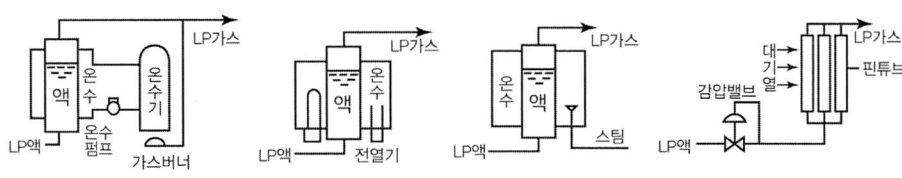

(a) 온수가스 가열식   (b) 온수전기 가열식   (c) 온수스팀 가열식   (d) 대기온 이용식

② 재료
　㉠ 가스가 접촉되는 부분 : 동, 스테인리스강, 알루미늄합금 등을 사용하며 탄소, 인, 황의 함유량이 0.33[%](이음새 없는 재료는 0.55[%], 0.04[%], 0.05[%] 이하의 강을 사용
　㉡ 가스가 접촉되지 않는 부분 : 액화가스에 적합한 기계적 성질 및 가공성을 갖는 재료를 사용하고 두께는 고압가스설비 및 배관의 두께 산정에 관한 기준 및 비가열 압력용기의 구조에 따른다.

③ 성능
　㉠ 온도가열방식의 온도는 80[℃] 이하
　㉡ 증기가열방식의 증기의 온도는 120[℃] 이하
　㉢ 압력계 : 최고 눈금은 상용압력의 1.5~2배 이하

116. 통풍구조

(1) 바닥면에 접하고 또는 외기에 면하여 설치된 환기구의 통풍가능 면적의 합계가 바닥면적 1[m²]마다 300[cm²](철망 등을 부착할 때는 철망이 차지하는 면적을 뺀 면적으로 한다)의 비율로 계산한 면적 이상(1개 환기구의 면적은 2,400[cm²] 이하로 한다)일 것. 이때 사방을 방호벽 등으로 설치할 경우에는 환기구를 2방향 이상으로 분산 설치할 것.

(2) (1)에 규정한 통풍구조를 설치할 수 없는 경우에는 다음 기준에 적합한 강제통풍 장치를 설치할 것.
　① 통풍 능력이 바닥면적1[m²]마다 0.5[m³/분] 이상으로 할 것.
　② 배기구는 바닥면(공기보다 가벼운 경우에는 천정면) 가까이에 설치할 것.
　③ 배기가스 방출구를 지면에서 5[m](공기보다 비중이 가벼운 경우에는 3[m]) 이상의 높이에 설치할 것.

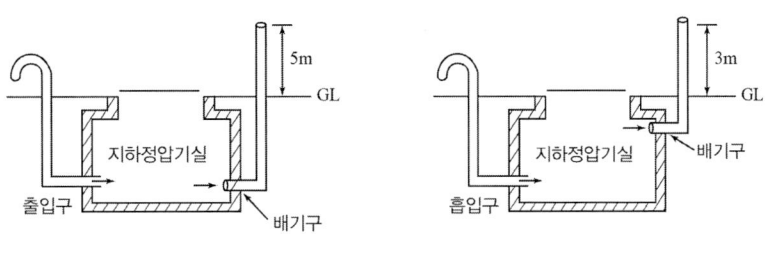

(a) 공기보다 무거운 경우　　(b) 공기보다 가벼운 경우

지하정압기 환기구 설치 예

117. 가스누설검지경보장치의 기능

① 가스의 누설을 검지하여 그 농도를 지시함과 동시에 경보를 울리는 것일 것.
② 미리 설정된 가스농도(폭발하한계의 1/4 이하)에서 자동적으로 경보를 울리는 것일 것.
③ 경보를 울린 후에는 주위의 가스농도가 변화되어도 계속 경보를 울리며, 그 확인 또는 대책을 강구함에 따라 경보정지가 되어야 할 것.
④ 담배연기 등 잡가스에 경보를 울리지 아니하는 것일 것.
⑤ 경보기의 정밀도는 경보농도 설정값에 대하여 가연성가스용에 있어서는 ±25[%] 이하, 독성가스용에 있어서는 ±30[%] 이하로 할 것.
⑥ 검지경보장치의 검지에서 발신까지 걸리는 시간은 경보농도의 1.6배 농도에서 보통 30초 이내일 것. 다만 검지경보장치의 구조상 또는 이론상 30초가 넘게 걸리는 가스(암모니아, 일산화탄소 또는 이와 유사한 가스)에 있어서는 1분 이내로 한다.
⑦ 전원의 전아 등 변동이 ±10[%] 정도일 때에는 경보정밀도가 저하되지 않을 것.
⑧ 지시계의 눈금은 가연성 가스용은 0~폭발하한계 값, 독성가스는 0~허용농도의 3배 값(암모니아를 실내에서 사용하는 경우에는 150[ppm]을 각각의 눈금의 범위에 명확하게 지시하는 것일 것.
⑨ 경보를 발신한 후에는 원칙적으로 분위기 중 가스농도가 변화하여도 계속 경보를 울리고, 그 확인 또는 대책을 강구함에 따라 경보정지가 되어야 할 것.

118. 가스누설 자동차단장치 용어

① 검지부 : 누설된 가스를 검지하여 제어부로 신호를 보내는 기능을 가진 것을 말한다.
② 차단부 : 제어부로부터 보내진 신호에 따라 가스의 유로를 개폐하는 기능을 가진 것을 말한다.
③ 제어부 : 차단부에 자동 차단신호를 보내는 기능, 차단부를 원격 개폐할 수 있는 기능 및 경보기능을 가진 것을 말한다.

119. 배관의 내용적에 따른 기밀시험압력 유지시간

당해배관의 내용적	기밀시험 압력자유시간
50[L] 이하	5분
10[L] 초과 50[L] 이하	10분
50[L] 이상	24분

120. 벤트스택

(1) 긴급용 벤트스택
  ① 벤트스택의 높이는 방출된 가스의 착지농도(着地濃度)가 폭발 하한계값 미만이 되도록 충분한 높이로 할 것.
  ② 벤트스택 방출구의 위치는 작업원이 정상 작업을 하는데 필요한 장소 및 작업원이 항시 통행하는 장소로부터 10[m] 이상 떨어진 곳에 설치할 것.

(2) 그 밖의 벤트스택
  ① 벤트스택의 높이는 방출된 가스의 착지농도(着地濃度)가 폭발 하한계값 미만이 되도록 충분한 높이로 할 것.
  ② 벤트스택 방출구의 위치는 작업원이 정상작업을 하는데 필요한 장소 및 작업원이 항시 통행하는 장소로부터 5[m] 이상 떨어진 곳에 설치할 것.

• 플레어스택
  플레어스택의 설치 위치 및 높이는 플레어스택 바로 밑의 지표면에 미치는 복사열이 4,000[kcal/m²·hr] 이하가 되도록 할 것. 다만, 4,000[kcal/m²·hr]를 초과하는 경우로써 출입이 통제되어 있는 지역은 그러하지 아니한다.

121. 배관부식방지를 위한 전위상태

① 부식방지전류가 흐르는 상태에는 토양 중에 있는 배관의 부식방지전위는 포화황산동기준전극을 −0.85[V] 이하이어야 하며 황산염환원박테리아가 번식하는 토양에서는 −0.95[V] 이하일 것.

② 부식방지전류가 흐르는 상태에서 자연전위와의 전위변화가 최소한 −300[mV] 이하일 것(다른 금속과 접촉하는 배관은 제외한다).

③ 전기방식시설의 유지관리를 위하여 다음 각 호에서 정한 장소와 그 밖에 배관을 따라 300[m] 이내의 간격으로 전위측정용 터미널을 설치할 것. 다만, 각종 부식의 위험이 거의 없는 곳에는 간격을 더 크게 할 수 있다.
  ㉠ 직류전철횡단부 주위
  ㉡ 배관절연부의 양측
  ㉢ 강재보호관 부분의 배관과 강재보호관
  ㉣ 타금속구조물과 근접 교차 부분
  ㉤ 밸브스테이션

④ 전기방식 시설의 효과적인 유지관리를 위하여 다음 각 호에 따른 측정 및 점검을 실시하여 이상이 발견될 경우에는 지체없이 정상기능 유지에 필요한 조치를 강구하고 그 실시 기록 유지를 위한 전기방식 시설 관리대장을 작성·비치할 것.
  ㉠ 전기방식 조치를 한 전체배관망에 대하여는 2년에 1회 이상 관대지전위(管對電

地位) 등의 전위를 측정할 것.
ⓒ 외부전원에 의하여 부식이 방지되는 전류출력, 계기류, 접점부 등의 상태는 3개월에 1회 이상 점검할 것.
ⓒ 전기방식 시설 중 역전류 방지장치, 다이오드, 간섭 방지용 결선 등의 작동상태는 6개월에 1회 이상 점검할 것.
ⓔ 절연부속품, 결선(bonding) 및 보호 절연체의 효과는 6개월에 1회 이상 점검할 것.
ⓜ 외부전원에 의하여 부식이 방지되는 시설에는 전기적인 단락, 접지연결, 계기의 정확성, 효율, 회로 저항 등을 1년에 1회 이상 점검할 것.

122. 배관을 이중관으로 하여야 하는 곳
① 포스겐, 황화수소, 시안화수소, 아황산가스, 산화에틸렌, 염화메탄, 염소
② 이중관의 규격 : 2중관의 바깥층관 안지름은 안층관 바깥지름의 1.2배 이상

123. 시험지명 및 변색상태

가스의 명칭	시 험 지	변 색 상 태
암 모 니 아(NH_3)	붉은 리트머스 시험지	청 색
일 산 화 탄 소(CO)	염화 파라듐지	흑 색
포 스 겐($COCl_2$)	하리슨 시험지	심등색(오렌지색)
염 소(Cl_2)	요드화칼륨 녹말종이(KI전분지)	청 색
황 화 수 소(H_2S)	초산납 시험지(연당지)	흑 색
시 안 화 수 소(HCN)	질산 구리 벤젠지	청 색
아 세 틸 렌(C_2H_2)	염화 제1동 착염지	적 색
아 황 산 가 스(SO_2)	암모니아 적신 헝겊	흰 연 기
L. P. G.	비눗물	기 포

124. 전기설비의 방폭성능기준
(1) 내압(耐壓)방폭구조 : 방폭전기기기의 용기(이하 "용기"라 한다) 내부에서 가연성 가스의 폭발이 발생할 경우 용기가 폭발압력에 견디고, 접합면, 개구부 등을 통하여 외부의 가연성 가스에 인화되지 아니하도록 한 구조를 말한다.
(2) 유입(油入)방폭구조 : 용기 내부에 기름을 주입하여 불꽃·아크 또는 고온발생부분이 기름 속에 잠기게 함으로써 기름면 위에 존재하는 가연성가스에 인화되지 아니하도록 한 구조를 말한다.
(3) 압력(壓力)방폭구조 : 용기 내부에 보호가스(신선한 공기 또는 불활성가스)를 압입하여 내부압력을 유지함으로써 가연성가스가 용기 내부로 유입되지 아니하도록 한 구조를 말한다.

(4) 안전증(安全增)방폭구조 : 정상운전 중에 가연성가스의 점화원이 전기불꽃·아크 또는 고온부분 등의 발생을 방지하기 위하여 기계적·전기적 구조상 또는 온도상승에 대하여, 특히 안전도를 증가시킨 구조를 말한다.

(5) 본질안전(本質安全)방폭구조 : 정상시 및 사고(단선, 단락, 지락 등)시에 발생하는 전기불꽃·아크 또는 고온부에 의하여 가연성가스가 점화되지 아니하는 것이 점화시험, 기타 방법에 의하여 확인된 구조를 말한다.

(6) 특수(特殊)방폭구조 : "(1)" 내지 "(5)"에서 규정한 구조 이외의 방폭구조로서 가연성가스에 점화를 방지할 수 있다는 것이 시험, 기타의 방법에 의하여 확인된 구조를 말한다.

〈방폭전기기기의 구조별 표시방법〉

방폭전기기기의 구조	표 시 방 법
내압(耐壓)방폭구조	d
유입(油入)방폭구조	o
압력(壓力)방폭구조	p
안전증(安全增)방폭구조	e
본질안전(本質安全)방폭구조	ia 또는 ib
특수(特殊)방폭구조	s

125. 위험장소

(1) 0종 장소

상용의 상태에서 가연성가스의 연속해서 폭발한계 이상으로 되는 장소(폭발상한계를 넘는 경우에는 폭발한계 내로 들어갈 우려가 있는 경우를 포함한다.

(2) 1종 장소

① 상용상태에서 가연성가스가 체류하여 위험하게 될 우려가 있는 장소
② 정비보수 또는 누설 등으로 인하여 종종 가연성가스가 체류하여 위험하게 될 우려가 있는 장소

(3) 2종 장소

① 밀폐된 용기 또는 설비 내에 밀봉된 가연성가스가 그 용기 또는 설비의 사고로 인해 파손되거나 오조작의 경우에는 누설할 위험이 있는 장소
② 환기장치에 이상이나 사고가 발생한 경우 가연성가스가 체류하여 위험하게 될 우려가 있는 장소
③ 1종 장소 주변 또는 인접한 실내에서 위험한 농도의 가연성가스가 종종 침입할 우려가 있는 장소

126. 냉동기에 금지할 재료
① 암모니아 : 동 및 동합금
② 염화메탄 : 알루미늄 합금
③ 프레온 : 2[%]를 넘는 Mg을 함유한 Al합금

127. 차량에 고정된 탱크 운행시 구비서류
① 고압가스 이동 계획서
② 고압가스 관련 자격증(양성교육 및 정기교육 이수증)
③ 운전면허증
④ 탱크 테이블(용량환산표)
⑤ 차량운행일지

128. 재검사기간

년		15년 마다	15~20년 마다	20년 이상
용접용기	500L 미만	3년 마다	2년 마다	1년 마다
	500L 이상	5년 마다	2년 마다	1년 마다
이음매없는 용기	500L 미만	신규검사 후 경과연수가 10년 이하 5년 10년 초과 3년		
	500L 이상	5년 마다		

129. 고압가스안전관리법의 적용범위에서 제외되는 가스
① 철도차량의 에어콘디셔너안의 고압가스
② 광산보안법의 적용을 받는 광산에 소재하는 광업을 위한 설비안의 고압가스
③ 선박안전법의 적용을 받는 선박 안의 고압가스
④ 원자력법의 적용을 받는 원자로 및 그 부속설비안의 고압가스
⑤ 오토클레이브 안의 고압가스(수소·아세틸렌·염화비닐 제외)
⑥ 등화용의 아세틸렌가스
⑦ 액화브롬화메탄제조설비 외에 있는 액화브롬화메탄
⑧ 냉동능력이 3톤 미만인 냉동설비안의 고압가스
⑨ 청량음료수·과실주 또는 발포성주류에 혼합된 가압가스

제 4 과목

가스계측

1. **가스미터의 필요조건(오정수내에게 감소해라)**
   ① 오차조정이 용이할 것
   ② 정확히 계량할 것
   ③ 수리가 쉬울 것
   ④ 내구성이 있을 것
   ⑤ 감도가 예민하고 정밀성이 있을 것
   ⑥ 소형경량이며 용량이 클 것

2. **시험지명 및 변색상태**
   ① 암모니아 : 적색리트머스 시험지 : 청색
   ② 염소 : KI 전분지 : 청색
   ③ 시안화수소 : 질산구리벤젠지 : 청색
   ④ 일산화탄소 : 염화파라듐지 : 흑색
   ⑤ 황화수소 : 연당지(초산납시험지) : 흑색
   ⑥ 포스겐 : 하리슨 시험지 : 심등색(오랜지색)
   ⑦ 아세틸렌 : 염화제1동착염지 : 적색
   ⑧ 아황산가스 : 암모니아 적신 헝겊 : 흰연기

3. ① 직접식액면계 : ㉠ 직관식액면계 ㉡ 부자식액면계
   ② 직접식유량계 : ㉠ 습식

4. ① 두 금속의 선팽창계수차 이용 : 바이메탈온도계(-50~500℃)
   ② 두 금속의 열전도도(열기전력) 이용 : 열전대온도계(제백효과 이용)
   ③ 미소온도측정 가능 : 베크만온도계(0.01℃)

5. 가스미터의 종류

② 추측식(추량식) : 오리피스, 터빈, 벤투리, 선근차식, 피토우관

6.

기차(%) = $\dfrac{\text{시험용 가스미터지시량} - \text{기준미터지시량}}{\text{시험용 미터지시량}} \times 100$

7.

막식가스미터(☞저부대가)	기차습식가스미터(☞기계수면실)	루츠식(☞대중적소스)
① 저가이다. ② 부착 후 유지관리에 시간을 요하지 않는다. ③ 대용량은 설치면적이 크다. ④ 가정용 ⑤ 1.5~200 m³/h	① 기차변동이 거의 없다. ② 계량이 정확하다. ③ 수위조정등의 관리 필요 ④ 설치면적이 크다. ⑤ 실험실용 ⑥ 0.2~3000 m³/h	① 대유량가스 측정 적합 ② 중압가스계량가능 ③ 설치면적 적다. ④ 소유량에서는 부동의 우려 ⑤ 스트레이너 설치 후 유지관리필요 ⑥ 대량수요가(공업용) ⑦ 100~5000 m³/h

8. **차압식 유량계** : 관내 교축기구를 설치하여 그전 후 압력차를 이용 순간 유량측정

벤투리미터	플로우미터(노즐)	오리피스미터
① 구조가 복잡하고 교환이 어렵다. ② 압력손실이 가장 적다. ③ 가격이 비싸다. ④ 정밀도가 좋고 내구성이 좋다. ⑤ 침전물 생성 우려가 없고 대형이다.	① 오리피스에 비해 압력손실이 적다. ② 고압유체나 슬러지유체 측정 ③ 동일 조건하에서 오리피스보다 유량통과량이 많다.	① 구조가 간단 제작이나 장착이 용이하다. ② 좁은 장소에 설치가 가능하다. ③ 유체의 압력손실이 가장 크다. ④ 침전물 생성 우려 ⑤ 베르누이 정리 이용

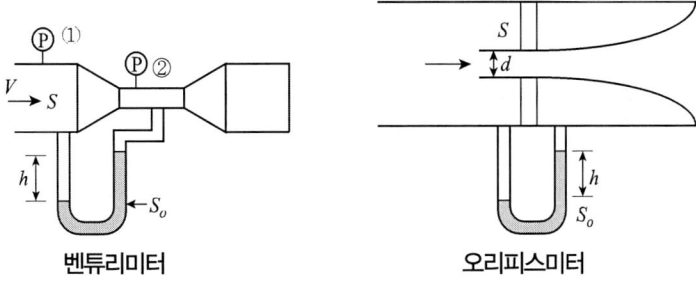

벤튜리미터   오리피스미터

9.

접촉식 온도계	비접촉식 온도계
① 수은온도계 : -35~350℃	① 광고온도계 : 700~3000℃
② 바이메탈온도계 : -50~500℃	② 방사온도계 : 50~3000℃
③ 열전대온도계	③ 색온도계 : 600~3000℃
④ 전기저항온도계	④ 광전관식 : 700~3000℃

10. **가스크로마토그래피**

① 캐리어가스 : H_2, He, N_2, Ar

② 부품 및 성분 : 컬럼(분리관), 기록계, 압력계, 항온조, 유량조절기, 가스샘플

③ 충진제 : 활성탄, 실리카겔, 소바비드, 몰레큘러시브

④ 분리가 잘 안될 때 : 시료주입구 온도 높인다.

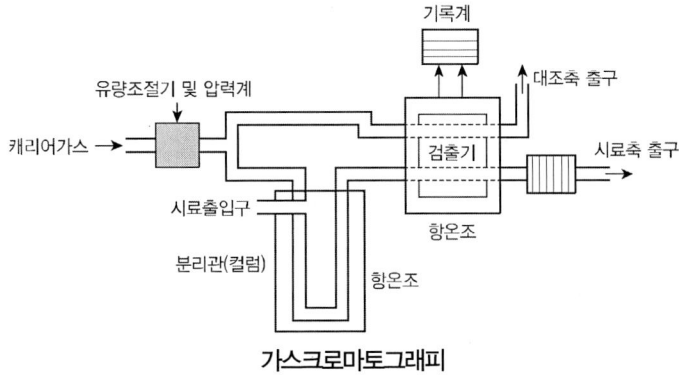

가스크로마토그래피

⑤ 종류

   ㉠ FID(수소이온화검출기)

      ⓐ 전극간의 전기 전도도가 증대하는 것을 이용

      ⓑ 탄화수소에서 감도가 최고이다.(프로판, 부탄, 프로필렌 등)

      ⓒ H_2, O_2, CO, CO_2, SO_2 등은 감도가 적다.

      ⓓ 무기가스나 물에 거의 응답하지 않음

ⓒ TCD(열전도도형검출기)
　　ⓐ 금속필라멘트의 저항변화를 이용하는 것
　　ⓑ 일반적으로 가장 널리 사용
ⓒ ECD(전자포획이온화검출기)
　　ⓐ 이온전류가 감소하는 것을 이용
　　ⓑ 할로겐 및 산화물에서는 감도가 최고이다.
ⓓ FPD(염광광도 검출기) : 황화합물이나 인화합물 검출
⑥ 정성, 정량 분석가능, 샘플(sample)의 양이 적어도 된다.

11. ① 감도＝지시량의 변화/측정량의 변화
② 피에조전기압력계 : 수정이나 롯셀염등의 결정체의 특정방향에 압력을 가하면 그 표면에 전기가 생겨 순간적인 압력을 측정
③ API(석유류의 비중)＝ $\dfrac{141.5}{비중} - 131.5$
④ 습식 가스미터원리 : 드럼형

12. 액면계 종류
① 고정튜브식　　② 슬립튜브식　　③ 회전튜브식
④ 플로우트식　　⑤ 퍼지식　　　　⑥ 차압식
⑦ 정전용량식　　⑧ 방사선식　　　⑨ 클린카식
⑩ 벨로우즈식　　⑪ 초음파식　　　⑫ 햄프슨식
⑬ 평형반사식　　⑭ 평형투시식
⑮ 기포식
　ⓐ 플로우트식 액면계 : 유리관 이용, 액위 직접 판독
　ⓑ 햄프슨식 액면계 : 액화산소등과 같은 극저온 저장탱크에 사용

13. ① 흡수분석법
　ⓐ 오르잣드법
　　ⓐ CO_2 : KOH 30% 수용액
　　ⓑ O_2 : 알칼리성 피롤카롤용액
　　ⓒ CO : 암모니아성 염화제1동용액
　ⓑ 헴펠법
　　ⓐ CO_2 : KOH 30% 수용액
　　ⓑ $C_mH_m(C_2H_2)$: 발연황산 25%

ⓒ O₂ : 알칼리성 피롤카롤용액

ⓓ CO : 암모니아성 염화제1동액

ⓒ 게겔법

ⓐ CO₂ : KOH 30%수용액

ⓑ C₂H₂ : 요오드수은칼륨용액

ⓒ $n-C_4H_8$: 87% 황산

ⓓ C₂H₄ : 취소수용액

ⓔ O₂ : 알칼리성 피롤카롤용액

ⓕ CO : 암모니아성 염화제1동액

② 연소분석법

㉠ 폭발성 : 뷰렛에 일정량의 가연성시료를 넣고 적당량의 공기 또는 산소를 혼합하여 폭발 피펫에 옮겨 전기스파크로 폭발

㉡ 완만연소법

ⓐ 산소와 시료가스를 피펫에 천천히 넣고 백금선으로 연소시키므로 폭발위험성이 적다.

ⓑ N₂가 혼재되어 있어도 질소산화물 생성 방지

ⓒ 분별연소법 : 일산화탄소와 수소가스만을 분별적으로 완전 산화시키는 방법

③ 화학분석법

㉠ 적정법

ⓐ 요오드 적정법 : 황화수소의 정량을 구하는 방법

ⓑ 중화적정법 : 연소가스중에 있는 NH₃를 황산에 흡수시켜 나머지 황산을 가성소다용액으로 적정

ⓒ 킬레이트적정법

㉡ 중량법 : 황산바륨침전법

㉢ 흡광광도법 : 광전관온도계를 사용 흡광도의 측정으로 정량분석(램버트비어법칙 적용)

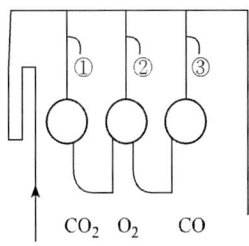

14. ① 시정수(Time Constant) : 출력이 최대 출력의 63%에 이를 때까지의 시간
② 펄스(Pulse) : 극히 짧은 시간동안 흐르는 신호용 약전류
③ 외란 : 제어계를 혼란시키는 외적작용 온도, 압력, 가스공급압등

15. Ma(마하수)
① 유체의 속도/음속　② $M > 1$: 초음속　③ $M < 1$: 아음속

16. 가스미터의 설치 장소
① 통풍이 양호한 실외　② 부식성 가스가 없는 곳
③ 진동이나 충격을 받지 않는 곳　④ 검침, 수리 편리한 장소
⑤ 지면으로부터 1.6~2 m 이내　⑥ 전선과 15 cm 이상
⑦ 접속기, 점멸기, 굴뚝 30 cm 이상　⑧ 안전기, 계량기, 개폐기 60 cm 이상

17. 열전대온도계(접촉식 중 가장 높은 측정, 열기전력 이용(제백효과))
① PR(백금 - 백금로듐)(R형)
　㉠ 산화성 분위기에 가장 강하다.
　㉡ 환원성 분위기에 약하다.
　㉢ 금속증기에 침식
　㉣ 온도 : 0~1600℃
　㉤ 백금 87%(+극), 백금로듐 13% (-극)
　㉥ 값이 싸고, 정도가 높고 안정성 우수
　㉦ 열전대온도계 중 가장 고온 측정
② CA(크로멜 - 알루멜)(K형)
　㉠ 크로멜(Ni(90%)+Cr(10%), 알루멜(Ni(94%)+Mn(2.5%)+Al(2.0%)+Fe(0.5%)
　㉡ 산화성 분위기에 약하다.
　㉢ 온도 : 0~1200℃
③ CC(동 - 콘스탄탄)(J형)
　㉠ 수분에 의한 내식성이 크다.
　㉡ 콘스탄탄(Cu(55%)+Ni(45%))
　㉢ 온도 : -200~350℃
　㉣ 열전대 온도계 중 가장 저온 측정
④ IC(철 - 콘스탄탄)(T형)
　㉠ 환원성 분위기에 강하다.
　㉡ 온도 : -20~850℃

열전도온도계

18. ① 면적식 유량계 : 로터미터(유량을 직접 읽어서 측정)
    ② 용적식 유량계 : 습식, 건식, 오우벌식, 루츠식, 로터리식
    ③ 차압식 유량계 : 벤투리미터, 플로우노즐, 오리피스미터
    ④ 유속식 유량계 : 임펠러식 피토우관, 열선식

19. **저항식 온도계**
    ① 동저항 온도계 : 0~120℃ ② 니켈저항 : -50~300℃
    ③ 더미스터 : -100~300℃   ④ 백금저항식 : -200~500℃

20. **제어방식**
    ① 연속동작
        ㉠ P동작(비례동작)
            ⓐ 잔류편차 허용될 때 사용
            ⓑ 조작량은 제어 편차의 변화속도에 비례한 동작
            ⓒ 부하변화가 적은 프로세스에 사용
            ⓓ 부하가 변화하는 등의 외란이 있으면(off-set : 잔류편차)생김
        ㉡ I동작(적분동작)
            ⓐ 잔류편차 허용되지 않을 때 사용
            ⓑ 제어의 안정성이 떨어지고 일반적으로 진동함
        ㉢ D동작(미분동작)
            ⓐ 편차가 변화하는 속도에 비례해서 조작량 가감
            ⓑ 일반적으로 진동이 제어되어 빨리 안정
    ② 불연속 동작(On-Off 동작이라고도 함)
        ㉠ 이위치동작 : 조작량이 정해진 두 값 중 하나를 취하여 밸브가 열리고 닫히는 이위치제어
        ㉡ 다위치동작 : 동작신호의 크기에 따라 조작량이 셋 이상의 정해진 값 중 하나를 취하는 것
        ㉢ 불연속 속도 조작

21. ① 토마스식 유량계 : 가스의 유량 측정
    ② 토크미터 : 동력을 측정

22. **가연성 가스 검출기**
    ① 안전등형 : 불꽃 길이를 측정하여 CH_4의 농도를 측정하는 방법으로 탄광 내에서 CH_4의 발생을 검출하는데 사용
    ② 간섭계형 : 가스의 굴절률 차를 이용하여 농도를 측정하는 방법
    CH_4 외의 가연성가스 측정에도 사용
    ③ 열선형
    　㉠ 열전도식 : 전기적으로 가열된 필라멘트(열선)로 가스 검지
    　㉡ 연소식

23. **간섭계형 성분 가스의 농도**
    $$X = \frac{Z}{(Nm - N)} \times 100$$
    여기서, X : 성분가스의 농도(%), Z : 공기의 굴절율차에 의한 간섭무늬의 이동,
    　　　　Nm : 성분가스의 굴절률, N : 공기의 굴절률

24. **각종 가스 분석법**
    ① 염소(Cl_2) : 요오드화칼륨수용액에 흡수시켜 유리된 요소를 티오황산나트륨으로 적정
    ② 수소
    　㉠ 열전도도법
    　㉡ 폭발법
    　㉢ 산화동에 의한 흡수법
    　㉣ 파라듐블랙에 의한 흡수법

25. **추치제어** : 목표값이 임의의 시간적 변화를 하는 경우의 추치제어
    ① 추종제어 : 목표값이 임의의 시간적 변화를 하는 경우의 추치제어
    ② 비율제어 : 2개 이상의 제어량의 값이 정해진 비율을 유지하도록 하는 제어
    ③ 프로그램제어 : 미리 정하여진 프로그램에 따라 시간적으로 목표값이 변화하는 경우 추치제어
    ④ 캐스케이드제어 : 1차 제어장치가 제어명령을 발하고 2차 제어장치가 이 명령을 바탕으로 제어

26. 프로세스제어
도시가스공업, 석유공업, 화학공업 등의 프로세스 공업에 있어서 제품처리를 할 때의 상태량(온도, 압력, 유량, 액면, 농도, 점도, 습도)을 제어량으로 하는 제어

27. 서보기구(Servo Mechanism)
제어량이 물체의 기계적인 위치, 방위, 자세, 혹은 그 변화로서 있을 때의 피드백제어를 총칭하는 것(예 : 레이더의 방향 및 선박, 항공기의 방향제어)

28. 자동조정(Automatic regulation)
부하의 전력, 전류, 전압, 주파수 등의 제어원동기가 전동기의 속도제어 및 발전기의 전압, 전류 등의 제어에 사용

29. 계통오차 : 일련의 측정값에 어느 일정의 치우침을 주는 오차
① 계기오차　　② 환경오차　　③ 개인오차

30. 열전대온도계의 보상도선 : 단자부분의 온도변화에 따라 생기는 오차를 보상하기 위해 사용하는 것
① 일반용 : 105℃ 까지　　② 내열용 : 200℃

31. 가스미터의 고장 및 원인
① 부동 : 가스는 미터를 통과하나 미터지침이 작동하지 않는 현상
　㉠ 감속 또는 지시장치의 기어물림 불량
　㉡ 지시장치의 톱니바퀴의 불량
　㉢ 계량막의 파손, 밸브의 탈락, 밸브와 밸브시트 사이에서의 누설
② 불통 : 가스가 가스미터를 통과하지 않는 고장
　㉠ 날개 조절기능의 납땜이 떨어진 경우
　㉡ 회전자 베어링의 마모에 의한 접촉시
　㉢ 밸브와 밸브시트가 타르, 수분 등에 의해 고착 또는 동결시
③ 기차불량 : 부품의 마모 등에 의해 기차가 변화하는 경우 계량법에 규정된 사용공차 ±4%를 넘어서는 현상
　㉠ 계량막이 신축하여 부피가 변화하는 경우
　㉡ 밸브와 밸브시트 사이 또는 막패킹부에서의 누설
　㉢ 회전부분의 마찰 저항 증가에 의한 진동

32. 가스미터의 종류

② 추측식 : 오리피스, 터빈, 선근차식, 피토우관

33. 액주형 압력계(☞유단경이상호)
① U자관식
② 단관식
③ 경사관식(미소압력측정 0~50 mmH₂O)
④ 2액마노미터
⑤ 상형
⑥ 호르단형압력계

34. 분젠실링법 : 시료가스와 공기를 각각 작은 구멍으로 유출시키고 이들의 시간비로 가스비중 측정
㉠ $S = Ts^2/Ta^2 + \alpha$
  여기서, Ta : 공기의 유출시간, Ts : 시료가스 유출시간, α: 보정치
㉡ 비중측정에 필요한 기구 : 스톱와치(stop watch)

35.
① 용적식 유량계
  ㉠ 오우벌형   ㉡ 루츠형   ㉢ 습식, 건식
  ㉣ 원판형   ㉤ 로터리형
② 차압식 유량계
  ㉠ 오리피스   ㉡ 플로우노즐   ㉢ 벤투리
③ 면적식 유량계
  ㉠ 로터미터   ㉡ 피스톤식   ㉢ 게이트식
④ 유속식 유량계
  ㉠ 임펠러식   ㉡ 피토우관   ㉢ 열선식

36. 압력계 특징

① 다이어프램 압력계(격막식 압력계)
  ㉠ 미소압력측정(20~5000 Aq)
  ㉡ 부식성 유체 측정
  ㉢ 온도의 영향을 받기 쉽다.
  ㉣ 응답속도가 빠르다.
  ㉤ 이상 압력으로 파손되어도 위험성이 적다.

② 부르동관 압력계
  ㉠ 고압 측정용 : 0.5~3000 kg/cm^3
  ㉡ 저압용 : 인청동, 황동, 니켈청동
  ㉢ 고압용 : 니켈강, 특수강, 스테인리스강
  ㉣ 암모니아, C_2H_2 압력계 : 연강재 사용

③ 벨로우즈 압력계
  ㉠ 유체내의 먼지 등의 영향이 적고 압력변동에 적응하기 어려움
  ㉡ 신축에 의한 압력 조절
  ㉢ 측정압력 : 0.01~10 kg/cm^2
  ㉣ 격막의 재질은 천연고무 합성고무, 테프론

④ 자유피스톤형 압력계 : 부르동관 압력계 눈금 교정용 및 연구실용

37. 제어계의 구성 요소

㉠ 검출부　　　　　　㉡ 비교부
㉢ 조절부　　　　　　㉣ 조작부

38.

① 절대 습도 : 건조공기 1 kg당 수증기의 질량
② 건습도 : 온도계로 측정
③ 노점온도 : 수증기가 응결을 시작하는 공기의 온도
④ 습구온도 : 온도계 감열부를 물에 젖은 헝겊으로 싼 상태에서 가르치는 온도
⑤ 상대습도 : 습공기의 수증기 분압과 그 온도와 같은 온도의 포화증기의 수증기 분압과의 비를 백분율로 표시

39.

① 가스미터 : 최대소비량 120% 이상 (1.2배 이상)
② 조정기 : 최대소비량 150% 이상 (1.5배 이상)

40. 액체의 구비조건
① 점도가 낮을 것 ② 팽창계수가 적을 것
③ 밀도변화 적을 것 ④ 모세관 현상이 적을 것
⑤ 액면을 수평으로 쉽게 만들 것 ⑥ 화학적 안정성이 있을 것

41. 가스 누출 경보기에 검지 방법
① 접촉 연소식 ② 반도체식
③ 정전위전해 방식 ④ 열전도식
⑤ 격막전극방식 ⑥ 갈바니전지방식

42. 더미스터의 특징
① -100~300℃ ② 온도 계수가 크다.
③ 온도가 높아지면 저항치 감소 ④ 지연시간이 적으며 특성이 양호
⑤ 좁은 장소의 국소온도 측정 용이 ⑥ 흡수등에 의해 열화
⑦ 수분 흡수시 오차 발생 ⑧ 동일 특성의 것 얻기 어렵다.

43.
① 비례동작 $(P) = \dfrac{100}{P} e + b$

② 적분동작 $(I) = \dfrac{1}{\pi} \int e\, dt$

③ 미분동작 $(D) = Td \dfrac{de}{dt}$

44.
① H_2S(황화수소 = 전유황) : 옥소적정법
② NH_3 : 중화적정법

45. **시료채취** : 연도 중심부 및 각 부위

46. 환상천평식 압력계(링밸런스식 압력계)
① 부식성 가스나 습기가 적은 곳
② 충격이나 진동이 없는 장소
③ 저압기체 및 배기가스 압력 측정에 사용

47.
① 터빈유량계 : 날개 부딪히는 유체의 운동량으로 회전체를 회전시켜 가스흐름 측정

② 루츠미터 : 두 개의 회전체가 강체 케이스 안에 있어서 빈공간 사이로 유체를 퍼내는 형식

48. **가스미터 선정시 주의 사항**
    ① 사용가스에 적합할 것
    ② 계량법에 정한 유효기간을 만족할 것
    ③ 용량에 여유가 있을 것
    ④ 외관시험 등을 행할 것

49. **직접유량계** : 습식가스미터(드럼형)

50. ① 유량단위 : m^3/sec, kg/sec, kg/min, kg/h
    ② 밀도단위 : kg/m^3
    ③ 절대점도 : $g/cm\ sec(poise)$
    ④ 동점도 : $cm^2/sec(stoke)$

51. **가스미터의 구비조건**
    ① 오차조정이 용할 것
    ② 정확히 계량할 것
    ③ 수리가 쉬울 것
    ④ 감도가 예민할 것
    ⑤ 소형이며 용량이 클 것

52.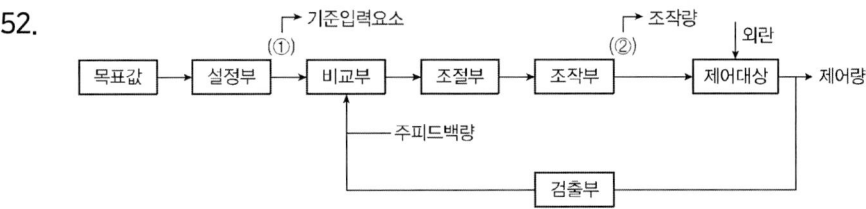

    ① 제어계밖에서 주어진 값 : 목표값
    ② 검출부 : 온도, 유량, 압력을 신호로 나타내주는 부분
    ③ 외란 : 제어계를 혼란시키는 외적 작용
    ④ 조작량 : 제어대상에 가해 주는양
    ⑤ 제어부 : 비교부, 조절부, 조작부, 검출부

53. ① 동압과 정압 측정 : 피토우관
    ② 가정에서 사용되는 수도미터계 : 피토우관
    ③ 감도 : 감도가 좋으면 측정시간이 길어지고 측정범위는 좁아진다.
    ④ 로터미터 : 면적가변형 유량계로 직접 유량을 읽을 수 있음

⑤ 펄스 : 짧은 시간 동안 흐르는 신호용 약전류
⑥ 퍼지식액면계 : 지하탱크에 파이프를 삽입액면 측정(기포식 액면계)

54. ① 두 금속의 열전도도 차(열기전력) : 열전대온도계
② 두 금속의 열팽창계수 차이 : 바이메탈 온도계

55. 검지관의 검지한도
① Cl_2(염소) : 0.1 ppm
② CO_2(이) : 20 ppm
③ HCN(시안) : 0.2 ppm
④ C_3H_8(프) : 100 ppm
⑤ H_2S(황화) : 0.5 ppm
⑥ H_2(수) : 250 ppm
⑦ CO(일산) : 1 ppm
⑧ O_2(산) : 1000 ppm
⑨ C_2H_2 : 10 ppm
⑩ 포스겐 : 0.02 ppm
⑪ NH_3 : 5 ppm
⑫ CS_2 : 5 ppm
⑬ C_2H_4O : 10 ppm
⑭ NH_3(암) : 5 ppm
⑮ C_2H_2(아) : 10 ppm

56. 삼중점
액상 기상 고상이 공존할 때의 상태온도는 0.01℃(273.17K)이고 압력은 4.6 mmHg이다.

57. 검사 절차를 자동화 하려는 계측작업에서 필요한 장치
① 자동검사장치 ② 자동선별장치 ③ 자동급속장치

58. 가스미터의 설치시 고려사항
① 수평으로 설치할 것
② 입구와 출구를 명확히 구별할 것
③ 가스미터 입구배관에 드레인을 부착할 것
④ 가스미터 또는 상호 부적당한 힘이 가해지지 않도록 한다.
⑤ 배관 접속시 배관중에 먼지, 오수 등의 이물질이 없도록 한다.

59. 이론단수 $= 16 \times \left(\dfrac{\text{머무는 부피}}{\text{봉우리 폭}} \right)^2$

60. 피토우관 $(V) = \sqrt{2g(P_t - P_s)}$
여기서, P_t : 총압, P_s : 정압

61. **피에조 전기 압력계** : 수정이나 롯셀염등의 결정체에 압력을 가할 때 표면의 전기적 변화의 특성이용

62. ① 피드백제어 : 출력측의 신호를 입력측으로 되돌려 정정동작을 하는 제어
    ② 시퀀스제어 : 처음 정해진 순서에 의해 제어 단계를 순차적으로 제어

63. ① 편위법 : 스프링 저울에 의한 무게 측정법
    ② 침종식 압력계 : 아르키메데스 원리 이용
    ③ 편위식 액면계 : 아르키메데스 원리 이용
    ④ 유체의 밀도측정 : 피크노미터
    ⑤ 열유량 측정 : 윤켈스식유수형열량계

64. $1\ atm = 1.0332\ kg/cm^2 = 10332\ kg/m^2 = 76\ cmHg = 760\ mmHg = 0.76\ mHg$
    $= 10.332\ mH_2O = 1033.2\ cmH_2O = 10332\ mmH_2O = 30\ inHg$
    $= 14.7\ PSI(lb/in^2) = 1.013\ bar = 1013\ mbar = 101325\ Pa = 101325\ N/m^2$
    $= 101.3\ kPa$

65. **벤투리미터와 피토우관**
    ① 벤투리미터
    $$Q[m^3/sec] = \pi d^2/4 \times CV\sqrt{1-m^2} \times \sqrt{2 \times g \times h \times \left(\frac{\text{수은 비중} - \text{물 비중}}{\text{물 비중}}\right)}$$
    $$= \frac{(\text{물의 밀도} - \text{공기 밀도})}{\text{공기 밀도}}$$
    ② 피토우관
    $$V[m/sec] = C\sqrt{2gh\left(\frac{\text{물의 비중량} - \text{공기 비중량}}{\text{공기 비중량}}\right)}$$
    $$= C\sqrt{2g(P_t[\text{총압}] - P_s[\text{정압}])}$$

66. **링겔만 매연농도계**

0번	1번	2번	3번	4번	5번
0%	20%	40%	60%	80%	100%
무색	엷은 회색	회색	엷은 흑색	흑색	암흑색

67. 반도체 가스누출 검지기 특징
① 안정성이 있고 수명이 길다.
② 가연성 이외의 가스 검지 가능
③ 미량 가스에 대한 출력이 작으므로 고감도로 검지할 수 있다.

68. 감도 유량
① 막식 : 3 ℓ/h 이하
② LP가스미터 : 15 ℓ/h 이하

69. 비중＝기체의 참무게/공기의 참무게＝시료 무게/물의 무게

70. ON-OFF(온·오프 동작) : 가정용 난방장치나 항온탱크 및 전기다리미 등에 쓰이는 조절기

71.
① 검지 강도가 가장 높아 원리적으로 1ppm의 가스 농도검지가 가능
② FID(불꽃이온화 검출기＝수소이온화 검출기)

72. 가스크로마토그래피 설명
① 샘플의 양이 적어도 된다.
② 정성, 정량 분석이 가능
③ 캐리어 가스로는 99.9% 이사의 헬륨이나 질소를 사용한다.
④ 가스의 이동중 column 내의 층 전체에 의한 용해속도의 차 이용
⑤ 분리판은 구리, 스테인리스강 유리등의 재질을 사용 제작
⑥ 분석 시간이 빠르다.
⑦ 보통으로 시료성분이 완전히 분리된다.
⑧ 불활성 기체로 컬럼(분리관)을 연속적으로 재생할 수 있다.
⑨ 선택성이 낮고 고감도로 측정할 수 있다.

73. 미연소가스계(H_2＋CO계)
① 가스중에서 미연소 물질인 CO, H_2 측정
② 촉매로 백금(Pt)이 사용되고 백금선에 정전류를 흘려보내 고온가열
③ 연소를 외부로 공급하여 측정실에서 백금선과 접촉연소
④ 연소시 발생한 열에 백금선의 평형온도가 상승되어 저항치가 증가되는 원리

제4과목 가스계측

74. ① 수은온도계 : -35 ~ 350℃
    ② 알코올온도계 : -100℃ 이하 저온 측정용
    ③ 바이메탈계 : -50 ~ 500℃

75. **측정값의 정규분포**
    ① 값이 작은 오차는 값이 큰 오차보다 덜 발생한다.
    ② 같은 크기의 정오차와 부오차는 같은 확률로 발생
    ③ 어느 정도 이상의 오차는 발생하지 않는다.

76. ① 도시가스미터의 대표적인 형태 : 드럼형
    ② 회전체의 회전속도를 측정하여 단위시간당 유량 알 수 있는 유량계 : 오벌식 유량계
    ③ 전기저항온도계 공칭저항 온도 : 0℃
    ④ 가스미터를 포함한 배관전체 최대허용압력 손실 : 30 mmH$_2$O
    ⑤ 습도를 측정하는 가장 간편한 방법 : 노점을 측정

77. ① 체적 유량 $Q = A \times V (\text{m}^3/\text{sec})$
    ② 중량 유량 $Q = r \times A \times V (\text{kg/sec})$

78. 프로세스의 난이도를 표시하는데 L/T이 사용된다.
    ① 적으면 적을수록 제어가 가능하다.
    ② 크면 클수록 제어가 어렵다.

79. **가스성분과 분석방법**
    ① 전유황
        ㉠ 과염소산 바륨법
        ㉡ 디메틸슬포나조법
        ㉢ 흡광광도법
    ② 황화수소
        ㉠ 옥소적정법
        ㉡ 초산연 시험지
        ㉢ 메틸렌블루흡광광도법
    ③ 암모니아
        ㉠ 중화적정법
        ㉡ 인도페놀흡광광도법

④ 나프탈렌 : 가스크로마토그래피
⑤ 수분
    ㉠ 노점법
    ㉡ 흡수정량법

80. **조작량**

① 비례동작 : 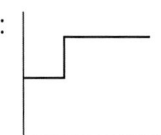　　② 적분동작 :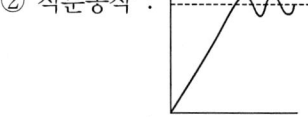

③ 미분동작 : 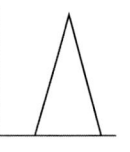　　④ PI 동작 :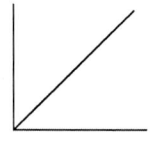

⑤ PID 동작 : 　　⑥ PD 동작 :

가스산업기사

과년도 출제문제

2013년 제1회 가스산업기사 출제문제

제1과목 : 연소공학

01 과열증기의 온도가 350°C일 때 과열도는? (단, 이 증기의 포화온도는 573K이다.)
① 23K   ② 30K
③ 40K   ④ 50K

해설: 과열도＝과열증기온도-포화온도＝(273+350)-573K＝50K

02 공기 중에서 연소하한값이 가장 낮은 가스는?
① 수소   ② 부탄
③ 아세틸렌   ④ 에틸렌

해설: 폭발범위(연소범위)
① 부탄 : 1.8%~8.4%(1.8)   ② 아세틸렌 : 2.5%~81%(2.5)
③ 에틸렌 : 3.1%~32%(3.1)   ④ 수소 : 4%~75%(4)

03 열역학 제1법칙을 바르게 설명한 것은?
① 제2종은 영구기관의 존재가능성을 부인하는 법칙이다.
② 열은 다른 물체에 아무런 변화도 주지 않고, 저온 물체에서 고온 물체로 이동하지 않는다.
③ 열평형에 관란 법칙이다.
④ 에너지 보존법칙 중 열과 일의 관계를 설명한 것이다.

해설: 열역학 제1법칙(에너지보존의 법칙으로 일과 열의 관계설명) : 일은 열로 변환시킬 수 있고 열은 일로 변환시킬 수 있다.

정답 1. ④   2. ②   3. ④

04
온도 30℃, 압력 740mmHg인 어떤 기체 342mL를 표준상태(0℃, 1기압)로 하면 약 몇 mL가 되겠는가?

① 300 ② 316 ③ 350 ④ 390

해설 $\dfrac{P_1 V_1}{T_1} = \dfrac{P_2 V_2}{T_2}$

$$V_2 = \dfrac{P_1 \times V_1 \times T_2}{P_2 \times T_1} = \dfrac{\dfrac{740}{760} \times 1\,\text{atm} \times 342 \times (273+0)}{1 \times (273+30)\text{K}} = 300.02\,\text{mL}$$

05
소화의 원리에 대한 설명으로 틀린 것은?

① 가연성 가스나 가연성 증기의 공급을 차단시킨다.
② 연소 중에 있는 물질에 물이나 냉각제를 뿌려 온도를 낮춘다.
③ 연소 중에 있는 물질에 공기를 많이 공급하여 혼합 기체의 농도를 높게 한다.
④ 연소 중에 있는 물질의 표면에 불활성가스를 덮어 씌워 가연성 물질과 공기의 접촉을 차단시킨다.

해설 소화의 원리
① 연소 중에 있는 물질의 표면에 불활성가스를 덮어 씌워 가연성 물질과 공기의 접촉을 차단시킨다.
② 가연성가스나 가연성 공기의 공급을 차단시킨다.
③ 연소 중에 있는 물질에 물이나 냉각제를 뿌려 온도는 낮춘다.

06
용기의 한 개구부로부터 퍼지가스를 가하고 다른 개구부로부터 대기 또는 스크러버로 혼합가스를 용기에서 축출시키는 공정은?

① 압력퍼지 ② 스위프퍼지
③ 사이폰퍼지 ④ 진공퍼지

해설 스위프퍼지 : 용기의 한 개구부로부터 퍼지가스를 가하고 다른 개구부로부터 대기 또는 스크러버로 혼합가스를 용기에 축출시키는 공정

07
불활성화에 대한 설명으로 틀린 것은?

① 가연성혼합가스에 불활성가스를 주입하여 산소의 농도를 최소산소농도 이하로 낮게 하는 공정이다.

정답 4. ① 5. ③ 6. ② 7. ④

② 인너트 가스로는 질소, 이산화탄소 또는 수증기가 사용된다.
③ 인너팅은 산소농도를 안전한 농도로 낮추기 위하여 인너트 가스를 용기에 처음 주입하면서 시작한다.
④ 일반적으로 실시되는 산소농도의 제어점은 최소산소 농도보다 10% 낮은 농도이다.

해설 불활성화
① 인너트 가스로는 질소 이산화탄소, 수증기가 사용된다.
② 인너팅은 산소농도를 안전한 농도로 낮추기 위하여 인너트 가스를 용기에 처음 주입하면서 시작된다.
③ 가연성혼합가스에 불활성가스를 주입하여 산소의 농도를 최소산소농도 이하로 낮게 하는 공정이다.

08
화재는 연소반응이 계속하여 진행하는 것으로 이 경우에 반응열이 주위의 가연물에 전해지는데, 이때 흡열량이 큰 물질을 가함으로서 화염 중의 반응열을 제거시켜 연소 반응을 완만하게 하면서 정지시키는 소화방법은?
① 냉각소화
② 희석소화
③ 화염의 불안정화에 의한 소화
④ 연소억제에 의한 소화

해설 • 희석소화법 : 수용성의 가연성액체(아세톤, 알코올)를 물로 묽게 희석시키는 방법
• 제거소화법 : 가연물을 제거함으로서 연소물을 제거 시켜 소화

09
다음 중 자기연소를 하는 물질로만 나열된 것은?
① 경유, 프로판
② 질화면, 셀룰로이드
③ 황산, 나프탈렌
④ 석탄, 플라스틱(FRP)

해설 자기연소를 하는 물질
① 질화면   ② 셀룰로이드   ③ TNT   ④ 피크린산 등

10
실제기체가 이상기체 상태방정식을 만족하기 위한 조건으로 옳은 것은?
① 압력이 낮고, 온도가 높을 때
② 압력이 높고, 온도가 낮을 때
③ 압력과 온도가 낮을 때
④ 압력과 온도가 높을 때

해설 실제기체가 이상기체방정식을 만족하기 위한 조건

$$\text{실제기체} \underset{\text{저온. 고압}}{\overset{\text{고온. 저압}}{\rightleftarrows}} \text{이상기체}$$

정답 8. ① 9. ② 10. ①

11 가스의 폭발범위에 영향을 주는 요인이 아닌 것은?
① 온도　　② 조성　　③ 압력　　④ 비중

해설➔ 가스의 폭발 범위에 영향을 주는 요인
① 온도　② 조성　③ 압력　④ 용기의 크기 및 형태

12 메탄올 96g과 아세톤 116g을 함께 진공상태의 용기에 넣고 기화시켜 25℃의 혼합기체를 만들었다. 이때 전압력은 약 몇 mmHg인가? (단, 25℃에서 순수한 메탄올과 아세톤의 증기압 및 분자량은 각각 96.5mmHg, 56mmHg 및 32, 58이다)
① 76.3　　② 80.3　　③ 152.5　　④ 170.5

해설➔ ・메탄올 : 96 g ÷ 32 g/mol = 3 mol
・아세톤 : 116 g ÷ 58 g/mol = 2 mol
∴ 전압력 = $\left(\dfrac{3}{3+2} \times 96.5 + \dfrac{2}{3+2} \times 56\right)$ = 80.3

13 액체 프로판(C_3H_8) 10kg이 들어 있는 용기에 가스미터가 설치되어 있다. 프로판 가스가 전부 소비되었다고 하면 가스미터에서의 계량값은 약 몇 m^3로 나타나 있겠는가? (단, 가스미터에서의 온도와 압력은 각각 T=15℃와 P_g=200mmHg이고 대기압은 0.101MPa이다.)
① 5.3　　② 5.7　　③ 6.1　　④ 6.5

해설➔ 44 kg = 22.4 m^3
10 kg = x　　$x = \dfrac{10\,kg \times 22.4\,m^3}{44\,kg} = 5.09\,m^3$

14 가연성 물질을 공기로 연소시키는 경우에 공기 중의 산소 농도를 높게 하면 연소 속도와 발화온도는 어떻게 되는가?
① 연소속도는 느리게 되고, 발화온도는 높아진다.
② 연소속도는 빠르게 되고, 발화온도도 높아진다.
③ 연소속도는 빠르게 되고, 발화온도는 낮아진다.
④ 연소속도는 느리게 되고, 발화온도도 낮아진다.

해설➔ 가연성 물질을 공기로 연소시키는 경우 공기 중의 산소농도를 높게 하면 연소 속도와 발화온도는, 연소속도는 빠르게 되고, 발화온도는 낮아진다.

정답 11. ④　12. ②　13. ①　14. ③

15 중유의 저위발열량이 10,000kcal/kg의 연료 1kg을 연소시킨 결과 연소열은 5,500 kcal/kg이었다. 연소효율은 얼마인가?
① 45% ② 55% ③ 65% ④ 75%

해설) 연소효율 = $\dfrac{Qr}{He} \times 100 = \dfrac{5500}{10000} \times 100 = 55\%$

16 층류예혼합화염의 연소 특성을 결정하는 요소로서 가장 거리가 먼 것은?
① 연료와 산화제의 혼합비   ② 압력 및 온도
③ 연소실 용적   ④ 혼합기의 물리, 화학적 특성

해설) 층류예혼합화염의 연소특성을 결정하는 요소
① 압력   ② 온도
③ 혼합기의 물리, 화학적 특성   ④ 연료와 산화제의 혼합비

17 폭굉이 발생하는 경우 파면의 압력은 정상연소에서 발생하는 것보다 일반적으로 얼마나 큰가?
① 2배   ② 5배
③ 8배   ④ 10배

해설)
• 파면압력 : 2배
• 폭굉파가 벽에 부딪히는 경우 : 2.5배
• 밀폐된 공간 : 7~8배

18 다음 [보기]는 가스의 화재 중 어떤 화재에 해당하는가?

[보기]
• 고압의 LPG가 누출 시 주위의 점화원에 의하여 점화되어 불기둥을 이루는 것을 말한다.
• 누출압력으로 인하여 화염이 굉장한 운동량을 가지고 있으며 화재의 직경이 작다.

① 제트 화재(jet fire)   ② 풀 화재(pool fire)
③ 플래시 화재(flash fire)   ④ 인퓨전 화재(infusion fire)

해설) 제트화재
① 누출압력으로 인하여 화염이 굉장한 운동량을 가지고 있으며 화재의 직경이 작다.
② 고압의 LPG가 누출시 주위의 점화원에 의하여 점화되어 불기둥을 이루는 것을 말한다.

정답 15. ②   16. ③   17. ①   18. ①

19 BLEVE 현상이 일어나는 경우는?
① 비점 이상에서 저장되어 있는 휘발성이 강한 액체가 누출되었을 때
② 비점 이상에서 저장되어 있는 휘발성이 약한 액체가 누출되었을 때
③ 비점 이하에서 저장되어 있는 휘발성이 강한 액체가 누출되었을 때
④ 비점 이하에서 저장되어 있는 휘발성이 약한 액체가 누출되었을 때

해설⇒ 블레비 현상이 일어나는 경우 : 비점 이상에서 저장되어 있는 휘발성이 강한 액체가 누출되었을 때

20 다음 중 조연성 가스에 해당하지 않는 것은?
① 공기
② 염소
③ 탄산가스
④ 산소

해설⇒ 조연성가스
① 공기　　　② 불소　　　③ 염소
④ 이산화질소　　⑤ 산소

제2과목 : 가스설비

21 압축기의 압축비에 대한 설명으로 옳은 것은?
① 압축비의 고압측 압력계의 압력을 저압측 압력계의 압력으로 나눈 값이다.
② 압축비가 적을수록 체적효율은 낮아진다.
③ 흡입압력, 흡입온도가 같으면 압축비가 크게 될 때 토출가스의 온도가 높게 된다.
④ 압축비는 토출가스의 온도에는 영향을 주지 않는다.

해설⇒ 압축비
① 흡입압력 흡입온도가 같으면 압축비가 크게 될 때 토출가스의 온도가 높게 된다.
② 압축비는 토출가스의 온도에 영향을 준다.
③ 압축비가 적을수록 체적효율이 낮아진다.
④ 압축비= $\sqrt{\dfrac{P_2}{P_1}}$

정답 19. ① 　20. ③ 　21. ③

22
펌프에서 일어나는 현상으로 유수 중에 그 수온의 증기압 보다 낮은 부분이 생기면 물이 증발을 일으키고 기포를 발생하는 현상을 무엇이라고 하는가?
① 베이퍼록 현상   ② 수격현상   ③ 서징 현상   ④ 공동 현상

해설▷ 펌프의 현상
· 공동현상 : 유수 중에 그 수온의 증기압보다 낮은 부분이 생기면 물이 증발을 일으키고 기포를 발생하는 현상
① 영향
  ㉠ 소음과 진동 발생
  ㉡ 깃의 침식
  ㉢ 양정곡선과 효율곡선저하
② 발생조건
  ㉠ 흡입양정이 지나치게 길 때
  ㉡ 관로내의 온도 상승시
  ㉢ 흡입관 입구 등에서 마찰저항 증가시
  ㉣ 과속으로 유량 증가시
③ 방지법
  ㉠ 흡입관 손실 수두를 줄인다.
  ㉡ 관경을 크게 한다.
  ㉢ 임펠러를 액중에 완전히 잠기게 한다.
  ㉣ 펌프의 설치 위치를 낮춘다.
  ㉤ 양흡입 펌프를 사용한다.
  ㉥ 펌프를 2대 이상 설치한다.

23
가스의 비중에 대한 설명으로 가장 옳은 것은?
① 비중의 크기는 kg/cm² 로 표시한다.
② 비중을 정하는 기준 물질로 공기가 이용된다
③ 가스의 부력은 비중에 의해 정해지지 않는다.
④ 비중은 기구의 염구(炎口)의 형에 의해 변화한다.

해설▷ 비중기준 : 가스. 고체는 공기가 이용되고, 액체는 물이 이용된다.

24
카르노사이클 기관이 27℃와 -33℃ 사이에서 작동될 때 이 냉동기의 열효율은?
① 0.2   ② 0.25   ③ 4   ④ 5

해설▷ 열효율 $= \dfrac{T_1 - T_2}{T_1} = \dfrac{(273+27)-[273+(-33)]}{(273+27)} = 0.2$

정답 22. ④ 23. ② 24. ①

25 조정압력이 3.3kPa 이하이고 노즐 지름이 3.2m 이하인 일반용 LP가스 압력조정기의 안전장치 분출용량은 몇 l/h 이상이어야 하는가?

① 100
② 140
③ 200
④ 240

해설➡ 조정압력이 3.3kPa 이하이고 노즐지름이 3.2m 이하인 LP가스 압력조정기의 안전장치 분출용량은 $140l/h$ 이상이어야 한다.

26 LPG 저장탱크를 지하에 묻을 경우 저장탱크실 상부 윗면으로부터 저장탱크 상부까지의 깊이는 몇 cm 이상으로 하여야 하는가?

① 10cm
② 30cm
③ 50cm
④ 60cm

해설➡ LPG 저장탱크를 지하에 묻을 경우 저장 탱크실 상부윗면으로부터 저장탱크 상부 윗면까지의 깊이는 60cm 이상으로 한다.

27 LP가스 집합공급설비의 배관설계 시 기본사항에 해당되지 않는 것은?

① 사용목적에 적합한 기능을 가질 것
② 사용상 안전할 것
③ 고장이 적고 내구성이 있을 것
④ 가스 사용자의 선택에 따를 것

해설➡ LP가스 집합 공급 설비 배관 설계시 기본사항
① 고장이 적고 내구성이 있을 것
② 사용상 안전할 것
③ 사용 목적에 적합한 기능을 가질 것

28 일반소비기기용, 지구정압기로 널리 사용되며 구조와 기능이 우수하고 정특성이 좋지만 안전성이 부족하고 크기가 다른 것에 비하여 대형인 정압기는?

① 피셔식
② AFV식
③ 레이놀드식
④ 서비스식

해설➡ 레이놀드식 : 일반소비기기용, 지구정압기로 널리 사용되며 구조와 기능이 우수하고 정특성이 좋지만 안전성이 부족하고 크기가 다른 것에 비하여 대형이다.

정답 25. ② 26. ④ 27. ④ 28. ③

29
고압가스 설비에 설치하는 압력계의 최고 눈금은?
① 상용압력의 2배 이상, 3배 이하
② 사용압력의 1.5배 이상, 2배 이하
③ 내압시험 압력의 1배 이상, 2배 이하
④ 내압시험 압력의 1.5배 이상, 2배 이하

해설 ➡ 압력계최고눈금 : 사용압력의 1.5배 이상 2배 이하

30
고압배관에서 진동이 발생하는 원인으로 가장 거리가 먼 것은?
① 펌프 및 압축기의 진동　　② 안전밸브의 작동
③ 부품의 무게에 의한 진동　　④ 유체의 압력 변화

해설 ➡ 진동이 발생하는 원인
　① 안전밸브 분출에 의한 진동
　② 펌프나 압축기 등에 의한 진동
　③ 유체의 압력변화에 의한 진동

31
펌프용 윤활유의 구비 조건으로 틀린 것은?
① 인화점이 낮을 것
② 분해 및 탄화가 안될 것
③ 온도에 따른 점성의 변화가 없을 것
④ 사용하는 유체와 화학반응을 일으키지 않을 것

해설 ➡ 윤활유의 구비조건
　① 사용가스와 화학적으로 안정할 것　　② 인화점이 높을 것
　③ 점도가 적당할 것　　　　　　　　　④ 수분 및 산류등 불순물이 적을 것
　⑤ 정제도가 높아 잔류탄소의 양이 적을 것　⑥ 안정성이 있을 것

32
최종 토출압력이 $80\text{kg/cm}^2 \cdot \text{g}$인 4단 공기압축기의 압축비는 얼마인가? (단, 흡입압력은 $1\text{kg/cm}^2 \cdot \text{a}$이다)
① 2　　② 3　　③ 4　　④ 5

해설 ➡ 압축비 $= \sqrt{\dfrac{P_2}{P_1}} = \sqrt[4]{\dfrac{80+1}{1}} = 3$

정답 29. ②　30. ③　31. ①　32. ②

33

용량이 50kg/h인 LPG용 2단 감압식 1차용 조정기의 입구압력(MPa)의 범위는 얼마인가?

① 0.07~1.56
② 0.1~1.56
③ 0.3~1.56
④ 조정압력 이상~1.56

해설 압력조정기 종류에 따른 입구 및 조종압력범위

종류	입구압력	조정압력
2단 감압1차용 조정기	1.0~15.6 kg/cm²	0.57~0.83 kg/cm²
자동절체식 분리형	1.0~15.6 kg/cm²	0.32~0.83 kg/cm²
자동절체식 일체형	1.0~15.6 kg/cm²	255~330 mmH₂O
1단 감압 준저압 조정기	1.0~15.6 kg/cm²	500~3,000 mmH₂O
1단 감압저압 조정기	0.7~15.6 kg/cm²	230~330 mmH₂O
2단 감압 2차용 조정기	0.25~3.5 kg/cm²	30~330 mmH₂O

1 MPa(메가파스칼) = 10 kg/cm²

34

가스 분출시 정전기가 가장 발생하기 쉬운 경우는?

① 다성분의 혼합가스인 경우
② 가스 중에 액체나 고체의 미립자가 섞여 있는 경우
③ 가스의 분자량이 적은 경우
④ 가스가 건조해 있을 경우

해설 가스분출시 정전기가 가장 발생하기 쉬운 경우 : 가스 중에 액체나 고체의 미립자가 섞여 있는 경우

35

왕복형 압축기의 장점에 관한 설명으로 옳지 않은 것은?

① 쉽게 고압을 얻을 수 있다.
② 압축효율이 높다.
③ 용량조절의 범위가 넓다.
④ 고속 회전하므로 형태가 작고, 설치면적이 적다.

해설 왕복형 압축기의 장점
① 용량조절의 범위가 넓다.
② 압축효율이 높다.
③ 쉽게 고압을 얻을 수 있다.
④ 윤활유식 또는 무급유식이다.

정답 33. ② 34. ② 35. ④

36 액화석유가스 공급시설에 사용되는 기화기(Vaporizer)설치의 장점으로 가장 거리가 먼 것은?
① 가스 조성이 일정하다.
② 공급 압력이 일정하다.
③ 연속 공급이 가능하다.
④ 한냉시에도 공급이 가능하다.

해설 → 기화기 설치시 장점
① 한랭시에도 연속적으로 가스를 공급할 수 있다.
② 공급가스의 조성이 일정하다.
③ 기화량 가감이 용이하다.
④ 설치면적이 적다.

37 내경 100mm, 길이 400m인 주철관이 유속 2m/s로 물이 흐를 때의 마찰손실수두는 약 몇 m인가? (단, 마찰계수[λ]는 0.04이다)
① 32.7 ② 34.5 ③ 40.2 ④ 45.3

해설 → $HL = \dfrac{\lambda \ell V^2}{2gd} = \dfrac{0.04 \times 400 \times 2^2}{2 \times 9.8 \times 0.1} = 32.65 \text{ m}$

38 금속 재료에서 어느 온도 이상에서 일정 하중이 작용할 때 시간의 경과와 더불어 그 변형이 증가하는 현상을 무엇이라고 하는가?
① 크리프
② 시효경과
③ 응력부식
④ 저온취성

해설 → 크리프현상 : 어느 온도 이상에서(350℃ 이상) 재료에 일정 하중이 작용할 때 시간의 경과와 더불어 변형이 증가하는 현상

39 도시가스용 가스냉난방기에는 운전상태를 감시하기 위하여 재생기에 무엇을 설치하여야 하는가?
① 과압방지장치
② 인터록크
③ 온도계
④ 냉각수 흐름 스위치

해설 → 도시가스용 가스냉·난방기에는 운전 상태를 감시하기 위하여 재생기에 온도계를 설치하여야 한다.

정답 36. ② 37. ① 38. ① 39. ③

40 전기방식 중 희생양극법의 특징으로 틀린 것은?
① 간편하다.
② 양극의 소모가 거의 없다.
③ 과방식의 염려가 없다.
④ 다른 매설금속에 대한 간섭이 거의 없다.

해설⊃ 희생 양극법의 특징(유전양극법)
① 다른 매설 금속체에 방해 작용이 없다.   ② 소규모 설비에는 경제적이다.
③ 시공이 단순하다.   ④ 과방식의 염려가 없다.
⑤ 전류조절이 불가능하다.   ⑥ 정기적으로 양극을 보충할 필요가 있다.
⑦ 방식범위가 좁다.   ⑧ 강한전식에는 무력하다.

제3과목 : 가스안전관리

41 특정 설비에는 설계온도를 표기하여야 한다. 이때 사용되는 설계온도의 기호는?
① HT   ② DT
③ DP   ④ TP

해설⊃ ① HT : 설계온도
② DP : 최고사용압력
③ TP : 내압시험압력
④ AP : 기밀시험압력

42 고압가스안전관리법상 가스저장탱크 설치 시 내진설계를 하여야 하는 저장탱크는? (단, 비가연성 및 비독성인 경우는 제외한다)
① 저장능력이 5톤 이상 또는 500m^3 이상인 저장탱크
② 저장능력이 3톤 이상 또는 300m^3 이상인 저장탱크
③ 저장능력이 2톤 이상 또는 200m^3 이상인 저장탱크
④ 저장능력이 1톤 이상 또는 100m^3 이상인 저장탱크

해설⊃ 가스저장탱크 설치시 내진설계를 하여야 하는 저장탱크는 저장능력이 5톤 이상 또는 500 m^3 이상인 저장탱크

정답 40. ② 41. ② 42. ①

43 액화석유가스용 용기 잔류가스 회수장치의 성능 중 기밀성능의 기준은?

① 1.56MPa 이상의 공기 등 불활성 기체로 5분간 유지하였을 때 누출 등 이상이 없어야 한다.
② 1.56MPa 이상의 공기 등 불활성 기체로 10분간 유지하였을 때 누출 등 이상이 없어야 한다.
③ 1.86MPa 이상의 공기 등 불활성 기체로 5분간 유지하였을 때 누출 등 이상이 없어야 한다.
④ 1.86MPa 이상의 공기 등 불활성 기체로 10분간 유지하였을 때 누출 등 이상이 없어야 한다.

[해설] 액화석유가스용기 잔류가스회수 측정 장치의 성능중 기밀성능의 기준 : 1.86 MPa 이상의 공기 등 불활성 기체로 10분간 유지 하였을 때 누출 등 이상이 없어야 한다.

44 고압가스 제조자가 가스용기 수리를 할 수 있는 범위가 아닌 것은?

① 용기 부속품의 부품 교체 및 가공
② 특정설비의 부품 교체
③ 냉동기의 부품 교체
④ 용기밸브의 적합한 규격 부품으로 교체

[해설] 고압가스 제조자가 가스용기수리를 할 수 있는 범위
① 냉동기의 부품 교체
② 특정설비의 부품교체
③ 용기밸브의 적합한 규격부품으로 교체

45 고압가스의 분출 또는 누출의 원인이 아닌 것은?

① 과인 충전
② 안전밸브의 작동
③ 용기에서 용기밸브의 이탈
④ 용기에 부속된 압력계의 파열

[해설] 고압가스 분출 또는 누출의 원인
① 용기에 부속된 압력계의 파열
② 용기에서 용기 밸브의 이탈
③ 안전밸브의 작동

정답 43. ④ 44. ① 45. ①

46 도시가스 품질검사의 방법 및 절차에 대한 설명으로 틀린 것은?
① 검사방법은 한국산업표준에서 정한 시험방법에 따른다.
② 품질검사기관으로부터 불합격 판정을 통보받은 자는 보관 중인 도시가스에 대하여 폐기조치를 한다.
③ 일반도시가스사업자가 도시가스제조사업소에서 제조한 도시가스에 대해서 월 1회 이상 품질검사를 실시한다.
④ 도시가스충전사업자가 도시가스충전사업소의 도시가스에 대해서 분기별 1회 이상 품질검사를 실시한다.

47 고압가스 저장시설에서 가스누출 사고가 발생하여 공기와 혼합하여 가연성, 독성 가스로 되었다면 누출된 가스는?
① 질소   ② 수소
③ 암모니아 ④ 이산화황

[해설] 가연성이며 독성가스
① 암모니아 ② 황화수소   ③ 시안화수소
④ 벤젠   ⑤ 일산화탄소 ⑥ 산화에틸렌 등

48 가연성가스용 충전용기 보관실에 등화용으로 휴대할 수 있는 것은?
① 가스라이터 ② 방폭형 휴대용 손전등
③ 촛불   ④ 카바이트등

[해설] 가연성가스용 충전용기 보관실에 등화용으로 휴대한 수 있는 것 : 방폭형 휴대용 손전등

49 도시가스사용시설에 설치하는 중간밸브에 대한 설명으로 틀린 것은?
① 가스사용시설에는 연소기 각각에 대하여 퓨즈콕 등을 설치한다.
② 2개 이상의 실로 분기되는 경우에는 각 실의 주배관마다 배관용 밸브를 설치한다.
③ 중간밸브 및 퓨즈콕 등은 당해 가스사용 시설의 사용압력 및 유량에 적합한 것으로 한다.
④ 배관이 분기되는 경우에는 각각의 배관에 대하여 배관용 밸브를 설치한다.

[해설] 배관이 분기 되는 경우에는 각각의 배관에 대하여 배관용 밸브를 설치하지 않는다.

정답 46. ② 47. ③ 48. ② 49. ④

50. 고압가스특정제조시설 내의 특성가스 사용시설에 대한 내압시험 실시기준으로 옳은 것은?

① 상용압력의 1.25배 이상의 압력으로 유지시간은 5~20분으로 한다.
② 상용압력의 1.25배 이상의 압력으로 유지시간은 60분으로 한다.
③ 상용압력의 1.5배 이상의 압력으로 유지시간은 5~20분으로 한다.
④ 상용압력의 1.5배 이상의 압력으로 유지시간은 60분으로 한다.

[해설] 특정가스 사용시설에 대한 내압시험 실시기준 : 상용압력의 1.5배 이상의 압력으로 유지시간은 5~20분으로 한다.

51. 고압가스 저장설비의 내부수리를 위하여 미리 취하여야 할 조치의 순서로 올바른 것은?

㉮ 작업계획을 수립한다.　　㉯ 산소농도를 측정한다.
㉰ 공기로 치환한다.　　㉱ 불연성 가스로 치환한다.

① ㉮-㉯-㉰-㉱
② ㉮-㉰-㉯-㉱
③ ㉮-㉱-㉯-㉰
④ ㉮-㉱-㉰-㉯

[해설] 고압가스저장설비의 내부수리를 위하여 미리 취하여야 할 조치순서
① 작업계획 수립　　② 불연성가스로 치환
③ 공기로 치환　　④ 산소농도 측정

52. 냉동기를 제조하고자 하는 자가 갖추어야 할 제조설비가 아닌 것은?

① 프레스 설비
② 조립 설비
③ 용접 설비
④ 도막측정기

[해설] 냉동기를 제조하고자 하는 자가 갖추어야할 제조설비
① 용접설비　　② 조립설비　　③ 프레스설비

53. 다음 액화가스 저장탱크 중 방류둑을 설치하여야 하는 것은?

① 저장능력이 5톤인 염소 저장탱크
② 저장능력이 8백톤인 산소 저장탱크
③ 저장능력이 5백톤인 수소 저장탱크
④ 저장능력이 9백톤인 프로판 저장탱크

정답 50. ③　51. ④　52. ④　53. ①

해설⊃ 방류둑 설치

성질	압축가스	액화가스
독성	100 m³ 이상	1 ton 이상
가연성	300 m³ 이상	3 ton 이상
조연성	600 m³ 이상	6 ton 이상

54 가스냉난방기에 설치하는 안전장치가 아닌 것은?
① 가스압력스위치
② 공기압력스위치
③ 고온재생기 과열방지장치
④ 급수조절장치

해설⊃ 가스냉난방기에 설치하는 안전장치
① 고온재생기 과열방지 장치
② 공기압력 스위치
③ 가스압력 스위치

55 일반용기의 도색 표시가 잘못 연결된 곳은?
① 액화염소 : 갈색
② 아세틸렌 : 황색
③ 수소 : 자색
④ 액화암모니아 : 백색

해설⊃ ·공업용기도색
청탄산 산녹에서 황아체 안주삼아 소주잔 높이들고 백암산 바라보니 염소는 갈색으로
　①　②　③　　　　④　　　　⑤　　　　⑥　　　⑥
보이고 쥐들은 기타를 치더라
　　　　⑦　　⑦
① 탄산가스 : 청색　② 산소 : 녹색　③ 아세틸렌 : 황색
④ 수소 : 주황　⑤ 암모니아 : 백색　⑥ 염소 : 갈색
⑦ 기타 : 쥐색(회색)

·의료용기도색
질흑 같은 밤에 자고 탄회를 싸게 주면 청아한 산소에서 백로가 헬기로 갈아채 가더라
　①　　　②　　　③　　　④　⑤　　　　⑥　　　⑦
① 질소 : 흑색　② 에틸렌 : 자색　③ 탄산가스 : 회색
④ 싸이클로프로판 : 주황　⑤ 아산화질소 : 청색　⑥ 산소 : 백색
⑦ 헬륨 : 갈색

정답 54. ④　55. ③

56
독성가스의 식별조치에 대한 설명 중 틀린 것은? (단, 예 : 독성가스 (○○)제조시설, 독성가스(○○)저장소)
① (○○)에는 가스 명칭을 노란색으로 기재한다.
② 문자의 크기는 가로, 세로 10cm 이상으로 하고 30m 이상의 거리에서 식별 가능하도록 한다.
③ 경계표지와는 별도로 게시한다.
④ 식별표지에는 다른 법령에 따른 지시사항 등을 병기할 수 있다.

[해설] 가스명칭은 적색으로 한다.

57
가연성 가스의 저장능력이 15,500m³일 때 제1종 보호시설과의 안전거리 기준은?
① 17m
② 21m
③ 24m
④ 27m

[해설] 안전거리

저장능력	독성·가연성		산소		기타	
압축가스(m³) 액화가스(kg)	1종	2종	1종	2종	1종	2종
1만 이하	17 m	12 m	12 m	8 m	8 m	5 m
2만 이하	21 m	14 m	14 m	9 m	9 m	7 m
3만 이하	24 m	16 m	16 m	11 m	11 m	8 m
4만 이하	27 m	18 m	18 m	13 m	13 m	9 m
4만 초과	30 m	20 m	20 m	14 m	14 m	10 m

∴ 2만m³ 이하이기 때문에 21 m이다.

58
고압가스안전성평가기준에서 정한 위험성평가 기법 중 정성적 평가에 해당되는 것은?
① Check List 기법
② HEA 기법
③ FTA 기법
④ CCA 기법

[해설] 정성적 평가
① 사고예방질문법
② 체크리스트법
③ 예비위험분석법
④ 안전성 분석법

[참고] 정량적 분석법
① 결함수 분석법
② 사건수 분석법
③ 원인결과 분석법
④ 작업자 실수 분석법

정답 56. ① 57. ② 58. ①

59 다음 [보기]의 폭발범위에 대한 설명 중 옳은 것만으로 나열된 것은?

[보기]
㉮ 일반적으로 온도가 높으면 폭발범위는 넓어진다.
㉯ 가연성가스와 공기혼합가스에 질소를 혼합하면 폭발범위는 넓어진다.
㉰ 일산화탄소와 공기혼합가스의 폭발범위는 압력이 증가하면 넓어진다

① ㉮   ② ㉰   ③ ㉯, ㉰   ④ ㉮, ㉯, ㉰

[해설] ㉮ 일반적으로 온도와 압력이 높아지면 폭발범위는 넓어진다.
㉯ 가연성가스와 공기의 혼합가스에 질소를 혼합하면 폭발범위는 좁아진다.
㉰ 일산화탄소와 공기혼합가스의 폭발범위는 압력 증가시 좁아진다.

60 액화석유가스의 안전관리 및 사업법에 의한 액화석유가스의 주성분에 해당되지 않는 것은?

① 액화된 프로판   ② 액화된 부탄
③ 기화된 프로판   ④ 기화된 메탄

[해설] 액화석유가스의 주성분
① 프로판   ② 부탄   ③ 프로필렌   ④ 부틸렌   ⑤ 프로틴

제4과목 : 가스계측

61 막식가스미터에서 미터의 지침의 시도(示度)에 변화가 나타나지 않는 고장으로서 계량막 밸브와 밸브 시트의 틈 사이 패킹부 등의 누출로 인하여 발생하는 고장은?

① 불통   ② 부동   ③ 기차불량   ④ 감도불량

[해설] ・부동 : 가스는 미터를 통과하나 미터지침이 작동하지 않는 현상
① 감속 또는 지시장치의 기어물림 불량
② 지시장치의 톱니바퀴 불량
③ 계량막의 파손 밸브의 탈락, 밸브와 밸브시트사이에서의 누설
・불통 : 가스가 가스미터를 통과하지 않는 고장
① 날개 조절기 등의 납땜이 떨어진 경우
② 회전자 베어링의 마모에 의한 접촉시
③ 밸브와 밸브시트가 타르, 수분 등에 의해 고착 또는 동결시

[정답] 59. ①   60. ④   61. ④

· **기차불량** : 부품의 마모 등에 의해 기차가 변화하는 경우 계량법에 규정된 사용공차가 ±4%를 넘어서는 현상
① 계량 막이 신축하여 부피가 변화하는 경우
② 밸브와 밸브시트사이 또는 막패킹부에서의 누설
③ 회전부분의 마찰저항 증가에 의한 진동

62 목표치가 미리 정해진 시간적 순서에 따라 변할 경우의 추치 제어 방법의 하나로써 가스크로마토그래피의 오븐 온도제어 등에 사용되는 제어방법은?
① 정격치제어 ② 비율제어
③ 추종제어   ④ 프로그램제어

해설 · **추종제어** : 목표 값이 임의의 시간적 변화를 하는 경우와 추치제어
· **프로그램제어** : 미리 정해진 프로그램에 따라 시간적으로 목표 값이 변화하는 경우 추치제어
· **케스케이스제어** : 1차 제어장치가 제어 명령을 발하고, 2차 제어 장치가 이 명령을 바탕으로 제어

63 분별연소법 중 파라듐관 연소분석법에서 촉매로 사용되지 않는 것은?
① 구리   ② 파라듐흑연   ③ 백금   ④ 실리카겔

해설 파라듐관 연소분석법에서 촉매로 사용되는 것
① 백금   ② 파라듐 흑연   ③ 실리카겔

64 니켈 저항 측온체의 측정온도 범위는?
① -200~500°C   ② -100~300°C
③ 0~120°C   ④ -50~150°C

해설 저항식온도계
① 니켈저항 : -50~150°C   ② 동저항 : 0~120°C
③ 더미스터 : -100~300°C ④ 백금저항식 : -200~300°C

65 다음 중 계측기기의 측정 방법이 아닌 것은?
① 편위법   ② 영위법   ③ 대칭법   ④ 보상법

해설 계측기기의 측정방법
① 보상법   ② 영위법   ③ 편위법

정답 62. ④   63. ①   64. ④   65. ③

66 다음 단위 중 유량의 단위가 아닌 것은?

① m^3/s　　② ft^3/h　　③ l/s　　④ m^2/min

해설> 유량의 단위
① m^3/sec　② m^3/min　③ m^3/h　④ ft^3/h
⑤ l/s　⑥ l/min　⑦ l/h

67 가스 누출 시 사용하는 시험지의 변색 현상이 옳게 연결된 것은?

① C_2H_2 : 염화제일동 착염지 → 적색
② H_2S : 전분지 → 청색
③ CO : 염화파라듐지 → 적색
④ HCN : 하리슨시시약 → 황색

해설> 시험지명 및 변색상태
 · 암모니아 : 적색리트머스시험지 : 청색
 · 염소 : KI전분지 : 청색
 · 시안화수소 : 질산구리벤젠지 : 청색
 · 일산화탄소 : 염화파라듐지 : 흑색
 · 황화수소 : 연당지(초산납시험지) : 흑색
 · 포스겐 : 하리슨시험지 : 심등색(오렌지색)
 · 아세틸렌 : 염화제1동착염지 : 적색
 · 아황산가스 : 암모니아 적신헝겊 : 흰연기

68 헴펠(Hempel)법에 의한 가스분석 시 성분 분석의 순서는?

① 일산화탄소 → 이산화탄소 → 탄화수소 → 산소
② 일산화탄소 → 산소 → 이산화탄소 → 탄화수소
③ 이산화탄소 → 탄화수소 → 산소 → 일산화탄소
④ 이산화탄소 → 산소 → 일산화탄소 → 탄화수소

해설> 헴펠법
① CO_2 : KOH 30% 수용액
② C_mH_n : 발연황산 25%
③ O_2 : 알칼리성 피롤카롤용액
④ CO : 암모니아성 염화제1동용액

정답 66. ④　67. ①　68. ③

69 용적식(容積式)유량계에 해당하는 것은?
① 오리피스식 ② 루츠식
③ 벤투리식   ④ 피토관식

해설 ▶ 용적식 유량계
① 습식   ② 건식   ③ 오벌식   ④ 루트식

70 기체 크로마토그래피(Gas Chromatography)의 특성에 해당하지 않는 것은?
① 연속분석이 가능하다.
② 여러 가지 가스 성분이 섞여 있는 시료가스 분석에 적당하다.
③ 분리능력과 선택성이 우수하다.
④ 적외선 가스분석계에 비해 응답속도가 느리다.

해설 ▶ 연속분석이 불가능하다.

71 차압식 유량계로 차압을 취출하는 방법 중 다음 그림과 같은 구조인 것은?

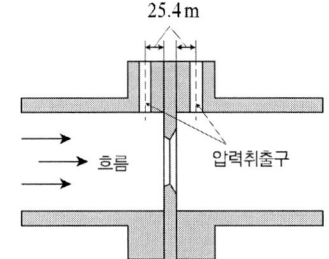

① 코너탭
② 축류탭
③ $D\dfrac{D}{2}$ 탭
④ 플랜지탭

72 건습구 습도계의 특징에 대한 설명으로 틀린 것은?
① 구조가 간단하다.   ② 통풍상태에 따라 오차가 발생한다.
③ 원격특정, 자동기록이 가능하다. ④ 물이 필요 없다.

해설 ▶ 건습구 습도계의 특징
① 물이 필요하다.   ② 원격측정, 자동기록이 가능하다.
③ 통풍상태에 따라 오차 발생   ④ 구조가 간단하다.

정답 69. ② 70. ① 71. ④ 72. ④

73 액면 상에 부자(浮子)의 변위를 여러 가지 기구에 의해 지침이 변동되는 것을 이용하여 액면을 측정하는 방식은?
① 플로트식 액면계
② 차압식 액면계
③ 정전용량식 액면계
④ 퍼지식 액면계

해설 ➔ 플로트식 액면계 : 액면상에 부자의 변위를 여러 가지 기구에 의해 지침이 변동되는 것을 이용하여 액면측정

74 기준 가스미터의 지시량이 380m³/h이고 시험대상인 가스미터의 유량이 400 m³/h 이라면 이 가스미터의 오차율은 얼마인가?
① 4.0%
② 4.2%
③ 5.0%
④ 5.2%

해설 ➔ 오차율 = $\dfrac{400-380}{400} \times 100 = 5\%$

75 감도에 대한 설명으로 옳지 않은 것은?
① 측정량의 변화에 민감한 정도를 나타낸다.
② 지시량 변화/측정량 변화로 나타낸다.
③ 감도의 표시는 지시계의 감도와 눈금나비로 표시한다.
④ 감도가 좋으면 측정시간은 짧아지고 측정범위는 넓어진다.

해설 ➔ 감도가 좋으면 측정시간은 길어지고 측정범위는 좁아진다.

76 가스분석법 중 흡수분석법에 속하는 것은?
① 폭발법
② 적정법
③ 흡광광도법
④ 게겔법

해설 ➔ 흡수분석법
① 오르자트법
② 헴펠법
③ 게겔법

정답 73. ① 74. ③ 75. ④ 76. ④

77
와류 유량계(Vortex flow meter)에 대한 설명으로 옳지 않은 것은?
① 액체, 가스, 증기 모두 측정 가능한 범용형 유량계이지만, 증기 유량계측에 주로 사용되고 있다.
② 계장 Cost까지 포함해서 Total Cost가 타 유량계와 비교해서 높다.
③ Orifice 유량계 등과 비교해서 높은 정도를 가지고 있다.
④ 압력손실이 적다.

[해설] 계장 Cost까지 포함해서 Total Cost가 더 유량계와 비교해서 낮다.

78
가스미터의 종류 중 실측식에 해당되지 않는 것은?
① 터빈식 ② 건식 ③ 습식 ④ 회전자식

[해설] 가스미터의 종류

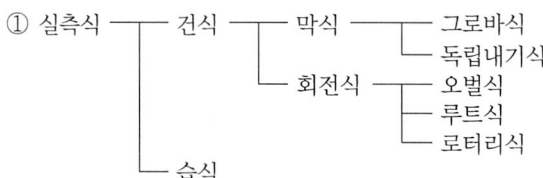

② 추측식(추량식) : 오리피스, 터빈, 벤투리, 선근차식, 피토관

79
액주식 압력계에 사용되는 액주의 구비조건으로 옳지 않은 것은?
① 점도가 낮을 것
② 혼합 성분일 것
③ 밀도변화가 적을 것
④ 모세관 현상이 적을 것

[해설] 액주의 구비조건
① 단일성분일 것
② 점도가 낮을 것
③ 밀도변화가 적을 것
④ 모세관현상이 적을 것

80
황화합물과 인화합물에 대하여 선택성이 높은 검출기는?
① 불꽃이온 검출기(FID)
② 열전도도 검출기(TCD)
③ 전자포획 검출기(ECD)
④ 염광광도 검출기(FPD)

[해설] 염광광도 검출기 : 황화합물과 인화합물에 대하여 선택성이 높은 검출기

정답 77. ②　78. ①　79. ②　80. ④

2013년 제2회 가스산업기사 출제문제

제1과목 : 연소공학

01 다음 가스 중 공기와 혼합될 때 폭발성 혼합 가스를 형성하지 않는 것은?
① 아르곤   ② 도시가스   ③ 암모니아   ④ 일산화탄소

해설 · 공기와 혼합시 폭발성 혼합가스 형성 되는 가스
① 도시가스   ② 프로판가스   ③ 암모니아
④ 일산화탄소   ⑤ 아세틸렌   ⑥ 에탄
⑦ 수소   ⑧ 벤젠   ⑨ 황화수소
· 공기와 혼합시 폭발성 혼합가스 형성되지 않는 가스
① 헬륨   ② 네온   ③ 아르곤
④ 크립톤   ⑤ 크세논   ⑥ 질소
⑦ 탄산가스

02 공기 중 폭발하한값이 가장 낮은 가스는?
① 프로판   ② 벤젠   ③ 부탄   ④ 에탄

해설 공기중 연소범위
① 벤젠 : 1.4~7.1%   ② 부탄 : 1.8~8.4%
③ 프로판 : 2.1~9.5%   ④ 에탄 : 3~12.5%

03 열분해를 일으키기 쉬운 불안전한 물질에서 발생하기 쉬운 연소로 열분해로 발생한 휘발분이 자기점화온도보다 낮은 온도에서 표면연소가 계속되기 때문에 일어나는 연소는?
① 분해연소   ② 그을음연소   ③ 분무연소   ④ 증발연소

정답 1. ①   2. ②   3. ②

해설
- 분해연소 : 고체가 가열되어 열분해가 일어나고 또한 가연성 가스가 발생 공기 중의 산소와 화합하여 연소하는 것(석탄, 목재, 종이, 플라스틱)
- 증발연소 : 고체가 가열되어 가연성 가스를 발생하여 연소하는 것(나프탈렌, 장뇌, 유황)
- 자기연소 : 공기 중의 산소를 필요로 하지 않고 그 물질 중에 포함되어 있는 산소로서 내부 연소하는 것(화약, 폭약)
- 표면연소 : 고체표면이 고온을 유지하며 타는 것(코크스, 목탄, 금속분)

04
프로판 1 Sm^3를 완전 연소시키는데 필요한 이론공기량은 몇 Sm^3인가?

① 5.0   ② 10.5   ③ 21.0   ④ 23.8

해설
$C_3H_8 + 5O_2 \rightarrow 3CO_2 + 4H_2O$

$22.4\ m^3 \quad\quad 5 \times 22.4$
$1\ m^3 \quad\quad\quad x$

$x = \dfrac{1\ m^3 \times 5 \times 22.4\ m^3}{22.4\ m^3} = 5\ m^3$

$A_0(\text{이론공기량}) = \dfrac{\text{이론산소량}}{0.21} = \dfrac{5}{0.21} = 23.8\ m^3$

05
가스시설의 위험장소에 설치된 전기설비가 누출된 가스의 점화원이 되는 것을 방지하기 위하여 행하는 방폭성능을 가진 전기기기를 선정하기 위한 위험장소의 등급 중 다음 내용에 해당하는 것은?

> 상용상태에서 가연성가스가 체류해 위험하게 될 우려가 있는 장소, 정비보수 또는 누출 등으로 인하여 종종 가연성가스가 체류하여 위험하게 될 우려가 있는 장소

① 0종 장소   ② 1종 장소   ③ 2종 장소   ④ 3종 장소

해설 위험장소
① 0종 장소 : 상용상태에서 가연성가스의 농도가 연속해서 폭발하한계 이상으로 되는 장소
② 1종 장소
  ㉠ 상용상태에서 가연성가스가 체류해 위험하게 될 우려가 있는 장소
  ㉡ 정비, 보수 또는 누출 등으로 인하여 종종 가연성 가스가 체류하여 위험하게 될 우려가 있는 장소
③ 2종 장소
  ㉠ 밀폐된 용기 또는 설비 내에 밀봉된 가연성 가스가 그 용기 또는 설비의 사고로 인해 파손 되거나 오조작의 경우에만 누설할 위험이 있는 장소
  ㉡ 환기장치에 이상이나 사고가 발생할 경우 가연성 가스가 체류하여 위험하게 될 우려가 있는 장소
  ㉢ 1종 장소 주변 또는 인접한 실내에서 위험한 농도의 가연성 가스가 종종 침입할 우려가 있는 장소

정답 4. ④ 5. ②

06
폭굉에 대한 설명으로 옳은 것은?
① 전파속도가 약 500 m/s으로 빠른 편이다.
② 전파에 필요한 에너지는 충격파에너지이다.
③ 폭발시 압력은 초기압력의 약 2배 이상이다
④ 주로 개방된 공간에서 발생된다.

해설 폭굉 : 가스중의 화염의 전파속도가 음속보다 빠른 경우의 폭발로서 파면선단에 충격파라는 압력파가 생겨 격렬한 파괴 작용을 일으키는 현상으로서 폭굉 속도는 1,000~3,500 m/sec 이다.

07
대기압 상태에서 분해폭발을 일으키는 물질이 아닌 것은?
① 아세틸렌 ② 산화에틸렌 ③ 시안화수소 ④ 히드라진

해설
- 분해폭발 : C_2H_2, C_2H_4, C_2H_4O, N_2H_4
- 중합폭발 : HCN, C_2H_4O

08
다음 [보기] 중 산소농도가 높을 때의 연소의 변화에 대하여 올바르게 설명한 것으로만 나열한 것은?

[보기]
㉠ 연소속도가 느려진다. ㉡ 화염온도가 높아진다.
㉢ 연료 kg당의 발열량이 높아진다.

① ㉠ ② ㉡ ③ ㉠, ㉡ ④ ㉡, ㉢

해설 산소농도가 높을 때 연소의 변화
① 연소속도가 빨라진다.
② 화염온도가 높아진다.
③ 연료 1kg당의 발열량이 낮아진다.

09
증기운 폭발에 영향을 주는 인자로서 가장 거리가 먼 것은?
① 방출된 물질의 양 ② 증발된 물질의 분율
③ 점화원의 위치 ④ 혼합비

해설 증기운 폭발에 영향을 주는 인자
① 점화원의 위치 ② 증발된 물질의 분율 ③ 방출된 물질의 양

정답 6. ② 7. ③ 8. ② 9. ④

10
연소범위(폭발범위)에 대한 설명으로 틀린 것은?
① 상한치와 하한치의 값을 가지고 있다.
② 연소범위가 좁으면 좁을수록 위험하다.
③ 연소에 필요한 혼합가스의 농도를 말한다.
④ 연소범위의 하한치는 활성화 에너지의 영향을 받는다.

해설⊃ 연소범위
① 연소에 필요한 혼합가스의 농도
② 연소범위의 하한치는 활성화 에너지의 영향을 받는다.
③ 상한치와 하한치의 값을 가지고 있다.

11
난류확산화염에서 유속 또는 유량이 증대할 경우 시간이 지남에 따라 화염의 높이는 어떻게 되는가?
① 높아진다.
② 낮아진다.
③ 거의 변화가 없다.
④ 어느 정도 낮아지다가 높아진다.

12
CO_2는 고온에서 다음과 같이 분해한다. 3,000 K, 1 atm에서 CO_2의 60%가 분해한다면 표준상태에서 11.2 l의 CO_2를 일정압력에서 3,000 K로 가열했다면 전체 혼합기체의 부피는 약 몇 l인가?

$2CO_2 \rightarrow 2CO+O_2$

① 160 ② 170 ③ 180 ④ 190

해설⊃ $2CO_2 \rightarrow 2CO+O_2$
　　　2　　　　3
　　11.2　　　x

$x = \dfrac{11.2 \times 3}{2} = 16.8 \times 0.6 = 10.08$

∴ (10.09+11.2×0.4)=14.56 l

$14.56\ l \times \dfrac{3000}{273} = 160\ l$

정답 10. ② 11. ③ 12. ①

13
가정용 프로판에 대한 설명으로 옳은 것은?
① 공기보다 가볍다.
② 완전연소하면 탄산가스만 생성된다.
③ 상온에서는 액화시킬 수 없다.
④ 1몰의 프로판을 완전 연소하는데 5몰의 산소가 필요하다.

해설 프로판
① 공기보다 무겁다.
② 완전연소시 CO_2와 H_2O가 생성된다.
③ 상온에서 액화시킬 수 있다.
④ 1몰의 프로판을 완전 연소하는데 5몰의 산소가 필요하다.

14
아세틸렌(C_2H_2, 연소범위 : 2.5~81%)의 연소범위에 따른 위험도는?
① 30.4
② 31.4
③ 32.4
④ 33.4

해설 위험도$(H) = \dfrac{U-L}{L} = \dfrac{81+2.5}{2.5} = 31.4$

15
최초의 완만한 연소가 격렬한 폭굉으로 발전할 때까지의 거리를 폭굉유도거리(DID)라 하는데 폭굉유도거리가 짧아지는 원인이 아닌 것은?
① 정상연소 속도가 큰 혼합가스일수록
② 관속에 방해물이 있을 때
③ 관경이 가늘수록
④ 압력이 낮을수록

해설 폭굉유도거리가 짧아지는 원인
① 고압일수록
② 정상연소속도가 큰 혼합가스일수록
③ 관속에 방해물이 있거나 관경이 가늘수록
④ 점화원의 에너지가 클수록

16
압력방폭구조의 기호는 어느 것인가?
① d
② o
③ I
④ p

정답 13. ④ 14. ② 15. ④ 16. ④

해설➡ 방폭구조
① 내압 방폭구조(d)
② 유입 방폭구조(O)
③ 압력 방폭구조(p)
④ 본질안전증 방폭구조(ia 또는 ib)
⑤ 안전증방폭구조(e)
⑥ 특수방폭구조(s)

17 $CO_2(g)$ 및 $H_2O(l)$의 생성열은 각각 94.1 kcal/mol 및 68.3kcal/mol일 때, $CH_4(g)$ 1 mol의 연소열은 212.8 kcal/mol이다. CH_4 1 mol의 생성열은 몇 kcal/mol인가?
① -17.9   ② 17.9   ③ -43.7   ④ 43.7

해설➡ $CH_4 + 2O_2 \rightarrow CO_2 + 2H_2O$
(94.1+2×68.3-212.8)=17.9 kcal/mol

18 가스의 연료로서 주로 LNG와 LPG가 사용된다. 천연가스의 일반적인 연소 특성에 대한 설명으로 옳은 것은?
① 지연성가스이다.   ② 폭발범위가 넓다.
③ 화연점파속도가 늦다.   ④ 연소 시 많은 공기가 필요하다.

해설➡ 천연가스의 일반적인 연소특성
① 가연성가스이다.
② 폭발범위가 좁다.
③ 연소시 공기량이 많이 필요치 않다.

19 다음 최소발화에너지(MIE)에 영향을 주는 요인 중 MIE의 변화를 가장 작게 하는 것은?
① 가연성 혼합 기체의 압력   ② 가연성 물질 중 산소의 농도
③ 공기 중에서 가연성 물질의 농도   ④ 양론 농도하에서 가연성 기체의 분자량

해설➡ 최소발화에너지(MIE)에 영향을 주는 요인 중 MIE의 변화를 가장 작게 하는 것 : 양론농도 하에서 가연성 기체의 분자량

20 다음 중 일반기체 상수의 단위를 바르게 나타낸 것은?
① kg-m/kgK   ② kcal/kmol   ③ kgm/kmol . K   ④ kcal/kg . ℃

해설➡ 일반기체 상수단위 : kg · m/kmol · K

제2과목 : 가스설비

21 냉동사이클에 의한 압축냉동기의 작동 순서로 옳은 것은?
① 증발기 → 압축기 → 응축기 → 팽창밸브
② 팽창밸브 → 응축기 → 압축기 → 증발기
③ 증발기 → 응축기 → 압축기 → 팽창밸브
④ 팽창밸브 → 압축기 → 응축기 → 증발기

[해설] 압축기 → 응축기 → 팽창밸브 → 증발기 → 압축기 → 응축기 → 팽창밸브 → 증발기

22 LP가스 수입기지 플랜트를 기능적으로 구별한 설비시스템에서 "고압저장설비"에 해당하는 것은?

수입가스설비 → 수입설비 → (㉠) → (㉡) → (㉢) → (㉣) → (2차기지 소비플랜트)

① ㉠ ② ㉡ ③ ㉢ ④ ㉣

[해설] 수입가스설비 → 수입설비 → (저온저장설비) → (이송설비) → (고압저장설비) → (출하설비) → 2차기지 소비플랜트

23 증기압축 냉동기에서 냉매의 엔탈피가 일정하게 유지되는 부분은?
① 팽창밸브 ② 압축기 ③ 응축기 ④ 증발기

[해설] 증기압축냉동기
① 엔탈피일정 : 팽창밸브
② 엔트로피일정 : 압축기

24 발열량 10500 kcal/m³인 가스를 출력 12,000 kcal/h인 연소기에서 연소효율 80%로 연소시켰다. 이 연소기의 용량은?
① 0.7 m³/h ② 0.9 m³/h ③ 1.14 m³/h ④ 1.43 m³/h

[해설] 연소기용량 = $\dfrac{12000}{10500 \times 0.8}$ = 1.4287 m³/h

정답 21. ① 22. ③ 23. ① 24. ④

25
저온장치에 관한 설명으로 옳은 것은?
① 냉동기의 성적계수는 냉동효과와 압축기에 의해 가해진 일과의 비이다.
② 1냉동톤이란 0℃의 순수한 물 1톤을 24시간에 0℃의 얼음으로 만드는데 흡수하는 열량으로서 3,600 kcal/h이다.
③ 공기의 액화에 있어서 압력을 크게 하면 액화율은 나쁘게 된다.
④ 냉매로서는 증발잠열이 크고 임계온도가 높고 비체적이 큰 것이 좋다.

해설 저온장치
① 냉동기의 성적계수는 냉동효과와 압축기에 의해 가해진 일과의 비
② 1냉동톤이란 0℃의 순수한물 1톤을 24시간에 0℃ 얼음으로 만드는데 필요한 능력으로서 열량은 3320 kcal/h이다.
③ 공기의 액화에 있어서 압력을 크게 하면 액화율은 좋다.
④ 냉매로서는 증발잠열이 크고 임계온도가 낮고 비체적이 적은 것이 좋다.

26
펌프의 운전 중 공동현상(cavitation)을 방지하는 방법으로 적합하지 않은 것은?
① 펌프의 회전수는 늦춘다.
② 흡입양정을 크게 한다.
③ 양흡입 펌프 또는 두 대 이상의 펌프를 사용한다.
④ 손실수두를 적게 한다.

해설 공동현상 방지법
① 펌프의 설치 위치를 낮춘다.
② 흡입 양정을 낮게 한다.
③ 펌프의 회전수를 낮춘다.
④ 손실수두를 적게 한다.
⑤ 양흡입펌프 또는 두 대 이상의 펌프를 사용한다.

27
아세틸렌가스를 온도에 불구하고 2.5 MPa의 압력으로 압축할 때 주로 사용되는 희석제는?
① 질소   ② 산소
③ 이산화탄소   ④ 암모니아

해설 희석제
① 메탄   ② 에틸렌   ③ 일산화탄소   ④ 질소

정답 25. ① 26. ② 27. ①

28. 고압가스용기의 충전구에 대한 설명으로 옳은 것은?
① 가연성 가스의 경우 대개 오른나사이다.
② 충전가스가 암모니아인 경우 왼나사이다.
③ 가스 충전구는 반드시 나사형이어야 한다.
④ 가연성 가스의 경우 대게 왼나사이다.

[해설] 가연성가스는 전부 왼나사, 조연성가스와 불연성가스는 오른나사

29. 전기방식시설의 시공방법에서 외부전원법인 경우 전위측정용 터미널 설치간격은?
① 300 m 이내
② 500 m 이내
③ 700 m 이내
④ 900 m 이내

[해설] · 외부전원법 : 500 m   · 유전양극법 : 300 m   · 선택배류법 : 300 m

30. 내압시험압력 및 기밀시험압력의 기준이 되는 압력으로서 사용 상태에서 해당설비등의 각부에 작용하는 최고사용압력을 의미하는 것은?
① 설계압력   ② 표준압력   ③ 상용압력   ④ 설정압력

[해설] 내압시험 압력 및 기밀시험 압력의 기준이 되는 압력으로서 사용 상태에서 해당설비등의 각부에 작용하는 최고사용압력 : 상용압력

31. 역화방지장치의 구조가 아닌 것은?
① 소염소자
② 역류방지장치
③ 헛불방지장치
④ 방출장치

[해설] 역화방지장치의 구조
① 방출장치   ② 역류방지장치   ③ 소염소자

32. 흡수식 냉동기의 구성요소가 아닌 것은?
① 압축기   ② 응축기   ③ 증발기   ④ 흡수기

[해설] 흡수식 냉동기 구성요소
① 응축기   ② 증발기   ③ 흡수기   ④ 재생기

정답 28. ④   29. ②   30. ③   31. ③   32. ①

33
가스용품의 수집검사 대상에 해당되지 않는 것은?
① 불특정 다수인이 많이 사용하는 제품
② 가스사고 발생 가능성이 높은 제품
③ 동일제품으로 생산실적이 많은 제품
④ 전년도 수집검사 결과 문제가 없었던 제품

해설 ▸ 가스용품의 수집검사대상
① 동일제품으로 생산실적이 많은 제품
② 가스사고 발생 가능성이 높은 제품
③ 불특정 다수인이 많이 사용하는 제품

34
원심펌프는 송출구경을 흡입구경보다 작게 설계한다. 이에 대한 설명으로 틀린 것은?
① 회전 차에서 빠른 속도로 송출된 액체는 갑자기 넓은 와류실에 넣게 되면 속도가 떨어지기 때문이다.
② 에너지 손실이 커져서 펌프효율이 저하되기 때문이다.
③ 대형펌프 또는 고 양정의 펌프에 적용된다.
④ 흡인구경 보다 와류실을 크게 설계한다.

해설 ▸ 원심펌프를 송출구경을 흡입구경보다 작게 설계하는 이유
① 대형 펌프 또는 고양정의 펌프에 적용된다.
② 에너지 손실이 커져서 펌프효율이 저하되기 때문에
③ 회전차에서 빠른 속도로 송출된 액체를 갑자기 넓은 와류실에 넣게 되면 속도가 떨어지기 때문이다.

35
저온장치용 금속재료에서 온도가 낮을수록 감소하는 기계적 성질은?
① 인장강도　　② 연신율　　③ 항복점　　④ 경도

해설 ▸ 저온장치용 금속 재료에서 온도가 낮을수록 감소하는 기계적 성질
① 연신율　② 단면수축률　③ 충격값　④ 인성　⑤ 연성　⑥ 전성

36
정압기의 부속품 중 2차 압력의 변화와 가장 밀접한 관계가 있는 것은?
① 조정핸들　　　　　　② 다이어프램
③ 압력게이지　　　　　④ 밸브

해설 ▸ 2차 압력의 변화와 가장 밀접한 관계가 있는 것은 다이어프램이다.

정답 33. ④　34. ④　35. ②　36. ②

37
프와송의 비가 0.2일 때 프와송의 수는 얼마인가?
① 2 ② 5 ③ 20 ④ 50

[해설] 프와송의 수 $= \dfrac{1}{0.2} = 5$

38
강의 열처리 중 불균일한 조직을 균일한 표준화된 조직으로 하기 위한 방법은?
① 담금질(quenching) ② 뜨임(tempering)
③ 불림(normalizing) ④ 풀림(annealing)

[해설] 열처리
① 담금질(퀜칭) : 경도 및 강도증가
② 뜨임(템퍼링) : 인성증가
③ 풀림(어닐링) : 가공응력 및 내부응력제거
④ 불림(노멀라이징) : 조직의 미세화, 편석이나 잔류응력제거 불균일한 조직을 균일한 표준화된 조직으로 바꿈

39
다음 각 펌프의 특징에 대한 설명으로 틀린 것은?
① 터빈 펌프는 고양정, 저점도의 액체에 적당하다.
② 볼류트 펌프는 저양정 시동시 물이 필요하다.
③ 회전식 펌프는 연속 회전하므로 토출액의 맥동이 적다.
④ 축류 펌프는 캐비테이션을 일으키지 않는다.

[해설] 축류펌프로 캐비테이션을 일으킨다.

40
원심펌프의 회전수가 1,200rpm일 때 양정 15m, 송출유량 2.4m³/min, 축동력 10 PS이다. 이 펌프를 2,000rpm으로 운전할 때의 양정(H)은 약 몇 m가 되겠는가? (단, 펌프의 효율은 변하지 않는다)
① 41.67 ② 33.75
③ 27.78 ④ 22.72

[해설] 양정 $= 15 \text{ m} \times \left(\dfrac{2000}{1200}\right)^2 = 41.67$

정답 37. ② 38. ③ 39. ④ 40. ①

제3과목 : 가스안전관리

41. 내용적이 30,000 *l*인 액화산소 저장탱크의 저장능력은 몇 kg인가?
① 27520　　② 30780　　③ 31780　　④ 31920

해설 ▸ 저장능력(W) = $0.9dV_2$ = 0.9×1.14×30,000 = 30,780 kg

42. 액화 프로판을 내용적이 4700 *l*인 차량에 고정된 탱크를 이용하여 운행 시의 기준으로 적합한 것은? (단, 폭발방지장치가 설치되지 않았다)
① 최대 저장량이 2,000 kg이므로 운반책임자 동승이 필요 없다.
② 최대 저장량이 2,000 kg이므로 운반책임자 동승이 필요하다.
③ 최대 저장량이 5,000 kg이므로 200 km 이상 운행시 운반 책임자 동승이 필요하다.
④ 최대 저장량이 5,000 kg이므로 운행거리에 관계없이 운반책임자 동승이 필요 없다.

해설 ▸ 운반책임자 동승기준

성질	압축가스	액화가스
독성	100 m³ 이상	1 ton 이상
가연성	300 m³ 이상	3 ton 이상
조연성	600 m³ 이상	6 ton 이상

$G = \dfrac{V}{C} = \dfrac{4700}{2.35} = 2000 \text{kg}$

43. 다음 가스의 공기 중 연소 범위로 틀린 것은?
① 수소 : 4~75%　　② 아세틸렌 : 2.5~81%
③ 암모니아 : 15~28%　　④ 에틸렌 : 2.1~42%

해설 ▸ 연소범위
① 에틸렌 : 3.1~32%　　② 에탄 : 3~12.5%
③ 암모니아 : 15~28%　　④ 아세틸렌 : 2.5~81%
⑤ 수소 : 4~75%　　⑥ 메탄 : 5~15%
⑦ 부탄 : 1.8~8%　　⑧ 프로판 : 2.1~9.5%
⑨ 일산화탄소 : 12.5~74%

정답 41. ②　42. ①　43. ④

44

고압가스 특정제조의 시설에서 설비 사이의 거리 기준에 대하여 옳게 설명한 것은?

① 안전구역 안의 고압가스 설비는 그 외면으로부터 다른 안전구역 안에 있는 고압가스 설비의 외면까지 20 m 이상의 거리를 유지한다.
② 제조설비의 외면으로부터 그 제조소의 경계까지 20 m 이상의 거리를 유지한다.
③ 가연성가스 저장탱크는 그 외면으로부터 처리능력이 20만m³ 이상인 압축기까지 20 m 이상을 유지한다.
④ 하나의 안전관리체계로 운영되는 2개 이상의 제조소가 한사업장에 공존하는 경우에는 20 m 이상의 안전거리를 유지한다.

[해설] ①항 : 30 m 이상, ③항 : 30 m 이상, ④항 : 30 m 이상

45

용기의 각인에 대한 설명으로 옳은 것은?

① V는 가스 중량으로 단위는 kg이다.
② W는 밸브, 부속품을 제외한 용기의 질량이고, 단위는 kg이다.
③ TP는 용기의 최고충전압력이고, 단위는 MPa이다.
④ FP는 용기의 내압시험압력이고, 단위는 MPa이다.

[해설]
- TP : 내압시험압력
- AP : 기밀시험압력
- V : 용기내용적

46

다음 중 독성이면서 가연성인 가스는?

① 일산화탄소, 황화수소, 시안화수소
② 일산화탄소, 황화수소, 아황산가스
③ 일산화탄소, 염화수소, 시안화수소
④ 일산화탄소, 염화수소, 아황산가스

[해설] 독성이면서 가연성가스
① 일산화탄소 : 50 PPM 이하, 12.5~74%
② 황화수소 : 10 PPM 이하, 4.5~45.5%
③ 시안화수소 : 10 PPM 이하, 6~41%
④ 벤젠 : 10 PPM 이하, 1.4~7.1%
⑤ 산화에틸렌 : 50 PPM 이하, 3~80%
⑥ 이황화탄소 : 10 PPM 이하, 1.2~44%
⑦ 메탄올 : 200 PPM 이하, 7.3~36%

[정답] 44. ② 45. ② 46. ①

47 일정 기준 이상의 고압가스를 적재 운반 시에는 운반책임자가 동승한다. 다음 중 운반책임자의 동승기준으로 틀린 것은?

① 가연성 압축가스 : 300 m³ 이상
② 조연성 압축가스 : 600 m³ 이상
③ 가연성 액화가스 : 4,000 kg 이상
④ 조연성 액화가스 : 6,000 kg 이상

[해설] 문제 42번 참조

48 다음 중 역류방지밸브의 설치 장소가 아닌 것은?

① C_2H_2 고압건조기와 충전용 교체밸브 사이
② 가연성 가스압축기와 충전용 주관 사이
③ C_2H_2을 압축하는 압축기의 유분리기와 고압건조기 사이
④ NH_3, CH_3OH 합성탑 또는 정제탑과 압축기 사이

[해설] 역류방지밸브 설치장소
① 아세틸렌을 압축하는 압축기의 유분리기와 고압건조기사이
② 가연성가스 압축기와 충전용 주관과의 사이
③ 암모니아 메탄올 합성탑 또는 정제 탑과 압축기 사이
④ 독성가스 감압설비 뒤의 배관

49 고압가스 일반제조 시설에서 액화가스의 배관에 반드시 설치하여야 하는 장치는?

① 압력계, 안전밸브
② 스톱밸브
③ 드레인 세퍼레이터
④ 온도계, 압력계

[해설] • 액화가스배관 : 온도계, 압력계
• 압축가스배관 : 안전밸브, 압력계

50 액화석유가스용 강제용기 검사설비 중 내압시험 설비의 가압 능력은?

① 0.5 MPa 이상
② 1 MPa 이상
③ 2 MPa 이상
④ 3 MPa 이상

[해설] 액화석유가스용 강제 용기 검사설비중 내압시험 설비의 가압능력 : 3 MPa 이상

정답 47. ③ 48. ① 49. ④ 50. ④

51 물질의 위험정도를 나타내는 지표로 공기 중에서 액체를 가열하는 경우 액체표면에서 증기가 발생하여 그 증기에 착화원을 접근하면 연소가 되는 최저의 온도를 무엇이라 하는가?

① 최소점화에너지 ② 발화점 ③ 착화점 ④ 인화점

[해설] 인화점 : 공기 중에서 액체를 가열하는 경우 액체 표면에서 증기가 발생하여 그 증기에 착화원을 접근하면 연소가 되는 최저온도

52 LPG 압력조정기를 제조하고자 하는 자가 반드시 갖추어야 할 검사설비가 아닌 것은?

① 유량측정설비 ② 과류차단성능시험설비
③ 내압시험설비 ④ 기밀시험설비

[해설] LPG 압력 조정기를 제조하고자 하는 자가 반드시 갖추어야 할 검사설비
① 내압시험설비 ② 기밀시험설비 ③ 유량측정설비

53 액화석유가스 자동차 용기 충전의 시설 기준으로 옳지 않은 것은?

① 충전호스에 부착하는 가스주입기는 투터치형으로 한다.
② 충전기의 충전호스의 길이는 5m 이내로 한다.
③ 충전호스에 과도한 인장력이 가해졌을 때 충전기와 가스 주입기가 분리될 수 있는 안전장치를 설치한다.
④ 충전기 주위에는 정전기 방지를 위하여 충전 이외의 필요 없는 장비는 시설을 금한다.

[해설] 충전호스에 부착하는 가스주입기는 원터치 형으로 한다.

54 다음 [보기]에서 설명하는 비파괴 검사 방법은?

[보기]
표면의 미세한 균열, 작은 구멍, 슬러그 등을 검출할 수 있으며, 철 및 비철 재료에 모두 적용되어 전원이 없는 곳에서도 이용할 수 있다.

① 음향검사 ② 침투탐상검사 ③ 자분탐상검사 ④ 초음파검사

[해설] • **침투탐상검사** : 표면의 미세한 균열, 작은 구멍, 슬러그 등을 검출할 수 있으며 철 및 비철재 재료에 모두 적용되어 전원이 없는 곳에서도 이용 가능
• **방사선투과검사** : x선이나 r선을 투과하여 결함의 유무를 검출하는 방법으로 가장 널리 사용
• **자분검사** : 피검사물을 자석화시켜 자분의 밀집 여부로서 검사하므로 스테인리스강 등 비자성체에는 적용될 수 없다.

정답 51. ④　52. ②　53. ①　54. ②

55 액화석유가스 수송 배관의 온도는 항상 몇 ℃ 이하를 유지하여야 하는가?
① 30 ② 35 ③ 40 ④ 50

해설) 액화석유가스 수송배관의 온도는 항상 40℃ 이하를 유지

56 압축산소를 충전하는 내용적 50리터 이음매 없는 용기의 검사시 실시하는 검사 항복이 아닌 것은?
① 음향검사
② 외부 및 내부 외관검사
③ 영구팽창 측정시험
④ 단열성능시험

해설) 압축산소를 충전하는 내용적 50L 이음매 없는 용기의 검사시 실시하는 검사 항목
① 영구팽창측정시험
② 외부외관검사
③ 내부외관검사
④ 음향검사

57 다음 각 가스 관련 용어에 대한 설명으로 틀린 것은?
① 가연성가스란 공기 중에서 연소하는 가스로서 폭발한계의 하한이 10퍼센트 이하인 것과 폭발한계의 상한과 하한의 차가 20퍼센트 이상인 것을 말한다.
② 독성가스란 공기 중에 일정량 이상 존재하는 경우 인체에 유해한 독성을 가진 가스로서 LC_{50} 허용농도가 100만분의 5,000 이하인 것을 말한다.
③ 액화가스란 가압 냉각 등의 방법에 의하여 액체 상태로 되어있는 것으로서 대기압에서의 끓는 점이 40도 이상 또는 상용온도 이상인 것을 말한다.
④ 압축가스란 일정한 압력에 의하여 압축되어 있는 가스를 말한다.

해설) 액화가스 : 가압 및 냉각에 의하여 액체 상태로 되어있는 것으로서 대기압에서의 비점이 40℃ 이하 또는 상용의 온도 이하인 것을 말한다.

58 액화석유가스 사업자 등과 시공자 및 액화석유가스 특정 사용자의 안전관리에 관계되는 업무를 하는 자는 시·도지사가 실시하는 교육을 받아야 한다. 다음 교육대상자의 교육내용에 대한 설명으로 틀린 것은?
① 액화석유가스 배달원으로 신규종사하게 될 경우 특별 교육을 1회 받아야 한다.
② 액화석유가스 특정사용시설의 안전관리책임자로 신규 종사하게 될 경우 산업통상자원부장관이 별도로 지정한 내용이 없는 경우 6개월 이내 전문교육을 1회 받아야 한다.

정답 55.③ 56.④ 57.③ 58.④

③ 액화석유가스를 연료로 사용하는 자동차의 정비작업에 종사하는 자가 한국가스안전공사에 실시하는 액화석유가스 자동차 정비 등에 관한 전문교육을 받은 경우에는 별도로 특별교육을 받을 필요가 없다.
④ 액화석유가스 충전시설의 충전원으로 신규종사하게 될 경우 6개월 이내 전문 교육을 1회 받아야 한다.

59 자기압력기록계로 최고사용압력이 중압인 도시가스배관에 기밀시험을 하고자 한다. 배관의 용적이 15 m³일 때 기밀유지시간은 몇 분 이상이어야 하는가?
① 24분
② 36분
③ 240분
④ 360분

해설➔ 자기압력 기록계도 최고사용압력이 중압인 도시가스배관에 기밀시험을 하고자 한다. 배관용적이 15 m³일 때 기밀유지시간은 360분 이상이어야 한다.

60 내용적이 50 l인 용기에 프로판가스를 충전하는 때에는 얼마의 충전량(kg)을 초과할 수 없는가? (단, 충전상수 C는 프로판의 경우 2.35이다)
① 20
② 20.4
③ 21.3
④ 24.4

해설➔ $G = \dfrac{V}{C} = \dfrac{50}{2.35} = 21.27$ kg

제4과목 : 가스계측

61 다음 중 탄성 압력계의 종류가 아닌 것은?
① 다이어프램(Diaphragm) 압력계
② 벨로즈(Bellows) 압력계
③ 부르돈(Bourdon) 압력계
④ 시스턴(Cistern) 압력계

해설➔ 탄성압력계의 종류
① 부르돈관 압력계 ② 벨로즈압력계 ③ 다이어프램압력계

정답 59. ④ 60. ③ 61. ④

62
계통적 오차 제거 방법이 아닌 것은?
① 외부적인 조건을 표준 조건으로 유지한다.
② 진동, 충격 등을 제거한다.
③ 측정자의 부주의로 인해 오차가 생기지 않도록 주의한다.
④ 제작 시부터 생긴 기차를 보정한다.

해설 계통적 오차 제거방법
① 제작 시부터 생긴 기차를 보정한다.　　② 진동, 충격 등을 보정한다.
③ 외부적인 조건을 표준조건으로 유지한다.

63
다음 각 유독가스별 검지법이 바르게 짝지어진 것은?
① 시안화수소 - 연당지
② 포스겐 - 하리슨 시험지
③ 아세틸렌 - 염화파라듐지
④ 일산화탄소 - 염화제1동 착염지

해설 시험지명 및 변색상태
- 암모니아 : 적색리트머스시험지 : 청색
- 염소 : KI전분지 : 청색
- 시안화수소 : 질산구리벤젠지 : 청색
- 일산화탄소 : 염화파라듐지 : 흑색
- 황화수소 : 연당지(초산납시험지) : 흑색
- 포스겐 : 하리슨시험지 : 심등색(오렌지색)
- 아세틸렌 : 염화제1동착염지 : 적색
- 아황산가스 : 암모니아 적신형겊 : 흰연기

64
비례제어기는 60°C에서 100°C 사이의 온도를 조절하는데 사용된다. 이 제어기로 측정된 온도가 81°C에서 89°C로 될 때의 비례대(proportional band)는?
① 10%　　② 20%　　③ 30%　　④ 40%

해설 비례대 $= \dfrac{89-81}{100-60} = 20\%$

65
피드백 자동제어계에서 목표값과 제어량이 같을 때 불필요한 것은?
① 비교부　　② 조작부　　③ 검출부　　④ 피드백 요소

해설 목표값 → 설정부 → 비교부 → 조작부 → 조절부 → 제어대상 → 검출부

정답 62. ③　63. ②　64. ②　65. ④

66 길이 3.09 mm인 물체를 마이크로미터로 측정하였더니 3.01 mm이었다. 오차율은 약 몇 %인가?

① +2.59%   ② -2.59%   ③ +2.07%   ④ -2.70%

[해설] 오차율 = $\dfrac{3.01 - 3.09}{3.01} \times 100 = -2.588\%$

67 재현성이 좋기 때문에 상대습도계의 감습소자로 사용되며 실내의 습도조절용으로도 많이 이용되는 습도계는?

① 모발 습도계   ② 냉각식 노점계
③ 저항식 습도계   ④ 건습구 습도계

[해설] 모발습도계 : 재현성이 좋기 때문에 상대 습도계의 감습소자로 사용되며 실내의 습도조절용으로도 많이 이용

68 가스크로마토그래피에서 열전도도 검출기에 대한 설명으로 틀린 것은?

① 구조가 비교적 간단하다.   ② 선형감응범위가 넓다.
③ 검출 후에도 용질을 파괴하지 않는다.   ④ 감도가 아주 뛰어나다.

[해설] 열전도도 검출기
① 검출후에는 용질을 파괴하지 않는다.   ② 선형 감응 범위가 넓다.
③ 구조가 비교적 간단하다.   ④ 감도가 좋지 못하다.

69 신호의 전송방법 중 공기압 전송에 대한 설명으로 틀린 것은?

① 방폭 및 내열성이 우수하다.
② 자동제어에 용이하다.
③ 조작부의 동특성이 양호하다.
④ 신호전승의 시간지연이 짧다.

[해설] 공기압 신호전송
① 신호전송의 시간지연이 길다.   ② 조작부의 동특성이 양호하다.
③ 자동제어에 용이하다.   ④ 방폭 및 내열성이 우수하다.
⑤ 배관 보존이 용이하다.   ⑥ 신호전달거리 : 100~150 m

정답 66. ②   67. ①   68. ④   69. ④

70 다음 중 계량의 기본이 되는 단위가 아닌 것은?
① 전류   ② 온도   ③ 물질량   ④ 광도

해설> 계량의 기본단위
① 온도   ② 전류   ③ 시간   ④ 광도

71 다음 중 피드백(Feedback)제어에서 외란의 원인이 될 수 없는 것은?
① 가스의 공급압력   ② 가스의 공급온도
③ 저장탱크의 주위온도   ④ 가스의 공급속도

해설> 피드백제어에서 외란의 원인
① 가스의 공급압력
② 가스의 공급온도
③ 저장탱크 주위온도

72 가연성가스누출검지기에는 반도체 재료가 널리 사용되고 있다. 이 반도체 재료로 가장 적당한 것은?
① 산화니켈(NiO)   ② 산화알루미늄(Al_2O_3)
③ 산화주석(SnO_2)   ④ 이산화망간(MnO_2)

해설> 가연성가스 누출검지기에는 반도체 재료가 널리 사용되고 있는데 산화주석(SnO_2)이 가장 많이 사용된다.

73 열기전력을 이용한 열전온도계에서 열기전력을 이용하는 법칙이 아닌 것은?
① 균일온도의 법칙   ② 균일회로의 법칙
③ 중간금속의 법칙   ④ 중간온도의 법칙

해설> 열기전력을 이용한 연전온도계에서 열기전력을 이용하는 법칙
① 균일회로의 법칙   ② 중간금속의 법칙   ③ 중간온도의 법칙

74 가스분석법 중 하나인 게겔(Gockel)법의 흡수액으로 잘못 연결된 것은?
① 아세틸렌 - 옥소수은칼륨용액   ② 에틸렌 - 취화수소(HBr)
③ 프로필렌 - 87% KOH 용액   ④ 산소 - 알칼리성 피로갈롤 용액

정답 70. ③   71. ④   72. ③   73. ①   74. ③

[해설] 게겔법
① 아세틸렌 : 옥소수은칼륨용액
② 프로필렌 : 취화수소(취소수용액)
③ 에틸렌 : 87% 황산
④ CO_2 : KOH 30% 수용액
⑤ O_2 : 알칼리성 피로가롤 용액
⑥ CO : 암모니아성 염화제1동 용액

75
나프탈렌의 분석에 가장 적당한 분석방법은?
① 요오드적정법
② 중화적정법
③ 가스크로마토그래피법
④ 흡수평량법

[해설] 나프탈렌의 분석에 가장 적당한 분석방법 : 가스크로마토그래피
암모니아 : 중화적정법   수분 : 노점법, 흡수중량법

76
잔류편차(offset)가 없고 응답상태가 좋은 조절동작을 위한 가장 적절한 제어기는?
① P 제어기   ② PI 제어기   ③ PD 제어기   ④ PID 제어기

[해설] PID 제어기 : 잔류편차가 없고 응답상태가 좋음

77
화학공장에서 누출된 유독가스를 신속하게 현장에서 검지정량하는 방법은?
① 전위적정법
② 흡광광도법
③ 검지관법
④ 적정법

[해설] 검지관법, 화학공정에서 누출된 유독가스를 신속하게 현장에서 검지 정량하는 방법

78
가스미터에 다음과 같이 표시되어 있었다. 다음 중 그 의미에 대한 설명으로 가장 옳은 것은?

0.6 l/rev, Max 1.8 m^3/hr

① 기준실 10주기 체적이 0.6 l, 사용최대 유량은 시간당 1.8 m^3이다.
② 계량실 1주기 체적이 0.6 l, 사용감도 유량은 시간당 1.8 m^3이다.
③ 기준실 10주기 체적이 0.6 l, 사용감도 유량은 시간당 1.8 m^3이다.
④ 계량실 1주기 체적이 0.6 l, 사용최대 유량은 시간당 1.8 m^3이다.

[해설] ① 0.6 l/rev : 계량실 1주기 체적이 0.6 l이다.
② MAX 1.8 m^3/h : 사용최대유량이 시간당 1.8 m^3이다.

정답 75. ③   76. ④   77. ③   78. ④

79. 오리피스 유량계의 측정원리로 옳은 것은?

① 하이젠-포아제의 원리
② 패닝의 법칙
③ 아르키메데스의 원리
④ 베르누이의 원리

해설) 오리피스유량계 측정원리 : 베르누이의 원리

80. 열기전력은 크지만 저항 및 온도계수는 작고 수분에 의한 부식에 강하므로 저온용으로 주로 사용되는 열전대는?

① 구리-콘스탄탄
② 크로멜-알루멜
③ 니켈-구리
④ 백금-백금.로듐

해설) 열전대온도계
① 백금-백금로듐(PR)
  ㉠ 온도는 0~1600℃로서 가장 고온 측정
  ㉡ 금속증기에 침식
  ㉢ 환원성 분위기에 약하다.
  ㉣ 값이 싸고, 점도가 높고 안정성이 있다.
② 동-코스탄탄(CC)
  ㉠ 수분에 의한 내식성이 크다.
  ㉡ 온도는 -200~350℃ 저온측정
  ㉢ 열기전력은 크고 온도계수는 적다.

정답 79. ④ 80. ①

2013년 제4회 가스산업기사 출제문제

제1과목 : 연소공학

01 점화지연(Ignition delay)에 대한 설명으로 틀린 것은?
① 혼합기체가 어떤 온도 및 압력 상태하에서 자기점화가 일어날 때 까지 약간의 시간이 걸린다는 것이다.
② 온도에도 의존하지만 특히 압력에 의존하는 편이다.
③ 자기점화가 일어날 수 있는 최저온도를 점화온도(ignition temperature)라 한다.
④ 물리적 점화지연과 화학적 점화지연으로 나눌 수 있다.

[해설] 점화지연 : 온도의 의존하는 편이다.

02 정압하에서 30℃의 기체가 100℃로 되었을 때 부피는 최초 부피의 몇 배가 되는가?
① 1.23배   ② 1.52배   ③ 2.23배   ④ 2.52배

[해설] $\dfrac{V_1}{T_1} = \dfrac{V_2}{T_2}$

$V_2 = \dfrac{V_1 \times T_2}{T_1} = \dfrac{1 \times (273+100)}{(273+30)} = 1.231$ 배

03 다음 혼합가스 중 폭굉이 가장 잘 발생되기 쉬운 것은?
① 수소 - 공기   ② 수소 - 산소
③ 아세틸렌 - 공기   ④ 아세틸렌 - 산소

[해설] 폭발범위가 넓을수록 폭굉이 잘 발생이 됨(아세틸렌-산소)

정답 1. ② 2. ① 3. ④

04
폭굉(Detonation)이란 가스 중의 (㉮) 보다도 (㉯)[이]가 큰 것으로 선단의 압력파에 의해 파괴 작용을 일으킨다. 빈칸에 알맞은 말은 다음 중 어느 것인가?

	㉮	㉯
①	연소	화염의 전파속도
②	음속	화염의 전파속도
③	화염온도	충격파
④	화염의 전파속도	음속

[해설] 폭굉 : 가스중의 음속보다 화염의 전파속도가 큰 경우로 파면선단에 충격파라는 압력파가 생겨 격렬한 파괴 작용을 일으키는 것

05
수소의 연소하한계는 4v%이고, 연소상한계는 75v%이다. 수소 가스의 위험도는 얼마인가?

① 0.95　　② 4　　③ 17.75　　④ 75

[해설] 위험도$(H) = \dfrac{U-L}{L} = \dfrac{75-4}{4} = 17.75$

06
어떤 혼합가스의 조성이 CO : 15%, H_2 : 30%, CH_4 : 55%일 때 혼합가스의 연소한계(LEL) 값은 얼마인가? (단, 각 가스의 연소한계는 CO : 12.5~74%, H_2 : 4~75%, CH_4 : 5~15%이다)

① 5.08%　　② 6.38%　　③ 18.70%　　④ 22.07%

[해설]
$$\dfrac{100}{L} = \dfrac{V_1}{L_1} + \dfrac{V_2}{L_2} + \dfrac{V_3}{L_3} \cdots \dfrac{V_n}{L_n}$$

$$\dfrac{100}{L} = \left(\dfrac{15}{12.5} + \dfrac{30}{4} + \dfrac{55}{5}\right)$$

$$L = \dfrac{100}{19.7} = 5.076$$

07
산소 없이도 자기분해 폭발을 일으키는 가스가 아닌 것은?

① 프로판　　② 아세틸렌　　③ 산화에틸렌　　④ 히드라진

[해설] 자기분해 폭발가스
① 아세틸렌　② 산화에틸렌　③ 히드라진

정답 4. ②　5. ③　6. ①　7. ①

08 버너 출구에서 가연성 기체의 유출 속도가 연소속도보다 큰 경우 불꽃이 노즐에 정착되지 않고 꺼져버리는 현상을 무엇이라 하는가?
① boil over
② flash back
③ blow off
④ back fire

해설⊃ blow off : 버너 출구에 가연성기체의 유출속도가 연소속도보다 큰 경우 불꽃이 노즐에 정착하지 않고, 꺼져버리는 현상

09 일반적으로 온도가 10℃ 상승하면 반응속도는 약 2배 빨라진다. 40℃의 반응온도를 100℃로 상승시키면 반응속도는 몇 배 빨라지는가?
① 2^6
② 2^5
③ 2^4
④ 2^3

해설⊃ 10℃ 상승시 반응속도가 2배 빨라진다.
100℃ - 40℃ = 60℃
∴ 2^6

10 분진폭발은 가연성 분진이 공기 중에 분산되어 있다가 점화원이 존재할 때 발생한다. 분진폭발이 전파되는 조건과 다른 것은?
① 분진은 가연성이어야 한다.
② 분진은 적당한 공기를 수송할 수 있어야 한다.
③ 분진은 화염을 전파할 수 있는 크기의 분포를 가져야 한다.
④ 분진의 농도는 폭발범위를 벗어나 있어야 한다.

해설⊃ 분진폭발이 전파되는 조건
① 분진은 화염을 전파할 수 있는 크기의 분포를 가져야 한다.
② 분진은 적당한 공기를 수송할 수 있어야 한다.
③ 분진은 가연성이어야 한다.

11 연소폭발을 방지하기 위한 방법이 아닌 것은?
① 가연성물질의 제거
② 조연성물질의 혼입차단
③ 발화원의 소거 또는 억제
④ 불활성 가스제거

해설⊃ 연소 폭발을 방지하기 위한 방법
① 발화원의 소거 또는 억제   ② 조연성물질의 혼입차단   ③ 가연성물질의 제거

정답 8. ③ 9. ① 10. ④ 11. ④

12
연료의 저 발열량과 고 발열량의 차이는 연료 중 어느 성분 때문인가?
① 탄소 ② 유황 ③ 수소 ④ 산소

해설⊃ $Hl = Hh - 600(9H + W)$
$600(9H + W) = Hh - Hl$
∴ 수소의 양이 크기 때문에 물의 양은 극소수

13
프로판과 부탄이 각각 50% 부피로 혼합되어 있을 때 최소산소농도(MOC)의 부피%는?
(단, 프로판과 부탄의 연소하한계는 각각 2.2v%, 1.8v%이다)
① 1.9% ② 5.5% ③ 11.4% ④ 5.1%

해설⊃ $MOC = LFL(폭발하한계) \times \dfrac{산소몰수}{연료몰수}$

$1C_3H_8 + 5O_2 \rightarrow 3CO_2 + 4H_2O$
(연료몰수) (산소몰수)
$= 2.2 \times \dfrac{5}{1} = 11\%$

$C_4H_{10} + 6.5O_2 \rightarrow 4CO_2 + 5H_2O$
$= 1.8 \times \dfrac{6.5}{1} = 11.7\%$
∴ 11+11.7=22.7÷2=11.35≒11.4

14
대기 중에 대량의 가연성 가스나 인화성 액체가 유출되어 발생 증기가 대기 중의 공기와 혼합하여 폭발성인 증기운을 형성하고 착화 폭발하는 현상은?
① BLEVE ② UVCE ③ Jet Fire ④ Flash over

해설⊃ • UVCE : 대기 중에 다량의 가연성가스나 인화성 액체가 유출되어 발생증기가 대기중의 공기와 혼합하여 폭발성인 증기운을 형성하고 착화 폭발하는 현상
• BLEVE : 과열상태의 탱크에서 내부의 액화가스가 분출하여 기화되어 폭발하는 현상

15
층류예혼합화염의 특징이 아닌 것은?
① 연소속도가 난류예혼합화염에 비해 느리다.
② 화염의 두께가 난류예혼합화염에 비해 두껍다.
③ 청색을 띤다.
④ 난류예혼합화염보다 휘도가 낮다.

해설⊃ 화염의 두께가 난류예혼합화염에 비해 엷다.

정답 12. ③ 13. ③ 14. ② 15. ②

16 이상기체의 성질에 대한 설명 중 틀린 것은?

① 기체 분자 간 인력이나 반발력이 존재한다.
② 분자의 충돌로 총 운동에너지가 감소되지 않는 완전 탄성체이다.
③ 0K에서 부피는 0이어야 하며, 평균 운동에너지는 절대 온도에 비례한다.
④ 이상기체 상태방정식은 높은 온도, 낮은 압력 조건에서 실제기체에 비교적 잘 적용된다.

[해설] 기체분자간의 인력이나 반발력은 존재하지 않는다.

17 고체 가연물을 연소시킬 때 나타나는 연소형태를 순서대로 바르게 나열한 것은?

① 표면연소 - 증발연소 - 분해연소
② 표면연소 - 분해연소 - 증발연소
③ 증발연소 - 분해연소 - 표면연소
④ 증발연소 - 표면연소 - 분해연소

[해설] 연소형태순서 : 증발연소 → 분해연소 → 표면연소

18 다음 중 연소의 정의에 대하여 가장 잘 설명한 것은?

① 탄화수소가 공기 중의 산소와 화합하는 현상
② 탄소, 수소 등의 가연성물질이 산소와 화합하여 열과 빛을 발하는 현상
③ 연료 중의 탄소와 산소가 화합하는 현상
④ 이산화탄소와 수증기를 생성하기 위한 연료의 화학반응

[해설] 연소의 정의 : 탄소, 수소 등의 가연성물질이 산소와 화합하여 빛과 열을 수반하는 현상

19 다음 중 프로판의 완전연소 반응식을 옳게 나타낸 것은?

① $C_3H_8 + 2O_2 \rightarrow 3CO + 4H_2O$
② $C_3H_8 + 5O_2 \rightarrow 3CO_2 + 4H_2O$
③ $C_3H_8 + 3O_2 \rightarrow 3CO_2 + 4H_2O$
④ $C_3H_8 + \dfrac{9}{2}O_2 \rightarrow 3CO + 2H_2O$

[해설] 완전 연소 반응식
$C_3H_8 + 5O_2 \rightarrow 3CO_2 + 4H_2O$ (프로판)
$CH_4 + 2O_2 \rightarrow CO_2 + 2H_2O$ (메탄)
$C_4H_{10} + 6.5O_2 \rightarrow 4CO_2 + 5H_2O$ (부탄)
$C_2H_2 + 2.5O_2 \rightarrow 2CO_2 + H_2O$ (아세틸렌)

정답 16. ① 17. ③ 18. ② 19. ②

20 소형가열로, 열처리로 등 비교적 소규모의 가열장치에 사용되며 공기압을 높일수록 무화 공기량이 저감되는 버너는?

① 고압기류식 버너 ② 저압기류식 버너
③ 유압식 버너   ④ 선회식 버너

해설 저압기류식 버너 : 소형가열로 열처리로 등 비교적 소규모의 가열장치에 사용되며 공기압이 높을수록 무화공기량이 저감되는 버너

제2과목 : 가스설비

21 시간당 66400 kcal를 흡수하는 냉동기의 용량은 몇 냉동톤인가?

① 20 ② 24 ③ 28 ④ 32

해설 1RT(냉동톤)=3320 kcal/h
$x = 66400$
$x = \dfrac{1RT \times 66400}{3320} 20RT$

22 다음 제조법 중 가장 높은 압력을 사용하는 것은?

① 암모니아 합성 ② 폴리에틸렌 합성
③ 메탄올 합성   ④ 오일 가스화

해설 · 폴리에틸렌 합성 : 2,000 atm
· 암모니아 : 200~1,000 atm
· 메탄올 : 200~300 atm

23 연소기의 분류 중 연소 시 1차공기의 혼합비율과 혼합 방법에 의한 분류가 아닌 것은?

① 개방식 ② 분젠식
③ 적화식 ④ 전1차공기식

해설 1차 공기의 혼합비율과 혼합방법에 의한 분류
① 적화식 ② 분젠식 ③ 전1차공기식

정답 20. ② 21. ① 22. ② 23. ①

24 도시가스 배관공사 시 주의사항으로 틀린 것은?
① 현장마다 그 날의 작업공정을 정하여 기록한다.
② 작업현장에서는 소화기를 준비하여 화재에 주의한다.
③ 현장 감독자 및 작업원은 지정된 안전모 및 완장을 착용한다.
④ 가스의 공급을 일시 차단할 경우에는 사용자에게 사전 통보하지 않아도 된다.

해설 › 가스공급을 일시 차단할 경우에는 사용자에게 사전에 통보를 해야만 한다.

25 전기방식시설의 유지관리를 위해 전위 측정용 터미널을 설치하였다. 다음 중 적당한 것은?
① 희생양극법 - 배관길이 300 m 이내 간격
② 외부전원법 - 배관길이 400 m 이내 간격
③ 선택적배류법 - 배관길이 400 m 이내 간격
④ 강제배류법 - 배관길이 500 m 이내 간격

해설 › 전위측정용 터미널 간격
① 희생양극법, 선택배류법 : 300 m 이내 간격
② 외부전원법 : 500 m 이내 간격

26 다음 [그림]은 카르노 냉동사이클을 표시한 것이다. 열을 방출하며 등온압축을 하는 과정은?

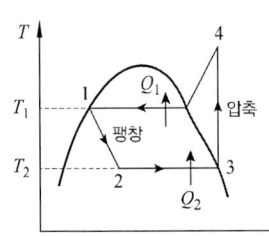

① 1-2의 과정
② 2-3의 과정
③ 3-4의 과정
④ 4-1의 과정

해설 › ① 1-2(단열팽창=등엔탈피팽창) : 팽창밸브를 지나 교축팽창시키면 엔탈피가 일정한 상태에서 압력과 온도가 내려가 습증기가 된다.
② 2-3(등온팽창) : 습증기가 증발기에 들어가서 외부로부터 열 Q_2를 받아 증발하여 냉동시키려는 물체를 냉각
③ 3-4(단열압축) : 건포화증기의 냉매를 압축기로 과열증기로 만듦
④ 4-1(등온압축=냉각과정) : 과열증기가 압축기에 의해 냉각되어 열량 Q_1을 방출하고 포화액으로 되는 등온 냉각과정
⑤ COP(성적계수)= $Q_2/Aw = Q_2/Q_1 - Q_2 = T_2/T_1 - T_2$

27
유량조절이 정확하고 용이하며 기밀도가 커서 기체의 배관에 주로 사용되는 밸브는?
① 글로우밸브 ② 체크밸브 ③ 케이트밸브 ④ 안전밸브

해설
- 글로우밸브 : 유량조절이 정확하고 용이하며 기밀도가 커서 기체의 배관에 주로 사용
- 케이트밸브 : 유량조절용으로 부적합
- 체크밸브 : 유체의 역류방지

28
20층인 아파트에서 1층의 가스 압력이 1.8 Pa일 때, 220층에서의 압력은 약 몇 kPa인가? (단, 20층까지의 고저차는 60 m, 가스의 비중은 0.65, 공기의 비중량은 1.3 kg/m³이다)
① 1 ② 2 ③ 3 ④ 4

해설
$H = 1.293(1-S)h$
$= 1.293(1-0.65) \times 60 = 27.153 \text{ mmH}_2\text{O}$
∴ 101.3 kPa = 10332 mmH$_2$O
$x = 27.153$ mmH$_2$O
$x = \dfrac{101.3 \times 27.153}{10332} = 0.266$ kPa
∴ 1.8+0.266 = 2.06 kPa

29
도시가스 수요가 증가함으로써 가스 압력이 부족하게 될 때 사용하는 가스공급 시설은?
① 가스 홀더 ② 압송기
③ 정압기 ④ 가스계량기

30
다음 중 가스 용기재료의 구비조건으로 가장 거리가 먼 것은?
① 충분한 강도를 가질 것 ② 무게가 무거울 것
③ 가공 중 결함이 생기지 않을 것 ④ 내식성을 가질 것

해설 용기재료의 구비조건
① 경량일 것
② 내식성 및 내마모성이 있을 것
③ 가공중 결함이 생기지 않을 것
④ 충분한 강도를 가질 것

정답 27. ① 28. ② 29. ② 30. ②

31 50 kg의 프로판(비중 : 1.53)이 용기에 충전되어 있다. 이 프로판가스는 최소 몇 l의 부피가 되겠는가? (단, 프로판 정수는 2.35이다)

① 213.6　　② 200.8　　③ 193.4　　④ 117.5

해설》 $G = \dfrac{V}{C}$ 에서 $V = G \times C = 50 \times 2.35 = 117.5\, l$

---

32 액화석유가스용 압력조정기 중 1단 감압식 준저압조정기 조정압력은?

① 2.3~3.3 kPa
② 5~30 kPa 이내에서 제조자가 설정한 기준압력의 ±20%
③ 57~83 kPa
④ 0.032~0.083 MPa

해설》 압력조정기 종류에 따른 입구압력 및 조정압력

조정기	입구압력	조정압력
2단 감압식 1차용 조정기	1.0~15.6 kg/cm²	0.57~0.83 kg/cm²
자동절체식분리형 조정기	1.0~15.6 kg/cm²	0.32~0.83 kg/cm²
1단 감압식 저압조정기	0.7~15.6 kg/cm²	2.3~3.3 kPa
2단 감압식 2차용 조정기	0.25~3.5 kg/cm²	2.3~3.3 kPa
자동절체식 일체형 조정기	1.0~15.6 kg/cm²	2.55~3.3 kPa
1단 감압식 준저압 조정기	1.0~15.6 kg/cm²	5~30 kPa

참고 1 kPa = 100 mmH₂O

---

33 왕복동식 압축기에서 압축기의 흡입온도 상승의 원인이 아닌 것은?

① 흡입밸브 불량에 의한 역류
② 전단 냉각기의 능력 저하
③ 전단의 쿨러 과냉
④ 관로에 수열이 있을 경우

해설》 압축기 흡입온도상승원인
① 전단 쿨러 과소냉각
② 관로에 수열이 있을 경우
③ 전단 냉각기의 능력저하
④ 흡입밸브 불량에 의한 역류

---

34 지표면의 비저항보다 깊은 곳의 비저항이 낮은 경우 적용하는 양극설치방법은?

① 희생양극법　② 천매전극법　③ 선택배류법　④ 심매전극법

해설》 심매전극법 : 지표면의 비저항보다 깊은 곳의 비저항이 낮은 경우 적용하는 양극설치방법

35. 도시가스 제조원료가 가지는 특성으로 가장 거리가 먼 것은?

① 파라핀계 탄화수소가 적다. ② C/H비가 작다.
③ 유황분이 적다. ④ 비점이 낮다.

해설 → 도시가스제조 원료가 가지는 특성
① 비점이 낮다. ② 유황분이 적다. ③ $\frac{C}{H}$비가 적다.

36. 자동절체식 조정기를 사용할 때 이점을 가장 잘 설명한 것은?

① 가스소비시 압력변동이 크다.
② 수동절체방식보다 가스 발생량이 크다.
③ 용기 교환시기가 짧고 계획배달이 가능하다.
④ 수동절체방식보다 용기설치 본수가 많다.

해설 → 자동절체식 조정기 사용시 이점
① 수동절체방식보다 발생량이 크다. ② 수동 절체 방식보다 용기본수 설치가 적다.
③ 용기 교환시기가 길고 계획배달이 가능하다. ④ 가스소비시 압력이 크다.

37. 도시가스 배관을 설치하고 나서 그 지역에 대규모로 주택이 들어서거나 주택 및 인구가 증가되면 피크 시 가스 공급압력이 저하되게 되는데 이를 방지하기 위하여 인근 배관과 상호 연결을 하여 압력저하를 방지하는 공급방식은?

① 압력보충배관 설계 ② 송출압 보충배관 설계
③ 저압보충망 배관 설계 ④ 환상망배관 설계

해설 → 환상망 배관설계 : 도시가스배관을 설치하고 나서 그 지역에 대규모로 주택이 들어서거나 주택 및 인구가 증가되면 피크 시 가스공급압력이 저하되게 되는데 이를 방지하기 위하여 인근배관과 상호연결을 하여 압력저하를 방지하는 공급방식

38. 스프링 안전밸브에 대한 설명으로 틀린 것은?

① 설정압력 이상이 되면 서서히 개방(open)된다.
② 저장탱크 또는 용기에서 주로 사용한다.
③ 고압가스의 양을 결정하여 이 양을 충분히 분출시킬 수 있는 구경이어야 한다.
④ 한번 작동하면 밸브 전체를 교환해야 한다.

해설 → 파열판식 안전밸브 : 한번 작동하면 밸브전체를 교환해야 한다.

정답 35. ① 36. ② 37. ④ 38. ④

39 금속의 내부응력을 제거하고 가공 경화된 재료를 연하시켜 결정조직을 결정하고 상온 가공을 용이하게 할 목적으로 하는 열처리는?
① 담금질 ② 불림 ③ 뜨임 ④ 풀림

해설) 열처리
① 담금질 : 경도 및 강도 증가
② 뜨임 : 인성증가
③ 풀림 : 내부응력제거 가공경화된 재료를 연하시켜 결정조직결정
④ 불림 : 조직의 미세화, 편석이나 잔류응력제거

40 용접부 내부 결함 검사에 가장 적합한 방법으로서 검사 결과의 기록이 가능한 검사방법은?
① 자분검사 ② 침투검사
③ 방사선투과검사 ④ 누설검사

해설) 방사선투과법 : 용접부 내부결함검사에 가장 적합한 방법으로서 검사 결과의 기록이 가능한 검사법

제3과목 : 가스안전관리

41 탱크로리로부터 저장탱크에 LPG를 주입(注入)할 경우 다음 중 이송작업기준을 준수하며 작업을 하여야 하는 자는?
① 충전원 ② 안전관리자
③ 운반책임자 ④ 운반자동차운전자

해설) 안전관리자 : 탱크로리로부터 저장탱크에 LPG를 주입할 경우 다음 중 이송작업 기준을 준수하며 작업을 함

42 고압가스 안전성 평가기준에 정성적 위험성 평가 분석 방법이 아닌 것은?
① 체크리스트(Checklist)기법 ② 위험과 운전분석(HAZOP)기법
③ 사고예상질문분석(WHAT-IF)기법 ④ 원인결과분석(CCA)기법

정답 39. ④ 40. ③ 41. ② 42. ④

해설 · 정성적인 기법
　　① 사고예상질문법　　② 체크리스트법
　　③ 안전성 검토법　　④ 예비위험분석법
· 정량적 기법
　　① 결함수 분석법　　② 사건수 분석법
　　③ 원인결과 분석법　　④ 작업자 실수 분석법

43 고압가스 일반제조시설 중 저장탱크에 가스를 얼마 이상 저장하는 것에는 가스방출장치를 설치해야 하는가?
① $3\,m^3$　② $5\,m^3$　③ $10\,m^3$　④ $15\,m^3$

해설 가스방출장치설치 : $5\,m^3$ 이상

44 가연성가스를 압축하는 압축기와 충전용 주관 사이에는 무엇을 설치하는가?
① 역류방지밸브　② 역화방지장치　③ 유분리기　④ 액분리기

해설 역류방지 밸브
① 가연성가스 압축기와 유분리기와의 사이
② 암모니아, 메탄올 합성탑이나 정제탑과 압축기 사이
③ 독성가스 감압설비 뒤의 배관
④ 가연성가스 압축기와 충전용 주관과의 사이

45 다음 중 용기의 각인 표시 기호로 틀린 것은?
① 내용적 : V
② 내압시험압력 : TP
③ 최고충전압력 : HP
④ 동판 두께 : t

해설 용기의 각인 표시
① 최고 충전압력 : FP
② 내용적 : V
③ 용기질량 : W
④ 내압시험압력 : TP

46 지름이 10 m인 구형가스 홀더의 최고사용압력이 5.0 MPa일 때 압축가스 저장 능력은 몇 m^3인가?
① 2940　② 3140　③ 24704　④ 26704

해설 $V = \dfrac{\pi D^3}{6} = \dfrac{3.14 \times 10^3}{6} = 523.33\ m^3$
$Q = (p+1\,V_1) = (50+1) \times 523.33 = 26689.83$

정답　43. ②　44. ①　45. ③　46. ④

47 액화가스의 고압가스설비등에 부착되어 있는 스프링식 안전밸브는 상용의 온도에서 그 고압가스설비등 내의 액화가스의 상용의 체적이 그 고압가스설비등 내의 내용적인 몇 %까지 팽창하게 되는 온도에 대응하는 그 고압가스설비등 내의 압력에서 작동하는 것으로 하여야 하는가?

① 90% ② 92% ③ 95% ④ 98%

48 고압가스 냉동제조시설의 냉동능력 합산기준으로 틀린 것은?

① 냉매가스가 배관에 의하여 공통으로 되어있는 냉동설비
② 냉매계통을 달리하는 2개 이상의 설비가 1개의 규격품으로 인정되는 설비 내에 조립되어 있는 것
③ 4원(元)이상의 냉동방식에 의한 냉동설비
④ 모터 등 압축기의 동력설비를 공통으로 하고 있는 냉동설비

해설⊃ 고압가스냉동제조시설의 냉동능력합산기준
① 모터 등 압축기의 동력설비를 공통으로 하고 있는 냉동설비
② 냉매계통을 달리하는 2개 이상의 설비가 1개의 규격품으로 인정되는 설비 내에 조립되어 있는 것
③ 냉매가스가 배관에 의하여 공통으로 되어있는 냉동설비

49 중형가스온수보일러는 보일러의 전 가스 소비량이 총발열량 기준으로 얼마의 것을 말하는가?

① 70 kW 초과 232.6 kW 이하인 것
② 80 kW 초과 332.6 kW 이하인 것
③ 90 kW 초과 432.6 kW 이하인 것
④ 100 kW 초과 532.6 kW 이하인 것

해설⊃ 중형가스온수보일러는 보일러의 전 가스 소비량이 총발열량 기준으로 70 kW 초과 232.6 kW 이하인 것

50 질소충전용기에서 질소의 누출여부를 확인하는 방법으로 가장 쉽게 안전한 방법은?

① 비눗물을 사용 ② 기름을 사용
③ 전기스파크를 사용 ④ 소리를 감지

해설⊃ 질소충전용기에서 질소의 누출여부를 확인하는 방법 : 비눗물 사용

정답 47. ④ 48. ③ 49. ① 50. ①

51 산소의 품질 검사에 사용하는 시약으로 맞는 것은?
① 동 . 암모니아 시약 ② 발연황산 시약
③ 브롬 시약 ④ 피롤카롤 시약

해설 · 산소의 품질검사에 사용하는 시약 : 동·암모니아 시약
· 수소의 품질검사 사용하는 시약 : 피롤카롤 또는 하이드로썰파이드 시약
· 아세틸렌 품질검사 사용하는 시약 : 발연황산시약 또는 브롬시약의 뷰렛법

52 저장탱크에 액화가스를 충전할 때 저장탱크 내용적의 최대 몇 %까지 채워야 하는가?
① 85% ② 90% ③ 95% ④ 98%

해설 저장탱크에 액화가스를 충전시 저장탱크 내용적의 최대 90%까지 채워야 한다.

53 다음 중 액화가스의 안전 및 사업법상 검사대상이 아닌 콕은?
① 퓨즈콕 ② 상자콕
③ 주물연소기용노즐콕 ④ 호스콕

해설 검사대상콕
① 퓨즈콕 ② 상자콕 ③ 주물연소기용 노즐콕

54 아세틸렌가스를 온도에 관계없이 2.5 MPa의 압력으로 압축할 때에 첨가해야 할 희석제로서 옳지 않은 것은?
① 에틸렌 ② 메탄 ③ 이소부탄 ④ 일산화탄소

해설 희석제
① 메탄 ② 일산화탄소 ③ 에틸렌 ④ 질소

55 LPG 지상 저장탱크 주위에 방류둑을 설치해야 하는 저장 탱크의 크기는?
① 500톤 이상 ② 1,000톤 이상
③ 1,500톤 이상 ④ 2,000톤 이상

해설 방류둑 설치
① 가연성 산소 : 1,000톤 이상 ② 독성 : 5톤 이상
③ 특정제조 : 500톤 이상

정답 51. ① 52. ② 53. ④ 54. ③ 55. ②

56

고압가스 일반제조시설에서 저장탱크 및 처리설비를 실내에 설치하는 경우에 대한 설명으로 틀린 것은?

① 저장탱크실 및 처리설비실은 천정·벽 및 바닥의 두께가 30 cm 이상인 철근콘크리트로 만든 실로서 방수처리가 된 것으로 한다.
② 저장탱크 및 처리설비실은 각각 구분하여 설치하고 자연통풍시설을 갖춘다.
③ 저장탱크의 정상부의 저장탱크실 천정과의 거리는 60 cm 이상으로 한다.
④ 저장탱크에 설치한 안전밸브는 지상 5 m 이상의 높이에 방출구가 있는 가스방출관을 설치한다.

해설 ▶ 저장탱크 및 처리설비실은 각각 구분하여 설치하고 강제통풍시설을 갖춘다.

57

액화석유가스의 성분 중 프로판의 성질에 대한 설명으로 틀린 것은?

① 착화온도는 약 450~550°C 정도이다.
② 끓는점은 약 -42.1°C 정도이다.
③ 임계온도는 약 96.8°C 정도이다.
④ 증기압은 21°C에서 28.4 kPa 정도이다.

해설 ▶ 프로판의 성질
① 임계온도는 약 96.8°C   ② 비점(끓는점) -42.1°C이다.
③ 착화온도는 약 450~550°C 정도이다.   ④ 연소시 다량의 공기가 필요하다.
⑤ 연소범위가 좁다.   ⑥ 공기보다 무겁다.
⑦ 기화, 액화가 용이하다.   ⑧ 기화잠열이 크다.
⑨ 용해성이 있다.

58

저장탱크에 의한 액화석유가스 사용시설에 배관이음부와 절연조치를 한 전선과의 이격거리는?

① 10 cm 이상   ② 20 cm 이상
③ 30 cm 이상   ④ 60 cm 이상

해설 ▶ • 절연조치를 한 전선과의 거리 : 10 cm 이상
        • 절연조치를 하지 않은 전선과의 거리 : 15 cm 이상

정답 56. ② 57. ④ 58. ①

59 아세틸렌용 용접용기 제조 시 내압시험압력이란 최고압력수치의 몇 배의 압력을 말하는가?
① 1.2　　② 1.5　　③ 2　　④ 3

해설▶ 내압시험압력＝최고사용압력×3

60 아세틸렌가스를 용기에 충전하는 장소 및 충전용기 보관 장소에는 화재 등에 의한 파열을 방지하기 위하여 무엇을 설치해야 하는가?
① 방화설비　　② 살수장치　　③ 냉각수펌프　　④ 경보장치

해설▶ 살수장치 : 아세틸렌가스를 용기에 충전하는 장소 및 충전용기 보관 장소에는 화재 등에 의한 파열을 방지하기 위해 실시

제4과목 : 가스계측

61 HCN 가스의 검지반응에 사용하는 시험지와 반응색이 옳게 짝지어진 것은?
① KI전분지 - 청색
② 초산벤젠지 - 청색
③ 염화파라듐지 - 적색
④ 염화제일구리착염지 - 적색

해설▶ 시험지명 및 변색상태
・암모니아 : 적색리트머스시험지 : 청색
・염소 : KI전분지 : 청색
・시안화수소 : 질산구리벤젠지 : 청색
・일산화탄소 : 염화파라듐지 : 흑색
・황화수소 : 연당지(초산납시험지) : 흑색
・포스겐 : 하리슨시험지 : 심등색(오렌지색)
・아세틸렌 : 염화제1동착염지 : 적색
・아황산가스 : 암모니아 적신헝겊 : 흰연기

62 다음 가스 분석법 중 흡수분석법에 해당되지 않는 것은?
① 헴펠법　　② 게겔법　　③ 오르자트법　　④ 우인클러법

정답　59. ④　60. ②　61. ②　62. ④

> **해설** 흡수분석법
> ① 오르자트법
>   ㉠ CO_2 : KOH 30% 수용액
>   ㉡ O_2 : 알칼리성 피롤카롤용액
>   ㉢ CO : 암모니아성 염화제1동용액
> ② 헴펠법
>   ㉠ CO_2 : KOH 30% 수용액
>   ㉡ C_mH_n : 발연황산 25%
>   ㉢ O_2 : 알칼리성 피롤카롤용액
>   ㉣ CO : 암모니아성 염화제1동용액
> ③ 게겔법
>   ㉠ CO_2 : KOH 30% 주용액
>   ㉡ C_2H_2 : 옥소수은칼륨용액
>   ㉢ C_3H_6 : 87% 황산
>   ㉣ C_2H_4 : 취소수용액
>   ㉤ O_2 : 알칼리성 피롤카롤용액
>   ㉥ CO : 암모니아성염화제1동용액

63 어느 수용가에 설치한 가스미터의 기차를 측정하기 위하여 지시량을 보니 100 m³을 나타내었다. 사용공차를 ±4%로 한다면 이 가스미터에는 최고 얼마의 가스가 통과되었는가?

① 40 m³ ② 80 m³ ③ 96 m³ ④ 104 m³

> **해설** 가스통과량 = 100 m³ - 4 m³ = 96 m³

64 일반적으로 장치에 사용되고 있는 부르동관 압력계 등으로 측정되는 압력은?

① 절대압력 ② 게이지압력
③ 진공압력 ④ 대기압

> **해설** 부르동관 압력계 등으로 측정되는 압력 : 게이지압력

65 사용 온도범위가 넓고, 가격이 비교적 저렴하며, 내구성이 좋으므로 공업용으로 가장 널리 사용되는 온도계는?

① 유리온도계 ② 열전대온도계
③ 바이메탈온도계 ④ 반도체 저항온도계

정답 63. ③ 64. ② 65. ②

해설 > **열전대온도계** : 회로의 두 접점 사이의 온도차로 열전력을 일으키고 그 전위치를 측정하여 온도를 알아내는 온도계
① PR(백금-백금로듐) : 백금(+극) 87%, 백금로듐(-극) 13%
  ㉠ 온도 : 0~1600℃
  ㉡ 산화성 분위기에 가장 강하다.
  ㉢ 환원성 분위기에 약하다.
  ㉣ 금속증기에 침식
② CA(크로멜-알루멜) : 크로멜(Ni(90%)+Cr(10)%) 알루멜(Ni(94%)+Mn(2.5%)+Al(2.0%) +Fe(0.5%))
  ㉠ 온도 : 0~1200℃
  ㉡ 산화성 분위기에 약하다.
③ CC(동-콘스탄탄) : 콘스탄탄(Cu(55%)+Ni(45%)
  ㉠ 온도 : -200~350℃
  ㉡ 수분에 의한 내식성이 크다.
④ IC(철-콘스탄탄)
  ㉠ 온도 : -20~850℃
  ㉡ 환원성분위기에 강하다.

66 추종제어에 대한 설명으로 옳은 것은?
① 목표치가 시간에 따라 변화하지만 변화의 모양은 미리 정해져 있다.
② 목표치가 시간에 따라 변화하지만 변화의 모양은 예측할 수 없다.
③ 목표치가 시간에 따라 변하지 않지만 변화의 모양이 일정하다.
④ 목표치가 시간에 따라 변하지 않지만 변화의 모양이 불규칙하다.

해설 > 추종제어 : 목표치가 시간에 따라 변화하지만 변화의 모양은 예측할 수 없다.

67 다음 중 막식 가스미터는?
① 그로바식   ② 루츠식   ③ 오리피스식   ④ 터빈식

해설 > 가스미터의 종류
① 막식 : 그로바식, 독립내기식
② 추측식(추량식) : 오리피스, 터빈, 벤투리, 선근차식

68 오르자트 가스 분석기에서 가스의 흡수 순서로 옳은 것은?
① $CO \rightarrow CO_2 \rightarrow O_2$
② $CO_2 \rightarrow CO \rightarrow O_2$
③ $O_2 \rightarrow CO_2 \rightarrow CO$
④ $CO_2 \rightarrow O_2 \rightarrow CO$

해설 > 문제 62번 참조

정답 66. ② 67. ① 68. ④

69 산화철, 산화주석 등은 350℃ 전후에서 가연성가스를 통과시키면 표면에 가연성가스가 흡착되어 전기전도도가 상승하는 성질을 이용하여 가스 누출을 검지하는 방법은?

① 반도체식   ② 접촉연소식
③ 기체열전도도식   ④ 적외선흡수식

해설⇒ 반도체식 : 산화철 산화주석 등은 350℃ 전·후에서 가연성가스를 통과시키면 표면에 가연성가스가 흡착되어 전기 전도도가 상승하는 성질을 이용하여 가스누출을 검지하는 방법

70 다음 중 SI 단위의 보조단위는 어느 것인가?

① 밀도   ② 면적   ③ 속도   ④ 평면각

해설⇒ · SI 기본단위
　① 길이 ② 질량 ③ 시간 ④ 전류 ⑤ 열역학적온도 ⑥ 물질량 ⑦ 광도
· SI 보조단위
　① 평면각 ② 입체각

71 가스크로마토그래피에서 이상적인 검출기의 구비조건으로 가장 거리가 먼 내용은?

① 적당한 강도를 가져야 한다.
② 모든 용질에 대한 감응도가 비슷하거나 선택적인 감응을 보여야 한다.
③ 일정 질량 범위에 걸쳐 직선적인 감응도를 보여야 한다.
④ 유속을 조절하여 감응시간을 빠르게 할 수 있어야 한다.

해설⇒ 가스크로마토그래피에서 이상적인 검출기의 구비조건
① 일정 질량 범위에 걸쳐 직선적인 감응도를 보여야 한다.
② 모든 용질에 대한 감응도가 비슷하거나 선택적인 감응을 보여야 한다.
③ 적당한 강도를 가져야 한다.

72 흡수법에 사용되는 각 성분가스와 그 흡수액으로 짝지어진 것 중 틀린 것은?

① 이산화탄소 - 수산화칼륨 수용액
② 산소 - 수산화칼륨+피롤카롤 수용액
③ 일산화탄소 - 염화칼륨 수용액
④ 중탄화수소 - 발연황산

해설⇒ 문제 62번 참조

정답 69. ①   70. ④   71. ④   72. ③

73
상대습도가 0이라 함은 어떤 뜻인가?
① 공기 중에 수증기가 존재하지 않는다.
② 공기 중에 수증기가 760 mmHg만큼 존재한다.
③ 공기 중에 포화상태의 습증기가 존재한다.
④ 공기 중에 수증기압이 포화증기압보다 높음을 의미한다.

[해설] 상대습도 : 공기 중에 수증기가 존재하지 않는다.

74
액면계의 구비조건으로 틀린 것은?
① 내식성 있을 것
② 고온, 고압에 견딜 것
③ 구조가 복잡하더라도 조작은 용이할 것
④ 지시, 기록 또는 원격 측정이 가능할 것

[해설] 액면계의 구비조건
① 구조가 간단하고 조작이 용이할 것
② 지시, 기록 또는 원격측정이 가능할 것
③ 고온 고압에 견딜 것
④ 내식성이 있을 것

75
다음 중 유체의 밀도 측정에 이용되는 기구는?
① 피크노미터(Pycnometer)
② 벤투리미터(Venturi meter)
③ 오리피스미터(Orifice meter)
④ 피토관(Pitot tube)

[해설] 유체의 밀도 측정에 이용되는 기구 : 피크노미터

76
가스크로마토그래피(gas chromatography)에 대한 설명으로 틀린 것은?
① 기체-액체크로마토그래피(GLC)가 대표적인 기기이다.
② 최근에는 열린관 컬럼(column)을 주로 사용한다.
③ 시료를 이동시키기 위하여 흔히 사용되는 기체의 헬륨 가스이다.
④ 시료의 주입은 반드시 기체이어야 한다.

[해설] 가스크로마토그래피
① 시료를 이동시키기 위하여 흔히 사용되는 기체는 헬륨 가스이다.
② 최근에는 열린관 컬럼을 주로 사용한다.
③ 기체-액체크로마토그래피(GLC)가 대표적인 기기이다.
④ 시료의 주입은 기체, 액체이다.

정답 73. ① 74. ③ 75. ① 76. ④

77 진동이 발생하는 장치의 진동을 억제시키는데 가장 효과적인 제어동작은?
① D 동작
② P 동작
③ I 동작
④ 뱅뱅 동작

해설> D 동작 : 진동이 발생하는 장치의 진동을 억제시키는 가장 효과적인 제어 동작

78 계량, 계측기의 교정이라 함은 무엇을 뜻하는가?
① 계량, 계측기의 지시값과 표준기의 지시값과의 차이를 구하여 주는 것
② 계량, 계측기의 지시값을 평균하여 참값과의 차이가 없도록 가산하여 주는 것
③ 계량, 계측기의 지시값과 참값과의 차를 구하여 주는 것
④ 계량, 계측기의 지시값을 참값과 일치하도록 수정하는 것

해설> 계량, 계측기의 교정 : 계량, 계측기의 지시값을 참값과 일치하도록 수정하는 것

79 가스미터의 종류 중 정도(정확도)가 우수하여 실험실용 등 기준기로 사용되는 것은?
① 막식 가스미터
② 습식 가스미터
③ Roots 가스미터
④ Orifice 가스미터

해설> 습식가스미터 : 정확도가 우수하여 실험실용등 기준기로 사용

80 열전도형 진공계의 종류가 아닌 것은?
① 전리 진공계
② 피라니 진공계
③ 서미터 진공계
④ 열전대 진공계

해설> 열전도형 진공계의 종류
① 서미스터 진공계 ② 피라니 진공계 ③ 열전대 진공계

정답 77. ① 78. ④ 79. ② 80. ①

2014년 제1회 가스산업기사 출제문제

제1과목 : 연소공학

01 화학 반응속도를 지배하는 요인에 관한 설명으로 옳은 것은?
① 압력이 증가하면 반응속도는 항상 증가한다.
② 생성물질의 농도가 커지면 반응속도는 항상 증가한다.
③ 자신은 변하지 않고 다른 물질의 화학변화를 촉진하는 물질을 부촉매라고 한다.
④ 온도가 높을수록 반응속도가 증가한다.

[해설] 화학반응속도는 온도가 10°C 상승 시 2배 빨라진다.

02 다음 반응에서 평형을 오른쪽으로 이동시켜 생성물을 더 많이 얻으려면 어떻게 해야 하는가?

$$CO + H_2O \leftrightarrows H_2 + CO_2 + Q\ kcal$$

① 온도를 높인다. ② 압력을 높인다. ③ 온도를 낮춘다. ④ 압력을 낮춘다.

[해설] 온도 변화에 따른 평형 이동
① 온도증가 : 온도가 감소하는 방향인 흡열 반응 쪽으로 평형 이동
② 온도감소 : 온도가 증가하는 방향인 발열 반응 쪽으로 평형 이동
③ 온도를 낮추면 오른쪽(발열반응)으로 이동시켜 생성물을 증가시킴

03 연소범위에 관한 온도의 영향으로 옳은 것은?
① 온도가 낮아지면 방열속도가 느려져서 연소범위가 넓어진다.
② 온도가 낮아지면 방열속도가 느려져서 연소범위가 좁아진다.
③ 온도가 낮아지면 방열속도가 빨라져서 연소범위가 넓어진다.
④ 온도가 낮아지면 방열속도가 빨라져서 연소범위가 좁아진다.

정답 1. ④ 2. ③ 3. ④

해설 › 연소범위
① 온도가 높아지면 연소범위가 넓어져 폭발위험이 증가한다.
② 온도가 낮아지면 열이 발산되어 연소범위가 좁아진다.

04

안전간격에 대한 설명으로 옳지 않은 것은?

① 안전간격은 방폭전기기기 등의 설계에 중요하다.
② 한계직경은 가는 관 내부를 화염이 진행할 때 도중에 꺼지는 관의 직경이다.
③ 두 평행판 간의 거리를 화염이 전파하지 않을 때까지 좁혔을 때 그 거리를 소염거리라고 한다.
④ 발화의 제반조건을 갖추었을 때 화염이 최대한 전파되는 거리를 화염일주라고 한다.

해설 › ① 화염일주 : 소염(quenching)이라고도 하며 온도, 압력 및 조성의 조건을 만족하더라도 용기 용적이 작으면 발화되지 않으며 발화하더라도 지속적으로 화염이 전파되지 않고 도중에 꺼져버리는 현상이다.
② 안전간격과 폭발등급
  ㉠ 안전간격이 작은 가스 : 점화에너지가 적어 폭발하기 쉬워 위험하다.
  ㉡ 안전간격이 큰 가스 : 점화에너지가 커서 폭발하기 어려워 위험이 적다.

05

상온, 상압 하에서 에탄(C_2H_6)이 공기와 혼합되는 경우 폭발범위는 약 몇 %인가?

① 3.0~10.5%
② 3.0~12.5%
③ 2.7~10.5%
④ 2.7~12.5%

해설 › 에탄(C_2H_6)의 폭발범위 : 3.0~12.5 %

06

폭발과 관련한 가스의 성질에 대한 설명으로 옳지 않은 것은?

① 연소속도가 큰 것일수록 위험하다.
② 인화온도가 낮을수록 위험하다.
③ 안전간격이 큰 것일수록 위험하다.
④ 가스의 비중이 크면 낮은 곳에 체류한다.

해설 › 안전간격과 폭발등급
① 안전간격이 작은 가스 : 점화에너지가 적어 폭발하기 쉬워 위험하다.
② 안전간격이 큰 가스 : 점화에너지가 커서 폭발하기 어려워 위험이 적다.

정답 4. ④ 5. ② 6. ③

07
다음 반응식을 이용하여 메탄(CH_4)의 생성열을 계산하면?

① $C + O_2 \rightarrow CO_2$　　　　　　$\triangle H$ = -97.2 kcal/mol
② $H_2 + \frac{1}{2}O_2 \rightarrow H_2O$　　　　　$\triangle H$ = -57.6 kcal/mol
③ $CH_4 + 2O_2 \rightarrow CO_2 + 2H_2O$　$\triangle H$ = -194.4 kcal/mol

① $\triangle H$ = -17 kcal/mol　　　② $\triangle H$ = -18 kcal/mol
③ $\triangle H$ = -19 kcal/mol　　　④ $\triangle H$ = -20 kcal/mol

해설　① $CH_4 + 2O_2 \rightarrow CO_2 + 2H_2O + Q$
　　　　-194 → -97.2 - (2×57.6) + Q
② -194.4 = -97.2 - (2×57.6) + Q
　Q = 18
③ $\triangle H$ = -18 kcal/mol

08
공기 중에서 압력을 증가시켰더니 폭발범위가 좁아지다가 고압 이후부터 폭발범위가 넓어지기 시작했다. 어떤 가스인가?
① 수소　　　　　　② 일산화탄소
③ 메탄　　　　　　④ 에틸렌

해설　폭발범위(연소범위)와 압력의 관계
① 일산화탄소 : 압력 상승 시 연소범위가 좁아진다.
② 수소 : 10기압[atm]까지는 좁아지고 그 이상의 압력에서는 연소범위가 넓어진다.

09
다음 기체 가연물 중 위험도(H)가 가장 큰 것은?
① 수소　　　　　　② 아세틸렌
③ 부탄　　　　　　④ 메탄

해설　① 아세틸렌(C_2H_2) 연소범위 : 2.5~81vol%
　　위험도 = $\dfrac{U(상한) - L(하한)}{L(하한)} = \dfrac{81 - 2.5}{2.5} = 31.4$
② 수소(H_2)의 연소범위 : 4~75vol%
　　위험도 = $\dfrac{U(상한) - L(하한)}{L(하한)} = \dfrac{75 - 4}{4} = 17.75$
③ 부탄(C_4H_{10})의 연소범위 : 1.8~8.4vol%
④ 메탄(CH_4)의 연소범위 : 5~15vol%
⑤ 연소범위가 넓을수록 위험도 값이 증가하는 것을 알 수 있다.

정답　7. ②　8. ①　9. ②

10
가연성 물질의 위험성에 관한 설명으로 틀린 것은?
① 화염일주한계가 작을수록 위험성이 크다.
② 최소 점화에너지가 작을수록 위험성이 크다.
③ 위험도는 폭발상한과 하한의 차를 폭발하한계로 나눈 값이다.
④ 암모니아의 위험도는 2이다.

[해설] 암모니아(NH_3)
① 연소범위 : 15~28%
② 위험도 = $\dfrac{U(상한) - L(하한)}{L(하한)} = \dfrac{28-15}{15} = 0.8666$

11
다음 연료 중 착화온도가 가장 낮은 것은?
① 벙커 C유   ② 무연탄   ③ 역청탄   ④ 목재

12
어떤 기체의 확산속도가 SO_2의 2배였다. 이 기체는 어떤 물질로 추정되는가?
① 수소   ② 메탄   ③ 산소   ④ 질소

[해설] 그레이엄(Graham)의 확산법칙
① $\dfrac{V_1}{V_2} = \sqrt{\dfrac{d_2}{d_1}} = \sqrt{\dfrac{M_2}{M_1}}$
② 확산속도의 비는 밀도 또는 분자량의 제곱근에 반비례한다. 즉, 분자량이 작은 기체가 공간에서 확산속도가 커진다.
③ 산소의 분자량 : 32
④ 질소의 분자량 : 28
⑤ 메탄의 분자량 : 16
⑥ SO_2의 분자량 : 64
⑦ $\dfrac{V_1}{V_2} = \sqrt{\dfrac{M_2}{M_1}}$, $\dfrac{2}{1} = \sqrt{\dfrac{64}{M_1}}$, $M_1 = 16g$
⑧ 메탄의 분자량 : $M_1 = 16g$

13
다음은 폭굉의 정의에 대한 설명이다. 공란에 알맞은 용어는?

폭굉이란 가스의 화염(연소) [   ]가(이) [   ]보다 큰 것으로 파면선단의 압력파에 의해 파괴작용을 일으키는 것을 말한다.

정답 10. ④   11. ④   12. ②   13. ④

① 전파속도 - 화염온도　　　　② 폭발파 - 충격파
③ 전파온도 - 충격파　　　　　④ 전파속도 - 음속

해설 ➡ 폭굉
① 발열반응이다.　　　　　　　② 폭굉 : 음속 < 폭발속도(충격파)
③ 폭연 : 음속 > 폭발속도(충격파)　④ 짧은 시간에 에너지가 방출된다.
⑤ 충격파가 발생한다.

14

층류 연소속도에 대한 설명으로 옳은 것은?
① 미연소 혼합기의 비열이 클수록 층류 연소속도는 크게 된다.
② 미연소 혼합기의 비중이 클수록 층류 연소속도는 크게 된다.
③ 미연소 혼합기의 분자량이 클수록 층류 연소속도는 크게 된다.
④ 미연소 혼합기의 열전도율이 클수록 층류 연소속도는 크게 된다.

해설 ➡ 층류 연소속도
① 비열이 작을수록 층류 연소속도는 증가한다.
② 밀도가 작을수록 층류 연소속도는 증가한다.
③ 열전도율이 클수록 층류 연소속도는 증가한다.
④ 분자량이 작을수록 층류 연소속도는 크게 된다.

15

예혼합연소에 관한 설명으로 옳지 않은 것은?
① 난류연소속도는 연료의 종류, 온도, 압력에 대응하는 고유값을 갖는다.
② 전형적인 층류 예혼합화염은 원추상 화염이다.
③ 층류 예혼합화염의 경우 대기압에서의 화염두께는 대단히 얇다.
④ 난류 예혼합화염은 층류 화염보다 훨씬 높은 연소속도를 가진다.

해설 ➡ 난류연소속도는 층류 화염보다 빠르다.

16

일정량의 기체의 체적은 온도가 일정할 때 어떤 관계가 있는가? (단, 기체는 이상기체로 거동한다.)
① 압력에 비례한다.　　　　　② 압력에 반비례한다.
③ 비열에 비례한다.　　　　　④ 비열에 반비례한다.

해설 ➡ ① 보일의 법칙
　㉠ 온도가 일정할 때 기체의 부피는 압력에 반비례한다.
　㉡ "기체의 온도를 일정하게 유지할 때 기체가 차지하는 부피는 절대압력에 반비례한다."

정답　14. ④　15. ①　16. ②

② 샤를의 법칙 : 일정한 압력에서 가스의 비체적은 그 온도에 비례한다.
③ 보일-샤를의 법칙 : 일정량의 기체의 부피는 압력에 반비례하고 절대온도에 비례한다.

17 1 kWh의 열당량은 약 몇 Kcal인가? (단, 1 Kcal는 4.2 J이다.)
① 427 ② 576 ③ 660 ④ 857

해설› 1 kWh = 860 kcal = 3600 kJ

18 폭굉유도거리(DID)가 짧아지는 요인이 아닌 것은?
① 압력이 낮을 때   ② 점화원의 에너지가 클 때
③ 관 속에 장애물이 있을 때   ④ 관 지름이 작을 때

해설› 폭굉유도거리(DID)가 짧아지는 조건
① 압력이 높을수록 폭굉유도거리는 짧아진다.
② 점화에너지가 높을수록 유도거리가 짧아진다.
③ 관 지름이 작을 때 유도거리가 짧아진다.
④ 점화원의 에너지가 클수록

19 가로, 세로, 높이가 각각 3 m, 4 m, 3 m인 가스 저장소에 최소 몇 L의 부탄가스가 누출되면 폭발될 수 있는가? (단, 부탄가스의 폭발범위는 1.8~8.4%이다.)
① 460 ② 560 ③ 660 ④ 760

해설› ① 저장소 부피 : 3×4×3 = 36 m³
② 폭발 하한값 : $36 \, m^3 \times \frac{1.8}{100} = 0.648 \, m^3 \times 1000 = 648 \, l$ (최소값)
③ 폭발 상한값 : $36 \, m^3 \times \frac{8.4}{100} = 3.024 \, m^3 \times 1000 = 3024 \, l$ (최대값)

20 다음 중 액체연료의 인화점 측정방법이 아닌 것은?
① 타그법   ② 펜스키 마르텐스법
③ 에벨펜스키법   ④ 봄브법

해설› 인화점 측정 방법
① 밀폐식 : 에벨펜스키식, 펜스키마르텐스식, 에벨식, 타그리아브식, 에리트식
② 개방식 : 클리블랜드식, 매카슨식 등이 있다.

정답 17. ④ 18. ① 19. ③ 20. ④

제2과목 : 가스설비

21 축류 펌프의 특징에 관한 설명으로 틀린 것은?
① 비속도가 적다.
② 마감기동이 불가능하다.
③ 펌프의 크기가 작다.
④ 높은 효율을 얻을 수 있다.

해설 ➔ 축류 펌프
① 터보식 펌프로서 비교적 10 m 이하의 저양정, 대용량에 적합하다.
② 효율 변화가 비교적 급한 펌프이다.
③ 임펠러의 날개 부착각을 변경하여 특정 조정이 가능하므로 비속도가 크다는 것을 알 수 있다.

22 고온, 고압 하에서 수소를 사용하는 장치공정의 재질은 어느 재료를 사용하는 것이 가장 적당한가?
① 탄소강
② 스테인리스강
③ 타프치동
④ 실리콘강

해설 ➔ ① 내식성이 강하며 산에 잘 견디도록 강에 니켈이나 크롬 등을 많이 첨가한 스테인리스강이 좋다.
② 내수성인 금속인 크롬강(Cr)을 사용하는 것이 좋다.

23 가연성가스 및 독성가스 용기의 도색 구분이 옳지 않은 것은?
① LPG - 회색
② 액화암모니아 - 백색
③ 수소 - 주황색
④ 액화염소 - 청색

해설 ➔ 가연성 및 독성가스 용기 도색 표시

가스의 종류	도 색
액화석유가스	회 색
수 소	주황색
아세틸렌	황 색
액화암모니아	백 색
액화염소	갈 색
그 밖의 가스	회 색

정답 21. ① 22. ② 23. ④

24. 린데식 액화장치의 구조상 반드시 필요하지 않은 것은?

① 열교환기　　② 증발기　　③ 팽창밸브　　④ 액화기

해설 린데식 공기 액화 사이클
① 압축기에서 압축공기가 열교환기에 들어가 팽창밸브를 지나면서 단열팽창(줄-톰슨효과)을 한다. 이때 공기는 액화되면서 액화기에 들어가는 원리를 이용한 가스 액화 사이클이다.
② 압축기 → (압축공기) → 열교환기 → 팽창밸브(단열팽창) → 액화기(공기 액화)

25. 다음 [보기] 중 비등점이 낮은 것부터 바르게 나열된 것은?

[보기]
ⓐ O_2　　ⓑ H_2　　ⓒ N_2　　ⓓ CO

① ⓑ - ⓒ - ⓓ - ⓐ
② ⓑ - ⓒ - ⓐ - ⓓ
③ ⓑ - ⓓ - ⓒ - ⓐ
④ ⓑ - ⓓ - ⓐ - ⓒ

해설 비등점
① O_2 : -183℃　② H_2 : -252℃　③ N_2 : -196℃　④ CO : -192℃

26. 원통형 용기에서 원주방향 응력은 축방향 응력의 얼마인가?

① 0.5　　② 1배　　③ 2배　　④ 4배

해설 응력
① 원주방향 응력 $\delta_x = \dfrac{W}{A} = \dfrac{PD}{2t}$
② 축방향 응력 $\delta_h = \dfrac{W}{A} = \dfrac{PD}{4t}$
③ $\dfrac{PD}{2t} > \dfrac{PD}{4t} \times 2$, 원방향 응력(2배) > 축방향 응력

27. LP가스의 연소방식 중 분젠식 연소방식에 대한 설명으로 옳은 것은?

① 불꽃의 색깔은 적색이다.
② 연소 시 1차 공기, 2차 공기가 필요하다.
③ 불꽃의 길이가 길다.
④ 불꽃의 온도가 900℃ 정도이다.

해설 ① 분젠식 버너
㉠ 가스를 노즐부터 분출시켜 분출되는 가스에 의하여 주위의 공기를 연소범위 내에서 1차 공기로 흡인하여 연소에 사용하며 안정된 연소가 되면 외염을 형성한다.

정답 24. ②　25. ①　26. ③　27. ②

ⓒ 1차 공기 : 40~70%
　　　ⓒ 2차 공기 : 60~30%
② 적화식 : 연소에 필요한 공기 전부를 2차 공기를 사용하며 1차 공기는 사용하지 않는다.
③ 세미분젠식 : 연소범위에 도달하지 않도록 1차 공기량을 제한하여 연소하는 방식으로 적화식과 분젠식의 중간 형태이다.
④ 전1차 공기식 : 모든 공기를 1차 공기로 흡인하여 연소하는 것으로 완만한 조건에서는 2차 공기를 사용하지 않는다.

28
액화천연가스(LNG)의 탱크로서 저온수축을 흡수하는 기구를 가진 금속박판을 사용한 탱크는?
① 프리스트레스트 탱크　　　② 동결식 탱크
③ 금속제 이중구조 탱크　　　④ 멤브레인 탱크

[해설] 멤브레인 탱크 : 저온수축을 흡수하는 기구를 가진 금속박판을 사용한 탱크

29
성능계수가 3.2인 냉동기가 10 ton의 냉동을 하기 위하여 공급하여야 할 동력은 약 몇 kW인가?
① 10　　② 12　　③ 14　　④ 16

[해설] 냉동기 성능계수
① $COP = \dfrac{Q}{AW} = \dfrac{저온체에서\ 흡수된\ 열량}{공급된\ 열량} = \dfrac{냉동능력}{공급동력}$
② 공급동력 $= \dfrac{냉동능력}{성능계수} = \dfrac{10 \times 3320\ \text{kcal/h}}{3.2} = 10375\ \text{kcal/h}$
③ 1 kW : 860 kcal = X : 10375 kcal
　　$X = \dfrac{1 \times 10375}{860} = 12.063\ \text{kW}$
④ 1 kW=860kcal, 냉동기 1 ton=3320 kcal/h

30
가스용 PE 배관을 온도 40℃ 이상의 장소에 설치할 수 있는 가장 적절한 방법은?
① 단열성능을 가지는 보호판을 사용한 경우
② 단열성능을 가지는 침상재료를 사용한 경우
③ 로케이팅 와이어를 이용하여 단열조치를 한 경우
④ 파이프슬리브를 이용하여 단열조치를 한 경우

정답　28. ④　29. ②　30. ④

해설 ◉ 가스용 폴리에틸렌관 설치기준
① 관은 매몰하여 시공하여야 한다. 다만, 지상배관의 연결을 위하여 급속관을 사용하여 보호조치를 한 경우에는 지면에서 30 cm 이하로 노출하여 시공할 수 있다.
② 관의 굴곡허용반경은 외경의 20배 이상으로 하여야 한다. 다만, 굴곡반경이 외경의 20배 미만일 경우에는 엘보를 사용한다.
③ 관의 매설위치를 지상에서 탐지할 수 있는 탐지형 보호포, 로케팅 와이어[전선(나전선은 제외한다)의 굵기는 8 mm² 이상] 등을 설치하여야 한다.
④ 관은 온도가 40℃ 이상이 되는 장소에 설치하지 아니하여야 한다. 다만, 파이프 슬리브 등을 이용하여 단열조치를 한 경우에는 그러하지 아니하다.
⑤ 관의 시공은 폴리에틸렌 융착원 양성교육을 이수한 자가 실시하여야 한다.

31. 가스온수기에 반드시 부착하지 않아도 되는 안전장치는?
① 소화안전장치
② 과열방지장치
③ 불완전연소방지장치
④ 전도안전장치

해설 ◉ ① 가스온수기 : 소화안전장치, 과열방지 장치, 불완전연소방지장치
② 개방형 온수기일 경우 : 산소 결핍 안전장치가 필요하다.

32. 에어졸 용기의 내용적은 몇 L 이하 인가?
① 1   ② 3   ③ 5   ④ 10

해설 ◉ 에어졸 용기의 내용적 : 1 L 이하

33. 금속 재료에 대한 설명으로 틀린 것은?
① 탄소강은 철과 탄소를 주요성분으로 한다.
② 탄소 함유량이 0.8% 이하의 강을 저탄소강이라 한다.
③ 황동은 구리와 아연의 합금이다.
④ 강의 인장강도는 300℃ 이상이 되면 급격히 저하된다.

해설 ◉ 탄소강의 분류
① 저탄소강(low carbon steel, 연강) : 탄소 함유량 0.3 wt% 이하
② 중탄소강(medium-carbon steel) : 탄소 함유량 0.3~0.5 wt%
③ 고탄소강(high-carbon steel) : 탄소 함유량 0.5~2.0wt% 이상
④ 공구강(tool steel) : 고탄소강 중 0.77%C 이상의 탄소강을 말한다.

정답 31. ④ 32. ① 33. ②

34 아세틸렌 용기의 다공질물 용적이 30 L, 침윤잔용적이 6 L일 때 다공도는 몇 %이며 관련법상 합격인지 판단하면?

① 20%로서 합격이다.   ② 20%로서 불합격이다.
③ 80%로서 합격이다.   ④ 80%로서 불합격이다.

해설 ① 아세틸렌의 충전
  ㉠ 아세틸렌을 2.5 MPa의 압력으로 압축하는 때에는 질소 . 메탄 . 일산화탄소 또는 에틸렌 등의 희석제를 첨가할 것
  ㉡ 습식 아세틸렌 발생기의 표면은 70°C 이하의 온도로 유지하여야 하며, 그 부근에서는 불꽃이 튀는 작업을 하지 아니할 것
  ㉢ 아세틸렌을 용기에 충전하는 때에는 미리 용기에 다공질물을 고루 채워 다공도가 75% 이상 92% 미만이 되도록 한 후 아세톤 또는 디메틸포름아미드를 고루 침윤시키고 충전할 것
② 다공도[%]
  ㉠ 다공도 = $\dfrac{V-E}{V} \times 100 = \dfrac{30-6}{30} \times 100 = 80\%$
  ㉡ 다공도가 80%이므로 합격이다.

35 LPG 저장탱크 2기를 설치하고자 할 경우, 두 저장탱크의 최대 지름이 각각 2 m, 4 m일 때 상호 유지하여야 할 최소 이격거리는?

① 0.5 m   ② 1 m   ③ 1.5 m   ④ 2 m

해설 탱크 상호간 이격거리
① 두 저장탱크의 최대 지름을 더한 길이의 4분의 1이상에 해당하는 거리를 유지한다.
② 두 저장탱크의 최대 지름을 더한 길이의 4분의 1이 1 m 미만인 경우에는 1 m 이상의 거리를 유지한다.
③ $(2+4) \times \dfrac{1}{4} = 1.5$

36 저압 가스 배관에서 관의 내경이 1/2로 되면 압력손실은 몇 배로 되는가? (단, 다른 모든 조건은 동일한 것으로 본다.)

① 4   ② 16   ③ 32   ④ 64

해설 저압 배관 압력손실
① 저압 배관 유량 : $Q = K\sqrt{\dfrac{D^5 H}{SL}}$

정답 34. ③   35. ③   36. ③

② $H = \dfrac{Q^2 SL}{K^2 D^5} = \dfrac{Q^2 SL}{K^2 \left(\dfrac{1}{2}D\right)^5} = \dfrac{1}{\left(\dfrac{1}{2}\right)^5} = \dfrac{1}{2^5} = 2^5 = 32$

③ $H \propto \dfrac{1}{D^5}$ 이므로, $H \propto \dfrac{1}{\left(\dfrac{1}{2}\right)^5}$ 배만큼 감소한다.

37 전열 온수식 기화기에서 사용되는 열매체는?
① 공기   ② 기름   ③ 물   ④ 액화가스

[해설] 전열 온수식 기화기
① 열교환기 코일이 수조의 물을 가열하여 액화가스를 강제 기화시키는 방식이다.
② 열매체 : 물이다.

38 저온 수증기 개질 프로세스의 방식이 아닌 것은?
① C.R.G식   ② M.R.G식   ③ Lurgi식   ④ I.C.I식

[해설] I.C.I식 : 고온 수증기 개질 프로세스 방식

39 자동절체식 조정기 설치에 있어서 사용측과 예비측 용기의 밸브 개폐방법에 관한 설명으로 옳은 것은?
① 사용측 밸브는 열고 예비측 밸브는 닫는다.
② 사용측 밸브는 닫고 예비측 밸브는 연다.
③ 사용측 예비측 밸브 전부를 닫는다.
④ 사용측 예비측 밸브 전부를 연다.

[해설] 자동절체식 조정기 : 일체형 조정기로 사용측, 예비측 밸브 전부를 연다.

40 고압가스용 기화장치에 관한 설명으로 옳은 것은?
① 증기 및 온수가열구조의 것에는 기화장치 내의 물을 쉽게 뺄 수 있는 드레인 밸브를 설치한다.
② 기화기에 설치된 안전장치는 최고충전압력에서 작동하는 것으로 한다.
③ 기화장치에는 액화가스의 유출을 방지하기 위한 액 밀봉 장치를 설치한다.
④ 임계온도가 -50℃ 이하인 액화가스용 고정식 기화장치의 압력이 허용압력을 초과하는 경우 압력을 허용압력 이하로 되돌릴 수 있는 안전장치를 설치한다.

정답 37. ③   38. ④   39. ④   40. ①

해설 • 기화장치 구조
① 기화장치에는 액화가스를 유출을 방지하기 위한 액유출방지장치 또는 액유출방지기구를 설치할 것. 다만, 임계온도가 -50℃ 이하인 액화가스용 기화장치와 이동식 기화장치는 그러하지 아니한다.
② 기화통 또는 기화장치의 기체부분에는 당해 부분의 압력이 허용압력을 초과하는 경우에 즉시 그 압력을 허용압력 이하로 되돌릴 수 있는 안전장치를 설치하여야 한다. 다만, 임계온도가 -50℃ 이하인 액화가스용 고정식 기화장체에는 적용하지 아니한다.
③ 기화통의 기체부분 및 증기, 온수가열식의 배관 또는 동체에는 각각 온도계(임계온도 -50℃ 이하인 액화가스용 기화장치는 제외)를 설치하여야 한다. 다만, 다른 부분에서 온도 및 압력을 측정할 수 있는 기구의 것에는 그러하지 아니하다.
④ 증기 및 온수가영구조의 것에는 응축된 물 또는 기화장치 내에 물을 쉽게 뺄 수 있는 드레인 밸브를 설치하여야 한다.
⑤ 가연성 가스용 기화장치에 부속된 전기설비는 전기설비의 방폭성능기준의 규정에 적합하여야 한다.

• 기화장치 성능
① 안전장치는 내압시험의 10분의 8 이하의 압력에서 작동할 것
② 기밀시험은 공기 또는 불활성 가스를 사용하여 가스통과부분 및 온수, 증기통과 부분에 대하여 사용압력 이상의 압력으로 행하며, 각 부분에는 가스의 누출이 없을 것
③ 내압시험은 물을 사용하는 것을 원칙으로 하며, 가스통과부분 및 온수, 증기통과부분에 대하여 사용압력의 1.5배 이상의 압력으로 행하며, 각 부분은 누수, 변형, 이상팽창이 없을 것, 다만 기화장치의 구조상 물을 사용하는 것이 곤란한 경우에는 질소 또는 공기 등의 불활성 기체를 사용하여 상용압력의 1.25배의 압력으로 내압시험을 행할 수 있다.

제3과목 : 가스안전관리

41 고압가스 안전관리법에서 정하고 있는 특정 고압가스가 아닌 것은?
① 천연가스　　　　　　　　② 액화염소
③ 게르만　　　　　　　　　④ 염화수소

해설 특정고압가스
① 포스핀　　② 셀렌화수소　　③ 게르만
④ 디실란　　⑤ 오불화비소　　⑥ 오불화인
⑦ 삼불화인　⑧ 삼불화질소　　⑨ 삼불화붕소
⑩ 사불화유황　⑪ 사불화규소

정답 41. ④

42 가연성가스를 차량에 고정된 탱크에 의하여 운반할 때 갖추어야 할 소화기의 능력단위 및 비치 개수가 옳게 짝지어진 것은?

① ABC용, B-12 이상 - 차량 좌우에 각각 1개 이상
② AB용, B-12이상 - 차량 좌우에 각각 1개 이상
③ ABC용, B-12이상 - 차량에 1개 이상
④ AB용, B-12이상 - 차량에 1개 이상

[해설] 소화설비

가스의 종류	약제의 종류	소화기 능력단위	소화기 개수
가연성 가스	분말 소화 약제	BC용 B-10 이상 또는 ABC용 B-12 이상	차량 좌 : 1개 이상 차량 우 : 1개 이상
산소	분말 소화 약제	BC용 B-8 이상 또는 ABC용 B-10 이상	차량 좌 : 1개 이상 차량 우 : 1개 이상

43 저장탱크의 내용적이 몇 m³ 이상일 때 가스방출장치를 설치하여야 하는가?

① 1 m³
② 3 m³
③ 5 m³
④ 10 m³

[해설] 가스방출장치
저장능력 5톤(가연성 또는 독성의 가스가 아닌 경우에는 10톤) 또는 500 m³(가연성 또는 독성의 가스가 아닌 경우에는 1000 m³) 이상인 저장탱크 및 압력용기(반응ㆍ분리ㆍ정제ㆍ증류를 위한 탑류로서 높이 5 m 이상인 것만을 말한다)에는 지진 발생 시 저장탱크를 보호하기 위하여 내진성능 확보를 위한 조치 등 필요한 조치를 마련하며, 5 m³ 이상의 가스를 저장하는 것에는 가스방출장치를 설치할 것 저압.

44 최고사용압력이 고압이고 내용적이 5 m³인 도시가스배관의 자기압력기록계를 이용한 기밀시험 시 기밀유지시간은?

① 24분 이상
② 240분 이상
③ 300분 이상
④ 480분 이상

[해설] ・저압.중압 : ① 1m³미만 : 24분 이상
② 1-10m³미만 : 240분 이상
③ 10-300m³미만 : 24×분 (단, 1440분초과시 1440분으로 할 수 있다.)
・고압 : ① 1m³미만 : 48분 이상
② 1-10m³미만 : 480분 이상
③ 10-300m³미만 : 48×분 (단, 2880분초과시 2880분으로 할 수 있다.)

정답 42. ① 43. ③ 44. ④

45 안전성 평가는 관련 전문가로 구성된 팀으로 안전평가를 실시해야 한다. 다음 중 안전평가 전문가의 구성에 해당하지 않는 것은?
① 공정운전 전문가
② 안전성평가 전문가
③ 설계 전문가
④ 기술용역 진단전문가

해설) 안전성 평가 수행자 : 안전성 평가를 수행할 때에는 안전성 평가 전문가, 설계 전문가 및 공정운전 전문가가 각각 1인 이상 참여한 전문가로 구성된 팀에 의하여 실시한다.

46 액화석유가스를 충전한 자동차에 고정된 탱크는 지상에 설치된 저장탱크의 외면으로부터 몇 m 이상 떨어져 정차하여야 하는가?
① 1   ② 3   ③ 5   ④ 8

해설) 저장설비 기준
① 저장탱크에 가스를 충전하려면 가스의 용량이 상온의 온도에서 저장탱크 내용적의 90%를 넘지 아니할 것
② 자동차에 고정된 탱크는 저장탱크의 외면으로부터 3 m 이상 떨어져 정지할 것. 다만, 저장탱크와 자동차에 고정된 탱크와의 사이에 방호 울타리 등을 설치한 경우에는 그러하지 아니한다.
③ 슬립튜브식 액면계의 패킹을 주기적으로 점검하고 이상이 있으면 교체할 것

47 도시가스 제조시설에서 벤트스택의 설치에 관한 설명으로 틀린 것은?
① 벤트스택 높이는 방출된 가스의 착지농도가 폭발상한계값 미만이 되도록 설치한다.
② 벤트스택에는 액화가스가 함께 방출되지 않도록 하는 조치를 한다.
③ 벤트스택 방출구는 작업원이 통행하는 장소로부터 5 m 이상 떨어진 곳에 설치한다.
④ 벤트스택에 연결된 배관에는 응축액의 고임을 제거할 수 있는 조치를 한다.

해설) 그 밖의 벤트 스택
벤트 스택 이외의 벤트 스택은 다음 각 호 기준에 적합하게 설치하여야 한다.
① 벤트 스택의 높이는 방출된 가스의 착지농도(着地濃度)가 폭발하한계값 미만이 되도록 충분한 높이로 한다.
② 벤트 스택 방출구의 위치는 작업원이 정상작업을 하는데 필요한 장소 및 작업원이 항시 통행하는 장소로부터 5 m 이상 떨어진 곳에 설치하여야 한다.
③ 벤트 스택에는 정전기 또는 낙뢰 등에 의하여 착화된 경우에는 소화할 수 있는 조치를 강구하여야 한다.
④ 벤트 스택 또는 그 벤트 스택에 연결된 배관에는 응축액의 고임을 제거 또는 방지하기 위한 조치를 하여야 한다.
⑤ 액화가스가 함께 방출되거나 급랭될 우려가 있는 벤트 스택에는 액화가스가 함께 방출되지 않는 조치를 하여야 한다.

정답 45. ④ 46. ② 47. ①

48
고압가스 저장탱크 물분무장치의 설치에 대한 설명으로 틀린 것은?

① 물분무장치는 30분 이상 동시에 방사할 수 있는 수원에 접속되어야 한다.
② 물분무장치는 매월 1회 이상 작동상황을 점검하여야 한다.
③ 물분무장치는 저장탱크 외면으로부터 10 m 이상 떨어진 위치에서 조작할 수 있어야 한다.
④ 물분무장치는 표면적 1 m²당 8 L/분을 표준으로 한다.

[해설] 물분무장치 등의 조작 : 물분무장치 등은 당해 저장탱크의 외면으로부터 15 m 이상 떨어진 안전한 위치에서 또한 방류둑을 설치한 저장탱크에 있어서 당해 방류둑의 밖에서 조작할 수 있는 것이어야 한다. 다만, 저장탱크의 주위에 예상되는 화재에 대비하여 안전한 차단장치를 설치한 경우에는 그러하지 아니하다.

49
가스의 종류와 용기도색의 구분이 잘못된 것은?

① 액화염소 : 황색
② 액화암모니아 : 백색
③ 에틸렌(의료용) : 자색
④ 싸이크로프로판(의료용) : 주황색

[해설] 가연성 및 독성가스 용기 도색 표시

가스의 종류	도색
액화석유가스	회색
수소	주황색
아세틸렌	황색
액화암모니아	백색
액화염소	갈색
그밖의 가스	회색

50
가연성가스의 폭발등급 및 이에 대응하는 내압방폭구조 폭발등급의 분류기준이 되는 것은?

① 최대안전틈새 범위
② 폭발범위
③ 최소점화전류비 범위
④ 발화온도

[해설] 폭발등급
① 폭발 1등급 : 안전간격 0.6 mm 이상(아세톤, 가솔린, 벤젠, 일산화탄소)
② 폭발 2등급 : 안전간격 0.4 mm~0.6 mm 이하(에틸렌, 석탄가스)
③ 폭발 3등급 : 안전간격 0.4 mm 이하(수소, 수성가스, 아세틸렌, 이황화탄소)

정답 48. ③ 49. ① 50. ①

51
소형저장탱크의 설치방법으로 옳은 것은?
① 동일한 장소에 설치하는 경우 10기 이하로 한다.
② 동일한 장소에 설치하는 경우 충전질량의 합계는 7000 kg 미만으로 한다.
③ 탱크 지면에서 3 cm 이상 높게 설치된 콘크리트 바닥 등에 설치한다.
④ 탱크가 손상 받을 우려가 있는 곳에는 가드레일 등의 방호조치를 한다.

해설 소형 저장탱크
① 동일 장소에 설치하는 소형 저장탱크의 수는 6기 이하로 하고 충전질량의 합계는 5,000 kg 미만이 되도록 할 것
② 소형 저장탱크는 지진, 바람 등에 의하여 이동되지 아니하도록 설치할 것.
③ 소형 저장탱크는 그 바닥이 지면보다 5 cm 이상 높게 설치된 콘크리트 바닥 등에 설치할 것. 이 경우 고정방법은 화재 등의 경우 쉽게 분리할 수 있도록 할 것
④ 소형 저장탱크가 손상을 받을 우려가 있는 경우에는 가드레일 등의 방호조치를 할 것
⑤ 소형 저장탱크를 설치하는 장소는 소형 저장탱크의 설치, 분리, 점검 등에 필요한 공간을 보유할 것

52
액화가스를 차량에 고정된 탱크에 의해 250 km의 거리까지 운반하려고 한다. 운반책임자가 동승하여 감독 및 지원을 할 필요가 없는 경우는?
① 에틸렌 : 3000 kg
② 아산화질소 : 3000 kg
③ 암모니아 : 1000 kg
④ 산소 : 6000 kg

해설 ① 운반책임자 동승 기준(비독성 가스)

가스의 종류		기 준
압축가스	가연성 가스	300 m³ 이상
	조연성 가스	6000 m³ 이상
액화가스	가연성 가스	3000 kg 이상 (납붙임 및 접합용기 2000 kg 이상)
	조연성 가스	6000 kg 이상

② 아산화질소(조연성 가스) : 6000 kg 이상

53
가스설비 및 저장설비에서 화재폭발이 발생하였다. 원인이 화기였다면 관련법상 화기를 취급하는 장소까지 몇 m 이내 이어야 하는가?
① 2 m   ② 5 m   ③ 8 m   ④ 10 m

해설 ① 충전설비 및 저장설비는 그 외면으로부터 화기를 취급하는 장소 : 2 m 이상 우회거리
② 가연성 가스 및 산소의 충전설비 또는 저장설비 : 8 m 이상 우회거리

정답 51. ④ 52. ② 53. ①

54
용기보관 장소에 관한 설명 중 옳지 않은 것은?
① 산소 충전용기 보관실의 지붕은 콘크리트로 견고히 하여야 한다.
② 독성가스 용기보관실에는 가스누출검지 경보장치를 설치하여야 한다.
③ 공기보다 무거운 가연성가스의 용기보관실에는 가스 누출검지경보장치를 설치하여야 한다.
④ 용기보관장소는 그 경계를 명시하여야 한다.

해설 용기보관소
① 용기보관실의 벽은 불연재료를 사용하고, 그 지붕은 가벼운 불연재료 또는 난연재료를 사용할 것. 다만, 허가관청이 건축물의 구조로 보아 가벼운 지붕을 설치하기가 현저히 곤란하다고 인정하는 경우에는 허가관청이 정하는 구조 또는 시설을 갖추어야 한다.
② 용기보관실 및 사무실은 한 부지 안에 구분하여 설치할 것. 다만, 해상에서 가스판매업 하려는 경우에는 용기보관실을 해상구조물 또는 선박에 설치할 수 있다.
③ 용기보관실은 누출된 가스가 사무실로 유입되지 않는 구조로 설치할 것
④ 가연성 가스. 산소 및 독성가스의 용기보관실은 각각 구분하여 설치하고, 각각의 면적은 $10 m^2$ 이상으로 할 것
⑤ 누출된 가스가 혼합될 경우 폭발하거나 독성가스가 생성될 우려가 있는 가스의 용기보관실은 별도로 설치할 것

55
도시가스 사업자는 가스공급시설을 효율적으로 안전관리하기 위하여 도시가스 배관망을 전산화하여야 한다. 전산화 내용에 포함되지 않는 사항은?
① 배관의 설치도면
② 정압기의 시방서
③ 배관의 시공자, 시공연월일
④ 배관의 가스흐름 방향

해설 도시가스사업자는 가스공급시설을 효율적으로 관리하기 위하여 배관, 정압기 등의 설치도면, 시방서(호칭지름 및 재질 등에 관한 사항을 기재한다), 시공자, 시공연월일 등을 전산화할 것

56
일반도시가스공급시설의 기화장치에 관한 기준으로 틀린 것은?
① 기화장치에는 액화가스가 넘쳐흐르는 것을 방지하는 장치를 설치한다.
② 기화장치는 직화식 가열구조가 아닌 것으로 한다.
③ 기화장치로서 온수로 가열하는 구조의 것은 급수부에 동결방지를 위하여 부동액을 첨가한다.
④ 기화장치의 조작용 전원이 정지할 때에도 가스공급을 계속 유지할 수 있도록 자가 발전기를 설치한다.

정답 54. ① 55. ④ 56. ③

해설➪ 기화장치
① 구조
　㉠ 기화장치는 적화식 가열구조의 것이 아닐 것
　㉡ 기화장치로서 온수로 가열하는 구조의 것은 온수부에 동결 방지를 위하여 부동액을 첨가하거나 불연성 단열재로 피복할 것
② 액유출방지장치 : 기화장치에는 액화가스의 넘쳐 흐름을 방지하는 장치를 설치할 것. 다만, 기화장치 외의 가스발생설비와 병용되는 것은 그러하지 아니하다.
③ 역류방지장치 : 공기를 흡입하는 구조의 기화장치는 가스의 역류에 의하여 공기흡입공으로부터 가스가 누출되지 아니하는 구조의 것일 것
④ 조작용 전원 정지 시의 조치 : 기화장치의 조작용 전원이 정지할 때에도 가스공급을 계속 유지할 수 있도록 자가발전기를 설치하거나 그 밖의 필요한 조치를 할 것

참고　① 기화장치 급수부(온수가열식) : 부식 방지 조치
　　　② 기화장치 온수부(온수가열식) : 동결 방지 조치

57 고압가스 일반제조의 시설기준에 관한 설명으로 옳은 것은?
① 초저온저장탱크에는 환형 유리관 액면계를 설치할 수 없다.
② 고압가스설비에 장치하는 압력계는 상용압력의 1.1배 이상 2배 이하의 최고눈금이 있어야 한다.
③ 공기보다 가벼운 가연성 가스의 가스설비실에는 1방향 이상의 개구부 또는 자연환기 설비를 설치하여야 한다.
④ 저장능력이 1000톤 이상인 가연성가스(액화가스)의 지상 저장탱크의 주위에는 방류둑을 설치하여야 한다.

해설➪ 고압가스 일반제조 시설 기준
① 초저온저장탱크에는 환형 유리관 액면계를 설치할 수 있다.
② 고압가스설비에 장치하는 압력계는 상용압력의 1.5배 이상 2배 이하의 최고눈금이 있어야 한다.
③ 공기보다 가벼운 가연성 가스의 가스설비실에는 2방향 이상의 개구부 또는 자연환기 설비를 설치하여야 한다.

58 고압가스 특정제조시설에서 작업원에 관한 제독작업에 필요한 보호구의 장착훈련 주기는?
① 매 15일마다 1회 이상
② 매 1개월마다 1회 이상
③ 매 3개월마다 1회 이상
④ 매 6개월마다 1회 이상

정답　57. ④　58. ③

[해설] 보호구의 보관 및 장착훈련
① 보관장소 : 독성가스가 누출할 우려가 있는 장소에 가까우면서 관리하기가 쉽고 긴급 시 독성가스에 접하지 아니하고 반출할 수 있는 장소에 보관하여야 한다.
② 보관방법 : 항상 청결하고 그 기능이 양호한 상태로 보관하여야 하며 정화통 등의 소모품은 정기적 또는 사용 후에 점검하고, 교환 및 보충하여야 한다.
③ 장착훈련 : 작업원에게는 3개월마다 1회 이상 사용훈련을 실시하고 사용방법을 숙지 시킬 것
④ 기록의 보관 : 보호구의 점검 및 변동사항 또는 보호구의 장착훈련실적을 기록·보존할 것

59 고압가스 특정설비 제조사의 수리범위에 해당되지 않는 것은?
① 단열재 교체
② 특정설비의 부품교체
③ 특정설비의 부속품 교체 및 가공
④ 아세틸렌 용기내의 다공질물 교체

[해설]

수리자격자	수리범위
용기의 제조등록을 한자	① 용기 몸체의 용접 ② 아세틸렌 용기 내의 다공질물 교체 ③ 용기의 스커트·프로텍터 및 넥크링의 교체 및 가공 ④ 용기 부속품의 부품 교체 ⑤ 저온 또는 초저온용기의 단열재 교체 ⑥ 초저온용기 부속품의 탈·부착

60 어떤 온도에서 압력 6.0 MPa, 부피 125 L의 산소와 8.0 MPa, 부피 200 L의 질소가 있다. 두 기체를 부피 500 L의 용기에 넣으면 용기 내 혼합기체의 압력은 약 몇 MPa이 되는가?
① 2.5 ② 3.6 ③ 4.7 ④ 5.6

[해설] ① $PV = P_1V_1 + P_2V_2$
② $P \times 500 = (6 \times 125) + (8 \times 200)$, $P = 4.7$ MPa

정답 59. ④ 60. ③

제4과목 : 가스계측

61 헴펠식 가스분석에 관한 설명으로 틀린 것은?
① 산소는 염화구리 용액에 흡수시킨다.
② 이산화탄소는 30% KOH 용액에 흡수시킨다.
③ 중탄화수소는 무수황산 25%를 포함한 발연황산에 흡수시킨다.
④ 수소는 연소시켜 감량으로 정량한다.

해설 ➔ 헴펠법
① CO_2 - 30% KOH 용액
② C_mH_n - 25% 발연황산
③ CO - 암모니아성 염화 제1구리 용액
④ O_2 - 알카리성피로카롤 용액

62 접촉식 온도계의 종류와 특징을 연결한 것 중 틀린 것은?
① 유리 온도계 - 액체의 온도에 따른 팽창을 이용한 온도계
② 바이메탈 온도계 - 바이메탈이 온도에 따라 굽히는 정도가 다른 점을 이용한 온도계
③ 열전대 온도계 - 온도 차이에 의한 금속의 열상승 속도의 차이를 이용한 온도계
④ 저항 온도계 - 온도 변화에 따른 금속의 전기저항 변화를 이용한 온도계

해설 ➔ 열전대 온도계
① 열전대를 측온체로 사용하여 열기전력으로 온도를 나타내는 온도계이다.
② 구성 : 열전대, 보상도선, 측온접점(열접점), 기준접점(냉접점), 보호관
③ 제백 효과(Seeback effect) : 두 종의 금속으로 폐회로를 만들고 두 곳의 접점에 온도차를 가하면 열기전력이 발생하여 전기가 흐르는 현상이다.

63 증기압식 온도계에 사용되지 않는 것은?
① 아닐린   ② 프레온   ③ 에틸에테르   ④ 알코올

해설 ➔ ① 증기 압력식 온도계 : 감온부에 프로판, 에테르와 같은 휘발성 액체를 봉입시키고 이때 액체의 증기압과 온도 사이에 일정한 관계가 있는 것을 이용하여 온도를 측정한다.
② 액체 압력식 온도계 : 수은, 알코올 등을 액체로 사용한다.

64 다음 중 포스겐가스의 검지에 사용되는 시험지는?
① 하리슨 시험지
② 리트머스 시험지
③ 연당지
④ 염화제일구리 착염지

정답 61. ① 62. ③ 63. ④ 64. ①

해설 › 가스 누설 검색지의 변색

가스명	검색지	색깔(변색)
암모니아(NH_3)	붉은 리트머스 시험지	청색
염소(Cl_2)	KI 전분지	청색
포스겐($COCl_2$)	하리슨 시약	오렌지색
아세틸렌(C_2H_2)	염화제1동착염지	적색
일산화탄소(CO)	염화파라듐지	검정색
황화수소(H_2S)	연단지(초산납 시험지)	검정색
시안화수소(HCN)	질산구리벤젠지(초산벤젠)	청색
아황산가스(SO_2)	암모니아 헝겊	흰 연기 발생
프로판(C_3H_8)	비눗물	기포 발생

65 열전대와 비교한 백금저항온도계의 장점에 관한 설명 중 틀린 것은?

① 큰 출력을 얻을 수 있다.
② 기준접점의 온도보상이 필요 없다.
③ 측정온도의 상한이 열전대보다 높다.
④ 경시변화가 적으며 안정적이다.

해설 › 온도계
① 백금(Pt) 측온 저항체 온도계 : 측정범위-200~500℃
② 열전도 온도계 종류 및 특성

종류	약호	측정온도
백금-백금로듐	R	0~1600℃
크로멜	K	0~1200℃
철-콘스탄탄	J	-20~800℃
구리-콘스탄탄	T	-200~350℃

66 막식 가스미터 고장의 종류 중 부동(不動)의 의미를 가장 바르게 설명한 것은?

① 가스가 크랭크축이 녹슬거나 밸브와 밸브시트가 타르(tar)접착 등으로 통과하지 않는다.
② 가스의 누출로 통과하나 정상적으로 미터가 작동하지 않아 부정확한 양만 측정된다.
③ 가스가 미터는 통과하나 계량막의 파손, 밸브의 탈락 등으로 계량기지침이 작동하지 않는 것이다.
④ 날개나 조절기에 고장이 생겨 회전장치에 고장이 생긴 것이다.

정답 65. ③ 66. ③

해설 ⇨ 막식 가스미터 고장
① 부동 : 가스가 미터는 통과하나 계량막의 파손, 밸브의 탈락 등으로 계량기지침이 작동하지 않는 것이다.
② 떨림 : 가스가 통과할 때에 출구측의 압력변동이 심하게 되어 가스의 연소 형태를 불안정하게 하는 고장 형태
③ 기차불량 : 설치오류, 충격, 부품의 마모 등으로 계량정밀도가 저하되는 경우
④ 불통
  ㉠ 회전장치의 고장으로 가스가 미터를 통과하지 못하는 고장이다.
  ㉡ 가스가 크랭크축이 녹슬거나 밸브와 밸브시트가 타르(tar) 접착 등으로 통과하지 않는다.
  ㉢ 날개나 조절기에 고장이 생겨 회전장치에 고장이 생긴 것이다.

67
가스 크로마토그래피에서 운반기체(carrier gas)의 불순물을 제거하기 위하여 사용하는 부속품이 아닌 것은?
① 수분제거트랩(Moisture Trap)
② 산소제거트랩(Oxygen Trap)
③ 화학필터(Chemical Filter)
④ 오일트랩(Oil Trap)

해설 ⇨ 가스 크로마토그래피에서 운반기체의 불순물을 제거
① 가스 크로마토그래피에서 운반 기체(carrier gas)의 불순물을 제거하기 위하여 트랩을 설치하여 한다.
② 산소 제거 트랩(oxygen trap)
③ 화학 필터(chemical filter)
④ 수분 제거 트랩(moisture trap)

68
염소가스를 분석하는 방법은?
① 폭발법
② 수산화나트륨에 의한 흡수법
③ 발열황산에 의한 흡수법
④ 열전도법

해설 ⇨ 염소가스 중화적정법 : 염소는 수산화나트륨에 의한 흡수법을 이용한다.

69
오리피스유량계의 유량계산식은 다음과 같다. 유량을 계산하기 위하여 설치한 유량계에서 유체를 흐르게 하면서 측정해야 할 값은? (단, C : 오리피스계수, A_2 : 오리피스 단면적, H : 마노미터액주계 눈금, γ_1 : 유체와 비중량이다.)

$$Q = C \times A_2 \left(2gH\left[\frac{\gamma_1 - 1}{\gamma}\right]\right)^{0.5}$$

정답 67. ④ 68. ② 69. ③

① C ② A_2 ③ H ④ γ_1

해설 오리피스 유량계
H : 마노미터 액주계 눈금을 측정한다. (정압과 동압의 차)

70
가스 크로마토그래피의 검출기가 갖추어야 할 구비조건으로 틀린 것은?
① 감도가 낮을 것
② 재현성이 좋을 것
③ 시료에 대하여 선형적으로 감응할 것
④ 시료를 파괴하지 않을 것

해설 가스 크로마토그래피(gas chromatography)의 운반 기체
① 충전물이나 시료에 대하여 불활성이고 검출기의 작동에 적합하여야 한다.
② 기체 확산을 최소 할 수 있을 것
③ 순도가 높고 구입이 쉬워야 한다.
④ 시료를 운반가스에 의하여 각 성분의 크로마토그램을 이용하여 유기화합물에 대한 정성 및 정량분석에 사용된다.
⑤ 시료의 확산속도에 의한 불활성가스를 사용한다.
⑥ 감도가 높아야 한다.

71
다음 중 편위법에 의한 계측기기가 아닌 것은?
① 스프링 저울
② 부르동관 압력계
③ 전류계
④ 화학천칭

해설 계측기 측정 방법
① 편위법(deflection method)
 ㉠ 물체를 저울에 올려놓고 저울의 바늘이 움직이게 되어 지식 측정으로부터 측정량을 나타내는 방법이다.
 ㉡ 부르동관 압력계, 전압계, 전류계, 스프링 저울
② 영위법(zero method)
 ㉠ 측정량과 기준량을 비교하여 값을 구하는 방법이다.
 ㉡ 천정을 이용한 질량 측정법, 휘스톤 브리지, 전위차계

72
도시가스 사용압력이 2.0 kPa인 배관에 설치된 막식 가스미터기의 기밀시험 압력은?
① 2.0 kPa 이상
② 4.4 kPa 이상
③ 6.4 kPa 이상
④ 8.4 kPa 이상

해설 기밀시험 압력 : 8.4 kPa 이상~1000 kPa 이하

정답 70. ①   71. ④   72. ④

73
스팀을 사용하여 원료가스를 가열하기 위하여 [그림]과 같이 제어계를 구성하였다. 이 중 온도를 제어하는 방식은?

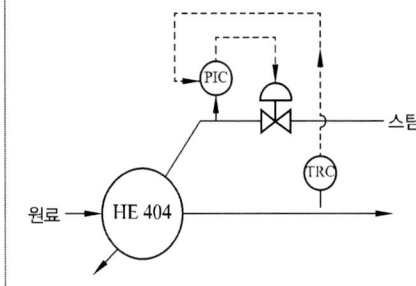

① Feedback
② Forward
③ Cascade
④ 비례식

해설 › 캐스케이드(cascade) 제어
① 측정제어라고도 하며, 2개의 제어계가 존재하며, 제어량을 1차 조절계로 측정하고 1차 측정값의 조작 출력으로 2차 조절계의 목표값을 설정한다.
② 시간 지연이 많은 프로세스 제어에 적합하다.

74
고속회전형 가스미터로서 소형으로 대용량의 계량이 가능하고, 가스압력이 높아도 사용이 가능한 가스미터는?

① 막식가스미터
② 습식가스미터
③ 루츠(Roots)가스미터
④ 로터미터

해설 › 루츠(roots) 가스미터
① 소용량 대용량 계측에 적합하다.
② 고속회전이 가능하다.
③ 고압에서도 사용이 가능하다.

75
수평 30°의 각도를 갖는 경사 마노미터의 액면의 차가 10 cm라면 수직 U자 마노메타의 액면차는?

① 2 cm
② 5 cm
③ 20 cm
④ 50 cm

해설 › 마노미터의 액면차 : $H = 10 \times (\sin 30) = 10 \times \dfrac{1}{2} = 5 cm$

76
공업용 액면계가 갖추어야 할 구비조건에 해당되지 않는 것은?

① 비연속적 측정이라도 정확해야 할 것
② 구조가 간단하고 조작이 용이할 것
③ 고온, 고압에 견딜 것
④ 값이 싸고 보수가 용이할 것

해설 › 공업용 액면계 : 연속 측정이 가능해야 할 것

정답 73. ③ 74. ③ 75. ② 76. ①

77 자동제어에서 블록선도란 무엇인가?
① 제어대상과 변수편차를 표시한다.
② 제어신호의 전달 경로를 표시한다.
③ 제어편차의 증감 변화를 나타낸다.
④ 제어회로의 구성요소를 표시한다.

[해설] 자동제어 블록선도
복잡하고 다양한 자동제어계의 구동 및 동작 특성간의 상호관계 및 흐름을 통하여 제어신호의 전달경로를 알 수 있게 나타내 준다.

78 온도가 60°F에서 100°F까지 비례제어된다. 측정온도가 71°F에서 75°F로 변할 때 출력압력이 3 PSI에서 15 PSI로 도달하도록 조정될 때 비례대역(%)은?
① 5%
② 10%
③ 20%
④ 33%

[해설] 비례대역

비례대역 $= \dfrac{75-71}{100-60} \times 100 = 10\%$

79 압력계 교정 또는 검정용 표준기로 사용되는 압력계는?
① 표준 부르동관식
② 기준 박막식
③ 표준 드럼식
④ 기준 분동식

[해설] 기준 분동식 압력계
① 기준 분동식 압력계는 정하중 시험기이다.
② 피스톤형 압력계라고 하며 측정 정도가 높아 교정용으로 사용한다.

80 기체 크로마토그래피에 대한 설명으로 틀린 것은?
① 액체 크로마토그래피보다 분석속도가 빠르다.
② 컬럼에 사용되는 액체 정자상은 휘발성이 높아야 한다.
③ 운반기체로서 화학적으로 비활성인 헬륨을 주로 사용한다.
④ 다른 분석기기에 비하여 감도가 뛰어나다.

[해설] 기체 크로마토그래피
컬럼에 사용되는 액체 정자상은 휘발성이 낮아야 한다.

정답 77. ②　78. ②　79. ④　80. ②

2014년 제2회 가스산업기사 출제문제

제1과목 : 연소공학

01 산소 32 kg과 질소 28 kg의 혼합가스가 나타내는 전압이 20 atm이다. 이때 산소의 분압은 몇 atm인가? (단, O_2의 분자량은 32, N_2의 분자량은 28이다.)
① 5 ② 10 ③ 15 ④ 20

해설 ① 산소 : $\dfrac{32}{16 \times 2} = 1$ kmol   ② 질소 : $\dfrac{28}{14 \times 2} = 1$ kmol
③ 산소 : 질소=1(10 atm) : 1(10 atm)   ④ 산소(10 atm)+질소(10 atm)=20 atm

02 정전기를 제어하는 방법으로서 전하의 생성을 방지하는 방법이 아닌 것은?
① 접속과 접지(Bonding and Grounding) ② 도전성 재료 사용
③ 침액파이프(Dip pipes) 설치 ④ 첨가물에 의한 전도도 억제

해설 전하의 생성 방지
① 금속체는 직접 접지하여 정전기 방지할 수 있다.
② 부도체 재료를 도전성 재료로 변경
③ 침액 파이프(dip pipes) 설치

03 폭발범위(폭발한계)에 대한 설명으로 옳은 것은?
① 폭발범위 내에서만 폭발한다. ② 폭발상한계에서만 폭발한다.
③ 폭발상한계 이상에서만 폭발한다. ④ 폭발하한계 이하에서만 폭발한다.

해설 폭발범위(폭발한계)
혼합가스 중에서 가연성 가스가 폭발하는 범위를 폭발범위 또는 연소범위라 한다.

정답 1. ② 2. ④ 3. ①

04. 다음 중 공기비를 옳게 표시한 것은?

① $\dfrac{\text{실제 공기량}}{\text{이론 공기량}}$ ② $\dfrac{\text{이론 공기량}}{\text{실제 공기량}}$

③ $\dfrac{\text{사용 공기량}}{1-\text{이론 공기량}}$ ④ $\dfrac{\text{이론 공기량}}{1-\text{사용 공기량}}$

해설 ① A_0 : 이론 공기량 ② A : 실제 공기량
③ A_{ex} : 과잉 공기량 ④ m : 공기비
⑤ 실제 공기량 $= A_0 + A_{ex}$ ⑥ 과잉 공기량 $= A - A_0$
⑦ 공기비 : $\dfrac{A}{A_0} = \dfrac{CO_2(\max)\%}{CO_2(\%)} = \dfrac{21}{21-O_2}$

05. LP 가스의 연소 특성에 대한 설명으로 옳은 것은?

① 일반적으로 발열량이 작다.
② 공기 중에서 쉽게 연소 폭발하지 않는다.
③ 공기보다 무겁기 때문에 바닥에 체류한다.
④ 금수성 물질이므로 흡수하여 발화한다.

해설 LP 가스의 특성
① 공기보다 무거워 누설 시 바닥에 체류한다.
② 공기 중에서 쉽게 연소한다.
③ 발열량이 크다.
④ 연소 시 다량의 공기가 필요하다.

06. 가스용기의 물리적 폭발 원인이 아닌 것은?

① 압력 조정 및 압력 방출 장치의 고장
② 부식으로 인한 용기 두께 축소
③ 과열로 인한 용기 강도의 감소
④ 누출된 가스의 점화

해설 화학적 폭발 : 가연성 가스와 공기의 혼합가스의 점화 시 화학적 폭발이 발생한다.

정답 4. ① 5. ③ 6. ④

07 화재나 폭발의 위험이 있는 장소를 위험장소라 한다. 다음 중 제1종 위험장소에 해당하는 것은?
① 상용의 상태에서 가연성가스의 농도가 연속해서 폭발하한계 이상으로 되는 장소
② 상용상태에서 가연성가스가 체류해 위험하게 될 우려가 있는 장소
③ 가연성 가스가 밀폐된 용기 또는 설비의 사고로 인해 파손되거나 오조작의 경우에만 누출할 위험이 있는 장소
④ 환기장치에 이상이나 사고가 발생한 경우에 가연성 가스가 체류하여 위험하게 될 우려가 있는 장소

08 배관 내 혼합가스의 한 점에서 착화되었을 때 연소파가 일정거리를 진행한 후 급격히 화염전파속도가 증가되어 1000~3500 m/s에 도달하는 경우가 있다. 이와 같은 현상을 무엇이라 하는가?
① 폭발(Explosion)   ② 폭굉(Detonation)
③ 충격(Shock)   ④ 연소(Combustion)

해설) 폭굉
① 발열반응이다.   ② 폭굉 : 음속 < 폭발속도(충격파)
③ 충격파가 발생한다.   ④ 짧은 시간에 에너지가 방출된다.
⑤ 폭연 : 음속 > 폭발속도(충격파)

09 탄소 2 kg이 완전 연소할 경우 이론 공기량은 약 몇 kg인가?
① 5.3   ② 11.6   ③ 7.9   ④ 23.0

해설) ① 탄소 2 kg의 이론 산소량
   C + O$_2$ → CO$_2$
   12 kg 32 kg   44 kg
② 이론 산소량 : $32 \times \frac{2}{12} = 5.333$
③ 이론 공기량 : $\frac{O_0}{0.232} = \frac{5.333}{0.232} = 22.98$ kg

정답 7. ② 8. ② 9. ④

10 물 250 L를 30℃에서 60℃로 가열시킬 때 프로판 0.9 kg이 소비되었다면 열효율은 약 몇 % 인가? (단, 물의 비열은 1 kcal/kg·℃, 프로판의 발열량은 12000 kcal/kg 이다.)
① 58.4
② 69.4
③ 78.4
④ 83.3

해설) $G_f = \dfrac{GC\Delta t}{H_i \eta}$

$0.9 = \dfrac{250 \times 1 \times (60-30)}{12000 \times \eta}$

$n = 69.4\%$

11 분자의 운동상태(분자의 병진운동·회전운동·분자내의 원자의 진동)와 분자의 집합상태(고체·액체·기체의 상태)에 따라서 달라지는 에너지는?
① 내부에너지
② 기계적 에너지
③ 외부에너지
④ 비열에너지

해설) 내부에너지
① 열과 일의 합이다.
② 분자의 운동상태와 집합상태에 따라 달라진다.
③ 계가 갖는 전체 에너지를 내부에너지라 말한다.

12 미연소혼합기의 흐름이 화염부근에서 층류에서 난류로 바뀌었을 때의 현상으로 옳지 않은 것은?
① 화염의 성질이 크게 바뀌며 화염대의 두께가 증대한다.
② 예혼합연소일 경우 화염전파속도가 가속된다.
③ 적화식연소는 난류 확산연소로서 연소율이 높다.
④ 확산연소일 경우는 단위면적당 연소율이 높아진다.

해설) 적화식 연소
① 가스를 그대로 대기 중에 분출하여 연소시키며, 연소에 필요한 공기는 모두 불꽃 주변에서 확산에 의해 취하게 되고, 연소과정이 아주 늦고 불꽃이 길게 늘어나 적황색을 띨 수도 있는 연소 방식이다.
② 산소의 확산속도는 연소속도나 화염 전파 속도보다 느리다.
③ 연소율이 낮다.

정답 10. ② 11. ① 12. ③

13
방폭구조 종류 중 전기기기의 불꽃 또는 아크를 발생하는 부분을 기름 속에 넣어 유면 상에 존재하는 폭발성 가스에 인화될 우려가 없도록 한 구조는?
① 내압방폭구조 ② 유입방폭구조
③ 안전증방폭구조 ④ 압력방폭구조

해설 방폭구조의 종류
① 압력방폭구조 : 용기 내부에 보호가스를 압입하여 내부압력을 유지함으로써 가연성 가스가 용기 내부로 유입되지 않도록 한 구조를 압력방폭구조라 한다.
② 유입방폭구조 : 용기 내부에 절연유를 주입하여 불꽃 아크 또는 고온발생부분이 기름 속에 잠기게 함으로써 기름면 위에 존재하는 가연성 가스에 인화되지 않도록 한 구조를 유입방폭구조라 한다.
③ 안전증방폭구조 : 정상운전 중에 가연성 가스의 점화원이 될 전기불꽃 아크 또는 고온부분 등의 발생을 방지하기 위해 기계적 전기적 구조상 또는 온도 상승에 대해 특히 안전도를 증가시킨 구조를 안전증방폭구조라 한다.
④ 본질안전방폭구조 : 정상 시 및 사고 시에 발생하는 전기 불꽃 아크 또는 고온부로 인하여 가연성 가스가 점화되지 않는 것이 점화시험 그 밖의 방법에 의해 확인된 구조를 본질안전방폭구조라 한다.

14
연소한계에 대한 설명으로 옳은 것은?
① 착화온도의 상한과 하한값
② 화염온도의 상한과 하한값
③ 완전연소가 될 수 있는 산소의 농도한계
④ 공기 중 연소 가능한 가연성가스의 최저 및 최고농도

해설 연소한계(연소범위)
① 혼합가스 중에서 가연성 가스가 폭발하는 범위를 폭발범위 또는 연소한계라 한다.
② 연소범위＝연소한계＝가연범위＝가연한계＝폭발범위＝폭발한계

15
CO_2 32 vol%, O_2 5vol%, N_2 63vol%의 혼합기체의 평균 분자량은 얼마인가?
① 29.3 ② 31.3
③ 33.3 ④ 35.3

정답 13. ② 14. ④ 15. ③

해설 › 평균분자량
① 평균분자량 = (44×0.32)+(32×0.05)+(28×0.63) = 33.32
② CO_2 분자량 : 44
③ O_2 분자량 : 32
④ N_2 분자량 : 28

16 고체연료의 일반적인 연소방법이 아닌 것은?
① 분무연소
② 화격자연소
③ 유동층연소
④ 미분탄연소

해설 › ① 연소형태 : 분해연소, 증발연소, 표면연소, 자기연소, 확산연소
② 고체연료의 연소방법 : ㉠ 화격자연소 ㉡ 미분탄연소 ㉢ 유동층연소

17 분진폭발에 대한 설명으로 옳지 않은 것은?
① 입자의 크기가 클수록 위험성은 더 크다.
② 분진의 농도가 높을수록 위험성은 더 크다.
③ 수분함량의 증가는 폭발위험을 감소시킨다.
④ 가연성분진의 난류확산은 일반적으로 분진위험을 증가시킨다.

해설 › 분진폭발
① 가연성 고체가 일정 농도 이상 되면 공기 또는 조연성 가스 중에 분산된 상태에서 점화원에 의해 폭발하는 현상이다.
② 입자의 크기가 100 μm 이하가 되면 폭발 위험성이 높아져 위험하다.

18 방폭 구조 및 대책에 관한 설명으로 옳지 않은 것은?
① 방폭대책에는 예방, 국한, 소화, 피난 대책이 있다.
② 가연성가스의 용기 및 탱크 내부는 제2종 위험 장소이다.
③ 분진폭발을 1차 폭발과 2차 폭발로 구분되어 발생한다.
④ 내압방폭구조는 내부폭발에 의한 내용물 손상으로 영향을 미치는 기기에는 부적당하다.

정답 16. ① 17. ① 18. ②

19. 다음 중 가연물의 조건으로 옳지 않은 것은?

① 열전도율이 작을 것
② 활성화에너지가 클 것
③ 산소와의 친화력이 클 것
④ 발열량이 클 것

해설 가연물의 구비 조건
① 활성화에너지(점화에너지)가 작을 것
② 열전도율이 작을 것
③ 산소와 친화력이 클 것
④ 발열량이 클 것
⑤ 표면적이 클 것

20. 차가운 물체로 뜨거운 물체를 접촉시키면 뜨거운 물체에서 차가운 물체로 열이 전달되지만, 반대의 과정은 자발적으로 일어나지 않는다. 이러한 비가역성을 설명하는 법칙은?

① 열역학 제 0법칙
② 열역학 제 1법칙
③ 열역학 제 2법칙
④ 열역학 제 3법칙

해설 열역학 법칙
① 열역학 제 0법칙 : 열평형 법칙
  온도가 서로 다른 물체를 접촉시키면 열의 이동으로 인하여 동일한 상태에 놓아둔 두 물체 사이에는 온도차가 없어지며 열평형을 이룬다.
② 열역학 제 1법칙 : 열에너지 보존 법칙
  ㉠ 에너지 전환과정에서 에너지는 절대 소멸되거나 생성되지 않는다.
  ㉡ 에너지의 한 형태의 열과 일은 서로 같고 열은 일과 열로 서로 전환이 가능하다.
③ 열역학 제 2법칙 : 엔트로피 법칙
  ㉠ 계의 엔트로피는 증가할 수도 있고 감소할 수도 있다.
  ㉡ 제2종 영구기관은 존재할 수 없다.
  ㉢ 제2종 영구기관 : 입력과 출력이 같은 효율이 100%인 기관을 말한다.
  ㉣ 열은 스스로 다른 물체에 아무런 변화도 주지 않고 저온 물체에서 고온 물체로 이동하지 않는다.
  ㉤ 자연계에 아무런 변화도 남기지 않고 어느 열원의 열을 계속해서 일로 바꿀 수 없다. 즉 고온물체의 열을 계속해서 일로 바꾸려면 저온물체로 열을 버려야만 한다.
  ㉥ 효율이 100%인 열기관은 제작이 불가능하다.
  ㉦ 엔트로피의 변화는 흡수한 열에 의해생긴다.
  ㉧ 저온계에서 고온계로 열을 이동시키는 과정은 불가능하다라고 표현할 수도 있는 비가역성이다.
④ 열역학 제 3법칙
  ㉠ 절대영점에서의 엔트로피 법칙
  ㉡ 어떠한 방법이라도 어떤 계를 절대온도 0도에 이르게 할 수 없다.

정답 19. ② 20. ③

제2과목 : 가스설비

21. 최고충전압력이 15 MPa인 질소용기에 12 MPa로 충전되어 있다. 이 용기의 안전밸브 작동압력은 얼마인가?

① 15 MPa
② 18 MPa
③ 20 MPa
④ 25 MPa

[해설] 안전밸브 작동압력
① 내압시험압력 : 최고 충전압력 수치의 3분의 5배

$$15[MPa] \times \frac{5}{3} = 25[MPa]$$

② 안전밸브 작동압력 : 내압시험압력의 10분의 8 이하의 압력에서 작동
③ 안전밸브 작동압력

$$25[MPa] \times \frac{8}{10} = 20[MPa]$$

22. 가연성가스 운반차량의 운행 중 가스가 누출할 경우 취해야 할 긴급조치 사항으로 가장 거리가 먼 것은?

① 신속히 소화기를 사용한다.
② 주위가 안전한 곳으로 차량을 이동시킨다.
③ 누출 방지 조치를 취한다.
④ 교통 및 화기를 통제한다.

[해설] 고압가스 운반 시 재해 발생 또는 확대를 방지하기 위한 조치사항
[1] 사고 발생 시 응급조치
 ① 가스 누출이 있는 경우에는 그 누출부분의 확인 및 수리를 할 것
 ② 가스 누출 부분의 수리가 불가능한 경우
  ㉠ 상황에 따라 안전한 장소로 운반할 것
  ㉡ 부근의 화기를 없앨 것
  ㉢ 착화된 경우 용기 파열 등의 위험이 없다고 인정될 때는 소화할 것
  ㉣ 독성가스가 누출한 경우에는 가스를 제독할 것
  ㉤ 부근에 있는 사람을 대피시키고, 통행인은 교통통제를 하여 출입을 금지시킬 것
  ㉥ 비상연락망에 따라 관계업소에 원조를 의뢰할 것
  ㉦ 상황에 따라 안전한 장소로 대피할 것
  ㉧ 구급조치

[정답] 21. ③ 22. ①

23
원심압축기의 특징에 대한 설명으로 틀린 것은?
① 맥동현상이 적다.
② 용량조정범위가 비교적 좁다.
③ 압축비가 크다.
④ 윤활유가 불필요하다.

해설》 원심식 압축기의 특징
① 무급유식 압축기로 윤활유가 불필요하다.
② 연속적으로 토출하므로 맥동현상이 적다.
③ 용량 조절범위가 좁다.
④ 높은 압축비를 얻기가 힘들며 효율이 나쁘다.

24
터보 펌프의 특징에 대한 설명으로 옳은 것은?
① 고양정이다.
② 토출량이 크다.
③ 높은 점도의 액체용이다.
④ 시동 시 물이 필요 없다.

해설》 터보 펌프
① 비용적형 펌프로 원심 펌프, 축류 펌프, 사류 펌프 등이 있다.
② 대용량에 사용한다.   ③ 토출량이 크다.   ④ 높은점도의 액체용에 부적합

25
어떤 냉동기가 20°C의 물에서 -10°C의 얼음을 만드는데 톤당 50 PSh의 일이 소요되었다. 물의 융해열이 0 kcal/kg, 얼음의 비열을 0.5 kcal/kg·°C라 할 때 냉동기의 성능계수는 얼마인가? (단, 1 PSh = 632.3 kcal이다.)
① 3.05   ② 3.32   ③ 4.15   ④ 5.17

해설》 냉동기 성능계수
① $COP = \dfrac{Q}{AW} = \dfrac{\text{저온체에서 흡수된 열량}}{\text{공급된 열량}} = \dfrac{105000}{50 \times 632.2} = 3.3217$
② 물의 현열 : $Q_1 = 1000 \times 1 \times (20-0) = 20000$ kcal
③ $Q_2 = 1000 \times 80 = 80000$ kcal
④ 얼음의 현열
⑤ $Q = Q_1 + Q_2 + Q_3 = 20000 + 80000 + 5000 = 105000$ kcal
⑥ 공급된 열량(동력 소비 열량) = 50×632.3 = 31615 kcal

정답 23 ③ 24. ② 25. ②

26. LPG 용기에 대한 설명으로 옳은 것은?

① 재질은 탄소강으로서 성분은 $C : 0.33\%$ 이하, $P : 0.04\%$ 이하, $S : 0.05\%$ 이하로 한다.
② 용기는 주물형으로 제작하고 충분한 강도와 내식성이 있어야 한다.
③ 용기의 바탕색은 회색이며 가스명칭과 충전기한은 표시하지 아니한다.
④ LPG는 가연성가스로서 용기에 반드시 "연"자 표시를 한다.

해설 LPG 용기
용기의 재료는 스테인리스강, 알루미늄합금, 탄소·인 및 황의 함유량이 각각 0.33%(이음매 없는 용기의 경우에는 0.55%) 이하, 0.04% 이하 및 0.05% 이하인 강 또는 이와 동등 이상의 기계적 성질 및 가공성 등을 갖는 것으로 할 것. 다만 내용적이 $125l$ 미만인 액화석유가스를 강재로 제조하는 경우에는 KS D 3533(고압가스 용기용 강판 및 강대)의 재료 또는 이와 동등 이상의 기계적 성질 및 가공성 등을 갖는 것을 사용할 것.

27. 정압기의 정상상태에서 유량과 2차 압력의 관계를 의미하는 정압기의 특성은?

① 정특성
② 동특성
③ 유량특성
④ 사용 최대차압 및 작동 최소차압

해설 정압기
① 정특성(off set, lock up 및 shift) : 정압기의 정상상태에서 유량과 2차 압력의 관계를 말한다.
② 동특성 : 부하변동이 큰 용도에 사용되는 정압기에서 중요한 특성으로 부하변동에 대한 응답속도와 안전성의 관계를 말한다.

28. 설치위치, 사용목적에 따른 정압기의 분류에서 가스도매사업자에서 도시가스사 소유 배관과 연결되기 직전에 설치되는 정압기는?

① 저압정압기
② 지구정압기
③ 지역정압기
④ 단독정압기

해설 정압기의 용도별 종류
① 원정압기 : 제조소나 공급소에 설치한다.
② 지구정압기 : 일정한 공급지구에 가스 공급하기 위해 지구에 설치된 정압기이다.
③ 수요자 전용 정압기 : 수요자나 특수한 목적을 위해 별도로 설치된 전용의 정압기이다.

정답 26. ① 27. ① 28. ②

29
강의 열처리 방법 중 오스테나이트 조직을 마텐자이트 조직으로 바꿀 목적으로 0°C 이하로 처리하는 방법은?

① 담금질　　② 불림　　③ 심냉 처리　　④ 염욕 처리

해설 ① 소준(불림, normalizing) : 불림을 행하면 강의 조직이 정상화되고 부서지기 쉬운 것이 강하게 변한다.
② 소둔(풀림, annealing) : 가열한 후 공기가 아닌 노 속에서 서서히 냉각시키며 인장 강도는 저하되며 내부응력을 제거한다.
③ 소입(담금질, quenching)
　㉠ 풀림처럼 서서히 냉각하며 냉수, 기름에 급랭시키는 공정을 말한다.
　㉡ 취성, 강도, 경도가 크게 증가하여 마모가 적게 된다.
④ 소려(뜨임, tempering) : 담금질한 강을 다시 가열하여 공기 중에서 냉각하는 공정을 하며 내부응력 제거, 취성이 감소한다.
⑤ 심랭 처리 : 잔류 오스테나이트 조직을 마텐자이트 조직으로 바꿀 목적으로 상온에서 담금질된 강을 다시 0°C 이하의 온도로 냉각하는 열처리 작업으로 경도 향상, 치수 변화 방지 효과 등이 있다.

30
고압가스 배관에서 발생할 수 있는 진동의 원인으로 가장 거리가 먼 것은?

① 파이프의 내부에 흐르는 유체의 온도변화에 의한 것
② 펌프 및 압축기의 진동에 의한 것
③ 안전밸브 분출에 의한 영향
④ 바람이나 지진에 의한 영향

해설 배관계에서 발생되는 진동의 원인
① 관의 굴곡에 의해 생기는 힘에 의한 영향　② 펌프 및 압축기의 진동에 의한 것
③ 안전밸브 분출에 의한 영향　　　　　　　④ 바람이나 지진에 의한 영향
⑤ 파이프의 내부에 흐르는 유체의 압력에 의한 것

31
원심펌프로 물을 지하 10m에서 지상 20m 높이의 탱크에 유량 3m³/min로 양수하려고 한다. 이론적으로 필요한 동력은?

① 10 PS　　② 15 PS
③ 20 PS　　④ 25 PS

해설 펌프의 소요 동력
$$P = \frac{\gamma \times Q \times H}{76 \times 60 \times \eta} = \frac{1000 \times 3 \times (10+20)}{75 \times 60 \times 1} = 20[PS]$$

정답　29. ③　30. ①　31. ③

32. 전기방식시설의 유지관리를 위한 도시가스시설의 전위 측정용 터미널(T/B) 설치에 대한 설명으로 옳은 것은?

① 희생양극법에 의한 배관에는 500 m 이내 간격으로 설치한다.
② 배류법에 의한 배관에는 500 m 이내 간격으로 설치한다.
③ 외부전원법에 의한 배관에는 300 m 이내 간격으로 설치한다.
④ 직류전철 횡단부 주위에 설치한다.

해설 전기방식시설의 유지관리 전위측정용 터미널 설치 기준
전기방식시설의 시공은 다음 각 목의 기중에 의한다.
① 전기방식시설의 유지관리를 위한 전위측정용 터미널(T/B)은 다음 기준에 적합하게 설치한다.
  ㉠ 희생양극법 또는 배류법에 의한 배관에는 300 m 이내의 간격으로 설치할 것
  ㉡ 외부전원법에 의한 배관에는 500 m 이내의 간격으로 설치할 것. 다만, 이미 설치된 전위측정용 터미널(T/B) 또는 배관을 이설하는 경우에는 이웃한 전위측정용 터미널(T/B)과의 설치간격을 10% 이내에서 가감하여 설치할 수 있다.
  ㉢ 본관. 공급관에 부속된 밸브박스와 사용자공급관 및 내관에 부속된 밸브박스 또는 입상관 절연부 등에 전위를 측정할 수 있는 인출선 등이 있는 경우에는 당해 시설을 ㉠. ㉡ 규정에 의한 전위측정용 터미널로 대체할 수 있다.
  ㉣ 직류전철 횡단부 주위
  ㉤ 지중에 매설되어 있는 배관절연부의 양측
  ㉥ 강재보호관 부분의 배관과 강재보호관. 다만, 가스배관과 보호관 사이에 절연 및 유동방지조치가 된 보호관은 제외한다.
  ㉦ 타 금속구조물과 근접교차부분
  ㉧ 밸브스테이션
  ㉨ 교량 및 하천 횡단배관의 양단부. 다만, 외부전원법 및 배류법에 의해 설치된 것으로 횡단길이가 500 m 이하인 배관과 희생양극법에 의해 설치된 것으로 횡단길이가 50m 이하인 배관은 제외한다.

33. 고압가스 관련설비 중 특정설비가 아닌 것은?

① 기화장치
② 독성가스배관용 밸브
③ 특정고압가스용 실린더캐비넷
④ 초저온 용기

해설 고압가스 관련설비 중 특정설비
"특정설비"란 저장탱크와 산업통상자원부령으로 정하는 고압가스 관련 설비를 말한다.
① 안전밸브. 긴급차단장치. 역화방지장치
② 기화장치
③ 압력용기
④ 자동차용 가스 자동주입기
⑤ 독성가스배관용 밸브

정답 32. ④ 33. ④

⑥ 냉동설비(일체형 냉동기 제외)를 구성하는 압축기 · 응축기 · 증발기 또는 압력용기(이하 "냉동용 특정설비"라 한다)
⑦ 특정고압가스용 실린더 캐비닛
⑧ 자동차용 압축천연가스 완속충전설비(처리능력이 시간당 18.5세제곱미터 미만인 충전설비를 말한다.)
⑨ 액화석유가스용 용기 잔류가스회수장치

34

도시가스 배관 등의 용접 및 비파괴검사 중 용접부의 외관검사에 대한 설명으로 틀린 것은?

① 보강 덧붙임은 그 높이가 모재 표면보다 낮지 않도록 하고, 3 mm 이상으로 할 것
② 외면의 언더컷은 그 단면이 V자형으로 되지 않도록 하며, 1개의 언더컷 길이 및 깊이는 각각 30 mm 이하 및 0.5 mm 이하일 것
③ 용접부 및 그 부근에는 균열, 아크 스트라이크, 위해하다고 인정되는 지그의 흔적, 오버랩 및 피트 등의 결함이 없을 것
④ 비드 형상이 일정하며, 슬러그, 스패터 등이 부착되어 있지 않을 것

[해설] 용접부 외관검사
① 보강덧붙임(Reinforcement of weld)은 그 높이가 모재 표면보다 낮지 않도록 하고, 3 mm (알루미늄은 제외한다) 이하를 원칙으로 할 것
② 외면의 언더컷(Undercut)은 그 단면이 V자형으로 되지 않도록 하며, 1개의 언더컷 길이 및 깊이는 각각 30 mm 이하 및 0.5 mm 이하이고 1개의 용접부에서 언더컷 길이의 합이 용접부 길이의 15% 이하일 것
③ 용접부 및 그 부근에는 균열, 아크-스트라이크(arc-strike), 위해하다고 인정되는 지그(jig)의 흔적, 오버랩(overlap) 및 피트(pit) 등의 결함이 없고 또한 비드(bead) 형상이 일정하며, 슬러그(slug), 스패터(spatter) 등이 부착되어 있지 않을 것

35

다음 중 왕복펌프가 아닌 것은?

① 피스톤(piston) 펌프
② 베인(vane) 펌프
③ 플런저(plunger) 펌프
④ 다이어프램(diaphragm) 펌프

[해설] 왕복펌프
① 피스톤(piston) 펌프
② 플런저(plunger) 펌프
③ 다이어프램(diaphragm) 펌프

36 다음 중 SNG에 대한 설명으로 옳은 것은?

① 순수 천연가스를 뜻한다.
② 각종 도시가스의 총칭이다.
③ 대체(합성) 천연가스를 뜻한다.
④ 부생가스로 고로가스가 주성분이다.

해설> SNG(Substitute Natural Gas) : 대체 천연가스 또는 합성천연가스

37 증기압축식 냉동기에서 고온·고압의 액체 냉매를 교축작용에 의해 증발을 일으킬 수 있는 압력까지 감압시켜 주는 역할을 하는 기기는?

① 압축기
② 팽창밸브
③ 증발기
④ 응축기

해설> 증기 압축 냉동기
① 압축기 : 저온, 저압의 기체상 냉매를 흡입하여 응축기로 보내는 냉매를 순환하게 한다.
② 응축기 : 기체상태를 냉각하여 응축·액화시키는 장치
③ 팽창밸브 : 고온, 고압의 냉매를 교축작용에 의해 증발을 일으킬 수 있게 한다.
④ 증발기 : 냉매온도와 압력을 일정하게 유지하여 냉동을 한다.

38 가스를 충전하는 경우에 밸브 및 배관이 얼었을 때 응급조치하는 방법으로 틀린 것은?

① 석유 버너 불로 녹인다.
② 40℃ 이하의 물로 녹인다.
③ 미지근한 물로 녹인다.
④ 얼어있는 부분에 열습포를 사용한다.

해설> 40℃ 이하의 물로 녹이거나 얼어 있는 부분에 미지근한 물로 열습포를 사용한다.

정답 36. ③ 37. ② 38. ①

39 용기의 내압시험 시 항구증가율이 몇 % 이하인 용기를 합격한 것으로 하는가?
① 3　　② 5　　③ 7　　④ 10

해설) 항구(영구)증가율
① 항구(영구)증가율 = $\dfrac{\text{항구 증가량}}{\text{전 증가량}} \times 100\%$ = 10% 이하(합격 기준)
② 내압시험 합격 기준 : 10% 이하이다.

40 고압가스 배관의 기밀시험에 대한 설명으로 옳지 않은 것은?
① 상용압력 이상으로 하되, 1 MPa를 초과하는 경우 1 MPa 압력 이상으로 한다.
② 원칙적으로 공기 또는 불활성 가스를 사용한다.
③ 취성파괴를 일으킬 우려가 없는 온도에서 실시한다.
④ 기밀시험압력 및 기밀유지시간에서 누설 등의 이상이 없을 때 합격으로 한다.

해설) 기밀시험
고압가스설비와 배관의 기밀시험은 다음 각 호에 따를 것
① 기밀시험은 원칙적으로 공기 또는 위험성이 없는 기체의 압력에 의하여 실시할 것
② 기밀시험은 그 설비가 취성 파괴를 일으킬 우려가 없는 온도에서 할 것
③ 기밀시험압력은 상용압력 이상으로 하되, 0.7 MPa를 초과하는 경우 0.7 MPa 압력 이상으로 한다.

제3과목 : 가스안전관리

41 독성가스가 누출할 우려가 있는 부분에는 위험표지를 설치하여야 한다. 이에 대한 설명으로 옳은 것은?
① 문자의 크기는 가로 10 cm, 세로 10 cm 이상으로 한다.
② 문자는 30 m 이상 떨어진 위치에서도 알 수 있도록 한다.
③ 위험표지의 바탕색은 백색, 글씨는 흑색으로 한다.
④ 문자는 가로 방향으로만 한다.

해설) 독성가스의 식별조치 및 위험표시
독성가스가 누출할 우려가 있는 부분에 게시하여야 할 위험표지는 다음 예의 문자 또는 이와 동등 이상의 효과를 표시하는 문자 등을 기재한 위험표지로 한다.
표지의 예 : 　독 성 가 스 누 설 주 의 부 분

정답　39. ④　40. ①　41. ③

비고　① 문자의 크기는 가로·세로 5 cm 이상으로 하고, 20 m 이상 떨어진 위치에서도 알 수 있어야 한다.
　　② 위험표지의 바탕색은 백색, 글씨는 흑색(주위는 적색)으로 한다.
　　③ 문자는 가로 또는 세로로 쓸 수 있다.
　　④ 위험표지에는 다른 법령에 의한 지시사항 등을 병기할 수 있다.

42. 용기보관 장소에 고압가스용기를 보관 시 준수해야 하는 사항 중 틀린 것은?

① 용기는 항상 40℃ 이하를 유지해야 한다.
② 용기 보관장소 주위 3 m 이내에는 화기 또는 인화성 물질을 두지 아니한다.
③ 가연성가스 용기보관 장소에는 방폭형 휴대용전등 외의 등화를 휴대하지 아니한다.
④ 용기보관 장소에는 충전용기와 잔가스 용기를 각각 구분하여 놓는다.

[해설] 용기보관장소 또는 용기 기준
① 충전용기와 잔가스용기는 각각 구분하여 용기보관장소에 놓을 것
② 가연성 가스·독성가스 및 산소의 용기는 각각 구분하여 용기보관장소에 놓을 것
③ 용기보관장소에는 계량기 등 작업에 필요한 물건 외에는 두지 아니할 것
④ 용기보관장소의 주위 2m 이내에는 화기 또는 인화성 물질이나 발화성 물질을 두지 아니할 것
⑤ 충전용기는 항상 40℃ 이하의 온도를 유지하고, 직사광선을 받지 아니하도록 조치할 것
⑥ 충전용기(내용적이 5L 이하인 것은 제외한다)에는 넘어짐 등에 의한 충격 및 밸브의 손상을 방지하는 등의 조치를 하고 난폭한 취급을 하지 아니할 것
⑦ 가연성 가스 용기보관장소에는 방폭형 휴대용 손전등 외의 등화를 지니고 들어가지 아니할 것

43. 가스 관련법에서 정한 고압가스 관련 설비에 해당되지 않는 것은?

① 안전밸브　② 압력용기　③ 기화장치　④ 정압기

[해설] "산업통상자원부령으로 정하는 고압가스 관련설비"란 다음 각호의 설비를 말한다.
① 안전밸브·긴급차단장치·역화방지장치
② 기화장치
③ 압력용기
④ 자동차용 가스 자동주입기
⑤ 독성가스배관용 밸브
⑥ 냉동설비(일체형 냉동기 제외)를 구성하는 압축기·응축기·증발기 또는 압력용기(이하 "냉동용 특정설비"라 한다)
⑦ 특정고압가스용 실린더 캐비닛
⑧ 자동차용 압축천연가스 완속충전설비(처리능력이 시간당 18.5세제곱미터 미만인 충전설비를 말한다)
⑨ 액화석유가스용 용기 잔류가스회수 장치

정답 42. ②　43. ④

44
독성가스 저장탱크를 지상에 설치하는 경우 몇 톤 이상일 때 방류둑을 설치하여야 하는가?

① 5
② 10
③ 50
④ 100

해설 방류둑 설치 기준
① 고압가스 일반제조시설 : 가연성 및 산소의 액화가스 저장능력이 1000톤 이상일 때 방류둑을 설치한다.
② 저장능력이 5톤 이상의 독성가스 저장탱크 주위에 방류둑을 설치한다.
③ 냉동제조시설 : 독성가스를 냉매로 하는 수액기의 내용적이 10000 L 이상일 때 방류둑을 설치한다.

45
차량에 고정된 탱크에 설치된 긴급차단장치는 차량에 고정된 탱크 또는 이에 접속하는 배관 외면의 온도가 몇 ℃일 때 자동적으로 작동할 수 있어야 하는가?

① 40
② 65
③ 80
④ 110

해설 차량에 고정된 탱크 및 용기 안전밸브 기준
① 가연성 가스 또는 독성가스를 충전하는 차량에 고정된 탱크 및 용기는 안전밸브가 부착되어 있고 그 성능이 그 탱크 또는 용기의 내압시험압력의 10분의 8이하의 압력에서 작동할 수 있는 것일 것
② 긴급차단장치는 그 성능이 원격조작에 의하여 작동되고 차량에 고정된 탱크 또는 이에 접속하는 배관 외면의 온도가 110℃일 때에 자동적으로 작동할 수 있는 것일 것

46
고압가스설비에 설치하는 안전장치의 기준으로 옳지 않은 것은?
① 압력계는 상용압력의 1.5배 이상 2배 이하의 최고 눈금이 있는 것일 것
② 가연성가스를 압축하는 압축기와 오토크레이브와의 사이의 배관에는 역화방지장치를 설치할 것
③ 가연성가스를 압축하는 압축기와 충전용 주관과의 사이에는 역류방지밸브를 설치할 것
④ 독성가스 및 공기보다 가벼운 가연성가스의 제조시설에는 가스누출검지경보장치를 설치할 것

해설 경보장치
독성가스 및 공기보다 무거운 가연성 가스의 제조시설에는 가스누출검지 경보장치를 설치할 것

정답 44. ① 45. ④ 46. ④

47 가스 배관은 움직이지 아니하도록 고정 부착하는 조치를 하여야 한다. 관경이 13 mm 이상 33 mm 미만의 것에는 얼마의 길이마다 고정 장치를 하여야 하는가?

① 1 m 마다
② 2 m 마다
③ 3 m 마다
④ 4 m 마다

해설⊙ 가스 배관의 고정
① 관경이 13 mm 미만의 것은 1 m마다
② 13 mm 이상 33 mm 미만의 것은 2 m마다
③ 33 mm 이상의 것은 3 m마다 고정장치를 설치할 것

48 C_2H_2 가스 충전 시 희석제로 적당하지 않은 것은?

① N_2
② CH_4
③ CS_2
④ CO

해설⊙ 아세틸렌가스의 희석제
질소, 메탄, 일산화탄소, 에틸렌

49 다음 중 가연성 가스가 아닌 것은?

① 아세트알데히드
② 일산화탄소
③ 산화에틸렌
④ 염소

해설⊙ 염소(Cl_2)
① 독성가스 및 조연성 가스이다.
② 수분 존재 시 염산을 생성하여 금속의 부식이 발생한다.

50 시안화수소를 장기간 저장하지 못하는 주된 이유는?

① 중합폭발 때문에
② 산화폭발 때문에
③ 악취 발생 때문에
④ 가연성가스 발생 때문에

해설⊙ 시안화수소(HCN)
① 중합은 발열반응으로서 자체적으로 반응을 촉진시켜 폭발 발생하므로 장기간 저장할 수 없다.
② 특유의 복숭아 냄새가 나는 가연성 기체이다.

정답 47. ② 48. ③ 49. ④ 50. ①

51. 가스설비실에 설치하는 가스누출경보기에 대한 설명으로 틀린 것은?

① 담배연기 등 잡가스에는 경보가 울리지 않아야 한다.
② 경보기의 경보부와 검지부는 분리하여 설치할 수 있어야 한다.
③ 경보가 울린 후 주위의 가스농도가 변화되어도 계속 경보를 울려야 한다.
④ 경보기의 검지부는 연소기의 폐가스가 접촉하기 쉬운 곳에 설치한다.

[해설]
- 가스누출경보기의 기능(경보기)
  ① 가스의 누출을 검지하여 그 농도를 지시함과 동시에 경보를 울리는 것이어야 한다.
  ② 미리 설정된 가스농도(폭발한계의 1/4 이하)에서 자동적으로 경보를 울리는 것이어야 한다.
  ③ 경보를 울린 후에는 주위의 가스농도가 변화되어도 계속 경보를 울리며, 그 확인 또는 대책을 강구함에 따라 경보정지가 되어야 한다.
  ④ 담배연기 등 잡가스에는 경보를 울리지 아니하는 것이어야 한다.
- 가스누출경보기의 설치 개수
  ① 설비가 건축물 내(지붕이 있고 둘레의 1/4 이상이 벽으로 싸여 있는 장소를 말한다)에 설치된 경우에는 그 설비군의 바닥면 둘레 10 m에 대하여 1개 이상의 비율로 계산한 수
  ② 설비가 용기보관장소, 용기저장실, 지하에 설치된 전용 저장탱크실, 지하에 설치된 전용 처리설비실 및 건축물 밖에 설치된 경우에는 그 설비군의 바닥면 둘레 20 m에 대하여 1개 이상의 비율로 계산한 수

52. 검사에 합격한 고압가스용기의 각인사항에 해당하지 않는 것은?

① 용기제조업자의 명칭 또는 약호
② 충전하는 가스의 명칭
③ 용기의 번호
④ 기밀시험압력

[해설] 용기의 각인
① 용기제조업자의 명칭 또는 약호
② 충전하는 가스의 명칭
③ 용기의 번호
④ 내용적(기호 : V, 단위 : L)
⑤ 초저온용기외의 용기는 밸브 및 부속품(분리할 수 있는 것에 한함)을 포함하지 아니한 용기의 질량(기호 : W, 단위 : kg)
⑥ 아세틸렌가스 충전용기는 질량에 용기의 다공물질·용제 및 밸브의 질량을 합한 질량
⑦ 내압시험에 합격한 연월
⑧ 내압시험압력(초저온용기 및 액화천연가스 자동차용 용기는 제한다)
⑨ 최고충전압력(압축가스를 충전하는 용기, 초저온용기 및 액화 천연가스 자동차용 용기에 한정)
⑩ 내용적이 500L를 초과하는 용기에는 동판의 두께(기호 : t, 단위 : mm)
⑪ 충전량[g](납붙임 또는 접합용기에 한정한다.

정답 51. ④ 52. ④

53
LP가스용 금속플렉시블호스에 대한 설명으로 옳은 것은?
① 배관용 호스는 플레어 또는 유니온의 접속기능을 갖추어야 한다.
② 연소기용 호스의 길이는 한쪽 이음쇠의 끝에서 다른 쪽 이음쇠까지로 하며 길이허용오차는 +4%, -3% 이내로 한다.
③ 스테인리스강은 튜브의 재료로 사용하여서는 아니 된다.
④ 호스의 내열성시험은 100±2℃에서 10분간 유지 후 균열 등의 이상이 없어야 한다.

해설◦ 가스용 금속 플렉시블 호스의 기술기준
① 호스는 튜브의 양단에 관용 테이퍼 나사를 갖는 이음쇠나 호스엔드를 접속할 수 있는 이음쇠를 플레어 이음 또는 경납땜 등으로 부착한 구조일 것
② 튜브는 금속제로 주름가공으로 제작하여 쉽게 급혀질 수 있는 구조로 하고 외면에는 보호피막을 입힐 것
③ 호스는 안전성 및 내구성이 양호하여야 하며, 통상의 조작 시 사용상 지장을 주는 변형이나 파손이 되지 않는 구조일 것
④ 호스는 이음쇠가 견고하게 부착되어 누출이 없어야 하며, 콕과 고정형 연소기의 접속을 위한 충분한 기능을 갖출 것
⑤ 이음쇠는 플레어(flare) 또는 유니온(union)의 접속 기능을 갖출 것

54
액화석유가스 사용시설에서 가스배관 이음부(용접이음매 제외)와 전기개폐기와는 몇 cm 이상의 이격거리를 두어야 하는가?
① 15 cm　　② 30 cm　　③ 40 cm　　④ 60 cm

해설◦ 안전거리
① 전기계량기, 전기개폐기 : 60 cm 이상
② 굴뚝, 전기점멸기, 전기접속기 : 30 cm 이상
③ 미절연전선 : 15 cm 이상
④ 절연전선 : 10 cm 이상

55
지상에 설치된 액화석유가스 저장탱크와 가스 충전장소와의 사이에 설치하여야 하는 것은?
① 역화방지기　　② 방호벽
③ 드레인 세퍼레이터　　④ 정제장치

해설◦ 방호벽 : 지상에 설치된 저장탱크와 가스충전장소 사이에는 가스폭발에 따른 충격에 견딜 수 있는 방호벽을 설치하거나, 그 한 쪽에서 발생하는 위해요소가 다른 쪽으로 전이되는 것을 방지하기 위하여 필요한 조치를 마련할 것

정답　53. ①　54. ④　55. ②

56 고압가스제조자 또는 고압가스판매자가 실시하는 용기의 안전점검 및 유지관리 사항에 해당되지 않는 것은?
① 용기의 도색상태
② 용기관리 기록대장의 관리상태
③ 재검사기간 도래여부
④ 용기밸브의 이탈방지 조치여부

해설 용기의 안전점검 및 유지·관리 기준
① 용기의 내·외면을 점검하여 사용할 때에 위험한 부식·금·주름 등이 있는 것인지의 여부를 확인할 것
② 용기는 도색 및 표시가 되어 있는지의 여부를 확인할 것
③ 용기의 스커트에 찌그러짐이 있는지, 사용할 때에 위험하지 않도록 적정 간격을 유지하고 있는지의 여부를 확인할 것
④ 유통 중 열영향을 받았는지의 여부를 점검할 것. 이 경우 열영향을 받는 용기는 재검사를 받아야한다.
⑤ 용기 캡이 씌워져 있거나 프로텍터가 부착되어 있는지의 여부를 확인할 것
⑥ 재검사기간의 도래 여부를 확인할 것
⑦ 용기 아랫부분의 부식 상태를 확인할 것
⑧ 밸브의 몸통·충전구나사·안전밸브에 사용에 지장을 주는 흠, 주름, 스프링의 부식 등이 있는지의 여부를 확인할 것
⑨ 밸브의 그랜드너트가 고정핀 등에 의하여 이탈 방지를 위한 조치가 있는지 여부를 확인할 것
⑩ 밸브의 개폐 조작이 쉬운 핸들이 부착되어 있는지 여부를 확인할 것
⑪ 용기에는 충전가스의 종류에 맞는 용기부속품이 부착되어 있는지 여부를 확인할 것
⑫ 용기에 충전된 고압가스(가연성 가스 및 독성가스만 해당한다)를 판매한 자는 판매에서 회수까지 그 이력을 추적 관리하여 용기 방치 등으로 인한 그 이력을 추적 관리하여 용기 방치 등으로 인한 안전관리에 저해되지 않도록 할 것

57 고압가스의 제조설비에서 사용개시 전에 점검하여야 할 항목이 아닌 것은?
① 불활성가스 등에 의한 치환 상황
② 자동제어장치의 기능
③ 가스설비의 전반적인 누출 유무
④ 배관계통의 밸브개폐 상황

해설 제조설비에서 사용개시 전에 점검사항
① 제조설비 등에 있는 내용물의 상황
② 계기류의 기능 특히 경보 및 자동제어장치의 기능
③ 안전설비의 기능
④ 각 배관 계통에 부착된 밸브 등의 개폐상황 및 맹판의 탈착·부착 상황
⑤ 회전기계의 윤활유 보급 상황 및 회전구동 상황
⑥ 제조설비 등 당해 설비의 전반적인 누출 유무
⑦ 가연성 가스 및 독성가스가 체류하기 쉬운 곳의 해당 가스농도
⑧ 전기·물·증기·공기 등 유틸리티 시설의 준비 상황

정답 56. ② 57. ①

⑨ 안전용 불활성 가스 등의 준비 상황
⑩ 그 밖에 필요한 사항의 이상 유무

58 고압가스 냉동제조의 기술기준에 대한 설명으로 옳지 않은 것은?
① 암모니아를 냉매로 사용하는 냉동제조시설에는 제독제로 물을 다량 보유한다.
② 냉동기의 재료는 냉매가스 또는 윤활유 등으로 인한 화학작용에 의하여 약화되어도 상관없는 것으로 한다.
③ 독성가스를 사용하는 내용적이 1만 L 이상인 수액기 주위에는 방류둑을 설치한다.
④ 냉동기의 냉매설비는 설계압력 이상의 압력으로 실시하는 기밀시험 및 설계압력의 1.5배 이상의 압력으로 하는 내압시험에 각각 합격한 것이어야 한다.

[해설] 고압가스 냉동제조의 기술기준(재료)
① 재료는 표면에 사용상 해로운 흠, 찌그러짐, 부식 등의 결함이 없어야 한다.
② 재료는 냉매가스, 흡수용액, 윤활유 또는 이들 혼합물의 작용에 의하여 열화되지 않아야 한다.
③ 냉동재료는 사용가스 및 윤활유에 대한 내식성이 커야 한다.

59 가스누출자동차단기의 제품성능에 대한 설명으로 옳은 것은?
① 고압부는 5 MPa 이상, 저압부는 0.5 MPa 이상의 압력으로 실시하는 내압시험에 이상이 없는 것으로 한다.
② 고압부는 1.8 MPa 이상, 저압부는 8.4 kPa 이상 10 kPa 이하의 압력으로 실시하는 기밀시험에서 누출이 없는 것으로 한다.
③ 전기적으로 개폐하는 자동차단기는 5000회의 개폐조작을 반복한 후 성능에 이상이 없는 것으로 한다.
④ 전기적으로 개폐하는 자동차단기는 전기충전부와 비충전금속부와의 절연저항은 1 kΩ 이상으로 한다.

[해설] ① 내압시험
  ㉠ 고압부 : 3 MPa 이상
  ㉡ 저압부 : 0.3 MPa 이상
② 기밀시험
  ㉠ 고압부 : 1.8 MPa 이상
  ㉡ 저압부 : 8.4 kPa 이상 10 kPa 이하

정답 58. ② 59. ②

60 -162°C의 LNG(액비중 : 0.46, CH$_4$: 90%, C$_2$H$_6$: 10%) 1 m^{3}을 20°C까지 기화시켰을 때의 부피는 약 몇 m^{3}인가?

① 592.6 ② 635.6 ③ 645.6 ④ 692.6

[해설] ① 평균 분자량 : $16 \times 0.9 + 30 \times 0.1 = 17.4$
② 액비중 : 460 kg/m^3
③ $\dfrac{V_1}{T_1} = \dfrac{V_2}{T_2}$
④ $\dfrac{\frac{460}{17.4} \times 22.4}{273} = \dfrac{V_2}{(273+20)}$
$V_2 = 635.567 \text{m}^3$

제4과목 : 가스계측

61 수정이나 전기석 또는 롯 쉘염 등의 결정체의 특정 방향으로 압력을 가할 때 발생하는 표면 전기량으로 압력을 측정하는 압력계는?

① 스트레인 게이지 ② 피에조 전기 압력계
③ 자기변형 압력계 ④ 벨로우즈 압력계

[해설] 피에조(Piezo) 전기 압력계
수정, 롯셀염 등의 결정체의 특정 방향으로 압력을 가할 때 발생하는 표면에 발생하는 순간적인 입력을 측정하는 압력계이다.

62 가스크로마토그램에서 성분 X의 보유시간이 6분, 피크폭이 6mm이었다. 이 경우 X에 관하여 HETP는 얼마인가? (단, 분리관 길이는 3 m, 기록지의 속도는 분당 15 mm 이다.)

① 0.83 mm ② 8.30 mm ③ 0.64 mm ④ 6.40 mm

[해설] 이론 단수 계산
① 이론 단수$(n) = 16 \left(\dfrac{t_R}{W} \right)^2$
t_R : 보유시간, W : 바탕선의 길이

② HETP = $\dfrac{L}{n}$

　　n : 이론 단수, L : 분리관의 길이

③ 이론 단수(n) = $16\left(\dfrac{t_R}{W}\right)^2 = 16 \times \left(\dfrac{6 \times 15}{6}\right)^2 = 3600$

④ HETP = $\dfrac{L}{n} = \dfrac{(3 \times 10^2)}{3600} = 0.0833$ cm × 10 = 0.8333 mm

---

63. 두 개의 계측실이 가스흐름에 의해 상호 보완작용으로 밸브시스템을 작동하여 계측실의 왕복운동을 회전운동으로 변환하여 가스량을 적산하는 가스미터는?
① 오리피스 유량계
② 막식 유량계
③ 터빈 유량계
④ 볼텍스 유량계

[해설] 막식 유량계
　가스를 일정한 용적의 주머니 속에 넣어 배출하여 회수를 용적단위로 환산하여 적산한다.

---

64. 점도가 높거나 점도 변화가 있는 유체에 가장 적합한 유량계는?
① 차압식 유량계
② 면적식 유량계
③ 유속식 유량계
④ 용적식 유량계

[해설] 용적식 유량계
① 유체의 물성치(온도, 압력 등)에 의한 영향을 거의 받지 않는다.
② 맥동의 영향이 적고 압력손실이 적다.
③ 유량계 전후의 직관길이에 영향을 받지 않는다.
④ 외부 에너지의 공급이 없어도 측정할 수 있다.
⑤ 고점도의 유체나 점도 변화가 있는 유체의 유량 측정에 적합하다.

---

65. 니켈, 망간, 코발트, 구리 등의 금속산화물을 압축, 소결시켜 만든 온도계는?
① 바이메탈 온도계
② 서미스터저항체 온도계
③ 제겔콘 온도계
④ 방사 온도계

[해설] 서미스터(thermistor) 저항체 온도계
① 온도 변화에 따른 저항치가 크게 변하는 반도체이다.
② 사용원료는 니켈, 망간, 코발트 구리 등의 금속산화물을 압축, 소결시켜 만든 2원계 또는 3원계 합금이다.
③ 국부적인 온도 측정에 적합하다.

정답 63. ②　64. ④　65. ②

66 다음 [그림]과 같이 시차 액주계의 높이 H가 60 mm일 때 유속(V)은 약 몇 m/s인가? (단, 비중 γ와 γ'는 1과 13.6이고, 속도계수는 1, 중력 가속도는 9.8 m/s²이다.)

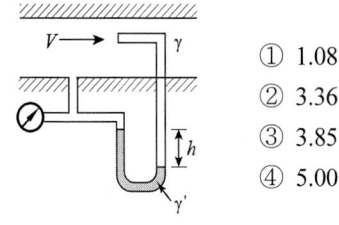

① 1.08
② 3.36
③ 3.85
④ 5.00

해설 ① $V = \sqrt{2gH\left(\dfrac{S_0}{S}-1\right)} = \sqrt{2gH\left(\dfrac{\gamma'}{\gamma}-1\right)}$

② $V = \sqrt{2gH\left(\dfrac{\gamma'}{\gamma}-1\right)} = \sqrt{2 \times 9.8 \times (60 \times 10^{-3}) \times \left(\dfrac{13.6}{1}-1\right)} = 3.849\,[\text{m/s}]$

67 일반적으로 계측기는 크게 3부분으로 구성되어 있다. 이에 해당되지 않는 것은?
① 검출부 ② 전달부 ③ 수신부 ④ 제어부

해설 계측기의 3요소
① 검출부 ② 전달부 ③ 수신부

68 가스크로마토그래피(gas chromatography)를 이용하여 가스를 검출할 때 반드시 필요하지 않는 것은?
① Column ② Gas Sampler ③ Carrier gas ④ UV detector

해설 가스 크로마토그래피(gas chromatography) 검출
① 칼럼 및 시험은 핵심 구성요소이며 캐리어 가스파이프라인 시스템으로 검증과 기록 장치로 이루어져 있다.
② 캐리어 가스(carrier gas) : H_2, N_2, He, Ar

69 계량에 관한 법률의 목적으로 가장 거리가 먼 것은?
① 계량의 기준을 정함
② 공정한 상거래 질서유지
③ 산업의 선진화 기여
④ 분쟁의 협의 조정

해설 계량에 관한 법률
계량의 기준을 정하여 계량을 적정하게 함으로써 공정한 상거래 질서를 유지하고, 산업의 선진화 및 국민경제 발전에 기여함을 목적으로 한다.

정답 66. ③ 67. ④ 68. ④ 69. ④

70 400 K는 몇 ℛ인가?
① 400　② 620　③ 720　④ 820

해설 ① $\dfrac{℃}{100} = \dfrac{℉-32}{180}$　② $K = 273 + ℃$
③ $R = 460 + ℉$　④ $R = 1.8K$
⑤ $R = 1.8K = 1.8 \times 400 = 720$

71 화합물이 가지는 고유의 흡수정도의 원리를 이용하여 정성 및 정량분석에 이용할 수 있는 분석방법은?
① 저온분류법
② 적외선분광분석법
③ 질량분석법
④ 가스크로마토그래피법

해설 기기 분석법
① 적외선분광분석법 : 진동에 의해 적외선의 흡수의 원리를 이용한 것이다.
② 전기량에 의한 적정법 : 패러데이 법칙의 원리를 이용하여 전기량의 분석하는 방법이다.
③ 저온증밀 증류법 : 증류온도 및 유출가스의 분압에서 시료가스의 조성을 구하는 방법이다.
④ 질량분석법 : 시료량이 미량으로 고농도에서 저농도까지 광범위하게 분석하는 방법이다.
⑤ 가스 크로마토그래피 : 칼럼 및 시험은 핵심 구성요소이며 캐리어 가스 파이프라인 시스템으로 검증과 기록 장치로 이루어져 있다.

72 다음 중 추량식 가스미터에 해당하지 않는 것은?
① 오리피스 미터
② 벤투리 미터
③ 회전자식 미터
④ 터빈식 미터

해설 ① 추량식(간접식) 가스미터기 : 벤투리, 오리피스, 터빈식, 델타형
② 실측식(직접식) 가스미터기 : 막식 가스미터, 루츠미터기, 로터리 피스톤식

73 보상도선, 측온접점 및 기준접점, 보호관 등으로 구성 되어 있는 온도계는?
① 복사 온도계
② 열전대 온도계
③ 광고 온도계
④ 저항 온도계

해설 열전대 온도계
① 열전대를 측온체로 사용하여 열기전력으로 온도를 나타내는 온도계이다.
② 구성 : 열전대, 보상도선, 측온접점(열접점), 기준접점(냉접점), 보호관

정답 70. ③　71. ②　72. ③　73. ②

74

다음 압력 중 미세압 측정이 가능하여 통풍계로도 사용되며, 감도(정도)가 좋은 압력계는?

① 경사관식 압력계 ② 분동식 압력계
③ 부르동관 압력계 ④ 마노미터(U자관 압력계)

해설 경사관식 압력계
① 압력계 중에서 감도(정도)가 가장 좋다.
② 미세압 측정이 가능하다.

75

물 100 cm 높이에 해당하는 압력은 몇 Pa인가? (단, 물의 비중량은 9803 N/m³이다.)

① 4901 ② 490150 ③ 9803 ④ 980300

해설 압력
① $P = \gamma h = 9803 \text{ N/m}^3 \times 1 \text{ m} = 9803 \text{ N/m}^2 = 9803 \text{ Pa}$
② 물의 비중량<조건> : 9803 N/m³
③ 물의 비중량(γ) 1000 kg/m³ = 9800 N/m³
④ h : 100 cm = 1 m이다.
⑤ 9803 N/m² = 9800 Pa = 9803 Pa ÷ 1000 = 9.803 kPa ÷ 1000 = 0.009803 MPa

76

다음 열전대 온도계 중 가장 고온에서 사용할 수 있는 것은?

① R형 ② K형 ③ T형 ④ J형

해설 열전대의 종류 및 특성

종류	약호	측정온도
백금-백금로듐	R	0~1600℃
크로멜-알루멜	K	0~1200℃
철-콘스탄탄	J	-20~800℃
구리-콘스탄탄	T	-200~350℃

77

계량기 형식 승인 번호의 표시방법에서 계량기의 종류별 기호 중 가스미터의 표시기호는?

① G ② N ③ K ④ H

해설 ① H : 가스미터 ② 형식 승인 번호(예) : 제 H-05-01호

정답 74. ① 75. ③ 76. ① 77. ④

78 광학적 방법인 슈리렌법(schlieren method)은 무엇을 측정하는가?
① 기체의 흐름에 대한 속도변화
② 기체의 흐름에 대한 온도변화
③ 기체의 흐름에 대한 압력변화
④ 기체의 흐름에 대한 밀도변화

[해설] 슈리렌법(Schlieren method)
기체흐름에 대한 밀도변화 측정

79 계측기기의 측정과 오차에서 흩어짐의 정도를 나타내는 것은?
① 정밀도
② 정확도
③ 정도
④ 불확실성

[해설] 계측의 정밀도
① 정밀도(precision) : 동일 계기로 같은 물리량을 반복적으로 측정, 흩어짐의 정도
② 정확도 : 평균값
③ 정도 : 측정값, 정확도, 정밀도 등의 전체적인 결과가 좋은 것을 말한다.

80 0°C에서 저항이 120Ω 이고 저항온도 계수가 0.0025인 저항 온도계를 노 안에 삽입하였을 때 저항이 210Ω 이 되었다면 노 안의 온도는 몇 °C인가?
① 200°C
② 250°C
③ 300°C
④ 350°C

[해설] 온도 변화에 따른 도체의 저항
① $R_2 = R_1[1+a\triangle t]$, $\triangle t = t_2 - t_1$
② $\triangle t = (t_2 - t_1) = \dfrac{1}{a} \times \left(\dfrac{R_2 - R_1}{R_1}\right)$

$t_2 = 0 + \dfrac{1}{0.0025} \times \left(\dfrac{210-120}{120}\right)$
$= 300°C$

③ 노의 온도 = 300 + 0 = 300°C

정답 78. ④ 79. ① 80. ③

2014년 제4회 가스산업기사 출제문제

제1과목 : 연소공학

01 연소의 난이성에 대한 설명으로 옳지 않은 것은?
① 화학적 친화력이 큰 가연물이 연소가 잘된다.
② 연소성가스가 많이 발생하면 연소가 잘된다.
③ 환원성 분위기가 잘 조성되면 연소가 잘된다.
④ 열전도율이 낮은 물질은 연소가 잘된다.

해설 ▶ 연소
① 연소의 난이성은 산화의 친화력과 밀접한 관계가 있으며 즉 산소의 친화력이 클수록 연소가 잘된다.
② 산화성 분위기가 잘 조성되면 연소가 잘된다.
③ 환원성 분위기가 잘 조성되면 소화가 잘된다.

02 과열증기온도와 포화증기온도의 차를 무엇이라고 하는가?
① 포화도 ② 비습도 ③ 과열도 ④ 건조도

해설 ▶ 증기(vapour)
① 과열증기 : 압력이 일정할 때 물이 증발하기 시작할 때의 온도를 말한다.
② 포화증기 : 액체와 공존하고 평행상태에 놓인 증기를 말한다.
③ 과열도 : 과열증기온도-포화증기온도

03 이너트 가스(Inert gas)로 사용되지 않는 것은?
① 질소   ② 이산화탄소
③ 수증기   ④ 수소

정답 1. ③   2. ③   3. ④

해설 ① 이너트(inert gas) : 다른 물질과 결합하지 않고 연소에 도움이 되지 않는 불활성 가스를 말한다.
② 수소 : 가연성 가스이다.

04 화학반응 중 폭발의 원인과 관련이 가장 먼 반응은?
① 산화반응　② 중화반응　③ 분해반응　④ 중합반응

해설 ① 중화반응 : 산과 염기가 반응하여 염과 물을 형성하는 반응으로, 예를 들면 벌에 쏘였을 때 응급처치로 묽은 암모니아수를 바른다.
② 화학폭발 반응
㉠ 가연성 가스와 공기의 혼합가스에 의해 점화 시 발생하는 폭발이다.
㉡ 산화폭발, 분해폭발, 중합폭발, 촉매폭발

05 상온, 상압 하에서 프로판이 공기와 혼합되는 경우 폭발 범위는 약 몇 %인가?
① 1.9~8.5　② 2.2~9.5　③ 5.3~14　④ 4.0~75

해설 프로판(C_3H_8) 연소(폭발) 범위 : 2.2~9.5 vol%

06 CO_2 40 vol%, O_2 10 vol%, N_2 50 vol% 인 혼합기체의 평균 분자량은 얼마인가?
① 16.8　② 17.4　③ 33.5　④ 34.8

해설 ① 분자량
㉠ CO_2 : 12+16×2=44　㉡ O_2 : 16×2=32　㉢ N_2 : 7×2=14
② 44×0.4+32×0.1+28×0.5=34.8

07 가스를 연료로 사용하는 연소의 장점이 아닌 것은?
① 연소의 조절이 신속, 정확하며 자동제어에 적합하다.
② 온도가 낮은 연소실에서도 안정된 불꽃으로 높은 연소 효율이 가능하다.
③ 연소속도가 커서 연료로서 안전성이 높다.
④ 소형 버너를 병용 사용하여 로내 온도분포를 자유로이 조절할 수 있다.

해설 연속속도가 커서 연료로서의 안전성이 떨어진다.

정답　4. ②　5. ②　6. ④　7. ③

08
기체상수 R을 계산한 결과 1.987이었다. 이때 사용되는 단위는?
① L·atm/mol·K   ② cal/mol·K   ③ erg/kmol·K   ④ Joule/mol·K

해설 기체상수 R
① $P = 101325 \text{ N/m}^2$
② $V = 22.4 \text{ L} = 0.0224 \text{ m}^3$
③ $n = 1 \text{ mol}$
④ $T = 273 \text{ K}$
⑤ $PV = nRT$
⑥ $R = \dfrac{PV}{nT} = \dfrac{101325 \text{ N/m}^2 \times 0.0224 \text{ m}^3}{1 \text{ mol} \times 273 \text{ K}} = 8.314 \text{ Nm/mol K} = 8.314 \text{ J/mol K}$
⑦ $R = 848 \text{ kg·m/kg·°K}$ $0.082 \text{ ℓ·atm/mol·°K}$
⑧ 1.987 cal/mol K
⑨ $8.314 \times 10^7 \text{ erg/mol K}$

09
500L의 용기에 40atm·abs, 30°C에서 산소(O_2)가 충전되어 있다. 이때 산소는 몇 kg인가?
① 7.8kg   ② 12.9kg   ③ 25.7kg   ④ 31.2kg

해설
① $n = \dfrac{PV}{RT} = \dfrac{40 \times 500}{0.082 \times (273+30)} = 804.958 \text{ mol}$

1mol = 32g
804.95mol = x

$x = \dfrac{804.958 \times 32}{1 mol} = 25758.65 g$

∴ 1kg = 1,000g   25.76kg

10
소화의 종류 중 주변의 공기 또는 산소를 차단하여 소화하는 방법은?
① 억제소화   ② 냉각소화   ③ 제거소화   ④ 질식소화

해설 소화
① 질식소화 : 산소농도를 15% 이하로 낮추어 연소가 불가능하게 하는 소화 방법이다.
② 냉각소화 : 점화원의 온도를 냉각시켜 발화점 이하로 내려 소화하는 방법이다.
③ 제거소화 : 가연물 물질을 제거하여 소화하는 방법이다.

11
폭굉(Detonation)에 대한 설명으로 옳지 않은 것은?
① 발열반응이다.   ② 연소의 전파속도가 음속보다 느리다.
③ 충격파가 발생한다.   ④ 짧은 시간에 에너지가 방출된다.

정답 8. ②   9. ③   10. ④   11. ②

해설 ① 폭굉 : 음속 < 폭발속도(충격파)
② 폭연 : 음속 > 폭발속도(충격파)

12 위험장소 분류 중 폭발성 가스의 농도가 연속적이거나 장시간 지속적으로 폭발한계 이상이 되는 장소 또는 지속적인 위험상태가 생성되거나 생성될 우려가 있는 장소는?
① 제 0종 위험장소
② 제 1종 위험장소
③ 제 2종 위험장소
④ 제 3종 위험장소

13 불활성화 방법 중 용기에 액체를 채운 다음 용기로부터 액체를 배출시키는 동시에 증기층으로 불활성가스를 주입하여 원하는 산소농도를 만드는 퍼지 방법은?
① 사이폰 퍼지
② 스위프 퍼지
③ 압력 퍼지
④ 진공 퍼지

해설 사이폰 퍼지
① 큰 저장용기를 퍼지할 때 경비를 최소화할 수 있다.
② 용기에 액체(물)를 채운다.
③ 액체가 용기로부터 배출될 때 불활성 가스를 용기의 증기공간에 주입한다.

14 BLEVE(Boiling Liquid Expanding Vapour Explosion) 현상에 대한 설명으로 옳은 것은?
① 물이 점성의 뜨거운 기름 표면 아래서 끓을 때 연소를 동반하지 않고 overflow 되는 현상
② 물이 연소유(oil)의 뜨거운 표면에 들어갈 때 발생되는 overflow 현상
③ 탱크바닥에 물과 기름의 에멀젼이 섞여있을 때 기름의 비등으로 인하여 급격하게 overflow 되는 현상
④ 과열상태의 탱크에서 내부의 액화 가스가 분출, 일시에 기화되어 착화, 폭발하는 현상

해설 블레비(BLEVE) 현상은 용기 안에 가스가 외부의 화재 및 열에 의해 팽창하여 용기가 파열되고 가스가 증발하여 폭발하는 물리적 폭발 현상이다.

정답 12. ① 13. ① 14. ④

| 참고 | 비등액체팽창증기폭발(BLEVE)의 발생단계
① 1단계 : 가연성 액체 탱크 주위 화재 발생
② 2단계 : 화재 외부열이 액체 탱크 벽 가열시킨다.
③ 3단계 : 탱크 내의 온도 및 압력 증가
④ 4단계 : 화재 및 열에 의해 탱크의 구조적 강도 손실 발생
⑤ 5단계 : 탱크 파열 발생으로 가스 증발이 일어난다.

15 액체연료의 연소형태와 가장 거리가 먼 것은?
① 분무연소
② 등심연소
③ 분해연소
④ 증발연소

해설 ① 액체 연소 : 분무연소, 등심연소, 액면연소, 증발연소
② 고체 연소 : 분해연소, 표면연소

16 연소한계, 폭발한계, 폭굉한계를 일반적으로 비교한 것 중 옳은 것은?
① 연소한계는 폭발한계보다 넓으며, 폭발한계와 폭굉한계는 같다.
② 연소한계와 폭발한계는 같으며, 폭굉한계보다는 넓다.
③ 연소한계는 폭발한계보다 넓고, 폭발한계는 폭굉한계보다 넓다.
④ 연소한계, 폭발한계, 폭굉한계는 같으며, 단지 연소현상으로 구분된다.

해설 ① 연소한계=폭발한계=가연한계
② 연소한계 > 폭굉한계

17 폭발범위가 넓은 것부터 차례로 된 것은?
① 일산화탄소 > 메탄 > 프로판
② 일산화탄소 > 프로판 > 메탄
③ 프로판 > 메탄 > 일산화탄소
④ 메탄 > 프로판 > 일산화탄소

해설 폭발범위(연소범위)
① 일산화탄소(CO) : 12.5~74 vol%
② 메탄(CH_4) : 5~15 vol%
③ 프로판(C_3H_8) : 2.1~9.5 vol%

정답 15. ③　16. ②　17. ①

18 액체공기 100 kg 중에는 산소가 약 몇 kg 들어 있는가? (단, 공기는 79 mol% N₂와 21 mol% O₂로 되어 있다.)
  ① 18.3   ② 21.1   ③ 23.3   ④ 25.4

해설 공기중 산소
  ① O₂의 체적비 : 21%
  ② O₂의 중량비 : 23.2%
  ③ 23.2×100 = 23.2

19 100℃의 수증기 1 kg이 100℃의 물로 응결될 때 수증기 엔트로피 변화량은 몇 kJ/K인가? (단, 물의 증발잠열은 2256.7 kJ/kg이다.)
  ① -4.87   ② -6.05   ③ -7.24   ④ -8.67

해설 엔트로피 변화량
$$S = \frac{-dQ}{T} = \frac{-2256.7}{273+100} = -6.0501$$

20 다음 연소와 관련된 식으로 옳은 것은?
  ① 과잉공기비 = 공기비(m) - 1
  ② 과잉공기량 = 이론공기량(A_0) + 1
  ③ 실제공기량 = 공기비(m) + 이론공기량(A_0)
  ④ 공기비 = (이론산소량/실제공기량) - 이론공기량

해설 ① A_0 : 이론 공기량
  ② A : 실제 공기량
  ③ A_{ex} : 과잉 공기량
  ④ m : 공기비
  ⑤ 실제 공기량 = $m \times A_0 = A_0 +$ 과잉공기
  ⑥ 과잉 공기량 = $A - A_0$
  ⑦ 공기비 : $\frac{A}{A_0}$
  ⑧ 과잉 공기비 : $m - 1$

정답 18. ③   19. ②   20. ①

제2과목 : 가스설비

21 압축가스를 저장하는 납붙임 용기의 내압시험압력은?
① 상용압력 수치의 5분의 3배
② 상용압력 수치의 3분의 5배
③ 최고충전압력 수치의 5분의 3배
④ 최고충전압력 수치의 3분의 5배

해설 ➔ 압축가스 용기 내압시험압력

용기 종류	압축가스 용기
① 최고충전압력	35℃의 온도에서 그 용기에 충전할 수 있는 가스의 압력 중 최고압력
② 내압시험압력	최고충전압력 수치의 3분의 5배
③ 안전밸브작동압력	내압시험압력의 10분의 8 이하의 압력에서 작동
④ 기밀시험압력	최고충전압력

22 고압가스 냉동제조시설의 자동제어장치에 해당하지 않는 것은?
① 저압차단장치
② 과부하보호장치
③ 자동급수 및 살수장치
④ 단수보호장치

23 노즐에서 분출되는 가스 분출속도에 의해 연소에 필요한 공기의 일부를 흡입하여 혼합기 내에서 잘 혼합하여 염공으로 보내 연소하고 이때 부족한 연소공기는 불꽃주위로부터 새로운 공기를 혼입하여 가스를 연소시키며 연소 온도가 가장 높은 방식의 버너는?
① 분젠식 버너
② 전1차식 버너
③ 적화식 버너
④ 세미분젠식 버너

해설 ➔ ① 분젠식 버너
㉠ 가스를 노즐부터 분출시켜 분출되는 가스에 의하여 주위의 공기를 연소범위 내에서 1차 공기로 흡인하여 연소에 사용하며 안정된 연소가 되면 외염을 형성한다.
㉡ 1차 공기 : 40~70%
㉢ 2차 공기 : 60~30%
② 적화식 : 연소에 필요한 공기 전부를 2차 공기를 사용하며 1차 공기는 사용하지 않는다.
③ 세미분젠식 : 연소범위에 도달하지 않도록 1차 공기량을 제한하여 연소하는 방식으로 적화식 분젠식의 중간 형태이다.

정답 21. ④ 22. ③ 23. ①

④ 전1차식 공기식 : 모든 공기를 1차 공기로 흡인하여 연소하는 것으로 완만한 조건에서는 2차 공기를 사용하지 않는다.

24

입구측 압력이 0.5 MPa 이상인 정압기의 안전밸브 분출부의 크기는 얼마 이상으로 하여야 하는지 고르시오.

① 20 A
② 25 A
③ 32 A
④ 50 A

해설 정압기 안전밸브 분출부 크기
① 정압기 입구측 압력이 0.5 MPa 이상인 것은 50 A 이상으로 하여야 한다.
② 정압기 입구측 압력이 0.5 MPa 미만인 것은 정압기의 설계유량에 따라 다음과 같은 크기로 하여야 한다.
  ㉠ 정압기 설계유량이 1000 Nm³/h 이상인 것은 50 A 이상
  ㉡ 정압기 설계유량이 1000 Nm³/h 미만인 것은 25 A 이상

25

직동식 정압기와 비교한 파이럿식 정압기의 특성에 대한 설명으로 바르지 않은 것은?

① 대용량이다.
② 오프셋이 커진다.
③ 요구 유량제어 범위가 넓은 경우에 적합하다.
④ 높은 압력제어 정도가 요구되는 경우에 적합하다.

해설 ① 직동식 정압기 : 오프셋(offset)이 커진다.
② 파일럿식 정압기 : 오프셋(offset)이 작아진다.
③ 오프셋(offset) : 유량 변화 시 2차 압력이 변하는 것

26

도시가스 공급관에서 전위차가 일정하고 비교적 작기 때문에 전위구배가 적은 장소에 적합한 전기방식법은?

① 외부전원법
② 희생양극법
③ 선택배류법
④ 강제배류법

해설 희생양극법(유전양극법)의 특징
장점 ① 시설비가 적게든다.
② 소규모설비에는 경제적
③ 다른배설금속체에 간섭우려 없다.
④ 과방식의 염려가 없다.
단점 ① 전류조절이 불가능
② 강한전식에는 무력하다.

정답 24. ④ 25. ② 26. ②

③ 대규모설비시 시설비가 많이 든다.
④ 정기적으로 양극(Mg) 보충 필요
⑤ 방식 범위가 좁다.

27

도시가스용 압력조정기에서 스프링은 어떤 재질을 사용하는가?
① 주물
② 강재
③ 알루미늄합금
④ 다이케스팅

[해설] 스프링 재질 : 강재

28

대기 중에 10 m 배관을 연결할 때 중간에 상온스프링을 이용하여 연결하려 한다면 중간 연결부에서 얼마의 간격으로 하여야 하는지 고르시오. (단, 대기 중의 온도는 최저 -20℃, 최고 30℃이고, 배관의 열팽창 계수는 7.2×10^{-5}/℃이다.)
① 18 mm
② 24 mm
③ 36 mm
④ 48 mm

[해설] 상온 스프링(cold spring)
① 길이=자유팽창량의 $\frac{1}{2}$로 한다.
② $\triangle L = L\alpha \triangle t = (10 \times 1000) \times (7.2 \times 10^{-5}) \times (30+20) \times \frac{1}{2} = 18$ mm

29

압축기의 종류 중 구동모터와 압축기가 분리된 구조로서 벨트나 커플링에 의하여 구동되는 압축기의 형식은?
① 개방형
② 반밀폐형
③ 밀폐형
④ 무급유형

[해설] 압축기의 분류
① 개방형 압축기 : 압축기와 전동기가 분리되어 있는 구조이다.
② 밀폐형 압축기 : 압축기와 전동기가 하나의 용기 내에 내장되어 있다.

정답 27. ② 28. ① 29. ①

30

물 수송량이 6000 L/min, 전양정이 45 m, 효율이 75%인 터빈 펌프의 소요 마력은 약 몇 kW인지 고르시오.

① 40　　② 47　　③ 59　　④ 68

해설 펌프 소요동력

$$P = \frac{\gamma \times Q \times H}{102 \times 60 \times \eta} = \frac{1000 \times (6000 \times 10^{-3}) \times 45}{102 \times 60 \times 0.75} = 58.823 \text{ kW}$$

γ : 물의 비중량 : 1000 kg/m³

31

고압장치의 재료로 구리관의 성질과 특징으로 바르지 않은 것은?
① 알칼리에는 내식성이 강하지만 산성에는 약하다.
② 내면이 매끈하여 유체저항이 적다.
③ 굴곡성이 좋아 가공이 용이하다.
④ 전도 및 전기절연성이 우수하다.

해설 구리관(동관)
① 내식성, 내충격성이 좋다.
② 가공이 쉽고 시공이 용이하다.
③ 열전도율이 크다.
④ 전기가 잘 통한다.

32

원심 펌프를 병렬로 연결하는 것은 무엇을 증가시키기 위한 것인지 고르시오.
① 양정　　② 동력　　③ 유량　　④ 효율

해설 펌프의 운전
① 펌프 병렬 연결 : 유량 증가
② 펌프 직렬 연결 : 양적 증가(토출 양정 증가, 유량 일정)

33

배관에는 온도변화 및 여러 가지 하중을 받기 때문에 이에 견디는 배관을 설계해야 한다. 외경과 내경의 비가 1.2 미만인 경우 배관의 두께는 식 $t(\text{mm}) = \dfrac{PD}{2\dfrac{f}{s} - P} + C$에 의하여 계산된다. 기호 P의 의미로 옳게 표시된 것은?
① 충전압력　　② 상용압력
③ 사용압력　　④ 최고충전압력

정답 30. ③　31. ④　32. ③　33. ②

해설➡ 배관 두께
① 외경과 내경의 비가 1.2 미만

$$t = \frac{PD}{2\frac{f}{s} - P} + C$$

P : 상용압력[MPa], t : 배관의 두께[mm], D : 배관의 내경[mm],
f : 최소인장강도[N/mm²], s : 안전율, C : 부식여유[mm]

② 외경과 내경의 비가 1.2 이상

$$t = \frac{D}{2}\left[\sqrt{\frac{\frac{f}{s} + P}{\frac{f}{s} - P}} - 1\right] + C$$

D : 안지름(내경에서 부식여유에 상당하는 부분을 뺀 부분의 수치)[mm],
P : 배관의 상용압력, C : 부식여유수치[mm], f : 최소 인장강도, s : 안전율

34
액화석유가스사용시설에서 배관의 이음매와 절연조치를 한 전선과는 최소 얼마 이상의 거리를 두어야 하는가?

① 10 cm　　② 15 cm　　③ 30 cm　　④ 40 cm

해설➡ 배관의 이음부 이격거리
① 배관의 이음부 ↔ 전기계량기 및 전기개폐기 : 60 cm 이상
② 배관의 이음부 ↔ 전기점멸기 및 전기접속기 : 30 cm 이상
③ 배관의 이음부 ↔ 절연전선 : 10 cm 이상
④ 배관의 이음부 ↔ 절연조치를 하지 않은 전선 : 15 cm 이상
⑤ 배관의 이음부 ↔ 단열조치를 하지 않은 굴뚝(배기통 포함) : 15 cm 이상

35
천연가스 중압공급 방식의 특징에 대한 설명으로 옳은 것은?
① 단시간의 정전이 발생하여도 영향을 받지 않고 가스를 공급할 수 있다.
② 고압공급 방식보다 가스 수송능력이 우수하다.
③ 중압 공급배관(강관)은 전기방식을 할 필요가 없다.
④ 중압배관에서 발생하는 압력감소의 주된 원인은 가스의 재응축 때문이다.

해설➡ 도시가스 중앙공급방식
① 가스제조소에서 압송기를 사용하여 중압의 가스를 송출하고 공급지역에 설치된 지구정압기로 공급압력을 저압으로 조정하여 수용가에 공급하는 방식이다.
② 가스공급량 대량 또는 공급지역이 넓어 저압공급방식보다 도관 설치비용을 절감할 수 있을 때 적용하는 방식이다.
③ 정전, 고장 등 발생 시 안정성 있게 공급할 수 있으며 중앙도관을 경제적으로 설계할 수 있다.

정답　34. ①　35. ①

36 고압가스설비의 운전을 정지하고 수리할 때 일반적으로 유의하여야 할 사항이 아닌 것은?

① 가스 치환작업 ② 안전밸브 작동
③ 장치내부 가스분석 ④ 배관의 차단

해설 고압가스 냉동제조의 시설·기술·검사 기준
① 점검기준
안전장치 중 압축기의 최종단에 설치한 안전장치는 1년에 1회 이상, 그 밖의 안전밸브는 2년에 1회 이상 조정을 하여 고압가스설비가 파손되지 않도록 적절한 압력 이하에서 작동이 되도록 할 것.

참고 가스설비의 점검·수리·청소 및 철거 요령
① 제조설비 등의 사용 개시 전 점검사항
㉠ 제조설비 등의 사용 개시 전 점검사항
㉡ 계기류의 기능, 특히 인터록(inter lock), 긴급용 시퀀스, 경보 및 자동제어장치의 기능
㉢ 긴급차단 및 긴급방출장치, 통신설비, 제어설비, 정전기 방지 및 제거설비 그 밖에 안전설비의 기능
㉣ 각 배관계통에 부착된 밸브 등의 개폐 상황 및 맹판의 탈착·부착 상황
㉤ 회전기계의 윤활유 보급상황 및 회전 구동상황
㉥ 제조설비 등 당해 설비의 전반적인 누출 유무
㉦ 가연성 가스 및 독성가스가 체류하기 쉬운 곳의 당해 가스농도
㉧ 전기, 물, 증기, 공기 등 유틸리티 시설의 준비상황
㉨ 안전용 불활성 가스 등의 준비상황
㉩ 비상전력 등의 준비상황
㉪ 그 밖에 필요한 사항의 이상 유무

37 액화석유가스(LPG) 20 kg 용기를 재검사하기 위하여 수압에 의한 내압시험을 하였다. 이때 전증가량이 200 mL, 영구증가량이 20 mL 이었다면 영구증가율과 적합 여부를 판단하면?

① 10%, 합격 ② 10%, 불합격
③ 20%, 합격 ④ 20%, 불합격

해설 항구(영구)증가율
① 항구(영구)증가율 = $\dfrac{\text{항구 증가량}}{\text{전 증가량}} \times 100\%$
② 항구(영구)증가율 = $\dfrac{\text{항구 증가량}}{\text{전 증가량}} \times 100\% = \dfrac{20 \text{ mL}}{200 \text{ mL}} \times 100 = 10\%$
③ 합격 기준 : 10% 이하이므로 내압시험에 합격이다.

정답 36. ② 37. ①

38 배관설계 시 고려하여야 할 사항으로 가장 거리가 먼 것은?
① 가능한 옥외에 설치할 것
② 굴곡을 적게 할 것
③ 은폐하여 매설할 것
④ 최단거리로 할 것

해설► 가스배관 설계 고려할 사항 4요소
① 최단거리로 할 것
② 구부러지거나 오르내림을 적게 할 것
③ 은폐하거나 매설을 피할 것
④ 가능한 한 옥외에 할 것

참고 은폐하거나 매설하면 가스 누설 시 체류하게 되어 위험하게 된다.

39 도시가스 배관의 내진설계 기준에서 일반도시가스사업자가 소유하는 배관의 경우 내진 1등급에 해당되는 압력은 최고 사용압력이 얼마의 배관을 말하는가?
① 0.1 MPa   ② 0.3 MPa   ③ 0.5 MPa   ④ 1 MPa

해설► ① 내진 특등급 : 7 MPa 이상
② 내진 1등급 : 0.5 MPa 이상
③ 내진 2등급 : 기타

40 정압기의 이상감압에 대처할 수 있는 방법이 아닌 것은?
① 저압배관의 loop화
② 2차 측 압력 감시장치 설치
③ 정압기 2계열 설치
④ 필터 설치

해설► 정압기 필터
입구측에 수분 및 불순물 제거 장치

정답 38. ③   39. ③   40. ④

제3과목 : 가스안전관리

41 일반도시가스사업소에 설치된 정압기 필터 분해점검에 대하여 옳게 설명한 것은?
① 가스공급 개시 후 매년 1회 이상 실시한다.
② 가스공급 개시 후 2년에 1회 이상 실시한다.
③ 설치 후 매년 1회 이상 실시한다.
④ 설치 후 2년에 1회 이상 실시한다.

해설 정압기 기술기준
① 환상 배관망에 설치되는 정압기 중 1개 이상의 정압기에는 다른 정압기의 안전밸브보다 작동압력을 낮게 설정하여 이상압력이 발생할 때 위해의 우려가 없는 안전한 장소에서 도시가스를 우선적으로 방출할 수 있도록 할 것
② 정압기는 설치 후 3년에 1회 이상 분해점검을 실시하고 1주일에 1회 이상 작동상황을 점검하며, 필터는 가스공급개시 후 1개월 이내 및 <u>가스공급개시 후 매년 1회 이상 분해점검을 실시할 것</u>
③ 도시가스사업자는 정압기의 안전을 확보하기 위하여 그 설비의 작동상황을 주기적으로 점검하고, 이상이 있을 때에는 지체 없이 보수 등 필요한 조치를 할 것

42 가연성가스 저장탱크 및 처리설비를 실내에 설치하는 기준에 대한 설명 중 바르지 않은 것은?
① 저장탱크와 처리설비는 구분 없이 동일한 실내에 설치한다.
② 저장탱크 및 처리설비가 설치된 실내는 천정·벽 및 바닥의 두께가 30 cm 이상인 철근콘크리트로 한다.
③ 저장탱크의 정상부와 저장탱크실 천정과의 거리는 60 cm 이상으로 한다.
④ 저장탱크에 설치한 안전밸브는 지상 5 m 이상의 높이에 방출구가 있는 가스 방출관을 설치한다.

해설 저장탱크 및 처리설비를 실내에 설치 기준
① 저장탱크실과 처리설비실은 각각 구분하여 설치하고 강제통풍시설을 갖출 것
② 저장탱크실 및 처리설비실은 천장·벽 및 바닥의 두께가 30cm 이상인 철근콘크리트로 만든 실로서 방수처리가 된 것일 것
③ 가연성 가스 또는 독성가스의 저장탱크실과 처리설비실에는 가스누출검지경보장치를 설치할 것
④ 저장탱크의 정상부와 저장탱크실 천장과의 거리는 60 cm 이상으로 할 것
⑤ 저장탱크를 2개 이상 설치하는 경우에는 저장탱크실을 각각 구분하여 설치할 것
⑥ 저장탱크 및 구 부속시설에는 부식방지 도장을 할 것

정답 41. ① 42. ①

⑦ 저장탱크실 및 처리설비실의 출입문은 각각 따로 설치하고, 외부인이 출입할 수 없도록 자물쇠 채움 등의 조치를 할 것
⑧ 저장탱크실 및 처리설비실을 설치한 주위에는 경계표지를 할 것
⑨ 저장탱크에 설치한 안전밸브는 지상 5 m 이상의 높이에 방출구가 있는 가스방출관을 설치할 것

43 액화석유가스 충전시설에서 가스산업기사 이상의 자격을 선임하여야 하는 저장능력의 기준은?
① 30톤 초과
② 100톤 초과
③ 300톤 초과
④ 500톤 초과

해설 ⊃ 안전관리자의 자격과 선임인원
(제5조 제3항 관련) [별표 1] <개정2014.7.21.>

시설 구분	저장능력 또는 수용가 수	선임구분	
		안전관리자의 구분 및 선임인원	자격
액화석유가스 충전시설	저장능력 500톤 초과	안전관리총괄자 : 1명	
		안전관리부총괄자 : 1명	
		안전관리책임자 : 1명 이상	가스산업기사 이상의 자격을 가진 자
		안전관리원 : 2명 이상	가스기능사 이상의 자격을 가진 자 또는 한국가스안전공사가 산업통상자원부장관의 승인을 받아 실시하는 충전시설안전관리자양성교육이수자(이하 "충전시설안전관리자양성교육이수자"라 한다)
	저장능력 100톤 초과 500톤 이하	안전관리총괄자 : 1명	
		안전관리부총괄자 : 1명	
		안전관리책임자 : 1명 이상	가스기능사 이상의 자격을 가진 자
		안전관리원 : 2명 이상	가스기능사 이상의 자격을 가진 자 또는 충전시설안전관리자 양성교육이수자
	저장능력 100톤 이하	안전관리총괄자 : 1명	
		안전관리부총괄자 : 1명	
		안전관리책임자 : 1명 이상	가스기능사 이상의 자격을 가진 자 또는 현장실무 경력이 5년 이상인 충전시설안전관리자양성교육이수자
		안전관리원 : 2명 이상	가스기능사 이상의 자격을 가진 자 또는 충전시설안전관리자 양성교육이수자
	저장능력 30톤 이하 (자동차용기 충전시설에만 해당한다)	안전관리총괄자 : 1명	
		안전관리책임자 : 1명 이상	가스기능사 이상의 자격을 가진 자 또는 충전시설안전관리자양성교육이수자

정답 43. ④

44 LPG 사용시설에서 용기보관실 및 용기집합설비의 설치에 대한 설명으로 바르지 않은 것은?

① 저장능력이 100 kg을 초과하는 경우에는 옥외에 용기 보관실을 설치한다.
② 용기보관실의 벽, 문, 지붕은 불연재료로 하고 복층구조로 한다.
③ 건물과 건물사이 등 용기보관실 설치가 곤란한 경우에는 외부인의 출입을 방지하기 위한 출입문을 설치한다.
④ 용기집합설비의 양단 마감조치 시에는 캡 또는 플랜지로 마감한다.

해설ⓒ LPG 사용시설에서 용기보관실 및 용기집합설비의 설치 기준
불연성 재료 또는 난연성 재료를 사용한 가벼운 지붕을 설치할 것. 다만, 건축물의 구조로 보아 가벼운 지붕을 설치하기가 현저히 곤란한 경우로서 허가관청이 정하는 구조 또는 시설을 갖춘 경우에는 그러하지 아니하다.

45 고정식 압축도시가스 이동식 충전차량 충전시설에 설치하는 가스누출검지경보장치의 설치위치가 아닌 것은?

① 개방형 피트외부에 설치된 배관 접속부 주위
② 압축가스설비 주변
③ 개별 충전설비 본체 내부
④ 펌프 주변

해설ⓒ 가스누출검지경보장치
① 가스누출검지경보장치는 누출된 가스를 검지하여 경보를 울리면서 자동으로 가스통로를 차단하는 구조일 것
② 자동적으로 긴급차단 신호를 발하는 농도 설정치는 1.25퍼센트 이하의 값일 것
③ 가스누출검지경보장치는 다음 장소에 설치할 것
 ㉠ 압축설비 주변
 ㉡ 압축가스설비 주변
 ㉢ 개별 충전설비 본체 내부
 ㉣ 밀폐형 피트 내부에 설치된 배관접속(용접접속을 제외한다)부 주위
 ㉤ 펌프 주변

46 소비자 1호당 1일 평균 가스소비량이 1.6 kg/day이고, 소비호수 10호인 경우 자동절체 조정기를 사용하는 설비를 설계하면 용기는 몇 개 정도 필요한지 고르시오. (단, 표준 가스발생능력은 1.6 kg/h이고, 평균가스소비율은 60%, 용기는 2계열 집합으로 사용한다.)

① 8개　　② 10개　　③ 12개　　④ 14개

정답　44. ②　45. ①　46. ③

해설 ➡ 필요 용기 개수

① 개수 = $\dfrac{\text{최대 가스 소비량}}{\text{용기 1개당 가스 발생능력}}$ = $\dfrac{\text{1호당 평균 가스소비량×세대수×소비율}}{\text{용기 1개당 가스 발생능력}}$

② 개수 = $\dfrac{1.6 \text{ kg/day} \times 10 \times 0.6}{1.6 \text{ kg/h}}$ = 6개

③ 2계열 용기 개수 : 6×2 = 12개

47. 저장탱크의 맞대기 용접부 기계시험 방법이 아닌 것은?

① 비파괴시험
② 이음매 인장시험
③ 표면 굽힘시험
④ 측면 굽힘시험

해설 ➡ 용접부 기계시험
① 시험의 종류 등
 ㉠ 이음매인장시험
 ㉡ 표면굽힘시험(모재의 두께가 19 mm 미만인 용접부 및 열간끼워맞춤방식 외의 방식으로 층성동체의 층성재의 길이이음매로 분류된 용접을 하는 경우의 그 용접부를 제외한다). 다만, 모재 서로간 또는 모재와 용접금속부의 굽힘특성이 현저하게 다른 용접부에 대하여는 가로표면굽힘시험으로 할 수 있다.
 ㉢ 측면굽힘시험(모재의 두께가 19 mm 미만인 용접부, 열간끼워맞춤방식에 의한 층성동체의 층성재의 길이이음매로 분류된 용접부 및 안전확보상 지장이 없다고 인정되는 재료레 속하는 용접부를 제외한다)
 ㉣ 이면굽힘시험(층성동체의 원주이음매에 속한 용접부를 제외한다). 다만, 모재의 두께가 19 mm 이상인 맞대기 양면용접부는 표면굽힘시험에, 모재 서로간 또는 모재와 용착금속부의 굽힘특성이 현저하게 다른 용접부는 가로이면굽힘시험에 의할 수 있다.
 ㉤ 충격시험(성체온도 0℃ 미만의 용접부에 한하며 오스테나이트계 스테인리스강 및 비철금속에 속하는 것을 제외한다)
참고 비파괴 검사 : 음향검사, 침투검사, 자분검사, 방사선 투과검사, 초음파검사, 와류검사, 전위차법, 설퍼프린트(sulphur print)법

48. 고압가스 안전관리법에 의한 LPG 용접 용기를 제조하고자 하는 자가 반드시 갖추지 않아도 되는 설비는?

① 성형설비
② 원료 혼합설비
③ 열처리설비
④ 세척설비

해설 ➡ 용기제조설비
용접설비, 열처리설비, 부식방지도장설비(세척설비, 도장설비), 각인기, 자동밸브탈착기, 용기내부건조설비 및 진공흡입설비, 단조설비 또는 성형설비, 그 밖에 당해 용기제조에 필요한 설비 및 기구

정답 47. ① 48. ②

49
가스위험성 평가에서 위험도가 큰 가스부터 작은 순서대로 바르게 나열된 것은?
① C_2H_6, CO, CH_4, NH_3
② C_2H_6, CH_4, CO, NH_3
③ CO, CH_4, C_2H_6, NH_3
④ CO, C_2H_6, CH_4, NH_3

해설 위험도(H)
① 일산화탄소(CO) 연소범위 : 12.5~74 vol%

$$위험도 = \frac{U(상한) - L(하한)}{L(하한)} = \frac{74 - 12.5}{12.5} = 4.92$$

② 메탄(CH_4)의 연소범위 : 5~15%

$$위험도 = \frac{U(상한) - L(하한)}{L(하한)} = \frac{15 - 5}{5} = 2$$

③ 에탄(C_2H_6)의 연소범위 : 3~12.5 vol%

$$위험도 = \frac{U(상한) - L(하한)}{L(하한)} = \frac{12.5 - 3}{3} = 3.17$$

④ 암모니아(NH_3) 연소범위 : 15~28 vol%

$$위험도 = \frac{U(상한) - L(하한)}{L(하한)} = \frac{28 - 15}{15} = 0.9$$

⑤ 연소범위가 넓을수록 위험도 값이 증가하는 것을 알 수 있다.

50
저장능력이 20톤인 암모니아 저장탱크 2기를 지하에 인접하여 매설할 경우 상호간에 최소 몇 m 이상의 이격거리를 유지하여야 하는가?
① 0.6 m   ② 0.8 m   ③ 1 m   ④ 1.2 m

해설 저장탱크를 2개 이상 인접하여 설치하는 경우에는 상호간에 1 m 이상의 거리를 유지할 것

51
고압가스의 운반기준에서 동일 차량에 적재하여 운반할 수 없는 것은?
① 염소와 아세틸렌
② 질소와 산소
③ 아세틸렌과 산소
④ 프로판과 부탄

해설 고압가스 운반 등의 기준(제50조 관련)
독성가스 외의 고압가스의 용기에 의한 운반기준
① 경계표시
충전용기(납붙임 또는 접합용기에 충전하여 포장한 것을 포함한다. 이하 같다)를 차량에 적재하여 운반하는 때에는 그 차량의 앞뒤 보기 쉬운 곳에 각각 붉은 글씨로 "위험고압가스"라는 경계표시와 전화번호를 표시할 것
② 밸브의 손상 방지
밸브가 돌출한 충전한 충전용기는 고정식 프로텍터 또는 캡을 부착시켜 밸브의 손상을 방지하는 조치를 하고 운반할 것

정답 49. ④   50. ③   51. ①

③ 용기의 취급
  ㉠ 충전용기를 운반하는 때에는 넘어짐 등으로 인한 충격을 방지하기 위하여 충전용기를 단단하게 묶을 것
  ㉡ 충전용기를 차에 싣거나 차에서 내릴 때에는 충격을 받지 아니하도록 주의하여 취급하여야 하며, 충격을 완화하기 위하여 고무판·가마니 등을 차량 등에 갖추고 이를 사용할 것
  ㉢ 운반 중의 충전용기는 항상 40℃ 이하를 유지할 것
④ 혼합적재의 금지
  ㉠ 염소와 아세틸렌·암모니아 또는 수소는 동일차량에 적재하여 운반하지 아니할 것
  ㉡ 가연성 가스와 산소를 동일차량에 적재하여 운반하는 때에는 그 충전용기의 밸브가 서로 마주보지 아니하도록 적재할 것
  ㉢ 충전용기와 「위험물 안전관리법」이 정하는 위험물과는 동일차량에 적재하여 운반하지 아니할 것

52

독성가스가 누출되었을 경우 이에 대한 제독조치로서 적당하지 않은 것은?
① 물 또는 흡수제에 의하여 흡수 또는 중화하는 조치
② 벤트스텍을 통하여 공기 중에 방출시키는 조치
③ 흡착제에 의하여 흡착제거하는 조치
④ 집액구 등으로 고인 액화가스를 펌프 등의 이송설비로 반송하는 조치

해설》 제독 조치
제독 조치는 다음의 방법이나 이와 동등 이상의 작용을 하는 조치 중 한 가지 또는 두 가지 이상인 것을 선택하여야 한다.
① 물이나 흡수제로 흡수 또는 중화하는 조치
② 흡착제로 흡착 제거하는 조치
③ 저장탱크 주위에 설치된 유도구로 집액구·피트 등으로 고인 액화가스를 펌프 등의 이송설비로 안전하게 제조설비로 반송하는 조치
④ 연소설비(플레어 스택, 보일러 등)에서 안전하게 연소시키는 조치

참고 벤트 스택 : 대기 중으로 가스를 안전하게 방출시킨다.

53

폭발방지대책을 수립하고자 할 경우 먼저 분석하여야 할 사항으로 가장 거리가 먼 것은?
① 요인분석   ② 위험성평가분석
③ 피해예측분석   ④ 보험가입여부분석

해설》 폭발 방지 대책
① 요인 분석   ② 위험성 평가 분석   ③ 피해 예측 분석

정답 52. ② 53. ④

54 가연성가스 또는 산소를 운반하는 차량에 휴대하여야 하는 소화기로 옳은 것은?
① 포말소화기 ② 분말소화기
③ 화학포소화기 ④ 간이소화기

해설 ① 가연성 가스 또는 산소를 운반하는 차량에는 다음 기준에 따라 소화설비 및 재해발생방지를 위한 응급조치에 필요한 자재 및 공구 등을 휴대하고, 매월 1회 이상 점검하여 항상 정상적인 상태로 유지할 것
㉠ 충전용기 등을 차량에 적재하여 운반하는 경우(질량 5kg 이하의 고압가스를 운반하는 경우는 제외)에 대하는 소화설비는 표1에 기재한 소화기로서 신속하게 사용할 수 있는 위치에 비치할 것
② <표1, 소화설비>

가스의 종류	약제의 종류	소화기 능력단위	소화기 개수
가연성 가스	분말 소화 약제	BC용 B-10 이상 또는 ABC용 B-12 이상	차량 좌 : 1개 이상 차량 우 : 1개 이상
산소	분말 소화 약제	BC용 B-8 이상 또는 ABC용 B-10 이상	차량 좌 : 1개 이상 차량 우 : 1개 이상

55 용기에 의한 액화석유가스 사용시설의 기준으로 바르지 않은 것은?
① 가스저장실 주위에 보기 쉽게 경계표시를 한다.
② 저장능력이 250 kg 이상인 사용시설에는 압력이 상승한 때를 대비하여 과압안전장치를 설치한다.
③ 용기는 용기집합설비의 저장능력이 300 kg 이하인 경우 용기, 용기밸브 및 압력조정기가 직사광선, 빗물 등에 노출되지 않도록 한다.
④ 내용적 20 L 이상의 충전용기를 옥외에서 이동하여 사용하는 때에는 용기운반손수레에 단단히 묶어 사용한다.

해설 액화석유가스 사용시설의 시설·기술·검사 기준
① 용기집합설비를 설치하고, 그 저장능력이 100kg을 초과하는 경우 용기는 옥외에 설치된 용기보관실 안에 설치할 것
② 용기, 용기밸브 및 압력조정기는 직사광선, 눈 또는 빗물로부터의 위해를 막기 위한 적절한 조치를 할 것
③ 용기는 용기집합설비의 저장능력이 50kg미만인 경우에는 용기, 용기밸브 및 압력조정기가 직사광선, 빗물 등에 노출되지 않도록 한다.

정답 54. ② 55. ③

56 발연황산시약을 사용한 오르잣드법 또는 브롬시약을 사용한 뷰렛법에 의한 시험으로 품질검사를 하는 가스는?

① 산소　　　② 암모니아　　　③ 수소　　　④ 아세틸렌

해설> 품질 검사 기준

종류	검사 시약	검사법	순도
산소	동, 암모니아	오르자트법	99.5%
수소	피로카롤 하이드로설파이드	오르자트법	98.5%
아세틸렌	발연황산	오르자트법	98%
	브롬	뷰렛법	
	질산은	정성시험	

57 고압가스 저장설비에 설치하는 긴급차단장치에 대한 설명으로 바르지 않은 것은?

① 저장설비의 내부에 설치하여도 된다.
② 동력원(動力源)은 액압, 기압, 전기 또는 스프링으로 한다.
③ 조작 버튼(Button)은 저장설비에서 가장 가까운 곳에 설치한다.
④ 간단하고 확실하며 신속히 차단되는 구조라야 한다.

해설> 긴급차단장치
① 가연성 가스 또는 독성가스의 저장탱크(내용적 5천 l 미만의 것을 제외)에 부착된 배관(액상의 가스를 송출 또는 이입하는 것에 한하며, 저장탱크와 배관과의 접속부분을 포함)에는 그 저장탱크의 외면으로부터 5m 이상 떨어진 위치에서 조작할 수 있는 긴급차단장치를 설치할 것
② 다만, 액상의 가연성 가스 또는 독성가스를 이입하기 위하여 설치된 배관에는 역류방지밸브로 갈음할 수 있다.

58 고압가스 일반제조시설의 배관 설치에 대한 설명으로 바르지 않은 것은?

① 배관은 지면으로부터 최소한 1 m 이상의 깊이에 매설한다.
② 배관의 부식방지를 위하여 지면으로부터 30 cm 이상의 거리를 유지한다.
③ 배관설비는 상용압력의 2배 이상의 압력에 항복을 일으키지 아니하는 두께 이상으로 한다.
④ 모든 독성가스는 2중관으로 한다.

해설> 2중관으로 하여야 하는 독성가스
포스겐, 염소, 염화메탄, 암모니아, 황화수소, 시안화수소, 아황산가스

정답 56. ④　57. ③　58. ④

59 고압가스 운반 중 가스누출 부분에 수리가 불가능하고 사고가 발생하였을 경우의 조치로서 가장 거리가 먼 것은?

① 상황에 따라 안전한 장소로 운반한다.
② 부근의 화기를 없앤다.
③ 소화기를 이용하여 소화한다.
④ 비상연락망에 따라 관계업소에 원조를 의뢰한다.

해설 고압가스 운반시 재해 발생 또는 확대를 방지하기 위한 조치사항
　　[1] 사고 발생 시 응급조치
　　　① 가스 누출이 있는 경우에는 그 누출부분의 확인 및 수리를 할 것
　　　② 가스 누출 부분의 수리가 불가능한 경우
　　　　㉠ 상황에 따라 안전한 장소로 운반할 것
　　　　㉡ 부근의 화기를 없앨 것
　　　　㉢ 착화된 경우 용기 파열 등의 위험이 없다고 인정될 때는 소화할 것
　　　　㉣ 독성가스가 누출한 경우에는 가스를 제독할 것
　　　　㉤ 부근에 있는 사람을 대피시키고, 통행인은 교통통제를 하여 출입을 금지시킬 것
　　　　㉥ 비상연락망에 따라 관계업소에 원조를 의뢰할 것
　　　　㉦ 상황에 따라 안전한 장소로 대피할 것
　　　　㉧ 구급조치

60 공기액화 분리기의 운전을 중지하고 액화산소를 방출해야 하는 경우는?

① 액화산소 5 L 중 아세틸렌의 질량이 1 mg을 넘을 때
② 액화산소 5 L 중 아세틸렌의 질량이 5 mg을 넘을 때
③ 액화산소 5 L 중 탄화수소의 탄소의 질량이 5 mg을 넘을 때
④ 액화산소 5 L 중 탄화수소의 탄소의 질량이 50 mg을 넘을 때

해설 공기액화분리기 산소 취급 사항
　　① 액화산소는 1일 1회 이상 분석한다.
　　② 액화산소 5 L 중 아세틸렌의 질량이 5 mg 또는 탄화수소의 탄소 질량이 500 mg을 넘을 때에는 그 공기액화분리기의 운전을 중지하고 액화산소를 방출한다.

정답 59. ③   60. ②

제4과목 : 가스계측

61 열전도율식 CO_2 분석계 사용 시 주의사항 중 틀린 것은?
① 가스의 유속을 거의 일정하게 한다.
② 수소가스(H_2)의 혼입으로 지시 값을 높여 준다.
③ 셀의 주위 온도와 측정가스의 온도를 거의 일정하게 유지시키고 과도한 상승을 피한다.
④ 브리지의 공급 전류의 점검을 확실하게 한다.

해설 ⊃ 열전도율형 CO_2계(열전도율을 이용한 방법)
① 열전도율을 이용한 방법으로 탄산가스의 열전도율이 작다.
② 열전도율이 큰 수소가 혼입되면 지시값이 낮아져 측정오차의 영향이 크다.

62 가스분석에서 흡수분석법에 해당하는 것은?
① 적정법   ② 중량법
③ 흡광광도법   ④ 헴펠법

해설 ⊃ 흡수분석법
① 가스의 성분을 분석하는 방법으로 시료가스를 특정한 흡수액에 흡수시켜 흡수 전후의 체적차를 사용하여 분석한다.
② 흡수분석법 종류
　　㉠ 오르자트(Orsat)법　㉡ 헴펠(Hempel)법　㉢ 게겔법

63 용적식 유량계의 특징에 대한 설명 중 바르지 않은 것은?
① 유체의 물성치(온도, 압력 등)에 의한 영향을 거의 받지 않는다.
② 점도가 높은 액의 유량 측정에는 적합하지 않다.
③ 유량계 전후의 직관길이에 영향을 받지 않는다.
④ 외부 에너지의 공급이 없어도 측정할 수 있다.

해설 ⊃ 용적식 유량계
① 고점도의 유체나 점도 변화가 있는 유체의 유량 측정에 적합하다.
② 맥동의 영향이 적고 압력손실이 적다.
③ 유체의 물성치에 의한 영향을 거의 받지 않는다.
④ 유량계 전후의 직관길이에 영향을 받지 않는다.
⑤ 외부 에너지의 공급이 없어도 측정할 수 있다.

정답　61. ②　62. ④　63. ②

64
물체는 고온이 되면, 온도 상승과 더불어 짧은 파장의 에너지를 발산한다. 이러한 원리를 이용하는 색온도계의 온도와 색과의 관계가 바르게 짝지어진 것은?

① 800°C - 오렌지색
② 1000°C - 노란색
③ 1200°C - 눈부신 황백색
④ 2000°C - 매우 눈부신 흰색

해설 색온도계
① 800°C - 적색
② 1000°C - 오렌지색
③ 1200°C - 노란색(황색)
④ 1500°C - 눈부신 황백색

65
전자유량계는 다음 중 어느 법칙을 이용한 것인가?

① 쿨롱의 전자유도법칙
② 오옴의 전자유도법칙
③ 패러데이의 전자유도법칙
④ 주울의 전자유도법칙

해설 전자유량계
① 기전력을 이용하여 유량을 산출한다.
② 패러데이의 전자 유도법칙 : 유도 기전력의 크기는 코일을 지나는 자속의 매초 변화량과 코일의 권수에 비례한다.

66
막식 가스미터의 고장에 대한 설명으로 바르지 않은 것은?

① 부동 : 가스가 미터기를 통과하지만 계량되지 않는 고장
② 떨림 : 가스가 통과할 때에 출구 측의 압력변동이 심하게 되어 가스의 연소형태를 불안정하게 하는 고장형태
③ 기차불량 : 설치오류, 충격, 부품의 마모 등으로 계량 정밀도가 저하되는 경우
④ 불통 : 회전자 베어링 마모에 의한 회전저항이 크거나 설치 시 이물질이 기어 내부에 들어갈 경우

해설 불통 : 회전장치의 고장으로 가스가 미터를 통과하지 못하는 고장이다.

67
다음 중 람베르트-비어의 법칙을 이용한 분석법은?

① 분광광도법
② 분별연소법
③ 전위차적정법
④ 가스크로마토그래피법

해설 ① 분광광도법 : 흡수한 빛의 정도를 측정하여 빛의 세기를 측정하는 방법으로 분관측정이라 한다. 광원 → 파장선택 → 시료 → 빛 검출
② Lambert-Beer법칙 : 빛이 물질을 통과할 때 빛은 일정한 비율로 흡수되는 관계를 설명한 것으로 Lambert 법칙과 Beer의 법칙을 조합한 법칙이다.

정답 64. ④ 65. ③ 66. ④ 67. ①

68 내경 50 mm의 배관으로 평균유속 1.5 m/s의 속도로 흐를 때의 유량(m³/h)은 얼마인지 고르시오.
① 10.6 ② 11.2 ③ 12.1 ④ 16.2

해설▷ 유량

① $Q = AV = \left(\dfrac{\pi}{4}d^2\right) \times V$

② $Q = \left(\dfrac{\pi}{4}d^2\right) \times V = \dfrac{\pi}{4} \times (50 \times 10^{-3})^2 \times 1.5$
$= 0.00294 \ m^3/s \times 3600 = 10.584 \ m^3/h$

69 전압 또는 전력증폭기, 제어밸브 등으로 되어 있으며 조절부에서 나온 신호를 증폭시켜, 제어대상을 작동시키는 장치는?
① 검출부 ② 전송기 ③ 조절기 ④ 조작부

해설▷ ① 조작부 : 제어대상에 대하여 작용을 걸어오는 부분으로 조작신호를 증폭시켜 조작량으로 전환시켜 제어대상을 작동시키는 장치이다.
② 검출부 : 제어량의 현상을 알기 위한 목표치이다.

70 유리제 온도계 중 알코올 온도계의 특징으로 옳은 것은?
① 저온측정에 적합하다.
② 표면장력이 커 모세관현상이 적다.
③ 열팽창계수가 작다.
④ 열전도율이 좋다.

해설▷ 알코올 온도계
① 저온 측정에 적합하다.
② 모세관 내에서 알코올의 열팽창을 이용한다.
③ 열전도율이 나쁘다.

71 가스크로마토그래피의 운반기체(carrier gas)가 구비해야 할 조건으로 옳지 않은 것은?
① 비활성일 것 ② 확산속도가 클 것
③ 건조할 것 ④ 순도가 높을 것

정답 68. ① 69. ④ 70. ① 71. ②

해설 ▶ 가스 크로마토그래피(gas chromatography)의 운반 기체
① 충전물이나 시료에 대하여 불활성이고 검출기의 작동에 적합하여야 한다.
② 기체 확산을 최소화할 수 있을 것
③ 순도가 높고 구입이 쉬워야 한다.
④ 시료를 운반가스에 의하여 각 성분의 크로마토그램을 이용하여 유기화합물에 대한 정성 및 정량분석에 사용된다.
⑤ 시료의 확산속도에 의한 불활성 가스를 사용한다.

72
다음 가스계량기 중 간접측정 방법이 아닌 것은?
① 막식계량기   ② 터빈계량기
③ 오리피스계량기   ④ 볼텍스계량기

해설 ▶ 막식 계량기는 직접식 가스분석기이다.

73
유량측정에 대한 설명으로 옳지 않은 것은?
① 유체의 밀도가 변할 경우 질량유량을 측정하는 것이 좋다.
② 유체가 액체일 경우 온도와 압력에 의한 영향이 크다.
③ 유체가 기체일 때 온도나 압력에 의한 밀도의 변화는 무시할 수 없다.
④ 유체의 흐름이 층류일 때와 난류일 때의 유량측정 방법은 다르다.

해설 ▶ 유량 측정 : 유체가 액체일 경우 온도와 압력에 영향이 적다.

74
가스누출 검지경보장치의 기능에 대한 설명으로 바르지 않은 것은?
① 경보농도는 가연성가스인 경우 폭발하한계의 1/4 이하 독성가스인 경우 TLV – TWA 기준농도 이하로 할 것
② 경보를 발신한 후 5분 이내에 자동적으로 경보정지가 되어야 할 것
③ 지시계의 눈금은 독성가스인 경우 0~TLV-TWA 기준 농도 3배 값을 명확하게 지시하는 것일 것
④ 가스검지에서 발신까지의 소요시간은 경보농도의 1.6배 농도에서 보통 30초 이내일 것

해설 ▶ 가스누출경보장치의 설치기준
① 경보농도는 검지경보장치의 설치장소, 주위의 분위기 온도에 따라 가연성 가스는 폭발한계의 1/4 이하, 독성가스는 허용농도 이하로 할 것.(다만, 암모니아를 실내에서 사용하는 경우에는 50 ppm으로 할 수 있다.)

정답 72. ①   73. ②   74. ②

② 경보기의 정밀도는 경보농도 설정치에 대하여 가연성 가스용에 있어서 ±25% 이하, 독성 가스용에 있어서는 ±30% 이하로 할 것
③ 검지경보장치의 검지에서 발신까지 걸리는 시간은 경보농도의 1.6배 농도에서 보통 30초 이내일 것. 다만, 검지경보장치의 구조상 또는 이론상 30초가 넘게 걸리는 가스(암모니아, 일산화탄소 또는 유사한 가스)에 있어서는 1분 이내로 한다.
④ 경보를 발신한 후에는 원칙적으로 분위기 중 가스농도가 변화하여도 계속 경보를 올리고, 그 확인 또는 대책을 강구함에 따라 경보정지가 되어야 할 것

75. 다음 중 접촉식 온도계에 해당하는 것은?

① 바이메탈온도계　　② 광고온계
③ 방사온도계　　　　④ 광전관온도계

해설 접촉식 온도계
① 열팽창을 이용한 것 : 유리제 봉입식 온도계, 바이메탈 온도계, 압력식 온도계
② 전기 저항을 이용한 것 : 전기 저항체 온도계
③ 열기전력을 이용한 것 : 열전대 온도계

76. 가스크로마토그래피에서 사용하는 검출기가 아닌 것은?

① 원자방출검출기(AED)　　② 황화학발광검출기(SCD)
③ 열추적검출기(TTD)　　　④ 열이온검출기(TID)

해설 ① 열전도도 검출기(TCD) : 캐리어 가스와 시료와의 열전도도 차를 금속 필라멘트의 저항 변화로 나타내며 일반적으로 사용되는 검출기로 구조 취급방법이 쉽고, 거의 모든 성분을 검출할 수 있으나 감도가 낮다.(100 ppm까지 감지)
② 수소염이온화 검출기
③ 전자포획형 검출기
④ 불꽃광도형 검출기
⑤ 알칼리 열이온화 검출기
⑥ 황화학발광 검출기(SCD)
⑦ 열이온 검출기(TID)
⑧ 원자방출 검출기(AED)

77. 산소 64 kg과 질소 14 kg의 혼합기체가 나타내는 저압이 10기압이면 이때 산소의 분압은 얼마인가?

① 2기압　　② 4기압　　③ 6기압　　④ 8기압

정답 75. ① 76. ③ 77. ④

해설● 산소의 분압

$$\text{분압} = \text{전압} \times \frac{\text{성분기체분자량}}{\text{전분자량}} = 10 \times \frac{64}{78} = 8.205\,\text{atm}$$

78. 열전대 온도계의 일반적인 종류로서 옳지 않은 것은?

① 구리 - 콘스탄탄
② 백금 - 백금・로듐
③ 크로멜 - 콘스탄탄
④ 크로멜 - 알루멜

해설● 열전대의 종류 및 특성

종류	약호	측정온도
백금-백금로듐	R	0~1600℃
크로멜-알루멜	K	0~1200℃
철-콘스탄탄	J	-20~850℃
구리-콘스탄탄	T	-200~350℃
수은 온도계		-35~350℃

79. 전기저항 온도계에서 측온 저항체의 공칭저항치라고 하는 것은 몇 ℃의 온도일 때 저항소자의 저항을 의미하는가?

① -273℃　　② 0℃　　③ 5℃　　④ 21℃

해설● 전기저항식 온도계 : 측온 저항치의 저항치를 이용하여 온도 측정하는 것으로 0℃의 온도일 때 저항소자의 저항을 의미한다.

80. 대용량 수요처에 적합하며 100~5000 m³/h의 용량 범위를 갖는 가스미터는?

① 막식 가스미터
② 습식 가스미터
③ 마노미터
④ 루츠미터

해설● 루츠미터(roots meter)
① 대유량 가스측정
② 중압가스계량가능
③ 설치면적이 적다.
④ 소유량에서는 부동의 우려가 있다.
⑤ 스트레이너 설치 후 유지관리 필요
⑥ 용량범위 100~5000m³/h

정답　78. ③　79. ②　80. ④

2015년 제1회 가스산업기사 출제문제

제1과목 : 연소공학

01 공기압축기의 흡입구로 빨려 들어간 가연성 증기가 압축되어 그 결과로 큰 재해가 발생하였다. 이 경우 가연성 증기에 작용한 기계적인 발화원으로 볼 수 있는 것은?
① 충격   ② 마찰   ③ 단열압축   ④ 정전기

[해설] 기계적인 발화원
단열압축 : 기체를 압축하면 기체 분자들 간의 충돌이 증가하면 내부에너지가 증가되어 주위의 온도를 상승시켜 발생한다.

02 다음 중 연소속도에 영향을 미치지 않는 것은?
① 관의 단면적   ② 내염표면적
③ 염의 높이   ④ 관의 염경

[해설] 연소속도
성분, 공기와의 혼합비, 온도, 압력, 관의 단면적, 내염표면적, 관의 염경 등이 영향을 미친다.

03 고체연료에 있어 탄화도가 클수록 발생하는 성질은?
① 휘발분이 증가한다.
② 매연발생이 많아진다.
③ 연소속도가 증가한다.
④ 고정탄소가 많아져 발열량이 커진다.

[해설] 고체연료의 탄화도
① 탄화도가 클수록 발열량이 증가한다.   ② 비열은 탄화도가 클수록 작아진다.
③ 착화온도는 탄화도가 클수록 높아진다.   ④ 탄화도가 낮으면 연소속도가 빠르다.

정답 1. ③ 2. ③ 3. ④

04

폭발에 대한 설명으로 틀린 것은?

① 폭발한계란 폭발이 일어나는데 필요한 농도의 한계를 의미한다.
② 온도가 낮을 때는 폭발 시의 방열속도가 느려지므로 연소범위는 넓어진다.
③ 폭발시의 압력을 상승시키면 반응속도는 증가한다.
④ 불활성기체를 공기와 혼합하면 폭발범위는 좁아진다.

해설 연소범위
① 온도가 높을 때
 열의 발열속도↑ > 방열속도↓ : 연소범위가 넓어진다.
② 온도가 낮을 때
 열의 발열속도↓ < 방열속도↑ : 연소범위가 좁아진다.

05

다음 [보기]는 가스의 폭발에 관한 설명이다. 옳은 내용으로만 짝지어 진 것은?

[보기]
㉮ 안전간격이 큰 것 일수록 위험하다.
㉯ 폭발 범위가 넓은 것은 위험하다.
㉰ 가스압력이 커지면 통상 폭발 범위는 넓어진다.
㉱ 연소속도가 크면 안전하다.
㉲ 가스비중이 큰 것은 낮은 곳에 체류할 위험이 있다.

① ㉰, ㉱, ㉲ ② ㉯, ㉰, ㉱, ㉲
③ ㉯, ㉰, ㉲ ④ ㉮, ㉯, ㉰, ㉲

해설 폭발범위
① 안전간격이 작은 가스일수록 점화에너지가 작고 폭발하기 쉽다.
② 연소속도가 빠르면 폭발하기 쉬우므로 위험하다.

06

메탄 50 v%, 에탄 25 v%, 프로판 25 v%가 섞여 있는 혼합기체의 공기 중에서의 연소하한계(v%)는 얼마인가?

① 2.3 ② 3.3 ③ 4.3 ④ 5.3

해설 연소하한계[v%]

$$\frac{100}{L} = \frac{V_1}{L_1} + \frac{V_2}{L_2} + \frac{V_3}{L_3}$$

$$\frac{100}{L} = \frac{50}{5} + \frac{25}{3} + \frac{25}{2.1}$$

$L = 3.307 [\text{vol}\%]$

정답 4. ② 5. ③ 6. ②

07. 활성화에너지가 클수록 연소반응속도는 어떻게 되는가?

① 빨라진다.
② 활성화에너지와 연소반응속도는 관계없다.
③ 느려진다.
④ 빨라지다가 느려진다.

해설 활성화에너지(점화에너지)
① 활성화에너지(점화에너지)가 클수록 반응속도가 감소하여 연소속도는 느려진다.
② 활성화에너지(점화에너지)가 작을수록 반응속도가 증가하여 연소속도는 빨라진다.

08. 액체연료의 연소에 있어서 1차 공기란?

① 착화에 필요한 공기
② 연료의 무화에 필요한 공기
③ 연소에 필요한 계산상 공기
④ 화격자 아래쪽에서 공급되어 주로 연소에 관여하는 공기

해설 액체연료 공기의 공급방식
① 1차 공기 : 연료의 무화와 산화반응에 필요한 공기이다.(직접공급)
② 2차 공기 : 연료의 완전연소에 필요한 부족한 공기를 추가로 공급하는 공기(1차 공기로 부족한 공기를 송풍기로 공급한다.)

09. 열역학법칙 중 '어떤 계의 온도를 절대온도 0K까지 내릴 수 없다'에 해당하는 것은?

① 열역학 제0법칙
② 열역학 제1법칙
③ 열역학 제2법칙
④ 열역학 제3법칙

해설 열역학 법칙
① 열역학 제 0법칙 : 열평형 법칙
온도가 서로 다른 물체를 접촉시키면 열의 이동으로 인하여 동일한 상태에 놓아둔 두 물체 사이에는 온도차가 없어지며 열평형을 이룬다.
② 열역학 제 1법칙 : 열에너지 보존 법칙
㉠ 에너지 전환과정에서 에너지는 절대 소멸되거나 생성되지 않는다.
㉡ 에너지의 한 형태의 열과 일은 서로 같고 열은 일과 열로 서로 전환이 가능하다.
③ 열역학 제 2법칙 : 엔트로피 법칙
㉠ 계의 엔트로피는 증가할 수도 있고 감소할 수도 있다.
㉡ 제2종 영구기관은 존재할 수 없다.
㉢ 제2종 영구기관 : 입력과 출력이 같은 효율이 100%인 기관을 말한다.
㉣ 열은 스스로 다른 물체에 아무런 변화도 주지 않고 저온 물체에서 고온 물체로 이동하

정답 7. ③ 8. ② 9. ④

지 않는다.
  ⑩ 자연계에 아무런 변화도 남기지 않고 어느 열원의 열을 계속해서 일로 바꿀 수 없다. 즉 고온물체의 열을 계속해서 일로 바꾸려면 저온물체로 열을 버려야만 한다.
  ⑪ 효율이 100%인 열기관은 제작이 불가능하다.
  ⑦ 엔트로피의 변화는 흡수한 열에 의해생긴다.
  ⑧ 저온계에서 고온계로 열을 이동시키는 과정은 불가능하다라고 표현할 수도 있는 비가역성이다.
④ 열역학 제 3법칙
  ㉠ 절대영점에서의 엔트로피 법칙
  ㉡ 어떠한 방법이라도 어떤 계를 절대온도 0도에 이르게 할 수 없다.

10

이산화탄소 40 v%, 질소 40 v%, 산소 20 v%로 이루어진 혼합기체의 평균분자량은 약 얼마인가?

① 17   ② 25   ③ 35   ④ 42

해설 혼합가스의 평균분자량
$(44 × 0.4 + 28 × 0.4 + 32 × 0.2) = 35.2g$

11

정상운전 중에 가연성가스의 점화원이 될 전기불꽃, 아크 등의 발생을 방지하기 위하여 기계적, 전기적 구조상 또 온도상승에 대해서 안전도를 증가시킨 방폭구조는?

① 내압방폭구조   ② 압력방폭구조
③ 안전증방폭구조   ④ 본질안전방폭구조

해설 방폭구조의 종류
① 압력방폭구조 : 용기 내부에 보호가스를 압입하여 내부압력을 유지함으로써 가연성 가스가 용기 내부로 유입되지 않도록 한 구조를 압력 방폭구조라 한다.
② 유입방폭구조 : 용기 내부에 절연유를 주입하여 불꽃 아크 또는 고온발생부분이 기름 속에 잠기게 함으로써 기름면 위에 존재하는 가연성 가스에 인화되지 않도록 한 구조를 유입 방폭구조라 한다.
③ 안전증방폭구조 : 정상운전 중에 가연성 가스의 점화원이 될 전기불꽃 아크 또는 고온부분 등의 발생을 방지하기 위해 기계적 전기적 구조상 또는 온도 상승에 대해 특히 안전도를 증가시킨 구조를 안전증방폭구조라 한다.
④ 본질안전방폭구조 : 정상 시 및 사고 시에 발생하는 전기 불꽃 아크 또는 고온부로 인하여 가연성 가스가 점화되지 않는 것이 점화시험 그 밖의 방법에 의해 확인된 구조를 본질안전 방폭구조라 한다.

정답 10. ③ 11. ③

12

시안화수소의 위험도(H)는 약 얼마인가?

① 5.8   ② 8.8   ③ 11.8   ④ 14.8

해설 시안화수소(HCN)

① 연소범위 : 6~41%

② 위험도 $= \dfrac{U(\text{상한}) - L(\text{하한})}{L(\text{하한})} = \dfrac{41-6}{6} = 5.833$

13

이상연소 현상인 리프팅(Lifting)의 원인이 아닌 것은?

① 버너 내의 압력이 높아져 가스가 과다 유출할 경우
② 가스압이 이상 저하한다든지 노즐과 콕크 등이 막혀 가스량이 극히 적게 될 경우
③ 공기 및 가스의 양이 많아져 분출량이 증가한 경우
④ 버너가 낡고 염공이 막혀 염공의 유효면적이 작아져 버너 내압이 높게 되어 분출속도가 빠르게 되는 경우

해설 역화(back fire) : 연소속도 > 유출속도

가스의 연소속도가 유출속도보다 클 때 불꽃이 연소기 내부로 침입하여 폭발하는 현상이다.

참고 리프팅(lifting)의 원인

① 버너 내의 압력이 높아져 가스가 과다 유출할 경우
② 공기조절장치(damper)를 너무 많이 열었을 경우
③ 버너가 낡고 염공이 막혀 염공의 유효 면적이 적어져 버너 내압이 높게 되어 분출 속도가 빠르게 되는 경우이다.
④ 리프팅(선화) : 연소속도<유출속도가 커서 불꽃이 노즐에 정착되지 않고 노즐에서 떨어져 연소하는 현상이다.

14

내용적 5 m³의 탱크에 압력 6 kg/cm², 건성도 0.98의 습윤 포화증기를 몇 kg 충전할 수 있는가? (단, 이 압력에서의 건성포화증기의 비용적은 0.278 m³/kg이다.)

① 3.67   ② 11.01   ③ 14.68   ④ 18.35

해설 습윤 포화증기

① 습윤 포화증기 충전량 $= \dfrac{\text{내용적}}{\text{건성포화증기의 비용적}} \times \dfrac{1}{\text{건성도}}$

② $\dfrac{5}{0.278} \times \dfrac{1}{0.98} = 18.352$

정답 12. ① 13. ② 14. ④

15
상온, 표준대기압 하에서 어떤 혼합기체의 각 성분에 대한 부피가 각각 CO_2 20%, N_2 20%, O_2 40%, Ar 20%이면 이 혼합기체 중 CO_2 분압은 약 몇 mmHg인가?

① 190　　② 252　　③ 352　　④ 452

[해설] 분압 = 전압 × $\dfrac{성분\ 기체\ 몰수(부피)}{전체\ 몰수(부피)}$

전분자량 = (44×0.2+28×0.2+32×0.4+40×0.2)=35.2g

$= 760 mmHg \times \dfrac{44 \times 0.2}{35.2} = 190 mmHg$

16
연료 1 kg을 완전 연소시키는데 소요되는 건공기의 질량은 0.232 kg= O_O/A_O으로 나타낼 수 있다. 이때 A_O가 의미하는 것은?

① 이론산소량　　② 이론공기량　　③ 실제산소량　　④ 실제공기량

[해설] 이론 공기량 ① $A_O = \dfrac{O_O}{0.232}$ (질량), $A_O = \dfrac{O_O}{0.21}$ (체적)

② A_O : 이론 공기량　　③ O_O : 이론 산소량

17
기체의 압력이 클수록 액체 용매에 잘 용해된다는 것을 설명한 법칙은?

① 아보가드로　　② 게이뤼삭　　③ 보일　　④ 헨리

[해설] 헨리의 법칙(Henry's law)
① 1803년 윌리엄 헨리가 발견한 기체 법칙이다.
② 동일한 온도에서 같은 양의 액체에 녹을 수 있는 기체의 양은 기체의 부분압과 정비례한다.

18
이상기체에서 정적비열(C_V) 정압비열(C_P)과의 관계로 옳은 것은?

① $C_P - C_V = R$　　② $C_P + C_V = R$
③ $C_P + C_V = 2R$　　④ $C_P - C_V = 2R$

[해설] 정압비열
① $C_P > C_V$　　② $K = \dfrac{C_P(정압비열)}{C_V(정적비열)} > 1$
③ $C_P - C_V = R$　　④ 정적비열과 R의 합은 정압비열이다.
⑤ $C_V = \dfrac{R}{K-1}$

정답 15. ①　16. ②　17. ④　18. ①

19 액체연료의 연소형태 중 램프등과 같이 연료를 심지로 빨아올려 심지의 표면에서 연소시키는 것은?
① 액면연소　　② 증발연소　　③ 분무연소　　④ 등심연소

해설> 연소의 형태
① 액면연소 : 화염으로부터 방사나 대류에 의해 오일 연료표면이 가열되어 증발이 일어나며 발생한 연료증기가 공기와 접촉하여 유면의 상부에서 확산 연소하는 것(등유, 경유)
② 등심연소(등화연소) : 램프등과 같이 연료를 심지로 빨아올려 심지일단에서 확산연소하는 것
③ 분무연소(액적연소) : 액체연료를 수, μm에서 수백 μm으로 만들어 증발 표면적을 크게하여 연소시키는 것으로 공업적으로 주로 사용(B-C유)
④ 증발연소 : 인화성액체의 온도상승에 따른 증발에 의해 연소가 일어나는 것(알콜, 에테르, 등유, 경유)

20 다음 중 강제점화가 아닌 것은?
① 가전(加電)점화　　② 열면점화(Hot Surface Ignition)
③ 화염점화　　④ 자기점화(Self Ignition, Auto Ignition)

해설> 강제 점화
① 가연 혼합기에서 별도의 점화원을 사용하여 연소가 시작되는 방식이다.
② 혼합기체 속에서 전기불꽃 등을 이용하여 화염핵을 형성하여 화염을 전파한다.
③ 종류
　㉠ 전기불꽃 점화(spark ignition)　㉡ 열면 점화(hot surface ignition)
　㉢ 토치 점화(touch ignition)　㉣ 플라스마 점화(plasma ignition)

참고 자기점화(self ignition, auto ignition)
연료를 공기와 접한 상태에서 온도를 올려 외부에서 불꽃이나 불길이 없어도 자기 스스로 발화하여 연소하는 것을 말한다.

제2과목 : 가스설비

21 비중이 1.5인 프로판이 입상 30 m일 경우의 압력손실은 약 몇 Pa인가?
① 130　　② 190　　③ 256　　④ 450

해설> 입상 배관에 의한 입력 손실
① $h = 1.293 \times (1-S) \times H$
　h : 가스압력손실[mmH$_2$O], S : 가스 비중, H : 입상높이[m]
② $H = 1.293(1.5-1) \times 30 = 19.395 mmH_2O$
　∴ $10332 mmH_2O = 101325 Pa$　　$19.385 mmH_2O = x$
　$x = \dfrac{19.395 \times 101325}{10332 mmH_2O} = 190.20 Pa$

정답　19. ④　20. ④　21. ②

22 고압원통형 저장탱크의 지지방법 중 횡형탱크의 지지 방법으로 널리 이용되는 것은?
① 새들형(Saddle형) ② 지주형(Leg형)
③ 스커트형(Skirt형) ④ 평판형(Flat Plate형)

해설〉 고압 원통형 저장탱크지지 방법
① 수평형(횡형) 저장탱크 : 새들형(saddle형)
② 중·대형 수직형 저장탱크 : 스커트형(skirt형)
③ 소·중형 수직형 저장탱크 : 지주형(leg형)

23 정압기의 기본구조 중 2차 압력을 감지하여 그 2차 압력의 변동을 메인밸브로 전하는 부분은?
① 다이어프램 ② 조정밸브 ③ 슬리브 ④ 웨이트

해설〉 다이어프램 : 물체의 탄성체의 탄력을 이용한 압력계로 2차 압력을 감지하여 그 2차 압력의 변동을 메인밸브로 전한다.

24 1단감압식준저압조정기의 입구압력과 조정압력으로 맞는 것은?
① 입구압력 : 0.07~1.56 MPa, 조정압력 : 2.3~3.3 kPa
② 입구압력 : 0.07~1.56 MPa, 조정압력 : 5~30 kPa 이내에서 제조자가 설정한 기준압력의 ±20%
③ 입구압력 : 0.1~1.56 MPa, 조정압력 : 2.3~3.3 kPa
④ 입구압력 : 0.1~1.56 MPa, 조정압력 : 5~30 kPa 이내에서 제조자가 설정한 기준압력의 ±20%

해설〉 액화석유가스 압력조정기의 종류에 따른 입구압력 및 조정압력

종류	입구압력[MPa]	조정압력[kPa]
2단감압식 1차용 조정기 (용량 100 kg/h 이하)	0.1~1.56	57.0~83.0
2단감압식 1차용 조정기 (용량 100 kg/h 초과)	0.3~1.56	57~83.0
2단감압식 2차용 저압조정기	0.01~0.1 또는 0.025~0.1	2.30~3.30
2단감압식 2차용 준저압조정기	조정압력 이상 ~0.1	5.0~30.0 내에서 제조자가 설정한 기준압력의 ±20%
자동절체식 일체형 저압조정기	0.1~1.56	2.55~3.30
자동절체식 일체형 준저압조정기	0.1~1.56	5.0~30.0 내에서 제조자가 설정한 기준압력의 ±20%
그 밖의 압력조정기	조정압력 이상 ~1.56	5 kPa를 초과하는 압력범위에서 상기 압력조정기의 종류에 따른 조정압력에 해당하지 않는 것에 한하며, 제조자가 설정한 기준압력의 ±20%일 것

정답 22. ① 23. ① 24. ④

25 단면적이 300 mm²인 봉을 매달고 600 kg의 추를 그 자유단에 달았더니 재료의 허용인장응력에 도달하였다. 이봉의 인장강도가 400 kg/cm²이라면 안전율은 얼마인가?

① 1   ② 2   ③ 3   ④ 4

해설 ⊃ 안전율

① 허용응력 = $\dfrac{(허용)하중}{단면적} = \dfrac{600 \text{ kgf}}{(300 \times 10^{-2}) \text{cm}^2} = 200 \text{ kgf/cm}^2$

② 안전율 = $\dfrac{인장강도}{허용응력} = \dfrac{400 \text{ kgf/cm}^2}{200 \text{ kgf/cm}^2} = 2$

③ $1 \text{ cm}^2 = 100 \text{ mm}^2 = 10^2 \text{ mm}^2$
    $300 \text{ mm}^2 \times 10^{-2} = 3 \text{ cm}^2$

26 가연성 고압가스 저장탱크 외부에는 은백색 도료를 바르고 주위에서 보기 쉽도록 가스 명칭을 표시한다. 가스 명칭 표시의 색상은?

① 검정색   ② 녹색   ③ 적색   ④ 황색

해설 ⊃ 저장탱크 표시 색상

가연성 고압가스 저장탱크 외부에는 은백색 도료를 바르고 주위에서 보기 쉽도록 적색의 문자로 가스의 명칭을 표기한다.

27 고압가스설비에 대한 설명으로 옳은 것은?

① 고압가스 저장탱크에는 환형 유리관 액면계를 설치한다.
② 고압가스 설비에 장치하는 압력계의 최고 눈금은 상용압력의 1.1배 이상 2배 이하이어야 한다.
③ 저장능력이 1000톤 이상인 액화산소 저장탱크의 주위에는 유출을 방지하는 조치를 한다.
④ 소형저장탱크 및 충전용기는 항상 50℃ 이하를 유지한다.

해설 ⊃ ① 액화가스의 저장탱크에는 기준에 따라 액면계(산소 또는 불활성 가스의 초저온 저장탱크의 경우에 한정하여 환형 유리제 액면계도 가능)를 설치한다.
② 고압가스 설비에 장치하는 압력계의 최고 눈금은 상용압력의 1.5배 이상 2배 이하이어야 한다.
③ 소형저장탱크 및 충전용기는 항상 40℃ 이하를 유지한다.

정답 25. ②   26. ③   27. ③

28. 전용보일러실에 반드시 설치해야 하는 보일러는?

① 밀폐식 보일러
② 반밀폐식 보일러
③ 가스보일러를 옥외에 설치하는 경우
④ 전용 급기구 통을 부착시키는 구조로 검사에 합격한 강제 배기식 보일러

해설 전용 보일러실에 설치 안 해도 되는 경우
① 가스보일러를 옥외에 설치하는 경우
② 강제 급배기 시설을 설치하는 경우
③ 밀폐식 보일러를 설치하는 경우

29. 탱크로리에서 저장 탱크로 LP 가스 이송 시 잔가스 회수가 가능한 이송법은?

① 차압에 의한 방법
② 액송펌프 이용법
③ 압축기 이용법
④ 압축가스 용기 이용법

해설 LP가스 압축기에 의한 이송 방식
① 탱크 내 잔가스 회수가 용이하다.
② 베이퍼록 현상이 없다.
③ 펌프에 비해 이송시간이 짧다.
④ 저온에서 부탄가스가 재액화 현상이 발생한다.

30. 3톤 미만의 LP가스 소형저장탱크에 대한 설명으로 틀린 것은?

① 동일 장소에 설치하는 소형저장탱크의 수는 6기 이하로 한다.
② 화기와의 우회거리는 3m 이상을 유지한다.
③ 지상 설치식으로 한다.
④ 건축물이나 사람이 통행하는 구조물의 하부에 설치하지 아니한다.

해설 소형저장탱크
① 소형저장탱크와 기화장치의 주위 5m 이내에서는 화기의 사용을 금지하고 인화성 물질이나 발화성 물질을 많이 쌓아두지 않을 것
② 소형저장탱크 주위에 있는 밸브류의 조작은 원칙적으로 수동조작으로 할 것
③ 소형저장탱크의 세이프티 커플링의 주밸브는 액봉(液封)방지를 위하여 항상 열어둘 것. 다만, 세이프티 커플링으로부터의 가스누출이나 긴급 시의 대책을 위하여 필요한 경우에는 닫아 두어야 한다.
④ 소형저장탱크에 가스를 공급하는 가스공급자가 시설의 안전 유지를 위해 필요하여 요청하는 사항은 반드시 지킬 것

정답 28. ② 29. ③ 30. ②

⑤ 소형저장탱크에의 액화석유가스 충전은 벌크로리 등에서 발생하는 정전기를 제거하고, "화기엄금" 등의 표지판을 설치하는 등 안전에 필요한 수칙을 준수하고, 안전유지에 필요한 조치를 할 것
⑥ 밸브나 배관을 가열할 때에는 열습포나 40℃ 이하의 더운 물을 사용할 것
⑦ 살수장치와 소화전은 매월 1회 이상 작동상황을 점검하여 원활하고 확실하게 작동하는지 확인하고, 그 기록을 작성·유지할 것. 다만, 얼어붙을 우려가 있는 경우에는 펌프 구동만으로 통수시험을 갈음할 수 있다.

31
원심펌프의 유량 1 m³/min, 전양정 50 m, 효율이 80%일 때, 회전수율 10% 증가시키려면 동력은 몇 배가 필요한가?
① 1.22 ② 1.33 ③ 1.51 ④ 1.73

해설 펌프의 동력
① $\dfrac{L_2}{L_1} = \left(\dfrac{N_2}{N_1}\right)^3$
② $kW_2 = kW_1 \times \left(\dfrac{N_2}{N_1}\right)^3 = kW_1 \times (1.1)^3 = 1.331$
③ 원심펌프 축동력 계산
$P = \dfrac{0.163 QH}{\eta}$

32
다음 중 정특성, 동특성이 양호하며 중압용으로 주로 사용되는 정압기는?
① Fisher식 ② KRF식 ③ Reynolds식 ④ ARF식

해설 피셔식(Fisher) 정압기
① 파일럿 정압기 중 구동압력이 증가하면 개도도 증가하는 방식으로서 정특성, 동특성이 양호하고 비교적 콤팩트한 구조의 로딩형 정압기이다.
② 로딩(loading)형으로 작은 편이다.

33
고압가스 용기 충전구의 나사가 왼나사인 것은?
① 질소 ② 암모니아
③ 브롬화메탄 ④ 수소

해설 충전구 나사 방향
① 가연성 가스 : 왼나사(단, 암모니아, 브롬화메탄은 오른나사)
② 기타 : 오른나사

정답 31. ② 32. ① 33. ④

34
고압가스 배관의 최소두께 계산 시 고려하지 않아도 되는 것은?
① 관의 길이 ② 상용압력
③ 안전율 ④ 재료의 인장강도

해설 ⇨ 배관 두께
① 외경과 내경의 비가 1.2 이상

$$t = \frac{D}{2}\left[\sqrt{\frac{\frac{f}{s}+P}{\frac{f}{s}-P}} - 1\right] + C$$

여기서, D : 안지름(내경에서 부식여유에 상당하는 부분을 뺀 부분의 수치)[mm],
P : 배관의 상용압력, C : 부식여유수치[mm], f : 최소 인장강도, s : 안전율

② 외경과 내경의 비가 1.2 미만

$$t = \frac{PD}{s\frac{f}{s}-P} + C$$

배관 두께계산 방법은 외경과 내경의 비가 1.2미만인 경우와 1.2 이상인 경우로 정하고 있다.

35
매설배관의 경우에는 유기물질 재료를 피복재로 사용하면 방식이 된다. 이중 타르 에폭시 피복재의 특성에 대한 설명 중 틀린 것은?
① 저온에서도 경화가 빠르다. ② 밀착성이 좋다.
③ 내마모성이 크다. ④ 토양응력에 강하다.

해설 ⇨ 열경화성 수지(에폭시 피복재)
열경화성 수지는 열에 강하므로 에폭시 수지는 열에 따른 경화가 느리다.

36
재료 내·외부의 결함 검사방법으로 가장 적당한 방법은?
① 침투탐상법 ② 유침법
③ 초음파탐상법 ④ 육안검사법

해설 ⇨ 초음파탐상법(U.T : Ultrasonic Testing)
① 검사하고자 하는 검사체에 초음파를 전달하여 반사한 초음파 에너지의 증가·감소를 분석함으로써 내부의 결함을 검사하는 방식이다.
② 거의 모든 재질과 제품에 적용이 가능하다.
③ 검사 방법이 간편하고 결과를 즉시 알 수 있다.
④ 시험체의 크기, 형상에 크게 영향을 받지 않는다.

정답 34. ① 35. ① 36. ③

37 고압가스 설비 및 배관의 두께 산정 시 용접이음매의 효율이 가장 낮은 것은?
① 맞대기 한면 용접
② 맞대기 양면 용접
③ 플러그 용접을 하는 한면 전두께 필렛 겹치기 용접
④ 양면 전두께 필렛 겹치기 용접

해설 용접이음매의 효율(제15-1-27조)
용접이음매의 효율은 용접이음매의 종류의 전길이에 대해 방사선투과시험을 실시한 용접부의 비율에 따라서 동표 오른쪽칸에 기재한 값으로 길이이음매는 1. 원주이음매는 2를 곱한 값(1을 초과하는 경우에는 1로 한다)으로 한다.

분류번호	용접이음매의 종류	방사선 투과시험 비율 [%]	용접효율 [η]
1	맞대기양면용접 또는 이와 동등이라고 할 수 있는 맞대기한면용접이음매	100	1.00
		100 미만 20 이상	0.95
		20 미만	0.70
2	받침쇠를 사용한 맞대기한면용접이음매로 받침쇠를 남기는 것	100	0.90
		100 미만 20 이상	0.85
		20 미만	0.65
3	상기 2를 제외한 맞대기한면용접이음매	-	0.60
4	층성동체의 층성재 또는 외통의 맞대기 한면용접이음매	-	0.65
5	양면전두께 필릿용접이음매	-	0.55
6	플러그 용접을 하는 한면전두께 필릿용접이음매	-	0.50
7	플러그 용접을 하지 아니하는 한면전두께 필릿용접이음매	-	0.45

1) 분류번호 1 중 맞대기양면용접과 동등 이상이라고 할 수 있는 한면맞대기용접이란 이면의 상황을 확인 할 수 있는 경우로서 다음의 것을 말한다.
  ① 제 1층에 이너트가스아크용접 또는 이면비드용접 등으로 충분한 용입을 얻고, 또한 이면이 매끄럽게 다듬질 것
  ② 모재와 같은 재료의 받침쇠를 사용한 맞대기한면 용접이음매로 용접 후 받침쇠를 연삭하여 표면을 매끄럽게 다듬질 한 것
  ③ 삽입링 등으로 충분한 용입을 얻고 또한 이면이 매끄럽게 되는 한면맞대기 용접
  ④ 모재와 다른 재료의 받침쇠를 사용하여 충분한 용입을 얻고. 또한 표면을 매끄럽게 한 맞대기한면용접
2) 표의 분류번호 4 중 다층동체의 충성재 또는 외통의 맞대기한면용접이음매란 다층동체 중 내통을 제외한 부분을 제작하기 위한 맞대기한면용접 이음매를 말한다.

정답 37. ③

38
도시가스의 원료로서 적당하지 않은 것은?
① LPG
② Naphtha
③ Natural gas
④ Acetylene

해설 도시가스(City Gas)
석탄, 코크스, 나프타(Naphtha), LPG, LNG, NG(Natural gas), Off gas(정유가스)

참고 Acetylene(아세틸렌, C_2H_2)

39
외경(D)이 216.3mm, 구경 두께 5.8mm인 200A의 배관용 탄소강관이 내압 0.99 MPa을 받았을 경우에 관에 생긴 원주방향 응력은 약 몇 MPa인가?
① 8.8　　② 17.5　　③ 26.3　　④ 25.1

해설 원주방향 응력

① $\sigma_A = \dfrac{W}{A} = \dfrac{PD}{2t} = \dfrac{P(D-2t)}{2t}$

② $\sigma_A = \dfrac{P(D-2t)}{2t} = \dfrac{0.99 \times (216.3 - 2 \times 5.8)}{2 \times 5.8} = 17.47\,\text{MPa}$

③ P : 내압[MPa], D : 안지름[mm], t : 두께[mm]

④ 축(길이)방향 응력 : $\sigma_h = \dfrac{W}{A} = \dfrac{PD}{4t}$

40
고압가스 관이음으로 통상적으로 사용되지 않는 것은?
① 용접
② 플랜지
③ 나사
④ 리벳팅

해설 배관설비 기준 및 배관 접합
① 고압 가스설비의 배관은 접합함에 있어서 용접을 원칙으로 하며 반드시 용접을 하여야 할 배관부분은 압력계, 액면계, 온도계, 그 밖의 계기류를 부착하기 위한 지관과 시료가스 채취용 배관 등으로 한다. 다만, 호칭지름 25mm 이하의 것은 제외한다.
② 용접하여야 할 배관 중 용접접합하는 것이 부적당하다고 인정되어 플랜지 접합으로 할 수 있는 것은 기준 또는 이에 준하는 경우로 한다.
③ 관의 이음은 나사이음, 플랜지이음 또는 용접이음으로 한다.

정답 38. ④　39. ②　40. ④

제3과목 : 가스안전관리

41 액체염소가 누출된 경우 필요한 조치가 아닌 것은?
① 물살포
② 가성소다 살포
③ 탄산소다 수용액 살포
④ 소석회 살포

해설 → 염소 누출 안전관리
① 독성가스 제독제

가스 종류	제독제
염소	가성소다 수용액 탄산소다 수용액
포스겐	가성소다 수용액 소석회
황화수소	가성소다 수용액 탄산소다 수용액
시안화수소	가성소다 수용액
아황산가스	가성소다 수용액 탄산소다 수용액 물
암모니아 산화에틸렌 염화메탄	물

42 고압가스 제조허가의 종류가 아닌 것은?
① 고압가스 특정제조
② 고압가스 일반제조
③ 고압가스 충전
④ 독성가스제조

해설 → 고압가스 제조허가 등의 종류 및 기준
제3조(고압가스 제조허가 등의 종류 및 기준 등)
① 고압가스 제조허가의 종류와 그 대상범위는 다음 각 호와 같다.<개정 2013.3.23.>
  1. 고압가스 특정제조
    산업통상자원부령으로 정하는 시설에서 압축·액화 또는 그 밖의 방법으로 고압가스를 제조(용기 또는 차량에 고정된 탱크에 충전하는 것을 포함한다)하는 것으로서 그 저장능력 또는 처리능력이 산업통상자원부령으로 정하는 규모 이상인 것
  2. 고압가스 일반제조
    고압가스 제조로서 제1호에 따른 고압가스 특정제조의 범위에 해당하지 아니하는 것
  3. 고압가스 충전
    용기 또는 차량에 고정된 탱크에 고압가스를 충전할 수 있는 설비로 고압가스를 충전

정답 41. ① 42. ④

하는 것으로서 다음 각 목의 어느 하나에 해당하는 것. 다만, 제1호에 따른 고압가스 특정제조 또는 제2호에 따른 고압가스 일반제조의 범위에 해당하는 것은 제외한다.
가. 가연성 가스(액화석유가스와 천연가스는 제외한다.) 및 독성가스의 충전
나. 가목 외의 고압가스(액화석유가스와 천연가스는 제외한다)의 충전으로서 1일 처리능력이 10세제곱미터 이상이고 저장능력이 3톤 이상인 것

4. 냉동제조
1일의 냉동능력(이하"냉동능력"이라 한다)이 20톤 이상(가연성 가스 또는 독성가스 외의 고압가스를 냉매로 사용하는 것으로서 산업용 및 냉동·냉장용인 경우에는 50톤 이상, 건축물의 냉·난방용인 경우에는 100톤 이상)인 설비를 사용하여 냉동을 하는 과정에서 압축 또는 액화의 방법으로 고압가스가 생성되게 하는 것. 다만, 다음 각 목의 어느 하나에 해당하는 자가 그 허가받은 내용에 따라 냉동제조를 하는 것은 제외한다.
가. 제1호에 따른 고압가스 특정제조의 허가를 받은 자
나. 제2호에 따른 고압가스 일반제조의 허가를 받은 자
다. 「도시가스사업법」에 따른 도시가스 사업의 허가를 받은 자

43
저장탱크의 설치방법 중 위해방지를 위하여 저장 탱크를 지하에 매설할 경우 저장탱크의 주위에 무엇으로 채워야 하는가?
① 흙
② 콘크리트
③ 마른모래
④ 자갈

해설 지하 매설 배관 기준
① 저장탱크의 주위에 마른 모래를 채울 것
② 저장탱크의 정상부와 지면과의 거리는 60 cm 이상으로 할 것
③ 저장탱크를 2개 이상 인접하여 설치하는 경우에는 상호간에 1 m 이상의 거리를 유지할 것
④ 저장탱크를 묻은 곳의 주위에는 지상에 경계를 표시할 것

44
다음 중 2중관으로 하여야 하는 독성가스가 아닌 것은?
① 염화메탄
② 아황산가스
③ 염화수소
④ 산화에틸렌

해설 2중관으로 하여야 하는 독성가스
포스겐, 염소, 염화메탄, 암모니아, 황화수소, 시안화수소, 아황산가스

정답 43. ③ 44. ③

45 고압가스 용기보관 장소에 대한 설명으로 틀린 것은?
① 용기보관 장소는 그 경계를 명시하고, 외부에서 보기 쉬운 장소에 경계표시를 한다.
② 가연성가스 및 산소 충전용기 보관실은 불연재료를 사용하고 지붕은 가벼운 재료로 한다.
③ 가연성가스의 용기보관실은 가스가 누출될 때 체류 하지 아니하도록 통풍구를 갖춘다.
④ 통풍이 잘 되지 아니하는 곳에는 자연환기시설을 설치한다.

해설⊃ 강제환기시설
가스의 용기보관실 중 그 가스가 누출된 때에 체류 하지 않도록 통풍구를 갖추고, 통풍이 잘 되지 않는 곳에는 강제환기시설을 설치하여야 한다.

46 액화석유가스 저장탱크에는 자동차에 고정된 탱크에서 가스를 이입할 수 있도록 로딩암을 건축물 내부에 설치할 경우 환기구를 설치하여야 한다. 환기구 면적의 합계는 바닥면적의 얼마 이상으로 하여야 하는가?
① 1%   ② 3%   ③ 6%   ④ 10%

해설⊃ 로딩암
실내에 로딩암을 설치하는 경우 자연환기구 면적의 합계는 바닥면적의 6% 이상으로 한다.

47 산소가스 설비를 수리 또는 청소를 할 때는 안전관리상 탱크 내부의 산소를 농도가 몇 % 이하로 될 때까지 계속 치환하여야 하는가?
① 22%   ② 28%   ③ 31%   ④ 35%

해설⊃ 치환 농도
① 독성가스 : 허용농도 이하
② 가연성 : 폭발범위 하한의 1/4 이하
③ 산소의 농도 22% 이하(산소설비 개방검사)
④ 산소농도 : 18% 이상~22% 이하(설비 내부에 사람이 있을 때)

48 액화가스 저장탱크의 저장능력을 산출하는 식은? (단, Q : 저장능력(m^3), W : 저장능력(kg), P : 35℃에서 최고충전압력(MPa), V : 내용적(L), d : 상용 온도 내에서 액화가스 비중(kg/L), C : 가스의 종류에 따르는 정수이다.)
① $W = C/V$ ② $W = 0.9dV$
③ $Q = (10P+1)V$ ④ $Q = (P+2)V$

정답 45. ④   46. ③   47. ①   48. ②

해설 ① 액화가스
$W = 0.9dV$
W : 저장능력[kg], d : 액화 가스의 비중
② 압축가스
$Q = (P+1)V$
Q : 저장능력[m³], P : 최고충전압[MPa], V : 내용적[m³]
③ 액화가스 용기(중전용기, 탱크로리)
$W = \dfrac{V}{C}$

49 국내에서 발생한 대형 도시가스 사고 중 대구 도시가스 폭발사고의 주원인은 무엇인가?
① 내부부식
② 배관의 응력부족
③ 부적절한 매설
④ 공사 중 도시가스 배관 손상

해설 공사중 부주의로 도시가스 배관 손상에 의한 가스폭발사고가 발생하였다.

50 다음 [보기]의 가스 중 분해폭발을 일으키는 것을 모두 고른 것은?

[보기]
㉠ 이산화탄소 ㉡ 산화에틸렌 ㉢ 아세틸렌

① ㉡   ② ㉢   ③ ㉠, ㉡   ④ ㉡, ㉢

해설 분해 폭발 : 아세틸렌(C_2H_2), 산화에틸렌(C_2H_4O), 오존(O_3), 히드라진(N_2H_4)

51 압축기는 그 최종단에, 그 밖의 고압가스 설비에는 압력이 상용압력을 초과한 경우에 그 압력을 직접 받는 부분마다 각각 내압시험 압력의 10분의 8 이하의 압력에서 작동 되게 설치하여야 하는 것은?
① 역류방지밸브   ② 안전밸브   ③ 스톱밸브   ④ 긴급차단장치

해설 안전밸브 작동압력
① 내압시험압력 : 최고충전압력 수치의 3분의 5배
최고충전압력[MPa]$\times \dfrac{5}{3}$=[MPa]
② 내압시험 : 상용압력의 1.5배 이상으로 한다.
내압시험압력 : 상용압력×1.5=[MPa]
③ 안전밸브작동압력 : 내압시험압력의 10분의 8 이하의 압력에서 작동

정답 49. ④ 50. ④ 51. ②

52 차량에 고정된 고압가스 탱크에 설치하는 방파판의 개수는 탱크 내용적 얼마 이하마다 1개씩 설치해야 하는가?
① 3 m³   ② 5 m³   ③ 10 m³   ④ 20 m³

[해설] 방파판의 설치위치 및 면적
① 방파판의 면적은 탱크 횡단면적의 40% 이상으로 하고, 방파판의 부착위치는 상부(A부) 원호부 면적이 탱크 횡단면적의 20% 이하가 되는 위치로 한다.
② 방파판의 재료는 두께 3.2 mm 이상의 SS41 또는 이와 동등 이상의 것으로 할 것. 다만, 초저온탱크는 2 mm 이상의 오스테나이트계 스테인리스 강판 또는 4 mm 이상의 알루미늄 합금판으로 하여야 한다.
③ 방파판의 설치 개수는 탱크 내용적 5 m³ 이하마다 1개씩 설치할 것. 다만, 단서 규정에 의한 방파판의 경우로서 이와 동등한 이상의 방파 효과를 갖는 경우에는 그러하지 아니할 수 있다.
④ 방파판은 용접 또는 볼트에 의하여 부착하되 볼트로 할 경우에는 볼트가 풀리지 아니하도록 하는 조치를 하고, 그 부착부는 탱크 내부의 액면요동에 의해서 파손되지 아니하는 강도를 가지도록 할 것

53 액화석유가스 제조설비에 대한 기밀시험 시 사용되지 않는 가스는?
① 질소   ② 산소
③ 이산화탄소   ④ 아르곤

[해설] 기밀시험 : 공기 또는 위험성이 없는 불활성 기체로 실시한다.
산소 : 불활성 기체가 아닌 조연성 가스이다.
[참고] 기밀시험
산소 외의 고압가스 제조설비의 기밀시험이나 시운전을 할 때에는 산소 외의 고압가스를 사용하고, 공기를 사용할 때에는 미리 그 설비 안에 있는 가연성 가스를 방출시킨 후에 하여야 하며, 온도는 그 설비에 사용하는 윤활유의 인화점 이하로 유지할 것

54 지상에 설치하는 액화석유가스 저장탱크의 외면에는 어떤 색의 도료를 칠하여야 하는가?
① 은백색   ② 노란색
③ 초록색   ④ 빨간색

[해설] 액화석유가스 저장탱크 시설 기준
저장소 외부의 보기 쉬운 곳에 경계표지를 하고, 저장탱크 외부에는 은백색 도료를 바르고, 저장탱크의 주위에는 보기 쉽도록 "액화석유가스" 또는 "LPG"를 붉은 글씨로 표시할 것

정답 52. ② 53. ② 54. ①

55. 고압가스 충전용기의 운반기준으로 틀린 것은?

① 밸브가 돌출한 충전용기는 캡을 부착시켜 운반한다.
② 원칙적으로 이륜차에 적재하여 운반이 가능하다.
③ 충전용기와 위험물안전관리법에서 정하는 위험물과는 동일차량에 적재, 운반하지 않는다.
④ 차량의 적재함을 초과하여 적재하지 않는다.

해설 고압가스 운반 등의 기준
① 충전용기는 이륜차에 적재하여 운반하지 않을 것. 다만 다음 ㉠부터 ㉢까지에 모두 해당하는 경우에는 액화석유가스 충전용기를 이륜차(자전거는 제외한다. 이하 같다)에 적재하여 운반할 수 있다.
  ㉠ 차량이 통행하기 곤란한 지역의 경우 또는 시·도지사가 이륜차에 의한 운반이 가능하다고 지정하는 경우
  ㉡ 이륜차가 넘어질 경우 용기에 손상이 가지 않도록 제작된 용기운반 전용적재함을 장착한 경우
  ㉢ 적재하는 충전용기의 충전량의 20kg 이하이고, 적재하는 충전용기의 수가 2개 이하인 경우
② 충전용기를 차량에 적재하여 운반할 때에는 적재함에 넘어지지 않게 세워서 운반한다.
③ 충전용기는 항상 40°C 이하로 유지해야한다.

56. 이동식 부탄연소기의 올바른 사용방법은?

① 바람의 영향을 줄이기 위해서 텐트 안에서 사용한다.
② 효율을 높이기 위해서 두 대를 나란히 연결하여 사용한다.
③ 사용하는 그릇은 연소기의 삼발이보다 폭이 좁은 것을 사용한다.
④ 연소기 운반 중에는 용기를 내부에 보관한다.

해설 휴대용 부탄 가스레인지 주의사항
사용하는 그릇의 바닥이 삼발이보다 넓으면 화기 및 열이 가스 용기의 부탄가스 캔을 가열하게 되어 폭발의 발생하여 주위의 있는 사람이 폭발 및 화상의 피해를 받을 수 있어 위험하다.

57. 고압가스용 차량에 고정된 초저온 탱크의 재검사 항목이 아닌 것은?

① 외관검사
② 기밀검사
③ 자분탐상검사
④ 방사선투과검사

정답 55. ② 56. ③ 57. ④

해설➔ 검사항목은 다음 표와 같다.

대상 구분 \ 시험 구분	외관 검사	두께측정 검사	비파괴검사		내압 시험	기밀 시험	단열 성능시험
			자분탐상시험 또는 침투탐상시험	방사선 투과시험 또는 초음파 탐상시험			
초저온 이외의 것	○	○	○	△	○	○	
초저온	○		○	△			○

비고 1. △표시의 검사항목은 ○표시 검사결과 결함이 발견되거나 결함을 수리한 부분에 대하여 실시한다.
2. 탱크의 외관검사, 두께측정검사, 비파괴검사는 그 내·외면 및 부착품 등에 대하여 실시한다. 다만, 저온 및 초저온의 차량에 고정된 탱크는 다음과 같은 상태에서 실시한다.
   ① 제조 후 경과년수가 15년 미만인 차량에 고정된 저온탱크 단열재를 제거하지 아니한 상태에서 탱크의 내면 및 노출부분에 대하여 실시한다.
   ② 차량에 고정된 초저온 탱크
   외관검사는 외조를 차체에 고정한 상태에서, 비파괴검사는 외조와 서브프레임의 용접부, 차체와 서브프레임과 부착된 고정틀의 용접부에 한하여 각각 실시한다.

58 액화석유가스 저장탱크의 설치기준으로 틀린 것은?

① 저장탱크에 설치한 안전밸브는 지면으로 부터 2m 이상의 높이에 방출구가 있는 가스방출관을 설치한다.
② 지하저장탱크를 2개 이상 인접 설치하는 경우 상호 간에 1m 이상의 거리를 유지한다.
③ 저장탱크의 지면으로 부터 지하저장탱크의 정상부까지의 깊이는 60cm 이상으로 한다.
④ 저장탱크의 일부를 지하에 설치한 경우 지하에 묻힌 부분이 부식되지 않도록 조치한다.

해설➔ 저장탱크 설치 방법
① 시·도지사가 위해 방지를 위하여 필요하다고 지정하는 지역의 저장탱크는 다음의 기준에 의하여 지하에 묻을 것.(단 소형저장탱크의 경우 예외)
  ㉠ 지하에 묻은 저장탱크의 외면에는 부식방지코팅 및 전기 부식방지조치를 하고, 저장탱크는 천장·벽 및 바닥의 두께가 각각 30cm 이상의 방수 조치를 한 철근콘크리트로 만든 곳(저장탱크실)에 설치할 것
  ㉡ 저장탱크의 주위에 마른 모래를 채울 것
  ㉢ 지면으로부터 저장탱크의 정상부까지의 깊이는 60cm 이상으로 할 것
  ㉣ 저장탱크를 2개 이상 인접하여 설치하는 경우에는 그 사이에 1m 이상의 거리를 유지할 것
  ㉤ 저장탱크를 묻는 곳의 주위에는 지상에 경계표지를 할 것

정답 58. ①

ⓗ 저장탱크에 설치한 안전밸브에는 지면으로부터 5m 이상의 높이에 방출구가 있는 가스방출관을 설치할 것
② 저장탱크의 일부를 지하에 설치한 경우에는 지하에 묻힌 부분이 부식되지 않도록 조치할 것
③ 안전장치 등
　㉠ 압력계
　　저장설비 및 가스설비에 장치하는 압력계는 상용압력의 1.5배 이상 2배 이하의 최고 눈금이 있는 것일 것
　㉡ 안전장치
　　ⓐ 가스설비에는 설비 안의 압력이 허용압력을 초과한 경우 즉시 그 압력을 허용압력 이하로 되돌릴 수 있는 안전장치를 설치할 것.
　　ⓑ ⓐ의 규정에 의하여 설치한 안전장치의 경우 안전장치의 경우 안전밸브에는 가스방출관을 설치할 것. 이 경우 가스방출관의 방출구의 위치는 주위의 화기 등이 없는 안전한 위치에 설치해야 하며, 저장탱크에 설치한 것은 지면에서 5m 이상 또는 그 저장탱크의 정상부로부터 2 m 이상의 높이 중 더 높은 위치에 설치할 것.(단, 액상배관에 설치한 안전밸브의 가스방출관의 방출구는 방출된 가스가 저장탱크로 되돌려질 수 있는 구조로 설치 가능)

59 고압가스 일반제조의 시설기준 및 기술기준으로 틀린 것은?

① 가연성가스 제조시설의 고압가스설비 외면으로부터 다른 가연성가스 제조시설의 고압가스설비까지의 거리는 5 m 이상으로 한다.
② 저장설비 주위 5 m 이내에는 화기 또는 인화성 물질을 두지 않는다.
③ 5 m³ 이상의 가스를 저장하는 것에는 가스방출장치를 설치한다.
④ 가연성가스 제조시설의 고압가스설비 외면으로부터 산소 제조시설의 고압가스설비까지의 거리는 10 m 이상으로 한다.

[해설] 고압가스 일반제조의 시설기준 및 기술기준
고압가스 일반제조실비 및 고압가스 저장설비는 그 외면으로부터 화기(비가연성 가스를 말하며, 그 설비 안의 것을 제외한다)를 취급하는 장소까지는 2m 이상의 유효거리를 두어야 한다.

60 아세틸렌을 용기에 충전하는 때의 다공도는?

① 65% 이하　　　　　　② 65~75%
③ 75~92%　　　　　　 ④ 92% 이상

[해설] 아세틸렌을 용기에 충전하는 때에는 미리 용기에 다공물질을 고루 채워 다공도가 75% 이상, 92% 미만이 되도록 한 후 아세톤 또는 디메틸포름아미드를 고루 침윤시키고 충전하여야 한다.

정답 59. ②　60. ③

제4과목 : 가스계측

61 가스미터 중 실측식에 속하지 않는 것은?
① 건식 ② 회전식
③ 습식 ④ 오리피스식

[해설] 가스미터
① 실측식(직접식)
  ㉠ 건식 가스미터 : 막식 가스미터
  ㉡ 회전자식 : 루트미터, 로터리 피스톤식 미터
  ㉢ 습식 가스미터
② 추량식 : 오리피스, 벤투리, 터빈식, 델타형

62 다음 중 온도측정 범위가 가장 좁은 온도계는?
① 알루멜 - 크로멜 ② 구리 - 콘스탄탄
③ 수은 ④ 백금 - 백금·로듐

[해설] 열전대의 종류 및 특성

종류	약호	측정온도
백금-백금로듐	R	0~1600℃
크로멜-알루멜	K	0~1200℃
철-콘스탄탄	J	-20~850℃
구리-콘스탄탄	T	-200~350℃
수은 온도계		-35~350℃

63 습도를 측정하는 가장 간편한 방법은?
① 노점을 측정 ② 비점을 측정
③ 밀도를 측정 ④ 점도를 측정

[해설] 습도 측정
온도가 낮아져 수증기가 응결할 때 온도인 이슬점(노점)을 측정한다.

정답 61. ④ 62. ③ 63. ①

64
가스미터 설치 시 입상배관을 금지하는 가장 큰 이유는?
① 겨울철 수분 응축에 따른 밸브, 밸브시트 동결방지를 위하여
② 균열에 따른 누출방지를 위하여
③ 고장 및 오차 발생 방지를 위하여
④ 계량막 밸브와 밸브시트 사이의 누출방지를 위하여

[해설] 가스미터 내 밸브 등이 동결되면 가스미터 고장으로 이어져 동결 방지를 위하여 입상배관을 금지한다.

65
적외선분광분석계로 분석이 불가능한 것은?
① CO   ② N_2 ③ CO_2 ④ CH_4

[해설] 적외선 분광 분석법
① 분자가 보유하는 에너지에는 전자, 진동 및 회전의 각 에너지가 있다. 적외선 분광 분석법은 분자의 진동 중 쌍극자 모멘트의 변화를 일으킬 진동에 의하여 적외선의 흡수가 일어나는 것을 이용한 것이다.
② 흡광계수는 셀압력에 의해 구하여진다.
③ 적외선을 흡수하기 위해서는 쌍극자 모멘트의 알짜변화를 일으켜야 한다.
④ H_2, O_2, N_2, Cl_2 등의 2원자 분자는 적외선을 흡수하지 않으므로 분석이 불가능하다.
⑤ 미량성분의 분석에는 셀(cell) 내에서 다중반사되는 기체 셀을 사용한다.
⑥ 분석가능한 것 : CO, CO_2, CH_4

66
LPG의 성분분석에 이용되는 분석법 중 저온분류법에 의해 적용될 수 있는 것은?
① 관능기의 검출
② cis, trans의 검출
③ 방향족 이성체의 분리정량
④ 지방족 탄화수소의 분리정량

[해설] C_3H_8, C_4H_{10} 등의 비점차로 분리하는 지방족 탄화수소의 분리정량으로 한다.

67
벨로우즈식 압력계로 압력 측정 시 벨로우즈 내부에 압력이 가해질 경우 원래 위치로 돌아가지 않는 현상을 의미하는 것은?
① limited 현상   ② bellows 현상   ③ end all 현상   ④ hysteresis 현상

[해설] 히스테리시스 오차(hysteresis error)
① 동일 측정값에 대해 지시가 큰 쪽과 작은 쪽에서 측정한 경우 측정기에 따라서 지시값이 차이가 발생하는데 이 값을 히스테리시스 오차라 한다.
② 오차 원인 : 온도 부위의 마찰, 탄성변형, 톱니바퀴 사이의 틈
③ 외력을 제거 시 원상태로 돌아가는 현상

[정답] 64. ① 65. ② 66. ④ 67. ④

68
비중이 0.8인 액체의 압력이 2 kg/cm²일 때 액면높이(head)는 약 몇 m인가?
① 16　　　② 25　　　③ 32　　　④ 40

해설 압력

① $P = \gamma h$, $h = \dfrac{P}{\gamma} = \dfrac{2 \times 10^4 \text{ kgf/m}^2}{0.8 \times 10^3 \text{ kgf/m}^3} = 25 \text{ m}$

② 물의 비중량(γ)
　1000 kg/m³ = 9800 N/m³

③ 비중(S) = $\dfrac{\gamma}{\gamma_w}$, $\gamma = s \times \gamma_w = 0.8 \times 10^3$

④ 1 m² = 10⁴ cm²

69
분별연소법 중 산화구리법에 의하여 주로 정량할 수 있는 가스는?
① O_2　　　② N_2　　　③ CH_4　　　④ CO_2

해설 산화구리법 분석
① 산화구리를 250℃로 가열하여 시료가스를 통하면 H_2 및 CO는 연소되고 CH_4(메탄)가 남는다.
② 800~900℃에서 가열된 산화구리에서는 CH_4(메탄)가 연소되므로 CH_4도 정량된다.
③ 분별연소법으로 정량할 수 있는 것은 가연성 기체이다.

70
검지가스와 누출 확인 시험지가 옳은 것은?
① 하리슨씨 시약 : 포스겐
② KI전분지 : CO
③ 염화파라듐지 : HCN
④ 연당지 : 할로겐

해설 가스 누설 검색지의 변색

가스명	검색지	색깔(변색)
암모니아(NH_3)	붉은 리트머스 시험지	청색
염소(Cl_2)	KI 전분지	청색
포스겐($COCl_2$)	하리슨 시약	오렌지색
아세틸렌(C_2H_2)	염화제1동착염지	적색
일산화탄소(CO)	염화파라듐지	검정색
황화수소(H_2S)	연당지(초산납 시험지)	검정색
시안화수소(HCN)	질산구리벤젠지(초산벤젠)	청색
아황산가스(SO_2)	암모니아 헝겊	흰 연기 발생
프로판(C_3H_8)	비눗물	기포 발생

정답 68. ② 69. ③ 70. ①

71 깊이 5.0 m인 어떤 밀폐탱크 안에 물이 3.0 m 채워져 있고 2 kgf/cm²의 증기압이 작용하고 있을 때 탱크 밑에 작용하는 압력은 몇 kgf/cm²인가?
① 1.2　　② 2.3　　③ 3.4　　④ 4.5

해설 작용압력=물의 압력+증기압
① $P = \gamma h = 1000$ kgf/m³ × 3 m = 3000 kgf/m² × 10^{-4} = 0.3 kgf/cm²
② 물의 비중량(γ)
   1000 kg/m³ = 9800 N/m³
③ 0.3 kgf/cm² + 2 kgf/cm² = 2.3 kgf/cm²

72 편차의 크기에 비례하여 조절요소의 속도가 연속적으로 변하는 동작은?
① 적분동작　② 비례동작　③ 미분동작　④ 뱅뱅동작

해설 제어 동작
① 비례적분동작(PI)
   ㉠ 잔류편차 제거는 할 수 있다.
   ㉡ 부하가 크면 출력이 증가하여 안정성이 나쁘게 되어 진동이 일어난다.
② 비례동작(P)
   ㉠ 조작량이 편차에 비례하여 변화하는 제어동작이다.
   ㉡ 잔류편차가 있고 부하 변화가 적은 장치에 적합하다.
③ 적분동작(I)
   ㉠ 조작량이 편차의 시간 적분에 비례하는 제어동작이다.
   ㉡ 잔류편차 제거 조작힘이 강하다.
   ㉢ 안정성 결여 및 진동 응답속도가 느리다.
④ 미분동작(D)
   ㉠ 조작량이 편차의 시간 미분값에 비례하는 제어동작이다.
   ㉡ 단속으로 쓰이지 않고 제어계가 안정되고 시간 지연이 적다.
⑤ 비례 미분 동작(PD동작)
   P동작에 D동작을 결합하면 응답속도가 높아지고 잔류편차도 감소시킬 수 있다.
⑥ 비례 적분 미분 동작(PID동작)
   ㉠ I동작 : 잔류편차 제거
   ㉡ D동작 : 응답을 증가시켜 안정화를 도모한다.

73 자동제어장치를 제어량의 성질에 따라 분류한 것은?
① 프로세스제어　　② 프로그램제어
③ 비율제어　　　　④ 비례제어

해설ⓒ 제어량의 성질에 따른 분류
① 서보기구   ② 프로세스 제어

74
블록선도의 구성요소로 이루어진 것은?
① 전달요소, 가합점, 분기점
② 전달요소, 가감점, 인출점
③ 전달요소, 가합점, 인출점
④ 전달요소, 가감점, 분기점

해설ⓒ 블록선도 구성 요소
전달요소(블록), 가합점, 인출점, 신호선으로 구성되어진다.

75
계측기기의 감도(Sensitivity)에 대한 설명으로 틀린 것은?
① 감도가 좋으면 측정시간이 길어진다.
② 감도가 좋으면 측정범위가 좁아진다.
③ 계측기가 측정량의 변화에 민감한 정도를 말한다.
④ 측정량의 변화를 지시량의 변화로 나누어 준 값이다.

해설ⓒ 계측기기
① 계측기가 측정량의 변화에 민감한 정도를 말한다.
② 지시계의 확대율이 커지면 감도는 좋아진다.
③ 감도가 나쁘면 정밀도도 나빠진다.
④ 측정량의 변화에 대한 지시량의 변화의 비로 나타낸다.
⑤ 감도 : 계측기의 측정량의 변화에 대한 민감한 정도를 말한다.
⑥ 감도 $= \dfrac{\text{지시량 변화}}{\text{측정량 변화}}$

76
흡수분석법 중 게겔법에 의한 가스분석의 순서로 옳은 것은?
① CO_2, O_2, C_2H_2, C_2H_4, CO
② CO_2, C_2H_2, C_2H_4, O_2, CO
③ CO, C_2H_2, C_2H_4, O_2, CO_2
④ CO, O_2, C_2H_2, C_2H_4, CO_2

해설ⓒ 게겔법 분석 순서
① CO_2 - 30% KOH 용액
② C_2H_2 - 옥소수은 칼륨용액
③ 프로필렌(C_3H_6), 노르말부탄(n-C_4H_{10}) - 87% H_2SO_4
④ 에틸렌(C_2H_4) - 취소수(HBr) 수용액
⑤ O_2 - 알칼리성 피롤카롤 용액
⑥ CO - 암모니아성 염화 제 1구리 용액

정답 74. ③   75. ④   76. ②

77 서보기구에 해당되는 제어로서 목표치가 임의의 변화를 하는 제어로 옳은 것은?
① 정치제어 ② 캐스케이드제어
③ 추치제어 ④ 프로세스제어

[해설] 제어의 분류
① 정치제어 : 목표치가 변화하지 않고 일정한 값을 갖는 제어방식이다.
② 추치제어 : 목표치가 변화되는 자동제어로서 목표치가 변화하는 제어이다.
③ 서보기구
  ㉠ 물체의 위치, 방위, 자세 등이 기계적 변위를 제어량으로 하는 제어계로서 목표치의 임의의 변화에 항상 추종시키는 것을 목적으로 하는 제어이다.

78 크로마토그래피의 피크가 그림과 같이 기록되었을 때 피크의 넓이(A)를 계산하는 식으로 가장 적합한 것은?

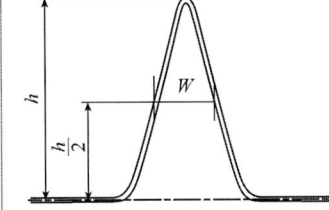

① $1/4\ Wh$
② $1/2\ Wh$
③ Wh
④ $2\ Wh$

[해설] 피크 면적
면적(A)=피크 너비(W)×피크 높이(h)= Wh

79 액면계로부터 가스가 방출되었을 때 인화 또는 중독의 우려가 없는 장소에 주로 사용하는 액면계는?
① 플로트식 액면계 ② 정전용량식 액면계
③ 슬립튜브식 액면계 ④ 전기저항식 액면계

[해설] 슬립튜브식 액면계
① 대형 저장탱크 내를 가는 스테인리스관으로 상하로 움직여 관내에서 분출하는 가스상태와 액체상태의 경계면을 찾아 액면을 측정하는 액면계이다.
② 대형 용기의 상부에 설치되어 있어 튜브를 상하로 움직여 관 내에서 직접 유출하는 유체로 액면을 측정한다.
③ 액면계의 종류
  ㉠ 방사선식 ㉡ 기포식 ㉢ 고정 튜브식 ㉣ 슬립튜브식 ㉤ 회전튜브식 ㉥ 차압식
  ㉦ 플로트식 ㉧ 평형반사식 ㉨ 평형투시식 ㉩ 초음파식

[정답] 77. ③ 78. ③ 79. ③

80 다이어프램 가스미터의 최대유량이 4 m³/h일 경우 최소유량의 상한 값은?
① 4 L/h ② 8 L/h
③ 16 L/h ④ 25 L/h

해설 ➤ 0.025 m³/h×1000=25 L/h

참고 가스미터의 최대 유량의 공칭값 및 최소량

가스미터 호칭 [G]	Q_{max} [m³/h]	Q_{min} 의 상한 [m³/h]
0.6	1	0.016
1	1.6	1.016
1.6	2.5	0.016
2.5	4	0.025
4	6	0.04
6	10	0.06
10	16	0.1
16	25	0.16
25	40	0.25
40	65	0.4
65	100	0.65
100	160	1
160	250	1.6
250	400	2.5
400	650	4
650	1000	6.5

정답 80. ④

2015년 제2회 가스산업기사 출제문제

제1과목 : 연소공학

01 다음에서 설명하는 법칙은?

> "임의의 화학 반응에서 발생(또는 흡수)하는 열은 변화전과 변화후의 상태에 의해서 정해지며 그 경로는 무관하다."

① Dalton의 법칙 ② Henry의 법칙
③ Avogadro의 법칙 ④ Hess의 법칙

[해설] 헤스의 법칙 : 총열량 불변의 법칙이다.

02 수소가 완전 연소 시 발생되는 발열량은 약 몇 kcal/kg인가? (단, 수증기 생성열은 57.8 kcal/mol이다.)

① 12000 ② 24000 ③ 28900 ④ 57800

[해설] ① 몰수[mol] = $\dfrac{질량}{분자량}$ = $\dfrac{1000\ g}{2}$ = 500 mol
② 57.8 cal/mol × 500 mol = 28900 cal

03 전 폐쇄 구조인 용기 내부에서 폭발성가스의 폭발이 일어났을 때 용기가 압력에 견디고 외부의 폭발성 가스에 인화할 우려가 없도록 한 방폭구조는?

① 안전증방폭구조 ② 내압방폭구조
③ 특수방폭구조 ④ 유입방폭구조

정답 1. ④ 2. ③ 3. ②

해설 ① 유입방폭구조 : 용기 내부에 절연유를 주입하여 불꽃 아크 또는 고온발생부분이 기름 속에 잠기게 함으로써 기름면 위에 존재하는 가연성 가스에 인화되지 않도록 한 구조를 유입방폭구조라 한다.
② 안전증방폭구조 : 정상운전 중에 가연성 가스의 점화원이 될 전기불꽃 아크 또는 고온부분 등의 발생을 방지하기 위해 기계적 전기적 구조상 또는 온도 상승에 대해 특히 안전도를 증가시킨 구조를 안전증방폭구조라 한다.
③ 본질안전방폭구조 : 정상 시 및 사고 시에 발생하는 전기 불꽃 아크 또는 고온부로 인하여 가연성 가스가 점화되지 않는 것이 점화시험 그 밖의 방법에 의해 확인된 구조를 본질안전방폭구조라 한다.
④ 내압방폭구조 : 전폐구조로서 용기 내에서 폭발성 가스가 폭발하여도 압력에 견디고, 내부의 폭발화염이 외부로 전해지지 않도록 하는 구조이다.

04 밀폐된 용기 속에 3 atm, 25°C에서 프로판과 산소가 2:8의 몰비로 혼합되어 있으며 이것이 연소하면 다음 식과 같이 된다. 연소 후 용기 내의 온도가 2500 K로 되었다면 용기 내의 압력은 약 몇 atm이 되는가?

$$2C_3H_8 + 8O_2 \rightarrow 6H_2O + 4CO_2 + 2CO + 2H_2$$

① 3 ② 15 ③ 25 ④ 35

해설 ① $P_1V_1 = n_1R_1T_1$, $P_2V_2 = n_2R_2T_2$
② $\dfrac{P_2V_2}{P_1V_1} = \dfrac{n_2R_2T_2}{n_1R_1T_1}$, $V_1 = V_2$, $R_1 = R_2$
③ $\dfrac{P_2}{P_1} = \dfrac{n_2T_2}{n_1T_1} = \dfrac{(6+4+2+2)[\text{mol}] \times 2500[\text{K}] \times 3}{(2+8)[\text{mol}] \times (273+25)[\text{K}]}$
$P_2 = 35.2348[\text{atm}]$
④ $2C_3H_8 + 8O_2 \rightarrow 6H_2O + 4CO_2 + 2CO + 2H_2O$
  2mol 8mol 6mol 4mol 2mol 2mol

05 메탄 50%, 에탄 40%, 프로판 5%, 부탄 5%인 혼합가스의 공기 중 폭발하한값(%)은? (단, 폭발하한값은 메탄 5%, 에탄 3%, 프로판 2.1%, 부탄 1.8%이다.)

① 3.51 ② 3.61 ③ 3.71 ④ 3.81

해설 $\dfrac{100}{L} = \left(\dfrac{50}{5} + \dfrac{40}{3} + \dfrac{5}{2.1} + \dfrac{5}{1.8}\right)$
$\dfrac{100}{L} = 28.49$ $L = \dfrac{100}{28.49} = 3.51\%$

정답 4. ④ 5. ①

06. 분진폭발에 대한 설명 중 틀린 것은?
① 분진은 공기 중에 부유하는 경우 가연성이 된다.
② 분진은 구조물 위에 퇴적하는 경우 불연성이다.
③ 분진이 발화, 폭발하기 위해서는 점화원이 필요하다.
④ 분진폭발은 입자표면에 열에너지가 주어져 표면온도가 상승한다.

해설⊃ 퇴적된 분진은 열의 축적에 의해 불꽃을 발생하며 연소하거나 훈소가 나타날 수 있다.

07. 탄화도가 커질수록 연료에 미치는 영향이 아닌 것은?
① 연료비가 증가한다. ② 연소속도가 늦어진다.
③ 매연발생이 상대적으로 많아진다. ④ 고정탄소가 많아지고 발열량이 커진다.

해설⊃ 탄화도
① 탄화도가 증가하는 것은 고정탄소가 많아지고 발열량이 커지며 비열이 적어진다.
② 휘발분이 감소한다.
③ 매연 발생이 작아진다.
④ 연소속도가 감소한다.

08. 폭굉유도거리를 짧게 하는 요인에 해당하지 않는 것은?
① 관경이 클수록 ② 압력이 높을수록
③ 연소열량이 클수록 ④ 연소속도가 클수록

해설⊃ 폭굉유도거리(DID)가 짧아지는 조건
① 압력이 높을수록 폭굉유도거리는 짧아진다.
② 점화에너지가 높을수록 유도거리가 짧아진다.
③ 관 지름이 작을 때 유도거리가 짧아진다.
④ 정상연소속도가 큰 혼합가스일수록

09. 연소 시 배기가스 중의 질소산화물(NO_x)의 함량을 줄이는 방법으로 가장 거리가 먼 것은?
① 굴뚝을 높게 한다.
② 연소온도를 낮게 한다.
③ 질소함량이 적은 연료를 사용한다.
④ 연소가스가 고온으로 유지되는 시간을 짧게 한다.

정답 6. ② 7. ③ 8. ① 9. ①

해설 ① 연소온도를 낮게 한다.
② 질소 함량이 적은 연료를 사용한다.
③ 고온 영역에서 연소가스가 고온으로 체류되는 시간을 짧게 한다.
④ 연소 영역에서 산소농도를 낮게 한다.

10 수소의 연소반응은 $H_2 + \frac{1}{2} O_2 \rightarrow H_2O$로 알려져 있으나 실제 반응은 수많은 소반응이 연쇄적으로 일어난다고 한다. 다음은 무슨 반응에 해당하는가?

$$OH + H_2 \rightarrow H_2O + H$$
$$O + HO_2 \rightarrow O_2 + OH$$

① 연쇄창시반응　② 연쇄분지반응　③ 기상정지반응　④ 연쇄이동반응

해설 연쇄이동(전파)반응(전화반응, propagation)
　　연쇄반응을 구성하는 수많은 소반응이 연쇄적으로 일어나 생긴 것으로 중간체와 반응물이 일정한 양식으로 반응하여 연쇄 전달체를 발생하는 과정을 말한다.

11 설치장소의 위험도에 대한 방폭구조의 선정에 관한 설명 중 틀린 것은?
① 0종 장소에서는 원칙적으로 내압방폭구조를 사용한다.
② 2종 장소에서 사용하는 전선관용 부속품은 KS에서 정하는 일반품으로서 나사접속의 것을 사용할 수 있다.
③ 두 종류 이상의 가스가 같은 위험장소에 존재하는 경우에는 그 중 위험등급이 높은 것을 기준으로 하여 방폭전기기기의 등급을 선정하여야 한다.
④ 유입방폭구조는 1종 장소에서는 사용을 피하는 것이 좋다.

해설 0종 장소에서는 원칙적으로 본질안전방폭구조를 사용한다.

12 유황(S kg)의 완전연소 시 발생하는 SO_2의 양을 구하는 식은?
① $4.31 \times S$ Nm³
② $3.33 \times S$ Nm³
③ $0.7 \times S$ Nm³
④ $4.38 \times S$ Nm³

해설 유황(S)의 완전연소식
① $S + O_2 \rightarrow SO_2$
　　32 kg　22.4 Nm³
② 체적 : $\frac{22.4 \text{ Nm}^3}{32 \text{ kg}} = 0.7$ Nm³/kg
③ $SO_2 = 0.7 \times S$ [Nm³/kg]

정답　10. ④　11. ①　12. ③

13 아세틸렌(C_2H_2)가스의 위험도는 얼마인가? (단, 아세틸렌의 폭발한계는 2.51~81.2%이다.)

① 29.15   ② 30.25   ③ 31.35   ④ 32.45

해설 ⊃ 위험도
$$H = \frac{\text{상한} - \text{하한}}{\text{하한}} = \frac{81.2 - 2.51}{2.51} = 31.35$$

14 LPG가 완전연소 될 때 생성되는 물질은?

① CH_4, H_2 ② CO_2, H_2O ③ C_3H_8, CO_2 ④ C_4H_{10}, H_2O

해설 ⊃ 탄화수소계 가연성 가스의 완전연소식
① 부탄(C_4H_{10})
$C_4H_{10} + 6.5O_2 \rightarrow 4CO_2 + 5H_2O + Q[kcal]$
② 프로판(C_3H_8)
$C_3H_8 + 5O_2 \rightarrow 3CO_2 + 4H_2O + Q[kcal]$
③ 메탄(CH_4)
$CH_4 + 2O_2 \rightarrow CO_2(\text{이산화탄소}) + 2H_2O(\text{물}) + Q[kcal]$

15 디토네이션(detonation)에 대한 설명으로 옳지 않은 것은?

① 발열반응으로서 연소의 전파속도가 그 물질내에서 음속보다 느린 것을 말한다.
② 물질내에 충격파가 발생하여 반응을 일으키고 또한 반응을 유지하는 현상이다.
③ 충격파에 의해 유지되는 화학 반응 현상이다.
④ 디토네이션은 확산이나 열전도의 영향을 거의 받지 않는다.

해설 ⊃ 디토네이션(detonation)
① 발열반응으로서 연소의 전파속도가 그 물질 내에서의 음속보다 큰 경우의 것을 말한다.
② 폭굉 : 음속 < 폭발속도(충격파)
③ 폭연 : 음속 > 폭발속도(충격파)

16 불꽃 중 탄소가 많이 생겨서 황색으로 빛나는 불꽃은?

① 휘염   ② 층류염
③ 환원염   ④ 확산염

정답 13. ③   14. ②   15. ①   16. ①

해설 ① 휘염 : 불꽃중에 탄소가 많이 생겨서 황색으로 빛나는 불꽃이다.
② 무휘염 : 수소, 일산화탄소 등이 연소 시 불꽃온도가 높은 무색 불꽃을 말한다.
③ 층류염 : 기체의 연료가 염공에서 분출될 때 유량이 적게 되어 그 흐름이 층류인 경우의 화염으로 형상이 일정하며 안정되어 있다.
④ 확산염 : 표면에서 증발하는 가연성 증기가 공기와의 접촉면에서 혼합되지 않고 공기 중으로 유출되면서 연소하는 현상이다.

17 가스연료와 공기의 흐름이 난류일 때의 연소상태에 대한 설명으로 옳은 것은?
① 화염의 윤곽이 명확하게 된다.
② 층류일 때 보다 연소가 어렵다.
③ 층류일 때 보다 열효율이 저하된다.
④ 층류일 때 보다 연소가 잘되며 화염이 짧아진다.

해설 ① 난류 화염
  ㉠ 난류일 때 혼합속도가 빨라져 연소가 촉진되며 연소가 잘 된다.
  ㉡ 불규칙하며 화염이 짧아진다.
② 층류화염 : 화염이 안정되어 윤곽이 명확하게 된다.

18 프로판 1몰 연소 시 필요한 이론 공기량은 약 얼마인가? (단, 공기 중 산소량은 21 v%이다.)
① 16 mol   ② 24 mol   ③ 32 mol   ④ 44 mol

해설 이론 공기량
① $A_0 = \dfrac{O_0}{0.21} = \dfrac{5}{0.21} = 23.809 \text{[mol]}$
② 프로판의 완전연소 반응식 : $C_3H_8 + 5O_2 \rightarrow 3CO_2 + 4H_2O$

19 다음은 고체연료의 연소과정에 관한 사항이다. 보통 기상에서 일어나는 반응이 아닌 것은?
① $C + CO_2 \rightarrow 2CO$
② $CO + \dfrac{1}{2}O_2 \rightarrow CO_2$
③ $H_2 + \dfrac{1}{2}O_2 \rightarrow H_2O$
④ $CO + H_2O \rightarrow CO_2 + H_2$

해설 $C + CO_2 \rightarrow 2CO$: 발생로 가스 반응이다.

정답 17. ④ 18. ② 19. ①

20 위험성평가기법 중 공정에 존재하는 위험요소들과 공정의 효율을 떨어뜨릴 수 있는 운전상의 문제점을 찾아내어 그 원인을 제거하는 정성적인 안전성평가기법은?

① What-if
② HEA
③ HAZOP
④ FMECA

해설 ① 고장 형태 영향 분석(FMEA) 기법
서브시스템 해저드 해석이나 시스템 해저드 해석을 위해 사용되는 전형적인 정성(定性)적·귀납(歸納)적 해석 수법이며 시스템에 영향을 미치는 모든 요소의 고장을 형별(迥別)로 해석해서 그 영향을 검토하는 분석을 말한다.
② 원인 결과 분석(Cause-Consequence Analysis, CCA) 기법
잠재된 사고의 결과 및 사고의 근본적인 원인을 찾아내고 사고결과와 원인 사이의 상호관계를 예측하여 위험성을 정량(定量)적으로 평가하는 방법을 말한다.
③ 위험과 운전 분석(Hazard and Operability Studies, HAZOP) 기법
공정에 존재하는 위험 요소들과 공정의 효율을 떨어뜨릴 수 있는 운전상의 문제점을 찾아내어 그 원인을 제거하는 방법을 말한다.
④ 결함수 분석(Fault Tree Analysis, FTA)기법
사고의 원인이 되는 장치의 이상이나 고장의 다양한 조합 및 작업자 실수 원인을 연역적으로 분석하는 방법을 말한다.
⑤ 이상위험도 분석(Failure Modes Effects and Criticality Analysis, FMECA) 기법
공정 및 설비의 공장의 형태 및 영향, 고장 형태별 위험도 순위 등을 결정하는 방법을 말한다.

제2과목 : 가스설비

21 고온·고압상태의 암모니아 합성탑에 대한 설명으로 틀린 것은?

① 재질은 탄소강을 사용한다.
② 재질은 18-8 스테인리스강을 사용한다.
③ 촉매로는 보통 산화철에 CaO를 첨가한 것이 사용된다.
④ 촉매로는 보통 산화철에 K_2O 및 Al_2O_3를 첨가한 것이 사용된다.

해설 암모니아 합성탑
암모니아는 고온 고압에서 탈탄작용 및 질화작용을 일으키므로 구리합금강을 사용할 수 없다.

정답 20. ③ 21. ①

22 정압기의 정특성에 대한 설명으로 옳지 않은 것은?
① 정상상태에서의 유량과 2차압력의 관계를 뜻한다.
② Lock-up이란 폐쇄압력과 기준유량일 때의 2차압력과의 차를 뜻한다.
③ 오프셋 값은 클수록 바람직하다.
④ 유량이 증가할수록 2차압력은 점점 낮아진다.

해설⊃ 정압기의 정특성 : 유량과 2차압력과의 관계이다.

23 가스의 압축방식이 아닌 것은?
① 등온압축   ② 단열압축   ③ 폴리트로픽압축   ④ 감열압축

해설⊃ 압축 방식
① 단열압축 > ② 폴리트로픽 압축 > ③ 등온 압축 순으로 압축일 소요된다.

24 액화석유가스 저장소의 저장탱크는 몇 ℃ 이하의 온도를 유지하여야 하는가?
① 20℃   ② 35℃   ③ 40℃   ④ 50℃

해설⊃ 액화석유가스 저장소의 시설기준 및 기술기준
① 저장탱크는 항상 40℃ 이하의 온도를 유지할 것
② 저장설비 또는 가스설비에는 방폭형 휴대용 전등 외의 등화를 지니고 들어가지 아니할 것
③ 가스누출검지기와 휴대용 손전등은 방폭형일 것

25 전기방식방법 중 희생양극법의 특징에 대한 설명으로 틀린 것은?
① 시공이 간단하다.   ② 과방식의 우려가 없다.
③ 방식효과 범위가 넓다.   ④ 단거리 배관에 경제적이다.

해설⊃ 유전양극방식(희생양극)
소전류 소규모에 알맞으며 방식효과 범위가 좁다.

26 고압 산소 용기로 가장 적합한 것은?
① 주강용기   ② 이중용접용기   ③ 이음매 없는 용기   ④ 접합용기

해설⊃ 이음매가 없는 용기
① 동판 및 경판을 일체로 성형하여 이음매가 없이 제조한 용기이다.
② 산소, 수소, 질소 등 고압용으로 주로 사용한다.

정답 22. ③ 23. ④ 24. ③ 25. ③ 26. ③

27. 기화장치의 성능에 대한 설명으로 틀린 것은?

① 온수가열방식은 그 온수의 온도가 80℃ 이하이어야 한다.
② 증기가열방식은 그 온수의 온도가 120℃ 이하이어야 한다.
③ 가연성 가스용 기화장치의 접지 저항치는 100Ω 이상이어야 한다.
④ 압력계는 계량법에 의한 검사 합격품이어야 한다.

해설 ▶ 기화장치
① 액화가스를 가열하여 기화시키는 장치이다.
② 가연성 가스 용기화장치의 접지저항치는 10Ω 이하로 한다.
③ 안전장치는 내압시험의 8/10 이하의 압력에서 작동하는 것으로 한다.
④ 온수가열방식의 온수는 80℃ 이하로 한다.
⑤ 증기가열방식의 온도는 120℃ 이하로 한다.

28. 염화비닐호스에 대한 규격 및 검사방법에 대한 설명으로 맞는 것은?

① 호스의 안지름은 1종, 2종, 종으로 구분하며 2종의 안지름은 9.5 mm이고 그 허용오차는 ±0.8 mm이다.
② -20℃ 이하에서 24시간 이상 방치한 후 지체없이 10회 이상 굽힘시험을 한 후에 기밀시험에 누출이 없어야 한다.
③ 3 MPa 이상의 압력으로 실시하는 내압시험에서 이상이 없고 4 MPa 이상의 압력에서 파열되지 아니하여야 한다.
④ 호스의 구조는 안층 . 보강층 . 바깥층으로 되어 있고 안층의 재료는 염화비닐을 사용하며, 인장강도는 65.6 N/5 mm 폭 이상이다.

해설 ▶ 염화비닐호스 규격 및 검사 방법
저압호스는 염화비닐호스, 금속 플렉시블호스, 고무호스 및 수지호스를 말한다.

29. 냄새가 나는 물질(부취제)의 구비조건으로 옳지 않은 것은?

① 부식성이 없어야 한다.
② 물에 녹지 않아야 한다.
③ 화학적으로 안정하여야 한다.
④ 토양에 대한 투과성이 낮아야 한다.

해설 ▶ 부취제의 구비조건
① 도관을 부식하지 않을 것
② 일상생활과 구분되는 냄새일 것
③ 연소 후 유해가스를 발생시키지 않을 것
④ 토양에 대한 투과성이 클 것
⑤ 독성 및 가연성이 아닐 것

정답 27. ③ 28. ③ 29. ④

⑥ 도관내의 상용온도에서 응축되지 말 것
⑦ 가스관이나 가스미터에 흡착되지 말 것

30 배관의 온도변화에 의한 신축을 흡수하는 조치로 틀린 것은?
① 루프이음 ② 나사이음
③ 상온스프링 ④ 벨로우즈형 신축이음매

[해설] 신축이음
벨로즈형 신축이음매, 루프이음, 상온 스프링, 슬리브 이음, 스위블 이음

31 1단 감압식 저압조정기 출구로부터 연소기 입구까지의 허용압력 손실로 옳은 것은?
① 수주 10 mm를 초과해서는 아니 된다.
② 수주 15 mm를 초과해서는 아니 된다.
③ 수주 30 mm를 초과해서는 아니 된다.
④ 수주 50 mm를 초과해서는 아니 된다.

[해설] 1단 감압식 저압 조정기
① 가정용과 같이 일반 소비용으로 가장 널리 사용한다.
② 조정기에서 입구의 연소기구 입구까지의 허용압력손실수두 30 mm를 초과해서는 아니 된다.

32 안지름 10 cm의 파이프를 플랜지에 접속하였다. 이 파이프 내에 40 kgf/cm²의 압력으로 볼트 1개에 걸리는 힘을 400 kgf 이하로 하고자 할 때 볼트는 최소 몇 개가 필요한가?
① 7개 ② 8개 ③ 9개 ④ 10개

[해설] 볼트 수

① $Z = \dfrac{P \times A}{W} = \dfrac{P \times \left(\dfrac{\pi}{4} \times d^2\right)}{W} = \dfrac{40 \times \dfrac{\pi}{4} \times 10^2}{400} = 7.853$

② $P = \dfrac{W \times Z}{A}$

P : 파이프 내 압력, W : 볼트 1개에 걸리는 힘, A : 면적

정답 30. ② 31. ③ 32. ②

33
아세틸렌을 용기에 충전하는 경우 충전중의 압력은 온도에 불구하고 몇 MPa 이하로 하여야 하는가?
① 2.5 ② 3.0 ③ 3.5 ④ 4.0

해설 ➔ 아세틸렌
① 충전 중의 압력은 온도에 관계없이 2.5 MPa 이하로 해야 한다.
② 아세틸렌을 2.5 MPa의 압력으로 압축하는 때에는 질소·메탄·일산화탄소 또는 에틸렌 등의 희석제를 첨가한다.
③ 습식 아세틸렌 발생기의 표면은 70℃ 이하의 온도로 유지하고 그 부근에서는 불꽃이 튀는 작업을 하지 아니한다.
④ 아세틸렌을 용기에 충전하는 때에는 미리 용기에 다공질물을 고루 채워 다공도가 75% 이상 92% 미만이 되도록 한 후 아세톤 또는 디메틸포름아미드를 고루 침윤시키고 충전한다.
⑤ 아세틸렌을 용기에 충전하는 때의 충전중의 압력은 1.5 MPa 이하로 하고 충전 후에는 압력이 15℃에서 1.55 MPa 이하로 될 때까지 정치하여 둔다.

34
수동교체 방식의 조정기와 비교한 자동절체식 조정기의 장점이 아닌 것은?
① 전체 용기 수량이 많아져서 장시간 사용할 수 있다.
② 분리형을 사용하면 1단 감압식 조정기의 경우보다 배관의 압력손실을 크게 해도 된다.
③ 잔액이 거의 없어질 때까지 사용이 가능하다.
④ 용기 교환주기의 폭을 넓힐 수 있다.

해설 ➔ 자동절체식 조정기
① 전체 용기의 개수가 수동절체식보다 적게 소요된다.
② 잔액이 거의 없어질 때까지 가스를 소비할 수 있다.
③ 분리형을 사용하면 1단 감압식 조정기의 경우보다 배관의 압력손실을 크게 해도 된다.
④ 용기 교환주기의 폭을 넓힐 수 있다.

35
다음 중 LP가스의 성분이 아닌 것은?
① 프로판 ② 부탄
③ 메탄올 ④ 프로필렌

해설 ➔ LP가스 성분 : 프로판, 부탄, 프로필렌, 부틸렌, 부타디엔, 부로틴 등의 석유계 저급 탄화수소 혼합물로 이루어져 있다.

정답 33. ① 34. ① 35. ③

36
직경 50 mm의 강재로 된 둥근 막대가 8000 kgf의 인장 하중을 받을 때의 응력은 약 몇 kgf/mm²인가?

① 2
② 4
③ 6
④ 8

해설 응력

① $\sigma = \dfrac{W}{A} = \dfrac{W}{\left(\dfrac{\pi}{4} \times d^2\right)} = \dfrac{8000}{\dfrac{\pi}{4} \times 50^2} = 4.076$

② $\sigma = \dfrac{W}{A}$

W : 하중, A : 면적

37
가스설비 공사 시 지반이 점토질 지반일 경우 허용지지력도(MPa)는?

① 0.02
② 0.05
③ 0.5
④ 1.0

해설 지반의 종류에 따른 허용지지력도

지반의 종류	허용지지력도[MPa]
암반	1
단단히 응결된 모래층	0.5
황토흙	0.3
조밀한 자갈층	0.3
모래질 지반	0.05
조밀한 모래질 지반	0.2
단단한 점토질 지반	0.1
점토질 지반	0.02
단단한 롬(loam)층	0.1
롬(loam)층	0.05

38
압축기 실린더 내부 윤활유에 대한 설명으로 옳지 않은 것은?

① 공기 압축기에는 광유(鑛油)를 사용한다.
② 산소 압축기에는 기계유를 사용한다.
③ 염소 압축기에는 진한 황산을 사용한다.
④ 아세틸렌 압축기에는 양질의 광유(鑛油)를 사용한다.

정답 36. ② 37. ① 38. ②

[해설] 압축기 내부의 윤활유
① 공기 압축기 : 디젤엔진유(양질의 광유)
② 산소 압축기 : 물 또는 10% 정도의 묽은 글리세린수
③ 염소 압축기 : 진한 황산
④ 아세틸렌 압축기 : 양질의 광유
⑤ 수소 압축기 : 양질의 광유
⑥ 염화메탄 압축기 : 화이트유
⑦ 아황산가스 압축기 : 화이트유, 정제된 터빈유
⑧ LP가스 압축기 : 실물성유

39 용접장치에서 토치에 대한 설명으로 틀린 것은?
① 불변압식 토치는 니들밸브가 없는 것으로 독일식이라 한다.
② 팁의 크기는 용접할 수 있는 판 두께에 따라 선정한다.
③ 가변압식 토치를 프랑스식이라 한다.
④ 아세틸렌 토치의 사용압력은 0.1 MPa 이상에서 사용한다.

[해설] 아세틸렌의 토치
① 토치 내에서 소리가 날 때 또는 과열되었을 때는 역화에 주의한다.
② 아세틸렌의 사용압력은 0.1 MPa 이하로 한다.
③ 작업이 끝난 후 가스의 누설 여부를 확인한다.
④ 산소압력은 아세틸렌가스가 산소배관으로 역류해 들어오는 것을 막기 위해 항상 충분히 높은 상태를 유지해야 한다.
⑤ 작업장소를 이탈할 때에는 주위에 불티가 남아있는지 확인하고 토치와 호스는 공기가 잘 통하는 곳으로 이동시켜 보관한다.
⑥ 토치 사용 시에는 반드시 호스와 각 조임부의 누출을 점검한다.

40 가로 15 cm, 세로 20 cm의 환기구에 철재 갤러리를 설치한 경우 환기구의 유효면적은 몇 cm²인가? (단, 개구율은 0.3이다.)
① 60
② 90
③ 150
④ 300

[해설] 환기구 유효 면적 : $15 \times 20 \times 0.3 = 90 \text{ cm}^2$

정답 39. ④ 40. ②

제3과목 : 가스안전관리

41 도시가스배관을 도로매설 시 배관의 외면으로부터 도로 경계까지 얼마 이상의 수평거리를 유지하여야 하는가?

① 0.8 m   ② 1.0 m
③ 1.2 m   ④ 1.5 m

[해설] 도시가스 배관 도로 매설
① 원칙적으로 자동차 등의 하중의 영향이 적은 곳에 매설한다.
② 배관의 외면으로부터 도로의 경계까지 1 m 이상의 수평거리를 유지한다.
③ 배관은 그 외면으로부터 도로 밑의 다른 시설물과 0.3 m 이상의 거리를 유지한다.
④ 시가지의 도로 밑에 배관을 설치하는 경우 보호판을 배관의 정상부로부터 30 cm 이상 떨어진 그 배관의 직상부에 설치한다.

42 에어졸의 충전 기준에 적합한 용기의 내용적은 몇 L 이하이어야 하는가?

① 1   ② 2   ③ 3   ④ 5

[해설] 에어졸 용기의 충전시설 기준
에어졸 충전은 다음의 기준에 적합한 용기에 의할 것.
① 용기의 내용적이 1 l 이하이어야 하며, 내용적이 100 cm^3를 초과하는 용기의 재료는 강 또는 경금속을 사용한 것일 것
② 금속제의 용기는 그 두께가 0.125 mm 이상이고 내용물에 의한 부식을 방지할 수 있는 조치를 한 것이어야 하며, 유리제용기에 있어서는 합성수지로 그 내면 또는 외면을 피복한 것일 것
③ 내용적이 100 cm^3를 초과하는 용기는 그 용기의 제조자의 명칭 또는 기호가 표시되어 있을 것
④ 내용적이 30 cm^3 이상인 용기는 에어졸의 충전에 재사용하지 아니할 것

43 내용적 20000 L의 저장탱크에 비중량이 0.8 kg/L인 액화가스를 충전할 수 있는 양은?

① 13.6톤   ② 14.4톤   ③ 16.5톤   ④ 17.7톤

[해설] 액화가스 충전량(저장탱크)
① $W = 0.9 d V_2 = 0.9 \times 0.8 \times 20000 = 14400$ kg = 14.4
② $W = 0.9 d V_2$
W : 저장량[kg], d : 상용온도에서의 액화가스 비중[kg/L], V_2 : 내용적[L],
0.9 : 내용적의 90% 이하를 충전할 것

정답 41. ②   42. ①   43. ②

③ 액화가스 저장량 계산(용기, 차량에 고정된 탱크)

$$W = \frac{V}{C} [kg]$$

44 기업활동 전반을 시스템으로 보고 시스템 운영 규정을 작성·시행하여 사업장에서의 사고 예방을 위한 모든 형태의 활동 및 노력을 효과적으로 수행하기 위한 체계적이고 종합적인 안전관리체계를 의미하는 것은?
① MMS
② SMS
③ CRM
④ SSS

해설 ➡ 종합적인 안전관리 시스템(SMS)
기업의 전반에 존재하는 위해요인을 찾아내 분석, 평가하고 사전 예방조치를 함으로써 사고를 예방하는 시스템이다.

45 특수가스의 하나인 실란(SiH_4)의 주요 위험성은?
① 상온에서 쉽게 분해된다.
② 분해 시 독성물질을 생성한다.
③ 태양광에 의해 쉽게 분해된다.
④ 공기 중에 누출되면 자연발화 한다.

해설 ➡ 실란의 위험성
① 극인화성 물질, 열·스파크 또는 화염에 의해 쉽게 점화된다.
② 공기 중에서 자연발화할 수 있고 공기와 섞여 폭발성 혼합물을 형성할 수 있음
③ 증기는 공기보다 무거워 지면을 따라 분포 및 확산한다.
④ 열분해 또는 연소에 의해 자극적이고 유독한 가스가 발생될 수 있음
⑤ 불소, 염소, 브롬과 상온에서 폭발적인 반응을 일으킨다.
⑥ 눈·피부·호흡기 자극, 액체와 접촉 시 동상에 걸릴 수 있다.

46 에어졸 충전시설에는 온수시험탱크를 갖추어야 한다. 충전용기의 가스누출시험 온도는?
① 26℃ 이상 30℃ 미만
② 30℃ 이상 50℃ 미만
③ 46℃ 이상 50℃ 미만
④ 50℃ 이상 66℃ 미만

정답 44. ② 45. ④ 46. ③

해설 ⇨ 에어졸 충전시설
  ① 에어졸을 충전하기 위한 충전용기·밸브 또는 충전용 지관을 가열하는 때에는 열습포 또는 40°C 이하의 더운 물을 사용할 것
  ② 에어졸이 충전된 용기는 그 전수에 대하여 온수시험 탱크에서 그 에어졸의 온도를 46°C 이상 50°C 미만으로 하는 때에 그 에어졸이 누출되지 아니하도록 할 것

47. LPG 판매 사업소의 시설기준으로 옳지 않은 것은?

① 가스누출경보기는 용기보관실에 설치하되 일체형으로 한다.
② 용기보관실의 전기설비 스위치는 용기보관실 외부에 설치한다.
③ 용기보관실의 실내온도는 40°C 이하로 유지한다.
④ 용기보관실 및 사무실은 동일 부지 내에 구분하여 설치한다.

해설 ⇨ 가스누출경보기
  ① 용기보관실에는 가스가 누출될 경우 이를 신속히 검지하여 효과적으로 대응할 수 있도록 하기 위하여 분리형 가스누출경보기를 설치할 것
  ② 용기보관실에 설치된 전기설비가 누출된 가스의 점화원이 되는 것을 방지하기 위하여 그 용기보관실에 설치된 전기설비는 방폭구조로 된 것이어야 하고, 그 용기보관실 안에 전기 스위치를 설치하지 아니하는 등의 적절한 조치를 마련할 것

48. 최대지름이 6 m인 고압가스 저장탱크 2기가 있다. 이 탱크에 물분무장치가 없을 때 상호 유지되어야 할 최소 이격거리는?

① 1 m   ② 2 m   ③ 3 m   ④ 4 m

해설 ⇨ 이격거리
  ① $\dfrac{D_1+D_2}{4} = \dfrac{6\,\text{m}+6\,\text{m}}{4} = \dfrac{12}{4} = 3\,\text{m}$
  ② $\dfrac{D_1+D_2}{4} < 1\,\text{m}$
  1 m 미만일 때는 1 m로 한다. D_1, D_2 : 두 탱크의 최대지름

49. 산화에틸렌(C_2H_4O)에 대한 설명으로 틀린 것은?

① 휘발성이 큰 물질이다.
② 독성이 없고, 화염속도가 빠르다.
③ 사염화탄소, 에테르 등에 잘 녹는다.
④ 물에 녹으면 안정된 수화물을 형성한다.

정답 47. ① 48. ③ 49. ②

해설➔ 산화에틸렌(C_2H_4O)
① 독성이 있으며 자극적인 냄새가 난다.
② 열이나 충격 등에 분해폭발을 일으킬 수 있다.

50 액화석유가스 저장설비 및 가스설비실의 통풍구조 기준에 대한 설명으로 옳은 것은?
① 사방을 방호벽으로 설치하는 경우 한 방향으로 2개소의 환기구를 설치한다.
② 환기구의 1개소 면적은 2400cm² 이하로 한다.
③ 강제통풍 시설의 방출구는 지면에서 2m 이상의 높이에 설치한다.
④ 강제통풍 시설의 통풍능력은 1m² 마다 0.1m³/분 이상으로 한다.

해설➔ 통풍구조 기준 : 액화석유가스의 저장설비·가스설비실 및 충전용기 보관실 등에 있어서 당해 가스가 누출하였을 때 그 가스가 체류하지 아니하도록 하는 구조는 다음 각 호의 기준에 적합한 것이어야 한다.
① 바닥면에 접하고 또한 외기에 면하여 설치된 환기구의 통풍가능 면적의 합계가 바닥면적 1m²마다 300cm²(철망 등을 부착할 때에는 철망이 차지하는 면적을 뺀 면적으로 한다)의 비율로 계산한 면적 이상(1개소 환기구의 면적은 2,400cm² 이하로 한다)일 것. 이 경우 사방을 방호벽 등으로 설치할 경우에는 환기구를 2방향 이상으로 분산 설치하여야 한다.
② 규정에 의한 통풍구조를 설치할 수 없는 경우에는 다음 각 목의 기중에 적합한 강제통풍 장치를 설치하여야 한다.
㉠ 통풍능력이 바닥면적 1m²마다 0.5m³/분 이상으로 할 것
㉡ 흡입구는 바닥면 가까이에 설치할 것
㉢ 배기가스 방출구를 지면에서 5m 이상의 높이에 설치할 것

51 도시가스를 지하에 매설할 경우 배관은 그 외면으로부터 지하의 다른 시설물과 얼마 이상의 거리를 유지하여야 하는가?
① 0.3m
② 0.5m
③ 1m
④ 1.5m

해설➔ 도시가스 배관 도로 매설
① 원칙적으로 자동차 등의 하중의 영향이 적은 곳에 매설한다.
② 배관의 외면으로부터 도로의 경계까지 1m 이상의 수평거리를 유지한다.
③ 배관은 그 외면으로부터 도로 밑의 다른 시설물과 0.3m 이상의 거리를 유지한다.
④ 시가지의 도로 밑에 배관을 설치하는 경우 보호판을 배관의 정상부로부터 30cm 이상 떨어진 그 배관의 직상부에 설치한다.

정답 50. ② 51. ①

52
암모니아의 성질에 대한 설명으로 틀린 것은?
① 20℃에서 약 8.5기압의 가압으로 액화시킬 수 있다.
② 암모니아를 물에 계속 녹이면 용액의 비중은 물보다 커진다.
③ 액체 암모니아가 피부에 접촉하면 동상에 걸려 심한 상처를 입게 된다.
④ 암모니아 가스는 기도, 코, 인후의 점막을 자극한다.

해설 암모니아
암모니아가 증발하여 비중이 작아진다.

53
고압가스 특정제조시설에 설치되는 가스누출 검지경보장치의 설치기준에 대한 설명으로 옳은 것은?
① 경보농도는 가연성가스의 경우 폭발한계의 1/2 이하로 하여야 한다.
② 검지에서 발신까지 걸리는 시간은 경보농도의 1.2배 농도에서 보통 20초 이내로 한다.
③ 경보기의 정밀도는 경보농도 설정치에 대하여 가연성가스용은 ±25% 이하이어야 한다.
④ 검지경보장치의 경보정밀도는 전원의 전압 등 변동이 ±20% 정도일 때에도 저하되지 아니하여야 한다.

해설 경보 설정점
① 가연성 가스 누출감지경보기는 감지대상가스의 폭발하한계 25% 이하, 독성가스 누출감지경보기는 당해 독성 물질의 허용농도 이하에서 경보가 발하여지도록 설정되어야 한다. 다만, 독성가스 누출감지경보기로서 당해 독성물질의 허용농도 이하에서 감지부가 감지할 수 없는 경우에는 그러하지 아니하다.
② 가스누출감지경보기의 감지부 정밀도는 경보 설정점에 대하여 가연성 가스 누출감지경보기는 ±25% 이하, 독성가스 누출감지경보기는 ±30% 이하이어야 한다.
③ 가연성 가스 누출감지경보기는 경보 설정점에서 경보가 발하여져야 하고, 정상 및 오동작 상태가 식별될 수 있도록 표시되어야 한다. 2개 이상의 경보 설정형인 경우 1차 경보는 폭발하한계의 20% 이하에서, 2차 경보는 폭발하한계의 25% 이하에서 경보를 설정하여야 하며, 필요 시 차단밸브 등 다른 안전장치가 작동될 수 있도록 하여야 한다.

54
LPG 저장설비 주위에는 경계책을 설치하여 외부인의 출입을 방지할 수 있도록 해야 한다. 경계책의 높이는 몇 m 이상 이어야 하는가?
① 0.5 m　　② 1.5 m　　③ 2.0 m　　④ 3.0 m

정답 52. ②　53. ③　54. ②

해설 ⊃ 저장실 등의 경계책 등
저장설비·처리설비 및 감압설비를 설치한 장소 주위에는 높이 1.5m 이상의 철책 또는 철망 등의 경계 책을 설치하여 일반인의 출입이 통제되도록 필요한 조치를 하여야 한다. 다만, 건축물 내에 설치하였거나, 차량의 통행 등 조업시행이 현저히 곤란하여 위해 요인이 가중될 우려가 있는 경우에는 경계책 설치를 생략할 수도 있다.

55 독성가스 충전시설에서 다른 제조시설과 구분하여 외부로부터 독성가스 충전시설임을 쉽게 식별할 수 있도록 설치하는 조치는?
① 충전표지
② 경계표지
③ 위험표지
④ 안전표지

해설 ⊃ 시설 등의 표지
① 경계표지
사업소 및 저장설비에는 통상 산업부장관이 정하여 고시하는 바에 따라 경계표지와 경계책을 설치할 것
② 위험표지
독성가스 충전시설에는 다른 제조시설과 구분하여 그 외부로부터 독성가스 충전시설임을 쉽게 식별할 수 있는 조치를 할 것. 이 경우 펌프·밸브 및 이음부분 그 밖에 독성가스가 누출될 수 있는 장소에는 위험표지를 설치하여야 한다.

56 고압가스 특정제조의 기술기준으로 옳지 않은 것은?
① 가연성가스 또는 산소의 가스설비 부근에는 작업에 필요한 양 이상의 연소하기 쉬운 물질을 두지 아니할 것
② 산소 중의 가연성가스의 용량이 전용량의 3% 이상의 것은 압축을 금지할 것
③ 석유류 또는 글리세린은 산소압축기의 내부 윤활제로 사용하지 말 것
④ 산소 제조 시 공기액화분리기 내에 설치된 액화산소 통 내의 액화산소는 1일 1회 이상 분석할 것

해설 ⊃ 고압가스 특정제조의 기술기준
고압가스를 제조하는 경우 다음의 가스는 압축하지 않을 것
① 가연성 가스(아세틸렌·에틸렌 및 수소는 제외한다.) 중 산소용량이 전체 용량의 4% 이상인 것
② 산소 중의 가연성 가스의 용량이 전체 용량의 4% 이상인 것
③ 아세틸렌·에틸렌 또는 수소 중의 산소용량이 전체 용량의 2% 이상인 것
④ 산소 중의 아세틸렌·에틸렌 및 수소의 용량 합계가 전체 용량의 2% 이상인 것

정답 55. ③ 56. ②

57. 수소용기의 외면에 칠하는 도색의 색깔은?

① 주황색　　② 적색
③ 황색　　　④ 흑색

[해설] 가스의 도색
① 액화석유가스(회색)
② 액화암모니아(백색)
③ 수소(주황색)
④ 액화염소(갈색)
⑤ 아세틸렌(황색)
⑥ 그 밖의 가스(회색)

58. 용기 파열사고의 원인으로서 가장 거리가 먼 것은?

① 염소용기는 용기의 부식에 의하여 파열사고가 발생할 수 있다.
② 수소용기는 산소와 혼합충전으로 격심한 가스폭발에 의한 파열사고가 발생할 수 있다.
③ 고압아세틸렌가스는 분해폭발에 의한 파열사고가 발생될 수 있다.
④ 용기 내 과다한 수증기 발생에 의한 폭발로 용기파열이 발생할 수 있다.

[해설] 수증기 발생에 의한 용기 파열사고는 간접적 원인이다.

59. LP가스 용기저장소를 그림과 같이 설치할 때 자연환기시설의 위치로서 가장 적당한 곳은?

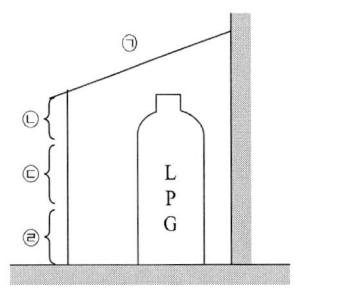

① ㉠
② ㉡
③ ㉢
④ ㉣

[해설] 자연환기시설
자연환기시설이므로 LPG는 공기보다 무거우므로 하면에 체류된 가스를 환기시켜야 한다.

정답 57. ①　58. ④　59. ④

60 LPG용 가스레인지 사용하는 도중 불꽃이 치솟는 사고가 발생하였을 때 가장 직접적인 사고 원인은?
① 압력조정기 불량
② T관으로 가스누출
③ 연소기의 연소불량
④ 가스누출자동차단기 미작동

해설 ☞ 조정기 불량 시 불완전연소가 일어난다.

제4과목 : 가스계측

61 액면계의 종류로만 나열된 것은?
① 플로트식, 퍼지식, 차압식, 정전용량식
② 플로트식, 터빈식, 액비중식, 광전관식
③ 퍼지식, 터빈식, Oval식, 차압식
④ 퍼지식, 터빈식, Roots식, 차압식

해설 ☞ 액면계의 종류
압력식 액면계, 퍼지식 액면계, 방사선식 액면계, 초음파식 액면계, 정전용량식 액면계, 게이지글라스 액면계, 검척식 액면계, 플로트식 액면계

62 가연성가스 검지 방식으로 가장 적합한 것은?
① 격막전극식
② 정전위전해식
③ 접촉연소식
④ 원자흡광광도법

해설 ☞ 접촉연소식
① 연소반응에 따른 필라멘트의 전기저항 증가를 검출하는 방식이다.
② 가연성 가스는 모두 검지 대상이 되므로 특정한 성분만을 검지한지 않는다.

정답 60. ① 61. ① 62. ③

63
가스미터 출구 측 배관을 수직배관으로 설치하지 않는 가장 큰 이유는?
① 설치면적을 줄이기 위하여
② 화기 및 습기 등을 피하기 위하여
③ 검침 및 수리 등의 작업이 편리하도록 하기 위하여
④ 수분응축으로 밸브의 동결을 방지하기 위하여

해설》 가스미터 설치 기준
① 수직, 수평으로 부착할 것
② 입구와 출구의 구별이 명확할 것
③ 가스미터 또는 배관에 상호 과잉의 힘이 작용되지 않도록 할 것
*가장 큰 이유 : 수분응축으로 밸브의 동결을 방지하기 위해서

64
도플러 효과를 이용하는 것으로, 대유량을 측정하는데 적합하며 압력손실이 없고, 비전도성 유체도 측정할 수 있는 유량계는?
① 임펠러 유량계　　　　　　　② 초음파 유량계
③ 코리올리 유량계　　　　　　④ 터빈 유량계

해설》 초음파 유량계
　　　도플러 효과를 사용하여 대유량을 측정한다.

65
도로에 매설된 도시가스가 누출되는 것을 감지하여 분석한 후 가스누출 유무를 알려주는 가스검출기는?
① FID　　　　② TCD　　　　③ FTD　　　　④ FPD

해설》 FID : 탄화수소에서의 감응이 최고이다.

66
30℃는 몇 ºR(rankine)인가?
① 528ºR　　　　　　　　② 537ºR
③ 546ºR　　　　　　　　④ 555ºR

해설》 온도
$$°F = \frac{9}{5} \times °C + 32 = \frac{9}{5} \times 30 + 32 = 86°F$$
$$°R = °F + 460 = 86 + 460 = 546°R$$

정답 63. ④　64. ②　65. ①　66. ③

67 연소분석법 중 2종 이상의 동족 탄화수소와 수소가 혼합된 시료를 측정할 수 있는 것은?

① 폭발법, 완만 연소법 ② 산화구리법, 완만 연소법
③ 분별 연소법, 완만 연소법 ④ 파라듐관 연소법, 산화구리법

해설 ① 파라듐관 연소법
　㉠ 파라듐관에 시료가스와 적당량의 O_2를 넣고 연소시키는 방법이다.
　㉡ 연소 전후의 체적차가 $\frac{2}{3}$가 될 때 H_2가 정량이 되며 알칸계 탄화수소는 변화하지 않는다.
② 산화구리법 분석 순서
　산화구리를 250℃로 가열하면 CH_4는 남고 수소(H_2), 일산화탄소(CO)는 연소된다.

68 제어기기의 대표적인 것을 들면 검출기, 증폭기, 조작기기, 변환기로 구분되는데 서보 전동기(servo motor)는 어디에 속하는가?

① 검출기 ② 증폭기 ③ 변환기 ④ 조작기기

해설 조작기기의 종류 : 서보 전동기, 펄스 전동기, 전자 밸브, 다이어프램 조작 실린더

69 가스크로마토그래피의 구성요소가 아닌 것은?

① 분리관(컬럼) ② 검출기 ③ 유속조절기 ④ 단색화 장치

해설 가스크로마토그래피의 구성요소 : 분리관(칼럼), 검출기, 유속조절기, 기록계

70 그림과 같은 조작량의 변화는 어떤 동작인가?

① I 동작
② PD 동작
③ D 동작
④ PI 동작

해설 PD 동작
① 응답속도가 향상된다.
② P동작과 D동작을 결합한 것으로 응답속도가 높아지고 잔류편차도 감소시킬 수 있다.

정답 67. ④　68. ④　69. ④　70. ②

71 가스크로마토그래피의 불꽃이온화검출기에 대한 설명으로 옳지 않은 것은?
① N_2 기체는 가장 높은 검출한계를 갖는다.
② 이온의 형성은 불꽃 속에 들어온 탄소 원자의 수에 비례한다.
③ 열전도도 검출기보다 감도가 높다.
④ H_2, NH_3 등 비탄화수소에 대하여는 감응이 없다.

해설❯ 불꽃이온화검출기(FID) : 탄화수소에서의 감응은 최고이다.

72 공업용으로 사용될 수 있는 LP 가스미터기의 용량을 가장 정확하게 나타낸 것은?
① $1.5 \, m^3/h$ 이하
② $10 \, m^3/h$ 초과
③ $20 \, m^3/h$ 초과
④ $30 \, m^3/h$ 초과

해설❯ 공업용 LP가스미터기의 용량
$30 \, m^3/h$ 초과 미만은 설치높이의 제한을 받는다.

73 MAX $1.0 \, m^3/h$, $0.5 \, L/rev$로 표기된 가스미터가 시간당 50회전 하였을 경우 가스 유량은?
① $0.5 \, m^3/h$
② $25 \, L/h$
③ $25 \, m^3/h$
④ $50 \, L/h$

해설❯ 가스 유량
① $0.5 \, L/rev$: 계량실 1주기 체적이 0.5 L을 의미한다.
② 유량 = 50×0.5 = 25 L/h

74 염소(Cl_2)가스 누출 시 검지하는 가장 적당한 시험지는?
① 연당지
② KI-전분지
③ 초산벤젠지
④ 염화제일구리착염지

해설❯ 가스 누설 검색지의 변색

정답 71. ① 72. ④ 73. ② 74. ②

가스명	검색지	색깔(변색)
암모니아(NH_3)	붉은 리트머스 시험지	청색
염소(Cl_2)	KI 전분지	청색
포스겐($COCl_2$)	하리슨 시약	오렌지색
아세틸렌(C_2H_2)	염화제1동착염지	적색
일산화탄소(CO)	염화파라듐지	검정색
황화수소(H_2S)	연단지(초산납 시험지)	검정색
시안화수소(HCN)	질산구리벤젠지(초산벤젠)	청색
아황산가스(SO_2)	암모니아 헝겊	흰 연기 발생
프로판(C_3H_8)	비눗물	기포 발생

75 복사에너지의 온도와 파장과의 관계를 이용한 온도계는?
① 열선 온도계   ② 색 온도계
③ 광고온계   ④ 방사 온도계

[해설] 색 온도계
600℃ 이상의 온도가 되면 암적색으로 발광하고 온도 상승과 더불어 짧은 파장의 에너지를 이용한 온도계이다.

76 동특성 응답이 아닌 것은?
① 과도응답   ② 임펄스응답
③ 스텝응답   ④ 정오차응답

[해설] 동특성 응답 : ① 과도 응답 ② 임펄스 응답 ③ 스텝 응답

77 1차 제어장치가 제어량을 측정하여 제어명령을 발하고 2차 제어장치가 이 명령을 바탕으로 제어량을 조절하는 측정제어는?
① 비율제어   ② 자력제어
③ 캐스케이드제어   ④ 프로그램제어

[해설] 캐스케이드 제어 : 1차제어장치가 제어량을 측정하여 제어명령을 발하고 2차제어 장치가 이명을 바탕으로 제어량 조절

정답 75. ②   76. ④   77. ③

78

기본 단위가 아닌 것은?
① 전류(A)　　② 온도(K)　　③ 속도(V)　　④ 질량(kg)

해설 ⊃　기본 단위

기본 단위	단위 명칭	기호
길이	미터	m
질량	킬로그램	kg
시간	초	s
전류	암페어	A
열역학적 온도	켈빈	K
물질량	몰	mol
광도	칸델라	col

79

기계식 압력계가 아닌 것은?
① 환상식 압력계　　② 경사관식 압력계
③ 피스톤식 압력계　　④ 자기변형식 압력계

해설 ⊃　압력계
　　전기저항식 압력계 : 피에조 전기압력계, 자기(磁氣)변형식 압력계

80

공업계기의 구비조건으로 가장 거리가 먼 것은?
① 구조가 복잡해도 정밀한 측정이 우선이다.
② 주변 환경에 대하여 내구성이 있어야 한다.
③ 경제적이며 수리가 용이하여야 한다.
④ 원격조정 및 연속 측정이 가능하여야 한다.

해설 ⊃　공업계기의 구비조건
　　① 구조가 간단하며 유지 보수가 편리할 것.
　　② 경제적이며 수리가 용이하여야 한다.
　　③ 원격조정 및 연속측정이 가능
　　④ 주위환경에 내구성이 있어야 한다.

정답　78. ③　79. ④　80. ①

2015년 제4회 가스산업기사 출제문제

제1과목 : 연소공학

01 고압가스설비의 퍼지(purging)방법 중 한 쪽 개구부에 퍼지가스를 가하고 다른 개구부로 혼합가스를 대기 또는 스크러버로 빼내는 공정은?

① 진공 퍼지(vacuum purging)
② 압력 퍼지(pressure purging)
③ 사이펀 퍼지(siphon purging)
④ 스위프 퍼지(sweep-through pursing)

[해설] 스위프 퍼지(sweep-through pursing)
보통 기구나 진공이나 압력을 가할 수 없을 때 사용하는 공정이다.

02 메탄(CH_4)에 대한 설명으로 옳은 것은?

① 고온에서 수증기와 작용하면 일산화탄소와 수소를 생성한다.
② 공기 중 메탄성분이 60% 정도 함유되어 있는 혼합기체는 점화되면 폭발한다.
③ 부취제와 메탄을 혼합하면 서로 반응한다.
④ 조연성가스로서 유기화합물을 연소시킬 때 발생한다.

[해설] $CH_4 + H_2O \rightarrow CO$(일산화탄소)$+ 3H_2$

03 다음 중 산소 공급원이 아닌 것은?

① 공기
② 산화제
③ 환원제
④ 자기연소성 물질

[해설] 산소 공급원
공기, 산화제, 자기연소성 물질
[참고] 환원제 : 흡열반응 물질이므로 연소하는 것을 방해한다.

정답 1. ④ 2. ① 3. ③

04
연소에 대한 설명으로 옳지 않은 것은?
① 착화온도는 인화온도보다 항상 낮다.
② 인화온도가 낮을수록 위험성이 크다.
③ 착화온도는 물질의 종류에 따라 다르다.
④ 기체의 착화온도는 산소의 함유량에 따라 달라진다.

해설 ① 착화점 > 인화점
② 소화란 착화점 이하로 온도를 떨어뜨려 연소되는 것을 방지하는 것이다.

05
메탄(CH_4)의 기체 비중은 약 얼마인가?
① 0.55   ② 0.65   ③ 0.75   ④ 0.85

해설 비중

$$\frac{무게}{공기의\ 무게} = \frac{(12+4)}{29} = \frac{16}{29} = 0.551$$

06
상온, 상압에서 프로판-공기의 가연성 혼합기체를 완전연소시킬 때 프로판 1 kg을 연소시키기 위하여 공기는 약 몇 kg이 필요한가? (단, 공기 중 산소는 23.15 wt%이다.)
① 13.6   ② 15.7   ③ 17.3   ④ 19.2

해설 이론 공기량
① $C_3H_8 + 5O_2 \rightarrow 3CO_2 + 4H_2O$
   44 : 5×32 = 1 : X
② 이론산소량 $O_0 = \dfrac{1 \times (5 \times 32)}{44} = 3.636$
③ 이론공기량 $A_0 = \dfrac{3.636}{0.2315} = 15.706$

07
다음 중 폭발 범위가 가장 좁은 것은?
① 이황화탄소   ② 부탄
③ 프로판   ④ 시안화수소

해설 연소범위
① 이황화탄소 : 1.2~44   ② 프로판 : 2.1~9.5
③ 시안화수소 : 5.6~40.5   ④ 부탄 : 1.8~8.4

정답 4. ① 5. ① 6. ② 7. ②

08

1 atm, 27°C의 밀폐된 용기에 프로판과 산소가 1 : 5 부피비로 혼합되어 있다. 프로판이 완전연소하여 화염의 온도가 1000°C가 되었다면 용기 내에 발생하는 압력은?

① 1.95 atm ② 2.95 atm ③ 3.95 atm ④ 4.95 atm

해설 압력

$C_3H_8 + 5O_2 \rightarrow 3CO_2 + 4H_2O$

$P_1V_1 = n_1R_1T_1$

$P_2V_2 = n_2R_2T_2$

$\therefore P_2 = \dfrac{P_1 \times n_2 \times T_2}{n_1 \times T_1} = \dfrac{1 \times 7mol \times (273+1000)K}{6mol \times (273+27)K} = 4.95 atm$

09

LPG 저장탱크의 배관이 파손되어 가스로 인한 화재가 발생하였을 때 안전관리자가 긴급차단장치를 조작하여 LPG 저장탱크로 부터의 LPG 공급을 차단하여 소화하는 방법은?

① 질식소화 ② 억제소화 ③ 냉각소화 ④ 제거소화

해설 제거소화
① 연소의 4연소 중 가연물을 근원적으로 제거하여 소화하는 형태이다.
② 가스 공급을 차단했으므로 제거소화에 해당한다.

10

어떤 기체가 168 kJ의 열을 흡수하면서 동시에 외부로부터 20 kJ의 열을 받으면 내부에너지의 변화는 약 얼마인가?

① 20 kJ ② 148 kJ ③ 168 kJ ④ 188 kJ

해설 $(168+20) = \Delta U + 0$ kJ

$\Delta U = 188$ kJ

11

프로판(C_3H_8)가스 1 Sm³를 완전연소시켰을 때의 건조 연소가스량은 약 몇 Sm³인가? (단, 공기 중 산소의 농도는 21 vol%이다.)

① 19.8 ② 21.8 ③ 23.8 ④ 25.8

해설 $(1-0.21) \times 5 \times \left(\dfrac{1}{0.21}\right) + 3 = 21.809$

건연소가스량=$(1-0.21)A_0 + 3CO_2$

정답 8. ④ 9. ④ 10. ④ 11. ②

12
연소로(燃燒爐) 내의 폭발에 의한 과압을 안전하게 방출 시켜 노의 파손에 의한 피해를 최소화하기 위해 폭연벤트(deflagration vent)를 설치한다. 이에 대한 설명으로 옳지 않은 것은?

① 가능한 한 곡절부에 설치한다.
② 과압으로 손쉽게 열리는 구조로 한다.
③ 과압을 안전한 방향으로 방출시킬 수 있는 장소를 선택 한다.
④ 크기와 수량은 노의 구조와 규모 등에 의해 결정한다.

해설 압력 및 열을 외부로 배출해야 하므로 가능한 곡절부를 설치하지 않는다.

13
가연물의 위험성에 대한 설명으로 틀린 것은?

① 비등점이 낮으면 인화의 위험성이 높아진다.
② 파라핀 등 가연성 고체는 화재 시 가연성 액체가 되어 화재를 확대한다.
③ 물과 혼합되기 쉬운 가연성 액체는 물과 혼합되면 증기압이 높아져 인화점이 낮아진다.
④ 전기전도도가 낮은 인화성 액체는 유동이나 여과 시 정전기를 발생하기 쉽다.

해설 물과 혼합되기 쉬운 가연성 액체는 물과 혼합시키면 증기압이 낮아져 인화점이 높아져 위험성이 감소한다.

14
연소에 대한 설명으로 옳지 않은 것은?

① 열, 빛을 동반하는 발열반응이다.
② 반응에 의해 발생하는 열에너지가 반자발적으로 반응이 계속되는 현상이다.
③ 활성물질에 의해 자발적으로 반응이 계속되는 현상이다.
④ 분자 내 반응에 의해 열에너지를 발생하는 발열 분해 반응도 연소의 범주에 속한다.

해설 연소
반응에 의해 발생하는 열에너지가 자발적으로 반응이 계속되는 현상이다.

15
용기 내부에 공기 또는 불활성가스 등의 보호가스를 압입하여 용기 내의 압력이 유지됨으로써 외부로부터 폭발성가스 또는 증기가 침입하지 못하도록 한 방폭구조는?

① 내압방폭구조
② 압력방폭구조
③ 유입방폭구조
④ 안전증방폭구조

정답 12. ① 13. ③ 14. ② 15. ②

해설 ① 압력방폭구조 : 용기 내부에 보호가스를 압입하여 내부압력을 유지함으로써 가연성 가스가 용기 내부로 유입되지 않도록 한 구조를 압력방폭구조라 한다.
② 유입방폭구조 : 용기 내부에 절연유를 주입하여 불꽃 아크 또는 고온발생부분이 기름 속에 잠기게 함으로써 기름면 위에 존재하는 가연성 가스에 인화되지 않도록 한 구조를 유입방폭구조라 한다.
③ 안전증방폭구조 : 정상운전 중에 가연성 가스의 점화원이 될 전기불꽃 아크 또는 고온부분 등의 발생을 방지하기 위해 기계적 전기적 구조상 또는 온도 상승에 대해 특히 안전도를 증가시킨 구조를 안전증방폭구조라 한다.
④ 본질안전방폭구조 : 정상 시 및 사고 시에 발생하는 전기 불꽃 아크 또는 고온부로 인하여 가연성 가스가 점화되지 않는 것이 점화시험 그 밖의 방법에 의해 확인된 구조를 본질안전방폭구조라 한다.

16 공기와 연료의 혼합기체의 표시에 대한 설명 중 옳은 것은?
① 공기비(excess air ratio)는 연공비의 역수와 같다.
② 연공비(fuel air ratio)라 함은 가연 혼합기중의 공기와 연료의 질량비로 정의된다.
③ 공연비(air fuel ratio)라 함은 가연 혼합기중의 연료와 공기의 질량비로 정의된다.
④ 당량비(equivalence ratio)는 이론연공비 대비 실제연공 비로 정의한다.

해설 연소시 혼합되는 연료와 공기의 비율

① 공연비(A/F ratio) : 연공비의 역수 $\left(\dfrac{공기\ 질량}{연료\ 질량}\right)$

② 연공비(F/A ratio) : 연료와 공기의 비 $\left(\dfrac{연료\ 질량}{공기\ 질량}\right)$

③ 공기비(excess air ratio) : 당량비의 역수(이론 연공비와 실제 연공비의 비)
④ 당량비(equivalence ratio) : 실제의 연공비와 이론 연공비의 비

17 석탄이나 목재가 연소 초기에 화염을 내면서 연소하는 형태는?
① 표면연소   ② 분해연소   ③ 증발연소   ④ 확산연소

해설 ① 액체 연소 : 분무연소, 등심연소, 액면연소, 증발연소
② 고체 연소 : 연기연소, 분해연소, 증발연소, 표면연소
③ 분해 연소 : 종이, 목재, 석탄 등의 가연물이 고온에서 열분해되어 산소와 결합하여 표면에서 증발연소와 함께 연소된다.

18 연소가스량 10 Nm³/kg, 비열 0.325 kcal/Nm³·°C인 어떤 연료의 저위 발열량이 6700 kcal/kg이었다면 이론 연소온도는 약 몇 °C인가?
① 1962°C   ② 2062°C   ③ 2162°C   ④ 2262 °C

정답 16. ④   17. ②   18. ②

해설➡ 이론 연소온도

$$t = \frac{연료의\ 저위\ 발열량}{연소가스량 \times 정압비열} = \frac{6700\ \text{kcal/kg}}{10\ \text{Nm}^3/\text{kg} \times 0.325\ \text{kcal/Nm}^3\text{℃}} = 2061.53$$

19 자연발화(自然發火)의 원인으로 옳지 않은 것은?
① 건초의 발효열
② 활성탄의 흡수열
③ 셀룰로이드의 분해열
④ 불포화유지의 산화열

해설➡ 활성탄의 흡수열은 발화가 되지 않는다.

20 발화지연시간(Ignition delay time)에 영향을 주는 요인으로 가장 거리가 먼 것은?
① 온도
② 압력
③ 폭발하한 값
④ 가연성가스의 농도

해설➡ 온도, 압력, 가연성 가스의 농도

제2과목 : 가스설비

21 20 kg 용기(내용적 47 L)를 3.1 MPa 수압으로 내압시험 결과 내용적이 47.8 L로 증가하였다. 영구(항구) 증가율은 얼마인가? (단, 압력을 제거하였을 때 내용적은 47.1 L이었다.)
① 8.3%   ② 9.7%   ③ 11.4%   ④ 12.5%

해설➡ 영구 증가율 = $\frac{영구\ 증가량}{전\ 증가량} \times 100\% = \frac{47.1 - 47}{47.8 - 47} \times 100\% = 12.5\%$

22 LiBr - H_2O계 흡수식 냉동기에서 가열원으로서 가스가 사용되는 곳은?
① 증발기
② 흡수기
③ 재생기
④ 응축기

해설➡ 재생기
발생기로서 흡수식 냉동기는 발생기로 시간당 6640 kcal일 때 1 RT로 본다.

정답 19. ②   20. ③   21. ④   22. ③

23
용기내장형 LP가스 난방기용 압력조정기에 사용되는 다이어프램의 물성시험에 대한 설명으로 틀린 것은?

① 인장강도는 12 MPa 이상인 것으로 한다.
② 인장응력은 3.0 MPa 이상인 것으로 한다.
③ 신장영구 늘음율은 20% 이하인 것으로 한다.
④ 압축영구 줄음율은 30% 이하인 것으로 한다.

해설 물성시험
① 인장강도는 12 MPa 이상이고, 신장률은 300% 이상일 것
② 인장응력은 2.0 MPa 이상이고, 경도는 50° 이상 90° 이하일 것
③ 신장영구 늘음률은 20% 이하일 것
④ 압축영구 줄음률은 30% 이하일 것
⑤ -25°C의 공기 중에서 24시간 방치한 후 인장강도 및 신장률을 측정하였을 때 인장강도 변화율은 ±15% 이내, 신장 변화율은 ±30% 이내, 경도변화는 +15° 이하일 것

24
배관의 부식과 그 방지에 대한 설명으로 옳은 것은?

① 매설되어 있는 배관에 있어서 일반적인 강관이 주철관보다 내식성이 좋다.
② 구상흑연 주철관의 인장강도는 강관과 거의 같지만 내식성은 강관보다 나쁘다.
③ 전식이란 땅속으로 흐르는 전류가 배관으로 흘러 들어간 부분에 일어나는 전기적인 부식을 한다.
④ 전식은 일반적으로 천공성 부식이 많다.

해설 ① 매설되어 있는 배관에 있어서 일반적인 주철관이 강관보다 내식성이 좋다.
② 전식이란 금속체가 양극으로 되어 대지에 전류가 흘러 부식을 일으키는 현상이다.
③ 전식은 일반적으로 천공성 부식이 많다.

25
안지름 10 cm의 파이프를 플랜지에 접속하였다. 이 파이프 내에 40 kgf/cm²의 압력으로 볼트 1개에 걸리는 힘을 300 kgf/cm² 이하로 하고자 할 때 볼트의 수는 최소 몇 개 필요한가?

① 7개　　② 11개　　③ 15개　　④ 19개

해설 ① $P = \dfrac{WZ}{A}$

② $Z = \dfrac{P \times A}{W} = \dfrac{40 \times \dfrac{\pi}{4} \times 10^2}{300} = 10.471$개

정답 23. ②　24. ④　25. ②

26

다음 [그림]은 압력조정기의 기본 구조이다. 옳은 것으로만 나열된 것은?

① ㉠ 다이어프램
　 ㉡ 안전장치용스프링
② ㉡ 안전장치용스프링
　 ㉢ 압력조정용 스프링
③ ㉢ 압력조정용스프링
　 ㉣ 레버
④ ㉣ 레버
　 ㉤ 감압실

해설⊃ 조정기 구조

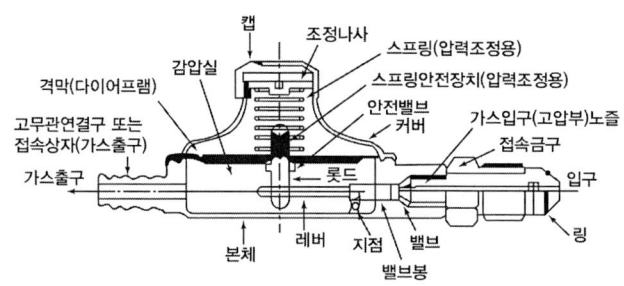

[조정기의 구조와 명칭]

27

구형저장 탱크의 특징이 아닌 것은?

① 모양이 아름답다.
② 기초구조를 간단하게 할 수 있다.
③ 동일 용량, 동일 압력의 경우 원통형 탱크보다 두께가 두껍다.
④ 표면적이 다른 탱크보다 적으며 강도가 높다.

해설⊃ 구형 저장탱크의 특징
① 기초구조가 간단하여 공사가 쉽다.
② 동일 용량, 동일 압력의 경우 원통형 탱크보다 두께가 작아도 된다.
③ 고압 저장탱크로서 건설비가 싸다.
④ 강도가 크다.
⑤ 동일 재료 사용 시 다른 저장 탱크에 비해 내용적이 크다.

28
다음 [보기]의 특징을 가진 오토클레이브는?

[보기]
- 가스누설의 가능성이 적다.
- 고압력에서 사용할 수 있고 반응물의 오손이 없다.
- 뚜껑판에 뚫어진 구멍에 촉매가 끼어 들어갈 염려가 없다.

① 교반형　② 진탕형　③ 회전형　④ 가스교반형

[해설] 진탕형 오토클레이브(autoclave)의 특성
① 가스누설의 가능성이 없다.
② 고압력에서 사용할 수 있고 반응물의 오손이 없다.
③ 뚜껑판에 뚫어진 구멍에 촉매가 끼어 들어갈 염려가 없다.

29
도시가스 정압기의 일반적인 설치 위치는?
① 입구밸브와 필터사이
② 필터와 출구밸브사이
③ 차단용 바이패스밸브 앞
④ 유량조절용 바이패스밸브 앞

[해설] 정압기
1차 압력 및 사용량에 관계없이 2차 압력을 일정하게 유지하는 기능을 하며 정압기 입구에 필터를 설치하여 불순물을 제거하며 출구 밸브의 압력을 일정하게 유지한다.

30
도시가스 공급방식에 의한 분류방법 중 저압공급 방식이란 어떤 압력을 뜻하는가?
① 0.1 MPa 미만
② 0.5 MPa 미만
③ 1 MPa 미만
④ 0.1 MPa 이상 1 MPa 미만

[해설] ① 고압 방식 : 1 MPa 이상
② 중압 방식 : 0.1 MPa 이상 1 MPa 미만
③ 저압 방식 : 0.1 MPa 미만

31
도시가스 제조공정 중 가열방식에 의한 분류로 원료에 소량의 공기와 산소를 혼합하여 가스발생의 반응기에 넣어 원료의 일부를 연소시켜 그 열을 열원으로 이용하는 방식은?
① 자열식　② 부분연소식　③ 축열식　④ 외열식

[해설] 가열 방식
① 외열식 : 원료가 들어 있는 용기를 외부에서 가열하는 형태이다.

정답 28. ②　29. ②　30. ①　31. ②

② 내열식 : 반응기 내에서 연료를 태워 충분히 가열한 다음 발생되는 열을 가지고 반응기 내로 송입된 연료를 가스화하는 방식이다.
③ 부분연소식 : 일부 연소열을 이용하는 방식이다.
④ 자열식 : 원료를 산화반응과 가수분해반응 등의 발열반응에 의하여 발생되는 열을 사용하여 가스화하는 방식이다.

32
정압기의 유량특성에서 메인밸브의 열림(스트로그 리프트)과 유량의 관계를 말하는 유량특성에 해당되지 않는 것은?
① 직선형 ② 2차형 ③ 3차형 ④ 평방근형

해설 정압기의 유량 특성
① 직선형 : 메인밸브 개구부 형태가 장방형으로 되어 있는 경우에 나타나며 개구부의 열림으로부터 유량을 편리하게 파악할 수 있다.
② 2차형 : 메인밸브 개구부 형태가 V자형으로 되어 있는 경우에 나타나며 천천히 유량을 증가시키는 형식으로 비교적 안전성이 우수하다.
③ 평방근형 : 메인밸브 개구부 형태가 접시형으로 되어 있는 경우에 나타나며 신속하게 밸브를 개방할 필요가 있을 경우 사용하며 다른 것에 비해 상대적으로 안전성이 나쁘다.

33
배관 설비에 있어서 유속을 5 m/s, 유량을 20 m³/s이라고 할 때 관경의 직경은?
① 175 cm ② 200 cm ③ 225 cm ④ 250 cm

해설 $Q = A \times V$에서 $= \dfrac{\pi D^2}{4} = V$ $D^2 = \dfrac{4Q}{\pi V}$

$\therefore D = \sqrt{\dfrac{4Q}{\pi V}} = \sqrt{\dfrac{4 \times 20}{3.14 \times 5}} = 2.257 m \times 100 cm/1m = 225.73 cm$

34
정류(Rectification)에 대한 설명으로 틀린 것은?
① 비점이 비슷한 혼합물의 분리에 효과적이다.
② 상층의 온도는 하층의 온도보다 높다.
③ 환류비를 크게 하면 제품의 순도는 좋아진다.
④ 포종탑에서는 액량이 거의 일정하므로 접촉효과가 우수하다.

해설 정류(rectification)
① 상층의 온도는 하층의 온도보다 낮다.
② 상층의 비등점은 하층의 비등점보다 낮다.
③ 상층의 압력은 하층의 압력보다 낮다.
④ 포종탑의 장점은 증기의 압력강하가 적다.

정답 32. ③ 33. ③ 34. ②

참고   용기 등의 수리기준 및 수리범위
1. 수리 기준

구분		수리 기준
가. 용기		
나. 용기 부속품		
다. 냉동기	가스히트펌프 냉·난방기	
	그 밖의 냉동기	
라. 특정설비	압력용기(복합재료 압력 용기는 제외한다). 저장탱크, 차량에 고정된 탱크	
	독성가스 배관용 밸브, 자동차용 압축천연가스 완속충전설비	
	안전밸브, 자동차용 가스자동주입기	
	그 밖의 특정설비	

[비고] 수리 검사에 대해서도 위 표에 따른다.

2. 수리범위

수리자격자	수리범위
가. 법 제5조에 따라 용기의 제조 등록을 한 자	① 용기몸체의 용접 ② 아세틸렌 용기 내의 다공질물 교체 ③ 용기의 스커트·프로텍터 및 넥크링의 교체 및 가공 ④ 용기 부속품의 부품교체 ⑤ 저온 또는 초저온용기의 단열재 교체 ⑥ 초저온용기 부속품의 탈·부착
나. 법 제5조에 따라 특정설비의 제조등록을 한 자	① 특정설비 몸체의 용접 ② 특정설비 부속품(그 부품을 포함한다)의 교체 및 가공 ③ 단열재 교체
다. 법 제5조에 따라 냉동기의 제조등록을 한 자	① 냉동기 용접부분의 용접 ② 냉동기 부속품(구 부품을 포함한다)의 교체 및 가공 ③ 냉동기의 단열재 교체
라. 법 제4조에 따라 고압가스의 제조허가를 받은 자	① 초저온용기 부속품의 탈·부착 및 용기 부속품의 부품(안전장치는 제외한다) 교체(용기 부속품 제조자가 그 부속품의 규격에 적합하게 제조한 부품의 교체만을 말한다) ② 특정설비의 부품 교체 ③ 냉동기의 부품 교체 ④ 단열재 교체(고압가스 특정제조자만을 말한다) ⑤ 용접가공[고압가스특정 제조자로 한정하며, 특정설비몸체의 용접가공은 제외한다. 다만, 특정설비 몸체의 용접수리를 할 수 있는 능력을 갖추었다고 한국가스안전공사가 인정하는 제조자의 경우에는 특정설비(차량에 고정된 탱크는 제외한다) 몸체의 용접가공도 할 수 있다]
마. 법 제35조에 따라 지정을 받은 용기 등의 검사기관	① 특정설비의 부품 교체 및 용접(특정설비 몸체의 용접은 제외한다. 다만, 특정설비제조자와 계약을 체결하고 해당 제조업소로 하여금 용접을 하게 하거나, 특정설비 몸체의 용접수리를 할 수 있는 용접설비기능사 또는 용접기능사 이상의 자격자를 보유하고 있는 경우에는 그러하지 아니하다)

마. 법 제35조에 따라 지정을 받은 용기 등의 검사기관	② 냉동설비의 부품 교체 및 용접 ③ 단열재 교체 ④ 용기의 프로텍터·스커트 교체 및 용접(열 처리설비를 갖춘 전문 검사기관만을 말한다) ⑤ 초저온용기 부속품의 탈·부착 및 용기 부속품의 부품 교체 ⑥ 액화석유가스를 액체상태로 사용하기 위한 액화석유가스 용기 액출구의 나사사용 막음 조치(막음조치에 사용하는 나사의 규격은KS B 6212에 적합한 경우만을 말한다.)
바. 「액화석유가스의 안전관리 및 사업법」 제3조에 따라 액화석유가스 충전사업의 허가를 받은 자	액화석유가스 용기용 밸브의 부품 교체(핸들 교체 등 그 부품의 교체 시 가스 누출의 우려가 없는 경우만을 말한다)
사. 「자동차관리법」 제53조에 따라 자동차관리사업(자동차정비업만을 말한다)의 등록을 한 자로서 자동차의 액화석유가스 용기에 부착된 용기부속품의 수리에 필요한 잔류가스의 회수장치를 갖춘 자	자동차의 액화석유가스 용기에 부착된 용기 부속품의 수리

42

가연성가스와 공기혼합물의 점화원이 될 수 없는 것은?
① 정전기　　　　　　　② 단열압축
③ 융해열　　　　　　　④ 마찰

해설 점화원(활성화에너지) : 불꽃, 단열압축, 산화열의 축적, 정전기 불꽃, 고열체, 아크불꽃, 나화 및 고온표면, 마찰 및 충격, 단열압축, 자연발화 등이 있다.

참고 용해열(heat of dissolution)
어떤 물질 1몰[mol]이 액체에 용해될 때 흡수 또는 방출되는 열량이다.

43

고압가스특정제조시설에서 안전구역안의 고압가스설비는 그 외면으로부터 다른 안전구역 안에 있는 고압가스설비의 외면까지 몇 m 이상의 거리를 유지하여야 하는가?
① 10 m　　　　　　　② 20 m
③ 30 m　　　　　　　④ 50 m

해설 고압가스 특정제조시설 안전구역 유지거리
안전구역 내의 가스 공급시설 외면 ↔ 다른안전구역 고압가스 공급시설 외면 : 30 m 이상

44 공기액화분리에 의한 산소와 질소 제조시설에 아세틸렌가스가 소량 혼입되었다. 이때 발생 가능한 현상으로 가장 유의하여야 할 사항은?
① 산소에 아세틸렌이 혼합되어 순도가 감소한다.
② 아세틸렌이 동결되어 파이프를 막고 밸브를 고장 낸다.
③ 질소와 산소 분리 시 비점차이의 변화로 분리를 방해한다.
④ 응고되어 이동하다가 구리 등과 접촉하면 산소 중에서 폭발할 가능성이 있다.

[해설] 아세틸렌은 장치 내의 폭발의 원인이 된다.

45 이동식 부탄연소기와 관련된 사고가 액화석유가스 사고의 약 10% 수준으로 발생하고 있다. 이를 예방하기 위한 방법으로 가장 부적당한 것은?
① 연소기에 접합용기를 정확히 장착한 후 사용한다.
② 과도한 조리기구를 사용하지 않는다.
③ 잔가스 사용을 위해 용기를 가열하지 않는다.
④ 사용한 접합용기는 파손되지 않도록 조치한 후 버린다.

[해설] 사용한 접합용기는 내부의 잔가스에 의해 폭발사고가 발생할 수 있으므로 환기가 양호한 장소에서 홀(hole)을 내서 남아 있는 소량의 잔가스를 배출 후 폐기한다.

46 다음 중 고압가스 충전용기 운반 시 운반책임자의 동승이 필요한 경우는? (단, 독성가스는 허용농도가 100만분의 200을 초과한 경우이다.)
① 독성압축가스 100m^3 이상
② 독성액화가스 500kg 이상
③ 가연성압축가스 100m^3 이상
④ 가연성액화가스 1000kg 이상

[해설] 운반책임자 동승 기준

가스의 종류		기준
액화가스	가연성 가스	3천 kg 이상
	독성 가스	1천 kg 이상
	조연성 가스	6천 kg 이상
압축가스	가연성 가스	300 m^3 이상
	독성 가스	100 m^3 이상
	조연성 가스	600 m^3 이상

① 독성 액화가스 : 1000 kg 이상
② 가연성 압축가스 : 300 m^3 이상
③ 가연성 액화가스 : 3000 kg 이상

정답 44. ④ 45. ④ 46. ①

47

독성가스 충전용기를 운반하는 차량의 경계표지 크기의 가로 치수는 차체 폭의 몇 % 이상으로 하는가?

① 5%   ② 10%   ③ 20%   ④ 30%

해설 가로치수는 차체 폭의 30% 이상, 세로치수는 가로치수의 20% 이상이어야 한다.

참고 고압가스사업소의 경계표지 및 경계책 등
고압가스를 운반하는 차량의 경계표지는 다음 각 호의 기준에 의한다. 다만, 소방차·구급차 종·레카차·정비차 및 그 밖의 긴급사태가 발생한 경우에 사용하는 차량에 있어서는 긴급시에 사용하기 위한 충전용기, 냉동차·활어운반차 등에 있어서는 이동중에 소비하기 위한 충전용기, 타이어의 가압용으로 자동차의 비품으로서 판매하는 용기(플로르카본, CO_2 가스 그 밖의 불활성 가스를 충전한 것에 한한다) 또는 당해 차량의 장비품으로서 적재하는 소화기만을 적재한 차량은 그러하지 아니한다.

① 경계표지는 차량의 앞뒤에서 명확하게 볼 수 있도록 "위험고압가스"라 표시하고 적색 삼각 기를 운전석 외부의 보기 쉬운 곳에 게시한다. 다만, RTC의 경우는 좌우에서 볼 수 있도록 하여야 한다.
② 경계표지 크기의 가로치수는 차체 폭의 30% 이상, 세로치수는 가로치수의 20% 이상으로 된 직사각형으로 하고 KS M 5334(발광도료)를 사용할 것. 다만, 차량 구조상 정사각형 또는 이에 가까운 형상으로 표시하여야 할 경우에는 그 면적을 600cm² 이상으로 한다.

표지의 예 :

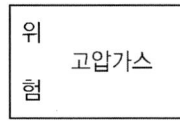
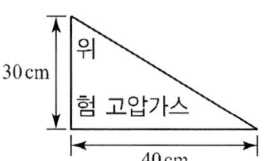

48

가연성 가스에 대한 정의로 옳은 것은?

① 폭발한계의 하한 20%이하, 폭발범위 상한과 하한의 차가 20% 이상인 것
② 폭발한계의 하한 20%이하, 폭발범위 상한과 하한의 차가 10% 이상인 것
③ 폭발한계의 하한 10%이하, 폭발범위 상한과 하한의 차가 20% 이상인 것
④ 폭발한계의 하한 10%이하, 폭발범위 상한과 하한의 차가 10% 이상인 것

해설 가연성 가스
"가연성 가스"란 아크릴로니트릴·아크릴알데히드·아세트알데히드·아세틸렌·암모니아·수소·황화수소·시안화수소·일산화탄소·이황화탄소·메탄·염화메탄·브롬화메탄·에탄·염화에탄·염화비닐·에틸렌·산화에틸렌·프로판·시클로프로판·프로필렌·산화프로필렌·부탄·부타디엔·부틸렌·메틸에테르·모노메틸아민·디메틸아민·트리메틸아민·에틸아민·벤젠·에틸벤젠 및 그 밖에 공기 중에서 연소하는 가스로서 폭발한계(공기와 혼합된 경우 연소를 일으킬 수 있는 공기 중의 가스 농도의 한계를 말한다. 이하 같다)의 하한이 10퍼센트 이하인 것과 폭발한계의 상한과 하한의 차가 20퍼센트 이상인 것을 말한다.

39. 가스충전구가 왼나사 구조인 가스밸브는?

① 질소용기　　② 엘피지용기　　③ 산소용기　　④ 암모니아 용기

해설 충전구 형식에 따른 분류
① 질소 용기 : A형, 수나사, 오른나사
② 산소 용기 : A형, 수나사, 오른나사
③ LPG 용기 : B형, 암사나, 왼나사
④ 암모니아 용기 : B형, 암나사, 오른나사

40. 금속재료에 대한 충격시험의 주된 목적은?

① 피로도 측정　　② 인성 측정
③ 인장강도 측정　　④ 압축강도 측정

해설 금속재료의 충격시험
① 금속재료의 충격에 대한 저항을 측정한다.
② 금속재료의 인성과 취성의 정도를 판정하는 시험이다.

제3과목 : 가스안전관리

41. 다음 [보기] 중 용기 제조자의 수리범위에 해당하는 것을 모두 옳게 나열된 것은?

[보기]
Ⓐ 용기몸체의 용접
Ⓑ 용기부속품의 부품교체
Ⓒ 초저온용기의 단열재 교체
Ⓓ 아세틸렌용기 내의 다공질물 교체

① Ⓐ, Ⓑ　　② Ⓒ, Ⓓ　　③ Ⓐ, Ⓑ, Ⓒ　　④ Ⓐ, Ⓑ, Ⓒ, Ⓓ

해설 용기 등의 수리기준 및 수리범위
[별표 13] <개정 2015.9.17.>
① 용기 몸체의 용접
② 아세틸렌 용기 내의 다공질물 교체
③ 용기의 스커트·프로텍터 및 넥크링의 교체 및 가공
④ 용기 부속품의 부품 교체
⑤ 저온 또는 초저온용기의 단열재 교체
⑥ 초저온용기 부속품의 탈·부착

정답 39. ②　40. ②　41. ④

35
시안화수소를 용기에 충전하는 경우 품질검사 시 합격 최저 순도는?
① 98%
② 98.5%
③ 99%
④ 99.5%

해설> 고압가스 충전 시설 기준
용기에 충전한 시안화수소는 순도 98% 이상으로서 착색되지 아니한 것을 제외하고는 60일이 경과되기 전에 다른 용기에 충전할 것

36
왕복식 압축기의 특징에 대한 설명으로 틀린 것은?
① 기체의 비중에 영향이 없다.
② 압축하면 맥동이 생기기 쉽다.
③ 원심형이어서 압축 효율이 낮다.
④ 토출압력에 의한 용량 변화가 적다.

해설> 왕복식 압축기
① 용적형 압축기로 압축효율이 높고 소음이 발생되고 보수가 어렵다.
② 저속회전으로 모양이 크고 가격이 고가이며 설치면적을 많이 차치한다.
③ 용량조절범위가 0~100%로 넓고 조정하기가 쉽다.

37
고온, 고압 장치의 가스배관 플랜지 부분에서 수소가스가 누출되기 시작하였다. 누출원인으로 가장 거리가 먼 것은?
① 재료 부품이 적당하지 않았다.
② 수소 취성에 의한 균열이 발생하였다.
③ 플렌지 부분의 가스켓이 불량하였다.
④ 온도의 상승으로 이상 압력이 되었다.

해설> 이상압력은 가스 배관 플랜지 부분의 누출의 간접적 원인이다.

38
도시가스의 배관의 굴착으로 인하여 20 m 이상 노출된 배관에 대하여 누출된 가스가 체류하기 쉬운 장소에 설치하는 가스누출경보기는 몇 m 마다 설치하여야 하는가?
① 10
② 20
③ 30
④ 50

해설> 굴착으로 인하여 20 m 이상 노출된 배관에 대하여는 20 m마다 누출된 도시가스가 체류하기 쉬운 장소에 가스누출경보기를 설치할 것

정답 35. ① 36. ③ 37. ④ 38. ②

참고 　용어의 정의
① "독성가스"란 아크릴로니트릴 . 아크릴알데히드 . 아황산가스 . 암모니아 . 일산화탄소 . 이황화탄소 . 불소 . 염소 . 브롬화메탄 . 염화메탄 . 염화프렌 . 산화에틸렌 . 시안화수소 . 황화수소 . 모노메틸아민 . 디메틸아민 . 트리메틸아민 . 벤젠 . 포스겐 . 요오드화수소 . 브롬화수소 . 염화수소 . 불화수소 . 겨자가스 . 알진 . 모노실란 . 디실란 . 디보레인 . 세렌화수소 . 포스핀 . 모노게르만 및 그 밖에 공기 중에 일정량 이상 존재하는 경우 인체에 유해한 독성을 가진 가스로서 허용농도(해당 가스를 성숙한 흰쥐 집단에게 대기 중에서 1시간 동안 계속하여 노출시킨 경우 14일 이내에 그 흰쥐의 2분의 1이상이 죽게 되는 가스의 농도를 말한다. 이하 같다)가 100만분의 5000 이하인 것을 말한다.
② "액화가스"란 가압(加壓) . 냉각 등의 방법에 의하여 액체상태로 되어 있는 것으로서 대기압에서의 끓는점이 섭씨 40도 이하 또는 상용온도 이하인 것을 말한다.
③ "압축가스"란 일정한 압력에 의하여 압축되어 있는 가스를 말한다.

49
용기에 의한 액화석유가스 사용시설에서 용기보관실을 설치하여야 할 기준은?
① 용기 저장능력 50 kg 초과
② 용기 저장능력 100 kg 초과
③ 용기 저장능력 300 kg 초과
④ 용기 저장능력 500 kg 초과

해설　액화석유가스 사용시설
① 저장설비의 저장능력은 가스사용시설에 설치된 연소기의 가스소비량에 따라 안정적으로 가스를 공급하여 줄 수 있을 것
② 저장설비를 용기로 하는 경우 저장능력은 500 kg 이하로 하고, 500 kg을 초과하여 저장하려는 경우에는 저장탱크 또는 소형 저장탱크를 설치할 것. 다만, 시장 . 군수 . 구청장이 저장탱크 또는 소형저장탱크의 설치가 곤란하다고 인정한 경우에는 용기집합설비의 저장능력이 500kg 초과하도록 할 수 있고, 이 경우 그 저장설비가 설치되어 있는 곳에 방호벽을 설치하거나 그 설비의 바깥면으로부터 보호시설(해당 사업소 안에 있는 보호시설을 포함한다)까지는 별표 6 제1호 가목 5) 마) (3) 중 표에 따른 안전거리를 유지하여야 한다.
③ 용기(용기내장형 가스난방기용 용기와 내용적 1 L 이하의 이동식 부탄 연소기용 용기는 제외한다)는 환기가 양호한 옥외에 두어야 하고, 용기와 그 용기를 사용하는 시설의 안전을 위하여 다음 기준에 적합하게 할 것
　㉠ 용기집합설비(별표 13 제2호 단서에 따라 충량판매방법으로 액화석유가스를 공급받는 자의 시설은 제외한다)를 설치하고, 그 저장능력이 100 kg을 가초과하는 경우 용기는 옥외에 설치된 용기보관실 안에 설치할 것
　㉡ 용기, 용기밸브 및 압력조정기는 직사광선, 눈 또는 빗물로부터 위해가 미치지 않도록 적절한 조치를 할 것
④ 용기보관실은 불연재료를 사용하는 등
　그 용기보관실의 안전을 확보할 수 있도록 설치할 것
참고　50kg 용기 2개 이상 저장 시 용기보관실을 설치해야 한다.

정답　49. ②

50

가스안전사고를 방지하기 위하여 내압시험압력이 25 MPa인 일반가스용기에 가스를 충전할 때는 최고충전압력을 얼마로 하여야 하는가?

① 42 MPa   ② 25 MPa   ③ 15 MPa   ④ 12 MPa

해설 최고충전압력

① 내압시험압력 = 최고충전압력 × $\frac{5}{3}$

② 최고충전압력 = 내압시험압력 × $\frac{3}{5}$

③ 최고충전압력 = $25 \times \frac{3}{5} = 15$ MPa

참고

용기 종류	① 최고충전 압력	② 내압시험압력	③ 안전밸브 작동압력	④ 기밀시험압력
압축가스 용기	35℃의 온도에서 그 용기에 충전할 수 있는 가스의 압력 중 최고압력	최고충전압력 수치의 3분의 5배	내압시험 압력의 10분의 8이하의 압력에서 작동	최고충전압력

51

허가를 받아야 하는 사업에 해당되지 않는 자는?

① 압력조정기 제조사업을 하고자 하는 자
② LPG자동차 용기 충전사업을 하고자 하는 자
③ 가스난방기용 용기 제조사업을 하고자 하는 자
④ 도시가스용 보일러 제조사업을 하고자 하는 자

해설 가스사업 허가 대상

가스용품 제조사업 : 액화석유가스 또는 도시가스를 사용하기 위한 연소기, 강제혼합식 가스버너 등 산업통상자원부령으로 정하는 가스용품을 제조하는 사업으로 규정하고 있다.

52

고압가스용 용접용기제조의 기준에 대한 설명으로 틀린 것은?

① 용기동판의 최대두께와 최소두께의 차이는 평균두께의 20% 이하로 한다.
② 용기의 재료는 탄소, 인 및 황의 함유량이 각각 0.33%, 0.04%, 0.05% 이하인 강으로 한다.
③ 액화석유가스용 강제용기와 스커트 접속부의 안쪽 각도는 30도 이상으로 한다.
④ 용기에는 그 용기의 부속품을 보호하기 위하여 프로텍터 또는 캡을 부착한다.

해설 용접용기 : 10% 이하(2013년 6월 가스기술기준 개정)

정답 50. ③   51. ③   52. ①

53 고압가스 사업소에 설치하는 경계표지에 대한 설명으로 틀린 것은?
① 경계표지는 외부에서 보기 쉬운 곳에 게시한다.
② 사업소 내 시설 중 일부만이 같은 법의 적용을 받더라도 사업소 전체에 경계표지를 한다.
③ 충전용기 및 잔가스 용기 보관장소는 각각 구획 또는 경계선에 따라 안전확보에 필요한 용기상태를 식별할 수 있도록 한다.
④ 경계표지는 법의 적용을 받는 시설이란 것을 외부사람이 명확히 식별할 수 있어야 한다.

해설▷ 고압가스 사업소의 경계표지 및 경계책 등
제2-1-9조(경계표지 설치기준)
① 고압가스사업소에 설치하는 경계표지는 다음 각 호의 기준에 의한다.
㉠ 사업소의 경계표지는 당해 사업소의 출입구(경계울타리, 담 등에 설치되어 있는 것) 등 외부에서 보기 쉬운 곳에 게시한다.
㉡ 사업소 내 시설 중 일부만이 동법의 적용을 받을 때에는 당해 시설이 설치되어 있는 구획, 건축물 또는 건축물 내에 구획된 출입구 등 외부로부터 보기 쉬운 장소에 게시할 것. 이 경우 당해 시설에 출입 또는 접근할 수 있는 장소가 여러 방향일 때에는 그 장소마다 게시하여야 하며, 냉동설비, 저온액화탄산가스 저장설비 중에서 단체설비(유닛형 냉동설비 등을 말한다) 또는 이동실 냉동설비에 대하여는 그 설비 외면의 보기 쉬운 장소에 표시할 수 있다.
㉢ 경계표지는 법의 적용을 받고 있는 사업소 또는 시설임을 외부 사람이 명확하게 식별할 수 있는 크기로 하여야 한다. 또한 당해 사업소에서 준수하여야 할 안전 확보에 필요한 주의사항을 부기하여도 좋다.

54 냉장고 수리를 위하여 아세틸렌 용접작업 중 산소가 떨어지자 산소에 연결된 호스를 뽑아 얼마 남지 않은 것으로 생각되는 LPG 용기에 연결하여 용접 토치에 불을 붙이자 LPG 용기가 폭발하였다. 그 원인으로 가장 가능성이 높을 것으로 예상되는 경우는?
① 용접열에 의한 폭발
② 호스 속의 산소 또는 아세틸렌이 역류되어 역화에 의한 폭발
③ 아세틸렌과 LPG가 혼합된 후 반응에 의한 폭발
④ 아세틸렌 불법 제조에 의한 아세틸렌 누출에 의한 폭발

해설▷ 산소 또는 아세틸렌이 역류는 압력차에 의해 이동하게 된다. 압력이 높은 쪽의 용기에 있는 가스가 이동하여 혼합가스를 형성하며 용기 내에서 폭발하게 된다.

정답 53. ② 54. ②

55

다음 그림은 LPG 저장탱크의 최저부이다. 이는 어떤 기능을 하는가?

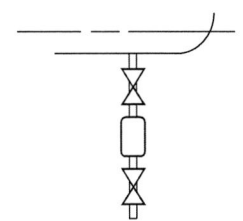

① 대량의 LPG가 유출되는 것을 방지한다.
② 일정압력 이상 시 압력을 낮춘다.
③ LPG내의 수분 및 불순물을 제거한다.
④ 화재 등에 의해 온도가 상승 시 긴급 차단한다.

해설⊃ 드레인 밸브 : 탱크 하부에서 LPG 내의 수분 및 불순물을 제거한다.

참고

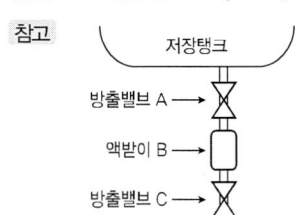

① A를 열고 B로 드레인을 유입한다.
② A를 닫는다.
③ C를 단속적으로 열고 드레인을 배출한다.
④ C를 닫는다.

56

자동차 용기 충전시설에서 충전용 호스의 끝에 반드시 설치하여야 하는 것은?

① 긴급차단장치 ② 가스누출경보기
③ 정전기 제거장치 ④ 인터록 장치

해설⊃ 가연성 가스의 사용설비에는 그 설비에서 생기는 정전기를 제거하는 조치를 할 것

57

액화석유가스 저장탱크에 가스를 충전할 때 액체 부피가 내용적의 90%를 넘지 않도록 규제하는 가장 큰 이유는?

① 액체팽창으로 인한 탱크의 파열을 방지하기 위하여
② 온도상승으로 인한 탱크의 취약방지를 위하여
③ 등적팽창으로 인한 온도상승 방지를 위하여
④ 탱크내부의 부압(negative pressure)발생방지를 위하여

해설⊃ LP가스 저장탱크 충전
① 온도 상승에 따른 액팽창이 현저히 크므로 안전공간을 유지하기 위해서이다.
② 온도가 상승하면 부피가 늘어나 탱크가 파열되며 폭발이 발생할 수 있다.
③ 온도를 40°C 이하로 유지하여 안전하게 관리하여야 한다.

정답 55. ③ 56. ③ 57. ①

58. 액화석유가스 가스집단공급시설의 점검기준에 대한 설명으로 옳은 것은?
① 충전용주관의 압력계는 매분기 1회 이상 국가표준기본법에 따른 교정을 받은 압력계로 그 기능을 검사한다.
② 안전밸브는 매월 1회 이상 설정되는 압력이하의 압력에서 작동하도록 조정한다.
③ 물분무장치, 살수장치와 소화전은 매월 1회 이상 작동상황을 점검한다.
④ 집단공급시설 중 충전설비의 경우에는 매월 1회 이상 작동상황을 점검한다.

해설 액화석유가스 가스집단공급시설의 점검 기준
1. 용기에 의한 사용시설 기준
   ① 저장탱크의 안전을 위하여 1년에 1회 이상 정기적으로 적정한 방법으로 침하 상태를 측정하고, 그 침하 상태에 따라 적절한 안전조치를 할 것
   ② 밸브나 배관을 가열하는 때에는 열습포나 40℃ 이하의 더운 물을 사용할 것
   ③ 가스시설에 설치된 긴급차단장치에 대해서는 1년 1회 이상 밸브 시트의 누출검사 및 작동검사를 하여 누출량이 안전에 지장이 없는 양 이하이고 작동이 원활하며, 확실하게 개폐될 수 있는 작동 기능을 가졌음을 확인할 것
   ④ 정전기 제거설비를 정산상태로 유지하기 위하여 다음 기준에 따라 검사를 하여 기능을 확인할 것
      ㉠ 지상에서의 접지저항치
      ㉡ 지상에서의 접속부의 접속상태
      ㉢ 지상에서의 절선 부분이나 그 밖을 손상 부분의 유무
   ⑤ 물분무장치, 살수장치와 소화전은 매월 1회 이상 작동상황을 점검하여 원활하고 확실하게 작동하는지 확인하고, 점검기록을 작성·유지할 것. 다만, 얼어붙을 우려가 있는 경우에는 펌프 구동만으로 통수시험을 대신할 수 있다.
   ⑥ 그 밖에 저장탱크에 의한 사용시설의 기술 기준은 기술기준에 따를 것

59. 용기의 각인 기호에 대해 잘못 나타낸 것은?
① V : 내용적
② W : 용기의 질량
③ TP : 기밀시험압력
④ FP : 최고충전압력

해설
① V : 내용적[L]
② TP : 내압시험압력[MPa]
③ FP : 최고충전압력[MPa]
④ W : 질량

60. 다음 가스 안전성평가기법 중 정성적 안전성 평가기법은?
① 체크리스트 기법
② 결함수 분석 기법
③ 원인결과 분석 기법
④ 작업자실수 분석 기법

정답 58. ③ 59. ③ 60. ①

해설 ① 작업자 실수 분석기법(HEA : Human Error Analysis) : 운전원, 보수원, 기술원의 실수를 파악하고 누적해 순위를 결정하는 기법이다.
② 사고예상 질문 분석기법(WHAT-IF) : 질문을 통해 위험을 줄이는 방법이다.
③ 위험과 운전 분석기법(HAZOP) : 원인을 제거하는 기법이다.
④ 체크리스트 기법(checklist) : 공정 및 설비의 오류, 결함상태, 위험상황 등을 목록화한 형태로 작성하여 경험적으로 비교함으로써 위험성을 정성적으로 파악하는 안전성 평가 기법이다.

제4과목 : 가스계측

61 가스폭발 등 급속한 압력변화를 측정하는 데 가장 적합한 압력계는?
① 다이어프램 압력계
② 벨로우즈 압력계
③ 부르동관 압력계
④ 피에조 전기압력계

해설 피에조(Piezo) 전기압력계 : 피에조 전기압력계는 순간적인 압력 또는 가스 폭발이나 급속한 압력변화를 측정하는 데 유효하다.
참고 ① 자유 피스톤식 압력계는 부르동관 압력계의 눈금교정에 사용한다.
② 부르동관 압력계는 고압장치에 많이 사용되며 2차 압력계이다.
③ 다이어프램 압력계는 부식성 유체의 측정에 알맞다.

62 가스는 분자량에 따라 다른 비중 값을 갖는다. 이 특성을 이용하는 가스분석기기는?
① 자기식 O_2 분석기기
② 밀도식 CO_2 분석기기
③ 적외선식 가스분석기기
④ 광화학 발광식 NO_x 분석기기

해설 밀도식 CO_2 분석기기 : 가스 농도 분석을 분자량에 다른 비중으로 나타낸다.

63 [보기]에서 나타내는 제어동작은? (단, Y : 제어출력신호, ps : 전 시간에서의 제어 출력신호, K_c : 비례상수, ϵ : 오차를 나타낸다.)

[보기]
$$Y = ps + K_c\epsilon$$

① O 동작
② D 동작
③ I 동작
④ P 동작

해설 P 동작 : 제어 편차량이 검출되면 비례하여 조작량을 가감하는 조절 동작이다.

정답 61. ④ 62. ② 63. ④

64. 직접적으로 자동제어가 가장 어려운 액면계는?
① 유리관식
② 부력검출식
③ 부자식
④ 압력검출식

해설⊂› 유리관식 액면계
① 가장 간단한 액면계로 널리 사용하며 액위를 직접 관찰할 수 있다.
② 자동제어가 어렵다.
③ 고압장치에서는 액면계 파손을 방지하기 위해 프로텍터 및 금속 보호망을 씌운다.

65. 루트미터에서 회전자는 회전하고 있으나 미터의 지침이 작동하지 않는 고장의 형태로서 가장 옳은 것은?
① 부동
② 불통
③ 기차불량
④ 감도불량

해설⊂› 가스미터 고장
① 부동 : 가스가 미터는 통과하나 계량막의 파손, 밸브의 탈락 등으로 계량기 지침이 작동하지 않는 것이다.
② 떨림 : 가스가 통과할 때에 출구 측의 압력변동이 심하게 되어 가스의 연소형태를 불안정하게 하는 고장형태
③ 기차 불량 : 설치 오류, 출격, 부품의 마모 등으로 계량정밀도가 저하되는 경우
④ 불통
  ㉠ 회전장치의 고장으로 가스가 미터를 통과하지 못하는 고장이다.
  ㉡ 가스가 크랭크축이 녹슬거나 밸브와 밸브시트가 타르(tar)접착 등으로 통과하지 않는다.
  ㉢ 날개나 조절기에 고장이 생겨 회전장치에 고장이 생긴 것이다.

66. 차압유량계의 특징에 대한 설명으로 틀린 것은?
① 액체, 기체, 스팀 등 거의 모든 유체의 유량 측정이 가능하다.
② 관로의 수축부가 있어야 하므로 압력손실이 비교적 높은 편이다.
③ 정확도가 우수하고, 유량측정 범위가 넓다.
④ 가동부가 없어 수명이 길고 내구성도 좋으나 마모에 의한 오차가 있다.

해설⊂› 차압식 유량계
① 다른 유량계에 비하여 정확도는 떨어진다.
② 구조가 간단하다.

정답 64. ① 65. ① 66. ③

67 최대 유량이 10 m³/h인 막식 가스미터기를 설치하고 도시 가스를 사용하는 시설이 있다. 가스렌지 2.5 m³/h를 1일 8시간 사용하고, 가스보일러 6 m³/h를 1일 6시간 사용했을 경우 월 가스사용량은 약 몇 m³인가? (단, 1개월은 31일이다.)
① 1570 ② 1680
③ 1736 ④ 1950

해설: $(2.5 \text{ m}^3/\text{h} \times 8 \text{ h} \times 31) + (6 \text{ m}^3/\text{h} \times 6 \text{ h} \times 31) = 1736 \text{ m}^3$

68 자동조정의 제어량에서 물리량의 종류가 다른 것은?
① 전압 ② 위치
③ 속도 ④ 압력

해설: 자동 조정(automatic regulation)
전압, 속도, 주파수, 장력 등을 제어량으로 하여 이것을 일정하게 유지하는 것을 목적으로 하는 제어이다.
이때, 물리량은 전기에너지(전압)와 기계에너지(위치, 속도, 압력)로 나눌 수 있다.

69 습도에 대한 설명으로 틀린 것은?
① 상대습도는 포화증기량과 습가스 수증기와의 중량비이다.
② 절대습도는 습공기 1kg에 대한 수증기의 양과의 비율이다.
③ 비교습도는 습공기의 절대습도와 포화증기의 절대습도와의 비이다.
④ 온도가 상승하면 상대습도는 감소한다.

해설: 절대습도(absolute humidity) : 습공기 중에 함유되어 있는 건공기 1kg에 대한 수증기의 중량을 의미한다.

70 적외선분광분석법으로 분석이 가능한 가스는?
① N_2 ② CO_2 ③ O_2 ④ H_2

해설: 적외선분광분석법
① 적외선을 흡수하기 위해서는 쌍극자모멘트의 알짜변화를 일으켜야 한다.
② He, Ne, Ar 등의 단원자 분자 및 H_2, O_2, N_2, Cl_2 등의 2원자 분자는 적외선을 흡수하지 않으므로 분석이 불가능하다.
③ 미량성분의 분석에는 셀(cell) 내에서 다중반사되는 기체 셀을 사용한다.

정답 67. ③ 68. ① 69. ② 70. ②

71

어떤 잠수부가 바다에서 15 m 아래 지점에서 작업을 하고 있다. 이 잠수부가 바닷물에 의해 받는 압력은 몇 kPa인가? (단, 해수의 비중은 1.025이다.)

① 46　　② 102　　③ 151　　④ 252

해설 ① $P = \gamma h$, $s = \dfrac{\gamma}{\gamma_W}$

γ_W : 물의 비중량[kgf/m³], s : 비중, γ : 비중량, h : 높이[m]

② $P = \gamma h = (s \times \gamma_W) \times h\,(1.025 \times 1000) \times 15 = 15375$ kgf/m²

③ 1 atm = 10332 kgf/m² = 101.325 kPa

④ $X = \dfrac{15375}{10332} \times 101.325 = 150.781$

참고　10332 : 101.325 = 15375 : X

$X = \dfrac{101.325 \times 15375}{10332} = 150.78125$

72

오리피스 유량계는 어떤 형식의 유량계인가?

① 용적식　　② 오벌식　　③ 면적식　　④ 차압식

해설 오리피스 유량계 : 유체의 압력감소는 유속이 증가되는 것으로 베르누이 정리를 이용하여 유량을 측정한다.

73

전자밸브(solenoid valve)의 작동 원리는?

① 토출압력에 의한 작동
② 냉매의 과열도에 의한 작동
③ 냉매 또는 유압에 의한 작동
④ 전류의 자기작용에 의한 작동

해설 전자밸브(solenoid valve)의 작동 원리 : 솔레노이드 밸브라고도 하며 전자 코일의 전자력의 힘을 사용하여 자동적으로 밸브를 조작하는 원리이다.

74

오르자트 분석기에 의한 배기가스의 성분을 계산하고자 한다. [보기]의 식은 어떤 가스의 함량 계산식인가?

[보기]

$$\dfrac{\text{암모니아성 염화제일구리 용액 흡수량}}{\text{시료 채취량}} \times 100$$

① CO_2　　② CO　　③ O_2　　④ N_2

정답　71. ③　72. ④　73. ④　74. ②

해설 ❯ 배기가스 성분 계산
① CO% = (암모니아성 염화제일구리 용액 흡수량 / 시료 채취량) × 100
② CO_2% = (30% KOH 용액 흡수량 / 시료 채취량) × 100
③ O_2% = (알칼리성 피롤카롤 용액 흡수량 / 시료 채취량) × 100
④ N_2% = 100 - [CO_2% + O_2% + CO%]

75
압력계의 부품으로 사용되는 다이어프램의 재질로서 가장 부적당한 것은?
① 고무   ② 청동   ③ 스테인리스   ④ 주철

해설 ❯ 다이어프램 압력계
① 저압용 재질 : 고무, 종이
② 고압용 재질 : 인청동, 양은, 스테인리스

76
가스미터 선정 시 고려할 사항으로 틀린 것은?
① 가스의 최대사용유량에 적합한 계량능력인 것을 선택한다.
② 가스의 기밀성이 좋고 내구성이 큰 것을 선택한다.
③ 사용 시 기차가 커서 정확하게 계량할 수 있는 것을 선택한다.
④ 내열성, 내압성이 좋고 유지관리가 용이한 것을 선택한다.

해설 ❯ 가스미터 선정 시 고려사항
① 사용최대유량에 적합할 것
② 가스의 기밀성이 좋고 내구성이 클 것
③ 사용 중 오차 변화가 없고 정확히 계측할 수 있을 것
④ 부착이 쉽고 유지관리가 용이

77
가스미터의 원격계측(검침) 시스템에서 원격계측 방법으로 가장 거리가 먼 것은?
① 제트식   ② 기계식
③ 펄스식   ④ 전자식

해설 ❯ 가스미터 원격계측방법
① 기계식   ② 펄스식   ③ 전자식

정답 75. ④   76. ③   77. ①

78
가스크로마토그래피에 사용되는 운반기체의 조건으로 가장 거리가 먼 것은?
① 순도가 높아야 한다.
② 비활성이어야 한다.
③ 독성이 없어야 한다.
④ 기체 확산을 최대로 할 수 있어야 한다.

[해설] 가스크로마토그래피(gas chromatography)의 운반기체
① 충전물이나 시료에 대하여 불활성이고 검출기의 작동에 적합하여야 한다.
② 기체 확산을 최소 할 수 있을 것
③ 순도가 높고 구입이 쉬워야 한다.
④ 시료를 운반가스에 의하여 각 성분의 크로마토그램을 이용하여 유기화합물에 대한 정성 및 정량 분석에 사용된다.
⑤ 시료의 확산속도에 의한 불활성 가스를 사용한다.

79
메탄, 에틸알코올, 아세톤 등을 검지하고자 할 때 가장 적합한 검지법은?
① 시험지법
② 검지관법
③ 흡광광도법
④ 가연성 가스검출기법

[해설] 가스 검지법
① 가스 검지법에는 시험지법, 검지관법, 가연성 가스 검출기법이 있다.
② CH_4 및 가연성 가스의 농도를 측정한다.
③ 메탄, 에틸알코올, 아세톤은 가연성이다.

80
열전도형 진공계 중 필라멘트의 열전대로 측정하는 열전대 진공계의 측정 범위는?
① $10^{-5} \sim 10^{-3}$ torr
② $10^{-3} \sim 0.1$ torr
③ $10^{-3} \sim 1$ torr
④ $10 \sim 100$ torr

[해설] 열전대 진공계(thermocouple type vacuum gauge)
① 측정범위 : $10^{-3} \sim 1$ torr
② 특징 : 연속측정이 가능하며, 비교적 견고하다.

정답 78. ④ 79. ④ 80. ③

2016년 제1회 가스산업기사 출제문제

제1과목 : 연소공학

01 메탄 80 v%, 프로판 5 v%, 에탄 15 v%인 혼합가스의 공기 중 폭발하한계는 약 얼마인가?

① 2.1% ② 3.3% ③ 4.3% ④ 5.1%

해설 연소범위 : 메탄 : 5~15%, 프로판 : 2.1~9.5%, 에탄 : 3~12.5%

$$\frac{100}{L} = \frac{V_1}{L_1} + \frac{V_2}{L_2} + \frac{V_3}{L_3} \cdots \frac{V_n}{L_n}$$

$$\frac{100}{L} = \left(\frac{80}{5} + \frac{5}{2.1} + \frac{15}{3}\right)$$

$$\frac{100}{L} = 23.38$$

$$L = \frac{100}{23.38} = 4.277\%$$

02 1 Sm³의 합성가스 중의 CO와 H_2의 몰비가 1 : 1일 때 연소에 필요한 이론 공기량은 약 몇 Sm³/Sm³인가?

① 0.50 ② 1.00 ③ 2.38 ④ 4.76

해설 이론공기량$(A_0) = \dfrac{O_0}{0.21}$

① $CO + \dfrac{1}{2}O_2 \rightarrow CO_2$

$A_0 = \dfrac{0.5}{0.21} = 2.38 \, \text{Sm}^3/\text{Sm}^3$

② $H_2 + \dfrac{1}{2}O_2 \rightarrow H_2O$

$A_0 = \dfrac{0.5}{0.21} = 2.38 \, \text{Sm}^3/\text{Sm}^3$

몰비가 1 : 1이므로 체적비는 각각 50%이므로

∴ (2.38×0.5+2.38×0.5) = 2.38 Sm³/Sm³

정답 1. ③ 2. ③

03 다음 중 이론연소온도(화염온도, $t°C$)를 구하는 식은? (단, H_h : 고발열량, H_L : 저발열량, G : 연소가스량, C_P : 비열이다.)

① $t = \dfrac{H_L}{GC_P}$ ② $t = \dfrac{H_h}{GC_P}$ ③ $t = \dfrac{GC_P}{H_L}$ ④ $t = \dfrac{GC_P}{H_h}$

[해설] 이론연소온도 $= \dfrac{H_l}{G \cdot C_p}$

여기서, G : 연소 가스량, C_p : 정압비열, H_l : 저위발열량

04 고온체의 색깔과 온도를 나타낸 것 중 옳은 것은?

① 적색 : 1500°C
② 휘백색 : 1300°C
③ 황적색 : 1100°C
④ 백적색 : 850°C

[해설] 고온체의 색깔과 온도
① 암적색 : 700°C ② 적색 : 800°C ③ 휘적색 : 950°C
④ 황적색 : 1100°C ⑤ 백적색 : 1300°C ⑥ 휘백색 : 1500°C

05 가연성 물질을 공기로 연소시키는 경우 공기 중의 산소농도를 높게 하면 어떻게 되는가?

① 연소속도는 빠르게 되고, 발화온도는 높게 된다.
② 연소속도는 빠르게 되고, 발화온도는 낮게 된다.
③ 연소속도는 느리게 되고, 발화온도는 높게 된다.
④ 연소속도는 느리게 되고, 발화온도는 낮게 된다.

[해설] 산소농도를 높게 하면 연소속도는 빠르게 되고, 발화온도는 낮아진다.

06 다음 공기 중에서 가스가 정상 연소할 때 속도는?

① 0.03~10 m/s
② 11~20 m/s
③ 21~30 m/s
④ 31~40 m/s

[해설] • 정상연소 속도 : 0.03~10m/sec   • 폭굉연소 속도 : 1000~3500m/sec

[참고] 폭굉 유도거리가 짧아지는 조건
① 고압일수록
② 정상연소 속도가 큰 혼합 가스일수록
③ 관 속에 방해물이 있거나 관경이 작은 경우
④ 점화원의 에너지가 클수록

정답 3. ① 4. ③ 5. ② 6. ①

07
폭굉을 일으킬 수 있는 기체가 파이프 내에 있을 때 폭굉 방지 및 방호에 대한 설명으로 옳지 않은 것은?

① 파이프라인에 오리피스 같은 장애물이 없도록 한다.
② 공정 라인에서 회전이 가능하면 가급적 완만한 회전을 이루도록 한다.
③ 파이프의 지름대 길이의 비는 가급적 작게 한다.
④ 파이프라인에 장애물이 있는 곳은 관경을 축소한다.

[해설] 문제 6번 참고

08
연소속도에 대한 설명 중 옳지 않은 것은?

① 공기의 산소분압을 높이면 연소속도는 빨라진다.
② 단위면적의 화염면이 단위시간에 소비하는 미연소혼합기의 체적이라 할 수 있다.
③ 미연소혼합기의 온도를 높이면 연소속도는 증가한다.
④ 일산화탄소 및 수소 기타 탄화수소계 연료는 당량비가 1.1 부근에서 연소속도의 피크가 나타난다.

[해설] 연소속도
① 미연소혼합기의 온도를 높이면 연소속도는 증가한다.
② 단위면적의 화염면이 단위시간에 소비하는 미연소혼합기의 체적이라 할 수 있다.
③ 공기의 산소분압을 높이면 연소속도는 빨라진다.

09
점화원이 될 우려가 있는 부분을 용기 안에 넣고 불활성 가스를 용기 안에 채워 넣어 폭발성 가스가 침입하는 것을 방지한 방폭구조는?

① 압력방폭구조　　　　② 안전증방폭구조
③ 유입방폭구조　　　　④ 본질방폭구조

[해설] 방폭구조
① 내압(耐壓)방폭구조 : 방폭전기기기의 용기(이하 "용기"라 한다) 내부에서 가연성가스의 폭발이 발생할 경우 그 용기가 폭발압력에 견디고, 접합면, 개구부 등을 통하여 외부의 가연성 가스에 인화되지 아니 하도록 한 구조를 말한다.
② 유입(油入)방폭구조 : 용기 내부에 기름을 주입하여 불꽃・아크 또는 고온발생부분이 기름 속에 잠기게 함으로써 기름면 위에 존재하는 가연성 가스에 인화되지 않도록 한 구조를 말한다.
③ 압력(壓力)방폭구조 : 용기 내부에 보호가스(신선한 공기 또는 불활성가스)를 압입하여 내부압력을 유지함으로써 가연성가스가 용기 내부로 유입되지 아니하도록 한 구조를 말한다.

정답　7. ④　8. ④　9. ①

④ 안전증(安全增)방폭구조 : 정상운전 중에 가연성가스의 점화원이 될 전기불꽃·아크 또는 고온부분 등의 발생을 방지하기 위하여 기계적·전기적 구조상 또는 온도 상승에 대해 특히 안전도를 증가시킨 구조를 말한다.

⑤ 본질안전(本質安全)방폭구조 : 정상 시 및 사고(단선, 단락, 지락 등)시에 발생하는 전기불꽃·아크 또는 고온부로 인하여 가연성가스가 점화되지 아니하는 것이 점화시험 기타 방법에 의하여 확인된 구조를 말한다.

⑥ 특수(特殊)방폭구조 : "①"내지"⑤"에서 규정한 구조 이외의 방폭구조로서 가연성가스에 점화를 방지할 수 있다는 것이 시험, 기타의 방법에 의하여 확인된 구조를 말한다.

[방폭전기기기의 구조별 표시방법]

방폭전기기기의 구조	표시방법
내압(耐壓)방폭구조	d
유입(油入)방폭구조	o
압력(壓力)방폭구조	p
안전증(安全增)방폭구조	e
본질안전(本質安全)방폭구조	ia 또는 ib
특수(特殊)방폭구조	s

10 "착화온도가 85°C이다."를 가장 잘 설명한 것은?

① 85°C 이하로 가열하면 인화한다.
② 85°C 이상 가열하고 점화원이 있으면 연소한다.
③ 85°C로 가열하면 공기 중에서 스스로 발화한다.
④ 85°C로 가열해서 점화원이 있으면 연소한다.

해설⊃ 착화온도＝착화점＝발화점＝발화온도
85°C로 가열하면 공기 중에서 스스로 발화

11 화재와 폭발을 구별하기 위한 주된 차이점은?

① 에너지 방출속도　　② 점화원
③ 인화점　　　　　　④ 연소한계

해설⊃ 화재와 폭발을 구별하기 위한 주된 차이점은 에너지 방출속도이다.

12 용기 내의 초기 산소농도를 설정치 이하로 감소시키도록 하는데 이용되는 퍼지방법이 아닌 것은?

① 진공 퍼지　　　　　② 온도 퍼지
③ 스위프 퍼지　　　　④ 사이폰 퍼지

정답　10. ③　11. ①　12. ②

해설> 퍼지의 종류
① 온도 퍼지 : 용기 내의 초기 산소농도를 설정치 이하로 감소시키도록 하는데 이용
② 스위프 퍼지 : 한쪽으로는 불활성가스를 주입하고 반대쪽에서는 가스를 방출하는 작업을 반복하는 것
④ 사이폰 퍼지 : 용기에 물을 충만 시킨 후 용기로부터 물을 배출시킴과 동시에 불활성 가스를 주입하여 원하는 최소산소 농도를 만드는 작업
③ 압력 퍼지 : 불활성가스로 용기를 가입한 후 대기 중으로 방출하는 작업을 반복하여 원하는 최소산소농도에 이를 때까지 실시
⑤ 진공 퍼지 : 용기를 진공시킨 후 불활성가스를 주입시켜 원하는 최소 산소농도에 이를 때까지 실시하는 방법

13 최소 점화에너지에 대한 설명으로 옳지 않은 것은?
① 연소속도가 클수록, 열전도도가 작을수록, 큰 값을 갖는다.
② 가연성 혼합기체를 점화시키는데 필요한 최소 에너지를 최소 점화에너지라 한다.
③ 불꽃 방전 시 일어나는 점화에너지의 크기는 전압의 제곱에 비례한다.
④ 일반적으로 산소농도가 높을수록, 압력이 증가할수록 값이 감소한다.

해설> 최소점화에너지
① 가연성 혼합기체를 점화시키는 데 필요한 최소 에너지를 최소 점화에너지라 함
② 일반적으로 산소농도가 높을수록, 압력이 높을수록, 연소속도가 클수록 열전도도가 작을수록, 최소점화에너지는 작아진다.
③ 불꽃 방전 시 일어나는 점화에너지의 크기는 전압의 제곱에 비례한다.

14 다음 중 불연성 물질이 아닌 것은?
① 주기율표의 0족 원소
② 산화반응 시 흡열반응을 하는 물질
③ 완전연소한 산화물
④ 발열량이 크고 계의 온도 상승이 큰 물질

해설> 불연성 물질
① 주기율표 0족 원소(He, Ne, Ar, Kr, Xe, Rn)
② 산화 반응 시 흡열 반응을 하는 물질
③ 완전연소한 산화물
$C_3H_8 + 5O_2 \rightarrow 3CO_2(불활성가스) + 4H_2O$

정답 13. ① 14. ④

15
다음 중 가연물의 구비조건이 아닌 것은?
① 연소열량이 커야 한다.
② 열전도도가 작아야 된다.
③ 활성화에너지가 커야 한다.
④ 산소와의 친화력이 좋아야 한다.

해설 가연물의 구비조건
① 활성화 에너지가 작아야 한다.
② 연소열량이 커야 한다.
③ 수분의 함량이 적을 것
④ 연소열량(발열량)이 클 것

16
아세틸렌(C_2H_2)의 완전연소반응식은?
① $C_2H_2 + O_2 \rightarrow CO_2 + H_2O$
② $2C_2H_2 + O_2 \rightarrow 4CO_2 + H_2O$
③ $C_2H_2 + 5O_2 \rightarrow CO_2 + 2H_2O$
④ $2C_2H_2 + 5O_2 \rightarrow 4CO_2 + 2H_2O$

해설 완전연소 반응식
① $C_3H_8 + 5O_2 \rightarrow 3CO_2 + 4H_2O$
② $2C_4H_{10} + 13O_2 \rightarrow 8CO_2 + 10H_2O$
③ $CH_4 + 2O_2 \rightarrow CO_2 + 2H_2O$
④ $2C_2H_2 + 5O_2 \rightarrow 4CO_2 + 2H_2O$

17
LPG를 연료로 사용할 때의 장점으로 옳지 않은 것은?
① 발열량이 크다.
② 조성이 일정하다.
③ 특별한 가압장치가 필요하다.
④ 용기, 조정기와 같은 공급설비가 필요하다.

18
2 kg의 기체를 0.15 MPa, 15°C에서 체적이 0.1 m³가 될 때 까지 등온압축할 때 압축 후 압력은 약 몇 MPa인가? (단, 비열은 각각 $C_P = 0.8$, $C_V = 0.6$ kJ/kg · K이다.)
① 1.10
② 1.15
③ 1.20
④ 1.25

정답 15. ③ 16. ④ 17. ③ 18. ②

해설 기체상수

$R = C_p - C_v = 0.8 - 0.6 = 0.2$ kJ/kg·K

$PV = GRT$에서 $V = \dfrac{GRT}{P} = \dfrac{2kg \times 0.2 \times (273+15)}{0.15 \times 1000} = 0.768$ m³

등온압축이므로(온도가 일정)

$\dfrac{P_1 V_1}{T_1} = \dfrac{P_2 V_2}{T_2}$

∴ $P_1 V_1 = P_2 V_2$에서 $P_2 = \dfrac{P_1 \times V_1}{V_2} = \dfrac{0.15 \times 0.768}{0.1} = 1.152$ MPa

19. 아세틸렌가스의 위험도(H)는 약 얼마인가?
① 21 ② 23 ③ 31 ④ 33

해설 가스의 위험도

① C_2H_2(아세틸렌) : 2.5~81%, $H = \dfrac{u-L}{L} = \dfrac{81-2.5}{2.5} = 31.4$

② H_2(수소) : 4~75%, $H = \dfrac{u-L}{L} = \dfrac{75-4}{4} = 17.75$

③ C_3H_8(프로판) : 2.1~9.5%, $H = \dfrac{u-L}{L} = \dfrac{9.5-2.1}{2.1} = 3.52$

④ C_4H_{10}(부탄) : 1.8~8.4%, $H = \dfrac{u-L}{L} = \dfrac{8.4-1.8}{1.8} = 3.66$

⑤ CH_4(메탄) : 5~15%, $H = \dfrac{u-L}{L} = \dfrac{15-5}{5} = 2$

⑥ C_2H_6(에탄) : 3~12.5%, $H = \dfrac{u-L}{L} = \dfrac{12.5-3}{3} = 3.16$

20. 기체연료의 주된 연소형태는?
① 확산연소 ② 증발연소 ③ 분해연소 ④ 표면연소

해설 연소형태
① 확산연소 : 가연성가스 분자와 공기 분자가 확산에 의해 급격하게 혼합되면서 연소가 일어나는 것(수소, 아세틸렌 등)
② 증발연소 : 인화성 액체의 온도 상승에 따른 증발에 의해 연소가 일어나는 것(알코올, 에테르, 등유, 경유 등)
③ 분해연소 : 연소시 열분해에 의해 가연성가스를 방출시켜 연소가 일어나는 것(중유, 석유, 목재, 종이, 고체 파라핀 등)
④ 표면연소 : 고체 표면과 공기와 접촉되는 부분에서 연소가 일어나는 것(숯, 알루미늄박, 마그네슘 리본 등)
⑤ 자기연소 : 질산에스테르, 초산에스테르 등 산소 없이 연소하는 것(니트로글리세린, TNT, 피크린산 등)

정답 19. ③ 20. ①

제2과목 : 가스설비

21. 도시가스 원료의 접촉분해공정에서 반응온도가 상승하면 일어나는 현상으로 옳은 것은?

① CH_4, CO가 많고 CO_2, H_2가 적은 가스 생성
② CH_4, CO_2가 적고 CO, H_2가 많은 가스 생성
③ CH_4, H_2가 많고 CO_2, CO가 적은 가스 생성
④ CH_4, H_2가 적고 CO_2, CO가 많은 가스 생성

해설 접촉분해공정
① 온도상승 시 : 일산화탄소, 수소 상승
   이산화탄소, 메탄 감소
  온도감소 시 : 일산화탄소, 수소 감소
   이산화탄소, 메탄 상승
② 압력상승 시 : 일산화탄소, 수소 감소
   이산화탄소, 메탄 상승
  압력감소 시 : 일산화탄소, 메탄 상승
   이산화탄소, 메탄 감소

참고 가스제조 방식
① 열분해 프로세스 : 나프타, 원유, 중유 등의 분자량이 큰 탄화수소 원료를 고온(800~900℃)으로 분해하여 10000 kcal/Nm³ 정도의 고열량가스를 제조하는 방식이다.
② 접촉분해(수증기 개질) 프로세스 : 접촉분해(수증기 재질)는 촉매를 사용하여 사용온도 400~800℃에서 탄화수소와 수증기와 반응하여 수소, 메탄, 일산화탄소, 에틸렌, 탄산가스, 에탄, 프로필렌 등의 저급 탄화수소로 변환시키는 방법이다.
③ 부분연소 프로세스 : 부분연소에 의한 가스제조는 메탄에서 원유까지는 원료를 가스화하는 것으로 산소 또는 공기 및 수증기를 이용하여 CH_4, H_2, CO, CO_2로 변환하는 방법이며, 탄화수소의 분해 및 수증기와의 반응에 필요한 열은 원료의 일부 연소기에 의해 보급되어 가스화와 가열을 동일로 내에서 행하기 때문에 내연식 또는 오트사밍 프로세스라고도 한다. 탄화수소와 수증기, 산소(공기)와의 반응은 700℃ 이상에서 고활성인 촉매(니켈계)를 매개체로 하여 일어난다.
④ 수소화(수첨)분해 프로세스 : 수소화 분해는 수소기류 중 탄화수소 원료를 열분해 또는 접촉분해하여 메탄을 주성분으로 하는 고열량의 가스를 제조하는 방법이며 현재는 주로 나프타를 원료로 이용하고 있다.
⑤ 대체 천연가스 프로세스(substitute natural gas) : 대체 천연가스 프로세스란 천연가스이외의 석탄, 원유, 나프타, LPG 등의 각종 탄화수소 원료에서 천연가스와 물리적, 화학적 성질(조성, 열량, 연소성)이 거의 비슷한 가스를 제조하는 것을 말한다. SNG의 주성분은 메탄이며 공업적 제조로는 H_2O, O_2, H_2를 원료탄화수소와 반응시켜 수증기 개질, 부분연소, 수첨분해에 의해 가스화하여 메탄합성, 탈탄산 등의 프로세스와 병용하여 사용하고 있다. 실체의 프로세스 원료는 경질유(LPG, 나프타), 중질유(중유, 원유) 및 석탄 등에서 분류하는 것이 편리하다.

정답 21. ②

22

2단 감압식 2차용 저압조정기의 출구쪽 기밀시험 압력은?

① 3.3 kPa ② 5.5 kPa ③ 8.4 kPa ④ 10.0 kPa

해설 2단 감압식 2차용 조정기

		1차 조정용기	2차 조정용기
입구압력		15.6~1.0 kg/cm²	3.5~0.25 kg/cm²
조정압력		0.57~0.83 kg/cm²	수주 280±50 mmH₂O
안전장치작동 표준압력		-	수주 700 mmH₂O
내압시험압력	입구	30 kg/cm² 이상	8 kg/cm²
	출구	8 kg/cm² 이상	3 kg/cm²
기밀시험압력	입구	18 kg/cm² 이상	5 kg/cm²
	출구	1.5 kg/cm² 이상	수주 550 mmH₂O

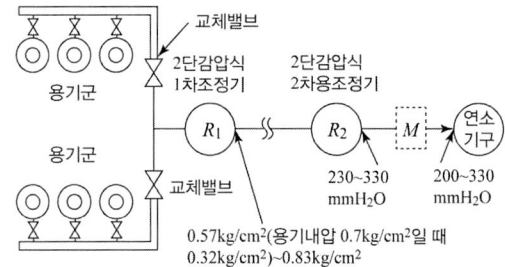

참고 단단감압식 저압 조정기

입구압력		0.7~15.6 kg/cm²
조정압력		수주 280±50 mm
폐쇄압력		수주 350 mm 이하
안전장치작동 표준압력		수주 700±140 mm
내압시험압력	입구	30 kg/cm² 이상
	출구	3 kg/cm² 이상
기밀시험압력	입구	15.6 kg/cm² 이상
	출구	수주 550 mm

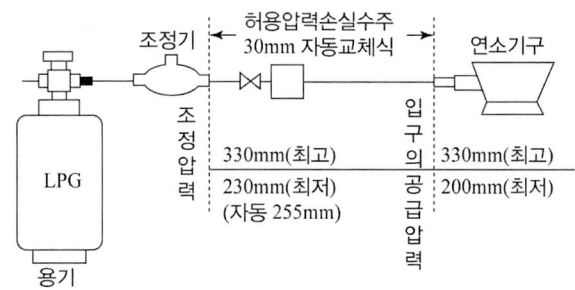

정답 22. ②

23 지하 정압실 통풍구조를 설치할 수 없는 경우 적합한 기계환기 설비기준으로 맞지 않는 것은?
① 통풍능력이 바닥면적 1 m²마다 0.5 m³/분 이상으로 한다.
② 배기구는 바닥면(공기보다 가벼운 경우는 천장면) 가까이 설치한다.
③ 배기가스 방출구는 지면에서 5 m 이상 높게 설치한다.
④ 공기보다 비중이 가벼운 경우에는 배기가스 방출구는 5 m 이상 높게 설치한다.

해설 통풍구조
① 바닥면에 접하고 또한 외기에 면하여 설치된 환기구의 통풍가능 면적의 합계가 바닥면적 1 m²마다 300 cm²(철망 등을 부착할 때는 철망이 차지하는 면적을 뺀 면적으로 한다)의 비율로 계산한 면적 이상(1개 환기구의 면적은 2,400 cm² 이하로 한다)일 것. 이때 사방을 방호벽 등으로 설치할 경우에는 환기구를 2방향 이상으로 분산 설치할 것
② ①에 규정한 통풍구조를 설치할 수 없는 경우에는 다음 기준에 적합한 강제통풍장치를 설치할 것
  ㉠ 통풍능력이 바닥면적 1 m²마다 0.5 m³/분 이상으로 할 것
  ㉡ 배기구는 바닥면(공기보다 가벼운 경우에는 천정면) 가까이에 설치할 것
  ㉢ 배기가스 방출구를 지면에서 5 m(공기보다 가벼운 경우에는 3 m) 이상의 높이에 설치할 것

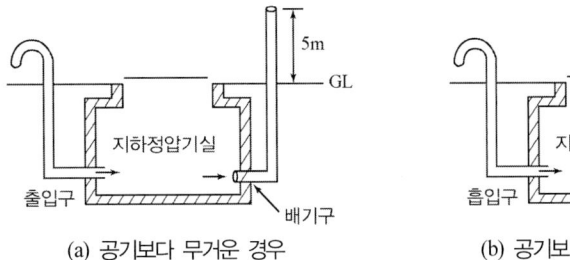

지하정압기 환기구 설치 예

24 유체에 대한 저항은 크나 개폐가 쉽고 유량조절에 주로 사용되는 밸브는?
① 글로브 밸브 ② 게이트 밸브
③ 플러그 밸브 ④ 버터플라이 밸브

해설 밸브
① 글로브 밸브
  ㉠ 중·고압용 ㉡ 유량조절 양호
  ㉢ 기밀성 유지 양호 ㉣ 압력손실이 크다.
② 플러그 밸브
  ㉠ 중·고압용 ㉡ 개폐가 신속하다.
  ㉢ 가스관 중의 불순물에 따라 차단효과 불량

정답 23. ④ 24. ①

③ 게이트 밸브
  ㉠ 물배관용으로 압력손실이 적다.
④ 체크 밸브
  ㉠ 유체의 역류방지
  ㉡ 고압배관 중에 사용
  ㉢ 종류 : 스윙식 : 수평, 수직배관
        리프트식 : 수평배관

25. 기화기에 의해 기화된 LPG에 공기를 혼합하는 목적으로 가장 거리가 먼 것은?

① 발열량 조절 ② 재액화 방지 ③ 압력 조절 ④ 연소효율 증대

[해설] LPG에 공기를 혼합하는 목적(재발수소)
① 재액화 방지 ② 발열량 조절 ③ 누설 시 손실 감소 ④ 연소효율 증대

26. 다음 중 동 및 동합금을 장치의 재료로 사용할 수 있는 것은?

① 암모니아 ② 아세틸렌 ③ 황화수소 ④ 아르곤

[해설] 동 및 동합금 사용금지
① 암모니아 : 착이온 생성
② 황화수소 : 황화부식
③ 아세틸렌 : 폭발성 물질인 동아세틸라이드 생성

27. 고온·고압에서 수소를 사용하는 장치는 일반적으로 어떤 재료를 사용하는가?

① 탄소강 ② 크롬강 ③ 조강 ④ 실리콘강

[해설] 수소 취성 방지 원소 : ① 바나듐 ② 몰리브덴 ③ 텅스텐 ④ 크롬

28. 다음 보기는 터보펌프의 정지 시 조치사항이다. 정지시의 작업 순서가 올바르게 된 것은?

[보기]
㉠ 토출밸브를 천천히 닫는다.
㉡ 전동기의 스위치를 끊는다.
㉢ 흡입밸브를 천천히 닫는다.
㉣ 드레인 밸브를 개방시켜 펌프속의 액을 빼낸다.

① ㉠-㉡-㉢-㉣ ② ㉠-㉡-㉣-㉢ ③ ㉡-㉠-㉢-㉣ ④ ㉡-㉠-㉣-㉢

정답 25. ③ 26. ④ 27. ② 28. ①

해설ⓢ 터보펌프의 정지 순서
① 토출밸브를 천천히 닫는다.
② 전동기의 스위치를 끊는다.
③ 흡입밸브를 천천히 닫는다.
④ 드레인 밸브를 개방시켜 펌프속의 액을 빼낸다.

29 다음 중 가스홀더의 기능이 아닌 것은?
① 가스수요의 시간적 변화에 따라 제조가 따르지 못할 때 가스의 공급 및 저장
② 정전, 배관공사 등에 의한 제조 및 공급설비의 일시적 중단 시 공급
③ 조성의 변동이 있는 제조가스를 받아들여 공급가의 성분, 열량, 연소성 등의 균일화
④ 공기를 주입하여 발열량이 큰 가스로 혼합공급

해설ⓢ 가스홀더의 기능
① 일시적 중단 시 공급량 확보
② 제조가 수요를 따르지 못할 때 공급량 확보
③ 공급가스의 성분, 열량, 연소성 등 균일화
④ 피크 시 도관의 수송량을 감소시킨다.

30 원유, 나프타 등의 분자량이 큰 탄화수소를 원료로 고온에서 분해하여 고열량의 가스를 제조하는 공정은?
① 열분해공정
② 접촉분해공정
③ 부분연소공정
④ 수소화분해공정

해설ⓢ 문제2번 보충 참고

31 분젠식 버너의 특징에 대한 설명 중 틀린 것은?
① 고온을 얻기 쉽다.
② 역화의 우려가 없다.
③ 버너가 연소가스량에 비하여 크다.
④ 1차공기와 2차공기 모두를 사용한다.

해설ⓢ 분젠식 버너의 특징
① 1차 공기와 2차 공기 모두를 사용한다.
② 버너가 연소 가스량에 비해 크다.
③ 고온을 얻기 쉽다.
④ 역화의 우려가 있다.
⑤ 연소온도가 높고, 연소실이 작아도 된다.
⑥ 선화현상이 발생하기 쉽다.
⑦ 불꽃은 내염과 외염을 형성한다.

정답 29. ④ 30. ① 31. ②

32 배관재료의 허용응력(S)이 $8.4\,kg/mm^2$이고 스케줄 번호가 80일 때의 최고 사용압력 $P\,[kg/cm^2]$는?

① 67　　　② 105　　　③ 210　　　④ 650

해설 Sch No $= \dfrac{P}{S} \times 10$

$P = \dfrac{Sch\,No \times S}{10} = \dfrac{80 \times 8.4}{10} = 67.2\,kgf/cm^2$

33 공기 액화장치 중 수소, 헬륨을 냉매로 하며 2개의 피스톤이 한 실린더에 설치되어 팽창기와 압축기의 역할을 동시에 하는 형식은?

① 캐스케이드식　　　② 캐피자식
③ 클라우드식　　　　④ 필립스식

해설 공기액화 사이클
① 필립스 공기액화 사이클 : 수소, 헬륨을 냉매로 한 효율적인 냉동방식이며 하나의 실린더 중에 피스톤과 보조피스톤이 있고 두 개의 피스톤 작용으로 상부는 팽창기로 하부는 압축기로 구성되어 수소와 헬륨이 봉입되어 있다.
② 캐피자 공기액화 사이클 : 공기의 압축압력은 약 7 atm 정도 낮으며 열교환에 축냉기를 사용하여 원료공기를 냉각시킴과 동시에 원료공기 중의 수분과 탄산가스를 제거하고 팽창기는 피스톤 대신에 터빈식 팽창기를 사용

34 고압가스 일반제조시설에서 저장탱크를 지하에 묻는 경우의 기준으로 틀린 것은?

① 저장탱크 정상부와 지면과의 거리는 60 cm 이상으로 할 것
② 저장탱크의 주위에 마른 흙을 채울 것
③ 저장탱크를 2개 이상 인접하여 설치하는 경우 상호간에 1 m 이상의 거리를 유지할 것
④ 저장탱크를 묻는 곳의 주위에는 지상에 경계를 표지를 할 것

해설 저장탱크의 주위에 건조사(마른 모래)를 채울 것

35 강을 연하게 하여 기계가공성을 좋게 하거나, 내부응력을 제거하는 목적으로 적당한 온도까지 가열한 다음 그 온도를 유지한 후에 서냉하는 열처리 방법은?

① Marquenching　　　② Quenching
③ Tempering　　　　 ④ Annealing

정답 32. ①　33. ④　34. ②　35. ④

해설 ◆ 열처리
① 담금질＝퀜칭＝소입 : A_3 변태 및 A_1 변태에서 30~50℃로 가열 후 수냉시키는 방법. 경도 및 강도 증가
② 뜨임＝템퍼링＝소려 : 인성증가
③ 풀림＝어닐링＝소둔 : 가공응력 및 내부응력제거
④ 불림＝노멀라이징＝소준 : A_3 및 A_1 변태에서 30~50℃로 가열 후 공냉시키는 방법. 가공조직의 균일화, 결정립의 미세화, 기계적 성질의 향상

36. LPG 집단공급시설에서 입상관이란?

① 수용가에 가스를 공급하기 위해 건축물에 수직으로 부착되어 있는 배관을 말하며 가스의 흐름방향이 공급자에게 수용가로 연결된 것을 말한다.
② 수용가에 가스를 공급하기 위해 건축물에 수평으로 부착되어 있는 배관을 말하며 가스의 흐름방향이 공급자에서 수용가로 연결된 것을 말한다.
③ 수용가에 가스를 공급하기 위해 건축물에 수직으로 부착되어 있는 배관을 말하며 가스의 흐름방향과 관계없이 수직배관은 입상관으로 본다.
④ 수용가에 가스를 공급하기 위해 건축물에 수평으로 부착되어 있는 배관을 말하며 가스의 흐름방향과 관계없이 수직배관은 입상관으로 본다.

해설 ◆ 입상관
수용가에 가스를 공급하기 위해 건축물에 수직으로 부착되어 있는 배관을 말하며 가스의 흐름방향과 관계없이 수직배관은 입상관으로 본다.

37. 펌프에서 일반적으로 발생하는 현상이 아닌 것은?

① 서징(Surging)현상
② 시일링(Sealing)현상
③ 캐비테이션(공동)현상
④ 수격(Water hammering)작용

해설 ◆ 펌프에서 발생되는 여러 가지 현상
① 캐비테이션(cavitation) : 유수 중에 어느 부분의 정압이 그때 물의 온도에 해당하는 증기압 이하로 되어 물이 증발을 일으키고 수중에 용입되어 있던 공기가 낮은 압력으로 인하여 기포가 발생하는 현상으로 공동현상이라고도 한다.
㉠ 영향
ⓐ 소음과 진동발생
ⓑ 깃에 대한 침식
ⓒ 양정곡선과 효율곡선의 저하
㉡ 발생조건
ⓐ 흡입 양정이 지나치게 길 때
ⓑ 과속으로 유량이 증대될 때
ⓒ 흡입관 입구 등에서 마찰저항 증가 시
㉢ 방지대책
ⓐ 양흡입 펌프를 사용한다.

정답 36. ③ 37. ②

ⓑ 수직축 펌프를 사용하고 회전차를 수중에 잠기게 한다.
ⓒ 펌프를 두 대 이상 설치한다.
ⓓ 펌프의 회전수를 낮춘다.
ⓔ 펌프의 설치위치를 낮추어 흡입양정을 짧게 한다.
ⓕ 관지름을 크게 하고 흡입측의 저항을 최소로 줄인다.

② 수격작용(water hammering) : 펌프에서 물을 압송하고 있을 때 정전 등으로 급히 펌프가 멈추거나 수량 조절 밸브를 급히 폐쇄할 때 관내 유속이 급속히 변화하면 물에 의한 심한 압력의 변화가 생겨 관벽을 치는 현상을 수격작용이라고 한다.

※ 수격작용 방지책
- 완폐 체크 밸브를 토출구에 설치하고 밸브를 적당히 제어한다.
- 관경을 크게 하고 관내 유속을 느리게 한다.
- 관로에 조압수조(surge tank)를 설치한다.
- 플라이휠을 설치하여 펌프속도의 급변을 막는다.

③ 서징(surging) : 펌프를 운반할 때 송출압력과 송출유량이 주기적으로 변동하여 펌프입구 및 출구에 설치된 진공계, 압력계의 지침이 흔들리는 현상을 말하며 맥동현상이라고 한다.

㉠ 서징현상 발생원인
ⓐ 펌프를 운전시 주기적으로 운동, 양정, 토출량이 변화될 때
ⓑ 수량조절 밸브가 저장탱크 뒤쪽에 있을 때
ⓒ 배관 중에 공기탱크나 물탱크가 있을 때

㉡ 서징현상 방지책
ⓐ 방출 밸브 등을 사용하여 펌프속 양수량을 서징할 때의 양수량 이상으로 증가시킨다.
ⓑ 임펠러나 가이드 베인의 현상과 치수를 바꾸어 그 특징을 변화시킨다.
ⓒ 관로에 불필요한 잔류공기를 제거하고 관로의 단면적 및 유속 등을 변화시킨다.

38

직경 100 mm, 행정 150 mm, 회전수 600 rpm, 체적효율이 0.8인 2기통 왕복압축기의 송출량은 약 몇 m³/min인가?

① 0.57　　② 0.84　　③ 1.13　　④ 1.54

[해설] $V = \dfrac{\pi}{4} D^2 LNR = 0.785 \times 0.1^2 \times 0.15 \times 600 \times 0.8 \times 2 = 1.13 \text{ m}^3/\text{min}$

39

액화염소가스 68 kg를 용기에 충전하려면 용기의 내용적은 약 몇 L가 되어야 하는가? (단, 염소가스의 정수 C는 0.8이다.)

① 54.4　　② 68　　③ 71.4　　④ 75

[해설] $G = \dfrac{V}{C}$

$V = G \times C = 68 \times 0.8 = 54.4 \, l$

40 가스액화 분리장치 구성기기 중 터보 팽창기의 특징에 대한 설명으로 틀린 것은?
① 팽창비는 약 2 정도이다.
② 처리가스량은 10000 m³/h 정도이다.
③ 회전수는 10000~20000 rpm 정도이다.
④ 처리가스에 윤활유가 혼입되지 않는다.

해설➜ 터보 팽창기의 특징
① 처리가스양은 10000 m³/h 정도이다.
② 회전수는 10000~20000 rpm 정도이다.
③ 처리가스에 윤활유가 혼입되지 않는다.
④ 팽창비는 약 5정도이고 충동식, 반동식이 있다.

제3과목 : 가스안전관리

41 산소 중에서 물질의 연소성 및 폭발성에 대한 설명으로 틀린 것은?
① 기름이나 그리스 같은 가연성물질은 발화시에 산소 중에서 거의 폭발적으로 반응한다.
② 산소농도나 산소분압이 높아질수록 물질의 발화온도는 높아진다.
③ 폭발한계 및 폭굉한계는 공기 중과 비교할 때 산소 중에서 현저하게 넓어진다.
④ 산소 중에서는 물질의 점화에너지가 낮아진다.

해설➜ 산소농도나 산소분압이 높아질수록 물질의 발화온도는 낮아진다.

42 액화석유가스 판매사업소 및 영업소 용기저장소의 시설기준 중 틀린 것은?
① 용기보관소와 사무실은 동일 부지 내에 설치하지 않을 것
② 판매업소의 용기보관실 벽은 방호벽으로 할 것
③ 가스누출경보기는 용기보관실에 설치하되 분리형으로 설치할 것
④ 용기보관실은 불연성 재료를 사용한 가벼운 지붕으로 할 것

해설➜ 용기보관실 및 사무실은 동일 부지 내에 설치하되 사무실 면적은 9 m² 이상, 용기보관실 면적은 19 m² 이상으로 할 것

정답 40. ① 41. ② 42. ①

43 정전기 제거 또는 발생방지 조치에 대한 설명으로 틀린 것은?
① 상대습도를 높인다.
② 공기를 이온화시킨다.
③ 대상물을 접지 시킨다.
④ 전기저항을 증가시킨다.

해설> 정전기 제거 또는 발생방지 조치
① 접지를 한다.
② 공기를 이온화한다.
③ 상대습도를 70% 이상으로 한다.

44 가연성가스 및 독성가스 용기의 도색 및 문자표시의 색상으로 틀린 것은?
① 수소 - 주황색으로 용기도색, 백색으로 문자표기
② 아세틸렌 - 황색으로 용기도색, 흑색으로 문자표기
③ 액화암모니아 - 백색으로 용기도색, 흑색으로 문자표기
④ 액화염소 - 회색으로 용기도색, 백색으로 문자표기

해설> 용기 도색

공업용		용기 도색	의료용	
가스명칭 표시	가스 종류		가스 종류	가스명칭 표시
흑색	암모니아	백색	산소	녹색
백색	탄산가스	청색	이산화질소	전부 백색
	염소	갈색	헬륨	
	기타	회색	탄산가스	
적색	LPG			
백색	수소	주황색	싸이크로프로판	
-	-	흑색	질소	
흑색	아세틸렌	황색	-	
백색	산소	녹색	-	
		자색	에틸렌	

• 공업용의 경우 독성가스 가연성가스는 연이라 φ10 cm의 원에 1 cm 굵기로 적색 표기(단, 수소는 백색으로, LPG는 표기하지 않는다)
• 용기의 상단부에 폭 2 cm의 백색(산소는 녹색)의 띠를 두 줄로 표시
• 각 글자마다 백색(산소는 녹색)으로 가로·세로

45 고압가스 용기의 재검사를 받아야 할 경우가 아닌 것은?
① 손상의 발생
② 합격표시의 훼손
③ 충전한 고압가스의 소진
④ 산업통상자원부령이 정하는 기간의 경과

정답 43. ④ 44. ④ 45. ③

[해설] 고압가스 용기의 재검사를 받아야 하는 경우
① 합격표시의 훼손
② 손상의 발생
③ 산업통상자원부령이 정하는 기관의 경과
④ 열영향을 받은 용기
⑤ 충전할 고압가스 종류를 변경할 용기

46
도시가스사업이 허가된 지역에서 도로를 굴착하고자 하는 자는 가스안전영향평가를 하여야 한다. 이 때 가스안전영향평가를 하여야 하는 굴착공사가 아닌 것은?
① 지하보도 공사
② 지하차도 공사
③ 광역상수도 공사
④ 도시철도 공사

[해설] 가스안전영향평가 하는 굴착공사
① 건설공사
② 지하보도
③ 지하차도
④ 지하상가

47
합격용기 각인사항의 기호 중 용기의 내압시험압력을 표시하는 기호는?
① TP
② TW
③ TV
④ FP

[해설] 합격용기 각인사항
① TP : 내압시험압력
② FP : 최고충전압력
③ V : 내용적
④ W : 초저온용기 외의 용기는 밸브 및 부속품을 포함하지 않은 용기의 질량

48
전기방식전류가 흐르는 상태에서 토양 중에 매설되어 있는 도시가스 배관의 방식전위는 포화황산동 기준전극으로 몇 V 이하이어야 하는가?
① -0.75
② -0.85
③ -1.2
④ -1.5

[해설] 전기방식의 기준
① 전기방식 전류가 흐르는 상태에서 토양 중에 있는 배관 등의 방식전위는 포화 황산동 전극으로 -5 V 이상 -0.85 V 이하(환산염 환원 박테리아가 번식하는 토양에서는 -0.95 V 이하)일 것
② 전기방식 전류가 흐르는 상태에서 자연전위와의 전위범위가 최소한 -300 mV 이하일 것

정답 46. ③ 47. ① 48. ②

49 용기에 의한 액화석유가스 저장소에서 액화석유가스 저장설비 및 가스설비는 그 외면으로부터 화기를 취급하는 장소까지 최소 몇 m 이상의 우회거리를 두어야 하는가?
① 3 ② 5 ③ 8 ④ 10

해설 액화석유가스 저장설비 및 가스설비는 그 외면으로부터 화기를 취급하는 장소까지 최소 몇 8 m 이상의 우회거리를 둔다.

참고
① 산소 저장설비 주위 5 m 이내 화기 취급금지
② 저장실 주위 2m 이내에는 화기, 인화성, 발화성물질 금지
③ 가연성가스 충전 용기의 보관실 및 그 주위 2 m 이내에는 화기사용이나 인화성, 발화성물질 금지
④ 용기보관 장소 주위 2 m 이내에는 화기 또는 인화성, 발화성물질 금지
⑤ 에어졸 제조설비 및 에어졸 충전용기 저장소는 화기 또는 인화성물질과 8m 이상의 우회거리
⑥ 가연성가스 및 산소가스 저장설비는 8 m 이상의 우회거리 유지

50 고압가스 운반 등의 기준에 대한 설명으로 옳은 것은?
① 염소와 아세틸렌, 암모니아 또는 수소는 동일차량에 혼합 적재할 수 있다.
② 가연성가스와 산소는 충전용기의 밸브가 서로 마주 보게 적재할 수 있다.
③ 충전용기와 경유는 동일차량에 적재하여 운반할 수 있다.
④ 가연성가스 또는 산소를 운반하는 차량에는 소화설비 및 응급조치에 필요한 자재 및 공구를 휴대한다.

해설 고압가스 운반 등의 기준
① 염소와 수소, 염소와 암모니아, 염소와 아세틸렌은 동일 차량에 적재하여 운반하지 아니한다.
② 가연성가스와 산소는 충전용기의 밸브가 서로 마주 보지 않게 하고 적재할 수 있다.
③ 충전용기와 경유는 동일차량에 적재하여 운반할 수 없다.

51 LPG 압력조정기 중 1단 감압식 저압조정기의 용량이 얼마 미만에 대하여 조정기의 몸통과 덮개를 일반공구(몽키렌치, 드라이버 등)로 분리할 수 없는 구조로 하여야 하는가?
① 5 kg/h ② 10 kg/h
③ 100 kg/h ④ 300 kg/h

해설 1단 감압식 저압조정기의 용량이 10 kg/h 미만에 대하여 조정기의 몸체통과 덮개를 일반 공구(몽키렌치, 드라이버 등)로 분리할 수 없는 구조로 한다.

정답 49. ③ 50. ④ 51. ②

52
액화가스를 충전하는 탱크의 내부에 액면의 요동을 방지하기 위하여 설치하는 장치는?

① 방호벽
② 방파판
③ 방해판
④ 방지판

해설⊙ 방파판 : 액면 요동을 방지

53
가스의 분류에 대하여 바르지 않게 나타낸 것은?

① 가연성가스 : 폭발범위 하한이 10% 이하이거나, 상한과 하한의 차가 20% 이상인 가스
② 독성가스 : 공기 중에 일정량 이상 존재하는 경우 인체에 유해한 독성을 가진 가스
③ 불연성가스 : 반응을 하지 않는 가스
④ 조연성가스 : 연소를 도와주는 가스

해설⊙ 불연성가스 : CO_2, N_2
$3Mg + N_2 \rightarrow Mg_3N_2$(질화마그네슘) : 반응은 함

54
독성가스 용기 운반차량 운행 후 조치사항에 대한 설명으로 틀린 것은?

① 충전용기를 적재한 차량은 제1종 보호시설에서 15 m 이상 떨어진 장소에 주정차한다.
② 충전용기를 적재한 차량은 제2종 보호시설에서 10 m 이상 떨어진 장소에 주정차한다.
③ 주정차장소 선정은 지형을 고려하여 교통량이 적은 안전한 장소를 택한다.
④ 차량의 고장 등으로 인하여 정차하는 경우는 적색표지판 등을 설치하여 다른 차량과의 충돌을 피하기 위한 조치를 한다.

해설⊙ 독성가스 용기 운반차량 운행 후 조치사항
① 충전용기를 적재한 차량은 제1종 보호시설에서 15m 이상 떨어진 장소에 주차한다.
② 주정차 장소 선정은 지형을 고려하여 교통량이 적은 안전한 장소를 택한다.
③ 차량의 고장 등으로 인하여 정차하는 경우는 적색표지판 등을 설치하여 다른 차량과의 충돌을 피하기 위한 조치를 한다.
④ 제2종 보호시설이 밀집되어 있는 지역과 육교 및 고가차도 등의 아래 또는 부근은 피하며 주위의 교통장애 화기 등이 없는 안전한 장소에 주정차한다.

정답 52. ② 53. ③ 54. ②

55 고압가스제조시설은 안전거리를 유지해야 한다. 안전거리를 결정하는 요인이 아닌 것은?
① 가스사용량
② 가스저장능력
③ 저장하는 가스의 종류
④ 안전거리를 유지해야 할 건축물의 종류

해설 ⊃ 안전거리를 결정하는 요인
① 가스저장능력
② 저장하는 가스의 종류
③ 안전거리를 유지해야 할 건축물의 종류

56 고압가스 장치의 운전을 정지하고 수리할 때 유의할 사항으로 가장 거리가 먼 것은?
① 가스의 치환
② 안전밸브의 작동
③ 배관의 차단확인
④ 장치 내 가스분석

해설 ⊃ 고압가스 장치의 운반을 정지하고 수리 시 유의 사항
① 배관의 차단확인
② 장치 내 가스분석
③ 가스누출 방지 조치
④ 가스의 치환
⑤ 작업계획 수립

57 아세틸렌 용기에 충전하는 다공물질의 다공도 값은?
① 62~75%
② 72~85%
③ 75~92%
④ 82~95%

해설 ⊃ 다공질물 : 석회석, 규조토, 목탄, 탄산마그네슘, 산화철, 다공성플라스틱 등을 반죽해 200°C에서 건조 고화시킨 것

58 도시가스용 압력조정기란 도시가스 정압기 이외에 설치되는 압력조정기로서 입구 쪽 호칭지름과 최대표시유량을 각각 바르게 나타낸 것은?
① 50 A 이하, 300 Nm³/h 이하
② 80 A 이하, 300 Nm³/h 이하
③ 80 A 이하, 500 Nm³/h 이하
④ 100 A 이하, 500 Nm³/h 이하

해설 ⊃ 도시가스용 압력조정기 입구 쪽 호칭지름과 최대표시유량
50 A 이하, 300 Nm³/h 이하

정답 55. ① 56. ② 57. ③ 58. ①

59
전기기기의 내압방폭구조의 선택은 가연성가스의 무엇에 의해 주로 좌우되는가?
① 인화점, 폭굉한계 ② 폭발한계, 폭발등급
③ 최대안전틈새, 발화온도 ④ 발화도, 최소발화에너지

[해설] 전기기기의 내압 방폭구조의 선택은 가연성 가스의 최대안전틈새, 발화온도에 의해 주로 좌우된다.

60
HCN은 충전한 후 며칠이 경과하기 전에 다른 용기에 옮겨 충전하여야 하는가?
① 30일   ② 60일   ③ 90일   ④ 120일

[해설] 시안화수소를 충전한 용기는 충전한 후 60일이 경과되기 전에 다른 용기에 옮겨 충전한다. 단, 순도가 98% 이상으로서 착색되지 아니한 것은 다른 용기에 옮겨 충전하지 않을 수 있다.

[참고]
① 아세틸렌과 반응하여 아크릴로니트릴을 만든다.
$C_2H_2 + HCN \rightarrow CH_2CHCN$
② 안정제 : 인산, 황산, 아황산가스, 염화칼슘, 오산화인
③ 극해 휘발하기 쉽고, 물에 잘 용해한다.
④ 무색이고 복숭아 냄새가 나는 기체로서 독성이 강하다.

제4과목 : 가스계측

61
막식 가스미터에서 크랭크축이 녹슬거나, 날개 등의 납땜이 떨어지는 등 회전장치 부분에 고장이 생겨 가스가 미터기를 통과하지 않는 고장의 형태는?
① 부동   ② 불통
③ 누설   ④ 감도불량

[해설] 가스미터의 고장 및 원인
① 부동 : 가스는 미터를 통과하나 미터지침이 작동하지 않는 현상
 ㉠ 감속 또는 지시장치의 기어물림 불량(감지계)
 ㉡ 지시장치의 톱니바퀴의 불량
 ㉢ 계량막의 파손, 밸브의 탈락, 밸브와 밸브시트 사이에서의 누설
② 불통 : 가스가 가스미터를 통과하지 않는 고장
 ㉠ 날개 조절기능의 납땜이 떨어진 경우
 ㉡ 회전자 베어링의 마모에 의한 접촉시
 ㉢ 밸브와 밸브시이트가 타르, 수분 등에 의해 고착 또는 동결시

[정답] 59. ③ 60. ② 61. ②

③ 기차불량 : 부품의 마모 등에 의해 기차가 변화하는 경우 계량법에 규정된 사용공차 ±4%를 넘어서는 현상(신마패)
  ㉠ 계량막이 신축하여 부피가 변화하는 경우
  ㉡ 밸브와 밸브시이트 사이 또는 막패킹부에서의 누설
  ㉢ 회전부분의 마찰 저항 증가에 의한 진동

62 수소염이온화식 가스검지기에 대한 설명으로 옳지 않은 것은?
① 검지성분은 탄화수소에 한한다.
② 탄화수소의 상대감도는 탄소수에 반비례한다.
③ 검지감도가 다른 감지기에 비하여 아주 높다.
④ 수소 불꽃 속에 시료가 들어가면 전기전도도가 증대하는 현상을 이용한 것이다.

해설 ※ 탄화수소의 상대감도 또는 탄소수에 비례한다.
① FID(수소이온화검출기)
  ㉠ 전극간의 전기 전도도가 증대하는 것을 이용
  ㉡ 탄화수소에 감도가 최고이다.(프로판, 부탄, 프로필렌 등)
  ㉢ H_2, O_2, CO, CO_2, SO_2 등은 감도가 적다.
  ㉣ 무기 가스나 물에 거의 응답하지 않음
② TCD(열전도도형검출기)
  ㉠ 금속필라멘트의 저항변화를 이용하는 것
  ㉡ 일반적으로 가장 널리 사용
③ ECD(전자포획이온화검출기)
  ㉠ 이온전류가 감소하는 것을 이용
  ㉡ 할로겐 및 산화물에서는 감도가 최고이다.
④ FPD(염광광도 검출기) : 황화합물이나 인화합물 검출

63 현재 산업체와 연구실에서 사용하는 가스크로마토그래피의 각 피크(Peak) 면적측정법으로 주로 이용되는 방식은?
① 중량을 이용하는 방법
② 면적계를 이용하는 방법
③ 적분계(integrator)에 의한 방법
④ 각 기체의 길이를 총량한 값에 의한 방법

해설 적분계에 의한 방법
현재 산업체와 연구실에서 사용하는 가스크로마토그래피의 각 피크면적 측정법

정답 62. ② 63. ③

64 2원자 분자를 제외한 대부분의 가스가 고유한 흡수스펙트럼을 가지는 것을 응용한 것으로 대기오염 측정에 사용되는 가스분석기는?

① 적외선 가스분석기
② 가스크로마토그래피
③ 자동화학식 가스분석기
④ 용액흡수도전율식 가스분석기

[해설] 적외선 가스분석기
2원자 분자를 제외한 대부분의 가스가 고유한 흡수스펙트럼을 가지는 것을 응용한 것으로 대기오염 측정에 사용

65 안지름 50 mm인 배관으로 비중이 0.98인 액체가 분당 1m³의 유량으로 흐르고 있을 때 레이놀즈수는 약 얼마인가? (단, 유체의 점도는 0.05 kg/m·s이다.)

① 11210　② 8320　③ 3230　④ 2210

[해설] 레이놀즈수 $= \dfrac{pVD}{\mu} = \dfrac{4\rho Q}{\pi D \mu} = \dfrac{4 \times 0.98 \times 1000 \times 1}{3.14 \times 0.05 \times 0.05 \times 60} = 8138.5$

66 가스계량기 중 추량식이 아닌 것은?

① 오리피스식　② 벤투리식　③ 터빈식　④ 루트식

[해설] 가스미터의 종류

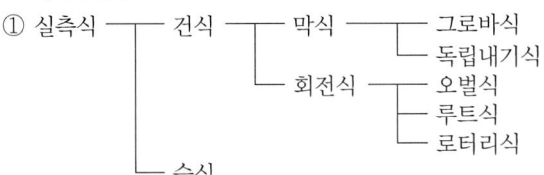

② 추측식(추량식) : 오리피스, 터빈, 벤튜리, 선근차식, 피토우관

67 가스 성분과 그 분석 방법으로 가장 옳은 것은?

① 수분 : 노점법
② 전유황 : 요오드적정법
③ 나프탈렌 : 중화적정법
④ 암모니아 : 가스크로마토그래피법

[해설] ① 전유황 : 과염소산바륨법, 디메틸슬포나조법, 흡광광도법
② 황화수소 : 옥소적정법, 메틸렌블루흡광광도법, 초산연시험지
③ 암모니아 : 중화적정법, 인도페놀흡광광도법
④ 나프탈렌 : 가스크로마토그래피
⑤ 수분 : 노점법, 흡수정량법

[정답] 64. ①　65. ②　66. ④　67. ①

68 액주식 압력계의 종류가 아닌 것은?
① U자관 ② 단관식
③ 경사관식 ④ 단종식

해설〉 액주식 압력계의 종류
① U자관식 압력계 ② 단관식 압력계
③ 경사관식 압력계 ④ 2액마노미터

69 같은 무게와 내용적의 빈 실린더에 가스를 충전하였다. 다음 중 가장 무거운 것은?
① 5기압, 300 K의 질소 ② 10기압, 300 K의 질소
③ 10기압, 360 K의 질소 ④ 10기압, 300 K의 헬륨

해설〉 이상기체 상태 방정식 $PV = \dfrac{WRT}{M}$ 에서

$W = \dfrac{PVM}{RT}$

① $W = \dfrac{5 \times V \times 28}{0.082 \times 300} = 5.69\,V(g)$

② $W = \dfrac{10 \times V \times 28}{0.082 \times 300} = 11.38\,V(g)$

③ $W = \dfrac{10 \times V \times 28}{0.082 \times 360} = 9.49\,V(g)$

④ $W = \dfrac{10 \times V \times 4}{0.082 \times 300} = 1.63\,V(g)$

70 가스검지법 중 아세틸렌에 대한 염화제1구리착염지의 반응색은?
① 청색 ② 적색 ③ 흑색 ④ 황색

해설〉 시험지명 및 변색상태
① 암모니아 : 적색리트머스 시험지 - 청색
② 염소 : KI전분지 - 청색
③ 시안화수소 : 질산구리벤젠지 - 청색
④ 일산화탄소 : 염화파라듐지 - 흑색
⑤ 황화수소 : 연당지(초산납시험지) - 흑색
⑥ 포스겐 : 하리슨 시험지 - 심등색(오렌지색)
⑦ 아세틸렌 : 염화제1동착염지 - 적색
⑧ 아황산가스 : 암모니아 적신 헝겊 - 흰연기

정답 68. ④ 69. ② 70. ②

71 가스미터의 필요조건이 아닌 것은?
① 구조가 간단할 것
② 감도가 좋을 것
③ 대형으로 용량이 클 것
④ 유지관리가 용이할 것

해설〉 가스미터의 필요조건
① 소형으로 용량이 클 것
② 구조가 간단할 것
③ 감도가 좋을 것
④ 유지관리가 용이할 것
⑤ 내구성이 클 것
⑥ 기차 조정이 용이할 것

72 오차에 비례한 제어 출력 신호를 발생시키며 공기식 제어기의 경우에는 압력 등을 제어 출력 신호로 이용하는 제어기는?
① 비례제어기
② 비례적분제어기
③ 비례미분제어기
④ 비례적분-미분제어기

73 전기식 제어방식의 장점에 대한 설명으로 틀린 것은?
① 배선작업이 용이하다.
② 신호전달 지연이 없다.
③ 신호의 복잡한 취급이 쉽다.
④ 조작속도가 빠른 비례 조작부를 만들기 쉽다.

해설〉 전기식 제어방식의 장점
① 배선작업이 용이하다.
② 신호전달 지연이 없다.
③ 신호의 복잡한 취급이 쉽다.
④ 조절밸브 모터의 동작에 관성이 크다.
⑤ 보수 및 취급에 기술을 요한다.
⑥ 대규모 조작에 사용한다.
⑦ 고온다습한 곳은 사용이 곤란

74 수면에서 20 m 깊이에 있는 지점에서의 게이지압이 3.16 kgf/cm²이었다. 이 액체의 비중량은?
① 1580 kgf/m³
② 1850 kgf/m³
③ 15800 kgf/m³
④ 18500 kgf/m³

해설〉 $P = \gamma \times h$에서
$$\gamma = \frac{P}{h} = \frac{3.16 \times 10^4}{20} = 1580 \text{ kgf/m}^3$$

정답 71. ③ 72. ① 73. ④ 74. ①

75

미리 알고 있는 측정량과 측정치를 평형시켜 알고 있는 양의 크기로부터 측정량을 알아내는 방법으로 대표적인 예로서 천칭을 이용하여 질량을 측정하는 방식을 무엇이라 하는가?

① 영위법　　② 평형법　　③ 방위법　　④ 편위법

해설 ▸ 측정 방법
① 보상법 : 측정량과 거의 같은 미리 알고 있는 양을 준비하여 측정량과 그 미리 알고 있는 양의 차이로서 측정량을 알아내는 방법
② 치환법 : 지시량과 미리 알고 있는 다른 양으로부터 측정량을 나타내는 방법
③ 편위법 : 측정량과 관계있는 다른 양으로 변환시켜 측정하는 방법으로 정도는 낮지만 측정이 간단. 부르동관 압력계, 스프링식 저울이 여기에 해당

76

다음 중 습증기의 열량을 측정하는 기구가 아닌 것은?

① 조리개 열량계　　② 분리 열량계
③ 과열 열량계　　　④ 봄베 열량계

해설 ▸ 봄베열량계 : 고체열량계

77

계측기의 원리에 대한 설명으로 가장 거리가 먼 것은?
① 기전력의 차이로 온도를 측정한다.
② 액주높이로부터 압력을 측정한다.
③ 초음파 속도 변화로 유량을 측정한다.
④ 정전용량을 이용하여 유속을 측정한다.

해설 ▸ 계측기의 원리
① 기전력의 차이로 온도를 측정한다.　② 액주높이로부터 압력을 측정한다.
③ 초음파 속도 변화로 유량을 측정한다.　④ 정전용량을 이용하여 액면을 측정한다.

78

가스분석 중 화학적 방법이 아닌 것은?
① 연소열을 이용한 방법　　② 고체흡수제를 이용한 방법
③ 용액흡수제를 이용한 방법　　④ 가스밀도, 점성을 이용한 방법

해설 ▸ 가스분석 중 화학적 가스분석법
① 연소열을 이용한 방법　② 고체흡수제를 이용한 방법　③ 용액흡수제를 이용한 방법

정답　75. ①　76. ④　77. ④　78. ④

79 400 m 길이의 저압본관에 시간당 200 m³ 가스를 흐르도록 하려면 가스배관의 관경은 약 몇 cm가 되어야 하는가? (단, 기점, 종점간의 압력강하를 1.47 mmHg, K 값 = 0.707이고, 가스비중을 0.64로 한다.)

① 12.45 cm　　② 15.93 cm　　③ 17.23 cm　　④ 21.34 cm

해설) $Q = K\sqrt{\dfrac{D^5 H}{S \cdot L}}$

$D = \sqrt[5]{\dfrac{Q^2 SL}{K^2 H}} = \sqrt[5]{\dfrac{200^2 \times 0.64 \times 400}{0.707^2 \times (\dfrac{1.47}{760} \times 10332)}} = 15.93\ cm$

80 검사절차를 자동화하려는 계측작업에서 반드시 필요한 장치가 아닌 것은?
① 자동가공장치
② 자동급송장치
③ 자동선별장치
④ 자동검사장치

해설) 검사절차를 자동화하려는 계측작업에서 필요한 장치
① 자동검사장치
② 자동급속장치
③ 자동선별장치

정답　79. ②　80. ①

2016년 제2회 가스산업기사 출제문제

제1과목 : 연소공학

01 다음 중 기상 폭발에 해당되지 않는 것은?
① 혼합가스 폭발
② 분해 폭발
③ 증기 폭발
④ 분진 폭발

해설 ▶ 기상폭발
① 혼합가스 폭발
② 분해 폭발
③ 중합폭발
④ 분진 폭발
⑤ 촉매 폭발
⑥ 산화 폭발
⑦ 압력의 폭발

02 열기관에서 온도 10°C의 엔탈피 변화가 단위중량당 100kcal일 때 엔트로피 변화량 (kcal/kg · K)은?
① 0.35
② 0.37
③ 0.71
④ 10

해설 ▶ $\triangle S = \dfrac{\triangle Q}{T} = \dfrac{100}{(273+10)} = 0.353$

03 내압(耐壓)방폭구조로 방폭 전기기기를 설계할 때 가장 중요하게 고려해야 할 사항은?
① 가연성가스의 발화점
② 가연성가스의 연소열
③ 가연성가스의 최대안전틈새
④ 가연성가스의 최소 점화에너지

해설 ▶ 내압(耐壓)방폭구조로 방폭 전기기기를 설계할 때 가장 중요하게 고려해야 할 사항 : 가연성 가스의 최대안전틈새

정답 1. ③ 2. ① 3. ③

04. 가스의 폭발범위(연소범위)에 대한 설명 중 옳지 않은 것은?

① 일반적으로 고압일 경우 폭발범위가 더 넓어진다.
② 수소와 공기 혼합물의 폭발범위는 저온보다 고온일 때 더 넓어진다.
③ 프로판과 공기 혼합물에 질소를 더 가할 때 폭발범위가 더 넓어진다.
④ 메탄과 공기 혼합물의 폭발범위는 저압보다 고압일 때 더 넓어진다.

해설» 프로판과 공기 혼합물에 질소를 더 가할 때 폭발범위는 더 좁아진다.

05. 층류확산화염에서 시간이 지남에 따라 유속 및 유량이 증대할 경우 화염의 높이는 어떻게 되는가?

① 높아진다.
② 낮아진다.
③ 거의 변화가 없다.
④ 처음에는 어느 정도 낮아지다가 점점 높아진다.

06. 시안화수소를 장기간 저장하지 못하는 주된 이유는?

① 산화폭발   ② 분해폭발
③ 중합폭발   ④ 분진폭발

해설» 중합폭발 : 시안화수소, 산화에틸렌
촉매폭발 : 염소와 아세틸렌, 염소와 수소, 염소와 암모니아
분진폭발 : Mg분, Al분
분해폭발 : 아세틸렌, 산화에틸렌

07. 상용의 상태에서 가연성가스가 체류해 위험하게 될 우려가 있는 장소를 무엇이라 하는가?

① 0종 장소   ② 1종 장소   ③ 2종 장소   ④ 3종 장소

해설» 위험장소
① 1종 장소
  ㉠ 상용상태에서 가연성가스가 체류하여 위험하게 될 우려가 있는 장소
  ㉡ 정비보수 또는 누설 등으로 인하여 종종 가연성가스가 체류하여 위험하게 될 우려가 있는 장소

정답 4. ③   5. ①   6. ③   7. ②

② 2종 장소
　㉠ 밀폐된 용기 또는 설비 내에 밀봉된 가연성가스가 그 용기 또는 설비의 사고로 인해 파손되거나 오조작의 경우에만 누설할 위험이 있는 장소
　㉡ 환기장치에 이상이나 사고가 발생한 경우 가연성가스가 체류하여 위험하게 될 우려가 있는 장소
　㉢ 1종 장소 주변 또는 인접한 실내에서 위험한 농도의 가연성가스가 종종 침입할 우려가 있는 장소
③ 0종 장소
　상용상태에서 가연성가스의 농도가 연속해서 폭발하한계 이상으로 되는 장소(폭발상한계를 넘는 경우에는 폭발한계 내로 들어갈 우려가 있는 경우를 포함한다.)

08

자연발화온도(Autoignition temperature : AIT)에 영향을 주는 요인에 대한 설명으로 틀린 것은?

① 산소량의 증가에 따라 AIT는 감소한다.
② 압력의 증가에 의하여 AIT는 감소한다.
③ 용기의 크기가 작아짐에 따라 AIT는 감소한다.
④ 유기 화합물의 동족열 물질은 분자량이 증가할수록 AIT는 감소한다.

[해설] 용기의 크기가 작아짐에 따라 AIT는 증가한다.

09

프로판 가스의 연소 과정에서 발생한 열량이 13000 kcal/kg, 연소할 때 발생된 수증기의 잠열이 2500 kcal/kg이면 프로판 가스의 연소효율(%)은 약 얼마인가? (단, 프로판 가스의 진발열량은 11000 kcal/kg이다.)

① 65.4　　　　② 80.8
③ 92.5　　　　④ 95.4

[해설] 연소효율 $= \dfrac{13000-2500}{11000} \times 100 = 95.45\%$

10

융점이 낮은 고체연료가 액상으로 용융되어 발생한 가연성 증기가 착화하여 화염을 내고, 이 화염의 온도에 의하여 액체표면에서 증기의 발생을 촉진시켜 연소를 계속해 나가는 연소 형태는?

① 증발연소　　　　② 분무연소
③ 표면연소　　　　④ 분해연소

해설 ➡ 연소형태
① 확산연소 : 가연성가스 분자와 공기 분자가 확산에 의해 급격하게 혼합되면서 연소가 일어나는 것(수소, 아세틸렌 등)
② 증발연소 : 인화성 액체의 온도 상승에 따른 증발에 의해 연소가 일어나는 것(알코올, 에테르, 등유, 경유 등)
③ 분해연소 : 연소시 열분해에 의해 가연성가스를 방출시켜 연소가 일어나는 것(중유, 목재, 종이, 고체 파라핀 등)
④ 표면연소 : 고체 표면과 공기와 접촉되는 부분에서 연소가 일어나는 것(숯, 알루미늄박, 마그네슘 리본 등)
⑤ 자기연소 : 질산에스테르, 초산에스테르 등 산소 없이 연소하는 것(니트로글리세린, TNT, 피크린산 등)

11 다음 중 질소산화물의 주된 발생원인은?
① 연소실 온도가 높을 때
② 연료가 불완전연소할 때
③ 연료 중에 질소분의 연소 시
④ 연료 중에 회분이 많을 때

해설 ➡ 질소산화물의 주된 발생 원인 : 연소실 온도가 높을 때

12 탄소 1 mol이 불완전연소하여 전량 일산화탄소가 되었을 경우 몇 mol이 되는가?
① $\frac{1}{2}$ ② 1   ③ $1\frac{1}{2}$ ④ 2

해설 ➡ $C + \frac{1}{2}O_2 \rightarrow CO$
　　　　1　　0.5　　　1

13 폭굉유도거리(DID)에 대한 설명으로 옳은 것은?
① 관경이 클수록 짧다.
② 압력이 낮을수록 짧다.
③ 점화원의 에너지가 약할수록 짧다.
④ 정상연소 속도가 빠른 혼합가스일수록 짧다.

해설 ➡ 폭굉 유도거리가 짧아지는 조건
① 고압일수록
② 정상연소 속도가 큰 혼합 가스일수록
③ 관 속에 방해물이 있거나 관경이 가늘수록
④ 점화원의 에너지가 클수록

정답　11. ①　12. ②　13. ④

14. 다음 중 염소폭명기의 정의로서 옳은 것은?

① 염소와 산소가 점화원에 의해 폭발적으로 반응하는 현상
② 염소와 수소가 점화원에 의해 폭발적으로 반응하는 현상
③ 염화수소가 점화원에 의해 폭발하는 현상
④ 염소가 물에 용해하여 염산이 되어 폭발하는 현상

해설 염소폭명기 : $H_2 + Cl \rightarrow 2HCl + 44\,kcal$
수소폭명기 : $2H_2 + O_2 \rightarrow 2H_2O + 136.6\,kcal$
불소폭명기 : $H_2 + F_2 \rightarrow 2HF + 128\,kcal$

15. 1기압, 40 L의 공기를 4 L 용기에 넣었을 때 산소의 분압은 얼마인가? (단, 압축 시 온도변화는 없고, 공기는 이상기체로 가정하며, 공기 중 산소는 20%로 가정한다.)

① 1기압 ② 2기압 ③ 3기압 ④ 4기압

해설 $P_1 V_1 = P_2 V_2$
$P_2 = \dfrac{P_1 V_1}{V_2} = \dfrac{1 \times 40}{4} = 10$기압 × 0.2 = 2기압

16. 가연성 혼합기체가 폭발범위 내에 있을 때 점화원으로 작용할 수 있는 정전기의 방지대책으로 틀린 것은?

① 접지를 실시한다.
② 제전기를 사용하여 대전된 물체를 전기적 중성 상태로 한다.
③ 습기를 제거하여 가연성 혼합기가 수분과 접촉하지 않도록 한다.
④ 인체에서 발생하는 정전기를 방지하기 위하여 방전복 등을 착용하여 정전기 발생을 제거한다.

해설 정전기 방지대책
① 접지를 실시한다.
② 공기를 이온화한다.
③ 상대습도를 70% 이상 유지한다.

17. 가연성 물질의 성질에 대한 설명으로 옳은 것은?

① 끓는점이 낮으면 인화의 위험성이 낮아진다.

정답 14. ② 15. ② 16. ③ 17. ②

② 가연성액체는 온도가 상승하면 점성이 적어지고 화재를 확대시킨다.
③ 전기전도도가 낮은 인화성 액체는 유동이나 여과 시 정전기를 발생시키지 않는다.
④ 일반적으로 가연성액체는 물보다 비중이 작으므로 연소 시 축소된다.

18 연료와 공기를 별개로 공급하여 연료와 공기의 경계에서 연소시키는 것으로서 화염의 안정범위가 넓고 조작이 쉬우며 역화의 위험성이 적은 연소방식은?
① 예혼합연소
② 분젠연소
③ 전1차식연소
④ 확산연소

[해설] 역화의 위험성이 큰 것 : 예혼합연소

19 다음 연료 중 착화온도가 가장 높은 것은?
① 메탄   ② 목탄   ③ 휘발유   ④ 프로판

[해설] 가연성 물질의 착화온도

물질	착화온도[°C]	물질	착화온도[°C]
메탄	615~682	건조한 목재	280~300
프로판	460~520	목탄	250~320
부탄	430~510	석탄	330~450
가솔린	210~400	코크스	450~550
아세틸렌	400~440	에틸렌	500~519
수소	580~590	일산화탄소	637~658

※ 탄화수소의 발화점은 탄소수가 많을수록 낮아진다.

20 층류의 연소속도가 작아지는 경우는?
① 압력이 높을수록
② 비중이 작을수록
③ 온도가 높을수록
④ 분자량이 작을수록

[해설] 층류의 연소속도가 작아지는 경우
① 압력이 낮을수록
② 비중이 작을수록
③ 온도가 낮을수록
④ 분자량이 클수록

정답 18. ④ 19. ① 20. ②

제2과목 : 가스설비

21 기지국에서 발생된 정보를 취합하여 통신선로를 통해 원격감시제어소에 실시간으로 전송하고, 원격감시제어소로부터 전송된 정보에 따라 해당 설비의 원격제어가 가능하도록 제어신호를 출력하는 장치를 무엇이라 하는가?

① Master Station
② Communication Unit
③ Remote Terminal Unit
④ 음성경보장치 및 Map Board

[해설] 리모트 터미널 유닛 : 기지국에서 발생된 정보를 취합하여 통신선로를 통해 원격감시제어소에 실시간으로 전송하고 원격감시제어소로부터 전송된 정보에 따라 해당설비의 원격제어가 가능하도록 제어신호를 출력하는 장치

22 프로판(C_3H_8)과 부탄(C_4H_{10})의 몰비가 2 : 1인 혼합가스가 3 atm(절대압력), 25℃로 유지되는 용기 속에 존재할 때 이 혼합 기체의 밀도는? (단, 이상 기체로 가정한다.)

① 5.40 g/L
② 5.98 g/L
③ 6.55 g/L
④ 17.7 g/L

[해설] 프로판 $= \dfrac{44 \times 2}{2+1} = 29.33$ g/mol

부탄 $= \dfrac{58 \times 1}{2+1} = 19.33$ g/mol

∴ $\rho = \dfrac{PM}{RT} = \dfrac{3 \times 48.66}{0.082 \times (273+25)} = 5.973$ g/l

23 내용적 10 m³의 액화산소 저장설비(지상설치)와 제 1종 보호시설과 유지해야 할 안전거리는 몇 m인가? (단, 액화산소의 비중은 1.14이다.)

① 7
② 9
③ 14
④ 21

[해설] $W = 0.9dV_2 = 0.9 \times 1.14 \times 10 \times 1000 = 10260$ kg

정답 21. ③ 22. ② 23. ③

안전거리

처리능력 및 저장능력	독성 및 가연성가스		산소		기타의 가스	
	1종 보호시설	2종 보호시설	1종 보호시설	2종 보호시설	1종 보호시설	2종 보호시설
1만 이하	17 m	12 m	12 m	8 m	8 m	5 m
2만 이하	21 m	14 m	14 m	9 m	9 m	7 m
3만 이하	24 m	16 m	16 m	11 m	11 m	8 m
4만 이하	27 m	18 m	18 m	13 m	13 m	9 m
4만 초과	30 m	20 m	20 m	14 m	14 m	10 m
5~99만	30m 1종 $\left[\dfrac{3}{25}\sqrt{x+10,000}\,m\right]$			20m 2종 $\left[\dfrac{2}{25}\sqrt{x+10,000}\,m\right]$		
99만 초과	30 m(가연성가스 저온저장탱크) 120 m			20 m(가연성가스 저온저장탱크) 80 m		

24
가스 배관의 구경을 산출하는 데 필요한 것으로만 짝지어진 것은?

㉠ 가스유량　㉡ 배관길이　㉢ 압력손실　㉣ 배관재질　㉤ 가스의 비중

① ㉠, ㉡, ㉢, ㉣
② ㉡, ㉢, ㉣, ㉤
③ ㉠, ㉡, ㉢, ㉤
④ ㉠, ㉡, ㉣, ㉤

해설　$Q = K\sqrt{\dfrac{D^5 \cdot h}{S \cdot L}}$　　$Q^2 = K^2 \times \dfrac{D^5 \times h}{S \times L}$

∴ $D^5 = \dfrac{Q^2 \times S \times L}{K^2 \times h}$

① Q(m³/h) : 가스유량　② S : 가스비중
③ L : 배관길이　④ h : 허용압력손실　⑤ K : 유량계수(0.707)

25
배관의 기호와 그 용도 및 사용조건에 대한 설명으로 틀린 것은?
① SPPS는 350℃ 이하의 온도에서, 압력 9.8 N/mm² 이하에 사용한다.
② SPPH는 450℃ 이하의 온도에서, 압력 9.8 N/mm² 이하에 사용한다.
③ SPLT는 빙점 이하의 특히 낮은 온도의 배관에 사용한다.
④ SPPW는 정수두 100 m 이하의 급수배관에 사용한다.

해설　SPPH : 사용 압력이 1MPa 이상인 경우 사용

정답 24. ③　25. ②

26 동일한 가스 입상배관에서 프로판가스와 부탄가스를 흐르게 할 경우 가스자체의 무게로 인하여 입상관에서 발생하는 압력손실을 서로 비교하면? (단, 부탄 비중은 2, 프로판 비중은 1.5이다.)

① 프로판이 부탄보다 약 2배 정도 압력손실이 크다.
② 프로판이 부탄보다 약 4배 정도 압력손실이 크다.
③ 부탄이 프로판보다 약 2배 정도 압력손실이 크다.
④ 부탄이 프로판보다 약 2배 정도 압력손실이 크다.

해설> 입상배관에서 발생하는 압력손실
① 부탄 : 1.293(2-1)=1.293
② 프로판 : 1.293(1.5-1)=0.6465

$$\therefore \frac{1.293}{0.6465} = 2배$$

27 작은 구멍을 통해 새어나오는 가스의 양에 대한 설명으로 옳은 것은?

① 비중이 작을수록 많아진다.   ② 비중이 클수록 많아진다.
③ 비중과는 관계가 없다.   ④ 압력이 높을수록 적어진다.

28 염소가스 압축기에 주로 사용되는 윤활제는?

① 진한 황산   ② 양질의 광유
③ 식물성유   ④ 묽은 글리세린

해설> 윤활유
① 공기, 수소, 아세틸렌 압축기 : 양질의 광유
② 염소압축기 : 농황산
③ LP가스압축기 : 식물성유
④ 산소압축기 : 물 또는 10% 이하의 묽은 글리세린 수

29 프로판 용기에 V : 47, TP : 31로 각인되어 있다. 프로판의 충전상수가 2.35일 때 충전량(kg)은?

① 10 kg   ② 15 kg   ③ 20 kg   ④ 50 kg

해설> $G = \dfrac{V}{C} = \dfrac{47}{2.35} = 20\text{kg}$

정답 26. ③ 27. ① 28. ① 29. ③

30

다음 [그림]의 냉동장치와 일치하는 행정 위치를 표시한 TS 선도는?

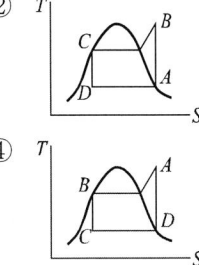

①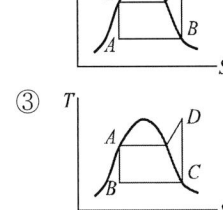

② (T축, S축 그래프: C, D 좌측 / B, A 우측)

③ (T축, S축 그래프: A, B 좌측 / D, C 우측)

④ (T축, S축 그래프: B, C 좌측 / A, D 우측)

31

부식을 방지하는 효과가 아닌 것은?
① 피복한다.
② 잔류응력을 없앤다.
③ 이종금속을 접촉시킨다.
④ 관이 콘크리트 벽을 관통할 때 절연한다.

[해설] 부식을 방지하는 효과 : ① 잔류응력을 없앤다. ② 피복한다.
③ 관이 콘크리트 벽을 관통할 때 절연하다.

32

가스액화 분리장치의 구성요소에 해당되지 않는 것은?
① 한냉발생장치 ② 정류장치 ③ 고온발생장치 ④ 불순물제거장치

[해설] 가스액화 분리장치의 구성요소 : ① 한냉발생장치 ② 정류장치 ③ 불순물제거장치

33

LPG 저장설비 중 저온 저장탱크에 대한 설명으로 틀린 것은?
① 외부압력이 내부압력보다 저하됨에 따라 이를 방지하는 설비를 설치한다.
② 주로 탱커(tanker)에 의하여 수입되는 LPG를 저장하기 위한 것이다.
③ 내부압력이 대기압정도로서 강재 두께가 얇아도 된다.
④ 저온액화의 경우에는 가스체적이 적어 다량 저장에 사용된다.

정답 30. ① 31. ③ 32. ③ 33. ①

34 나프타를 원료로 접촉분해 프로세스에 의하여 도시가스를 제조할 때 반응온도를 상승시키면 일어나는 현상으로 옳은 것은?

① CH_4, CO_2가 많이 포함된 가스가 생성된다.
② C_3H_8, CO_2가 많이 포함된 가스가 생성된다.
③ CO, CH_4가 많이 포함된 가스가 생성된다.
④ CO, H_2가 많이 포함된 가스가 생성된다.

해설 · 반응온도 상승 : CO, H_2 상승
　　　　　　　　　　CO_2, CH_4 감소
· 반응온도 감소 : CO_2, CH_4 상승
　　　　　　　　　　CO, H_2 감소
· 반응압력 상승 : CO_2, CH_4 상승
　　　　　　　　　　CO, H_2 감소
· 반응압력 감소 : CO, H_2 상승
　　　　　　　　　　CO_2, CH_4 감소

35 고압가스 일반제조시설 중 고압가스설비의 내압시험압력은 상용압력의 몇 배 이상으로 하는가?

① 1　　　② 1.1　　　③ 1.5　　　④ 1.8

해설 　내압시험압력＝상용압력×1.5

36 [그림]은 수소용기의 각인이다. ㉠ V, ㉡ TP, ㉢ FP의 의미에 대하여 바르게 나타낸 것은?

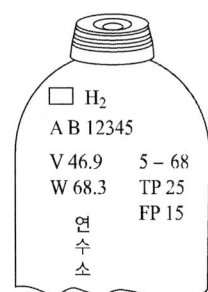

① ㉠ 내용적, ㉡ 최고충전압력, ㉢ 내압시험압력
② ㉠ 총부피, ㉡ 내압시험압력, ㉢ 기밀시험압력
③ ㉠ 내용적, ㉡ 내압시험압력, ㉢ 최고충전압력
④ ㉠ 내용적, ㉡ 사용압력, ㉢ 기밀시험압력

해설 　용기의 각인
① TP : 내압시험압력　　② FP : 최고충전압력
③ V : 용기 내용적　　　④ W : 용기질량

정답　34. ④　35. ③　36. ③

37 냉동장치에서 냉매가 냉동실에서 무슨 열을 흡수함으로써 온도를 강하시키는가?
① 융해잠열
② 용해열
③ 증발잠열
④ 승화잠열

해설⇨ · 융해잠열 : 79.68 kcal/kg
· 증발잠열 : 539 kcal/kg

38 가스가 공급되는 시설 중 지하에 매설되는 강재 배관에는 부식을 방지하기 위하여 전기적 부식방지조치를 한다. Mg-Anode를 이용하여 양극금속과 매설배관을 전선으로 연결하여 양극금속과 매설배관 사이의 전지작용에 의해 전기적 부식을 방지하는 방법은?
① 직접배류법
② 외부전원법
③ 선택배류법
④ 희생양극법

해설⇨ 방식법
① 강제 배류법

장점	단점
· 전류전압 조정이 용이하며 효과가 좋다. · 전철의 휴지기간 중에도 방식이 가능하고 간접작용이 없다. · 외부 전원방식에 비해 유지비용이 적다.	· 전원이 별도 필요 · 다른 매설금속체의 장해(간섭)에 관하여 검토가 필요 · 전철의 신호장애에 관한 검토 필요

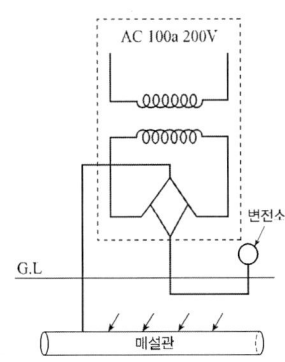

② 유전 양극법

장점	단점
· 다른 매설금속체에 방해 작용이 없다. · 소규모 설비에는 경제적이다. · 시공이 단순하다. · 과방식의 염려가 없다.	· 전류 조절이 불가능 · 정기적으로 전극(양극)을 보충할 필요가 있다. · 방식범위가 좁다. · 대규모 설비시 시설비가 많이 든다. · 강한 전식에는 무력하다.

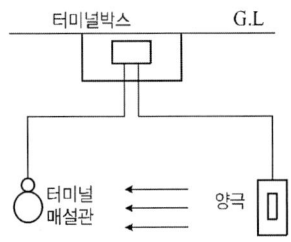

정답 37. ③ 38. ④

③ 선택 배류법

장점	단점
• 전철의 전류를 활용할 수 있으므로 별도 유지비가 필요하다. • 전철 운행동안에는 자연히 방식된다. • 시공비가 별도로 들지 않는다.	• 과방식의 우려가 있다. • 다른 매설금속체의 간섭 우려가 없다. • 전철과의 관계위치에 의한 효과범위가 변화될 수 있다. • 전철의 휴지기간 또는 레일 전위가 높은 경우에도 효과가 없다.

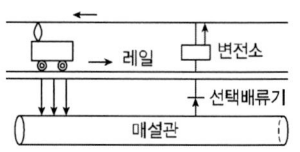

④ 외부 전원법

장점	단점
• 전극 수명이 길다. • 방식 범위가 넓다. • 전압 전류 조정이 가능하다. • 대형설비에는 전원 장치 수를 적게 할 수 있어 경제적이다.	• 초기 시공비가 많이 든다. • AC전원이 필요하다. • 강력한 다른 매설체의 간섭 우려가 있다.

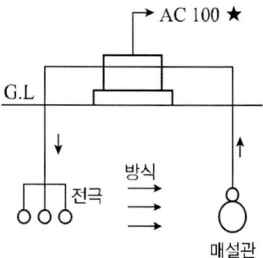

39 지하매몰 배관에 있어서 배관의 부식에 영향을 주는 요인으로 가장 거리가 먼 것은?
① pH
② 가스의 폭발성
③ 토양의 전기전도성
④ 배관주위의 지하전선

해설 ◉ 지하매몰 배관에 있어서 배관의 부식에 영향을 주는 요인
① pH
② 토양의 전기전도성
③ 배관주위의 지하전선

40 도시가스 공급시설에 해당되지 않는 것은?
① 본관
② 가스계량기
③ 사용자 공급관
④ 일반도시가스사업자의 정압기

해설 ◉ 도시가스 공급시설
① 본관   ② 공급관   ③ 일반도시가스사업자의 정압기
④ 내관   ⑤ 사용자공급관

제3과목 : 가스안전관리

41 흡수식 냉동설비에서 1일 냉동능력 1톤의 산정 기준은?
① 발생기를 가열하는 1시간의 입열량 3,320 kcal
② 발생기를 가열하는 1시간의 입열량 4,420 kcal
③ 발생기를 가열하는 1시간의 입열량 5,540 kcal
④ 발생기를 가열하는 1시간의 입열량 6,640 kcal

[해설] 흡수식 냉동설비에서 1일 냉동능력 1톤의 산정 기준 : 발생기를 가열하는 1시간의 입열량 6,640 kcal

42 고압가스 특정제조 시설에서 배관의 도로 밑 매설기준에 대한 설명으로 틀린 것은?
① 배관의 외면으로부터 도로의 경계까지 2 m 이상의 수평거리를 유지한다.
② 배관은 그 외면으로부터 도로 밑의 다른 시설물과 0.3 m 이상의 거리를 유지한다.
③ 시가지 도로노면 밑에 매설할 때는 노면으로부터 배관의 외면까지의 깊이를 1.5 m 이상으로 한다.
④ 포장되어 있는 차도에 매설하는 경우에는 그 포장부분의 노반 밑에 매설하고 배관의 외면과 노반의 최하부와의 거리는 0.5 m 이상으로 한다.

[해설] 배관의 매설
① 철도부지와 수평거리, 도로경계와 수평거리, 산이나 들, 도로 폭이 8 m 미만 : 1 m 이상
② 시가지외 도로 노면 밑, 인도, 보도 방호구조물 내 도로 폭이 8 m 이상 : 1.2 m 이상
③ 시가지의 도로 노면 밑 : 1.5 m 이상
④ 방호구조물 내 : 0.6 m 이상

43 시안화수소를 용기에 충전한 후 정치해 주어야 할 기준은?
① 6시간 ② 12시간
③ 20시간 ④ 24시간

[해설] 시안화수소
① 시안화수소를 용기에 충전한 후 24시간 정치
② 무색이고 복숭아 냄새가 나는 기체로서 독성이 강함(10 ppm 이하)
③ 오래된 시안화수소는 급격한 중합에 의해 폭발의 위험이 있으므로 충전 후 60일을 넘지 않도록 한다.
④ 안정제 : 황산, 아황산가스, 염화칼슘, 인산, 오산화인 동상

정답 41. ④ 42. ① 43. ④

44 LPG 사용시설에서 충전질량이 500 kg인 소형저장탱크를 2개 설치하고자 할 때 탱크 간 거리는 얼마 이상을 유지하여야 하는가?
① 0.3 m ② 0.5 m ③ 1 m ④ 2 m

45 가스공급자가 수요자에게 액화석유가스를 공급할 때에는 체적판매방법으로 공급하여야 한다. 다음 중 중량판매방법으로 공급할 수 있는 경우는?
① 1개월 이내의 기간 동안만 액화석유가스를 사용하는 자
② 3개월 이내의 기간 동안만 액화석유가스를 사용하는 자
③ 6개월 이내의 기간 동안만 액화석유가스를 사용하는 자
④ 12개월 이내의 기간 동안만 액화석유가스를 사용하는 자

해설 ○ LPG 중량판매방법으로 공급할 수 있는 경우 : 6개월 이내의 기간 동안만 액화석유가스를 사용한자

46 수소의 품질 검사에 사용하는 시약으로 옳은 것은?
① 동·암모니아 시약
② 피로카롤 시약
③ 발연황산 시약
④ 브롬 시약

해설 ○ 품질검사
① 산소 : 동암모니아 시약의 오르자트법, 순도 99.5% 이상
② 수소 : 피롤카롤 또는 하이드로썰파이드 시약의 오르자트법, 순도 98.5% 이상
③ 아세틸렌 : 발연황산시약의 오르자트법, 브롬시약의 뷰렛법, 질산은 시약의 정성시험에 합격할 것, 순도 98% 이상

47 고압가스 특정제조시설에서 저장량 15톤인 액화산소 저장탱크의 설치에 대한 설명으로 틀린 것은?
① 저장탱크 외면으로부터 인근 주택과의 안전거리는 9 m 이상 유지하여야 한다.
② 저장탱크 또는 배관에는 그 저장탱크 또는 배관을 보호하기 위하여 온도상승방지 등 필요한 조치를 하여야 한다.
③ 저장탱크는 그 외면으로부터 화기를 취급하는 장소까지 2 m 이상의 우회거리를 유지하여야 한다.
④ 저장탱크 주위에는 액상의 가스가 누출한 경우에 그 유출을 방지하기 위한 조치를 반드시 할 필요는 없다.

정답 44. ① 45. ③ 46. ② 47. ③

해설 ☞ 저장탱크는 그 외면으로부터 화기를 취급하는 장소까지 8 m 이상의 우회거리를 유지하여야 한다.

48

수소의 성질에 대한 설명으로 옳은 것은?
① 비중이 약 0.07 정도로서 공기보다 가볍다.
② 열전도도가 아주 낮아 폭발하한계도 낮다.
③ 열에 대하여 불안정하여 해리가 잘 된다.
④ 산화제로 사용되며 용기의 색은 적색이다.

해설 ☞ 수소의 성질
① 공기의 비중 $\left(\dfrac{2\,g}{29}=0.0689\right)$
② 가스 중 확산속도가 가장 빠르다.
③ 열전도율이 대단히 크고 열에 대해 안정하다.
④ 산소 또는 공기와 혼합하여 폭발할 수 있다.
　폭발범위 : 공기 중 4~75%
　　　　　　산소 중 4~94%
⑤ 수소는 고온에서 금속산화물을 환원시키는 성질이 있다.
⑥ 고온, 고압에서 질소와 반응하여 암모니아 생성

49

액화석유가스 사용시설의 기준에 대한 설명으로 틀린 것은?
① 용기저장능력이 100 kg 초과 시에는 용기보관실을 설치한다.
② 저장설비를 용기로 하는 경우 저장능력은 500 kg 이하로 한다.
③ 가스온수기를 목욕탕에 설치할 경우에는 배기가 용이하도록 배기통을 설치한다.
④ 사이폰 용기는 기화장치가 설치되어 있는 시설에서만 사용한다.

해설 ☞ 배기통을 설치하지 아니한다.

50

용접결함에 해당되지 않는 것은?
① 언더컷(undercut)　　② 피트(pit)
③ 오버랩(overlap)　　④ 비드(bead)

해설 ☞ 용접결함
① 오버 랩　　② 용입 불량　　③ 내부기공
④ 슬래그혼입　⑤ 언더컷　　　⑥ 선상조직
⑦ 은점　　　⑧ 균열　　　　⑨ 기공(피트)

정답 48. ①　49. ③　50. ④

51 공기 중에 누출되었을 때 바닥에 고이는 가스로만 나열된 것은?
① 프로판, 에틸렌, 아세틸렌
② 에틸렌, 천연가스, 염소
③ 염소, 암모니아, 포스겐
④ 부탄, 염소, 포스겐

해설> 공기 중에 누출되었을 때 바닥에 고이는 가스(1보다 크면 바닥으로 고임)
① 부탄(C_4H_{10}) : 12×4+10=58 g/mol÷29 g/mol=2
② 염소(Cl_2) : 35.5×2=71 g/mol÷29 g/mol=2.448
③ 포스겐($COCl_2$) : 12+16+71=99 g/mol÷29 g/mol=3.41

52 고압가스 저장탱크 및 처리설비를 실내에 설치하는 경우의 기준에 대한 설명으로 틀린 것은?
① 천장, 벽 및 바닥의 두께가 각각 30 cm 이상인 철근콘크리트로 만든 실로서 방수처리가 된 것으로 한다.
② 저장탱크실과 처리설비실은 각각 구분하여 설치하되 출입문은 공용으로 한다.
③ 저장탱크의 정상부와 저장탱크실 천장과의 거리는 60 cm 이상으로 한다.
④ 저장탱크에 설치한 안전밸브는 지상 5 m 이상의 높이에 방출구가 있는 가스방출관을 설치한다.

해설> 저장탱크실과 처리설비실은 각각 구분하여 설치하고 출입문은 별도로 한다.

53 밸브가 돌출한 용기를 용기보관소에 보관하는 경우 넘어짐 등으로 인한 충격 및 밸브의 손상을 방지하기 위한 조치를 하지 않아도 되는 용기의 내용적의 기준은?
① 1 L 미만
② 3 L 미만
③ 5 L 미만
④ 10 L 미만

해설> 넘어짐 방지 조치 : 용기 내용적 5ℓ미만

54 내용적 50 L의 용기에 프로판을 충전할 때 최대 충전량은? (단, 프로판 충전정수는 2.35이다.)
① 21.3 kg
② 47 kg
③ 117.5 kg
④ 11.8 kg

해설> $G = \dfrac{V}{C} = \dfrac{50}{2.35} = 21.276$

정답 51. ④ 52. ② 53. ③ 54. ①

55
고압가스 배관을 보호하기 위하여 배관과의 수평거리 얼마 이내에서는 파일박기 작업을 하지 아니하여야 하는가?

① 0.1 m ② 0.3 m
③ 0.5 m ④ 1 m

해설 고압가스 배관을 보호하기 위하여 배관과의 수평거리 30 cm 이내에서는 파일박이 작업을 하지 않음

56
고압가스 충전 등에 대한 기준으로 틀린 것은?
① 산소충전작업 시 밀폐형의 수전해조에는 액면계와 자동급수장치를 설치한다.
② 습식아세틸렌 발생기의 표면은 70℃ 이하의 온도로 유지한다.
③ 산화에틸렌의 저장탱크에는 45℃에서 그 내부가스의 압력이 0.4 MPa 이상이 되도록 탄산가스를 충전한다.
④ 시안화수소를 충전한 용기는 충전한 후 90일이 경과되기 전에 다른 용기에 옮겨 충전한다.

해설 시안화수소를 충전한 용기는 충전한 후 60일이 경과되기 전에 다른 용기에 옮겨 충전한다.

57
액화가스의 저장탱크 설계 시 저장능력에 따른 내용적 계산식으로 적합한 것은? (단, V : 용적(m^3), W : 저장능력(톤), d : 상용온도에서 액화가스의 비중)

① $V = \dfrac{W}{0.9d}$ ② $V = \dfrac{W}{0.85d}$
③ $V = \dfrac{W}{0.8d}$ ④ $V = \dfrac{W}{0.6d}$

해설 압축가스(Q) = $(P+1)V_1$
액화가스(W) = $0.9dV_2$
∴ $V_2 = \dfrac{W}{0.9d}$
용기질량(G) = $\dfrac{V}{C}$

정답 55. ② 56. ④ 57. ①

58. 고압가스 운반 기준에 대한 설명으로 틀린 것은?
① 충전용기와 휘발유는 동일 차량에 적재하여 운반하지 못한다.
② 산소탱크의 내용적은 1만 6천 L를 초과하지 않아야 한다.
③ 액화 염소탱크의 내용적은 1만 2천 L를 초과하지 않아야 한다.
④ 가연성가스와 산소를 동일차량에 적재하여 운반하는 때에는 그 충전용기의 밸브가 서로 마주보지 않도록 적재하여야 한다.

해설➡ 가연성, 산소탱크의 내용적은 18000 L를 초과하지 않아야 한다.

59. 염소 누출에 대비하여 보유하여야 하는 제독제가 아닌 것은?
① 가성소다 수용액
② 탄산소다 수용액
③ 암모니아수
④ 소석회

해설➡ 제독제
① 염소 : ㉠ 소석회 ㉡ 가성소다 ㉢ 탄산소다
② 포스겐 : ㉠ 가성소다 ㉡ 소석회
③ 황화수소 : ㉠ 가성소다 ㉡ 탄산소다
④ 아황산가스 : ㉠ 물 ㉡ 가성소다 ㉢ 탄산소다
⑤ 시안화수소 : ㉠ 가성소다
⑥ 암모니아, 산화에틸렌, 염화메탄 : 다량의 물

60. 고압가스안전관리법에서 주택은 제 몇 종 보호시설로 분류되는가?
① 제0종
② 제1종
③ 제2종
④ 제3종

해설➡ • 제1종 보호시설
① 사람을 수용하는 건축물로서 사실상 독립된 부분의 연면적이 1000 m^2 이상인 것
② 극장, 교회, 공회당 기타 이와 유사한 시설로서 수용능력이 300인 이상인 건축물
③ 아동복지시설 또는 장애인복지시설로서 수용인원이 20인 이상인 건축물
④ 문화재보호법에 의해 지정문화재로 지정된 건축물
⑤ 유치원, 병원, 새마을유아원, 학교, 도서관, 시장, 공중목욕탕, 호텔 및 여관
• 제2종 보호시설
① 주택
② 사람을 수용하는 건축물로서 연면적이 100 m^2 이상 1000 m^2 미만

제4과목 : 가스계측

61 접촉연소식 가스검지기의 특징에 대한 설명으로 틀린 것은?
① 가연성가스는 검지대상이 되므로 특정한 성분만을 검지할 수 없다.
② 측정가스의 반응열을 이용하므로 가스는 일정농도 이상이 필요하다.
③ 완전연소가 일어나도록 순수한 산소를 공급해 준다.
④ 연소반응에 따른 필라멘트의 전기저항 증가를 검출한다.

해설 ► 접촉연소식 가스검지기의 특징
① 연소반응에 따른 필라멘트의 전기저항 증가를 검출한다.
② 측정가스의 반응열을 이용하므로 가스는 일정농도 이상이 필요하다.
③ 가연성가스는 검지대상이 되므로 특정한 성분만을 검지할 수 없다.

62 "계기로 같은 시료를 여러 번 측정하여도 측정값이 일정하지 않다." 여기에서 이 일치하지 않는 것이 작은 정도를 무엇이라고 하는가?
① 정밀도(精密度)   ② 정도(程度)
③ 정확도(正確度)   ④ 감도(感度)

해설 ► 정밀도 : 일치하지 않는 것이 작은 정도

63 날개에 부딪히는 유체의 운동량으로 회전체를 회전시켜 운동량과 회전량의 변화로 가스흐름을 측정하는 것으로 측정 범위가 넓고 압력손실이 적은 가스유량계는?
① 막식 유량계   ② 터빈 유량계
③ Roots 유량계   ④ Vortex 유량계

해설 ► 터빈 유량계 : 날개에 부딪히는 유체의 운동량으로 회전체를 회전시켜 운동량과 회전량의 변화로 가스흐름을 측정

64 기체크로마토그래피에서 시료성분의 통과속도를 느리게 하여 성분을 분리시키는 부분은?
① 고정상   ② 이동상   ③ 검출기   ④ 분리관

해설 ► 고정상 : 시료성분의 통과속도를 느리게 하여 성분 분리

정답 61. ③   62. ①   63. ②   64. ①

65
가스 유량 측정기구가 아닌 것은?
① 막식 미터
② 토크 미터
③ 델타식 미터
④ 회전자식 미터

해설> 토크 미터 : 동력을 측정

66
피토관을 사용하여 유량을 구할 때의 식을 옳은 것은? (단, Q : 유량, A : 관의 단면적, C : 유량계수, P_t : 전압, P_s : 정압, r : 유체의 비중량)
① $Q = AC(P_t - P_s)\sqrt{2g/r}$
② $Q = AC\sqrt{2g(P_t - P_s)/r}$
③ $Q = \sqrt{2gAC(P_t - P_s)/r}$
④ $Q = (P_t - P_s)\sqrt{2g/ACr}$

67
도시가스로 사용하는 NG의 누출을 검지하기 위하여 검지기는 어느 위치에 설치하여야 하는가?
① 검지기 하단은 천장면의 아래쪽 0.3 m 이내
② 검지기 하단은 천장면의 아래쪽 3 m 이내
③ 검지기 상단은 바닥면에서 위쪽으로 0.3 m 이내
④ 검지기 상단은 바닥면에서 위쪽으로 3 m 이내

해설> 검지기 설치위치 : 공기보다 가벼운 NG의 검지기 하단은 천장면의 아래쪽으로 0.3 m 이내

68
막식 가스미터에서 이물질로 인한 불량이 생기는 원인으로 가장 옳지 않은 것은?
① 연동기구가 변형된 경우
② 계량기의 유리가 파손된 경우
③ 크랭크축에 이물질이 들어가 회전부에 윤활유가 없어진 경우
④ 밸브와 시트 사이에 점성물질이 부착된 경우

해설> 막식 가스미터에서 이물질로 인한 불량이 생기는 원인
① 밸브와 시트 사이에 점성물질이 부착된 경우
② 크랭크축에 이물질이 들어가 회전부에 윤활유가 없어진 경우
③ 연동기구가 변형된 경우

정답 65. ② 66. ② 67. ① 68. ②

69 어떤 분리관에서 얻은 벤젠의 가스크로마토그램을 분석하였더니 시료 도입점으로부터 피크최고점까지의 길이가 85.4mm, 봉우리의 폭이 9.6mm이었다. 이론단수는?
① 835　　② 935　　③ 1046　　④ 1266

해설》 $n = 16 \times \left(\dfrac{t_r}{W}\right)^2 = 16 \times \left(\dfrac{85.4}{9.6}\right)^2 = 1266$단

70 방사고온계에 적용되는 이론은?
① 필터 효과
② 제백 효과
③ 윈-프랑크 법칙
④ 스테판-볼쯔만 법칙

해설》 방사고온계 : 스테판-볼츠만 법칙
열전대 온도계 : 제베크 효과

71 정확한 계량이 가능하여 기준기로 주로 이용되는 것은?
① 막식 가스미터
② 습식 가스미터
③ 회전자식 가스미터
④ 벤투리식 가스미터

해설》 가스미터의 특징
① 막식가스미터
　㉠ 저가이다.
　㉡ 부착 후 유지관리에 시간을 요하지 않는다.
　㉢ 대용량은 설치면적이 크다.
　㉣ 가정용
　㉤ 1.5~200 m³/h
② 습식가스미터
　㉠ 기차변동이 거의 없다.　　㉡ 계량이 정확하다.
　㉢ 수위조정 등의 관리 필요　㉣ 설치면적이 크다.
　㉤ 실험실용　　　　　　　　㉥ 0.2~3000 m³/h
③ 루츠식
　㉠ 대유량가스 측정 적합　　㉡ 중압가스계량 가능
　㉢ 설치면적이 적다.　　　　㉣ 소유량에서는 부동의 우려가 있다.
　㉤ 스트레이너 설치 후 유지관리 필요　㉥ 대량수요가(공업용)
　㉦ 100~5000 m³/h

정답 69. ④　70. ④　71. ②

72

계통오차(systematic error)에 해당되지 않는 것은?

① 계기오차　　　　　　② 환경오차
③ 이론오차　　　　　　④ 우연오차

해설ㄷ▶ 계통적 오차
　　　　① 이론오차　② 환경오차　③ 계기오차

73

부르동관 압력계의 특징으로 옳지 않은 것은?

① 정도가 매우 높다.
② 넓은 범위의 압력을 측정할 수 있다.
③ 구조가 간단하고 제작비가 저렴하다.
④ 측정 시 외부로부터 에너지를 필요로 하지 않는다.

해설ㄷ▶ 부르동관 압력계의 특징
　　　　① 고압장치에 가장 많이 사용되는 압력계로 2차 압력계의 대표적
　　　　② 부르동관의 재질은 저압인 경우에는 황동, 청동, 인청동, 고압일 때 니켈강 특수강을 사용
　　　　③ 넓은 범위의 압력을 측정
　　　　④ 구조가 간단하고 제작비가 저렴
　　　　⑤ 측정 시 외부로부터 에너지를 필요로 하지 않는다.
　　　　⑥ 암모니아용, 아세틸렌용 압력계에는 Cu 및 Cu 합금의 사용금지
　　　　⑦ 산소용 압력계는 "금유"라는 표시가 되어 있는 전용의 것

74

계측시간이 짧은 에너지의 흐름을 무엇이라 하는가?

① 외란　　　　　　② 시정수
③ 펄스　　　　　　④ 응답

해설ㄷ▶ ・시정수(time constant) : 출력이 최대출력의 64%에 이를 때까지의 시간
　　　　・외란 : 제어계를 혼란시키는 외적작용, 온도, 압력, 가스공급압 등

75

가스 사용시설의 가스누출 시 검지법으로 틀린 것은?

① 아세틸렌 가스누출 검지에 염화제1구리착염지를 사용한다.
② 황화수소 가스누출 검지에 초산연지를 사용한다.
③ 일산화탄소 가스누출 검지에 염화파라듐지를 사용한다.
④ 염소 가스누출 검지에 묽은황산을 사용한다.

정답 72. ④　73. ①　74. ③　75. ④

[해설] 각 가스의 시험지 및 변색상태

가스명	시험지	색깔(변색)
암모니아(NH_3)	붉은 리트머스 시험지	청색
염소(Cl_2)	요오드화칼륨 녹말종이 (KI전분지)	청색
포스겐($COCl_2$)	하리슨 시험지	오렌지색
아세틸렌(C_2H_2)	염화제1동착염지	적색
일산화탄소(CO)	염화 파라듐지	검정색
황화수소(H_2S)	연당지(초산납 시험지)	검정색
시안화수소(HCN)	질산구리벤젠지(초산벤젠)	청색
아황산가스(SO_2)	암모니아 적신 헝겊	흰 연기
프로판(C_3H_8)	비눗물	기포

76
MKS 단위에서 다음 중 중력환산 인자의 차원은?
① kg · m/sec² · kgf
② kgf · m/sec² · kg
③ kgf · m²/sec · kgf
④ kg · m²/sec · kgf

77
길이 2.19 mm인 물체를 마이크로미터로 측정하였더니 2.10 mm이었다. 오차율은 몇 %인가?
① +4.1%   ② -4.1%   ③ +4.3%   ④ -4.3%

[해설] 오차율 $= \dfrac{2.10 - 2.19}{2.19} \times 100 = -4.1\%$

78
루츠(roots)가스미터의 특징 아닌 것은?
① 설치공간이 적다.
② 여과기 설치를 필요로 한다.
③ 설치 후 유지관리가 필요하다.
④ 소유량에서도 작동이 원활하다.

[해설] 가스미터의 특징
① 막식가스미터
  ㉠ 저가이다.
  ㉡ 부착 후 유지관리에 시간을 요하지 않는다.
  ㉢ 대용량은 설치면적이 크다.
  ㉣ 가정용
  ㉤ 1.5~200 m³/h

정답 76. ① 77. ② 78. ④

② 습식가스미터
　㉠ 기차변동이 거의 없다.　　　㉡ 계량이 정확하다.
　㉢ 수위조정 등의 관리 필요　　㉣ 설치면적이 크다.
　㉤ 실험실용　　　　　　　　　㉥ 0.2~3000 m³/h
③ 루츠식
　㉠ 대유량가스 측정 적합　　　㉡ 중압가스계량 가능
　㉢ 설치면적이 적다.　　　　　㉣ 소유량에서는 부동의 우려가 있다.
　㉤ 스트레이너 설치 후 유지관리 필요　㉥ 대량수요가(공업용)
　㉦ 100~5000 m³/h

79 속도계수가 C이고 수면의 높이가 h인 오리피스에서 유출하는 물의 속도수두는 얼마인가?

① $h \cdot C$　　② $\dfrac{h}{C}$　　③ $h \cdot C^2$　　④ $\dfrac{h}{C^2}$

80 다음 중 분리분석법에 해당하는 것은?

① 광흡수분석법　　　　② 전기분석법
③ Polarography　　　　④ Chromatography

해설 ➡ 가스크로마토그래피
① 캐리어가스 : H₂, He, N₂, Ar(수헬질아)
② 부품 및 성분 : 컬럼(분리관), 기록계, 압력계, 항온조, 유량조절기, 가스샘플
③ 충진제 : 활성탄, 실리카겔, 소바비드, 몰레큘러시브
④ 분리가 잘 안될 때 : 시료주입구 온도 높인다.

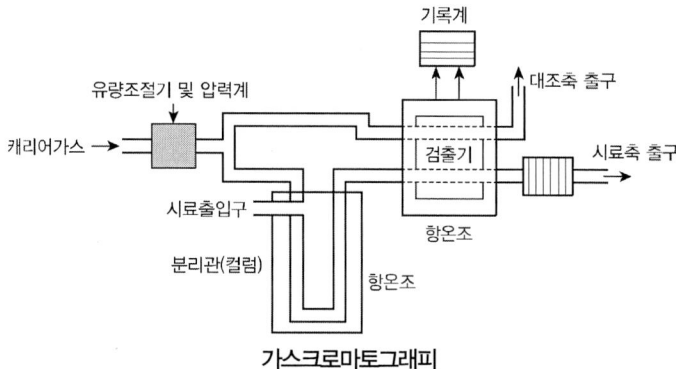

가스크로마토그래피

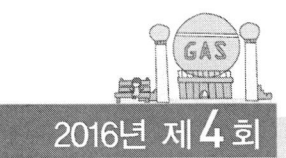

2016년 제4회 가스산업기사 출제문제

제1과목 : 연소공학

01 내압방폭구조에 대한 설명이 올바른 것은?
① 용기내부에 보호 가스를 압입하여 내부 압력을 유지하여 가연성가스가 침입하는 것을 방지한 구조
② 정상 및 사고 시에 발생하는 전기불꽃 및 고온부로부터 폭발성 가스에 점화되지 않는다는 것을 공적기관에서 시험 및 기타 방법에 의해 확인한 구조
③ 정상운전 중에 전기불꽃 및 고온이 생겨서는 안되는 부분에 이들이 생기는 것을 방지하도록 구조상 및 온도상승에 대비하여 특별히 안전도를 증가시킨 구조
④ 용기 내부에서 가연성가스의 폭발이 일어났을 때 용기가 압력에 견디고 또한 외부의 가연성가스에 인화되지 않도록 한 구조

해설 ▶ 방폭구조의 종류
① 내압(耐壓)방폭구조 : 방폭전기기기의 용기(이하 "용기"라 한다) 내부에서 가연성가스의 폭발이 발생할 경우 그 용기가 폭발압력에 견디고, 접합면, 개구부 등을 통하여 외부의 가연성 가스에 인화되지 아니 하도록 한 구조를 말한다.
② 유입(油入)방폭구조 : 용기 내부에 기름을 주입하여 불꽃·아크 또는 고온발생 부분이 기름 속에 잠기게 함으로써 기름면 위에 존재하는 가연성가스에 인화되지 아니하도록 한 구조를 말한다.
③ 압력(壓力)방폭구조 : 용기 내부에 보호가스(신선한 공기 또는 불활성가스)를 압입하여 내부압력을 유지함으로써 가연성 가스가 용기 내부로 유입되지 아니하도록 한 구조를 말한다.
④ 안전증(安全增)방폭구조 : 정상운전 중에 가연성가스의 점화원이 될 전기불꽃·아크 또는 고온부분 등의 발생을 방지하기 위하여 기계적·전기적 구조상 또는 온도상승에 대하여, 특히 안전도를 증가시킨 구조를 말한다.
⑤ 본질안전(本質安全)방폭구조 : 정상시 및 사고(단선, 단락, 지락 등)시에 발생하는 전기불꽃·아크 또는 고온부에 의하여 가연성가스가 점화되지 아니하는 것이 점화시험, 기타 방법에 의하여 확인된 구조를 말한다.

정답 1. ④

⑥ 특수(特殊)방폭구조 : "①" 내지 "⑤"에서 규정한 구조 이외의 방폭구조로서 가연성 가스에 점화를 방지할 수 있다는 것이 시험, 기타의 방법에 의하여 확인된 구조를 말한다.

[방폭전기기기의 구조별 표시방법]

방폭전기기기의 구조	표시방법
내압(耐壓)방폭구조	d
유입(油入)방폭구조	o
압력(壓力)방폭구조	p
안전증(安全增)방폭구조	e
본질안전(本質安全)방폭구조	ia 또는 ib
특수(特殊)방폭구조	s

02 화학 반응속도를 지배하는 요인에 대한 설명으로 옳은 것은?

① 압력이 증가하면 반응속도는 항상 증가한다.
② 생성물질의 농도가 커지면 반응속도는 항상 증가한다.
③ 자신은 변하지 않고 다른 물질의 화학변화를 촉진하는 물질을 부촉매라고 한다.
④ 온도가 높을수록 반응속도가 증가한다.

해설 반응속도에 영향을 주는 요소
① 온도가 상승하면 반응속도가 커진다.
② 압력이 증가하면 농도 변화를 일으켜 반응속도를 변화시킨다.
③ 촉매는 자신은 변하지 않고 활성에너지를 변화시키는 것으로 정촉매는 반응속도를 빠르게 하고 부촉매는 반응속도를 느리게 함
④ 농도는 반응하는 물질의 농도에 비례한다.
⑤ 활성화 에너지가 크면 반응속도 감소하고 작으면 증가한다.

03 폭발 범위가 넓은 것부터 옳게 나열된 것은?

① $H_2 > CO > CH_4 > C_3H_8$
② $CO > H_2 > CH_4 > C_3H_8$
③ $C_3H_8 > CH_4 > CO > H_2$
④ $H_2 > CH_4 > CO > C_3H_8$

해설 폭발범위
① 수소 : 4~75%
② 일산화탄소 : 12.5~74%
③ 메탄 : 5~15%
④ 프로판 : 2.1~9.5%
⑤ 아세틸렌(C_2H_2) : 2.5~81%
⑥ 부탄(C_4H_{10}) : 1.8~8.4%
⑦ 에탄(C_2H_6) : 3~12.5%
⑧ 황화수소(H_2S) : 4.3~45.5%
⑨ 암모니아(NH_3) : 15~28% 등

정답 2. ④ 3. ①

04. 가연물과 일반적인 연소형태를 짝지어 놓은 것 중 틀린 것은?

① 등유 - 증발연소
② 목재 - 분해연소
③ 코크스 - 표면연소
④ 니트로글리세린 - 확산연소

해설 연소형태
① 확산연소 : 가연성가스 분자와 공기 분자가 확산에 의해 급격하게 혼합되면서 연소가 일어나는 것(수소, 아세틸렌 등)
② 증발연소 : 인화성 액체의 온도 상승에 따른 증발에 의해 연소가 일어나는 것(알코올, 에테르, 등유, 경유 등)
③ 분해연소 : 연소시 열분해에 의해 가연성 가스를 방출시켜 연소가 일어나는 것(중유, 석유, 목재, 종이, 고체 파라핀 등)
④ 표면연소 : 고체 표면과 공기와 접촉되는 부분에서 연소가 일어나는 것(숯, 알루미늄박, 마그네슘 리본 등)
⑤ 자기연소 : 질산에스테르, 초산에스테르 등 산소 없이 연소하는 것(니트로글리세린, TNT, 피크린산 등)

05. 다음 중 가열만으로도 폭발의 우려가 가장 높은 물질은?

① 산화에틸렌
② 에틸렌글리콜
③ 산화철
④ 수산화나트륨

해설 산화에틸렌의 성질
① 은, 구리, 수은과의 접촉을 피한다.
② 분해 폭발의 위험이 있다.
③ 독성이며 가연성가스로서 연소범위는 3~80%이고 독성은 50 ppm 이하이다.
④ 물, 알코올, 에테르에 용해된다.
⑤ 산화에틸렌의 증기는 전기스파크, 화염 등에 의하여 폭발한다.

06. 이상기체에 대한 돌턴(Dalton)의 법칙을 옳게 설명한 것은?

① 혼합기체의 전 압력은 각 성분의 분압의 합과 같다.
② 혼합기체의 부피는 각 성분의 부피의 합과 같다.
③ 혼합기체의 상수는 각 성분의 상수의 합과 같다.
④ 혼합기체의 온도는 항상 일정하다.

해설 돌턴의 분압법칙 : 기체 혼합물의 전체압력은 각 성분 기체의 분압의 합과 같다.

$$\text{분압} = \text{전압} \times \frac{\text{성분기체몰수}}{\text{전몰수}} = \text{전압} \times \frac{\text{성분기체부피}}{\text{전부피}} = \text{전압} \times \frac{\text{성분기체분자수}}{\text{전분자수}}$$

정답 4. ④ 5. ① 6. ①

07
인화성물질이나 가연성가스가 폭발성 분위기를 생성할 우려가 있는 장소 중 가장 위험한 장소 등급은?
① 1종 장소
② 2종 장소
③ 3종 장소
④ 0종 장소

해설 위험장소
① 1종 장소
  ㉠ 상용상태에서 가연성가스가 체류하여 위험하게 될 우려가 있는 장소
  ㉡ 정비보수 또는 누설 등으로 인하여 종종 가연성가스가 체류하여 위험하게 될 우려가 있는 장소
② 2종 장소
  ㉠ 밀폐된 용기 또는 설비 내에 밀봉된 가연성가스가 그 용기 또는 설비의 사고로 인해 파손되거나 오조작의 경우에만 누설할 위험이 있는 장소
  ㉡ 환기장치에 이상이나 사고가 발생한 경우 가연성가스가 체류하여 위험하게 될 우려가 있는 장소
  ㉢ 1종 장소 주변 또는 인접한 실내에서 위험한 농도의 가연성가스가 종종 침입할 우려가 있는 장소
③ 0종 장소
  상용의 상태에서 가연성가스의 농도가 연속해서 폭발하한계 이상으로 되는 장소(폭발상한계를 넘는 경우에는 폭발한계 내로 들어갈 우려가 있는 경우를 포함한다.)

08
최소점화에너지(MIE)에 대한 설명으로 틀린 것은?
① MIE는 압력의 증가에 따라 감소한다.
② MIE는 온도의 증가에 따라 증가한다.
③ 질소농도의 증가는 MIE를 증가시킨다.
④ 일반적으로 분진의 MIE는 가연성가스보다 큰 에너지 준위를 가진다.

해설 MIE는 온도 증가에 따라 감소한다.

09
수소의 위험도(H)는 얼마인가? (단, 수소의 폭발하한 4%, 폭발상한 75% 이다.)
① 5.25
② 17.75
③ 27.25
④ 33.75

해설 수소의 위험도(H)
$$H = \frac{u-L}{L} = \frac{75-4}{4} = 17.75$$
수소 연소범위 : 4~75%

정답 7. ④ 8. ② 9. ②

10 프로판 30 v% 및 부탄 70 v%의 혼합가스 1 L가 완전연소 하는 데 필요한 이론 공기량은 약 몇 L인가? (단, 공기 중 산소농도는 20%로 한다.)
① 26 ② 28 ③ 30 ④ 32

해설⊃ 완전연소 반응식
① 프로판 : $C_3H_8 + 5O_2 \rightarrow 3CO_2 + 4H_2O$

$$A_o = \frac{O_o}{0.21} = \frac{5}{0.20} = 25\ l$$

② 부탄 : $C_4H_{10} + 6.5O_2 \rightarrow 4CO_2 + 5H_2O$

$$A_o = \frac{O_o}{0.21} = \frac{6.5}{0.20} = 32.5\ l$$

여기서, A_o : 이론공기량, O_o : 이론산소량
∴ $(25 \times 0.3 + 32.5 \times 0.7) = 30.25\ l$

11 다음 폭발 원인에 따른 종류 중 물리적 폭발은?
① 압력폭발 ② 산화폭발
③ 분해폭발 ④ 촉매폭발

해설⊃ ・물리적 폭발
① 압력 폭발 ② 증기 폭발
・화학적 폭발
① 산화 폭발 ② 분해 폭발 ③ 화합 폭발
④ 중합 폭발 ⑤ 촉매 폭발

12 증기폭발(Vapor explosion)에 대한 설명으로 옳은 것은?
① 수증기가 갑자기 응축하여 그 결과로 압력 강하가 일어나 폭발하는 현상
② 가연성 기체가 상온에서 혼합 기체가 되어 발화원에 의하여 폭발하는 현상
③ 가연성 액체가 비점 이상의 온도에서 발생한 증기가 혼합기체가 되어 폭발하는 현상
④ 고열의 고체와 저온의 물 등 액체가 접촉할 때 찬 액체가 큰 열을 받아 갑자기 증기가 발생하여 증기의 압력에 의하여 폭발하는 현상

해설⊃ 증기 폭발 : 고열의 고체와 저온의 물 등 액체가 접촉할 때 찬 액체가 큰 열을 받아 갑자기 증기가 발생하여 증기의 압력에 의하여 폭발하는 현상

정답 10. ③ 11. ① 12. ④

13 착화열에 대한 가장 바른 표현은?
① 연료가 착화해서 발생하는 전 열량
② 외부로부터 열을 받지 않아도 스스로 연소하여 발생하는 열량
③ 연료를 초기 온도로부터 착화온도까지 가열하는 데 필요한 열량
④ 연료 1kg이 착화해서 연소하여 나오는 총발열량

해설 ⊃ 착화열 : 연료를 초기 온도로부터 착화온도까지 가열하는데 필요한 열량

14 폭발과 관련한 가스의 성질에 대한 설명으로 옳지 않은 것은?
① 인화온도가 낮을수록 위험하다.
② 연소속도가 큰 것일수록 위험하다.
③ 안전간격이 큰 것일수록 위험하다.
④ 가스의 비중이 크면 낮은 곳에 체류한다.

해설 ⊃ ※ 안전간격의 작을수록 위험하다.
안전 간격 및 폭발 등급
① 소염(quenching) 또는 화염일주 : 발화한 화염이 전파하지 않고 도중에서 꺼져버리는 현상이다.
  ㉠ 소염거리 : 두 장의 평행판의 거리를 좁혀 가면서 화염이 틈사이로 전달되는가의 여부를 측정하여 화염이 전달되지 않게 될 때의 평행한 사이의 거리
  ㉡ 한계지름 : 파이프 속을 화염이 진행할 때 화염이 전파되지 않고 도중에 꺼지는 한계의 파이프 지름
② 안전 간격 : 8 *l*의 구형 용기 안에 폭발성 혼합가스를 채우고 점화시켜 발생된 화염이 용기 외부의 폭발성 혼합가스에 전달되는가의 여부를 측정하였을 때 화염을 전달시킬 수 없는 한계의 틈 사이를 말한다(안전 간격이 작은 가스일수록 위험하다).
③ 안전 간격에 따른 폭발 등급
  ㉠ 폭발 1등급(안전 간격 : 0.6 mm 초과)
    [예] 메탄, 에탄, 프로판, *n*-부탄, 가솔린, 일산화탄소, 암모니아, 아세톤, 벤젠, 에틸에테르
  ㉡ 폭발 2등급(안전 간격 : 0.6 이하~0.4 초과 mm)
    [예] 에틸렌, 석탄가스
  ㉢ 폭발 3등급(안전 간격 : 0.4 mm 이하)
    [예] 수소, 아세틸렌, 이황화탄소, 수성가스

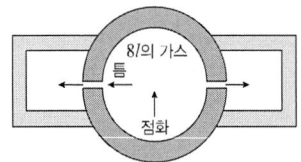

[안전 간격의 측정방법]

15 자연발화의 형태와 가장 거리가 먼 것은?
① 산화열에 의한 발열　　　② 분해열에 의한 발열
③ 미생물의 작용에 의한 발열　　　④ 반응생성물의 중합에 의한 발열

해설　자연발화 형태
① 분해열에 의한 발열 : 과산화수소, 니트로셀룰로오스 등
② 산화열에 의한 발열 : 석탄, 건성유, 고무분말
③ 미생물에 의한 발열 : 퇴비, 먼지 등
④ 흡착열에 의한 발열 : 활성탄, 목탄 등
⑤ 중합열에 의한 발열 : 시안화수소, 산화에틸렌 등

16 탄소 2 kg이 완전 연소할 경우 이론 공기량은 약 몇 kg인가?
① 5.3　　② 11.6　　③ 17.9　　④ 23.0

해설　$C + O_2 \rightarrow CO_2$
　　12 kg　32 kg　　44 kg
　　2 kg　　x

$x = \dfrac{2\,kg \times 32\,kg}{12\,kg} = 5.33\,kg$

∴ $A_o = \dfrac{O_o}{0.232} = \dfrac{5.33}{0.232} = 22.99\,kg$

17 점화지연(Ignition delay)에 대한 설명으로 틀린 것은?
① 혼합기체가 어떤 온도 및 압력 상태하에서 자기점화가 일어날 때까지 약간의 시간이 걸린다는 것이다.
② 온도에도 의존하지만 특히 압력에 의존하는 편이다.
③ 자기점화가 일어날 수 있는 최저온도를 점화온도(Ignition Temperature)라 한다.
④ 물리적 점화지연과 화학적 점화지연으로 나눌 수 있다.

해설　발화지연(점화지연) : 어느 온도에서 가열하기 시작하여 발화에 이르기까지의 시간

18 다음 중 폭발방지를 위한 안전장치가 아닌 것은?
① 안전밸브　　② 가스누출경보장치　　③ 방호벽　　④ 긴급차단장치

해설　폭발방지를 위한 안전장치
① 안전밸브　② 긴급차단장치　③ 가스누출 경보장치

정답　15. ④　16. ④　17. ②　18. ③

19 0.5 atm, 10 L의 기체 A와 1.0 atm 5.0 L의 기체 B를 전체 부피 15 L의 용기에 넣을 경우 전체 압력은 얼마인가? (단, 온도는 일정하다.)

① $\dfrac{1}{3}$ atm   ② $\dfrac{2}{3}$ atm   ③ 1 atm   ④ 2 atm

[해설] $PV = P_1V_1 + P_2V_2$ 에서
$P = \dfrac{P_1V_1 + P_2V_2}{V} = \dfrac{0.5 \times 10 + 1.0 \times 5}{15} = \dfrac{10}{15} = \dfrac{2}{3}$ atm

20 CO_2 32vol%, O_2 5vol%, N_2 63vol%의 혼합기체의 평균 분자량은 얼마인가?

① 29.3   ② 31.3   ③ 33.3   ④ 35.3

[해설] 평균분자량 $= (44 \times 0.32 + 32 \times 0.05 + 28 \times 0.63) = 33.32$ g/mol

제2과목 : 가스설비

21 내용적 50 L의 고압가스 용기에 대하여 내압시험을 하였다. 이 경우 30 kg/cm²의 수압을 걸었을 때 용기의 용적이 50.4 L로 늘어났고 압력을 제거하여 대기압으로 하였더니 용기용적은 50.04 L로 되었다. 영구 증가율은 얼마인가?

① 0.5%   ② 5%   ③ 8%   ④ 10%

[해설] 영구증가율 $= \dfrac{\text{영구증가량}}{\text{전증가량}} \times 100 = \dfrac{0.04}{0.4} \times 100 = 10\%$
(50.4-50)=0.4
(50.04-50)=0.04

22 LNG의 주성분은?

① 에탄   ② 프로판   ③ 메탄   ④ 부탄

[해설] • LNG의 주성분 : 메탄
• LPG의 주성분 : 프로판

정답 19. ②   20. ③   21. ④   22. ③

23
저온장치에 사용되는 진공단열법이 아닌 것은?
① 고진공 단열법
② 분말진공 단열법
③ 다층진공 단열법
④ 저위도 단층진공 단열법

해설 › 저온장치에 사용되는 진공 단열법
① 고진공 단열법
② 분말진공 단열법
③ 다층진공 단열법

24
양정(H)이 10 m, 송출량(Q) 0.30 m³/min, 효율(η) 0.65인 2단 터빈 펌프의 축출력(L)은 약 몇 kW 인가? (단, 수송유체인 물의 밀도는 1000 kg/m³이다.)
① 0.75 ② 0.92 ③ 1.05 ④ 1.32

해설 › $KM = \dfrac{\gamma \times Q \times H}{102 \times E \times 60} = \dfrac{1000 \times 0.3 \times 10}{102 \times 0.65 \times 60} = 0.75$ kW

여기서, γ : 물의 비중량(1000 kg/m³), Q : 송출량[m³/min],
H : 전양정[m](흡입양정+토출양정), E : 효율[%]

25
전기방식시설 시공 시 도시가스시설의 전위측정용 터미널(T/B)설치 방법으로 옳은 것은?
① 희생양극법의 경우에는 배관길이 300 m 이내의 간격으로 설치한다.
② 배류법의 경우에는 배관길이 500 m 이내의 간격으로 설치한다.
③ 외부전원법의 경우에는 배관길이 300 m 이내의 간격으로 설치한다.
④ 희생양극법, 배류법, 외부전원법 모두 배관길이 500 m 이내의 간격으로 설치한다.

해설 › 전기방식시설 시공 시 도시가스시설의 전위 측정용 터미널 설치 방법
① 선택배류법, 희생양극법 : 배관길이 300 m 이내
② 외부전원법 : 배관길이 500 m 이내

26
이음매 없는 고압배관을 제작하는 방법이 아닌 것은?
① 연속주조법
② 만네스만법
③ 인발하는 방법
④ 전기저항용접법(ERW)

해설 › 이음매 없는 고압관을 제작하는 방법
① 인발하는 방법 ② 만네스만식 ③ 연속주조법

정답 23. ④ 24. ① 25. ① 26. ④

27 펌프를 운전하였을 때에 주기적으로 한숨을 쉬는 듯한 상태가 되어 입·출구 압력계의 지침이 흔들리고 동시에 송출유량이 변화하는 현상과 이에 대한 대책을 옳게 설명한 것은?

① 서징현상 : 회전차, 안내 깃의 모양 등을 바꾼다.
② 캐비테이션 : 펌프의 설치 위치를 낮추어 흡입양정을 짧게 한다.
③ 수격작용 : 플라이휠을 설치하여 펌프의 속도가 급격히 변하는 것을 막는다.
④ 베이퍼로크현상 : 흡입관의 지름을 크게 하고 펌프의 설치 위치를 최대한 낮춘다.

해설 펌프에서 발생되는 여러 가지 현상
① 캐비테이션(cavitation) : 유수 중에 어느 부분의 정압이 그때 물의 온도에 해당하는 증기압 이하로 되어 물이 증발을 일으키고 수중에 용입되어 있던 공기가 낮은 압력으로 인하여 기포가 발생하는 현상으로 공동현상이라고도 한다.
  ㉠ 영향
    ⓐ 소음과 진동발생
    ⓑ 깃에 대한 침식
    ⓒ 양정곡선과 효율곡선의 저하
  ㉡ 발생조건
    ⓐ 흡입 양정이 지나치게 길 때
    ⓑ 과속으로 유량이 증대될 때
    ⓒ 흡입관 입구 등에서 마찰저항 증가 시
    ⓓ 관로 내의 온도가 상승될 때
  ㉢ 방지대책
    ⓐ 양흡입 펌프를 사용한다.
    ⓑ 수직축 펌프를 사용하고 회전차를 수중에 잠기게 한다.
    ⓒ 펌프를 두 대 이상 설치한다.
    ⓓ 펌프의 회전수를 낮춘다.
    ⓔ 펌프의 설치위치를 낮추어 흡입양정을 짧게 한다.
    ⓕ 관지름을 크게 하고 흡입측의 저항을 최소로 줄인다.
② 수격작용(water hammering) : 펌프에서 물을 압송하고 있을 때 정전 등으로 급히 펌프가 멈추거나 수량조절 밸브를 급히 폐쇄할 때 관내 유속이 급속히 변화하면 물에 의한 심한 압력의 변화가 생겨 관벽을 치는 현상을 수격작용이라고 한다.
  ※ 수격작용 방지책
    · 완폐 체크 밸브를 토출구에 설치하고 밸브를 적당히 제어한다.
    · 관경을 크게 하고 관내 유속을 느리게 한다.
    · 관로에 조압수조(surge tank)를 설치한다.
    · 플라이휠을 설치하여 펌프속도의 급변을 막는다.
③ 서징(surging) : 펌프를 운반할 때 송출압력과 송출유량이 주기적으로 변동하여 펌프입구 및 출구에 설치된 진공계, 압력계의 지침이 흔들리는 현상을 말하며 맥동현상이라고 한다.
  ㉠ 서징현상 발생원인
    ⓐ 펌프를 운전시 주기적으로 운동, 양정, 토출량이 변화될 때

정답 27. ①

ⓑ 수량조절 밸브가 저장탱크 뒤쪽에 있을 때
ⓒ 배관 중에 공기탱크나 물탱크가 있을 때
ⓒ 서징현상 방지책
ⓐ 방출 밸브 등을 사용하여 펌프속 양수량을 서징할 때의 양수량 이상으로 증가시킨다.
ⓑ 임펠러나 가이드 베인의 현상과 치수를 바꾸어 그 특징을 변화시킨다.
ⓒ 관로에 불필요한 잔류공기를 제거하고 관로의 단면적 및 유속 등을 변화시킨다.

28 도시가스 배관에 사용되는 밸브 중 전개 시 유동 저항이 적고 서서히 개폐가 가능하므로 충격을 일으키는 것이 적으나, 유체 중 불순물이 있는 경우 밸브에 고이기 쉬우므로 차단능력이 저하될 수 있는 밸브는?

① 볼 밸브 ② 플러그 밸브
③ 게이트 밸브 ④ 버터플라이 밸브

해설 밸브
① 플러그 밸브
  ㉠ 중·고압용
  ㉡ 개폐 신속
② 글로브 밸브
  ㉠ 중·저압관용
  ㉡ 압력손실이 크다.
  ㉢ 관기구 및 장치설비용으로 사용
  ㉣ 기밀성 유지 양호
  ㉤ 유량조절 양호
③ 볼밸브
  ㉠ 배관의 안지름과 동일하여 관내흐름이 양호
  ㉡ 압력손실이 적음
  ㉢ 볼과 밸브 몸통 접촉면의 기밀성 유지 곤란

29 저압배관의 안지름만 10 cm에서 5 cm로 변화시킬 때 압력손실은 몇 배 증가하는가? (단, 다른 조건은 모두 동일하다고 본다.)

① 4 ② 8 ③ 16 ④ 32

해설 $H = \dfrac{Q^2 SL}{K^2 D^5}$ 에서 $H = \dfrac{1}{\left(\dfrac{1}{2}\right)^5} = 32$배

정답 28. ③ 29. ④

30
고압가스시설에서 사용하는 다음 용어에 대한 설명으로 틀린 것은?
① 압축가스라 함은 일정한 압력에 의하여 압축되어 있는 가스를 말한다.
② 충전용기라 함은 고압가스의 충전질량 또는 충전압력의 2분의 1 이상이 충전되어 있는 상태의 용기를 말한다.
③ 잔가스용기라 함은 고압가스의 충전질량 또는 충전압력의 10분의 1 미만이 충전되어 있는 상태의 용기를 말한다.
④ 처리능력이라 함은 처리설비 또는 감압설비로 압축·액화 그 밖의 방법으로 1일에 처리할 수 있는 가스의 양을 말한다.

해설➡ 잔가스용기 : 고압가스의 충전질량 또는 충전압력이 $\frac{1}{2}$ 미만이 충전되어 있는 상태

충전용기 : 고압가스의 충전질량 또는 충전압력이 $\frac{1}{2}$ 이상 충전되어 있는 상태

31
배관을 통한 도시가스의 공급에 있어서 압력을 변경하여야 할 지점마다 설치되는 설비는?
① 압송기(壓送器) ② 정압기(Governor)
③ 가스전(栓) ④ 홀더(Holder)

해설➡ 정압기 : 배관을 통한 도시가스의 공급에 있어서 압력을 변경하여야 할 지점마다 설치

32
프로판 충전용 용기로 주로 사용되는 것은?
① 용접 용기 ② 리벳 용기
③ 주철 용기 ④ 이음매 없는 용기

해설➡ ・압축가스 : 이음매 없는 용기(산소, 수소, 질소, 이산화탄소 등)
・액화가스 : 액화프로판, 액화부탄 등

33
도시가스 사용시설에서 액화가스란 사용의 온도 또는 섭씨 35도의 온도에서 압력이 얼마 이상이 되는 것을 말하는가?
① 0.1MPa ② 0.2MPa ③ 0.5MPa ④ 1MPa

해설➡ 고압가스 적용범위
① 압축가스 : 상용온도 또는 35°C에서 10 kg/cm² 이상인 가스(1MPa)
② 액화가스 : 상용온도 또는 35°C에서 2 kg/cm² 이상인 가스(0.2MPa)
③ 아세틸렌가스 : 상용온도 또는 15°C에서 0 kg/cm² 이상인 가스(0MPa)
④ 액화가스 중 HCN, C₂H₄O, CH₃BR은 상온온도에서 0 kg/cm² 이상일 것(1 kg/cm²=0.1 MPa)

정답 30. ③ 31. ② 32. ① 33. ②

34 Loading형으로 정특성, 동특성이 양호하며 비교적 콤팩트한 형식의 정압기는?
① KRF식 정압기
② Fisher식 정압기
③ Reynolds식 정압기
④ Axial-flow식 정압기

해설》 피셔식 정압기의 특징
① 정특성, 동특성이 양호하다.
② 중압용에 주로 사용
③ 비교적 콤펙트하다.
④ 로딩형이다.

35 촉매를 사용하여 반응온도 400~800℃에서 탄화수소와 수증기를 반응시켜 메탄, 수소, 일산화탄소 등으로 변환시키는 공정은?
① 열분해공정
② 접촉분해공정
③ 부분연소공정
④ 대체천연가스공정

해설》 가스제조 방식
① 열분해 프로세스 : 나프타, 원유, 중유 등의 분자량이 큰 탄화수소 원료를 고온(800~900℃)으로 분해하여 10000 kcal/Nm³ 정도의 고열량가스를 제조하는 방식이다.
② 접촉분해(수증기 개질)프로세스 : 접촉분해(수증기 개질)는 촉매를 사용하여 사용온도 400~800℃에서 탄화수소와 수증기와 반응하여 수소, 메탄, 일산화탄소, 에틸렌, 탄산가스, 에탄, 프로필렌 등의 저급 탄화수소로 변환시키는 방법이다.
③ 부분연소 프로세스 : 부분연소에 의한 가스제조는 메탄에서 원유까지는 원료를 가스화하는 것으로 산소 또는 공기 및 수증기를 이용하여 CH_4, H_2, CO, CO_2로 변환하는 방법이며, 탄화수소의 분해 및 수증기와의 반응에 필요한 열은 원료의 일부연소에 의해 보급되어 가스화와 가열을 동일로 내에서 행하기 때문에 내연식 또는 오트사밍 프로세스라고도 한다. 탄화수소와 수증기, 산소(공기)와의 반응은 700℃ 이상에서 고활성인 촉매(니켈계)를 매개체로 하여 일어난다.
④ 수소화(수첨)분해 프로세스 : 수소화 분해는 수소기류 중 탄화수소 원료를 열분해 또는 접촉 분해하여 메탄을 주성분으로 하는 고열량의 가스를 제조하는 방법이며 현재는 주로 나프타를 원료로 이용하고 있다.

36 암모니아를 냉매로 하는 냉동설비의 기밀시험에 사용하기에 가장 부적당한 가스는?
① 공기
② 산소
③ 질소
④ 아르곤

해설》 암모니아는 가연성이며, 독성가스이므로 산소가스를 사용 시 폭발의 위험이 있다.

정답 34. ②　35. ②　36. ②

37 탄소강 그대로는 강의 조직이 약하므로 가공이 필요하다. 다음 설명 중 틀린 것은?
① 열간가공은 고온도로 가공하는 것이다.
② 냉간가공은 상온에서 가공하는 것이다.
③ 냉간가공하면 인장강도, 신장, 교축, 충격치가 증가한다.
④ 금속을 가공하는 도중 결정 내 변형이 생겨 경도가 증가하는 것을 가공경화라 한다.

해설⊃ 냉간가공 시 인장강도, 경도는 증가, 연신율(신장), 충격치가 감소한다.

38 플랜지 이음에 대한 설명 중 틀린 것은?
① 반영구적인 이음이다.
② 플랜지 접촉면에는 기밀을 유지하기 위하여 패킹을 사용한다.
③ 유니온 이음보다 관경이 크고 압력이 많이 걸리는 경우에 사용한다.
④ 패킹 양면에 그리스 같은 기름을 발라두면 분해 시 편리하다.

해설⊃ 반영구적인 이음은 용접이음이다.

39 왕복펌프의 특징에 대한 설명으로 옳지 않은 것은?
① 진동과 설치면적이 적다.
② 고압, 고점도의 소유량에 적당하다.
③ 단속적이므로 맥동이 일어나기 쉽다.
④ 토출량이 일정하여 정량 토출할 수 있다.

해설⊃ 왕복 펌프의 특징
① 진동과 설치면적이 크다.
② 고압, 고점도의 소유량에 적합하다.
③ 단속적이므로 맥동이 일어나기 쉽다.
④ 토출량이 일정하여 정량 토출할 수 있다.
⑤ 회전수가 변화되면 토출량은 변화하고 토출압력은 변화가 적다.
⑥ 종류
  ㉠ 피스톤 펌프 : 용량이 크고, 압력이 낮은 경우
  ㉡ 플런저 펌프 : 용량이 적고, 압력이 높은 경우

40 전기방식법 중 가스배관보다 저전위의 금속(마그네슘 등)을 전기적으로 접촉시킴으로써 목적 하는 방식 대상 금속자체를 음극화하여 방식하는 방법은?
① 외부전원법 ② 희생양극법 ③ 배류법 ④ 선택법

정답 37. ③ 38. ① 39. ① 40. ②

해설 ▶ 각종 방식법의 특징

구분	장점	단점
유전 양극법	1. 시공이 단순하다. 2. 소규모 설비에는 경제적이다. 3. 다른 매설 금속체에 방해 작용이 없다. 4. 과방식의 염려가 없다.	1. 방식범위가 좁다. 2. 대규모 설비시는 시설비가 많이 든다. 3. 정기적으로 전극(양극)을 보충할 필요가 있다. 4. 전류의 조절이 불가능하다. 5. 강한 전식에는 무력하다.
외부 전원법	1. 방식범위가 넓다. 2. 대형설비에는 전원 장치수를 적게 할 수 있어 경제적이다. 3. 전극 수명이 길다. 4. 전압·전류의 조정이 가능하다.	1. 초기 시공비가 많이 든다. 2. 강력한 다른 매설체의 간섭우려가 있다. 3. AC전원이 필요하다.
선택 배류법	1. 전철의 전류를 활용할 수 있으므로 별도 유지비가 필요하다. 2. 시공비가 별도로 들지 않는다. 3. 전철운행 동안에는 자연히 방식된다.	1. 다른 매설 금속체의 간섭 우려가 없다. 2. 전철과의 관계위치에 의한 효과범위가 변화될 수 있다. 3. 전철의 휴지기간(야간 등)또는 레일 전위가 높은 경우에도 효과가 없다. 4. 과방식의 우려가 있다.
강제 배류법	1. 전류전압 조정이 용이하며 효과가 좋다. 2. 외부 전원방식에 비하여 유지비용이 적다. 3. 전철의 휴지기간 중에도 방식이 가능하고 간섭작용이 없다.	1. 다른 매설 금속체의 장해(간섭)에 관하여 검토가 필요하다. 2. 전철의 신호장애에 관한 검토가 필요하다. 3. 전원이 별도 필요하다.

제3과목 : 가스안전관리

41 고압가스를 압축하는 경우 가스를 압축하여서는 아니 되는 기준으로 옳은 것은?
① 가연성가스 중 산소의 용량이 전체 용량이 10% 이상의 것
② 산소 중의 가연성가스 용량이 전체 용량의 10% 이상의 것
③ 아세틸렌, 에틸렌 또는 수소 중의 산소용량이 전체 용량의 2% 이상의 것
④ 산소 중의 아세틸렌, 에틸렌 또는 수소의 용량합계가 전체 용량의 4% 이상의 것

해설 ▶ 압축금지 기준
① 에틸렌, 수소, 아세틸렌 중 산소용량이 전체 용량의 2% 이상인 것
② 산소 중 에틸렌, 수소, 아세틸렌 전용량이 2% 이상인 것
② 산소 중 가연성가스 용량이 전체용량의 4% 이상인 것
③ 가연성가스 중 산소용량이 전체용량의 4% 이상인 것

정답 41. ③

42
고압가스 특정제조시설에서 안전구역의 면적의 기준은?
① 1만 m² 이하
② 2만 m² 이하
③ 3만 m² 이하
④ 5만 m² 이하

해설 고압가스 특정제조시설에서 안전 구역의 면적 : 2만 m² 이하

43
액화석유가스 압력조정기 중 1단감압식 저압조정기의 조정압력은?
① 2.3~3.3 MPa
② 5~30 MPa
③ 2.3~3.3 kPa
④ 5~30 kPa

해설 단단감압식 저압 조정기의 성능

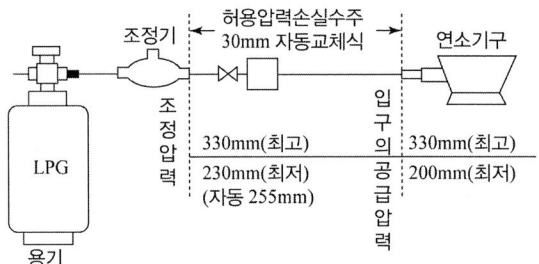

입구압력	0.7~15 kg/cm²
조정압력	수주 280±50 mm
폐쇄압력	수주 350 mm 이하
안전장치작동 표준압력	수주 700±140 mm
내압시험압력 입구	30 kg/cm² 이상
내압시험압력 출구	3 kg/cm²
기밀시험압력 입구	15.6 kg/cm²
기밀시험압력 출구	수주 550 mm

단단감압식 준저압식 조정기의 성능

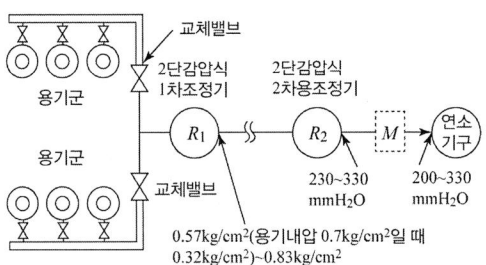

정답 42. ② 43. ③

입구압력		1.0~15.6 kg/cm²
조정압력		500~3,000 mmH₂O
폐쇄압력		조정압력의 1.25배 이하
내압시험압력	입구	30 kg/cm² 이상
	출구	3 kg/cm²
기밀시험압력	입구	15.6 kg/cm²
	출구	조정압력의 2배 이상

2단 감압식 조정기의 성능

		1차 조정용기	2차 조정용기
입구압력		15.6~1.0 kg/cm²	3.5~0.25 kg/cm²
조정압력		0.57~0.83kg/cm²	수주 280±50 mm
안전장치작동 표준압력		-	수주 700 mmH₂O
내압시험압력	입구	30 kg/cm² 이상	8 kg/cm²
	출구	8 kg/cm² 이상	3 kg/cm²
기밀시험압력	입구	18 kg/cm² 이상	5 kg/cm²
	출구	1.5 kg/cm² 이상	수주 550 mm

※ 230~330 mmH₂O = 2.3~3.3 kPa

44 아세틸렌가스에 대한 설명으로 옳은 것은?
① 습식아세틸렌 발생기의 표면은 62℃ 이하의 온도를 유지한다.
② 충전 중의 압력은 일정하게 1.5 MPa 이하로 한다.
③ 아세틸렌이 아세톤에 용해되어 있을 때에는 비교적 안정해진다.
④ 아세틸렌을 압축하는 때에는 희석제로 PH_3, H_2S, O_2를 사용한다.

해설 ⊃ 아세틸렌가스
① 아세틸렌을 2.5 MPa 압력으로 압축 시 메탄, 일산화탄소, 에틸렌, 질소 등의 희석제를 첨가한다.
② 습식아세틸렌 발생기 표면온도는 70℃ 이하로 유지한다.
③ 아세틸렌의 용제는 아세톤 25배, 알코올 6배, 벤젠 4배, 석유에 2배가 용해된다.
④ 아세틸렌의 자연발화온도는 406~408℃이다.
⑤ 용해아세틸렌의 양은 905(A-B)이다.
⑥ 아세틸렌의 비중은 1.176 g이다.

45 밀폐된 목욕탕에서 도시가스 순간온수기로 목욕하던 중 의식을 잃은 사고가 발생하였다. 사고 원인을 추정할 때 가장 옳은 것은?
① 일산화탄소 중독
② 가스누출에 의한 질식
③ 온도 급상승에 의한 쇼크
④ 부취제(mercaptan)에 의한 질식

정답 44. ③ 45. ①

46 고압가스안전관리법시행규칙에서 정의하는 '처리능력'이라 함은?

① 1시간에 처리할 수 있는 가스의 양이다.
② 8시간에 처리할 수 있는 가스의 양이다.
③ 1일에 처리할 수 있는 가스의 양이다.
④ 1년에 처리할 수 있는 가스의 양이다.

해설➡ 처리능력 : 처리설비 또는 감압설비에 의하여 압축, 액화 그 밖의 방법으로 1일에 처리할 수 있는 가스의 양(0°C, 0 kg/cmg)

47 용접부에서 발생하는 결함이 아닌 것은?

① 오버랩(over-lap) ② 기공(blow bole)
③ 언더컷(under-cut) ④ 클래드(clad)

해설➡ 용접부 결함
① 구조상 결함 : 오우버랩, 용입불량, 내부기공, 슬래그혼입, 언더컷, 선상조직, 은점, 기공
② 치수상 결함 : 변형, 치수불량, 형상불량

48 질소 충전용기에서 질소가스의 누출여부를 확인하는 방법으로 가장 쉽고 안전한 방법은?

① 기름 사용 ② 소리 감지
③ 비눗물 사용 ④ 전기스파크 이용

해설➡ 누출 여부는 비눗물을 이용하여 확인

49 전가스 소비량이 232.6 kW 이하인 가스 온수기의 성능기준에서 전가스 소비량은 표시치의 얼마 이내이어야 하는가?

① ±1% ② ±3%
③ ±5% ④ ±10%

해설➡ 온수기의 성능 기준에서 전가스 소비량은 표시치의 10% 이내

정답 46. ③ 47. ④ 48. ③ 49. ④

50
고압가스 특정제조시설 중 배관의 누출확산 방지를 위한 시설 및 기술기준으로 옳지 않은 것은?

① 시가지, 하천, 터널 및 수로 중에 배관을 설치하는 경우에는 누출된 가스의 확산방지조치를 한다.
② 사질토 등의 특수성 지반(해저 제외)중에 배관을 설치하는 경우에는 누출가스의 확산방지조치를 한다.
③ 고압가스의 온도와 압력에 따라 배관의 유지관리에 필요한 거리를 확보한다.
④ 독성가스의 용기보관실은 누출되는 가스의 확산을 적절하게 방지할 수 있는 구조로 한다.

[해설] 고압가스의 종류 및 압력과 배관의 주위 상황에 따라 필요한 장소에는 배관을 이중관으로 하고 가스누출검지 경보장치를 설치하여야 한다.

51
처리능력 및 저장능력이 20톤인 암모니아(NH_3)의 처리설비 및 저장설비와 제2종 보호시설과의 안전거리의 기준은? (단, 제2종 보호시설은 사업소 및 전용공업지역 안에 있는 보호시설이 아님)

① 12m ② 14m ③ 16m ④ 18m

[해설] 안전거리

처리능력 및 저장능력	독성 및 가연성가스		산소		기타의 가스	
	1종 보호시설	2종 보호시설	1종 보호시설	2종 보호시설	1종 보호시설	2종 보호시설
1만 이하	17 m	12 m	12 m	8 m	8 m	5 m
2만 이하	21 m	14 m	14 m	9 m	9 m	7 m
3만 이하	24 m	16 m	16 m	11 m	11 m	8 m
4만 이하	27 m	18 m	18 m	13 m	13 m	9 m
4만 초과	30 m	20 m	20 m	14 m	14 m	10 m
5~99만	30m 1종 $\left[\frac{3}{25}\sqrt{x+10,000}\,m\right]$				20m 2종 $\left[\frac{2}{25}\sqrt{x+10,000}\,m\right]$	
99만 초과	30 m(가연성가스 저온저장탱크) 120 m				20 m(가연성가스 저온저장탱크) 80 m	

52
아세틸렌용 용접용기 제조 시 다공질물의 다공도는 다공질물을 용기에 충전한 상태로 몇 ℃에서 아세톤 또는 물의 흡수량으로 측정하는가?

① 0℃ ② 15℃ ③ 20℃ ④ 25℃

정답 50. ③ 51. ② 52. ③

해설 › 아세틸렌용 용접용기 제조 시 다공질물의 다공도는 다공질물을 용기에 충전한 상태로 20℃에서 아세톤 또는 물의 흡수량으로 측정

53

일반도시가스사업 정압기실의 시설기준으로 틀린 것은?
① 정압기실 주위에는 높이 1.2 m 이상의 경계책을 설치한다.
② 지하에 설치하는 지역정압기실의 조명도는 150룩스를 확보한다.
③ 침수위험이 있는 지하에 설치하는 정압기에는 침수방지 조치를 한다.
④ 정압기실에는 가스공급시설 외의 시설물을 설치하지 아니한다.

해설 › 정압기실 주위에는 높이 1.5m 이상의 경계책을 설치한다.

54

배관 설계경로를 결정할 때 고려하여야 할 사항으로 가장 거리가 먼 것은?
① 최단 거리로 할 것
② 가능한 한 옥외에 설치할 것
③ 건축물 기초 하부 매설을 피할 것
④ 굴곡을 많게 하여 신축을 흡수할 것

해설 › 배관 설계 경로를 결정시 고려할 사항
① 최단거리로 할 것   ② 은폐, 매설을 피할 것
③ 구부러지거나 오르내림이 적을 것   ④ 가능한 한 옥외에 설치할 것

55

용기에 의한 고압가스 판매소에서 용기 보관실은 그 보관할 수 있는 압축가스 및 액화가스가 얼마 이상인 경우 보관실 외면으로부터 보호시설까지의 안전거리를 유지하여야 하는가?
① 압축가스 100 m^3 이상, 액화가스 1톤 이상
② 압축가스 300 m^3 이상, 액화가스 3톤 이상
③ 압축가스 500 m^3 이상, 액화가스 5톤 이상
④ 압축가스 500 m^3 이상, 액화가스 10톤 이상

해설 › 압축가스 300 m^3 이상, 액화가스 3 Ton 이상인 경우 보관실 외면으로부터 보호시설까지의 안전거리 유지

정답 53. ①   54. ④   55. ②

56
일반도시가스사업제조소의 가스공급시설에 설치하는 벤트스택의 기준에 대한 설명으로 틀린 것은?

① 정압기실 주위에는 높이 1.2 m 이상의 경계책을 설치한다.
② 지하에 설치하는 지역정압기실의 조면도는 150룩스를 확보한다.
③ 침수 위험이 있는 지하에 설치하는 정압기에는 침수 방지 조치를 한다.
④ 정압기실에는 가스공급시설 외의 시설물을 설치하지 아니한다.

해설 정압기실의 시설기준
① 정압기실에는 가스공급시설 외의 시설물을 설치하지 아니한다.
② 침수 위험이 있는 지하에 설치하는 정압기에는 침수 방지 조치를 한다.
③ 지하에 설치하는 지역정압기실의 조명도는 150 lux를 확보한다.
④ 정압기실 주위에는 높이 1.5 m 이상의 경계책을 설치한다.

57
액화가스를 충전한 차량에 고정된 탱크는 그 내부에 액면요동을 방지하기 위하여 무엇을 설치하는가?

① 슬립튜브
② 방파판
③ 긴급차단밸브
④ 역류방지밸브

해설 방파판 : 액면요동 방지

58
저장탱크에 의한 액화석유가스 저장소에 설치하는 방류둑의 구조 기준으로 옳지 않은 것은?

① 방류둑은 액밀한 것이어야 한다.
② 성토는 수평에 대하여 30°이하의 기울기로 한다.
③ 방류둑은 그 높이에 상당하는 액화가스의 액두압에 견딜 수 있어야 한다.
④ 성토 윗부분의 폭은 30 cm 이상으로 한다.

해설 방류둑의 적용범위, 용량, 기준
① 적용범위
㉠ 고압가스 일반제조시설
가연성 및 산소의 액화가스 저장능력이 1,000톤 이상일 때(독성가스는 5톤 이상)
㉡ 냉동제조시설 : 독성가스를 냉매로 하는 수액기의 내용적이 10,000 L 이상인 것
㉢ 액화석유가스 저장시설 : LPG의 저장능력이 1,000톤 이상일 때(충전사업에서)
㉣ 도시가스시설 중 LPG 용량이 다음과 같을 때
ⓐ 가스도매사업 : 저장능력이 500톤 이상
ⓑ 일반 도시가스사업 : 저장능력이 1,000톤 이상

정답 56. ① 57. ② 58. ②

② 방류둑의 용량
　㉠ 저장능력에 해당하는 전량(100%)이다.
　　※ 액화산소의 저장탱크 : 저장능력 상당용적의 60%
　㉡ 2기 이상의 저장탱크를 집합방류둑 내에 설치한 경우 : 최대 저장탱크능력 상당용적+ 잔여저장탱크 총능력 상당용적의 10%(이때 격리벽의 높이는 방류둑 보다 10 cm 낮게 할 것)
　㉢ 냉동설비의 수액기 : 당해 방류둑 내에 설치 된 수액기 내용적의 90% 이상의 용적
③ 방류둑의 구조 및 기준
　㉠ 방류둑의 재료는 철근콘크리트, 철골, 철근콘크리트, 금속, 흙 또는 이들을 혼합한 액밀한 구조일 것
　㉡ 액이 체류하는 표면적은 가능한 한 적게 할 것(대기와 접하는 부분이 많으면 기화량 증대)
　㉢ 높이에 상당하는 당해가스의 액두압에 견딜 수 있을 것
　㉣ 배관관통부의 틈새로부터 누설방지 및 방식조치를 할 것
　㉤ 금속재료는 당해 가스에 부식되지 않게 방식 및 방청조치를 할 것
　㉥ 방류둑 내에 고인물을 외부에 배출하기 위한 배수조치를 할 것
　㉦ 가연성 및 독성 또는 가연성과 조연성의 액화가스 방류둑을 혼합배치하지 말 것
　㉧ 방류둑의 내면과 그 외면으로부터 10m 이내에는 저장탱크 부속설비 이외의 것을 설치하지 아니할 것
　㉨ 성토는 수평에 대하여 45° 이하의 구배를 가지고 성토의 정상부의 폭은 30 cm 이상일 것
　㉩ 방류둑의 계단 및 사다리는 출입구 둘레 50 m 마다 1개 이상 설치하고 그 둘레가 50 m 미만일 경우는 2개소 이상 분산 설치할 것
　㉪ 저장탱크를 건물 내에 설치한 경우에는 그 건물구조가 방류둑의 구조를 갖는 것일 것

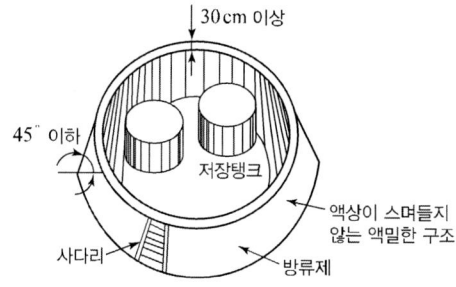

59
LPG 용기에 있는 잔 가스의 처리법으로 가장 부적당한 것은?
① 폐기 시에는 용기를 분리한 후 처리한다.
② 잔 가스 폐기는 통풍이 양호한 장소에서 소량씩 실시한다.
③ 되도록이면 사용 후 용기에 잔 가스가 남지 않도록 한다.
④ 용기를 가열 할 때는 온도 60℃ 이상의 뜨거운 물을 사용한다.

정답 59. ④

해설⊃ LPG 용기에 있는 잔가스 처리방법
① 용기를 가열할 때는 온도 40℃ 이상의 물을 사용한다.
② 폐기 시에는 용기를 분리한 후 처리한다.
③ 되도록 사용 후 용기에 잔가스가 남지 않도록 한다.
④ 잔가스 폐기는 통풍이 양호한 장소에서 소량씩 실시한다.

60 다음 가스용품 중 합격표시를 각인으로 하여야 하는 것은?
① 배관용 밸브
② 전기절연 이음관
③ 금속 플렉시블 호스
④ 강제혼합식 가스버너

제4과목 : 가스계측

61 오르자트 가스분석계로 가스 분석 시 가장 적당한 온도는?
① 0~15℃
② 10~15℃
③ 16~20℃
④ 20~28℃

해설⊃ 오르자트 가스분석계로 가스 분석 시 16~20℃ 유지

62 FID 검출기를 사용하는 가스크로마토그래피는 검출기의 온도가 100℃ 이상에서 작동되어야 한다. 주된 이유로 옳은 것은?
① 가스소비량을 적게 하기 위하여
② 가스의 폭발을 방지하기 위하여
③ 100℃ 이하에서는 점화가 불가능하기 때문에
④ 연소 시 발생하는 수분의 응축을 방지하기 위하여

63 가스크로마토그래피의 칼럼(분리관)에 사용되는 충전물로 부적당한 것은?
① 실리카겔
② 석회석
③ 규조토
④ 활성탄

정답 60. ① 61. ③ 62. ④ 63. ②

해설》 가스크로마토그래피
① 캐리어가스 : H_2, He, N_2, Ar(수헬질아)
② 부품 및 성분 : 컬럼(분리관), 기록계, 압력계, 항온조, 유량조절기, 가스샘플
③ 충진제 : 활성탄, 실리카겔, 소바비드, 뮬레큘러시브
④ 분리가 잘 안될 때 : 시료주입구 온도 높인다.

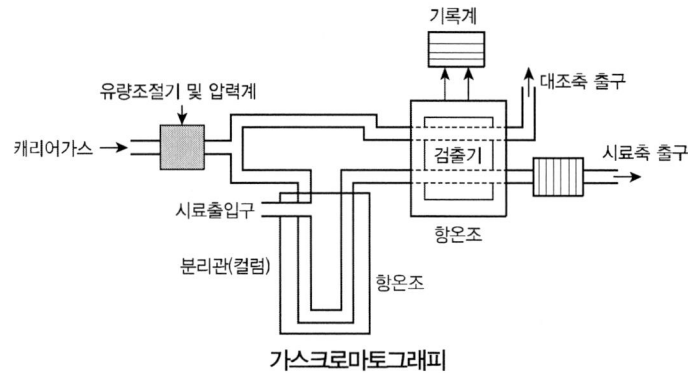

가스크로마토그래피

⑤ 종류
   ㉠ FID(수소이온화검출기)
      ⓐ 전극간의 전기 전도도가 증대하는 것을 이용
      ⓑ 탄화수소에 감도가 최고이다.(프로판, 부탄, 프로필렌) 등
      ⓒ H_2, O_2, CO, CO_2, SO_2 등은 감도가 적다.
      ⓓ 무기 가스나 물에 거의 응답하지 않음
   ㉡ TCD(열전도도형검출기)
      ⓐ 금속필라멘트의 저항변화를 이용하는 것
      ⓑ 일반적으로 가장 널리 사용
   ㉢ ECD(전자포획이온화검출기)
      ⓐ 이온전류가 감소하는 것을 이용
      ⓑ 할로겐 및 산화물에서는 감도가 최고이다.
   ㉣ FPD(염광광도 검출기) : 황화합물이나 인화합물 검출
⑥ 정성, 정량 분석가능, 샘플(sample)의 양이 적어도 된다.

64
평균유속이 5 m/s인 원관에서 20 kg/s의 물이 흐르도록 하려면 관의 지름은 약 몇 mm 로 해야 하는가?

① 31   ② 51   ③ 71   ④ 91

해설》 질량유량$(Q) = p \times V \times A$에서

$$= p \times V \times \frac{\pi D^2}{4}$$

$$D = \sqrt{\frac{4Q}{\pi Vr}} = \sqrt{\frac{4 \times 20}{3.14 \times 5 \times 1000}} = 0.071 \text{ m} \times 1000 \text{ mm}/1 \text{ m} = 71 \text{mm}$$

정답 64. ③

65 작은 압력 변화에도 크게 편향하는 성질이 있어 저기압의 압력측정에 사용되고 점도가 큰 액체나 고체 부유물이 있는 유체의 압력을 측정하기에 적합한 압력계는?

① 다이어프램 압력계　　② 부르동관 압력계
③ 벨로우즈 압력계　　　④ 맥클레오드 압력계

해설 ▶ 2차 압력계(탄성식 압력계)
① 부르동관 압력계(bourdon tube)
  ㉠ 고압장치에 가장 많이 사용되는 압력계로 2차 압력계의 대표적이다.
  ㉡ 부르동관의 재질은 저압인 경우에는 황동, 청동, 인청동 등을 사용하며 고압일 때는 니켈강 등 특수강을 사용한다.
  ㉢ 암모니아용, 아세틸렌용 압력계에는 Cu 및 Cu 합금의 사용을 금하고 연강재를 사용한다.
  ㉣ 산소용 압력계는 '금유'라는 표시가 되어 있는 전용의 것을 사용한다.
  ㉤ 금속의 탄성원리를 이용한 압력계로 상용압력의 1.5배 이상 2배 이하의 눈금이 있는 것을 사용한다.

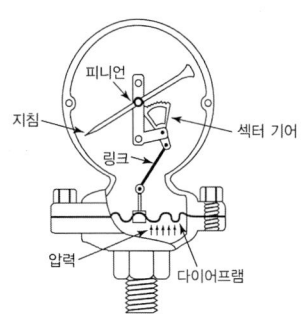

② 다이어프램 압력계(격막식 압력계)
  ㉠ 미소한 압력을 측정할 때 사용(+, -차압을 측정할 수 있다)
  ㉡ 재질은 고무, 테프론, 양은, 스테인리스 등이 쓰이며 측정 가능범위는 공업용이 20~5,000 mmAq이다.
  ㉢ 부식성 유체의 측정이 가능하다.
  ㉣ 온도의 영향을 받기 쉽다.
  ㉤ 측정의 응답속도가 빠르다.
  ㉥ 이상 압력으로 파손되어도 위험성이 작다.
③ 벨로우즈 압력계
  ㉠ 신축에 의한 압력을 이용한다.
  ㉡ 유체 내의 먼지 등의 영향이 적고 압력 변동에 적응하기 어렵다.
  ㉢ 측정압력은 $0.01 \sim 10 \, kg/cm^2$, 정밀도는 $\pm 1 \sim 2\%$이다.

66 가스크로마토그래피에서 운반기체(carrier gas)의 불순물을 제거하기 위하여 사용하는 부속품이 아닌 것은?

① 오일 트랩(Oil Trap)　　　　② 화학 필터(Chemical Filter)
③ 산소 제거 트랩(Oxygen Trap)　④ 수분 제거 트랩(Moisture Trap)

해설 ▶ 가스크로마토그래피에서 운반기체의 불순물을 제거하기 위하여 사용하는 부속품
① 화학 필터　② 산소 제거 트랩　③ 수분 제거 트랩

정답　65. ①　66. ①

67
오르자트 가스 분석기에서 가스의 흡수 순서로 옳은 것은?

① $CO \rightarrow CO_2 \rightarrow O_2$
② $CO_2 \rightarrow CO \rightarrow O_2$
③ $O_2 \rightarrow CO_2 \rightarrow CO$
④ $CO_2 \rightarrow O_2 \rightarrow CO$

해설⊃ 오르자트 가스분석법
① 흡수분석법
  ㉠ 오르자트법
    ⓐ CO_2 : KOH 30% 수용액
    ⓑ O_2 : 알카리성피롤카롤용액
    ⓒ CO : 암모니아성 염화제1동 용액
  ㉡ 헴펠법
    ⓐ CO_2 : KOH 30% 수용액   ⓑ $C_mH_m(C_2H_2)$: 발연황산 25%
    ⓒ O_2 : 알칼리성피롤카롤용액   ⓓ CO : 암모니아성 염화제1동 용액
  ㉢ 게겔법
    ⓐ CO_2 : KOH 30% 수용액   ⓑ C_2H_2 : 요오드수은칼륨용액
    ⓒ n-C_4H_8 : 87% 황산   ⓓ C_2H_4 : 취소수용액
    ⓔ O_2 : 알칼리성피롤카롤용액   ⓕ CO : 암모니아성 염화제1동 용액

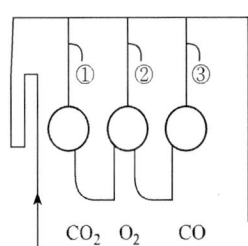

68
계량기 종류별 기호에서 LPG미터의 기호는?

① H   ② P   ③ L   ④ G

해설⊃ 계량기 종류별 기호

기호	종류	기호	종류
A	수동저울	I	수도미터
B	지시저울	J	온수미터
C	전자식저울	K	주유기
D	분동	L	LPG미터
G	전력량계	M	오일미터
H	가스미터	Q	적산열량계

정답 67. ④ 68. ③

69
가스의 발열량 측정에 주로 사용되는 계측기는?
① 봄베 열량계
② 단열 열량계
③ 융커스식 열량계
④ 냉온수 적산 열량계

[해설] 가스 연료의 발열량 측정
① 융커스식 열량계
② 시그마식 열량계

70
소형으로 설치공간이 적고 가스압력이 높아도 사용 가능하지만 $0.5\ m^3/h$ 이하의 소용량에서는 작동하지 않을 우려가 있는 가스 계측기는?
① 막식 가스미터
② 습식 가스미터
③ 델타형 가스미터
④ 루츠(Roots)식 가스미터

[해설] 가스미터의 종류
① 막식 가스미터
 ㉠ 저가이다.
 ㉡ 부착 후 유지관리에 시간을 요하지 않는다.
 ㉢ 대용량은 설치면적이 크다.
 ㉣ 가정용
 ㉤ $1.5~200\ m^3/h$
② 습식가스미터
 ㉠ 기차변동이 거의 없다.
 ㉡ 계량이 정확하다.
 ㉢ 수위조정 등의 관리 필요
 ㉣ 설치면적이 크다.
 ㉤ 실험실용
 ㉥ $0.2~3000\ m^3/h$
③ 루츠식
 ㉠ 대유량가스 측정 적합
 ㉡ 중압가스계량 가능
 ㉢ 설치면적이 적다.
 ㉣ 소유량에서는 부동의 우려
 ㉤ 스트레이너 설치 후 유지관리 필요
 ㉥ 대량수요가(공업용)
 ㉦ $100~5000\ m^3/h$

71
다음 중 탄성 압력계의 종류가 아닌 것은?
① 시스턴(Cistern)압력계
② 부르동(Bourdon)관 압력계
③ 벨로우즈(Bellows)압력계
④ 다이어프램(Diaphragm) 압력계

[해설] 문제 65번 참조

정답 69. ③ 70. ④ 71. ①

72

기체가 흐르는 관 안에 설치된 피토관의 수주높이가 0.46 m일 때 기체의 유속은 약 몇 m/s인가?

① 3 ② 4 ③ 5 ④ 6

해설》 $V = \sqrt{2gh} = \sqrt{2 \times 9.8 \times 0.46} = 2.969 \, \text{m/sec}$

73

가스미터에서 감도유량의 의미를 가장 바르게 설명한 것은?

① 가스미터 유량이 최대유량의 50%에 도달했을 때의 유량
② 가스미터가 작동하기 시작하는 최소유량
③ 가스미터가 정상상태를 유지하는데 필요한 최소유량
④ 가스미터 유량이 오차 한도를 벗어났을 때의 유량

해설》 감도 유량 : 가스미터가 작동하기 시작하는 최소유량
  ① 막식 가스미터 : 3 L/h 이하
  ② LPG용 가스미터 : 15 L/h 이하

74

제어계가 불안정하여 주기적으로 변화하는 좋지 못한 상태를 무엇이라 하는가?

① step 응답 ② 헌팅(난조) ③ 외란 ④ 오버슈트

해설》 헌팅 : 제어계가 불안정하여 주기적으로 변화하는 좋지 못한 상태

75

다음 유량계측기 중 압력손실 크기 순서를 바르게 나타낸 것은?

① 전자유량계 > 벤투리 > 오리피스 > 플로노즐
② 벤투리 > 오리피스 > 전자유량계 > 플로노즐
③ 오리피스 > 플로노즐 > 벤투리 > 전자유량계
④ 벤투리 > 플로노즐 > 오리피스 > 전자유량계

해설》 차압식 유량계 : 관내 교축기구를 설치하여 그 전·후 압력차를 이용 순간 유량 측정

벤투리미터	플로우미터(노즐)	오리피스미터
① 구조가 복잡하고 교환이 어렵다. ② 압력손실이 가장 적다. ③ 가격이 비싸다. ④ 정밀도가 좋고 내구성이 좋다. ⑤ 침전물 생성 우려가 없고 대형이다.	① 오리피스에 비해 압력손실이 적다. ② 고압유체나 슬러지유체 측정 ③ 동일 조건하에서 오리피스보다 유량 통과량이 많다.	① 구조가 간단 제작이나 장착 용이 ② 좁은 장소 설치가능 ③ 유체의 압력손실이 가장 크다. ④ 침전물 생성 우려 ⑤ 베르누이 정리 이용

정답 72. ① 73. ② 74. ② 75. ③

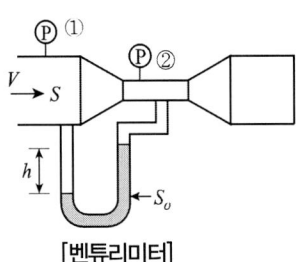
[벤튜리미터]

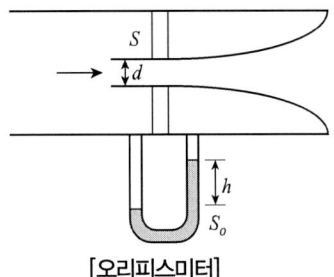
[오리피스미터]

76. 다음 온도계 중 연결이 바르지 않은 것은?

① 상태변화를 이용한 것 - 써모 컬러
② 열팽창을 이용한 것 - 유리 온도계
③ 열기전력을 이용한 것 - 열전대 온도계
④ 전기저항 변화를 이용한 것 - 바이메탈 온도계

해설 측정원리에 의한 온도계
① 전기저항 변화를 이용 : 저항온도계, 서미스터
② 열기전력을 이용 : 열전대온도계
③ 열팽창을 이용 : 바이메탈온도계, 유리온도계
④ 상태변화를 이용 : 제겔콘, 서모킬러

77. 표준대기압 1 atm과 같지 않은 것은?

① 1.013bar   ② 10.332mH$_2$O   ③ 1.013N/m^2 ④ 29.92inHg

해설 표준대기압
1 atm = 76 cmHg = 760 mmHg
= 0.76 mHg = 1.0332 kg/cm^2
= 1033.2 g/cm^2 = 10332 kg/m^2
= 29.92 inHg = 1.013 bar
= 10.332 mmH$_2$O = 1033.2 cmH$_2$O
= 10332 mmH$_2$O = 101325 N/m^2
= 101325 Pa = 101.325 kPa
= 14.7 PSI = 0.10332 MPa

78. 유황분 정량 시 표준용액으로 적절한 것은?

① 수산화나트륨   ② 과산화수소   ③ 초산   ④ 요오드칼륨

정답 76. ④   77. ③   78. ①

79. 다음 중 차압식 유량계에 해당하지 않는 것은?

① 벤투리미터 유량계
② 로터미터 유량계
③ 오리피스 유량계
④ 플로노즐

해설 로터미터 : 면적식 유량계

80. 수정이나 전기석 또는 로셀염 등의 결정체의 특정 방향으로 압력을 가할 때 발생하는 표면 전기량으로 압력을 측정하는 압력계는?

① 스트레인 게이지
② 자기변형 압력계
③ 벨로우즈 압력계
④ 피에조 전기 압력계

해설 피에조 전기 압력계

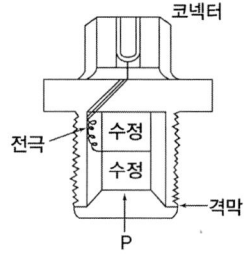

정답 79. ② 80. ④

2017년 제1회 가스산업기사 출제문제

제1과목 : 연소공학

01 부피로 Hexane 0.8 v%, Methane 2.0 v%, Ethylene 0.5 v%로 구성된 혼합가스의 LFL을 계산하면 약 얼마인가? (단, Hexane, Methane, Ethylene의 폭발하한계는 각각 1.1 v%, 5.0 v%, 2.7 v%라고 한다.)

① 2.5% ② 3.0%
③ 3.3% ④ 3.9%

해설 ◦ LFL(폭발하한계) $= \dfrac{0.8+2.0+0.5}{\dfrac{0.8}{1.1}+\dfrac{2.0}{5.0}+\dfrac{0.5}{2.7}} = 2.5\%$

02 수소의 연소반응식이 다음과 같을 경우 1 mol의 수소를 일정한 압력에서 이론산소량으로 완전연소 시켰을 때의 온도는 약 몇 K인가? (단, 정압비열은 10 cal/mol·K, 수소와 산소의 공급온도는 25℃, 외부로의 열손실은 없다.)

$$H_2 + \dfrac{1}{2}O_2 \rightarrow H_2O(g) + 57.8 \text{ kcal/mol}$$

① 5780 ② 5805
③ 6053 ④ 6078

해설 ◦ 1 kcal = 1000 cal
57.8 kcal = x
$x = 57800$ cal/mol
$\dfrac{57800 \text{cal/mol}}{10 \text{cal/mol·K}} = 5780\text{K} + (273+25) = 6078\text{K}$

정답 1. ①   2. ④

03
표준상태에서 질소가스의 밀도는 몇 g/L인가?
① 0.97 ② 1.00 ③ 1.07 ④ 1.25

해설❯ 질소가스밀도 = $\dfrac{M}{22.4\ell} = \dfrac{28g}{22.4\ell} = 1.25 g/\ell$

04
프로판(C_3H_8)과 부탄(C_4H_{10})의 혼합가스가 표준상태에서 밀도가 2.25 kg/m³이다. 프로판의 조성은 약 몇 %인가?
① 35.16 ② 42.72 ③ 54.28 ④ 68.53

해설❯ ① 프로판 밀도 = $\dfrac{분자량}{22.4} = \dfrac{44}{22.4} = 1.964$ kg/m³

② 부탄 밀도 = $\dfrac{분자량}{22.4} = \dfrac{58}{22.4} = 2.589$ kg/m³

∴ $1.964x + 2.589(1-x) = 2.25$
$1.964x + 2.589 - 2.589x = 2.25$

$x(\%)$ 프로판의 조성 = $\dfrac{2.589 - 2.25}{2.589 - 1.964} \times 100 = 54.24\%$

05
열전도율 단위는 어느 것인가?
① kcal/m . h . ℃   ② kcal/m² . h . ℃
③ kcal/m² . ℃   ④ kcal/h

해설❯ 열전도율 : kcal/mh℃
열관류율(열전달율) : kcal/m²h℃
비열 : kcal/kg℃

06
연소의 3요소 중 가연물에 대한 설명으로 옳은 것은?
① 0족 원소들은 모두 가연물이다.
② 가연물은 산화반응 시 발열반응을 일으키며 열을 축적하는 물질이다.
③ 질소와 산소가 반응하여 질소산화물을 만들므로 질소는 가연물이다.
④ 가연물은 반응 시 흡열반응을 일으킨다.

해설❯ 0족(18족) 원소들은 모두 비가연물이다. (타지도 않고 반응도 안함)
질소는 불연성가스이다.
가연물은 반응시 발열반응을 일으킨다.

정답 3. ④ 4. ③ 5. ① 6. ②

07. 액체 시안화수소를 장기간 저장하지 않는 이유는?

① 산화폭발하기 때문에 ② 중합폭발하기 때문에
③ 분해폭발하기 때문에 ④ 고결되어 장치를 막기 때문에

해설 시안화수소
① 수분 2% 함유시 중합폭발의 위험이 있다.
② 복숭아 향이 난다.
③ 연소범위는 6~41%, 허용농도 10PPM 이하로 가연성이며 독성가스
④ 오래된 시안화수소는 급격한 중합에 의해 폭발의 위험이 있으므로 충전후 60일을 넘지 않도록 한다.
⑤ 안정제 : 오산화인, 연화칼슘, 인산, 아호아산가스, 동, 황산
⑥ 충전 후 24시간 정치

08. 대기 중에 대량의 가연성 가스나 인화성 액체가 유출되어 발생 증기가 대기 중의 공기와 혼합하여 폭발성인 증기운을 형성 하고 착화 폭발하는 현상은?

① BLEVE ② UVCE ③ Jet fire ④ Flash over

해설 ① 블래비(BLEVE, Boiling Liquid Expanding Vapour Explosion) : 과열상태의 탱크에서 내부의 액화가스가 분출하여 기화되어 폭발하는 현상
② 보일오버(Boil Over)
  ㉠ 중질유의 탱크에서 장시간 조용히 연소하다 탱크내의 잔존기름이 갑자기 분출하는 현상
  ㉡ 유류탱크에서 탱크바닥에 물과 기름의 에멀전이 섞여 있을 때 이로 인하여 화재가 발생하는 현상
  ㉢ 연소유면으로부터 100℃ 이상의 열파가 탱크 저부에 고여 있는 물을 비등하게 하면서 연소유를 탱크밖으로 비산시키며 연소하는 현상
③ 오일오버(Oil Over) : 저장탱크 내에 저장된 유류저장량이 내용적으로 50% 이하로 충전되어 있을 때 화재로 인하여 탱크가 폭발하는 현상
④ 프로스오버(Froth Over) : 물이 점성의 뜨거운 기름 표면 아래서 끓을 때 화재를 수반하지 않고 용기가 넘치는 현상
⑤ 슬롭오버(Slop Over)
  ㉠ 물이 연소유의 뜨거운 표면에 들어갈 때 기름 표면에서 화재가 발생하는 현상
  ㉡ 유류화재로 소화하기 위한 물이 수분의 급격한 증발에 의해 액면이 거품을 일으키면서 열유층 밑의 냉유가 급히 열 팽창하여 기름의 일부가 불이 붙은 채 탱크벽을 넘어서 일출하는 현상
⑥ 백운현상 : LNG 누출시 공기중의 수분이 노점 이하로 되어 하얗게 서리가 생기는 것
⑦ 롤오버현상 : 초저온액화 천연가스 등이 수상에 노출하여 물과의 온도차에 의해 폭발적으로 기화하는 현상

정답 7. ② 8. ②

09
다음 보기에서 설명하는 소화제의 종류는?

[보기]
- 유류 및 전기화재에 적합하다.
- 소화 후 잔여물을 남기지 않는다.
- 연소반응을 억제하는 효과와 냉각소화 효과를 동시에 가지고 있다.
- 소화기의 무게가 무겁고, 사용 시 동상의 우려가 있다.

① 물
② 하론
③ 이산화탄소
④ 드라이케미칼분말

해설 이산화탄소
① 배관속의 CO_2가 습기와 반응하면 탄산을 만들어 강을 부식시킴
$$CO_2 + H_2O \rightarrow H_2CO_3$$
② 압력을 가하면 액화 또는 응고된다. CO_2 기체를 100atm까지 액화한 후 -25°C로 냉각하여 단열 팽창시키면 드라이아이스가 된다.
③ 용도 : ㉠ 탄산수, 사이다 등의 청량제에 사용
㉡ 소화제로 사용
㉢ 드라이아이스 제조에 이용
㉣ 요소$(NH_2)_2CO$의 원료에 쓰이며 소다회 제조에 쓰임

10
기체연료의 예혼합연소에 대한 설명 중 옳은 것은?

① 화염의 길이가 길다.
② 화염이 전파하는 성질이 있다.
③ 연료와 공기의 경계에서 주로 연소가 일어난다.
④ 연료와 공기의 혼합비가 순간적으로 변한다.

11
연료의 구비조건이 아닌 것은?

① 발열량이 클 것
② 유해성이 없을 것
③ 저장 및 운반 효율이 낮을 것
④ 안전성이 있고 취급이 쉬울 것

해설 연료의 구비 조건
① 발열량이 클 것
② 유해성이 없을 것
③ 저장 및 운반효율이 좋을 것
④ 안전성이 있고 취급이 쉬울 것
⑤ 가격이 쌀 것
⑥ 완전연소가 가능할 것
⑦ 구입이 쉬울 것

정답 9. ③ 10. ② 11. ③

12
불활성화에 대한 설명을 틀린 것은?
① 가연성혼합가스에 불활성가스를 주입하여 산소의 농도를 최소산소농도 이하로 낮게 하는 공정이다.
② 인너트 가스로는 질소, 이산화탄소 또는 수증기가 사용된다.
③ 인너팅은 산소농도를 안전한 농도로 낮추기 위하여 인너트 가스를 용기에 처음 주입하면서 시작한다.
④ 일반적으로 실시되는 산소농도의 제어점은 최소산소농도보다 10% 낮은 농도이다.

13
연소 및 폭발에 대한 설명 중 틀린 것은?
① 폭발이란 주로 밀폐된 상태에서 일어나며 급격한 압력상승을 수반한다.
② 인화점이란 가연물이 공기 중에서 가열될 때 그 산화열로 인해 스스로 발화하게 되는 온도를 말한다.
③ 폭굉은 연소파의 화염 전파속도가 음속을 돌파할 때 그 선단에 충격파가 발달하게 되는 현상을 말한다.
④ 연소란 적당한 온도의 열과 일정 비율의 산소와 연료와의 결합반응으로 발열 및 발광현상을 수반하는 것이다.

해설 인화점
① 가연물을 공기중에서 가열시 불이 붙는 최저온도
② 가연성 액체가 인화하는데 충분한 농도의 증기를 발생하는 최저농도
③ 압력이 증가하면 증기발생이 억제되고 인화점은 낮아짐
④ 미스트 폼이 존재시 인화점이하에서는 발화가 가능하다.
⑤ 인화점 이하에서 증기의 가연농도가 존재할 수 없다.

14
연소속도를 결정하는 가장 중요한 인자는 무엇인가?
① 환원반응을 일으키는 속도
② 산화반응을 일으키는 속도
③ 불완전 환원반응을 일으키는 속도
④ 불완전 산화반응을 일으키는 속도

해설 연소속도 = 산화반응속도

정답 12. ④ 13. ② 14. ②

15

"기체분자의 크기가 0이고 서로 영향을 미치지 않는 이상기체의 경우, 온도가 일정할 때 가스의 압력과 부피는 서로 반비례한다."와 관련이 있는 법칙은?

① 보일의 법칙
② 샤를의 법칙
③ 보일-샤를의 법칙
④ 돌턴의 법칙

해설
- 보일의 법칙($T=$일정)

$$P_1 V_1 = P_2 V_2 \quad V_2 = \frac{P_1 \times V_1}{P_2}$$

∴ 온도가 일정할 때 기체의 체적은(V_2) 압력에(P_2) 반비례한다.

- 샤를의 법칙($P=$일정)

$$\frac{V_1}{T_1} = \frac{V_2}{T_2} \quad \therefore \quad V_2 = \frac{V_1 \times T_2}{T_1}$$

∴ 압력이 일정할 때 기체의 체적은 절대온도(T_2)에 비례한다.

- 보일-샤를의 법칙

$$\frac{P_1 V_1}{T_1} = \frac{P_2 V_2}{T_2} \quad \therefore \quad V_2 = \frac{P_1 \times V_1 \times T_2}{T_1 \times P_2}$$

∴ 기체의 체적은 압력에 반비례하고 절대온도에 비례한다.

16

공기와 혼합하였을 때 폭발성 혼합가스를 형성할 수 있는 것은?

① NH_3
② N_2
③ CO_2
④ SO_2

해설 공기와 혼합시 폭발성 혼합가스를 형성할 수 있는 것(가연성가스)

① NH_3(암모니아) : 15~28%
② CO(일산화탄소) : 12.5~74%
③ H_2S (황화수소) : 4.3~45.5%
④ CH_4(메탄) : 5~15%
⑤ C_3H_8(프로판) : 2.1~9.5%
⑥ C_4H_{10}(부탄) : 1.8~8.4%
⑦ CS_2(이황화탄소) : 1.2~44%
⑧ C_6H_6(벤젠) ; 1.4~7.1%
⑨ H_2(수소) : 4~75%
⑩ C_2H_2(아세틸렌) : 2.5~81%
⑪ C_2H_6(에탄) : 3~12.5%
⑫ C_2H_4(에틸렌) : 3.1~32%

17

상온, 상압 하에서 에탄(C_2H_6)이 공기와 혼합되는 경우 폭발범위는 약 몇 %인가?

① 3.0~10.5
② 3.0~12.5
③ 2.7~10.5
④ 2.7~12.5

해설 16번 참조

정답 15. ① 16. ① 17. ②

18 가연성가스의 폭발범위에 대한 설명으로 옳은 것은?
① 폭굉에 의한 폭풍이 전달되는 범위를 말한다.
② 폭굉에 의하여 피해를 받는 범위를 말한다.
③ 공기 중에서 가연성가스가 연소할 수 있는 가연성가스의 농도범위를 말한다.
④ 가연성가스와 공기의 혼합기체가 연소하는데 있어서 혼합기체의 필요한 압력범위를 말한다.

19 다음 기체 가연물 중 위험도(H)가 가장 큰 것은?
① 수소
② 아세틸렌
③ 부탄
④ 메탄

[해설] 위험도$(H) = \dfrac{u-L}{L}$ (값이 클수록 위험도가 큼)

① 수소 $= \dfrac{75-4}{4} = 17.75$

② 아세틸렌 $= \dfrac{81-2.5}{2.5} = 31.4$

③ 부탄 $= \dfrac{8.4-1.8}{1.8} = 3.67$

④ 메탄 $= \dfrac{15-5}{5} = 2$

20 방폭구조의 종류에 대한 설명으로 틀린 것은?
① 내압 방폭구조는 용기 외부의 폭발에 견디도록 용기를 설계한 구조이다.
② 유입 방폭구조는 기름면 위에 존재하는 가연성가스에 인화될 우려가 없도록 한 구조이다.
③ 본질안전 방폭구조는 공적기관에서 점화시험등의 방법으로 확인한 구조이다.
④ 안전증 방폭구조는 구조상 및 온도의 상승에 대하여 특별히 안전도를 증가시킨 구조이다.

[해설]
• 내압방폭구조(d) : 용기내부에서 가연성가스의 폭발이 발생할 경우 그 용기가 폭발압력에 견디고 접합면, 개구부 등을 통하여 외부의 가연성가스에 인화되지 않도록 한 구조
• 압력방폭구조(p) : 용기 내부에 보호가스를 압입하여 내부압력을 유지함으로서 가연성가스가 용기내부로 유입되지 않도록 한 구조
• 특수방폭구조(s) : 가연성가스에 점화를 방지할 수 있다는 것이 시험, 기타의 방법에 의하여 확인된 구조

정답 18. ③ 19. ② 20. ①

제2과목 : 가스설비

21 공기액화분리장치의 폭발원인으로 가장 거리가 먼 것은?
① 공기 취입구로부터의 사염화탄소의 침입
② 압축기용 윤활유의 분해에 따른 탄화수소의 생성
③ 공기 중에 있는 질소 화합물(산화질소 및 과산화질소 등)의 흡입
④ 액체 공기 중의 오존의 혼입

해설→ 공기액화분리 장치의 폭발 원인
① 액체공기중의 오존의 혼입
② 공기중의 질소산화물 혼입
③ 압축기용 윤활유 분해에 따른 탄화수소의 생성
④ 공기중의 아세틸렌의 혼입

22 원통형 용기에서 원주방향 응력은 축방향응력의 얼마인가?
① 0.5   ② 1배   ③ 2배   ④ 4배

해설→ 원주방향응력 $\left(\sigma_1 = \dfrac{PD}{2t}\right)$
축방향응력 $\left(\sigma_2 = \dfrac{PD}{4t}\right)$

23 포스겐의 제조 시 사용되는 촉매는?
① 활성탄   ② 보크사이트   ③ 산화철   ④ 니켈

해설→ $CO + Cl_2 \xrightarrow{\text{활성탄}} COCl_2$

24 대용량의 액화가스저장탱크 주위에는 방류둑을 설치하여야 한다. 방류둑의 주된 설치 목적은?
① 테러범 등 불순분자가 저장탱크에 접근하는 것을 방지하기 위하여
② 액상의 가스가 누출될 경우 그 가스를 쉽게 방류시키기 위하여
③ 빗물이 저장탱크 주위로 들어오는 것을 방지하기 위하여
④ 액상의 가스가 누출된 경우 그 가스의 유출을 방지하기 위하여

정답 21. ①   22. ③   23. ①   24. ④

해설 → 방류둑
(1) 설치목적 : 저장탱크 및 냉동제조시설 중 수액기의 액화가스가 액체상태로 누설될 경우 저장탱크의 한정된 범위를 벗어나 다른 곳으로 유출되는 것을 방지
(2) 적용범위
　① 고압가스 일반제조시설
　　㉮ 가연성 및 산소의 액화가스 저장능력이 1,000톤 이상일 때(독성가스는 5톤 이상)
　② 냉동제조시설 : 독성가스를 냉매로 하는 수액기의 내용적이 10,000[l]이상인 것.
　③ 액화석유가스 저장시설 : LPG의 저장능력이 1,000톤 이상일 때(충전사업에서)
　④ 도시가스시설 중 LPG용량이 다음과 같을 때
　　㉮ 가스도매사업 : 저장능력이 500톤 이상
　　㉯ 일반 도시가스사업 : 저장능력이 1,000톤 이상
(3) 방류둑의 용량
　① 저장능력에 해당하는 전량(100[%])이다.
　　※ 액화산소의 저장탱크 : 저장능력 상당용적의 60[%]
　② 2기 이상의 저장탱크를 집합방류둑 내에 설치한 경우 : 최대 저장탱크능력 상당용적+잔여저장탱크 총능력 상당용적의 10[%](이때 격리벽의 높이는 방류둑 보다 10[cm] 낮게 할 것)
　③ 냉동설비의 수액기 : 당해 방류둑 내에 설된 수액기 내용적의 90[%]이상의 용적
(4) 방류둑의 구조 및 기준
　① 방류둑의 재료는 철근콘크리트, 철골·철근콘크리트, 금속, 흙 또는 이들을 혼합한 액밀한 구조일 것.
　② 액이 체류하는 표면적은 가능한 한 적게 할 것(대기와 접하는 부분이 많으면 기화량 증대)
　③ 높이에 상당하는 당해가스의 액두압에 견딜 수 있을 것.
　④ 배관관통부의 틈새로부터 누설방지 및 방식조치를 할 것.
　⑤ 금속재료는 당해 가스에 부식되지 않게 방식 및 방청조치를 할 것.
　⑥ 방류둑 내에 고인물을 외부에 배출하기 위한 배수조치를 할 것.
　⑦ 가연성 및 독성 또는 가연성과 조연성의 액화가스 방류둑을 혼합배치하지 말 것.
　⑧ 방류둑의 내면과 그 외면으로부터 10[m] 이내에는 저장탱크 부속설비 이외의 것을 설치하지 아니할 것.
　⑨ 성토는 수평에 대하여 45° 이하의 구배를 가지고 성토한 정상부의 폭은 30[cm] 이상일 것.
　⑩ 방류둑의 계단 및 사다리는 출입구 둘레 50[m]마다 1개 이상 설치하고 그 둘레가 50[m]미만일 경우는 2개소 이상 분산 설치할 것.
　⑪ 저장탱크를 건물 내에 설치한 경우에는 그 건물구조가 방류둑의 구조를 갖는 것일 것.

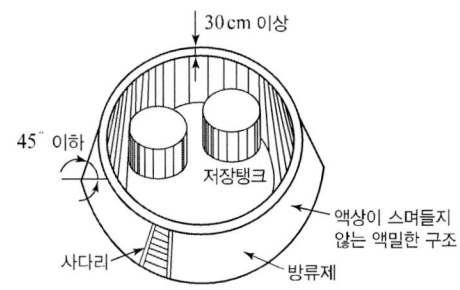

25 아세틸렌 제조설비에서 정제장치는 주로 어떤가스를 제거하기 위해 설치하는가?
① PH_3, H_2S, NH_3
② CO_2, SO_2, CO
③ H_2O(수증기), NO, NO_2, NH_3
④ $SiHCl_3$, SiH_2Cl_2, SiH_4

해설 ➡ 아세틸렌
(1) 일반적인 성질
  ① 물리적 성질
    ㉠ 무색의 기체로 약간 에테르 향기가 있고 불순물로 인하여 특이한 냄새가 난다(불순물 : H_2S, PH_3, NH_3, SiH_4).
    ㉡ 융점(-81℃, 비점(-84℃)이 비슷하고 고체아세틸렌은 융해하지 않고 승화한다.
    ㉢ 액체아세틸렌보다 고체아세틸렌이 안전하다.
    ㉣ 물에는 거의 녹지 않고 유기용매(아세톤, D.M.F)에는 용해된다.
  ② 화학적 성질
    ㉠ 흡열화합물이므로 압축하면 분해 폭발할 우려가 있다.
      $C_2H_2 \rightarrow 2C + H_2 + 54.2 [Kcal]$
    ㉡ Cu, Hg, Ag 등의 금속과 화합시 폭발성 물질인 아세틸라이드를 생성
      $C_2H_2 + 2Cu \rightarrow Cu_2C_2$(동아세틸라이드)$+H_2$
      $C_2H_2 + 2Hg \rightarrow Hg_2C_2$(수은아세틸라이드)$+H_2$
      $C_2H_2 + 2Ag \rightarrow Ag_2C_2$(은아세틸라이드)$+H_2$
    ㉢ 산소 혼합시 점화하면 산화폭발한다.
      $2C_2H_2 + 5O_2 \rightarrow 4CO_2 + 2H_2O + 301.5 [Kcal]$
(2) 제조법
  ① 카바이드에 물을 가하여 제조
    $CaC_2 + 2H_2O \rightarrow C_2H_2\uparrow + Ca(OH)_2$
  ② 석유 크레킹으로 제조
    $C_3H_8 \xrightarrow[1,000 \sim 1,200[℃]]{creaking} C_2H_2\uparrow + CH_4 + H_2$
(3) 아세틸렌의 제조공정
  ① 가스발생기
  ② 쿨러
  ③ 가스청정기
  ④ 저압건조기
  ⑤ 역화방지기
  ⑥ 가스압축기
  ⑦ 유분리기
  ⑧ 고압건조기
  ⑨ 체크밸브
  ⑩ 안전밸브

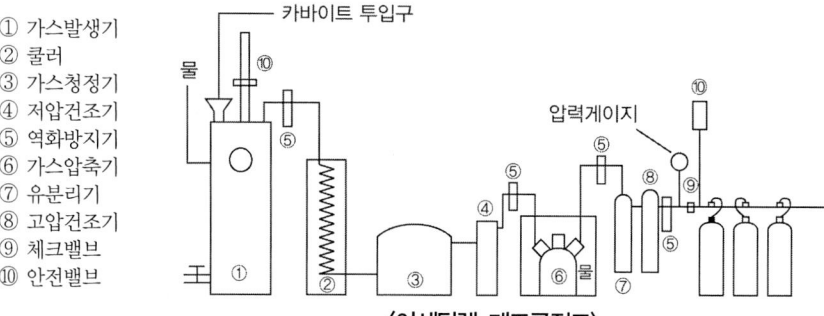

〈아세틸렌 제조공정도〉

정답 25. ①

26 발열량이 10000 kcal/Sm³, 비중이 1.2인 도시가스의 웨베지수는?
① 8333
② 9129
③ 10954
④ 12000

[해설] 웨버지수 = $\dfrac{Hg}{\sqrt{d}} = \dfrac{10000}{\sqrt{1.2}} = 9128.7$

27 스테인리스강의 조성이 아닌 것은?
① Cr   ② Pb   ③ Fe   ④ Ni

[해설] 스텐레스강의 조성 : Cr, Ni, Fe

28 기화장치의 구성이 아닌 것은?
① 검출부   ② 기화부
③ 제어부   ④ 조압부

[해설] 기화장치의 구성 : ① 기화부 ② 제어부 ③ 조압부

29 산소제조 장치설비에 사용되는 건조제가 아닌 것은?
① NaOH   ② SiO_2
③ $NaClO_3$ ④ Al_2O_3

[해설] $NaClO_3$(염소산나트륨) : 제1류 위험물
$NaClO_4$(과염소산나트륨)

30 피셔(fisher)식 정압기에 대한 설명으로 틀린 것은?
① 로딩형 정압기이다.
② 동특성이 양호하다.
③ 정특성이 양호하다.
④ 다른 것에 비하여 크기가 크다.

[해설] 다른 것에 비해 크기가 작다.

정답 26. ② 27. ② 28. ① 29. ③ 30. ④

31

제1종 보호시설은 사람을 수용하는 건축물로서 사실상 독립된 부분의 연면적이 얼마 이상인 것에 해당하는가?

① 100 m²
② 500 m²
③ 1000 m²
④ 2000 m²

해설 ⊃ 안전거리
① 제1종 보호시설
　㉠ 유치원, 병원, 새마을유아원, 학교, 도서관, 시장, 공중목욕탕, 호텔(여관)
　㉡ 사람을 수용하는 건축물로서 독립된 부분의 연면적이 1000 cm² 이상인 것
　㉢ 극장, 교회, 공회당 기타 이와 유사한 시설로서 수용인원이 300인 이상인 건축물
　㉣ 아동복지시설 또는 장애인 복지시설로서 수용인원이 20인 이상인 건축물
　㉤ 문화재보호법에 의하여 지정문화재로 지정된 건축물
② 제2종 보호시설
　㉠ 주택
　㉡ 사람을 수용하는 건축물로서 독립된 부분의 연면적이 100 cm² 이상 1000 cm² 미만인 것

안전거리

처리능력 및 저장능력	독성 및 가연성가스		산소		기타의 가스(질소)	
	1종 보호시설	2종 보호시설	1종 보호시설	2종 보호시설	1종 보호시설	2종 보호시설
1만 이하	17 m	12 m	12 m	8 m	8 m	5 m
2만 이하	21 m	14 m	14 m	9 m	9 m	7 m
3만 이하	24 m	16 m	16 m	11 m	11 m	8 m
4만 이하	27 m	18 m	18 m	13 m	13 m	9 m
4만 초과	30 m	20 m	20 m	14 m	14 m	10 m
5~99만	30m 1종 $\left[\frac{3}{25}\sqrt{x+10,000}\,m\right]$			20m 2종 $\left[\frac{2}{25}\sqrt{x+10,000}\,m\right]$		
99만 초과	30 m(가연성가스 저온저장탱크) 120 m			20 m(가연성가스 저온저장탱크) 80 m		

32

공기냉동기의 표준사이클은?

① 브레이튼 사이클
② 역브레이튼 사이클
③ 카르노 사이클
④ 역카르노 사이클

정답 31. ③ 32. ②

33

3단 압축기로 압축비가 다같이 3일 때 각 단의 이론 토출압력은 각각 몇 MPa·g인가? (단, 흡입압력은 0.1 MPa이다.)

① 0.2, 0.8 2.6 ② 0.2, 1.2, 6.4
③ 0.3, 0.9 2.7 ④ 0.3, 1.2, 6.4

[해설]
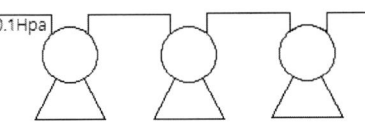

① 압축비 = $\dfrac{P_2}{P_1}$ $P_2 = 0.1 \times 3 = 0.3$ MPa·a $- 1 = 0.2$ Mpa·g

② 압축비 = $\dfrac{P_3}{P_2}$ $P_3 = 0.3 \times 3 = 0.9$ MPa·a $- 1 = 0.8$ Mpa·g

③ 압축비 = $\dfrac{P_4}{P_3}$ $P_4 = 0.9 \times 3 = 2.7$ MPa·a $- 1 = 2.6$ Mpa·g

34

압축기에서 압축비가 커짐에 따라 나타나는 영향이 아닌 것은?

① 소요 동력 감소 ② 토출가스 온도 상승
③ 체적 효율 감소 ④ 압축 일량 증가

[해설] 소요동력 증가

35

배관 내 가스 중의 수분 응축 또는 배관의 부식등으로 인하여 지하수가 침입하는 등의 장애발생으로 가스의 공급이 중단되는 것을 방지하기 위해 설치하는 것은?

① 슬리브 ② 리시버 탱크
③ 솔레노이드 ④ 후프링

36

최고 사용온도가 100°C, 길이(L)가 10 m인 배관을 상온(15°C)에서 설치하였다면 최고 온도로 사용 시 팽창으로 늘어나는 길이는 약 몇 mm인가? (단, 선팽창계수 α는 12×10^{-6} m/m°C이다.)

① 5.1 ② 10.2 ③ 102 ④ 204

[해설] $\triangle l = \alpha \cdot l \cdot \triangle t$
$= 12 \times 10^{-6}$ m/m°C $\times$ 10 m $\times$ 1000 mm/m $\times (100-15) = 10.2$ mm

[정답] 33. ① 34. ① 35. ② 36. ②

37. 다음은 수소의 성질에 대한 설명이다. 옳은 것으로만 나열된 것은?

Ⓐ 공기와 혼합된 상태에서의 폭발범위는 4.0%~65%이다.
Ⓑ 무색, 무취, 무미이므로 누출되었을 경우 색깔이나 냄새로 알 수 없다.
Ⓒ 고온, 고압 하에서 강(鋼)중의 탄소와 반응하여 수소취성을 일으킨다.
Ⓓ 열전달율이 아주 낮고, 열에 대하여 불안정하다.

① Ⓐ, Ⓑ   ② Ⓐ, Ⓒ   ③ Ⓑ, Ⓒ   ④ Ⓑ, Ⓓ

해설 수소의 성질
(1) 일반적 성질
 ① 상온에서 무색·무미·무취의 가연성 기체이다.
 ② 모든 기체 중 비중이 가장 작고, 확산속도가 가장 빠르다.
 ③ 열전도율이 대단히 크고, 열에 대해 안정하다.
 ④ 산소 또는 공기와 혼합하여 폭발할 수 있다.
  ㉠ 폭발범위 : 공기중(4~75[%]) 산소중(4~94[%])
  ㉡ 폭굉범위 : 공기중(18.3~59[%]) 산소중(15~90[%])
 ⑤ 수소는 산소, 염소, 불소와 반응하여 격렬한 폭발을 일으켜 폭명기를 형성한다.
  ㉠ $2H_2 + O_2 \rightarrow 2H_2O + 136.6[kcal]$ (수소폭명기)
  ㉡ $H_2 + Cl_2 \rightarrow 2HCl + 44[kcal]$ (염소폭명기)
  ㉢ $H_2 + F_2 \rightarrow 2HF + 128[kcal]$ (불소폭명기)
 ⑥ 수소는 고온에서는 금속산화물을 환원시키는 성질이 있다.
  $CuO + H_2 \rightarrow Cu + H_2O$
 ⑦ 고온·고압에서 강재 중 탄소의 성분과 반응하여 수소취성(탈탄반응)을 일으킨다.
  $Fe_3C + 2H_2 \rightarrow CH_4 + 3Fe$
 ⑧ 고온·고압에서 질소와 반응하여 NH_3 생성
  $3H_2 + N_2 \rightarrow 2NH_3 + 24[kcal]$
 ⑨ 수소는 고온·고압에서 모든 금속재료를 쉽게 투과한다.

참고 ① 탈탄 촉진조건 ; 고온, 고압, 탄소 함유량이 많을수록
② 탈탄 방지재료 : 5~6[%] Cr강 18-8 스테인리스강
③ 탈탄방지 첨가원소 : W, Cr, Ti, Nb, Mo, V

38. 일정 압력 이하로 내려가면 가스분출이 정지되는 안전밸브는?

① 가용전식   ② 파열식   ③ 스프링식   ④ 박판식

해설 안전밸브 : 고압장치에서 가스의 압력이 이상상승시 스스로 작동하여 가스를 외부로 배출시켜 사고방지
① 작동압력 = $TP \times \dfrac{8}{10}$ 이하 = 상용압력 × 1.2

정답 37. ③   38. ③

② 종류
  ㉠ 스프링식
    Ⓐ 고압장치에 가장 널리 사용
    Ⓑ 반 영구적이다.
    Ⓒ 스프링작동에 의해 이상 고압시 가스를 외부로 배출
  ㉡ 가용전식
    Ⓐ 아세틸렌, 염소용기 등에 사용
    Ⓑ 고온의 영향을 받는곳에는 사용하지 아니한다.
    Ⓒ 퓨즈메탈이라고도 하며 용융점은 60~70℃이다.
    Ⓓ Pb(납), Sn(주석), Bi(비스무트), Cd(카드뮴)등의 합금으로 구성
  ㉢ 파열판식
    Ⓐ 부식성유체, 미상물질을 함유한 유체에 적합
    Ⓑ 한번작동하면 새로운 박판으로 교체해야 한다.
    Ⓒ 밸브시트 누설이 없다.
    Ⓓ 취출용량이 많아 압력상승 속도가 급격한 중합분해와 같은 반응장치에 사용
③ 안전밸브 최소분출면적 계산

$$A(\text{cm}^2) = \frac{W}{230P\sqrt{\dfrac{M}{T}}}$$

W(kg/h) : 시간당 가스분출량
P(kg/cm² . a) : 안전밸브 작동압력
M(g) : 가스분자량
T(K) : 분출직전의 가스절대온도

39. 피스톤 펌프의 특징으로 옳지 않은 것은?

① 고압, 고점도의 소유량에 적당하다.
② 회전수에 따른 토출 압력 변화가 많다.
③ 토출량이 일정하므로 정량토출이 가능하다.
④ 고압에 의하여 물성이 변화하는 수가 있다.

해설 피스톤 펌프의 특징
① 비교적 용량이 크고 압력이 낮은 경우에 사용
② 고압·고점도의 소유량에 적합
③ 고압에 의해 물성이 변화하는 수가 있다.
④ 토출량이 일정하므로 정량토출이 가능

40. 수격작용(water hammering)의 방지법으로 적합하지 않는 것은?

① 관내의 유속을 느리게 한다.
② 밸브를 펌프 송출구 가까이 설치한다.
③ 서지 탱크(Surge tank)를 설치하지 않는다.
④ 펌프의 속도가 급격히 변화하는 것을 막는다.

정답 39. ② 40. ③

해설 ➡ 펌프에서 발생되는 여러 가지 현상
① 캐비테이션(cavitation) : 유수 중에 어느부분의 정압이 그때 물의 온도에 해당하는 증기압 이하로 되어 물이 증발을 일으키고 수중에 용입되어 있던 공기가 낮은 압력으로 인하여 기포가 발생하는 현상으로 공동현상이라고도 한다.
　㉮ 영향
　　㉠ 소음과 진동발생
　　㉡ 깃에 대한 침식
　　㉢ 양정곡선과 효율곡선의 저하
　㉯ 발생조건
　　㉠ 흡입 양정이 지나치게 길 때
　　㉡ 과속으로 유량이 증대될 때
　　㉢ 흡입관 입구 등에서 마찰저항 증가시
　　㉣ 관로 내의 온도가 상승될 때
　㉰ 방지대책
　　㉠ 양흡입 펌프를 사용한다.
　　㉡ 수직축 펌프를 사용하고 회전차를 수중에 잠기게 한다.
　　㉢ 펌프를 두 대 이상 설치한다.
　　㉣ 펌프의 회전수를 낮춘다.
　　㉤ 펌프의 설치위치를 낮추어 흡입양정을 짧게 한다.
　　㉥ 관지름을 크게 하고 흡입측의 저항을 최소로 줄인다.
② 수격작용(water hammering) : 펌프에서 물을 압송하고 있을 때 정전 등으로 급히 펌프가 멈추거나 수량조절 밸브를 급히 폐쇄할 때 관내 유속이 급속히 변화하면 물에 의한 심한 압력의 변화가 생겨 관벽을 치는 현상을 수격작용이라고 한다.

> ※ 수격작용 방지책
> ① 완폐 체크 밸브를 토출구에 설치하고 밸브를 적당히 제어한다.
> ② 관경을 크게 하고 관내 유속을 느리게 한다.
> ③ 관로에 조압수조(surge tank)를 설치한다.
> ④ 플라이 휠을 설치하여 펌프속도의 급변을 막는다.

③ 서징(surging) : 펌프를 운전할 때 송출압력과 송출유량이 주기적으로 변동하여 펌프입구 및 출구에 설치된 진공계, 압력계의 지침이 흔들리는 현상을 말하며 맥동현상이라고도 한다.
　㉮ 서징현상 발생원인
　　㉠ 펌프를 운전시 주기적으로 운동, 양정, 토출량이 변화될 때
　　㉡ 수량조절 밸브가 저장탱크 뒤쪽에 있을 때
　　㉢ 배관 중에 공기탱크나 물탱크가 있을 때
　㉯ 서징현상 방지책
　　㉠ 방출 밸브 등을 사용하여 펌프속 양수량을 서어징할 때의 양수량 이상으로 증가시킨다.
　　㉡ 임펠러 가이드 베인의 현상과 치수를 바꾸어 그 특성을 변화시킨다.
　　㉢ 관로에 불필요한 잔류공기를 제거하고 관로의 단면적 및 유속 등을 변화시킨다.

제3과목 : 가스안전관리

41 저장능력이 20톤인 암모니아 저장탱크 2기를 지하에 인접하여 매설할 경우 상호간에 최소 몇 m 이상의 이격거리를 유지하여야 하는가?

① 0.6 m ② 0.8 m ③ 1 m ④ 1.2 m

해설: 저장탱크 2기를 지하에 인접하여 매설시 1 m 이상의 간격유지
1 m 미만시 1 m 이상으로 한다.

42 공업용 액화염소를 저장하는 용기의 도색은?

① 주황색 ② 회색
③ 갈색   ④ 백색

해설: 공업 용기 도색
청탄산 산녹에서 황아체 안주삼아 소주잔 높이 들고 백암산 바라보니 염소는 갈색으로
① ② ③ ④ ⑤ ⑥ ⑦
보이고 쥐들은 기타를 치더라
⑧ ⑨

① 탄산가스 : 청색   ② 산소 : 녹색   ③ 아세틸렌 : 황색
④ 수소 : 주황   ⑤ 암모니아 : 백색 ⑥ 염소 : 갈색
⑦ 기타 : 쥐색(회색) : Ar, C_3H_8

가스명칭 : C_2H_2, NH_3 : 흑색
　　　　　LPG　　　: 적색
　　　　　기타　　　: 백색

43 가스사용시설에 퓨즈콕 설치 시 예방 가능한 사고 유형은?

① 가스렌지 연결호스 고의절단사고   ② 소화안전장치고장 가스누출사고
③ 보일러 팽창탱크과열 파열사고   ④ 연소기 전도 화재사고

44 고압가스 안전관리법에서 정하고 있는 특정 고압가스가 아닌 것은?

① 천연가스 ② 액화염소
③ 게르만   ④ 염화수소

정답 41. ③ 42. ③ 43. ① 44. ④

[해설] 특정고압가스
① 포스핀(PH₃)　　　　② 셀렌화수소(H₂Se)
③ 게르만(GeH₄)　　　④ 디실란(SiH₆)
⑤ 오불화비소(BiF₅)　⑥ 오불화인(PF₅)
⑦ 삼불화인(PF₃)　　　⑧ 삼불화질소(NF₃)
⑨ 삼불화붕소(BF₃)　　⑩ 사불화유황(SF₄)
⑪ 사불화규소(SiF₄)　⑫ 압축모노실란(SiH₄)
⑬ 압축디보레인(B₂H₆)　⑭ 액화알진(AsH₃)
⑮ 액화염소　　　　　⑯ 액화암모니아
⑰ 산소　　　　　　　⑱ 수소
⑲ 아세틸렌　　　　　⑳ 천연가스

45

액화석유가스의 특성에 대한 설명으로 옳지 않은 것은?
① 액체는 물보다 가볍고, 기체는 공기보다 무겁다.
② 액체의 온도에 의한 부피변화가 작다.
③ 일반적으로 LNG보다 발열량이 크다.
④ 연소 시 다량의 공기가 필요하다.

[해설] 액화석유가스의 특징
① 연소 시 다량의 공기가 필요하다.
② 연소범위가 좁다
③ 발화점이 높다.
④ 일반적으로 LNG보다 발열량이 크다.
⑤ 액체의 온도에 의한 부피 변화가 크다.
⑥ 액체는 물보다 가볍고 기체는 공기보다 무겁다.
⑦ 기화, 액화가 용이하다.
⑧ 용해성이 있다. (천연 고무를 녹이므로 합성고무 사용)
⑨ 무색, 무미, 무취이다.

46

고온, 고압 시 가스용기의 탈탄작용을 일으키는 가스는?
① C_3H_8　　② SO_3　　③ H_2　　④ CO

[해설] 수소
① $Fe_3C + 2H_2 \rightarrow CH_4 + 3Fe$ (고온, 고압하에서 발생)
② 탈탄방지원소 : V, Mo, Ti, W, Cr

정답 45. ②　46. ③

47
독성의 액화가스 저장탱크 주위에 설치하는 방류둑의 저장능력은 몇 톤 이상의 것에 한하는가?

① 3톤
② 5톤
③ 10톤
④ 50톤

[해설] 문제 24번 참조

48
가스설비가 오조작되거나 정상적인 제조를 할 수 없는 경우 자동적으로 원재료를 차단하는 장치는?

① 인터록기구
② 원료제어밸브
③ 가스누출기구
④ 내부반응 감시기구

49
액화암모니아 70 kg을 충전하여 사용하고자 한다. 충전정수가 1.86일 때 안전관리상 용기의 내용적은?

① 27 L
② 37.6 L
③ 75 L
④ 131 L

[해설] $G = \dfrac{V}{C}$, $70kg = \dfrac{V}{1.86}$ 따라서 V=130.2L≒131L

50
고압가스안전관리법상 가스저장탱크 설치 시 내진설계를 하여야 하는 저장탱크는? (단, 비가연성 및 비독성인 경우는 제외한다.)

① 저장능력이 5톤 이상 또는 500 m³ 이상인 저장탱크
② 저장능력이 3톤 이상 또는 300 m³ 이상인 저장탱크
③ 저장능력이 2톤 이상 또는 200 m³ 이상인 저장탱크
④ 저장능력이 1톤 이상 또는 100 m³ 이상인 저장탱크

[해설] <내진설계적용대상>
저장탱크 및 압력용기

구분	비가연성·비독성	가연성·독성	탑류
압축가스	1000 m³ 이상	500 m³ 이상	동체부 높이 5 m 이상
액화가스	10000 kg 이상	5000 kg 이상	

정답 47. ② 48. ① 49. ④ 50. ①

51
차량에 혼합 적재할 수 없는 가스끼리 짝지어져있는 것은?
① 프로판, 부탄
② 염소, 아세틸렌
③ 프로필렌, 프로판
④ 시안화수소, 에탄

[해설] 촉매폭발(직사일광에 의한 폭발)
① 염소와 수소   ② 염소와 아세틸렌   ③ 염소와 암모니아

52
압력방폭구조의 표시방법은?
① p   ② d   ③ ia   ④ s

[해설] 내압방폭구조(d)   안전증방폭구조(e)
유입방폭구조(o)   특수증방폭구조(s)
압력방폭구조(p)   본질안전증방폭구조(ia또는 ib)

53
저장량 15톤의 액화산소 저장탱크를 지하에 설치할 경우 인근에 위치한 연면적 300 m^2인 교회와 몇 m 이상의 거리를 유지하여야 하는가?
① 6 m   ② 7 m   ③ 12 m   ④ 14 m

[해설] 교회 : 1종보호시설
1만 초과 ~ 2만 : 14m (지하에 매설하는 경우에는 1/2를 한다.)

54
냉동기의 냉매설비에 속하는 압력용기의 재료는 압력용기의 설계압력 및 설계온도 등에 따른 적절한 것이어야 한다. 다음 중 초음파탐상 검사를 실시하지 않아도 되는 재료는?
① 두께가 40 mm 이상인 탄소강
② 두께가 38 mm 이상인 저합금강
③ 두께가 6 mm 이상인 9% 니켈강
④ 두께가 19 mm 이상이고 최소인장강도가 568.4 N/mm^2 이상인 강

[해설] 초음파 탐상검사를 실시하는 재료
① 두께가 6 mm 이상인 9% 니켈 강
② 두께가 19 mm 이상이고 최소인장강도가 568.4 N/mm^2 이상인 강
③ 두께가 38 mm 이상인 저합금강
④ 두께가 50 mm 이상인 탄소강
⑤ 두께가 13 mm 이상인 2.5% 니켈강 또는 3.5% 니켈강

정답 51. ② 52. ① 53. ② 54. ①

55
아세틸렌용 용접용기 제조 시 내압시험압력이란 최고압력 수치의 몇 배의 압력을 말하는가?
① 1.2　　② 1.5　　③ 2　　④ 3

해설 · 내압시험압력
① $C_2H_2 = FP \times 3$ 배
② 기타 $= FP \times \dfrac{5}{3}$ 배
· 기밀시험압력
① $C_2H_2 = FP \times 1.8$ 배
② 초저온 및 저온 $= FP \times 1.1$
③ 기타 $= FP$ 이상

56
용기보관실을 설치한 후 액화석유가스를 사용하여야 하는 시설기준은?
① 저장능력 1000 kg 초과
② 저장능력 500 kg 초과
③ 저장능력 300 kg 초과
④ 저장능력 100 kg 초과

해설 용기보관실 설치한 후 액화석유가스를 사용하여야 하는 시설 기준 : 저장능력 100 kg 초과
저장능력 250 kg 이상 : 안전장치 설치
저장능력 500 kg 이상 : 저장탱크 설치

57
고압가스 제조설비에서 기밀시험용으로 사용할 수 없는 것은?
① 질소　　② 공기
③ 탄산가스　　④ 산소

해설 기밀시험용 가스
① 질소　② 탄산가스　③ 공기

58
아세틸렌가스 충전 시 희석제로 적합한 것은?
① N_2　　② C_3H_8
③ SO_2　　④ H_2

해설 아세틸렌 희석제
① 메탄　② 일산화탄소　③ 에틸렌　④ 질소

정답　55. ④　56. ④　57. ④　58. ①

59 액화석유가스 사업자 등과 시공자 및 액화석유가스 특정사용자의 안전관리 등에 관계되는 업무를 하는 자는 시·도지사가 실시하는 교육을 받아야 한다. 교육대상자의 교육내용에 대한 설명으로 틀린 것은?

① 액화석유가스 배달원으로 신규종사하게 될 경우 특별교육을 1회 받아야 한다.
② 액화석유가스 특정사용시설의 안전관리책임자로 신규종사하게 될 경우 신규종사 후 6개월 이내 및 그 이후에는 3년이 되는 해마다 전문교육을 1회 받아야 한다.
③ 액화석유가스를 연료로 사용하는 자동차의 정비작업에 종사하는 자가 한국가스안전공사에서 실시하는 액화석유가스 자동차 정비 등에 관한 전문교육을 받은 경우에는 별도로 특별교육을 받을 필요가 없다.
④ 액화석유가스 충전시설의 충전원으로 신규종사하게 될 경우 6개월 이내 전문교육을 1회 받아야 한다.

해설> 신규종사시 특별교육을 1회 받음

60 정전기로 인한 화재·폭발 사고를 예방하기 위해 취해야 할 조치가 아닌 것은?

① 유체의 분출 방지
② 절연체의 도전성 감소
③ 공기의 이온화 장치 설치
④ 유체 이·충전 시 유속의 제한

해설> 정전기로 인한 화재·폭발 사고를 예방하기 위해 취해야 할 조치
① 유체의 이·충전시 유속의 제한
② 공기의 이온화장치 설치
③ 유체의 분출방지

제4과목 : 가스계측

61 토마스식 유량계는 어떤 유체의 유량을 측정하는데 가장 적당한가?

① 용액의 유량
② 가스의 유량
③ 석유의 유량
④ 물의 유량

해설> 토마스식 유량계는 가스의 유량을 측정
토크미터 : 동력을 측정

정답 59. ④ 60. ② 61. ②

62 크로마토그램에서 머무름 시간이 45초인 어떤 용질을 길이 2.5 m의 칼럼에서 바닥에서의 나비를 측정하였더니 6초이었다. 이론단수는 얼마인가?

① 800　　　② 900　　　③ 1000　　　④ 1200

해설❯ 이론단수 $= 16 \times \left(\dfrac{tr}{w}\right)^2 = 16 \times \left(\dfrac{45}{6}\right)^2 = 900$

63 제어량의 종류에 따른 분류가 아닌 것은?

① 서보기구　　② 비례제어　　③ 자동조정　　④ 프로세스제어

해설❯ 제어량의 종류에 따른 분류
① 프로세스제어 : 온도, 유량, 압력, 액위 등 공업프로세스의 상태를 제어량을 함
② 서보기구 : 물체의 위치, 방위, 자세 등의 기계적 변위를 제어량으로 하는 제어계
③ 자동조정

64 전기 저항식 온도계에 대한 설명으로 틀린 것은?

① 열전대 온도계에 비하여 높은 온도를 측정하는데 적합하다.
② 저항선의 재료는 온도에 의한 전기저항의 변화(저항 온도계수)가 커야 한다.
③ 저항 금속재료는 주로 백금, 니켈, 구리가 사용된다.
④ 일반적으로 금속은 온도가 상승하면 전기 저항값이 올라가는 원리를 이용한 것이다.

해설❯ ・저항식 온도계
① 동저항식온도계 : 0~120℃　② 니켈저항온도계 : -50~300℃
③ 더미스터온도계 : -100~300℃　④ 백금저항식온도계 : -200~500℃
・열전대 온도계
① 백금-백금로듐 : 0~1600℃　② 크로멜-알루멜 : 0~1200℃
③ 철-콘스탄탄 : -20~800℃　④ 동-콘스탄탄 : -200~350℃

65 자동제어에 대한 설명으로 틀린 것은?

① 편차의 정(+), 부(-)에 의하여 조작신호가 최대, 최소가 되는 제어를 on-off 동작이라고 한다.
② 1차 제어장치가 제어량을 측정하여 제어명령을 하고 2차 제어장치가 이 명령을 바탕으로 제어량을 조절하는 것을 캐스케이드 제어라고 한다.
③ 목표값이 미리 정해진 시간적 변화를 할 경우의 수치제어를 정치제어라고 한다.
④ 제어량 편차의 과소에 의하여 조작단을 일정한 속도로 정작동, 역작동 방향으로 움직이게 하는 동작을 부동제어라고 한다.

정답 62. ②　63. ②　64. ①　65. ③

해설
- **정치제어** : 목표값이 변화없이 일정한 값을 갖는 제어
- **추치제어** : 목표값이 변화되는 것으로 목표값을 측정하면서 제어 목표량을 목표값에 맞추는 제어
  ① 추종제어 : 목표값이 시간에 따라 임의로 변화되는 값으로 부여한 제어
  ② 비율제어 : 2개 이상의 제어 값의 값이 정해진 비율을 보유하여 제어
  ③ 프로그램제어 : 목표값이 시간에 따라 미리 결정된 일정한 제어
  ④ 캐스케이드제어 : 1차제어장치가 제어명령을 말하고 2차제어장치가 이 명령을 바탕으로 제어

66 가스미터에 다음과 같이 표시되어 있었다. 다음 중 그 의미에 대한 설명으로 옳은 것은?

> 0.6[L/rev], MAX 1.8[m³/hr]

① 기준실 10주기 체적이 0.6 L, 사용 최대 유량은 시간당 1.8 m³이다.
② 계량실 1주기 체적이 0.6 L, 사용 감도 유량은 시간당 1.8 m³이다.
③ 기준실 10주기 체적이 0.6 L, 사용 감도 유량은 시간당 1.8 m³이다.
④ 계량실 1주기 체적이 0.6 L, 사용 최대 유량은 시간당 1.8 m³이다.

67 유량의 계측 단위가 아닌 것은?
① kg/h   ② kg/s   ③ Nm³/s   ④ kg/m³

해설 kg/m³ : 밀도의 단위

68 가스미터에 공기가 통과 시 유량이 300 m³/h라면 프로판 가스를 통과하면 유량은 약 몇 kg/h로 환산되겠는가? (단, 프로판의 비중은 1.52, 밀도는 1.86 kg/m³이다.)
① 235.9   ② 373.5   ③ 452.6   ④ 579.2

해설 유량 $= \dfrac{300 \text{ m}^3/\text{h}}{\sqrt{1.52}} \times 1.86 \text{ kg/cm}^3 = 452.59 \text{ kg/h}$

69 가스누출경보차단장치에 대한 설명 중 틀린 것은?
① 원격개폐가 가능하고 누출된 가스를 검지하여 경보를 울리면서 자동으로 가스통로를 차단하는 구조이어야 한다.
② 제어부에서 차단부의 개폐상태를 확인할 수 있는 구조이어야 한다.
③ 차단부가 검지부의 가스검지 등에 의하여 닫힌 후에는 복원조작을 하지 않는 한 열리지 않는 구조이어야 한다.

정답 66. ④ 67. ④ 68. ③ 69. ④

④ 차단부가 전자밸브인 경우에는 통전의 경우에는 닫히고, 정전의 경우에는 열리는 구조이어야 한다.

해설 ◎ 차단부가 전자밸브인 경우에는 통전인 경우는 열리고 정전인 경우에는 닫히는 구조이어야 한다.

70

탐사침을 액중에 넣어 검출되는 물질의 유전율을 이용하는 액면계는?
① 정전용량형 액면계
② 초음파식 액면계
③ 방사선식 액면계
④ 전극식 액면계

해설 ◎ ① 정전용량식 액면계 : 서로 마주 대하고 있는 두 개의 전열된 전극간의 정전용량은 전극 사이에 있는 물질의 유전율의 함수로 기체와 액체의 유전율은 서로 다르므로 탱크 내에 전극을 놓고 액체의 높이 변화에 따라 액체량이 달라지는 구조로 하여 액면의 높이를 정전용량의 크기로 반환시킬 수 있다. 또한 가동부나 정밀한 기계부분이 없으므로 견고하고 신뢰성이 높아 그 액의 경계나 분체의 레벨도 측정할 수 있다.

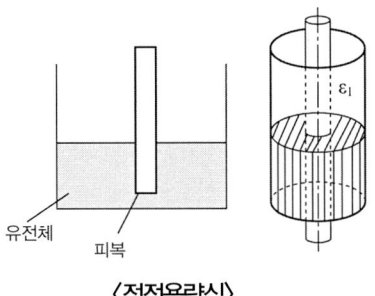

〈정전용량식〉

② 도전율식 액면계 : 유전율 대신에 도전율을 사용한 것으로 보통전극의 분극작용을 제거하기 위해 교류를 사용하며 도전율은 온도나 성분에 의한 변동이 유전율보다 크므로 정도는 다소 떨어지나 구조는 정전용량식보다 간단하다.
③ 초음파식 액면계 : 초음파의 송수신기를 설치하고 발신기로부터 발사되는 초음파가 액면에 반사되어 수신기로 되돌아오는 왕복시간을 측정하면 액면의 위치를 얻을 수 있는 것으로 액면에 접촉하지 않고 측정할 수 있어 식품이나 고압 또는 부식성이 있는 액체용의 탱크에 사용한다.

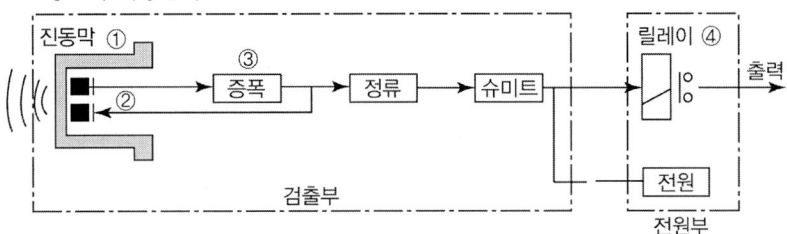

〈초음파식 액면계의 제어장치〉

정답 70. ①

④ 방사선 액면계 : 투과력이 큰 방사선을 사용하여 탱크의 외부로부터 액면 위치를 측정할 수 있으며 특히 탱크 내에 검출기를 설치할 수 없는 고온고압 등의 보통 액면계로 이용이 곤란한 장소에 사용하는 것으로 안전이나 제어용으로 많이 사용한다. 투과식과 추종식이 있다.

71 일반적으로 장치에 사용되고 있는 부르동관 압력계 등으로 측정되는 압력은?

① 절대압력　　② 게이지압력　　③ 진공압력　　④ 대기압

해설 부르돈관 압력계로 측정되는 압력 : 게이지압력

① 부르돈관 압력계(bourdon tube)
   ㉠ 고압장치에 가장 많이 사용되는 압력계로 2차 압력계의 대표적이다.
   ㉡ 부르돈관의 재질은 저압인 경우에는 황동, 청동, 인청동 등을 사용하며 고압일 때는 니켈강 등 특수강을 사용한다.
   ㉢ 암모니아용, 아세틸렌용 압력계에는 Cu 및 Cu 합금의 사용을 금하고 연강재를 사용한다.
   ㉣ 산소용 압력계는 '금유'라는 표시가 되어 있는 전용의 것을 사용한다.
   ㉤ 금속의 탄성원리를 이용한 압력계로 상용압력의 1.5배 이상 2배 이하의 눈금이 있는 것을 사용한다.

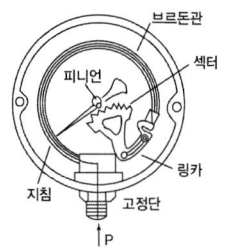

〈부르돈관식 압력계〉

② 다이어프램 압력계(격막식 압력계)
   ㉠ 미소한 압력을 측정할 때 사용(+, - 차압을 측정할 수 있다)
   ㉡ 재질은 고무, 테프론, 양은, 스테인리스 등이 쓰이며 측정 가능 범위는 공업용이 20~5,000[mmAq]이다.
   ㉢ 부식성 유체의 측정이 가능하다.
   ㉣ 온도의 영향을 받기 쉽다.
   ㉤ 측정의 응답속도가 빠르다.
   ㉥ 이상압력으로 파손되어도 위험성이 작다.

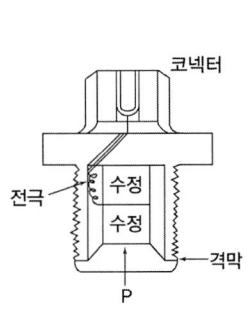 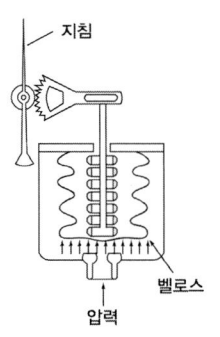 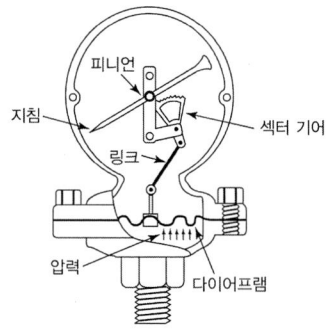

〈피에조 전기 압력계〉　〈벨로우즈 압력계〉　〈다이어프램 압력계〉

정답 71. ②

③ 벨로우즈 압력계
  ㉠ 신축에 의한 압력을 이용한다.
  ㉡ 유체 내의 먼지 등의 영향이 적고 압력 변동에 적응하기 어렵다.
  ㉢ 측정압력은 0.01~10[kg/cm²], 정밀도는 ±1~2[%]이다.

72
측정 범위가 넓어 탄성체 압력계의 교정용으로 주로 사용되는 압력계는?
① 벨로즈식 압력계   ② 다이어프램식 압력계
③ 부르동관식 압력계   ④ 표준 분동식 압력계

[해설] ① 자유 피스톤형 압력계(부유피스톤) = 표준분동식압력계
피스톤 위에 추를 올려놓고 실린더 내의 액압과 균형을 이루면 게이지 압력은 추와 피스톤의 무게를 실린더의 단면적으로 나누면 된다. 압력계는 감도가 좋아 브르동관 압력계의 눈금 교정에 사용되며 또 연구실용에 사용되고 있다.

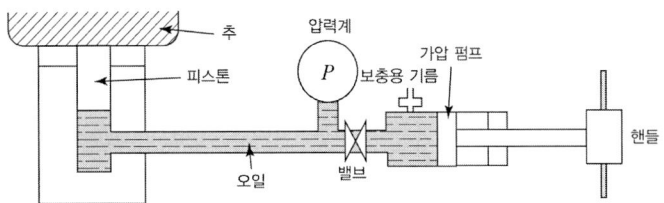

〈자유피스톤형 압력계〉

㉠ 이상 상태에서 측정해야 될 절대압력(P)

$$P = \frac{W + W_1}{A} + P_1 = \frac{W + W_1}{\frac{\pi D^2}{4}} + P_1$$

P : 절대압력[kg/cm² · a], W_1 : 추의 무게[kg], A : 실린더단면적[cm²]
P_1 : 대기압[1.033 kg/cm²], W : 피스톤무게[kg], D : 실린더지름[cm]

73
습공기의 절대습도와 그 온도와 동일한 포화공기의 절대습도와의 비를 의미하는 것은?
① 비교습도   ② 포화습도
③ 상대습도   ④ 절대습도

[해설]
· 절대습도(kgH₂O/kg dryair) : 건조공기 1kg당 수증기의 질량
· 상대습도 : 습공기의 수증기분압과 그 온도와 같은 온도와 같은온도의 포화증기의 수증기분압과의 비를 백분율로 표시할 것
· 비교습도 : 습공기의 절대습도와 그 온도와 동일한 포화공기의 절대습도와의 비

정답 72. ④ 73. ①

74

일반적으로 기체 크로마토그래피 분석방법으로 분석하지 않는 가스는?
① 염소(Cl_2)
② 수소(H_2)
③ 이산화탄소(CO_2)
④ 부탄(n-C_4H_{10})

해설⊃ 염소는 맹독성가스이므로 안됨.

충전물 명칭	적용가스
활성탄	CO_2, H_2, CO, CH_4
실리카겔	CO_2, C_1~C_3
몰레큘러시브	CO_2, O_2, CO, N_2

75

가스크로마토그래피에서 사용하는 검출기가 아닌 것은?
① 원자방출검출기(AED)
② 황화학발광검출기(SCD)
③ 열추적검출기(TTD)
④ 열이온검출기(TID)

해설⊃ 가스크로마토그래피에서 사용하는 검출기
　① 원자방출검출기　② 열이온검출기
　③ 황화학발광검출기　④ 수소이온화검출기(FID)
　⑤ 열전도도형 검출기(TCD)　⑥ 전자포획이온화검출기(ECD)
　⑦ 염광광도검출기(FPD)

76

계량에 관한 법률의 목적으로 가장 거리가 먼 것은?
① 계량의 기준을 정함
② 공정한 상거래 질서유지
③ 산업의 선진화 기여
④ 분쟁의 협의 조정

해설⊃ 계량에 관한 법률의 목적
　① 산업선진화기여
　② 공정한 상거래 질서유지
　③ 계량의 기준을 정함

77

실측식 가스미터가 아닌 것은?
① 터빈식 가스미터
② 건식 가스미터
③ 습식 가스미터
④ 막식 가스미터

정답　74. ①　75. ③　76. ④　77. ①

[해설] 가스미터의 종류
① 실측식 가스미터 : ㉠ 건식 - 막식 : 그로바식, 독립내기식
　　　　　　　　　　　　　- 회전식 : 루츠식, 오벌식, 로터리식
　　　　　　　　　　㉡ 습식
② 추측식(추량식) : ㉠ 오리피스　㉡ 터빈　㉢ 벤튜리　㉣ 피토우관

78 시료 가스를 각각 특정한 흡수액에 흡수시켜 흡수 전후의 가스체적을 측정하여 가스의 성분을 분석하는 방법이 아닌 것은?
① 오르쟈트(Orsat)법　　② 헴펠(Hempel)법
③ 적정(適定)법　　　　 ④ 게겔(Gockel)법

[해설] 흡수분석법
① 오르자트법
　㉠ CO_2 : KOH 30% 수용액
　㉡ O_2 : 알카리성 피롤카롤용액
　㉢ CO : 암모니아성 염화제1동용액
② 헴펠법
　㉠ CO_2 : KOH 30% 수용액
　㉡ C_nH_n : 발연황산 25%
　㉢ O_2 : 알카리성 피롤카롤 용액
　㉣ CO : 암모니아성 염화제1동용액
③ 게겔법
　㉠ CO_2 : KOH 30% 수용액
　㉡ C_2H_2 : 옥소수은칼륨용액
　㉢ C_3H_6 : 87% 황산
　㉣ C_2H_4 : 취소수용액
　㉤ O_2 : 알카리성 피롤카롤 용액
　㉥ CO : 암모니아성 염화제1동용액

79 관이나 수로의 유량을 측정하는 차압식 유량계는 어떠한 원리를 응용한 것인가?
① 토리첼리(Torricelli's)정리
② 페러데이(Faraday's)법칙
③ 베르누이(Bernoulli's)정리
④ 파스칼(Pascal's)원리

해설 ➔ 차압식 유량계 : 관내 교축기구를 설치하여 고전 후 압력차를 이용 순간 유량 측정

벤튜리미터	플로우미터(노즐)	오리피스미터
① 구조가 복잡하고 교환이 어렵다. ② 압력손실이 가장 적다. ③ 가격이 비싸다. ④ 정밀도가 좋고 내구성이 좋다. ⑤ 침전물 생성 우려가 없고 대형이다.	① 오리피스에 비해 압력손실이 적다. ② 고압유체나 슬러지유체 측정 ③ 동일 조건하에서 오리피스보다 유량 통과량이 많다.	① 구조가 간단 제작이나 장착이 용이하다. ② 좁은 장소에 설치가 가능하다. ③ 유체의 압력손실이 가장 크다. ④ 침전물 생성 우려 ⑤ 베르누이 정리 이용

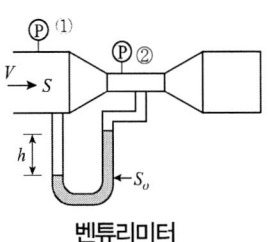
벤튜리미터

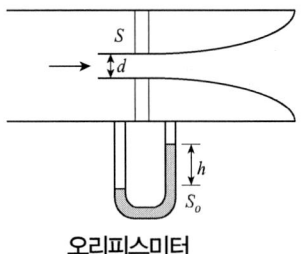
오리피스미터

80 다음 가스 분석법 중 흡수분석법에 해당되지 않는 것은?

① 헴펠법　　② 게겔법　　③ 오르자트법　　④ 우인클러법

정답 80. ④

2017년 제2회 가스산업기사 출제문제

제1과목 : 연소공학

01 시안화수소는 장기간 저장하지 못하도록 규정되어 있다. 가장 큰 이유는?
① 분해폭발하기 때문에　　② 산화폭발하기 때문에
③ 분진폭발하기 때문에　　④ 중합폭발하기 때문에

해설 ◦ 시안화수소
① 98% 이상으로 착색되지 아니한 것은 충전 후 24시간 정치
② 수분 2% 이상 함유 시 중합폭발의 위험이 있다.
③ 오래된 시안화수소는 급격한 중합에 의해 폭발의 위험이 있으므로 충전 후 60일을 넘지 않도록 한다.
④ 안정제 : 오산화인, 염화칼슘, 인산, 아황산가스, 동, 황산
⑤ 연소범위는 6~41%, 허용농도 10PPM 이하로 가연성이며 독성가스

02 고부하 연소 중 내연기관의 동작과 같은 흡입, 연소, 팽창, 배기를 반복하면서 연소를 일으키는 것은?
① 펄스연소　② 에멀전연소　③ 촉매연소　④ 고농도산소연소

03 다음 가연성 가스 중 폭발한 값이 가장 낮은 것은?
① 메탄　② 부탄　③ 수소　④ 아세틸렌

해설 ◦ 연소범위(폭발범위)
① 메탄 : 5~15%　　② 부탄 : 1.8~8.4%　　③ 수소 : 4~75%
④ 아세틸렌 : 2.5~81%　⑤ 프로판 : 2.1~9.5%　⑥ 에탄 : 3~12.5%
⑦ 에틸렌 : 3.1~32%　⑧ 벤젠 : 1.4~7.1%　⑨ 시안화수소 : 6~41%
⑩ 황화수소 : 4.3~45.5%

정답　1. ④　2. ①　3. ②

04

어떤 반응물질이 반응을 시작하기 전에 반드시 흡수하여야 하는 에너지의 양을 무엇이라 하는가?

① 점화에너지   ② 활성화에너지
③ 형성엔탈피   ④ 연소에너지

해설 활성화에너지 : 어떤 반응물질이 반응을 시작하기 전에 반드시 흡수해야 하는 에너지양

05

정상동작 상태에서 주변의 폭발성가스 또는 증기에 점화시키지 않고 점화시킬 수 있는 고장이 유발되지 않도록 한 방폭구조는?

① 특수방폭구조   ② 비점화방폭구조
③ 본질안전방폭구조   ④ 몰드방폭구조

해설 방폭구조
① 내압(耐壓)방폭구조 : 방폭전기기기의 용기(이하 "용기"라 한다) 내부에서 가연성가스의 폭발이 발생할 경우 그 용기가 폭발압력에 견디고, 접합면, 개구부 등을 통하여 외부의 가연성 가스에 인화되지 아니하도록 한 구조를 말한다.
② 유입(油入)방폭구조 : 용기 내부에 기름을 주입하여 불꽃・아크 또는 고온발생부분이 기름 속에 잠기게 함으로써 기름면 위에 존재하는 가연성가스에 인화되지 아니하도록 한 구조를 말한다.
③ 압력(壓力)방폭구조 : 용기 내부에 보호가스(신선한 공기 또는 불활성가스)를 압입하여 내부압력을 유지함으로써 가연성가스가 용기 내부로 유입되지 아니하도록 한 구조를 말한다.
④ 안전증(安全增)방폭구조 : 정상운전 중에 가연성가스의 점화원이 될 전기불꽃・아크 또는 고온부분 등의 발생을 방지하기 위하여 기계적・전기적 구조상 또는 온도상승에 대하여, 특히 안전도를 증가시킨 구조를 말한다.
⑤ 본질안전(本質安全)방폭구조 : 정상시 및 사고(단선, 단락, 지락 등)시에 발생하는 전기불꽃・아크 또는 고온부에 의하여 가연성가스가 점화되지 아니하는 것이 점화시험, 기타 방법에 의하여 확인된 구조를 말한다.
⑥ 특수(特殊)방폭구조 : "(1)" 내지 "(5)"에서 규정한 구조 이외의 방폭구조로서 가연성가스에 점화를 방지할 수 있다는 것이 시험, 기타의 방법에 의하여 확인된 구조를 말한다.

[방폭전기기기의 구조별 표시방법]

방폭전기기기의 구조	표시방법
내압(耐壓)방폭구조	d
유입(油入)방폭구조	o
압력(壓力)방폭구조	p
안전증(安全增)방폭구조	e
본질안전(本質安全)방폭구조	ia 또는 ib
특수(特殊)방폭구조	s

정답 4. ② 5. ②

06 압력이 0.1 MPa, 체적이 3 m³인 273.15 K의 공기가 이상적으로 단열압축되어 그 체적이 1/3으로 되었다. 엔탈피의 변화량은 약 몇 kJ인가? (단, 공기의 기체상수는 0.287 kJ/kg·K 비열 는 1.4이다.)

① 480　　② 580　　③ 680　　④ 780

해설 $\triangle h = GC_P(T_2 - T_1)$

$G = \dfrac{P_1 V_1}{R_1 T_1} = \dfrac{0.1 \times 1000 \times 3}{0.287 \times (273.15)} = 3.83 \text{ kg}$

$R = \left(C_P - \dfrac{C_P}{K}\right) = \left(1 - \dfrac{1}{1.4}\right) = 0.285$

∴ $\dfrac{0.287}{0.285} = 1.0070$

∴ $T_1 V_1^{K-1} = T_2 V_2^{K-1}$ ∴ $T_2 = \left(\dfrac{V_1}{V_2}\right)^{K-1} \times T_1 = \left(\dfrac{3}{1}\right)^{1.4-1} \times 273.15 = 423.9 K$

∴ $\triangle h = 3.83 \times 1.0070 \times (423.9 - 273.15) = 581.4 \text{ kJ}$

07 증기운 폭발에 영향을 주는 인자로서 가장 거리가 먼 것은?
① 방출된 물질의 양
② 증발된 물질의 분율
③ 점화원의 위치
④ 혼합비

해설 증기운 폭발에 영향을 주는 인자
　① 점화원의 위치　② 방출된 물질의 양　③ 증발된 물질의 분율

08 0.5 atm, 10 L의 기체 A와 1.0 atm, 5L의 기체 B를 전체부피 15 L의 용기에 넣을 경우, 전압은 얼마인가? (단, 온도는 항상 일정하다.)
① 1/3 atm　　② 2/3 atm　　③ 1.5 atm　　④ 1 atm

해설 $PV = P_1 V_1 + P_2 V_2$

$P = \dfrac{P_1 V_1 + P_2 V_2}{V} = \dfrac{0.5 \times 10 + 1 \times 5}{15} = \dfrac{10}{15} = \dfrac{2}{3} \text{ atm}$

09 다음 중 물리적 폭발에 속하는 것은?
① 가스폭발
② 폭발적 증발
③ 디토네이션
④ 중합폭발

정답 6. ②　7. ④　8. ②　9. ②

10
연소에서 사용되는 용어와 그 내용에 대하여 가장 바르게 연결된 것은?
① 폭발 - 정상연소
② 착화점 - 점화 시 최대에너지
③ 연소범위 - 위험도의 계산기준
④ 자연발화 - 불씨에 의한 최고 연소시작 온도

해설 • 폭발 : 비정상연소
• 착화점 : 점화시 최소에너지
• 자연발화 : 불씨에 의한 최소 연소시작온도

11
피스톤과 실린더로 구성된 어떤 용기 내에 들어 있는 기체의 처음 체적은 $0.1\ m^3$이다. 200 kPa의 일정한 압력으로 체적이 $0.3\ m^3$으로 변했을 때의 일은 약 몇 kJ인가?
① 0.4 ② 4 ③ 40 ④ 400

해설 일 = 200(0.3-0.1) = 40 kJ

12
단원자 분자의 정적비열(C_v)에 대한 정압비열(C_p)의 비인 비열비(k) 값은?
① 1.67   ② 1.44
③ 1.33   ④ 1.02

해설 • 단원자분자 : 1.67
• 이원자분자 : 1.4
• 삼원자분자 : 1.33

13
압력 2 atm, 온도 27℃에서 공기 2 kg의 부피는 약 몇 m^3인가? (단, 공기의 평균분자량은 29이다.)
① 0.45   ② 0.65
③ 0.75   ④ 0.85

해설
$$PV = \frac{WRT}{M}$$
$$V = \frac{WRT}{PM} = \frac{(2 \times 1000\ g \times 0.082\ \ell \cdot atm/mol\,K \times (273+27))}{(2 \times 29)}$$
$$= 848.27\ \ell \div 1000\ \ell/m^3 = 0.848\ m^3$$

정답 10. ③ 11. ③ 12. ① 13. ④

14. 다음 연소와 관련된 식으로 옳은 것은?

① 과잉공기비 = 공기비(m)-1
② 과잉공기량 = 이론공기량(A_o)+1
③ 실제공기량 = 공기비(m) + 이론공기량(A_o)
④ 공기비 = (이론산소량/실제공기량) - 이론공기량

해설 과잉공기량 = 실제공기량 − 이론공기량
실제공기량 = 공기비 × 이론공기량
$$공기비 = \frac{실제공기량}{이론공기량} = \frac{21}{21-O_2} = \frac{N_2}{N_2 - 3.76O_2}$$

15. 버너 출구에서 가연성 기체의 유출 속도가 연소속도보다 큰 경우 불꽃이 노즐에 정착되지 않고 꺼져버리는 현상을 무엇이라 하는가?

① boil over
② flash back
③ blow off
④ back fire

해설
- 보일오버(boil over) : 중질유의 탱크에서 장시간 조용히 연소하다 탱크내의 잔존기름이 갑자기 분출하는 현상
- 백파이어(back fire) : 유출속도보다 연소속도가 빠를 경우 화염이 연소기 내부로 침입하는 현상
- 리프팅(lifting) : 연소속도보다 유출속도가 빠를 경우 화염이 염공에서 떨어져 연소되는 현상

16. 피크노미터는 무엇을 측정하는데 사용되는가?

① 비중　　② 비열　　③ 발화점　　④ 열량

17. 미연소혼합기의 흐름이 화염부근에서 층류에서 난류로 바뀌었을 때의 현상으로 옳지 않은 것은?

① 확산연소일 경우는 단위면적당 연소율이 높아진다.
② 적화식연소는 난류 확산연소로서 연소율이 높다.
③ 화염의 성질이 크게 바뀌며 화염대의 두께가 증대한다.
④ 예혼합연소일 경우 화염전파속도가 가속된다.

정답 14. ①　15. ③　16. ①　17. ②

해설> 층류에서 난류로 변화시 현상
① 예혼합연소일 경우 화염전파속도 증가
② 확산연소일 경우 단위면적당의 연소율증가
③ 화염의 성질이 크게 바뀌며 화염대의 두께가 증대한다.
④ 난류예혼합화염은 다량의 미연소분 존재
⑤ 난류예혼합화염은 휘도는 층류예혼합화염의 휘도보다 높다.

18
유동층 연소의 장점에 대한 설명으로 가장 거리가 먼 것은?
① 부하변동에 따른 적응력이 좋다.
② 광범위하게 연료에 적용할 수 있다.
③ 질소산화물의 발생량이 감소된다.
④ 전열면적이 적게 소요된다.

해설> 부하변동에 따른 적응력이 좋지 않다.

19
다음 중 착화온도가 낮아지는 이유가 되지 않는 것은?
① 반응활성도가 클수록
② 발열량이 클수록
③ 산소농도가 높을수록
④ 분자구조가 단순할수록

해설> 분자구조가 복잡할수록

20
다음 중 폭굉(detonation)의 화염전파속도는?
① 0.1~10 m/s
② 10~100 m/s
③ 1000~3500 m/s
④ 5000~10000 m/s

해설> • 폭굉 : 가스중의 화염의 전파속도가 음속보다 큰 경우로 파면선단에 충격파라고 하는 압력파가 생겨 격렬한 파괴작용을 일으키는 현상
① 폭굉유도거리가 짧아지는 조건
  ㉠ 고압일수록
  ㉡ 정상연소속도가 큰 혼합가스일수록
  ㉢ 관속에 방해물이 있거나 관경이 가늘수록
  ㉣ 점화원의 에너지가 클수록
② 폭굉유도거리 : 최초의 완만한 연소가 격렬한 폭굉으로 발전할 때까지 거리
③ 화염전파속도 : 1,000~3,500m/sec
  폭굉파가 벽에 부딪히면 : 2.5배 상승
  파면압력 : 2배상승
  밀폐된 공간 : 7~8배 상승

정답 18. ① 19. ④ 20. ③

제2과목 : 가스설비

21. 고압가스 설비 설치 시 지반이 단단한 점토질 지반일 때의 허용지지력도는?

① 0.05 MPa   ② 0.1 MPa   ③ 0.2 MPa   ④ 0.3 MPa

해설 ① 점토질 지반 : 0.02   ② 모래질 지반 : 0.05
③ 단단한 점토질 지반 : 0.1   ④ 조밀한 모래질 지반 : 0.2
⑤ 황토흙, 조밀한 자갈층 : 0.3   ⑥ 단단히 응결된 모래층 : 0.5
⑦ 암반 : 1

22. 전기방식 방법의 특징에 대한 설명으로 옳은 것은?
① 전위차가 일정하고 방식 전류가 작아 도복장의 저항이 작은 대상에 알맞은 방식은 희생양극법이다.
② 매설배관과 변전소의 부극 또는 레일을 직접 도선으로 연결해야하는 경우에 사용하는 방식은 선택배류법이다.
③ 외부전원법과 선택배류법을 조합하여 레일의 전위가 높아도 방식전류를 흐르게 할 수가 있는 방식은 강제배류법이다.
④ 전압을 임의적으로 선정할 수 있고 전류의 방출을 많이 할 수 있어 전류구배가 작은 장소에 사용하는 방식은 외부전원법이다.

해설 방식법의 특징
① 강제배류법
  ㉠ 장점
    ⓐ 전류전압 조정이 용이하며 효과가 좋다.
    ⓑ 전철의 휴지기간중에도 방식이 가능하고 간접작용이 없다.
    ⓒ 외부 전원방식에 비해 유지비용이 적다.
  ㉡ 단점
    ⓐ 전원이 별도 필요
    ⓑ 다른 매설금속체의 장해(간섭)에 관하여 검토가 필요하다.
    ⓒ 전철의 신호장애에 관한 검토 필요
② 유전양극법(시소다과)
  ㉠ 장점
    ⓐ 다른 매설금속체에 방해 작용이 없다.   ⓑ 소규모 설비에는 경제적이다.
    ⓒ 시공이 단순하다.   ⓓ 과방식의 염려가 없다.
  ㉡ 단점(강대정전방근무)

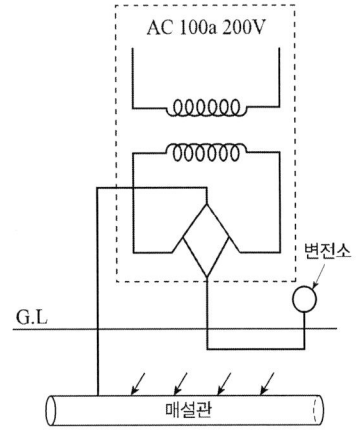

ⓐ 전류 조절이 불가능하다.
ⓑ 정기적으로 전극(양극)을 보충할 필요가 있다.
ⓒ 방식범위가 좁다.
ⓓ 대규모 설비시는 시설비가 많이 든다.
ⓔ 강한 전식에는 무력한다.

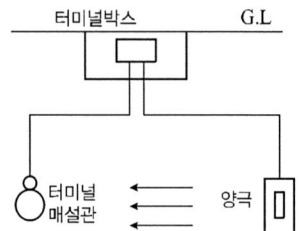

③ 선택배류법
 ㉠ 장점
  ⓐ 전철의 전류를 활용할 수 있으므로 별도 유지비가 필요하다.
  ⓑ 전철 운행동안에는 자연히 방식된다.
  ⓒ 시공비가 별도로 들지 않는다.
 ㉡ 단점
  ⓐ 과방식의 우려가 있다.
  ⓑ 다른 매설금속체의 간섭 우려가 없다.
  ⓒ 전철과의 관계위치에 의한 효과 범위가 변화될 수 있다.
  ⓓ 전철의 휴지기간 또는 레일 전위가 높은 경우에도 효과가 없다.

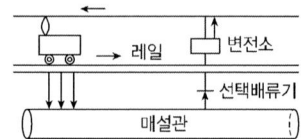

④ 외부전원법
 ㉠ 장점
  ⓐ 전극 수명이 길다.
  ⓑ 방식 범위가 넓다.
  ⓒ 전압 전류 조정이 가능
  ⓓ 대형 설비에는 전원 장치수를 적게 할 수 있어 경제적이다.
 ㉡ 단점
  ⓐ 초기 시공비가 많이 든다.
  ⓑ AC전원이 필요하다.
  ⓒ 강력한 다른 매설체의 간섭 우려가 있다.

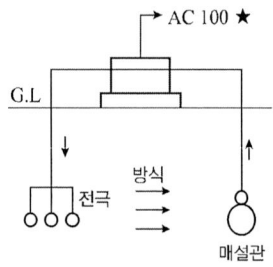

23 실린더의 단면적 50 cm², 피스톤 행정 10 cm, 회전수 200 rpm, 체적 효율 80%인 왕복 압축기의 토출량은 약 몇 L/min인가?
① 60　　　② 80　　　③ 100　　　④ 120

해설 $Q = FSNE$
$= (50\ cm^2 \times 10\ cm \times 200 \times 0.8)$
$= 80000\ cm^3/min \div 1000\ cm^3/1\ell = 80\ \ell/min$
∴ $1\ \ell = 1000\ cm^3$

24 LP가스를 이용한 도시가스 공급방식이 아닌 것은?
① 직접 혼입방식　　　② 공기 혼합방식
③ 변성 혼입방식　　　④ 생가스 혼합방식

해설 LP가스를 이용한 도시가스 공급방식
① 공기혼합방식　② 직접혼합방식　③ 변성혼합방식

참고 LP가스 공급방식중 강제기화 방식
① 생가스 공급방식 : 기화기(베이퍼 라이저)에 의하여 기화된 그대로의 가스를 공급하는 방식으로 0[°C] 이하가 되면 재액화되기 쉽기 때문에 가스배관은 보온처리를 한다.

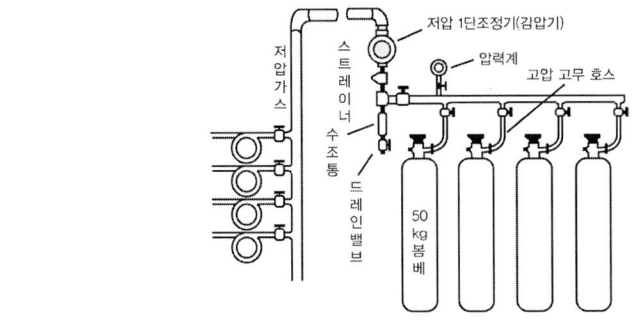

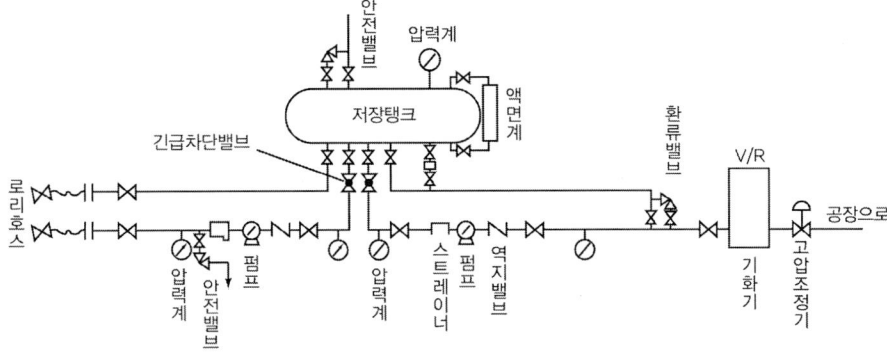

〈생가스 공급방식〉

정답 23. ②　24. ④

② 공기 혼합가스 공급방식 : 기화한 부탄에 공기를 혼합하여 공급하는 방식으로 기화된 가스의 재액화 방지 및 발열량을 조절할 수 있으며 부탄을 다량 소비하는 경우 사용된다.

참고 공기혼합(air dilute)의 공급 목적
① 재액화 방지   ② 발열량 조절   ③ 누설시의 손실감소   ④ 연소효율의 증대

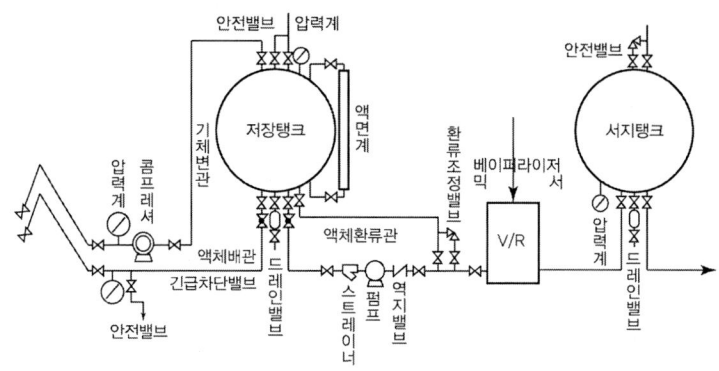

〈공기 혼합가스 공급방식(부탄)〉

③ 변성가스 공급방식 : 부탄을 고온의 촉매로서 분해하여 메탄, 수소, 일산화탄소 등의 연질 가스로 변성시켜 공급하는 방식으로 금속의 열처리나 특수제품의 가열 등 특수용도에 사용하기 위해 이용되는 방식이다.

25 펌프에서 발생하는 캐비테이션의 방지법 중 옳은 것은?
① 펌프의 위치를 낮게 한다.　　② 유효흡입수두를 작게 한다.
③ 펌프의 회전수를 크게 한다.　④ 흡입관의 지름을 작게 한다.

해설 ① 캐비테이션(공동현상) : 유수 중에 어느부분의 정압이 그때 물의 온도에 해당하는 증기압 이하로 되어 물이 증발을 일으키고 수중에 용입되어 있던 공기가 낮은 압력으로 인하여 기포가 발생하는 현상으로 공동현상이라고도 한다.
　㉮ 영향
　　㉠ 소음과 진동발생　　㉡ 깃에 대한 침식
　　㉢ 양정곡선과 효율곡선의 저하
　㉯ 발생조건
　　㉠ 흡입 양정이 지나치게 길 때　㉡ 과속으로 유량이 증대될 때
　　㉢ 흡입관 입구 등에서 마찰저항 증가시　㉣ 관로 내의 온도가 상승될 때
　㉰ 방지대책
　　㉠ 양흡입 펌프를 사용한다.
　　㉡ 수직축 펌프를 사용하고 회전차를 수중에 잠기게 한다.
　　㉢ 펌프를 두 대 이상 설치한다.
　　㉣ 펌프의 회전수를 낮춘다.
　　㉤ 펌프의 설치위치를 낮추어 흡입양정을 짧게 한다.
　　㉥ 관지름을 크게 하고 흡입측의 저항을 최소로 줄인다.

정답 25. ①

② **수격작용(water hammering)** : 펌프에서 물을 압송하고 있을 때 정전 등으로 급히 펌프가 멈추거나 수량조절 밸브를 급히 폐쇄할 때 관내 유속이 급속히 변화하면 물에 의한 심한 압력의 변화가 생겨 관벽을 치는 현상을 수격작용이라고 한다.

> ※ 수격작용 방지책
> ① 완폐 체크 밸브를 토출구에 설치하고 밸브를 적당히 제어한다.
> ② 관경을 크게 하고 관내 유속을 느리게 한다.
> ③ 관로에 조압수조(surge tank)를 설치한다.
> ④ 플라이 휠을 설치하여 펌프속도의 급변을 막는다.

26

펌프에서 발생하는 수격현상의 방지법으로 틀린 것은?
① 서지(surge) 탱크를 관내에 설치한다.
② 관내의 유속 흐름 속도를 가능한 적게 한다.
③ 플라이 휠을 설치하여 펌프의 속도가 급변하는 것을 막는다.
④ 밸브는 펌프 주입구에 설치하고 밸브를 적당히 제어한다.

[해설] 25번 참조

27

내압시험압력 및 기밀시험압력의 기준이 되는 압력으로서 사용상태에서 해당설비 등의 각부에 최고사용압력을 의미하는 것은?
① 설계압력　② 표준압력
③ 상용압력　④ 설정압력

[해설] 설계압력 : 고압가스용기 등의 각 부의 계산 두께 또는 기계적 강도를 결정하기 위하여 설계된 압력

28

폴리에틸렌관(polyethylene pipe)의 일반적인 성질에 대한 설명으로 틀린 것은?
① 인장강도가 적다.　② 내열성과 보온성이 나쁘다.
③ 염화비닐관에 비해 가볍다.　④ 상온에도 유연성이 풍부하다.

[해설] 폴리에틸렌관의 일반적인 성질
① 인장강도가 적다.　② 내열성이 나쁘다.
③ 보온성은 좋다.　④ 상온에도 유연성이 풍부하다.
⑤ 염화비닐관에 비해 가볍다.

정답 26. ④　27. ③　28. ②

29 고압가스용 기화장치의 기화통의 용접하는 부분에 사용할 수 없는 재료의 기준은?
① 탄소함유량이 0.05% 이상인 강재 또는 저합금 강재
② 탄소함유량이 0.10% 이상인 강재 또는 저합금 강재
③ 탄소함유량이 0.15% 이상인 강재 또는 저합금 강재
④ 탄소함유량이 0.35% 이상인 강재 또는 저합금 강재

30 레이놀즈(Reynolds)식 정압기의 특징인 것은?
① 로딩형이다.
② 콤팩트하다.
③ 정특성, 동특성이 양호하다.
④ 정특성은 극히 좋으나 안정성이 부족하다.

[해설] ① 정특성은 좋으나 안정성이 부족하다.
② 언로딩형이다.
③ 다른것에 비해 크다.

31 용기 충전구에 "V" 홈의 의미는?
① 왼나사를 나타낸다.
② 독성가스를 나타낸다.
③ 가연성가스를 나타낸다.
④ 위험한 가스를 나타낸다.

32 내용적 70 L의 LPG 용기에 프로판 가스를 충전할 수 있는 최대량은 몇 kg인가?
① 50
② 45
③ 40
④ 30

[해설] $G = \dfrac{V}{C} = \dfrac{70}{2.35} = 29.78$ kg
C(정수) : ① 프로판 : 2.35 ② 부탄 : 2.05 ③ 암모니아 : 1.86
④ 탄산가스 : 1.34 ⑤ 후레온 : 0.86

33 고압가스용기 및 장치 가공 후 열처리를 실시하는 가장 큰 이유는?
① 재료표면의 경도를 높이기 위하여
② 재료의 표면을 연화시켜 가공하기 쉽도록 하기 위하여
③ 가공 중 나타난 잔류응력을 제거하기 위하여
④ 부동태 피막을 형성시켜 내산성을 증가시키기 위하여

[해설] 열처리를 하는 가장 큰 이유 : 가공 중 나타난 잔류응력제거

정답 29. ④ 30. ④ 31. ① 32. ④ 33. ③

34 물을 전양정 20 m, 송출량 500 L/min로 이송할 경우 원심펌프의 필요동력은 약 몇 kW 인가? (단, 펌프의 효율은 60%이다.)

① 1.7　　② 2.7　　③ 3.7　　④ 47

해설⊙ $kW = \dfrac{r \times Q \times H}{102 \times 60 \times E} = \dfrac{1000 \times 0.5 \times 20}{102 \times 60 \times 0.6} = 2.72\ kW$

$r(kg/m^3)$ 물의 비중량($1000\ kg/m^3$)　　$500\ \ell/min \rightarrow 0.5\ m^3/min$

35 LP가스용 조정기 중 2단 감압식조정기의 특징에 대한 설명으로 틀린 것은?

① 1차용 조정기의 조정압력은 25 kPa이다.
② 배관이 길어도 전 공급지역의 압력을 균일하게 유지할 수 있다.
③ 입상배관에 의한 압력손실을 적게 할 수 있다.
④ 배관구경이 작은 것으로 설계할 수 있다.

해설⊙

조정기	입구압력	출구압력(조정압력)
2단 1차용	1.0~15.6 kg/cm²	0.57~0.83 kg/cm²
자동교체식분리형	1.0~15.6 kg/cm²	0.32~0.83 kg/cm²
1단감압저압	0.7~15.6 kg/cm²	230~330 mmH₂O
2단감압2차용	0.25~3.5 kg/cm²	230~330 mmH₂O
자동교체식일체형	1.0~15.6 kg/cm²	255~330 mmH₂O
1단감압준저압	1.0~15.6 kg/cm²	500~3000 mmH₂O

∴ $1.0332\ kg/cm^2 = 101.3\ KPa$　　$1.0332\ kg/cm^2 = 101.3\ KPa$
　$0.57\ kg/cm^2 = x$　　　　　　$0.83\ kg/cm^2 = x$
　$x = 55.89\ KPa$　　　　　　　　$x = 81.38\ KPa$

36 가스온수기에 반드시 부착하지 않아도 되는 안전장치는?

① 정전안전장치　② 역풍방지장치　③ 전도안전장치　④ 소화안전장치

해설⊙ 가스온수기에 반드시 부착해야 하는 장치
　　① 소화안전장치　② 역풍방지장치　③ 정전안전장치

37 저온장치용 금속재료에서 온도가 낮을수록 감소하는 기계적 성질은?

① 인장강도　② 연신율　③ 항복점　④ 경도

해설⊙ 저온장치용 금속재료에서 온도가 낮을수록 감소하는 것
　　① 인성　② 연성　③ 연신율　④ 단면수축률　⑤ 충격값

정답　34. ②　35. ①　36. ③　37. ②

38

철을 담금질하면 경도는 커지지만 탄성이 약해지기 쉬우므로 이를 적당한 온도로 재가공 했다가 공기 중에서 서냉시키는 열처리 방법은?

① 담금질(quenching) ② 뜨임(tempering)
③ 불림(normalizing) ④ 풀림 (annealing)

해설 열처리
① 담금질(quenching) : 강의 경도 및 강도를 증가시키기 위하여 A_3 변태점보다 30~50[℃]높게 가열하여 급속히 냉각시키는 방법이다.
② 뜨임(tempering) : 담금질한 강을 변태점 이하의 적당한 온도로 가열하여 재료에 알맞은 속도로 냉각시켜 인성(질긴성질)을 증가시키기 위한 열처리방법이다.
③ 풀림(annealing) : 상온가공을 용이하게 할 목적으로 뜨임온도보다 약간 높은 온도로 가열하여 가열로 속에서 천천히 냉각시켜 가공경화나 내부응력을 제거시키기 위해 행하는 열처리이다.
④ 불림(normalizing) : 단조, 압연 등의 소성가공이나 주조로 거칠어진 조직을 미세화하고, 편석이나 잔류응력을 제거하기 위해 A_3 또는 A_1, 변태점보다 약 30~60[℃] 높게 가열하여 공기 중에서 냉각시키는 열처리이다.

참고 A_3 변태점이란 910[℃]에서 발생되는 자기변태점을 말한다.

39

금속의 시험편 또는 제품의 표면에 일정한 하중으로 일정모양의 경질 압자를 압입하든가 또는 일정한 높이에서 해머를 낙하시키는 등의 방법으로 금속재료를 시험하는 방법은?

① 인장시험   ② 굽힘시험   ③ 경도시험   ④ 크리프시험

해설 경도시험
① 쇼어경도 : 소형의 추를 일정 높이에서 낙하시켜 튀어 오르는 높이에 의하여 경도를 측정
$$HS = \frac{10{,}000}{65} \times \frac{h}{h_o}$$
여기서, h_o : 낙하 물체의 높이(25 cm), h : 낙하 물체의 튀어 오른 높이
② 비커스 경도 : 꼭지각이 136°인 다이아몬드 4각추의 입자를 1~120 kgf의 하중으로 시험편에 압입한 후 생긴 오목자국의 대각선을 측정
$$Hv = \frac{1.8544P}{D^2}$$
③ 브리넬 경도 : 특수강구를 일정한 하중(500, 750, 1,000, 3,000 kgf)으로 시험편의 표면적을 압입한 후 이때 생긴 오목자국의 표면적을 측정하여 나타낸 값
$$HB = \frac{P}{\pi Dt}$$
④ 로크웰 경도 : 지름 $\frac{1}{16}''$인 강구(B 스케일), 꼭지각이 120°인 원뿔형(C 스케일)의 다이

아몬드 압입자를 사용하여 기본하중 10 kgf를 주면서 경로계의 지시계를 0점에 맞춘 다음 B스케일일 때 100 kgf의 하중을 가하고 C스케일일 때 150 kgf의 하중을 가한 다음 하중을 제거하면 오목자국의 깊이가 지시계에 나타나서 경도 표시

참고 기계적 시험
① 충격시험(샤르피식, 아이조드식) : V형, U형의 노치를 만들어 충격적인 하중을 주어서 시험편을 파괴시키는 시험
② 피로시험 : 작은 힘을 수없이 반복하여 작용하면 파괴를 일으키는 방법
③ 굽힘시험 : 용접부의 연성결함을 조사하기 위하여 사용하는 시험법
④ 인장시험 : 인장강도, 항복점, 단면수축률, 연신율 등을 측정
  ㉠ 단면수축률 $= \dfrac{A - A_o}{A} \times 100$ ㉡ 변형률 $= \dfrac{l - l_o}{l_o} \times 100$

40

원유, 중유, 나프타 등의 분자량이 큰 탄화수소 원료를 고온(800~900℃)으로 분해하여 고열량의 가스를 제조하는 방법은?

① 열분해 프로세스
② 접촉분해 프로세스
③ 수소화분해 프로세스
④ 대체 천연가스 프로세스

해설 가스제조방식
① 열분해 프로세스 : 나프타, 원유, 중유 등의 분자량이 큰 탄화수소 원료를 고온(800~900[℃])으로 분해하여 10000[kcal/Nm³]정도의 고열량가스를 제조하는 방식이다.
② 접촉분해(수증기 개질)프로세스 : 접촉분해(수증기 개질)는 촉매를 사용하여 사용온도 400~800[℃]에서 탄화수소와 수증기와 반응하여 수소, 메탄, 일산화탄소, 에틸렌, 탄산가스, 에탄, 프로필렌 등의 저급 탄화수소로 변환시키는 방법이다.
③ 부분연소 프로세스 : 부분연소에 의한 가스제조는 메탄에서 원유까지는 원료를 가스화하는 것으로 산소 또는 공기 및 수증기를 이용하여 CH_4, H_2, CO, CO_2로 변환하는 방법이며, 탄화수소의 분해 및 수증기와의 반응에 필요한 열은 원료의 일부 연소기에 의해 보급되어 가스화와 가열을 동일로 내에서 행하기 때문에 내연식 또는 오트사밍 프로세스라고도 한다. 탄화수소와 수증기, 산소(공기)와의 반응은 700[℃] 이상에서 고활성인 촉매(니켈계)를 매개체로 하여 일어난다.
④ 수소화(수첨)분해 프로세스 : 수소화 분해는 수소기류 중 탄화수소 원료를 열분해 또는 접촉분해하여 메탄을 주성분으로 하는 고열량의 가스를 제조하는 방법이며 현재는 주로 나프타를 원료로 이용하고 있다.
⑤ 대체 천연가스 프로세스(substitute natural gas) : 대체 천연가스 프로세스란 천연가스이외의 석탄, 원유, 나프타, LPG 등의 각종 탄화수소 원료에서 천연가스와 물리적, 화학적 성질(조성, 열량, 연소성)이 거의 비슷한 가스를 제조하는 것을 말한다. SNG의 주성분은 메탄이며 공업적 제조로는 H_2O, O_2, H_2를 원료탄화수소와 반응시켜 수증기 개질, 부분연소, 수첨분해에 의해 가스화하여 메탄합성, 탈탄산 등의 프로세스와 병용하여 사용하고 있다. 실체의 프로세스 원료는 경질유(LPG, 나프타), 중질유(중유, 원유) 및 석탄 등에서 분류하는 것이 편하다.

정답 40. ①

제3과목 : 가스안전관리

41 고압가스 용기의 파열사고의 큰 원인 중 하나는 용기의 내압(內壓)의 이상상승이다. 이 상상승의 원인으로 가장 거리가 먼 것은?
① 가열
② 일광의 직사
③ 내용물의 중합반응
④ 적정 충전

해설⇒ 용기의 내압 이상 상승원인
① 직사일광 ② 외부에서의 가열 ③ 중합반응

42 액화석유가스 제조시설 저장탱크의 폭발방지 장치로 사용되는 금속은?
① 아연
② 알루미늄
③ 철
④ 구리

43 이동식 부탄연소기용 용접용기의 검사방법에 해당하지 않는 것은?
① 고압가압검사
② 반복사용검사
③ 진동검사
④ 충수검사

해설⇒ 이동식 부탄연소기의 용접용기의 검사방법
① 진동검사 ② 반복사용검사 ③ 고압가압검사

44 다음 가스의 치환방법으로 가장 적당한 것은?
① 아황산가스는 공기로 치환할 필요 없이 작업한다.
② 염소는 제해시키고 허용농도 이하가 될 때까지 불활성가스로 치환한 후 작업한다.
③ 수소는 불활성가스로 치환한 즉시 작업한다.
④ 산소는 치환할 필요도 없이 작업한다.

해설⇒ 작업할 수 있는 허용농도
① 가연성가스 : 폭발하한의 $\frac{1}{4}$ 이하
② 독성가스 : 허용농도이하
③ 산소가스 : 18% 이상 22% 이하

정답 41. ④ 42. ② 43. ④ 44. ②

45
냉동용 특정설비 제조시설에서 냉동기 냉매설비에 대하여 실시하는 기밀시험 압력의 기준으로 적합한 것은?

① 설계압력 이상의 압력
② 사용압력 이상의 압력
③ 설계압력의 1.5배 이상의 압력
④ 사용압력의 1.5배 이상의 압력

해설 • 기밀시험압력 : 설계압력 이상의 압력
• 내압시험압력 : 설계압력의 1.5배 이상의 압력

46
고압가스 특정제조시설의 특수반응 설비로 볼 수 없는 것은?

① 암모니아 2차 개질로
② 고밀도 폴리에틸렌 분해 중합기
③ 에틸렌제조시설의 아세틸렌수첨탑
④ 싸이크로헥산제조시설의 벤젠수첨반응기

해설 특수반응설비
① 에틸렌제조시설의 아세틸렌 수첨탑
② 암모니아 2차 개질로
③ 싸이크로헥산제조시설의 벤젠수첨반응기

47
운반책임자를 동승시켜 운반해야 되는 경우에 해당되지 않는 것은?

① 압축산소 : 100 m³ 이상
② 독성압축가스 : 100 m³ 이상
③ 액화산소 : 6000 kg 이상
④ 독성액화가스 : 1000 kg 이상

해설 운반책임자 동승기준

성질	압축가스	액화가스
독성	100 cm³ 이상	1 Ton 이상
가연성	300 cm³ 이상	3 Ton 이상
조연성	500 cm³ 이상	6 Ton 이상

1 Ton = 1,000 kg

48
LP가스용 염화비닐 호스에 대한 설명으로 틀린 것은?

① 호스의 안지름치수의 허용차는 ±0.7 mm로 한다.
② 강선보강층은 직경 0.18 mm 이상의 강선을 상하로 겹치도록 편조하여 제조한다.
③ 바깥층의 재료는 염화비닐을 사용한다.
④ 호스는 안층과 바깥층이 잘 접착되어 있는 것으로 한다.

정답 45. ① 46. ② 47. ① 48. ③

해설 › 염화비닐호스
① 호스의 구조는 안층, 보강층, 바깥층으로 되어있다.
② 호스의 안지름은 6.3 mm(1종), 9.5 mm(2종), 12.7 mm(3종)이 있고 그 허용차는 ±0.7 mm로 할 것
③ 30 kg/cm² 이상의 내압시험에 이상이 없고 40 kg/cm² 이상에서 파열되지 않을 것
④ 2 kg/cm² 이상의 기밀시험에서 누설이 없을 것
⑤ -20℃ 이하에서 24시간 이상 방치후 5회 이상 굽힘시험을 한 후 기밀시험에 누설이 없을 것

49 이동식 부탄연소기의 올바른 사용 방법은?
① 바람의 영향을 줄이기 위해서 텐트 안에서 사용한다.
② 효율을 높이기 위해서 두 대를 나란히 연결하여 사용한다.
③ 사용하는 그릇은 연소기의 삼발이보다 폭이 좁은 것을 사용한다.
④ 연소기 운반 중에는 용기를 연소기 내부에 보관한다.

50 도시가스사용시설에 설치하는 가스누출경보기의 기능에 대한 설명으로 틀린 것은?
① 가스의 누출을 검지하여 그 농도를 지시함과 동시에 경보를 울리는 것으로 한다.
② 미리 설정된 가스농도에서 60초 이내에 경보를 울리는 것으로 한다.
③ 담배연기 등 잡가스에 경보가 울리지 아니하는 것으로 한다.
④ 경보가 울린 후 주위의 가스농도가 기준 이하가 되면 멈추는 구조로 한다.

해설 › 가스누출 검지 경보장치
① 가스의 누설을 검지하여 그 농도를 지시함과 동시에 경보를 울리는 것일 것.
② 미리 설정된 가스농도(폭발하한계의 1/4 이하)에서 자동적으로 경보를 울리는 것일 것.
③ 경보를 울린 후에는 주위의 가스농도가 변화되어도 계속 경보를 울리며, 그 확인 또는 대책을 강구함에 따라 경보정지가 되어야 할 것.
④ 담배연기 등 잡가스에 경보를 울리지 아니하는 것일 것.
⑤ 경보기의 정밀도는 경보농도 설정값에 대하여 가연성가스용에 있어서는 ±25[%]이하, 독성가스용에 있어서는 ±30[%]이하로 할 것.
⑥ 검지경보장치의 검지에서 발신까지 걸리는 시간은 경보농도의 1.6배 농도에서 보통 30초 이내일 것. 다만, 검지경보장치의 구조상 또는 이론상 30초가 넘게 걸리는 가스(암모니아, 일산화탄소 또는 이와 유사한 가스)에 있어서는 1분 이내로 한다.
⑦ 전원의 전압 등 변동이 ±10[%]정도일 때에도 경보정밀도가 저하되지 않을 것.
⑧ 지시계의 눈금은 가연성 가스용은 0~폭발하한계 값, 독성가스는 0~허용농도의 3배 값(암모니아를 실내에서 사용하는 경우에는 150[ppm])을 각각의 눈금의 범위에 명확하게 지시하는 것일 것.
⑨ 경보를 발신한 후에는 원칙적으로 분위기중 가스농도가 변화하여도 계속 경보를 울리고, 그 확인 또는 대책을 강구함에 따라 경보정지가 되어야 할 것.

정답 49. ③   50. ④

51 액화석유가스 자동차용 충전시설의 충전호스의 설치기준으로 옳은 것은?

① 충전호스의 길이는 5 m 이내로 한다.
② 충전호스에 과도한 인장력을 가하여도 호스와 충전기는 안전하여야 한다.
③ 충전호스에 부착하는 가스주입기는 더블 터치형으로 한다.
④ 충전기와 가스주입기는 일체형으로 하여 분리되지 않도록 하여야 한다.

해설⊙ 액화석유가스 자동차용 충전시설의 충전호스 설치기준
① 충전호스의 길이는 5 m 이내로 한다.
② 충전호스에 과도한 인장력이 가해지면 호스와 충전기가 분리되어야 한다.
③ 충전호스에 부착하는 가스주입기는 원터치형으로 한다.
④ 충전기와 가스주입기는 분리형으로 하여 분리되도록 하여야 한다.

52 산소, 아세틸렌 및 수소를 제조하는 자가 실시하여야 하는 품질검사의 주기는?

① 1일 1회 이상   ② 1주 1회 이상
③ 월 1회 이상   ④ 년 2회 이상

53 내용적이 50 L인 용기에 프로판가스를 충전하는 때에는 얼마의 충전량(kg)을 초과할 수 없는가? (단, 충전상수 C는 프로판의 경우 2.35이다)

① 20   ② 20.4
③ 21.3   ④ 24.4

해설⊙ $G = \dfrac{V}{C} = \dfrac{50}{2.35} = 21.27$ kg

54 아세틸렌에 대한 설명이 옳은 것으로만 나열된 것은?

㉠ 아세틸렌이 누출하면 낮은 곳으로 체류한다.
㉡ 아세틸렌은 폭발범위가 비교적 광범위하고, 아세틸렌 100%에서도 폭발하는 경우가 있다.
㉢ 발열화합물이므로 압축하면 분해폭발 할 수 있다.

① ㉠   ② ㉡
③ ㉡, ㉢   ④ ㉠, ㉡, ㉢

정답 51. ① 52. ① 53. ③ 54. ②

해설⊃ 아세틸렌
① 흡열화합물이므로 압축하면 분해폭발의 위험이 있다.
② 아세틸렌은 폭발범위가 비교적 광범위하다(2.5~81%)
③ 은, 구리, 수은과 접촉시 폭발성화합물질이 아세틸라이드 생성
④ 공기보다 가벼워(0.91) 누설시 높은 곳에 체류한다.
⑤ 용제 : 석유(2배), 벤젠(4배), 알콜(6배), 아세톤(25배) 용해
⑥ 용해아세틸렌의 양 = 905(A-B)
⑦ 자연발화온도 406~408°C

55 용기보관 장소에 대한 설명 중 옳지 않은 것은?
① 산소 충전용기 보관실의 지붕은 콘크리트로 견고히 한다.
② 독성가스 용기보관실에는 가스누출검지 경보장치를 설치한다.
③ 공기보다 무거운 가연성가스의 용기보관실에는 가스누출검지경보장치를 설치한다.
④ 용기보관 장소의 경계표지는 출입구 등 외부로부터 보기 쉬운 곳에 게시한다.

해설⊃ 산소충전용기 보관실의 지붕은 가벼운 불연재료로 한다.

56 액화석유가스 설비의 가스안전사고 방지를 위한 기밀시험 시 사용이 부적합한 가스는?
① 공기
② 탄산가스
③ 질소
④ 산소

해설⊃ 조연성가스(지연성가스)
① 산소　② 불소　③ 염소　④ 이산화질소

57 염소의 성질에 대한 설명으로 틀린 것은?
① 화학적으로 활성이 강한 산화제이다.
② 녹황색와 자극적인 냄새가 나는 기체이다.
③ 습기가 있으면 철 등을 부식시키므로 수분과 격리시켜야 한다.
④ 염소와 수소를 혼합하면 냉암소에서도 폭발하여 염화수소가 된다.

해설⊃ 염소의 성질
① 상온에서 강한 자극성 냄새가 나는 황록색 기체이다.
② 극히 유독한 맹독성가스이다 (1PPM이하)
③ 비점은 –35°C이하, 6~8atm 이상의 압력을 가하면 쉽게 액화

정답　55. ①　56. ④　57. ④

④ 수분을 함유하면 철 등의 금속과 반응 부식발생(온도 120℃ 이상)
$Cl_2 + H_2O → HCl + HClO$
$Fe + 2HCl → FeCl_2 + H_2$
⑤ 상온에서 물에 용해되면 소량의 염산 및 차아염소산(HClO)을 생성하여 살균, 표백작용을 한다.
⑥ 용기재질은 탄소강, 도색은 갈색이다. 밸브재질 황동, 안전밸브는 가용전식(65~68℃에서 용융)
⑦ 용도 : ㉠ 상수도살균용
　　　　 ㉡ 섬유 표백용
　　　　 ㉢ 염화비닐, 염화수소, 포스겐원료, 펄프, 종이제조

58

다음 각 고압가스를 용기에 충전할 때의 기준으로 틀린 것은?
① 아세틸렌은 수산화나트륨 또는 디메틸포름아미드를 침윤시킨 후 충전한다.
② 아세틸렌을 용기에 충전한 후에는 15℃에서 1.5 MPa 이하로 될 때까지 정치하여 둔다.
③ 시안화수소는 아황산가스 등의 안정제를 첨가하여 충전한다.
④ 시안화수소는 충전 후 24시간 정치한다.

해설 ➔ 아세틸렌은 아세톤이나 디메틸포름아미드를 침윤시킨 후 충전

59

독성가스 용기 운반 등의 기준으로 옳지 않은 것은?
① 충전용기를 운반하는 가스운반 전용차량의 적재함에는 리프트를 설치한다.
② 용기의 충격을 완화하기 위하여 완충판 등을 비치한다.
③ 충전용기를 용기보관장소로 운반할 때에는 가능한 손수레를 사용하거나 용기의 밑부분을 이용하여 운반한다.
④ 충전용기를 차량에 적재할 때에는 운행 중의 동요로 인하여 용기가 충돌하지 않도록 눕혀서 적재한다.

해설 ➔ 충전용기를 차량에 적재시 운행 중의 동요로 인하여 용기가 충돌하지 않도록 세워서 보관한다.

60

밀폐식 보일러에서 사고원인이 되는 사항에 대한 설명으로 가장 거리가 먼 것은?
① 전용보일러실에 보일러를 설치하지 아니한 경우
② 설치 후 이음부에 대한 가스누출 여부를 확인하지 아니한 경우
③ 배기통이 수평보다 위쪽을 향하도록 설치한 경우
④ 배기통과 건물의 외벽사이에 기밀이 완전히 유지되지 않는 경우

제4과목 : 가스계측

61 산소(O_2) 중에 포함되어있는 질소(N_2) 성분을 가스크로마토그래피로 정량하는 방법으로 옳지 않은 것은?
① 열전도도검출기(TCD)를 사용한다.
② 캐리어가스로는 헬륨을 쓰는 것이 바람직하다.
③ 산소(O_2)의 피크가 질소(N_2)의 피크보다 먼저 나오도록 컬럼을 선택한다.
④ 산소제거트랩(Oxygen trap)을 사용하는 것이 좋다.

[해설] 산소의 피크가 질소의 피크보다 나중에 나오도록 컬럼을 선택한다.

62 산소 농도를 측정할 때 기전력을 이용하여 분석하는 계측기기는?
① 세라믹 O_2계 ② 연소식 O_2계
③ 자기식 O_2계 ④ 밀도식 O_2계

[해설] 물리적 가스분석계
① 가스크로마토그래피 : 실리카겔, 활성탄 등의 흡착제를 충진한 세관(내부에 캐리어가스충진)을 통하여 그때에 나타난 이동 속도차를 이용하여 열전도율계 등으로 검출하여 측정하는 것으로 연구실용과 공업용이 있다. 특히, 선택성이 우수하며 연속측정이 가능한 가스분석계이다.
※ 캐리어가스 : H_2, N_2, Ar, He 등

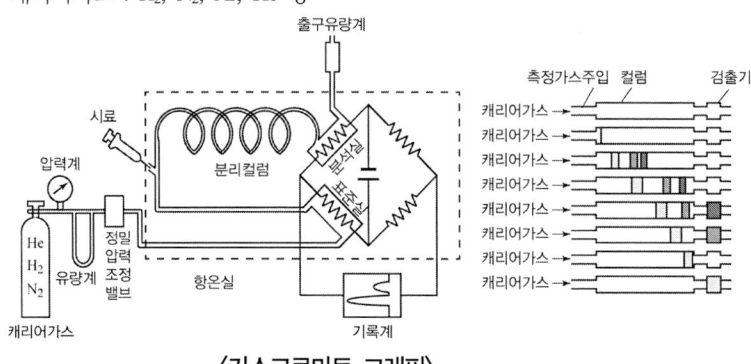
〈가스크로마토 그래피〉

② 세라믹식 O_2계(지르코니아식 O_2계) : 지르코니아(ZrO_2)를 주원료로 한 특수 세라믹은 온도를 높이면 산소이온만을 통과시키는 성질로 파이프 내외부에 백금의 다공질 전극을 붙여 파이프 전체를 850[℃]로 보존하여 파이프 외부에 공기를 흐르게 하고 측정하려는 가스를 내부에 흐르게 하였을 경우 양극의 기전력을 측정해 가스 중에서 산소의 농도를 알아낸다.

정답 61. ③ 62. ①

※ 특징
① 측정가스 중 가연성가스가 혼합되어 있으면 측정이 곤란하다.
② 응답속도가 빠르며 주위조건의 변화에도 큰 영향이 없다.
③ 측정부위의 온도유지를 위해 전기로가 필요하다.
④ 측정범위가 대단히 넓다.

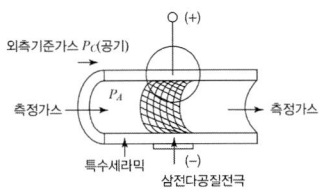

〈지르코니아식 O_2계의 내부구조〉

③ 밀도식 CO_2계 : CO_2의 밀도와 점도를 이용한 것으로 가스 및 공기와 같은 크기의 모세관을 통과할 때 생기는 저항차에 의해 탄산가스량을 측정하는 것이며 이때의 저항차에 따라 밀도차가 일어나는 분석계이다. 즉, CO_2의 밀도가 공기에 비해 현저히 큰 점을 이용했다.

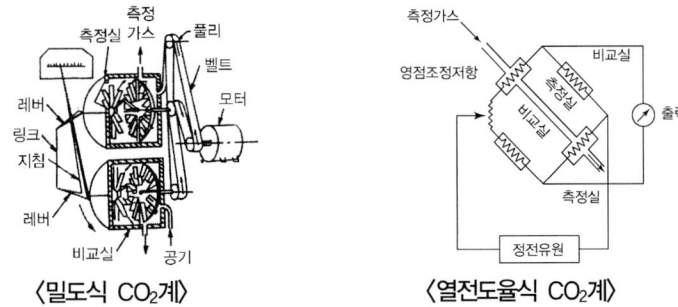

〈밀도식 CO_2계〉 　　　　〈열전도율식 CO_2계〉

④ 열전도율형 CO_2계 : CO_2의 열전도율이 공기에 비해 극히 작은 점을 이용한 것으로 연소가스 CO_2 분석에 많이 사용된다. 측정가스를 도입하는 측정실과 공기가 담긴 비교실 속에 백금선을 두어 전류를 약 100[℃]로 가열하면 백금선의 온도는 주위 가스의 열전도에 의해 발열량이 많고 적음을 변화시키며 백금선온도의 상승은 전기저항장치를 증가시키며 휘스톤·브리지 회로에 불평형 전압이 생겨 이때의 전압을 측정해서 CO_2 농도를 지시한다.

63 시료 가스 채취 장치를 구성하는데 있어 다음 설명 중 틀린 것은?
① 일반 성분의 분석 및 발열량·비중을 측정할 때, 시료 가스 중의 수분이 응축될 염려가 있을 때는 도관 가운데에 적당한 응축액 트랩을 설치한다.
② 특수 성분을 분석할 때 시료 가스 중의 수분 또는 기름성분이 응축되어 분석 결과에 영향을 미치는 경우는 흡수장치를 보온하든가 또는 적당한 방법으로 가온한다.
③ 시료 가스에 타르류, 먼지류를 포함하는 경우는 채취관 또는 도관 가운데에 적당한 여과기를 설치한다.
④ 고온의 장소로부터 시료 가스를 채취하는 경우는 도관 가운데에 적당한 냉각기를 설치한다.

정답 63. ②

64 헴펠식 분석장치를 이용하여 가스 성분을 정량하고자 할 때 흡수법에 의하지 않고 연소법에 의해 측정하여야 하는 가스는?
① 수소　　② 이산화탄소　　③ 산소　　④ 일산화탄소

해설> 흡수분석법
① 오르자트법 : ㉠ CO_2 : KOH 30% 수용액
　　　　　　　 ㉡ O_2 : 알카리성 피롤카롤용액
　　　　　　　 ㉢ CO : 암모니아성 염화제1동용액
② 헴펠법 : ㉠ CO_2 : KOH 30% 수용액 ㉡ C_nH_n : 발연황산 25%
　　　　　㉢ O_2 : 알카리성 피롤카롤 용액 ㉣ CO : 암모니아성 염화제1동용액

65 루트미터(Roots Meter)에 대한 설명 중 틀린 것은?
① 유량이 일정하거나 변화가 심한 곳, 깨끗하거나 건조하거나 관계없이 많은 가스 타입을 계량하기에 적합하다.
② 액체 및 아세틸렌, 바이오가스, 침전가스를 계량하는 데에는 다소 부적합하다.
③ 공업용에 사용되고 있는 이 가스미터는 칼만(KARMAN) 식과 스월(SWIRL) 식의 두 종류가 있다.
④ 측정의 정확도와 예상수명은 가스 흐름 내에 먼지의 과다 퇴적이나 다른 종류의 이물질에 따라 다르다.

66 오리피스 플레이트 설계 시 일반적으로 반영되지 않아도 되는 것은?
① 표면 거칠기　　② 엣지 각도　　③ 베벨 각　　④ 스월

해설> 오리피스 플레이트 설계시 일반적으로 반영되는 것
① 베벨 각도　② 엣지 각도　③ 표면 거칠기

67 기체 크로마토그래피(Gas Chromatography)의 일반적인 특성에 해당하지 않는 것은?
① 연속분석이 가능하다.
② 분리능력과 선택성이 우수하다.
③ 적외선 가스분석계에 비해 응답속도가 느리다.
④ 여러 가지 가스 성분이 섞여 있는 시료가스 분석에 적당하다.

해설> 연속분석이 불가능하다.

정답 64. ①　65. ③　66. ④　67. ①

① 가스 크로마토그래피(gas chromatography)
  ㉮ 흡착 크로마토그래피 : 흡착제를 충진한 관속에 혼합가스 시료를 넣고 용제를 유동시켜 전개하면 흡착력의 차이에 의해 시료가스 각 성분의 분리가 일어난다. 주로 기체시료 분석에 널리 사용된다.
  ㉯ 분배 크로마토그래피 : 액체를 고정상태로 하여 이것과 자유롭게 혼합하지 않는 액체를 전개제로 하면 시료가스 각 성분의 분배율의 차이에 따라 분리되는 것으로 주로 액체시료 분석에 많이 사용된다.

참고
① 캐리어가스는 H_2, He, N_2, Ar 등이 쓰인다.
② 가스 크로마토그래피는 크게 검출기, 칼럼(분리관), 기록계로 구성된다.
③ 검출기에는 열전도형(TCD), 수소이온(FID), 전자포획 이온화(ECD) 등이 많이 쓰인다.
④ 시료는 극미량(보통 0.01[cc])을 사용한다.
⑤ 정성, 정량 분석이 가능하다.

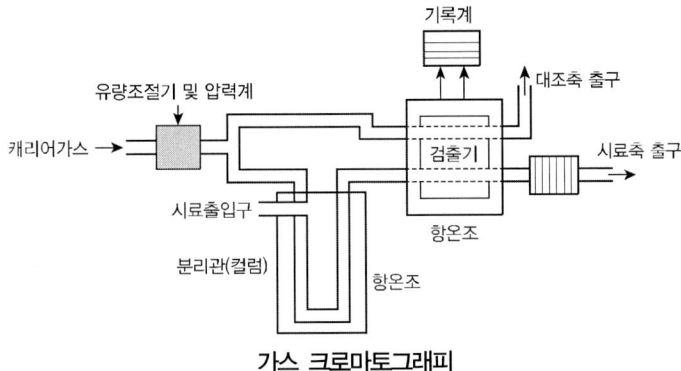

가스 크로마토그래피

68
기체의 열전도율을 이용한 진공계가 아닌 것은?
① 피라니 진공계   ② 열전쌍 진공계
③ 서미스터 진공계   ④ 매클라우드 진공계

해설 ▷ 기체의 열전도율을 이용한 진공계
① 열전쌍진공계   ② 서미스터진공계   ③ 피라니진공계

69
아르키메데스의 원리를 이용한 것은?
① 부르동관식 압력계   ② 침종식 압력계
③ 벨로우즈식 압력계   ④ U자관식 압력계

해설 ▷ 아르키메데스 원리이용
① 침종식 압력계

정답 68. ④   69. ②

70

오리피스, 플로노즐, 벤튜리 유량계의 공통점은?

① 직접식
② 열전대를 사용
③ 압력강하 측정
④ 초음속 유체만의 유량측정

해설 차압식 유량계(압력강하측정)

벤튜리미터	플로우미터(노즐)	오리피스미터
① 구조가 복잡하고 교환이 어렵다. ② 압력손실이 가장 적다. ③ 가격이 비싸다. ④ 정밀도가 좋고 내구성이 좋다. ⑤ 침전물 생성 우려가 없고 대형이다.	① 오리피스에 비해 압력손실이 적다. ② 고압유체나 슬러지유체 측정 ③ 동일 조건하에서 오리피스보다 유량 통과량이 많다.	① 구조가 간단 제작이나 장착이 용이하다. ② 좁은 장소에 설치가 가능하다. ③ 유체의 압력손실이 가장 크다. ④ 침전물 생성 우려 ⑤ 베르누이 정리 이용

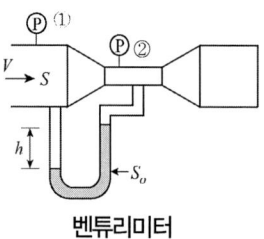

벤튜리미터

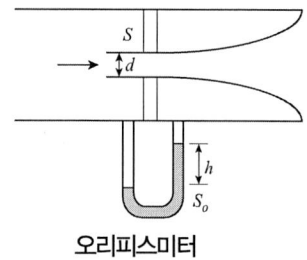

오리피스미터

71

가스누출경보기의 검지방법으로 가장 거리가 먼 것은?

① 반도체식
② 접촉연소식
③ 확산분해식
④ 기체 열전도도식

해설 가스누출 경보기의 검지 방법
① 반도체식 ② 접촉연소식 ③ 기체열전도도식

72

측정지연 및 조절지연이 작을 경우 좋은 결과를 얻을 수 있으며 제어량의 편차가 없어질 때까지 동작을 계속하는 제어동작은?

① 적분동작
② 비례동작
③ 평균2위치동작
④ 미분동작

정답 70. ③ 71. ③ 72. ①

해설 › 제어방식
① 연속동작
  ㉠ P동작(비례동작)
    ⓐ 잔류편차 허용될 때 사용
    ⓑ 조작량은 제어 편차의 변화속도에 비례한 동작
    ⓒ 부하변화가 적은 프로세스에 사용
    ⓓ 부하가 변화하는 등의 외란이 있으면(off-set : 잔류편차) 생김
  ㉡ I동작(적분동작)
    ⓐ 잔류편차 허용되지 않을 때 사용
    ⓑ 제어의 안정성이 떨어지고 일반적으로 진동함
    ⓒ 측정지연 및 조절지연이 작을 경우 좋은 결과 얻음
    ⓓ 제어량의 편차가 없어질 때 까지 동작 계속
  ㉢ D동작(미분동작)
    ⓐ 편차가 변화하는 속도에 비례해서 조작량 가감
    ⓑ 일반적으로 진동이 제어되어 빨리 안정
② 불연속 동작(On-Off 동작이라고도 함)
  ㉠ 이위치동작 : 조작량이 정해진 두 값 중 하나를 취하여 밸브가 열리고 닫히는 이위치제어
  ㉡ 다위치동작 : 동작신호의 크기에 따라 조작량이 셋 이상의 정해진 값 중 하나를 취하는 것
  ㉢ 불연속 속도 조작

73 가스미터의 구비조건으로 틀린 것은?
① 내구성이 클 것
② 소형으로 계량용량이 적을 것
③ 감도가 좋고 압력손실이 적을 것
④ 구조가 간단하고 수리가 용이할 것

해설 › 가스미터의 구비조건
① 오차조정이 용이할 것
② 정확히 계량할 것
③ 수리가 쉬울 것
④ 내구성이 있을 것
⑤ 감도가 예민하고 정밀성이 있을 것
⑥ 소형경량이며 용량이 클 것

74 계통적 오차에 대한 설명으로 옳지 않은 것은?
① 계기오차, 개인오차, 이론오차 등으로 분류된다.
② 참값에 대하여 치우침이 생길 수 있다.
③ 측정 조건변화에 따라 규칙적으로 생긴다.
④ 오차의 원인을 알 수 없어 제거할 수 없다.

해설 › 오차의 원인 알 수 있어 제거할 수 있다.

정답 73. ② 74. ④

75

H_2와 O_2 등에는 감응이 없고 탄화수소에 대한 감응이 아주 우수한 검출기는?

① 열이온(TID) 검출기
② 전자포획(ECD) 검출기
③ 열전도도(TCD)검출기
④ 불꽃이온화(FID) 검출기

해설 검출기(가스크로마토그래피)
① 캐리어가스 : H_2, He, N_2, Ar(수헬질아)
② 부품 및 성분 : 컬럼(분리관), 기록계, 압력계, 항온조, 유량조절기, 가스샘플
③ 충진제 : 활성탄, 실리카겔, 소바비드, 뮬레큘러시브
④ 분리가 잘 안될 때 : 시료주입구 온도 높인다.

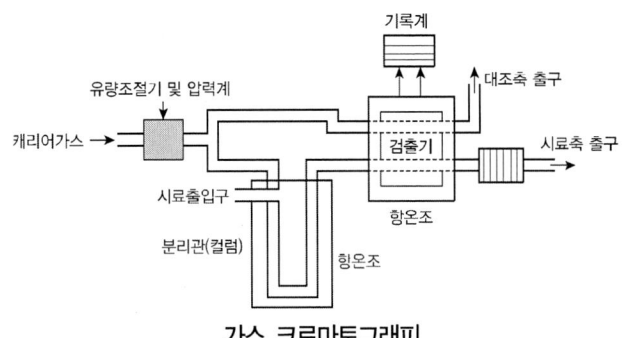

가스 크로마토그래피

⑤ 종류
  ㉠ FID(수소이온화검출기)
    ⓐ 전극간의 전기 전도도가 증대하는 것을 이용
    ⓑ 탄화수소에서 감도가 최고이다. (프로판, 부탄, 프로필렌 등)
    ⓒ H_2, O_2, CO, CO_2, SO_2 등은 감도가 적다.
    ⓓ 무기가스나 물에 거의 응답하지 않음
  ㉡ TCD(열전도도형검출기)
    ⓐ 금속필라멘트의 저항변화를 이용하는 것   ⓑ 일반적으로 가장 널리 사용
  ㉢ ECD(전자포획이온화검출기)
    ⓐ 이온전류가 감소하는 것을 이용   ⓑ 할로겐 및 산화물에서는 감도가 최고이다.
  ㉣ FPD(염광광도 검출기) : 황화합물이나 인화합물 검출

76

다음 가스분석 법 중 물리적 가스분석법에 해당하지 않는 것은?

① 열전도율법
② 오르자트법
③ 적외선흡수법
④ 가스크로마토그래피법

해설 물리적 가스분석법
① 가스크로마토그래피
② 세라믹식 O_2계 (지르코니아식 O_2계)
③ 밀도식 O_2계
④ 열전도율형 O_2계
⑤ 자기식 O_2계 (자화율식)
⑥ 적외선가스분석계

정답 75. ④ 76. ②

77 가스계량기의 검정 유효기간은 몇 년인가? (단, 최대유량 10 m³/h 이하이다.)

① 1년   ② 2년   ③ 3년   ④ 5년

해설⊃

가스계량기	유효기간	
	검정	재검정
LP 가스미터	3년	3년
최대유량 10 m³/h 이하의 가스미터	5년	5년
그밖의 가스미터	8년	8년

78 게이지 압력(gauge pressure)의 의미를 가장 잘 나타낸 것은?

① 절대압력 0을 기준으로 하는 압력
② 표준대기압을 기준으로 하는 압력
③ 임의의 압력을 기준으로 하는 압력
④ 측정위치에서의 대기압을 기준으로 하는 압력

해설⊃ 절대압력 = 게이지압력 + 대기압
게이지압력 = 절대압력 − 대기압
대기압 = 절대압력 − 게이지압력

79 수은을 이용한 U자관식 액면계에서 그림과 같이 높이가 70 cm일 때 P_2는 절대압으로 약 얼마인가?

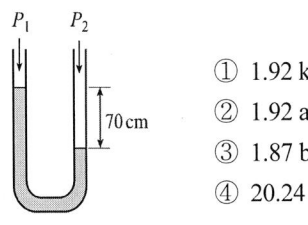

① 1.92 kg/cm²
② 1.92 atm
③ 1.87 bar
④ 20.24 mH₂O

해설⊃ $P_2 = P_1 + r \times h$
$= 1.0332\,\text{kg/cm}^2 + (0.013595\,\text{kg/cm}^3 \times 70\,\text{cm})$
$= 1.985\,\text{kg/cm}^2$
∴ $1\,\text{atm} = 1.0332\,\text{kg/cm}^2$
$x = 1.985\,\text{kg/cm}^2$
$x = \dfrac{1\,\text{atm} \times 1.985\,\text{kg/cm}^2}{1.0332\,\text{kg/cm}^2} = 1.92\,\text{atm}$

정답 77. ④ 78. ④ 79. ②

80 공업용 액면계(액위계)로서 갖추어야 할 조건으로 틀린 것은?
① 연속측정이 가능하고, 고온, 고압에 잘 견디어야 한다.
② 지시기록 또는 원격측정이 가능하고 부식에 약해야 한다.
③ 액면의 상, 하한계를 간단히 계측할 수 있어야 하며, 적용이 용이해야 한다.
④ 자동제어장치에 적용이 가능하고, 보수가 용이해야 한다.

[해설] 지시기록 또는 원격측정이 가능하고 부식에 강해야 한다.

정답 80. ②

2017년 제4회 가스산업기사 출제문제

제1과목 : 연소공학

01 1 kg의 공기를 20℃, 1 kgf/cm²인 상태에서 일정 압력으로 가열팽창시켜 부피를 처음의 5배로 하려고 한다. 이 때 온도는 초기온도와 비교하여 몇 ℃ 차이가 나는가?
① 1172 ② 1292 ③ 1465 ④ 1561

해설 $\dfrac{V_1}{T_1} = \dfrac{V_2}{T_2}$ ∴ $T_2 = \dfrac{T_1 \times V_2}{V_1} = \dfrac{(273+20) \times 5}{1} = 1465K - 273 = 1192℃ - 20℃ = 1172℃$

02 95℃의 온수를 100 kg/h 발생시키는 온수보일러가 있다. 이 보일러에서 저위발열량이 45 MJ/Nm³인 LNG를 1m³/h 소비할 때 열효율은 얼마인가? (단, 급수의 온도는 25℃이고, 물의 비열은 4.184 kJ/kg·K이다.)
① 60.07% ② 65.08% ③ 70.09% ④ 75.10%

해설 열효율 $= \dfrac{G \times C \times \triangle t}{Gf \times He} \times 100$
$= \dfrac{100 \times 4.184 \times (95-25)}{45 \times 1000} \times 100 = 65.08\%$

03 완전기체에서 정적비열(C_V), 정압비열(C_P)의 관계식을 옳게 나타낸 것은? (단, R은 기체상수이다.)
① $C_P/C_V = R$ ② $C_P - C_V = R$ ③ $C_V/C_P = R$ ④ $C_P + C_V = R$

해설 $R = C_P - C_V$
K(비열비) $= \dfrac{C_P}{C_V}$

정답 1. ① 2. ② 3. ②

04. 다음 중 열역학 제2법칙에 대한 설명이 아닌 것은?

① 열은 스스로 저온체에서 고온체로 이동할 수 없다.
② 효율이 100%인 열기관을 제작하는 것은 불가능하다.
③ 자연계에 아무런 변화도 남기지 않고 어느 열원의 열을 계속해서 일로 바꿀 수 없다.
④ 에너지의 한 형태인 열과 일은 본질적으로 서로 같고, 열은 일로, 일은 열로 서로 전환이 가능하며, 이 때 열과 일 사이의 변환에는 일정한 비례관계가 성립한다.

해설 ▸ 열역학 법칙
① 열역학 제0법칙 : 열평형 법칙
온도가 서로 다른 물체를 접촉시키면 열의 이동으로 인하여 동일한 상태에 놓아 둔 두 물체 사이에는 온도차가 없어지며 열평형을 이룬다.
② 열역학 제1법칙 : 열에너지 보존 법칙
㉠ 에너지 전환과정에서 에너지는 절대 소멸되거나 생성되지 않는다.
㉡ 에너지의 한 형태의 열과 일은 서로 같고 열은 일과 열로 서로 전환이 가능하다.
③ 열역학 제2법칙 : 엔트로피 법칙
㉠ 계의 엔트로피는 증가할 수도 있고 감소할 수도 있다.
㉡ 제2종 영구기관은 존재할 수 없다.
㉢ 제2종 영구기관 : 입력과 출력이 같은 효율이 100%인 기관을 말한다.
㉣ 열은 스스로 다른 물체에 아무런 변화도 주지 않고 저온 물체에서 고온 물체로 이동하지 않는다.
㉤ 자연계에 아무런 변화도 남기지 않고 어느 열원의 열을 계속해서 일로 바꿀 수 없다. 즉, 고온 물체의 열을 계속해서 일로 바꾸려면 저온 물체로 열을 버려야만 한다.
㉥ 효율이 100%인 열기관은 제작이 불가능하다.
㉦ 엔트로피의 변화는 흡수한 열에 의해 생긴다.
㉧ 저온계에서 고온계로 열을 이동시키는 과정은 불가능하다라고 표현할 수도 있는 비가역성이다.

05. 프로판 5 L를 완전연소시키기 위한 이론공기량은 약 몇 L인가?

① 25
② 87
③ 91
④ 119

해설 ▸ $C_3H_8 + 5O_2 \rightarrow 3CO_2 + 4H_2O$

22.4ℓ $5 \times 22.4\ell$
5ℓ x

$x = \dfrac{5\ell \times 5 \times 22.4\ell}{22.4\ell} = 25\ell$

$\therefore A_o = \dfrac{O_o}{0.21} = \dfrac{25}{0.21} = 119.04\ell$

정답 4. ④ 5. ④

06
이상기체를 일정한 부피에서 냉각하면 온도와 압력의 변화는 어떻게 되는가?
① 온도저하, 압력강하
② 온도상승, 압력강하
③ 온도상승, 압력일정
④ 온도저하, 압력상승

해설ⓒ 이상기체를 일정한 부피에서 냉각하면 온도저하, 압력강하

07
가연성 물질을 공기로 연소시키는 경우에 공기 중의 산소 농도를 높게 하면 연소속도와 발화온도는 어떻게 되는가?
① 연소속도는 느리게 되고, 발화온도는 높아진다.
② 연소속도는 빠르게 되고, 발화온도도 높아진다.
③ 연소속도는 빠르게 되고, 발화온도는 낮아진다.
④ 연소속도는 느리게 되고, 발화온도도 낮아진다.

해설ⓒ 공기중의 산소농도를 높게 하면 연소속도는 빠르게되고 발화온도는 낮아짐

08
프로판과 부탄이 각각 50% 부피로 혼합되어 있을 때 최소산소농도(MOC)의 부피 %는? (단, 프로판과 부탄의 연소하한계는 각각 2.2 v%, 1.8 v%이다.)
① 1.9%   ② 5.5%   ③ 11.4%   ④ 15.1%

해설ⓒ $C_3H_8 + 5O_2 \rightarrow 3CO_2 + 4H_2O$
$C_4H_{10} + 6.5O_2 \rightarrow 4CO_2 + 5H_2O$

$$\therefore L = \frac{100}{\frac{V_1}{L_1} + \frac{V_2}{L_2}} = \frac{100}{\frac{50}{2.2} + \frac{50}{1.8}} = 1.98 v\%$$

$$MOC = LFL \times \frac{산소몰수}{연료몰수}$$
$$= 1.98 \times \frac{(5 \times 0.5 + 6.5 \times 0.5)}{(1 \times 0.5 + 1 \times 0.5)} = 11.385\%$$

09
방폭 구조 및 대책에 관한 설명으로 옳지 않은 것은?
① 방폭대책에는 예방, 국한, 소화, 피난 대책이 있다.
② 가연성가스의 용기 및 탱크 내부는 제2종 위험 장소이다.
③ 분진폭발은 1차 폭발과 2차 폭발로 구분되어 발생한다.
④ 내압방폭구조는 내부폭발에 의한 내용물 손상으로 영향을 미치는 기기에는 부적당하다.

해설ⓒ 가연성가스 용기 및 탱크내부는 제1종 위험장소이다.

정답 6. ①   7. ③   8. ③   9. ②

10

"압력이 일정할 때 기체의 부피는 온도에 비례하여 변화한다."라는 법칙은?

① 보일(Boyle)의 법칙 ② 샤를(Charles)의 법칙
③ 보일-샤를의 법칙 ④ 아보가드로의 법칙

해설 • 보일의 법칙(온도일정)

$$P_1 V_1 = P_2 V_2 \quad V_2 = \frac{P_1 \times V_1}{P_2}$$

∴ 온도가 일정할 때 기체의 체적은(V_2) 압력에(P_2) 반비례한다.

• 샤를의 법칙(압력일정)

$$\frac{V_1}{T_1} = \frac{V_2}{T_2} \quad \therefore V_2 = \frac{V_1 \times T_2}{T_1}$$

∴ 압력이 일정할 때 기체의 체적은 절대온도(T_2)에 비례한다.

• 보일-샤를의 법칙

$$\frac{P_1 V_1}{T_1} = \frac{P_2 V_2}{T_2} \quad \therefore V_2 = \frac{P_1 \times V_1 \times T_2}{T_1 \times P_2}$$

∴ 기체의 체적은 압력에 반비례하고 절대온도에 비례한다.

11

다음 가스 중 공기와 혼합될 때 폭발성 혼합가스를 형성하지 않는 것은?

① 아르곤 ② 도시가스 ③ 암모니아 ④ 일산화탄소

해설 불활성가스(타지도 않고 반응도 하지 않는 가스)
① 헬륨 ② 네온 ③ 아르곤 ④ 크립톤 ⑤ 크세논 ⑥ 라돈

12

액체 연료를 수 μm에서 수백 μm으로 만들어 증발 표면적을 크게 하여 연소시키는 것으로서 공업적으로 주로 사용되는 연소방법은?

① 액면연소 ② 등심연소 ③ 확산연소 ④ 분무연소

해설 연소의 형태
① 액면연소 : 화염으로부터 방사나 대류에 의해 오일 연료표면이 가열되어 증발이 일어나며 발생한 연료증기가 공기와 접촉하여 유면의 상부에서 확산 연소하는 것(등유, 경유)
② 등심연소(등화연소) : 심지일단에서 확산연소하는 것
③ 분무연소(액적연소) : 액체연료를 수, μm에서 수백 μm으로 만들어 증발 표면적을 크게하여 연소시키는 것으로 공업적으로 주로 사용(B-C유)
④ 확산연소 : 가연성가스 분자와 공기분자가 확산에 의해 급격하게 혼합되면서 연소가 일어나는 것(수소, 아세틸렌)
⑤ 증발연소 : 인화성액체의 온도상승에 따른 증발에 의해 연소가 일어나는 것(알콜, 에테르, 등유, 경유)

정답 10. ② 11. ① 12. ④

⑥ 분해연소 : 연소시 열분해에 의해 가연성가스를 방출시켜 연소가 일어남(석탄, 목재, 종이, 중유)
⑦ 표면연소 : 고체표면과 공기와 접촉되는 부분에서 연소가 일어나는 것(코크스, 목탄, 숯, 금속분)
⑧ 자기연소 : 질산에테르, 초산에스테르 등 산소없이 연소하는 것

13
폭굉이 발생하는 경우 파면의 압력은 정상연소에서 발생하는 것보다 일반적으로 얼마나 큰가?
① 2배
② 5배
③ 8배
④ 10배

해설 폭굉 : 가스중의 화염의 전파속도가 음속보다 빠른 경우의 폭발로서 파면선단에 충격파라고 하는 압력파가 생겨 격렬한 파괴작용을 일으키는 현상
① 파면압력 : 2배
② 폭굉파가 벽에 부딪히면 : 2.5배
③ 밀폐된 공간 : 7~8배
④ 폭굉속도 : 1,000~3,500m/sec

14
메탄 80 vol%와 아세틸렌 20 vol%로 혼합된 혼합가스의 공기 중 폭발 하한계는 약 얼마인가? (단, 메탄과 아세틸렌의 폭발 하한계는 5.0%와 2.5%이다.)
① 6.2%
② 5.6%
③ 4.2%
④ 3.4%

해설
$$\frac{100}{L} = \frac{V_1}{L_1} + \frac{V_2}{L_2} + \frac{V_3}{L_3}$$
$$\frac{100}{L} = \left(\frac{80}{5} + \frac{20}{2.5}\right) \quad \therefore \quad \frac{100}{L} = 24 \quad L = \frac{100}{24} = 4.17\%$$

15
연소부하율에 대하여 가장 바르게 설명한 것은?
① 연소실의 염공면적당 입열량
② 연소실의 단위체적당 열발생률
③ 연소실의 염공면적과 입열량의 비율
④ 연소혼합기의 분출속도와 연소속도와의 비율

해설 $kcal/m^3h$: 단위체적당 연소실 열발생률

정답 13. ① 14. ③ 15. ②

16 열분해를 일으키기 쉬운 불안전한 물질에서 발생하기 쉬운 연소로 열분해로 발생한 휘발분이 자기점화온도보다 낮은 온도에서 표면연소가 계속되기 때문에 일어나는 연소는?

① 분해연소 ② 그을음연소 ③ 분무연소 ④ 증발연소

17 다음 [보기]는 가연성가스의 연소에 대한 설명이다. 이 중 옳은 것으로만 나열된 것은?

[보기]
㉠ 가연성가스가 연소하는 데에는 산소가 필요하다.
㉡ 가연성가스가 이산화탄소와 혼합할 때 잘 연소된다.
㉢ 가연성가스는 혼합하는 공기의 양이 적을 때 완전연소한다.

① ㉠, ㉡ ② ㉡, ㉢ ③ ㉠ ④ ㉢

18 자연발화온도(Autoignition temperature : AIT)에 영향을 주는 요인 중에서 증기의 농도에 관한 사항이다. 가장 바르게 설명한 것은?

① 가연성 혼합기체의 AIT는 가연성 가스와 공기의 혼합비가 1:1일 때 가장 낮다.
② 가연성 증기에 비하여 산소의 농도가 클수록 AIT는 낮아진다.
③ AIT는 가연성 증기의 농도가 양론 농도보다 약간 높을 때가 가장 낮다.
④ 가연성 가스와 산소의 혼합비가 1:1일 때 AIT가 가장 낮다.

[해설] 가연성 혼합기체의 자연발화온도(AIT)는 가연성 가스와 공기의 혼합비가 1:1일 때 가장 높다. 가연성증기에 비해 산소의 농도가 클수록 자연발화온도는 높아진다. 가연성가스와 산소의 혼합비가 1:1일 때 자연발화온도가 가장 높다.

19 가스를 연료로 사용하는 연소의 장점이 아닌 것은?

① 연소의 조절이 신속, 정확하며 자동제어에 적합하다.
② 온도가 낮은 연소실에서도 안정된 불꽃으로 높은 연소 효율이 가능하다.
③ 연소속도가 커서 연료로서 안전성이 높다.
④ 소형 버너를 병용 사용하여 로내 온도분포를 자유로이 조절할 수 있다.

[해설] 기체연료의 특징
① 적은 공기량으로 완전연소가 가능하다.
② 가스누설시 폭발의 위험이 있다.
③ 발열량 높은 연료로 고온을 얻을 수 있다.
④ 황분, 회분이 거의 없어 전열면 오손이 거의 없다.

정답 16. ② 17. ③ 18. ③ 19. ③

⑤ 연소효율, 전열효율이 좋다.
⑥ 온도 분포를 자유로이 조절할 수 있다.
⑦ 집중가열, 균일가열 분위기 조성이 가능하다.

20 액체 프로판(C_3H_8) 10 kg이 들어 있는 용기에 가스미터가 설치되어있다. 프로판 가스가 전부 소비되었다고 하면 가스미터에서의 계량값은 약 몇 m^3로 나타나 있겠는가?
(단, 가스미터에서의 온도와 압력은 각각 T=15℃, Pg=200mmHg이고, 대기압은 0.101MPa이다.)

① 5.3 ② 5.7 ③ 6.1 ④ 6.5

해설 PV=nRT를 이용하여 구한다. (이때 $n = \dfrac{W}{M}$ 이므로 $PV = \dfrac{W}{M}RT$ 이다.)

액체 프로판(C_3H_8)은 44g/mol이므로 $n = \dfrac{10 \times 10^3 g}{44 g/mol} = 227.27 mol$

온도(T)는 절대온도로 T=(273.15+15)=288.15K

압력(P)은 0.101MPa인데 M(Mega)는 10^6 이므로 $P = 101 \times 10^3$ Pa

기체상수(R)는 8.314J/mol·K를 이용한다.

이때 J=kg·m^2/s^2 이며 Pa단위로 바꿔주려고 할 때 Pa=kg/m·s^2 이므로
R=8.314m^3 Pa/mol·K가 된다.

∴ $V(m^3) = \dfrac{227.27 mol \times 8.314 m^3 \cdot Pa/mol \times 288.15 K}{101 \times 10^3 Pa} = 5.39 m^3$

제2과목 : 가스설비

21 연소기의 이상연소 현상 중 불꽃이 염공 속으로 들어가 혼합관 내에서 연소하는 현상을 의미하는 것은?

① 황염 ② 역화 ③ 리프팅 ④ 블로우 오프

해설 역화(back fire)
① 역화 : 가스의 연소속도가 유출속도에 비해 크게 되었을 때 불꽃이 염공에서 연소기 내부로 침입하는 현상
② 원인
  ㉠ 가스의 압력이 너무 낮을 때   ㉡ 노즐의 구경이 너무 큰 경우
  ㉢ 콕의 먼지나 이물질이 부착되었을 때   ㉣ 염공이 큰 경우
선화(lifting)
① 선화
  ㉠ 연소하는 불꽃이 과잉 공기나 압력에 의해 염공으로부터 떨어져 연소되는 현상
  ㉡ 가스의 유출속도가 연소속도보다 크게 되었을 때 불꽃이 염공을 떠나 공중에서 연소되는 현상

정답 20. ① 21. ②

② 원인
ⓐ 가스의 공급압력이 너무 높은 경우   ⓑ 노즐의 구경이 너무 작은 경우
ⓒ 염공이 적은 경우   ⓓ 댐퍼를 너무 많이 열었을 경우
ⓔ 연소 가스의 배기 및 환기 불충분시

22
양정[H] 20 m, 송수량[Q] 0.25 m³/min, 펌프효율[η] 0.65인 2단 터빈 펌프의 축동력은 약 몇 kW인가?

① 1.26   ② 1.37   ③ 1.57   ④ 1.72

해설 $kW = \dfrac{r \times Q \times H}{102 \times E \times 60} = \dfrac{1000 \times 0.25 \times 20}{102 \times 0.65 \times 60} = 1.256 \, kW$

23
고압가스 충전 용기의 가스 종류에 따른 색깔이 잘못 짝지어진 것은?

① 아세틸렌 : 황색   ② 액화암모니아 : 백색
③ 액화탄산가스 : 갈색   ④ 액화석유가스 : 회색

해설 공업 용기 도색

청탄산 산녹에서 황아체 안주삼아 소주잔 높이 들고 백암산 바라보니 염소는 갈색으로
①   ②③   ④   ⑤   ⑥   ⑦

보이고 쥐들은 기타를 치더라
         ⑧   ⑨

① 탄산가스 : 청색   ② 산소 : 녹색   ③ 아세틸렌 : 황색
④ 수소 : 주황   ⑤ 암모니아 : 백색   ⑥ 염소 : 갈색
⑦ 기타 : 쥐색(회색) : Ar, C_3H_8

가스명칭 : ① 아세틸렌, 암모니아 : 흑색
② LPG(C_3H_8) : 적색
③ 기타 : 백색

24
용기의 내압시험 시 항구증가율이 몇 %이하인 용기를 합격한 것으로 하는가?

① 3   ② 5   ③ 7   ④ 10

해설 항구증가율 $= \dfrac{\text{항구증가량(영구증가량)}}{\text{전 증가량}} \times 100$

10% 이하시 합격

정답 22. ①   23. ③   24. ④

25 금속 재료에서 어느 온도 이상에서 일정 하중이 작용할 때 시간의 경과와 더불어 그 변형이 증가하는 현상을 무엇이라고 하는가?
① 크리프   ② 시효경과   ③ 응력부식   ④ 저온취성

해설> 크리프현상 : 어느온도이상(350℃ 이상)에서 재료에 일정한 하중이 작용할 때 시간의 경과와 더불어 그 변형이 증대하는 현상

26 도시가스 배관공사 시 주의사항으로 틀린 것은?
① 현장마다 그 날의 작업공정을 정하여 기록한다.
② 작업현장에는 소화기를 준비하여 화재에 주의한다.
③ 현장 감독자 및 작업원은 지정된 안전모 및 완장을 착용한다.
④ 가스의 공급을 일시 차단할 경우에는 사용자에게 사전통보하지 않아도 된다.

해설> 가스공급을 일시 차단할 경우에는 사용자에게 사전 통보하여야 한다.

27 지름이 150 mm, 행정 100 mm, 회전수 800 rpm, 체적효율 85%인 4기통 압축기의 피스톤 압출량은 몇 m³/h인가?
① 10.2   ② 28.8   ③ 102   ④ 288

해설> $Q(m^3/min) = \dfrac{\pi}{4} D^2 LNRE$
$= 0.785 \times 0.15^2 \times 0.1 \times 800 \times 0.85 \times 4$
$= 4.8 \ m^3/min \times 60 \ min/h = 288 \ m^3/h$

28 가정용 LP가스 용기로 일반적으로 사용되는 용기는?
① 납땜용기   ② 용접용기   ③ 구리용기   ④ 이음새 없는 용기

해설> 용접용기 : LPG, 아세틸렌, 부탄, 염소
이음매 없는 용기 : 산소, 수소, 질소

정답 25. ①   26. ④   27. ④   28. ②

29. 도시가스 제조 설비에서 수소화 분해(수첨분해)법의 특징에 대한 설명으로 옳은 것은?

① 탄화수소의 원료를 수소기류 중에서 열분해 혹은 접촉분해로 메탄을 주성분으로 하는 고열량의 가스를 제조하는 방법이다.
② 탄화수소의 원료를 산소 또는 공기 중에서 열분해 혹은 접촉분해로 수소 및 일산화탄소를 주성분으로 하는 가스를 제조하는 방법이다.
③ 코크스를 원료로 하여 산소 또는 공기 중에서 열분해 혹은 접촉분해로 메탄을 주성분으로 하는 고열량의 가스를 제조하는 방법이다.
④ 메탄을 원료로 하여 산소 또는 공기 중에서 부분연소로 수소 및 일산화탄소를 주성분으로 하는 저열량의 가스를 제조하는 방법이다.

해설 가스제조방식

① 열분해 프로세스 : 나프타, 원유, 중유 등의 분자량이 큰 탄화수소 원료를 고온(800~900[°C])으로 분해하여 10000[kcal/Nm^3] 정도의 고열량가스를 제조하는 방식이다.
② 접촉분해(수증기 개질)프로세스 : 접촉분해(수증기 개질)는 촉매를 사용하여 사용온도 400~800[°C]에서 탄화수소와 수증기와 반응하여 수소, 메탄, 일산화탄소, 에틸렌, 탄산가스, 에탄, 프로필렌 등의 저급 탄화수소로 변환시키는 방법이다.
③ 부분연소 프로세스 : 부분연소에 의한 가스제조는 메탄에서 원유까지는 원료를 가스화하는 것으로 산소 또는 공기 및 수증기를 이용하여 CH_4, H_2, CO, CO_2로 변환하는 방법이며, 탄화수소의 분해 및 수증기와의 반응에 필요한 열은 원료의 일부 연소기에 의해 보급되어 가스화와 가열을 동일로 내에서 행하기 때문에 내연식 또는 오트사밍 프로세스라고도 한다. 탄화수소와 수증기, 산소(공기)와의 반응은 700[°C] 이상에서 고활성인 촉매(니켈계)를 매개체로 하여 일어난다.
④ 수소화(수첨)분해 프로세스) : 수소화 분해는 수소기류 중 탄화수소 원료를 열분해 또는 접촉분해하여 메탄을 주성분으로 하는 고열량의 가스를 제조하는 방법이며 현재는 주로 나프타를 원료로 이용하고 있다.
⑤ 대체 천연가스 프로세스(substitute natural gas) : 대체 천연가스 프로세스란 천연가스이외의 석탄, 원유, 나프타, LPG 등의 각종 탄화수소 원료에서 천연가스와 물리적, 화학적 성질(조성, 열량, 연소성)이 거의 비슷한 가스를 제조하는 것을 말한다. SNG의 주성분은 메탄이며 공업적 제조로는 H_2O, O_2, H_2를 원료탄화수소와 반응시켜 수증기 개질, 부분연소, 수첨분해에 의해 가스화하여 메탄합성, 탈탄산 등의 프로세스와 병용하여 사용하고 있다. 실체의 프로세스 원료는 경질유(LPG, 나프타), 중질유(중유, 원유) 및 석탄 등에서 분류하는 것이 편하다.

정답 29. ①

30
냉동장치에서 냉매의 일반적인 구비조건으로 옳지 않은 것은?

① 증발열이 커야 한다.
② 증기의 비체적이 작아야 한다.
③ 임계온도가 낮고, 응고점이 높아야 한다.
④ 증기의 비열은 크고, 액체의 비열은 작아야한다.

해설 냉매의 구비조건
① 임계온도가 높고, 응고점이 낮아야 한다. ② 증기의 비체적이 작아야 한다.
③ 증발잠열이 커야한다. ④ 증기비열은 크고 액체비열은 작아야 한다.
⑤ 독성 및 가연성이 아닐 것 ⑥ 악취가 나지 않을 것
⑦ 부식성이 없을 것 ⑧ 점도가 적고 표면장력이 작을 것
⑨ 누설 발견이 용이할 것
⑩ 수분이 냉매 중에 혼입되어도 냉매의 작용에 지장이 없을 것
⑪ 전기적 절연내력이 크고 절연물을 침식하지 않을 것
⑫ 패킹재료에 대해 냉매가 영향을 미치지 않을 것

31
대기 중에 10 m 배관을 연결할 때 중간에 상온스프링을 이용하여 연결하려 한다면 중간 연결부에서 얼마의 간격으로 하여야 하는가? (단, 대기 중의 온도는 최저 -20℃, 최고온도 30℃이고, 배관의 열팽창계수는 7.2×10^{-5}/℃이다.)

① 18 mm   ② 24 mm   ③ 36 mm   ④ 48 mm

해설 상온 스프링 : 배관절단길이는 자유팽창량의 $\frac{1}{2}$로 한다.

$$\Delta \ell = \alpha \cdot \ell \cdot \Delta t \times \frac{1}{2} = 7.2 \times 10^{-5} \times 10 \times 1000 \times (30-(-20)) \times \frac{1}{2}$$
$$= 36 \text{ mm} \times \frac{1}{2} = 18 \text{ mm}$$

32
펌프의 운전 중 공동현상(cavitation)을 방지하는 방법으로 적합하지 않은 것은?

① 흡입양정을 크게 한다.
② 손실수두를 적게 한다.
③ 펌프의 회전수를 줄인다.
④ 양흡입 펌프 또는 두 대 이상의 펌프를 사용한다.

해설 ① 캐비테이션(cavitation) : 유수 중에 어느부분의 정압이 그때 물의 온도에 해당하는 증기압 이하로 되어 물이 증발을 일으키고 수중에 용입되어 있던 공기가 낮은 압력으로 인하여 기포가 발생하는 현상으로 공동현상이라고도 한다.

정답 30. ③   31. ①   32. ①

㉮ 영향
  ㉠ 소음과 진동발생
  ㉡ 깃에 대한 침식
  ㉢ 양정곡선과 효율곡선의 저하
㉯ 발생조건
  ㉠ 흡입 양정이 지나치게 길 때
  ㉡ 과속으로 유량이 증대될 때
  ㉢ 흡입관 입구 등에서 마찰저항 증가시
  ㉣ 관로 내의 온도가 상승될 때
㉰ 방지대책
  ㉠ 양흡입 펌프를 사용한다.
  ㉡ 수직축 펌프를 사용하고 회전차를 수중에 잠기게 한다.
  ㉢ 펌프를 두 대 이상 설치한다.
  ㉣ 펌프의 회전수를 낮춘다.
  ㉤ 펌프의 설치위치를 낮추어 흡입양정을 짧게 한다.
  ㉥ 관지름을 크게 하고 흡입측의 저항을 최소로 줄인다.

② **수격작용**(water hammering) : 펌프에서 물을 압송하고 있을 때 정전 등으로 급히 펌프가 멈추거나 수량조절 밸브를 급히 폐쇄할 때 관내 유속이 급속히 변화하면 물에 의한 심한 압력의 변화가 생겨 관벽을 치는 현상을 수격작용이라고 한다.

> ※ 수격작용 방지책
> ① 완폐 체크 밸브를 토출구에 설치하고 밸브를 적당히 제어한다.
> ② 관경을 크게 하고 관내 유속을 느리게 한다.
> ③ 관로에 조압수조(surge tank)를 설치한다.
> ④ 플라이 휠을 설치하여 펌프속도의 급변을 막는다.

③ **서징**(surging) : 펌프를 운전할 때 송출압력과 송출유량이 주기적으로 변동하여 펌프입구 및 출구에 설치된 진공계, 압력계의 지침이 흔들리는 현상을 말하며 맥동현상이라고도 한다.
㉮ 서징현상 발생원인
  ㉠ 펌프를 운전시 주기적으로 운동, 양정, 토출량이 변화될 때
  ㉡ 수량조절 밸브가 저장탱크 뒤쪽에 있을 때
  ㉢ 배관 중에 공기탱크나 물탱크가 있을 때
㉯ 서징현상 방지책
  ㉠ 방출 밸브 등을 사용하여 펌프속 양수량을 서어징할 때의 양수량 이상으로 증가시킨다.
  ㉡ 임펠러나 가이드 베인의 현상과 치수를 바꾸어 그 특성을 변화시킨다.
  ㉢ 관로에 불필요한 잔류공기를 제거하고 관로의 단면적 및 유속 등을 변화시킨다.

33
표면은 견고하게 하여 내마멸성을 높이고, 내부는 강인하게 하여 내충격성을 향상시킨 이중조직을 가지게 하는 열처리는?
① 불림
② 담금질
③ 표면경화
④ 풀림

해설 열처리
① 담금질=퀜칭 : 경로 및 강도증가
② 뜨임=템퍼링 : 인성증가
③ 풀림=어닐링 : 가공응력 및 내부응력제거
④ 불림=노멀라이징 : 가공조직의 균일화, 결정립의 미세화
　　　　　　　　　기계적 성질의 향상, 잔류응력제거

34
다음 중 신축조인트 방법이 아닌 것은?
① 루프(Loop)형
② 슬라이드(Slide)형
③ 슬립-온(Slip-On)형
④ 벨로우즈(Bellows)형

해설 신축조인트 : ① 루우프형　② 슬리이브형　③ 벨로우즈형　④ 스위블형

35
왕복 압축기의 특징이 아닌 것은?
① 용적형이다.
② 효율이 낮다.
③ 고압에 적합하다.
④ 맥동 현상을 갖는다.

해설 ・왕복압축기의 특징(고용압기저용)
① 고압을 얻을 수 있다.
② 용량조절이 용이하다.
③ 압축기의 효율이 높다.
④ 기체의 송출에 맥동이 있으므로 방진장치 필요
⑤ 저속회전이며, 형태가 크고, 중량이 무겁고, 고가이며, 설치면적이 크다.
⑥ 용적형이다.
⑦ 윤활유식 또는 무급유식 이다.
・터보압축기의 특징(무기서고용대)
① 무급유식이며 원심형이다.
② 기체의 맥동이 없고 연속적이다.
③ 서어징 현상이 있으므로 운전중 주위
④ 고속회전이므로 형태가 적고 경량이다.
⑤ 용량 조절이 가능하나 비교적 어렵고, 범위도 좁다.
⑥ 대용량에 적당하고 설치면적이 적다.
・원심압축기의 특징

정답 33. ③　34. ③　35. ②

① 대용량의 용량제어가 가능
② 왕복압축기와 같은 맥동현상이 없다.
③ 소형이므로 설치면적이 적고 기계적 진동이 적다.
④ 압축유체에 윤활유가 혼입되지 않음
⑤ 무급유식이다.
⑥ 효율이 크다.

36. 다음 지상형 탱크 중 내진설계 적용대상 시설이 아닌 것은?

① 고법의 적용을 받는 3톤 이상의 암모니아 탱크
② 도법의 적용을 받는 3톤 이상의 저장탱크
③ 고법의 적용을 받는 10톤 이상의 아르곤 탱크
④ 액법의 적용을 받는 3톤 이상의 액화석유가스 저장탱크

해설 내진설계 적용대상

구분	가연성, 독성	비가연성, 비독성
액화가스	5 Ton 이상	10 Ton 이상
압축가스	500 m³ 이상	1000 m³ 이상

① 도법적용을 받는 3톤 이상의 저장탱크
② 액법적용을 받는 3톤 이상의 LPG저장탱크
③ 고법적용을 받는 10톤 이상의 아르곤탱크

37. 액화석유가스 지상 저장탱크 주위에는 저장 능력이 얼마 이상일 때 방류둑을 설치하여야 하는가?

① 6톤
② 20톤
③ 100톤
④ 1000톤

해설 방류둑 설치
① 가연성, 산소 : 1,000톤 이상 시
② 독성 : 5톤 이상 시
③ 냉동제조시설 : 독성가스를 냉매로 하는 수액기 내용적이 10,000ℓ 이상인 것
④ 액화석유가스저장시설 : LPG저장능력이 1,000톤 이상 시
⑤ 도시가스시설 중 LPG 용량이 다음과 같을 때
　㉠ 가스도매사업 : 저장능력 500톤 이상 시
　㉡ 일반도시가스사업 : 저장능력 1,000톤 이상 시

참고 방류둑 용량
① 액화산소저장탱크 : 저장능력 상당용적의 60%
② 냉동설비수액기 : 당해 방류둑 내에 설치된 수액기 내용적의 90% 이상의 용적

정답 36. ① 37. ④

38

다음과 같이 작동되는 냉동 장치의 성적계수(ϵ_R)는?

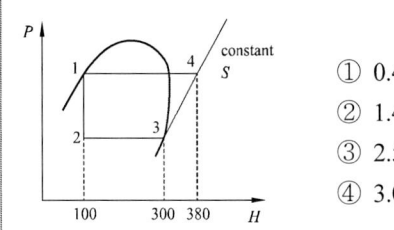

① 0.4
② 1.4
③ 2.5
④ 3.0

해설 성적계수 $= \dfrac{Q_2(냉동능력)}{Aw(압축일량)} = \dfrac{(300-100)}{(380-300)} = 2.5$

39

기계적인 일을 사용하지 않고 고온도의 열을 직접 적용시켜 냉동하는 방법은?

① 증기압축식냉동기
② 흡수식냉동기
③ 증기분사식냉동기
④ 역브레이톤냉동기

해설 ① 흡수식 냉동기 : 기계적인 일을 사용하지 않고 고온도의 열을 직접 적용시켜 냉동하는 방법
  ㉠ 1RT=6640kcal/h
  ㉡ 4대 사이클 : 흡수기 → 재생기(발생기) → 응축기 → 증발기
  ㉢ 흡수재

냉매	흡수재
암모니아	물
물	리튬브로마이드, 가성소다, 황산
염화메틸	사염화에탄

② 증기 압축식 냉동기 : 압축기 → 응축기 → 팽창밸브 → 증발기
③ 증기 분사식 : 증기 이젝터로 증발기내의 압력을 낮추어 물의 일부를 증발시키는 동시에 나머지 물은 냉각이 되는데 냉각된 물은 냉동목적에 이용

40

특정고압가스이면서 그 성분이 독성가스인 것으로 나열된 것은?

① 산소, 수소
② 액화염소, 액화질소
③ 액화암모니아, 액화염소
④ 액화암모니아, 액화석유가스

정답 38. ③ 39. ② 40. ③

제3과목 : 가스안전관리

41 다음 중 독성가스의 제독조치로서 가장 부적당한 것은?
① 흡수제에 의한 흡수
② 중화제에 의한 중화
③ 국소배기장치에 의한 포집
④ 제독제 살포에 의한 제독

해설 ▶ 독성가스의 제독장치
① 흡수제에 의한 흡수
② 중화제에 의한 중화
③ 제독제 살포에 의한 제독

42 사람이 사망한 도시가스 사고 발생 시 사업자가 한국가스안전공사에 상보(서면으로 제출하는 상세한 통보)를 할 때 그 기한은 며칠 이내인가?
① 사고발생 후 5일
② 사고발생 후 7일
③ 사고발생 후 14일
④ 사고발생 후 20일

43 20 kg의 LPG가 누출하여 폭발할 경우 TNT 폭발 위력으로 환산하면 TNT 약 몇 kg에 해당하는가? (단, LPG의 폭발효율은 3%이고 발열량은 12000 kcal/kg, TNT의 연소열은 1100 kcal/kg이다.)
① 0.6　　② 6.5　　③ 16.2　　④ 26.6

해설 ▶　20 kg × 12,000 kcal/kg × 0.03 = 7,200 kcal
1 kg = 1100 kcal
x = 720 kcal
$$x = \frac{1 \text{ kg} \times 7200 \text{ kcal}}{1100 \text{ kcal}} = 6.545 \text{ kg}$$

정답　41. ③　42. ④　43. ②

44 고압가스안전관리법에서 정한 특정설비가 아닌 것은?
① 기화장치　　② 안전밸브　　③ 용기　　④ 압력용기

해설⊙ 특정설비
① 저장탱크　　　　　　② 긴급차단 밸브　　　③ 안전밸브
④ 역화방지장치　　　　⑤ 기화기　　　　　　⑥ 압력용기
⑦ 자동차용가스자동주입기 ⑧ 냉동설비　　　　　⑨ 독성가스배관용밸브
⑩ 액화석유가스용기잔류가스회수장치　　　　⑪ 특정고압가스용실린더캐비넷
⑫ 자동차용압축천연가스완속충전설비

45 소비 중에는 물론 이동, 저장 중에도 아세틸렌 용기를 세워두는 이유는?
① 정전기를 방지하기 위해서
② 아세톤의 누출을 막기 위해서
③ 아세틸렌이 공기보다 가볍기 때문에
④ 아세틸렌이 쉽게 나오게 하기 위해서

46 도시가스 압력조정기의 제품성능에 대한 설명 중 틀린 것은?
① 입구쪽은 압력조정기에 표시된 최대입구압력의 1.5배 이상의 압력으로 내압시험을 하였을 때 이상이 없어야 한다.
② 출구쪽은 압력조정기에 표시된 최대출구압력 및 최대 폐쇄압력의 1.5배 이상의 압력으로 내압시험을 하였을 때 이상이 없어야 한다.
③ 입구쪽은 압력조정기에 표시된 최대입구압력 이상의 압력으로 기밀시험하였을 때 누출이 없어야 한다.
④ 출구쪽은 압력조정기에 표시된 최대출구압력 및 최대 폐쇄압력의 1.5배 이상의 압력으로 기밀 시험하였을 때 누출이 없어야 한다.

정답　44. ③　45. ②　46. ④

47 고압가스의 운반기준에서 동일 차량에 적재하여 운반할 수 없는 것은?
① 염소와 아세틸렌
② 질소와 산소
③ 아세틸렌과 산소
④ 프로판과 부탄

해설 〉 고압가스운반 기준에서 동일차량에 적재운반 금지
① 염소와 아세틸렌
② 염소와 수소
③ 염소와 암모니아

48 물분무장치 등은 저장탱크의 외면에서 몇 m 이상 떨어진 위치에서 조작이 가능하여야 하는가?
① 5 m
② 10 m
③ 15 m
④ 20 m

해설 〉 · 물분무장치 : 15 m 이상
· 살수장치 : 5 m 이상

49 고압가스 특정제조시설에서 고압가스 배관을 시가지 외의 도로 노면 밑에 매설하고자 할 때 노면으로부터 배관 외면까지의 매설깊이는?
① 1.0 m 이상
② 1.2 m 이상
③ 1.5 m 이상
④ 2.0 m 이상

해설 〉 배관의 매설
① 철도부지와 수평거리, 도로경계와 수평거리
 산이나 들, 도로폭이 8 m 미만 시 : 1 m 이상
② 시가지외 도로노면 밑, 인도, 보도 등, 방구구조 물 내
 도로 폭이 8m 이상 시 : 1.2 m 이상
③ 시가지의 도로노면 밑 : 1.5 m 이상
④ 공동주택부지 내 : 0.6 m 이상
⑤ 철도부지 밑 매설은 궤도중심과 : 4 m 이상

50 국내에서 발생한 대형 도시가스 사고 중 대구 도시가스 폭발사고의 주 원인은?
① 내부 부식
② 배관의 응력부족
③ 부적절한 매설
④ 공사 중 도시가스 배관 손상

정답 47. ① 48. ③ 49. ② 50. ④

51 초저온 용기 제조 시 적합여부에 대하여 실시하는 설계단계 검사 항목이 아닌 것은?
① 외관검사　② 재료검사　③ 마멸검사　④ 내압검사

해설　초저온 용기
① 인장시험　　　　　② 기밀시험
③ 내압시험　　　　　④ 외관검사
⑤ 용접부에 관한 시험　⑥ 단열성능시험
⑦ 압궤시험　　　　　⑧ 재료시험

참고　강으로 제조한 이음매 없는 용기 신규검사 항목
① 인장시험　② 기밀시험
③ 내압시험　④ 외관검사
⑤ 파열시험　⑥ 충격시험
⑦ 압궤시험

52 우리나라는 1970년부터 시범적으로 동부 이촌동의 3,000가구를 대상으로 LPG/AIR혼합방식의 도시가스를 공급하기 시작하여 사용한 적이 있다. LPG에 AIR를 혼합하는 주된 이유는?
① 가스의 가격을 올리기 위해서
② 공기로 LPG가스를 밀어내기 위해서
③ 재액화를 방지하고 발열량을 조정하기 위해서
④ 압축기로 압축하려면 공기를 혼합해야 하므로

해설　공기혼합의 공급목적
① 재액화 방지　② 발열량 조절　③ 누설시손실감소　④ 연소효율증대

53 도시가스 사용시설의 압력조정기 점검 시 확인하여야 할 사항이 아닌 것은?
① 압력조정기의 A/S 기간
② 압력조정기의 정상 작동 유무
③ 필터 또는 스트레이너의 청소 및 손상 유무
④ 건축물 내부에 설치된 압력조정기의 경우는 가스 방출구의 실외 안전장소 설치여부

해설　압력조정기 점검시 확인사항
① 압력조정기의 정상작동유무
② 건축물 내부에 실외안전장소 설치여부
③ 필터 또는 스트레이너의 청소 및 손상 유무

정답　51. ③　52. ③　53. ①

54 가연성가스 및 독성가스의 충전용기 보관실의 주위 몇 m 이내에서는 화기를 사용하거나 인화성 물질 또는 발화성 물질을 두지 않아야 하는가?
① 1　　　　② 2　　　　③ 3　　　　④ 5

55 가연성가스를 운반하는 경우 반드시 휴대하여야 하는 장비가 아닌 것은?
① 소화설비
② 방독마스크
③ 가스누출검지기
④ 누출방지 공구

해설〉 방독마스크는 독성가스 운반시 휴대

56 독성가스 저장탱크를 지상에 설치하는 경우 몇 톤 이상일 때 방류둑을 설치하여야 하는가?
① 5　　　　② 10　　　　③ 50　　　　④ 100

해설〉 문제 37번 참조

57 다량의 고압가스를 차량에 적재하여 운반할 경우 운전상의 주의사항으로 옳지 않은 것은?
① 부득이한 경우를 제외하고는 장시간 정차해서는 아니 된다.
② 차량의 운반책임자와 운전자가 동시에 차량에서 이탈하지 아니하여야 한다.
③ 300km 이상의 거리를 운행하는 경우에는 중간에 충분한 휴식을 취한 후 운행하여야 한다.
④ 가스의 명칭·성질 및 이동 중의 재해방지를 위하여 필요한 주의사항을 기재한 서면을 운반책임자 또는 운전자에게 교부하고 운반 중에 휴대를 시켜야 한다.

해설〉 200km 이상의 거리를 운행하는 경우에는 중간에 충분한 휴식을 취한 후 운행하여야 한다.

58 시안화수소를 충전, 저장하는 시설에서 가스누출에 따른 사고예방을 위하여 누출검사시 사용하는 시험지(액)는?
① 묽은 염산용액
② 질산구리벤젠지
③ 수산화나트륨용액
④ 묽은 질산용액

정답 54. ②　55. ②　56. ①　57. ③　58. ②

해설 시험지명 및 변색상태

가스명	시험지	변색상태
암모니아	적색리트머스시험지	청색
염소	KI 전분지	
시안화수소	질산구리벤젠지	
일산화탄소	염화파라듐지	흑색
황화수소	연당지(초산납시험지)	
포스겐	하리슨시험지	심등색(오렌지색)
아세틸렌	염화제1동착염지	적색
아황산가스	암모니아적신헝겊	흰 연기

59 특정설비의 부품을 교체할 수 없는 수리자격자는?
① 용기제조자
② 특정설비제조자
③ 고압가스제조자
④ 검사기관

해설

수리자격자	수리범위	비고
용기 제조자	• 용기의 스커트·넥킹의 가공 • 용기 몸체의 용접 가공 • 아세틸렌용기 내의 다공질물 교체 • 용기부속품의 부품교체 및 가공 • 저온 또는 초저온용기의 단열재 교체	
특정설비 제조자	• 저온 또는 초저온 탱크의 단열재 교체 • 특정 설비 몸체의 용접 가공 • 특정 설비 부속품의 부품교체 및 가공	
냉동기 제조자	• 냉동기 용접부분의 용접가공 • 냉동기 부속품의 교체 및 가공 • 냉동기 내의 단열재 교체	
고압가스 제조자 검사기관	• 용기밸브의 부품교체(그 용기밸브 제조자가 그 밸브의 규격에 적합하게 제조한 부품을 교체하는 경우에 한하되, 액화석유 가스용 기용 밸브는 안전에 관계되지 아니하는 핸들 등 경미한 부품만을 교체할 수 있다.) • 특정 설비의 부품 교체 • 냉동기의 부품 교체 • 특정 설비의 부품교체 및 용접가공 • 냉동 설비의 부품교체 및 가공 • 단열재 교체	

60 다음 중 불연성가스가 아닌 것은?
① 아르곤
② 탄산가스
③ 질소
④ 일산화탄소

정답 59. ①   60. ④

[해설] 불연성가스 : N₂, CO₂
불활성가스(타지도 않고 반응도하지 않는 가스)
① 헬륨   ② 네온   ③ 아르곤
④ 크립톤   ⑤ 크세논   ⑥ 라돈

제4과목 : 가스계측

61 물의 화학반응을 통해 시료의 수분 함량을 측정하며 휘발성 물질 중의 수분을 정량하는 방법은?
① 램프법
② 칼피셔법
③ 메틸렌블루법
④ 다트와이라법

62 25℃, 1 atm에서 0.21 mol%의 O_2와 0.79mol%의 N_2로 된 공기혼합물의 밀도는 약 몇 kg/m^3인가?
① 0.118   ② 1.18   ③ 0.134   ④ 1.34

[해설] 밀도 $= \dfrac{PM}{RT} = \dfrac{1 \times (32 \times 0.21 + 28 \times 0.79)}{0.082 \times (273 + 25)} = 1.18 g/\ell$

63 압력에 대한 다음 값 중 서로 다른 것은?
① 101325 N/m^2
② 1013.25 hPa
③ 76 cmHg
④ 10000 mmAq

[해설] 표준대기압 = 1 atm = 76 cmHg = 760 mmHg = 0.76 mHg
= 10.332 mH_2O = 1033.2 cmH_2O = 10332 mmH_2O
= 29.92 inHg = 14.7 PSI = 100 N/cm^2 = 101325 Pa
= 101325 N/m^2 = 101.325 kPa = 1013.25 hPa
= 0.10332 MPa = 1.0332 kg/cm^2 = 10332 kg/m^2 = 1033.2 g/cm^2
공학기압 = 1 kg/cm^2 = 73.55 cmHg = 735.5 mmHg
= 10 mH_2O(Ag) = 1,000 cmH_2O = 10,000 mmAq(H_2O)
= 10,000 kg/cm^2

정답 61. ② 62. ② 63. ④

64

이동상으로 캐리어가스를 이용, 고정상으로 액체 또는 고체를 이용해서 혼합성분의 시료를 캐리어가스로 공급하여, 고정상을 통과할 때 시료 중의 각 성분을 분리하는 분석법은?

① 자동오르자트법   ② 화학발광식 분석법
③ 가스크로마토그래피법   ④ 비분산형 적외선 분석법

해설 가스크로마토그래피
① 캐리어가스 : H_2, He, N_2, Ar(수헬질아)
② 부품 및 성분 : 컬럼(분리관), 기록계, 압력계, 항온조, 유량조절기, 가스샘플
③ 충진제 : 활성탄, 실리카겔, 소바비드, 뮬레큘러시브
④ 분리가 잘 안될 때 : 시료주입구 온도 높인다.

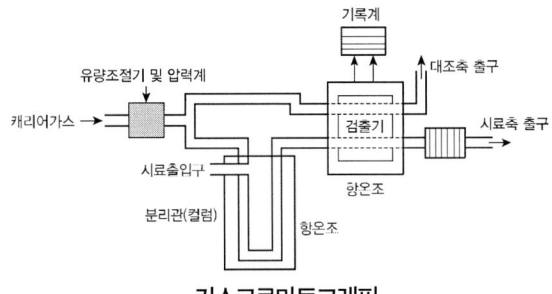

가스크로마토그래피

⑤ 종류
　㉠ FID(수소이온화검출기)
　　ⓐ 전극간의 전기 전도도가 증대하는 것을 이용
　　ⓑ 탄화수소에서 감도가 최고이다. (프로판, 부탄, 프로필렌 등)
　　ⓒ H_2, O_2, CO, CO_2, SO_2 등은 감도가 적다.
　　ⓓ 무기가스나 물에 거의 응답하지 않음
　㉡ TCD(열전도도형검출기)
　　ⓐ 금속필라멘트의 저항변화를 이용하는 것
　　ⓑ 일반적으로 가장 널리 사용
　㉢ ECD(전자포획이온화검출기)
　　ⓐ 이온전류가 감소하는 것을 이용
　　ⓑ 할로겐 및 산화물에서는 감도가 최고이다.
　㉣ FPD(염광광도 검출기) : 황화합물이나 인화합물 검출

65

감도(感度)에 대한 설명으로 틀린 것은?
① 감도는 측정량의 변화에 대한 지시량의 변화의 비로 나타낸다.
② 감도가 좋으면 측정 시간이 길어진다.
③ 감도가 좋으면 측정 범위는 좁아진다.
④ 감도는 측정 결과에 대한 신뢰도의 척도이다.

66 400 K는 약 몇 ºR인가?
① 400　　② 620　　③ 720　　④ 820

해설 ºR = 1.8K = 1.8×400 = 720ºR

67 되먹임 제어계에서 설정한 목표값을 되먹임 신호와 같은 종류의 신호로 바꾸는 역할을 하는 것은?
① 조절부　　② 조작부　　③ 검출부　　④ 설정부

해설
· 피드백 제어(feed-back control system) : 자동제어방식의 기본적인 것으로 신호에 의하여 주어진 목표값과 조작한 결과인 제어량이 원인이 되어 제어동작을 되돌려 진행하는 것으로 출력측의 신호를 입력측으로 돌려보내는 조작으로 폐회로를 구성한다. (보일러의 기본제어이다.)

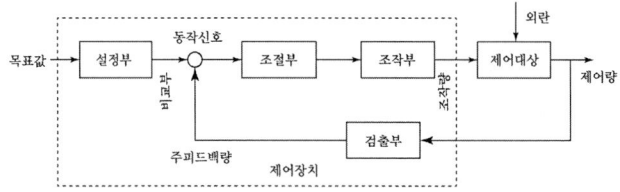

피드백 제어장치 회로

· 제어요소
① 제어량 : 제어대상에 대한 전체량 가운데 제어코자하는 목적의 량
② 제어대상 : 제어를 행하려는 대상물
③ 목표값 : 제어의 출력이 소정의 값을 만족하도록 목표를 세운 외부에서 주어진 값.
④ 검출부 : 제어대상으로부터 압력이나 온도, 유량 등의 제어량을 검출하여 신호로 만드는 역할을 하는 부분.
⑤ 조절부 : 동작신호를 받아 규정된 동작을 하기 위해 조작신호를 만들어 조작부로 보내는 부분.
⑥ 조작부 : 실체의 제어대상에 그 역할을 하는 부분으로 조작신호를 받아서 조작량으로 변환한다.
⑦ 외란 : 제어계를 혼란시키는 외적작용으로 가스유량, 탱크주위온도, 가스공급압, 공급온도 및 목표값 변경 등의 변화를 말한다.
⑧ 기준입력 : 목표값과 피드백신호를 비교하기 위하여 주피드백신호와 같은 종류의 신호로 목표 값을 변화시켜 제어계의 폐쇄 루프에 입력하는 입력신호를 말한다.
⑨ 동작신호 : 주피드백량과 기준입력을 비교하여 얻어들여진 편차량신호를 말하는 것으로 조절부의 입력이 되는 것이다.
⑩ 주피드백량 : 제어량을 목표값과 비교하기 위한 피드백신호를 말한다.
⑪ 제어편차 : 목표값에서 제어량의 값을 뺀 값.
　(a) 자동제어계의 동작순서 : 검출 → 비교 → 판단 → 조작

정답 66. ③　67. ④

68 어느 수용가에 설치한 가스미터의 기차를 측정하기 위하여 지시량을 보니 $100m^3$를 나타내었다. 사용공차를 ±4%로 한다면 이 가스미터에는 최소 얼마의 가스가 통과되었는가?

① $40\ m^3$ ② $80\ m^3$ ③ $96\ m^3$ ④ $104\ m^3$

[해설] 최소 : $100 \times 0.04 = 4\ m^3$ ∴ $100 - 4 = 96\ m^3$
최대 : $100 \times 0.04 = 4\ m^3$ ∴ $100 + 4 = 104\ m^3$

69 가스계량기의 구비조건이 아닌 것은?

① 감도가 낮아야 한다.
② 수리가 용이하여야 한다.
③ 계량이 정확하여야 한다.
④ 내구성이 우수해야 한다.

[해설] 가스계량기의 구비조건
① 감도가 좋아야 한다.
② 수리가 용이해야 한다.
③ 계량이 정확하여야 한다.
④ 내구성이 우수해야 한다.

70 가스크로마토그래피 분석계에서 가장 널리 사용되는 고체 지지체 물질은?

① 규조토
② 활성탄
③ 활성알루미나
④ 실리카겔

71 자동제어계의 일반적인 동작순서로 맞는 것은?

① 비교 → 판단 → 조작 → 검출
② 조작 → 비교 → 검출 → 판단
③ 검출 → 비교 → 판단 → 조작
④ 판단 → 비교 → 검출 → 조작

[해설] 문제 67번 참조

72 가스누출 검지기의 검지(sensor)부분에서 일반적으로 사용하지 않는 재질은?

① 백금
② 리튬
③ 동
④ 바나듐

[해설] 가스누출 검지기의 검지부분에 일반적으로 사용하는 재질
① 백금   ② 리튬   ③ 바나듐

정답 68. ③   69. ①   70. ①   71. ③   72. ③

73
제어계의 상태를 교란시키는 외란의 원인으로 가장 거리가 먼 것은?
① 가스 유출량
② 탱크 주위의 온도
③ 탱크의 외관
④ 가스 공급압력

해설➤ 문제 67번 참조

74
수소의 품질검사에 사용되는 시약은?
① 네슬러시약
② 동 . 암모니아
③ 요오드화칼륨
④ 하이드로썰파이드

해설➤ 품질검사 시약
① 산소 : 동암모니아 시약의 오르자트법, 순도 99.5% 이상
② 수소 : 피롤카롤 또는 하이드로썰파이드 시약의 오르자트법, 순도 98.5% 이상
③ 아세틸렌 : 발연황산시약의 오르자트법, 브롬시약의 뷰렛법, 질산은 시약의 정성시험에 합격할 것 순도 98% 이상

75
나프탈렌의 분석에 가장 적당한 분석방법은?
① 중화적정법
② 흡수평량법
③ 요오드적정법
④ 가스크로마토그래피법

해설➤ 분석방법
① 전유황 : ㉠ 과염소산바륨법 ㉡ 흡광광도법 ㉢ 디메틸슬포나조법
② 황화수소 : ㉠ 옥소적정법 ㉡ 초산염시험지 ㉢ 메틸렌블루흡광광도법
③ 암모니아 : ㉠ 중화적정법 ㉡ 인도페놀흡광광도법
④ 나프탈렌 : ㉠ 가스크로마토그래피
⑤ 수분 : ㉠ 노점법 ㉡ 흡수정량법

76
다음 ( )안에 알맞은 것은?

"가스미터(최대유량 10 m³/h 이하)의 재검정 유효기간은 ( )년이다. 재검정의 유효기간은 재검정을 완료한 날의 다음 달 1일부터 기산한다."

① 1년   ② 2년   ③ 3년   ④ 5년

정답 73. ③   74. ④   75. ④   76. ④

해설 ⊃

계량기	유효기간	
	검정	재검정
LP 가스미터	3년	3년
최대유량 10 m³/h 이하의 가스미터	5년	5년
그밖의 가스미터	8년	8년

77
유속이 6 m/s인 물 속에 피토(Pitot)관을 세울 때 수주의 높이는 약 몇 m인가?
① 0.54 ② 0.92 ③ 1.63 ④ 1.83

해설 ⊃ $H = \dfrac{V^2}{2g} = \dfrac{6^2}{2 \times 9.8} = 1.83 \text{ m}$

78
회로의 두 접점 사이의 온도차로 열기전력을 일으키고 그 전위차를 측정하여 온도를 알아내는 온도계는?
① 열전대온도계 ② 저항온도계 ③ 광고온도계 ④ 방사온도계

해설 ⊃ **열전대온도계** : 회로의 두접점 사이의 온도차로 열기전력을 일으키고 그 전위차를 측정하여 온도를 알아냄(열기전력 이용 : 제백효과)

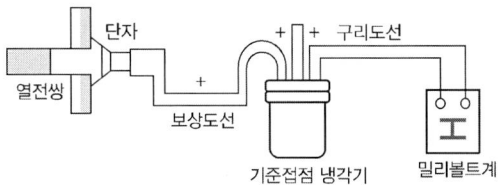

열전도온도계

① PR(백금-백금로듐)(R형)
  ㉠ 산화성 분위기에 가장 강하다.
  ㉡ 환원성 분위기에 약하다.
  ㉢ 금속증기에 침식
  ㉣ 온도 : 0~1,600℃
  ㉤ 백금 87%(+극), 백금로듐 13%(-극)
  ㉥ 값이 싸고, 정도가 높고 안정성 우수
  ㉦ 열전대온도계 중 가장 고온 측정
② CA(크로멜-알루멜)(K형)
  ㉠ 크로멜(Ni(90%)+Cr(10%)), 알루멜(Ni(94%)+Mn(2.5%)+Al(2.0%)+Fe(0.5%))
  ㉡ 산화성 분위기에 약하다.
  ㉢ 온도 : 0~1,200℃
③ CC(동-콘스탄탄)(T형)

정답 77. ④ 78. ①

　　　　㉠ 수분에 의한 내식성이 크다.
　　　　㉡ 콘스탄탄(Cu(55%)+Ni(45%))
　　　　㉢ 온도 : -200~350℃
　　　　㉣ 열전대 온도계 중 가장 저온 측정
　　④ IC(철-콘스탄탄)(J형)
　　　　㉠ 환원성 분위기에 강하다.
　　　　㉡ 온도 : -20~850℃
　　액체압력식온도계 : ① 수은　② 알콜　③ 아닐린

79. 증기압식 온도계에 사용되지 않는 것은?

① 아닐린　　　　　② 알코올
③ 프레온　　　　　④ 에틸에테르

[해설] 증기압식 온도계에 사용되는 것
① 프레온　② 아닐린　③ 에틸에테르　④ 톨루엔　⑤ 염화에틸
기체압력식온도계 : ① 헬륨　② 네온　③ 질소　④ 수소

80. 가스분석용 검지관법에서 검지관의 검지한도가 가장 낮은 가스는?

① 염소　　　　　　② 수소
③ 프로판　　　　　④ 암모니아

[해설] 검지관의 검지한도
① 염소 : 0.1 PPM 이하　　② 시안화수소 : 0.2 PPM 이하
③ 황화수소 : 0.5 PPM 이하　④ 일산화탄소 : 1 PPM 이하
⑤ 암모니아 : 5 PPM 이하　　⑥ 아세틸렌 : 10 PPM 이하
⑦ 이산화탄소 : 20 PPM 이하　⑧ 프로판 : 100 PPM 이하
⑨ 수소 : 250 PPM 이하　　⑩ 산소 : 1,000 PPM 이하

정답 79. ②　80. ①

2018년 제1회 가스산업기사 출제문제

제1과목 : 연소공학

01 메탄의 완전연소 반응식을 옳게 나타낸 것은?

① $CH_4 + 2O_2 \rightarrow CO_2 + 2H_2O$
② $CH_4 + 3O_2 \rightarrow 2CO_2 + 2H_2O$
③ $CH_4 + 3O_2 \rightarrow 2CO_2 + 3H_2O$
④ $CH_4 + 5O_2 \rightarrow 3CO_2 + 4H_2O$

해설 완전연소반응식
① $CH_4 + 2O_2 \rightarrow CO_2 + 2H_2O$
② $C_3H_8 + 5O_2 \rightarrow 3CO_2 + 4H_2O$
③ $C_4H_{10} + 6.5O_2 \rightarrow 4CO_2 + 5H_2O$
④ $C_2H_6 + 3.5O_2 \rightarrow 2CO_2 + 3H_2O$
⑤ $C_2H_2 + 2.5O_2 \rightarrow 2CO_2 + 4H_2O$ 등

02 최소발화에너지(MIE)에 영향을 주는 요인 중 MIE의 변화를 가장 작게 하는 것은?

① 가연성 혼합 기체의 압력
② 가연성 물질 중 산소의 농도
③ 공기 중에서 가연성 물질의 농도
④ 양론 농도 하에서 가연성 기체의 분자량

해설 최소발화에너지에 영향을 주는 요인
① 공기중에서 가연성물질의 농도
② 가연성물질 중 산소의 농도
③ 가연성 혼합기체의 압력

정답 1. ① 2. ④

03 에탄의 공기 중 폭발범위가 3.0~12.4%라고 할 때 에탄의 위험도는?
① 0.76
② 1.95
③ 3.13
④ 4.25

해설 › 위험도 $= \dfrac{u-L}{L} = \dfrac{12.4-3}{3} = 3.13$

① 에탄 : 3~12.4
② 메탄 : 5~15 ∴ $\dfrac{15-5}{5} = 2$
③ 프로판 : 2.1~9.5 ∴ $\dfrac{9.5-2.1}{2.1} = 3.52$
④ 부탄 : 1.8~8.4 ∴ $\dfrac{8.4-1.8}{1.8} = 3.67$
⑤ 아세틸렌 : 2.5~81 ∴ $\dfrac{81-2.5}{2.5} = 31.4$등

04 액체연료의 연소형태 중 램프등과 같이 연료를 심지로 빨아올려 심지의 표면에서 연소시키는 것은?
① 액면연소
② 증발연소
③ 분무연소
④ 등심연소

해설 ›
- 액면연소 : 화염으로 부터의 방사나 대류에 의해 오일연료 표면이 가열되어 증발이 일어나며 발생한 연료증기가 공기와 접촉하여 유면의 상부에서 확산연소하는 것(등유 경유)
- 등심연소(등화연소) : 램프등과 같이 연료를 심지에 빨아올려 심지의 표면에서 연소
- 증발연소 : 열면에서 연료를 증발시켜서 예혼합연소 또는 부분 예혼합 연소시키는 것 액체를 가열하면 증기가 되어 증기가연소(아세톤, 알콜, 휘발유, 등유 등)
- 분무연소(액적연소) : 연료를 무수히 많은 유적으로 미립화하여 연소 B-C 와 같이 가열하여 점도를 낮추어 버너등을 사용하여 액체의 입자를 안개상으로 분출하여 연소

05 가스의 특성에 대한 설명 중 가장 옳은 내용은?
① 염소는 공기보다 무거우며 무색이다.
② 질소는 스스로 연소하지 않는 조연성이다.
③ 산화에틸렌은 분해폭발을 일으킬 위험이 있다.
④ 일산화탄소는 공기 중에서 연소하지 않는다.

해설 ›
① 염소는 공기보다 무거우며 황록색 기체이다.
② 질소는 불연성 가스이다.
③ 일산화탄소는 공기중에서 연소한다(가연성 독성)

정답 03. ③ 04. ④ 05. ③

06 메탄 50v%, 에탄 25v%, 프로판 25v%가 섞여있는 혼합 기체의 공기 중에서의 연소하한계(v%)는 얼마인가? (단, 메탄, 에탄, 프로판의 연소하한계는 각각 5v%, 3v%, 2.1v% 이다.)

① 2.3
② 3.3
③ 4.3
④ 5.3

해설 ▶ 르샤틀리에의 법칙 $= \dfrac{100}{L}$

$= \dfrac{V_1}{L_1} + \dfrac{V_2}{L_2} + \dfrac{V_3}{L_3} \cdots \dfrac{V_n}{L_n} = \dfrac{100}{L} = \left(\dfrac{50}{5} + \dfrac{25}{3} + \dfrac{25}{2.1}\right) = \dfrac{100}{L} = 30.24$

$L = \dfrac{100}{30.24} = 3.3\%$

07 연료가 구비하여야 할 조건으로 틀린 것은?

① 발열량이 클 것
② 구입하기 쉽고 가격이 저렴할 것
③ 연소 시 유해가스 발생이 적을 것
④ 공기 중에서 쉽게 연소되지 않을 것

08 다음 연료 중 표면연소를 하는 것은?

① 양초
② 휘발유
③ LPG
④ 목탄

해설 ▶ 연소형태
① 표면연소 : 코크스, 목탄, 숯, 금속분
② 분해연소 : 석탄, 목재, 종이, 플라스틱
③ 증발연소 : 알콜, 에테르, 등유, 경유 등
④ 자기연소 : 화약, 폭약 등

09 자연발화를 방지하는 방법으로 옳지 않은 것은?

① 통풍을 잘 시킬 것
② 저장실의 온도를 높일 것
③ 습도가 높은 것을 피할 것
④ 열이 축적되지 않게 연료의 보관방법에 주의할 것

정답 06. ② 07. ④ 08. ④ 09. ②

해설➪ 자연발화방지법
① 저장실의 온도를 낮출 것
② 열의 축적을 방지할 것
③ 습도가 높은 것을 피할 것
④ 통풍을 잘 시킬 것

10 연소의 3요소가 바르게 나열된 것은?
① 가연물, 점화원, 산소
② 수소, 점화원, 가연물
③ 가연물, 산소, 이산화탄소
④ 가연물, 이산화탄소, 점화원

해설➪ 연소의 3요소
① 가연물 ② 산소 ③ 점화원

11 연료발열량(H_L) 10000kcal/kg, 이론공기량 11m³/kg, 과잉공기율 30%, 이론습가스량 11.5m³/kg, 외기온도 20°C 일 때의 이론연소온도는 약 몇 °C인가? (단, 연소가스의 평균비열은 0.31kcal/m³ °C이다.)
① 1510
② 2180
③ 2200
④ 2530

해설➪ 이론연소온도 $= \dfrac{10{,}000 - (11 \times 11.5 \times 1.3)}{11 \times 1.3 \times 0.31} - 20 = 2218.71 - 20 = 2198.7$

12 다음 [보기] 중 산소농도가 높을 때 연소의 변화에 대하여 올바르게 설명한 것으로만 나열한 것은?

── [보기] ──
Ⓐ 연소속도가 느려진다.
Ⓑ 화염온도가 높아진다.
Ⓒ 연료 kg 당의 발열량이 높아진다.

① Ⓐ
② Ⓑ
③ Ⓐ, Ⓑ
④ Ⓑ, Ⓒ

해설➪ 산소농도가 높을 때
① 연소속도가 빨라진다.
② 화염온도 높아진다.
③ 연료 1kg당의 발열량이 낮아진다.

정답 10. ① 11. ③ 12. ②

13
가스화재 소화대책에 대한 설명으로 가장 거리가 먼 것은?
① LNG에 착화할 때에는 노출된 탱크, 용기 및 장비를 냉각시키면서 누출원을 막아야 한다.
② 소규모 화재 시 고성능 포말소화액을 사용하여 소화할 수 있다.
③ 큰 화재나 폭발로 확대된 위험이 있을 경우에는 누출원을 막지 않고 소화부터 해야 한다.
④ 진화원을 막는 것이 바람직하다고 판단되면 분말소화약제, 탄산가스, 하론소화기를 사용 할 수 있다.

해설 먼저 누출원을 막고 소화해야 한다.

14
폭발의 정의를 가장 잘 나타낸 것은?
① 화염의 전파 속도가 음속보다 큰 강한 파괴작용을 하는 흡열반응
② 화염이 음속 이하의 속도로 미반응 물질 속으로 전파되어 가는 발열반응
③ 물질이 산소와 반응하여 열과 빛을 발생하는 현상
④ 물질을 가열하기 시작하여 발화할 때까지의 시간이 극히 짧은 반응

해설 폭발 : 화염이 음속이하의 속도로 미반응 물질 속으로 전파되어가는 발열현상

15
프로판(C_3H_8)의 표준 총발열량이 -530600cal/gmol일 때 표준 진발열량은 약 몇 cal/gmol인가? (단, $H_2O(L) \rightarrow H_2O(g)$, $\Delta H = 10519$cal/gmol이다.)
① -530600
② -488524
③ -520081
④ -430432

해설 $C_3H_8 + 5O_2 \rightarrow 3CO_2 + 4H_2O$
(-530660+4×10519)=-488584cal/g mol

16
이상기체를 정적하에서 가열하면 압력과 온도의 변화는 어떻게 되는가?
① 압력 증가, 온도 상승
② 압력 일정, 온도 일정
③ 압력 일정, 온도 상승
④ 압력 증가, 온도 일정

해설 이상기체를 정적하에서 가열시 압력은 증가, 온도는 상승

정답 13. ③ 14. ② 15. ② 16. ①

17 가연물질이 연소하는 과정 중 가장 고온일 경우의 불꽃색은?
① 황적색 ② 적색
③ 암적색 ④ 회백색

해설› 고온체의 색깔과 온도
① 암적색 : 700°C   ② 적색 : 850°C
③ 휘적색 : 950°C   ④ 황적색 : 1100°C
⑤ 백적색 : 1300°C ⑥ 휘백색 : 1500°C

18 연소에 대한 설명 중 옳은 것은?
① 착화온도와 연소온도는 항상 같다.
② 이론연소온도는 실제연소온도보다 높다.
③ 일반적으로 연소온도는 인화점보다 상당히 낮다.
④ 연소온도가 그 인화점보다 낮게 되어도 연소는 계속 된다.

19 폭굉유도거리에 대한 올바른 설명은?
① 최초의 느린 연소가 폭굉으로 발전할 때까지의 거리
② 어느 온도에서 가열, 발화, 폭굉에 이르기까지의 거리
③ 폭굉 등급을 표시할 때의 안전간격을 나타내는 거리
④ 폭굉이 단위시간당 전파되는 거리

20 어떤 혼합가스가 산소 10mol, 질소 10mol, 메탄 5mol을 포함하고 있다. 이 혼합가스의 비중은 약 얼마인가? (단, 공기의 평균분자량은 29이다.)
① 0.88 ② 0.94
③ 1.00 ④ 1.07

해설› 혼합가스비중
$= \dfrac{(10 \times 32 + 10 \times 28 + 16 \times 5)}{25} = 27.2$

$\therefore \dfrac{27.2}{29} = 0.94$

정답 17. ④ 18. ② 19. ① 20. ②

제2과목 : 가스설비

21 다단압축기에서 실린더 냉각의 목적으로 옳지 않은 것은?
① 흡입효율을 좋게 하기 위하여
② 밸브 및 밸브스프링에서 열을 제거하여 오손을 줄이기 위하여
③ 흡입 시 가스에 주어진 열을 가급적 높이기 위하여
④ 피스톤링에 탄소산화물이 발생하는 것을 막기 위하여

[해설] 실린더 냉각의 목적
① 흡입시 가스에 주어진 열을 가급적 낮추기 위해
② 흡입효율을 좋게하기 위해
③ 피스톤 링에 탄소산화물이 발생하는 것을 막기 위해
④ 밸브 및 밸브스프링에서 열을 제거하여 오손을 줄이기 위해

22 도시가스용 압력조정기에서 스프링은 어떤 재질을 사용하는가?
① 주물
② 강재
③ 알루미늄합금
④ 다이캐스팅

23 강의 열처리 중 일반적으로 연화를 목적으로 적당한 온도까지 가열한 다음 그 온도에서 서서히 냉각하는 방법은?
① 담금질
② 뜨임
③ 표면경화
④ 풀림

[해설] 열처리
① 담금질=퀜칭 : 경도 및 강도증가, A3 및 A1변태에서 30~50℃ 이상가열 후 수냉시키는 방법
② 뜨임=탬퍼링 : 인성증가
③ 풀림=어닐링 : 가공응력 및 잔류응력제거·연화를 목적으로 적당한 온도까지 가열한 다음 그 온도에서 서서히 냉각
④ 불림=노멀라이징 : A3 및 A1변태에서 30~50℃이상 가열 후 공냉시키는 방법 가공조직의 균일화, 결정립의 미세화, 잔류응력제거

정답 21. ③ 22. ② 23. ④

24 외부의 전원을 이용하여 그 양극을 땅에 접속시키고 땅 속에 있는 금속체에 음극을 접속함으로써 매설된 금속체로 전류를 흘러 보내 전기부식을 일으키는 전류를 상쇄하는 방법이다. 전식방지방법으로 매우 유효한 수단이며 압출에 의한 전식을 방지할 수 있는 이 방법은?

① 희생양극법 ② 외부전원법
③ 선택배류법 ④ 강제배류법

해설 방식법의 특징
① 강제배류법
  ㉠ 장점
    ⓐ 전류전압 조정이 용이하며 효과가 좋다.
    ⓑ 전철의 휴지기간중에도 방식이 가능하고 간접작용이 없다
    ⓒ 외부 전원방식에 비해 유지비용이 적다.
  ㉡ 단점
    ⓐ 전원이 별도 필요
    ⓑ 다른 매설금속체의 장해(간섭)에 관하여 검토가 필요하다.
    ⓒ 전철의 신호장애에 관한 검토 필요

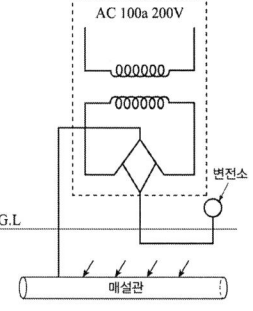

② 유전양극법
  ㉠ 장점
    ⓐ 다른 매설금속체에 방해 작용이 없다.
    ⓑ 소규모 설비에는 경제적이다.
    ⓒ 시공이 단순하다.
    ⓓ 과방식의 염려가 없다.
  ㉡ 단점
    ⓐ 전류 조절이 불가능하다.
    ⓑ 정기적으로 전극(양극)을 보충할 필요가 있다.
    ⓒ 방식범위가 좁다.
    ⓓ 대규모 설비시는 시설비가 많이 든다.
    ⓔ 강한 전식에는 무력하다.

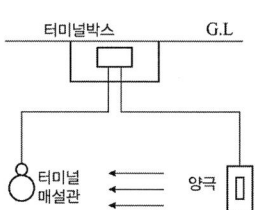

③ 선택배류법
  ㉠ 장점
    ⓐ 전철의 전류를 활용할 수 있으므로 별도 유지비가 필요없다.
    ⓑ 전철 운행동안에는 자연히 방식된다.
    ⓒ 시공비가 별도로 들지 않는다.
  ㉡ 단점
    ⓐ 과방식의 우려가 있다.
    ⓑ 다른 매설금속체의 간섭 우려가 있다.
    ⓒ 전철과의 관계위치에 의한 효과 범위가 변화될 수 있다.
    ⓓ 전철의 휴지기간 또는 레일 전위가 높은 경우에도 효과가 없다.

정답 24. ④

④ 외부전원법
  ㉠ 장점
    ⓐ 전극 수명이 길다.
    ⓑ 방식 범위가 넓다.
    ⓒ 전압 전류 조정이 가능
    ⓓ 대형 설비에는 전원 장치수를 적게 할 수 있어 경제적이다.
  ㉡ 단점
    ⓐ 초기 시공비가 많이 든다.
    ⓑ AC전원이 필요하다.
    ⓒ 강력한 다른 매설체의 간섭 우려가 있다.

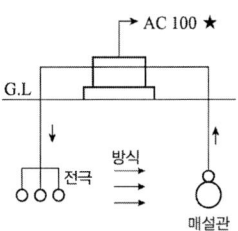

25
고압장치의 재료로 구리관의 성질과 특징으로 틀린 것은?
① 알칼리에는 내식성이 강하지만 산성에는 약하다.
② 내면이 매끈하여 유체저항이 적다.
③ 굴곡성이 좋아 가공이 용이하다.
④ 전도 및 전기절연성이 우수하다.

해설 동관의 특징
① 전기 전도성이 좋다.
② 내면이 매끈하여 유체 저항이 적다.
③ 굴곡성이 좋아 가공이 용이하다.
④ 알칼리에는 내식성이 강하지만 산에는 약하다.
⑤ 연수에 부식되는 성질이 있어 증류수 및 증기관에는 부적합
⑥ 전연성이 풍부하고 가공이 용이
⑦ 무게는 가벼우나 외부 충격에 약하다.
⑧ 유기약품에 침식되지 않아 화학공업용으로 사용

26
소비자 1호당 1일 평균가스 소비량 1.6kg/day, 소비호수 10호 자동절체조정기를 사용하는 설비를 설계하려면 용기는 몇 개가 필요한가? (단, 액화석유가스 50kg 용기 표준가스 발생능력은 1.6kg/hr이고, 평균가스 소비율은 60%, 용기는 2계열 집합으로 사용한다.)
① 3개   ② 6개
③ 9개   ④ 12개

해설 용기개수=1.6×10×0.6=9.6÷1.6
               =6×2=12개

정답 25. ④ 26. ④

27 도시가스에 첨가하는 부취제로서 필요한 조건으로 틀린 것은?
① 물에 녹지 않을 것
② 토양에 대한 투과성이 좋을 것
③ 인체에 해가 없고 독성이 없을 것
④ 공기 혼합비율이 1/200의 농도에서 가스냄새가 감지될 수 있을 것

해설> 부취제의 조건
① 독성 및 가연성이 아닐 것
② 토양에 대한 투과성이 클 것
③ 도관을 부식시키지 말 것
④ 보통존재하는 냄새와 명확히 구분될 것
⑤ 가스관이나 가스미터에 흡착되지 말 것
⑥ 인체에 해가 되지 않을 것
⑦ 공기혼합비율비 $\frac{1}{1000}$ 상태에서 가스냄새가 감지될 수 있을 것

28 액화석유가스 압력조정기 중 1단 감압식 준저압 조정기의 입구압력은?
① 0.07~1.56MPa
② 0.1~1.56MPa
③ 0.3~1.56MPa
④ 조정압력 이상~1.56MPa

해설>

조정기	입구압력	출구압력(조정압력)
2단1차용	1.0~15.6kg/cm²	0.57~0.83kg/cm²
자동교체식분리형	1.0~15.6kg/cm²	0.32~0.83kg/cm²
일단감압저압	0.7~15.63kg/cm²	230~330mmH₂O
2단감압2차용	0.25~3.5kg/cm²	230~330mmH₂O
자동교체식일체형	1.0~15.6kg/cm²	255~330mmH₂O
일단감압준저압	1.0~15.6kg/cm²	500~3000mmH₂O

1MPa=10kg/cm² 1kPa=100mmH₂O

정답 27. ④ 28. ②

29 고압가스설비를 운전하는 중 플랜지부에서 가연성 가스가 누출하기 시작할 때 취해야 할 대책으로 가장 거리가 먼 것은?
① 화기 사용 금지
② 가스 공급 즉시 중지
③ 누출 전, 후단 밸브차단
④ 일상적인 점검 및 정기점검

30 배관의 자유팽창을 미리 계산하여 관의 길이를 약간 짧게 절단하여 강제배관을 함으로써 열팽창을 흡수하는 방법은?
① 콜드 스프링
② 신축이음
③ U형 밴드
④ 파열이음

해설) 골드스프링 : 배관의 자유팽창량을 미리 계산하여 관의 길이를 약간짧게 절단하여 강제배관을 함으로써 열팽창을 흡수하는 방법

31 성능계수가 3.2인 냉동기가 10ton을 냉동하기 위해 공급하여야 할 동력은 약 몇 kW인가?
① 10
② 12
③ 14
④ 16

해설) 성능계수 $= \dfrac{Q_2}{Aw}$

$Aw = \dfrac{Q_2}{성능계수} = \dfrac{10 \times 3320}{3.2} = 10375 kcal/h$

$1 kWh = 860 kcal/h$
$x = 10375 kcal/h$
$x = \dfrac{1kWh \times 10375 kcal/h}{860 kcal/h} = 12.06 kW$

32 터보압축기에 대한 설명이 아닌 것은?
① 유급유식이다.
② 고속회전으로 용량이 크다.
③ 용량조정이 어렵고 범위가 좁다.
④ 연속적인 토출로 맥동현상이 적다.

해설) 터보압축기
① 무급유식이며 원심형이다.
② 기체의 맥동이 없고 연속적이다.
③ 서어징 현상이 있으므로 운전 중 주의
④ 고속회전이므로 형태가 적고 경량이다.

정답 29. ④ 30. ① 31. ② 32. ①

⑤ 대용량에 적당하고 설치면적이 적다.
⑥ 용량조절이 가능하나 비교적 어렵고 범위도 좁다.

참고 왕복압축기
① 고압을 얻을 수 있다.
② 용량조절이 용이하고 범위도 넓다
③ 압축기의 효율이 높다
④ 기체의 송출에 맥동이 있으므로 방진장치 필요
⑤ 저속회전이며 형태가 크고 중량이 무겁고 고가이며 설치면적이 크다.
⑥ 윤활유식 또는 무급유식이다
⑦ 용적형이다.

33

산소 압축기의 내부 윤활제로 주로 사용되는 것은?
① 물
② 유지류
③ 석유류
④ 진한 황산

해설 압축기윤활유
① 산소 : 물 또는 10% 이하의 묽은 글리세린수
② 공기, 수소, 아세틸렌 : 양질의 광유
③ 염소 : 농황산
④ LP가스 : 식물성유

34

-5℃에서 열을 흡수하여 35℃에 방열하는 역카르노 싸이클에 의해 작동하는 냉동기의 성능계수는?
① 0.125
② 0.15
③ 6.7
④ 9

해설 성능계수(성적계수) $= \dfrac{T_2}{T_1 - T_2} = \dfrac{(273+(-5))}{(273+35)-(273+(-5))} = 6.7$

35

가연성가스 및 독성가스 용기의 도색 구분이 옳지 않은 것은?
① LPG - 회색
② 액화암모니아 - 백색
③ 수소 - 주황색
④ 액화염소 - 청색

해설 공업용기 도색
청탄산 산녹에서 황아체 안주삼아
　　①　②　　③
수주잔 높이들고 백암산 바라보니
　④　　　　⑤

정답 33. ① 34. ③ 35. ④

염소는 갈색으로 보이고
　　⑥
쥐들은 기타를 치더라
　　⑦

① 탄산가스 : 청색　　　　② 산소 : 녹색
③ 아세틸렌 : 황색　　　　④ 수소 : 주황
⑤ 암모니아 : 백색　　　　⑥ 염소 : 갈색
⑦ 기타 : 쥐색(회색) : LPG, 아르곤

36 고압가스 제조장치의 재료에 대한 설명으로 틀린 것은?
① 상온, 건조 상태의 염소가스에서는 탄소강을 사용할 수 있다.
② 암모니아, 아세틸렌의 배관재료에는 구리재를 사용한다.
③ 탄소강에 나타나는 조직의 특성은 탄소(C)의 양에 따라 달라진다.
④ 암모니아 합성탑 내통의 재료에는 18-8스테인리스강을 사용한다.

[해설] 암모니아, 아세틸렌은 동 및 동합금 사용금지

37 저온 및 초저온 용기의 취급 시 주의사항으로 틀린 것은?
① 용기는 항상 누운 상태를 유지한다.
② 용기를 운반할 때는 별도 제작된 운반용구를 이용한다.
③ 용기를 물기나 기름이 있는 곳에 두지 않는다.
④ 용기 주변에서 인화성 물질이나 화기를 취급하지 않는다.

[해설] 용기는 항상 세워서 보관

38 웨베지수에 대한 설명으로 옳은 것은?
① 정압기의 동특성을 판단하는 중요한 수치이다.
② 배관 관경을 결정할 때 사용되는 수치이다.
③ 가스의 연소성을 판단하는 중요한 수치이다.
④ LPG 용기 설치본수 산정 시 사용되는 수치로 지역별 기화량을 고려한 값이다.

[해설] 웨버지수(WI) = $\frac{Hg}{\sqrt{d}}$

Hg : 도시가스 총발열량　　　d : 도시가스비중
∴ 가스의 연소성을 판단하는 중요한 수치

[정답] 36. ② 37. ① 38. ③

39 두 개의 다른 금속이 접촉되어 전해질 용액 내에 존재할 때 다른 재질의 금속 간 전위차에 의해 용액 내에서 전류가 흐르는 데, 이에 의해 양극부가 부식이 되는 현상을 무엇이라 하는가?

① 공식
② 침식부식
③ 갈바닉 부식
④ 농담 부식

40 고압장치 배관에 발생된 열응력을 제거하기 위한 이음이 아닌 것은?

① 루프형
② 슬라이드형
③ 벨로우즈형
④ 플랜지형

해설 → 신축이음
① 루우프형
② 슬리브형
③ 벨로우즈형
④ 스위블형
⑤ 콜드스프링

제3과목 : 가스안전관리

41 염소가스 취급에 대한 설명 중 옳지 않은 것은?

① 재해제로 소석회 등이 사용된다.
② 염소압축기의 윤활유는 진한 황산이 사용된다.
③ 산소와 염소폭명기를 일으키므로 동일 차량에 적재를 금한다.
④ 독성이 강하여 흡입하면 호흡기가 상한다.

해설 → 수소와 염소폭명기를 일으키므로 동일차량 적재금지
① 염소와 수소
② 염소와 암모니아
③ 염소와 아세틸렌

정답 39. ③ 40. ④ 41. ③

42
가연성가스의 폭발등급 및 이에 대응하는 내압방폭구조 폭발등급의 분류기준이 되는 것은?

① 폭발 범위
② 발화 온도
③ 최대안전틈새 범위
④ 최소점화전류비 범위

해설 내압방폭구조 폭발등급의 분류기준 : 최대안전틈새범위

참고 방폭구조
① 내압방폭구조(d) : 내부에서 가연성 가스의 폭발이 발생할 경우 그 용기가 폭발압력에 견디고 접합면 개구부등을 통하여 외부의 가연성가스에 인화되지 않도록 한 구조
② 유입방폭구조(o) : 용기내부에 기름을 주입하여 불꽃, 아크, 또는 고온발생부분이 기름속에 잠기게 함으로써 기름면위에 존재하는 가연성 가스에 인화되지 않도록 한 구조
③ 압력방폭구조(p) : 용기내부에 보호가스를 압입하여 내부의 압력을 유지함으로써 가연성 가스가 용기내부로 유입되지 않도록 한 구조

43
액화석유가스의 안전관리 및 사업법에서 규정한 용어의 정의 중 틀린 것은?

① "방호벽"이란 높이 1.5미터, 두께 10센티미터의 철근콘크리트 벽을 말한다.
② "충전용기"란 액화석유가스 충전 질량의 2분의 1 이상이 충전되어 있는 상태의 용기를 말한다.
③ "소형저장탱크"란 액화석유가스를 저장하기 위하여 지상 또는 지하에 고정 설치된 탱크로서 그 저장능력이 3톤 미만인 탱크를 말한다.
④ "가스설비"란 저장설비 외의 설비로서 액화석유가스가 통하는 설비(배관은 제외한다)와 그 부속설비를 말한다.

해설 방호벽 : 높이 2m이상 두께 12cm이상의 철근 콘크리트벽

44
동절기의 습도 50% 이하인 경우에는 수소용기 밸브의 개폐를 서서히 하여야 한다. 주된 이유는?

① 밸브파열
② 분해폭발
③ 정전기방지
④ 용기압력유지

해설 정전기방지법
① 접지를 한다.
② 공기를 이온화한다.
③ 상대습도를 70%이상으로 한다.

정답 42. ③ 43. ① 44. ③

45 LPG 압력조정기를 제조하고자 하는 자가 반드시 갖추어야 할 검사설비가 아닌 것은?
① 유량측정설비
② 내압시설설비
③ 기밀시험설비
④ 과류차단성능시험설비

해설➤ LPG 압력조정기를 제조하고자 하는자가 반드시 갖추어야 검사설비
① 내압시험설비
② 기밀시험설비
③ 유량측정설비

46 동일 차량에 적재하여 운반할 수 없는 가스는?
① C_2H_4와 HCN
② C_2H_4와 NH_3
③ CH_4와 C_2H_2
④ Cl_2와 C_2H_2

해설➤ 동일차량 적재운반 금지
① Cl_2와 H_2
② Cl_2와 NH_3
③ Cl_2와 C_2H_2

47 액화석유가스 자동차 충전소에 설치할 수 있는 건축물 또는 시설은?
① 액화석유가스충전사업자가 운영하고 있는 용기를 재검사하기 위한 시설
② 충전소의 종사자가 이용하기 위한 연면적 $200m^2$ 이하의 식당
③ 충전소를 출입하는 사람을 위한 연면적 $200m^2$ 이하의 매점
④ 공구 등을 보관하기 위한 연면적 $200m^2$ 이하의 창고

48 가스보일러 설치 후 설치·시공확인서를 작성하여 사용자에게 교부하여야 한다. 이때 가스보일러 설치·시공 확인사항이 아닌 것은?
① 사용교육의 실시여부
② 최근의 안전점검 결과
③ 배기가스 적정 배기 여부
④ 연통의 접속부 이탈여부 및 막힘 여부

해설➤ 가스보일러 설치시공 확인사항
① 사용교육의 실시여부
② 배기가스적정 배기여부
③ 연통의 접속부 이탈여부 및 막힘 여부

정답 45. ④ 46. ④ 47. ① 48. ②

49 냉동기에 반드시 표기하지 않아도 되는 기호는?
① RT ② DP
③ TP ④ DT

해설> 냉동기에 반드시 표기
① RT(냉동능력) ② DP(최고사용압력)
③ AP(기밀시험압력) ④ TP(내압시험압력)

50 액화 염소가스를 운반할 때 운반책임자가 반드시 동승하여야 할 경우로 옳은 것은?
① 100kg이상 운반할 때 ② 1000kg이상 운반할 때
③ 1500kg이상 운반할 때 ④ 2000kg이상 운반할 때

해설>

성질	압축가스	액화가스
독성	100m³이상	1Ton이상(1000kg)
가연성	300m³이상	3Ton이상(3000kg)
산소	600m³이상	6Ton이상(6000kg)

51 충전설비 중 액화석유가스의 안전을 확보하기 위하여 필요한 시설 또는 설비에 대하여는 작동상황을 주기적으로 점검, 확인하여야 한다. 충전설비의 경우 점검주기는?
① 1일 1회 이상 ② 2일 1회 이상
③ 1주일 1회 이상 ④ 1월 1회 이상

해설 충전설비의 점검주기 : 1일 1회 이상

52 시안화수소는 충전 후 며칠이 경과되기 전에 다른 용기에 옮겨 충전하여야 하는가?
① 30일 ② 45일
③ 60일 ④ 90일

해설> 시안화수소
① 98% 이상으로 착색되지 않은 것은 60일 경과되기 전에 다른용기에 충전
② 복숭아향
③ 안정제 : ㉠ 오산화인 ㉡ 염화칼슘 ㉢ 인산 ㉣ 아황산가스 ㉤ 동 ㉥ 황산
④ 독성이며 가연성가스(10ppm이하. 6~41%)

정답 49. ④ 50. ② 51. ① 52. ③

53
액체염소가 누출된 경우 필요한 조치가 아닌 것은?
① 물 살포
② 소석회 살포
③ 가성소다 살포
④ 탄산소다 수용액 살포

해설> 제독제
① 염소 : ㉠ 소석회 ㉡ 가성소다 ㉢ 탄산소다
② 황화수소 : ㉠ 가성소다 ㉡ 탄산소다
③ 포스겐 : ㉠ 가성소다 ㉡ 소석회
④ 시안화수소 : ㉠ 가성소다
⑤ 아황산가스 : ㉠ 물 ㉡ 가성소다 ㉢ 탄산소다
⑥ 암모니아, 산화에틸렌, 염화메탄 : 다량의 물

54
고압가스 용기의 취급 및 보관에 대한 설명으로 틀린 것은?
① 충전용기와 잔가스용기는 넘어지지 않도록 조치한 후 용기보관장소에 놓는다.
② 용기는 항상 40℃ 이하의 온도를 유지한다.
③ 가연성가스 용기보관장소에는 방폭형손전등외의 등화를 휴대하고 들어가지 아니한다.
④ 용기보관장소 주위 2m 이내에는 화기 등을 두지 아니한다.

해설> 충전용기와 잔가스 용기를 각각 보관

55
액화석유가스의 일반적인 특징으로 틀린 것은?
① 증발잠열이 적다.
② 기화하면 체적이 커진다.
③ LP 가스는 공기보다 무겁다.
④ 액상의 LP 가스는 물보다 가볍다.

해설> 증발잠열이 크다.

56
용기내장형 가스 난방기용으로 사용하는 부탄 충전용기에 대한 설명으로 옳지 않은 것은?
① 용기 몸통부의 재료는 고압가스 용기용 강판 및 강대이다.
② 프로텍터의 재료는 일반구조용 압연강재이다.
③ 스커트의 재료는 고압가스 용기용 강판 및 강대이다.
④ 넥크링의 재료는 탄소함유량이 0.48% 이하인 것으로 한다.

해설> 탄소함유율은 0.33% 이하

정답 53. ① 54. ① 55. ① 56. ④

57 내용적이 50L인 가스용기에 내압시험압력 3.0MPa의 수압을 걸었더니 용기의 내용적이 50.5L로 증가하였고 다시 압력을 제거하여 대기압으로 하였더니 용적이 50.002L가 되었다. 이 용기의 영구증가율을 구하고 합격인가, 불합격인가 판정한 것으로 옳은 것은?

① 0.2%, 합격
② 0.2%, 불합격
③ 0.4%, 합격
④ 0.4%, 불합격

[해설] 영구증가율 = $\frac{영구증가량}{전증가량} \times 100$

$= \frac{0.002}{0.5} \times 100 = 0.4\%$

∴ 10%이하는 합격이므로 합격

58 호칭지름 25A 이하이고 상용압력 2.94MPa 이하의 나사식 배관용 볼밸브는 10회/min 이하의 속도로 몇 회 개폐동작 후 기밀시험에서 이상이 없어야 하는가?

① 3000회
② 6000회
③ 30000회
④ 60000회

59 암모니아 저장탱크에는 가스 용량이 저장탱크 내용적의 몇 %를 초과하는 것을 방지하기 위하여 과충전 방지조치를 하여야 하는가?

① 65%
② 80%
③ 90%
④ 95%

[해설] 저장탱크 내용적이 90%초과시 과충전방지장치설치

60 다음 물질 중 아세틸렌을 용기에 충전할 때 침윤제로 사용되는 것은?

① 벤젠
② 아세톤
③ 케톤
④ 알데히드

[해설] 아세틸렌용기에 충전시 침윤제 : 아세톤
[참고] 아세톤 : 25배 용해
알콜 : 6배 용해
벤젠 : 4배 용해
석유 : 2배 용해

정답 57. ③ 58. ② 59. ③ 60. ②

제4과목 : 가스계측

61 전기저항 온도계에서 측정 저항체의 공칭저항치는 몇 ℃의 온도일 때 저항소자의 저항을 의미하는가?
① -273℃
② 0℃
③ 5℃
④ 21℃

62 적외선 흡수식 가스분석계로 분석하기에 가장 어려운 가스는?
① CO_2
② CO
③ CH_4
④ N_2

[해설] 분석하기 어려운 가스 : 산소, 수소, 질소, 염소
분석하기 쉬운 가스 : CO_2, CO, CH_4

63 기준 입력과 주피드백량의 차로 제어동작을 일으키는 신호는?
① 기준입력 신호
② 조작 신호
③ 동작 신호
④ 주피드백 신호

[해설] (1) 피드백 제어 : 출력측의 신호를 입력측으로 되돌려 정정동작을 하는 제어

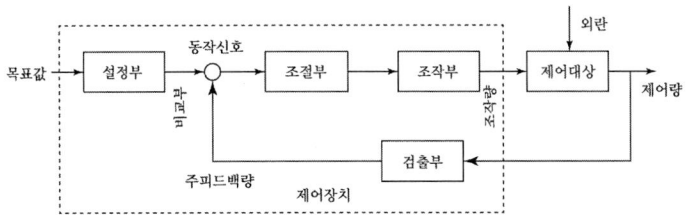

피드백 제어장치 회로

② 시퀀스제어(sequence control system) : 피드백 제어에 의하지 않고 정해진 순서에 따라 제어단계를 순차적으로 진행하는 방식.
(2) 제어요소
① 제어량 : 제어대상에 대한 전체량 가운데 제어코자 하는 목적의 량
② 제어대상 : 제어를 행하려는 대상물
③ 목표값 : 제어의 출력이 소정의 값을 만족하도록 목표를 세운 외부에서 주어진 값.
④ 검출부 : 제어대상으로부터 압력이나 온도, 유량 등의 제어량을 검출하여 신호로 만드는 역할을 하는 부분.

정답 61. ② 62. ④ 63. ③

⑤ 조절부 : 동작신호를 받아 규정된 동작을 하기 위해 조작신호를 만들어 조작부로 보내는 부분.
⑥ 조작부 : 실제의 제어대상에 그 역할을 하는 부분으로 조작신호를 받아서 조작량으로 변환한다.
⑦ 외란 : 제어계를 혼란시키는 외적작용으로 가스유량, 탱크주위온도, 가스공급압, 공급온도 및 목표값 변경 등의 변화를 말한다.
⑧ 기준입력 : 목표값과 피드백신호를 비교하기 위하여 주피드백신호와 같은 종류의 신호로 목표값을 변화시켜 제어계의 폐쇄 루프에 입력하는 입력신호를 말한다.
⑨ 동작신호 : 주피드백량과 기준입력을 비교하여 얻어들여진 편차량신호를 말하는 것으로 조절부의 입력이 되는 것이다.
⑩ 주피드백량 : 제어량을 목표값과 비교하기 위한 피드백신호를 말한다.
⑪ 제어편차 : 목표값에서 제어량의 값을 뺀 값.

자동제어계의 동작순서 : 검출 → 비교 → 판단 → 조작

64

가스미터의 구비조건으로 옳지 않은 것은?

① 감도가 예민할 것
② 기계오차 조정이 쉬울 것
③ 대형이며 계량용량이 클 것
④ 사용가스량을 정확하게 지시할 수 있을 것

해설 ⦁ 가스미터의 구비조건
① 오차조정이 용이할 것
② 정확히 계량할 것
③ 내구성이 있을 것
④ 감도가 예민할 것
⑤ 소형이며 용량이 클 것
⑥ 수리가 쉬울 것

65

물체에서 방사된 빛의 강도와 비교된 필라멘트의 밝기가 일치되는 점을 비교 측정하여 약 3000°C 정도의 고온도까지 측정이 가능한 온도계는?

① 광고온도계
② 수은온도계
③ 베크만온도계
④ 백금저항온도계

해설 ⦁ 비접촉식 온도계 : 모든 물체에서 나오는 복사에너지를 포착하여 측정가능한 전기량으로 변화시켜 온도측정
① 광고온도계 : 700~3000°C
② 방사온도계 : 50~3000°C
③ 광전관식온도계 : 700~3000°C
④ 색온도계
 ・복사에너지는 절대온도의 4승에 비례한다는 스테판볼쯔만의 법칙

정답 64. ③ 65. ①

66 가스누출 검지경보장치의 기능에 대한 설명으로 틀린 것은?
① 경보농도는 가연성가스인 경우 폭발하한계의 1/4이하 독성가스인 경우 TLV-TWA 기준농도 이하로 할 것
② 경보를 발신한 후 5분 이내에 자동적으로 경보정지가 되어야 할 것
③ 지시계의 눈금은 독성가스인 경우 0~TLV-TWA 기준 농도 3배 값을 명확하게 지시하는 것일 것
④ 가스검지에서 발신까지의 소요시간은 경보농도 1.6배 농도에서 보통 30초 이내 일 것

해설➡ 가스누설검지경보장치의 기능
① 가스의 누설을 검지하여 그 농도를 지시함과 동시에 경보를 울리는 것일 것.
② 미리 설정된 가스농도(폭발하한계의 1/4이하)에서 자동적으로 경보를 울리는 것일 것.
③ 경보를 울린 후에는 주위의 가스농도가 변화되어도 계속 경보를 울리며, 그 확인 또는 대책을 강구함에 따라 경보정지가 되어야 할 것
④ 담배연기 등 잡가스에 경보를 울리지 아니하는 것일 것.
⑤ 경보기의 정밀도는 경보농도 설정값에 대하여 가연성가스용에 있어서는 ±25[%]이하, 독성가스용에 있어서는 ±30[%]이하로 할 것
⑥ 검지경보장치의 검지에서 발신까지 걸리는 시간은 경보농도의 1.6배 농도에서 보통 30초 이내일 것. 다만, 검지경보장치의 구조상 또는 이론상 30초가 넘게 걸리는 가스(암모니아, 일산화탄소 또는 이와 유사한 가스)에 있어서는 1분 이내로 한다.
⑦ 전원의 전압 등 변동이 ±10[%]정도일 때에도 경보정밀도가 저하되지 않을 것
⑧ 지시계의 눈금은 가연성 가스용은 0~폭발하한계 값, 독성가스는 0~허용농도의 3배 값(암모니아를 실내에서 사용하는 경우에는 150[ppm]을 각각의 눈금의 범위에 명확하게 지시하는 것일 것.
⑨ 경보를 발신한 후에는 원칙적으로 분위기중 가스농도가 변화하여도 계속 경보를 울리고, 그 확인 또는 대책을 강구함에 따라 경보정지가 되어야 할 것.

67 상대습도가 '0'이라 함은 어떤 뜻인가?
① 공기 중에 수증기가 존재하지 않는다.
② 공기 중에 수증기가 760mmHg만큼 존재한다.
③ 공기 중에 포화상태의 습증기가 존재한다.
④ 공기 중에 수증기압이 포화증기압보다 높음을 의미한다.

해설➡ ・상대습도 : 공기중에 수증기가 존재하지 않는다.
・절대습도 : 1세제곱미터의 공기 속에 들어있는 수증기의 양을 g으로 나타낸 것
・비교습도 : 1kg의 건조한 기체 속에 함유되어 있는 수증기의 양

68 가스크로마토그래피(Gas chromatography)에서 전개제로 주로 사용되는 가스는?
① He
② CO
③ Rn
④ Kr

해설> 캐리어가스 : H_2, He, N_2, Ar

69 다음 중 전자유량계의 원리는?
① 옴(Ohm)의 법칙
② 베르누이(Bernoulli)의 법칙
③ 아르키메데스(Archimedes)의 원리
④ 패러데이(Faraday)의 전자 유도법칙

해설> 전자유량계의 원리 : 패러데이의 전자유도법칙

70 초음파 유량계에 대한 설명으로 옳지 않은 것은?
① 정확도가 아주 높은 편이다.
② 개방수로에는 적용되지 않는다.
③ 측정체가 유체와 접촉하지 않는다.
④ 고온, 고압, 부식성 유체에도 사용이 가능하다.

해설> 초음파유량계
① 고온, 고압, 부식성유체에도 사용가능
② 측정체가 유체와 접촉하지 않는다.
③ 정확도가 아주 높은 편이다.

71 계측계통의 특성을 정특성과 동특성으로 구분할 경우 동특성을 나타내는 표현과 가장 관계가 있는 것은?
① 직선성(Linerity)
② 감도(Sensitivity)
③ 히스테리시스(Hysteresis) 오차
④ 과도응답(Transient response)

해설> · 응답 : 입력과 출력은 결과 현상이며 자동제어에서 어떤 요소에 대한 출력의 결과를 입력에 대해 응답이라 한다.
㉠ 정상응답 : 자동제어계가 완전히 정상상태를 유지하고 있을 때의 자동제어계의 응답.
㉡ 과도응답 : 목표의 기준값이 변하면 평형상태가 무너지고 시간이 지나 새로운 평형상태가 유지될 때의 응답. 정특성과 동특성으로 구분시 동특성을 나타내는 표현
㉢ 주파수응답 : 정상응답을 주파수함수로 표시한 응답.
㉣ 인디셜응답(스탭응답) : 입력과 출력이 평형상태에 있을 때 입력을 다소 변화시켜 새로운 평형상태로 변화할 때 출력의 시간적 결과를 말한다.

정답 68. ① 69. ④ 70. ② 71. ④

72
가스미터 설치 시 입상배관을 금지하는 가장 큰 이유는?
① 균열에 따른 누출방지를 위하여
② 고장 및 오차 발생 방지를 위하여
③ 겨울철 수분 응축에 따른 밸브, 밸브시트 동결방지를 위하여
④ 계량막 밸브와 밸브시트 사이의 누출방지를 위하여

해설 입상배관을 금지하는 이유 : 겨울철 수분응축에 따른 밸브, 밸브시트 동결방지를 위하여.

73
가스크로마토그래피 캐리어가스의 유량이 70mL/min에서 어떤 성분시료를 주입하였더니 주입점에서 피크까지의 길이가 18cm이었다. 지속용량이 450mL라면 기록지의 속도는 약 몇 cm/min인가?
① 0.28　　② 1.28　　③ 2.8　　④ 3.8

해설
1min = 70mL
x = 450mL　　x=6.43
∴ $\dfrac{18cm}{6.43min} = 2.8$

74
방사성 동위원소의 자연붕괴 과정에서 발생하는 베타입자를 이용하여 시료의 양을 측정하는 검출기는?
① ECD　　② FID　　③ TCD　　④ TID

해설 검출기
① FID(수소이온화검출기)
　㉠ 무기가스나 물에 거의 응답하지 않음
　㉡ CO_2, H_2, O_2, CO, SO_2 등은 감도가 적다.
　㉢ 탄화수소에서 감도가 최고이다(프로판, 부탄, 부틸렌, 프로필렌)
　㉣ 전극간의 전기전도도가 증대하는 것 이용
② TCD(열전도도형 검출기)
　㉠ 일반적으로 가장널리 사용
　㉡ 금속필라멘트의 저항변화를 이용하는 것
③ ECD(전자포획이온화검출기)
　㉠ 방사선 동위원소의 자연붕괴과정에서 발생하는 베타입자를 이용하여 시료의 양 측정
　㉡ 이온전류가 감소하는 것 이용
　㉢ 할로겐 및 산화물에서는 감도가 최고이다.
④ FPD(염광광도검출기)
　㉠ 황화합물이나 인화합물검출

75 막식 가스미터에서 계량막의 파손, 밸브의 탈락, 밸브와 밸브시트 간격에서의 누설이 발생하여 가스는 미터를 통과하나 지침이 작동하지 않는 고장형태는?

① 부동
② 누출
③ 불통
④ 기차불량

해설⊃ 가스미터의 고장 및 원인
① 부동 : 가스는 미터를 통과하나 미터지침이 작동하지 않는 현상
 ㉠ 감속 또는 지시장치의 기어물림 불량
 ㉡ 지시장치의 톱니바퀴의 불량
 ㉢ 계량막의 파손, 밸브의 탈락, 밸브와 밸브시트 사이에서의 누설
② 불통 : 가스가 가스미터를 통과하지 않는 고장
 ㉠ 날개 조절기능의 납땜이 떨어진 경우
 ㉡ 회전자 베어링의 마모에 의한 접촉시
 ㉢ 밸브와 밸브시트가 타르, 수분 등에 의해 고착 또는 동결시
③ 기차불량 : 부품의 마모 등에 의해 기차가 변화하는 경우 계량법에 규정된 사용공차 ±4%를 넘어서는 현상
 ㉠ 계량막이 신축하여 부피가 변화하는 경우
 ㉡ 밸브와 밸브시트 사이 또는 막패킹부에서의 누설
 ㉢ 회전부분의 마찰 저항 증가에 의한 진동

76 계량기의 감도가 좋으면 어떠한 변화가 오는가?

① 측정시간이 짧아진다.
② 측정범위가 좁아진다.
③ 측정범위가 넓어지고, 정도가 좋다.
④ 폭 넓게 사용할 수가 있고, 편리하다.

77 온도 25℃, 노점 19℃인 공기의 상대습도를 구하면? (단, 25℃ 및 19℃에서의 포화수증기압은 각각 23.76mmHg 및 16.47mmHg이다.)

① 56%
② 69%
③ 78%
④ 84%

해설⊃ 상대습도 $= \dfrac{16.47}{23.76} \times 100 = 69.31$

정답 75. ① 76. ② 77. ②

78 50m의 시료가스를 CO_2, O_2, CO순으로 흡수시켰을 때 이 때 남은 부피가 각각 32.5mL, 24.2mL, 17.8mL이었다면 이들 가스의 조성 중 N_2의 조성은 몇 %인가? (단, 시료 가스는 CO_2, O_2, CO, N_2로 혼합되어 있다.)

① 24.2% ② 27.2%
③ 34.2% ④ 35.6%

해설 $CO_2 : \dfrac{50-32.5}{50} \times 100 = 35\text{mL}$

$O_2 : \dfrac{32.5-24.2}{50} \times 100 = 16.6\text{mL}$

$CO : \dfrac{24.2-17.8}{50} \times 100 = 12.8$

∴ $N_2 = 100 - (CO_2 + O_2 + CO)$
$= 100-(35+16.6+12.8) = 35.6\text{mL}$

79 오리피스유량계의 유량계산식은 다음과 같다. 유량을 계산하기 위하여 설치한 유량계에서 유체를 흐르게 하면서 측정해야 할 값은? (단, C : 오리피스계수, A_2 : 오리피스 단면적, H : 마노미터액주계 눈금, γ_1 : 유체의 비중량이다.)

$$Q = C \times A_2 \left(2gH\left[\dfrac{\gamma_1-1}{\gamma}\right]\right)^{0.5}$$

① C ② A_2
③ H ④ γ_1

80 목표치가 미리 정해진 시간적 순서에 따라 변할 경우의 추치 제어 방법의 하나로서 가스크로마토그래피의 오븐 온도제어 등에 사용되는 제어방법은?

① 정격치제어 ② 비율제어
③ 추종제어   ④ 프로그램제어

해설 제어방법에 의한 특성
① 정치제어 : 목표값이 변화없이 일정한 값을 갖는 제어
② 추치제어 : 목표값이 변화되는 것으로 목표값을 측정하면서 제어 목표량을 목표값에 맞추는 제어방식
㉮ 추종제어 : 목표값이 시간에 따라 임의로 변화되는 값을 부여한 제어이다.
㉯ 비율제어 : 2개 이상의 제어값의 값이 정해진 비율을 보유하여 제어한다.

정답 78. ④ 79. ③ 80. ④

2018년 제2회 가스산업기사 출제문제

제1과목 : 연소공학

01 다음 중 조연성 가스에 해당하지 않는 것은?
① 공기
② 염소
③ 탄산가스
④ 산소

[해설] 가연성가스
① C_2H_2 : 2.5 ~ 81%
② CH_4 : 5~15%
③ C_3H_8 : 2.1~9.5%
④ C_4H_{10} : 1.8~8.4%
⑤ C_2H_6 : 3~12.5%
⑥ H_2 : 4~75%
⑦ C_2H_4O : 3~80% 등
조연성가스 : ① 공기 ② 불소 ③ 염소 ④ 산소
불연성가스 : ① N_2 ② CO_2
불활성가스 : ① He ② Ne ③ Ar ④ Kr ⑤ Xe ⑥ Rn

02 다음 중 연소의 3요소에 해당하는 것은?
① 가연물, 산소, 점화원
② 가연물, 공기, 질소
③ 불연재, 산소, 열
④ 불연재, 빛, 이산화탄소

[해설] 연소의 3요소
① 가연물 ② 산소 ③ 점화원

정답 01. ③ 02. ①

03. 연소범위에 대한 설명 중 틀린 것은?

① 수소가스의 연소범위는 약 4~75v%이다.
② 가스의 온도가 높아지면 연소범위는 좁아진다.
③ 아세틸렌은 자체분해폭발이 가능하므로 연소상한계를 100%로도 볼 수 있다.
④ 연소범위는 가연성 기체의 공기와의 혼합에 있어 점화원에 의해 연소가 일어날 수 있는 범위를 말한다.

[해설] 가스온도가 높아지면 연소범위는 넓어진다.

04. 아세톤, 톨루엔, 벤젠이 제4류 위험물로 분류되는 주된 이유는?

① 공기보다 밀도가 큰 가연성 증기를 발생시키기 때문에
② 물과 접촉하여 많은 열을 방출하여 연소를 촉진시키기 때문에
③ 니트로기를 함유한 폭발성 물질이기 때문에
④ 분해 시 산소를 발생하여 연소를 돕기 때문에

[해설] 아세톤(CH_3COCH_3) : 12+3+12+16+12+3=58g÷29g=2배)
톨루엔($C_6H_5CH_3$) : 12×6+5+12+3=92g÷29g=3.17배)
벤젠(C_6H_6) : 12×6+6=78g÷29g=2.69배)

05. 비중(60/60°F)이 0.95인 액체연료의 API도는?

① 15.45 ② 16.45
③ 17.45 ④ 18.45

[해설] API도 = $\dfrac{141.5}{비중} - 131.5$

$= \dfrac{141.5}{0.95} - 131.5 = 17.447$

06. 기체 연료가 공기 중에서 정상연소 할 때 정상연소속도의 값으로 가장 옳은 것은?

① 0.1~10m/s ② 11~20m/s
③ 21~30m/s ④ 31~40m/s

[해설] 정상연소속도 : 0.1~10m/s
폭굉속도 : 1000~3500m/s

정답 03. ② 04. ① 05. ③ 06. ①

07

방폭구조 중 점화원이 될 우려가 있는 부분을 용기 내에 넣고 신선한 공기 또는 불연성가스 등의 보호기체를 용기의 내부에 넣으므로써 용기내부에는 압력이 형성되어 외부로부터 폭발성 가스 또는 증기가 침입하지 못하도록 한 구조는?

① 내압방폭구조
② 안전증방폭구조
③ 본질안전방폭구조
④ 압력방폭구조

해설 방폭구조
① 내압방폭구조(d) : 용기내부에서 가연성가스의 폭발이 발생할 경우 그 용기가 폭발 압력에 견디고 접합면, 개구부 등을 통하여 외부의 가연성가스에 인화되지 않도록 한 구조
② 유입방폭구조(o) : 용기내부에 기름을 주입하여 불꽃, 아크 또는 고온발생부분이 기름속에 잠기게 함으로써 기름면 위에 존재하는 가연성가스에 인화되지 않도록 한 구조
③ 압력방폭구조(p) : 용기내부에 보호가스를 압입하여 내부압력을 유지함으로써 가연성가스가 용기내부로 유입되지 않도록 한 구조
④ 본질안전증방폭구조(ia 또는 ib) : 정상시 및 사고(단선, 단락, 지락)시에 발생하는 전기불꽃 또는 고온부분 등의 발생을 방지하기 위하여 기계적 전기적 구조상 또는 온도상승에 대하여 특히 안전도를 증가시킨 구조

08

다음 반응식을 이용하여 메탄(CH_4)의 생성열을 계산하면?

$C + O_2 \rightarrow CO_2$ $\triangle H = -97.2 \text{kcal/mol}$
$H_2 + \frac{1}{2}O_2 \rightarrow H_2O$ $\triangle H = -57.6 \text{kcal/mol}$
$CH_4 + 2O_2 \rightarrow CO_2 + 2H_2O$ $\triangle H = -194.4 \text{kcal/mol}$

① $\triangle H$ = -17kcal/mol
② $\triangle H$ = -18kcal/mol
③ $\triangle H$ = -19kcal/mol
④ $\triangle H$ = -20kcal/mol

해설 ① $CH_4 + 2O_2 \rightarrow CO_2 + 2H_2O$ -194.4 → -9.72-(2×57.6)+Q
② -194.4=-97.2-(2×57.6)+Q Q=18
③ $\triangle H$=-18kcal/mol

09

공기비(m)에 대한 가장 옳은 설명은?

① 연료 1kg당 실제로 혼합된 공기량과 완전연소에 필요한 공기량의 비를 말한다.
② 연료 1kg당 실제로 혼합된 공기량과 불완전연소에 필요한 공기량의 비를 말한다.
③ 기체 1m³당 실제로 혼합된 공기량과 완전연소에 필요한 공기량의 차를 말한다.
④ 기체 1m³당 실제로 혼합된 공기량과 불완전연소에 필요한 공기량의 차를 말한다.

해설 공기비 : 연료 1kg당 실제로 혼합된 공기량과 완전연소에 필요한 공기량의 비

정답 07. ④ 08. ② 09. ①

10
메탄을 공기비 1.1로 완전 연소시키고자 할 때 메탄 $1Nm^3$당 공급해야할 공기량은 약 몇 Nm^3인가?
① 2.2　　　　② 6.3　　　　③ 8.4　　　　④ 10.5

해설ᗒ　$CH_4 + 2O_2 \rightarrow CO_2 + 2H_2O$
　　　$22.4Nm^3$　　$2 \times 22.4Nm^3$
　　　$1Nm^3$　　　　x

$x = \dfrac{1Nm^2 \times 2 \times 22.4Nm^3}{22.4Nm^3} = 2Nm^3/Nm^3(O_0)$

$\therefore A_0 = \dfrac{O_0}{0.21} = \dfrac{2}{0.21} = 9.52Nm^3/Nm^3$

$\therefore A = m \times A_0 = 1.1 \times 9.52 = 10.476Nm^3/Nm^3$

11
화염전파속도에 영향을 미치는 인자와 가장 거리가 먼 것은?
① 혼합기체의 농도　　　　② 혼합기체의 압력
③ 혼합기체의 발열량　　　　④ 가연 혼합기체의 성분조성

해설ᗒ　화염전파속도에 영향을 미치는 인자
　　　① 혼합기체의 농도
　　　② 혼합기체의 압력
　　　③ 가연혼합기체의 성분조성

12
공기 중 폭발한계의 상한 값이 가장 높은 가스는?
① 프로판　　　　② 아세틸렌
③ 암모니아　　　　④ 수소

해설ᗒ　프로판 : 2.1~9.5% ④
　　　아세틸렌 : 2.5~81% ①
　　　암모니아 : 15~28% ③
　　　수소 : 4~75% ②

13
기체연료의 연소에서 일반적으로 나타나는 연소의 형태는?
① 확산연소　　② 증발연소　　③ 분무연소　　④ 액면연소

해설ᗒ　확산연소 : 수소, 메탄 등

14 다음 중 가스 연소 시 기상 정지반응을 나타내는 기본반응식은?

① $H + O_2 \to OH + O$
② $O + H_2 \to OH + H$
③ $OH + H_2 \to H_2O + H$
④ $H + O_2 + M \to HO_2 + M$

15 폭발에 관한 가스의 일반적인 성질에 대한 설명 중 틀린 것은?

① 안전간격이 클수록 위험하다.
② 연소속도가 클수록 위험하다.
③ 폭발범위가 넓은 것이 위험하다.
④ 압력이 높아지면 일반적으로 폭발범위가 넓어진다.

해설⊃ 안전간격이 적을수록 위험하다.

16 아세틸렌(C_2H_2, 연소범위 : 2.5~81%)의 연소범위에 따른 위험도는?

① 30.4 ② 31.4 ③ 32.4 ④ 33.4

해설⊃ 위험도 $\dfrac{u-L}{L} = \dfrac{81.2.5}{2.5} = 31.4$

17 표준상태에서 고발열량(총발열량)과 저발열량(진발열량)과의 차이는 얼마인가? (단, 표준상태에서 물의 증발잠열은 540kcal/kg이다.)

① 540kcal/kg-mol
② 1970kcal/kg-mol
③ 9720kcal/kg-mol
④ 15400kcal/kg-mol

18 기체혼합물의 각 성분을 표현하는 방법에는 여러 가지가 있다. 혼합가스의 성분비를 표현하는 방법 중 다른 값을 갖는 것은?

① 몰분율
② 질량분율
③ 압력분율
④ 부피분율

정답 14. ④ 15. ① 16. ② 17. ③ 18. ②

19. 발화지연에 대한 설명으로 가장 옳은 것은?

① 저온, 저압일수록 발화지연은 짧아진다.
② 화염의 색이 적색에서 청색으로 변하는데 걸리는 시간을 말한다.
③ 특정 온도에서 가열하기 시작하여 발화시까지 소요되는 시간을 말한다.
④ 가연성가스와 산소의 혼합비가 완전 산화에 근접할수록 발화지연은 길어진다.

해설 발화지연 : 특정온도에서 가열하기 시작하여 발화시까지 소요되는 시간

20. BLEVE(Boiling Liquid Expanding Vapour Explosion)현상에 대한 설명으로 옳은 것은?

① 물이 점성이 있는 뜨거운 기름 표면 아래서 끓을 때 연소를 동반하지 않고 overflow 되는 현상
② 물이 연소유(oil)의 뜨거운 표면에 들어갈 때 발생되는 overflow 현상
③ 탱크바닥에 물과 기름의 에멀젼이 섞여 있을 때 기름의 비등으로 인하여 급격하게 overflow 되는 현상
④ 과열상태의 탱크에서 내부의 액화 가스가 분출, 일시에 기화되어 착화, 폭발하는 현상

해설
① 블래비(BLEVE, Boiling Liquid Expanding Vapour Explosion) : 과열상태의 탱크에서 내부의 액화가스가 분출하여 기화되어 폭발하는 현상
② 보일오버(Boil Over)
  ㉠ 중질유의 탱크에서 장시간 조용히 연소하다 탱크내의 잔존기름이 갑자기 분출하는 현상
  ㉡ 유류탱크에서 탱크바닥에 물과 기름의 에멀젼이 섞여 있을 때 이로 인하여 화재가 발생하는 현상
  ㉢ 연소유면으로부터 100℃이상의 열파가 탱크 저부에 고여 있는 물을 비등하게 하면서 연소유를 탱크 밖으로 비산시키며 연소하는 현상
③ 오일오버(Oil Over) : 저장탱크 내에 저장된 유류저장량이 내용적으로 50% 이하로 충전되어 있을 때 화재로 인하여 탱크가 폭발하는 현상
④ 프로스오버(Froth Over) : 물이 점성의 뜨거운 기름 표면 아래서 끓을 때 화재를 수반하지 않고 용기가 넘치는 현상
⑤ 슬롭오버(Slop Over)
  ㉠ 물이 연소유의 뜨거운 표면에 들어갈 때 기름 표면에서 화재가 발생하는 현상
  ㉡ 유류화재로 소화하기 위한 물이 수분의 급격한 증발에 의해 액면이 거품을 일으키면서 열유층 밑의 냉유가 급히 열 팽창하여 기름의 일부가 불이 붙은 채 탱크벽을 넘어서 일출하는 현상
⑥ 백운현상 : LNG누출시 공기중의 수분이 노점 이하로 되어 하얗게 서리가 생기는 것
⑦ 롤오버현상 : 초저온액화 천연가스 등이 수상에 노출하여 물과의 온도차에 의해 폭발적으로 기화하는 현상

정답 19. ③ 20. ④

제2과목 : 가스설비

21 황화수소(H_2S)에 대한 설명으로 틀린 것은?
① 각종 산화물을 환원시킨다.
② 알칼리와 반응하여 염을 생성한다.
③ 습기를 함유한 공기 중에는 대부분 금속과 작용한다.
④ 발화온도가 약 450℃ 정도로서 높은 편이다.

해설⊃ 황화수소
① 발화온도 260℃
② 임계온도 100.4℃
③ 임계압력 88.9atm
④ 완전연소반응식 : $2H_2S+3O_2 \rightarrow 2SO_2+2H_2O$
⑤ 달걀썩는 냄새를 가진 유독성기체이며, 물에 약간 녹아 산성을 나타낸다.
⑥ 화산 속에 포함되어 있다.

22 탱크에 저장된 액화프로판(C_3H_8)을 시간당 50kg씩 기체로 공급하려고 증발기에 전열기를 설치했을 때 필요한 전열기의 용량은 약 몇 kW인가? (단, 프로판의 증발열은 3740cal/gmol, 온도변화는 무시하고, 1cal는 1.163×10^{-6}kW이다.)
① 0.2
② 0.5
③ 2.2
④ 4.9

해설⊃ 1cal=4.186J
1mol(44g)=3740cal/mol
50×1000g = x
$x = \dfrac{50 \times 1000g \times 3740 \text{cal/mol}}{44 \text{g/mol}} = \dfrac{4,250,000}{3,600} = 1180.56 \text{cal}$
∴ 1cal=4.186J
1180.56=x
$x = \dfrac{1180 \times 4.186 J}{1 cal} = 4941.8 W$
∴ 1kW=1000W이므로
$\dfrac{4941.8 W}{1000 W/kW} = 4.94 kW$

정답 21. ④ 22. ④

23 배관의 관경을 50cm에서 25cm로 변화시키면 일반적으로 압력손실은 몇 배가 되는가?
① 2배 ② 4배 ③ 16배 ④ 32배

해설) $Q = K\sqrt{\dfrac{D^5 h}{SL}}$

$Q^2 = K \times \dfrac{D^5 \times h}{S \times L}$ ∴ $h = \dfrac{Q^2 \times S \times L}{K \times D^5}$

∴ $\dfrac{50}{25} = 2$ ∴ $D^5 = 2^5 = 32$배

24 LPG 배관의 압력손실 요인으로 가장 거리가 먼 것은?
① 마찰저항에 의한 압력손실
② 배관의 이음류에 의한 압력손실
③ 배관의 수직 하향에 의한 압력손실
④ 배관의 수직 상향에 의한 압력손실

해설) LPG배관의 압력손실요인
　① 입상배관에 의한 압력손실(배관의 수직상향에 의한 압력손실)
　② 가스미터, 콕 등에 의한 압력손실
　③ 엘보우, 티 등에 의한 압력손실(배관이음류에 의한 압력손실)
　④ 직선배관에 의한 압력손실(마찰저항에 의한 압력손실)

25 저온, 고압 재료로 사용되는 특수강의 구비 조건이 아닌 것은?
① 크리프 강도가 작을 것
② 접촉 유체에 대한 내식성이 클 것
③ 고압에 대하여 기계적 강도를 가질 것
④ 저온에서 재질의 노화를 일으키지 않을 것

해설) 크리프 강도가 클 것

정답 23. ④ 24. ③ 25. ①

26. 매설관의 전기방식법 중 유전양극법에 대한 설명으로 옳은 것은?

① 타 매설물에의 간섭이 거의 없다.
② 강한 전식에 대해서도 효과가 좋다.
③ 양극만 소모되므로 보충할 필요가 없다.
④ 방식전류의 세기(강도) 조절이 자유롭다.

[해설] 방식법의 특징
① 강제배류법
  ㉠ 장점
    ⓐ 전류전압 조정이 용이하며 효과가 좋다.
    ⓑ 전철의 휴지기간중에도 방식이 가능하고 간접작용이 없다
    ⓒ 외부 전원방식에 비해 유지비용이 적다.
  ㉡ 단점
    ⓐ 전원이 별도 필요
    ⓑ 다른 매설금속체의 장해(간섭)에 관하여 검토가 필요하다.
    ⓒ 전철의 신호장애에 관한 검토 필요
② 유전양극법
  ㉠ 장점
    ⓐ 다른 매설금속체에 방해 작용이 없다.
    ⓑ 소규모 설비에는 경제적이다.
    ⓒ 시공이 단순하다.
    ⓓ 과방식의 염려가 없다.
  ㉡ 단점
    ⓐ 전류 조절이 불가능하다.
    ⓑ 정기적으로 전극(양극)을 보충할 필요가 있다.
    ⓒ 방식범위가 좁다.
    ⓓ 대규모 설비시는 시설비가 많이 든다.
    ⓔ 강한 전식에는 무력하다.
③ 선택배류법
  ㉠ 장점
    ⓐ 전철의 전류를 활용할 수 있으므로 별도 유지비가 필요하다.
    ⓑ 전철 운행동안에는 자연히 방식된다.
    ⓒ 시공비가 별도로 들지 않는다.
  ㉡ 단점
    ⓐ 과방식의 우려가 있다.
    ⓑ 다른 매설금속체의 간섭 우려가 없다.
    ⓒ 전철과의 관계위치에 의한 효과 범위가 변화될 수 있다.
    ⓓ 전철의 휴지기간 또는 레일 전위가 높은 경우에도 효과가 없다.

정답 26. ①

27
케이싱 내에 모인 임펠러가 회전하면서 기체가 원심력 작용에 의해 임펠러의 중심부에서 흡입되어 외부로 토출하는 구조의 압축기는?

① 회전식 압축기
② 축류식 압축기
③ 왕복식 압축기
④ 원심식 압축기

28
정압기의 부속설비가 아닌 것은?

① 수취기
② 긴급차단장치
③ 불순물 제거설비
④ 가스누출검지 통보설비

해설 정압기 부속설비
① 불순물제거장치
② 가스차단장치
③ 가스누출검지 통보설비
④ 이상압력상승 방지장치

29
부탄의 C/H 중량비는 얼마인가?

① 3
② 4
③ 4.5
④ 4.8

해설 부탄의 $\left(\dfrac{C}{H}\right)$ 중량비 $(C_4H_{10}) = \dfrac{4 \times 12}{10} = 4.8$

30
용기종류별 부속품의 기호가 틀린 것은?

① 초저온용기 및 저온용기의 부속품 – LT
② 액화석유가스를 충전하는 용기의 부속품 – LPG
③ 아세틸렌을 충전하는 용기의 부속품 – AG
④ 압축가스를 충전하는 용기의 부속품 – LG

해설 용기종류별 부속품 기호
① PG : 압축가스를 충전하는 용기부속품
② AG : 아세틸렌가스를 충전하는 용기부속품
③ LT : 초저온 및 저온용기를 충전하는 용기부속품
④ LPG : 액화석유가스를 충전하는 용기부속품
⑤ LG : 액화석유가스외의 가스를 충전하는 용기부속품

정답 27. ④ 28. ① 29. ④ 30. ④

31
도시가스 제조에서 사이크링식 접촉분해(수증기개질)법에 사용하는 원료에 대한 설명으로 옳은 것은?

① 메탄만 사용할 수 있다.
② 프로판만 사용할 수 있다.
③ 석탄 또는 코크스만 사용할 수 있다.
④ 천연가스에서 원유에 이르는 넓은 범위의 원료를 사용할 수 있다.

32
LPG 이송설비 중 압축기를 이용한 방식의 장점이 아닌 것은?

① 펌프에 비해 충전시간이 짧다.
② 재액화현상이 일어나지 않는다.
③ 사방밸브를 이용하면 가스의 이송방향을 변경할 수 있다.
④ 압축기를 사용하기 때문에 베이퍼록 현상이 생기지 않는다.

[해설] 압축기사용시 장점
① 이 충전시간이 짧다.
② 잔가스 회수가 가능
③ 베이퍼록의 우려가 없다.

33
저압배관의 관경 결정 공식이 다음 [보기]와 같을 때 ( )에 알맞은 것은? (단, H : 압력손실, Q : 유량, L : 배관길이, D : 배관관경, S : 가스비중, K : 상수)

[보기]
$H = (Ⓐ) \times S \times (Ⓑ) / K^2 \times (Ⓒ)$

① Ⓐ : Q^2, Ⓑ : L, Ⓒ : D^5
② Ⓐ : L, Ⓑ : D^5, Ⓒ : Q^2
③ Ⓐ : D^5, Ⓑ : L, Ⓒ : Q^2
④ Ⓐ : L, Ⓑ : Q^5, Ⓒ : D^2

[해설] 저압배관유량공식
$$Q = K\sqrt{\frac{D^5 h}{SL}}$$
$$Q^2 = K \times \frac{D^5 \times h}{S \times L} \quad \therefore \quad h = \frac{Q^2 \times S \times L}{K \times D^5}$$

정답 31. ④ 32. ② 33. ①

34. 펌프에서 공동현상(Cavitation)의 발생에 따라 일어나는 현상이 아닌 것은?

① 양정효율이 증가한다.　　② 진동과 소음이 생긴다.
③ 임펠러의 침식이 생긴다.　　④ 토출량이 점차 감소한다.

해설 펌프에서 발생되는 현상
① 캐비테이션(cavitation) : 유수 중에 어느 부분의 정압이 그때 물의 온도에 해당하는 증기압 이하로 되어 물이 증발을 일으키고 수중에 용입되어 있던 공기가 낮은 압력으로 인하여 기포가 발생하는 현상으로 공동현상이라고도 한다.
　㉠ 영향
　　ⓐ 소음과 진동발생　　ⓑ 깃에 대한 침식
　　ⓒ 양정곡선과 효율곡선의 저하
　㉡ 발생조건
　　ⓐ 흡입 양정이 지나치게 길 때
　　ⓑ 과속으로 유량이 증대될 때
　　ⓒ 흡입관 입구 등에서 마찰저항 증가 시
　　ⓓ 관로 내의 온도가 상승될 때
　㉢ 방지대책
　　ⓐ 양흡입 펌프를 사용한다.
　　ⓑ 수직축 펌프를 사용하고 회전차를 수중에 잠기게 한다.
　　ⓒ 펌프를 두 대 이상 설치한다.
　　ⓓ 펌프의 회전수를 낮춘다.
　　ⓔ 펌프의 설치위치를 낮추어 흡입양정을 짧게 한다.
　　ⓕ 관지름을 크게 하고 흡입측의 저항을 최소로 줄인다.
② 수격작용(water hammering) : 펌프에서 물을 압송하고 있을 때 정전 등으로 급히 펌프가 멈추거나 수량조절 밸브를 급히 폐쇄할 때 관내 유속이 급격히 변화하면 물에 의한 심한 압력의 변화가 생겨 관벽을 치는 현상을 수격작용이라고 한다.
　㉠ 수격작용 방지책
　　ⓐ 완폐 체크 밸브를 토출구에 설치하고 밸브를 적당히 제어한다.
　　ⓑ 관경을 크게 하고 관내 유속을 느리게 한다.
　　ⓒ 관로에 조압수조(surge tank)를 설치한다.
　　ⓓ 플라이휠을 설치하여 펌프속도의 급변을 막는다.

35. 다음 중 암모니아의 공업적 제조방식은?

① 수은법　　② 고압합성법　　③ 수성가스법　　④ 엔드류소오법

해설 암모니아 합성법
① 고압합성법($600kg/cm^2$이상) : 클로드법, 카자데법
② 중압합성법($300kg/cm^2$) : 뉴파우더법, IG법, 케미그법, J.C.I법, 동공시법
③ 저압합성법($150kg/cm^2$) : 케로그법, 구우데법

정답 34. ①　35. ②

36 고압가스용 안전밸브에서 밸브몸체를 밸브시트에 들어 올리는 장치를 부착하는 경우에는 안전밸브 설정압력의 얼마 이상일 때 수동으로 조작되고 압력해지 시 자동으로 폐지되는가?

① 60% ② 75% ③ 80% ④ 85%

37 LPG공급, 소비설비에서 용기의 크기와 개수를 결정할 때 고려할 사항으로 가장 거리가 먼 것은?

① 소비자 가구수
② 피크 시의 기온
③ 감압방식의 결정
④ 1가구당 1일의 평균가스 소비량

해설 ▸ 용기의 크기와 개수결정시 고려사항
① 1가구당 1일의 평균가스 소비량
② 피크시의 기온
③ 소비자 가구 수

38 아세틸렌 용기의 다공물질의 용적이 30L, 침윤 잔용적이 6L일 때 다공도는 몇 %이며, 관련법상 합격여부의 판단으로 옳은 것은?

① 20%로서 합격이다.
② 20%로서 불합격이다.
③ 80%로서 합격이다.
④ 80%로서 불합격이다.

해설 ▸ 다공도 $= \dfrac{V-E}{V} \times 100$

$= \dfrac{30-6}{30} \times 100 = 80\%$(합격)

39 구형(spherical type)저장탱크에 대한 설명으로 틀린 것은?

① 강도가 우수하다.
② 부지면적과 기초공사가 경제적이다.
③ 드레인이 쉽고 유지관리가 용이하다.
④ 동일 용량에 대하여 표면적이 가장 크다.

해설 ▸ 구형저장탱크의 특징
① 강도가 크다.
② 용량이 크다.
③ 형태가 아름답다.
④ 표면적이 적어도 된다.
⑤ 기초구조 단순공사용이

정답 36. ② 37. ③ 38. ③ 39. ④

40 오토클레이브(Auto clave)의 종류 중 교반효율이 떨어지기 때문에 용기벽에 장애판을 설치하거나 용기 내에 다수의 볼을 넣어 내용물의 혼합을 촉진시켜 교반효과를 올리는 형식은?

① 교반형 ② 정치형
③ 진탕형 ④ 회전형

해설 ⊃ 오토클레이브 : 고온·고압하에서 화학적인 합성 반응을 위한 고압반응가마
① 교반형
    교반기(agitator)에 의해 내용물의 혼합을 균일하게 하는 것으로 종형과 횡형 두 가지가 있다.
    ㉮ 장점
        ㉠ 기액반응으로 기체를 계속 유통시키는 실험법을 취급할 수 있다.
        ㉡ 교반효과는 특히 횡형 교반의 경우가 뛰어나며 진탕식에 비해 효과가 크다.
        ㉢ 종형 교반에서는 오토 클레이브 내부에 글라스 용기를 넣어 반응시킬 수 가 있으므로 특수한 라이닝을 하지 않아도 된다.
    ㉯ 단점
        ㉠ 교반축의 스타핑박스에서 가스누설의 가능성이 많다.
        ㉡ 회전속도를 증가하거나 압력을 높이면 누설되기 쉬우므로 압력과 회전속도에 제한이 있다.
        ㉢ 교반축의 패킹에 사용한 이물질이 내부에 들어갈 가능성이 있다.
② 진탕형
    횡형 오토 클레이브 전체가 수평, 전후 운동을 하므로서 내용물을 교반시키는 형식으로 가장 일반적이다.
    ㉮ 가스누설의 가능성이 없다.
    ㉯ 고압력에 사용할 수 있고 반응물의 오손이 없다.
    ㉰ 장치 전체가 진동하므로 압력계는 본체로부터 떨어져 설치하여야 한다.
    ㉱ 뚜껑판에 뚫어진 구멍(가스출입 구멍, 압력계, 안전밸브 등의 연결구)에 촉매가 끼어 들어갈 염려가 있다.
③ 회전형
    오토클레이브 자체가 회전하는 형식으로 고체를 액체로 처리할 때나 액체에 기체를 작용시키는 경우에 사용하는 것으로 타기에 비하여 교반효과가 좋지 않다.
④ 가스 교반형
    가늘고 긴 수직형 반응기로 유체가 순환됨으로서 교반이 행해지는 방식.

정답 40. ④

제3과목 : 가스안전관리

41 산화에틸렌의 제독제로 적당한 것은?
① 물
② 가성소다수용액
③ 탄산소다수용액
④ 소석회

[해설] ① 염소 : ㉠ 소석회 ㉡ 가성소다 ㉢ 탄산소다
② 포스겐 : ㉠ 가성소다 ㉡ 탄산소다
③ 황화수소 : ㉠ 가성소다 ㉡ 탄산소다
④ 시안화수소 : ㉠ 가성소다
⑤ 이황산가스 : ㉠ 물 ㉡ 가성소다 ㉢ 탄산소다
⑥ 암모니아, 산화에틸렌, 염화메탄 : 다량의 물

42 고압가스의 처리시설 및 저장시설기준으로 독성가스와 1종 보호시설의 이격거리를 바르게 연결한 것은?
① 1만 이하 – 13m 이상
② 1만 초과 2만 이하 – 17m 이상
③ 2만 초과 3만 이하 – 20m 이상
④ 3만 초과 4만 이하 – 27m 이상

[해설] 안전거리

처리능력 및 저장능력	독성 및 가연성가스		산소		기타의 가스	
	1종보호시설	2종보호시설	1종보호시설	2종보호시설	1종보호시설	2종보호시설
1만 이하	17[m]	12[m]	12[m]	8[m]	8[m]	5[m]
2만 이하	21[m]	14[m]	14[m]	9[m]	9[m]	7[m]
3만 이하	24[m]	16[m]	16[m]	11[m]	11[m]	8[m]
4만 이하	27[m]	18[m]	18[m]	13[m]	13[m]	9[m]
4만 초과	30[m]	20[m]	20[m]	14[m]	14[m]	10[m]
5만~99만	30[m] 1종 [$\frac{3}{25}\sqrt{x+10,000}\,[m]$]		20[m] 2종 [$\frac{2}{25}\sqrt{x+10,000}\,[m]$]			
99만 초과	30[m](가연성가스 저온저장탱크) 120[m]		20[m](가연성가스 저온저장탱크) 80[m]			

정답 41. ① 42. ④

43
에어졸의 충전 기준에 적합한 용기의 내용적은 몇 L이하여야 하는가?
① 1
② 2
③ 3
④ 5

해설 에어졸
① 성분 배합비 및 1일 제조 최대수량 이하로 할 것
② 에어졸분사제는 독성가스 사용금지
③ 인체 또는 가정에서 사용하는 에어졸 분사제는 가연성가스가 아닐 것.
④ 에어졸 제조설비 및 에어졸 충전용기 저장소는 화기 또는 인화성물질과 8[m]이상의 우회거리
⑤ 35[℃]에서 내압이 8[kg/cm²]이하, 용량은 용기내용적의 90[%]이하
⑥ 온수시험 탱크(46[℃]이상~50[℃]미만)에서 에어졸이 누출되지 않도록 할 것.
⑦ 용기기준
  ㉮ 100[cm³]초과용기는 강 또는 경금속을 사용하며, 내용적은 1[L]미만일 것.
  ㉯ 두께 0.125[mm]이상, 유리제 용기는 합성수지로 그 내·외면을 피복할 것.
  ㉰ 100[m³]초과 용기는 제조자의 명칭·기호 명시
  ㉱ 30[m³]이상 용기는 에어졸 제조에 사용된 일이 없는 것일 것.
  ㉲ 50[℃]에서 용기내 가스압력의 1.5배로 가압시 변형되지 않고, 50[℃]에서 용기 내 가스압력의 1.8배로 가압시 파열치 않을 것(단, 13[kg/cm²]로 가압시 변형되지 않고, 15[kg/cm²]로 가압시 파열치 않는 것은 제외)
⑧ 에어졸이 충전된 30[cm³]초과용기에는 에어졸 제조자의 명칭·기호·제조번호 및 취급에 필요한 주의사항을 명시할 것(사용후 폐기시 주의사항 포함)

44
액화석유가스에 주입하는 부취제(냄새나는 물질)의 측정방법으로 볼 수 없는 것은?
① 무취실법
② 주사기법
③ 시험가스 주입법
④ 오더(Odor) 미터법

해설 부취제 측정법
① 오더미터법
② 주사기법
③ 무취실법
④ 냄새주머니법

45
가연성 및 독성가스의 용기 도색 후 그 표기 방법으로 틀린 것은?
① 가연성가스는 빨간색 테두리에 검정색 불꽃모양이다.
② 독성가스는 빨간색 테두리에 검정색 해골모양이다.
③ 내용적 2L 미만의 용기는 그 제조자가 정한 바에 의한다.
④ 액화석유가스 용기 중 프로판가스를 충전하는 용기는 프로판가스임을 표시하여야 한다.

정답 43. ① 44. ③ 45. ④

46 고압가스를 운반하는 차량의 안전 경계표지 중 삼각기의 바탕과 글자색은?
① 백색바탕 – 적색글씨
② 적색바탕 – 황색글씨
③ 황색바탕 – 적색글씨
④ 백색바탕 – 청색글씨

해설> 화기엄금 : 적색바탕에 백색글씨
물기엄금 : 청색바탕에 백색글씨
삼각기 : 적색바탕에 황색글씨

47 차량에 고정된 탱크로 고압가스를 운반할 때의 기준으로 틀린 것은?
① 차량의 앞뒤 보기 쉬운 곳에 붉은 글씨로 "위험고압가스"라는 경계표지를 한다.
② 액화가스를 충전하는 탱크의 그 내부에 방파판을 설치한다.
③ 산소탱크의 내용적은 1만 8천L를 초과하지 아니하여야 한다.
④ 염소탱크의 내용적은 1만 5천L를 초과하지 아니하여야 한다.

해설> 염소가스의 내용적은 12000ℓ 초과금지
가연성가스 : 18000ℓ 초과금지(LPG 제외)
독성가스 : 12000ℓ 초과금지(NH_3 제외)

48 고압가스안전관리법에 적용받는 고압가스 중 가연성가스가 아닌 것은?
① 황화수소
② 염화메탄
③ 공기 중에서 연소하는 가스로서 폭발한계의 하한이 10% 이하인 가스
④ 공기 중에서 연소하는 가스로서 폭발한계의 상한과 하한의 차가 20% 미만인 가스

해설> 상한과 하한의 차가 20%이상인 가스

49 고압가스용 이음매 없는 용기의 재검사는 그 용기를 계속 사용할 수 있는지 확인하기 위하여 실시한다. 재검사 항목이 아닌 것은?
① 외관검사
② 침입검사
③ 음향검사
④ 내압검사

해설> 이음매 없는 용기의 재검사 기준
① 외관검사
② 내압검사
③ 음향검사

정답 46. ② 47. ④ 48. ④ 49. ②

50

다음 중 가장 무거운 기체는?

① 산소
② 수소
③ 암모니아
④ 메탄

해설 ① 산소 : 32g÷29=1.1
② 수소 : 2g÷29=0.0689
③ 암모니아 : 17g÷29=0.586
④ 메탄 : 16g÷29=0.55

51

내용적이 50리터인 이음매 없는 용기 재검사 시 용기에 깊이가 0.5mm를 초과하는 점 부식이 있을 경우의 합격여부는?

① 등급분류 결과 3급으로서 합격이다.
② 등급분류 결과 3급으로서 불합격이다.
③ 등급분류 결과 4급으로서 불합격이다.
④ 용접부 비파괴시험을 실시하여 합격여부 결정한다.

52

유해물질의 사고 예방 대책으로 가장 거리가 먼 것은?

① 작업의 일원화
② 안전보호구 착용
③ 작업시설의 정돈과 청소
④ 유해물질과 발화원 제거

해설 유해물질의 사고예방대책
① 안전보호구착용
② 작업시설의 정돈과 청소
③ 유해물질과 발화원 제거

53

고압가스 특정제조시설의 저장탱크 설치방법 중 위해방지를 위하여 고압가스 저장 탱크를 지하에 매설할 경우 저장탱크 주위에 무엇으로 채워야 하는가?

① 흙
② 콘크리트
③ 모래
④ 자갈

정답 50. ① 51. ③ 52. ① 53. ③

54. 초저온 용기의 정의로 옳은 것은?

① 섭씨 −30°C 이하의 액화가스를 충전하기 위한 용기
② 섭씨 −50°C 이하의 액화가스를 충전하기 위한 용기
③ 섭씨 −70°C 이하의 액화가스를 충전하기 위한 용기
④ 섭씨 −90°C 이하의 액화가스를 충전하기 위한 용기

해설 ① 충전용기 : 충전질량 또는 충전압력이 $\frac{1}{2}$ 이상 충전되어 있는 용기

② 잔가스용기 : 충전질량 또는 충전압력이 $\frac{1}{2}$ 미만 충전되어 있는 용기

③ 초저온용기 : 임계온도가 −50°C이하인 액화가스를 충전하기 위한 용기로서 단열재로 피복하여 용기내의 가스온도가 상용의 온도를 초과하지 않도록 한 공기

④ 처리능력 : 처리설비 또는 감압설비가 압축, 액화 그 밖의 방법으로 1일에 처리할 수 있는 가스의 양 (0°C, 0kg/cm^2·g상태기준)

55. 의료용 산소 가스용기를 표시하는 색깔은?

① 갈색　　② 백색　　③ 청색　　④ 자색

해설 의료용기 도색

질흑같은 밤에자고 탄회를 싸게주면
　①　　②　　③　　④

청아한 산소에서 백로가 헬기로 갈아채 가더라
　⑤　　⑥　　　⑦

① 질소 : 흑색
② 에틸렌 : 자색
③ 탄산가스 : 회색
④ 싸이크로프로판 : 주황
⑤ 아산화질소 : 청색
⑥ 산소 : 백색
⑦ 헬륨 : 갈색

56. 용기의 파열사고의 원인으로서 가장 거리가 먼 것은?

① 염소용기는 용기의 부식에 의하여 파열사고가 발생할 수 있다.
② 수소용기는 산소와 혼합충전으로 격심한 가스폭발에 의하여 파열사고가 발생할 수 있다.
③ 고압 아세틸렌가스는 분해폭발에 의하여 파열사고가 발생할 수 있다.
④ 용기 내 수증기 발생에 의해 파열사고가 발생할 수 있다.

정답 54. ②　55. ②　56. ④

57 차량에 고정된 탱크에 의하여 가연성 가스를 운반할 때 비치하여야 할 소화기의 종류와 최소 수량은? (단, 소화기의 능력단위는 고려하지 않는다.)
① 분말소화기 1개   ② 분말소화기 2개
③ 포말소화기 1개   ④ 포말소화기 2개

58 최고사용압력이 고압이고 내용적이 5m³인 일반 도시가스 배관의 자기압력기록계를 이용한 기밀시험 시 기밀유지시간은?
① 24분 이상   ② 240분 이상
③ 48분 이상   ④ 480분 이상

해설ː 배관용적에 따른 기밀시험압력유지시간

배관내용적	유지시간
10L이하	5분
10L초과 50L미만	10분
50L초과 1m³미만	24분
1m³이상 10m³미만	480분
10m³이상	24시간

59 시안화수소(HCN)에 첨가되는 안정제로 사용되는 중합방지제가 아닌 것은?
① NaOH   ② SO$_2$
③ H$_2$SO$_4$ ④ CaCl$_2$

해설ː 안정제
① 오산화인
② 염화칼슘(CaCl$_2$)
③ 아황산가스(SO$_2$)
④ 인산(H$_3$PO$_4$)
⑤ 동(Cu)
⑥ 황산(H$_2$SO$_4$)

정답 57. ② 58. ④ 59. ①

60 수소의 특성에 대한 설명으로 옳은 것은?
① 가스 중 비중이 큰 편이다.
② 냄새는 있으나 색깔은 없다.
③ 기체 중에서 확산 속도가 가장 빠르다.
④ 산소, 염소와 폭발반응을 하지 않는다.

해설 ◦ 수소의 특징
① 기체 중에서 확산속도가 가장 빠르다.
② 모든 기체 중 비중이 가장 적다.
③ 열전도율이 대단히 크고 열에 대해 안정
④ 산소, 염소, 불소와 반응하여 격렬한 폭발을 일으켜 폭명기형성
  ㉠ $2H_2 + O_2 \rightarrow 2H_2O + 136.6 kcal$
  ㉡ $H_2 + Cl_2 \rightarrow 2HCl + 44 kcal$
  ㉢ $H_2 + F_2 \rightarrow 2HF + 128 kcal$
⑤ 수소는 고온에서 금속산화물을 환원시킴
  $CuO + H_2 \rightarrow Cu + H_2O$
⑥ 고온.고압에서 질소와 반응 NH_3 생성
  $N_2 + 3H_2 \rightarrow 2NH_3$

제4과목 : 가스계측

61 HCN 가스의 검지반응에 사용하는 시험지와 반응색이 옳게 짝지어진 것은?
① KI전분지 - 청색
② 질산구리벤젠지 - 청색
③ 염화파라듐지 - 적색
④ 염화제일구리착염지 - 적색

해설 ◦ ・시험지명 및 변색상태
암모니아 : 적색리트머스시험지 - 청색변
염소 : KI전분지 - 청색변
시안화수소 : 질산구리벤젠지 - 청색변
일산화탄소 : 염화파라듐지 - 흑색변
황화수소 : 연당지 - 흑색변
포스겐 : 하리슨시험지 : 심등색(오렌지색)변
아세틸렌 : 암모니아성 염화제1동착염지 : 적색변
아황산가스 : 암모니아 적신헝겊 : 흰연기

정답 60. ③ 61. ②

62. 아르키메데스 부력의 원리를 이용한 액면계는?

① 기포식 액면계
② 차압식 액면계
③ 정전용량식 액면계
④ 편위식 액면계

해설 아르키메데스의 부력원리이용 : 편위식 액면계

63. 가스크로마토그래피와 관련이 없는 것은?

① 컬럼
② 고정상
③ 운반기체
④ 슬릿

해설
① 캐리어가스 : H_2, He, N_2, Ar(수헬질아)
② 부품 및 성분 : 컬럼(분리관), 기록계, 압력계, 항온조, 유량조절기, 가스샘플
③ 충진제 : 활성탄, 실리카겔, 소바비드, 뮬레큘러시브
④ 분리가 잘 안될 때 : 시료주입구 온도 높인다.

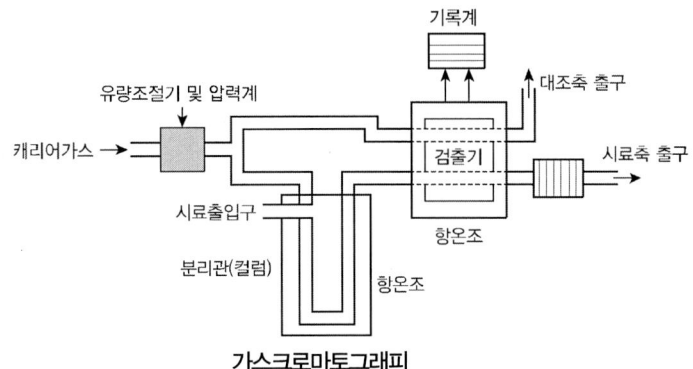

가스크로마토그래피

⑤ 종류
  ㉠ FID(수소이온화검출기)
    ⓐ 전극간의 전기전도도가 증대하는 것 이용
    ⓑ 탄화수소에서 감도가 최고이다(프로판, 부탄, 프로필렌) 등
    ⓒ H_2, O_2, CO, CO_2, SO_2 등은 감도가 적다.
    ⓓ 무기가스나 물에 거의 응답하지 않음
  ㉡ TCD(열전도도형 검출기)
    ⓐ 금속필라멘트의 저항변화를 이용하는 것
    ⓑ 일반적으로 가장 널리 사용
  ㉢ ECD(전자포획이온화검출기)
    ⓐ 이온전류가 감소하는 것을 이용
    ⓑ 할로겐 및 산화물에서는 감도가 최고이다.
  ㉣ FPD(염광광도검출기) : 황화합물이나 인화합물검출

정답 62. ④ 63. ④

64 시정수(time constant)가 10초인 1차 지연형 계측기의 스텝응답에서 전체 변화의 95%까지 변화시키는데 걸리는 시간은?
① 13초 ② 20초
③ 26초 ④ 30초

65 압력계 교정 또는 검정용 표준기로 사용되는 압력계는?
① 기준 분동식 ② 표준 침종식
③ 기준 박막식 ④ 표준 부르동관식

해설 자유피스톤형 압력계(부유피스톤)=기준분동식 : 감도가 좋아 브르돈관 압력계의 눈금교정에 사용되며 또 연구실용에 사용

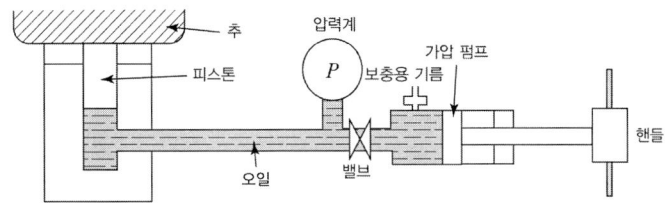

〈자유피스톤형 압력계〉

㉠ 이상 상태에서 측정해야 될 절대압력(P)

$$P = \frac{W+W_1}{A} + P_1 = \frac{W+W_1}{\frac{\pi D^2}{4}} + P_1$$

P : 절대압력[kg/cm² . a], W_1 : 추의 무게[kg], A : 실린더단면적[cm²]
P_1 : 대기압[1.033 kg/cm²], W : 피스톤무게[kg], D : 실린더지름[cm]

66 건습구 습도계에 대한 설명으로 틀린 것은?
① 통풍형 건습구 습도계는 연료 탱크 속에 부착하여 사용한다.
② 2개의 수은 유리온도계를 사용한 것이다.
③ 자연 통풍에 의한 간이 건습구 습도계도 있다.
④ 정확한 습도를 구하려면 3~5m/s 정도의 통풍이 필요하다.

정답 64. ④ 65. ① 66. ①

67 시험대상인 가스미터의 유량이 350m³/h이고 기준 가스미터의 지시량이 330m³/h 일 때 기준 가스미터의 기차는 약 몇 %인가?
① 4.4% ② 5.7%
③ 6.1% ④ 7.5%

[해설] 기차 $= \dfrac{350-330}{350} \times 100 = 5.71$

68 차압식 유량계 중 벤투리식(Venturi type)에서 교축기구 전후의 관계에 대한 설명으로 옳지 않은 것은?
① 유량은 유량계수에 비례한다.
② 유량은 차압의 평방근에 비례한다.
③ 유량은 관지름의 제곱에 비례한다.
④ 유량은 조리개 비의 제곱에 비례한다.

[해설] 차압식 유량계 등 벤투리식 교축기구 전 후 관계
① 유량은 유량계수에 비례한다.
② 유량은 차압의 평방근에 비례한다.
③ 유량은 관지름의 제곱에 비례한다.

69 다음 중 유량의 단위가 아닌 것은?
① m³/s ② ft³/h ③ m²/min ④ L/s

[해설] 유량의 단위
① m³/s, m³/min, m³/h
② ft³/s, ft³/min, ft³/h
③ l/s, l/min, l/h

70 압력의 종류와 관계를 표시한 것으로 옳은 것은?
① 전압 = 동압 – 정압
② 전압 = 게이지압 + 동압
③ 절대압 = 대기압 + 진공압
④ 절대압 = 대기압 + 게이지압

[해설] 절대압력=게이지압+대기압 전압=동압+정압
게이지압력=절대압-대기압 동력=전압-정압
대기압=절대압-게이지압 정압=전압-동압

정답 67. ② 68. ④ 69. ③ 70. ④

71

연속동작 중 비례동작(P동작)의 특징에 대한 설명으로 옳은 것은?

① 잔류편차가 생긴다.
② 싸이클링을 제거할 수 없다.
③ 외란이 큰 제어계에 적당하다.
④ 부하변화가 적은 프로세스에는 부적당하다.

해설ⓒ➔ 제어방식
① 연속동작
㉠ P동작(비례동작)
ⓐ 잔류편차 허용될 때 사용
ⓑ 조작량은 제어 편차의 변화속도에 비례한 동작
ⓒ 부하변화가 적은 프로세스에 사용
ⓓ 부하가 변화하는 등의 외란이 있으면(off-set : 잔류편차)생김
㉡ I동작(적분동작)
ⓐ 잔류편차 허용되지 않을 때 사용
ⓑ 제어의 안정성이 떨어지고 일반적으로 진동함
㉢ D동작(미분동작)
ⓐ 편차가 변화하는 속도에 비례해서 조작량 기감
ⓑ 일반적으로 진동이 제어되고 빨리 안정
② 불연속 동작(On-Off 동작이라고도 함)
㉠ 이위치동작 : 조작량이 정해진 두 값 중 하나를 취하여 밸브가 열리고 닫히는 이위치 제어
㉡ 다위치동작 : 동작신호의 크기에 따라 조작량이 셋 이상의 정해진 값 중 하나를 취하는 것
㉢ 불연속 속도 조작

72

신호의 전송방법 중 유압전송 방법의 특징에 대한 설명으로 틀린 것은?

① 전송거리가 최고 300m이다.
② 조작력이 크고 전송지연이 적다.
③ 파일럿밸브식과 분사관식이 있다.
④ 내식성, 방폭이 필요한 설비에 적당하다.

해설ⓒ➔ 신호전송방법
① 공기압식
㉠ 사용조작압력이 0.2~1kg/cm² ㉡ 신호전달거리 100~150m
㉢ 자동제어용이 ㉣ 배관보존용이
㉤ 신호전송이 시간지연이 길다. ㉥ 조작부의 정특성이 양호

정답 71. ① 72. ④

② 유압식
  ㉠ 사용조작압력이 0.2~1kg/cm²
  ㉡ 인화의 위험성이 있다.
  ㉢ 조작력이 크고 전송지연이 없다.
  ㉣ 신호전달거리 150~300m

73. 습식 가스미터의 계량 원리를 가장 바르게 나타낸 것은?
① 가스의 압력 차이를 측정
② 원통의 회전수를 측정
③ 가스의 농도를 측정
④ 가스의 냉각에 따른 효과를 이용

해설 습식가스미터의 계량원리 : 원통의 회전수를 측정

74. 가스설비에 사용되는 계측기기의 구비조건으로 틀린 것은?
① 견고하고 신뢰성이 높을 것
② 주위 온도, 습도에 민감하게 반응할 것
③ 원거리 지시 및 기록이 가능하고 연속 측정이 용이할 것
④ 설치방법이 간단하고 조작이 용이하며 보수가 쉬울 것

75. 가스분석에서 흡수분석법에 해당하는 것은?
① 적정법
② 중량법
③ 흡광광도법
④ 헴펠법

해설 흡수분석법
① 오르자트법
  ㉠ CO_2 : KOH 30% 수용액
  ㉡ O_2 : 알칼리성 피롤카롤용액
  ㉢ CO : 암모니아성 염화제1동용액
② 헴펠법
  ㉠ CO_2 : KOH 30% 수용액
  ㉡ C_mH_n : 발연황산 : 25%
  ㉢ O_2 : 알칼리성 피롤카롤용액
  ㉣ CO : 암모니아성 염화제1동용액
③ 게겔법
  ㉠ CO_2 : KOH 30% 수용액
  ㉡ C_2H_2 : 옥소수은칼륨용액
  ㉢ C_3H_6 : 87% 황산
  ㉣ C_2H_4 : 취소수용액
  ㉤ O_2 : 알칼리성 피롤카롤용액
  ㉥ CO : 암모니아성염화제1동용액

정답 73. ② 74. ② 75. ④

76 화학공장 내에서 누출된 유독가스를 현장에서 신속히 검지할 수 있는 방식으로 가장 거리가 먼 것은?
① 열선형
② 간섭계형
③ 분광광도법
④ 검지관법

해설) 가연성가스검출기
① 안전등형 : 불꽃길이를 측정하여 CH_4의 농도를 측정하는 방법으로 탄광 내에서 CH_4의 발생을 검출하는데 사용
② 간섭계형 : 가스의 굴절률차를 이용농도측정, CH_4외의 가연성가스 측정에도 사용
③ 열전도식 : 전기적으로 가열된 필라멘트(열선)로 가스검지
④ 분광광도법 : 화학공장 내에서 누출된 유독가스를 현장에서 신속히 검지할 수 있는 방식

77 도시가스 제조소에 설치된 가스누출검지경보장치는 미리 설정된 가스농도에서 자동적으로 경보를 울리는 것으로 하여야 한다. 이때 미리 설정된 가스 농도란?
① 폭발 하한계 값
② 폭발 상한계 값
③ 폭발하한계의 1/4 이하 값
④ 폭발하한계의 1/2 이하 값

해설) 가연성가스 : 폭발하한의 $\frac{1}{4}$ 이하
독성가스 : 허용농도 이하
산소가스 : 18%이상 ~ 22%이하

78 파이프나 조절밸브로 구성된 계는 어떤 공정에 속하는가?
① 유동공정
② 1차계 액위공정
③ 데드타임공정
④ 적분계 액위공정

79 2가지 다른 도체의 양끝을 접합하고 두 접점을 다른 온도로 유지할 경우 회로에 생기는 기전력에 의해 열전류가 흐르는 현상을 무엇이라고 하는가?
① 제백효과
② 존슨효과
③ 스테판-볼츠만 법칙
④ 스케링 삼승근 법칙

해설) 열전대온도계(접촉식 중 가장 높은 측정, 열기전력 이용(제백효과))
① PR(백금-백금로듐)(R형)
㉠ 산화성 분위기에 가장 강하다.
㉡ 환원성 분위기에 약하다.
㉢ 금속증기에 침식

정답 76. ③ 77. ③ 78. ① 79. ①

ⓔ 온도 : 0~1600℃
ⓜ 백금 87%(+극), 백금로듐 13%(-극)
ⓑ 값이 싸고, 정도가 높고 안정성 우수
ⓢ 열전대온도계 중 가장 고온 측정

② CA(크로멜-알루멜)(K형)
  ㉠ 크로멜(Ni(90%)+Cr(10%),
    알루멜(Ni(94%)+Mn(2.5%)+Al(2.0%)+Fe(0.5%)
  ㉡ 산화성 분위기에 약하다.
  ㉢ 온도 : 0~1200℃

③ CC(동-콘스탄탄)(T형)
  ㉠ 수분에 의한 내식성이 크다.
  ㉡ 콘스탄탄(Cu(55%)+Ni(45%))
  ㉢ 온도 : -200~350℃
  ㉣ 열전대 온도계 중 가장 저온 측정

④ IC(철-콘스탄탄)(J형)
  ㉠ 환원성 분위기에 강하다.
  ㉡ 온도 : -20~850℃

80

고속회전이 가능하므로 소형으로 대유량의 계량이 가능하나 유지관리로서 스트레이너가 필요한 가스미터는?

① 막식가스미터   ② 베인미터
③ 루트미터   ④ 습식미터

해설 가스미터 종류

막식가스미터	기차습식가스미터	루츠식
① 저가이다. ② 부착 후 유지관리에 시간을 요하지 않는다. ③ 대용량은 설치면적이 크다. ④ 가정용 ⑤ 1.5~200m³/h	① 기차변동이 거의 없다. ② 계량이 정확하다. ③ 수위조정등의 관리 필요 ④ 설치면적이 크다. ⑤ 실험실용 ⑥ 0.2~3000m³/h	① 대유량가스 측정 적합 ② 중압가스계량가능 ③ 설치면적 적다 ④ 소유량에서는 부동의 우려 ⑤ 스트레이너 설치 후 유지관리필요 ⑥ 대량수요가(공업용) ⑦ 100~5000m³/h

정답 80. ③

2018년 제4회 가스산업기사 출제문제

제1과목 : 연소공학

01 어떤 기체가 열량 80kJ을 흡수하여 외부에 대하여 20kJ의 일을 하였다면 내부에너지 변화는 몇 kJ 인가?
① 20
② 60
③ 80
④ 100

해설 ▶ 내부에너지 변화 = (80 − 20)kJ = 60

02 가스화재 시 밸브 및 콕을 잠그는 소화 방법은?
① 질식소화
② 냉각소화
③ 억제소화
④ 제거소화

해설 ▶ 소화방법
① 냉각소화법
  ㉠ 물이나 그 밖의 액체로 증발잠열 이용냉각
  ㉡ 기름에 인화시 싱싱한 야채 넣어 냉각
② 질식소화방법
  ㉠ CO_2와 같은 불연성가스나 포말로 산소공급을 차단하는 방법
③ 제거소화법
  ㉠ 가연물을 제거함으로써 연소물을 제거시켜 소화
④ 희석소화법
  ㉠ 수용성의 가연성액체로(알콜, 아세톤)을 묽게 희석시키는 방법

정답 01. ② 02. ④

03 어떤 연료의 저위발열량은 9000kcal/kg이다. 이 연료 1kg을 연소시킨 결과 발생한 연소열은 6500kcal/kg이었다. 이 경우의 연소효율은 약 몇 %인가?
① 38%
② 62%
③ 72%
④ 138%

[해설] 연소효율 = $\dfrac{Qr}{H\ell} \times 100$
$= \dfrac{6500}{9000} \times 100 = 72.2\%$

04 연소에 대하여 가장 적절하게 설명한 것은?
① 연소는 산화반응으로 속도가 느리고, 산화열이 발생한다.
② 물질의 열전도율이 클수록 가연성이 되기 쉽다.
③ 활성화 에너지가 큰 것은 일반적으로 발열량이 크므로 가연성이 되기 쉽다.
④ 가연성 물질이 공기 중의 산소 및 그 외의 산소원의 산소와 작용하여 열과 빛을 수반하는 산화작용이다.

[해설] 연소열 : 가연성물질이 공기 중의 산소와 화합하여 빛과 열을 수반하여 격렬히 타는 현상

05 파열의 원인이 될 수 있는 용기 두께 축소의 원인으로 가장 거리가 먼 것은?
① 과열
② 부식
③ 침식
④ 화학적 침해

06 1kg의 공기가 100°C 하에서 열량 25kcal를 얻어 등온팽창할 때 엔트로피의 변화량은 약 몇 kcal/K인가?
① 0.038
② 0.043
③ 0.058
④ 0.067

[해설] 엔트로피
$= \dfrac{\triangle Q}{T} = \dfrac{25\text{kcal}}{(273+100)\text{K}} = 0.067 \text{kcal/K}$

정답 03. ③ 04. ④ 05. ① 06. ④

07
목재, 종이와 같은 고체 가연성물질의 주된 연소형태는?
① 표면연소 ② 자기연소
③ 분해연소 ④ 확산연소

해설〉 연소형태
① 표면연소 : 코크스, 목탄, 숯, 금속분
② 분해연소 : 석탄, 목재, 종이, 플라스틱, 중유
③ 증발연소 : 알콜, 에테르, 휘발유, 등유
④ 저기연소 : 화약, 폭약 등
④ 확산연소 : 수소, 메탄 등

08
탄소(C) 1g을 완전 연소시켰을 때 발생되는 연소가스인 CO_2는 약 몇 g 발생하는가?
① 2.7g ② 3.7g
③ 4.7g ④ 8.9g

해설〉 $C + O_2 \rightarrow CO_2$
12g   44g
1g x
$x = \dfrac{1g \times 44g}{12g} = 3.667g$

09
일반기체상수의 단위를 바르게 나타낸 것은?
① kg·m/kg·K ② kcal/kmol
③ kg·m/kmol·K ④ kcal/kg·°C

해설〉 기체상수단위
① 848kg m/kmol · K
② 0.082ℓ atm/mol · K
③ 1.987cal/mol · K
④ 8.314J/mol · K

10
실제 기체가 완전 기체의 특성 식을 만족하는 경우는?
① 고온, 저압 ② 고온, 고압
③ 저온, 고압 ④ 저온, 저압

해설〉 실제기체 $\xrightleftharpoons[\text{저온·고압}]{\text{고온·저압}}$ 이상기체

정답 07. ③   08. ②   09. ③   10. ①

11 LPG에 대한 설명 중 틀린 것은?
① 포화탄화수소화합물이다.
② 휘발유 등 유기용매에 용해된다.
③ 액체 비중은 물보다 무겁고, 기체상태에서는 공기보다 가볍다.
④ 상온에서는 기체이나 가압하면 액화된다.

해설 ➔ 액체비중은 물보다 가볍고 기체비중은 공기보다 가볍다.

12 이상기체에 대한 설명으로 틀린 것은?
① 실제로는 존재하지 않는다.
② 체적이 커서 무시할 수 없다.
③ 보일의 법칙에 따르는 가스를 말한다.
④ 분자 상호 간에 인력이 작용하지 않는다.

해설 ➔ 이상기체의 성질
① 아보가드로 법칙을 따른다.
② 보일-샬의 법칙을 만족한다.
③ 내부에너지는 체적에 관계없이 온도에 의해서만 결정된다(즉, 내부에너지는 줄의 법칙이 성립된다)
④ 온도에 관계없이 비열비가 $\left(K=\dfrac{Cp}{Cv}\right)$ 일정하다.
⑤ 기체상호간에 작용하는 인력과 분자의 크기도 무시되며 분자간의 충돌은 완전탄성체로 이루어진다.

13 상온, 상압 하에서 메탄-공기의 가연성 혼합기체를 완전 연소시킬 때 메탄 1kg을 완전 연소시키기 위해서는 공기 약 몇 kg이 필요한가?
① 4
② 17
③ 19
④ 64

해설 ➔ $CH_4 + 2O_2 \rightarrow CO_2 + 2H_2O$
16kg   2×32kg
1kg x
$x = \dfrac{1kg \times 2 \times 32kg}{16kg} = 4kg/kg$
∴ $A_0 = \dfrac{O_0}{0.232} = \dfrac{4}{0.232} = 17.24kg$

정답 11. ③ 12. ② 13. ②

14 다음 중 중합폭발을 일으키는 물질은?

① 히드라진   ② 과산화물
③ 부타디엔   ④ 아세틸렌

[해설] 중합폭발
① 시안화수소   ② 산화에틸렌   ③ 부타디엔

15 다음 반응식을 이용하여 메탄(CH_4)의 생성열은 구하면?

(1) $C + O_2 \rightarrow CO_2$, $\triangle H = -97.2$kcal/mol

(2) $H_2 + \frac{1}{2}O_2 \rightarrow H_2O$, $\triangle H = -57.6$kcal/mol

(3) $CH_4 + 2O_2 \rightarrow 2H_2O$, $\triangle H = -194.4$kcal/mol

① $\triangle H = -20$kcal/mol   ② $\triangle H = -18$kcal/mol
③ $\triangle H = 18$kcal/mol   ④ $\triangle H = 20$kcal/mol

[해설] $CH_4 + 2O_2 \rightarrow CO_2 + 2H_2O$
(-194.4) - (-97.2+-2×57.6)
-194.4+(97.2+115.2)=18kcal/kmol
흡열반응 부호는 ⊖
∴ -18kcal/kmol

16 다음은 폭굉의 정의에 관한 설명이다. ( )에 알맞은 용어는?

폭굉이란 가스의 화염(연소)( )가(이) ( )보다 큰 것으로 파면선단의 압력파에 의해 파괴작용을 일으키는 것을 말한다.

① 전파속도 – 음속   ② 폭발파 – 충격파
③ 전파온도 – 충격파   ④ 전파속도 – 화염온도

[해설] • 폭굉이란 : 가스중의 화염의 전파속도가 음속보다 빠른 경우의 폭발로서 파면선단에 충격파라고 하는 압력파가 생겨 격렬한 파괴작용을 일으키는 현상
① 폭굉유도거리가 짧아지는 현상
  ㉠ 고압일수록
  ㉡ 정상연소속도가 큰 혼합가스일수록
  ㉢ 관속에 방해물이 있거나 관경이 가늘수록
  ㉣ 점화원의 에너지가 클수록
② 폭굉속도 : 1000~3000m/sec

정답 14. ③ 15. ② 16. ①

17

화재나 폭발의 위험이 있는 장소를 위험장소라 한다. 다음 중 제1종 위험장소에 해당하는 것은?

① 상용의 상태에서 가연성가스의 농도가 연속해서 폭발하한계 이상으로 되는 장소
② 상용상태에서 가연성가스가 체류해 위험해질 우려가 있는 장소
③ 가연성 가스가 밀폐된 용기 또는 설비의 사고로 인해 파손되거나 오조작의 경우에만 누출될 위험이 있는 장소
④ 환기장치에 이상이나 사고가 발생한 경우에 가연성 가스가 체류하여 위험하게 될 우려가 있는 장소

해설 위험장소
① 0종장소 : 상용의 상태에서 가연성가스의 농도가 연속해서 폭발하한계 이상으로 되는 장소
② 1종장소
  ㉠ 상용상태에서 가연성가스가 체류하여 위험하게 될 우려가 있는 장소
  ㉡ 정비보수 또는 누설 등으로 인하여 종종 가연성가스가 체류하여 위험하게 될 우려가 있는 장소
③ 2종장소
  ㉠ 1종장소주변 또는 인접한 실내에서 위험한 농도의 가연성가스가 종종 침입할 우려가 있는 장소
  ㉡ 환기장치이상이나 사고가 발생한 경우 가연성가스가 체류하여 위험하게 될 우려가 있는 장소
  ㉢ 밀폐된 용기 또는 설비 내에 밀봉된 가연성가스가 그 용기 또는 설비의 사고로 인해 파손되거나 오조작의 경우에만 누설할 위험이 있는 장소

18

연소가스의 폭발 및 안전에 대한 다음 내용은 무엇에 관한 설명인가?

> 두 면의 평행판 거리를 좁혀가며 화염이 전파하지 않게 될 때의 면간거리

① 안전간격 ② 한계직경
③ 소염거리 ④ 화염일주

해설
- 안전간격 : 8L의 구형용기 안에 폭발성 혼합가스를 채우고 점화시켜 발생된 화염이 용기외부의 폭발성 혼합가스에 전달되는가의 여부를 측정하였을 때 화염을 전달시킬 수 없는 한계의 틈 (안전간격이 작은 가스일수록 위험하다)
- 한계직경(지름) : 파이프 속을 화염이 진행할 때 화염이 전파되지 않고 도중에서 꺼지는 한계의 파이프 지름
- 소염거리 : 두 면의 평행판 거리를 좁혀가며 화염이 전파하지 않게 될 때의 면간거리

정답 17. ② 18. ③

19
다음 중 가연성가스만으로 나열된 것은?

- Ⓐ 수소
- Ⓑ 이산화탄소
- Ⓒ 질소
- Ⓓ 일산화탄소
- Ⓔ LNG
- Ⓕ 수증기
- Ⓖ 산소
- Ⓗ 메탄

① Ⓐ, Ⓑ, Ⓔ, Ⓗ
② Ⓐ, Ⓓ, Ⓔ, Ⓗ
③ Ⓐ, Ⓓ, Ⓕ, Ⓗ
④ Ⓑ, Ⓓ, Ⓔ, Ⓗ

[해설] 가연성가스
① 수소 : 4~75%
② 일산화탄소 : 12.5~74%
③ LNG : 5~15%
④ 메탄 : 5~15%

20
폭발하한계가 가장 낮은 가스는?

① 부탄
② 프로판
③ 에탄
④ 메탄

[해설] 연소범위
① 부탄 : 1.8~8.4%
② 프로판 : 2.1~9.5%
③ 에탄 : 3~12.5%
④ 메탄 : 5~15%

제2과목 : 가스설비

21
카르노 사이클 기관이 27°C와 -33°C사이에서 작동될 때 이 냉동기의 열효율은?

① 0.2　　② 0.25　　③ 4　　④ 5

[해설] 열효율 $= \dfrac{T_1 - T_2}{T_1} = \dfrac{(273+27)-(273 \pm 33)}{(273+27)} = 0.1946$

정답 19. ②　20. ①　21. ①

22
다음은 용접용기의 동판두께를 계산하는 식이다. 이 식에서 S는 무엇을 나타내는가?

$$t = \frac{PD}{2S\eta - 1.2P} + C$$

① 여유두께　　　　　　　② 동판의 내경
③ 최고충전압력　　　　　④ 재료의 허용응력

해설
t : 동판두께　　　　　P : 최고충전압력(kg/cm²)
S : 허용응력 = $\frac{인장강도}{안전율}$　　η : 효율
C : 부식여유치

23
강을 열처리하는 주된 목적은?
① 표면에 광택을 내기 위하여　　　② 사용시간을 연장하기 위하여
③ 기계적 성질을 향상시키기 위하여　④ 표면에 녹이 생기지 않게 하기 위하여

해설 강을 열처리 하는 주된 목적 : 기계식 성질을 향상시키기 위해서

24
고압가스 냉동기의 발생기는 흡수식 냉동설비에 사용하는 발생기에 관계되는 설계온도가 몇 °C를 넘는 열교환기를 말하는가?
① 80°C　　② 100°C　　③ 150°C　　④ 200°C

해설 흡수식 냉동설비에 사용하는 발생기에 관계되는 설계온도가 200°C를 넘는 열교환기를 말한다.

25
물을 양정 20m, 유량 2m³/min으로 수송하고자 한다. 축동력 12.7PS를 필요로 하는 원심펌프의 효율은 약 몇 %인가?
① 65%　　② 70%　　③ 75%　　④ 80%

해설
$$PS = \frac{\gamma \times Q \times H}{75 \times E \times 60}$$

$$E = \frac{\gamma \times Q \times H}{PS \times 75 \times 60} = \frac{(1000 \times 2 \times 20)}{(12.7 \times 75 \times 60)} = 69.99\%$$

정답 22. ④　23. ③　24. ④　25. ②

26
공기액화 장치에 들어가는 공기 중 아세틸렌가스가 혼입되면 안 되는 가장 큰 이유는?
① 산소의 순도가 저하된다.
② 액체 산소 속에서 폭발을 일으킨다.
③ 질소와 산소의 분리작용에 방해가 된다.
④ 파이프 내에서 동결되어 막히기 때문이다.

27
다음 중 신축이음이 아닌 것은?
① 벨로우즈형이음
② 슬리브형이음
③ 루프형이음
④ 턱걸이형이음

해설 ▶ 신축이음
① 루프형이음
② 슬리브형이음
③ 벨로우즈형이음
④ 스위블이음

28
냉간가공의 영역 중 약 210~360°C에서 기계적 성질인 인장강도는 높아지나 연신이 갑자기 감소하여 취성을 일으키는 현상을 의미하는 것은?
① 저온메짐
② 뜨임메짐
③ 청열메짐
④ 적열메짐

해설 ▶ P(인) : 청열취성(청열메짐)의 원인 200~300°C
S(황) : 적열취성(적열메짐)의 원인 800~900°C

29
원심펌프는 송출구경을 흡입구경보다 작게 설계한다. 이에 대한 설명으로 틀린 것은?
① 흡인구경 보다 와류실을 크게 설계한다.
② 회전차에서 빠른 속도로 송출된 액체를 갑자기 넓은 와류실에 넣게 되면 속도가 떨어지기 때문이다.
③ 에너지 손실이 커져서 펌프효율이 저하되기 때문이다.
④ 대형펌프 또는 고 양정의 펌프에 적용된다.

정답 26. ② 27. ④ 28. ③ 29. ①

30
용접장치에서 토치에 대한 설명으로 틀린 것은?
① 아세틸렌 토치의 사용압력은 0.1MPa이상에서 사용한다.
② 가변압식 토치를 프랑스식이라 한다.
③ 불변압식 토치는 니들밸브가 없는 것으로 독일식이라 한다.
④ 팁의 크기는 용접할 수 있는 판 두께에 따라 선정한다.

해설 아세틸렌토치
① 저압식토치 : $0.07kg/cm^2$미만 (0.007MPa미만)
② 중압식토치 : $0.07~1.3kg/cm^2$미만(0.007~0.13MPa미만)
③ 고압식토치 : $1.3kg/cm^2$이상(0.13MPa이상)

31
고압가스 용기의 안전밸브 중 밸브 부근의 온도가 일정 온도를 넘으면 퓨즈 메탈이 녹아 가스를 전부 방출시키는 방식은?
① 가용전식
② 스프링식
③ 파열판식
④ 수동식

해설 고압장치 안전밸브
① 스프링식
　㉠ 고압장치에 가장 많이 사용
　㉡ 반영구적이다.
　㉢ 스프링의 작동에 의해 고압시 가스를 외부로 배출
② 가용전식
　㉠ 퓨즈메탈이라고도 하며 용융점은 60~70℃정도
　㉡ 아세틸렌 및 염소용기에 사용
　㉢ Sn, Pb, Bi, Cd등의 합금으로 구성
③ 파열판식
　㉠ 한번작동시 새로운 박판으로 교체
　㉡ 취출용량이 많아 압력상승속도가 급격한 중합분해와 같은 반응장치에 사용
　㉢ 부식성유체, 괴상물질을 함유한 유체에 적합

32
정압기의 이상감압에 대처할 수 있는 방법이 아닌 것은?
① 필터 설치
② 정압기 2계열 설치
③ 저압배관의 loop화
④ 2차 측 압력 감시장치 설치

해설 정압기 이상감압 대처방법
① 2차측 압력감시 장치 설치
② 정압기 2계열 설치
③ 저압배관의 루프화

정답 30. ① 31. ① 32. ①

33. 도시가스의 저압공급방식에 대한 설명으로 틀린 것은?

① 수요량의 변동과 거리에 무관하게 공급압력이 일정하다.
② 압송비용이 저렴하거나 불필요하다.
③ 일반수용가를 대상으로 하는 방식이다.
④ 공급계통이 간단하므로 유지관리가 쉽다.

34. 액화 암모니아 용기의 도색 색깔로 옳은 것은?

① 밝은 회색   ② 황색
③ 주황색   ④ 백색

해설 공업용기 도색

<u>청</u>탄산 <u>산</u>녹에서 <u>황</u>아체 안주삼아 <u>소</u>주잔 높이들고 <u>백</u>암산 바라보니 <u>염</u>소는 갈색으로
　①　　　②　　③　　　　⑤　　　　　　⑥　　⑥
보이고 <u>쥐</u>들은 <u>기</u>타를 치더라
　　⑦　　　⑦

① 탄산가스 : 청색   ② 산소: 녹색   ③ 아세틸렌 : 황색
④ 수소 : 주황   ⑤ 암모니아 : 백색   ⑥ 염소 : 갈색
⑦ 기타 : 쥐색(회색) : Ar, C_3H_8

35. 가스시설의 전기방식에 대한 설명으로 틀린 것은?

① 전기방식이란 강재배관 외면에 전류를 유입시켜 양극반응을 저지함으로써 배관의 전기적 부식을 방지하는 것을 말한다.
② 방식전류가 흐르는 상태에서 토양 중에 있는 방식전위는 포화황산동 기준전극으로 −0.85V 이하로 한다.
③ "희생양극법"이란 매설배관의 전위가 주위의 타 금속 구조물의 전위보다 높은 장소에서 매설배관과 주위의 타 금속구조물을 전기적으로 접속시켜 매설 배관에 유입된 누출전류를 전기회로적으로 복귀시키는 방법을 말한다.
④ "외부전원법"이란 외부직류 전원장치의 양극은 매설배관이 설치되어 있는 토양에 접속하고, 음극은 매설배관에 접속시켜 부식을 방지하는 방법을 말한다.

정답 33. ① 34. ④ 35. ③

36 특수강에 내식성, 내열성 및 자경성을 부여하기 위하여 주로 첨가하는 원소는?
① 니켈   ② 크롬
③ 몰리브덴   ④ 망간

해설⊃ 특수원소의 영향
① 크롬
 ㉠ 내식성, 내마모성, 내열성증가
 ㉡ 흑연화를 안정
 ㉢ 탄화물 안정
 ㉣ 담금질성 증대
② 니켈
 ㉠ 인성증가
 ㉡ 저온충격저항증가
 ㉢ 질화촉진
 ㉣ 주철의 흑연화 촉진
③ 몰리브덴
 ㉠ 뜨임취성방지
 ㉡ 고온강도개선
 ㉢ 저온취성방지
④ 망간
 ㉠ 적열취성방지
 ㉡ 황의해를 제거
 ㉢ 고온에서 결정립성장억제

참고 · 자경성이란 : 담금질온도에서 대기중에 방랭하는 것만으로도 마르텐자이트조직이 생성되어 단단해지는 성질로 Cr, Ni, Mn등이 해당이 됨

37 직경 5m 및 7m인 두 구형 가연성 고압가스 저장탱크가 유지해야 할 간격은? (단, 저장탱크에 물분무 장치는 설치되어 있지 않음.)
① 1m 이상   ② 2m 이상
③ 3m 이상   ④ 4m 이상

해설⊃ $\ell = \dfrac{D_1 + D_2}{4} = \dfrac{5+7}{4} = 3\text{m}$이상

정답 36. ② 37. ③

38

그림은 가정용 LP가스 소비시설이다. R1에 사용되는 조정기의 종류는?

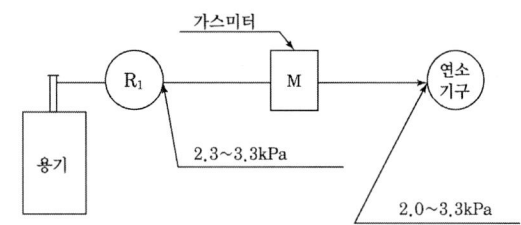

① 1단 감압식 저압조정기
② 1단 감압식 준저압조정기
③ 2단 감압식 1차용 조정기
④ 2단 감압식 2차용 조정기

해설 ☞ 압력조정기 종류에 따른 입구압력 및 조정압력

조정기	입구압력	조정압력
2단 감압식 1차용 조정기	1.0~15.6 kg/cm^2	0.57~0.83 kg/cm^2
자동절체식분리형 조정기	1.0~15.6 kg/cm^2	0.32~0.83 kg/cm^2
1단 감압식 저압조정기	0.7~15.6 kg/cm^2	2.3~3.3 kPa
2단 감압식 2차용 조정기	0.25~3.5 kg/cm^2	2.3~3.3 kPa
자동절체식 일체형 조정기	1.0~15.6 kg/cm^2	2.55~3.3 kPa
1단 감압식 준저압 조정기	1.0~15.6 kg/cm^2	5~30 kPa

참고 1 kPa = 100 mmH$_2$O

39

부식에 대한 설명으로 옳지 않은 것은?
① 혐기성 세균이 번식하는 토양 중의 부식속도는 매우 빠르다.
② 전식 부식은 주로 전철에 기인하는 미주 전류에 의한 부식이다.
③ 콘크리트와 흙이 접촉된 배관은 토양 중에서 부식을 일으킨다.
④ 배관이 점토나 모래에 매설된 경우 점토보다 모래중의 관이 더 부식되는 경향이 있다.

정답 38. ① 39. ④

40 공기액화 분리장치의 폭발원인과 대책에 대한 설명으로 옳지 않은 것은?

① 장치 내에 여과기를 설치하여 폭발을 방지한다.
② 압축기의 윤활유에는 안전한 물을 사용한다.
③ 공기 취입구에서 아세틸렌의 침입으로 폭발이 발생한다.
④ 질화화합물의 혼입으로 폭발이 발생한다.

해설 ➡ 압축기 윤활유는 양질의 광유

제3과목 : 가스안전관리

41 소형저장탱크의 가스방출구의 위치를 지면에서 5m 이상 또는 소형저장탱크 정상부로부터 2m 이상 중 높은 위치에 설치하지 않아도 되는 경우는?

① 가스방출구의 위치를 건축물 개구부로부터 수평거리 0.5m 이상 유지하는 경우
② 가스방출구의 위치를 연소기의 개구부 및 환기용 공기흡입구로부터 각각 1m이상 유지하는 경우
③ 가스방출구의 위치를 건축물 개구부로부터 수평거리 1m 이상 유지하는 경우
④ 가스방출구의 위치를 건축물 연소기의 개구부 및 환기용 공기흡입구로부터 각각 1.2m 이상 유지하는 경우

42 다음은 고압가스를 제조하는 경우 품질검사에 대한 내용이다. (   )안에 들어갈 사항을 알맞게 나열한 것은?

산소, 아세틸렌 및 수소를 제조하는 자는 일정한 순도 이상의 품질유지를 위하여 (Ⓐ)이상 적절한 방법으로 품질검사를 하여 그 순도가 산소의 경우에는 (Ⓑ)%, 아세틸렌의 경우에는 (Ⓒ)%, 수소의 경우에는 (Ⓓ)% 이상이어야 하고 그 검사결과를 기록할 것

① Ⓐ 1일 1회 Ⓑ 99.5 Ⓒ 98 Ⓓ 98.5
② Ⓐ 1일 1회 Ⓑ 99   Ⓒ 98.5 Ⓓ 98
③ Ⓐ 1주 1회 Ⓑ 99.5 Ⓒ 98 Ⓓ 98.5
④ Ⓐ 1주 1회 Ⓑ 99   Ⓒ 98.5 Ⓓ 98

정답 40. ② 41. ③ 42. ①

해설⊙ 품질검사
① 산소
㉠ 순도 99.5%이상
㉡ 동·암모니아시약의 오르자트법
② 수소
㉠ 순도 98.5% 이상
㉡ 피롤카롤또는 하이드로썰파이드시약 오르자트법
③ 아세틸렌
㉠ 순도 98%이상
㉡ 발연황산시약의 오르자트법

43
아세틸렌의 품질 검사에 사용하는 시약으로 맞는 것은?
① 발연황산시약
② 구리, 암모니아 시약
③ 피로카롤 시약
④ 하이드로 썰파이드 시약

44
저장탱크에 의한 액화석유가스 사용시설에서 배관이음부와 절연조치를 한 전선과의 이격거리는?
① 10cm 이상
② 20cm 이상
③ 30cm 이상
④ 60cm 이상

해설⊙ 배관이음부
① 절연조치를 한 전선 : 10cm 이상(절연조치를 하지 않은 전선 15cm이상)
② 접속기, 점멸기, 굴뚝 : 30cm 이상
③ 안전기, 계량기, 개폐기, 콘센트 : 60cm이상

45
고압가스 사용상 주의할 점으로 옳지 않은 것은?
① 저장탱크의 내부압력이 외부압력보다 낮아짐에 따라 그 저장탱크가 파괴되는 것을 방지하기 위하여 긴급차단 장치를 설치한다.
② 가연성 가스를 압축하는 압축기와 오토크레이브 사이의 배관에 역화방지장치를 설치해두어야 한다.
③ 밸브, 배관, 압력게이지 등의 부착부로부터 누출(leakage)여부를 비눗물, 검지기 및 검지액 등으로 점검한 후 작업을 시작해야 한다.
④ 각각의 독성에 적합한 방독마스크, 가급적이면 송기식 마스크, 공기 호흡기 및 보안경 등을 준비해 두어야 한다.

정답 43. ① 44. ① 45. ①

해설⊃ 긴급차단장치 적용시설
① 액화석유가스 저장탱크(내용적 5000L이상)의 액상의 가스를 이입 또는 충전하는 배관
② 가연성가스, 독성가스, 산소의 저장탱크(내용적 5000L이상)의 액상의 가스를 이입 또는 충전하는 배관
③ 저장탱크 주밸브와 겸용금지
④ 동력원 : 액압(유압), 기압, 전기, 스프링
⑤ 조작위치 : 저장탱크로부터 5m이상 떨어진 곳

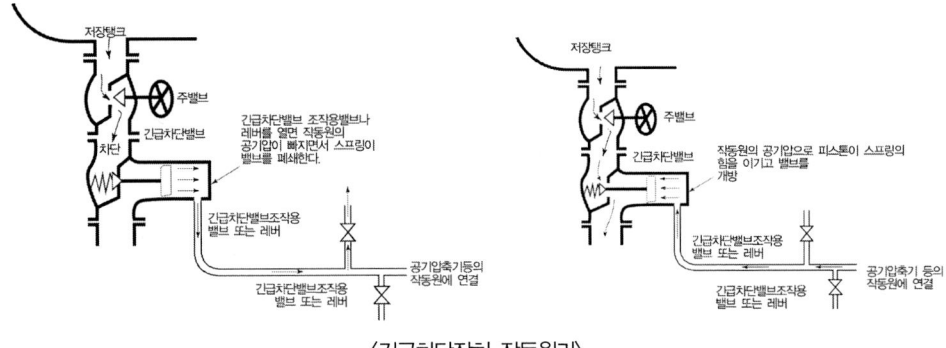

〈긴급차단장치 작동원리〉

46 이동식 부탄연소기 및 접합용기(부탄캔)폭발사고의 예방 대책이 아닌 것은?
① 이동식 부탄연소기보다 큰 과대 불판을 사용하지 않는다.
② 접합용기(부탄캔)내 가스를 다 사용한 후에는 용기에 구멍을 내어 내부의 가스를 완전히 제거한 후 버린다.
③ 이동식 부탄연소기를 사용하여 음식물을 조리한 경우에는 조리 완료 후 이동식 부탄연소기의 용기 체결 홀더 밖으로 접합용기(부탄캔)를 분리한다.
④ 접합용기(부탄캔)는 스틸이므로 가스를 다 사용한 후에는 그대로 재활용 쓰레기통에 버린다.

47 독성가스의 처리설비로서 1일 처리능력이 15000m³인 저장시설과 21m 이상 이격하지 않아도 되는 보호시설은?
① 학교
② 도서관
③ 수용능력이 15인 이상인 아동복지시설
④ 수용능력이 300인 이상인 교회

해설⊃ 수용인원이 20인 이상인 아동복지시설

정답 46. ④ 47. ③

48. 고압호스 제조 시설설비가 아닌 것은?
① 공작기계 ② 절단설비
③ 동력용조립설비 ④ 용접설비

해설 고압가스 제조시설설비
① 공작기계
② 절단설비
③ 동력용조립설비

49. 차량에 고정된 탱크로 고압가스를 운반하는 차량의 운반기준으로 적합하지 않은 것은?
① 액화가스를 충전하는 탱크에는 그 내부에 방파판을 설치한다.
② 액화가스 중 가연성가스, 독성가스 또는 산소가 충전된 탱크에는 손상되지 아니하는 재료로 된 액면계를 사용한다.
③ 후부취출식 외의 저장탱크는 저장탱크 후면과 차량 뒷 범퍼와의 수평거리가 20cm 이상 유지하여야 한다.
④ 2개 이상의 탱크를 동일한 차량에 고정하여 운반하는 경우에는 탱크마다 탱크의 주밸브를 설치한다.

해설 후부취출식 외의 저장탱크는 저장탱크 후면과 차량 뒷범퍼와의 수평거리가 30cm 이상유지

50. 공기의 조성 중 질소, 산소, 아르곤, 탄산가스 이외의 비활성기체에서 함유량이 가장 많은 것은?
① 헬륨 ② 크립톤
③ 제논 ④ 네온

51. 가스렌지를 점화시키기 위하여 점화동작을 하였으나 점화가 이루어지지 않았다. 다음 중 조치방법으로 가장 거리가 먼 내용은?
① 가스용기 밸브 및 중간 밸브가 완전히 열렸는지 확인한다.
② 버너캡 및 버너바디를 바르게 조립한다.
③ 창문을 열어 환기시킨 다음 다시 점화동작을 한다.
④ 점화플러그 주위를 깨끗이 닦아준다.

정답 48. ④ 49. ③ 50. ④ 51. ③

52

고압가스 충전 용기의 운반 기준 중 운반책임자가 동승하지 않아도 되는 경우는?

① 가연성 압축가스 400m³을 차량에 적재하여 운반하는 경우
② 독성 압축가스 90m³을 차량에 적재하여 운반하는 경우
③ 조연성 액화가스 6500kg을 차량에 적재하여 운반하는 경우
④ 독성 액화가스 1200kg을 차량에 적재하여 운반하는 경우

해설 운반책임자 동승기준

성질	압축가스	액화가스
독성	100m³이상	1Ton이상
가연성	300m³이상	3Ton이상
산소	600m³이상	6Ton이상

53

특정고압가스 사용시설기준 및 기술상 기준으로 옳은 것은?

① 산소의 저장설비 주위 20m 이내에는 화기취급을 하지 말 것
② 사용시설은 당해설비의 작동상황을 년 1회 이상 점검할 것
③ 액화가스의 저장능력이 300kg 이상인 고압가스설비에는 안전밸브를 설치할 것
④ 액화가스저장량이 10kg 이상인 용기보관실의 벽은 방호벽으로 할 것

해설 ① 산소저장설비 주위 5m이내에는 화기취급금지
② 사용시설은 당해설비의 작동상황을 1일 1회이상 점검할 것
③ 액화가스 저장량이 300kg이상인 용기보관실의 벽은 방호벽으로 할 것

54

특정고압가스 사용시설의 기준에 대한 설명 중 옳은 것은?

① 산소 저장설비 주위 8m 이내에는 화기를 취급하지 않는다.
② 고압가스 설비는 상용압력 2.5배 이상의 내압시험에 합격한 것을 사용한다.
③ 독성가스 감압 설비와 당해 가스반응 설비간의 배관에는 역류방지장치를 설치한다.
④ 액화가스 저장량이 100kg 이상인 용기보관실에는 방호벽을 설치한다.

해설 ① 산소 저장설비 주위 5m 이내에는 화기를 취급하지 않는다.
② 고압가스 설비는 상용압력 1.5배 이상의 내압시험에 합격한 것을 사용한다.
④ 액화가스 저장량이 300kg 이상인 용기보관실에는 방호벽을 설치한다.

정답 52. ② 53. ③ 54. ③

55. 다음 액화가스 저장탱크 중 방류둑을 설치하여야 하는 것은?

① 저장능력이 5톤인 염소 저장탱크
② 저장능력이 8백톤인 산소 저장탱크
③ 저장능력이 5백톤인 수소 저장탱크
④ 저장능력이 9백톤인 프로판 저장탱크

해설 방류둑

(1) 적용범위
  ① 고압가스 일반제조시설
    ㉠ 가연성 및 산소의 액화가스 저장능력이 1,000톤 이상일 때(독성가스는 5톤 이상)
  ② 냉동제조시설 : 독성가스를 냉매로 하는 수액기의 내용적이 10,000[l]이상인 것
  ③ 액화석유가스 저장시설 : LPG의 저장능력이 1,000톤 이상일 때(충전사업에서)
  ④ 도시가스시설 중 LPG용량이 다음과 같을 때
    ㉠ 가스도매사업 : 저장능력이 500톤 이상
    ㉡ 일반 도시가스사업 : 저장능력이 1,000톤 이상
(2) 방류둑용량
  ① 액화산소저장탱크 : 저장능력상당용적의 60% 이상
  ② 냉동설비의 수액기 : 수액기내용적의 90% 이상의 용적
(3) 방류둑의 구조 및 기준
  ① 가연성 및 독성 또는 가연성과 조연성의 액화가스 방류둑을 혼합배치하지 말 것.
  ② 방류둑의 내면과 그 외면으로부터 10[m] 이내에는 저장탱크 부속설비 이외의 것을 설치하지 아니할 것.
  ③ 성토는 수평에 대하여 45°이하의 구배를 가지고 성토한 정상부의 폭은 30[cm] 이상일 것.
  ④ 방류둑의 계단 및 사다리는 출입구 둘레 50[m] 마다 1개 이상 설치하고 그 둘레가 50[m] 미만일 경우는 2개소 이상 분산 설치할 것.
  ⑤ 저장탱크를 건물 내에 설치한 경우에는 그 건물구조가 방류둑의 구조를 갖는 것일 것.

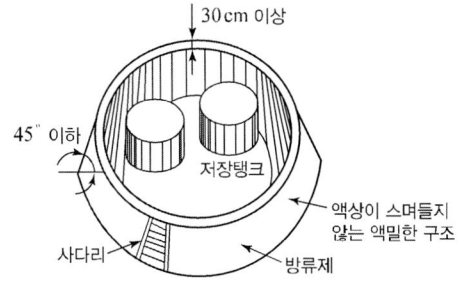

정답 55. ①

56 고압가스 저장설비에 설치하는 긴급차단장치에 대한 설명으로 틀린 것은?
① 저장설비의 내부에 설치하여도 된다.
② 조작 버튼(Button)은 저장설비에서 가장 가까운 곳에 설치한다.
③ 동력원(動力源)은 액압, 기압, 전기 또는 스프링으로 한다.
④ 간단하고 확실하며 신속히 차단되는 구조로 한다.

57 1일 처리능력이 $60000m^3$ 인 가연성가스 저온저장탱크와 제2종 보호시설과의 안전거리의 기준은?
① 20.0m
② 21.2m
③ 22.0m
④ 30.0m

[해설] 5만~99만(2종)$=\dfrac{2}{25}\sqrt{x+10000}=\dfrac{2}{25}\sqrt{60000+10000}=21.16m$

안전거리(1종)$=\dfrac{3}{25}\sqrt{x+10000}$

58 독성가스누출을 대비하기 위하여 충전설비에 제해설비를 한다. 제해설비를 하지 않아도 되는 독성가스는?
① 아황산가스
② 암모니아
③ 염소
④ 사염화탄소

[해설] 제독제
① 염소
  ㉠ 소석회, ㉡ 가성소다, ㉢ 탄산소다
② 포스겐
  ㉠ 가성소다, ㉡ 소석회
③ 황화수소
  ㉠ 가성소다, ㉡ 탄산소다
④ 시안화수소 : ㉠ 가성소다
⑤ 아황산가스
  ㉠ 물, ㉡ 가성소다, ㉢ 탄산소다
⑥ 암모니아, 산화에틸렌, 염화메탄 : 다량의 물

정답 56. ② 57. ② 58. ④

59 공기액화 분리장치의 폭발 원인이 아닌 것은?
① 이산화탄소와 수분제거
② 액체공기 중 오존의 혼입
③ 공기취입구에서 아세틸렌 혼입
④ 윤활유 분해에 따른 탄화수소 생성

해설 ❯ 공기액화 분리장치 폭발원인
① 액체공기 중의 오존의 혼입
② 공기중의 질소산화물 혼입
③ 압축기용 윤활유 분해에 따른 탄화수소의 생성
④ 공기중의 아세틸렌의 혼입

60 액화석유가스 판매사업소 용기보관실의 안전사항으로 틀린 것은?
① 용기는 3단 이상 쌓지 말 것
② 용기보관실 주위의 2m 이내에는 인화성 및 가연성물질을 두지 말 것
③ 용기보관실 내에서 사용하는 손전등은 방폭형일 것
④ 용기보관 실에는 계량기 등 작업에 필요한 물건 이외에 두지 말 것

해설 ❯ 용기는 2단이상 쌓지 말 것

제4과목 : 가스계측

61 표준전구의 필라멘트 휘도와 복사에너지의 휘도를 비교하여 온도를 측정하는 온도계는?
① 광고온도계
② 복사온도계
③ 색온도계
④ 더미스터(thermister)

해설 ❯ 비접촉식온도계
① 광고온도계
㉠ 표준전구의 필라멘트 휘도와 복사에너지의 휘도를 비교하여 온도측정
㉡ 700~3000°C
② 복사(방사)온도계
㉠ 측정물체에서 방사되는 전방사에너지를 렌즈 또는 반사경을 이용 온도측정
㉡ 스테판볼쯔만의 법칙이용
㉢ -50~3000°C
③ 광전관식온도계
④ 색온도계

정답 59. ① 60. ① 61. ①

62 일산화탄소 검지 시 흑색반응을 나타내는 시험지는?

① KI 전분지 ② 연당지
③ 하리슨시약 ④ 염화파라듐지

해설 시험지명 및 변색상태
- 암모니아 : 적색리트머스시험지 - 청색
- 염소 : KI전분지 - 청색
- 시안화수소 : 질산구리벤젠지 - 청색
- 일산화탄소 : 염화파라듐지 - 흑색
- 황화수소 : 연당지 - 흑색
- 포스겐 : 하리슨시험지 : 심등색(오렌지색)
- 아세틸렌 : 암모니아성 염화제1동착염지 : 적색
- 아황산가스 : 암모니아 적신헝겊 : 흰연기

63 가스분석법 중 흡수분석법에 해당하지 않는 것은?

① 헴펠법 ② 산화구리법
③ 오르자트법 ④ 게겔법

해설 흡수분석법
① 오르자트법
 ㉠ CO_2 : KOH 30% 수용액
 ㉡ O_2 : 알칼리성 피롤카롤용액
 ㉢ CO : 암모니아성 염화제1동용액
② 헴펠법
 ㉠ CO_2 : KOH 30% 수용액
 ㉡ C_mH_n : 발연황산 : 25%
 ㉢ O_2 : 알칼리성 피롤카롤용액
 ㉣ CO : 암모니아성 염화제1동용액
③ 게겔법
 ㉠ CO_2 : KOH 30% 수용액
 ㉡ C_2H_2 : 옥소수은칼륨용액
 ㉢ C_3H_6 : 87% 황산
 ㉣ C_2H_4 : 취소수용액
 ㉤ O_2 : 알칼리성 피롤카롤용액
 ㉥ CO : 암모니아성염화제1동용액

정답 62. ④ 63. ②

64 정밀도(Precision degree)에 대한 설명 중 옳은 것은?
① 산포가 큰 측정은 정밀도가 높다.
② 산포가 적은 측정은 정밀도가 높다.
③ 오차가 큰 측정은 정밀도가 높다.
④ 오차가 적은 측정은 정밀도가 높다.

65 가연성 가스검출기의 종류가 아닌 것은?
① 안전등형　　　　　② 간섭계형
③ 광조사형　　　　　④ 열선형

해설 가연성가스의 검출기
① 안전등형 : 불꽃길이를 측정하여 CH_4의 농도를 측정하는 방법으로 탄광 내에서 CH_4의 발생을 검출
② 간섭계형 : 가스의 굴절률차를 이용하여 농도측정
③ 열선형
　㉠ 열전도식 : 전기적으로 가령된 필라멘트(열선)로 가스검지

66 액면계의 구비조건으로 틀린 것은?
① 내식성 있을 것
② 고온, 고압에 견딜 것
③ 구조가 복잡하더라도 조작은 용이할 것
④ 지시, 기록 또는 원격 측정이 가능할 것

해설 구조가 간단하고 조작이 용이할 것

67 어느 가정에 설치된 가스미터의 기차를 검사하기 위해 계량기의 지시량을 보니 $100m^3$이었다. 다시 기준기로 측정하였더니 $95m^3$이었다면 기차는 약 몇 %인가?
① 0.05　　　　　　　② 0.95
③ 5　　　　　　　　④ 95

해설 기차 $= \dfrac{100-95}{100} \times 100 = 5\%$

정답 64. ② 65. ③ 66. ③ 67. ③

68 Roots 가스미터에 대한 설명으로 옳지 않은 것은?
① 설치 공간이 적다.
② 대유량 가스 측정에 적합하다.
③ 중압가스의 계량이 가능하다.
④ 스트레이너의 설치가 필요 없다.

해설 ➡ 가스미터의 특징

막식가스미터 (☞ 저부대가)	기차습식가스미터 (☞ 기계수면실)	루츠식 (☞ 대중적소스)
① 저가이다. ② 부착 후 유지관리에 시간을 요하지 않는다. ③ 대용량은 설치면적이 크다. ④ 가정용 ⑤ 1.5~200m³/h	① 기차변동이 거의 없다. ② 계량이 정확하다. ③ 수위조정 등의 관리 필요 ④ 설치면적이 크다. ⑤ 실험실용 ⑥ 0.2~3000m³/h	① 대유량가스 측정 적합 ② 중압가스계량가능 ③ 설치면적 적다 ④ 소유량에서는 부동의 우려 ⑤ 스트레이너 설치 후 유지관리필요 ⑥ 대량수요가(공업용) ⑦ 100~5000m³/h

69 국제 단위계(SI단위) 중 압력단위에 해당되는 것은?
① Pa   ② bar
③ atm   ④ kgf/cm²

70 가스분석계 중 화학반응을 이용한 측정방법은?
① 연소열법   ② 열전도율법
③ 적외선흡수법   ④ 가시광선 분광광도법

71 오리피스 유량계의 측정원리로 옳은 것은?
① 패닝의 법칙   ② 베르누이의 원리
③ 아르키메데스의 원리 ④ 하이젠-포아제의 원리

해설 ➡ 차압식 유량계 : 관내 교축기구를 설치하여 그전 후 압력차를 이용 순간 유량측정

정답 68. ④ 69. ① 70. ① 71. ②

벤투리미터	플로우미터(노즐)	오리피스미터
① 구조가 복잡하고 교환이 어렵다. ② 압력손실이 가장 적다. ③ 가격이 비싸다. ④ 정밀도가 좋아 내구성이 좋다. ⑤ 침전물 생성 우려가 없다.	① 오리피스에 비해 압력손실이 적다. ② 고압유체나 슬러지유체 측정 ③ 동일 조건하에서 오리피스보다 유량통과량이 많다.	① 구조가 간단 제작이나 장착이 용이하다. ② 좁은 장소에 설치가 가능하다. ③ 유체의 압력손실이 가장 크다. ④ 침전물 생성 우려 ⑤ 베르누이 정리 이용

72

다음 [그림]과 같이 시차 액주계의 높이 H가 60mm일 때 유속(V)은 약 몇 m/s인가? (단, 비중 γ와 γ'는 1과 13.6이고, 속도계수는 1, 중력가속도는 9.8m/s²이다.)

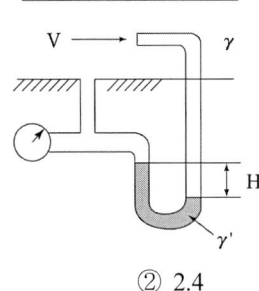

① 1.1 ② 2.4
③ 3.8 ④ 5.0

해설 $V = \sqrt{2g\left(\dfrac{r'-r}{r}\right) \times h}$
$= \sqrt{2 \times 9.8 \left(\dfrac{13.6-1}{1}\right) \times 0.06} = 3.84 \text{m/s}$

73

일반적인 계측기의 구조에 해당하지 않는 것은?
① 검출부   ② 보상부
③ 전달부   ④ 수신부

해설 계측기의 구조
① 검출부   ② 수신부
③ 제어부   ④ 전달부

정답 72. ③   73. ②

74
건습구 습도계에서 습도를 정확히 하려면 얼마 정도의 통풍속도가 가장 적당한가?
① 3~5m/sec
② 5~10m/sec
③ 10~15m/sec
④ 30~50m/sec

[해설] 건습구 습도계에서 습도를 정확히 하려면 3~5m/s정도의 통풍속도유지

75
차압식 유량계의 교축기구로 사용되지 않는 것은?
① 오리피스
② 피스톤
③ 플로 노즐
④ 벤투리

[해설] 71번 참조

76
dial gauge는 다음 중 어느 측정 방법에 속하는가?
① 비교측정
② 절대측정
③ 간접측정
④ 직접측정

[해설] 다이얼게이지는 비교측정방법

77
다음 중 막식 가스미터는?
① 그로바식
② 루트식
③ 오리피스식
④ 터빈식

[해설] 가스미터의 종류

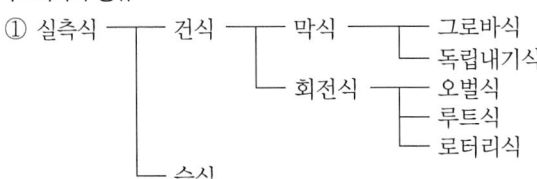

② 추측식(추량식) : 오리피스, 터빈, 벤투리, 선근차식, 피토우관

$$기차(\%) = \frac{시험용 가스미터지시량 - 기준미터지시량}{시험용 미터지시량} \times 100$$

78
다음 [그림]은 불꽃이온화 검출기(FID)의 구조를 나타낸 것이다. ①~④의 명칭으로 부적당한 것은?

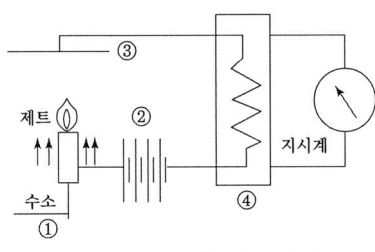

① 시료가스
② 직류전압
③ 전극
④ 가열부

[해설] ④ 가열부가 아닌 증폭부이다.

79
공정제어에서 비례미분(PD) 제어동작을 사용하는 주된 목적은?

① 안정도
② 이득
③ 속응성
④ 정상특성

80
다음 보기에서 설명하는 액주식 압력계의 종류는?

[보기]
- 통풍계로도 사용한다.
- 정도가 0.01~0.05mmH$_2$O로서 아주 좋다.
- 미세압 측정이 가능하다.
- 측정범위는 약 10~50mmH$_2$O 정도이다.

① U자관 압력계
② 단관식 압력계
③ 경사관식 압력계
④ 링밸런스 압력계

[해설] 경사관식 압력계
① 측정범위는 약 10~50mmH$_2$O
② 미세압 측정이 가능하다.
③ 정도가 0.01~0.05mmH$_2$O로서 아주 좋다.
④ 통풍계로도 사용한다.

정답 78. ④ 79. ③ 80. ③

2019년 제1회 가스산업기사 출제문제

제1과목 : 연소공학

01 다음 중 연소속도에 영향을 미치지 않는 것은?
① 관의 단면적
② 내염표면적
③ 염의 높이
④ 관의 염경

 연소속도에 미치는 영향
① 가연물의 온도
② 산화반응을 일으키는 속도
③ 산소의 농도에 따라 가연물질과 접촉하는 속도
④ 촉매
⑤ 관의 단면적
⑥ 관의 염경
⑦ 내염표면적

02 배관 내 혼합가스의 한 점에서 착화되었을 때 연소파가 일정거리를 진행한 후 급격히 화염전파속도가 증가되어 1000~3500m/s에 도달하는 경우가 있다. 이와 같은 현상을 무엇이라 하는가?
① 폭발(Explosion)
② 폭굉(Detonation)
③ 충격(Shock)
④ 연소(Combustion)

 폭굉 : 가스중의 화염의 전파속도가 음속보다 빠른 경우의 폭발로서 파면선단에 충격파라고 하는 압력파가 생겨 격렬한 파괴 작용을 일으키는 현상
① 파면압력 2배
② 폭굉파가 벽에 부딪히면 : 2.5배
③ 밀폐된 공간 : 7~8배

정답 1. ③ 2. ②

03. $(CO_2)_{max}$는 어느 때의 값인가?

① 실제 공기량으로 연소시켰을 때
② 이론 공기량으로 연소시켰을 때
③ 과잉 공기량으로 연소시켰을 때
④ 부족 공기량으로 연소시켰을 때

해설 $(CO_2)_{max}$: 이론공기량으로 연소시켰을 때

04. 가연물의 연소형태를 나타낸 것 중 틀린 것은?

① 금속분 - 표면연소
② 파라핀 - 증발연소
③ 목재 - 분해연소
④ 유황 - 확산연소

해설 연소형태
① 표면연소 : 코크스, 목탄, 금속분, 숯
② 분해연소 : 석탄, 목재, 종이, 플라스틱
③ 증발연소 : 가솔린, 등유, 경유, 나프탈렌, 송지, 장뇌, 파라핀(양초)
④ 확산연소 : 수소, 메탄 등

05. 착화온도가 낮아지는 조건이 아닌 것은?

① 발열량이 높을수록
② 압력이 작을수록
③ 반응활성도가 클수록
④ 분자구조가 복잡할수록

해설 착화온도가 낮아지는 조건
① 압력이 클수록
② 발열량이 높을수록
③ 분자구조가 복잡할수록
④ 반응활성도가 클수록

정답 03. ② 04. ④ 05. ②

06
이상기체에 대한 설명 중 틀린 것은?

① 이상기체는 분자 상호간의 인력을 무시한다.
② 이상기체에 가까운 실제기체로는 H_2, He 등이 있다.
③ 이상기체는 분자 자신이 차지하는 부피를 무시한다.
④ 저온, 고압일수록 이상기체에 가까워진다.

해설 ▶ 이상기체(완전가스)의 성질
① 보일-샬의 법칙을 만족한다.
② 아보가드로 법칙에 따른다.
③ 내부에너지는 체적에 관계없이 온도에 의해서만 결정된다.
④ 기체분자상호간에 작용하는 인력과 분자의 크기에 무시
⑤ 분자간의 충돌은 완전탄성체로 이루어진다.
⑥ 내부에너지는 줄의 법칙이 성립된다.
⑦ 고온·저압일수록 이상기체에 가까워진다.

07
휘발유의 한 성분인 옥탄의 완전연소반응식으로 옳은 것은?

① $C_8H_{18} + O_2 \rightarrow CO_2 + H_2O$
② $C_8H_{18} + 25O_2 \rightarrow CO_2 + 18H_2O$
③ $2C_8H_{18} + 25O_2 \rightarrow 16CO_2 + 18H_2O$
④ $2C_8H_{18} + O_2 \rightarrow 16CO_2 + H_2O$

08
폭굉을 일으킬 수 있는 기체가 파이프 내에 있을 때 폭굉 방지 및 방호에 대한 설명으로 틀린 것은?

① 파이프 라인에 오리피스 같은 장애물이 없도록 한다.
② 공정 라인에서 회전이 가능하면 가급적 완만한 회전을 이루도록 한다.
③ 파이프의 지름대 길이의 비는 가급적 작게 한다.
④ 파이프 라인에 장애물이 있는 곳은 관경을 축소한다.

해설 ▶ 파이프 라인에 장애물이 있는 곳은 관경을 크게 한다.

정답 06. ④ 07. ③ 08. ④

09 층류 연소속도에 대한 설명으로 옳은 것은?
① 미연소 혼합기의 비열이 클수록 층류 연소속도는 크게 된다.
② 미연소 혼합기의 비중이 클수록 층류 연소속도는 크게 된다.
③ 미연소 혼합기의 분자량이 클수록 층류 연소속도는 크게 된다.
④ 미연소 혼합기의 열전도율이 클수록 층류 연소속도는 크게 된다.

해설 층류 연소속도
① 미연소 혼합기의 열전도율이 클수록 층류 연소속도가 크게 된다.
② 미연소 혼합기의 분자량이 작을수록 층류 연소속도가 크게 된다.
③ 미연소 혼합기의 비중이 작을수록 층류 연소속도가 크게 된다.
④ 미연소 혼합기의 비열이 작을수록 층류 연소속도가 크게 된다.

10 다음 탄화수소 연료 중 착화온도가 가장 높은 것은?
① 메탄   ② 가솔린
③ 프로판   ④ 석탄

해설 가연성물질의 착화온도
① 건조한 목재 : 280~300℃
② 목탄 : 250~320℃
③ 가솔린 : 210~400℃
④ 석탄 : 330~450℃
⑤ 부탄 : 430~510℃
⑥ 아세틸렌 : 400~440℃
⑦ 코크스 : 450~550℃
⑧ 프로판 : 460~520℃
⑨ 에틸렌 : 500~519℃
⑩ 수소 : 580~590℃
⑪ 메탄 : 615~682℃
⑫ 일산화탄소 : 637~658℃

정답 09. ④ 10. ①

11 액체 연료가 공기 중에서 연소하는 현상은 다음 중 어느 것에 해당하는가?
① 증발연소
② 확산연소
③ 분해연소
④ 표면연소

12 메탄 80v%, 프로판 5v%, 에탄 15v%인 혼합가스의 공기 중 폭발하한계는 약 얼마인가?
① 2.1%
② 3.3%
③ 4.3%
④ 5.1%

해설 ▷ 르샤틀리에의 법칙

$$\frac{100}{L} = \frac{V_1}{L_1} + \frac{V_2}{L_2} + \frac{V_3}{L_3} \cdots \frac{V_n}{L_n}$$

$$\frac{100}{L} = \left(\frac{80}{5} + \frac{5}{2.1} + \frac{15}{3}\right)$$

$$\frac{100}{L} = 23.38$$

$$\therefore L = \frac{100}{23.38} = 4.28\%$$

13 기상폭발에 대한 설명으로 틀린 것은?
① 반응이 기상으로 일어난다.
② 폭발상태는 압력에너지의 축적상태에 따라 달라진다.
③ 반응에 의해 발생하는 열에너지는 반응기내 압력상승의 요인이 된다.
④ 가연성혼합기를 형성하면 혼합기의 양에 관계없이 압력파가 생겨 압력상승을 기인한다.

해설 ▷ 가연성 혼합기를 형성하면
혼합기의 양에 따라 압력파가 생겨 압력상승을 기인한다.

정답 11. ① 12. ③ 13. ④

14. 가스의 성질을 바르게 설명한 것은?
① 산소는 가연성이다.
② 일산화탄소는 불연성이다.
③ 수소는 불연성이다.
④ 산화에틸렌은 가연성이다.

해설 ① 산소 : 조연성가스이다.
② 일산화탄소 : 독성이며 가연성 가스
③ 수소 : 가연성 가스

15. 임계상태를 가장 올바르게 표현한 것은?
① 고체, 액체, 기체가 평형으로 존재하는 상태
② 순수한 물질이 평형에서 기체 – 액체로 존재할 수 있는 최고 온도 및 압력 상태
③ 액체상과 기체상이 공존할 수 있는 최소한의 한계상태
④ 기체를 일정한 온도에서 압축하면 밀도가 아주 작아져 액화가 되기 시작하는 상태

해설 임계상태 : 순수한 물질이 평형에서 기체 – 액체로 존재할 수 있는 최고온도 및 압력상태

16. 폭발에 관련된 가스의 성질에 대한 설명으로 틀린 것은?
① 폭발범위가 넓은 것은 위험하다.
② 압력이 높게되면 일반적으로 폭발범위가 좁아진다.
③ 가스의 비중이 큰 것은 낮은 곳에 체류할 염려가 있다.
④ 연소 속도가 빠를수록 위험하다.

해설 압력의 영향
① 일반적으로 가스압력이 높아지면 발화온도는 낮아지고 폭발범위는 넓어진다.
② 일산화탄소와 공기의 혼합가스는 압력이 높아질수록 폭발 범위가 좁아진다.
③ 수소와 공기의 혼합가스는 10atm 정도까지는 폭발범위가 좁아지나 그 이상의 압력에서는 다시 점차 넓어진다.

정답 14. ④ 15. ② 16. ②

17

동일 체적인 에탄, 에틸렌, 아세틸렌을 완전 연소시킬 때 필요한 공기량의 비는?

① 3.5 : 3.0 : 2.5
② 7.0 : 6.0 : 6.0
③ 4.0 : 3.0 : 5.0
④ 6.0 : 6.5 : 5.0

해설 ① 에탄 : $C_2H_6 + 3.5O_2 \rightarrow 2CO_2 + 3H_2O$
② 에틸렌 : $C_2H_4 + 3O_2 \rightarrow 2CO_2 + 2H_2O$
③ 아세틸렌 : $C_2H_2 + 2.5O_2 \rightarrow 2CO_2 + H_2O$

18

기체 연료 중 수소가 산소와 화합하여 물이 생성되는 경우에 있어 $H_2 : O_2 : H_2O$의 비례 관계는?

① 2 : 1 : 2
② 1 : 1 : 2
③ 1 : 2 : 1
④ 2 : 2 : 3

해설 $H_2 + \dfrac{1}{2}O_2 \rightarrow H_2O$

$2H_2 + O_2 \rightarrow 2H_2O$

19

수소가스의 공기 중 폭발범위로 가장 가까운 것은?

① 2.5~81%
② 3~80%
③ 4.0~75%
④ 12.5~74%

해설 폭발범위
① 수소 : 4~75%
② 메탄 : 5~15%
③ 아세틸렌 : 2.5~81%
④ 프로판 : 2.1~9.5%
⑤ 부탄 : 1.8~8.4%
⑥ 에틸렌 : 3.1~32% 등

정답 17. ① 18. ① 19. ③

20 에틸렌(Ethylene) $1m^3$를 완전 연소시키는데 필요한 산소의 양은 약 몇 m^3인가?
① 2.5
② 3
③ 3.5
④ 4

[해설] $C_2H_4 + 3O_2 \rightarrow 2CO_2 + 2H_2O$

제2과목 : 가스설비

21 전기방식을 실시하고 있는 도시가스 매몰 배관에 대하여 전위측정을 위한 기준 전극으로 사용되고 있으며, 방식전위 기준으로 상한값 −0.85V 이하를 사용하는 것은?
① 수소 기준전극
② 포화 황산동 기준전극
③ 염화은 기준전극
④ 칼로멜 기준전극

[해설] 포화 황산동 기준전극 : −0.85V
박테리아가 번식하는 토양 : −0.95V
자연전위와의 전위변화 : −300mV

22 알루미늄(Al)의 방식법이 아닌 것은?
① 수산법
② 황산법
③ 크롬산법
④ 메타인산법

[해설] 알루미늄 방식법
① 황산법
② 수산법
③ 크롬산법

23 용기 내압시험 시 뷰렛의 용적은 300mL이고 전증가량은 200mL, 항구증가량은 15mL일 때 이 용기의 항구증가율은?
① 5%
② 6%
③ 7.5%
④ 8.5%

[해설] 항구증가율 = $\dfrac{항구증가량}{전증가량} \times 100 = \dfrac{15}{200} \times 100 = 7.5\%$

정답 20. ② 21. ② 22. ④ 23. ③

24
고압가스 일반제조시설에서 고압가스설비의 내압시험압력은 상용압력의 몇 배 이상으로 하는가?
① 1
② 1.1
③ 1.5
④ 1.8

해설> 고압가스설비의 내압시험압력=상용압력×1.5

25
LPG 용기의 내압시험 압력은 얼마 이상이어야 하는가?(단, 최고충전압력은 1.56MPa이다.)
① 1.56MPa
② 2.08MPa
③ 2.34MPa
④ 2.60MPa

해설> 내압시험압력= $FP \times \dfrac{5}{3}$

$= 1.56 \times \dfrac{5}{3} = 2.6 \text{MPa}$

26
1단 감압식 저압조정기의 최대 폐쇄압력 성능은?
① 3.5kPa 이하
② 5.5kPa 이하
③ 95kPa 이하
④ 조정압력의 1.25배 이하

해설> 조정기의 최대 패쇄 압력
① 1단 감압식 저압조정기, 2단 감압식 2차용조정기, 자동절체식 일체형조정기
 : 350mmH₂O(3.5kPa) 이하
② 2단 감압 1차용조정기, 자동절체식 분리형조정기 : 0.95kg/cm²
③ 1단감압준저압 조정기 : 조정압력의 1.25배 이하

정답 24. ③ 25. ④ 26. ①

27. 다음 진공 단열법에 대한 설명으로 틀린 것은?

① 고진공 단열법과 같은 두께의 단열재를 사용해도 단열효과가 더 우수하다.
② 최고의 단열성능을 얻기 위해서는 높은 진공도가 필요하다.
③ 단열층이 어느 정도의 압력에 잘 견딘다.
④ 저온부일수록 온도분포가 완만하여 불리하다.

해설▷ 저온부일수록 온도분포가 빨라 불리하다.

28. 소형저장탱크에 대한 설명으로 틀린 것은?

① 옥외에 지상설치식으로 설치한다.
② 소형저장탱크를 기초에 고정하는 방식은 화재 등의 경우에도 쉽게 분리되지 않는 것으로 한다.
③ 건축물이나 사람이 통행하는 구조물의 하부에 설치하지 아니한다.
④ 동일 장소에 설치하는 소형저장탱크의 수는 6기 이하로 한다.

해설▷ 소형저장탱크를 기초에 고정하는 방식은 화재등의 경우에는 쉽게 분리되는 것으로 한다.

29. 고압 산소 용기로 가장 적합한 것은?

① 주강용기
② 이중용접용기
③ 이음매 없는 용기
④ 접합용기

해설▷ 이음매없이 용기 : 산소, 수소, 질소, 아르곤, CO_2

30. 탄소강에 대한 설명으로 틀린 것은?

① 용도가 다양하다.
② 가공 변형이 쉽다.
③ 기계적 성질이 우수하다.
④ C의 양이 적은 것은 스프링, 공구강 등의 재료로 사용된다.

해설▷ 탄소양이 많은 것은 스프링, 공구강에 사용

정답 27. ④ 28. ② 29. ③ 30. ④

31 LPG 저장탱크에 가스를 충전하려면 가스의 용량이 상용온도에서 저장탱크 내용적의 얼마를 초과하지 아니하여야 하는가?

① 95% ② 90%
③ 85% ④ 80%

해설> LPG 저장탱크에 가스를 충전하려면 가스의 용량이 상용온도에서 저장탱크 내용적의 90% 초과금지(소형저장탱크 85% 초과금지)

32 내진 설계 시 지반의 분류는 몇 종류로 하고 있는가?

① 6 ② 5
③ 4 ④ 3

33 압축기 실린더 내부 윤활유에 대한 설명으로 틀린 것은?

① 공기 압축기에는 광유(鑛油)를 사용한다.
② 산소 압축기에는 기계유를 사용한다.
③ 염소 압축기에는 진한 황산을 사용한다.
④ 아세틸렌 압축기에는 양질의 광유(鑛油)를 사용한다.

해설> 압축기 윤활유
① 공기, 수소, 아세틸렌 압축기 : 양질의 광유
② 산소 : 물 또는 10% 이하의 묽은 글리세린수
③ LP가스 : 식물성유
④ 염소 : 농황산

정답 31. ② 32. ① 33. ②

34

냉동설비에 사용되는 냉매가스의 구비조건으로 틀린 것은?
① 안전성이 있어야 한다.
② 증기의 비체적이 커야 한다.
③ 증발열이 커야 한다.
④ 응고점이 낮아야 한다.

해설 ▸ 냉매가스의 구비조건
① 비체적이 적을 것
② 독성 및 가연성이 아닐것
③ 증발잠열이 클 것
④ 증발온도가 낮을 것
⑤ 악취가 나지 말 것
⑥ 부식성이 없을 것
⑦ 응고점이 낮을 것
⑧ 안전성이 있을 것

35

유체가 흐르는 관의 지름이 입구 0.5m, 출구 0.2m이고, 입구유속이 5m/s 라면 출구유속은 약 몇 m/s 인가?
① 21
② 31
③ 41
④ 51

해설 ▸ $A_1 V_1 = A_2 V_2$

$$V_2 = \frac{(0.785 \times 0.5^2 \times 5)}{(0.785 \times 0.2^2)} = 32.25 \text{m/s}$$

36

저온장치에서 CO_2와 수분이 존재할 때 그 영향에 대한 설명으로 옳은 것은?
① CO_2는 저온에서 탄소와 산소로 분리된다.
② CO_2는 저장장치에서 촉매 역할을 한다.
③ CO_2는 가스로서 별로 영향을 주지 않는다.
④ CO_2는 드라이아이스가 되고 수분은 얼음이 되어 배관 밸브를 막아 흐름을 저해한다.

해설 ▸ CO_2는 드라이아이스가 되고 수분은 얼음이 되어 배관 밸브를 막아 흐름을 저해한다.

37

냉간가공과 열간가공을 구분하는 기준이 되는 온도는?
① 끓는 온도
② 상용 온도
③ 재결정 온도
④ 섭씨 0도

해설 ▸ 재결정온도 : 냉간가공과 열간가공을 구분하는 기준

정답 34. ② 35. ② 36. ④ 37. ③

38 냉동기의 성적(성능)계수를 ϵ_R로 하고, 열펌프의 성적계수를 ϵ_H로 할 때 ϵ_R과 ϵ_H 사이에는 어떠한 관계가 있는가?
① $\epsilon_R < \epsilon_H$
② $\epsilon_R = \epsilon_H$
③ $\epsilon_R > \epsilon_H$
④ $\epsilon_R > \epsilon_H$ 또는 $\epsilon_R < \epsilon_H$

39 LPG 충전소 내의 가스사용시설 수리에 대한 설명으로 옳은 것은?
① 화기를 사용하는 경우에는 설비내부의 가연성가스가 폭발하한계의 1/4 이하인 것을 확인하고 수리한다.
② 충격에 의한 불꽃에 가스가 인화할 염려는 없다고 본다.
③ 내압이 완전히 빠져 있으면 화기를 사용해도 좋다.
④ 볼트를 조일 때는 한 쪽만 잘 조이면 된다.

해설 ⇒ 안전한계
① 가연성 가스 : 폭발하한계의 $\frac{1}{4}$ 이하
② 산소 : 18% 이상 22% 이하
③ 독성가스 : 허용농도 이하

40 산소 또는 불활성가스 초저온 저장탱크의 경우에 한정하여 사용이 가능한 액면계는?
① 평형반사식 액면계
② 슬립튜브식 액면계
③ 환형유리제 액면계
④ 플로트식 액면계

해설 ⇒ 산소 또는 불활성가스 초저온 탱크의 경우에 한정하여 사용 : 환형유리제 액면계
극저온저장탱크 액면측정 : 햄프슨식 액면계

정답 38. ① 39. ① 40. ③

제3과목 : 가스안전관리

41. 산소, 수소 및 아세틸렌의 품질검사에서 순도는 각각 얼마 이상이어야 하는가?

① 산소 : 99.5%, 수소 : 98.0%, 아세틸렌 : 98.5%
② 산소 : 99.5%, 수소 : 98.5%, 아세틸렌 : 98.0%
③ 산소 : 98.0%, 수소 : 99.5%, 아세틸렌 : 98.5%
④ 산소 : 98.5%, 수소 : 99.5%, 아세틸렌 : 98.0%

해설 품질검사기준
① 산소 : ㉠ 순도 : 99.5% 이상
　　　　 ㉡ 동암모니아시약의 오르자트 법
② 수소 : ㉠ 순도 98.5% 이상
　　　　 ㉡ 피롤카롤 또는 하이드로썰파이드 시약의 오르자트 법
③ 아세틸렌 : ㉠ 순도 98% 이상
　　　　　　 ㉡ 발연황산시약의 오르자트법, 브롬시약의 뷰렛법, 질산은 시약의 정성시험에 합격할 것

42. 일반도시가스사업제조소의 가스홀더 및 가스발생기는 그 외면으로부터 사업장의 경계까지 최고사용압력이 중압인 경우 몇 m 이상의 안전거리를 유지하여야 하는가?

① 5m
② 10m
③ 20m
④ 30m

해설 일반도시가스 사업의 제조소 및 공급 안전거리
① 가스발생기 및 가스홀더는 그 외면으로부터 사업장 경계까지의 거리가 최고사용압력이
　- 저압 : 5m 이상 유지
　- 중압 : 10m 이상 유지
　- 고압 : 20m 이상 유지
② 비상공급시설은 그 외면으로부터 1종보시설까지의 거리가 15m 이상, 2종은 10m 이상이 되도록 할 것
③ 가스혼합기, 가스정제설비, 배송기, 압송기, 그 밖에 가스공급시설의 부대설비는 그 외면으로부터 경계까지의 거리가 3m 이상 유지

정답 41. ②　42. ②

43
도시가스사업법상 배관 구분 시 사용되지 않는 것은?
① 본관
② 사용자 공급관
③ 가정관
④ 공급관

해설⊃ 도시가스 사업법상 배관구분
① 본관
② 공급관
③ 내관
④ 사용자 공급관

44
포스핀(PH3)의 저장과 취급 시 주의사항에 대한 설명으로 가장 거리가 먼 것은?
① 환기가 양호한 곳에서 취급하고 용기는 40℃ 이하를 유지한다.
② 수분과의 접촉을 금지하고 정전기발생 방지시설을 갖춘다.
③ 가연성이 매우 강하여 모든 발화원으로부터 격리한다.
④ 방독면을 비치하여 누출 시 착용한다.

45
저장탱크에 부착된 배관에 유체가 흐르고 있을 때 유체의 온도 또는 주위의 온도가 비정상적으로 높아진 경우 또는 호스커플링 등의 접속이 빠져 유체가 누출될 때 신속하게 작동하는 밸브는?
① 온도조절밸브
② 긴급차단밸브
③ 감압밸브
④ 전자밸브

해설⊃ 긴급차단밸브
(1) 적용시설
  ① 액화석유가스(L.P.G) 저장탱크(내용적 5,000[l] 이상)의 액상의 가스를 이입 또는 충전하는 배관
  ② 가연성가스, 독성가스, 산소의 저장탱크(내용적 5,000[l] 이상)의 액상의 가스를 이입 또는 충전하는 배관(다만, 액상의 가스를 이입하기 위한 배관은 역류방지밸브로 갈음할 수 있다.)
(2) 부착위치
  ① 저장탱크 주밸브(main valve) 외측으로서 저장탱크에 가까운 위치 또는 저장탱크 내부에 설치(저장탱크의 주밸브와 겸용 금지)
(3) 차단조작기구(mechanism)
  ① 동력원 : 액압(유압), 기압, 전기(보안전력 사용), 스프링 등
  ② 조작위치

정답 43. ③ 44. ④ 45. ②

㉮ 저장탱크로부터 5[m] 이상 떨어진 곳(가용전시 110[℃]에서 자동차단)
㉯ 방류둑을 설치한 경우는 그 외측
㉰ 주위 상황에 따라 신속히 작동할 수 있는 위치에 작동레버 병설

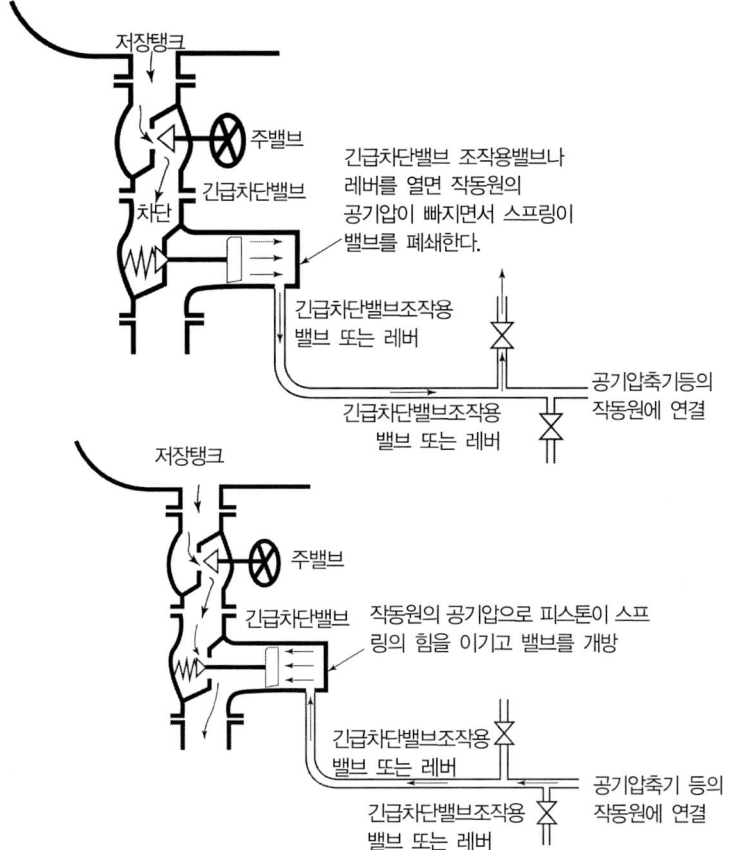
긴급차단장치 작동원리

46. 액화석유가스 집단공급사업 허가 대상인 것은?

① 70개소 미만의 수요자에게 공급하는 경우
② 전체수용가구수가 100세대 미만인 공동주택의 단지 내인 경우
③ 시장 또는 군수가 집단공급사업에 의한 공급이 곤란하다고 인정하는 공공주택단지에 공급하는 경우
④ 고용주가 종업원의 후생을 위하여 사원주택·기숙사 등에게 직접 공급하는 경우

해설) 액화석유가스 집단공급 허가대상 : 전체수용 가구수가 100세대 미만인 공동주택의 단지 내인 경우

정답 46. ②

47

시안화수소를 저장하는 때에는 1일 1회 이상 다음 중 무엇으로 가스의 누출 검사를 실시하는가?

① 질산구리벤젠지
② 묽은 질산은 용액
③ 묽은 황산 용액
④ 염화파라듐지

해설 시험지명 및 변색 상태
① 암모니아 : 적색리트머스 시험지 : 청색변
② 염소 : KI전분지 : 청색변
③ 시안화수소 : 질산구리벤젠지 : 청색변
④ 일산화탄소 : 염화파라듐지 : 흑색변
⑤ 황화수소 : 연당지 : 흑색변
⑥ 포스겐 : 하라슨시험지 : 심등색
⑦ 아세틸렌 : 염화제1동착염지 : 적색
⑧ 아황산가스 : 암모니아 적신 헝겊 : 흰연기

48

액화 프로판을 내용적이 4700L인 차량에 고정된 탱크를 이용하여 운행 시 기준으로 적합한 것은?(단, 폭발방지장치가 설치되지 않았다.)

① 최대 저장량이 2000kg이므로 운반책임자 동승이 필요 없다.
② 최대 저장량이 2000kg이므로 운반책임자 동승이 필요 하다.
③ 최대 저장량이 5000kg이므로 200km 이상 운행시 운반책임자 동승이 필요하다.
④ 최대 저장량이 5000kg이므로 운행거리에 관계없이 운반책임자 동승이 필요없다.

해설 운반책임자 동승기준

성질	압축가스	액화가스
독성	100m³ 이상	1Ton 이상
가연성	300m³ 이상	3Ton 이상
조연성	600m³ 이상	6Ton 이상

$$G = \frac{V}{C} = \frac{4700}{2.35} = 2000 kg$$

49 냉매설비에는 안전을 확보하기 위하여 액면계를 설치하여야 한다. 가연성 또는 독성가스를 냉매로 사용하는 수액기에 사용할 수 없는 액면계는?

① 환형유리관액면계
② 정전용량식액면계
③ 편위식액면계
④ 회전튜브식액면계

[해설] 가연성 또는 독성가스를 냉매로 사용하는 수액기에 사용할 수 없는 액면계
① 환형유리관 액면계
② 고정튜브식 액면계
③ 슬립튜브식 액면계

50 다음 [보기]에서 고압가스 제조설비의 사용 개시 전 점검사항을 모두 나열한 것은?

[보기]
㉠ 가스설비에 있는 내용물의 상황
㉡ 전기, 물 등 유틸리티 시설의 준비상황
㉢ 비상전력 등의 준비사항
㉣ 회전 기계의 윤활유 보급상황

① ㉠, ㉢
② ㉡, ㉢
③ ㉠, ㉡, ㉢
④ ㉠, ㉡, ㉢, ㉣

[해설] 제조설비등의 사용개시전 점검사항
① 회전기계의 윤활유 보급상황
② 비상전력등의 준비상황
③ 제조설비등에 있는 내용물의 현황, 제조설비 등에 당해설비의 전반적인 누설유무
④ 안전용 불활성가스 등의 준비상황
⑤ 인터록, 긴급용시컨스 경보 및 자동제어 장치의 기능
⑥ 가연성 가스 및 독성가스가 체류하기 쉬운곳의 당해가스 농도

[참고] 제조설비등의 사용종료시 점검사항
① 사용종료 직전에 있어서의 각 설비운전상황
② 사용종료 후에 있어서의 제조설비 등에 있는 잔유물의 상황
③ 제조설비내의 가스액 등의 불활성가스 등에 의한 치환상황, 특히 수리점검작업상 설비내에 사람이 들어갈 경우에는 공기로의 치환상황
④ 개방하는 제조설비와 다른 제조설비 등과의 차단상황
⑤ 제조설비 등의 전반에 대하여 부식, 마모, 손상, 폐쇄, 결합부의 풀림, 기초의 경사 및 침하, 그 밖의 이상유무

정답 49. ① 50. ④

51 고압가스 용기(공업용)의 외면에 도색하는 가스 종류별 색상이 바르게 짝지어진 것은?

① 수소 – 갈색
② 액화염소 – 황색
③ 아세틸렌 – 밝은 회색
④ 액화암모니아 – 백색

해설⊃ 공업용기 도색
청탄산 산녹에서 황아체 안주삼아 소주잔 높이들고 백암산 바라보니 염소는 갈색으로
① ②   ③   ④   ⑤   ⑥   ⑥
보이고 쥐들은 기타를 치더라
  ⑦   ⑦

① 탄산가스 : 청색   ② 산소: 녹색   ③ 아세틸렌 : 황색
④ 수소 : 주황   ⑤ 암모니아 : 백색   ⑥ 염소 : 갈색
⑦ 기타 : 쥐색(회색)

52 LP가스 용기를 제조하여 분체도료(폴리에스테르계) 도장을 하려 한다. 최소 도장 두께와 도장 횟수는?

① 25μm, 1회 이상
② 25μm, 2회 이상
③ 60μm, 1회 이상
④ 60μm, 2회 이상

53 고압가스 특정제조시설에서 고압가스 설비의 수리 등을 할 때의 가스치환에 대한 설명으로 옳은 것은?

① 가연성가스의 경우 가스의 농도가 폭발하한계의 1/2에 도달할 때까지 치환한다.
② 가스 치환 시 농도의 확인은 관능법에 따른다.
③ 불활성 가스의 경우 산소의 농도가 16%이하에 도달할 때까지 공기로 치환한다.
④ 독성가스의 경우 독성가스의 농도가 TLV-TWA 기준농도 이하가 될 때까지 치환을 계속한다.

정답 51. ④   52. ③   53. ④

54 가연성 액화가스 저장탱크에서 가스누출에 의해 화재가 발생했다. 다음 중 그 대책으로 가장 거리가 먼 것은?
① 즉각 송입 펌프를 정지시킨다.
② 소정의 방법으로 경보를 울린다.
③ 즉각 저조 내부의 액을 모두 플로우-다운(flow-down) 시킨다.
④ 살수 장치를 작동시켜 저장탱크를 냉각한다.

해설 ① 살수장치를 작동시켜 저장탱크를 냉각한다.
② 소정의 방법으로 경보를 울린다.
③ 즉각송입펌프를 정지시킨다.

55 고압가스 용기의 파열사고 주 원인은 용기의 내압력(耐壓力) 부족에 기인한다. 내압력 부족의 원인으로 가장 거리가 먼 것은?
① 용기내벽의 부식
② 강재의 피로
③ 적정 충전
④ 용접 불량

해설 내압력 부족의 원인
① 용접불량
② 강재의 피로
③ 용기내벽의 부식

56 저장능력 18000m³인 산소 저장시설은 전시장, 그 밖에 이와 유사한 시설로서 수용능력이 300인 이상인 건축물에 대하여 몇 m의 안전거리를 두어야 하는가?
① 12m
② 14m
③ 16m
④ 18m

해설 안전거리

처리능력 및 저장능력	독성 및 가연성가스		산소		기타의 가스	
	1종 보호시설	2종 보호시설	1종 보호시설	2종 보호시설	1종 보호시설	2종 보호시설
1만 이하	17 m	12 m	12 m	8 m	8 m	5 m
2만 이하	21 m	14 m	14 m	9 m	9 m	7 m
3만 이하	24 m	16 m	16 m	11 m	11 m	8 m
4만 이하	27 m	18 m	18 m	13 m	13 m	9 m
4만 초과	30 m	20 m	20 m	14 m	14 m	10 m
5~99만	30m 1종 $\left[\frac{3}{25}\sqrt{x+10,000}\,m\right]$		20m 2종 $\left[\frac{2}{25}\sqrt{x+10,000}\,m\right]$			

정답 54. ③ 55. ③ 56. ②

57 고압가스 특정설비 제조자의 수리범위에 해당되지 않는 것은?
① 단열재 교체
② 특정설비의 부품 교체
③ 특정설비의 부속품 교체 및 가공
④ 아세틸렌 용기 내의 다공질물 교체

해설) 특정설비 제조자의 수리범위
① 단열재 교체
② 특정설비의 부품교체
③ 특정설비의 부속품 교체 및 가공

58 가스사용시설에 상자콕 설치 시 예방 가능한 사고유형으로 가장 옳은 것은?
① 연소기 과열 화재사고
② 연소기 폐가스 중독 질식사고
③ 연소기 호스 이탈 가스 누출사고
④ 연소기 소화안전장치 고장 가스 폭발사고

59 고압가스 저장시설에서 가스누출 사고가 발생하여 공기와 혼합하여 가연성, 독성가스로 되었다면 누출된 가스는?
① 질소
② 수소
③ 암모니아
④ 아황산가스

해설) 독성 및 가연성가스
① 암모니아　　② 일산화탄소
③ 산화에틸렌　④ 황화수소
⑤ 벤젠　　　　⑥ 시안화수소 등

정답 57. ④　58. ③　59. ③

60 액화석유가스의 안전관리 및 사업법에 의한 액화석유가스의 주성분에 해당되지 않는 것은?

① 액화된 프로판
② 액화된 부탄
③ 기화된 프로판
④ 기화된 메탄

[해설] LPG의 주성분
① 프로판
② 부탄
③ 프로필렌
④ 부틸렌
⑤ 프로틴

제4과목 : 가스계측

61 가스 사용시설의 가스누출 시 검지법으로 틀린 것은?

① 아세틸렌 가스누출 검지에 염화제1구리착염지를 사용한다.
② 황화수소 가스누출 검지에 초산납시험지를 사용한다.
③ 일산화탄소 가스누출 검지에 염화파라듐지를 사용한다.
④ 염소 가스누출 검지에 묽은 황산을 사용한다.

[해설] 염소가스 : KI전분지

62 차압식 유량계로 유량을 측정하였더니 교축기구 전후의 차압이 20.25Pa일 때 유량이 25m³/h이었다. 차압이 10.50Pa일 때의 유량은 약 몇 m³/h 인가?

① 13
② 18
③ 23
④ 28

[해설] $Q_1 \times \sqrt{P_1} = Q_2 \times \sqrt{P_2}$

$Q_2 = \dfrac{Q_1 \times \sqrt{P_1}}{\sqrt{P_2}} = \dfrac{25 \times \sqrt{10.50}}{\sqrt{20.25}} = 18 \text{m}^3/\text{h}$

정답 60. ④ 61. ④ 62. ②

63
화학공장에서 누출된 유독가스를 신속하게 현장에서 검지 정량하는 방법은?
① 전위적정법
② 흡광광도법
③ 검지관법
④ 적정법

해설⊃ 검지관법 : 화학공장에서 누출된 유독가스를 신속하게 현장에서 검지정량하는 방법

64
제어동작에 따른 분류 중 연속되는 동작은?
① On-Off 동작
② 다위치 동작
③ 단속도 동작
④ 비례 동작

해설⊃ 연속동작과 불연속동작

연속동작	불연속동작(on-off동작)
① 비례동작(P동작)	① 이위치 동작
② 적분동작(I동작)	② 다위치 동작
③ 미분동작(D동작)	③ 불연속속도조작

65
피드백(Feed back)제어에 대한 설명으로 틀린 것은?
① 다른 제어계보다 판단·기억의 논리기능이 뛰어나다.
② 입력과 출력을 비교하는 장치는 반드시 필요하다.
③ 다른 제어계보다 정확도가 증가된다.
④ 제어대상 특성이 다소 변하더라도 이것에 의한 영향을 제어할 수 있다.

해설⊃ ① 다른제어계보다 정확도가 증가된다.
② 입력과 출력을 비교하는 장치는 반드시 필요
③ 제어대상특성이 다소변하더라도 이것에 의한 영향을 제어할 수 있다.

66
액위(level)측정 계측기기의 종류 중 액체용 탱크에 사용되는 사이트글라스(Sight Glass)의 단점에 해당하지 않는 것은?
① 측정범위가 넓은 곳에서 사용이 곤란하다.
② 동결방지를 위한 보호가 필요하다.
③ 파손되기 쉬우므로 보호대책이 필요하다.
④ 내부 설치 시 요동(Turbulence)방지를 위해 Stilling Chamber 설치가 필요하다.

해설⊃ 사이트글라스의 단점
① 파손되기 쉬우므로 보호대책이 필요 ② 동결방지를 위한 보호가 필요
③ 측정범위가 넓은곳에서 사용이 곤란

정답 63. ③ 64. ④ 65. ① 66. ④

67 계량이 정확하고 사용 기차의 변동이 크지 않아 발열량 측정 및 실험실의 기준 가스미터로 사용되는 것은?
① 막식 가스미터
② 건식 가스미터
③ Roots 미터
④ 습식 가스미터

해설 ○ 습식가스미터 특징
① 기차변동이 거의 없다.
② 계량이 정확하다.
③ 수위조정 등의 관리필요
④ 설치면적 크다.

68 시안화수소(HCN)가스 누출 시 검지지와 변색상태로 옳은 것은?
① 염화파라듐지 – 흑색
② 염화제1구리착염지 – 적색
③ 연당지 – 흑색
④ 초산(질산) 구리벤젠지 – 청색

해설 ○ 시험지명 및 변색상태
· 암모니아 : 적색리트머스시험지 : 청색
· 염소 : KI전분지 : 청색
· 시안화수소 : 질산구리벤젠지 : 청색
· 일산화탄소 : 염화파라듐지 : 흑색
· 황화수소 : 연당지(초산납시험지) : 흑색
· 포스겐 : 하리슨시험지 : 심등색(오렌지색)
· 아세틸렌 : 염화제1동착염지 : 적색
· 아황산가스 : 암모니아 적신헝겊 : 흰연기

69 가스는 분자량에 따라 다른 비중 값을 갖는다. 이 특성을 이용하는 가스분석기기는?
① 자기식 O_2 분석기기
② 밀도식 CO_2 분석기기
③ 적외선식 가스분석기기
④ 광화학 발광식 NOx 분석기기

해설 ○ 비중을 이용한 가스분석기 : 밀도식 CO_2 분석기기

정답 67. ④ 68. ④ 69. ②

70 오르자트 분석법은 어떤 시약이 CO를 흡수하는 방법을 이용하는 것이다. 이때 사용하는 흡수액은?

① 수산화나트륨 25% 용액
② 암모니아성 염화 제1구리용액
③ 30% KOH 용액
④ 알칼리성 피로갈롤용

해설⊃ 오르자트 분석법
① CO_2 : KOH 30% 수용액
② O_2 : 알카리성 피롤카롤용액
③ CO : 암모니아성 염화제1동용액

71 제어기기의 대표적인 것을 들면 검출기, 증폭기, 조작기기, 변환기로 구분되는데 서보 전동기(servo motor)는 어디에 속하는가?

① 검출기
② 증폭기
③ 변환기
④ 조작기기

해설⊃ 조작기기의 종류 : 서보 전동기, 펄스 전동기, 전자 밸브, 다이어프램 조작 실린더

72 다음 [보기]에서 설명하는 열전대 온도계는?

─────── [보기] ───────
- 열전대 중 내열성이 가장 우수하다.
- 측정온도 범위가 0~1600℃ 정도이다.
- 환원성 분위기에 약하고 금속 증기 등에 침식하기 쉽다.

① 백금 – 백금·로듐 열전대
② 크로멜 – 알루멜 열전대
③ 철 – 콘스탄탄 열전대
④ 동 – 콘스탄탄 열전대

해설⊃ 열전대 온도계
① 백금-백금로듐(PR)
㉠ 산화성 분위기에 가장 강하다
㉡ 온도 : 0~1600℃
㉢ 금속증기에 침식
㉣ 환원성 분위기에 약하다
㉤ 백금(+극) 87%, 로듐(-극) 13%
㉥ 열전대 온도계 중 가장 고온 측정

정답 70. ② 71. ④ 72. ①

② 크로멜-알루멜(CA)
　㉠ 산화성 분위기에 약하다.
　㉡ 온도 : 0~1200℃
　㉢ 크로멜(Ni90%+Cr10%), 알루멜 Ni94%+Mn2.5%+Al2.0+Fe0.5%)
③ 동-콘스탄탄(CC)
　㉠ 수분에 의한 내식성 크다
　㉡ 온도 : -200~350℃
　㉢ 콘스탄탄(Cu 55% + Ni 45%)
　㉣ 열전 온도계 중 가장 저온 측정
④ 철-콘스탄탄(IC)
　㉠ 환원성 분위기에 강하다.
　㉡ 온도 : -20~850℃

73

도시가스로 사용하는 NG의 누출을 검지하기 위하여 검지기는 어느 위치에 설치하여야 하는가?

① 검지기 하단은 천장면의 아래쪽 0.3m 이내
② 검지기 하단은 천장면의 아래쪽 3m 이내
③ 검지기 상단은 바닥면에서 위쪽으로 0.3m 이내
④ 검지기 상단은 바닥면에서 위쪽으로 3m 이내

[해설] LNG : 천정면 아래쪽 30cm 이내
　　　LPG : 지면으로부터 30cm 이내

74

다음 중 기본단위가 아닌 것은?

① 킬로그램(kg)　　② 센티미터(cm)
③ 캘빈(K)　　　　④ 암페어(A)

[해설] SI기본단위(MKSAKMC)
① 길이　　　　② 질량
③ 시간　　　　④ 전류(A)
⑤ 온도(K)　　 ⑥ 물질량(몰)
⑦ 광도(Cd)

정답 73. ① 74. ②

75 열전도형 진공계 중 필라멘트의 열전대로 측정하는 열전대 진공계의 측정 범위는?
① $10^{-5} \sim 10^{-3}$torr
② $10^{-3} \sim 0.1$torr
③ $10^{-3} \sim 1$torr
④ $10 \sim 100$torr

해설> 열전도형 진공계 중 필라멘트의 열전대로 측정하는 열전대 진공계의 측정범위 : $10^{-3} \sim 1$torr

76 온도 49℃, 압력 1atm의 습한 공기 205kg이 10kg의 수증기를 함유하고 있을 때 이 공기의 절대습도는?(단, 49℃에서 물의 증기압은 88mmHg이다.)
① 0.025kg H_2O/kg dryair
② 0.048kg H_2O/kg dryair
③ 0.051kg H_2O/kg dryair
④ 0.25kg H_2O/kg dryair

해설> 공기의 절대습도 = $\dfrac{수증기\,량}{건공기\,중량}$ = $\dfrac{10\,\text{kg}\,H_2O}{(205-10)\,\text{kg dayair}}$ = 0.051kg H_2O/kg dryair

77 면적유량계의 특징에 대한 설명으로 틀린 것은?
① 압력손실이 아주 크다.
② 정밀 측정용으로 부적당하다.
③ 슬러지 유체의 측정이 가능하다.
④ 균등 유량 눈금으로 측정치를 얻을 수 있다.

해설> 면적식 유량계의 특징 : 교축의 면적을 변화시켜 이때의 면적을 측정하여 순간유량을 알아내는 방법으로 베르누이 정리 이용
① 유량에 따른 균등 눈금을 읽는다.
② 진동이 적은 장소에 수직으로 설치
③ 부식성유체나 슬러지 유체 측정에 적합
④ 고점도 및 소량의 유체에 대한 측정이 가능
⑤ 압력손실이 적다.

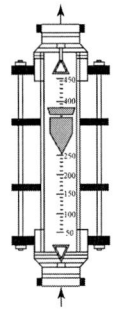

<로터미터>

78 다음 중 정도가 가장 높은 가스미터는?
① 습식 가스미터
② 벤투리 미터
③ 오리피스 미터
④ 루트 미터

79 최대 유량이 10m³/h인 막식 가스미터기를 설치하여 도시가스를 사용하는 시설이 있다. 가스레인지 2.5m³/h를 1일 8시간 사용하고, 가스보일러 6m³/h를 1일 6시간 사용했을 경우 월 가스사용량은 약 몇 m³인가?(단, 1개월은 31일이다.)
① 1570
② 1680
③ 1736
④ 1950

[해설] 일가스사용량 = (2.5×8+6×6)×31 = 1736m³

80 다음 온도계 중 가장 고온을 측정할 수 있는 것은?
① 저항 온도계
② 서미스터 온도계
③ 바이메탈 온도계
④ 광고온계

[해설] 비접촉식 온도계
① 광고온도계 : 700~3000°C
② 방사온도계 : 50~3000°C
③ 색온도계 : 600~2500°C
④ 광전관식 : 700~3000°C

정답 78. ① 79. ③ 80. ④

2019년 제2회 가스산업기사 출제문제

제1과목 : 연소공학

01 다음 혼합가스 중 폭굉이 발생되기 가장 쉬운 것은?
① 수소 – 공기
② 수소 – 산소
③ 아세틸렌 – 공기
④ 아세틸렌 – 산소

해설》 폭굉 : 가스중의 화염의 전파속도가 음속보다 빠른 경우의 폭발로서 파면선단에 충격파라고 하는 압력파가 생겨 격렬한 파괴작용을 일으키는 현상
폭굉유도거리가 짧아지는 조건
① 고압일수록
② 정상연속소도가 큰 혼합가스일수록
③ 관속에 방해물이 있거나 관경이 가늘수록
④ 점화원의 에너지가 클수록

02 자연발화를 방지하기 위해 필요한 사항이 아닌 것은?
① 습도를 높여 준다.
② 통풍을 잘 시킨다.
③ 저장실 온도를 낮춘다.
④ 열이 쌓이지 않도록 주의한다.

해설》 자연발화 방지법
① 습도를 낮춘다.
② 열이 쌓이지 않도록 주의한다.
③ 저장실의 온도를 낮춘다.
④ 통풍을 잘 시킨다.

정답 01. ④ 02. ①

03 혼합기체의 온도를 고온으로 상승시켜 자연착화를 일으키고, 혼합기체의 전 부분이 극히 단시간 내에 연소하는 것으로서 압력 상승의 급격한 현상을 무엇이라 하는가?
① 전파연소
② 폭발
③ 확산연소
④ 예혼합연소

04 CO_{2max}[%]는 어느 때의 값인가?
① 실제공기량으로 연소시켰을 때
② 이론공기량으로 연소시켰을 때
③ 과잉공기량으로 연소시켰을 때
④ 부족공기량으로 연소시켰을 때

해설⊃ $CO_2(max)$% : 이론공기량으로 연소시켰을 때

05 불완전 연소의 원인으로 가장 거리가 먼 것은?
① 불꽃의 온도가 높을 때
② 필요량의 공기가 부족할 때
③ 배기가스의 배출이 불량할 때
④ 공기와의 접촉 혼합이 불충분할 때

해설⊃ 불완전연소의 원인
① 공기공급량 부족시
② 가스 조성이 맞지 않을 때
③ 배기 및 환기 불충분시
④ 후레임의 냉각시

06 가연성 물질의 인화 특성에 대한 설명으로 틀린 것은?
① 비점이 낮을수록 인화위험이 커진다.
② 최소점화에너지가 높을수록 인화위험이 커진다.
③ 증기압을 높게 하면 인화위험이 커진다.
④ 연소범위가 넓을수록 인화위험이 커진다.

해설⊃ 최소점화에너지가 낮을수록 인화의 위험이 커진다.

정답 03. ② 04. ② 05. ① 06. ②

07. 열역학 제1법칙을 바르게 설명한 것은?

① 열평형에 관한 법칙이다.
② 제2종 영구기관의 존재가능성을 부인하는 법칙이다.
③ 열은 다른 물체에 아무런 변화도 주지 않고, 저온 물체에서 고온 물체로 이동하지 않는다.
④ 에너지 보존법칙 중 열과 일의 관계를 설명한 것이다.

해설 ① 열역학 제1법칙(에너지보존의 법칙)
　　　일은 열로, 열은 일로 변환시킬 수 있다.
② 열역학 제2법칙(일할 수 있는 능력에 관한 법칙=엔트로피의 법칙)
　㉠ 클라우시스 : 일을 소비하지않고 열을 저온체에서 고온체로 이동시킬 수 없다.
　㉡ 켈빈플랭크 : 열효율이 100%인 기관은 만들 수 없다.

08. 고체연료의 성질에 대한 설명 중 옳지 않은 것은?

① 수분이 많으면 통풍불량의 원인이 된다.
② 휘발분이 많으면 점화가 쉽고, 발열량이 높아진다.
③ 착화온도는 산소량이 증가할수록 낮아진다.
④ 회분이 많으면 연소를 나쁘게 하여 열효율이 저하된다.

해설 휘발분이 많으면 점화가 쉽고 발열량이 낮아진다.

09. 연소 및 폭발 등에 대한 설명 중 틀린 것은?

① 점화원의 에너지가 약할수록 폭굉유도거리는 길어진다.
② 가스의 폭발범위는 측정 조건을 바꾸면 변화한다.
③ 혼합가스의 폭발한계는 르샤트리에 식으로 계산한다.
④ 가스 연료의 최소점화에너지는 가스농도에 관계없이 결정되는 값이다.

해설 가스연료의 최소점화에너지는 가스농도에 의해 결정되는 값이다.

정답 07. ④　08. ②　09. ④

10

오토사이클에서 압축비(ϵ)가 10일 때 열효율은 약 몇 %인가?(단, 비열비[k]는 1.4이다.)

① 58.2 ② 59.2
③ 60.2 ④ 61.2

[해설] 오토사이클 열효율 $= 1 - (\dfrac{1}{\varepsilon})^{k-1}$

$= 1 - (\dfrac{1}{10})^{1.4-1} = 60.18\%$

11

용기의 내부에서 가스폭발이 발생하였을 때 용기가 폭발압력을 견디고 외부의 가연성 가스에 인화되지 않도록 한 구조는?

① 특수(特殊) 방폭구조 ② 유입(油入) 방폭구조
③ 내압(耐壓) 방폭구조 ④ 안전증(安全增) 방폭구조

[해설] 전기설비의 방폭성능기준

① 내압(耐壓)방폭구조
  방폭전기기기의 용기(이하 "용기"라 한다.) 내부에서 가연성가스의 폭발이 발생한 경우 용기가 폭발압력에 견디고, 접합면, 개구부 등을 통하여 외부의 가연성 가스에 인화되지 아니하도록 한 구조를 말한다.

② 유입(油入)방폭구조
  용기 내부에 기름을 주입하여 불꽃·아크 또는 고온발생부분이 기름 속에 잠기게 함으로써 기름면 위에 존재하는 가연성가스에 인화되지 아니하도록 한 구조를 말한다.

③ 압력(壓力)방폭구조
  용기 내부에 보호가스(신선한 공기 또는 불활성가스)를 압입하여 내부압력을 유지함으로써 가연성가스가 용기 내부로 유입되지 아니하도록 한 구조를 말한다.

④ 안전증(安全增)방폭구조
  정상운전 중에 가연성가스의 점화원이 될 전기불꽃·아크 또는 고온부분 등의 발생을 방지하기 위하여 기계적·전기적 구조상 또는 온도상승에 대하여, 특히 안전도를 증가시킨 구조를 말한다.

⑤ 본질안전(本質安全)방폭구조
  정상시 및 사고(단선, 단락, 지락 등) 시에 발생하는 전기불꽃, 아크 또는 고온부에 의하여 가연성가스가 점화되지 아니하는 것이 점화시험, 기타 방법에 의하여 확인된 구조를 말한다.

⑥ 특수방폭구조
  가연성가스에 점화를 방지할 수 있다는 것이 시험, 기타의 방법에 의하여 확인된 구조를 말한다.

[정답] 10. ③ 11. ③

12 가연성 고체의 연소에서 나타나는 연소현상으로 고체가 열분해되면서 가연성 가스를 내며 연소열로 연소가 촉진되는 연소는?

① 분해연소 ② 자기연소
③ 표면연소 ④ 증발연소

해설〉 분해연소 : 석탄, 목재, 종이, 플라스틱
표면연소 : 코크스, 목탄, 숯

13 프로판가스 1kg을 완전연소시킬 때 필요한 이론 공기량은 약 몇 Nm^3/kg인가?(단, 공기 중 산소는 21v%이다.)

① 10.1 ② 11.2
③ 12.1 ④ 13.2

해설〉
C_3H_8 + $5O_2$ → $3CO_2$ + $4H_2O$

44kg 5×32kg 3×44kg 4×18kg

22.4Nm³ 5×22.4Nm³ 3×22.4Nm³

∴ 44kg = 5×22.4Nm³
1kg = x

$x = \dfrac{1kg \times 5 \times 22.4Nm^3}{44kg} = 2.545 Nm^3/kg$

∴ $A_0 = \dfrac{O_0}{0.21} = \dfrac{2.545}{0.21} = 12.119 Nm^3/kg$

14 완전가스의 성질에 대한 설명으로 틀린 것은?

① 비열비는 온도에 의존한다.
② 아보가드로의 법칙에 따른다.
③ 보일-샤를의 법칙을 만족한다.
④ 기체의 분자력과 크기는 무시된다.

해설〉 이상기체(완전가스)의 성질
① 보일-샤를의 법칙을 만족한다.
② 아보가드로 법칙을 따른다.
③ 내부에너지는 체적에 관계없이 온도에 의해서만 결정된다. 즉, 내부에너지는 줄의 법칙이 성립된다.
④ 기체상호간에 작용하는 인력과 분자의 크기 무시
⑤ 분자간의 충돌은 완전탄성체로 이루어진다.

정답 12. ① 13. ③ 14. ①

15
가스 용기의 물리적 폭발의 원인으로 가장 거리가 먼 것은?
① 누출된 가스의 점화
② 부식으로 인한 용기의 두께 감소
③ 과열로 인한 용기의 강도 감소
④ 압력 조정 및 압력 방출 장치의 고장

해설 ➡ 물리적 폭발의 원인
　① 압력조정 및 압력방출장치의 고장
　② 과열로 인한 용기의 강도 감소
　③ 부식으로 인한 용기의 두께 감소

16
다음 반응에서 평형을 오른쪽으로 이동시켜 생성물을 더 많이 얻으려면 어떻게 해야 하는가?

$$CO + H_2O \rightleftarrows H_2 + CO_2 + Q \text{ kcal}$$

① 온도를 높인다.　　② 압력을 높인다.
③ 온도를 낮춘다.　　④ 압력을 낮춘다.

17
분진폭발은 가연성 분진이 공기 중에 분산되어 있다가 점화원이 존재할 때 발생한다. 분진폭발이 전파되는 조건과 다른 것은?
① 분진은 가연성이어야 한다.
② 분진은 적당한 공기를 수송할 수 있어야 한다.
③ 분진의 농도는 폭발범위를 벗어나 있어야 한다.
④ 분진은 화염을 전파할 수 있는 크기로 분포해야 한다.

정답　15. ①　16. ③　17. ③

18 물질의 화재 위험성에 대한 설명으로 틀린 것은?

① 인화점이 낮을수록 위험하다.
② 발화점이 높을수록 위험하다.
③ 연소범위가 넓을수록 위험하다.
④ 착화에너지가 낮을수록 위험하다.

[해설] 발화점이 낮을수록 위험하다.

19 프로판 1kg을 완전연소시키면 약 몇 kg의 CO_2가 생성되는가?

① 2kg
② 3kg
③ 4kg
④ 5kg

[해설] $C_3H_8 + 5O_2 \rightarrow 3CO_2 + 4H_2O$

44kg　　5×32kg　　3×44kg　　4×18kg

∴ 44kg = 3×44kg

　1kg = x

$x = \dfrac{1kg \times 3 \times 44kg}{44kg} = 3kg/kg$

20 탄소 2kg을 완전연소시켰을 때 발생된 연소가스(CO_2)의 양은 얼마인가?

① 3.66kg
② 7.33kg
③ 8.89kg
④ 12.34kg

[해설] $C + O_2 \rightarrow CO_2$

12kg　　32kg　　44kg

2kg　　　　　　x

$x = \dfrac{2kg \times 44kg}{12kg} = 7.33kg$

정답 18. ②　19. ②　20. ②

제2과목 : 가스설비

21. Vapor – Rock 현상의 원인과 방지 방법에 대한 설명으로 틀린 것은?
① 흡입관 지름을 작게 하거나 펌프의 설치위치를 높게 하여 방지할 수 있다.
② 흡입관로를 청소하여 방지할 수 있다.
③ 흡입관로의 막힘, 스케일 부착 등에 의해 저항이 증대했을 때 원인이 된다.
④ 액 자체 또는 흡입배관 외부의 온도가 상승될 때 원인이 될 수 있다.

[해설] 흡입관지름을 크게하거나 펌프의 설치위치를 낮게한다.
[참고] 베이퍼록현상 : 저비점액체이송 시 펌프입구쪽에서 액체가 끓는 현상

22. 가스 용기재료의 구비조건으로 가장 거리가 먼 것은?
① 내식성을 가질 것
② 무게가 무거울 것
③ 충분한 강도를 가질 것
④ 가공 중 결함이 생기지 않을 것

[해설] 가스용기재료의 구비조건
① 경량일것
② 내식성 내마모성을 가질 것
③ 가공 중 결함이 생기지 않을 것
④ 충분한 강도를 가질 것
⑤ 저온이나 충격하중 등에 견딜 것

23. 전양정이 54m, 유량이 1.2m³/min인 펌프로 물을 이송하는 경우, 이 펌프의 축동력은 약 몇 PS인가?(단, 펌프의 효율은 80%, 물의 밀도는 1g/cm³이다.)
① 13
② 18
③ 23
④ 28

[해설] $PS = \dfrac{1000 \times 1.2 \times 54}{75 \times 0.8 \times 60} = 18PS$

[정답] 21. ① 22. ② 23. ②

24 가연성가스를 충전하는 차량에 고정된 탱크 및 용기에 부착되어 있는 안전밸브의 작동 압력으로 옳은 것은?

① 상용압력의 1.5배 이하
② 상용압력의 10분의 8 이하
③ 내압시험 압력의 1.5배 이하
④ 내압시험 압력의 10분의 8 이하

[해설] 안전밸브작동압력 = 내압시험압력 × $\frac{8}{10}$ 배 이하

= 상용압력 × 1.5 × $\frac{8}{10}$ 배 이하

25 고압가스 설비에 설치하는 압력계의 최고 눈금은?

① 상용압력의 2배 이상, 3배 이하
② 상용압력의 1.5배 이상, 2배 이하
③ 내압시험 압력의 1배 이상, 2배 이하
④ 내압시험 압력의 1.5배 이상, 2배 이하

[해설] 고압가스설비 압력계 최고눈금 : 상용압력의 1.5배 이상~2배 이하

26 펌프에서 일어나는 현상 중, 송출압력과 송출유량 사이에 주기적인 변동이 일어나는 현상은?

① 서징현상
② 공동현상
③ 수격현상
④ 진동현상

[해설] 서징현상 : 송출압력과 송출유량 사이에서 주기적인 변동으로 인해 압력계 지침이 흔들리는 현상

방지법 : ① 배관내 경사를 완만하게 고려한다.
② 가이드베인을 컨트롤해 풍량을 감소시킨다.
③ 교축밸브를 압축기 가까이 설치한다.
④ 회전수를 적당히 변화시킨다.

발생원인 : ① 배관중에 공기탱크나 물탱크가 있을 때
② 수량조절밸브가 저장탱크 뒤쪽에 있을 때
③ 펌프운전시 운동, 양정, 토출량이 변화시

정답 24. ④ 25. ② 26. ①

참고 ① 캐비테이션 : 유수 중에 어느부분의 정압이 그때 물의 온도에 해당하는 증기압 이하로 되어 물이 증발을 일으키고 수중에 용입되어 있던 공기가 낮은 압력으로 인하여 기포가 발생하는 현상으로 공동현상이라고도 한다.
  ㉮ 영향
    ㉠ 소음과 진동발생
    ㉡ 깃에 대한 침식
    ㉢ 양정곡선과 효율곡선의 저하
  ㉯ 발생조건
    ㉠ 흡입 양정이 지나치게 길 때   ㉡ 과속으로 유량이 증대될 때
    ㉢ 관로 내의 온도상승 시   ㉣ 마찰저항 증대시
  ㉰ 방지대책
    ㉠ 양흡입 펌프를 사용한다.
    ㉡ 수직축 펌프를 사용하고 회전차를 수중에 잠기게 한다.
    ㉢ 펌프를 두 대 이상 설치한다.
    ㉣ 펌프의 회전수를 낮춘다.
    ㉤ 펌프의 설치위치를 낮추어 흡입양정을 짧게 한다.
    ㉥ 관지름을 크게 하고 흡입측의 저항을 최소로 줄인다.

② 수격작용(water hammering) : 펌프에서 물을 압송하고 있을 때 정전 등으로 급히 펌프가 멈추거나 수량조절 밸브를 급히 폐쇄할 때 관내 유속이 급속히 변화하면 물에 의한 심한 압력의 변화가 생겨 관벽을 치는 현상을 수격작용이라고 한다.

27 냉동기에 대한 옳은 설명으로만 모두 나열된 것은?

Ⓐ CFC 냉매는 염소, 불소, 탄소만으로 화합된 냉매이다.
Ⓑ 물은 비체적이 커서 증기 압축식 냉동기에 적당하다.
Ⓒ 흡수식 냉동기는 서로 잘 용해하는 두 가지 물질을 사용한다.
Ⓓ 냉동기의 냉동효과는 냉매가 흡수한 열량을 뜻한다.

① Ⓐ, Ⓑ
② Ⓑ, Ⓒ
③ Ⓐ, Ⓓ
④ Ⓐ, Ⓒ, Ⓓ

해설 ⊙ 흡수식 냉동기

냉매	흡수제
물	LiBr(리튬브로마이드)
NH_3	물

정답 27. ④

28 정류(Rectification)에 대한 설명으로 틀린 것은?
① 비점이 비슷한 혼합물의 분리에 효과적이다.
② 상층의 온도는 하층의 온도보다 높다.
③ 환류비를 크게 하면 제품의 순도는 좋아진다.
④ 포종탑에서는 액량이 거의 일정하므로 접촉효과가 우수하다.

[해설] 상층의 온도는 하층의 온도보다 낮다.

29 동일한 펌프로 회전수를 변경시킬 경우 양정을 변화시켜 상사 조건이 되려면 회전수와 유량은 어떤 관계가 있는가?
① 유량에 비례한다.
② 유량에 반비례 한다.
③ 유량의 2승에 비례한다.
④ 유량의 2승에 반비례 한다.

[해설] 펌프의 상사 법칙

$$Q' = Q \times \left(\frac{N_2}{N_1}\right) \times \left(\frac{D_2}{D_1}\right)^3 \qquad H' = H \times \left(\frac{N_2}{N_1}\right)^2 \times \left(\frac{D_2}{D_1}\right)^2$$

$$kW' = kW \times \left(\frac{N_2}{N_1}\right)^3 \times \left(\frac{D_2}{D_1}\right)^5$$

30 직류전철 등에 의한 누출전류의 영향을 받는 배관에 적합한 전기방식법은?
① 희생양극법
② 교호법
③ 배류법
④ 외부전원법

[해설] 전기방식법
① 강제 배류법

장점	단점
• 전류전압 조정이 용이하며 효과가 좋다. • 전철의 휴지기간 중에도 방식이 가능하고 간접작용이 없다. • 외부 전원방식에 비해 유지비용이 적다.	• 전원이 별도 필요 • 다른 매설금속체의 장해(간섭)에 관하여 검토가 필요 • 전철의 신호장애에 관한 검토 필요

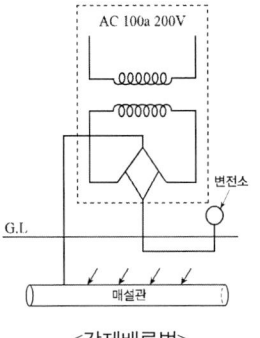

<강제배류법>

정답 28. ② 29. ③ 30. ③

② 유전 양극법

장점	단점
• 다른 매설금속체에 방해 작용이 없다. • 소규모 설비에는 경제적이다. • 시공이 단순하다. • 과방식의 염려가 없다.	• 전류 조절이 불가능 • 정기적으로 전극(양극)을 보충할 필요가 있다. • 방식범위가 좁다. • 대규모 설비시 시설비가 많이 든다. • 강한 전식에는 무력하다.

<유전양극법>

③ 선택 배류법

장점	단점
• 전철의 전류를 활용할 수 있으므로 별도 유지비가 필요하다. • 전철 운행동안에는 자연히 방식된다. • 시공비가 별도로 들지 않는다.	• 과방식의 우려가 있다. • 다른 매설금속체의 간섭 우려가 없다. • 전철과의 관계위치에 의한 효과범위가 변화될 수 있다. • 전철의 휴지기간 또는 레일 전위가 높은 경우에도 효과가 없다.

<선택배류법>

④ 외부 전원법

장점	단점
• 전극 수명이 길다. • 방식 범위가 넓다. • 전압 전류 조정이 가능하다. • 대형설비에는 전원 장치 수를 적게 할 수 있어 경제적이다.	• 초기 시공비가 많이 든다. • AC전원이 필요하다. • 강력한 다른 매설체의 간섭 우려가 있다.

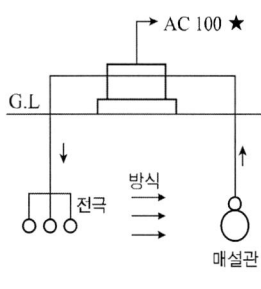

<외부전원법>

31 기화장치의 성능에 대한 설명으로 틀린 것은?
① 온수가열방식은 그 온수의 온도가 80℃ 이하이어야 한다.
② 증기가열방식은 그 온수의 온도가 120℃ 이하이어야 한다.
③ 기화통 내부는 밀폐구조로 하며 분해할 수 없는 구조로 한다.
④ 액유출방지장치로서의 전자식밸브는 액화가스 인입부의 필터 또는 스트레이너 후단에 설치한다.

해설》 기화장치의 성능
① 온수가열방식 온도 80℃ 이하
② 증기가열방식 온도 120℃ 이하
③ 접지저항값 10Ω 이하
④ 압력계최고눈금 : 상용압력 1.5배 이상 2배 이하
⑤ 안전장치 : $TP \times \dfrac{8}{10}$ 이하에서 작동
⑥ 내압시험 : 상용압력×1.5

32 도시가스 정압기 출구 측의 압력이 설정압력보다 비정상적으로 상승하거나 낮아지는 경우에 이상 유무를 상황실에서 알 수 있도록 알려 주는 설비는?
① 압력기록장치　　　　　　② 이상압력통보설비
③ 가스 누출경보장치　　　　④ 출입문 개폐통보장치

33 LNG 수입기지에서 LNG를 NG로 전환하기 위하여 가열원을 해수로 기화시키는 방법은?
① 냉열기화　　　　　　　　② 중앙매체식기화기
③ Open Rack Vaporizer　　　④ Submerged Conversion Vaporizer

해설》 오픈랙기화기 : LNG를 NG로 전환하기 위하여 가열원을 해수로 기화시키는 방법

정답　31. ③　32. ②　33. ③

34
사용압력이 60kg/cm², 관의 허용응력이 20kg/mm²일 때의 스케줄 번호는 얼마인가?
① 15
② 20
③ 30
④ 60

[해설] sch.no(스케줄번호) $= \dfrac{P}{S} \times 10 = \dfrac{60}{20} \times 10 = 30$

35
도시가스 배관 등의 용접 및 비파괴검사 중 용접부의 육안검사에 대한 설명으로 틀린 것은?
① 보강 덧붙임은 그 높이가 모재 표면보다 낮지 않도록 하고, 3mm 이상으로 할 것
② 외면의 언더컷은 그 단면이 V자형으로 되지 않도록 하며, 1개의 언더컷 길이 및 깊이는 각각 30mm 이하 및 0.5mm 이하일 것
③ 용접부 및 그 부근에는 균열, 아크 스트라이크, 위해하다고 인정되는 지그의 흔적, 오버랩 및 피트 등의 결함이 없을 것
④ 비드 형상이 일정하며, 슬러그, 스패터 등이 부착되어 있지 않을 것

[해설] 보강 덧붙임은 그 높이가 모재 표면보다 낮지않도록 하고 3mm 미만으로 할 것

36
재료의 성질 및 특성에 대한 설명으로 옳은 것은?
① 비례 한도 내에서 응력과 변형은 반비례한다.
② 안전율은 파괴강도와 허용응력에 각각 비례한다.
③ 인장시험에서 하중을 제거시킬 때 변형이 원상태로 되돌아가는 최대 응력값을 탄성한도라 한다.
④ 탄성한도 내에서 가로와 세로 변형률의 비는 재료에 관계없이 일정한 값이 된다.

[정답] 34. ③ 35. ① 36. ④

37

도시가스 제조공정 중 촉매 존재하에 약 400~800℃의 온도에서 수증기와 탄화수소를 반응시켜 CH_4, H_2, CO, CO_2 등으로 변화시키는 프로세스는?

① 열분해프로세스 ② 부분연소프로세스
③ 접촉분해프로세스 ④ 수소화분해프로세스

해설 ⊙ 도시가스 제조법
① 열분해공정(팔구만)
  ㉠ 분자량이 큰 탄화수소(나프타, 원유, 중유)를 800~900℃ 정도로 열분해하여 10000kcal/m³ 정도의 가스를 제조
  ㉡ 원료가스와의 경유, 타르 등 처리설비, 배수처리 설비 필요
  ㉢ 생성물은 에탄, 에틸렌, 수소, 메탄, 프로필렌 등의 가스상 탄화수소와 벤젠, 톨루엔, 나프탈렌, 타르 등으로 분해
  ㉣ 연소가스외의 SO_2 등의 비연료가스를 제거하는 설비가 필요하다.
② 수첨해공정(수소화분해공정)
  ㉠ 반응온도 700~800℃, 압력은 20~60기압이다.
  ㉡ 원료는 나프타 및 LPG
  ㉢ 반응기내에서 순환하고 있는 가스량과 원료 송입량과의 비 1:10이다.
  ㉣ 7500~10000kcal/m³ 정도의 열량 얻음
③ 대체 천연가스 공정
  ㉠ LPG 원유에 수분, 산소, 수소를 반응시켜 수증기 재질, 부분연소, 수첨분해 등에 의해 가스화
  ㉡ 메탄합성, 탈탄산 등의 공정과 병용해서 천연가스와 거의 일치하는 가스를 제조하는 과정

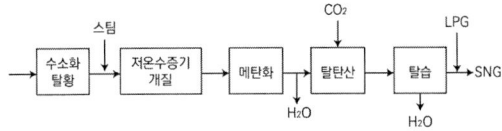

④ 부분연소공정
  ㉠ 메탄에서 나프타까지의 탄화수소를 원료로 하여 탄화수소를 분해에 필요한 열을 노내에 산소 또는 공기를 흡입시킴에 의해 원료일부를 연소시켜 2000~3000kcal/Nm³ 정도의 가스를 제조
  ㉡ $aC_mH_n + bH_2O + cO_2 + dN_2 \rightarrow eCO_2 + fCO_2 + gH_2 + hCH_4 + iC + jH_2O + kH_2$
⑤ 접촉분해공정
  ㉠ 촉매를 사용하여 반응온도 400~800℃에서 탄화수소와 수증기를 반응시켜 메탄, 일산화탄소, 에탄, 에틸렌, 프로필렌 등의 저급 탄화수소를 변화하는 반응
  ㉡ $aC_mH_n + bH_2O \rightarrow cH_2 + dCO + eCO_2 + fCH_4 + gC + hH_2O$
  ㉢ 특징
    ⓐ 반응온도 상승시(700℃ 이상) : 일산화탄소, 수소 많은 저발열량가스 생성 이산화탄소, 메탄 적은 저발열량 가스 생성
    ⓑ 반응압력 상승시 : 일산화탄소, 수소 적은 저발열량가스 생성 이산화탄소, 메탄 많은

정답 37. ③

저발열량가스 생성
ⓒ 수증기비가 증가시 : 이산화탄소, 수소 증가, 일산화탄소, 메탄 감소
수증기비가 감소시 : 이산화탄소, 수소 감소, 일산화탄소, 메탄 증가
② 종류
ⓐ 사이클링식 접촉 분해공정 : 천연가스에서 원유가스 700~800℃에서 저압으로 니켈 촉매하에 수증기를 반응시켜 CO_2, CO, H_2가 주성분인 가스 제조
ⓑ 저온수증기 개질 프로세스 : 액화석유가스에서 나프타까지 450~500℃ 니켈 촉매하에 $20kg/cm^2$ 전·후의 압력으로 수증기를 반응하여 CH_4이 주성분인 가스제조, 열량은 $6500kcal/N \cdot m^3$)
ⓒ 고온수증기 개질 프로세스 : 천연가스에서 나프타까지 650~800℃에서 니켈 촉매하에 $35kg/cm^2$ 압력으로 수증기를 반응하여 H_2가 주성분인 고발열량 가스 제조

38

천연가스의 비점은 약 몇 ℃인가?
① -84
② -162
③ -183
④ -192

해설 비점
① 아세틸렌 : –84℃
② 산소 : –183℃
③ 질소 : –196℃
④ 수소 : –253℃
⑤ 프로판 : –42.1℃
⑥ 부탄 : –0.5℃ 등

39

자연기화와 비교한 강제기화기 사용 시 특징에 대한 설명으로 틀린 것은?
① 기화량을 가감할 수 있다.
② 공급가스의 조성이 일정하다.
③ 설비장소가 커지고 설비비는 많이 든다.
④ LPG 종류에 관계없이 한랭 시에도 충분히 기화된다.

해설 강제기화기 사용시 특징
① 한랭시에도 연속적으로 충분한 가스를 공급할 수 있다.
② 공급가스의 조성이 일정하다.
③ 기화량 가감용이
④ 설치면적이 적다.

정답 38. ② 39. ③

40 저압 가스 배관에서 관의 내경이 1/2로 되면 압력손실은 몇 배가 되는가?(단, 다른 모든 조건은 동일한 것으로 본다.)
① 4 ② 16
③ 32 ④ 64

해설 ▶ $Q = K\sqrt{\dfrac{D^5 \cdot h}{S \cdot L}}$

$Q^2 = K^2 \times \dfrac{D^5 \times h}{S \times L}$

$\therefore h = \dfrac{K^2 \times S \times L}{D^5 \times L} = \dfrac{1}{\dfrac{1}{2}} = 2^5 = 32$배

제3과목 : 가스안전관리

41 일정 기준 이상의 고압가스를 적재 운반 시에는 운반책임자가 동승한다. 다음 중 운반책임자의 동승기준으로 틀린 것은?
① 가연성 압축가스 : 300m³ 이상
② 조연성 압축가스 : 600m³ 이상
③ 가연성 액화가스 : 4000kg 이상
④ 조연성 액화가스 : 6000kg 이상

해설 ▶ 운반책임자 동승기준

성질	압축가스	액화가스
독성	100m³이상	1Ton이상
가연성	300m³이상	3Ton이상
조연성	600m³이상	6Ton이상

정답 40. ③ 41. ③

42 일반도시가스사업제조소의 도로 밑 도시가스배관 직상단에는 배관의 위치, 흐름방향을 표시한 라인마크(Line Mark)를 설치(표시)하여야 한다. 직선 배관인 경우 라인마크의 최소 설치간격은?
① 25m
② 50m
③ 100m
④ 150m

[해설] 라인마크의 최소설치간격 : 50m

43 산소 용기를 이동하기 전에 취해야 할 사항으로 가장 거리가 먼 것은?
① 안전밸브를 떼어 낸다.
② 밸브를 잠근다.
③ 조정기를 떼어 낸다.
④ 캡을 확실히 부착한다.

44 고압가스 분출 시 정전기가 가장 발생하기 쉬운 경우는?
① 가스의 온도가 높을 경우
② 가스의 분자량이 적을 경우
③ 가스 속에 액체 미립자가 섞여 있을 경우
④ 가스가 충분히 건조되어 있을 경우

[해설] 고압가스분출시 정전기가 가장 발생하기 쉬운 경우 가스속에 액체미립자가 섞여 있을 경우

45 공기액화분리장치의 액화산소 5L 중에 메탄 360mg, 에틸렌 196mg이 섞여 있다면 탄화수소 중 탄소의 질량(mg)은 얼마인가?
① 438
② 458
③ 469
④ 500

[해설] 탄화수소 중 탄소의 질량
$$\left(\left(\frac{12}{16}\times 350\right)+\left(\frac{24}{28}\times 196\right)\right)=438\,\mathrm{mg}$$

정답 42. ② 43. ① 44. ③ 45. ①

46 액화석유가스 저장탱크에서 자동차에 고정된 탱크에서 가스를 이입할 수 있도록 로딩 암을 건축물 내부에 설치할 경우 환기구를 설치하여야 한다. 환기구 면적의 합계는 바닥면적의 얼마 이상을 기준으로 하는가?
① 1%
② 3%
③ 6%
④ 10%

해설 〉 자동차에 고정된 탱크에서 가스를 이입할 수 있도록 로딩암을 건축물 내부에 설치할 경우 환기구 면적의 합계는 바닥면적의 6% 이상

47 가연성가스를 충전하는 차량에 고정된 탱크에 설치하는 것으로, 내압시험 압력의 10분의 8 이하의 압력에서 작동하는 것은?
① 역류방지밸브
② 안전밸브
③ 스톱밸브
④ 긴급차단장치

해설 〉 안전밸브작동압력=TP×$\frac{8}{10}$ 배 이하

48 내용적이 25000L인 액화산소 저장탱크의 저장능력은 얼마인가?(단, 비중은 1.04이다.)
① 26000kg
② 23400kg
③ 22780kg
④ 21930kg

해설 〉 W=0.9dV_2=0.9×1.04×25000=23400kg

정답 46. ③ 47. ② 48. ②

49
다음 중 특정고압가스에 해당하는 것만으로 나열된 것은?
① 수소, 아세틸렌, 염화수소, 천연가스, 포스겐
② 수소, 산소, 액화석유가스, 포스핀, 압축 디보레인
③ 수소, 염화수소, 천연가스, 포스겐, 포스핀
④ 수소, 산소, 아세틸렌, 천연가스, 포스핀

해설 특정고압가스
① 디실란(SiH_6) ② 포스핀(PH_3)
③ 게르만(GeH_4) ④ 셀렌화수소(H_2Se)
⑤ 압축디보레인(B_2H_6) ⑥ 압축모노실란(SiH_4)
⑦ 액화알진(AsH_3) ⑧ 삼불화인, 삼불화질소, 삼불화붕소
⑨ 사불화유황, 사불화규소 ⑩ 오불화인(PF_5), 오불화비소(BiF_5)
⑪ 산소, 수소, 아세틸렌, 액화염소, 천연가스

50
냉동기를 제조하고자 하는 자가 갖추어야 할 제조설비가 아닌 것은?
① 프레스 설비   ② 조립 설비
③ 용접 설비   ④ 도막측정기

해설 냉동기를 제조하고자 하는자가 갖추어야 할 제조설비
① 용접설비   ② 조립설비
③ 프레스설비

51
고압가스 용기의 보관에 대한 설명으로 틀린 것은?
① 독성가스, 가연성가스 및 산소용기는 구분한다.
② 충전용기 보관은 직사광선 및 온도와 관계없다.
③ 잔가스 용기와 충전용기는 구분한다.
④ 가연성가스 용기보관장소에는 방폭형 휴대용 손전등 외의 등화를 휴대하지 않는다.

해설 충전용기의 보관은 직사광선을 피할 것

정답 49. ④ 50. ④ 51. ②

52
다음 중 독성가스와 그 제독제가 옳지 않게 짝지어진 것은?
① 아황산가스 : 물
② 포스겐 : 소석회
③ 황화수소 : 물
④ 염소 : 가성소다 수용액

해설 제독제
① 염소 : 소석회, 가성소다, 탄산소다
② 포스겐 : 가성소다, 소석회
③ 황화수소 : 가성소다, 탄산소다
④ 시안화수소 : 가성소다
⑤ 아황산가스 : 물, 가성소다, 탄산소다

53
LP가스 사용시설의 배관 내용적이 10L인 저압 배관에 압력계로 기밀시험을 할 때 기밀시험 압력 유지시간은 얼마인가?
① 5분 이상
② 10분 이상
③ 24분 이상
④ 48분 이상

해설 배관내용적에 따른 기밀시험 압력자유시간

배관 내용적	기밀시험 압력자유시간
10L 이하	5분
10L 초과 50L 이하	10분
50L 초과	24분

54
고압가스 용기 파열사고의 주요 원인으로 가장 거리가 먼 것은?
① 용기의 내압력(耐壓力) 부족
② 용기밸브의 용기에서의 이탈
③ 용기내압(內壓)의 이상상승
④ 용기 내에서의 폭발성혼합가스의 발화

해설 고압용기 파열사고의 원인
① 용기 내압의 이상상승
② 용기 내에서 폭발성 혼합가스의 발화
③ 용기 내압력 부족
④ 외부에서의 충격

정답 52. ③ 53. ① 54. ②

55
차량에 고정된 탱크의 운반기준에서 가연성가스 및 산소탱크의 내용적은 얼마를 초과할 수 없는가?

① 18000L
② 12000L
③ 10000L
④ 8000L

해설 저장탱크의 내용적
① 가연성, 산소 : 18000L 이하(LPG 제외)
② 독성가스 : 12000L 이하(NH_3 제외)

56
수소의 성질에 관한 설명으로 틀린 것은?
① 모든 가스 중에 가장 가볍다.
② 열전달률이 아주 작다.
③ 폭발범위가 아주 넓다.
④ 고온, 고압에서 강제 중의 탄소와 반응한다.

해설 수소
① 고온, 고압에서 강제 중의 탄소와 반응한다.
② 폭발범위가 넓다.(4~75%)
③ 열전달률이 크다.
④ 모든 가스 중에서 가장 가볍다.
⑤ 고온, 고압에서 질소와 반응하여 NH_3 생성
$N_2 + 3H_2 \rightarrow 2NH_3 + 24kcal$
⑥ 수소는 고온에서는 금속산화물 환원시키는 성질이 있다.
$CuO + 2H_2 \rightarrow CH_4 + 3Fe$
⑦ 탈탄방지원소 : V, Mo, Ti, W, Cr

57
액화염소 2000kg을 차량에 적재하여 운반할 때 휴대하여야 할 소석회는 몇 kg 이상을 기준으로 하는가?

① 10
② 20
③ 30
④ 40

해설 휴대하여야할 소석회(염소, 포스겐, 염산, 아황산가스)
· 액화가스 질량 1000kg 미만 : 20kg 이상
· 액화가스 질량 1000kg 이상 : 40kg 이상

정답 55. ① 56. ② 57. ④

58 아세틸렌가스를 2.5MPa의 압력으로 압축할 때 첨가하는 희석제가 아닌 것은?
① 질소
② 메탄
③ 일산화탄소
④ 산소

해설⇒ 아세틸렌 희석제
① 메탄
② 일산화탄소
③ 에틸렌
④ 질소

59 용접부의 용착상태의 양부를 검사할 때 가장 적당한 시험은?
① 인장시험
② 경도시험
③ 충격시험
④ 피로시험

해설⇒ 인장시험 : 용접부의 용착상태의 양부를 검사시 가장 적당

60 용기에 의한 액화석유가스 사용시설에서 과압안전장치 설치 대상은 자동절체기가 설치된 가스설비의 경우 저장능력의 몇 kg 이상인가?
① 100kg
② 200kg
③ 400kg
④ 500kg

해설⇒ 액화석유가스 사용시설에서 과압안전장치 설치 대상은 자동절체기가 설치된 가스설비의 경우 저장능력 500kg 이상

정답 58. ④ 59. ① 60. ④

제4과목 : 가스계측

61 염소(Cl_2)가스 누출 시 검지하는 가장 적당한 시험지는?
① 연당지
② KI-전분지
③ 초산벤젠지
④ 염화제일구리착염지

해설) 시험지명 및 변색상태
- 암모니아 : 적색리트머스 시험지 : 청색변
- 염소 : KI전분지 : 청색변
- 시안화수소 : 질산구리벤젠지 : 청색변
- 일산화탄소 : 염화파라듐지 : 흑색변
- 황화수소 : 연당지 : 흑색변
- 아세틸렌 : 염화제1동착염지 : 적색
- 아황산가스 : 암모니아적신헝겊 : 흰연기
- 포스겐 : 하리슨시험지 : 심등색

62 바이메탈 온도계에 사용되는 변환 방식은?
① 기계적 변환
② 광학적 변환
③ 유도적 변환
④ 전기적 변환

63 내경 50mm의 배관에서 평균유속 1.5m/s의 속도로 흐를 때의 유량(m^3/h)은 얼마인가?
① 10.6
② 11.2
③ 12.1
④ 16.2

해설) $Q = A \times V$
$= 0.785 \times 0.05^2 \times 1.5 \times 3600 = 10.5975 m^3/h$

정답 61. ② 62. ① 63. ①

64 가스미터의 종류 중 정도(정확도)가 우수하여 실험실용 등 기준기로 사용되는 것은?
① 막식 가스미터　　② 습식 가스미터
③ Roots 가스미터　　④ Orifice 가스미터

해설 ▶ 가스미터 종류

막식가스미터	기차습식가스미터	루츠식
① 저가이다. ② 부착 후 유지관리에 시간을 요하지 않는다. ③ 대용량은 설치면적이 크다. ④ 가정용 ⑤ 1.5~200m³/h	① 기차변동이 거의 없다. ② 계량이 정확하다. ③ 수위조정등의 관리 필요 ④ 설치면적이 크다. ⑤ 실험실용 ⑥ 0.2~3000m³/h	① 대유량가스 측정 적합 ② 중압가스계량가능 ③ 설치면적 적다 ④ 소유량에서는 부동의 우려 ⑤ 스트레이너 설치 후 유지관리필요 ⑥ 대량수요가(공업용) ⑦ 100~5000m³/h

65 다음 중 계통오차가 아닌 것은?
① 계기오차　　② 환경오차
③ 과오오차　　④ 이론오차

해설 ▶ 계통오차
① 이론오차　　② 환경오차
③ 계기오차

66 습증기의 열량을 측정하는 기구가 아닌 것은?
① 조리개 열량계　　② 분리 열량계
③ 과열 열량계　　④ 봄베 열량계

해설 ▶ 습증기의 열량을 측정하는 기구
① 과열 열량계　　② 분리 열량계
③ 조리개열량계

정답 64. ②　65. ③　66. ④

67

수분 흡수제로 사용하기에 가장 부적당한 것은?

① 염화칼륨
② 오산화인
③ 황산
④ 실리카겔

해설 ⊃ 수분흡수제
① 염화칼륨 ② 생석회
③ 실리카겔 ④ 오산화인
⑤ 활성알루미나

68

계량, 계측기의 교정이라 함은 무엇을 뜻하는가?

① 계량, 계측기의 지시값과 표준기의 지시값과의 차이를 구하여 주는 것
② 계량, 계측기의 지시값을 평균하여 참값과의 차이가 없도록 가산하여 주는 것
③ 계량, 계측기의 지시값과 참값과의 차를 구하여 주는 것
④ 계량, 계측기의 지시값을 참값과 일치하도록 수정하는 것

해설 ⊃ 계측기의 교정 : 계량, 계측기의 지시값을 참값과 일치하도록 수정하는 것

69

전기식 제어방식의 장점으로 틀린 것은?

① 배선작업이 용이하다.
② 신호전달 지연이 없다.
③ 신호의 복잡한 취급이 쉽다.
④ 조작속도가 빠른 비례 조작부를 만들기 쉽다.

해설 ⊃ 전기제어 방식의 장점
① 신호전달거리가 300~10000m
② 신호전달의 지연이 없다.
③ 신호의 복잡한 취급이 쉽다.
④ 배선작업이 용이

정답 67. ① 68. ④ 69. ④

70 루트 가스미터에서 일반적으로 일어나는 고장의 형태가 아닌 것은?
① 부동
② 불통
③ 감도
④ 기차불량

해설> 가스미터의 고장 및 원인
① 부동 : 가스는 미터를 통과하나 미터지침이 작동하지 않는 현상
  ㉠ 감속 또는 지시장치의 기어물림 불량
  ㉡ 지시장치의 톱니바퀴의 불량
  ㉢ 계량막의 파손, 밸브의 탈락, 밸브와 밸브시트 사이에서의 누설
② 불통 : 가스가 가스미터를 통과하지 않는 고장
  ㉠ 날개 조절기능의 납땜이 떨어진 경우
  ㉡ 회전자 베어링의 마모에 의한 접촉시
  ㉢ 밸브와 밸브시트가 타르, 수분 등에 의해 고착 또는 동결시
③ 기차불량 : 부품의 마모 등에 의해 기차가 변화하는 경우 계량법에 규정된 사용공차 ±4%를 넘어서는 현상
  ㉠ 계량막이 신축하여 부피가 변화하는 경우
  ㉡ 밸브와 밸브시트 사이 또는 막패킹부에서의 누설
  ㉢ 회전부분의 마찰 저항 증가에 의한 진동

71 가스의 자기성(磁氣性)을 이용하여 검출하는 분석기기는?
① 가스크로마토그래피
② SO_2계
③ O_2계
④ CO_2계

해설> 가스의 자기성을 이용 검출하는 분석기기 : O_2계

72 가스크로마토그래피에 사용되는 운반기체의 조건으로 가장 거리가 먼 것은?
① 순도가 높아야 한다.
② 비활성이어야 한다.
③ 독성이 없어야 한다.
④ 기체 확산을 최대로 할 수 있어야 한다.

해설> 운반기체의 조건
① 순도가 높아야 한다.
② 독성이 없어야 한다.
③ 비활성이어야 한다.

정답 70. ③ 71. ③ 72. ④

73
공업용 계측기의 일반적인 주요 구성으로 가장 거리가 먼 것은?
① 전달부   ② 검출부
③ 구동부   ④ 지시부

해설 공업용 계측기의 일반적인 주요구성
① 검출부   ② 지시부
③ 전달부

74
주로 기체연료의 발열량을 측정하는 열량계는?
① Richter 열량계   ② Scheel 열량계
③ Junker 열량계   ④ Thomson 열량계

해설 기체연료의 발열량 측정
① 윤켈스(Junker)식
② 시그마식

75
막식 가스미터 고장의 종류 중 부동(不動)의 의미를 가장 바르게 설명한 것은?
① 가스가 크랭크축이 녹슬거나 밸브와 밸브시트가 타르(tar)접착 등으로 통과하지 않는다.
② 가스의 누출로 통과하나 정상적으로 미터가 작동하지 않아 부정확한 양만 측정된다.
③ 가스가 미터는 통과하나 계량막의 파손, 밸브의 탈락 등으로 계량기지침이 작동하지 않는 것이다.
④ 날개나 조절기에 고장이 생겨 회전장치에 고장이 생긴 것이다.

해설 70번 참조

76
후크의 법칙에 의해 작용하는 힘과 변형이 비례한다는 원리를 적용한 압력계는?
① 액주식 압력계   ② 점성 압력계
③ 부르동관식 압력계   ④ 링밸런스 압력계

해설 부르동관 압력계 : 후크의 법칙에 의해 작용하는 힘과 변형이 비례한다는 원리

정답 73. ③   74. ③   75. ③   76. ③

77

1kΩ 저항에 100V의 전압이 사용되었을 때 소모된 전력은 몇 W인가?
① 5　　　　② 10
③ 20　　　　④ 50

해설) 전력 = $\dfrac{1 \times 1000}{100} = 10W$

78

오리피스로 유량을 측정하는 경우 압력차가 4배로 증가하면 유량은 몇 배로 변하는가?
① 2배 증가　　　　② 4배 증가
③ 8배 증가　　　　④ 16배 증가

해설) $Q = \sqrt{P}$
$Q = \sqrt{4} = 2$배 증가

79

오르자트 가스분석기에서 CO 가스의 흡수액은?
① 30% KOH 용액　　　　② 염화제1구리 용액
③ 피로카롤 용액　　　　④ 수산화나트륨 25% 용액

해설) 오르자트 분석법
· CO_2 : KOH 30% 수용액
· O_2 : 알칼리성 피롤카롤 용액
· CO : 암모니아성 염화제1동용액

정답　77. ②　78. ①　79. ②

80 다음 [그림]과 같은 자동제어 방식은?

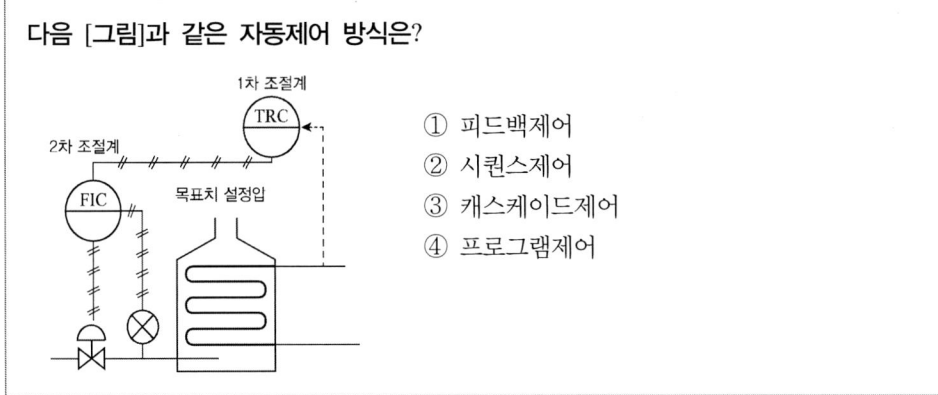

① 피드백제어
② 시퀀스제어
③ 캐스케이드제어
④ 프로그램제어

해설
- 피드백제어 : 출력측의 신호를 입력측으로 되돌려 정정동작을 행하는 제어
- 시퀀스제어 : 처음 정해진 순서에 의해 제어의 각단계를 순차적으로 제어
- 프로그램제어 : 목표값이 시간에 따라 미리결정된 일정한 제어

정답 80. ③

2019년 제4회 가스산업기사 출제문제

제1과목 : 연소공학

01 최소 점화에너지에 대한 설명으로 옳은 것은?
① 유속이 증가할수록 작아진다.
② 혼합기 온도가 상승함에 따라 작아진다.
③ 유속 20m/s 까지는 점화 에너지가 증가하지 않는다.
④ 점화 에너지의 상승은 혼합기 온도 및 유속과는 무관하다.

[해설] 최소 점화에너지
① 유속이 증가할수록 커진다.
② 유속이 20m/s 까지는 점화에너지가 증가한다.
③ 점화에너지의 상등은 혼합기온도 및 유속과 관계가 있다.
④ 혼합기온도가 상승함에 따라 작아진다.

02 기체동력 사이클 중 가장 이상적인 이론 사이클로, 열역학 제2법칙과 엔트로피의 기초가 되는 사이클은?
① 카르노사이클(Carnot cycle)
② 사바테사이클(Sabathe cycle)
③ 오토사이클(Otto cycle)
④ 브레이턴사이클(Brayton cycle)

03 분젠버너에서 공기의 흡입구를 닫았을 때의 연소나 가스라이터의 연소 등 주변에 볼 수 있는 전형적인 기체연료의 연소형태로서 화염이 전파하는 특징을 갖는 연소는?
① 분무연소
② 확산연소
③ 분해연소
④ 예비혼합연소

[해설] 확산연소 : 기체연료의 연소형태(수소, 메탄 등)

정답 01. ② 02. ① 03. ②

04

메탄을 이론공기로 연소시켰을 때 생성물 중 질소의 분압은 약 몇 kPa인가? (단, 메탄과 공기는 100kPa, 25°C에서 공급되고 생성물의 압력은 100kPa이다.)

① 36
② 71
③ 81
④ 92

해설 메탄의 연소반응식 : $CH_4 + 2O_2 \rightarrow CO_2 + 2H_2O$
이때 산소는 2mol이 들어갔지만, 이론공기로 연소시켰으므로
2mol : $x$mol = 0.21(공기중 산소 비율) : 0.79(공기 중 질소비율)
$x = \dfrac{2}{0.21} \times 0.79 = 7.52$($N_2$의 mol수)
이때 질소의 분압
= 전압(생성물의 압력) × $\dfrac{N_2 \text{mol수}}{\text{전체 mol수}} = 100 \times \dfrac{7.52(N_2)}{1(CO_2)+2(H_2O)+7.52(N_2)} ≒ 71$

05

가연성 가스의 위험성에 대한 설명으로 틀린 것은?

① 폭발범위가 넓을수록 위험하다.
② 폭발범위 밖에서는 위험성이 감소한다.
③ 일반적으로 온도나 압력이 증가할수록 위험성이 증가한다.
④ 폭발범위가 좁고 하한계가 낮은 것은 위험성이 매우 적다.

해설 폭발 범위가 넓고 하한계가 낮은 것은 위험성이 매우크다.

06

불꽃 중 탄소가 많이 생겨서 황색으로 빛나는 불꽃을 무엇이라 하는가?

① 휘염
② 층류염
③ 환원염
④ 확산염

해설 휘염 : 불꽃중 탄소가 많이 생겨서 황색으로 빛나는 불꽃

07

물질의 상변화는 일으키지 않고 온도만 상승시키는 데 필요한 열을 무엇이라고 하는가?

① 잠열
② 현열
③ 증발열
④ 융해열

해설 현열 : 상태변화 없이 온도만 변함
잠열 : 온도변화 없이 상태만 변함

정답 04. ② 05. ④ 06. ① 07. ②

08
실제가스가 이상기체 상태방정식을 만족하기 위한 조건으로 옳은 것은?
① 압력이 낮고, 온도가 높을 때
② 압력이 높고, 온도가 낮을 때
③ 압력과 온도가 낮을 때
④ 압력과 온도가 높을 때

해설) 실제가스 $\underset{\text{저온, 고압}}{\overset{\text{고온, 저압}}{\rightleftarrows}}$ 이상기체

09
가스의 연소속도에 영향을 미치는 인자에 대한 설명으로 틀린 것은?
① 연소속도는 주변 온도가 상승함에 따라 증가한다.
② 연소속도는 이론혼합기 근처에서 최대이다.
③ 압력이 증가하면 연소속도는 급격히 증가한다.
④ 산소농도가 높아지면 연소범위가 넓어진다.

해설) 압력이 증가하면 연소속도는 급격히 감소한다.

10
층류 연소속도 측정법 중 단위화염 면적당 단위시간에 소비되는 미연소 혼합기체의 체적을 연소속도로 정의하여 결정하며, 오차가 크지만 연소속도가 큰 혼합기체에 편리하게 이용되는 측정 방법은?
① Slot 버너법
② Bunsen 버너법
③ 평면 화염 버너법
④ Soap Bubble법

해설) 분젠버너법 : 단위화염 면적당 단위시간에 소비되는 미연소 혼합기체의 체적을 연소속도로 정의하여 결정하며 오차가 크지만 연소속도가 큰 혼합기체에 편리하게 이용되는 측정방법

11
아세틸렌 가스의 위험도(H)는 약 얼마인가?
① 21
② 23
③ 31
④ 33

해설) 위험도 $= \dfrac{U-L}{L} = \dfrac{81-2.5}{2.5} = 31.4$

정답 08. ① 09. ③ 10. ② 11. ③

12 전 폐쇄 구조인 용기 내부에서 폭발성가스의 폭발이 일어났을 때, 용기가 압력을 견디고 외부의 폭발성 가스에 인화할 우려가 없도록 한 방폭구조는?
① 안전증 방폭구조
② 내압 방폭구조
③ 특수 방폭구조
④ 유입 방폭구조

해설 방폭구조
① 내압(耐壓) 방폭구조 : 방폭전기기기의 용기(이하 "용기"라 한다.) 내부에서 가연성가스의 폭발이 발생할 경우 그 용기가 폭발압력에 견디고, 접합면, 개구부 등을 통하여 외부의 가연성 가스에 인화되지 아니하도록 한 구조를 말한다.
② 유입(油入) 방폭구조 : 용기 내부에 기름을 주입하여 불꽃·아크 또는 고온발생부분이 기름 속에 잠기게 함으로써 기름면 위에 존재하는 가연성가스에 인화되지 아니하도록 한 구조를 말한다.
③ 압력(壓力) 방폭구조 : 용기 내부에 보호가스(신선한 공기 또는 불황성가스)를 압입하여 내부 압력을 유지함으로써 가연성가스가 용기 내부로 유입되지 아니하도록 한 구조를 말한다.
④ 안전증(安全增) 방폭구조 : 정상운전 중에 가연성가스의 점화원이 될 전기불꽃·아크 또는 고온부분 등의 발생을 방지하기 위하여 기계적·전기적 구조상 또는 온도상승에 대하여, 특히 안전도를 증가시킨 구조를 말한다.
⑤ 본질안전(本質安全) 방폭구조 : 정상시 및 사고(단선, 단락, 지락 등) 시에 발생하는 전기불꽃·아크 또는 고온부에 의하여 가연성가스가 점화되지 아니하는 것이 점화시험, 기타 방법에 의하여 확인된 구조를 말한다.
⑥ 특수(特殊) 방폭구조 : 가연성가스에 점화를 방지할 수 있다는 것이 시험, 기타의 방법에 의하여 확인된 구조를 말한다.

[방폭전기기기의 구조별 표시방법]

방폭전기기기의 구조	표시방법
내압(耐壓)방폭구조	d
유입(油入)방폭구조	o
압력(壓力)방폭구조	p
안전증(安全增)방폭구조	e
본질안전(本質安全)방폭구조	ia 또는 ib
특수(特殊)방폭구조	s

정답 12. ②

13 C_mH_n 1 Sm³을 완전 연소시켰을 때 생기는 H_2O의 양은?

① $\frac{n}{2}$ Sm³   ② n Sm³
③ $2n$ Sm³   ④ $4n$ Sm³

해설) $C_mH_n + \left(m + \frac{n}{4}\right)O_2 \rightarrow mCO_2 + \frac{n}{2}H_2O$

14 공기 중에서 압력을 증가시켰더니 폭발범위가 좁아지다가 고압 이후부터 폭발범위가 넓어지기 시작했다. 이는 어떤 가스인가?

① 수소   ② 일산화탄소
③ 메탄   ④ 에틸렌

해설) 압력의 영향
① 수소 : 수소와 공기의 혼합가스는 10atm까지는 폭발범위가 좁아지나 그 이상의 압력에서는 다시 점차 넓어진다.
② 일산화탄소와 공기의 혼합가스는 압력이 높아질수록 폭발범위가 좁아진다.
③ 일반적으로 가스압력이 높아질수록 발화온도는 낮아지고 폭발범위는 넓어진다.

15 수소 25v%, 메탄 50v%, 에탄 25v%인 혼합가스가 공기가 혼합된 경우 폭발하한계(v%)는 약 얼마인가?(단, 폭발 하한계는 수소 4v%, 메탄 5v%, 에탄 3v%이다.)

① 3.1   ② 3.6
③ 4.1   ④ 4.6

해설) 르샤틀리에의 법칙
$$\frac{100}{L} = \frac{V_1}{L_1} + \frac{V_2}{L_2} + \frac{V_3}{L_3} \cdots \frac{V_n}{L_n}$$
$$\frac{100}{L} = \left(\frac{25}{4} + \frac{50}{5} + \frac{25}{3}\right)$$
$$\frac{100}{L} = 24.58$$
$$\therefore L = \frac{100}{24.58} = 4.068$$

정답 13. ① 14. ① 15. ③

16 다음 중 공기비를 옳게 표시한 것은?

① $\dfrac{실제공기량}{이론공기량}$ ② $\dfrac{이론공기량}{실제공기량}$

③ $\dfrac{사용공기량}{1-이론공기량}$ ④ $\dfrac{이론공기량}{1-사용공기량}$

해설⊃ 공기비(m)=과잉공기계수= $\dfrac{A_0(실제공기량)}{A_0(이론공기량)} = \dfrac{21}{21-O_2} = \dfrac{CO_2(max)\%}{CO_2(\%)} = \dfrac{N_2}{N_2-3.76O_2}$

17 난류확산화염에서 유속 또는 유량이 증대할 경우 시간이 지남에 따라 화염의 높이는 어떻게 되는가?

① 높아진다. ② 낮아진다.
③ 거의 변화가 없다. ④ 어느 정도 낮아지다가 높아진다.

18 일정온도에서 발화할 때까지의 시간을 발화지연이라 한다. 발화지연이 짧아지는 요인으로 가장 거리가 먼 것은?

① 가열온도가 높을수록 ② 압력이 높을수록
③ 혼합비가 완전산화에 가까울수록 ④ 용기의 크기가 작을수록

해설⊃ 발화지연 : 어느온도에서 가열하기 시작하여 발화에 이르기까지의 시간
　① 고온, 고압일수록 발화지연은 짧아진다.
　② 가연성가스와 산소의 혼합비가 완전산화에 가까울수록 발화지연은 짧아진다.

참고　발화점에 영향을 주는인자
　① 가연성가스와 공기의 혼합비
　② 발화가 생기는 공간의 형태와 크기
　③ 가열속도와 지속시간
　④ 기벽의 재질과 촉매 효과
　⑤ 점화원의 종류와 에너지 투여법

정답　16. ①　17. ③　18. ④

19 B, C급 분말소화기의 용도가 아닌 것은?
① 유류 화재
② 가스 화재
③ 전기 화재
④ 일반 화재

해설: 일반화재 : A급화재

20 0°C, 1atm에서 2L의 산소와 0°C, 2atm에서 3L의 질소를 혼합하여 1L로 하면 압력은 약 몇 atm이 되는가?
① 1
② 2
③ 6
④ 8

해설: $PV = P_1V_1 + P_2V_2$
$P = \dfrac{P_1V_1 + P_2V_2}{V} = \dfrac{(1\times 2)+(2\times 3)}{1} = 8\text{atm}$

제2과목 : 가스설비

21 금속의 열처리에서 풀림(annealing)의 주된 목적은?
① 강도 증가
② 인성 증가
③ 조직의 미세화
④ 강을 연하게 하여 기계 가공성을 향상

해설: 열처리
① 담금질=퀜칭
　㉠ 경도 및 강도 증가
　㉡ 30~50°C 이상 가열하여 수냉 또는 유냉시키는 방법
② 뜨임=템퍼링 : 인성증가
③ 풀림=어닐링
　㉠ 가공응력 및 내부응력제거
　㉡ 강을 연하게 하여 기계 가공성을 향상
④ 불림=노멀라이징
　㉠ 가공조직의 균일화, 결정립의 미세화
　㉡ 기계적성질의 향상, 잔류응력제거
　㉢ 30~50°C 이상 가열하여 공냉시키는 방법

정답 19. ④　20. ④　21. ④

22
원심펌프의 회전수가 1200rpm일 때 양정 15m, 송출유량 2.4m³/min, 축동력 10PS이다. 이 펌프를 2000rpm으로 운전할 때의 양정(H)은 약 몇 m가 되겠는가?(단, 펌프의 효율은 변하지 않는다.)
① 41.67　　　　　　② 33.75
③ 27.78　　　　　　④ 22.72

[해설] 양정 $= H \times \left(\dfrac{N_2}{N_1}\right)^2 = 15 \times \left(\dfrac{2000}{1200}\right)^2 = 41.666\,m$

23
가스액화 분리장치의 구성이 아닌 것은?
① 한랭 발생장치　　　② 불순물 제거장치
③ 정류(분축, 흡수)장치　④ 내부연소식 반응장치

[해설] 가스액화분리장치구성
① 한냉발생장치　② 정류(흡수)장치　③ 불순물제거 장치

24
동관용 공구 중 동관 끝을 나팔형으로 만들어 압축이음 시 사용하는 공구는?
① 익스펜더　　　　　② 플레어링 툴
③ 사이징 툴　　　　　④ 리머

[해설] 동관용공구

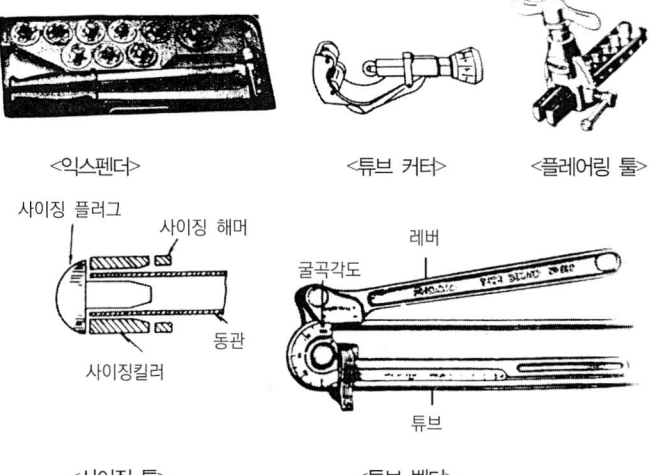

<익스펜더>　<튜브 커터>　<플레어링 툴>
<사이징 툴>　<튜브 벤더>

정답 22. ①　23. ④　24. ②

① 사이징투울 : 동관 끝을 원형으로 가공
② 튜브벤더 : 동관굽힘용
③ 튜브커터 : 동관절단
④ 익스펜더 : 동관확관용 공구
⑤ 플레어링 투울 : 동관압축접합용공구(동관끝을 나팔관모양으로 정형)

25 조정압력이 3.3kPa 이하이고 노즐 지름이 3.2mm 이하인 일반용 LP가스 압력조정기의 안전장치 분출용량은 몇 L/h 이상이어야 하는가?

① 100　　　　　　　　　　② 140
③ 200　　　　　　　　　　④ 240

해설 조정압력이 3.3kPa 이하이고 노즐지름이 3.3mm 이하인 일반용 LP가스 압력조정기의 안전장치 분출용량 : 140L/h 이상

26 시간당 50000kcal를 흡수하는 냉동기의 용량은 약 몇 냉동톤인가?

① 3.8　　　　　　　　　　② 7.5
③ 15　　　　　　　　　　 ④ 30

해설 1RT=3320kcal/h
$x = 50000\text{kcal/h}$
$x = \dfrac{1RT \times 50000\text{kcal/h}}{3320\text{kcal/h}} = 15.06RT$

27 메탄염소화에 의해 염화메틸(CH_3Cl)을 제조할 때 반응 온도는 얼마 정도로 하는가?

① 100°C　　　　　　　　　② 200°C
③ 300°C　　　　　　　　　④ 400°C

해설 메탄의 염소화 반응
$CH_4 + Cl_2 \xrightarrow{400°C} CH_3Cl + HCl$

정답 25. ②　26. ③　27. ④

28 가스 배관의 구경을 산출하는데 필요한 것으로만 짝지어진 것은?

㉮ 가스유량   ㉯ 배관길이
㉰ 압력손실   ㉱ 배관재질
㉲ 가스의 비중

① ㉮, ㉯, ㉰, ㉱
② ㉯, ㉰, ㉱, ㉲
③ ㉮, ㉯, ㉰, ㉲
④ ㉮, ㉯, ㉱, ㉲

[해설] $Q = K\sqrt{\dfrac{D^5 H}{SL}}$

$Q^2 = K \times \dfrac{D^5 \times h}{S \times L}$

$D^5 = \dfrac{Q \times S \times L}{K \times L}$

$\therefore D = \sqrt{\dfrac{Q \times S \times L}{K \times h}}$

여기서, Q(가스유량), K(폴의 정수)0.707, D(관내경)
S(가스비중), L(관길이) h(허용압력손실)

29 LPG 소비설비에서 용기의 개수를 결정할 때 고려사항으로 가장 거리가 먼 것은?

① 감압방식
② 1가구당 1일 평균가스 소비량
③ 소비자 가구수
④ 사용가스의 종류

[해설] 용기의 개수를 결정시 고려할 사항
① 소비자의 가구수
② 사용가스의 종류
③ 1가구당 1일 평균가스 소비량

30 펌프의 토출량이 6m³/min이고, 송출구의 안지름이 20cm일 때 유속은 약 몇 m/s인가?

① 1.5
② 2.7
③ 3.2
④ 4.5

[해설] $Q = A \times V$

$V = \dfrac{Q}{A} = \dfrac{6}{0.785 \times 0.2^2 \times 60} = 3.184 \, m/s$

정답 28. ③ 29. ① 30. ③

31
탱크로리로부터 저장탱크로 LPG 이송 시 잔가스 회수가 가능한 이송방법은?
① 압축기 이용법 ② 액송펌프 이용법
③ 차압에 의한 방법 ④ 압축가스 용기 이용법

해설 압축기 사용시 장점
① 이·충전시간이 짧다. ② 잔가스회수가 가능
③ 베이퍼록의 우려가 없다.

참고 펌프사용시 단점
① 이·충전시간이 길다. ② 잔가스회수가 불가능
③ 베이퍼록의 우려가 있다.

32
메탄가스에 대한 설명으로 옳은 것은?
① 담청색의 기체로서 무색의 화염을 낸다.
② 고온에서 수증기와 작용하면 일산화탄소와 수소를 생성한다.
③ 공기 중에 30%의 메탄가스가 혼합된 경우 점화하면 폭발한다.
④ 올레핀계탄화수소로서 가장 간단한 형의 화합물이다.

해설 알칸족($2n+2$) : 파라핀계탄화수소, 포화탄화수소
① 메탄 ② 에탄 ③ 프로판
④ 부탄 ⑤ C_5H_{12}(펜탄)
알켄족($2n$) : 올레핀계탄화수소, 에틸렌계탄화수소
① 에틸렌(C_2H_4) ② 프로필렌(C_3H_6)
③ 부틸렌(C_4H_8)
알킨족탄화수소($2n-2$)
① 아세틸렌(C_2H_2) ② 프로틴(C_3H_4)
③ 부타디엔(C_4H_6)
메탄
① 무색, 무취의 기체, 가연성가스(5~15%)
② 용도
㉠ $CH_4+H_2O \rightarrow CO+3H_2$
㉡ $CO+2H_2 \rightarrow CH_3OH$

정답 31. ① 32. ②

33 공기 액화장치 중 수소, 헬륨을 냉매로 하며 2개의 피스톤이 한 실린더에 설치되어 팽창기와 압축기의 역할을 동시에 하는 형식은?

① 캐스케이드식
② 캐피자식
③ 클라우드식
④ 필립스식

해설ㆍ 필립스공기액화사이클 : 수소, 헬륨을 냉매로 하며 2개의 피스톤이 한 실린더에 설치되어 팽창기와 압축기의 역할을 동시에 하는 형식

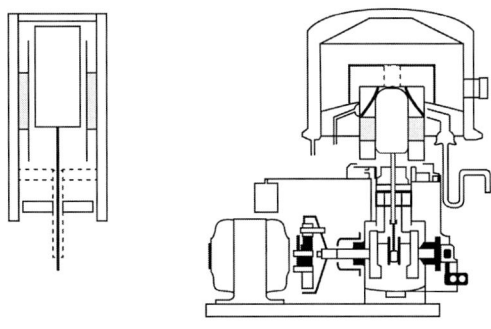

<필립스(philips)사의 공기액화기>

참고 카피자 공기액화사이클 : 공기의 압축압력은 약 7atm 정도 낮으며 열교환에 측냉기를 사용하여 원료공기를 냉각시킴과 동시에 원료공기 중의 수분과 탄산가스를 제거

34 강제 급배기식 가스온수보일러에서 보일러의 최대 가스소비량과 각 버너의 가스소비량은 표시치의 얼마 이내인 것으로 하여야 하는가?

① ±5%
② ±8%
③ ±10%
④ ±15%

35 탄소강에서 탄소 함유량의 증가와 더불어 증가하는 성질은?

① 비열
② 열팽창율
③ 탄성계수
④ 열전도율

해설ㆍ 탄소강에서 탄소함유량 증가시
① 증가 : 인장강도, 경도, 항복점, 비열, 비저항, 항자력
② 감소 : 인성, 연성, 전성, 연신율, 단면수축율, 충격치, 탄성계수, 열전도율, 열 팽창률

정답 33. ④ 34. ③ 35. ①

36
펌프의 공동현상(cavitation) 방지방법으로 틀린 것은?
① 흡입양정을 짧게 한다.
② 양흡입 펌프를 사용한다.
③ 흡입 비교 회전도를 크게 한다.
④ 회전차를 물속에 완전히 잠기게 한다.

해설 공동현상(캐비테이션)
① 영향
  ㉠ 소음과 진동발생
  ㉡ 깃의 침식
  ㉢ 양정곡선과 효율곡선 저하
② 발생조건
  ㉠ 유량증대시
  ㉡ 관로내의 온도상승시
  ㉢ 흡입양정이 지나치게 길 때
  ㉣ 흡입관입구 등에서 마찰저항 증가시
③ 방지법
  ㉠ 양흡입 펌프를 사용한다.
  ㉡ 펌프를 두 대 이상 설치한다.
  ㉢ 펌프의 회전수를 줄인다.
  ㉣ 펌프의 설치위치를 낮춘다.(흡입양정을 짧게한다.)
  ㉤ 관지름을 크게하고 유속을 줄인다.
  ㉥ 흡입측저항 요소를 줄인다.
  ㉦ 펌프임펠러를 액중에 완전히 잠기게 한다.

37
기밀성 유지가 양호하고 유량조절이 용이하지만 압력손실이 비교적 크고 고압의 대구경 밸브로는 적합하지 않은 특징을 가지는 밸브는?
① 플러그밸브
② 글로브밸브
③ 볼밸브
④ 게이트밸브

해설 볼밸브
① 용도 : 저, 중, 고압관용으로 사용
② 장, 단점
  ㉠ 배관의 안지름과 동일하여 관내흐름이 양호
  ㉡ 압력손실이 적음
  ㉢ 볼과 밸브 몸통 접촉면의 기밀성 유지 곤란
플러그밸브
① 용도 : 중, 고압용
② 장, 단점
  ㉠ 개폐신속
  ㉡ 가스관 중의 불순물에 따라 차단효과 불량

정답 36. ③ 37. ②

38 가스 충전구의 나사방향이 왼나사이어야 하는 것은?
① 암모니아 ② 브롬화메틸
③ 산소 ④ 아세틸렌

해설 › 가연성가스 : 왼나사
조연성가스, 불연성가스, 불활성가스 : 오른나사

39 공기 액화 분리장치의 폭발 원인이 될 수 없는 것은?
① 공기 취입구에서 아르곤 혼입
② 공기 취입구에서 아세틸렌 혼입
③ 공기 중 질소 화합물(NO, NO_2) 혼입
④ 압축기용 윤활유의 분해에 의한 탄화수소의 생성

해설 › 공기액화 분리장치의 폭발원인
① 액체공기중의 오존의 혼입
② 공기중의 질소화합물(NO, NO_2) 혼입
③ 압축기용 윤활유 분해에 따른 탄화수소의 생성
④ 공기 취입구에서 아세틸렌 혼입

40 밀폐식 가스연소기의 일종으로 시공성은 물론 미관상도 좋고, 배기가스 중독사고의 우려도 적은 연소기 유형은?
① 자연배기(CF)식 ② 강제배기(FE)식
③ 자연급배기(BF)식 ④ 강제급배기(FF)식

정답 38. ④ 39. ① 40. ④

제3과목 : 가스안전관리

41 다음 중 가연성가스가 아닌 것은?
① 아세트알데히드
② 일산화탄소
③ 산화에틸렌
④ 염소

해설 ▶ 가연성가스
① 아세틸렌 : 2.5~81%
② 아세트알데히드 : 4.1~57%
③ 일산화탄소 : 12.5~74%
④ 산화에틸렌 : 3~80%
⑤ 수소 : 4~75%
⑥ 메탄 : 5~15%
⑦ 프로판 : 2.1~9.5%
⑧ 부탄 : 1.8~8.4% 등

42 산소와 혼합가스를 형성할 경우 화염온도가 가장 높은 가연성가스는?
① 메탄
② 수소
③ 아세틸렌
④ 프로판

해설 ▶ 화염온도가 높은 순서
① 아세틸렌 : 3430℃
② 부탄 : 2926℃
③ 수소 : 2900℃
④ 프로판 : 2820℃
⑤ 메탄 : 2700℃

43 차량에 고정된 탱크의 내용적에 대한 설명으로 틀린 것은?
① 액화천연가스 탱크의 내용적은 1만 8천L를 초과할 수 없다.
② 산소 탱크의 내용적은 1만 8천L를 초과할 수 없다.
③ 염소 탱크의 내용적은 1만 2천L를 초과할 수 없다.
④ 암모니아 탱크의 내용적은 1만 2천L를 초과할 수 없다.

해설 ▶ 차량에 고정된 탱크의 내용적
① 가연성 산소 : 18000L 이하(LPG 제외)
② 독성 : 12000L 이하(NH_3 제외)

정답 41. ④ 42. ③ 43. ④

44
액화석유가스의 안전관리 및 사업법상 허가대상이 아닌 콕은?
① 퓨즈콕　　　　　　　　　② 상자콕
③ 주물연소기용노즐콕　　　　④ 호스콕

해설ᗒ 액화석유가스의 안전관리 및 사업법상 허가대상 콕
　　① 퓨즈콕
　　② 상자콕
　　③ 주물연소기용 노즐콕

45
신규검사 후 경과연수가 20년 이상된 액화석유가스용 100L 용접용기의 재검사 주기는?
① 1년마다　　　　　　　　② 2년마다
③ 3년마다　　　　　　　　④ 5년마다

해설ᗒ 재검사기간

		15년 미만	15~20	20년 이상
용접용기	500L 미만	3년 마다	2년 마다	1년 마다
	500L 이상	5년 마다	2년 마다	1년 마다

이음매없는 용기
・500L 미만 : 신규검사후 경과연수가 10년 이하 5년, 10년 초과시 3년
・500L 이상 : 5년마다

46
고압가스 냉동제조시설에서 해당 냉동설비의 냉동능력에 대응하는 환기구의 면적을 확보하지 못하는 때에는 그 부족한 환기구 면적에 대하여 냉동능력 1ton 당 얼마 이상의 강제환기장치를 설치해야 하는가?
① $0.05m^3$/분　　　　　　② $1m^3$/분
③ $2m^3$/분　　　　　　　④ $3m^3$/분

해설ᗒ 환기구 면적 미확보시
　　냉동능력 1ton당 $2m^3$/min 이상의 강제환기장치 설치

정답 44. ④　45. ②　46. ③

47

기업활동 전반을 시스템으로 보고 시스템 운영 규정을 작성·시행하여 사업장에서의 사고 예방을 위하여 모든 형태의 활동 및 노력을 효과적으로 수행하기 위한 체계적이고 종합적인 안전관리체계를 의미하는 것은?

① MMS ② SMS
③ CRM ④ SSS

해설 ▸ MMS(Multi-media message service)
문자와 숫자로만 이루어진 문자메시지와 달리 동영상 사진 멜로디 등을 첨부할 수 있어 마치 유선인터넷에서 보는 것처럼 화려한 메시지를 보내는 서비스

48

가스안전성평가기법 중 정성적 안전성 평가기법은?

① 체크리스트 기법 ② 결함수분석 기법
③ 원인결과분석 기법 ④ 작업자실수분석 기법

해설 ▸ 가스안정성 평가기법
① 고장 형태 영향 분석(FMEA) 기법
  서브시스템 해저드 해석이나 시스템 해저드 해석을 위해 사용되는 전형적인 정성(定性)적, 귀납(歸納)적 해석 수법이며 시스템에 영향을 미치는 모든 요소의 고장을 형별(迥別)로 해석해서 그 영향을 검토하는 분석을 말한다.
② 원인 결과 분석(Cause-Consequence Analysis, CCA) 기법
  잠재된 사고의 결과 및 사고의 근본적인 원인을 찾아내고 사고결과와 원인 사이의 상호 관계를 예측하여 위험성을 정량(定量)적으로 평가하는 방법을 말한다.
③ 위험과 운전 분석(Hazard and Operability Studies, HAZOP) 기법
  공정에 존재하는 위험 요소들과 공정의 효율을 떨어뜨릴 수 있는 운전상의 문제점을 찾아내어 그 원인을 제거하는 방법을 말한다.
④ 결함수 분석(Fault Tree Analysis, FTA) 기법
  사고의 원인이 되는 장치의 이상이나 고장의 다양한 조합 및 작업자 실수 원인을 연역적으로 분석하는 방법을 말한다.
⑤ 이상위험도 분석(Failure Modes Effects and Criticality Analysis, FMECA) 기법
  공정 및 설비의 공장의 형태 및 영향, 고장 형태별 위험도 순위 등을 결정하는 방법을 말한다.
⑥ 사고예방질문 분석기법 : 질문을 통해 위험물 줄이는 방법

정답 47. ② 48. ①

49 다음의 액화가스를 이음매 없는 용기에 충전할 경우 그 용기에 대하여 음향검사를 실시하고 음향이 불량한 용기는 내부조명검사를 하지 않아도 되는 것은?
① 액화프로판
② 액화암모니아
③ 액화탄산가스
④ 액화염소

50 다음 중 특정고압가스가 아닌 것은?
① 수소
② 질소
③ 산소
④ 아세틸렌

해설▷ 특정고압가스
① 디실란(SiH_6)
② 포스핀(PH_3)
③ 셀렌화수소(H_2Se)
④ 압축알진(AsH_3)
⑤ 압축디보레인(B_2H_6)
⑥ 압축모노실란(SiH_4)
⑦ 삼불화인, 삼불화질소, 삼불화붕소
⑧ 사불화유황, 사불화규소
⑨ 오불화인, 오불화비소
⑩ 산소, 수소, 아세틸렌, 액화염소, 천연가스

51 도시가스용 압력조정기란 도시가스 정압기 이외에 설치되는 압력조정기로서 입구 쪽 호칭지름과 최대표시유량을 각각 바르게 나타낸 것은?
① 50A 이하, 300Nm^3/h 이하
② 80A 이하, 300Nm^3/h 이하
③ 80A 이하, 500Nm^3/h 이하
④ 100A 이하, 500Nm^3/h 이하

52 용기에 의한 액화석유가스 사용시설에서 저장능력이 100kg을 초과하는 경우에 설치하는 용기보관실의 설치기준에 대한 설명으로 틀린 것은?
① 용기는 용기보관실 안에 설치한다.
② 단층구조로 설치한다.
③ 용기보관실의 지붕은 무거운 방염재료로 설치한다.
④ 보기 쉬운 곳에 경계표지를 설치한다.

해설▷ 용기보관실 지붕은 가벼운 불연재료로 설치

정답 49. ① 50. ② 51. ① 52. ③

53. 고압가스 일반제조시설의 설치기준에 대한 설명으로 틀린 것은?

① 아세틸렌의 충전용 교체밸브는 충전하는 장소에서 격리하여 설치한다.
② 공기액화분리기로 처리하는 원료공기의 흡입구는 공기가 맑은 곳에 설치한다.
③ 공기액화분리기의 액화공기탱크와 액화산소증발기 사이에는 석유류, 유지류, 그 밖의 탄화수소를 여과, 분리하기 위한 여과기를 설치한다.
④ 에어졸제조시설에는 정압충전을 위한 레벨장치를 설치하고 공업용 제조시설에는 불꽃길이 시험장치를 설치한다.

54. 사람이 사망하거나 부상, 중독 가스사고가 발생하였을 때 사고의 통보 내용에 포함되는 사항이 아닌 것은?

① 통보자의 인적사항
② 사고발생 일시 및 장소
③ 피해자 보상 방안
④ 사고내용 및 피해현황

해설) 사람이 사망하거나 부상, 중독 가스사고가 발생하였을 때 사고의 통보내용
① 통보자의 인적사항   ② 사고발생일시 및 장소   ③ 사고내용 및 피해현황

55. 공업용 용기의 도색 및 문자표시의 색상으로 틀린 것은?

① 수소 – 주황색으로 용기도색, 백색으로 문자표기
② 아세틸렌 – 황색으로 용기도색, 흑색으로 문자표기
③ 액화암모니아 – 백색으로 용기도색, 흑색으로 문자표기
④ 액화염소 – 회색으로 용기도색, 백색으로 문자표기

해설) 공업용기 도색
청탄산 산녹에서 황아체 안주삼아 소주잔 높이들고 백암산 바라보니 염소는 갈색으로
 ①   ②   ③   ④   ⑤   ⑥   ⑥
보이고 쥐들은 기타를 치더라
          ⑦   ⑦
① 탄산가스 : 청색   ② 산소: 녹색   ③ 아세틸렌 : 황색
④ 수소 : 주황   ⑤ 암모니아 : 백색   ⑥ 염소 : 갈색
⑦ 기타 : 쥐색(회색)
가스명칭
① 아세틸렌(흑색)   ② 암모니아(흑색)   ③ LPG(적색)   ④ 기타(백색)

정답 53. ④   54. ③   55. ④

56
용기의 각인 기호에 대해 잘못 나타낸 것은?
① V : 내용적
② W : 용기의 질량
③ TP : 기밀시험압력
④ FP : 최고충전압력

해설 ▶ TP : 내압시험 압력

57
저장탱크에 의한 액화석유가스저장소에서 지상에 설치하는 저장탱크, 그 받침대, 저장탱크에 부속된 펌프 등이 설치된 가스설비실에는 그 외면으로부터 몇 m 이상 떨어진 위치에서 조작할 수 있는 냉각장치를 설치하여야 하는가?
① 2m
② 5m
③ 8m
④ 10m

해설 ▶ 살수장치 : 외면으로부터 5m이상 떨어진 위치에서 조작
물분무장치 : 외면으로부터 15m이상 떨어진 장소에서 조작

58
일반도시가스시설에서 배관 매설 시 사용하는 보호포의 기준으로 틀린 것은?
① 일반형 보호포와 내압력형 보호포로 구분한다.
② 잘 끊어지지 않는 재질로 직조한 것으로 두께는 0.2mm 이상으로 한다.
③ 최고 사용압력이 중압 이상인 배관의 경우에는 보호판의 상부로부터 30cm 이상 떨어진 곳에 보호포를 설치한다.
④ 보호포는 호칭지름에 10cm를 더한 폭으로 설치한다.

해설 ▶ 보호포의 기준
① 보호포는 호칭지름에 10cm를 더한 폭으로 설치한다.
② 최고사용압력이 중압이상인 배관의 경우에는 보호판의 상부로부터 30cm 이상 떨어진 곳에 보호포를 설치한다.
③ 잘 끊어지지 않는 재질로 직조한 것으로 두께는 0.2mm 이상으로 한다.
④ 보호포의 색상은 황색이다.

정답 56. ③ 57. ② 58. ①

59. 안전관리규정의 실시기록은 몇 년간 보존하여야 하는가?
① 1년　　② 2년
③ 3년　　④ 5년

[해설] 안전관리규정의 실시기록은 5년간 보존

60. 용기에 의한 액화석유가스 사용시설에서 호칭지름이 20mm인 가스배관을 노출하여 설치할 경우 배관이 움직이지 않도록 고정장치를 몇 m 마다 설치하여야 하는가?
① 1m　　② 2m
③ 3m　　④ 4m

[해설] 배관의 고정장치
① 관경이 13mm 미만 : 1m 마다
② 관경이 13mm 이상 33mm 미만 : 2m 미만
③ 관경이 33mm 이상 : 3m 마다

제4과목 : 가스계측

61. 압력계와 진공계 두 가지 기능을 갖춘 압력 게이지를 무엇이라고 하는가?
① 전자압력계　　② 초음파압력계
③ 부르동관(Bourdon tube) 압력계　　④ 컴파운드게이지(Compound gauge)

[해설] 컴파운드 게이지 : 압력계와 진공계 두가지 기능을 갖춘 압력게이지

62. 전기세탁기, 자동판매기, 승강기, 교통신호기 등에 기본적으로 응용되는 제어는?
① 피드백제어　　② 시퀀스제어
③ 정치제어　　④ 프로세스제어

[해설] 시퀀스제어 : 처음 정해진 순서에 의해 제어의 각 단계를 제어
① 전기세탁기　　② 자동판매기
③ 승강기　　④ 교통신호기
⑤ 에스컬레이터　　⑥ 엘리베이터
피드백제어 : 출력측의 신호를 입력측으로 되돌려 정정 동작을 행하는 제어

정답 59. ④　60. ②　61. ④　62. ②

63

가스 누출 시 사용하는 시험지의 변색 현상이 옳게 연결된 것은?

① H_2S : 전분지→청색
② CO : 염화파라듐지→적색
③ HCN : 하리슨씨시약→황색
④ C_2H_2 : 염화제일동 착염지→적색

해설 시험지명 및 변색 상태
- 암모니아 : 적색리트머스시험지 : 청색변
- 염소 : KI전분지 : 청색변
- 시안화수소 : 질산구리벤젠지 : 청색변
- 일산화탄소 : 염화파라듐지 : 흑색변
- 황화수소 : 연당지 : 흑색변
- 포스겐 : 하리슨시험지 : 심등색
- 아세틸렌 : 염화제1동착염지 : 적색
- 아황산가스 : 암모니아 적신 헝겊 : 흰연기

64

출력이 일정한 값에 도달한 이후의 제어계의 특성을 무엇이라 하는가?

① 스텝응답
② 과도특성
③ 정상특성
④ 주파수응답

해설 응답 : 입력과 출력은 결과 현상이며 자동제어에서 어떤 요소에 대한 출력의 결과를 입력에 대해 응답이라 한다.
① 정상응답 : 자동제어계가 완전히 정상상태를 유지하고 있을 때의 자동제어계의 응답
② 과도응답 : 목표의 기준값이 변하면 평형상태가 무너지고 시간이 지나 새로운 평형상태가 유지될 때의 응답
③ 주파수응답 : 정상응답을 주파수함수로 표시한 응답
④ 인디셜응답(스탭응답) : 입력과 출력이 평형상태에 있을 때 입력을 다소 변화시켜 새로운 평형상태로 변화할 때 출력의 시간적 결과를 말한다.
⑤ 과도특성 : 어느지정된 자극하에서의 과도상태가 종료될때까지의 특성

정답 63. ④ 64. ③

65 기체크로마토그래피의 측정 원리로서 가장 옳은 설명은?

① 흡착제를 충전한 관속에 혼합시료를 넣고, 용제를 유동시키면 흡수력 차이에 따라 성분의 분리가 일어난다.
② 관속을 지나가는 혼합기체 시료가 운반기체에 따라 분리가 일어난다.
③ 혼합기체의 성분이 운반기체에 녹는 용해도 차이에 따라 성분의 분리가 일어난다.
④ 혼합기체의 성분은 관내에 자기장의 세기에 따라 분리가 일어난다.

해설 가스크로마토그래피
① 캐리어가스 : H_2, He, N_2, Ar
② 부품 및 성분 : 컬럼(분리관), 기록계, 압력계, 항온조, 유량조절기, 가스샘플
③ 충진제 : 활성탄, 실리카겔, 소바비드, 물레큘러시브
④ 분리가 잘 안될 때 : 시료주입구 온도 높인다.

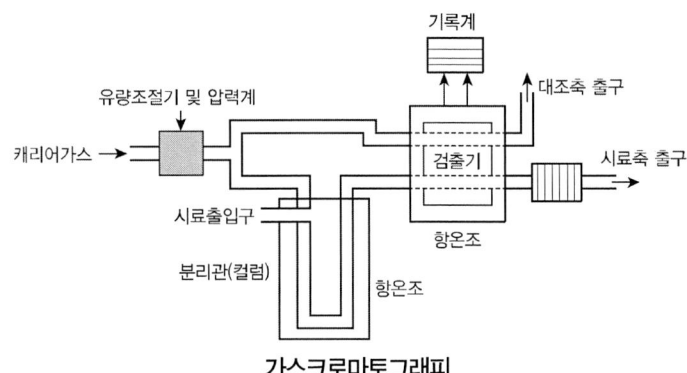

가스크로마토그래피

⑤ 종류
   ㉠ FID(수소이온검출기)
     ⓐ 전극간의 전기 전도도가 증대하는 것을 이용
     ⓑ 탄화수소에서 감도가 최고이다.(프로판, 부탄, 프로필렌 등)
     ⓒ H_2, O_2, CO, CO_2 SO_2 등은 감도가 적다.
     ⓓ 무기가스나 물에 거의 응답하지 않음
   ㉡ TCD(열전도도형검출기)
     ⓐ 금속필라멘트의 저항변화를 이용하는 것
     ⓑ 일반적으로 가장 널리 사용
   ㉢ ECD(전자포획이온화검출기)
     ⓐ 이온전류가 감소하는 것을 이용
     ⓑ 할로겐 및 산화물에서는 감도가 최고이다.
   ㉣ FPD(염광광도 검출기) : 황화합물이나 인화합물 검출

정답 65. ①

66
다음 중 기기분석법이 아닌 것은?
① Chromatography
② Iodometry
③ Colorimetry
④ Polarography

67
렌즈 또는 반사경을 이용하여 방사열을 수열판으로 모아 고온 물체의 온도를 측정할 때 주로 사용하는 온도계는?
① 열전온도계
② 저항온도계
③ 열팽창온도계
④ 복사온도계

[해설] 복사(방사)온도계 : 스테판볼쯔만의 법칙(복사열전달률은 절대온도 4승에 비례한다)

68
가스누출검지기 중 가스와 공기의 열전도도가 다른 것을 측정원리로 하는 검지기는?
① 반도체식 검지기
② 접촉연소식 검지기
③ 서머스테드식 검지기
④ 불꽃이온화식 검지기

[해설]
- 접촉연소식 검지기 : 백금필라멘트에 백금파라듐 등의 촉매를 넣고 검지소자에 산소를 함유한 가연성가스가 접촉하면 검지소자의 온도가 올라 전기저항의 변화가 비례하는 것을 이용
- 반도체식 검지기 : 산화주석을 주성분으로하여 가스가 흡착되면 이온화 반응에 의한 저항의 변화로 가스를 탐지하는 기기

69
오리피스로 유량을 측정하는 경우 압력차가 2배로 변했다면 유량은 몇 배로 변하겠는가?
① 1배
② $\sqrt{2}$ 배
③ 2배
④ 4배

[해설] $Q = \sqrt{P}$
$Q = \sqrt{2}$

정답 66. ② 67. ④ 68. ③ 69. ②

70
화씨[°F]와 섭씨[°C]의 온도눈금 수치가 일치하는 경우의 절대온도[K]는?
① 201
② 233
③ 313
④ 345

해설) $K = °C + 273$
$°C = (233 - 273) = -40°C$
$°R = °F + 460$
$°F = \frac{9}{5} \times C + 32 = \frac{9}{5} \times -40 + 32 = -40°F$
$°R = 1.8K$

71
다음 중 유체에너지를 이용하는 유량계는?
① 터빈유량계
② 전자기유량계
③ 초음파유량계
④ 열유량계

해설) 유체의 에너지를 이용한 유량계 : 터빈유량계

72
오르자트 가스분석계에서 알칼리성 피로카롤을 흡수액으로 하는 가스는?
① CO
② H_2S
③ CO_2
④ O_2

해설) 오르자트 분석법
① CO_2 : KOH 30% 수용액
② O_2 : 알칼리성 피롤카롤 용액
③ CO : 암모니아성 염화제1동용액

73
도로에 매설된 도시가스가 누출되는 것을 감지하여 분석한 후 가스누출 유무를 알려주는 가스검출기는?
① FID
② TCD
③ FTD
④ FPD

정답 70. ② 71. ① 72. ④ 73. ①

74. 고압으로 밀폐된 탱크에 가장 적합한 액면계는?

① 기포식 ② 차압식
③ 부자식 ④ 편위식

해설 ▸ 간접식 액면측정

① **차압식 액면계** : 액체의 높이 압력과 측정계기 압력과의 압력차에 의한 액면을 이용한 액면계로 종류로는 U자관식, 변위평형식, 힘평형식 등이 있다.(고압밀폐 탱크에 적합하다.)

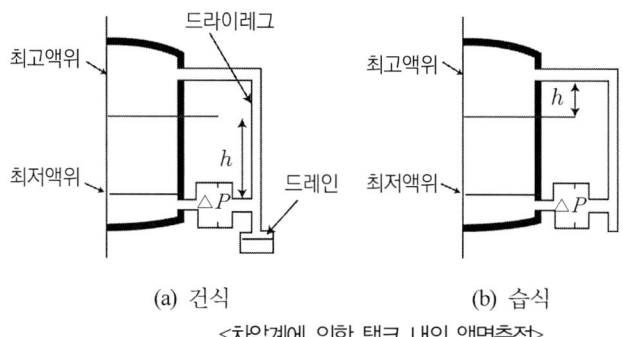

(a) 건식　　　　(b) 습식
<차압계에 의한 탱크 내의 액면측정>

② **기포식 액면계** : 기포관을 액체 탱크 밑바닥에 파이프를 연결하여 일정량의 기포로부터 압축공기를 적당한 유량으로 보내어 선단으로부터 기포를 방출시키면 기포관의 배압은 액의 정압과 같아지게 되는데 기포관의 배압을 측정하여 간접적으로 액면을 측정하는 방식이다. 기포식 액면계는 고온의 액체, 부식성 액체 및 고형물을 혼입하는 액체 등에도 사용이 가능하다.

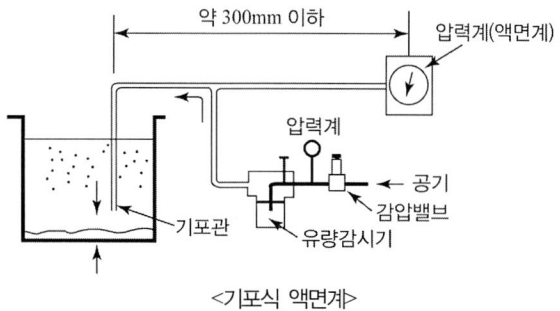

<기포식 액면계>

③ **초음파식 액면계** : 초음파의 송수신기를 설치하고 발신기로부터 발사되는 초음파가 액면에 반사되어 수신기로 되돌아오는 왕복시간을 측정하면 액면의 위치를 얻을 수 있는 것으로 액면에 접촉하지 않고 측정할 수 있어 식품이나 고압 또는 부식성이 있는 액체용의 탱크에 사용한다.

정답 74. ②

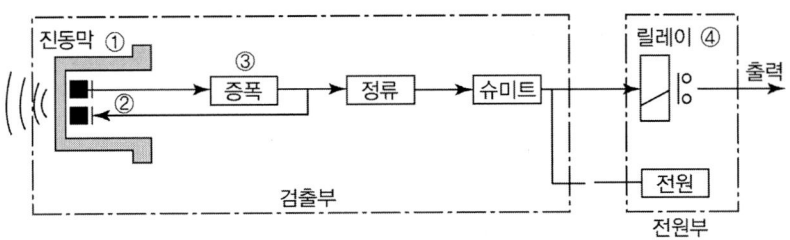

<초음파식 액면계의 제어장치>

75. 루트미터에 대한 설명으로 가장 옳은 것은?

① 설치면적이 작다.
② 실험실용으로 적합하다.
③ 사용 중에 수위 조정 등의 유지 관리가 필요하다.
④ 습식가스미터에 비해 유량이 정확하다.

해설 가스미터 종류

막식가스미터	습식가스미터	루츠식
① 저가이다. ② 부착 후 유지관리에 시간을 요하지 않는다. ③ 대용량은 설치면적이 크다. ④ 가정용 ⑤ 1.5~200m³/h	① 기차변동이 거의 없다. ② 계량이 정확하다. ③ 수위조정등의 관리 필요 ④ 설치면적이 크다. ⑤ 실험실용 ⑥ 0.2~3000m³/h	① 대유량가스 측정 적합 ② 중압가스계량가능 ③ 설치면적 적다 ④ 소유량에서는 부동의 우려 ⑤ 스트레이너 설치 후 유지관리필요 ⑥ 대량수요가(공업용) ⑦ 100~5000m³/h

정답 75. ①

76 목표치에 따른 자동제어의 종류 중 목표값이 미리 정해진 시간적 변화를 행할 경우 목표값에 따라서 변동하도록 한 제어는?
① 프로그램제어　　② 캐스케이드제어
③ 추종제어　　　　④ 프로세스제어

해설⊃　추치제어 : 목표값이 변화되는 것으로 목표값을 측정하면서 제어 목표량을 목표값에 맞추는 제어방식
① 추종제어 : 목표값이 시간에 따라 임의로 변화되는 값으로 부여한 제어이다.
② 비율제어 : 2개 이상의 제어값의 값이 정해진 비율을 보유하여 제어한다.
③ 프로그램 제어 : 목표값이 시간에 따라 미리 결정된 일정한 제어
④ 캐스케이드제어 : 1차제어장치가 제어명령을 발하고 2차제어 장치가 이 명령을 바탕으로 제어량 조절

77 공업용 액면계가 갖추어야 할 조건으로 옳지 않은 것은?
① 자동제어장치에 적용 가능하고, 보수가 용이해야 한다.
② 지시, 기록 또는 원격측정이 가능해야 한다.
③ 연속측정이 가능하고 고온, 고압에 견디어야 한다.
④ 액위의 변화속도가 느리고, 액면의 상, 하한계의 적용이 어려워야 한다.

해설⊃　액위의 변화속도가 빠르고 액면의 상, 하한계의 적용이 쉬워야 한다.

78 계량기 형식 승인 번호의 표시방법에서 계량기의 종류별 기호 중 가스미터의 표시 기호는?
① G　　　　　　　② M
③ L　　　　　　　④ H

해설⊃　① A : 수동저울　　　　② B : 지시저울
③ C : 전자식저울　　④ D : 분동
⑤ G : 전력량계　　　⑥ H : 가스미터
⑦ I : 수도미터　　　　⑧ J : 온수미터
⑨ K : 주유기　　　　⑩ L : LPG미터
⑪ M : 오일미터　　　⑫ Q : 적산열량계

정답　76. ①　77. ④　78. ④

79 감도에 대한 설명으로 옳지 않은 것은?
① 지시량 변화/측정량 변화로 나타낸다.
② 측정량의 변화에 민감한 정도를 나타낸다.
③ 감도가 좋으면 측정시간은 짧아지고 측정 범위는 좁아진다.
④ 감도의 표시는 지시계의 감도와 눈금나비로 표시한다.

해설 ▷ 감도
① 어떤 일정한 지시량의 변화를 주는 측정대상이 되는 양의 변화
② 측정량의 변화에 민감한 정도를 나타냄
③ 감도의 표시는 지시계의 감도와 눈금나비로 표시한다.
④ 지시량변화·측정량변화로 나타낸다.
⑤ 감도가 좋으면 측정시간은 길어지고 측정범위는 좁아진다.

80 가스계량기의 1주기 체적의 단위는?
① L/min
② L/hr
③ L/rev
④ cm^3/g

정답 79. ③ 80. ③

2020년 제1·2회 가스산업기사 출제문제

제1과목 : 연소공학

01 증기운 폭발에 영향을 주는 인자로서 가장 거리가 먼 것은?
① 혼합비
② 점화원의 위치
③ 방출된 물질의 양
④ 증발된 물질의 분율

[해설] 증기운폭발에 영향을 주는 인자
① 점화원의 위치
② 방출된 물질의 양
③ 증발된 물질의 분율
*증기운폭발(VCE : vapor cloud explosion), (UVCE : unconfined vapor cloud explosion)
다량의 가연성가스나 인화성 액체가 외부로 누출된 경우 대기중의 공기와 혼합하여 폭발성을 가진 증기운(vapor cloud)을 형성하고 이때 점화원에 의해 점화시 Fire ball(화구)를 형성하여 폭발
· Fire ball에 의한 피해
① 공기 팽창에 의한 피해
② 폭풍압에 의한 피해
③ 복사열에 의한 피해

02 일반적인 연소에 대한 설명으로 옳은 것은?
① 온도의 상승에 따라 폭발범위는 넓어진다.
② 압력 상승에 따라 폭발범위는 좁아진다.
③ 가연성가스에서 공기 또는 산소의 농도 증가에 따라 폭발범위는 좁아진다.
④ 공기 중에서 보다 산소 중에서 폭발범위는 좁아진다.

[해설] 연소
① 온도상승에 따라 폭발범위가 넓어진다.
② 압력상승에 따라 폭발범위가 넓어진다.

[정답] 01. ① 02. ①

③ 공기중에서 보다 산소중에서 폭발범위가 넓어진다.
④ 가연성가스에서 공기 또는 산소의 농도증가에 따라 폭발범위가 넓어진다.

03 최소 점화에너지(MIE)에 대한 설명으로 틀린 것은?

① MIE는 압력의 증가에 따라 감소한다.
② MIE는 온도의 증가에 따라 증가한다.
③ 질소농도의 증가는 MIE를 증가시킨다.
④ 일반적으로 분진의 MIE는 가연성가스보다 큰 에너지 준위를 가진다.

해설 최소점화에너지는 온도의 증가에 따라 감소한다.

04 표면연소란 다음 중 어느 것을 말하는가?

① 오일표면에서 연소하는 상태
② 고체연료가 화염을 길게 내면서 연소하는 상태
③ 화염의 외부표면에 산소가 접촉하여 연소하는 현상
④ 적열된 코크스 또는 숯의 표면 또는 내부에 산소가 접촉하여 연소하는 상태

해설 연소형태
① 표면연소 : 적열된 코크스 또는 숯의 표면 또는 내부에 산소가 접촉하여 연소하는 형태
② 분해연소 : 석탄, 목재, 종이 등의 고체가연성물질이 열분해해서 연소하는 것
③ 증발연소 : 액체의 증발에 의해 증기가 착화하여 연소.
　　　　　　알콜, 에테르, 나프탈렌, 파라핀, 유황
④ 분무연소 : 액체를 미세입자로 분무하고 공기와 혼합시켜서 연소하는 방법

05 등심연소 시 화염의 길이에 대하여 옳게 설명한 것은?

① 공기 온도가 높을수록 길어진다.
② 공기 온도가 낮을수록 길어진다.
③ 공기 음속이 높을수록 길어진다.
④ 공기 음속 및 공기온도가 낮을수록 길어진다.

해설 등심연소(심지연소) : 연료를 심지로 빨아올려 대류나 복사열에 의해 발생한 공기가 등심(심지)의 상부나 측면에서 연소하는 것. 공급되는 공기의 유속이 낮을수록 온도가 높을수록 화염의 높이는 높아진다. (석유램프연소)

정답 03. ② 04. ④ 05. ①

06
이산화탄소로 가연물을 덮는 방법은 소화의 3대 효과 중 다음 어느 것에 해당하는가?
① 제거효과
② 질식효과
③ 냉각효과
④ 촉매효과

해설 ▶ 소화의 3대 효과
① 질식소화 : 가연물이 연소시 산소농도를 15%이하로 떨어뜨려 소화
② 제거소화 : 가연물을 제거하거나 가연성 액체농도를 희석시켜 소화
③ 냉각소화 : 액체 또는 고체화에 물 등을 사용하여 가연물을 냉각시켜 인화점 및 발화점 이하로 떨어뜨려 소화

07
화재와 폭발을 구별하기 위한 주된 차이는?
① 에너지 방출속도
② 점화원
③ 인화점
④ 연소한계

08
완전연소의 구비조건으로 틀린 것은?
① 연소에 충분한 시간을 부여한다.
② 연료를 인화점 이하로 냉각하여 공급한다.
③ 적정량의 공기를 공급하여 연료와 잘 혼합한다.
④ 연소실 내의 온도를 연소 조건에 맞게 유지한다.

해설 ▶ 완전연소 구비조건
① 연료와 공기의 혼합을 촉진
② 연소실내의 온도를 높게 유지
③ 연료와 공기의 온도를 높게 유지
④ 충분시간과 공간
⑤ 적당한 공기 공급

09
위험성평가기법 중 공정에 존재하는 위험요소들과 공정의 효율을 떨어뜨릴 수 있는 운전상의 문제점을 찾아내어 그 원인을 제거하는 정성적인 안전성평가기법은?
① What-if
② HEA
③ HAZOP
④ FMECA

정답 06. ② 07. ① 08. ② 09. ③

해설⊃ **안정성평가기법**: 기업활동 전반을 시스템으로 보고 시스템 운영규정을 작성시행하여 사업장에서의 사고예방을 위한 모든형태의 활동 및 노력을 효과적으로 수행하기 위한 체계적이고 종합적인 안전관리 체계를 의미한다.

① 적용대상
 ㉠ 석유정제사업자의 고압가스시설로서 저장능력이 100Ton이상 시설
 ㉡ 석유화학공업자의 고압가스시설로서 저장능력이 100Ton이상 시설, 1일 처리능력이 1만 m^3이상
 ㉢ 비료생산업자의 고압가스시설로서 저장능력이 100Ton이상 시설, 1일처리능력이 10만 m^3이상
 ㉣ 철강생산업자의 고압가스시설로서 1일처리능력이 10만 m^3이상 시설

② 평가방법
 ㉠ "체크리스트(Checklist)기법"이라 함은 공정 및 설비의 오류, 결함상태, 위험 상황등을 목록화한 형태로 작성하여 경험적으로 비교함으로써 위험성을 정성적으로 파악하는 기법
 ㉡ "상대위험순위결정(Dow And Mond Indices)기법"이라 함은 설비에 존재하는 위험에 대하여 수치적으로 상대위험 순위를 지표화하여 그 피해정도를 나타내는 상대적 위험순위를 정하는 기법
 ㉢ "작업자 실수 분석(Human Error Analysis, HEA)기법"이라 함은 설비의 운전원, 정비보수원, 기술자 등의 작업에 영향을 미칠만한 요소를 평가하여 그 실수의 원인을 파악하고 추적하여 정량적으로 실수의 상대적 순위를 결정하는 기법
 ㉣ "사고 예방 질문 분석(WHAT-IF)기법"이라 함은 공정에 잠재하고 있으면서 원하지 않은 나쁜 결과를 초래할 수 있는 사고에 대하여 예상질문을 통해 사전에 확인함으로써 그 위험과 결과 및 위험을 줄이는 방법을 제시하는 정성적 평가기법
 ㉤ "위험과 운전 분석(Hazard And Operability Studies, HAZOP)기법"이라 함은 공정에 존재하는 위험 요소들과 공정의 효율을 떨어뜨릴 수 있는 운전상의 문제점을 찾아 내어 그 원인을 제거하는 정성적인 기법
 ㉥ "결함수 분석(Fault Tree Analysis, FTA)기법"이라함은 사고를 일으키는 장치의 이상이나 운전자의 실수의 조합을 연역적으로 분석하는 정량적 평가기법
 ㉦ "사건수분석(Event Tree Analysis, ETA)기법"이라 함은 초기사건으로 알려진 특정한 장치의 이상이나 운전자의 실수로부터 발생되는 잠재적인 경과를 평가하는 정량적 평가기법
 ㉧ "원인결과 분석(Cause-Consequence Analysis, CCA)기법"이라 함은 잠재된 사고의 결과와 이러한 사고의 근본적인 원인을 찾아내고 사고결과와 원인의 상호관계를 예측·평가하는 정량적 안전성 평가기법
 ㉨ "이상위험도 분석(Failure Modes, Effects, and Criticality Analysis, FMECA)기법"공정 및 설비의 고장의 형태 및 영향, 고장형태별 위험도 순위 등을 결정하는 기법, 고체 연료의 저장 석탄의 저장방법은 옥외 저장과 옥내 저장이 있으며 저장 중에는 풍화나 자연발화에 유의하고 주위는 빗물 침입이 없도록 배수로나 적당한 대책을 세워야 한다.

*연역적 : 이미알고 있는 판단을 근거로 새로운 판단을 유도하는 추론

10 폭굉유도거리(DID)에 대한 설명으로 옳은 것은?
① 관경이 클수록 짧다.
② 압력이 낮을수록 짧다.
③ 점화원의 에너지가 약할수록 짧다.
④ 정상연소 속도가 빠른 혼합가스일수록 짧다.

[해설] 폭굉유도거리가 짧아지는 조건
① 고압일수록
② 정상연소속도가 큰 혼합가스일수록
③ 관속에 방해물이 있거나 관경이 가늘수록
④ 점화원의 에너지가 클수록

11 메탄올 96g과 아세톤 116g을 함께 진공상태의 용기에 넣고 기화시켜 25℃의 혼합기체를 만들었다. 이 때 전압력은 약 몇 mmHg인가? (단, 25℃에서 순수한 메탄올과 아세톤의 증기압 및 분자량은 각각 96.5mmHg, 56mmHg 및 32, 58이다.)
① 76.3   ② 80.3
③ 152.5   ④ 170.5

[해설] 전압력 $= \left(96.5 \times \dfrac{3}{5} + 56 \times \dfrac{2}{5}\right) = 80.3 mmHg$

12 프로판 $1Sm^3$를 완전연소시키는데 필요한 이론공기량은 몇 Sm^3인가?
① 5.0   ② 10.5
③ 21.0   ④ 23.8

[해설]
C_3H_8 + $5O_2$ → $3CO_2$ + $4H_2O$
44kg   5×32kg   3×44kg   4×18kg
$22.4Nm^3$ $5\times22.4Nm^3$ $3\times22.4Nm^3$ $4\times22.4Nm^3$

∴ $22.4Nm^3 = 5\times22.4Nm^3$
   $1Nm^3 = x$

$x = \dfrac{1Nm^3 \times 5 \times 22.4Nm^3}{22.4Nm^3} = 5Nm^3/Nm^3$

$A_0 = \dfrac{O_0}{0.21} = \dfrac{5}{0.21} = 23.8 Nm^3/Nm^3$

정답 10. ④ 11. ② 12. ④

13 중유의 저위발열량이 10000kcal/kg의 연료 1kg을 연소시킨 결과 연소열은 5500kcal/kg 이었다. 연소효율은 얼마인가?

① 45%   ② 55%
③ 65%   ④ 75%

[해설] 연소효율 $= \dfrac{Qr}{H\ell} \times 100 = \dfrac{5500}{10000} \times 100 = 55\%$

14 이상기체에 대한 설명으로 틀린 것은?
① 이상기체 상태 방정식을 따르는 기체이다.
② 보일-샤를의 법칙을 따르는 기체이다.
③ 아보가드로 법칙을 따르는 기체이다.
④ 반데르 발스 법칙을 따르는 기체이다.

[해설] 이상기체
① 보일-샤를의 법칙을 따르는 기체이다.
② 아보가드로 법칙을 따르는 기체이다.
③ 내부에너지는 체적에 관계없이 온도에 의해서만 결정
④ 인력과 부피 무시
⑤ 분자간의 충돌은 완전탄성체이다.
⑥ 이상기체 상태방정식을 따르는 기체이다.

15 시안화수소의 위험도(H)는 약 얼마인가?
① 5.8   ② 8.8
③ 11.8 ④ 14.8

[해설] 위험도(H)$=\dfrac{u-L}{L}$ 시안화수소 : 6~41%

$=\dfrac{41-6}{6}=5.83$

정답 13. ② 14. ④ 15. ①

16
LPG를 연료로 사용할 때의 장점으로 옳지 않은 것은?
① 발열량이 크다.
② 조성이 일정하다.
③ 특별한 가압장치가 필요하다.
④ 용기, 조정기와 같은 공급설비가 필요하다.

해설⊃ 특별한 가압장치가 필요 없다.

17
연소 반응이 일어나기 위한 필요 충분 조건으로 볼 수 없는 것은?
① 점화원   ② 시간
③ 공기   ④ 가연물

해설⊃ 연소의 3대요소
　① 가연물
　② 공기중의 산소
　③ 점화원

18
다음 기체연료 중 CH_4 및 H_2를 주성분으로 하는 가스는?
① 고로가스   ② 발생로가스
③ 수성가스   ④ 석탄가스

해설⊃ ① 석탄가스 : 석탄을 건류할 때 발생되는 가스(CO, H_2, CH_4), 발열량은 5670kcal/Nm^3
　② 고로가스 : 제철의 용광로에서 부생물로 발생되는 가스(CO, H_2)
　③ 수성가스 : 무연탄이나 코크스를 수증기와 작용시켜 얻음($CO+H_2$), 발열량은 2800kcal/Nm^3
　④ 도시가스 : CO, H_2가 주 성분이며 CH_4등을 혼합시킨다.

19
기체연료-공기혼합기체의 최대연소속도(대기압, 25℃)가 가장 빠른 가스는?
① 수소   ② 메탄
③ 일산화탄소   ④ 아세틸렌

해설⊃ 분자량이 작을수록 빠르다.
　① H_2(2g)   ② CH_4(16g)
　③ CO(28g)   ④ C_2H_2(26g)

정답 16. ③　17. ②　18. ④　19. ①

20 메탄 85v%, 에탄 10v%, 프로판 4v%, 부탄 1v%의 조성을 갖는 혼합가스의 공기 중 폭발 하한계는 약 얼마인가?
① 4.4% ② 5.4%
③ 6.2% ④ 7.2%

해설》 $\dfrac{100}{L} = \dfrac{V_1}{L_1} + \dfrac{V_2}{L_2} + \dfrac{V_3}{L_3} + \cdots + \dfrac{V_n}{L_n}$

$\dfrac{100}{L} = \left(\dfrac{85}{5} + \dfrac{10}{3} + \dfrac{4}{2.1}\right)$

$\dfrac{100}{L} = 22.24 \quad \therefore \quad L = \dfrac{100}{22.24} = 4.496\%$

제2과목 : 가스설비

21 조정압력이 3.3kPa 이하인 액화석유가스 조정기의 안전장치 작동정지 압력은?
① 7kPa ② 5.04~8.4kPa
③ 5.6~8.4kPa ④ 8.4~10kPa

해설》 조정압력이 3.3kPa이하의 액화석유가스 조정기
① 안전장치 : 정지압력 : 504 ~ 840mmH$_2$O(5.04~8.4kPa)
　　　　　　개시압력 : 560 ~ 840mmH$_2$O(5.6~8.4kPa)
　　　　　　표준압력 : 700mmH$_2$O(7kPa)

22 어떤 냉동기에서 0°C의 물로 0°C의 얼음 2톤을 만드는데 50kW·h의 일이 소요되었다. 이 냉동기의 성능계수는? (단, 물의 응고열은 80kcal/kg이다.)
① 3.7 ② 4.7
③ 5.7 ④ 6.7

해설》 0°C물 → 0°C얼음
$Q_2 = G \times r = 2 \times 1000 \times 80 = 160000$
성능계수 $= \dfrac{Q_2}{Aw} = \dfrac{160000}{50 \times 860} = 3.72$

정답 20. ① 21. ② 22. ①

23. 가스용 폴리에틸렌 관의 장점이 아닌 것은?
① 부식에 강하다.
② 일광, 열에 강하다.
③ 내한성이 우수하다.
④ 균일한 단위제품을 얻기 쉽다.

해설 일광, 열에 약하다.

24. 정압기(governor)의 기본구성 중 2차 압력을 감지하고 변동사항을 알려주는 역할을 하는 것은?
① 스프링
② 메인밸브
③ 다이어프램
④ 웨이트

해설 다이어프램 : 2차압력을 감지하고 변동사항을 알려주는역할

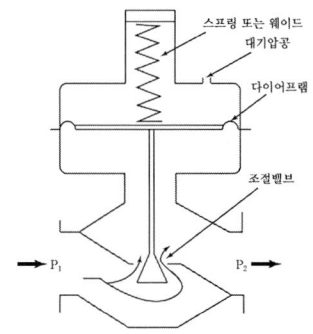

[직동식 정압기의 구조]

① 2차측 압력이 설정압력 이상인 경우
   2차측 가스 사용량이 감소하면 2차압력이 설정압력 이상으로 상승하는데 이 경우 다이어프램을 위로 밀어 올리는 힘이 스프링의 힘보다 커져서 다이어프램에 직결된 메인 밸브를 위로 움직여 가스의 흐름을 제한하고 2차 압력을 낮아지게 하여 2차 압력을 설정 압력으로 만든다.

② 2차측 압력이 설정압력 이하인 경우
   2차측의 가스 사용량이 증가하면 2차 압력이 설정압력 이하로 감소하는데, 이 경우 다이어프램을 위로 밀어올리는 힘이 스프링의 힘보다 약해져 다이어프램에 직결된 메인 밸브를 아래로 움직여 밸브의 열림을 크게하고 가스의 흐름을 증가시켜 2차압력을 설정 압력까지 회복하도록 작동한다.

정답 23. ② 24. ③

25

도시가스 저압배관의 설계 시 반드시 고려하지 않아도 되는 사항은?
① 허용 압력손실 ② 가스 소비량
③ 연소기의 종류 ④ 관의 길이

해설》 $Q(m^3/h) = K\sqrt{\dfrac{D^5 \times h}{S \times L}}$

① $Q(m^3/h)$: 가스소비량
② $D(cm)$: 관내경
③ $h(mmH_2O)$: 허용압력손실
④ $L(m)$: 관길이

26

일반도시가스사업자의 정압기에서 시공감리 기준 중 기능검사에 대한 설명으로 틀린 것은?
① 2차 압력을 측정하여 작동압력을 확인한다.
② 주정압기의 압력변화에 따라 예비정압기가 정상작동 되는지 확인한다.
③ 가스차단장치의 개폐상태를 확인한다.
④ 지하에 설치된 정압기실 내부에 100Lux이상의 조명도가 확보되는지 확인한다.

해설》 지하에 설치된 정압기실 내부에 150lux이상의 조명도가 확보되는지 확인

27

발열량 10500kcal/m³인 가스를 출력 12000kcal/h인 연소기에서 연소효율 80%로 연소시켰다. 이 연소기의 용량은?
① $0.70m^3/h$ ② $0.91m^3/h$
③ $1.14m^3/h$ ④ $1.43m^3/h$

해설》 연소기 용량 $= \dfrac{Q}{Hl \times E} = \dfrac{12000}{10500 \times 0.8} = 1.428 m^3/h$

정답 25. ③ 26. ④ 27. ④

28
전기방식에 대한 설명으로 틀린 것은?
① 전해질 중 물, 토양, 콘크리트 등에 노출된 금속에 대하여 전류를 이용하여 부식을 제어하는 방식이다.
② 전기방식은 부식 자체를 제거할 수 있는 것이 아니고 음극에서 일어나는 부식을 양극에서 일어나도록 하는 것이다.
③ 방식전류는 양극에서 양극반응에 의하여 전해질로 이온이 누출되어 금속표면으로 이동하게 되고 음극 표면에서는 음극반응에 의하여 전류가 유입되게 된다.
④ 금속에서 부식을 방지하기 위해서는 방식전류가 부식전류 이하가 되어야 한다.

[해설] 금속에서 부식을 방지하기 위해서는 방식전류가 부식전류 이상이 되어야 한다.

29
LPG를 탱크로리에서 저장탱크로 이송 시 작업을 중단해야 하는 경우로서 가장 거리가 먼 것은?
① 누출이 생긴 경우
② 과충전이 된 경우
③ 작업 중 주위에 화재 발생 시
④ 압축기 이용 시 베이퍼록 발생 시

[해설] LPG를 탱크로리에서 저장탱크로 이송시 작업을 중단해야 하는 경우
① 누출이 생긴 경우
② 과충전시
③ 작업중 주위에 화재 발생시
④ 압축기 사용시 액압축이 일어날 때
⑤ 펌프사용시 베이퍼록이 일어날 때

30
터보형 펌프에 속하지 않는 것은?
① 사류 펌프
② 축류 펌프
③ 플런저 펌프
④ 센트리퓨걸 펌프

[해설] **왕복펌프** : 실린더 내의 피스톤또는 플런저를 왕복시키고 밸브의 개폐와 연동시켜 액체를 압송
① 피스톤펌프 : 용량이 크고 압력이 낮은 경우
② 플런저펌프 : 용량이 적고 압력이 높은 경우
③ 다이어프램펌프 : 진흙이나 모래가 많은 물 또는 특수용액등을 이송하는데 사용하고 화약액의 이송에 주로 사용

정답 28. ④　29. ④　30. ③

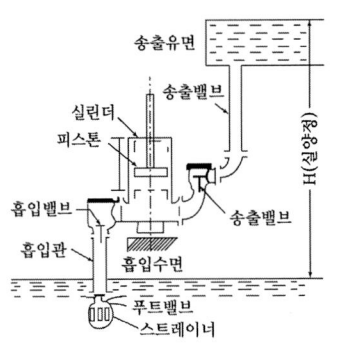

<왕복 펌프의 계통도> <왕복(복동식) 펌프의 구조>

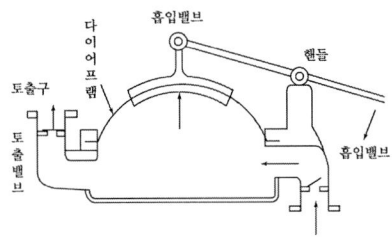

<다이어프램 펌프>

*회전펌프 : ① 베인펌프(편심펌프)
　　　　　② 기어펌프(치차펌프)
　　　　　③ 나사펌프(스크류펌프)

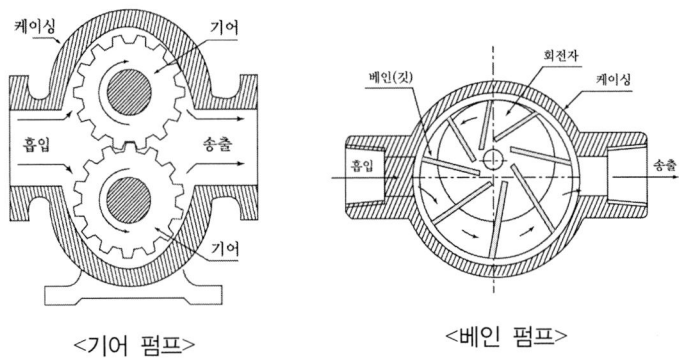

<기어 펌프>　　　　　<베인 펌프>

31 Loading형으로 정특성, 동특성이 양호하며 비교적 콤팩트한 형식의 정압기는?

① KRF식 정압기 ② Fisher식 정압기
③ Reynolds식 정압기 ④ Axial-flow식 정압기

해설 정압기 종류 및 특징

종류	특징
Fisher식	· loading형 · 정특성, 동특성이 양호하다. · 비교적 콤팩트하다.
Axial-flow식	· 변칙 unloading형 · 정특성, 동특성이 양호하다. · 고차압이 될수록 특성 양호 · 극히 콤팩트하다.
Reynolds식	· unloading형 · 정특성은 극히 좋으나 안정성이 부족하다. · 다른 것에 비하여 크다.
KPF식	· Reynolds식과 같다.

※ 2차압 이상 상승

종류	특징
Reynolds식 정압기	① 메인밸브에 먼지가 끼어들어 cut-off 불량 ② 저압보조 정압기의 cut-off 불량 ③ 메인밸브 시트의 부조(不調) ④ 중, 저압 보조정압기 다이어프램 파손 ⑤ 바이패스 밸브류의 누설 ⑥ 2차압 조절관 파손 ⑦ oxalic ball내에 물이 침입하였을 때 ⑧ 가스 중 수분의 동결
Fisher식 정압기	① 메인밸브에 먼지류가 끼어 들어 cut-off불량 ② 메인밸브의 밸브 폐쇄부 ③ pilot supply valve에서의 누설 ④ center 스템과 메인밸브의 접속불량 ⑤ 바이패스 밸브류의 누설 ⑥ 가스 중 수분의 동력

정답 31. ②

※2차압 이상 저하

종류	특징
Reynolds식 정압기	① 정압기 능력 부족 ② 필터의 먼지류의 막힘 ③ center steam의 부조(不調) ④ 저압보조 정압기의 열림정도 부족 ⑤ 주보조 weight의 부족 ⑥ needle valve의 열림 정도가 클 때 ⑦ 동결
Fisher식 정압기	① 정압기 능력 부족 ② 필터의 먼지류의 막힘 ③ 파일럿의 오리피스의 녹 막힘 ④ center steam의 작동 불량 ⑤ stroke 조정 불량 ⑥ 주 다이어프램의 파손

32 2개의 단열과정과 2개의 등압과정으로 이루어진 가스터빈의 이상 사이클은?
① 에릭슨사이클 ② 브레이턴사이클
③ 스털링사이클 ④ 아트킨슨사이클

해설 ⇨ 브레이턴사이클 : 2개의 단열과정과 2개의 등압과정으로 이루어진 가스터빈 사이클

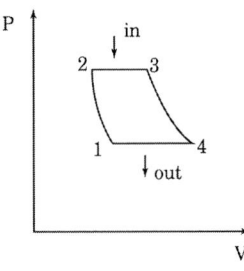 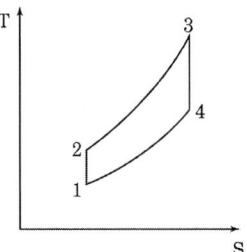

① 1-2 : 단열압축(등엔트로피과정) : 엔트로피일정유지 상태변화 시키는 과정
② 2-3 : 등압과정
③ 3-4 : 단열팽창(등엔탈피과정)
④ 4-1 : 등압과정

정답 32. ②

33
캐비테이션 현상의 발생 방지책에 대한 설명으로 가장 거리가 먼 것은?
① 펌프의 회전수를 높인다.　　② 흡입 관경을 크게 한다.
③ 펌프의 위치를 낮춘다.　　④ 양흡입 펌프를 사용한다.

[해설] 캐비테이션현상 방지법
① 양흡입 펌프를 사용한다.
② 펌프를 두 대이상 설치한다.
③ 회전수를 줄인다.
④ 관경을 크게 한다.
⑤ 임펠러를 액중에 완전히 잠기게 한다.

34
LP가스를 이용한 도시가스 공급방식이 아닌 것은?
① 직접 혼입방식　　② 공기 혼합방식
③ 변성 혼입방식　　④ 생가스 혼합방식

[해설] LP가스를 이용한 도시가스 공급방식
① 생가스공급방식 : 기화기에 의해 기화된 가스를 그대로 공급(부탄 재액화방지필요)
② 공기혼합가스공급방식 : 기화한 부탄에 공기를 혼합하여 공급하는 방식, 부탄을 다량 소비하는 경우
③ 변성가스공급방식 : 부탄을 고온의 촉매로 분해하여 CO, H_2, CH_4등의 연질가스로 변성시켜 공급

35
암모니아 압축기 실린더에 일반적으로 워터재킷을 사용하는 이유가 아닌 것은?
① 윤활유의 탄화를 방지한다.　　② 압축 소요일량을 크게 한다.
③ 압축 효율의 향상을 도모한다.　　④ 밸브 스프링의 수명을 연장시킨다.

[해설] 압축기 실린더에 워터재킷을 사용하는 이유
① 압축기 소요일량을 적게한다.
② 압축효율의 향상 도모
③ 윤활유의 열화 및 탄화 방지
④ 밸브스프링의 수명을 연장시킨다.

정답 33. ① 34. ④ 35. ②

36

금속재료에 대한 풀림의 목적으로 옳지 않은 것은?

① 인성을 향상시킨다.
② 내부응력을 제거한다.
③ 조직을 조대화하여 높은 경도를 얻는다.
④ 일반적으로 강의 경도가 낮아져 연화된다.

해설⇒ 열처리
 ① 담금질 = 퀜칭 : 경도 및 강도 증가
 ② 뜨임 = 템퍼링 : 인성증가
 ③ 풀림 = 어닐링 : 가공응력 및 내부응력제거
 ④ 불림 = 노멀라이징 : 가공조직의 균일화, 결정립의 미세화, 기계적성질의 향상, 잔류응력 제거

37

유수식 가스홀더의 특징에 대한 설명으로 틀린 것은?

① 제조설비가 저압인 경우에 사용한다.
② 구형 홀더에 비해 유효 가동량이 많다.
③ 가스가 건조하면 물탱크의 수분을 흡수한다.
④ 부지면적과 기초공사비가 적게 소요된다.

해설⇒ 유수식 가스홀더의 특징
 ① 제조설비가 저압인 경우 사용
 ② 구형가스홀더에 비해 유효가동량이 크다.
 ③ 기초비가 많이 든다.
 ④ 동결방지장치가 필요하다.
 ⑤ 가스가 건조해 있으면 수분을 흡수한다.

38

염소가스 압축기에 주로 사용되는 윤활제는?

① 진한 황산
② 양질의 광유
③ 식물성유
④ 묽은 글리세린

해설⇒ 압축기 윤활유
 ① 공기, 수소, 아세틸렌 : 양질의 광유
 ② 염소 : 농황산(진한황산)
 ③ 산소 : 물 또는 10% 이하의 묽은 글리세린 수
 ④ LP가스 : 식물성유

정답 36. ③ 37. ④ 38. ①

39
아세틸렌가스를 2.5MPa의 압력으로 압축할 때 주로 사용되는 희석제는?
① 질소 ② 산소
③ 이산화탄소 ④ 암모니아

해설: 아세틸렌가스를 2.5MPa의 압력으로 압축시 희석제
① 메탄 ② 일산화탄소
③ 에틸렌 ④ 질소

40
액화프로판 400kg을 내용적 50L의 용기에 충전 시 필요한 용기의 개수는?
① 13개 ② 15개
③ 17개 ④ 19개

해설: $G = \dfrac{V}{C}$ ∴ $V = G \times C = 400 \times 2.35 = 940 \ell$

∴ $\dfrac{940}{50} = 18.8$개 ≒ 19개

제3과목 : 가스안전관리

41
암모니아 저장탱크에는 가스의 용량이 저장탱크 내용적의 몇 %를 초과하는 것을 방지하기 위한 과충전 방지조치를 강구하여야 하는가?
① 85% ② 90%
③ 95% ④ 98%

해설: 과충전방지조치 : 탱크내용적 90% 초과시

정답 39. ① 40. ④ 41. ②

42

고압가스 일반제조의 시설기준에 대한 설명으로 옳은 것은?

① 산소 초저온저장탱크에는 환형유리관 액면계를 설치할 수 없다.
② 고압가스설비에 장치하는 압력계는 상용압력의 1.1배 이상 2배 이하의 최고눈금이 있어야 한다.
③ 공기보다 가벼운 가연성가스의 가스설비실에는 1방향 이상의 개구부 또는 자연환기 설비를 설치하여야 한다.
④ 저장능력이 1000톤 이상인 가연성 액화가스의 지상 저장탱크의 주위에는 방류둑을 설치하여야 한다.

[해설] 방류둑설치 – 가연성·산소 : 1000Ton이상
– 독성 : 5Ton이상
– 도시가스 도매사업 : 500Ton이상

43

가스를 충전하는 경우에 밸브 및 배관이 얼었을 때의 응급조치하는 방법으로 부적절한 것은?

① 열습포를 사용한다.
② 미지근한 물로 녹인다.
③ 석유 버너 불로 녹인다.
④ 40°C 이하의 물로 녹인다.

[해설] 배관이 얼었을 때 응급조치 방법
① 40°C이하의 물로 녹인다.
② 열습포를 사용한다.
③ 미지근한 물로 녹인다.

44

폭발 및 인화성 위험물 취급 시 주의하여야 할 사항으로 틀린 것은?

① 습기가 없고 양지바른 곳에 둔다.
② 취급자 외에는 취급하지 않는다.
③ 부근에서 화기를 사용하지 않는다.
④ 용기는 난폭하게 취급하거나 충격을 주어서는 아니 된다.

정답 42. ④ 43. ③ 44. ①

45
일반적인 독성가스의 제독제로 사용되지 않는 것은?
① 소석회
② 탄산소다 수용액
③ 물
④ 암모니아 수용액

[해설] 독성가스 제독제
① 염소 : ㉠ 소석회, ㉡ 가성소다, ㉢ 탄산소다
② 포스겐 : ㉠ 가성소다, ㉡ 소석회
③ 황화수소 : ㉠ 가성소다, ㉡ 탄산소다
④ 시안화수소 : ㉠ 가성소다
⑤ 아황산가스 : ㉠ 물, ㉡ 가성소다, ㉢ 탄산소다
⑥ 암모니아, 산화에틸렌, 염화메탄 : 다량의물

46
고압가스안전성평가기준에서 정한 위험성평가 기법 중 정성적 평가기법에 해당되는 것은?
① Check List기법
② HEA기법
③ FTA기법
④ CCA기법

[해설] 문제 9번 참조

47
아세틸렌용 용접용기 제조 시 내압시험압력이란 최고충전압력 수치의 몇 배의 압력을 말하는가?
① 1.2
② 1.8
③ 2
④ 3

[해설] 내압시험압력 – 아세틸렌 = FP×3
- 기타 = FP×$\frac{5}{3}$
기밀시험압력 – 아세틸렌 = FP×1.8
- 초저온 및 저온 = 레×1.1
- 기타 = FP이상

정답 45. ④ 46. ① 47. ④

48
지름이 각각 8m인 LPG 지상 저장탱크사이에 물분무장치를 하지 않은 경우 탱크사이에 유지해야 되는 간격은?
① 1m
② 2m
③ 4m
④ 8m

[해설] $\ell = \dfrac{D_1 + D_2}{4} = \dfrac{8+8}{4} = 4m$

49
고압가스특정제조시설에서 안전구역 안의 고압가스설비는 그 외면으로부터 다른 안전구역 안에 있는 고압가스설비의 외면까지 몇 m 이상의 거리를 유지하여야 하는가?
① 10m
② 20m
③ 30m
④ 50m

[해설] 고압가스특정제조시설
① 안전구역내의 고압가스설비와 그 외면으로부터 다른안전구역 안에 있는 고압가스설비 외면까지 : 30m이상 유지
② 제조설비는 제조소 경계와 20m이상 거리 유지
③ 가연성 탱크 20만m³ 압축기와 30m이상의 거리 유지

50
액화석유가스 자동차에 고정된 용기충전의 시설에 설치되는 안전밸브 중 압축기의 최종단에 설치된 안전밸브의 작동조정의 최소 주기는?
① 6월에 1회 이상
② 1년에 1회 이상
③ 2년에 1회 이상
④ 3년에 1회 이상

[해설] 압축기 최종단에 설치 안전밸브 작동조정 최소 주기 : 1년에 1회 이상

51
액화가스 저장탱크의 저장능력을 산출하는 식은? [단, Q : 저장능력(m³), W : 저장능력(kg), V : 내용적(L), P : 35°C에서 최고충전압력(MPa), d : 상용온도 내에서 액화가스 비중(kg/L), C : 가스의 종류에 따른 정수이다.]
① $W = \dfrac{V}{C}$
② $W = 0.9dV$
③ $Q = (10P+1)V$
④ $Q = (P+2)V$

정답 48. ③ 49. ③ 50. ② 51. ②

[해설] 저장탱크의 저장능력 산출식
① 압축가스 $(Q)m^3 = (P+1)V_1 = (10P+1)V_1$
② 액화가스 $(W)kg = 0.9dV_2$
③ 용기질량 $(G)kg = \dfrac{V_3}{C}$

52

고압가스 일반제조시설에서 저장탱크 및 처리설비를 실내에 설치하는 경우의 기준으로 틀린 것은?

① 저장탱크실과 처리설비실은 각각 구분하여 설치하고 강제환기시설을 갖춘다.
② 저장탱크실의 천장, 벽 및 바닥의 두께는 20cm 이상으로 한다.
③ 저장탱크를 2개 이상 설치하는 경우에는 저장탱크실을 각각 구분하여 설치한다.
④ 저장탱크에 설치한 안전밸브는 지상 5m 이상의 높이에 방출구가 있는 가스방출관을 설치한다.

[해설] 저장탱크실의 천정, 벽, 바닥의 두께는 30cm이상으로 한다.

53

고압가스 운반차량의 운행 중 조치사항으로 틀린 것은?

① 400km 이상 거리를 운행할 경우 중간에 휴식을 취한다.
② 독성가스를 운반 중 도난당하거나 분실한 때에는 즉시 그 내용을 경찰서에 신고한다.
③ 독성가스를 운반하는 때는 그 고압가스의 명칭, 성질 및 이동 중의 재해방지를 위하여 필요한 주의사항을 기재한 서류를 운전자 또는 운반책임자에게 교부한다.
④ 고압가스를 적재하여 운반하는 차량은 차량의 고장, 교통사정, 운전자 또는 운반책임자의 휴식할 경우 운반책임자와 운전자가 동시에 이탈하지 아니 한다.

[해설] 200km 이상 거리를 운행시 중간에 휴식을 취한다.

54

초저온 용기의 재료로 적합한 것은?

① 오스테나이트계 스테인리스강 또는 알루미늄 합금
② 고탄소강 또는 Cr강
③ 마텐자이트계 스테인리스강 또는 고탄소강
④ 알루미늄합금 또는 Ni-Cr강

[해설] 초저온용기의 재료
① 9% 니켈강
② 18-8 스텐레스강

정답 52. ② 53. ① 54. ①

③ 동 및 동합금강
④ 알루미늄 합금강

55
질소 충전용기에서 질소가스의 누출여부를 확인하는 방법으로 가장 쉽고 안전한 방법은?
① 기름 사용
② 소리 감지
③ 비눗물 사용
④ 전기스파크 이용

56
고압가스용 이음매 없는 용기 제조 시 탄소함유량은 몇 % 이하를 사용하여야 하는가?
① 0.04
② 0.05
③ 0.33
④ 0.55

해설▸

	C(탄소)	P(인)	S(황)
용접용기	0.33%	0.04%	0.05%
이음매없는 용기	0.55%	0.04%	0.05%

57
포스겐가스($COCl_2$)를 취급할 때의 주의사항으로 옳지 않은 것은?
① 취급 시 방독마스크를 착용할 것
② 공기보다 가벼우므로 환기시설은 보관장소의 윗 쪽에 설치할 것
③ 사용 후 폐가스를 방출할 때에는 중화시킨 후 옥외로 방출시킬 것
④ 취급장소는 환기가 잘 되는 곳일 것

해설▸ 공기보다 무거우므로 환기시설은 지면에서 30cm이내 설치

58
2단 감압식 1차용 액화석유가스조정기를 제조할 때 최대 폐쇄압력은 얼마 이하로 해야 하는가? (단, 입구압력이 0.1MPa~1.56MPa이다.)
① 3.5kP
② 83kPa
③ 95kPa
④ 조정압력의 2.5배 이하

해설▸ 최대폐쇄압력(정지압력)
① 1단감압저압조정기, 2단감압2차용조정기, 자동교체식 일체형조정기 : 350mmH₂O이하

정답 55. ③ 56. ④ 57. ② 58. ③

(3.5kPa이하)
② 2단감압 1차용조정기, 자동교체식분리형조정기 : 0.95kg/cm²이하
③ 1단감압준저압조정기 : 조정압력의 1.25배

59 폭발예방 대책을 수립하기 위하여 우선적으로 검토하여야 할 사항으로 가장 거리가 먼 것은?
① 요인분석
② 위험성 평가
③ 피해예측
④ 피해보상

[해설] 폭발예방대책을 수립하기 위해 우선적으로 검토해야 할 사항
① 위험성평가
② 피해예측
③ 요인분석

60 특정설비에 대한 표시 중 기화장치에 각인 또는 표시해야 할 사항이 아닌 것은?
① 내압시험압력
② 가열방식 및 형식
③ 설비별 기호 및 번호
④ 사용하는 가스의 명칭

제4과목 : 가스계측

61 가스미터의 원격계측(검침) 시스템에서 원격계측 방법으로 가장 거리가 먼 것은?
① 제트식
② 기계식
③ 펄스식
④ 전자식

[해설] 가스미터의 원격 계측 방법
① 기계식
② 전자식
③ 펄스식

정답 59. ④ 60. ③ 61. ①

62 외란의 영향으로 인하여 제어량이 목표치 50L/min에서 53L/min으로 변하였다면 이 때 제어편차는 얼마인가?

① +3L/min
② -3L/min
③ +6.0%
④ -6.0%

[해설] 제어편차 = (50-53)L/min = -3L/min

63 He 가스 중 불순물로서 N_2 : 2%, CO : 5%, CH_4 : 1%, H_2 : 5%가 들어있는 가스를 가스크로마토그래피로 분석하고자 한다. 다음 중 가장 적당한 검출기는?

① 열전도검출기(TCD)
② 불꽃이온화검출기(FID)
③ 불꽃광도검출기(FPD)
④ 환원성가스검출기(RGD)

[해설] 가스크로마토그래피
① 캐리어가스 : H_2, He, N_2, Ar(수헬질아)
② 부품 및 성분 : 컬럼(분리관), 기록계, 압력계, 항온조, 유량조절기, 가스샘플
③ 충진제 : 활성탄, 실리카겔, 소바비드, 뮬레큘러시브
④ 분리가 잘 안될 때 : 시료주입구 온도 높인다.

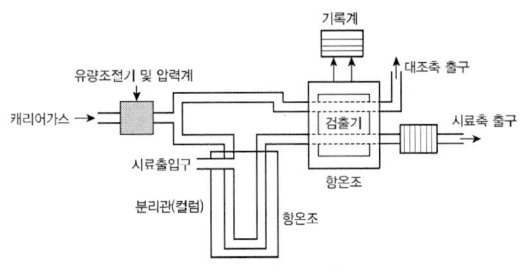

가스크로마토그래피

⑤ 종류
　㉠ FID(수소이온화검출기)
　　ⓐ 전극간의 전기 전도도가 증대하는 것을 이용
　　ⓑ 탄화수소에서 감도가 최고이다. (프로판, 부탄, 프로필렌 등)
　　ⓒ H_2, O_2, CO, CO_2, SO_2 등은 감도가 적다.
　　ⓓ 무기가스나 물에 거의 응답하지 않음
　㉡ TCD(열전도도형검출기)
　　ⓐ 금속필라멘트의 저항변화를 이용하는 것
　　ⓑ 일반적으로 가장 널리 사용
　㉢ ECD(전자포획이온화검출기)
　　ⓐ 이온전류가 감소하는 것을 이용
　　ⓑ 할로겐 및 산화물에서는 감도가 최고이다.
　㉣ FPD(염광광도 검출기) : 황화합물이나 인화합물 검출

정답 62. ② 63. ①

64 초음파 유량계에 대한 설명으로 틀린 것은?
① 압력손실이 거의 없다.
② 압력은 유량에 비례한다.
③ 대구경 관로의 측정이 가능하다.
④ 액체 중 고형물이나 기포가 많이 포함되어 있어도 정도가 좋다.

해설 ☞ 초음파 유량계의 특징
① 압력손실이 거의 없다.
② 압력은 유량에 비례한다.
③ 대구경 관로 측정이 가능하다.

65 접촉식 온도계의 종류와 특징을 연결한 것 중 틀린 것은?
① 유리 온도계 – 액체의 온도에 따른 팽창을 이용한 온도계
② 바이메탈 온도계 – 바이메탈이 온도에 따라 굽히는 정도가 다른 점을 이용한 온도계
③ 열전대 온도계 – 온도 차이에 의한 금속의 열상승 속도의 차이를 이용한 온도계
④ 저항 온도계 – 온도 변화에 따른 금속의 전기저항 변화를 이용한 온도계

해설 ☞ 열전대온도계 : 두 금속의 열기전력을 이용하여 측정(제백효과)

66 습식가스미터 특징에 대한 설명으로 옳지 않은 것은?
① 계량이 정확하다.
② 설치 공간이 작다.
③ 사용 중에 기차의 변동이 거의 없다.
④ 사용 중에 수위 조정 등의 관리가 필요하다.

해설 ☞ 가스미터의 특징

막식가스미터	기차습식가스미터	루츠식
① 저가이다. ② 부착 후 유지관리에 시간을 요하지 않는다. ③ 대용량은 설치면적이 크다. ④ 가정용 ⑤ 1.5~200m³/h	① 기차변동이 거의 없다. ② 계량이 정확하다. ③ 수위조정등의 관리 필요 ④ 설치면적이 크다. ⑤ 실험실용 ⑥ 0.2~3000m³/h	① 대유량가스 측정 적합 ② 중압가스계량가능 ③ 설치면적 적다. ④ 소유량에서는 부동의 우려 ⑤ 스트레이너 설치 후 유지관리 필요 ⑥ 대량수요가(공업용) ⑦ 100~5000m³/h

정답 64. ④ 65. ③ 66. ②

67 다음 가스 분석법 중 흡수분석법에 해당되지 않는 것은?
① 헴펠법 ② 게겔법
③ 오르자트법 ④ 우인클러법

해설⊃ 흡수분석법
① 오르자트법
  ㉠ CO_2 : KOH 30% 수용액
  ㉡ O_2 : 알카리성 피롤카롤용액
  ㉢ CO : 암모니아성 염화제1동용액
② 헴펠법
  ㉠ CO_2 : KOH 30% 수용액
  ㉡ C_nH_n : 발연황산 25%
  ㉢ O_2 : 알카리성 피롤카롤 용액
  ㉣ CO : 암모니아성 염화제1동용액
③ 게겔법
  ㉠ CO_2 : KOH 30% 수용액
  ㉡ C_2H_2 : 옥소수은칼륨용액
  ㉢ C_3H_6 : 87% 황산
  ㉣ C_2H_4 : 취소수용액
  ㉤ O_2 : 알카리성 피롤카롤 용액
  ㉥ CO : 암모니아성 염화제1동용액

68 아르키메데스의 원리를 이용하는 압력계는?
① 부르동관 압력계 ② 링밸런스식 압력계
③ 침종식 압력계 ④ 벨로우즈식 압력계

해설⊃ 아르키메데스원리 : 유체속에 잠겨있는 유체에는 물체의 부피와 같은 부피의 유체무게 만큼의 부력이 작용한다.
① 침종식 압력계
② 편위식 액면계

정답 67. ④ 68. ③

69. 되먹임제어에 대한 설명으로 옳은 것은?

① 열린 회로제어이다.
② 비교부가 필요 없다.
③ 되먹임이란 출력신호를 입력신호로 다시 되돌려 보내는 것을 말한다.
④ 되먹임제어시스템은 선형 제어시스템에 속한다.

해설 피드백제어(되먹임제어) : 출력측의 신호를 입력측으로 다시 되돌려 보내는 것
시퀀스제어 : 처음정해진 순서에 의해 제어의 각 단계를 제어

70. 계측에 사용되는 열전대 중 다음 [보기]의 특징을 가지는 온도계는?

─────── [보기] ───────
· 열기전력이 크고 저항 및 온도계수가 작다.
· 수분에 의한 부식에 강하므로 저온측정에 적합하다.
· 비교적 저온의 실험용으로 주로 사용한다.

① R형　　　　　　② T형
③ J형　　　　　　④ K형

해설 열전대 온도계
① 백금-백금로듐(PR)
  ㉠ 측정온도 0~1600℃
  ㉡ 산화성분위기에 강하다.
  ㉢ 금속증기에 침식
  ㉣ 환원성 분위기에 약하다.
② CA(크로멜-알루멜)
  ㉠ 측정온도 0~1200℃
  ㉡ 산화성분위기에 노화가 빠르다.
③ IC(철-콘스탄탄)
  ㉠ 측정온도 −20~850℃
  ㉡ 환원성분위기에 강하다.
④ CC(동-콘스탄탄)
  ㉠ 측정온도 −200~350℃
  ㉡ 수분에 의한 내식성이 강하다.

정답 69. ③　70. ②

71

평균유속이 3m/s인 파이프를 25L/s의 유량이 흐르도록 하려면 이 파이프의 지름을 약 몇 mm로 해야 하는가?

① 88mm ② 93mm
③ 98mm ④ 103mm

해설 $Q = A \times V = \dfrac{\pi D^2}{4} \times V$

$D = \sqrt{\dfrac{4Q}{\pi V}} = \sqrt{\dfrac{4 \times 0.025}{3.14 \times 3}} = 0.103m \times 1000mm/m = 103mm$

72

전기저항식 습도계의 특징에 대한 설명 중 틀린 것은?

① 저온도의 측정이 가능하고, 응답이 빠르다.
② 고습도에 장기간 방치하면 감습막이 유동한다.
③ 연속기록, 원격측정, 자동제어에 주로 이용된다.
④ 온도계수가 비교적 작다.

해설 전기저항식 온도계의 특징
　① 온도계수가 크다
　② 저온도의 측정이 가능하다.
　③ 응답이 빠르다.
　④ 연속기록, 원격측정, 자동제어에 주로 이용
　⑤ 고습도에 장시간 방치시 감습막이 유동한다.

73

여과기(strainer)의 설치가 필요한 가스미터는?

① 터빈가스미터 ② 루트가스미터
③ 막식가스미터 ④ 습식가스미터

해설 문제 66번 참조

정답 71. ④ 72. ④ 73. ②

74 가스보일러에서 가스를 연소시킬 때 불완전연소로 발생하는 가스에 중독될 경우 생명을 잃을 수도 있다. 이때 이 가스를 검지하기 위하여 사용하는 시험지는?

① 연당지
② 염화파라듐지
③ 하리슨씨 시약
④ 질산구리벤젠지

[해설] 시험지명 및 변색상태

암모니아	적색 리트머스 시험지	청색
염소	KI 전분지	청색
시안화수소	질산구리 벤젠지	청색
일산화탄소	염화파라듐지	흑색
황화수소	연당지	흑색
포스겐	하리슨 시험지	심등색(오렌지색)
아세틸렌	염화제1동 착염지	적색
아황산가스	암모니아 적신 헝겊	흰연기

75 Block 선도의 등가변화에 해당하는 것만으로 짝지어진 것은?

① 전달요소 결합, 가합점 치환, 직렬 결합, 피드백 치환
② 전달요소 치환, 인출점 치환, 병렬 결합, 피드백 결합
③ 인출점 치환, 가합점 결합, 직렬 결합, 병렬 결합
④ 전달요소 이동, 가합점 결합, 직렬 결합, 피드백 결합

[해설] 블록선도의 등가변화
① 전달요소 치환
② 인출점 치환
③ 병렬결합
④ 피드백 결합

76 가스센서에 이용되는 물리적 현상으로 가장 옳은 것은?

① 압전효과
② 조셉슨효과
③ 흡착효과
④ 광전효과

[해설] 가스센서에 이용되는 물리적 현상 : 흡착효과

정답 74. ② 75. ② 76. ③

77 실측식 가스미터가 아닌 것은?
① 터빈식　　　　　　　　② 건식
③ 습식　　　　　　　　　④ 막식

해설　추측식 가스미터 : 오리피스, 터빈, 선근차식, 피토우관

78 전극식 액면계의 특징에 대한 설명으로 틀린 것은?
① 프로브 형성 및 부착위치와 길이에 따라 정전용량이 변화한다.
② 고유저항이 큰 액체에는 사용이 불가능하다.
③ 액체의 고유저항 차이에 따라 동작점의 차이가 발생하기 쉽다.
④ 내식성이 강한 전극봉이 필요하다.

79 반도체 스트레인 게이지의 특징이 아닌 것은?
① 높은 저항　　　　　　② 높은 안정성
③ 큰 게이지상수　　　　④ 낮은 피로수명

해설　반도체 스트레인 게이지의 특징
　　　① 높은 피로수명
　　　② 높은 안정성
　　　③ 높은 저항
　　　④ 큰게이지상수

80 헴펠(Hempel)법에 의한 분석순서가 바른 것은?
① $CO_2 \to C_mH_n \to O_2 \to CO$　　　② $CO \to C_mH_n \to O_2 \to CO_2$
③ $CO_2 \to O_2 \to C_mH_n \to CO$　　　④ $CO \to O_2 \to C_mH_n \to CO_2$

해설　· 오르자트법 : 이산화탄소 → 산소 → 일산화탄소
　　　· 헴펠법 : 이산화탄소 → 탄화수소 → 산소 → 일산화탄소

정답　77. ①　78. ①　79. ④　80. ①

2020년 제3회 가스산업기사 출제문제

제1과목 : 연소공학

01 연소열에 대한 설명으로 틀린 것은?
① 어떤 물질이 완전연소할 때 발생하는 열량이다.
② 연료의 화학적 성분은 연소열에 영향을 미친다.
③ 이 값이 클수록 연료로서 효과적이다.
④ 발열반응과 함께 흡열반응도 포함한다.

해설 ⇒ 연소열 : 발열반응만 포함이 된다.

02 연소가스량 $10m^3/kg$, 비열 $0.325kcal/m^3 \cdot °C$인 어떤 원료의 저위 발열량이 $6700kcal/kg$이었다면 이론 연소온도는 약 몇 °C인가?
① 1962°C
② 2062°C
③ 2162
④ 2262°C

해설 ⇒ 이론연소온도 $= \dfrac{Hl}{G \times C} = \dfrac{6700}{10 \times 0.325} = 2061.53°C$

03 황(S) 1kg이 이산화황(SO_2)으로 완전 연소할 경우 이론산소량(kg/kg)과 이론공기량(kg/kg)은 각각 얼마인가?
① 1, 4.31
② 1, 8.62
③ 2, 4.31
④ 2, 8.62

해설 ⇒ S + O_2 → SO_2
　　32kg　32kg　64kg
　　1kg　　x

정답 01. ④　02. ②　03. ①

$$x = \frac{1kg \times 32kg}{32kg} = 1kg/kg(O_o)$$

$$A_0 = \frac{1kg/kg}{0.232} = 4.31kg/kg$$

04

메탄 60v%, 에탄 20v%, 프로판 15v%, 부탄 5v%인 혼합가스의 공기 중 폭발 하한계(v%)는 약 얼마인가? (단, 각 성분의 폭발 하한계는 메탄 5.0v%, 에탄 3.0v%, 프로판 2.1v%, 부탄 1.8v%로 한다.)

① 2.5　　② 3.0
③ 3.5　　④ 4.0

해설
$$\frac{100}{L} = \frac{V_1}{L_1} + \frac{V_2}{L_2} + \frac{V_3}{L_3} + \cdots + \frac{V_m}{L_m}$$

$$\frac{100}{L} = \left(\frac{60}{5} + \frac{20}{3} + \frac{15}{2.1} + \frac{5}{1.8}\right)$$

$$\frac{100}{L} = 28.59 \quad \therefore L = \frac{100}{28.59} = 3.497\%$$

05

기체연료의 확산연소에 대한 설명으로 틀린 것은?
① 확산연소는 폭발의 경우에 주로 발생하는 형태이며 예혼합연소에 비해 반응대가 좁다.
② 연료가스와 공기를 별개로 공급하여 연소하는 방법이다.
③ 연소형태는 연소기기의 위치에 따라 달라지는 비균일 연소이다.
④ 일반적으로 확산과정은 화학반응이나 화염의 전파과정보다 늦기 때문에 확산에 의한 혼합속도가 연소속도를 지배한다.

해설 예혼합연소에 비해 반응대가 넓다.

06

프로판 가스의 분자량은 얼마인가?
① 17　　② 44
③ 58　　④ 64

해설 C_3H_8 : 12×3+8 = 44g

정답 04. ③　05. ①　06. ②

07 0°C, 1기압에서 C_3H_8 5kg의 체적은 약 몇 m^3인가? (단, 이상기체로 가정하고, C의 원자량은 12, H의 원자량은 1이다.)

① 0.6　　② 1.5
③ 2.5　　④ 3.6

해설) 44kg = 22.4m^3
5kg = x
$$x = \frac{5 \times 22.4 m^3}{44 kg} = 2.545 m^3$$

08 다음 [보기]의 성질을 가지고 있는 가스는?

[보기]
· 무색, 무취, 가연성기체
· 폭발범위 : 공기 중 4~75vol%

① 메탄　　② 암모니아
③ 에틸렌　　④ 수소

해설) ① 메탄 : 5~15%
② 암모니아 : 15~28%
③ 에틸렌 : 3.1~32%

09 공기비가 적을 경우 나타나는 현상과 가장 거리가 먼 것은?

① 매연발생이 심해진다.　　② 폭발사고 위험성이 커진다.
③ 연소실 내의 연소온도가 저하된다.　　④ 미연소로 인한 열손실이 증가한다.

해설) 공기비가 적을 때
① 매연발생이 심해진다.
② 미연소로 인한 열손실이 증가한다.
③ 폭발사고 위험성이 커진다.

정답　07. ③　08. ④　09. ③

10 1atm, 27°C의 밀폐된 용기에 프로판과 산소가 1:5 부피비로 혼합되어 있다. 프로판이 완전 연소하여 화염의 온도가 1000°C가 되었다면 용기 내에 발생하는 압력은 약 몇 atm인가?

① 1.95atm ② 2.95atm
③ 3.95atm ④ 4.95atm

해설⇒ $1C_3H_8 + 5O_2 \rightarrow 3CO_2 + 4H_2O$
$P_1V_1 = n_1R_1T_1$
$P_2V_2 = n_2R_2T_2$
$\therefore P_2 = \dfrac{P_1 \times n_2 \times T_2}{n_1 \times T_1} = \dfrac{1 \times 7 \times (273+1000)}{6 \times (273+27)} = 4.983 atm$

11 기체상수 R을 계산한 결과 1.987이었다. 이 때 사용되는 단위는?

① cal/mol·K ② erg/kmol·K
③ Joule/mol·K ④ L·atm/mol·K

해설⇒ 기체상수 값
① 0.082ℓ·atm/mol·K ② 848kg·m/kmol·K
③ 1.987cal/mol·K ④ 8.314J/mol·K

12 분진폭발과 가장 관련이 있는 물질은?

① 소맥분 ② 에테르
③ 탄산가스 ④ 암모니아

해설⇒ 분진폭발 : 소맥분, 석탄가루, 황가루, Al분, Mg분 등

13 폭굉이란 가스 중의 음속보다 화염 전파속도가 큰 경우를 말하는데 마하수 약 얼마를 말하는가?

① 1~2 ② 3~12
③ 12~21 ④ 21~30

해설⇒ 폭굉속도 : 1,000 ~ 3,500m/sec
마하수 : 330m/s 따라서, 폭굉은 약, 마하 3~10

정답 10. ④ 11. ① 12. ① 13. ②

14 다음 중 자기연소를 하는 물질로만 나열된 것은?
① 경유, 프로판
② 질화면, 셀룰로이드
③ 황산, 나프탈렌
④ 석탄, 플라스틱(FRP)

해설) 연소형태
① 표면연소 : 코크스, 목탄, 숯
② 분해연소 : 석탄, 목재, 종이, 플라스틱
③ 증발연소
　- 액체 : 알콜, 에테르 등
　- 고체 : 나프탈렌, 파라핀(양초)
④ 자기연소 : TNT, 피크린산, 질화면, 셀룰로이드 등
⑤ 확산연소 : 기체연료의 연소(수소, 메탄, 아세틸렌)

15 가연물의 위험성에 대한 설명으로 틀린 것은?
① 비등점이 낮으면 인화의 위험성이 높아진다.
② 파라핀 등 가연성 고체는 화재 시 가연성액체가 되어 화재를 확대한다.
③ 물과 혼합되기 쉬운 가연성 액체는 물과 혼합되면 증기압이 높아져 인화점이 낮아진다.
④ 전기전도도가 낮은 인화성 액체는 유동이나 여과 시 정전기를 발생하기 쉽다.

16 정전기를 제어하는 방법으로서 전하의 생성을 방지하는 방법이 아닌 것은?
① 접속과 접지(Bonding and Grounding)
② 도전성 재료 사용
③ 침액파이프(Dip pipes)설치
④ 첨가물에 의한 전도도 억제

해설) 정전기를 제어하는 방법으로 전하의 생성을 방지하는 방법
① 접속과 접지
② 도전성재료 사용
③ 침액파이프(pip pipes)설치
④ 첨가물에 의한 전도도 증가

정답 14. ②　15. ③　16. ④

17
어떤 반응물질이 반응을 시작하기 전에 반드시 흡수하여야 하는 에너지의 양을 무엇이라 하는가?
① 점화에너지 ② 활성화에너지
③ 형성엔탈피 ④ 연소에너지

18
연료의 발열량 계산에서 유효수소를 옳게 나타낸 것은?
① $\left(H+\dfrac{O}{8}\right)$ ② $\left(H-\dfrac{O}{8}\right)$
③ $\left(H+\dfrac{O}{16}\right)$ ④ $\left(H-\dfrac{O}{16}\right)$

> 해설⊃ 이론산소량=$1.867C+5.8\left(H-\dfrac{O}{8}\right)+0.7S$
> 이론공기량=$8.89C+26.67\left(H-\dfrac{O}{8}\right)+3.31S$

19
표준상태에서 기체 $1m^3$은 약 몇 몰인가?
① 1   ② 2
③ 22.4 ④ 44.6

> 해설⊃ $1m^3 = 1,000\ell$
> $1mol = 22.4\ell$
> $x = 1,000\ell$
> $x = \dfrac{1mol \times 1,000\ell}{22.4\ell} = 44.6mol$

20
다음 중 열전달계수의 단위는?
① kcal/h   ② kcal/m² · h · ℃
③ kcal/m · h · ℃ ④ kcal/℃

> 해설⊃ 열전달율 = 열관류율 = 열통과율 : kcal/m²h℃
> 열전도율 : kcal/mh℃

정답 17. ② 18. ② 19. ④ 20. ②

제2과목 : 가스설비

21 조정기 감압방식 중 2단 감압방식의 장점이 아닌 것은?
① 공급압력이 안정하다.
② 장치와 조작이 간단하다.
③ 배관의 지름이 가늘어도 된다.
④ 각 연소기구에 알맞은 압력으로 공급이 가능하다.

해설 ➡ 2단감압법의 장점
① 공급압력이 일정하다.
② 중간배관이 가늘어도 된다.
③ 배간입상에 의한 압력강하 보정
④ 각 연소기구에 알맞은 압력으로 공급이 가능

22 지하 도시가스 매설배관에 Mg과 같은 금속을 배관과 전기적으로 연결하여 방식하는 방법은?
① 희생양극법
② 외부전원법
③ 선택배류법
④ 강제배류법

해설 ➡ 전기방식법
① 유전 양극법 : 양극재료로 유효전위차가 큰 Mg을 사용한다.

장점	단점
· 다른 매설금속체에 방해 작용이 없다. · 소규모 설비에는 경제적이다. · 시공이 단순하다. · 과방식의 염려가 없다.	· 전류 조절이 불가능 · 정기적으로 전극(양극)을 보충할 필요가 있다. · 방식범위가 좁다. · 대규모 설비시 시설비가 많이 든다. · 강한 전식에는 무력하다.

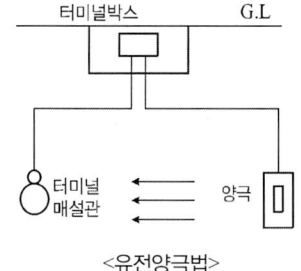
〈유전양극법〉

② 외부 전원법 : 외부의 직류전원 장치로부터 방식전류를 강제로 지중에 설치한 전극을 통하여 매설관에 흘려 대상 금속의 표면을 음극화하여 방식하는 방법이다. 단점으로는 과방식이 될 수 있고 전원이 없는 경우는 전지, 충전지 등을 필요로 한다. (고가이다.)

장점	단점
· 전극 수명이 길다. · 방식 범위가 넓다. · 전압 전류 조정이 가능하다. · 대형설비에는 전원 장치 수를 적게 할 수 있어 경제적이다.	· 초기 시공비가 많이 든다. · AC전원이 필요하다. · 강력한 다른 매설체의 간섭 우려가 있다.

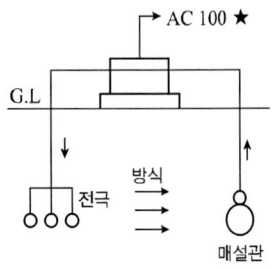

<외부전원법>

③ 선택 배류법 : 땅속의 금속과 전철의 레일과를 전선으로 접속한 것으로 정류기가 설치되어 있다. 전식은 방지하는데 사용하며 레일의 전기는 시시각각 변화하므로 방식효과가 항상 얻는다고 볼 수 없다. 전류의 제어가 곤란하며 간섭 및 과방식에 대한 배려가 필요하며 값이 싸다.

장점	단점
· 전철의 전류를 활용할 수 있으므로 별도 유지비가 필요하다. · 전철 운행동안에는 자연히 방식된다. · 시공비가 별도로 들지 않는다.	· 과방식의 우려가 있다. · 다른 매설금속체의 간섭 우려가 없다. · 전철과의 관계위치에 의한 효과범위가 변화될 수 있다. · 전철의 휴지기간 또는 레일 전위가 높은 경우에도 효과가 없다.

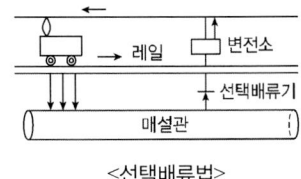

<선택배류법>

④ 강제 배류법 : 외부전원법과 선택배류법을 종합한 방식으로 외부전원법의 애노드(양극)를 레일에 치환한 방법이다. 비교적 고가이다.

장점	단점
· 전류전압 조정이 용이하며 효과가 좋다. · 전철의 휴지기간 중에도 방식이 가능하고 간접작용이 없다. · 외부 전원방식에 비해 유지비용이 적다.	· 전원이 별도 필요 · 다른 매설금속체의 장해 (간섭)에 관하여 검토가 필요 · 전철의 신호장애에 관한 검토 필요

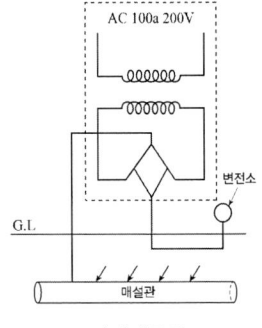

<강제배류법>

23
고압가스 설비 내에서 이상사태가 발생한 경우 긴급이송 설비에 의하여 이송되는 가스를 안전하게 연소시킬 수 있는 안전장치는?

① 벤트스택 ② 플레어스택
③ 인터록기구 ④ 긴급차단장치

해설
- 플레어스택 : 고압가스 설비내에서 이상사태 발생 시 긴급이송설비에 의해 이송되는 가스를 안전하게 연소시킬 수 있는 안전장치
- 복사열 : 4,000kcal/m²h이하

24
도시가스시설에서 전기방식효과를 유지하기 위하여 빗물이나 이물질의 접촉으로 인한 절연의 효과가 상쇄되지 아니하도록 절연 이음매 등을 사용하여 절연한다. 절연조치를 하는 장소에 해당되지 않는 것은?

① 교량횡단 배관의 양단
② 배관과 철근콘크리트구조물사이
③ 배관과 배관지지물사이
④ 타 시설물과 30cm 이상 이격되어있는 배관

해설 절연조치를 하는 장소
① 교량 횡단배관의 양단
② 배관과 배관지시물 사이
③ 배관과 철근콘크리트 구조물 사이
④ 배관 절연부 양측
⑤ 밸브 스테이션

25
원심 펌프를 병렬로 연결하는 것은 무엇을 증가시키기 위한 것인가?

① 양정 ② 동경
③ 유량 ④ 효율

해설
- 직렬연결 : 양정증가, 유량일정
- 병렬연결 : 유량증가, 양정일정

정답 23. ② 24. ④ 25. ③

26

저온장치에서 저온을 얻을 수 있는 방법이 아닌 것은?
① 단열교축팽창
② 등엔트로피팽창
③ 단열압축
④ 기체의 액화

해설: 저온장치에서 저온을 얻을 수 있는 방법
① 단열교축팽창
② 기체의 액화
③ 등엔트로피 팽창

27

두께 3mm, 내경 20mm, 강관에 내압이 2kgf/cm²일 때, 원주방향으로 강관에 작용하는 응력은 약 몇 kgf/cm² 인가?
① 3.33
② 6.67
③ 9.33
④ 12.67

해설: $\sigma_1 = \dfrac{PD}{2t} = \dfrac{2kgf/cm^2 \times 2cm}{2 \times 0.3cm} = 6.67 kgf/cm^2$

28

용적형 압축기에 속하지 않는 것은?
① 왕복 압축기
② 회전 압축기
③ 나사 압축기
④ 원심 압축기

해설: 용적형 압축기
① 왕복압축기
② 회전 압축기
③ 나사압축기

정답 26. ③　27. ②　28. ④

29
비교회전도 175, 회전수 3000rpm, 양정 210m인 3단 원심펌프의 유량은 약 몇 m³/min 인가?

① 1 ② 2
③ 3 ④ 4

해설
$$Ns = \frac{N \times \sqrt{Q}}{\left(\frac{H}{n}\right)^{\frac{3}{4}}} \qquad \sqrt{Q} = \frac{Ns \times \left(\frac{H}{n}\right)^{\frac{3}{4}}}{N}$$

$$\therefore Q = \left(\frac{Ns \times \left(\frac{H}{n}\right)^{\frac{3}{4}}}{N}\right)^2 = \left(\frac{175 \times \left(\frac{210}{3}\right)^{\frac{3}{4}}}{3,000}\right)^2 = 1.9928 \, m^3/\min$$

30
고압고무호스의 제품성능 항목이 아닌 것은?

① 내열성능 ② 내압성능
③ 호스부성능 ④ 내이탈성능

해설 고압고무호스 제품성능항목
① 내압성능 ② 내이탈성능
③ 호스부성능

31
이중각식 구형 저장탱크에 대한 설명으로 틀린 것은?

① 상온 또는 -30℃ 전후까지의 저온의 범위에 적합하다.
② 내구에는 저온 강재, 외구에는 보통 강판을 사용한다.
③ 액체산소, 액체질소, 액화메탄 등의 저장에 사용된다.
④ 단열성이 아주 우수하다.

해설 이중각식 구형탱크

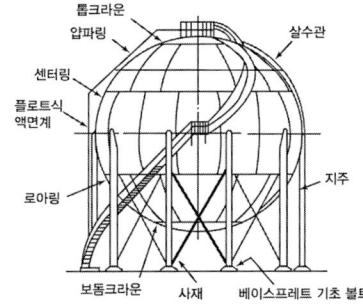
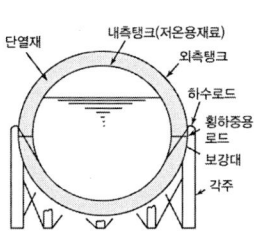

정답 29. ② 30. ① 31. ①

특징
① 상온 또는 –50℃이하의 저온에서 액화가스를 저장하는데 적합
② 액화산소, 액화질소, 액화메탄, 액화에틸렌 등의 저장
③ 단열성이 아주우수
④ 내부는 스텐레스강, 알루미늄, 9%니켈강 등을 사용한다.

32 저온(T_2)으로부터 고온(T_1)으로 열을 보내는 냉동기의 성능계수 산정식은?

① $\dfrac{T_2}{T_1}$
② $\dfrac{T_2}{T_1 - T_2}$
③ $\dfrac{T_1}{T_1 - T_2}$
④ $\dfrac{T_1 - T_2}{T_1}$

해설 › 성능계수 $= \dfrac{T_2}{T_1 - T_2} = \dfrac{Q_2}{Q_1 - Q_2}$

열펌프 $= \dfrac{T_1}{T_1 - T_2} = \dfrac{Q_1}{Q_1 - Q_2}$

효율 $= \dfrac{T_1 - T_2}{T_1} = \dfrac{Q_1 - Q_2}{Q_1}$

33 액화석유가스를 소규모 소비하는 시설에서 용기수량을 결정하는 조건으로 가장 거리가 먼 것은?

① 용기의 가스 발생능력
② 조정기의 용량
③ 용기의 종류
④ 최대 가스 소비량

해설 › 용기수량 결정하는 조건
① 용기의 가스 발생능력
② 최대가스소비량
③ 용기의 종류

정답 32. ② 33. ②

34
LPG용기 충전시설의 저장설비실에 설치하는 자연환기설비에서 외기에 면하여 설치된 환기구의 통풍가능면적의 합계는 어떻게 하여야 하는가?

① 바닥면적 $1m^2$마다 $100cm^2$의 비율로 계산한 면적 이상
② 바닥면적 $1m^2$마다 $300cm^2$의 비율로 계산한 면적 이상
③ 바닥면적 $1m^2$마다 $500cm^2$의 비율로 계산한 면적 이상
④ 바닥면적 $1m^2$마다 $600cm^2$의 비율로 계산한 면적 이상

해설> • 통풍가능면적 : $1m^2$ 당 $300cm^2$
• 통풍능력 : $1m^2$ 당 $0.5m^3/min$

35
정압기를 사용압력 별로 분류한 것이 아닌 것은?

① 단독사용자용 정압기
② 중압 정압기
③ 지역 정압기
④ 지구 정압기

해설> 정압기 사용 압력별 분류
① 지구정압기
② 지역정압기
③ 단독사용자용 정압기

36
액화 사이클 중 비점이 점차 낮은 냉매를 사용하여 저비점의 기체를 액화하는 사이클은?

① 린데 공기 액화사이클
② 가역가스 액화사이클
③ 캐스케이드 액화사이클
④ 필립스 공기 액화사이클

해설> 가스액화사이클
① 캐스케이드사이클 : 비점이 점차 낮은 냉매를 사용하여 저비점의 기체를 액화하는 사이클로 NH_3, C_2H_4, CH_4, N_2순으로 액화
② 필립스공기액화사이클 : 실린더 중에 피스톤과 보조피스톤이 있고 수소나 헬륨을 냉매로 한 효율적인 냉동방식
③ 캐피쟈공기액화사이클 : 축냉기를 사용 냉각과 동시에 수분과 탄산가스 제거
④ 린데 공기액화사이클 : 줄톰슨효과를 이용하여 수분과 탄산가스제거

정답 34. ② 35. ② 36. ③

37 추의 무게가 5kg이며, 실린더의 지름이 4cm일 때 작용하는 게이지 압력은 약 몇 kg/cm²인가?

① 0.3
② 0.4
③ 0.5
④ 0.6

해설 $P = \dfrac{W+W'}{A} + P_1 = \dfrac{5kg}{0.785 \times 4^2 cm^2} = 0.398 kg/cm^2$

38 시안화수소를 용기에 충전하는 경우 품질검사시 합격 최저 순도는?

① 98%
② 98.5%
③ 99%
④ 99.5%

해설 시안화수소 품질검사시 합격순도 : 98%이상

39 용적형(왕복식) 펌프에 해당하지 않는 것은?

① 플런저 펌프
② 다이어프램 펌프
③ 피스톤 펌프
④ 제트 펌프

해설 용적식 펌프
① 왕복식 펌프
  - 피스톤 펌프
  - 플런져 펌프
  - 다이어프램 펌프
② 회전식 펌프
  - 베인펌프(편심)
  - 기어펌프(치차)
  - 나사펌프(기어)

40 조정기의 주된 설치 목적은?

① 가스의 유속조절
② 가스의 발열량조절
③ 가스의 유량조절
④ 가스의 압력조절

정답 37. ② 38. ① 39. ④ 40. ④

제3과목 : 가스안전관리

41. 고압가스 저장탱크를 지하에 묻는 경우 지면으로부터 저장탱크의 정상부까지의 깊이는 최소 얼마 이상으로 하여야 하는가?
① 20cm
② 40cm
③ 60cm
④ 1m

해설> 고압가스 저장탱크를 지하에 묻는 경우 지면으로부터 저장탱크의 정상부까지의 깊이 : 60cm이상

42. 동일 차량에 적재하여 운반이 가능한 것은?
① 염소와 수소
② 염소와 아세틸렌
③ 염소와 암모니아
④ 암모니아와 LPG

해설> 촉매폭발 : 직사일광에 의한 폭발
① 염소와 암모니아
② 염소와 수소
③ 염소와 아세틸렌

43. 고압가스 제조 시 압축하면 안 되는 경우는?
① 가연성가스(아세틸렌, 에틸렌 및 수소를 제외) 중 산소용량이 전용량의 2%일 때
② 산소 중의 가연성가스(아세틸렌, 에틸렌 및 수소를 제외)의 용량이 전용량의 2%일 때
③ 아세틸렌, 에틸렌 또는 수소 중의 산소용량이 전용량의 3%일 때
④ 산소 중 아세틸렌, 에틸렌 및 수소의 용량 합계가 전용량의 1%일 때

해설> 압축금지
① 가연성가스 중 산소용량이 전용량의 4% 이상 시
② 산소 중 가연성가스 용량이 전용량의 4% 이상 시
③ 에틸렌, 수소, 아세틸렌 용량이 전용량의 2% 이상 시
④ 산소 중 에틸렌, 수소, 아세틸렌 용량이 전용량의 2% 이상 시

정답 41. ③ 42. ④ 43. ③

44

액화석유가스의 특성에 대한 설명으로 옳지 않은 것은?

① 액체는 물보다 가볍고, 기체는 공기보다 무겁다.
② 액체의 온도에 의한 부피변화가 작다.
③ LNG보다 발열량이 크다.
④ 연소 시 다량의 공기가 필요하다.

해설 액화석유가스의 특징
① 연소 시 다량의 공기가 필요하다.
② 연소범위가 좁다.
③ 발화온도가 높다.
④ 연소속도가 느리다.
⑤ LNG 보다 발열량이 크다.
⑥ 액체는 물보다 가볍고 기체는 공기보다 무겁다.
⑦ 액체의 온도에 의한 부피 변화가 크다.

45

자기압력기록계로 최고사용압력이 중압인 도시가스배관에 기밀시험을 하고자 한다. 배관의 용적이 $15m^3$일 때 기밀 유지시간은 몇 분 이상이어야 하는가?

① 24분
② 36분
③ 240분
④ 360분

해설 자기 압력 기록계 기밀시험 압력 유지시간
① 저압, 중압
  - $1m^3$ 미만 : 24분
  - $1m^3$ 이상 $10m^3$ 미만 : 240분
  - $10m^3$ 이상 $300m^3$ 미만 : 24×분 (단, 1,440분을 초과시 1,440분으로 할 수 있다.)
② 고압
  - $1m^3$ 이상 : 48분
  - $1m^3$ 이상 $10m^3$ 미만 : 480분
  - $10m^3$ 이상 $300m^3$ 미만 : 48×분 (단, 2880분을 초과시 2880분으로 할 수 있다.)

정답 44. ② 45. ④

46 차량에 고정된 탱크 운행 시 반드시 휴대하지 않아도 되는 서류는?
① 고압가스 이동계획서
② 탱크 내압시험 성적서
③ 차량등록증
④ 탱크용량 환산표

해설) 차량에 고정된 탱크 운행 시 반드시 휴대하여야 하는 서류
① 차량운행일지
② 용량환산표(탱크테이블)
③ 운전면허증
④ 고압가스이동계획서
⑤ 자격증

47 이동식부탄연소기와 관련된 사고가 액화석유가스 사고의 약 10% 수준으로 발생하고 있다. 이를 예방하기 위한 방법으로 가장 부적당한 것은?
① 연소기에 접합용기를 정확히 장착한 후 사용한다.
② 과대한 조리기구를 사용하지 않는다.
③ 잔가스 사용을 위해 용기를 가열하지 않는다.
④ 사용한 접합용기는 파손되지 않도록 조치한 후 버린다.

48 액화석유가스사용시설의 시설기준에 대한 안전사항으로 다음 (   )안에 들어갈 수치가 모두 바르게 나열된 것은?

[보기]
· 가스계량기와 전기계량기와의 거리는 (㉠)이상, 전기점멸기와의 거리는 (㉡)이상 절연조치를 하지 아니한 전선과의 거리는 (㉢)이상의 거리를 유지할 것
· 주택에 설치된 저장설비는 그 설비 안의 것을 제외한 화기 취급장소와 (㉣)이상의 거리를 유지하거나 누출된 가스가 유동되는 것을 방지하기 위한 시설을 설치할 것

① (㉠) 60cm (㉡) 30cm (㉢) 15cm (㉣) 8m
② (㉠) 30cm (㉡) 20cm (㉢) 15cm (㉣) 8m
③ (㉠) 60cm (㉡) 30cm (㉢) 15cm (㉣) 2m
④ (㉠) 30cm (㉡) 20cm (㉢) 15cm (㉣) 2m

해설) 유지거리
① 절연조치를 하지 않은 전선 : 15cm 이상
② 절연조치를 한 전선 : 10cm 이상
③ 접속기, 점멸기, 굴뚝 : 30cm 이상
④ 안전기, 계량기, 개폐기, 콘센트 : 60cm 이상

정답 46. ② 47. ④ 48. ③

49 독성가스 용기 운반 등의 기준으로 옳은 것은?
① 밸브가 돌출한 운반용기는 이동식 프로텍터 또는 보호구를 설치한다.
② 충전용기를 차에 실을 때에는 넘어짐 등으로 인한 충격을 고려할 필요가 없다.
③ 기준 이상의 고압가스를 차량에 적재하여 운반할 경우 운반책임자가 동승하여야 한다.
④ 시·도지사가 지정한 장소에서 이륜차에 적재할 수 있는 충전용기는 충전량이 50kg 이하이고 적재 수는 2개 이하이다.

해설 ▸ 운반책임자 동승기준

성질	압축가스	액화가스
독성	100m³ 이상	1Ton이상(1000kg 이상)
가연성	300m³ 이상	3Ton이상(3000kg 이상)
조연성	600m³ 이상	6Ton이상(6000kg 이상)

50 독성가스이면서 조연성가스인 것은?
① 암모니아 ② 시안화수소
③ 황화수소 ④ 염소

해설 ▸ 독성이며 가연성가스
① 벤젠 ② 시안화수소
③ 황화수소 ④ 일산화탄소
⑤ 황화수소 ⑥ 이황화탄소
⑦ 염화메탄 ⑧ 산화에틸렌

51 다음 각 용기의 기밀시험 압력으로 옳은 것은?
① 초저온가스용 용기는 최고 충전압력의 1.1배의 압력
② 초저온가스용 용기는 최고 충전압력의 1.5배의 압력
③ 아세틸렌용 용기는 최고 충전압력의 1.1배의 압력
④ 아세틸렌용 용기는 최고 충전압력의 1.6배의 압력

해설 ▸ TP – C_2H_2 = FP×3,
 – 기타 = FP×$\frac{5}{3}$
AP – C_2H_2 = FP×1.8
 – 초저온 및 저온 = FP×1.1
 – 기타 = FP이상

정답 49. ③ 50. ④ 51. ①

52 LPG용 가스렌지 사용하는 도중 불꽃이 치솟는 사고가 발생하였을 때 가장 직접적인 사고 원인은?
① 압력조정기 불량
② T관으로 가스누출
③ 연소기의 연소불량
④ 가스누출자동차단기 미작용

53 고압가스용 이음매 없는 용기에서 내용적 50L인 용기에 4MPa의 수압을 걸었더니 내용적이 50.8L가 되었고 압력을 제거하여 대기압으로 하였더니 내용적이 50.02L가 되었다면 이 용기의 영구증가율은 몇 % 이며, 이 용기는 사용이 가능한지를 판단하면?
① 1.6%, 가능
② 1.6%, 불능
③ 2.5%, 가능
④ 2.5%, 불능

해설) 영구증가율 = $\dfrac{\text{영구증가량}}{\text{전증가량}} \times 100 = \dfrac{0.02}{0.8} \times 100 = 2.5\%$
① 전증가량 = 50.8 - 50 = 0.8
② 영구증가량 = 50.02 - 50 = 0.02
∴ 10%이하가 합격이므로 사용가능

54 산소와 함께 사용하는 액화석유가스 사용시설에서 압력조정기와 토치사이에 설치하는 안전장치는?
① 역화방지기
② 안전밸브
③ 파열판
④ 조정기

55 아세틸렌을 2.5MPa의 압력으로 압축할 때 첨가하는 희석제가 아닌 것은?
① 질소
② 에틸렌
③ 메탄
④ 황화수소

해설) 아세틸렌을 2.5MPa의 압력으로 압축 시 희석제
① 메탄
② 에틸렌
③ 질소
④ 일산화탄소

정답 52. ① 53. ③ 54. ① 55. ④

56
LPG 충전기의 충전호스의 길이는 몇 m 이내로 하여야 하는가?
① 2m
② 3m
③ 5m
④ 8m

해설
- 가정용 LPG호스의 길이 : 3m이내
- LPG 충전기의 충전 호스 길이 : 5m 이내
- 압축천연가스충전기 호스 길이 : 8m 이내

57
염소 누출에 대비하여 보유하여야 하는 제독제가 아닌 것은?
① 가성소다 수용액
② 탄산소다 수용액
③ 암모니아 수용액
④ 소석회

해설 제독제
① 염소 : ㉠ 소석회, ㉡ 가성소다, ㉢ 탄산소다
② 포스겐 : ㉠ 가성소다, ㉡ 소석회
③ 황화수소 : ㉠ 가성소다, ㉡ 탄산소다
④ 아황산가스 : ㉠ 물, ㉡ 가성소다, ㉢ 탄산소다
⑤ 시안화수소 : ㉠ 가성소다
⑥ 암모니아, 산화에틸렌, 염화메탄 : 다량의 물

58
가스설비가 오조작되거나 정상적인 제조를 할 수 없는 경우 자동적으로 원재료를 차단하는 장치는?
① 인터록기구
② 원료제어밸브
③ 가스누출기구
④ 내부반응 감시기구

해설 인터록 기구 : 가스설비가 오조작되거나 정상적인 제조를 할 수 없는 경우 자동적으로 원재료 차단.

정답 56. ③ 57. ③ 58. ①

59 도시가스 사업법에서 정한 가스 사용시설에 해당되지 않는 것은?
① 내관
② 본관
③ 연소기
④ 공동주택 외벽에 설치된 가스계량기

해설○ 배관의 분류
① 본관 : 도시가스제조사업소의 부지경계에서 정압기까지 이르는 배관
② 공급관 : 본관에서 분기하여 수요자가 소유한 토지경계까지 이르는 배관
③ 내관 : 수요자의 토지경계에서 연소기까지 이르는 배관
④ 사용자공급관 : 공급관 중 사용자 토지 경계에서 계량기 전단밸브에 이르는 배관

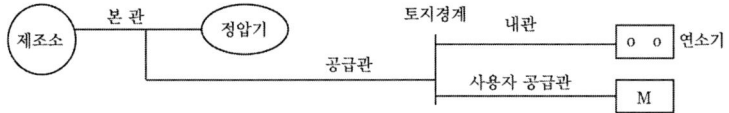

60 도시가스 사용시설에서 입상관은 환기가 양호한 장소에 설치하며 입상관의 밸브는 바닥으로부터 몇 m 이내에 설치하는가?
① 1m 이상 ~ 1.3m 이내
② 1.3m 이상 ~ 1.5m 이내
③ 1.5m 이상 ~ 1.8m 이내
④ 1.6m 이상 ~ 2m 이내

제4과목 : 가스계측

61 다음 중 기본단위가 아닌 것은?
① 길이
② 광도
③ 물질량
④ 압력

해설○ 기본단위
① 길이
② 질량
③ 시간
④ 물질량
⑤ 온도
⑥ 광도

정답 59. ② 60. ④ 61. ④

62 기체크로마토그래피를 이용하여 가스를 검출할 때 반드시 필요하지 않는 것은?
① Column ② Gas Sampler
③ Carrier gas ④ UV detector

해설▶ 기체크로마토그래피를 이용하여 가스를 검출 시 반드시 필요한 것
① 컬럼 ② 캐리어가스
③ 가스샘플 ④ 유량조절기
⑤ 항온조

63 적분동작이 좋은 결과를 얻기 위한 조건이 아닌 것은?
① 불감시간이 적을 때 ② 전달지연이 적을 때
③ 측정지연이 적을 때 ④ 제어대상의 속응도(速應度)가 적을 때

해설▶ 적분동작이 좋은 결과를 얻기 위한 조건
① 제어대상의 속응도가 클 때 ② 전달지연이 적을 때
③ 측정지연이 적을 때 ④ 불감시간이 적을 때

64 보상도선의 색깔이 갈색이며 매우 낮은 온도를 측정하기에 적당한 열전대 온도계는?
① PR 열전대 ② IC 열전대
③ CC 열전대 ④ CA 열전대

해설▶ 열전대 온도계 : 두 금속의 열기전력을 이용 측정(제백효과 이용)
① 백금-백금로듐(PR)
  ㉠ 측정온도 0~1600℃
  ㉡ 산화성분위기에 강하다.
  ㉢ 금속증기에 침식
  ㉣ 환원성 분위기에 약하다.
  ㉤ 열전대온도계 중 가장 고온 측정
② CA(크로멜-알루멜)
  ㉠ 측정온도 0~1200℃
  ㉡ 산화성분위기에 노화가 빠르다.
③ IC(철-콘스탄탄)
  ㉠ 측정온도 –20~850℃
  ㉡ 환원성분위기에 강하다.
④ CC(동-콘스탄탄)
  ㉠ 측정온도 –200~350℃
  ㉡ 수분에 의한 내식성이 강하다.
  ㉢ 열전대 온도계 중 가장 저온 측정

정답 62. ④ 63. ④ 64. ③

65
측정기의 감도에 대한 일반적인 설명으로 옳은 것은?
① 감도가 좋으면 측정시간이 짧아진다.
② 감도가 좋으면 측정범위가 넓어진다.
③ 감도가 좋으면 아주 작은 양의 변화를 측정할 수 있다.
④ 측정량의 변화를 지시량의 변화로 나누어 준 값이다.

해설 측정기의 감도란
감도가 좋으면 아주 작은양의 변화를 측정할 수 있다.

66
가스누출 확인 시험지와 검지가스가 옳게 연결된 것은?
① KI 전분지 – CO
② 연당지 – 할로겐가스
③ 염화파라듐지 – HCN
④ 리트머스시험지 – 알칼리성가스

해설 시험지명 및 변색상태

암모니아	적색 리트머스 시험지	청색
염소	KI 전분지	청색
시안화수소	질산구리 벤젠지	청색
일산화탄소	염화파라듐지	흑색
황화수소	연당지(초산납시험지)	흑색
포스겐	하리슨 시험지	심등색(오렌지색)
아세틸렌	염화제1동 착염지	적색
아황산가스	암모니아 적신 헝겊	흰연기

67
시료 가스를 각각 특정한 흡수액에 흡수시켜 흡수 전후의 가스체적을 측정하여 가스의 성분을 분석하는 방법이 아닌 것은?
① 적정(滴定)법
② 게겔(Gockel)법
③ 헴펠(Hempel)법
④ 오르자트(Orsat)법

해설 흡수분석법
① 오르자트법
② 헴펠법
③ 게겔법

정답 65. ③ 66. ④ 67. ①

68
가연성가스누출검지기에는 반도체 재료가 널리 사용되고 있다. 이 반도체 재료로 가장 적당한 것은?
① 산화니켈(NiO)
② 산화주석(SnO_2)
③ 이산화망간(MnO_2)
④ 산화알루미늄(Al_2O_3)

[해설] 가연성가스 누출검지기에는 반도체 재료가 널리 사용되고 있다.
　　　이 반도체 재료 : 산화주석(SnO_2)

69
접촉식 온도계 중 알코올 온도계의 특징에 대한 설명으로 옳은 것은?
① 열전도율이 좋다.
② 열팽창계수가 적다.
③ 저온측정에 적합하다.
④ 액주의 복원시간이 짧다.

[해설] · 알콜온도계 : -100℃(저온측정에 적합)
　　　· 수은온도계 : -35 ~ 360℃
　　　· 베크만온도계 : 0.01 ~ 150℃ (미소온도측정)

70
계량이 정확하고 사용 중 기차의 변동이 거의 없는 특징의 가스미터는?
① 벤투리미터
② 오리피스미터
③ 습식가스미터
④ 로터리피스톤식미터

[해설] 습식가스미터
　　　① 기차변동이 거의 없다.　② 계량이 정확하다.
　　　③ 수위조정등의 관리가 필요　④ 설치면적이 크다.

71
전기저항식 습도계의 특징에 대한 설명으로 틀린 것은?
① 자동제어에 이용된다.
② 연속기록 및 원격측정이 용이하다.
③ 습도에 의한 전기저항의 변화가 적다.
④ 저온도의 측정이 가능하고, 응답이 빠르다.

[해설] 전기저항식 습도계의특징
　　　① 자동제어에 이용된다.
　　　② 연속기록 및 원격측정이 용이하다.
　　　③ 저온도의 측정이 가능하고 응답이 빠르다.
　　　④ 습도에 의한 전기저항 변화가 크다.

정답 68. ②　69. ③　70. ③　71. ③

72 FID 검출기를 사용하는 기체크로마토그래피는 검출기의 온도가 100℃ 이상에서 작동되어야 한다. 주된 이유로 옳은 것은?
① 가스소비량을 적게하기 위하여
② 가스의 폭발을 방지하기 위하여
③ 100℃ 이하에서는 점화가 불가능하기 때문에
④ 연소 시 발생하는 수분의 응축을 방지하기 위하여

73 가스시험지법 중 염화제일구리 착염지로 검지하는 가스 및 반응색으로 옳은 것은?
① 아세틸렌 – 적색
② 아세틸렌 – 흑색
③ 할로겐화물 – 적색
④ 할로겐화물 – 청색

해설 ▶ 문제 66번 참조

74 탄성식 압력계에 속하지 않는 것은?
① 박막식 압력계
② U자관형 압력계
③ 부르동관식 압력계
④ 벨로우즈식 압력계

해설 ▶ 탄성식 압력계
① 브르돈관식 압력계
② 벨로우즈식 압력계
③ 격막식 압력계(박막식 압력계) = 다이어프램 압력계

75 도시가스 사용압력이 2.0kPa인 배관에 설치된 막식가스미터의 기밀시험 압력은?
① 2.0kPa 이상
② 4.4kPa 이상
③ 6.4kPa 이상
④ 8.4kPa 이상

해설 ▶ 막식가스미터의 기밀시험 압력 : 840mmH$_2$O(8.4kPa)

정답 72. ④ 73. ① 74. ② 75. ④

76 가스계량기의 검정 유효기간은 몇 년인가? (단, 최대유량 $10m^3/h$ 이하이다.)
① 1년　　② 2년
③ 3년　　④ 5년

[해설] 가스계량기의 검정유효기간(단, 최대유량 $10m^3/h$이하) : 5년

77 습한 공기 200kg 중에 수증기가 25kg 포함되어 있을 때의 절대습도는?
① 0.106　　② 0.125
③ 0.143　　④ 0.171

[해설] 절대습도 $\dfrac{P_a}{P-P_a} = \dfrac{25}{200-25} = 0.1428$

78 계측기의 원리에 대한 설명으로 가장 거리가 먼 것은?
① 기전력의 차이로 온도를 측정한다.
② 액주높이로부터 압력을 측정한다.
③ 초음파속도 변화로 유량을 측정한다.
④ 정전용량을 이용하여 유속을 측정한다.

[해설] 계측기의 원리
① 초음파 속도변화로 유량측정
② 액주높이로부터 압력을 측정
③ 기전력의 차이로 온도를 측정

79 전기 저항식 온도계에 대한 설명으로 틀린 것은?
① 열전대 온도계에 비하여 높은 온도를 측정하는데 적합하다.
② 저항선의 재료는 온도에 의한 전기저항의 변화(저항 온도계수)가 커야 한다.
③ 저항 금속재료는 주로 백금, 니켈, 구리가 사용된다.
④ 일반적으로 금속은 온도가 상승하면 전기 저항값이 올라가는 원리를 이용한 것이다.

정답 76. ④　77. ③　78. ④　79. ①

80 평균유속이 5m/s인 배관 내에 물의 질량유속이 15kg/s이 되기 위해서는 관의 지름을 약 몇 mm로 해야 하는가?

① 42   ② 52
③ 62   ④ 72

해설) $Q = \rho V A = \rho \times V \times \dfrac{\pi D^2}{4}$

$D^2 = \dfrac{4Q}{\rho \times V \times \pi}$

$D = \sqrt{\dfrac{4 \times 15}{1000 \times 5 \times 3.14}} = 0.0618 m \times 1,000 mm/1m = 61.82 mm$

정답 80. ③

가스산업기사 모의고사

제1과목 : 연소공학

01 다음 보기에서 설명하는 소화제의 종류는?

[보기]
· 유류 및 전기화재에 적합하다.
· 소화 후 잔여물을 남기지 않는다.
· 연소반응을 억제하는 효과와 냉각소화 효과를 동시에 가지고 있다.
· 소화기의 무게가 무겁고, 사용 시 동상의 우려가 있다.

① 물   ② 하론
③ 이산화탄소   ④ 드라이케미칼분말

해설》 이산화탄소
① 배관속의 CO_2가 습기와 반응하면 탄산을 만들어 강을 부식시킴
$$CO_2 + H_2O \rightarrow H_2CO_3$$
② 압력을 가하면 액화 또는 응고된다. CO_2 기체를 100atm까지 액화한 후 -25℃로 냉각하여 단열 팽창시키면 드라이아이스가 된다.
③ 용도 : ㉠ 탄산수, 사이다 등의 청량제에 사용
㉡ 소화제로 사용
㉢ 드라이아이스 제조에 이용
㉣ 요소$(NH_2)_2CO$의 원료에 쓰이며 소다회 제조에 쓰임

02 다음 기체 가연물 중 위험도(H)가 가장 큰 것은?
① 수소   ② 아세틸렌
③ 부탄   ④ 메탄

정답 1. ③   2. ②

해설 ① 아세틸렌(C_2H_2) 연소범위 : 2.5~81vol%

위험도 = $\dfrac{U(상한)-L(하한)}{L(하한)} = \dfrac{81-2.5}{2.5} = 31.4$

② 수소(H_2)의 연소범위 : 4~75vol%

위험도 = $\dfrac{U(상한)-L(하한)}{L(하한)} = \dfrac{75-4}{4} = 17.75$

③ 부탄(C_4H_{10})의 연소범위 : 1.8~8.4vol%
④ 메탄(CH_4)의 연소범위 : 5~15vol%
⑤ 연소범위가 넓을수록 위험도 값이 증가하는 것을 알 수 있다.

03 메탄을 공기비 1.1로 완전연소시키고자 할 때 메탄 $1Nm^3$당 공급해야 할 공기량은 약 몇 Nm^3인가?

① 2.2
② 6.3
③ 8.4
④ 10.5

해설
$CH_4 + 2O_2 \rightarrow CO_2 + 2H_2O$
$22.4\,m^3 \quad 2\times22.4\,m^3$
$1\,m^3 \quad\quad x$

$x = \dfrac{1\,m^3 \times 2 \times 22.4\,m^3}{22.4\,m^3} = 2\,m^3 \qquad A_0 = \dfrac{O_0}{0.21} = \dfrac{2}{0.21} = 9.52\,m^3$

∴ $A = m \times A_0 = 1.1 \times 9.52 = 10.472\,m^3$

04 BLEVE(Boiling Liquid Expanding Vapour Explosion)현상에 대한 설명으로 옳은 것은?

① 물이 점성이 있는 뜨거운 기름 표면 아래서 끓을 때 연소를 동반하지 않고 overflow 되는 현상
② 물이 연소유(oil)의 뜨거운 표면에 들어갈 때 발생되는 overflow 현상
③ 탱크바닥에 물과 기름의 에멀젼이 섞여 있을 때 기름의 비등으로 인하여 급격하게 overflow 되는 현상
④ 과열상태의 탱크에서 내부의 액화 가스가 분출, 일시에 기화되어 착화, 폭발하는 현상

해설 ① 블래비(BLEVE, Boiling Liquid Expanding Vapour Explosion) : 과열상태의 탱크에서 내부의 액화가스가 분출하여 기화되어 폭발하는 현상
② 보일오버(Boil Over)
  ㉠ 중질유의 탱크에서 장시간 조용히 연소하다 탱크내의 잔존기름이 갑자기 분출하는 현상
  ㉡ 유류탱크에서 탱크바닥에 물과 기름의 에멀젼이 섞여 있을 때 이로 인하여 화재가 발생하는 현상
  ㉢ 연소유면으로부터 100℃이상의 열파가 탱크 저부에 고여 있는 물을 비등하게 하면서 연

정답 3. ④ 4. ④

소유를 탱크 밖으로 비산시키며 연소하는 현상
③ 오일오버(Oil Over) : 저장탱크 내에 저장된 유류저장량이 내용적으로 50% 이하로 충전되어 있을 때 화재로 인하여 탱크가 폭발하는 현상
④ 프로스오버(Froth Over) : 물이 점성의 뜨거운 기름 표면 아래서 끓을 때 화재를 수반하지 않고 용기가 넘치는 현상
⑤ 슬롭오버(Slop Over)
  ㉠ 물이 연소유의 뜨거운 표면에 들어갈 때 기름 표면에서 화재가 발생하는 현상
  ㉡ 유류화재로 소화하기 위한 물이 수분의 급격한 증발에 의해 액면이 거품을 일으키면서 열유층 밑의 냉유가 급히 열 팽창하여 기름의 일부가 불이 붙은 채 탱크벽을 넘어서 일출하는 현상
⑥ 백운현상 : LNG누출시 공기중의 수분이 노점 이하로 되어 하얗게 서리가 생기는 것
⑦ 롤오버현상 : 초저온액화 천연가스 등이 수상에 노출하여 물과의 온도차에 의해 폭발적으로 기화하는 현상

05

자연발화를 방지하기 위해 필요한 사항이 아닌 것은?
① 습도를 높여 준다.
② 통풍을 잘 시킨다.
③ 저장실 온도를 낮춘다.
④ 열이 쌓이지 않도록 주의한다.

[해설] 자연발화 방지법
① 습도를 낮춘다.
② 열이 쌓이지 않도록 주의한다.
③ 저장실의 온도를 낮춘다.
④ 통풍을 잘시킨다.

06

열역학 제1법칙을 바르게 설명한 것은?
① 열평형에 관한 법칙이다.
② 제2종 영구기관의 존재가능성을 부인하는 법칙이다.
③ 열은 다른 물체에 아무런 변화도 주지 않고, 저온 물체에서 고온 물체로 이동하지 않는다.
④ 에너지 보존법칙 중 열과 일의 관계를 설명한 것이다.

[해설] ① 열역학 제1법칙(에너지보존의 법칙)
    일은 열로, 열은 일로 변환시킬 수 있다.
② 열역학 제2법칙(일할 수 있는 능력에 관한 법칙=엔트로피의 법칙)
    ㉠ 클라우시스 : 일을 소비하지않고 열을 저온체에서 고온체로 이동시킬 수 없다.
    ㉡ 켈빈플랭크 : 열효율이 100%인 기관은 만들 수 없다.

정답 5. ① 6. ④

07 프로판가스 1kg을 완전연소시킬 때 필요한 이론 공기량은 약 몇 Nm³/kg인가?(단, 공기 중 산소는 21v%이다.)
① 10.1　　　　　　② 11.2
③ 12.1　　　　　　④ 13.2

해설⊃ 　C_3H_8　+　$5O_2$　→　$3CO_2$　+　$4H_2O$

44kg　　　5×32kg　　3×44kg　　4×18kg

22.4Nm³　5×22.4Nm³　3×22.4Nm³

∴ 44kg = 5×22.4Nm³

1kg = x

$$x = \frac{1kg \times 5 \times 22.4Nm^3}{44kg} = 2.545 Nm^3/kg$$

∴ $A_0 = \dfrac{O_0}{0.21} = \dfrac{2.545}{0.21} = 12.119 Nm^3/kg$

08 LPG를 연료로 사용할 때의 장점으로 옳지 않은 것은?
① 발열량이 크다.
② 조성이 일정하다.
③ 특별한 가압장치가 필요하다.
④ 용기, 조정기와 같은 공급설비가 필요하다.

해설⊃ 특별한 가압장치가 필요 없다.

09 0℃, 1기압에서 C_3H_8 5kg의 체적은 약 몇 m³인가? (단, 이상기체로 가정하고, C의 원자량은 12, H의 원자량은 1이다.)
① 0.6　　　　　　② 1.5
③ 2.5　　　　　　④ 3.6

해설⊃ 44kg = 22.4m³
5kg = x

$$x = \frac{5 \times 22.4 m^3}{44 kg} = 2.545 m^3$$

정답　7. ③　8. ③　9. ③

10 다음 중 이론연소온도(화염온도, $t°C$)를 구하는 식은? (단, H_h : 고발열량, H_L : 저발열량, G : 연소가스량, C_P : 비열이다.)

① $t = \dfrac{H_L}{GC_P}$ ② $t = \dfrac{H_h}{GC_P}$

③ $t = \dfrac{GC_P}{H_L}$ ④ $t = \dfrac{GC_P}{H_h}$

[해설] 이론연소온도 $= \dfrac{H_l}{G \cdot C_p}$

여기서, G : 연소 가스량, C_p : 정압비열, H_l : 저위발열량

11 점화원이 될 우려가 있는 부분을 용기 안에 넣고 불활성 가스를 용기 안에 채워 넣어 폭발성 가스가 침입하는 것을 방지한 방폭구조는?

① 압력방폭구조 ② 안전증방폭구조
③ 유입방폭구조 ④ 본질방폭구조

[해설] 방폭구조
① 내압(耐壓)방폭구조 : 방폭전기기기의 용기(이하 "용기"라 한다) 내부에서 가연성가스의 폭발이 발생할 경우 그 용기가 폭발압력에 견디고, 접하면, 개구부 등을 통하여 외부의 가연성 가스에 인화되지 아니 하도록 한 구조를 말한다.
② 유입(油入)방폭구조 : 용기 내부에 기름을 주입하여 불꽃·아크 또는 고온발생부분이 기름 속에 잠기게 함으로써 기름면 위에 존재하는 가연성 가스에 인화되지 않도록 한 구조를 말한다.
③ 압력(壓力)방폭구조 : 용기 내부에 보호가스(신선한 공기 또는 불활성가스)를 압입하여 내부압력을 유지함으로써 가연성가스가 용기 내부로 유입되지 아니하도록 한 구조를 말한다.
④ 안전증(安全增)방폭구조 : 정상운전 중에 가연성가스의 점화원이 될 전기불꽃·아크 또는 고온부분 등의 발생을 방지하기 위하여 기계적·전기적 구조상 또는 온도 상승에 대해 특히 안전도를 증가시킨 구조를 말한다.
⑤ 본질안전(本質安全)방폭구조 : 정상 시 및 사고(단선, 단락, 지락 등)시에 발생하는 전기불꽃·아크 또는 고온부로 인하여 가연성가스가 점화되지 아니하는 것이 점화시험 기타 방법에 의하여 확인된 구조를 말한다.
⑥ 특수(特殊)방폭구조 : "①"내지 "⑤"에서 규정한 구조 이외의 방폭구조로서 가연성가스에 점화를 방지할 수 있다는 것이 시험, 기타의 방법에 의하여 확인된 구조를 말한다.

정답 10. ① 11. ①

[방폭전기기기의 구조별 표시방법]

방폭전기기기의 구조	표시방법
내압(耐壓)방폭구조	d
유입(油入)방폭구조	o
압력(壓力)방폭구조	p
안전증(安全增)방폭구조	e
본질안전(本質安全)방폭구조	ia 또는 ib
특수(特殊)방폭구조	s

12 이상기체에 대한 돌턴(Dalton)의 법칙을 옳게 설명한 것은?
① 혼합기체의 전 압력은 각 성분의 분압의 합과 같다.
② 혼합기체의 부피는 각 성분의 부피의 합과 같다.
③ 혼합기체의 상수는 각 성분의 상수의 합과 같다.
④ 혼합기체의 온도는 항상 일정하다.

[해설] 돌턴의 분압법칙 : 기체 혼합물의 전체압력은 각 성분 기체의 분압의 합과 같다.

$$\text{분압} = \text{전압} \times \frac{\text{성분기체몰수}}{\text{전몰수}} = \text{전압} \times \frac{\text{성분기체부피}}{\text{전부피}} = \text{전압} \times \frac{\text{성분기체분자수}}{\text{전분자수}}$$

13 가스연료와 공기의 흐름이 난류일 때의 연소상태에 대한 설명으로 옳은 것은?
① 화염의 윤곽이 명확하게 된다.
② 층류일 때 보다 연소가 어렵다.
③ 층류일 때 보다 열효율이 저하된다.
④ 층류일 때 보다 연소가 잘되며 화염이 짧아진다.

[해설] ① 층류일 때보다 연소가 쉽다.
② 층류일 때보다 열효율 상승
③ 층류일 때보다 연소가 잘되며 화염이 짧아진다.

14 1atm, 27°C의 밀폐된 용기에 프로판과 산소가 1:5 부피비로 혼합되어 있다. 프로판이 완전 연소하여 화염의 온도가 1000°C가 되었다면 용기 내에 발생하는 압력은 약 몇 atm인가?
① 1.95atm
② 2.95atm
③ 3.95atm
④ 4.95atm

정답 12. ① 13. ④ 14. ④

해설) $1C_3H_8 + 5O_2 \rightarrow 3CO_2 + 4H_2O$

$P_1V_1 = n_1R_1T_1$

$P_2V_2 = n_2R_2T_2$

$\therefore P_2 = \dfrac{P_1 \times n_2 \times T_2}{n_1 \times T_1} = \dfrac{1 \times 7 \times (273+1000)}{6 \times (273+27)} = 4.983\,atm$

15 1kWh의 열당량은 약 몇 Kcal인가? (단, 1Kcal는 4.2J이다.)

① 427　　　　　② 576
③ 660　　　　　④ 857

해설) 1 kWh = 860 kcal = 3600 kJ

16 폭굉(Detonation)이란 가스 중의 (㉮) 보다도 (㉯)[이]가 큰 것으로 선단의 압력파에 의해 파괴 작용을 일으킨다. 빈칸에 알맞은 말은 다음 중 어느 것인가?

	㉮	㉯
①	연소	화염의 전파속도
②	음속	화염의 전파속도
③	화염온도	충격파
④	화염의 전파속도	음속

해설) 폭굉 : 가스중의 음속보다 화염의 전파속도가 큰 경우로 파면선단에 충격파라는 압력파가 생겨 격렬한 파괴 작용을 일으키는 것

17 층류예혼합화염의 특징이 아닌 것은?

① 연소속도가 난류예혼합화염에 비해 느리다.
② 화염의 두께가 난류예혼합화염에 비해 두껍다.
③ 청색을 띤다.
④ 난류예혼합화염보다 휘도가 낮다.

해설) 화염의 두께가 난류예혼합화염에 비해 엷다.

정답 15. ④　16. ②　17. ②

18 질소와 산소를 같은 질량을 혼합하였을 때 평균분자량은 약 얼마인가? (단, 질소와 산소의 분자량은 각각 28, 32이다.)

① 28.25   ② 28.97   ③ 29.87   ④ 30.45

해설ᐳ 평균분자량 $= \dfrac{\dfrac{50}{28}}{\left(\dfrac{50}{28}+\dfrac{50}{32}\right)} = 0.533$

$\eta = 1 - 0.533 = 0.467$

∴ $(28 \times 0.533 + 32 \times 0.467) = 29.868$

---

19 정적변화일 때의 비열인 정적비열(C_v)과 정압변화인 때의 비열인 정압비열(C_p)의 일반적인 관계로 알맞은 것은?

① $C_p > C_v$ ② $C_p < C_v$
③ $C_p = C_v$ ④ C_p와 C_v는 일반적인 관계가 없다.

해설ᐳ 정적비열과 정압비열의 관계 : $C_p > C_v$

---

20 압력이 0.1MPa, 체적이 3m³인 273.15K의 공기가 이상적으로 단열압축되어 그 체적이 1/3으로 되었다. 엔탈피의 변화량은 약 몇 kJ인가? (단, 공기의 기체상수는 0.287kJ/kg·K, 비열비는 1.4이다.)

① 480   ② 580   ③ 680   ④ 780

해설ᐳ 엔탈피의 변화(단열압축)

$$\triangle h = GC_p(T_2 - T_1) = \dfrac{P_1 V_1}{RT_1}(T_2 - T_1)$$

$$= \dfrac{0.1 \times 10^3 \times 3}{0.287 \times 273.15} \times 1.0045(423.88 - 273.16) = 579.4 \text{ kJ}$$

$C_p = \dfrac{C_p}{k} = R\left(\therefore k = \dfrac{\text{정압비열}}{\text{정적비열}} = \dfrac{C_p}{C_v} = 1.4\right)$

$C_p = 1.0046$ kJ/kg·K

$T_1 V_1^{K-1} = T_2 V_2^{K-1}$

$T_2 = T_1 \left(\dfrac{V_1}{V_2}\right)^{k-1} = 273.15 \left(\dfrac{3}{1}\right)^{1.4-1} = 423.88$ K

정답   18. ③   19. ①   20. ②

제2과목 : 가스설비

21 공기액화분리장치의 폭발원인으로 가장 거리가 먼 것은?
① 공기 취입구로부터의 사염화탄소의 침입
② 압축기용 윤활유의 분해에 따른 탄화수소의 생성
③ 공기 중에 있는 질소 화합물(산화질소 및 과산화질소 등)의 흡입
④ 액체 공기 중의 오존의 혼입

[해설] 공기액화분리 장치의 폭발 원인
① 액체공기중의 오존의 혼입
② 공기중의 질소산화물 혼입
③ 압축기용 윤활유 분해에 따른 탄화수소의 생성
④ 공기중의 아세틸렌의 혼입

22 원통형 용기에서 원주방향 응력은 축방향응력의 얼마인가?
① 0.5 ② 1배 ③ 2배 ④ 4배

[해설] 원주방향응력 $\left(\sigma_1 = \dfrac{PD}{2t}\right)$
축방향응력 $\left(\sigma_2 = \dfrac{PD}{4t}\right)$

23 양정[H] 20m, 송수량[Q] 0.25 m³/min, 펌프효율[η] 0.65인 2단 터빈 펌프의 축동력은 약 몇 kW인가?
① 1.26 ② 1.37 ③ 1.57 ④ 1.72

[해설] $\mathrm{kW} = \dfrac{r \times Q \times H}{102 \times E \times 60} = \dfrac{1000 \times 0.25 \times 20}{102 \times 0.65 \times 60} = 1.256\ \mathrm{kW}$

24 가연성가스 및 독성가스 용기의 도색 구분이 옳지 않은 것은?
① LPG - 회색 ② 액화암모니아 - 백색
③ 수소 - 주황색 ④ 액화염소 - 청색

정답 21. ① 22. ③ 23. ① 24. ④

해설⊙ 공업용기 도색
청탄산 산녹에서 황아체 안주삼아 수주잔 높이들고 백암산 바라보니
　①　②　　③　　　　　④　　　　　⑤
염소는 갈색으로 보이고 쥐들은 기타를 치더라
　⑥　　　　　　⑦

① 탄산가스 : 청색　　　② 산소 : 녹색
③ 아세틸렌 : 황색　　　④ 수소 : 주황
⑤ 암모니아 : 백색　　　⑥ 염소 : 갈색
⑦ 기타 : 쥐색(회색) : LPG, 아르곤

25 외부의 전원을 이용하여 그 양극을 땅에 접속시키고 땅 속에 있는 금속체에 음극을 접속함으로써 매설된 금속체로 전류를 흘러 보내 전기부식을 일으키는 전류를 상쇄하는 방법이다. 전식방지방법으로 매우 유효한 수단이며 압출에 의한 전식을 방지할 수 있는 이 방법은?
① 희생양극법　　　② 외부전원법
③ 선택배류법　　　④ 강제배류법

해설⊙ 방식법의 특징
① 강제배류법
　㉠ 장점
　　ⓐ 전류전압 조정이 용이하며 효과가 좋다.
　　ⓑ 전철의 휴지기간중에도 방식이 가능하고 간접작용이 없다.
　　ⓒ 외부 전원방식에 비해 유지비용이 적다.
　㉡ 단점
　　ⓐ 전원이 별도 필요
　　ⓑ 다른 매설금속체의 장해(간섭)에 관하여 검토가 필요하다.
　　ⓒ 전철의 신호장애에 관한 검토 필요

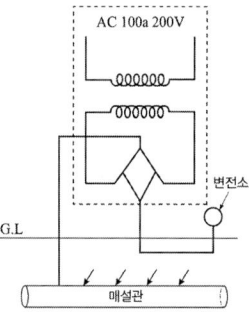

② 유전양극법
　㉠ 장점
　　ⓐ 다른 매설금속체에 방해 작용이 없다.
　　ⓑ 소규모 설비에는 경제적이다.
　　ⓒ 시공이 단순하다.
　　ⓓ 과방식의 염려가 없다.
　㉡ 단점
　　ⓐ 전류 조절이 불가능하다.
　　ⓑ 정기적으로 전극(양극)을 보충할 필요가 있다.
　　ⓒ 방식범위가 좁다.
　　ⓓ 대규모 설비시는 시설비가 많이 든다.
　　ⓔ 강한 전식에는 무력하다.

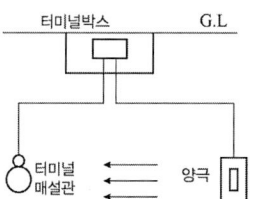

정답 25. ④

③ 선택배류법
  ㉠ 장점
    ⓐ 전철의 전류를 활용할 수 있으므로 별도 유지비가 필요없다.
    ⓑ 전철 운행동안에는 자연히 방식된다.
    ⓒ 시공비가 별도로 들지 않는다.
  ㉡ 단점
    ⓐ 과방식의 우려가 있다.
    ⓑ 다른 매설금속체의 간섭 우려가 있다.
    ⓒ 전철과의 관계위치에 의한 효과 범위가 변화될 수 있다.
    ⓓ 전철의 휴지기간 또는 레일 전위가 높은 경우에도 효과가 없다.

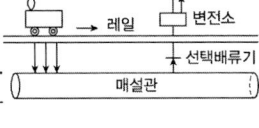

④ 외부전원법
  ㉠ 장점
    ⓐ 전극 수명이 길다.
    ⓑ 방식 범위가 넓다.
    ⓒ 전압 전류 조정이 가능
    ⓓ 대형 설비에는 전원 장치수를 적게 할 수 있어 경제적이다.
  ㉡ 단점
    ⓐ 초기 시공비가 많이 든다.
    ⓑ AC전원이 필요하다.
    ⓒ 강력한 다른 매설체의 간섭 우려가 있다.

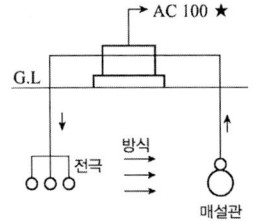

26 공기액화 장치에 들어가는 공기 중 아세틸렌가스가 혼입되면 안 되는 가장 큰 이유는?
① 산소의 순도가 저하된다.
② 액체 산소 속에서 폭발을 일으킨다.
③ 질소와 산소의 분리작용에 방해가 된다.
④ 파이프 내에서 동결되어 막히기 때문이다.

27 정압기의 이상감압에 대처할 수 있는 방법이 아닌 것은?
① 필터 설치   ② 정압기 2계열 설치
③ 저압배관의 loop화   ④ 2차 측 압력 감시장치 설치

 정압기 이상감압 대처방법
① 2차측 압력감시 장치 설치   ② 정압기 2계열 설치
③ 저압배관의 루프화

28.

도시가스 제조공정 중 촉매 존재하에 약 400~800°C의 온도에서 수증기와 탄화수소를 반응시켜 CH₄, H₂, CO, CO₂ 등으로 변화시키는 프로세스는?

① 열분해프로세스 ② 부분연소프로세스
③ 접촉분해프로세스 ④ 수소화분해프로세스

해설 도시가스 제조법
① 열분해공정(팔구만)
  ㉠ 분자량이 큰 탄화수소(나프타, 원유, 중유)를 800~900°C 정도로 열분해하여 10000kcal/m³정도의 가스를 제조
  ㉡ 원료가스와의 경유, 타르 등 처리설비, 배수처리 설비 필요
  ㉢ 생성물은 에탄, 에틸렌, 수소, 메탄, 프로필렌 등의 가스상 탄화수소와 벤젠, 톨루엔, 나프탈렌, 타르 등으로 분해
  ㉣ 연소가스외의 SO_2 등의 비연료가스를 제거하는 설비가 필요하다.
② 수첨해공정(수소화분해공정)
  ㉠ 반응온도 700~800°C, 압력은 20~60기압이다.
  ㉡ 원료는 나프타 및 LPG
  ㉢ 반응기내에서 순환하고 있는 가스량과 원료 송입량과의 비 1:10이다.
  ㉣ 7500~10000kcal/m³ 정도의 열량 얻음
③ 대체 천연가스 공정
  ㉠ LPG 원유에 수분, 산소, 수소를 반응시켜 수증기 재질, 부분연소, 수첨분해 등에 의해 가스화
  ㉡ 메탄합성, 탈탄산 등의 공정과 병용해서 천연가스와 거의 일치하는 가스를 제조하는 과정

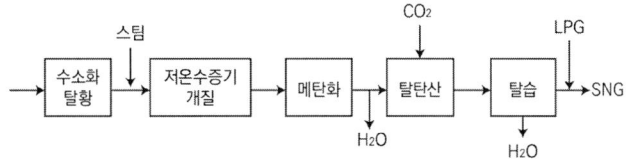

④ 부분연소공정
  ㉠ 메탄에서 나프타까지의 탄화수소를 원료로 하여 탄화수소를 분해에 필요한 열을 노내에 산소 또는 공기를 흡입시킴에 의해 원료일부를 연소시켜 2000~3000kcal/Nm³ 정도의 가스를 제조
  ㉡ $aC_mH_n + bH_2O + cO_2 + dN_2 \rightarrow eCO_2 + fCO_2 + gH_2 + hCH_4 + iC + jH_2O + kH_2$
⑤ 접촉분해공정
  ㉠ 촉매를 사용하여 반응온도 400~800°C에서 탄화수소와 수증기를 반응시켜 메탄, 일산화탄소, 에탄, 에틸렌, 프로필렌 등의 저급 탄화수소를 변화하는 반응
  ㉡ $aC_mH_n + bH_2O \rightarrow cH_2 + dCO + eCO_2 + fCH_4 + gC + hH_2O$
  ㉢ 특징
    ⓐ 반응온도 상승시(700°C 이상) : 일산화탄소, 수소 많은 저발열량가스 생성 이산화탄소, 메탄 적은 저발열량 가스 생성

정답 28. ③

ⓑ 반응압력 상승시 : 일산화탄소, 수소 적은 저발열량가스 생성 이산화탄소, 메탄 많은 저발열량가스 생성
ⓒ 수증기비가 증가시 : 이산화탄소, 수소 증가, 일산화탄소, 메탄 감소
  수증기비가 감소시 : 이산화탄소, 수소 감소, 일산화탄소, 메탄 증가
ⓔ 종류
  ⓐ 사이클링식 접촉 분해공정 : 천연가스에서 원유가스 700~800℃에서 저압으로 니켈 촉매하에 수증기를 반응시켜 CO_2, CO, H_2가 주성분인 가스 제조
  ⓑ 저온수증기 개질 프로세스 : 액화석유가스에서 나프타까지 450~500℃ 니켈 촉매하에 $20kg/cm^2$ 전 . 후의 압력으로 수증기를 반응하여 CH_4이 주성분인 가스제조, 열량은 $6500kcal/N·m^3$
  ⓒ 고온수증기 개질 프로세스 : 천연가스에서 나프타까지 650~800℃에서 니켈 촉매하에 $35kg/cm^2$ 압력으로 수증기를 반응하여 H_2가 주성분인 고발열량 가스 제조

29 LPG 저장탱크에 가스를 충전하려면 가스의 용량이 상용온도에서 저장탱크 내용적의 얼마를 초과하지 아니하여야 하는가?
① 95%   ② 90%
③ 85%   ④ 80%

해설 ▶ LPG 저장탱크에 가스를 충전하려면 가스의 용량이 상용온도에서 저장탱크 내용적의 90% 초과금지(소형저장탱크 85% 초과금지)

30 발열량 $10500kcal/m^3$인 가스를 출력 $12000kcal/h$인 연소기에서 연소효율 80%로 연소시켰다. 이 연소기의 용량은?
① $0.70m^3/h$ ② $0.91m^3/h$
③ $1.14m^3/h$ ④ $1.43m^3/h$

해설 ▶ 연소기 용량 = $\dfrac{Q}{Hl \times E} = \dfrac{12000}{10500 \times 0.8} = 1.428 m^3/h$

31 액화프로판 400kg을 내용적 50L의 용기에 충전 시 필요한 용기의 개수는?
① 13개   ② 15개
③ 17개   ④ 19개

해설 ▶ $G = \dfrac{V}{C}$ ∴ $V = G \times C = 400 \times 2.35 = 940\ell$

∴ $\dfrac{940}{50} = 18.8$개 ≒ 19개

정답 29. ② 30. ④ 31. ④

32 지하 정압실 통풍구조를 설치할 수 없는 경우 적합한 기계환기 설비기준으로 맞지 않는 것은?

① 통풍능력이 바닥면적 1 m²마다 0.5 m³/분 이상으로 한다.
② 배기구는 바닥면(공기보다 가벼운 경우는 천장면) 가까이 설치한다.
③ 배기가스 방출구는 지면에서 5 m 이상 높게 설치한다.
④ 공기보다 비중이 가벼운 경우에는 배기가스 방출구는 5 m 이상 높게 설치한다.

해설 ▶ 통풍구조
① 바닥면에 접하고 또한 외기에 면하여 설치된 환기구의 통풍가능 면적의 합계가 바닥면적 1 m²마다 300 cm²(철망 등을 부착할 때는 철망이 차지하는 면적을 뺀 면적으로 한다)의 비율로 계산한 면적 이상(1개 환기구의 면적은 2,400 cm² 이하로 한다)일 것. 이때 사방을 방호벽 등으로 설치할 경우에는 환기구를 2방향 이상으로 분산 설치할 것
② ①에 규정한 통풍구조를 설치할 수 없는 경우에는 다음 기준에 적합한 강제통풍장치를 설치할 것
  ㉠ 통풍능력이 바닥면적 1 m²마다 0.5 m³/분 이상으로 할 것
  ㉡ 배기구는 바닥면(공기보다 가벼운 경우에는 천정면) 가까이에 설치할 것
  ㉢ 배기가스 방출구를 지면에서 5 m(공기보다 가벼운 경우에는 3 m) 이상의 높이에 설치할 것

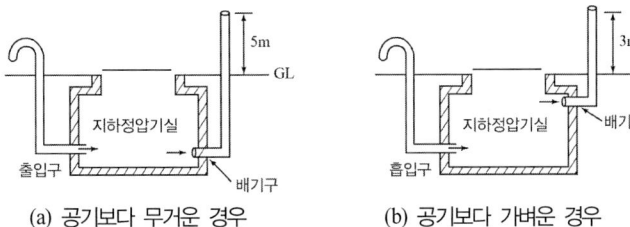

(a) 공기보다 무거운 경우   (b) 공기보다 가벼운 경우
지하정압기 환기구 설치 예

33 분젠식 버너의 특징에 대한 설명 중 틀린 것은?
① 고온을 얻기 쉽다.   ② 역화의 우려가 없다.
③ 버너가 연소가스량에 비하여 크다. ④ 1차공기와 2차공기 모두를 사용한다.

해설 ▶ 분젠식 버너의 특징
① 1차 공기와 2차 공기 모두를 사용한다.   ② 버너가 연소 가스량에 비해 크다.
③ 고온을 얻기 쉽다.   ④ 역화의 우려가 있다.
⑤ 연소온도가 높고, 연소실이 작아도 된다. ⑥ 선화현상이 발생하기 쉽다.
⑦ 불꽃은 내염과 외염을 형성한다.

정답 32. ④ 33. ②

34
부식을 방지하는 효과가 아닌 것은?
① 피복한다.
② 잔류응력을 없앤다.
③ 이종금속을 접촉시킨다.
④ 관이 콘크리트 벽을 관통할 때 절연하다.

해설 › 부식을 방지하는 효과
① 잔류응력을 없앤다.
② 피복한다.
③ 관이 콘크리트 벽을 관통할 때 절연하다.

35
고압가스 용기 충전구의 나사가 왼나사인 것은?
① 질소
② 암모니아
③ 브롬화메탄
④ 수소

해설 › 충전구 나사 방향
① 가연성 가스 : 왼나사(단, 암모니아, 브롬화메탄은 오른나사)
② 기타 : 오른나사

36
도시가스 제조공정 중 가열방식에 의한 분류로 원료에 소량의 공기와 산소를 혼합하여 가스발생의 반응기에 넣어 원료의 일부를 연소시켜 그 열을 열원으로 이용하는 방식은?
① 자열식
② 부분연소식
③ 축열식
④ 외열식

해설 › 가열 방식
① 외열식 : 원료가 들어 있는 용기를 외부에서 가열하는 형태이다.
② 내열식 : 반응기 내에서 연료를 태워 충분히 가열한 다음 발생되는 열을 가지고 반응기 내로 송입된 연료를 가스화하는 방식이다.
③ 부분연소식 : 일부 연소열을 이용하는 방식이다.
④ 자열식 : 원료를 산화반응과 가수분해반응 등의 발열반응에 의하여 발생되는 열을 사용하여 가스화하는 방식이다.

정답 | 34. ③ 35. ④ 36. ②

37

성능계수가 3.2인 냉동기가 10ton을 냉동하기 위해 공급하여야 할 동력은 약 몇 kW인가?

① 10
② 12
③ 14
④ 16

[해설] 성능계수 $= \dfrac{Q_2}{Aw}$

$Aw = \dfrac{Q_2}{\text{성능계수}} = \dfrac{10 \times 3320}{3.2} = 10375 kcal/h$

1kWh = 860kcal/h

$x = 10375 kcal/h$

$x = \dfrac{1kWh \times 10375 kcal/h}{860 kcal/h} = 12.06 kW$

38

원심 펌프를 병렬로 연결하는 것은 무엇을 증가시키기 위한 것인가?

① 양정
② 동경
③ 유량
④ 효율

[해설]
- 직렬연결 : 양정증가, 유량일정
- 병렬연결 : 유량증가, 양정일정

39

냉동사이클에 의한 압축냉동기의 작동순서로 옳은 것은?

① 증발기 → 압축기 → 응축기 → 팽창밸브
② 팽창밸브 → 응축기 → 압축기 → 증발기
③ 증발기 → 응축기 → 압축기 → 팽창밸브
④ 팽창밸브 → 압축기 → 응축기 → 증발기

[해설] 압축 냉동기의 작동순서 : 압축기 → 응축기 → 팽창밸브 → 증발기

40

지표면의 비저항보다 깊은 곳의 비저항이 낮은 경우 적용하는 양극설치방법은?

① 희생양극법
② 천매전극법
③ 선택배류법
④ 심매전극법

[해설] 심매전극법 : 지표면의 비저항보다 깊은 곳의 비저항이 낮은 경우 적용하는 양극설치방법

정답 37. ② 38. ③ 39. ① 40. ④

제3과목 : 가스안전관리

41 용기보관실을 설치한 후 액화석유가스를 사용하여야 하는 시설기준은?
① 저장능력 1000kg 초과
② 저장능력 500kg 초과
③ 저장능력 300kg 초과
④ 저장능력 100kg 초과

해설➡ 용기보관실 설치한 후 액화석유가스를 사용하여야 하는 시설 기준 : 저장능력 100 kg 초과
  저장능력 250 kg 이상 : 안전장치 설치
  저장능력 500 kg 이상 : 저장탱크 설치

42 염소가스 취급에 대한 설명 중 옳지 않은 것은?
① 재해제로 소석회 등이 사용된다.
② 염소압축기의 윤활유는 진한 황산이 사용된다.
③ 산소와 염소폭명기를 일으키므로 동일 차량에 적재를 금한다.
④ 독성이 강하여 흡입하면 호흡기가 상한다.

해설➡ 수소와 염소폭명기를 일으키므로 동일차량 적재금지
  ① 염소와 수소
  ② 염소와 암모니아
  ③ 염소와 아세틸렌

43 액화석유가스의 일반적인 특징으로 틀린 것은?
① 증발잠열이 적다.
② 기화하면 체적이 커진다.
③ LP 가스는 공기보다 무겁다.
④ 액상의 LP 가스는 물보다 가볍다.

해설➡ 증발잠열이 크다.

44 에어졸의 충전 기준에 적합한 용기의 내용적은 몇 L이하여야 하는가?
① 1
② 2
③ 3
④ 5

해설➡ 에어졸

정답 41. ④ 42. ③ 43. ① 44. ①

① 성분 배합비 및 1일 제조 최대수량 이하로 할 것
② 에어졸분사제는 독성가스 사용금지
③ 인체 또는 가정에서 사용하는 에어졸 분사제는 가연성가스가 아닐 것.
④ 에어졸 제조설비 및 에어졸 충전용기 저장소는 화기 또는 인화성물질과 8[m]이상의 우회거리
⑤ 35[℃]에서 내압이 8[kg/cm²]이하, 용량은 용기내용적의 90[%]이하
⑥ 온수시험 탱크(46[℃]이상~50[℃]미만)에서 에어졸이 누출되지 않도록 할 것.
⑦ 용기기준
　㉮ 100[cm³]초과용기는 강 또는 경금속을 사용하며, 내용적은 1[L]미만일 것.
　㉯ 두께 0.125[mm]이상, 유리제 용기는 합성수지로 그 내·외면을 피복할 것.
　㉰ 100[m³]초과 용기는 제조자의 명칭·기호 명시
　㉱ 30[m³]이상 용기는 에어졸 제조에 사용된 일이 없는 것일 것.
　㉲ 50[℃]에서 용기내 가스압력의 1.5배로 가압시 변형되지 않고, 50[℃]에서 용기 내 가스압력의 1.8배로 가압시 파열치 않을 것(단, 13[kg/cm²]로 가압시 변형되지 않고, 15[kg/cm²]로 가압시 파열치 않는 것은 제외)
⑧ 에어졸이 충전된 30[cm³]초과용기에는 에어졸 제조자의 명칭·기호·제조번호 및 취급에 필요한 주의사항을 명시할 것(사용후 폐기시 주의사항 포함)

45
고압가스 충전 용기의 운반 기준 중 운반책임자가 동승하지 않아도 되는 경우는?
① 가연성 압축가스 400m³을 차량에 적재하여 운반하는 경우
② 독성 압축가스 90m³을 차량에 적재하여 운반하는 경우
③ 조연성 액화가스 6500kg을 차량에 적재하여 운반하는 경우
④ 독성 액화가스 1200kg을 차량에 적재하여 운반하는 경우

[해설] 운반책임자 동승기준

성질	압축가스	액화가스
독성	100m³이상	1Ton이상
가연성	300m³이상	3Ton이상
산소	600m³이상	6Ton이상

46
1일 처리능력이 60000m³ 인 가연성가스 저온저장탱크와 제2종 보호시설과의 안전거리의 기준은?
① 20.0m
② 21.2m
③ 22.0m
④ 30.0m

[해설] 5만~99만(2종)$=\frac{2}{25}\sqrt{x+10000}=\frac{2}{25}\sqrt{60000+10000}=21.16m$

정답 45. ② 46. ②

$$\text{안전거리(1종)} = \frac{3}{25}\sqrt{x+10000}$$

47 일정 기준 이상의 고압가스를 적재 운반 시에는 운반책임자가 동승한다. 다음 중 운반책임자의 동승기준으로 틀린 것은?

① 가연성 압축가스 : 300m³ 이상
② 조연성 압축가스 : 600m³ 이상
③ 가연성 액화가스 : 4000kg 이상
④ 조연성 액화가스 : 6000kg 이상

해설 ▶ 운반책임자 동승기준

성질	압축가스	액화가스
독성	100m³이상	1Ton이상
가연성	300m³이상	3Ton이상
조연성	600m³이상	6Ton이상

48 액화석유가스 자동차에 고정된 용기충전의 시설에 설치되는 안전밸브 중 압축기의 최종단에 설치된 안전밸브의 작동조정의 최소 주기는?

① 6월에 1회 이상
② 1년에 1회 이상
③ 2년에 1회 이상
④ 3년에 1회 이상

해설 ▶ 압축기 최종단에 설치 안전밸브 작동조정 최소 주기 : 1년에 1회 이상

49 독성가스 용기 운반 등의 기준으로 옳은 것은?

① 밸브가 돌출한 운반용기는 이동식 프로텍터 또는 보호구를 설치한다.
② 충전용기를 차에 실을 때에는 넘어짐 등으로 인한 충격을 고려할 필요가 없다.
③ 기준 이상의 고압가스를 차량에 적재하여 운반할 경우 운반책임자가 동승하여야 한다.
④ 시·도지사가 지정한 장소에서 이륜차에 적재할 수 있는 충전용기는 충전량이 50kg 이하이고 적재 수는 2개 이하이다.

해설 ▶ 운반책임자 동승기준

성질	압축가스	액화가스
독성	100m³ 이상	1Ton이상(1000kg 이상)
가연성	300m³ 이상	3Ton이상(3000kg 이상)
조연성	600m³ 이상	6Ton이상(6000kg 이상)

정답 47. ③ 48. ② 49. ③

50
용기에 의한 액화석유가스 저장소에서 액화석유가스 저장설비 및 가스설비는 그 외면으로부터 화기를 취급하는 장소까지 최소 몇 m 이상의 우회거리를 두어야 하는가?
① 3　　② 5　　③ 8　　④ 10

해설 액화석유가스 저장설비 및 가스설비는 그 외면으로부터 화기를 취급하는 장소까지 최소 몇 8 m 이상의 우회거리를 둔다.

참고
① 산소 저장설비 주위 5 m 이내 화기 취급금지
② 저장실 주위 2m 이내에는 화기, 인화성, 발화성물질 금지
③ 가연성가스 충전 용기의 보관실 및 그 주위 2 m 이내에는 화기사용이나 인화성. 발화성물질 금지
④ 용기보관 장소 주위 2 m 이내에는 화기 또는 인화성, 발화성물질 금지
⑤ 에어졸 제조설비 및 에어졸 충전용기 저장소는 화기 또는 인화성물질과 8m 이상의 우회거리
⑥ 가연성가스 및 산소가스 저장설비는 8 m 이상의 우회거리 유지

51
HCN은 충전한 후 며칠이 경과하기 전에 다른 용기에 옮겨 충전하여야 하는가?
① 30일　　② 60일　　③ 90일　　④ 120일

해설 시안화수소를 충전한 용기는 충전한 후 60일이 경과되기 전에 다른 용기에 옮겨 충전한다. 단, 순도가 98% 이상으로서 착색되지 아니한 것은 다른 용기에 옮겨 충전하지 않을 수 있다.

참고
① 아세틸렌과 반응하여 아크릴로니트릴을 만든다.
　　$C_2H_2 + HCN \rightarrow CH_2CHCN$
② 안정제 : 인산, 황산, 아황산가스, 염화칼슘, 오산화인
③ 극해 휘발하기 쉽고, 물에 잘 용해한다.
④ 무색이고 복숭아 냄새가 나는 기체로서 독성이 강하다.

52
공기 중에 누출되었을 때 바닥에 고이는 가스로만 나열된 것은?
① 프로판, 에틸렌, 아세틸렌
② 에틸렌, 천연가스, 염소
③ 염소, 암모니아, 포스겐
④ 부탄, 염소, 포스겐

해설 공기 중에 누출되었을 때 바닥에 고이는 가스(1보다 크면 바닥으로 고임)
① 부탄(C_4H_{10}) : $12 \times 4 + 10 = 58$ g/mol $\div 29$ g/mol $= 2$
② 염소(Cl_2) : $35.5 \times 2 = 71$ g/mol $\div 29$ g/mol $= 2.448$
③ 포스겐($COCl_2$) : $12 + 16 + 71 = 99$ g/mol $\div 29$ g/mol $= 3.41$

정답 50. ③　51. ②　52. ④

53
고압가스를 압축하는 경우 가스를 압축하여서는 아니 되는 기준으로 옳은 것은?
① 가연성가스 중 산소의 용량이 전체 용량이 10% 이상의 것
② 산소 중의 가연성가스 용량이 전체 용량의 10% 이상의 것
③ 아세틸렌, 에틸렌 또는 수소 중의 산소용량이 전체 용량의 2% 이상의 것
④ 산소 중의 아세틸렌, 에틸렌 또는 수소의 용량합계가 전체 용량의 4% 이상의 것

해설 압축금지 기준
① 에틸렌, 수소, 아세틸렌 중 산소용량이 전체 용량의 2% 이상인 것
② 산소 중 에틸렌, 수소, 아세틸렌 전용량이 2% 이상인 것
② 산소 중 가연성가스 용량이 전체용량의 4% 이상인 것
③ 가연성가스 중 산소용량이 전체용량의 4% 이상인 것

54
저장탱크에 의한 액화석유가스 저장소에 설치하는 방류둑의 구조 기준으로 옳지 않은 것은?
① 방류둑은 액밀한 것이어야 한다.
② 성토는 수평에 대하여 30°이하의 기울기로 한다.
③ 방류둑은 그 높이에 상당하는 액화가스의 액두압에 견딜 수 있어야 한다.
④ 성토 윗부분의 폭은 30cm 이상으로 한다.

해설 방류둑의 적용범위, 용량, 기준
① 적용범위
  ㉠ 고압가스 일반제조시설
     가연성 및 산소의 액화가스 저장능력이 1,000톤 이상일 때(독성가스는 5톤 이상)
  ㉡ 냉동제조시설 : 독성가스를 냉매로 하는 수액기의 내용적이 10,000 L 이상인 것
  ㉢ 액화석유가스 저장시설 : LPG의 저장능력이 1,000톤 이상일 때(충전사업에서)
  ㉣ 도시가스시설 중 LPG 용량이 다음과 같은 때
     ⓐ 가스도매사업 : 저장능력이 500톤 이상
     ⓑ 일반 도시가스사업 : 저장능력이 1,000톤 이상
② 방류둑의 용량
  ㉠ 저장능력에 해당하는 전량(100%)이다.
     ※ 액화산소의 저장탱크 : 저장능력 상당용적의 60%
  ㉡ 2기 이상의 저장탱크를 집합방류둑 내에 설치한 경우 : 최대 저장탱크능력 상당용적+잔여저장탱크 총능력 상당용적의 10%(이때 격리벽의 높이는 방류둑 보다 10 cm 낮게 할 것)
  ㉢ 냉동설비의 수액기 : 당해 방류둑 내에 설치 된 수액기 내용적의 90% 이상의 용적
③ 방류둑의 구조 및 기준
  ㉠ 방류둑의 재료는 철근콘크리트, 철골, 철근콘크리트, 금속, 흙 또는 이들을 혼합한 액밀한 구조일 것

정답 53. ③ 54. ②

ⓛ 액이 체류하는 표면적은 가능한 한 적게 할 것(대기와 접하는 부분이 많으면 기화량 증대)
ⓒ 높이에 상당하는 당해가스의 액두압에 견딜 수 있을 것
ⓔ 배관관통부의 틈새로부터 누설방지 및 방식조치를 할 것
ⓜ 금속재료는 당해 가스에 부식되지 않게 방식 및 방청조치를 할 것
ⓗ 방류둑 내에 고인물을 외부에 배출하기 위한 배수조치를 할 것
ⓢ 가연성 및 독성 또는 가연성과 조연성의 액화가스 방류둑을 혼합배치하지 말 것
ⓞ 방류둑의 내면과 그 외면으로부터 10m 이내에는 저장탱크 부속설비 이외의 것을 설치하지 아니할 것
ⓩ 성토는 수평에 대하여 45° 이하의 구배를 가지고 성토한 정상부의 폭은 30 cm 이상일 것
ⓧ 방류둑의 계단 및 사다리는 출입구 둘레 50 m 마다 1개 이상 설치하고 그 둘레가 50 m 미만일 경우는 2개소 이상 분산 설치할 것
ⓚ 저장탱크를 건물 내에 설치한 경우에는 그 건물구조가 방류둑의 구조를 갖는 것일 것

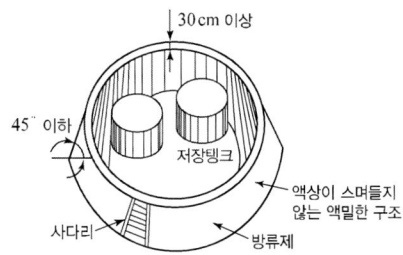

55. 고압가스 안전관리법에서 정하고 있는 특정 고압가스가 아닌 것은?

① 천연가스 ② 액화염소
③ 게르만 ④ 염화수소

해설 특정고압가스
① 포스핀(PH_3) ② 셀렌화수소(H_2Se)
③ 게르만(GeH_4) ④ 디실란(SiH_6)
⑤ 오불화비소(BiF_5) ⑥ 오불화인(PF_5)
⑦ 삼불화인(PF_3) ⑧ 삼불화질소(NF_3)
⑨ 삼불화붕소(BF_3) ⑩ 사불화유황(SF_4)
⑪ 사불화규소(SiF_4) ⑫ 압축모노실란(SiH_4)
⑬ 압축디보레인(B_2H_6) ⑭ 액화알진(AsH_3)
⑮ 액화염소 ⑯ 액화암모니아
⑰ 산소 ⑱ 수소
⑲ 아세틸렌 ⑳ 천연가스

정답 55. ④

56

독성가스가 누출할 우려가 있는 부분에는 위험표지를 설치하여야 한다. 이에 대한 설명으로 옳은 것은?

① 문자의 크기는 가로 10 cm, 세로 10 cm 이상으로 한다.
② 문자는 30 m 이상 떨어진 위치에서도 알 수 있도록 한다.
③ 위험표지의 바탕색은 백색, 글씨는 흑색으로 한다.
④ 문자는 가로 방향으로만 한다.

해설 독성가스의 식별조치 및 위험표시
독성가스가 누출할 우려가 있는 부분에 게시하여야 할 위험표지는 다음 예의 문자 또는 이와 동등 이상의 효과를 표시하는 문자 등을 기재한 위험표지로 한다.

표지의 예 : 독 성 가 스 누 설 주 의 부 분

비고
① 문자의 크기는 가로 · 세로 5 cm 이상으로 하고, 20 m 이상 떨어진 위치에서도 알 수 있어야 한다.
② 위험표지의 바탕색은 백색, 글씨는 흑색(주위는 적색)으로 한다.
③ 문자는 가로 또는 세로로 쓸 수 있다.
④ 위험표지에는 다른 법령에 의한 지시사항 등을 병기할 수 있다.

57

고압가스 냉동제조의 기술기준에 대한 설명으로 옳지 않은 것은?

① 암모니아를 냉매로 사용하는 냉동제조시설에는 제독제로 물을 다량 보유한다.
② 냉동기의 재료는 냉매가스 또는 윤활유 등으로 인한 화학작용에 의하여 약화되어도 상관없는 것으로 한다.
③ 독성가스를 사용하는 내용적이 1만 L 이상인 수액기 주위에는 방류둑을 설치한다.
④ 냉동기의 냉매설비는 설계압력 이상의 압력으로 실시하는 기밀시험 및 설계압력의 1.5배 이상의 압력으로 하는 내압시험에 각각 합격한 것이어야 한다.

해설 고압가스 냉동제조의 기술기준(재료)
① 재료는 표면에 사용상 해로운 흠, 찌그러짐, 부식 등의 결함이 없어야 한다.
② 재료는 냉매가스, 흡수용액, 윤활유 또는 이들 혼합물의 작용에 의하여 열화되지 않아야 한다.
③ 냉동재료는 사용가스 및 윤활유에 대한 내식성이 커야 한다.

정답 56. ③ 57. ②

58 고압가스 일반제조시설에서 저장탱크 및 처리설비를 실내에 설치하는 경우에 대한 설명으로 틀린 것은?
① 저장탱크실 및 처리설비실은 천정·벽 및 바닥의 두께가 30cm 이상인 철근콘크리트로 만든 실로서 방수처리가 된 것으로 한다.
② 저장탱크 및 처리설비실은 각각 구분하여 설치하고 자연통풍시설을 갖춘다.
③ 저장탱크의 정상부의 저장탱크실 천정과의 거리는 60cm 이상으로 한다.
④ 저장탱크에 설치한 안전밸브는 지상 5m 이상의 높이에 방출구가 있는 가스방출관을 설치한다.

[해설] 저장탱크 및 처리설비실은 각각 구분하여 설치하고 강제통풍시설을 갖춘다.

59 지상에 설치된 저장탱크 중 저장능력 몇 톤 이상인 저장탱크에 폭발방지장치를 설치하여야 하는가?
① 10톤 ② 20톤 ③ 50톤 ④ 100톤

[해설] 폭발방지장치 설치 : 저장능력 10톤 이상 시

60 의료용 가스용기의 도색 표시가 옳게 연결된 것은?
① 질소 - 백색 ② 액화탄산가스 - 회색
③ 헬륨 - 자색 ④ 산소 - 흑색

[해설] 의료용 가스 용기도색
질흑 같은 밤에자고 탄회를 싸게 주면 청아한 산소에서 백로가 헬기로 갈아채 가더라.
　　①　②　③　④　⑤　⑥　⑦
① 질소 : 흑색　　② 에틸렌 : 자색
③ 탄산가스 : 회색　　④ 싸이크로프로판 : 주황
⑤ 아산화질소 : 청색　　⑥ 산소 : 백색
⑦ 헬륨 : 갈색

정답 58. ② 59. ① 60. ②

제4과목 : 가스계측

61 측정 범위가 넓어 탄성체 압력계의 교정용으로 주로 사용되는 압력계는?
① 벨로즈식 압력계 ② 다이어프램식 압력계
③ 부르동관식 압력계 ④ 표준 분동식 압력계

해설 ① 자유 피스톤형 압력계(부유피스톤) = 표준분동식압력계
피스톤 위에 추를 올려놓고 실린더 내의 액압과 균형을 이루면 게이지 압력은 추와 피스톤의 무게를 실린더의 단면적으로 나누면 된다. 압력계는 감도가 좋아 브르돈관 압력계의 눈금 교정에 사용되며 또 연구실용에 사용되고 있다.

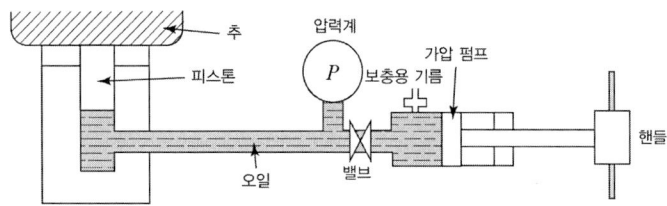

〈자유피스톤형 압력계〉

㉠ 이상 상태에서 측정해야 될 절대압력(P)

$$P = \frac{W + W_1}{A} + P_1 = \frac{W + W_1}{\frac{\pi D^2}{4}} + P_1$$

P : 절대압력[kg/cm² · a], W_1 : 추의 무게[kg], A : 실린더단면적[cm²]
P_1 : 대기압[1.033 kg/cm²], W : 피스톤무게[kg], D : 실린더지름[cm]

62 루트미터(Roots Meter)에 대한 설명 중 틀린 것은?
① 유량이 일정하거나 변화가 심한 곳, 깨끗하거나 건조하거나 관계없이 많은 가스 타입을 계량하기에 적합하다.
② 액체 및 아세틸렌, 바이오가스, 침전가스를 계량하는 데에는 다소 부적합하다.
③ 공업용에 사용되고 있는 이 가스미터는 칼만(KARMAN) 식과 스월(SWIRL) 식의 두 종류가 있다.
④ 측정의 정확도와 예상수명은 가스 흐름 내에 먼지의 과다 퇴적이나 다른 종류의 이물질에 따라 다르다.

정답 61. ④ 62. ③

63. 나프탈렌의 분석에 가장 적당한 분석방법은?

① 중화적정법
② 흡수평량법
③ 요오드적정법
④ 가스크로마토그래피법

해설 분석방법
① 전유황 : ㉠ 과염소산바륨법 ㉡ 흡광광도법 ㉢ 디메틸슬포나조법
② 황화수소 : ㉠ 옥소적정법 ㉡ 초산염시험지 ㉢ 메틸렌블루흡광광도법
③ 암모니아 : ㉠ 중화적정법 ㉡ 인도페놀흡광광도법
④ 나프탈렌 : ㉠ 가스크로마토그래피
⑤ 수분 : ㉠ 노점법 ㉡ 흡수정량법

64. 가스미터 설치 시 입상배관을 금지하는 가장 큰 이유는?

① 균열에 따른 누출방지를 위하여
② 고장 및 오차 발생 방지를 위하여
③ 겨울철 수분 응축에 따른 밸브, 밸브시트 동결방지를 위하여
④ 계량막 밸브와 밸브시트 사이의 누출방지를 위하여

해설 입상배관을 금지하는 이유 : 겨울철 수분응축에 따른 밸브, 밸브시트 동결방지를 위하여.

65. 2가지 다른 도체의 양끝을 접합하고 두 접점을 다른 온도로 유지할 경우 회로에 생기는 기전력에 의해 열전류가 흐르는 현상을 무엇이라고 하는가?

① 제백효과
② 존슨효과
③ 스테판 – 볼츠만 법칙
④ 스케링 삼승근 법칙

해설 열전대온도계(접촉식 중 가장 높은 측정, 열기전력 이용(제백효과))
① PR(백금-백금로듐)(R형)
 ㉠ 산화성 분위기에 가장 강하다.
 ㉡ 환원성 분위기에 약하다.
 ㉢ 금속증기에 침식
 ㉣ 온도 : 0~1600°C
 ㉤ 백금 87%(+극), 백금로듐 13%(-극)
 ㉥ 값이 싸고, 정도가 높고 안정성 우수
 ㉦ 열전대온도계 중 가장 고온 측정
② CA(크로멜-알루멜)(K형)
 ㉠ 크로멜(Ni(90%)+Cr(10%), 알루멜(Ni(94%)+Mn(2.5%)+Al(2.0%)+Fe(0.5%))
 ㉡ 산화성 분위기에 약하다.

정답 63. ④ 64. ③ 65. ①

ⓒ 온도 : 0~1200℃
③ CC(동-콘스탄탄)(T형)
 ㉠ 수분에 의한 내식성이 크다.
 ㉡ 콘스탄탄(Cu(55%)+Ni(45%))
 ㉢ 온도 : -200~350℃
 ㉣ 열전대 온도계 중 가장 저온 측정
④ IC(철-콘스탄탄)(J형)
 ㉠ 환원성 분위기에 강하다.
 ㉡ 온도 : -20~850℃

66 Roots 가스미터에 대한 설명으로 옳지 않은 것은?
① 설치 공간이 적다.
② 대유량 가스 측정에 적합하다.
③ 중압가스의 계량이 가능하다.
④ 스트레이너의 설치가 필요 없다.

[해설] 가스미터의 특징

막식가스미터 (☞ 저부대가)	기차습식가스미터 (☞ 기계수면실)	루츠식 (☞ 대중적ㅅㅅ)
① 저가이다. ② 부착 후 유지관리에 시간을 요하지 않는다. ③ 대용량은 설치면적이 크다. ④ 가정용 ⑤ 1.5~200m³/h	① 기차변동이 거의 없다. ② 계량이 정확하다. ③ 수위조정 등의 관리 필요 ④ 설치면적이 크다. ⑤ 실험실용 ⑥ 0.2~3000m³/h	① 대유량가스 측정 적합 ② 중압가스계량가능 ③ 설치면적 적다 ④ 소유량에서는 부동의 우려 ⑤ 스트레이너 설치 후 유지관리필요 ⑥ 대량수요가(공업용) ⑦ 100~5000m³/h

67 가스 누출 시 사용하는 시험지의 변색 현상이 옳게 연결된 것은?
① H_2S : 전분지→청색
② CO : 염화파라듐지→적색
③ HCN : 하리슨씨시약→황색
④ C_2H_2 : 염화제일동 착염지→적색

[해설] 시험지명 및 변색 상태
· 암모니아 : 적색리트머스시험지 : 청색변
· 염소 : KI전분지 : 청색변
· 시안화수소 : 질산구리벤젠지 : 청색변

- 일산화탄소 : 염화파라듐지 : 흑색변
- 황화수소 : 연당지 : 흑색변
- 포스겐 : 하리슨시험지 : 심등색
- 아세틸렌 : 염화제1동착염지 : 적색
- 아황산가스 : 암모니아 적신 헝겊 : 흰연기

68 렌즈 또는 반사경을 이용하여 방사열을 수열판으로 모아 고온 물체의 온도를 측정할 때 주로 사용하는 온도계는?
① 열전온도계
② 저항온도계
③ 열팽창온도계
④ 복사온도계

해설) 복사(방사)온도계 : 스테판볼쯔만의 법칙(복사열전달률은 절대온도 4승에 비례한다)

69 차압식 유량계로 유량을 측정하였더니 교축기구 전후의 차압이 20.25 Pa일 때 유량이 25 m³/h이었다. 차압이 10.50 Pa일 때 유량은 약 몇 m³/h인가?
① 13 ② 18 ③ 23 ④ 28

해설) $Q_1 \times \sqrt{P_1} = Q_2 \times \sqrt{P_2}$

$Q_2 = \dfrac{Q \times \sqrt{P_1}}{\sqrt{P_2}} = \dfrac{25 \times \sqrt{10.5}}{\sqrt{20.25}} = 18 \text{ m}^3/\text{h}$

70 실측식 가스미터가 아닌 것은?
① 터빈식
② 건식
③ 습식
④ 막식

해설) 추측식 가스미터 : 오리피스, 터빈, 선근차식, 피토우관

71 보상도선의 색깔이 갈색이며 매우 낮은 온도를 측정하기에 적당한 열전대 온도계는?
① PR 열전대
② IC 열전대
③ CC 열전대
④ CA 열전대

해설) 열전대 온도계 : 두 금속의 열기전력을 이용 측정(제백효과 이용)
① 백금-백금로듐(PR)

정답 68. ④ 69. ② 70. ① 71. ③

㉠ 측정온도 0~1600℃
㉡ 산화성분위기에 강하다.
㉢ 금속증기에 침식
㉣ 환원성 분위기에 약하다.
㉤ 열전대온도계 중 가장 고온 측정
② CA(크로멜-알루멜)
㉠ 측정온도 0~1200℃
㉡ 산화성분위기에 노화가 빠르다.
③ IC(철-콘스탄탄)
㉠ 측정온도 –20~850℃
㉡ 환원성분위기에 강하다.
④ CC(동-콘스탄탄)
㉠ 측정온도 –200~350℃
㉡ 수분에 의한 내식성이 강하다.
㉢ 열전대 온도계 중 가장 저온 측정

72

계량이 정확하고 사용 중 기차의 변동이 거의 없는 특징의 가스미터는?
① 벤투리미터
② 오리피스미터
③ 습식가스미터
④ 로터리피스톤식미터

[해설] 습식가스미터
① 기차변동이 거의 없다.   ② 계량이 정확하다.
③ 수위조정등의 관리가 필요   ④ 설치면적이 크다.

73

계측시간이 짧은 에너지의 흐름을 무엇이라 하는가?
① 외란
② 시정수
③ 펄스
④ 응답

[해설] • 시정수(time constant) : 출력이 최대출력의 64%에 이를 때까지의 시간
• 외란 : 제어계를 혼란시키는 외적작용, 온도, 압력, 가스공급압 등

정답 72. ③   73. ③

74
표준대기압 1 atm과 같지 않은 것은?
① 1.013bar ② 10.332mH₂O ③ 1.013N/m² ④ 29.92inHg

해설 표준대기압
$$1\text{ atm} = 76\text{ cmHg} = 760\text{ mmHg}$$
$$= 0.76\text{ mHg} = 1.0332\text{ kg/cm}^2$$
$$= 1033.2\text{ g/cm}^2 = 10332\text{ kg/m}^2$$
$$= 29.92\text{ inHg} = 1.013\text{ bar}$$
$$= 10.332\text{ mmH}_2\text{O} = 1033.2\text{ cmH}_2\text{O}$$
$$= 10332\text{ mmH}_2\text{O} = 101325\text{ N/m}^2$$
$$= 101325\text{ Pa} = 101.325\text{ kPa}$$
$$= 14.7\text{ PSI} = 0.10332\text{ MPa}$$

75
가스의 발열량 측정에 주로 사용되는 계측기는?
① 봄베 열량계 ② 단열 열량계
③ 융커스식 열량계 ④ 냉온수 적산 열량계

해설 가스 연료의 발열량 측정
① 융커스식 열량계
② 시그마식 열량계

76
다음 중 편위법에 의한 계측기기가 아닌 것은?
① 스프링 저울 ② 부르동관 압력계
③ 전류계 ④ 화학천칭

해설 계측기 측정 방법
① 편위법(deflection method)
 ㉠ 물체를 저울에 올려놓고 저울의 바늘이 움직이게 되어 지식 측정으로부터 측정량을 나타내는 방법이다.
 ㉡ 부르동관 압력계, 전압계, 전류계, 스프링 저울
② 영위법(zero method)
 ㉠ 측정량과 기준량을 비교하여 값을 구하는 방법이다.
 ㉡ 천정을 이용한 질량 측정법, 휘스톤 브리지, 전위차계

77
목표치가 미리 정해진 시간적 순서에 따라 변할 경우의 추치 제어 방법의 하나로서 가스크로마토그래피의 오븐 온도제어 등에 사용되는 제어방법은?

① 정격치제어　　② 비율제어
③ 추종제어　　　④ 프로그램제어

해설 제어방법에 의한 특성
① 정치제어 : 목표값이 변화없이 일정한 값을 갖는 제어
② 추치제어 : 목표값이 변화되는 것으로 목표값을 측정하면서 제어 목표량을 목표값에 맞추는 제어방식
㉮ 추종제어 : 목표값이 시간에 따라 임의로 변화되는 값을 부여한 제어이다.
㉯ 비율제어 : 2개 이상의 제어값의 값이 정해진 비율을 보유하여 제어한다.

78
가스분석법 중 흡수분석법에 속하는 것은?

① 폭발법　　　② 적정법
③ 흡광광도법　④ 게겔법

해설 흡수분석법
① 오르자트법　② 헴펠법　③ 게겔법

79
산화철, 산화주석 등은 350℃ 전후에서 가연성가스를 통과시키면 표면에 가연성가스가 흡착되어 전기전도도가 상승하는 성질을 이용하여 가스 누출을 검지하는 방법은?

① 반도체식　　　　② 접촉연소식
③ 기체열전도도식　④ 적외선흡수식

해설 반도체식 : 산화철 산화주석 등은 350℃ 전·후에서 가연성가스를 통과시키면 표면에 가연성가스가 흡착되어 전기 전도도가 상승하는 성질을 이용하여 가스누출을 검지하는 방법

80
압력의 단위를 차원(dimension)을 바르게 나타낸 것은?

① MLT　② ML^2T^2　③ M/LT^2　④ M/L^2T^2

해설 압력단위 : N/m², 1N=1kg/m·sec
∴ 1kg·m/sec²·m² = 1kg/m·sec² ∴ M/LT^2

정답 77. ④　78. ④　79. ①　80. ③

가스산업기사 모의고사

제1과목 : 연소공학

01 이상기체를 일정한 부피에서 냉각하면 온도와 압력의 변화는 어떻게 되는가?
① 온도저하, 압력강하
② 온도상승, 압력강하
③ 온도상승, 압력일정
④ 온도저하, 압력상승

[해설] 이상기체를 일정한 부피에서 냉각하면 온도저하, 압력강하

02 "압력이 일정할 때 기체의 부피는 온도에 비례하여 변화한다."라는 법칙은?
① 보일(Boyle)의 법칙
② 샤를(Charles)의 법칙
③ 보일-샤를의 법칙
④ 아보가드로의 법칙

[해설]
· 보일의 법칙(온도일정)
$$P_1 V_1 = P_2 V_2 \quad V_2 = \frac{P_1 \times V_1}{P_2}$$
∴ 온도가 일정할 때 기체의 체적은(V_2) 압력에(P_2) 반비례한다.

· 샤를의 법칙(압력일정)
$$\frac{V_1}{T_1} = \frac{V_2}{T_2} \quad \therefore V_2 = \frac{V_1 \times T_2}{T_1}$$
∴ 압력이 일정할 때 기체의 체적은 절대온도(T_2)에 비례한다.

· 보일-샤를의 법칙
$$\frac{P_1 V_1}{T_1} = \frac{P_2 V_2}{T_2} \quad \therefore V_2 = \frac{P_1 \times V_1 \times T_2}{T_1 \times P_2}$$
∴ 기체의 체적은 압력에 반비례하고 절대온도에 비례한다.

정답 1. ① 2. ②

03 메탄 50v%, 에탄 25v%, 프로판 25v%가 섞여 있는 혼합기체의 공기 중에서의 연소하한계(v%)는 얼마인가? (단, 메탄, 에탄, 프로판의 연소한계는 각각 5v%, 3v%, 2.1v%이다)

① 2.3 ② 3.3 ③ 4.3 ④ 5.3

해설> $\dfrac{100}{L} = \dfrac{V_1}{L_1} + \dfrac{V_2}{L_2} + \dfrac{V_3}{L_3} \cdots \dfrac{V_n}{L_n}$ $\dfrac{100}{L} = \left(\dfrac{50}{5} + \dfrac{25}{3} + \dfrac{15}{2.1}\right)$

$\dfrac{100}{L} = 20.33$

∴ $L = \dfrac{100}{30.23} = 3.3$

---

04 다음 반응식을 이용하여 메탄(CH_4)의 생성열을 계산하면?

① $C + O_2 \rightarrow CO_2$ $\triangle H = -97.2$ kcal/mol
② $H_2 + \dfrac{1}{2}O_2 \rightarrow H_2O$ $\triangle H = -57.6$ kcal/mol
③ $CH_4 + 2O_2 \rightarrow CO_2 + 2H_2O$ $\triangle H = -194.4$ kcal/mol

① $\triangle H = -17$ kcal/mol ② $\triangle H = -18$ kcal/mol
③ $\triangle H = -19$ kcal/mol ④ $\triangle H = -20$ kcal/mol

해설> ① $CH_4 + 2O_2 \rightarrow CO_2 + 2H_2O + Q$
-194 → -97.2-(2×57.6)+Q
② -194.4 = -97.2-(2×57.6)+Q
$Q = 18$
③ $\triangle H = -18$ kcal/mol

---

05 실제 기체가 완전 기체의 특성 식을 만족하는 경우는?

① 고온, 저압 ② 고온, 고압
③ 저온, 고압 ④ 저온, 저압

해설> 실제기체 $\underset{\text{저온, 고압}}{\overset{\text{고온, 저압}}{\rightleftarrows}}$ 이상기체

정답 3. ② 4. ② 5. ①

06 오토사이클에서 압축비(ϵ)가 10일 때 열효율은 약 몇 %인가?(단, 비열비[k]는 1.4이다.)

① 58.2 ② 59.2
③ 60.2 ④ 61.2

[해설] 오토사이클 열효율 $= 1 - (\frac{1}{\epsilon})^{k-1} = 1 - (\frac{1}{10})^{1.4-1} = 60.18\%$

07 $(CO_2)_{max}$는 어느 때의 값인가?

① 실제 공기량으로 연소시켰을 때
② 이론 공기량으로 연소시켰을 때
③ 과잉 공기량으로 연소시켰을 때
④ 부족 공기량으로 연소시켰을 때

[해설] $(CO_2)_{max}(\%)$: 이론 공기량으로 연소시켰을 때

08 메탄 85v%, 에탄 10v%, 프로판 4v%, 부탄 1v%의 조성을 갖는 혼합가스의 공기 중 폭발 하한계는 약 얼마인가?

① 4.4% ② 5.4%
③ 6.2% ④ 7.2%

[해설] $\frac{100}{L} = \frac{V_1}{L_1} + \frac{V_2}{L_2} + \frac{V_3}{L_3} + \cdots + \frac{V_n}{L_n}$

$\frac{100}{L} = \left(\frac{85}{5} + \frac{10}{3} + \frac{4}{2.1}\right)$

$\frac{100}{L} = 22.24$ ∴ $L = \frac{100}{22.24} = 4.496\%$

09 2kg의 기체를 0.15MPa, 15℃에서 체적이 0.1m³가 될 때 까지 등온압축할 때 압축 후 압력은 약 몇 MPa인가? (단, 비열은 각각 $C_P = 0.8$, $C_V = 0.6$ kJ/kg·K이다.)

① 1.10 ② 1.15
③ 1.20 ④ 1.25

[해설] 기체상수
$R = C_p - C_v = 0.8 - 0.6 = 0.2$ kJ/kg·K
$PV = GRT$에서 $V = \frac{GRT}{P} = \frac{2kg \times 0.2 \times (273+15)}{0.15 \times 1000} = 0.768$ m³

정답 6. ③ 7. ② 8. ① 9. ②

등온압축이므로(온도가 일정)

$$\frac{P_1 V_1}{T_1} = \frac{P_2 V_2}{T_2}$$

$\therefore P_1 V_1 = P_2 V_2$ 에서 $P_2 = \frac{P_1 \times V_1}{V_2} = \frac{0.15 \times 0.768}{0.1} = 1.152$ MPa

10

CO_2 32vol%, O_2 5vol%, N_2 63vol%의 혼합기체의 평균 분자량은 얼마인가?

① 29.3 ② 31.3 ③ 33.3 ④ 35.3

해설 평균분자량 $= (44 \times 0.32 + 32 \times 0.05 + 28 \times 0.63) = 33.32$ g/mol

11

폭발에 대한 설명으로 틀린 것은?

① 폭발한계란 폭발이 일어나는데 필요한 농도의 한계를 의미한다.
② 온도가 낮을 때는 폭발 시의 방열속도가 느려지므로 연소범위는 넓어진다.
③ 폭발시의 압력을 상승시키면 반응속도는 증가한다.
④ 불활성기체를 공기와 혼합하면 폭발범위는 좁아진다.

해설 연소범위
① 온도가 높을 때
  열의 발열속도↑ > 방열속도↓ : 연소범위가 넓어진다.
② 온도가 낮을 때
  열의 발열속도↓ < 방열속도↑ : 연소범위가 좁아진다.

12

다음 [보기]는 가스의 폭발에 관한 설명이다. 옳은 내용으로만 짝지어 진 것은?

―――― [보기] ――――
㉮ 안전간격이 큰 것 일수록 위험하다.
㉯ 폭발 범위가 넓은 것은 위험하다.
㉰ 가스압력이 커지면 통상 폭발 범위는 넓어진다.
㉱ 연소속도가 크면 안전하다.
㉲ 가스비중이 큰 것은 낮은 곳에 체류할 위험이 있다.

① ㉰, ㉱, ㉲
② ㉯, ㉰, ㉱, ㉲
③ ㉯, ㉰, ㉲
④ ㉮, ㉯, ㉰, ㉲

해설 폭발범위
① 안전간격이 작은 가스일수록 점화에너지가 작고 폭발하기 쉽다.
② 연소속도가 빠르면 폭발하기 쉬우므로 위험하다.

정답 10. ③ 11. ② 13. ③

13
연소범위에 관한 온도의 영향으로 옳은 것은?
① 온도가 낮아지면 방열속도가 느려져서 연소범위가 넓어진다.
② 온도가 낮아지면 방열속도가 느려져서 연소범위가 좁아진다.
③ 온도가 낮아지면 방열속도가 빨라져서 연소범위가 넓어진다.
④ 온도가 낮아지면 방열속도가 빨라져서 연소범위가 좁아진다.

해설 연소범위
① 온도가 높아지면 연소범위가 넓어져 폭발위험이 증가한다.
② 온도가 낮아지면 열이 발산되어 연소범위가 좁아진다.

14
고체연료의 일반적인 연소방법이 아닌 것은?
① 분무연소
② 화격자연소
③ 유동층연소
④ 미분탄연소

해설 ① 연소형태 : 분해연소, 증발연소, 표면연소, 자기연소, 확산연소
② 고체연료의 연소방법 : ㉠ 화격자연소 ㉡ 미분탄연소 ㉢ 유동층연소

15
액체연료의 연소형태와 가장 거리가 먼 것은?
① 분무연소
② 등심연소
③ 분해연소
④ 증발연소

해설 ① 액체 연소 : 분무연소, 등심연소, 액면연소, 증발연소
② 고체 연소 : 분해연소, 표면연소

16
공기 중 폭발하한값이 가장 낮은 가스는?
① 프로판
② 벤젠
③ 부탄
④ 에탄

해설 공기중 연소범위
① 벤젠 : 1.4~7.1%
② 부탄 : 1.8~8.4%
③ 프로판 : 2.1~9.5%
④ 에탄 : 3~12.5%

정답 13. ④ 14. ① 15. ③ 16. ②

17 가연성 혼합기체가 폭발범위 내에 있을 때 점화원으로 작용할 수 있는 정전기의 방지대책으로 틀린 것은?

① 접지를 실시한다.
② 제전기를 사용하여 대전된 물체를 전기적 중성 상태로 한다.
③ 습기를 제거하여 가연성 혼합기가 수분과 접촉하지 않도록 한다.
④ 인체에서 발생하는 정전기를 방지하기 위하여 방전복 등을 착용하여 정전기 발생을 제거한다.

[해설] 정전기 방지대책
① 접지를 실시한다.
② 공기를 이온화한다.
③ 상대습도를 70% 이상 유지한다.

18 어떤 용기 중에 들어있는 1kg의 기체를 압축하는데 1281kg 일이 소요되었으며 도중에 3.7kcal의 열이 용기 외부로 방출되었다. 이 기체 1kg당 내부 에너지의 변화값은 약 몇 kcal인가?

① 0.7 kcal/kg ② -0.7 kcal/kg ③ 1.4 kcal/kg ④ -1.4 kcal/kg

[해설] 내부에너지 변화량 = $\dfrac{1281 \text{ kg}}{427 \text{ kg} \cdot \text{m/kcal}} - 3.7 \text{ kcal} = -0.7 \text{ kcal}$ (방출)

19 부탄 10kg을 완전연소시키는 데 필요한 이론산소량은 약 몇 kg인가?

① 29.8 ② 31.2 ③ 33.8 ④ 35.9

[해설]
$C_4H_{10} + 6.5O_2 \rightarrow 4CO_2 + 5H_2O$
58kg   6.5×32 kg   4×44 kg   5×18kg
22.4 m³ 6.5×22.4   4×22.4   5×22.4

58 kg = 6.5×22.4 kg
10 kg = x

$x = \dfrac{10 \text{ kg} \times 6.5 \times 22.4 \text{ kg}}{58 \text{ kg}} = 25.1 \text{ kg}$

정답 17. ③ 18. ② 19. ④

20 인화성물질이나 가연성가스가 폭발성 분위기를 생성할 우려가 있는 장소 중 가장 위험한 장소 등급은?

① 1종 장소　　② 2종 장소　　③ 3종 장소　　④ 0종 장소

[해설] 위험장소
① 0종장소 : 인화성물질이나 가연성가스가 폭발성 분위기를 생성할 우려가 있는 장소
② 1종장소 : 상용상태에서 종종 가연성가스체류로 위험한 장소
③ 2종장소 : 설비사고로 파손, 오조작 경우만 누설 위험

제2과목 : 가스설비

21 제1종 보호시설은 사람을 수용하는 건축물로서 사실상 독립된 부분의 연면적이 얼마 이상인 것에 해당하는가?

① 100m²
② 500m²
③ 1000m²
④ 2000m²

[해설] 안전거리
① 제1종 보호시설
　㉠ 유치원, 병원, 새마을유아원, 학교, 도서관, 시장, 공중목욕탕, 호텔(여관)
　㉡ 사람을 수용하는 건축물로서 독립된 부분의 연면적이 1000 cm² 이상인 것
　㉢ 극장, 교회, 공회당 기타 이와 유사한 시설로서 수용인원이 300인 이상인 건축물
　㉣ 아동복지시설 또는 장애인 복지시설로서 수용인원이 20인 이상인 건축물
　㉤ 문화재보호법에 의하여 지정문화재로 지정된 건축물
② 제2종 보호시설
　㉠ 주택
　㉡ 사람을 수용하는 건축물로서 독립된 부분의 연면적이 100 cm² 이상 1000 cm² 미만인 것

안전거리

처리능력 및 저장능력	독성 및 가연성가스		산소		기타의 가스(질소)	
	1종 보호시설	2종 보호시설	1종 보호시설	2종 보호시설	1종 보호시설	2종 보호시설
1만 이하	17 m	12 m	12 m	8 m	8 m	5 m
2만 이하	21 m	14 m	14 m	9 m	9 m	7 m
3만 이하	24 m	16 m	16 m	11 m	11 m	8 m
4만 이하	27 m	18 m	18 m	13 m	13 m	9 m
4만 초과	30 m	20 m	20 m	14 m	14 m	10 m

정답 20. ④　21. ③

처리능력 및 저장능력	독성 및 가연성가스		산소		기타의 가스(질소)	
	1종 보호시설	2종 보호시설	1종 보호시설	2종 보호시설	1종 보호시설	2종 보호시설
5~99만	30m 1종 $\left[\frac{3}{25}\sqrt{x+10,000}\,m\right]$			20m 2종 $\left[\frac{2}{25}\sqrt{x+10,000}\,m\right]$		
99만 초과	30 m(가연성가스 저온저장탱크) 120 m			20 m(가연성가스 저온저장탱크) 80 m		

22
강의 열처리 중 일반적으로 연화를 목적으로 적당한 온도까지 가열한 다음 그 온도에서 서서히 냉각하는 방법은?
① 담금질
② 뜨임
③ 표면경화
④ 풀림

해설 열처리
① 담금질=퀜칭 : 경도 및 강도증가, A3 및 A1변태에서 30~50℃ 이상가열 후 수냉시키는 방법
② 뜨임=템퍼링 : 인성증가
③ 풀림=어닐링 : 가공응력 및 잔류응력제거·연화를 목적으로 적당한 온도까지 가열한 다음 그 온도에서 서서히 냉각
④ 불림=노멀라이징 : A3 및 A1변태에서 30~50℃이상 가열 후 공냉시키는 방법 가공조직의 균일화, 결정립의 미세화, 잔류응력제거

23
가스액화 분리장치의 구성이 아닌 것은?
① 한랭 발생장치
② 불순물 제거장치
③ 정류(분축, 흡수)장치
④ 내부연소식 반응장치

해설 가스액화분리장치구성
① 한랭발생장치 ② 정류(흡수)장치 ③ 불순물제거 장치

24
가스 용기재료의 구비조건으로 가장 거리가 먼 것은?
① 내식성을 가질 것
② 무게가 무거울 것
③ 충분한 강도를 가질 것
④ 가공 중 결함이 생기지 않을 것

정답 22. ④ 23. ④ 24. ②

해설⊃ 가스용기재료의 구비조건
① 경량일것
② 내식성 내마모성을 가질 것
③ 가공 중 결함이 생기지 않을 것
④ 충분한 강도를 가질 것
⑤ 저온이나 충격하중 등에 견딜 것

25 LNG 수입기지에서 LNG를 NG로 전환하기 위하여 가열원을 해수로 기화시키는 방법은?
① 냉열기화
② 중앙매체식기화기
③ Open Rack Vaporizer
④ Submerged Conversion Vaporizer

해설⊃ 오픈랙기화기 : LNG를 NG로 전환하기 위하여 가열원을 해수로 기화시키는 방법

26 LPG를 탱크로리에서 저장탱크로 이송 시 작업을 중단해야 하는 경우로서 가장 거리가 먼 것은?
① 누출이 생긴 경우
② 과충전이 된 경우
③ 작업 중 주위에 화재 발생 시
④ 압축기 이용 시 베이퍼록 발생 시

해설⊃ LPG를 탱크로리에서 저장탱크로 이송시 작업을 중단해야 하는 경우
① 누출이 생긴 경우
② 과충전시
③ 작업중 주위에 화재 발생시
④ 압축기 사용시 액압축이 일어날 때
⑤ 펌프사용시 베이퍼록이 일어날 때

27 LPG용기 충전시설의 저장설비실에 설치하는 자연환기설비에서 외기에 면하여 설치된 환기구의 통풍가능면적의 합계는 어떻게 하여야 하는가?
① 바닥면적 $1m^2$마다 $100cm^2$의 비율로 계산한 면적 이상
② 바닥면적 $1m^2$마다 $300cm^2$의 비율로 계산한 면적 이상
③ 바닥면적 $1m^2$마다 $500cm^2$의 비율로 계산한 면적 이상
④ 바닥면적 $1m^2$마다 $600cm^2$의 비율로 계산한 면적 이상

해설⊃ ・통풍가능면적 : $1m^2$ 당 $300cm^2$
・통풍능력 : $1m^2$ 당 $0.5m^3/min$

정답 25. ③ 26. ④ 27. ②

28
기화기에 의해 기화된 LPG에 공기를 혼합하는 목적으로 가장 거리가 먼 것은?
① 발열량 조절 ② 재액화 방지
③ 압력 조절 ④ 연소효율 증대

해설 공기 혼합하는 목적
① 재액화 방지 ② 발열량 조절 ③ 누설시 손실이나 체류 방지
④ 연소효율 증대 ⑤ 소요공기량 보충

29
기지국에서 발생된 정보를 취합하여 통신선로를 통해 원격감시제어소에 실시간으로 전송하고, 원격감시제어소로부터 전송된 정보에 따라 해당 설비의 원격제어가 가능하도록 제어신호를 출력하는 장치를 무엇이라 하는가?
① Master Station ② Communication Unit
③ Remote Terminal Unit ④ 음성경보장치 및 Map Board

해설 리모트 터미널 유닛 : 기지국에서 발생된 정보를 취합하여 통신선로를 통해 원격감시제어소에 실시간으로 전송하고 원격감시제어소로부터 전송된 정보에 따라 해당설비의 원격제어가 가능하도록 제어신호를 출력하는 장치

30
가스 배관의 구경을 산출하는 데 필요한 것으로만 짝지어진 것은?

| ㉠ 가스유량 | ㉡ 배관길이 | ㉢ 압력손실 | ㉣ 배관재질 | ㉤ 가스의 비중 |

① ㉠, ㉡, ㉢, ㉣
② ㉡, ㉢, ㉣, ㉤
③ ㉠, ㉡, ㉢, ㉤
④ ㉠, ㉡, ㉣, ㉤

해설 $Q = K\sqrt{\dfrac{D^5 \cdot h}{S \cdot L}}$ $Q^2 = K^2 \times \dfrac{D^5 \times h}{S \times L}$

$\therefore D^5 = \dfrac{Q^2 \times S \times L}{K^2 \times h}$

① $Q(m^3/h)$: 가스유량 ② S : 가스비중
③ L : 배관길이 ④ h : 허용압력손실 ⑤ K : 유량계수(0.707)

31 나프타를 원료로 접촉분해 프로세스에 의하여 도시가스를 제조할 때 반응온도를 상승시키면 일어나는 현상으로 옳은 것은?

① CH_4, CO_2가 많이 포함된 가스가 생성된다.
② C_3H_8, CO_2가 많이 포함된 가스가 생성된다.
③ CO, CH_4가 많이 포함된 가스가 생성된다.
④ CO, H_2가 많이 포함된 가스가 생성된다.

해설 · 반응온도 상승 : CO, H_2 상승
　　　　　　　　　CO_2, CH_4 감소
· 반응온도 감소 : CO_2, CH_4 상승
　　　　　　　　　CO, H_2 감소
· 반응압력 상승 : CO_2, CH_4 상승
　　　　　　　　　CO, H_2 감소
· 반응압력 감소 : CO, H_2 상승
　　　　　　　　　CO_2, CH_4 감소

32 펌프를 운전하였을 때에 주기적으로 한숨을 쉬는 듯한 상태가 되어 입·출구 압력계의 지침이 흔들리고 동시에 송출유량이 변화하는 현상과 이에 대한 대책을 옳게 설명한 것은?

① 서징현상 : 회전차, 안내 깃의 모양 등을 바꾼다.
② 캐비테이션 : 펌프의 설치 위치를 낮추어 흡입양정을 짧게 한다.
③ 수격작용 : 플라이휠을 설치하여 펌프의 속도가 급격히 변하는 것을 막는다.
④ 베이퍼로크현상 : 흡입관의 지름을 크게 하고 펌프의 설치 위치를 최대한 낮춘다.

해설 펌프에서 발생되는 여러 가지 현상
① 캐비테이션(cavitation) : 유수 중에 어느 부분의 정압이 그때 물의 온도에 해당하는 증기압 이하로 되어 물이 증발을 일으키고 수중에 용입되어 있던 공기가 낮은 압력으로 인하여 기포가 발생하는 현상으로 공동현상이라고도 한다.
　㉠ 영향
　　ⓐ 소음과 진동발생
　　ⓑ 깃에 대한 침식
　　ⓒ 양정곡선과 효율곡선의 저하
　㉡ 발생조건
　　ⓐ 흡입 양정이 지나치게 길 때
　　ⓑ 과속으로 유량이 증대될 때
　　ⓒ 흡입관 입구 등에서 마찰저항 증가 시
　　ⓓ 관로 내의 온도가 상승될 때

ⓒ 방지대책
  ⓐ 양흡입 펌프를 사용한다.
  ⓑ 수직축 펌프를 사용하고 회전차를 수중에 잠기게 한다.
  ⓒ 펌프를 두 대 이상 설치한다.
  ⓓ 펌프의 회전수를 낮춘다.
  ⓔ 펌프의 설치위치를 낮추어 흡입양정을 짧게 한다.
  ⓕ 관지름을 크게 하고 흡입측의 저항을 최소로 줄인다.

② 수격작용(water hammering) : 펌프에서 물을 압송하고 있을 때 정전 등으로 급히 펌프가 멈추거나 수량조절 밸브를 급히 폐쇄할 때 관내 유속이 급속히 변화하면 물에 의한 심한 압력의 변화가 생겨 관벽을 치는 현상을 수격작용이라고 한다.

※ 수격작용 방지책
 · 완폐 체크 밸브를 토출구에 설치하고 밸브를 적당히 제어한다.
 · 관경을 크게 하고 관내 유속을 느리게 한다.
 · 관로에 조압수조(surge tank)를 설치한다.
 · 플라이휠을 설치하여 펌프속도의 급변을 막는다.

③ 서징(surging) : 펌프를 운반할 때 송출압력과 송출유량이 주기적으로 변동하여 펌프입구 및 출구에 설치된 진공계, 압력계의 지침이 흔들리는 현상을 말하며 맥동현상이라고 한다.
  ㉠ 서징현상 발생원인
    ⓐ 펌프를 운전시 주기적으로 운동, 양정, 토출량이 변화될 때
    ⓑ 수량조절 밸브가 저장탱크 뒤쪽에 있을 때
    ⓒ 배관 중에 공기탱크나 물탱크가 있을 때
  ㉡ 서징현상 방지책
    ⓐ 방출 밸브 등을 사용하여 펌프속 양수량을 서징할 때의 양수량 이상으로 증가시킨다.
    ⓑ 임펠러나 가이드 베인의 현상과 치수를 바꾸어 그 특징을 변화시킨다.
    ⓒ 관로에 불필요한 잔류공기를 제거하고 관로의 단면적 및 유속 등을 변화시킨다.

33. 고압가스설비에 대한 설명으로 옳은 것은?

① 고압가스 저장탱크에는 환형 유리관 액면계를 설치한다.
② 고압가스 설비에 장치하는 압력계의 최고 눈금은 상용압력의 1.1배 이상 2배 이하이어야 한다.
③ 저장능력이 1000톤 이상인 액화산소 저장탱크의 주위에는 유출을 방지하는 조치를 한다.
④ 소형저장탱크 및 충전용기는 항상 50℃ 이하를 유지한다.

해설➡ ① 액화가스의 저장탱크에는 기준에 따라 액면계(산소 또는 불활성 가스의 초저온 저장탱크의 경우에 한정하여 환형 유리제 액면계도 가능)를 설치한다.
② 고압가스 설비에 장치하는 압력계의 최고 눈금은 상용압력의 1.5배 이상 2배 이하이어야 한다.
③ 소형저장탱크 및 충전용기는 항상 40℃ 이하를 유지한다.

정답 33. ③

34 수동교체 방식의 조정기와 비교한 자동절체식 조정기의 장점이 아닌 것은?
① 전체 용기 수량이 많아져서 장시간 사용할 수 있다.
② 분리형을 사용하면 1단 감압식 조정기의 경우보다 배관의 압력손실을 크게 해도 된다.
③ 잔액이 거의 없어질 때까지 사용이 가능하다.
④ 용기 교환주기의 폭을 넓힐 수 있다.

해설 ➔ 자동절체식 조정기
① 전체 용기의 개수가 수동절체식보다 적게 소요된다.
② 잔액이 거의 없어질 때까지 가스를 소비할 수 있다.
③ 분리형을 사용하면 1단 감압식 조정기의 경우보다 배관의 압력손실을 크게 해도 된다.
④ 용기 교환주기의 폭을 넓힐 수 있다.

35 전기방식시설의 유지관리를 위한 도시가스시설의 전위 측정용 터미널(T/B) 설치에 대한 설명으로 옳은 것은?
① 희생양극법에 의한 배관에는 500m 이내 간격으로 설치한다.
② 배류법에 의한 배관에는 500m 이내 간격으로 설치한다.
③ 외부전원법에 의한 배관에는 300m 이내 간격으로 설치한다.
④ 직류전철 횡단부 주위에 설치한다.

해설 ➔ 전기방식시설의 유지관리 전위측정용 터미널 설치 기준
전기방식시설의 시공은 다음 각 목의 기중에 의한다.
① 전기방식시설의 유지관리를 위한 전위측정용 터미널(T/B)은 다음 기준에 적합하게 설치한다.
  ㉠ 희생양극법 또는 배류법에 의한 배관에는 300 m 이내의 간격으로 설치할 것
  ㉡ 외부전원법에 의한 배관에는 500 m 이내의 간격으로 설치할 것. 다만, 이미 설치된 전위측정용 터미널(T/B) 또는 배관을 이설하는 경우에는 이웃한 전위측정용 터미널(T/B)과의 설치간격을 10% 이내에서 가감하여 설치할 수 있다.
  ㉢ 본관, 공급관에 부속된 밸브박스와 사용자공급관 및 내관에 부속된 밸브박스 또는 입상관 절연부 등에 전위를 측정할 수 있는 인출선 등이 있는 경우에는 당해 시설을 ㉠. ㉡ 규정에 의한 전위측정용 터미널로 대체할 수 있다.
  ㉣ 직류전철 횡단부 주위
  ㉤ 지중에 매설되어 있는 배관절연부의 양측
  ㉥ 강재보호관 부분의 배관과 강재보호관. 다만, 가스배관과 보호관 사이에 절연 및 유동방지조치가 된 보호관은 제외한다.
  ㉦ 타 금속구조물과 근접교차부분
  ㉧ 밸브스테이션
  ㉨ 교량 및 하천 횡단배관의 양단부. 다만, 외부전원법 및 배류법에 의해 설치된 것으로 횡단길이가 500 m 이하인 배관과 희생양극법에 의해 설치된 것으로 횡단길이가 50m 이하인 배관은 제외한다.

정답 34. ① 35. ④

36
액화석유가스 공급시설에 사용되는 기화기(Vaporizer)설치의 장점으로 가장 거리가 먼 것은?
① 가스 조성이 일정하다.　　② 공급 압력이 일정하다.
③ 연속 공급이 가능하다.　　④ 한냉시에도 공급이 가능하다.

해설 ➡ 기화기 설치시 장점
① 한랭시에도 연속적으로 가스를 공급할 수 있다.
② 공급가스의 조성이 일정하다.
③ 기화량 가감이 용이하다.
④ 설치면적이 적다.

37
왕복형 압축기의 장점에 관한 설명으로 옳지 않은 것은?
① 쉽게 고압을 얻을 수 있다.
② 압축효율이 높다.
③ 용량조절의 범위가 넓다.
④ 고속 회전하므로 형태가 작고, 설치면적이 적다.

해설 ➡ 왕복형 압축기의 장점
① 용량조절의 범위가 넓다.
② 압축효율이 높다.
③ 쉽게 고압을 얻을 수 있다.
④ 윤활유식 또는 무급유식이다.

38
고압배관에서 진동이 발생하는 원인으로 가장 거리가 먼 것은?
① 펌프 및 압축기의 진동　　② 안전밸브의 작동
③ 부품의 무게에 의한 진동　　④ 유체의 압력 변화

해설 ➡ 진동이 발생하는 원인
① 안전밸브 분출에 의한 진동
② 펌프나 압축기 등에 의한 진동
③ 유체의 압력변화에 의한 진동

정답　36. ②　37. ④　38. ③

39 도시가스 수요가 증가함으로써 가스 압력이 부족하게 될 때 사용하는 가스공급 시설은?
① 가스 홀더 ② 압송기
③ 정압기 ④ 가스계량기

40 압축기에서 다단 압축을 하는 주된 목적은?
① 압축일과 체적효율 감소 ② 압축일과 체적효율 증가
③ 압축일 증가와 체적효율 감소 ④ 압축일 감소와 체적효율 증가

해설 ⟶ 다단 압축의 목적
① 소요일량을 줄일 수 있다.
② 가스의 온도 상승을 피할 수 있다.
③ 힘의 평형이 유지된다.
④ 압축일 감소와 체적효율 증가

제3과목 : 가스안전관리

41 다음 각 고압가스를 용기에 충전할 때의 기준으로 틀린 것은?
① 아세틸렌은 수산화나트륨 또는 디메틸포름아미드를 침윤시킨 후 충전한다.
② 아세틸렌을 용기에 충전한 후에는 15°C에서 1.5MPa 이하로 될 때까지 정치하여 둔다.
③ 시안화수소는 아황산가스 등의 안정제를 첨가하여 충전한다.
④ 시안화수소는 충전 후 24시간 정치한다.

해설 ⟶ 아세틸렌은 아세톤이나 디메틸포름아미드를 침윤시킨 후 충전

42 저장탱크에 의한 액화석유가스 사용시설에서 배관이음부와 절연조치를 한 전선과의 이격거리는?
① 10cm 이상 ② 20cm 이상
③ 30cm 이상 ④ 60cm 이상

해설 ⟶ 배관이음부
① 절연조치를 한 전선 : 10cm 이상(절연조치를 하지 않은 전선 15cm이상)
② 접속기, 점멸기, 굴뚝 : 30cm 이상
③ 안전기, 계량기, 개폐기, 콘센트 : 60cm이상

정답 39. ② 40. ④ 41. ① 42. ①

43
고압가스 냉동제조시설에서 해당 냉동설비의 냉동능력에 대응하는 환기구의 면적을 확보하지 못하는 때에는 그 부족한 환기구 면적에 대하여 냉동능력 1ton 당 얼마 이상의 강제환기장치를 설치해야 하는가?

① 0.05m³/분
② 1m³/분
③ 2m³/분
④ 3m³/분

해설 환기구 면적 미확보시
 냉동능력 1ton당 2m³/min 이상의 강제환기장치 설치

44
안전관리규정의 실시기록은 몇 년간 보존하여야 하는가?

① 1년
② 2년
③ 3년
④ 5년

해설 안전관리규정의 실시기록은 5년간 보존

45
산소 수소 및 아세틸렌의 품질검사에서 순도는 각각 얼마 이상이어야 하는가?

① 산소 : 99.5%, 수소 : 98.0%, 아세틸렌 : 98.5%
② 산소 : 99.5%, 수소 : 98.5%, 아세틸렌 : 98.0%
③ 산소 : 98.0%, 수소 : 99.5%, 아세틸렌 : 98.5%
④ 산소 : 98.5%, 수소 : 99.5%, 아세틸렌 : 98.0%

46
일반도시가스사업제조소의 가스홀더 및 가스발생기는 그 외면으로부터 사업장의 경계까지 최고사용압력이 중압인 경우 몇 m 이상의 안전거리를 유지하여야 하는가?

① 5m
② 10m
③ 20m
④ 30m

해설 일반도시가스 사업의 제조소 및 공급 안전거리
 ① 가스발생기 및 가스홀더는 그 외면으로부터 사업장 경계까지의 거리가 최고사용압력이
  - 저압 : 5m 이상 유지
  - 중압 : 10m 이상 유지
  - 고압 : 20m 이상 유지

정답 43. ③ 44. ④ 45. ② 46. ②

② 비상공급시설은 그 외면으로부터 1종보시설까지의 거리가 15m 이상, 2종은 10m 이상이 되도록 할 것
③ 가스혼합기, 가스정제설비, 배송기, 압송기, 그 밖에 가스공급시설의 부대설비는 그 외면으로부터 경계까지의 거리가 3m 이상 유지

47. 도시가스사업법상 배관 구분 시 사용되지 않는 것은?
① 본관 ② 사용자 공급관
③ 가정관 ④ 공급관

해설: 도시가스 사업법상 배관구분
① 본관 ② 공급관
③ 내관 ④ 사용자 공급관

48. 고압가스 일반제조의 시설기준에 대한 설명으로 옳은 것은?
① 산소 초저온저장탱크에는 환형유리관 액면계를 설치할 수 없다.
② 고압가스설비에 장치하는 압력계는 상용압력의 1.1배 이상 2배 이하의 최고눈금이 있어야 한다.
③ 공기보다 가벼운 가연성가스의 가스설비실에는 1방향 이상의 개구부 또는 자연환기설비를 설치하여야 한다.
④ 저장능력이 1000톤 이상인 가연성 액화가스의 지상 저장탱크의 주위에는 방류둑을 설치하여야 한다.

해설: 방류둑설치 – 가연성·산소 : 1000Ton이상
– 독성 : 5Ton이상
– 도시가스 도매사업 : 500Ton이상

49. 일반적인 독성가스의 제독제로 사용되지 않는 것은?
① 소석회 ② 탄산소다 수용액
③ 물 ④ 암모니아 수용액

해설: 독성가스 제독제
① 염소 : ㉠ 소석회, ㉡ 가성소다 ㉢ 탄산소다
② 포스겐 : ㉠ 가성소다, ㉡ 소석회
③ 황화수소 : ㉠ 가성소다, ㉡ 탄산소다
④ 시안화수소 : ㉠ 가성소다

정답 47. ③ 48. ④ 49. ④

⑤ 아황산가스 : ㉠ 물, ㉡ 가성소다, ㉢ 탄산소다
⑥ 암모니아, 산화에틸렌, 염화메탄 : 다량의 물

50

산소 중에서 물질의 연소성 및 폭발성에 대한 설명으로 틀린 것은?
① 기름이나 그리스 같은 가연성물질은 발화시에 산소 중에서 거의 폭발적으로 반응한다.
② 산소농도나 산소분압이 높아질수록 물질의 발화온도는 높아진다.
③ 폭발한계 및 폭굉한계는 공기 중과 비교할 때 산소 중에서 현저하게 넓어진다.
④ 산소 중에서는 물질의 점화에너지가 낮아진다.

[해설] 산소농도나 산소분압이 높아질수록 물질의 발화온도는 낮아진다.

51

공기 중에 누출되었을 때 바닥에 고이는 가스로만 나열된 것은?
① 프로판, 에틸렌, 아세틸렌
② 에틸렌, 천연가스, 염소
③ 염소, 암모니아, 포스겐
④ 부탄, 염소, 포스겐

[해설] 공기 중에 누출되었을 때 바닥에 고이는 가스(1보다 크면 바닥으로 고임)
① 부탄(C_4H_{10}) : 12×4+10=58 g/mol÷29 g/mol=2
② 염소(Cl_2) : 35.5×2=71 g/mol÷29 g/mol=2.448
③ 포스겐($COCl_2$) : 12+16+71=99 g/mol÷29 g/mol=3.41

52

고압가스안전관리법에서 주택은 제 몇 종 보호시설로 분류되는가?
① 제0종
② 제1종
③ 제2종
④ 제3종

[해설]
・제1종 보호시설
① 사람을 수용하는 건축물로서 사실상 독립된 부분의 연면적이 1000 m^2 이상인 것
② 극장, 교회, 공회당 기타 이와 유사한 시설로서 수용능력이 300인 이상인 건축물
③ 아동복지시설 또는 장애인복지시설로서 수용인원이 20인 이상인 건축물
④ 문화재보호법에 의해 지정문화재로 지정된 건축물
⑤ 유치원, 병원, 새마을유아원, 학교, 도서관, 시장, 공중목욕탕, 호텔 및 여관
・제2종 보호시설
① 주택
② 사람을 수용하는 건축물로서 연면적이 100 m^2 이상 1000 m^2 미만

정답 50. ② 51. ④ 52. ③

53
내용적 20000L의 저장탱크에 비중량이 0.8kg/L인 액화가스를 충전할 수 있는 양은?
① 13.6톤 ② 14.4톤 ③ 16.5톤 ④ 17.7톤

해설
$1l = 0.8 \text{ kg}$
$20000l = x$
$x = \dfrac{20000 \times 0.8}{1l} = 16000 \times 0.9$
$= 14400 \text{ kg} = 14.4 \text{ ton}$

54
고압가스의 운반기준에서 동일 차량에 적재하여 운반할 수 없는 것은?
① 염소와 아세틸렌 ② 질소와 산소
③ 아세틸렌과 산소 ④ 프로판과 부탄

해설 동일 차량에 적재하여 운반할 수 없는 것
① 염소와 수소 ② 염소와 아세틸렌 ③ 염소와 암모니아

55
고압가스안전성평가기준에서 정한 위험성평가 기법 중 정성적 평가에 해당되는 것은?
① Check List 기법 ② HEA 기법
③ FTA 기법 ④ CCA 기법

해설 정성적 평가
① 사고예방질문법 ② 체크리스트법
③ 예비위험분석법 ④ 안전성 분석법

참고 정량적 분석법
① 결함수 분석법
② 사건수 분석법
③ 원인결과 분석법
④ 작업자 실수 분석법

정답 53. ② 54. ① 55. ①

56
고압가스 특정제조의 시설에서 설비 사이의 거리 기준에 대하여 옳게 설명한 것은?
① 안전구역 안의 고압가스 설비는 그 외면으로부터 다른 안전구역 안에 있는 고압가스 설비의 외면까지 20m 이상의 거리를 유지한다.
② 제조설비의 외면으로부터 그 제조소의 경계까지 20m 이상의 거리를 유지한다.
③ 가연성가스 저장탱크는 그 외면으로부터 처리능력이 20만m³ 이상인 압축기까지 20m 이상을 유지한다.
④ 하나의 안전관리체계로 운영되는 2개 이상의 제조소가 한사업장에 공존하는 경우에는 20m 이상의 안전거리를 유지한다.

해설 ①항 : 30m 이상, ③항 : 30m 이상, ④항 : 30m 이상

57
다음 [보기]에서 설명하는 비파괴 검사 방법은?

[보기]
표면의 미세한 균열, 작은 구멍, 슬러그 등을 검출할 수 있으며, 철 및 비철 재료에 모두 적용되어 전원이 없는 곳에서도 이용할 수 있다.

① 음향검사 ② 침투탐상검사 ③ 자분탐상검사 ④ 초음파검사

해설 • **침투탐상검사** : 표면의 미세한 균열, 작은 구멍, 슬러그 등을 검출할 수 있으며 철 및 비철재 재료에 모두 적용되어 전원이 없는 곳에서도 이용 가능
• **방사선투과검사** : x선이나 r선을 투과하여 결함의 유무를 검출하는 방법으로 가장 널리 사용
• **자분검사** : 피검사물을 자석화시켜 자분의 밀집 여부로서 검사하므로 스테인리스강 등 비자성체에는 적용될 수 없다.

58
고압가스시설의 안전을 확보하기 위한 고압가스설비 설치 기준에 대한 설명으로 틀린 것은?
① 아세틸렌 충전용 교체밸브는 충전하는 장소에서 격리하여 설치한다.
② 공기액화분리기에 설치하는 피트는 양호한 환기구조로 한다.
③ 에어졸 제조시설에는 과압을 방지할 수 있는 수동충전기를 설치한다.
④ 고압가스설비는 상용압력의 1.5배 이상의 압력으로 내압시험을 실시하여 이상이 없어야 한다.

해설 에어졸 제조시설에는 과압을 방지할 수 있는 자동충전기를 설치한다.

정답 56. ② 57. ② 58. ③

59

용기의 종류별 부속품의 기호로서 틀린 것은?

① 아세틸렌 : AG
② 압축가스 : PG
③ 액화가스 : LP
④ 초저온 및 저온 : LT

[해설] 용기의 종류별 부속품 기호
① AG : 아세틸렌가스를 충전하는 용기 부속품
② PG : 압축가스를 충전하는 용기 부속품
③ LT : 초저온 및 저온 용기를 충전하는 용기 부속품
④ LPG : 액화석유가스를 충전하는 용기 부속품
⑤ LG : 액화석유가스 외의 가스를 충전하는 용기 부속품

60

차량에 고정된 탱크로 고압가스를 운반할 때의 기준으로 틀린 것은?

① 차량의 앞뒤 보기 쉬운 곳에 붉은 글씨로 "위험고압가스"라는 경계표지를 한다.
② 액화가스를 충전하는 탱크의 그 내부에 방파판을 설치한다.
③ 산소탱크의 내용적은 1만 8천L를 초과하지 아니하여야 한다.
④ 염소탱크의 내용적은 1만 5천L를 초과하지 아니하여야 한다.

[해설] 염소가스의 내용적은 12000ℓ 초과금지
가연성가스 : 18000ℓ 초과금지(LPG 제외)
독성가스 : 12000ℓ 초과금지(NH₃ 제외)

제4과목 : 가스계측

61

크로마토그램에서 머무름 시간이 45초인 어떤 용질을 길이 2.5m의 칼럼에서 바닥에서의 나비를 측정하였더니 6초이었다. 이론단수는 얼마인가?

① 800   ② 900   ③ 1000   ④ 1200

[해설] 이론단수 $= 16 \times \left(\dfrac{tr}{w}\right)^2 = 16 \times \left(\dfrac{45}{6}\right)^2 = 900$

정답 59. ③ 60. ③ 61. ②

62
관이나 수로의 유량을 측정하는 차압식 유량계는 어떠한 원리를 응용한 것인가?
① 토리첼리(Torricelli's)정리
② 페러데이(Faraday's)법칙
③ 베르누이(Bernoulli's)정리
④ 파스칼(Pascal's)원리

해설 차압식 유량계 : 관내 교축기구를 설치하여 고전 후 압력차를 이용 순간 유량 측정

벤튜리미터	플로우미터(노즐)	오리피스미터
① 구조가 복잡하고 교환이 어렵다. ② 압력손실이 가장 적다. ③ 가격이 비싸다. ④ 정밀도가 좋고 내구성이 좋다. ⑤ 침전물 생성 우려가 없고 대형이다.	① 오리피스에 비해 압력손실이 적다. ② 고압유체나 슬러지유체 측정 ③ 동일 조건하에서 오리피스보다 유량 통과량이 많다.	① 구조가 간단 제작이나 장착이 용이하다. ② 좁은 장소에 설치가 가능하다. ③ 유체의 압력손실이 가장 크다. ④ 침전물 생성 우려 ⑤ 베르누이 정리 이용

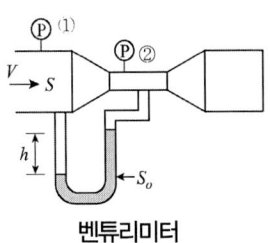
벤튜리미터

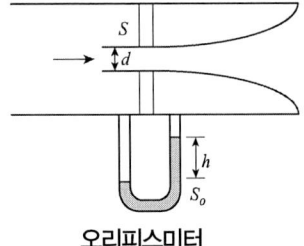
오리피스미터

63
수은을 이용한 U자관식 액면계에서 그림과 같이 높이가 70cm일 때 P_2는 절대압으로 약 얼마인가?

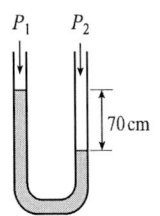

① 1.92 kg/cm²
② 1.92 atm
③ 1.87 bar
④ 20.24 mH₂O

해설
$P_2 = P_1 + r \times h$
$= 1.0332 \, \text{kg/cm}^2 + (0.013595 \, \text{kg/cm}^3 \times 70 \, \text{cm})$
$= 1.985 \, \text{kg/cm}^2$

$\therefore 1 \, \text{atm} = 1.0332 \, \text{kg/cm}^2$
$x = 1.985 \, \text{kg/cm}^2$
$x = \dfrac{1 \, \text{atm} \times 1.985 \, \text{kg/cm}^2}{1.0332 \, \text{kg/cm}^2} = 1.92 \, \text{atm}$

64 온도 25℃, 노점 19℃인 공기의 상대습도를 구하면? (단, 25℃ 및 19℃에서의 포화수증기압은 각각 23.76mmHg 및 16.47mmHg이다.)
① 56%
② 69%
③ 78%
④ 84%

해설 › 상대습도 $= \dfrac{16.47}{23.76} \times 100 = 69.31$

65 다음 중 정도가 가장 높은 가스미터는?
① 습식 가스미터
② 벤투리 미터
③ 오리피스 미터
④ 루트 미터

66 가스센서에 이용되는 물리적 현상으로 가장 옳은 것은?
① 압전효과
② 조셉슨효과
③ 흡착효과
④ 광전효과

해설 › 가스센서에 이용되는 물리적 현상 : 흡착효과

67 가연성가스누출검지기에는 반도체 재료가 널리 사용되고 있다. 이 반도체 재료로 가장 적당한 것은?
① 산화니켈(NiO)
② 산화주석(SnO_2)
③ 이산화망간(MnO_2)
④ 산화알루미늄(Al_2O_3)

해설 › 가연성가스 누출검지기에는 반도체 재료가 널리 사용되고 있다.
이 반도체 재료 : 산화주석(SnO_2)

정답 64. ② 65. ① 66. ③ 67. ②

68 평균유속이 5m/s인 배관 내에 물의 질량유속이 15kg/s이 되기 위해서는 관의 지름을 약 몇 mm로 해야 하는가?

① 42　　　　　　　　② 52
③ 62　　　　　　　　④ 72

해설) $Q = \rho VA = \rho \times V \times \dfrac{\pi D^2}{4}$

$D^2 = \dfrac{4Q}{\rho \times V \times \pi}$

$D = \sqrt{\dfrac{4 \times 15}{1000 \times 5 \times 3.14}} = 0.0618 m \times 1,000 mm/1m = 61.82 mm$

69 어떤 분리관에서 얻은 벤젠의 가스크로마토그램을 분석하였더니 시료 도입점으로부터 피크최고점까지의 길이가 85.4mm, 봉우리의 폭이 9.6mm이었다. 이론단수는?

① 835　　② 935　　③ 1046　　④ 1266

해설) $n = 16 \times \left(\dfrac{t_r}{W}\right)^2 = 16 \times \left(\dfrac{85.4}{9.6}\right)^2 = 1266$ 단

70 계량기 종류별 기호에서 LPG미터의 기호는?

① H　　② P　　③ L　　④ G

해설) 계량기 종류별 기호

기호	종류	기호	종류
A	수동저울	I	수도미터
B	지시저울	J	온수미터
C	전자식저울	K	주유기
D	분동	L	LPG미터
G	전력량계	M	오일미터
H	가스미터	Q	적산열량계

정답 68. ③　69. ④　70. ③

71
벨로우즈식 압력계로 압력 측정 시 벨로우즈 내부에 압력이 가해질 경우 원래 위치로 돌아가지 않는 현상을 의미하는 것은?

① limited 현상　② bellows 현상　③ end all 현상　④ hysteresis 현상

해설　히스테리시스 오차(hysteresis error)
① 동일 측정값에 대해 지시가 큰 쪽과 작은 쪽에서 측정한 경우 측정기에 따라서 지시값이 차이가 발생하는데 이 값을 히스테리시스 오차라 한다.
② 오차 원인 : 온도 부위의 마찰, 탄성변형, 톱니바퀴 사이의 틈
③ 외력을 제거 시 원상태로 돌아가는 현상

72
가스미터 선정 시 고려할 사항으로 틀린 것은?
① 가스의 최대사용유량에 적합한 계량능력인 것을 선택한다.
② 가스의 기밀성이 좋고 내구성이 큰 것을 선택한다.
③ 사용 시 기차가 커서 정확하게 계량할 수 있는 것을 선택한다.
④ 내열성, 내압성이 좋고 유지관리가 용이한 것을 선택한다.

해설　가스미터 선정 시 고려사항
① 사용최대유량에 적합할 것
② 가스의 기밀성이 좋고 내구성이 클 것
③ 사용 중 오차 변화가 없고 정확히 계측할 수 있을 것
④ 부착이 쉽고 유지관리가 용이

73
다음 열전대 온도계 중 가장 고온에서 사용할 수 있는 것은?
① R형　② K형　③ T형　④ J형

해설　열전대의 종류 및 특성

종류	약호	측정온도
백금-백금로듐	R	0~1600°C
크로멜-알루멜	K	0~1200°C
철-콘스탄탄	J	-20~800°C
구리-콘스탄탄	T	-200~350°C

정답　71. ④　72. ③　73. ①

74 대용량 수요처에 적합하며 100~5000m³/h의 용량 범위를 갖는 가스미터는?
① 막식 가스미터
② 습식 가스미터
③ 마노미터
④ 루츠미터

해설 루츠미터(roots meter)
① 대유량 가스측정
② 중압가스계량가능
③ 설치면적이 적다.
④ 소유량에서는 부동의 우려가 있다.
⑤ 스트레이너 설치 후 유지관리 필요
⑥ 용량범위 100~5000m³/h

75 다음 중 막식 가스미터는?
① 그로바식
② 루트식
③ 오리피스식
④ 터빈식

해설 가스미터의 종류

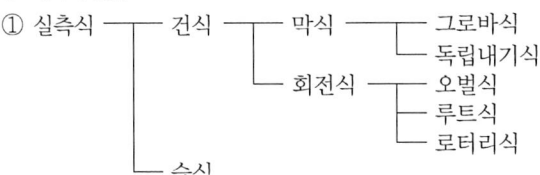

② 추측식(추량식) : 오리피스, 터빈, 벤투리, 선근차식, 피토우관

$$기차(\%) = \frac{시험용\ 가스미터지시량 - 기준미터지시량}{시험용\ 미터지시량} \times 100$$

76 흡수법에 사용되는 각 성분가스와 그 흡수액으로 짝지어진 것 중 틀린 것은?
① 이산화탄소 - 수산화칼륨 수용액
② 산소 - (수산화칼륨+피로갈롤)수용액
③ 일산화탄소 - 염화칼륨 수용액
④ 중탄화수소 - 발연황산

해설 일산화탄소 : 암모니아성 염화제1동용액

정답 74. ④ 75. ① 76. ③

77
열전도형 진공계의 종류가 아닌 것은?
① 전리 진공계
② 피라니 진공계
③ 서리미터 진공계
④ 열전대 진공계

해설) 열전도형 진공계의 종류
① 서미스터 진공계   ② 피라니 진공계   ③ 열전대 진공계

78
다이어프램 압력계의 측정 범위로 가장 옳은 것은?
① 20~5,000mmH$_2$O
② 1000~10,000mmH$_2$O
③ 1~10kg/cm^2
④ 10~100kg/cm^2

해설) 다이어프램 압력계의 측정범위 : 20~5,000 mmH$_2$O

79
비접촉식 온도계의 특징으로 옳지 않은 것은?
① 내열성 문제로 고온측정이 불가능하다.
② 움직이는 물체의 온도측정이 가능하다.
③ 물체의 표면온도만 측정 가능하다.
④ 방사율의 보정이 필요하다.

해설) 비접촉식 온도계의 특징
① 고온측정이 가능하다. (700℃ 이상)
② 움직이는 물체의 온도측정이 가능하다.
③ 방사율의 보정이 필요하다.
④ 물체의 표면온도만 측정 가능하다.

80
비례적분미분 제어동작에서 큰 시정수가 있는 프로세스제어 등에서 나타나는 오버슈트(Over Shoot)를 감소시키는 역할을 하는 동작은?
① 적분 동작   ② 미분 동작   ③ 비례 동작   ④ 뱅뱅 동작

해설) 미분 동작 : 큰 시정수가 있는 프로세스제어 등에서 나타나는 오버슈트를 감소시키는 역할

정답 77. ①   78. ①   79. ①   80. ②

가스산업기사 모의고사

제1과목 : 연소공학

01 연소의 3요소 중 가연물에 대한 설명으로 옳은 것은?
① 0족 원소들은 모두 가연물이다.
② 가연물은 산화반응 시 발열반응을 일으키며 열을 축적하는 물질이다.
③ 질소와 산소가 반응하여 질소산화물을 만들므로 질소는 가연물이다.
④ 가연물은 반응 시 흡열반응을 일으킨다.

해설 → 0족(18족) 원소들은 모두 비가연물이다. (타지도 않고 반응도 안함)
질소는 불연성가스이다.
가연물은 반응시 발열반응을 일으킨다.

02 상온, 상압 하에서 에탄(C_2H_6)이 공기와 혼합되는 경우 폭발범위는 약 몇 %인가?
① 3.0~10.5 ② 3.0~12.5
③ 2.7~10.5 ④ 2.7~12.5

해설 → C_2H_6(에탄) : 3~12.5%

03 1kg의 공기를 20℃, 1kgf/cm²인 상태에서 일정 압력으로 가열팽창시켜 부피를 처음의 5배로 하려고 한다. 이 때 온도는 초기온도와 비교하여 몇 ℃ 차이가 나는가?
① 1172 ② 1292 ③ 1465 ④ 1561

해설 → $\frac{V_1}{T_1} = \frac{V_2}{T_2}$ ∴ $T_2 = \frac{T_1 \times V_2}{V_1} = \frac{(273+20) \times 5}{1} = 1465K - 273 = 1192℃ - 20℃ = 1172℃$

정답 01. ② 02. ② 03. ①

04. 발화지연에 대한 설명으로 가장 옳은 것은?

① 저온, 저압일수록 발화지연은 짧아진다.
② 화염의 색이 적색에서 청색으로 변하는데 걸리는 시간을 말한다.
③ 특정 온도에서 가열하기 시작하여 발화시까지 소요되는 시간을 말한다.
④ 가연성가스와 산소의 혼합비가 완전 산화에 근접할수록 발화지연은 길어진다.

해설 발화지연 : 특정온도에서 가열하기 시작하여 발화시까지 소요되는 시간

05. 이상기체에 대한 설명으로 틀린 것은?

① 실제로는 존재하지 않는다.
② 체적이 커서 무시할 수 없다.
③ 보일의 법칙에 따르는 가스를 말한다.
④ 분자 상호 간에 인력이 작용하지 않는다.

해설 이상기체의 성질
① 아보가드로 법칙을 따른다.
② 보일-샬의 법칙을 만족한다.
③ 내부에너지는 체적에 관계없이 온도에 의해서만 결정된다(즉, 내부에너지는 줄의 법칙이 성립된다)
④ 온도에 관계없이 비열비가 $\left(K = \dfrac{Cp}{Cv}\right)$ 일정하다.
⑤ 기체상호간에 작용하는 인력과 분자의 크기도 무시되며 분자간의 충돌은 완전탄성체로 이루어진다.

06. 다음 반응식을 이용하여 메탄(CH_4)의 생성열을 계산하면?

① $C + O_2 \rightarrow CO_2$ $\triangle H = -97.2$ kcal/mol
② $H_2 + \dfrac{1}{2} O_2 \rightarrow H_2O$ $\triangle H = -57.6$ kcal/mol
③ $CH_4 + 2O_2 \rightarrow CO_2 + 2H_2O$ $\triangle H = -194.4$ kcal/mol

① $\triangle H = -17$ kcal/mol
② $\triangle H = -18$ kcal/mol
③ $\triangle H = -19$ kcal/mol
④ $\triangle H = -20$ kcal/mol

해설
① $CH_4 + 2O_2 \rightarrow CO_2 + 2H_2O + Q$
    $-194 \rightarrow -97.2 - (2 \times 57.6) + Q$
② $-194.4 = -97.2 - (2 \times 57.6) + Q$
    $Q = 18$
③ $\triangle H = -18$ kcal/mol

정답 04. ③ 05. ② 06. ②

07

다음은 폭굉의 정의에 관한 설명이다. (   )에 알맞은 용어는?

> 폭굉이란 가스의 화염(연소)(   )가(이) (   )보다 큰 것으로 파면선단의 압력파에 의해 파괴작용을 일으키는 것을 말한다.

① 전파속도 – 음속
② 폭발파 – 충격파
③ 전파온도 – 충격파
④ 전파속도 – 화염온도

해설
- 폭굉이란 : 가스중의 화염의 전파속도가 음속보다 빠른 경우의 폭발로서 파면선단에 충격파라고 하는 압력파가 생겨 격렬한 파괴작용을 일으키는 현상
① 폭굉유도거리가 짧아지는 현상
  ㉠ 고압일수록
  ㉡ 정상연소속도가 큰 혼합가스일수록
  ㉢ 관속에 방해물이 있거나 관경이 가늘수록
  ㉣ 점화원의 에너지가 클수록
② 폭굉속도 : 1000~3000m/sec

08

B, C급 분말소화기의 용도가 아닌 것은?

① 유류 화재
② 가스 화재
③ 전기 화재
④ 일반 화재

해설 일반화재 : A급화재

09

폭발에 관한 가스의 일반적인 성질에 대한 설명 중 틀린 것은?

① 안전간격이 클수록 위험하다.
② 연소속도가 클수록 위험하다.
③ 폭발범위가 넓은 것이 위험하다.
④ 압력이 높아지면 일반적으로 폭발범위가 넓어진다.

해설 안전간격이 적을수록 위험하다.

정답 07. ①　08. ④　09. ①

10. 일반적인 연소에 대한 설명으로 옳은 것은?

① 온도의 상승에 따라 폭발범위는 넓어진다.
② 압력 상승에 따라 폭발범위는 좁아진다.
③ 가연성가스에서 공기 또는 산소의 농도 증가에 따라 폭발범위는 좁아진다.
④ 공기 중에서 보다 산소 중에서 폭발범위는 좁아진다.

해설 연소
① 온도상승에 따라 폭발범위가 넓어진다.
② 압력상승에 따라 폭발범위가 넓어진다.
③ 공기중에서 보다 산소중에서 폭발범위가 넓어진다.
④ 가연성가스에서 공기 또는 산소의 농도증가에 따라 폭발범위가 넓어진다.

11. 연료와 공기를 별개로 공급하여 연료와 공기의 경계에서 연소시키는 것으로서 화염의 안정범위가 넓고 조작이 쉬우며 역화의 위험성이 적은 연소방식은?

① 예혼합연소
② 분젠연소
③ 전1차식연소
④ 확산연소

12. 연료의 발열량 계산에서 유효수소를 옳게 나타낸 것은?

① $\left(H+\dfrac{O}{8}\right)$
② $\left(H-\dfrac{O}{8}\right)$
③ $\left(H+\dfrac{O}{16}\right)$
④ $\left(H-\dfrac{O}{16}\right)$

해설 이론산소량 = $1.867C + 5.8\left(H-\dfrac{O}{8}\right) + 0.7S$

이론공기량 = $8.89C + 26.67\left(H-\dfrac{O}{8}\right) + 3.31S$

정답 10. ① 11. ④ 12. ②

13 0.5atm, 10L의 기체 A와 1.0atm 5.0L의 기체 B를 전체 부피 15L의 용기에 넣을 경우 전체 압력은 얼마인가? (단, 온도는 일정하다.)

① $\frac{1}{3}$ atm ② $\frac{2}{3}$ atm ③ 1atm ④ 2atm

[해설] $PV = P_1V_1 + P_2V_2$에서

$P = \dfrac{P_1V_1 + P_2V_2}{V} = \dfrac{0.5 \times 10 + 1.0 \times 5}{15} = \dfrac{10}{15} = \dfrac{2}{3}$ atm

14 위험성평가기법중 공정에 존재하는 위험요소들과 공정의 효율을 떨어뜨릴 수 있는 운전상의 문제점을 찾아내어 그 원인을 제거하는 정상적인 안전성평가기법은?

① What-if ② HEA ③ HAZOP ④ FMECA

[해설] HAZOP : 공정에 존재하는 위험요소들과 공정의 효율을 떨어뜨릴 수 있는 운전상의 문제점을 찾아내어 그 원인을 제거하는 정성적인 안정성평가 기법

안정성평가
(1) 적용대상
 ① 석유정제사업자의 고압가스시설로서 저장능력이 100ton이상인 시설
 ② 석유화학공업자의 고압가스시설로서 저장능력이 100ton이상 시설, 1일처리능력 1만 m^3이상
 ③ 비료생산업자의 고압가스시설로서 저장능력 100ton이상 시설 1일처리등의 10만m^3이상
 ④ 철강생산업자의 고압가스시설로서 1일처리능력 10만m^3이상
(2) 평가방법
 ① 정량적 평가 방법
  ㉠ 결함수분석법(Fault Tree Analysis : FTA)
   사고를 일으키는 장치의 이상이나 운전자의 실수의 조합을 연역적으로 분석하는 방법
  ㉡ 사건수분석법(Event Tree Analysis : ETA)
   초기사건으로 알려진 특정한 장치의 이상이나 운전자의 실수로부터 발생되는 잠재적인 경과를 평가하는 방법
  ㉢ 원인결과분석법(cause-consequence Analysis : CCA)
   잠재된 사고의 결과와 이러한 사고의 근본적인 원인을 찾아내고 사고의 결과와 원인의 상호관계를 예측평가하는 방법
  ㉣ 작업자실수분석법(Human Error Analysis : HEA)
   정비보수원·기술자·설비의 운전원 등의 작업에 영향을 미칠만한 요소를 평가하여 그 실수의 원인을 파악 추적하여 정량적으로 실수의 상대적 순위를 결정하는 기법
 ② 정성적인 기법
  ㉠ 위험과 운전분석기법(Hazard and Operability studies ; HAZOP)

정답 13. ② 14. ③

공정에 존재하는 위험요소들과 공정의 효율을 떨어뜨릴 수 있는 운전상의 문제점을 찾아내어 그 원인을 제거하는 방법
ⓛ 체크리스트법(checklist) : 공정 및 설비의 오류
결함상태, 위험상황등을 목록화한 형태로 작성하여 경험적으로 비교함으로서 위험성을 정성적으로 파악
ⓒ 이상위험도분석법(Failure Modes Effects and Criticality Analysis ; FMECA)
공정 및 설비의 고장의 형태 및 영향, 고장형태별 위험도순위 등을 결정하는 기법

15. 과열증기온도와 포화증기온도의 차를 무엇이라고 하는가?
① 포화도 ② 비습도 ③ 과열도 ④ 건조도

해설 증기(vapour)
① 과열증기 : 압력이 일정할 때 물이 증발하기 시작할 때의 온도를 말한다.
② 포화증기 : 액체와 공존하고 평행상태에 놓인 증기를 말한다.
③ 과열도 : 과열증기온도-포화증기온도

16. 다음 중 자기연소를 하는 물질로만 나열된 것은?
① 경유, 프로판 ② 질화면, 셀룰로이드
③ 황산, 나프탈렌 ④ 석탄, 플라스틱(FRP)

해설 연소형태
① 표면연소 : 코크스, 목탄, 숯
② 분해연소 : 석탄, 목재, 종이, 플라스틱
③ 증발연소
  - 액체 : 알콜, 에테르 등
  - 고체 : 나프탈렌, 파라핀(양초)
④ 자기연소 : TNT, 피크린산, 질화면, 셀룰로이드 등
⑤ 확산연소 : 기체연료의 연소(수소, 메탄, 아세틸렌)

17. 다음 중 중합폭발을 일으키는 물질은?
① 히드라진 ② 과산화물
③ 부타디엔 ④ 아세틸렌

해설 중합폭발
① HCN(시안화수소) ② C_2H_4O(산화에틸렌) ③ C_4H_6(부타디엔)

정답 15. ③ 16. ② 17. ③

18 일산화탄소와 수소의 부피비가 3 : 7인 혼합가스의 온도 100°C, 50atm에서의 밀도는 약 몇 g/L인가? (단, 이상기체로 가정한다.)

① 16 ② 18 ③ 21 ④ 23

해설⊃ 밀도 $= \dfrac{PM}{RT} = \dfrac{50 \times (28 \times 0.3 + 2 \times 0.7)}{0.082 \times (273 + 100)} = 16.02 \text{g}/l$

19 다음 중 착화온도가 가장 높은 것은?

① 메탄 ② 가솔린
③ 프로판 ④ 아세틸렌

해설⊃ 착화온도
① 메탄 : 615~682°C ② 가솔린 : 300~330°C
③ 프로판 : 460~520°C ④ 아세틸렌 : 400~440°C
⑤ 부탄 : 430~510°C ⑥ 수소 : 580~590°C

20 기체 연료 중 천연가스에 대한 설명으로 옳은 것은?

① 주성분은 메탄가스로 탄화수소의 혼합가스이다.
② 상온, 상압에서 LPG보다 액화하기 쉽다.
③ 발열량이 수성가스에 비하여 작다.
④ 누출 시 폭발위험성이 적다.

해설⊃ 천연가스 : 주성분은 메탄가스로 탄화수소의 혼합가스이다.

제2과목 : 가스설비

21 용기 충전구에 "V"홈의 의미는?

① 왼나사를 나타낸다. ② 위험한 가스를 나타낸다.
③ 가연성가스를 나타낸다. ④ 독성가스를 나타낸다.

해설⊃ 용기 충전구의 "V" 홈의 의미 : 왼나사를 나타낸다.

정답 18. ① 19. ① 20. ① 21. ①

22 냉동장치에서 냉매의 일반적인 구비조건으로 옳지 않은 것은?

① 증발열이 커야 한다.
② 증기의 비체적이 작아야 한다.
③ 임계온도가 낮고, 응고점이 높아야 한다.
④ 증기의 비열은 크고, 액체의 비열은 작아야한다.

해설 ▶ 냉매의 구비조건
① 임계온도가 높고, 응고점이 낮아야 한다. ② 증기의 비체적이 작아야 한다.
③ 증발잠열이 커야한다. ④ 증기비열은 크고 액체비열은 작아야 한다.
⑤ 독성 및 가연성이 아닐 것 ⑥ 악취가 나지 않을 것
⑦ 부식성이 없을 것 ⑧ 점도가 적고 표면장력이 작을 것
⑨ 누설 발견이 용이할 것
⑩ 수분이 냉매 중에 혼입되어도 냉매의 작용에 지장이 없을 것
⑪ 전기적 절연내력이 크고 절연물을 침식하지 않을 것
⑫ 패킹재료에 대해 냉매가 영향을 미치지 않을 것

23 배관의 자유팽창을 미리 계산하여 관의 길이를 약간 짧게 절단하여 강제배관을 함으로써 열팽창을 흡수하는 방법은?

① 콜드 스프링 ② 신축이음
③ U형 밴드 ④ 파열이음

해설 ▶ 콜드스프링 : 배관의 자유팽창량을 미리 계산하여 관의 길이를 약간짧게 절단하여 강제배관을 함으로써 열팽창을 흡수하는 방법

24 아세틸렌 용기의 다공물질의 용적이 30L, 침윤 잔용적이 6L일 때 다공도는 몇 %이며, 관련법상 합격여부의 판단으로 옳은 것은?

① 20%로서 합격이다. ② 20%로서 불합격이다.
③ 80%로서 합격이다. ④ 80%로서 불합격이다.

해설 ▶ 다공도 $= \dfrac{V-E}{V} \times 100$
$= \dfrac{30-6}{30} \times 100 = 80\%$ (합격)

정답 22. ③ 23. ① 24. ③

25 오토클레이브(Auto clave)의 종류 중 교반효율이 떨어지기 때문에 용기벽에 장애판을 설치하거나 용기 내에 다수의 볼을 넣어 내용물의 혼합을 촉진시켜 교반효과를 올리는 형식은?

① 교반형   ② 정치형
③ 진탕형   ④ 회전형

해설 오토클레이브 : 고온·고압하에서 화학적인 합성 반응을 위한 고압반응가마
① 교반형
   교반기(agitator)에 의해 내용물의 혼합을 균일하게 하는 것으로 종형과 횡형 두 가지가 있다.
   ㉮ 장점
      ㉠ 기액반응으로 기체를 계속 유통시키는 실험법을 취급할 수 있다.
      ㉡ 교반효과는 특히 횡형 교반의 경우가 뛰어나며 진탕식에 비해 효과가 크다.
      ㉢ 종형 교반에서는 오토 클레이브 내부에 글라스 용기를 넣어 반응시킬 수 가 있으므로 특수한 라이닝을 하지 않아도 된다.
   ㉯ 단점
      ㉠ 교반축의 스타핑박스에서 가스누설의 가능성이 많다.
      ㉡ 회전속도를 증가하거나 압력을 높이면 누설되기 쉬우므로 압력과 회전속도에 제한이 있다.
      ㉢ 교반축의 패킹에 사용한 이물질이 내부에 들어갈 가능성이 있다.
② 진탕형
   횡형 오토 클레이브 전체가 수평, 전후 운동을 하므로서 내용물을 교반시키는 형식으로 가장 일반적이다.
   ㉮ 가스누설의 가능성이 없다.
   ㉯ 고압력에 사용할 수 있고 반응물의 오손이 없다.
   ㉰ 장치 전체가 진동하므로 압력계는 본체로부터 떨어져 설치하여야 한다.
   ㉱ 뚜껑판에 뚫어진 구멍(가스출입 구멍, 압력계, 안전밸브 등의 연결구)에 촉매가 끼어 들어갈 염려가 있다.
③ 회전형
   오토클레이브 자체가 회전하는 형식으로 고체를 액체로 처리할 때나 액체에 기체를 작용시키는 경우에 사용하는 것으로 타기에 비하여 교반효과가 좋지 않다.
④ 가스 교반형
   가늘고 긴 수직형 반응기로 유체가 순환됨으로서 교반이 행해지는 방식.

정답 25. ④

26 원심펌프의 회전수가 1200rpm일 때 양정 15m, 송출유량 2.4m³/min, 축동력 10PS이다. 이 펌프를 2000rpm으로 운전할 때의 양정(H)은 약 몇 m가 되겠는가?(단, 펌프의 효율은 변하지 않는다.)

① 41.67　　② 33.75
③ 27.78　　④ 22.72

해설› 양정 $= H \times \left(\dfrac{N_2}{N_1}\right)^2 = 15 \times \left(\dfrac{2000}{1200}\right)^2 = 41.666\,m$

27 공기 액화 분리장치의 폭발 원인이 될 수 없는 것은?
① 공기 취입구에서 아르곤 혼입
② 공기 취입구에서 아세틸렌 혼입
③ 공기 중 질소 화합물(NO, NO₂) 혼입
④ 압축기용 윤활유의 분해에 의한 탄화수소의 생성

해설› 공기액화 분리장치의 폭발원인
　① 액체공기중의 오존의 혼입
　② 공기중의 질소화합물(NO, NO₂) 혼입
　③ 압축기용 윤활유 분해에 따른 탄화수소의 생성
　④ 공기 취입구에서 아세틸렌 혼입

28 가스 용기재료의 구비조건으로 가장 거리가 먼 것은?
① 내식성을 가질 것　　② 무게가 무거울 것
③ 충분한 강도를 가질 것　　④ 가공 중 결함이 생기지 않을 것

해설› 가스용기재료의 구비조건
　① 경량일것
　② 내식성 내마모성을 가질 것
　③ 가공 중 결함이 생기지 않을 것
　④ 충분한 강도를 가질 것
　⑤ 저온이나 충격하중 등에 견딜 것

정답　26. ①　27. ①　28. ②

29 도시가스 정압기 출구 측의 압력이 설정압력보다 비정상적으로 상승하거나 낮아지는 경우에 이상 유무를 상황실에서 알 수 있도록 알려 주는 설비는?

① 압력기록장치
② 이상압력통보설비
③ 가스 누출경보장치
④ 출입문 개폐통보장치

30 두께 3mm, 내경 20mm, 강관에 내압이 2kgf/cm²일 때, 원주방향으로 강관에 작용하는 응력은 약 몇 kgf/cm² 인가?

① 3.33
② 6.67
③ 9.33
④ 12.67

[해설] $\sigma_1 = \dfrac{PD}{2t} = \dfrac{2kgf/cm^2 \times 2cm}{2 \times 0.3cm} = 6.67 kgf/cm^2$

31 펌프에서 일반적으로 발생하는 현상이 아닌 것은?

① 서징(Surging)현상
② 시일링(Sealing)현상
③ 캐비테이션(공동)현상
④ 수격(Water hammering)작용

[해설] 펌프에서 발생되는 여러 가지 현상
① 캐비테이션(cavitation) : 유수 중에 어느 부분의 정압이 그때 물의 온도에 해당하는 증기압 이하로 되어 물이 증발을 일으키고 수중에 용입되어 있던 공기가 낮은 압력으로 인하여 기포가 발생하는 현상으로 공동현상이라고도 한다.
  ㉠ 영향
    ⓐ 소음과 진동발생
    ⓑ 깃에 대한 침식
    ⓒ 양정곡선과 효율곡선의 저하
  ㉡ 발생조건
    ⓐ 흡입 양정이 지나치게 길 때
    ⓑ 과속으로 유량이 증대될 때
    ⓒ 흡입관 입구 등에서 마찰저항 증가 시
  ㉢ 방지대책
    ⓐ 양흡입 펌프를 사용한다.
    ⓑ 수직축 펌프를 사용하고 회전차를 수중에 잠기게 한다.
    ⓒ 펌프를 두 대 이상 설치한다.
    ⓓ 펌프의 회전수를 낮춘다.
    ⓔ 펌프의 설치위치를 낮추어 흡입양정을 짧게 한다.
    ⓕ 관지름을 크게 하고 흡입측의 저항을 최소로 줄인다.

정답 29. ② 30. ② 31. ②

② 수격작용(water hammering) : 펌프에서 물을 압송하고 있을 때 정전 등으로 급히 펌프가 멈추거나 수량 조절 밸브를 급히 폐쇄할 때 관내 유속이 급속히 변화하면 물에 의한 심한 압력의 변화가 생겨 관벽을 치는 현상을 수격작용이라고 한다.
  ※ 수격작용 방지책
    - 완폐 체크 밸브를 토출구에 설치하고 밸브를 적당히 제어한다.
    - 관경을 크게 하고 관내 유속을 느리게 한다.
    - 관로에 조압수조(surge tank)를 설치한다.
    - 플라이휠을 설치하여 펌프속도의 급변을 막는다.
③ 서징(surging) : 펌프를 운반할 때 송출압력과 송출유량이 주기적으로 변동하여 펌프입구 및 출구에 설치된 진공계, 압력계의 지침이 흔들리는 현상을 말하며 맥동현상이라고 한다.
  ㉠ 서징현상 발생원인
    ⓐ 펌프를 운전시 주기적으로 운동, 양정, 토출량이 변화될 때
    ⓑ 수량조절 밸브가 저장탱크 뒤쪽에 있을 때
    ⓒ 배관 중에 공기탱크나 물탱크가 있을 때
  ㉡ 서징현상 방지책
    ⓐ 방출 밸브 등을 사용하여 펌프속 양수량을 서징할 때의 양수량 이상으로 증가시킨다.
    ⓑ 임펠러나 가이드 베인의 현상과 치수를 바꾸어 그 특징을 변화시킨다.
    ⓒ 관로에 불필요한 잔류공기를 제거하고 관로의 단면적 및 유속 등을 변화시킨다.

32 도시가스 배관에 사용되는 밸브 중 전개 시 유동 저항이 적고 서서히 개폐가 가능하므로 충격을 일으키는 것이 적으나, 유체 중 불순물이 있는 경우 밸브에 고이기 쉬우므로 차단능력이 저하될 수 있는 밸브는?
① 볼 밸브
② 플러그 밸브
③ 게이트 밸브
④ 버터플라이 밸브

해설 ➡ 밸브
① 플러그 밸브
  ㉠ 중·고압용
  ㉡ 개폐 신속
② 글로브 밸브
  ㉠ 중·저압관용
  ㉡ 압력손실이 크다.
  ㉢ 관기구 및 장치설비용으로 사용
  ㉣ 기밀성 유지 양호
  ㉤ 유량조절 양호
③ 볼밸브
  ㉠ 배관의 안지름과 동일하여 관내흐름이 양호
  ㉡ 압력손실이 적음
  ㉢ 볼과 밸브 몸통 접촉면의 기밀성 유지 곤란

정답 32. ③

33 단면적이 300mm²인 봉을 매달고 600kg의 추를 그 자유단에 달았더니 재료의 허용인장응력에 도달하였다. 이봉의 인장강도가 400kg/cm²이라면 안전율은 얼마인가?
① 1
② 2
③ 3
④ 4

해설 안전율
① 허용응력 = $\dfrac{(허용)하중}{단면적}$ = $\dfrac{600\,\text{kgf}}{(300\times10^{-2})\,\text{cm}^2}$ = 200 kgf/cm²
② 안전율 = $\dfrac{인장강도}{허용응력}$ = $\dfrac{400\,\text{kgf/cm}^2}{200\,\text{kgf/cm}^2}$ = 2

34 원심펌프의 유량 1m³/min, 전양정 50m, 효율이 80%일 때, 회전수율 10% 증가시키려면 동력은 몇 배가 필요한가?
① 1.22
② 1.33
③ 1.51
④ 1.73

해설 펌프의 동력
① $\dfrac{L_2}{L_1} = \left(\dfrac{N_2}{N_1}\right)^3$
② $kW_2 = kW_1 \times \left(\dfrac{N_2}{N_1}\right)^3 = kW_1 \times (1.1)^3 = 1.331$
③ 원심펌프 축동력 계산 : $P = \dfrac{0.163QH}{\eta}$

35 대기 중에 10m 배관을 연결할 때 중간에 상온스프링을 이용하여 연결하려 한다면 중간 연결부에서 얼마의 간격으로 하여야 하는가? (단, 대기 중의 온도는 최저 -20°C, 최고온도 30°C이고, 배관의 열팽창계수는 7.2×10⁻⁵/°C이다.)
① 18mm
② 24mm
③ 36mm
④ 48mm

해설 상온 스프링 : 배관절단길이는 자유팽창량의 $\dfrac{1}{2}$로 한다.
$\Delta\ell = \alpha \cdot \ell \cdot \Delta t \times \dfrac{1}{2}$
$= 7.2\times10^{-5}\times10\times1000\times(30-(-20))\times\dfrac{1}{2}$ = 36 mm × $\dfrac{1}{2}$ = 18 mm

정답 33. ② 34. ② 35. ①

36
펌프용 윤활유의 구비 조건으로 틀린 것은?
① 인화점이 낮을 것
② 분해 및 탄화가 안될 것
③ 온도에 따른 점성의 변화가 없을 것
④ 사용하는 유체와 화학반응을 일으키지 않을 것

해설 ⇒ 윤활유의 구비조건
① 사용가스와 화학적으로 안정할 것 ② 인화점이 높을 것
③ 점도가 적당할 것 ④ 수분 및 산류등 불순물이 적을 것
⑤ 정제도가 높아 잔류탄소의 양이 적을 것 ⑥ 안정성이 있을 것

37
펌프에서 일어나는 현상으로 유수 중에 그 수온의 증기압 보다 낮은 부분이 생기면 물이 증발을 일으키고 기포를 발생하는 현상을 무엇이라고 하는가?
① 베이퍼록 현상
② 수격현상
③ 서징 현상
④ 공동 현상

해설 ⇒ 펌프의 현상
· 공동현상 : 유수 중에 그 수온의 증기압보다 낮은 부분이 생기면 물이 증발을 일으키고 기포를 발생하는 현상
① 영향
  ㉠ 소음과 진동 발생
  ㉡ 깃의 침식
  ㉢ 양정곡선과 효율곡선저하
② 발생조건
  ㉠ 흡입양정이 지나치게 길 때
  ㉡ 관로내의 온도 상승 시
  ㉢ 흡입관 입구 등에서 마찰저항 증가 시
  ㉣ 과속으로 유량 증가 시
③ 방지법
  ㉠ 흡입관 손실 수두를 줄인다.
  ㉡ 관경을 크게 한다.
  ㉢ 임펠러를 액중에 완전히 잠기게 한다.
  ㉣ 펌프의 설치 위치를 낮춘다.
  ㉤ 양흡입 펌프를 사용한다.
  ㉥ 펌프를 2대 이상 설치한다.

정답 36. ① 37. ④

38 내경 100mm, 길이 400m인 주철관이 유속 2m/s로 물이 흐를 때의 마찰손실수두는 약 몇 m인가? (단, 마찰계수[λ]는 0.04이다)
① 32.7
② 34.5
③ 40.2
④ 45.3

해설: $HL = \dfrac{\lambda \ell V^2}{2gd} = \dfrac{0.04 \times 400 \times 2^2}{2 \times 9.8 \times 0.1} = 32.65 \text{ m}$

39 직경 50mm의 강재로 된 둥근 막대가 8,000kgf의 인장 하중을 받을 때의 응력은?
① 2kgf/mm^2
② 4kgf/mm^2
③ 6kgf/mm^2
④ 8kgf/mm^2

해설: $P = \dfrac{W}{A} + \dfrac{8000}{0.785 \times 50^2} = 4.07 \text{ kgf/mm}^2$

40 토양 중의 배관의 방식전위는 포화황산동 기준전극으로 기준하여 얼마 이하이어야 하는가? (단, 황산염환원박테리아가 번식하지 않는 토양이다)
① -0.85V
② -0.95V
③ -1.05V
④ -1.15V

해설: 토양 중의 배관의 방식 범위는 포화황산동 기준전극으로 기준하여 -0.85 V 이하

정답 38. ① 39. ② 40. ①

제3과목 : 가스안전관리

41 아세틸렌용 용접용기 제조 시 내압시험압력이란 최고압력 수치의 몇 배의 압력을 말하는가?
① 1.2
② 1.5
③ 2
④ 3

해설 • 내압시험압력
① $C_2H_2 = FP \times 3$배
② 기타 $= FP \times \dfrac{5}{3}$배
• 기밀시험압력
① $C_2H_2 = FP \times 1.8$배
② 초저온 및 저온$= FP \times 1.1$
③ 기타 $=$ FP이상

42 고압가스 특정제조시설의 특수반응 설비로 볼 수 없는 것은?
① 암모니아 2차 개질로
② 고밀도 폴리에틸렌 분해 중합기
③ 에틸렌제조시설의 아세틸렌수첨탑
④ 싸이크로헥산제조시설의 벤젠수첨반응기

해설 특수반응설비
① 에틸렌제조시설의 아세틸렌 수첨탑
② 암모니아 2차 개질로
③ 싸이크로헥산제조시설의 벤젠수첨반응기

43 다음 중 불연성가스가 아닌 것은?
① 아르곤
② 탄산가스
③ 질소
④ 일산화탄소

해설 불연성가스 : N_2, CO_2
불활성가스(타지도 않고 반응도하지 않는 가스)
① 헬륨 ② 네온 ③ 아르곤
④ 크립톤 ⑤ 크세논 ⑥ 라돈

정답 41. ① 42. ② 43. ③

44
암모니아 저장탱크에는 가스 용량이 저장탱크 내용적의 몇 %를 초과하는 것을 방지하기 위하여 과충전 방지조치를 하여야 하는가?
① 65% ② 80%
③ 90% ④ 95%

해설▷ 저장탱크 내용적이 90%초과시 과충전방지장치설치

45
냉매설비에는 안전을 확보하기 위하여 액면계를 설치하여야 한다. 가연성 또는 독성가스를 냉매로 사용하는 수액기에 사용할 수 없는 액면계는?
① 환형유리관액면계 ② 정전용량식액면계
③ 편위식액면계   ④ 회전튜브식액면계

해설▷ 가연성 또는 독성가스를 냉매로 사용하는 수액기에 사용할 수 없는 액면계
환형유리관 액면계

46
초저온 용기의 재료로 적합한 것은?
① 오스테나이트계 스테인리스강 또는 알루미늄 합금
② 고탄소강 또는 Cr강
③ 마텐자이트계 스테인리스강 또는 고탄소강
④ 알루미늄합금 또는 Ni-Cr강

해설▷ 초저온용기의 재료
① 9% 니켈강
② 18-8 스텐레스강
③ 동 및 동합금강
④ 알루미늄 합금강

정답 44. ③   45. ①   46. ①

47
도시가스사업이 허가된 지역에서 도로를 굴착하고자 하는 자는 가스안전영향평가를 하여야 한다. 이 때 가스안전영향평가를 하여야 하는 굴착공사가 아닌 것은?

① 지하보도 공사 ② 지하차도 공사
③ 광역상수도 공사 ④ 도시철도 공사

해설) 가스안전영향평가 하는 굴착공사
① 건설공사 ② 지하보도
③ 지하차도 ④ 지하상가
⑤ 도시철도공사

48
가스공급자가 수요자에게 액화석유가스를 공급할 때에는 체적판매방법으로 공급하여야 한다. 다음 중 중량판매방법으로 공급할 수 있는 경우는?

① 1개월 이내의 기간 동안만 액화석유가스를 사용하는 자
② 3개월 이내의 기간 동안만 액화석유가스를 사용하는 자
③ 6개월 이내의 기간 동안만 액화석유가스를 사용하는 자
④ 12개월 이내의 기간 동안만 액화석유가스를 사용하는 자

해설) LPG 중량판매방법으로 공급할 수 있는 경우 : 6개월 이내의 기간 동안만 액화석유가스를 사용한자

49
용접결함에 해당되지 않는 것은?

① 언더컷(undercut) ② 피트(pit)
③ 오버랩(overlap) ④ 비드(bead)

해설) 용접결함
① 오버 랩 ② 용입 불량 ③ 내부기공
④ 슬래그혼입 ⑤ 언더컷 ⑥ 선상조직
⑦ 은점 ⑧ 균열 ⑨ 기공(피트)

50
국내에서 발생한 대형 도시가스 사고 중 대구 도시가스 폭발사고의 주원인은 무엇인가?

① 내부부식 ② 배관의 응력부족
③ 부적절한 매설 ④ 공사 중 도시가스 배관 손상

해설) 공사중 부주의로 도시가스 배관 손상에 의한 가스폭발사고가 발생하였다.

정답 47. ③ 48. ③ 49. ④ 50. ④

51 저장탱크의 설치방법 중 위해방지를 위하여 저장 탱크를 지하에 매설할 경우 저장탱크의 주위에 무엇으로 채워야 하는가?

① 흙
② 콘크리트
③ 마른모래
④ 자갈

해설 ⊃ 지하 매설 배관 기준
① 저장탱크의 주위에 마른 모래를 채울 것
② 저장탱크의 정상부와 지면과의 거리는 60cm 이상으로 할 것
③ 저장탱크를 2개 이상 인접하여 설치하는 경우에는 상호간에 1m 이상의 거리를 유지할 것
④ 저장탱크를 묻은 곳의 주위에는 지상에 경계를 표시할 것

52 고압가스 특정제조시설에 설치되는 가스누출 검지경보장치의 설치기준에 대한 설명으로 옳은 것은?

① 경보농도는 가연성가스의 경우 폭발한계의 1/2 이하로 하여야 한다.
② 검지에서 발신까지 걸리는 시간은 경보농도의 1.2배 농도에서 보통 20초 이내로 한다.
③ 경보기의 정밀도는 경보농도 설정치에 대하여 가연성가스용은 ±25% 이하이어야 한다.
④ 검지경보장치의 경보정밀도는 전원의 전압 등 변동이 ±20% 정도일 때에도 저하되지 아니하여야 한다.

해설 ⊃ 경보 설정점
① 가연성 가스 누출감지경보기는 감지대상가스의 폭발하한계 25% 이하, 독성가스 누출감지경보기는 당해 독성 물질의 허용농도 이하에서 경보가 발하여지도록 설정되어야 한다. 다만, 독성가스 누출감지경보기로서 당해 독성물질의 허용농도 이하에서 감지부가 감지할 수 없는 경우에는 그러하지 아니하다.
② 가스누출감지경보기의 감지부 정밀도는 경보 설정점에 대하여 가연성 가스 누출감지경보기는 ±25% 이하, 독성가스 누출감지경보기는 ±30% 이하이어야 한다.
③ 가연성 가스 누출감지경보기는 경보 설정점에서 경보가 발하여져야 하고, 정상 및 오동작 상태가 식별될 수 있도록 표시되어야 한다. 2개 이상의 경보 설정형인 경우 1차 경보는 폭발하한계의 20% 이하에서, 2차 경보는 폭발하한계의 25% 이하에서 경보를 설정하여야 하며, 필요 시 차단밸브 등 다른 안전장치가 작동될 수 있도록 하여야 한다.

정답 51. ③ 52. ③

53

LP가스 용기저장소를 그림과 같이 설치할 때 자연환기시설의 위치로서 가장 적당한 곳은?

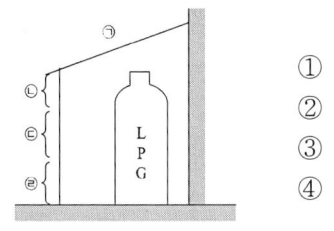

① ㉠
② ㉡
③ ㉢
④ ㉣

[해설] 자연환기시설
자연환기시설이므로 LPG는 공기보다 무거우므로 하면에 체류된 가스를 환기시켜야 한다.

54

최고사용압력이 고압이고 내용적이 $5m^3$인 일반 도시가스 배관의 자기압력기록계를 이용한 기밀시험 시 기밀유지시간은?

① 24분 이상
② 240분 이상
③ 48분 이상
④ 480분 이상

[해설] 배관용적에 따른 기밀시험압력유지시간

배관내용적	유지시간
10L이하	5분
10L초과 50L미만	10분
50L초과 $1m^3$미만	24분
$1m^3$이상 $10m^3$미만	480분
$10m^3$이상	24시간

55

가스 배관은 움직이지 아니하도록 고정 부착하는 조치를 하여야 한다. 관경이 13mm 이상 33mm 미만의 것에는 얼마의 길이마다 고정 장치를 하여야 하는가?

① 1m 마다
② 2m 마다
③ 3m 마다
④ 4m 마다

[해설] 가스 배관의 고정
① 관경이 13 mm 미만의 것은 1 m마다
② 13 mm 이상 33 mm 미만의 것은 2 m마다
③ 33 mm 이상의 것은 3 m마다 고정장치를 설치할 것

정답 53. ④ 54. ④ 55. ②

56 액화가스의 고압가스설비등에 부착되어 있는 스프링식 안전밸브는 상용의 온도에서 그 고압가스설비등 내의 액화가스의 상용의 체적이 그 고압가스설비등 내의 내용적인 몇 %까지 팽창하게 되는 온도에 대응하는 그 고압가스설비등 내의 압력에서 작동하는 것으로 하여야 하는가?

① 90% ② 92%
③ 95% ④ 98%

57 다음 중 고압가스 충전용기 운반 시 운반책임자의 동승이 필요한 경우는? (단, 독성가스는 허용농도가 100만분의 200을 초과한 경우이다.)

① 독성압축가스 100m³ 이상 ② 독성액화가스 500kg 이상
③ 가연성압축가스 100m³ 이상 ④ 가연성액화가스 1000kg 이상

해설 ▶ 운반책임자 동승 기준

가스의 종류		기준
액화가스	가연성 가스	3천 kg 이상
	독성 가스	1천 kg 이상
	조연성 가스	6천 kg 이상
압축가스	가연성 가스	300 m³ 이상
	독성 가스	100 m³ 이상
	조연성 가스	600 m³ 이상

② 독성 액화가스 : 1000 kg 이상
③ 가연성 압축가스 : 300 m³ 이상
④ 가연성 액화가스 : 3000 kg 이상

58 다음 중 분해폭발(分解爆發)을 일으키는 가스가 아닌 것은?

① 아세틸렌 ② 에틸렌
③ 산화에틸렌 ④ 메탄가스

해설 ▶ 분해폭발을 일으키는 가스
① 아세틸렌 ② 산화에틸렌 ③ 에틸렌

정답 56. ④ 57. ① 58. ④

59. 아세틸렌의 성질에 대한 설명으로 옳은 것은?

① 고체 아세틸렌보다 액체 아세틸렌이 안정하다.
② 흡열 화합물이므로 압축하면 분해폭발을 일으킨다.
③ 융점(-81°C)과 비점(-84°C)이 비슷하여 승화하지 않고 융해한다.
④ 15°C 상태에서 물에는 융해되지 않고, 아세톤 1L에 약 25배가 융해된다.

[해설] 아세틸렌의 성질
① 흡열화합물이므로 압축하면 분해폭발을 일으킨다.
② 액체 아세틸렌보다 고체 아세틸렌이 안정하다.
③ 융점 -81°C, 비점 -84°C이 비슷하고 고체 아세틸렌은 융해하지 않고 승화한다.
④ 무색의 기체로 약간 에테르 향기가 있고 불순물로 인하여 특이한 냄새가 난다.
⑤ 물에는 1배(동배), 벤젠에는 4배, 알코올에는 6배, 석유에는 2배, 아세톤에는 25배 용해
⑥ 구리, 은, 수은 등의 금속과 화합시 폭발성 물질인 아세틸라이드를 생성

60. 차량에 고정된 탱크의 충전시설에서 가연성 가스 충전시설의 고압가스설비는 그 외면으로부터 다른 가연성 가스 충전시설의 고압가스설비와 안전거리 이상을 유지하도록 하고 있다. 그 거리는 몇 m 이상이어야 하는가?

① 2m
② 3m
③ 5m
④ 7m

[해설] 유지거리
① 가고 : 5 m(가연성 가스 충전시설과 다른 고압가스설비와의 거리)
② 가화 : 8 m(가연성 가스와 화기취급장소와의 거리)
③ 산고 : 10 m(산소제조시설과 고압가스설비와의 거리)

제4과목 : 가스계측

61. 산소(O_2) 중에 포함되어있는 질소(N_2) 성분을 가스크로마토그래피로 정량하는 방법으로 옳지 않은 것은?

① 열전도도검출기(TCD)를 사용한다.
② 캐리어가스로는 헬륨을 쓰는 것이 바람직하다.
③ 산소(O_2)의 피크가 질소(N_2)의 피크보다 먼저 나오도록 컬럼을 선택한다.
④ 산소제거트랩(Oxygen trap)을 사용하는 것이 좋다.

[해설] 산소의 피크가 질소의 피크보다 나중에 나오도록 컬럼을 선택한다.

정답 59. ② 60. ③ 61. ①

62
가스크로마토그래피 분석계에서 가장 널리 사용되는 고체 지지체 물질은?
① 규조토
② 활성탄
③ 활성알루미나
④ 실리카겔

63
물체에서 방사된 빛의 강도와 비교된 필라멘트의 밝기가 일치되는 점을 비교 측정하여 약 3000℃ 정도의 고온도까지 측정이 가능한 온도계는?
① 광고온도계
② 수은온도계
③ 베크만온도계
④ 백금저항온도계

해설➡ 비접촉식 온도계 : 모든 물체에서 나오는 복사에너지를 포착하여 측정가능한 전기량으로 변화시켜 온도측정
① 광고온도계 : 700~3000℃
② 방사온도계 : 50~3000℃
③ 광전관식온도계 : 700~3000℃
④ 색온도계
· 복사에너지는 절대온도의 4승에 비례한다는 스테판볼쯔만의 법칙

64
연속동작 중 비례동작(P동작)의 특징에 대한 설명으로 옳은 것은?
① 잔류편차가 생긴다.
② 싸이클링을 제거할 수 없다.
③ 외란이 큰 제어계에 적당하다.
④ 부하변화가 적은 프로세스에는 부적당하다.

해설➡ 제어방식
① 연속동작
　㉠ P동작(비례동작)
　　ⓐ 잔류편차 허용될 때 사용
　　ⓑ 조작량은 제어 편차의 변화속도에 비례한 동작
　　ⓒ 부하변화가 적은 프로세스에 사용
　　ⓓ 부하가 변화하는 등의 외란이 있으면(off-set : 잔류편차)생김
　㉡ I동작(적분동작)
　　ⓐ 잔류편차 허용되지 않을 때 사용
　　ⓑ 제어의 안정성이 떨어지고 일반적으로 진동함
　㉢ D동작(미분동작)
　　ⓐ 편차가 변화하는 속도에 비례해서 조작량 기감
　　ⓑ 일반적으로 진동이 제어되고 빨리 안정
② 불연속 동작(On-Off 동작이라고도 함)

정답 62. ①　63. ①　64. ①

㉠ 이위치동작 : 조작량이 정해진 두 값 중 하나를 취하여 밸브가 열리고 닫히는 이위치 제어
㉡ 다위치동작 : 동작신호의 크기에 따라 조작량이 셋 이상의 정해진 값 중 하나를 취하는 것
㉢ 불연속 속도 조작

65 습식 가스미터의 계량 원리를 가장 바르게 나타낸 것은?
① 가스의 압력 차이를 측정
② 원통의 회전수를 측정
③ 가스의 농도를 측정
④ 가스의 냉각에 따른 효과를 이용

해설⊙ 습식가스미터의 계량원리 : 원통의 회전수를 측정

66 오리피스 유량계의 측정원리로 옳은 것은?
① 패닝의 법칙
② 베르누이의 원리
③ 아르키메데스의 원리
④ 하이젠-포아제의 원리

해설⊙ 차압식 유량계 : 관내 교축기구를 설치하여 그전 후 압력차를 이용 순간 유량측정

67 다음 [그림]과 같은 자동제어 방식은?

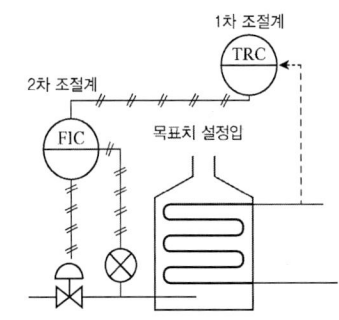

① 피드백제어
② 시퀀스제어
③ 캐스케이드제어
④ 프로그램제어

해설⊙ ・피드백제어 : 출력측의 신호를 입력측으로 되돌려 정정동작을 행하는 제어
・시퀀스제어 : 처음 정해진 순서에 의해 제어의 각단계를 순차적으로 제어
・프로그램제어 : 목표값이 시간에 따라 미리결정된 일정한 제어

정답 65. ② 66. ② 67. ③

68 측정기의 감도에 대한 일반적인 설명으로 옳은 것은?
① 감도가 좋으면 측정시간이 짧아진다.
② 감도가 좋으면 측정범위가 넓어진다.
③ 감도가 좋으면 아주 작은 양의 변화를 측정할 수 있다.
④ 측정량의 변화를 지시량의 변화로 나누어 준 값이다.

해설》 감도 : 감도가 좋으면 아주 작은 양의 변화를 측정할 수 있다.

69 정확한 계량이 가능하여 기준기로 주로 이용되는 것은?
① 막식 가스미터기
② 습식 가스미터기
③ 회전자식 가스미터기
④ 벤투리식 가스미터기

해설》 습식가스미터 특징
① 기차변동이 거의 없다.
② 계량이 정확하다.
③ 수위조정 등의 관리필요
④ 설치면적 크다.

70 다음 온도계 중 연결이 바르지 않은 것은?
① 상태변화를 이용한 것 - 써모 컬러
② 열팽창을 이용한 것 - 유리 온도계
③ 열기전력을 이용한 것 - 열전대 온도계
④ 전기저항 변화를 이용한 것 - 바이메탈 온도계

해설》 측정원리에 의한 온도계
① 전기저항 변화를 이용 : 저항온도계, 서미스터
② 열기전력을 이용 : 열전대온도계
③ 열팽창을 이용 : 바이메탈온도계, 유리온도계
④ 상태변화를 이용 : 제겔콘, 서모킬러

정답 68. ③ 69. ② 70. ④

71 스팀을 사용하여 원료가스를 가열하기 위하여 [그림]과 같이 제어계를 구성하였다. 이 중 온도를 제어하는 방식은?

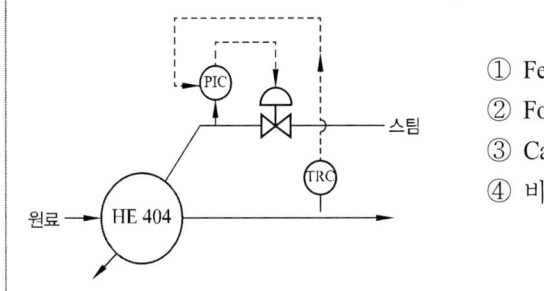

① Feedback
② Forward
③ Cascade
④ 비례식

[해설] 캐스케이드(cascade) 제어
① 측정제어라고도 하며, 2개의 제어계가 존재하며, 제어량을 1차 조절계로 측정하고 1차 측정값의 조작 출력으로 2차 조절계의 목표값을 설정한다.
② 시간 지연이 많은 프로세스 제어에 적합하다.

72 오르자트 가스분석계로 가스 분석 시 가장 적당한 온도는?
① 0~15℃
② 10~15℃
③ 16~20℃
④ 20~28℃

[해설] 오르자트 가스분석계로 가스 분석 시 16~20℃ 유지

73 그림과 같은 조작량의 변화는 어떤 동작인가?

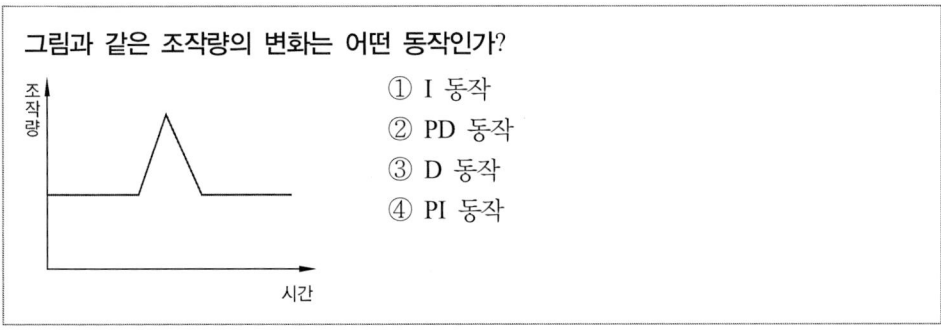

① I 동작
② PD 동작
③ D 동작
④ PI 동작

[해설] PD 동작
① 응답속도가 향상된다.
② P동작과 D동작을 결합한 것으로 응답속도가 높아지고 잔류편차도 감소시킬 수 있다.

정답 71. ③ 72. ③ 73. ②

74. 기본 단위가 아닌 것은?
① 전류(A)
② 온도(K)
③ 속도(V)
④ 질량(kg)

해설 ⊃ 기본 단위

기본 단위	단위 명칭	기호
길이	미터	m
질량	킬로그램	kg
시간	초	s
전류	암페어	A
열역학적 온도	켈빈	K
물질량	몰	mol
광도	칸델라	col

75. 일반적으로 계측기는 크게 3부분으로 구성되어 있다. 이에 해당되지 않는 것은?
① 검출부
② 전달부
③ 수신부
④ 제어부

해설 ⊃ 계측기의 3요소
① 검출부   ② 전달부   ③ 수신부

76. 도시가스 사용압력이 2.0kPa인 배관에 설치된 막식가스미터의 기밀시험 압력은?
① 2.0kPa 이상
② 4.4kPa 이상
③ 6.4kPa 이상
④ 8.4kPa 이상

해설 ⊃ 막식가스미터의 기밀시험 압력 : 840mmH$_2$O(8.4kPa)

정답 74. ③   75. ④   76. ④

77 기준 가스미터의 지시량이 380m³/h이고 시험대상인 가스미터의 유량이 400m³/h 이라면 이 가스미터의 오차율은 얼마인가?

① 4.0% ② 4.2%
③ 5.0% ④ 5.2%

해설> 오차율 = $\dfrac{400-380}{400} \times 100 = 5\%$

78 다음 중 시퀀설제어(sequential control)에 해당되지 않는 것은?

① 교통신호등의 신호제어 ② 승강기의 작동제어
③ 자동판매기의 작동제어 ④ 피드백에 의한 유량 제어

해설> 시퀀설제어
① 자동판매기의 작동제어
② 승강기의 작동제어
③ 교통신호등의 신호제어

79 도시가스 사용시설에 대하여 실시하는 내압시험에서 내압시험을 공기 등의 기체로 하는 경우 압력을 일시에 시험압력까지 올리지 아니하여야 한다. 이에 대한 설명으로 옳은 것은?

① 먼저 상용압력의 50%까지 승압하고, 그 후에는 상용압력의 10%씩 단계적으로 승압한다.
② 먼저 상용압력의 50%까지 승압하고, 그 후에는 상용압력의 20%씩 단계적으로 승압한다.
③ 먼저 상용압력의 80%까지 승압하고, 그 후에는 상용압력의 10%씩 단계적으로 승압한다.
④ 먼저 상용압력의 80%까지 승압하고, 그 후에는 상용압력의 20%씩 단계적으로 승압한다.

해설> 먼저 상용압력의 50%까지 승압하고, 그 후에는 상용압력의 10%씩 단계적으로 승압한다.

정답 77. ③ 78. ④ 79. ①

80 MAX 1.0m³/h, 0.5L/rev로 표기된 가스미터가 시간당 50회전 하였을 경우 가스 유량은?

① 0.5m³/h ② 25L/h
③ 25m³/h ④ 50L/h

해설 ➤ 가스 유량
① 0.5 L/rev : 계량실 1주기 체적이 0.5 L을 의미한다.
② 유량=50×0.5=25 L/h

정답 80. ②

가스산업기사 모의고사

제1과목 : 연소공학

01 연소속도를 결정하는 가장 중요한 인자는 무엇인가?
① 환원반응을 일으키는 속도
② 산화반응을 일으키는 속도
③ 불완전 환원반응을 일으키는 속도
④ 불완전 산화반응을 일으키는 속도

해설: 연소속도＝산화반응속도

02 미연소혼합기의 흐름이 화염부근에서 층류에서 난류로 바뀌었을 때의 현상으로 옳지 않은 것은?
① 확산연소일 경우는 단위면적당 연소율이 높아진다.
② 적화식연소는 난류 확산연소로서 연소율이 높다.
③ 화염의 성질이 크게 바뀌며 화염대의 두께가 증대한다.
④ 예혼합연소일 경우 화염전파속도가 가속된다.

해설: 층류에서 난류로 변화시 현상
① 예혼합연소일 경우 화염전파속도 증가
② 확산연소일 경우 단위면적당의 연소율증가
③ 화염의 성질이 크게 바뀌며 화염대의 두께가 증대한다.
④ 난류예혼합화염은 다량의 미연소분 존재
⑤ 난류예혼합화염은 휘도는 층류예혼합화염의 휘도보다 높다.

정답 01. ② 02. ②

03 아세틸렌 가스의 위험도(H)는 약 얼마인가?
① 21
② 23
③ 31
④ 33

해설> 위험도 $= \dfrac{U-L}{L} = \dfrac{81-2.5}{2.5} = 31.4$

04 가연성 물질의 인화 특성에 대한 설명으로 틀린 것은?
① 비점이 낮을수록 인화위험이 커진다.
② 최소점화에너지가 높을수록 인화위험이 커진다.
③ 증기압을 높게 하면 인화위험이 커진다.
④ 연소범위가 넓을수록 인화위험이 커진다.

해설> 최소점화에너지가 낮을수록 인화의 위험이 커진다.

05 다음 이상기체에 대한 설명 중 틀린 것은?
① 이상기체는 분자 상호간의 인력을 무시한다.
② 이상기체에 가까운 실제기체로는 H_2, He 등이 있다.
③ 이상기체는 분자 자신이 차지하는 부피를 무시한다.
④ 저온·고압일수록 이상기체에 가까워진다.

해설> 고온·저압일수록 이상기체에 가까워진다.

정답 03. ③ 04. ② 05. ④

06
프로판 1Sm³를 완전연소시키는데 필요한 이론공기량은 몇 Sm³인가?
① 5.0　　② 10.5
③ 21.0　　④ 23.8

[해설]
$$C_3H_8 + 5O_2 \rightarrow 3CO_2 + 4H_2O$$
44kg　　5×32kg　　3×44kg　　4×18kg
22.4Nm³　5×22.4Nm³　3×22.4Nm³　4×22.4Nm³

∴ 22.4Nm³ = 5×22.4Nm³
　 1Nm³ = x

$$x = \frac{1Nm^3 \times 5 \times 22.4Nm^3}{22.4Nm^3} = 5Nm^3/Nm^3$$

$$A_0 = \frac{O_0}{0.21} = \frac{5}{0.21} = 23.8 Nm^3/Nm^3$$

07
메탄 80v%, 프로판 5v%, 에탄 15v%인 혼합가스의 공기 중 폭발하한계는 약 얼마인가?
① 2.1%　　② 3.3%
③ 4.3%　　④ 5.1%

[해설] 르샤틀리에의 법칙

$$\frac{100}{L} = \frac{V_1}{L_1} + \frac{V_2}{L_2} + \frac{V_3}{L_3} \cdots \frac{V_n}{L_n}$$

$$\frac{100}{L} = \left(\frac{80}{5} + \frac{5}{2.1} + \frac{15}{3}\right)$$

$$\frac{100}{L} = 23.38$$

$$\therefore L = \frac{100}{23.38} = 4.28\%$$

08
내압(耐壓)방폭구조로 방폭 전기기기를 설계할 때 가장 중요하게 고려해야 할 사항은?
① 가연성가스의 발화점
② 가연성가스의 연소열
③ 가연성가스의 최대안전틈새
④ 가연성가스의 최소 점화에너지

[해설] 내압(耐壓)방폭구조로 방폭 전기기기를 설계할 때 가장 중요하게 고려해야 할 사항 : 가연성 가스의 최대안전틈새

정답 06. ④　07. ③　08. ③

09
공기압축기의 흡입구로 빨려 들어간 가연성 증기가 압축되어 그 결과로 큰 재해가 발생하였다. 이 경우 가연성 증기에 작용한 기계적인 발화원으로 볼 수 있는 것은?
① 충격　　　　　　② 마찰
③ 단열압축　　　　④ 정전기

해설 기계적 발화원
단열압축 : 기체를 압축하면 기체 분자들 간의 충돌이 증가하면 내부에너지가 증가되어 주위의 온도를 상승시켜 발생한다.

10
다음 연료 중 착화온도가 가장 낮은 것은?
① 벙커C유　　　　② 목재
③ 무연탄　　　　　④ 탄소

해설 착화온도
① 메탄 : 615~682°C　　② 프로판 : 460~520°C
③ 부탄 : 430~510°C　　④ 아세틸렌 : 400~440°C
⑤ 수소 : 580~590°C　　⑥ 건조목재 : 280~300°C
⑦ 목탄 : 250~320°C　　⑧ 석탄 : 330~450°C
⑨ 에틸렌 : 500~519°C　⑩ 일산화탄소 : 637~658°C

11
온도 30°C, 압력 740mmHg인 어떤 기체 342ml를 표준상태(0°C, 1기압)로 하면 약 몇 ml가 되겠는가?
① 300　　　　　　② 315
③ 350　　　　　　④ 390

해설 $\dfrac{P_1 V_1}{T_1} = \dfrac{P_2 V_2}{T_2}$

$V_2 = \dfrac{P_1 \times V_1 \times T_2}{P_2 \times T_1} = \dfrac{\frac{740}{760} \times 1\,\text{atm} \times 342 \times (273+0)}{1 \times (273+30)\,°K} = 300.02\,\text{ml}$

정답 09. ③　10. ②　11. ①

12 화재는 연소반응이 계속하여 진행하는 것으로 이 경우에 반응열이 주위의 가연물에 전해지는데, 이때 흡열량이 큰 물질을 가함으로서 화염 중의 반응열을 제거시켜 연소 반응을 완만하게 하면서 정지시키는 소화방법은?

① 냉각소화
② 희석소화
③ 화염의 불안정화에 의한 소화
④ 연소억제에 의한 소화

해설》
- 희석소화법 : 수용성의 가연성액체(아세톤, 알코올)를 물로 묽게 희석시키는 방법
- 제거소화법 : 가연물을 제거함으로서 연소물을 제거 시켜 소화

13 소화의 원리에 대한 설명으로 틀린 것은?

① 가연성 가스나 가연성 증기의 공급을 차단시킨다.
② 연소 중에 있는 물질에 물이나 냉각제를 뿌려 온도를 낮춘다.
③ 연소 중에 있는 물질에 공기를 많이 공급하여 혼합 기체의 농도를 높게 한다.
④ 연소 중에 있는 물질의 표면에 불활성가스를 덮어 씌워 가연성 물질과 공기의 접촉을 차단시킨다.

해설》 소화의 원리
① 연소 중에 있는 물질의 표면에 불활성가스를 덮어 씌워 가연성 물질과 공기의 접촉을 차단시킨다.
② 가연성가스나 가연성 공기의 공급을 차단시킨다.
③ 연소 중에 있는 물질에 물이나 냉각제를 뿌려 온도는 낮춘다.

14 일반기체상수의 단위를 바르게 나타낸 것은?

① kg·m/kg·K
② kcal/kmol
③ kg·m/kmol·K
④ kcal/kg·℃

해설》 기체상수단위
① 848kg m/kmol·K
② 0.082ℓ atm/mol·K
③ 1.987cal/mol·K
④ 8.314J/mol·K

정답 12. ① 13. ③ 14. ③

15 증발연소시 발생하는 화염을 무엇이라 하는가?
① 산화화염　　　　　　② 표면화염
③ 확산화염　　　　　　④ 환원화염

[해설] 증발 연소시 발생하는 화염 : 확산화염

16 가연물과 그 연소형태를 짝지어 놓은 것 중 옳은 것은?
① 알루미늄 박 - 분해연소　　② 목재 - 표면연소
③ 경유 - 증발연소　　　　　④ 휘발유 - 확산연소

[해설] 연소형태
① 표면연소 : 코크스, 목탄, 금속분, 숯
② 분해연소 : 석탄, 목재, 종이, 플라스틱
③ 증발연소 : 알코올, 에테르, 경유, 등유 휘발유
④ 자기연소 : TNT, 피크린산
⑤ 확산연소 : 수소, 메탄

17 폭굉을 일으킬 수 있는 기체가 파이프 내에 있을 때 폭굉 방지 및 방호에 대한 설명으로 틀린 것은?
① 파이프 라인에 오리피스 같은 장애물이 없도록 한다.
② 공정 라인에서 회전이 가능하면 가급적 완만한 회전을 이루도록 한다.
③ 파이프의 지름대 길이의 비는 가급적 작게 한다.
④ 파이프 라인에 장애물이 있는 곳은 관경을 축소한다.

[해설] 파이프 라인에 장애물이 있는 곳은 관경을 크게 한다.

18 다음 중 폭굉(detonation)의 화염전파속도는?
① 0.1~10m/s　　　　　② 10~100m/s
③ 1,000~3,500m/s　　 ④ 5,000~10,000m/s

[해설] ・연소속도 : 0.1~10 m/sec
　　　・폭굉속도 : 1,000~3,500 m/sec

정답 15. ③　16. ③　17. ④　18. ③

19
다음 중 연소의 3요소에 해당되지 않는 것은?
① 산소
② 정전기 불꽃
③ 질소
④ 수소

[해설] 연소의 3요소 : ① 가연물(수소) ② 산소 ③ 점화원(정전기 불꽃)

20
다음 연료 중 고위발열량과 저위발열량이 같은 것은?
① 일산화탄소
② 메탄
③ 프로판
④ 석유

[해설] 일산화탄소 : 고위발열량과 저위발열량이 같음

제2과목 : 가스설비

21
3단 압축기로 압축비가 다같이 3일 때 각 단의 이론 토출압력은 각각 몇 MPa·g인가? (단, 흡입압력은 0.1MPa이다.)
① 0.2, 0.8 2.6
② 0.2, 1.2, 6.4
③ 0.3, 0.9 2.7
④ 0.3, 1.2, 6.4

[해설]

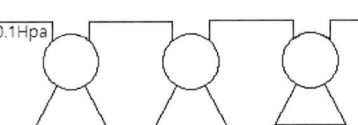

① 압축비 = $\dfrac{P_2}{P_1}$ $P_2 = 0.1 \times 3 = 0.3$ MPa·a $- 1 = 0.2$ Mpa·g

② 압축비 = $\dfrac{P_3}{P_2}$ $P_3 = 0.3 \times 3 = 0.9$ MPa·a $- 1 = 0.8$ Mpa·g

③ 압축비 = $\dfrac{P_4}{P_3}$ $P_4 = 0.9 \times 3 = 2.7$ MPa·a $- 1 = 2.6$ Mpa·g

[정답] 19. ③ 20. ① 21. ①

22

폴리에틸렌관(polyethylene pipe)의 일반적인 성질에 대한 설명으로 틀린 것은?
① 인장강도가 적다.
② 내열성과 보온성이 나쁘다.
③ 염화비닐관에 비해 가볍다.
④ 상온에도 유연성이 풍부하다.

해설 폴리에틸렌관의 일반적인 성질
① 인장강도가 적다.
② 내열성이 나쁘다.
③ 보온성은 좋다.
④ 상온에도 유연성이 풍부하다.
⑤ 염화비닐관에 비해 가볍다.

23

고압가스용기 및 장치 가공 후 열처리를 실시하는 가장 큰 이유는?
① 재료표면의 경도를 높이기 위하여
② 재료의 표면을 연화시켜 가공하기 쉽도록 하기 위하여
③ 가공 중 나타난 잔류응력을 제거하기 위하여
④ 부동태 피막을 형성시켜 내산성을 증가시키기 위하여

해설 열처리를 하는 가장 큰 이유 : 가공 중 나타난 잔류응력제거

24

배관의 관경을 50cm에서 25cm로 변화시키면 일반적으로 압력손실은 몇 배가 되는가?
① 2배
② 4배
③ 16배
④ 32배

해설 $Q = K\sqrt{\dfrac{D^5 h}{SL}}$

$Q^2 = K \times \dfrac{D^5 \times h}{S \times L}$ ∴ $h = \dfrac{Q^2 \times S \times L}{K \times D^5}$

∴ $\dfrac{50}{25} = 2$ ∴ $D^5 = 2^5 = 32$배

정답 22. ② 23. ③ 24. ④

25. 금속의 열처리에서 풀림(annealing)의 주된 목적은?

① 강도 증가
② 인성 증가
③ 조직의 미세화
④ 강을 연하게 하여 기계 가공성을 향상

해설 열처리
① 담금질=퀜칭
㉠ 경도 및 강도 증가
㉡ 30~50℃ 이상 가열하여 수냉 또는 유냉시키는 방법
② 뜨임=템퍼링 : 인성증가
③ 풀림=어닐링
㉠ 가공응력 및 내부응력제거
㉡ 강을 연하게 하여 기계 가공성을 향상
④ 불림=노멀라이징
㉠ 가공조직의 균일화, 결정립의 미세화
㉡ 기계적성질의 향상, 잔류응력제거
㉢ 30~50℃ 이상 가열하여 공냉시키는 방법

26. 펌프에서 일어나는 현상 중, 송출압력과 송출유량 사이에 주기적인 변동이 일어나는 현상은?

① 서징현상
② 공동현상
③ 수격현상
④ 진동현상

해설 서징현상 : 송출압력과 송출유량 사이에서 주기적인 변동으로 인해 압력계 지침이 흔들리는 현상
방지법 : ① 배관내 경사를 완만하게 고려한다.
② 가이드베인을 콘트롤해 풍량을 감소시킨다.
③ 교축밸브를 압축기 가까이 설치한다.
④ 회전수를 적당히 변화시킨다.
발생원인 : ① 배관중에 공기탱크나 물탱크가 있을 때
② 수량조절밸브가 저장탱크 뒤쪽에 있을 때
③ 펌프운전시 운동, 양정, 토출량이 변화시

정답 25. ④ 26. ①

27
Loading형으로 정특성, 동특성이 양호하며 비교적 콤팩트한 형식의 정압기는?
① KRF식 정압기 ② Fisher식 정압기
③ Reynolds식 정압기 ④ Axial-flow식 정압기

해설 피셔식 정압기의 특징
① 정특성, 동특성이 양호하다.
② 중압용에 주로 사용
③ 비교적 콤펙트하다.
④ 로딩형이다.

28
아세틸렌가스를 2.5MPa의 압력으로 압축할 때 주로 사용되는 희석제는?
① 질소 ② 산소
③ 이산화탄소 ④ 암모니아

해설 아세틸렌가스를 2.5MPa의 압력으로 압축시 희석제
① 메탄 ② 일산화탄소
③ 에틸렌 ④ 질소

29
비교회전도 175, 회전수 3000rpm, 양정 210m인 3단 원심펌프의 유량은 약 몇 m^3/min 인가?
① 1 ② 2
③ 3 ④ 4

해설
$$Ns = \frac{N \times \sqrt{Q}}{\left(\frac{H}{n}\right)^{\frac{3}{4}}} \qquad \sqrt{Q} = \frac{Ns \times \left(\frac{H}{n}\right)^{\frac{3}{4}}}{N}$$

$$\therefore Q = \left(\frac{Ns \times \left(\frac{H}{n}\right)^{\frac{3}{4}}}{N}\right)^2 = \left(\frac{175 \times \left(\frac{210}{3}\right)^{\frac{3}{4}}}{3,000}\right)^2 = 1.9928 \, m^3/min$$

정답 27. ② 28. ① 29. ②

30 기지국에서 발생된 정보를 취합하여 통신선로를 통해 원격감시제어소에 실시간으로 전송하고, 원격감시제어소로부터 전송된 정보에 따라 해당 설비의 원격제어가 가능하도록 제어신호를 출력하는 장치를 무엇이라 하는가?
① Master Station
② Communication Unit
③ Remote Terminal Unit
④ 음성경보장치 및 Map Board

해설》 리모트 터미널 유닛 : 기지국에서 발생된 정보를 취합하여 통신선로를 통해 원격감시제어소에 실시간으로 전송하고 원격감시제어소로부터 전송된 정보에 따라 해당설비의 원격제어가 가능하도록 제어신호를 출력하는 장치

31 용적형(왕복식) 펌프에 해당하지 않는 것은?
① 플런저 펌프
② 다이어프램 펌프
③ 피스톤 펌프
④ 제트 펌프

해설》 용적식 펌프
① 왕복식 펌프
　㉠ 피스톤 펌프　㉡ 플런져 펌프　㉢ 다이어프램 펌프
② 회전식 펌프
　㉠ 베인펌프(편심)　㉡ 기어펌프(치차)　㉢ 나사펌프(기어)

32 가스가 공급되는 시설 중 지하에 매설되는 강재 배관에는 부식을 방지하기 위하여 전기적 부식방지조치를 한다. Mg-Anode를 이용하여 양극금속과 매설배관을 전선으로 연결하여 양극금속과 매설배관 사이의 전지작용에 의해 전기적 부식을 방지하는 방법은?
① 직접배류법
② 외부전원법
③ 선택배류법
④ 희생양극법

해설》 희생양극법(유전양극법)

장점	단점
• 다른 매설금속체에 방해 작용이 없다. • 소규모 설비에는 경제적이다. • 시공이 단순하다. • 과방식의 염려가 없다.	• 전류 조절이 불가능 • 정기적으로 전극(양극)을 보충할 필요가 있다. • 방식범위가 좁다. • 대규모 설비시 시설비가 많이 든다. • 강한 전식에는 무력하다.

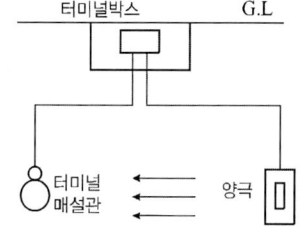

정답 30. ③　31. ④　32. ④

33
정압기의 기본구조 중 2차 압력을 감지하여 그 2차 압력의 변동을 메인밸브로 전하는 부분은?

① 다이어프램 ② 조정밸브
③ 슬리브 ④ 웨이트

[해설] 다이어프램 : 물체의 탄성체의 탄력을 이용한 압력계로 2차 압력을 감지하여 그 2차 압력의 변동을 메인밸브로 전한다.

34
기화장치의 성능에 대한 설명으로 틀린 것은?

① 온수가열방식은 그 온수의 온도가 80℃ 이하이어야 한다.
② 증기가열방식은 그 온수의 온도가 120℃ 이하이어야 한다.
③ 가연성 가스용 기화장치의 접지 저항치는 100Ω 이상이어야 한다.
④ 압력계는 계량법에 의한 검사 합격품이어야 한다.

[해설] 기화장치
① 액화가스를 가열하여 기화시키는 장치이다.
② 가연성가스용 기화장치의 접지저항치는 10Ω 이하로 한다.
③ 안전장치는 내압시험의 8/10 이하의 압력에서 작동하는 것으로 한다.
④ 온수가열방식의 온수는 80℃ 이하로 한다.
⑤ 증기가열방식의 온도는 120℃ 이하로 한다.

35
냄새가 나는 물질(부취제)의 구비조건으로 옳지 않은 것은?

① 부식성이 없어야 한다. ② 물에 녹지 않아야 한다.
③ 화학적으로 안정하여야 한다. ④ 토양에 대한 투과성이 낮아야 한다.

[해설] 부취제의 구비조건
① 도관을 부식하지 않을 것
② 일상생활과 구분되는 냄새일 것
③ 연소 후 유해가스를 발생시키지 않을 것
④ 토양에 대한 투과성이 클 것
⑤ 독성 및 가연성이 아닐 것
⑥ 도관내의 상용온도에서 응축되지 말 것
⑦ 가스관이나 가스미터에 흡착되지 말 것

정답 33. ① 34. ③ 35. ④

36
왕복식 압축기의 특징에 대한 설명으로 틀린 것은?
① 기체의 비중에 영향이 없다.
② 압축하면 맥동이 생기기 쉽다.
③ 원심형이어서 압축 효율이 낮다.
④ 토출압력에 의한 용량 변화가 적다.

해설 왕복식 압축기
① 용적형 압축기로 압축효율이 높고 소음이 발생되고 보수가 어렵다.
② 저속회전으로 모양이 크고 가격이 고가이며 설치면적을 많이 차지한다.
③ 용량조절범위가 0~100%로 넓고 조정하기가 쉽다.

37
증기압축식 냉동기에서 고온·고압의 액체 냉매를 교축작용에 의해 증발을 일으킬 수 있는 압력까지 감압시켜 주는 역할을 하는 기기는?
① 압축기
② 팽창밸브
③ 증발기
④ 응축기

해설 증기 압축 냉동기
① 압축기 : 저온, 저압의 기체상 냉매를 흡입하여 응축기로 보내는 냉매를 순환하게 한다.
② 응축기 : 기체상태를 냉각하여 응축·액화시키는 장치
③ 팽창밸브 : 고온, 고압의 냉매를 교축작용에 의해 증발을 일으킬 수 있게 한다.
④ 증발기 : 냉매온도와 압력을 일정하게 유지하여 냉동을 한다.

38
금속 재료에서 어느 온도 이상에서 일정 하중이 작용할 때 시간의 경과와 더불어 그 변형이 증가하는 현상을 무엇이라고 하는가?
① 크리프
② 시효경과
③ 응력부식
④ 저온취성

해설 크리프현상 : 어느온도이상(350°C 이상)에서 재료에 일정한 하중이 작용할 때 시간의 경과와 더불어 그 변형이 증대하는 현상

정답 36. ③ 37. ② 38. ①

39 도시가스 배관을 설치하고 나서 그 지역에 대규모로 주택이 들어서거나 주택 및 인구가 증가되면 피그 시 가스 공급압력이 저하되게 되는데 이를 방지하기 위하여 인근 배관과 상호 연결을 하여 압력저하를 방지하는 공급방식은?
① 압력보충배관 설계
② 송출압 보충배관 설계
③ 저압보충망 배관 설계
④ 환상망배관 설계

해설⊃ 환상망 배관설계 : 도시가스배관을 설치하고 나서 그 지역에 대규모로 주택이 들어서거나 주택 및 인구가 증가되면 피크 시 가스공급압력이 저하되게 되는데 이를 방지하기 위하여 인근배관과 상호연결을 하여 압력저하를 방지하는 공급방식

40 최고 사용온도가 100℃, 길이(L)가 10m인 배관을 상온(15℃)에서 설치하였다면 최고 온도로 사용 시 팽창으로 늘어나는 길이는 약 몇 mm인가? (단, 선팽창계수 α는 12×10^{-6} m/m℃이다.)
① 5.1
② 10.2
③ 102
④ 204

해설⊃ $\triangle \ell = \alpha \cdot \ell \cdot \triangle t$
$= 12 \times 10^{-6}\,\text{m/m℃} \times 10\,\text{m} \times 1000\,\text{mm/m} \times (100 - 15) = 10.2\,\text{mm}$

제3과목 : 가스안전관리

41 압력방폭구조의 표시방법은?
① p
② d
③ ia
④ s

해설⊃ 내압방폭구조(d) 안전증방폭구조(e)
유입방폭구조(o) 특수증방폭구조(s)
압력방폭구조(p) 본질안전증방폭구조(ia또는 ib)

정답 39. ④ 40. ② 41. ①

42 다음 중 밀폐식 보일러에서 사고원인이 되는 사항에 대한 설명으로 가장 거리가 먼 내용은?

① 전용보일러시설에 보일러를 설치하지 아니한 경우
② 설치 후 이음부에 대한 가스누출 여부를 확인하지 아니한 경우
③ 배기통이 수평보다 위쪽으로 향하도록 설치한 경우
④ 배기통과 건물의 외벽사이에 기밀이 완전히 유지되지 않는 경우

해설> 밀폐식 보일러에서 사고원인
① 설치 후 이음부에 대한 가스누출 여부를 확인하지 아니한 경우
② 배기통이 수평보다 위쪽으로 향하도록 설치한 경우
③ 배기통과 건물의 외벽사이에 기밀이 완전히 유지되지 않는 경우

43 고압가스안전관리법에서 정한 특정설비가 아닌 것은?
① 기화장치   ② 안전밸브
③ 용기   ④ 압력용기

해설> 특정설비
① 저장탱크   ② 긴급차단 밸브
③ 안전밸브   ④ 역화방지장치
⑤ 기화기   ⑥ 압력용기
⑦ 자동차용가스자동주입기   ⑧ 냉동설비
⑨ 독성가스배관용밸브   ⑩ 액화석유가스용기잔류가스회수장치
⑪ 특정고압가스용실린더캐비닛 ⑫ 자동차용압축천연가스완속충전설비

44 다량의 고압가스를 차량에 적재하여 운반할 경우 운전상의 주의사항으로 옳지 않은 것은?

① 부득이한 경우를 제외하고는 장시간 정차해서는 아니 된다.
② 차량의 운반책임자와 운전자가 동시에 차량에서 이탈하지 아니하여야 한다.
③ 300km 이상의 거리를 운행하는 경우에는 중간에 충분한 휴식을 취한 후 운행하여야 한다.
④ 가스의 명칭·성질 및 이동 중의 재해방지를 위하여 필요한 주의사항을 기재한 서면을 운반책임자 또는 운전자에게 교부하고 운반 중에 휴대를 시켜야 한다.

해설> 200km 이상의 거리를 운행하는 경우에는 중간에 충분한 휴식을 취한 후 운행하여야 한다.

정답 42. ② 43. ③ 44. ④

45
용기에 의한 액화석유가스 사용시설에서 호칭지름이 20mm인 가스배관을 노출하여 설치할 경우 배관이 움직이지 않도록 고정장치를 몇 m 마다 설치하여야 하는가?
① 1m ② 2m
③ 3m ④ 4m

해설 ▶ 배관의 고정장치
① 관경이 13mm 미만 : 1m 마다
② 관경이 13mm 이상 33mm 미만 : 2m 미만
③ 관경이 33mm 이상 : 3m 마다

46
산소 용기를 이동하기 전에 취해야 할 사항으로 가장 거리가 먼 것은?
① 안전밸브를 떼어 낸다. ② 밸브를 잠근다.
③ 조정기를 떼어 낸다. ④ 캡을 확실히 부착한다.

47
고압가스제조시설은 안전거리를 유지해야 한다. 안전거리를 결정하는 요인이 아닌 것은?
① 가스사용량 ② 가스저장능력
③ 저장하는 가스의 종류 ④ 안전거리를 유지해야 할 건축물의 종류

해설 ▶ 안전거리를 결정하는 요인
① 가스저장능력
② 저장하는 가스의 종류
③ 안전거리를 유지해야 할 건축물의 종류

48
고압가스 운반 기준에 대한 설명으로 틀린 것은?
① 충전용기와 휘발유는 동일 차량에 적재하여 운반하지 못한다.
② 산소탱크의 내용적은 1만 6천L를 초과하지 않아야 한다.
③ 액화 염소탱크의 내용적은 1만 2천L를 초과하지 않아야 한다.
④ 가연성가스와 산소를 동일차량에 적재하여 운반하는 때에는 그 충전용기의 밸브가 서로 마주보지 않도록 적재하여야 한다.

해설 ▶ 가연성, 산소탱크의 내용적은 18000L를 초과하지 않아야 한다.

정답 45. ② 46. ① 47. ① 48. ②

49
염소 누출에 대비하여 보유하여야 하는 제독제가 아닌 것은?
① 가성소다 수용액
② 탄산소다 수용액
③ 암모니아 수용액
④ 소석회

해설> 제독제
① 염소 : ㉠ 소석회, ㉡ 가성소다, ㉢ 탄산소다
② 포스겐 : ㉠ 가성소다, ㉡ 소석회
③ 황화수소 : ㉠ 가성소다, ㉡ 탄산소다
④ 아황산가스 : ㉠ 물, ㉡ 가성소다, ㉢ 탄산소다
⑤ 시안화수소 : ㉠ 가성소다
⑥ 암모니아, 산화에틸렌, 염화메탄 : 다량의 물

50
배관 설계경로를 결정할 때 고려하여야 할 사항으로 가장 거리가 먼 것은?
① 최단 거리로 할 것
② 가능한 한 옥외에 설치할 것
③ 건축물 기초 하부 매설을 피할 것
④ 굴곡을 많게 하여 신축을 흡수할 것

해설> 배관 설계 경로를 결정시 고려할 사항
① 최단거리로 할 것
② 은폐, 매설을 피할 것
③ 구부러지거나 오르내림이 적을 것
④ 가능한 한 옥외에 설치할 것

51
도시가스배관을 도로매설 시 배관의 외면으로부터 도로 경계까지 얼마 이상의 수평거리를 유지하여야 하는가?
① 0.8m
② 1.0m
③ 1.2m
④ 1.5m

해설> 도시가스 배관 도로 매설
① 원칙적으로 자동차 등의 하중의 영향이 적은 곳에 매설한다.
② 배관의 외면으로부터 도로의 경계까지 1 m 이상의 수평거리를 유지한다.
③ 배관은 그 외면으로부터 도로 밑의 다른 시설물과 0.3 m 이상의 거리를 유지한다.
④ 시가지의 도로 밑에 배관을 설치하는 경우 보호판을 배관의 정상부로부터 30 cm 이상 떨어진 그 배관의 직상부에 설치한다.

52
가연성가스를 차량에 고정된 탱크에 의하여 운반할 때 갖추어야 할 소화기의 능력단위 및 비치 개수가 옳게 짝지어진 것은?

① ABC용, B-12 이상 - 차량 좌우에 각각 1개 이상
② AB용, B-12이상 - 차량 좌우에 각각 1개 이상
③ ABC용, B-12이상 - 차량에 1개 이상
④ AB용, B-12이상 - 차량에 1개 이상

[해설] 소화설비

가스의 종류	약제의 종류	소화기 능력단위	소화기 개수
가연성 가스	분말 소화 약제	BC용 B-10 이상 또는 ABC용 B-12 이상	차량 좌 : 1개 이상 차량 우 : 1개 이상
산소	분말 소화 약제	BC용 B-8 이상 또는 ABC용 B-10 이상	차량 좌 : 1개 이상 차량 우 : 1개 이상

53
시안화수소를 장기간 저장하지 못하는 주된 이유는?

① 중합폭발 때문에
② 산화폭발 때문에
③ 악취 발생 때문에
④ 가연성가스 발생 때문에

[해설] 시안화수소(HCN)
① 중합은 발열반응으로서 자체적으로 반응을 촉진시켜 폭발 발생하므로 장기간 저장할 수 없다.
② 특유의 복숭아 냄새가 나는 가연성 기체이다.

54
발연황산시약을 사용한 오르잣드법 또는 브롬시약을 사용한 뷰렛법에 의한 시험으로 품질검사를 하는 가스는?

① 산소
② 암모니아
③ 수소
④ 아세틸렌

[해설] 품질 검사 기준

종류	검사 시약	검사법	순도
산소	동, 암모니아	오르자트법	99.5%
수소	피로카롤 하이드로설파이드	오르자트법	98.5%
아세틸렌	발연황산	오르자트법	98%
	브롬	뷰렛법	
	질산은	정성시험	

정답 52. ① 53. ① 54. ④

55 고압가스 저장설비에 설치하는 긴급차단장치에 대한 설명으로 바르지 않은 것은?
① 저장설비의 내부에 설치하여도 된다.
② 동력원(動力源)은 액압, 기압, 전기 또는 스프링으로 한다.
③ 조작 버튼(Button)은 저장설비에서 가장 가까운 곳에 설치한다.
④ 간단하고 확실하며 신속히 차단되는 구조라야 한다.

해설 긴급차단장치
① 가연성 가스 또는 독성가스의 저장탱크(내용적 5천 l 미만의 것을 제외)에 부착된 배관(액상의 가스를 송출 또는 이입하는 것에 한하며, 저장탱크와 배관과의 접속부분을 포함)에는 그 저장탱크의 외면으로부터 5m 이상 떨어진 위치에서 조작할 수 있는 긴급차단장치를 설치할 것
② 다만, 액상의 가연성 가스 또는 독성가스를 이입하기 위하여 설치된 배관에는 역류방지밸브로 갈음할 수 있다.

56 특정 설비에는 설계온도를 표기하여야 한다. 이때 사용되는 설계온도의 기호는?
① HT   ② DT
③ DP   ④ TP

해설 ① HT : 설계온도
② DP : 최고사용압력
③ TP : 내압시험압력
④ AP : 기밀시험압력

57 연소기에서 역화(Flash Back)가 발생하는 경우를 바르게 설명한 것은?
① 가스의 분출속도보다 연소속도가 느린 경우
② 부식에 의해 염공이 커진 경우
③ 가스압력의 이상 상승 시
④ 가스량이 과도할 경우

해설 역화의 원인
① 부식의 의해 염공이 커진 경우   ② 가스의 분출속도보다 연소속도가 빠른 경우
③ 가스량 과소 시   ④ 가스압력의 이상 저하 시

정답 55. ③ 56. ② 57. ②

58

액화석유가스 집단공급사업 허가 대상인 것은?
① 70개소 미만의 수요자에게 공급하는 경우
② 전체수용가구수가 100세대 미만인 공동주택의 단지 내인 경우
③ 시장 또는 군수가 집단공급사업에 의한 공급이 곤란하다고 인정하는 공공주택단지에 공급하는 경우
④ 고용주가 종업원의 후생을 위하여 사원주택·기숙사 등에게 직접 공급하는 경우

해설➔ 액화석유가스 집단공급 허가대상 : 전체수용 가구수가 100세대 미만인 공동주택의 단지 내인 경우

59

고압가스 제조, 저장, 판매, 수입 시 독성가스 배관용 밸브의 검사대상에 해당되지 않는 것은?
① 볼밸브
② 글로브 밸브
③ 콕
④ 앵글밸브

해설➔ 독성가스 배관용 밸브의 검사 대상
① 글로브 밸브 ② 콕 ③ 볼밸브

60

가연성 가스 저온저장탱크가 압력에 의해 파괴되는 것을 방지하기 위한 부압파괴방지설비가 아닌 것은?
① 진공안전밸브
② 다른 저장탱크 또는 시설로부터의 가스도입배관
③ 압력과 연동하는 긴급차단장치를 설치한 냉동제어설비
④ 압력과 연동하는 역류방지장치를 설치한 송기설비

해설➔ 부압파괴 방지설비
① 압력과 연동하는 긴급차단장치를 설치한 냉동제어설비
② 다른 저장탱크 또는 시설물로부터의 가스도입배관
③ 진공안전밸브

정답 58. ② 59. ④ 60. ④

제4과목 : 가스계측

61. 가스계량기의 검정 유효기간은 몇 년인가? (단, 최대유량 $10m^3/h$ 이하이다.)
① 1년 ② 2년
③ 3년 ④ 5년

해설> 가스계량기의 검정유효기간(단, 최대유량 $10m^3/h$이하) : 5년

62. 공업용 액면계(액위계)로서 갖추어야 할 조건으로 틀린 것은?
① 연속측정이 가능하고, 고온, 고압에 잘 견디어야 한다.
② 지시기록 또는 원격측정이 가능하고 부식에 약해야 한다.
③ 액면의 상, 하한계를 간단히 계측할 수 있어야 하며, 적용이 용이해야 한다.
④ 자동제어장치에 적용이 가능하고, 보수가 용이해야 한다.

해설> 지시기록 또는 원격측정이 가능하고 부식에 강해야 한다.

63. 압력의 종류와 관계를 표시한 것으로 옳은 것은?
① 전압 = 동압 – 정압   ② 전압 = 게이지압 + 동압
③ 절대압 = 대기압 + 진공압   ④ 절대압 = 대기압 + 게이지압

해설> 절대압력=게이지압+대기압   전압=동압+정압
      게이지압력=절대압-대기압   동력=전압-정압
      대기압=절대압-게이지압   정압=전압-동압

정답 61. ① 62. ② 63. ④

64

이동상으로 캐리어가스를 이용, 고정상으로 액체 또는 고체를 이용해서 혼합성분의 시료를 캐리어가스로 공급하여, 고정상을 통과할 때 시료 중의 각 성분을 분리하는 분석법은?

① 자동오르자트법
② 화학발광식 분석법
③ 가스크로마토그래피법
④ 비분산형 적외선 분석법

[해설] 가스크로마토그래피
① 캐리어가스 : H_2, He, N_2, Ar(수헬질아)
② 부품 및 성분 : 컬럼(분리관), 기록계, 압력계, 항온조, 유량조절기, 가스샘플
③ 충진제 : 활성탄, 실리카겔, 소바비드, 뮬레큘러시브
④ 분리가 잘 안될 때 : 시료주입구 온도 높인다.

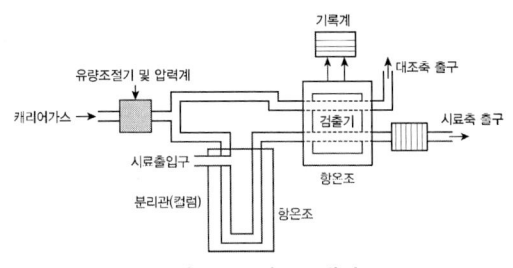

가스크로마토그래피

⑤ 종류
  ㉠ FID(수소이온화검출기)
    ⓐ 전극간의 전기 전도도가 증대하는 것을 이용
    ⓑ 탄화수소에서 감도가 최고이다. (프로판, 부탄, 프로필렌 등)
    ⓒ H_2, O_2, CO, CO_2, SO_2 등은 감도가 적다.
    ⓓ 무기가스나 물에 거의 응답하지 않음
  ㉡ TCD(열전도도형검출기)
    ⓐ 금속필라멘트의 저항변화를 이용하는 것
    ⓑ 일반적으로 가장 널리 사용
  ㉢ ECD(전자포획이온화검출기)
    ⓐ 이온전류가 감소하는 것을 이용
    ⓑ 할로겐 및 산화물에서는 감도가 최고이다.
  ㉣ FPD(염광광도 검출기) : 황화합물이나 인화합물 검출

65

시험대상인 가스미터의 유량이 350m³/h이고 기준 가스미터의 지시량이 330m³/h 일 때 기준 가스미터의 기차는 약 몇 %인가?

① 4.4%
② 5.7%
③ 6.1%
④ 7.5%

[해설] 기차 = $\dfrac{350-330}{350} \times 100 = 5.71$

정답 64. ③ 65. ②

66 HCN 가스의 검지반응에 사용하는 시험지와 반응색이 옳게 짝지어진 것은?

① KI전분지 – 청색
② 질산구리벤젠지 – 청색
③ 염화파라듐지 – 적색
④ 염화제일구리착염지 – 적색

해설⊃ 시험지명 및 변색상태
· 암모니아 : 적색리트머스시험지 - 청색변
· 염소 : KI전분지 - 청색변
· 시안화수소 : 질산구리벤젠지 - 청색변
· 일산화탄소 : 염화파라듐지 - 흑색변
· 황화수소 : 연당지 - 흑색변
· 포스겐 : 하리슨시험지 : 심등색(오렌지색)변
· 아세틸렌 : 암모니아성 염화제1동착염지 : 적색변
· 아황산가스 : 암모니아 적신헝겊 : 흰연기

67 신호의 전송방법 중 유압전송 방법의 특징에 대한 설명으로 틀린 것은?

① 전송거리가 최고 300m이다.
② 조작력이 크고 전송지연이 적다.
③ 파일럿밸브식과 분사관식이 있다.
④ 내식성, 방폭이 필요한 설비에 적당하다.

해설⊃ 신호전송방법
① 공기압식
  ㉠ 사용조작압력이 0.2~1kg/cm²
  ㉡ 신호전달거리 100~150m
  ㉢ 자동제어용이
  ㉣ 배관보존용이
  ㉤ 신호전송이 시간지연이 길다.
  ㉥ 조작부의 정특성이 양호
② 유압식
  ㉠ 사용조작압력이 0.2~1kg/cm²
  ㉡ 인화의 위험성이 있다.
  ㉢ 조작력이 크고 전송지연이 없다.
  ㉣ 신호전달거리 150~300m

68. 가스분석법 중 흡수분석법에 해당하지 않는 것은?

① 헴펠법
② 산화구리법
③ 오르자트법
④ 게겔법

해설 흡수분석법
① 오르자트법
  ㉠ CO_2 : KOH 30% 수용액
  ㉡ O_2 : 알칼리성 피롤카롤용액
  ㉢ CO : 암모니아성 염화제1동용액
② 헴펠법
  ㉠ CO_2 : KOH 30% 수용액
  ㉡ CmHn : 발연황산 : 25%
  ㉢ O_2 : 알칼리성 피롤카롤용액
  ㉣ CO : 암모니아성 염화제1동용액
③ 게겔법
  ㉠ CO_2 : KOH 30% 수용액
  ㉡ C_2H_2 : 옥소수은칼륨용액
  ㉢ C_3H_6 : 87% 황산
  ㉣ C_2H_4 : 취소수용액
  ㉤ O_2 : 알칼리성 피롤카롤용액
  ㉥ CO : 암모니아성염화제1동용액

69. 가스누출검지기 중 가스와 공기의 열전도도가 다른 것을 측정원리로 하는 검지기는?

① 반도체식 검지기
② 접촉연소식 검지기
③ 서머스테드식 검지기
④ 불꽃이온화식 검지기

해설
• 접촉연소식 검지기 : 백금필라멘트에 백금파라듐 등의 촉매를 넣고 검지소자에 산소를 함유한 가연성가스가 접촉하면 검지소자의 온도가 올라 전기저항의 변화가 비례하는 것을 이용
• 반도체식 검지기 : 산화주석을 주성분으로하여 가스가 흡착되면 이온화 반응에 의한 저항의 변화로 가스를 탐지하는 기기

정답 68. ② 69. ③

70

가스미터의 종류 중 정도(정확도)가 우수하여 실험실용 등 기준기로 사용되는 것은?

① 막식 가스미터 ② 습식 가스미터
③ Roots 가스미터 ④ Orifice 가스미터

해설 가스미터 종류

막식가스미터	기차습식가스미터	루츠식
① 저가이다. ② 부착 후 유지관리에 시간을 요하지 않는다. ③ 대용량은 설치면적이 크다. ④ 가정용 ⑤ 1.5~200m³/h	① 기차변동이 거의 없다. ② 계량이 정확하다. ③ 수위조정등의 관리 필요 ④ 설치면적이 크다. ⑤ 실험실용 ⑥ 0.2~3000m³/h	① 대유량가스 측정 적합 ② 중압가스계량가능 ③ 설치면적 적다 ④ 소유량에서는 부동의 우려 ⑤ 스트레이너 설치 후 유지관리필요 ⑥ 대량수요가(공업용) ⑦ 100~5000m³/h

71

보상도선의 색깔이 갈색이며 매우 낮은 온도를 측정하기에 적당한 열전대 온도계는?

① PR 열전대 ② IC 열전대
③ CC 열전대 ④ CA 열전대

해설 열전대 온도계 : 두 금속의 열기전력을 이용 측정(제백효과 이용)
① 백금-백금로듐(PR)
  ㉠ 측정온도 0~1600°C
  ㉡ 산화성분위기에 강하다.
  ㉢ 금속증기에 침식
  ㉣ 환원성 분위기에 약하다.
  ㉤ 열전대온도계 중 가장 고온 측정
② CA(크로멜-알루멜)
  ㉠ 측정온도 0~1200°C
  ㉡ 산화성분위기에 노화가 빠르다.
③ IC(철-콘스탄탄)
  ㉠ 측정온도 −20~850°C
  ㉡ 환원성분위기에 강하다.
④ CC(동-콘스탄탄)
  ㉠ 측정온도 −200~350°C
  ㉡ 수분에 의한 내식성이 강하다.
  ㉢ 열전대 온도계 중 가장 저온 측정

정답 70. ② 71. ③

72
부르동관 압력계의 특징으로 옳지 않은 것은?
① 정도가 매우 높다.
② 넓은 범위의 압력을 측정할 수 있다.
③ 구조가 간단하고 제작비가 저렴하다.
④ 측정 시 외부로부터 에너지를 필요로 하지 않는다.

해설 부르동관 압력계의 특징
① 고압장치에 가장 많이 사용되는 압력계로 2차 압력계의 대표적
② 부르동관의 재질은 저압인 경우에는 황동, 청동, 인청동, 고압일 때 니켈강 특수강을 사용
③ 넓은 범위의 압력을 측정
④ 구조가 간단하고 제작비가 저렴
⑤ 측정 시 외부로부터 에너지를 필요로 하지 않는다.
⑥ 암모니아용, 아세틸렌용 압력계에는 Cu 및 Cu 합금의 사용금지
⑦ 산소용 압력계는 "금유"라는 표시가 되어 있는 전용의 것

73
액면계로부터 가스가 방출되었을 때 인화 또는 중독의 우려가 없는 장소에 주로 사용하는 액면계는?
① 플로트식 액면계
② 정전용량식 액면계
③ 슬립튜브식 액면계
④ 전기저항식 액면계

해설 슬립튜브식 액면계
① 대형 저장탱크 내를 가는 스테인리스관으로 상하로 움직여 관내에서 분출하는 가스상태와 액체상태의 경계면을 찾아 액면을 측정하는 액면계이다.
② 대형 용기의 상부에 설치되어 있어 튜브를 상하로 움직여 관 내에서 직접 유출하는 유체로 액면을 측정한다.
③ 액면계의 종류
㉠ 방사선식 ㉡ 기포식 ㉢ 고정 튜브식 ㉣ 슬립튜브식 ㉤ 회전튜브식 ㉥ 차압식
㉦ 플로트식 ㉧ 평형반사식 ㉨ 평형투시식 ㉩ 초음파식

74
다음 중 가스크로마토그래피의 구성요소가 아닌 것은?
① 분리관(칼럼)
② 검출기
③ 유속조절기
④ 단색화장치

해설 가스크로마토그래피의 구성요소
① 분리관(칼럼) ② 유속조절기(=유량조절기) ③ 압력계
④ 항온조 ⑤ 검출기

정답 72. ① 73. ③ 74. ④

75
최대 유량이 10m³/h인 막식 가스미터기를 설치하여 도시가스를 사용하는 시설이 있다. 가스레인지 2.5m³/h를 1일 8시간 사용하고, 가스보일러 6m³/h를 1일 6시간 사용했을 경우 월 가스사용량은 약 몇 m³인가?(단, 1개월은 31일이다.)

① 1570　　② 1680
③ 1736　　④ 1950

[해설] 월 가스사용량 = (2.5×8+6×6)×31 = 1736m³

76
수평 30°의 각도를 갖는 경사 마노미터의 액면의 차가 10cm라면 수직 U자 마노메타의 액면차는?

① 2cm　　② 5cm
③ 20cm　　④ 50cm

[해설] 마노미터의 액면차 : $H = 10 \times (\sin 30) = 10 \times \dfrac{1}{2} = 5\text{cm}$

77
다음 중 람베르트-비어의 법칙을 이용한 분석법은?

① 분광광도법　　② 분별연소법
③ 전위차적정법　　④ 가스크로마토그래피법

[해설]
① 분광도광법 : 흡수한 빛의 정도를 측정하여 빛의 세기를 측정하는 방법으로 분관측정이라 한다. 광원 → 파장선택 → 시료 → 빛 검출
② Lambert-Beer법칙 : 빛이 물질을 통과할 때 빛은 일정한 비율로 흡수되는 관계를 설명한 것으로 Lambert 법칙과 Beer의 법칙을 조합한 법칙이다.

78
용적식(容積式)유량계에 해당하는 것은?

① 오리피스식　　② 루츠식
③ 벤투리식　　④ 피토관식

[해설] 용적식 유량계
① 습식　② 건식　③ 오벌식　④ 루트식

정답 75. ③　76. ②　77. ①　78. ②

79 다음 중 계통오차가 아닌 것은?
① 계기오차　　　　　　② 환경오차
③ 과오오차　　　　　　④ 이론오차

해설⊃ 계통오차
　　　① 이론오차　② 계기오차　③ 환경오차

80 회전자형 및 피스톤형 가스미터를 제외한 건식 가스미터의 경우 검정증인의 올바른 표시위치는?
① 외부함
② 전면판
③ 눈금지시부 및 상판의 접합
④ 본관의 보기 쉬운 부분 및 부관의 출입구

해설⊃ 건식 가스미터의 경우 검정증인의 올바른 표시위치 : 눈금지시부 및 상판의 접합부

정답 79. ③　80. ③

CBT 제5회 가스산업기사 모의고사

제1과목 : 연소공학

01 열전도율 단위는 어느 것인가?
① kcal/m · h · °C
② kcal/m² · h · °C
③ kcal/m² · °C
④ kcal/h

해설) 열전도율 : kcal/mh°C
열관류율(열전달율) : kcal/m²h°C
비열 : kcal/kg°C

02 다음 가연성 가스 중 폭발하한 값이 가장 낮은 것은?
① 메탄 ② 부탄 ③ 수소 ④ 아세틸렌

해설) 연소범위(폭발범위)
① 메탄 : 5~15% ② 부탄 : 1.8~8.4% ③ 수소 : 4~75%
④ 아세틸렌 : 2.5~81% ⑤ 프로판 : 2.1~9.5% ⑥ 에탄 : 3~12.5%
⑦ 에틸렌 : 3.1~32% ⑧ 벤젠 : 1.4~7.1% ⑨ 시안화수소 : 6~41%
⑩ 황화수소 : 4.3~45.5%

03 다음 중 착화온도가 낮아지는 이유가 되지 않는 것은?
① 반응활성도가 클수록
② 발열량이 클수록
③ 산소농도가 높을수록
④ 분자구조가 단순할수록

해설) 분자구조가 복잡할수록

정답 01. ① 02. ② 03. ④

04 어떤 혼합가스가 산소 10mol, 질소 10mol, 메탄 5mol을 포함하고 있다. 이 혼합가스의 비중은 약 얼마인가? (단, 공기의 평균분자량은 29이다.)
① 0.88
② 0.94
③ 1.00
④ 1.07

해설⊙ 혼합가스비중 $= \dfrac{(10 \times 32 + 10 \times 28 + 16 \times 5)}{25} = 27.2$

∴ $\dfrac{27.2}{29} = 0.94$

05 가연물질이 연소하는 과정 중 가장 고온일 경우의 불꽃색은?
① 황적색
② 적색
③ 암적색
④ 휘백색

해설⊙ 고온체의 색깔과 온도
① 암적색 : 700℃
② 적색 : 850℃
③ 휘적색 : 950℃
④ 황적색 : 1100℃
⑤ 백적색 : 1300℃
⑥ 휘백색 : 1500℃

06 공기 중 폭발한계의 상한 값이 가장 높은 가스는?
① 프로판
② 아세틸렌
③ 암모니아
④ 수소

해설⊙ 프로판 : 2.1~9.5% ④
아세틸렌 : 2.5~81% ①
암모니아 : 15~28% ③
수소 : 4~75% ②

정답 04. ② 05. ④ 06. ②

07

BLEVE(Boiling Liquid Expanding Vapour Explosion)현상에 대한 설명으로 옳은 것은?

① 물이 점성이 있는 뜨거운 기름 표면 아래서 끓을 때 연소를 동반하지 않고 overflow 되는 현상
② 물이 연소유(oil)의 뜨거운 표면에 들어갈 때 발생되는 overflow 현상
③ 탱크바닥에 물과 기름의 에멀젼이 섞여 있을 때 기름의 비등으로 인하여 급격하게 overflow 되는 현상
④ 과열상태의 탱크에서 내부의 액화 가스가 분출, 일시에 기화되어 착화, 폭발하는 현상

해설 ① 블래비(BLEVE, Boiling Liquid Expanding Vapour Explosion) : 과열상태의 탱크에서 내부의 액화가스가 분출하여 기화되어 폭발하는 현상
② 보일오버(Boil Over)
  ㉠ 중질유의 탱크에서 장시간 조용히 연소하다 탱크내의 잔존기름이 갑자기 분출하는 현상
  ㉡ 유류탱크에서 탱크바닥에 물과 기름의 에멀젼이 섞여 있을 때 이로 인하여 화재가 발생하는 현상
  ㉢ 연소유면으로부터 100°C이상의 열파가 탱크 저부에 고여 있는 물을 비등하게 하면서 연소유를 탱크 밖으로 비산시키며 연소하는 현상
③ 오일오버(Oil Over) : 저장탱크 내에 저장된 유류저장량이 내용적으로 50% 이하로 충전되어 있을 때 화재로 인하여 탱크가 폭발하는 현상
④ 프로스오버(Froth Over) : 물이 점성의 뜨거운 기름 표면 아래서 끓을 때 화재를 수반하지 않고 용기가 넘치는 현상
⑤ 슬롭오버(Slop Over)
  ㉠ 물이 연소유의 뜨거운 표면에 들어갈 때 기름 표면에서 화재가 발생하는 현상
  ㉡ 유류화재로 소화하기 위한 물이 수분의 급격한 증발에 의해 액면이 거품을 일으키면서 열유층 밑의 냉유가 급히 열 팽창하여 기름의 일부가 불이 붙은 채 탱크벽을 넘어서 일출하는 현상
⑥ 백운현상 : LNG누출시 공기중의 수분이 노점 이하로 되어 하얗게 서리가 생기는 것
⑦ 롤오버현상 : 초저온액화 천연가스 등이 수상에 노출하여 물과의 온도차에 의해 폭발적으로 기화하는 현상

정답 07. ④

08
다음은 폭굉의 정의에 관한 설명이다. ( )에 알맞은 용어는?

> 폭굉이란 가스의 화염(연소)( )가(이) ( )보다 큰 것으로 파면선단의 압력파에 의해 파괴작용을 일으키는 것을 말한다.

① 전파속도 – 음속
② 폭발파 – 충격파
③ 전파온도 – 충격파
④ 전파속도 – 화염온도

해설 · 폭굉이란 : 가스중의 화염의 전파속도가 음속보다 빠른 경우의 폭발로서 파면선단에 충격파라고 하는 압력파가 생겨 격렬한 파괴작용을 일으키는 현상
① 폭굉유도거리가 짧아지는 현상
  ㉠ 고압일수록
  ㉡ 정상연소속도가 큰 혼합가스일수록
  ㉢ 관속에 방해물이 있거나 관경이 가늘수록
  ㉣ 점화원의 에너지가 클수록
② 폭굉속도 : 1000~3000m/sec

09
연소가스의 폭발 및 안전에 대한 다음 내용은 무엇에 관한 설명인가?

> 두 면의 평행판 거리를 좁혀가며 화염이 전파하지 않게 될 때의 면간거리

① 안전간격   ② 한계직경   ③ 소염거리   ④ 화염일주

해설 · 안전간격 : 8L의 구형용기 안에 폭발성 혼합가스를 채우고 점화시켜 발생된 화염이 용기외부의 폭발성 혼합가스에 전달되는가의 여부를 측정하였을 때 화염을 전달시킬 수 없는 한계의 틈 (안전간격이 작은 가스일수록 위험하다)
· 한계직경(지름) : 파이프 속을 화염이 진행할 때 화염이 전파되지 않고 도중에서 꺼지는 한계의 파이프 지름
· 소염거리 : 두 장의 평행판거리를 좁혀가며 화염이 전달되지 않게 될 때의 평행한 사이거리

10
동일 체적인 에탄, 에틸렌, 아세틸렌을 완전 연소시킬 때 필요한 산소량의 비는?

① 3.5 : 3.0 : 2.5
② 7.0 : 6.0 : 6.0
③ 4.0 : 3.0 : 5.0
④ 6.0 : 6.5 : 5.0

해설 ① 에탄 : $C_2H_6 + 3.5O_2 \rightarrow 2CO_2 + 3H_2O$
② 에틸렌 : $C_2H_4 + 3O_2 \rightarrow 2CO_2 + 2H_2O$
③ 아세틸렌 : $C_2H_2 + 2.5O_2 \rightarrow 2CO_2 + H_2O$

정답 08. ① 09. ③ 10. ①

11   기체 연료 중 수소가 산소와 화합하여 물이 생성되는 경우에 있어 $H_2 : O_2 : H_2O$의 비례 관계는?

① 2 : 1 : 2
② 1 : 1 : 2
③ 1 : 2 : 1
④ 2 : 2 : 3

[해설] $H_2 + \dfrac{1}{2}O_2 \rightarrow H_2O$

$2H_2 + O_2 \rightarrow 2H_2O$

12   공기비가 적을 경우 나타나는 현상과 가장 거리가 먼 것은?

① 매연발생이 심해진다.
② 폭발사고 위험성이 커진다.
③ 연소실 내의 연소온도가 저하된다.
④ 미연소로 인한 열손실이 증가한다.

[해설] 공기비가 적을 때
① 매연발생이 심해진다.
② 미연소로 인한 열손실이 증가한다.
③ 폭발사고 위험성이 커진다.

13   메탄 80v%, 프로판 5v%, 에탄 15v%인 혼합가스의 공기 중 폭발하한계는 약 얼마인가?

① 2.1%
② 3.3%
③ 4.3%
④ 5.1%

[해설] 연소범위 : 메탄 : 5~15%, 프로판 : 2.1~9.5%, 에탄 : 3~12.5%

$\dfrac{100}{L} = \dfrac{V_1}{L_1} + \dfrac{V_2}{L_2} + \dfrac{V_3}{L_3} \cdots \dfrac{V_n}{L_n}$

$\dfrac{100}{L} = (\dfrac{80}{5} + \dfrac{5}{2.1} + \dfrac{15}{3})$

$\dfrac{100}{L} = 23.38$

$L = \dfrac{100}{23.38} = 4.277\%$

정답 11. ①   12. ③   13. ③

14 아세틸렌(C_2H_2)의 완전연소반응식은?

① $C_2H_2+O_2 \rightarrow CO_2+H_2O$
② $2C_2H_2+O_2 \rightarrow 4CO_2+H_2O$
③ $C_2H_2+5O_2 \rightarrow CO_2+2H_2O$
④ $2C_2H_2+5O_2 \rightarrow 4CO_2+2H_2O$

해설 ▷ 완전연소 반응식
① $C_3H_8+5O_2 \rightarrow 3CO_2+4H_2O$
② $2C_4H_{10}+13O_2 \rightarrow 8CO_2+10H_2O$
③ $CH_4+2O_2 \rightarrow CO_2+2H_2O$
④ $2C_2H_2+5O_2 \rightarrow 4CO_2+2H_2O$

15 열역학법칙 중 '어떤 계의 온도를 절대온도 0K까지 내릴 수 없다'에 해당하는 것은?

① 열역학 제0법칙
② 열역학 제1법칙
③ 열역학 제2법칙
④ 열역학 제3법칙

해설 ▷ 열역학 법칙
① 열역학 제 0법칙 : 열평형 법칙
온도가 서로 다른 물체를 접촉시키면 열의 이동으로 인하여 동일한 상태에 놓아둔 두 물체 사이에는 온도차가 없어지며 열평형을 이룬다.
② 열역학 제 1법칙 : 열에너지 보존 법칙
㉠ 에너지 전환과정에서 에너지는 절대 소멸되거나 생성되지 않는다.
㉡ 에너지의 한 형태의 열과 일은 서로 같고 열은 일과 열로 서로 전환이 가능하다.
③ 열역학 제 2법칙 : 엔트로피 법칙
㉠ 계의 엔트로피는 증가할 수도 있고 감소할 수도 있다.
㉡ 제2종 영구기관은 존재할 수 없다.
㉢ 제2종 영구기관 : 입력과 출력이 같은 효율이 100%인 기관을 말한다.
㉣ 열은 스스로 다른 물체에 아무런 변화도 주지 않고 저온 물체에서 고온 물체로 이동하지 않는다.
㉤ 자연계에 아무런 변화도 남기지 않고 어느 열원의 열을 계속해서 일로 바꿀 수 없다. 즉 고온물체의 열을 계속해서 일로 바꾸려면 저온물체로 열을 버려야만 한다.
㉥ 효율이 100%인 열기관은 제작이 불가능하다.
㉦ 엔트로피의 변화는 흡수한 열에 의해생긴다.
㉧ 저온계에서 고온계로 열을 이동시키는 과정은 불가능하다라고 표현할 수도 있는 비가역성이다.
④ 열역학 제 3법칙
㉠ 절대영점에서의 엔트로피 법칙
㉡ 어떠한 방법이라도 어떤 계를 절대온도 0도에 이르게 할 수 없다.

정답 14. ④ 15. ④

16 가로, 세로, 높이가 각각 3m, 4m, 3m인 가스 저장소에 최소 몇 L의 부탄가스가 누출되면 폭발될 수 있는가? (단, 부탄가스의 폭발범위는 1.8~8.4%이다.)

① 460 ② 560 ③ 660 ④ 760

해설 ① 저장소 부피 : $3 \times 4 \times 3 = 36m^3$

② 폭발 하한값 : $36m^3 \times \dfrac{1.8}{100} = 0.648m^3 \times 1000 = 648l$ (최소값)

③ 폭발 상한값 : $36m^3 \times \dfrac{8.4}{100} = 3.024m^3 \times 1000 = 3024l$ (최대값)

17 500L의 용기에 40atm·abs, 30°C에서 산소(O_2)가 충전되어 있다. 이때 산소는 몇 kg인가?

① 7.8kg ② 12.9kg ③ 25.7kg ④ 31.2kg

해설 ① $n = \dfrac{PV}{RT} = \dfrac{40 \times 500}{0.082 \times (273+30)} = 804.958\ mol$

1mol = 32g
804.95mol = x

$x = \dfrac{804.958 \times 32}{1mol} = 25758.65g$

∴ 1kg = 1,000g   25.76kg

18 다음 혼합가스 중 폭굉이 가장 잘 발생되기 쉬운 것은?

① 수소 - 공기 ② 수소 - 산소
③ 아세틸렌 - 공기 ④ 아세틸렌 - 산소

해설 폭발범위가 넓을수록 폭굉이 잘 발생이 됨(아세틸렌-산소)

19 가연성가스의 연소에 대한 설명으로 옳은 것은?

① 폭굉속도는 보통 연소속도의 10배 정도이다.
② 폭발범위는 온도가 높아지면 일반적으로 넓어진다.
③ 혼합가스의 폭굉속도는 1,000m/s 이하이다.
④ 가연성가스와 공기의 혼합가스에 질소를 첨가하면 폭발범위의 상한치는 크게 된다.

해설 ① 폭굉속도는 보통 연소속도의 100~350배 정도이다.
② 폭굉범위는 온도가 높아지면 일반적으로 넓어진다.
③ 혼합가스의 폭굉속도는 1,000~3,500 m/sec

정답 16. ③ 17. ③ 18. ④ 19. ②

20 가정용 연료가스는 프로판과 부탄가스를 액화한 혼합물이다. 이 혼합물이 30℃에서 프로판과 부탄의 몰비가 5 : 1로 되어 있다면 이 용기 내의 압력은 약 몇 atm인가? (단, 30℃에서의 증기압은 프로판 9,000mmHg이고, 부탄은 2,400mmHg이다.)
① 2.6　　② 5.5　　③ 8.8　　④ 10.4

[해설] 압력 $= \left(\dfrac{5}{6} \times 9000 + \dfrac{1}{6} \times 2400\right) = 7900\,\mathrm{mmHg}$

∴ 1 atm = 760 mmHg
　　x = 7900 mmHg
　　$x = \dfrac{1\,\mathrm{atm} \times 7900\,\mathrm{mmHg}}{760\,\mathrm{mmHg}} = 10.4\,\mathrm{atm}$

제2과목 : 가스설비

21 두 개의 다른 금속이 접촉되어 전해질 용액 내에 존재할 때 다른 재질의 금속 간 전위차에 의해 용액 내에서 전류가 흐르는 데, 이에 의해 양극부가 부식이 되는 현상을 무엇이라 하는가?
① 공식　　② 침식부식
③ 갈바닉 부식　　④ 농담 부식

22 그림은 가정용 LP가스 소비시설이다. R1에 사용되는 조정기의 종류는?

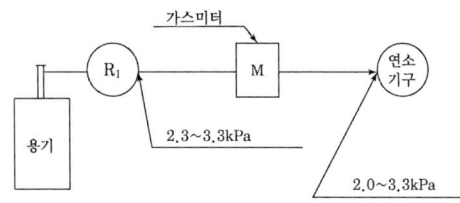

① 1단 감압식 저압조정기　　② 1단 감압식 준저압조정기
③ 2단 감압식 1차용 조정기　　④ 2단 감압식 2차용 조정기

[해설] 압력조정기 종류에 따른 입구압력 및 조정압력

조정기	입구압력	조정압력
1단 감압식 저압조정기	0.7~15.6 kg/cm²	2.3~3.3 kPa
1단 감압식 준저압 조정기	1.0~15.6 kg/cm²	5~30 kPa
2단 감압식 1차용 조정기	1.0~15.6 kg/cm²	0.57~0.83 kg/cm²
2단 감압식 2차용 조정기	0.25~3.5 kg/cm²	2.3~3.3 kPa

정답 20. ④　21. ③　22. ①

23 조정압력이 3.3kPa 이하이고 노즐 지름이 3.2mm 이하인 일반용 LP가스 압력조정기의 안전장치 분출용량은 몇 L/h 이상이어야 하는가?

① 100   ② 140
③ 200   ④ 240

[해설] 조정압력이 3.3kPa 이하이고 노즐지름이 3.3mm 이하인 일반용 LP가스 압력조정기의 안전장치 분출용량 : 140L/h 이상

24 자연기화와 비교한 강제기화기 사용 시 특징에 대한 설명으로 틀린 것은?

① 기화량을 가감할 수 있다.
② 공급가스의 조성이 일정하다.
③ 설비장소가 커지고 설비비는 많이 든다.
④ LPG 종류에 관계없이 한랭 시에도 충분히 기화된다.

[해설] 강제기화기 사용시 특징
① 한랭시에도 연속적으로 충분한 가스를 공급할 수 있다.
② 공급가스의 조성이 일정하다.
③ 기화량 가감용이
④ 설치면적이 적다.

25 저압 가스 배관에서 관의 내경이 1/2로 되면 압력손실은 몇 배가 되는가?(단, 다른 모든 조건은 동일한 것으로 본다.)

① 4   ② 16
③ 32   ④ 64

[해설] $Q = K\sqrt{\dfrac{D^5 \cdot h}{S \cdot L}}$

$Q^2 = K^2 \times \dfrac{D^5 \times h}{S \times L}$

$\therefore h = \dfrac{K^2 \times S \times L}{D^5 \times L} = \dfrac{\frac{1}{1}}{\frac{1}{2}} = 2^5 = 32$배

정답 23. ②   24. ③   25. ③

26
액화프로판 400kg을 내용적 50L의 용기에 충전 시 필요한 용기의 개수는?
① 13개
② 15개
③ 17개
④ 19개

해설》 $G = \dfrac{V}{C}$ ∴ $V = G \times C = 400 \times 2.35 = 940\ell$

∴ $\dfrac{940}{50} = 18.8$개 ≒ 19개

27
조정기 감압방식 중 2단 감압방식의 장점이 아닌 것은?
① 공급압력이 안정하다.
② 장치와 조작이 간단하다.
③ 배관의 지름이 가늘어도 된다.
④ 각 연소기구에 알맞은 압력으로 공급이 가능하다.

해설》 2단감압법의 장점
① 공급압력이 일정하다.
② 중간배관이 가늘어도 된다.
③ 배간입상에 의한 압력강하 보정
④ 각 연소기구에 알맞은 압력으로 공급이 가능

28
LPG 집단공급시설에서 입상관이란?
① 수용가에 가스를 공급하기 위해 건축물에 수직으로 부착되어 있는 배관을 말하며 가스의 흐름방향이 공급자에게 수용가로 연결된 것을 말한다.
② 수용가에 가스를 공급하기 위해 건축물에 수평으로 부착되어 있는 배관을 말하며 가스의 흐름방향이 공급자에서 수용가로 연결된 것을 말한다.
③ 수용가에 가스를 공급하기 위해 건축물에 수직으로 부착되어 있는 배관을 말하며 가스의 흐름방향과 관계없이 수직배관은 입상관으로 본다.
④ 수용가에 가스를 공급하기 위해 건축물에 수평으로 부착되어 있는 배관을 말하며 가스의 흐름방향과 관계없이 수직배관은 입상관으로 본다.

해설》 입상관
수용가에 가스를 공급하기 위해 건축물에 수직으로 부착되어 있는 배관을 말하며 가스의 흐름방향과 관계없이 수직배관은 입상관으로 본다.

정답 26. ④ 27. ② 28. ③

29 암모니아를 냉매로 하는 냉동설비의 기밀시험에 사용하기에 가장 부적당한 가스는?
① 공기
② 산소
③ 질소
④ 아르곤

해설⊃ 암모니아는 가연성이며, 독성가스이므로 산소가스를 사용 시 폭발의 위험이 있다.

30 다음 중 LP가스의 성분이 아닌 것은?
① 프로판
② 부탄
③ 메탄올
④ 프로필렌

해설⊃ LP가스 성분 : 프로판, 부탄, 프로필렌, 부틸렌, 부타디엔, 프로틴 등의 석유계 저급 탄화수소 혼합물로 이루어져 있다.

31 20kg 용기(내용적 47L)를 3.1MPa 수압으로 내압시험 결과 내용적이 47.8L로 증가하였다. 영구(항구) 증가율은 얼마인가? (단, 압력을 제거하였을 때 내용적은 47.1L이었다.)
① 8.3%
② 9.7%
③ 11.4%
④ 12.5%

해설⊃ 영구 증가율 $= \dfrac{\text{영구 증가량}}{\text{전 증가량}} \times 100\% = \dfrac{47.1-47}{47.8-47} \times 100\% = 12.5\%$

32 전기방식시설의 유지관리를 위한 도시가스시설의 전위 측정용 터미널(T/B) 설치에 대한 설명으로 옳은 것은?
① 희생양극법에 의한 배관에는 500m 이내 간격으로 설치한다.
② 배류법에 의한 배관에는 500m 이내 간격으로 설치한다.
③ 외부전원법에 의한 배관에는 300m 이내 간격으로 설치한다.
④ 직류전철 횡단부 주위에 설치한다.

해설⊃ 전기방식시설의 유지관리 전위측정용 터미널 설치 기준
전기방식시설의 시공은 다음 각 목의 기준에 의한다.
① 전기방식시설의 유지관리를 위한 전위측정용 터미널(T/B)은 다음 기준에 적합하게 설치한다.
 ㉠ 희생양극법 또는 배류법에 의한 배관에는 300 m 이내의 간격으로 설치할 것
 ㉡ 외부전원법에 의한 배관에는 500 m 이내의 간격으로 설치할 것. 다만, 이미 설치된 전위측정용 터미널(T/B) 또는 배관을 이설하는 경우에는 이웃한 전위측정용 터미널

정답 29. ② 30. ③ 31. ④ 32. ④

(T/B)과의 설치간격을 10% 이내에서 가감하여 설치할 수 있다.
ⓒ 본관. 공급관에 부속된 밸브박스와 사용자공급관 및 내관에 부속된 밸브박스 또는 입상관 절연부 등에 전위를 측정할 수 있는 인출선 등이 있는 경우에는 당해 시설을 ㉠. ㉡ 규정에 의한 전위측정용 터미널로 대체할 수 있다.
② 직류전철 횡단부 주위
⑩ 지중에 매설되어 있는 배관절연부의 양측
⑪ 강재보호관 부분의 배관과 강재보호관. 다만, 가스배관과 보호관 사이에 절연 및 유동 방지조치가 된 보호관은 제외한다.
ⓢ 타 금속구조물과 근접교차부분
ⓞ 밸브스테이션
ⓩ 교량 및 하천 횡단배관의 양단부. 다만, 외부전원법 및 배류법에 의해 설치된 것으로 횡단길이가 500 m 이하인 배관과 회생양극법에 의해 설치된 것으로 횡단길이가 50m 이하인 배관은 제외한다.

33

입구측 압력이 0.5MPa 이상인 정압기의 안전밸브 분출부의 크기는 얼마 이상으로 하여야 하는지 고르시오.

① 20A　　　　② 25A
③ 32A　　　　④ 50A

해설 정압기 안전밸브 분출부 크기
① 정압기 입구측 압력이 0.5 MPa 이상인 것은 50 A 이상으로 하여야 한다.
② 정압기 입구측 압력이 0.5 MPa 미만인 것은 정압기의 설계유량에 따라 다음과 같은 크기로 하여야 한다.
　㉠ 정압기 설계유량이 1000 Nm³/h 이상인 것은 50 A 이상
　㉡ 정압기 설계유량이 1000 Nm³/h 미만인 것은 25 A 이상

34

대기 중에 10m 배관을 연결할 때 중간에 상온스프링을 이용하여 연결하려 한다면 중간 연결부에서 얼마의 간격으로 하여야 하는지 고르시오. (단, 대기 중의 온도는 최저 -20°C, 최고 30°C이고, 배관의 열팽창 계수는 7.2×10^{-5}/°C이다.)

① 18 mm　　　② 24 mm
③ 36 mm　　　④ 48 mm

해설 상온 스프링(cold spring)
① 길이 = 자유팽창량의 $\frac{1}{2}$로 한다.
② $\Delta L = L\alpha\Delta t = (10 \times 1000) \times (7.2 \times 10^{-5}) \times (30+20) \times \frac{1}{2} = 18$ mm

정답 33. ④　34. ①

35 물 수송량이 6000 L/min, 전양정이 45 m, 효율이 75%인 터빈 펌프의 소요 마력은 약 몇 kW인지 고르시오.

① 40　　② 47　　③ 59　　④ 68

해설) 펌프 소요동력
$$P = \frac{\gamma \times Q \times H}{102 \times 60 \times \eta} = \frac{1000 \times (6000 \times 10^{-3}) \times 45}{102 \times 60 \times 0.75} = 58.823 \text{ kW}$$
γ : 물의 비중량 : 1000 kg/m³

36 내경 100 mm, 길이 400 m인 주철관이 유속 2 m/s로 물이 흐를 때의 마찰손실수두는 약 몇 m인가? (단, 마찰계수[λ]는 0.04이다)

① 32.7　　② 34.5　　③ 40.2　　④ 45.3

해설) $HL = \dfrac{\lambda \ell V^2}{2gd} = \dfrac{0.04 \times 400 \times 2^2}{2 \times 9.8 \times 0.1} = 32.65 \text{ m}$

37 강의 열처리 중 불균일한 조직을 균일한 표준화된 조직으로 하기 위한 방법은?

① 담금질(quenching)　　② 뜨임(tempering)
③ 불림(normalizing)　　④ 풀림(annealing)

해설) 열처리
① 담금질(퀜칭) : 경도 및 강도증가
② 뜨임(템퍼링) : 인성증가
③ 풀림(어닐링) : 가공응력 및 내부응력제거
④ 불림(노멀라이징) : 조직의 미세화, 편석이나 잔류응력제거 불균일한 조직을 균일한 표준화된 조직으로 바꿈

정답 35. ③　36. ①　37. ③

38. 원유, 중유, 나프타 등의 분자량이 큰 탄화수소 원료를 고온(800~900℃)으로 분해하여 고열량의 가스를 제조하는 방법은?

① 열분해 프로세스
② 접촉분해 프로세스
③ 수소화분해 프로세스
④ 대체 천연가스 프로세스

해설 가스제조방식

① 열분해 프로세스 : 나프타, 원유, 중유 등의 분자량이 큰 탄화수소 원료를 고온(800~ 900[℃])으로 분해하여 10000[kcal/Nm^3]정도의 고열량가스를 제조하는 방식이다.

② 접촉분해(수증기 개질)프로세스 : 접촉분해(수증기 개질)는 촉매를 사용하여 사용온도 400~800[℃]에서 탄화수소와 수증기와 반응하여 수소, 메탄, 일산화탄소, 에틸렌, 탄산가스, 에탄, 프로필렌 등의 저급 탄화수소로 변환시키는 방법이다.

③ 부분연소 프로세스 : 부분연소에 의한 가스제조는 메탄에서 원유까지는 원료를 가스화하는 것으로 산소 또는 공기 및 수증기를 이용하여 CH_4, H_2, CO, CO_2로 변환하는 방법이며, 탄화수소의 분해 및 수증기와의 반응에 필요한 열은 원료의 일부 연소기에 의해 보급되어 가스화와 가열을 동일로 내에서 행하기 때문에 내연식 또는 오트사밍 프로세스라고도 한다. 탄화수소와 수증기, 산소(공기)와의 반응은 700[℃] 이상에서 고활성인 촉매(니켈계)를 매개체로 하여 일어난다.

④ 수소화(수첨)분해 프로세스 : 수소화 분해는 수소기류 중 탄화수소 원료를 열분해 또는 접촉분해하여 메탄을 주성분으로 하는 고열량의 가스를 제조하는 방법이며 현재는 주로 나프타를 원료로 이용하고 있다.

⑤ 대체 천연가스 프로세스(substitute natural gas) : 대체 천연가스 프로세스란 천연가스이외의 석탄, 원유, 나프타, LPG 등의 각종 탄화수소 원료에서 천연가스와 물리적, 화학적 성질(조성, 열량, 연소성)이 거의 비슷한 가스를 제조하는 것을 말한다. SNG의 주성분은 메탄이며 공업적 제조로는 H_2O, O_2, H_2를 원료탄화수소와 반응시켜 수증기 개질, 부분연소, 수첨분해에 의해 가스화하여 메탄합성, 탈탄산 등의 프로세스와 병용하여 사용하고 있다. 실체의 프로세스 원료는 경질유(LPG, 나프타), 중질유(중유, 원유) 및 석탄 등에서 분류하는 것이 편하다.

정답 38. ①

39 용기 부속품에 대한 표시 사항으로 옳은 것은?
① 압축가스를 충전하는 용기의 부속품 : PG
② 초저온 용기 부속품 : LG
③ 저온 용기 부속품 : LG
④ 아세틸렌가스를 충전하는 용기의 부속품 : APG

해설 ▷ 용기 부속품 기호
① AG : 아세틸렌가스를 충전하는 용기 부속품
② PG : 압축가스를 충전하는 용기 부속품
③ LT : 초저온 및 저온 용기를 충전하는 용기 부속품
④ LPG : 액화석유가스를 충전하는 용기 부속품
⑤ LG : 액화석유가스 외의 가스를 충전하는 용기 부속품

40 외경(D)이 216.3mm, 구경 두께 5.8mm인 200A의 배관용 탄소강관이 내압 0.99 MPa을 받았을 경우에 관에 생긴 원주방향 응력은 약 몇 MPa인가?
① 8.8　　② 17.5　　③ 26.3　　④ 25.1

해설 ▷ 원주방향 응력
① $\sigma_A = \dfrac{W}{A} = \dfrac{PD}{2t} = \dfrac{P(D-2t)}{2t}$
② $\sigma_A = \dfrac{P(D-2t)}{2t} = \dfrac{0.99 \times (216.3 - 2 \times 5.8)}{2 \times 5.8} = 17.47\,\text{MPa}$
③ P : 내압[MPa], D : 안지름[mm], t : 두께[mm]
④ 축(길이)방향 응력 : $\sigma_h = \dfrac{W}{A} = \dfrac{PD}{4t}$

제3과목 : 가스안전관리

41 냉동용 특정설비 제조시설에서 냉동기 냉매설비에 대하여 실시하는 기밀시험 압력의 기준으로 적합한 것은?
① 설계압력 이상의 압력　　② 사용압력 이상의 압력
③ 설계압력의 1.5배 이상의 압력　　④ 사용압력의 1.5배 이상의 압력

해설 ▷ ・기밀시험압력 : 설계압력 이상의 압력
・내압시험압력 : 설계압력의 1.5배 이상의 압력

정답 39. ①　40. ②　41. ①

42

운반책임자를 동승시켜 운반해야 되는 경우에 해당되지 않는 것은?

① 압축산소 : 100 m³ 이상
② 독성압축가스 : 100 m³ 이상
③ 액화산소 : 6000 kg 이상
④ 독성액화가스 : 1000 kg 이상

해설⊃ 운반책임자 동승기준

성질	압축가스	액화가스
독성	100 cm³ 이상	1 Ton 이상
가연성	300 cm³ 이상	3 Ton 이상
조연성	500 cm³ 이상	6 Ton 이상

1 Ton = 1,000 kg

43

염소의 성질에 대한 설명으로 틀린 것은?

① 화학적으로 활성이 강한 산화제이다.
② 녹황색와 자극적인 냄새가 나는 기체이다.
③ 습기가 있으면 철 등을 부식시키므로 수분과 격리시켜야 한다.
④ 염소와 수소를 혼합하면 냉암소에서도 폭발하여 염화수소가 된다.

해설⊃ 염소의 성질
① 상온에서 강한 자극성 냄새가 나는 황록색 기체이다.
② 극히 유독한 맹독성가스이다 (1PPM이하)
③ 비점은 –35℃이하, 6~8atm 이상의 압력을 가하면 쉽게 액화

44

소비 중에는 물론 이동, 저장 중에도 아세틸렌 용기를 세워두는 이유는?

① 정전기를 방지하기 위해서
② 아세톤의 누출을 막기 위해서
③ 아세틸렌이 공기보다 가볍기 때문에
④ 아세틸렌이 쉽게 나오게 하기 위해서

정답 42. ① 43. ④ 44. ②

45 초저온 용기 제조 시 적합여부에 대하여 실시하는 설계단계 검사 항목이 아닌 것은?
① 외관검사　② 재료검사　③ 마멸검사　④ 내압검사

해설 › 초저온 용기
① 인장시험　② 기밀시험
③ 내압시험　④ 외관검사
⑤ 용접부에 관한 시험　⑥ 단열성능시험
⑦ 압궤시험　⑧ 재료시험

참고　강으로 제조한 이음매 없는 용기 신규검사 항목
① 인장시험　② 기밀시험
③ 내압시험　④ 외관검사
⑤ 파열시험　⑥ 충격시험
⑦ 압궤시험

46 호칭지름 25A 이하이고 상용압력 2.94MPa 이하의 나사식 배관용 볼밸브는 10회/min 이하의 속도로 몇 회 개폐동작 후 기밀시험에서 이상이 없어야 하는가?
① 3000회　② 6000회
③ 30000회　④ 60000회

47 특정고압가스 사용시설의 기준에 대한 설명 중 옳은 것은?
① 산소 저장설비 주위 8m 이내에는 화기를 취급하지 않는다.
② 고압가스 설비는 상용압력 2.5배 이상의 내압시험에 합격한 것을 사용한다.
③ 독성가스 감압 설비와 당해 가스반응 설비간의 배관에는 역류방지장치를 설치한다.
④ 액화가스 저장량이 100kg 이상인 용기보관실에는 방호벽을 설치한다.

해설 › ① 산소 저장설비 주위 5m 이내에는 화기를 취급하지 않는다.
② 고압가스 설비는 상용압력 1.5배 이상의 내압시험에 합격한 것을 사용한다.
④ 액화가스 저장량이 300kg 이상인 용기보관실에는 방호벽을 설치한다.

정답　45. ③　46. ②　47. ③

48
액화 프로판을 내용적이 4700L인 차량에 고정된 탱크를 이용하여 운행 시 기준으로 적합한 것은?(단, 폭발방지장치가 설치되지 않았다.)

① 최대 저장량이 2000kg이므로 운반책임자 동승이 필요 없다.
② 최대 저장량이 2000kg이므로 운반책임자 동승이 필요 하다.
③ 최대 저장량이 5000kg이므로 200km 이상 운행시 운반책임자 동승이 필요하다.
④ 최대 저장량이 5000kg이므로 운행거리에 관계없이 운반책임자 동승이 필요없다.

해설 운반책임자 동승기준

성질	압축가스	액화가스
독성	100m³ 이상	1Ton 이상
가연성	300m³ 이상	3Ton 이상
조연성	600m³ 이상	6Ton 이상

$$G = \frac{V}{C} = \frac{4700}{2.35} = 2000 kg$$

49
고압가스 용기(공업용)의 외면에 도색하는 가스 종류별 색상이 바르게 짝지어진 것은?

① 수소 – 갈색
② 액화염소 – 황색
③ 아세틸렌 – 밝은 회색
④ 액화암모니아 – 백색

해설 공업용기 도색

청탄산 산녹에서 황아체 안주삼아 소주잔 높이들고 백암산 바라보니 염소는 갈색으로
 ①   ②   ③   ④   ⑤   ⑥   ⑥
보이고 쥐들은 기타를 치더라
  ⑦   ⑦

① 탄산가스 : 청색　② 산소 : 녹색　③ 아세틸렌 : 황색
④ 수소 : 주황　⑤ 암모니아 : 백색　⑥ 염소 : 갈색
⑦ 기타 : 쥐색(회색)

50
액화석유가스 자동차에 고정된 용기충전의 시설에 설치되는 안전밸브 중 압축기의 최종단에 설치된 안전밸브의 작동조정의 최소 주기는?

① 6월에 1회 이상
② 1년에 1회 이상
③ 2년에 1회 이상
④ 3년에 1회 이상

해설 압축기 최종단에 설치 안전밸브 작동조정 최소 주기 : 1년에 1회 이상

정답 48. ①　49. ④　50. ②

51
다음 각 용기의 기밀시험 압력으로 옳은 것은?
① 초저온가스용 용기는 최고 충전압력의 1.1배의 압력
② 초저온가스용 용기는 최고 충전압력의 1.5배의 압력
③ 아세틸렌용 용기는 최고 충전압력의 1.1배의 압력
④ 아세틸렌용 용기는 최고 충전압력의 1.6배의 압력

[해설] TP – C_2H_2=FP×3,
  – 기타=FP×$\frac{5}{3}$
 AP – C_2H_2 = FP×1.8
  – 초저온 및 저온 = FP×1.1
  – 기타 = FP이상

52
염소 누출에 대비하여 보유하여야 하는 제독제가 아닌 것은?
① 가성소다 수용액   ② 탄산소다 수용액
③ 암모니아 수용액   ④ 소석회

[해설] 제독제
① 염소 : ㉠ 소석회, ㉡ 가성소다, ㉢ 탄산소다
② 포스겐 : ㉠ 가성소다, ㉡ 소석회
③ 황화수소 : ㉠ 가성소다, ㉡ 탄산소다
④ 아황산가스 : ㉠ 물, ㉡ 가성소다, ㉢ 탄산소다
⑤ 시안화수소 : ㉠ 가성소다
⑥ 암모니아, 산화에틸렌, 염화메탄 : 다량의 물

53
용기에 의한 액화석유가스 저장소에서 액화석유가스 저장설비 및 가스설비는 그 외면으로부터 화기를 취급하는 장소까지 최소 몇 m 이상의 우회거리를 두어야 하는가?
① 3   ② 5   ③ 8   ④ 10

[해설] 액화석유가스 저장설비 및 가스설비는 그 외면으로부터 화기를 취급하는 장소까지 최소 몇 8m 이상의 우회거리를 둔다.
[참고]
① 산소 저장설비 주위 5m 이내 화기 취급금지
② 저장실 주위 2m 이내에는 화기, 인화성, 발화성물질 금지
③ 가연성가스 충전 용기의 보관실 및 그 주위 2m 이내에는 화기사용이나 인화성. 발화성물질 금지
④ 용기보관 장소 주위 2m 이내에는 화기 또는 인화성, 발화성물질 금지

정답 51. ① 52. ③ 53. ③

⑤ 에어졸 제조설비 및 에어졸 충전용기 저장소는 화기 또는 인화성물질과 8m 이상의 우회거리
⑥ 가연성가스 및 산소가스 저장설비는 8m 이상의 우회거리 유지

54
밸브가 돌출한 용기를 용기보관소에 보관하는 경우 넘어짐 등으로 인한 충격 및 밸브의 손상을 방지하기 위한 조치를 하지 않아도 되는 용기의 내용적의 기준은?
① 1L 미만
② 3L 미만
③ 5L 미만
④ 10L 미만

해설 ➔ 넘어짐 방지 조치 : 용기 내용적 5ℓ미만

55
고압가스안전관리법시행규칙에서 정의하는 '처리능력'이라 함은?
① 1시간에 처리할 수 있는 가스의 양이다.
② 8시간에 처리할 수 있는 가스의 양이다.
③ 1일에 처리할 수 있는 가스의 양이다.
④ 1년에 처리할 수 있는 가스의 양이다.

해설 ➔ 처리능력 : 처리설비 또는 감압설비에 의하여 압축, 액화 그 밖의 방법으로 1일에 처리할 수 있는 가스의 양(0°C, 0 kg/cmg)

56
고압가스 저장탱크 물분무장치의 설치에 대한 설명으로 틀린 것은?
① 물분무장치는 30분 이상 동시에 방사할 수 있는 수원에 접속되어야 한다.
② 물분무장치는 매월 1회 이상 작동상황을 점검하여야 한다.
③ 물분무장치는 저장탱크 외면으로부터 10m 이상 떨어진 위치에서 조작할 수 있어야 한다.
④ 물분무장치는 표면적 1m²당 8L/분을 표준으로 한다.

해설 ➔ 물분무장치 등의 조작 : 물분무장치 등은 당해 저장탱크의 외면으로부터 15 m 이상 떨어진 안전한 위치에서 또한 방류둑을 설치한 저장탱크에 있어서 당해 방류둑의 밖에서 조작할 수 있는 것이어야 한다. 다만, 저장탱크의 주위에 예상되는 화재에 대비하여 안전한 차단장치를 설치한 경우에는 그러하지 아니하다.

정답 54. ③　55. ③　56. ③

57 도시가스 사업자는 가스공급시설을 효율적으로 안전관리하기 위하여 도시가스 배관망을 전산화하여야 한다. 전산화 내용에 포함되지 않는 사항은?
① 배관의 설치도면
② 정압기의 시방서
③ 배관의 시공자, 시공연월일
④ 배관의 가스흐름 방향

해설⊃ 도시가스사업자는 가스공급시설을 효율적으로 관리하기 위하여 배관, 정압기 등의 설치도면, 시방서(호칭지름 및 재질 등에 관한 사항을 기재한다), 시공자, 시공연월일 등을 전산화 할 것

58 다음 중 역류방지밸브의 설치 장소가 아닌 것은?
① C_2H_2 고압건조기와 충전용 교체밸브 사이
② 가연성 가스압축기와 충전용 주관 사이
③ C_2H_2을 압축하는 압축기의 유분리기와 고압건조기 사이
④ NH_3, CH_3OH 합성탑 또는 정제탑과 압축기 사이

해설⊃ 역류방지밸브 설치장소
① 아세틸렌을 압축하는 압축기의 유분리기와 고압건조기사이
② 가연성가스 압축기와 충전용 주관과의 사이
③ 암모니아 메탄올 합성탑 또는 정제 탑과 압축기 사이
④ 독성가스 감압설비 뒤의 배관

59 가스도매사업의 가스공급시설의 설치기준에 따르면 액화가스저장탱크의 저장능력이 얼마 이상일 때 방류둑을 설치하여야 하는가?
① 100톤
② 300톤
③ 500톤
④ 1,000톤

해설⊃ ① 가연성 산소 : 1,000톤 이상
② 독성 : 5톤 이상
③ 가스도매사업 : 500톤 이상

정답 57. ④ 58. ① 59. ③

60. 다음 중 동일 차량에 적재하여 운반할 수 없는 가스는?

① Cl_2와 C_2H_2
② C_2H_4와 HCN
③ C_2H_4와 NH_3
④ CH_4와 C_2H_2

해설 적재 운반 금지
① Cl_2와 C_2H_2 ② Cl_2와 H_2 ③ Cl_2와 NH_3

제4과목 : 가스계측

61. 화씨[°F]와 섭씨[°C]의 온도눈금 수치가 일치하는 경우의 절대온도[K]는?

① 201
② 233
③ 313
④ 345

해설
K=°C+273
°C=(233-273)=-40°C
°R=°F+460
°F=$\frac{9}{5}$×°C+32=$\frac{9}{5}$×-40+32=-40°F
°R=1.8K

62. 전기식 제어방식의 장점에 대한 설명으로 틀린 것은?

① 배선작업이 용이하다.
② 신호전달 지연이 없다.
③ 신호의 복잡한 취급이 쉽다.
④ 조작속도가 빠른 비례 조작부를 만들기 쉽다.

해설 전기식 제어방식의 장점
① 배선작업이 용이하다.   ② 신호전달 지연이 없다.
③ 신호의 복잡한 취급이 쉽다.   ④ 조절밸브 모터의 동작에 관성이 크다.
⑤ 보수 및 취급에 기술을 요한다.   ⑥ 대규모 조작에 사용한다.
⑦ 고온다습한 곳은 사용이 곤란

정답 60. ① 61. ② 62. ④

63 오리피스로 유량을 측정하는 경우 압력차가 4배로 증가하면 유량은 몇 배로 변하는가?
① 2배 증가　② 4배 증가
③ 8배 증가　④ 16배 증가

해설⇒ $Q = \sqrt{P}$
$Q = \sqrt{4} = 2$배 증가

64 다음 가스 분석법 중 흡수분석법에 해당되지 않는 것은?
① 헴펠법　② 게겔법
③ 오르자트법　④ 우인클러법

해설⇒ 흡수분석법
① 오르자트법
　㉠ CO_2 : KOH 30% 수용액
　㉡ O_2 : 알카리성 피롤카롤용액
　㉢ CO : 암모니아성 염화제1동용액
② 헴펠법
　㉠ CO_2 : KOH 30% 수용액
　㉡ C_nH_n : 발연황산 25%
　㉢ O_2 : 알카리성 피롤카롤 용액
　㉣ CO : 암모니아성 염화제1동용액
③ 게겔법
　㉠ CO_2 : KOH 30% 수용액
　㉡ C_2H_2 : 옥소수은칼륨용액
　㉢ C_3H_6 : 87% 황산
　㉣ C_2H_4 : 취소수용액
　㉤ O_2 : 알카리성 피롤카롤 용액
　㉥ CO : 암모니아성 염화제1동용액

65 가스시험지법 중 염화제일구리 착염지로 검지하는 가스 및 반응색으로 옳은 것은?
① 아세틸렌 – 적색
② 아세틸렌 – 흑색
③ 할로겐화물 – 적색
④ 할로겐화물 – 청색

[해설] 시험지명 및 변색상태

암모니아	적색 리트머스 시험지	청색
염소	KI 전분지	청색
시안화수소	질산구리 벤젠지	청색
일산화탄소	염화파라듐지	흑색
황화수소	연당지(초산납시험지)	흑색
포스겐	하리슨 시험지	심등색(오렌지색)
아세틸렌	염화제1동 착염지	적색
아황산가스	암모니아 적신 헝겊	흰연기

66 가스계량기의 검정 유효기간은 몇 년인가? (단, 최대유량 10m³/h 이하이다.)
① 1년
② 2년
③ 3년
④ 5년

[해설] 가스계량기의 검정유효기간(단, 최대유량 10m³/h이하) : 5년

67 같은 무게와 내용적의 빈 실린더에 가스를 충전하였다. 다음 중 가장 무거운 것은?
① 5기압, 300K의 질소
② 10기압, 300K의 질소
③ 10기압, 360K의 질소
④ 10기압, 300K의 헬륨

[해설] 이상기체 상태 방정식 $PV = \dfrac{WRT}{M}$ 에서

$W = \dfrac{PVM}{RT}$

① $W = \dfrac{5 \times V \times 28}{0.082 \times 300} = 5.69\,V(g)$

② $W = \dfrac{10 \times V \times 28}{0.082 \times 300} = 11.38\,V(g)$

③ $W = \dfrac{10 \times V \times 28}{0.082 \times 360} = 9.49\,V(g)$

④ $W = \dfrac{10 \times V \times 4}{0.082 \times 300} = 1.63\,V(g)$

정답 65. ①　66. ④　67. ②

68 날개에 부딪히는 유체의 운동량으로 회전체를 회전시켜 운동량과 회전량의 변화로 가스흐름을 측정하는 것으로 측정 범위가 넓고 압력손실이 적은 가스유량계는?
① 막식 유량계
② 터빈 유량계
③ Roots 유량계
④ Vortex 유량계

해설➤ 터빈 유량계 : 날개에 부딪히는 유체의 운동량으로 회전체를 회전시켜 운동량과 회전량의 변화로 가스흐름을 측정

69 표준대기압 1atm과 같지 않은 것은?
① 1.013bar
② 10.332mH$_2$O
③ 1.013N/m^2
④ 29.92inHg

해설➤ 표준대기압
$1\,atm = 76\,cmHg = 760\,mmHg$
$= 0.76\,mHg = 1.0332\,kg/cm^2$
$= 1033.2\,g/cm^2 = 10332\,kg/m^2$
$= 29.92\,inHg = 1.013\,bar$
$= 10.332\,mmH_2O = 1033.2\,cmH_2O$
$= 10332\,mmH_2O = 101325\,N/m^2$
$= 101325\,Pa = 101.325\,kPa$
$= 14.7\,PSI = 0.10332\,MPa$

70 가스미터 설치 시 입상배관을 금지하는 가장 큰 이유는?
① 겨울철 수분 응축에 따른 밸브, 밸브시트 동결방지를 위하여
② 균열에 따른 누출방지를 위하여
③ 고장 및 오차 발생 방지를 위하여
④ 계량막 밸브와 밸브시트 사이의 누출방지를 위하여

해설➤ 가스미터 내 밸브 등이 동결되면 가스미터 고장으로 이어져 동결 방지를 위하여 입상배관을 금지한다.

정답 68. ② 69. ③ 70. ①

71
연소분석법 중 2종 이상의 동족 탄화수소와 수소가 혼합된 시료를 측정할 수 있는 것은?

① 폭발법, 완만 연소법
② 산화구리법, 완만 연소법
③ 분별 연소법, 완만 연소법
④ 파라듐관 연소법, 산화구리법

해설 ① 파라듐관 연소법
  ㉠ 파라듐관에 시료가스와 적당량의 O_2를 넣고 연소시키는 방법이다.
  ㉡ 연소 전후의 체적차가 $\frac{2}{3}$가 될 때 H_2가 정량이 되며 알칸계 탄화수소는 변화하지 않는다.
  ② 산화구리법 분석 순서
    산화구리를 250°C로 가열하면 CH_4는 남고 수소(H_2), 일산화탄소(CO)는 연소된다.

72
온도가 60°F에서 100°F까지 비례제어된다. 측정온도가 71°F에서 75°F로 변할 때 출력압력이 3PSI에서 15PSI로 도달하도록 조정될 때 비례대역(%)은?

① 5%
② 10%
③ 20%
④ 33%

해설 비례대역
$$비례대역 = \frac{75-71}{100-60} \times 100 = 10\%$$

73
가스크로마토그래피(gas chromatography)를 이용하여 가스를 검출할 때 반드시 필요하지 않는 것은?

① Column
② Gas Sampler
③ Carrier gas
④ UV detector

해설 가스 크로마토그래피(gas chromatography) 검출
  ① 칼럼 및 시험은 핵심 구성요소이며 캐리어 가스파이프라인 시스템으로 검증과 기록 장치로 이루어져 있다.
  ② 캐리어 가스(carrier gas) : H_2, N_2, He, Ar

정답 71. ④ 72. ② 73. ④

74
대용량 수요처에 적합하며 100~5000m³/h의 용량 범위를 갖는 가스미터는?
① 막식 가스미터
② 습식 가스미터
③ 마노미터
④ 루츠미터

해설 루츠미터(roots meter)
① 대유량 가스측정
② 중압가스계량가능
③ 설치면적이 적다.
④ 소유량에서는 부동의 우려가 있다.
⑤ 스트레이너 설치 후 유지관리 필요
⑥ 용량범위 100~5000m³/h

75
황화합물과 인화합물에 대하여 선택성이 높은 검출기는?
① 불꽃이온 검출기(FID)
② 열전도도 검출기(TCD)
③ 전자포획 검출기(ECD)
④ 염광광도 검출기(FPD)

해설 염광광도 검출기 : 황화합물과 인화합물에 대하여 선택성이 높은 검출기

76
진동이 발생하는 장치의 진동을 억제시키는데 가장 효과적인 제어동작은?
① D 동작
② P 동작
③ I 동작
④ 뱅뱅 동작

해설 D 동작 : 진동이 발생하는 장치의 진동을 억제시키는 가장 효과적인 제어 동작

77
초음파식 액위계에서 사용하는 초음파의 주파수는?
① 1kHz 이상
② 20kHz 이상
③ 100kHz 이상
④ 200kHz 이상

해설 초음파식 액위계에서 사용하는 초음파의 주파수는 20kHz 이상

정답 74. ④ 75. ④ 76. ① 77. ②

78. 아황산가스의 흡수제 및 중화제로 사용되지 않는 것은?

① 가성소다　② 탄산소다　③ 물　④ 염산

해설　흡수제 및 중화제
① 염소 : 소석회, 가성소다, 탄산소다
② 포스겐 : 가성소다, 소석회
③ 황화수소 : 가성소다, 탄산소다
④ 아황산가스 : 물, 가성소다, 탄산소다
⑤ 암모니아, 산화에틸렌, 염화메탄 : 다량의 물

79. 유기 화합물의 분리에 가장 적합한 기체 크로마토그래피의 검출기는?

① FID　② FPD　③ ECD　④ TCD

해설
- FID(수소이온화 검출기)
  ① 유기화합물의 분리에 가장 적합
  ② 탄화수소에서 감도가 최고
  ③ 무기가스나 물에 거의 응답하지 않음
- FPD(염광광도 검출기) : 황화합물이나 인화합물 검출
- TCD(열전도형 검출기)
  ① 금속 필라멘트의 저항변화 이용
  ② 일반적으로 가장 널리 사용

80. 다음 중 보상도선과 기준접점을 이용하는 온도계는?

① 바이메탈 온도계　② 압력 온도계
③ 베크만 온도계　④ 열전대 온도계

해설　열전대 온도계
① 백금-백금로듐(PR)
　㉠ 산화성 분위기에 가장 강하다.　　㉡ 온도 : 0~1600°C
　㉢ 금속증기에 침식　　　　　　　　㉣ 환원성 분위기에 약하다.
　㉤ 백금(+)극 87%, 로듐 (-극)13%　㉥ 열전대 온도계 중 가장 고온측정
② 크로멜-알루멜(CA)
　㉠ 산화성 분위기에 약하다.　　　　㉡ 온도 : 0~1200°C
　㉢ 크로멜(Ni90%+Cr10%)
　　 알루멜(Ni94%+Mn2.5%+Al2.0%+Fe0.5%)

정답　78. ④　79. ①　80. ④

③ 동-콘스탄탄(CC)
    ㉠ 수분에 의한 내식성이 크다.   ㉡ 온도 : -200~350℃
    ㉢ 콘스탄탄(Cu55%+Ni45%)   ㉣ 열전 온도계 중 가장 저온 측정
④ 철-콘스탄탄(Ic)
    ㉠ 환원성 분위기에 강하다.   ㉡ 온도 : -20~850℃

가스산업기사 모의고사

CBT 제6회

제1과목 : 연소공학

01 어떤 혼합가스가 산소 10mol, 질소 10mol, 메탄 5mol을 포함하고 있다. 이 혼합가스의 비중은 약 얼마인가? (단, 공기의 평균분자량은 29이다.)

① 0.88　　　② 0.94　　　③ 1.00　　　④ 1.07

[해설] 혼합가스비중 = $\dfrac{(10 \times 32 + 10 \times 28 + 16 \times 5)}{25} = 27.2$

∴ $\dfrac{27.2}{29} = 0.94$

02 기체혼합물의 각 성분을 표현하는 방법에는 여러 가지가 있다. 혼합가스의 성분비를 표현하는 방법 중 다른 값을 갖는 것은?

① 몰분율　　② 질량분율　　③ 압력분율　　④ 부피분율

[해설] 압력비 = 몰비 = 부피비 = 분자수의 비

03 발화지연에 대한 설명으로 가장 옳은 것은?

① 저온, 저압일수록 발화지연은 짧아진다.
② 화염의 색이 적색에서 청색으로 변하는데 걸리는 시간을 말한다.
③ 특정 온도에서 가열하기 시작하여 발화시까지 소요되는 시간을 말한다.
④ 가연성가스와 산소의 혼합비가 완전 산화에 근접할수록 발화지연은 길어진다.

[해설] 발화지연 : 특정온도에서 가열하기 시작하여 발화시까지 소요되는 시간

정답　01. ②　02. ②　03. ③

04 다음 중 중합폭발을 일으키는 물질은?
① 히드라진 ② 과산화물
③ 부타디엔 ④ 아세틸렌

해설 중합폭발
① HCN(시안화수소) ② C_2H_4O(산화에틸렌) ③ C_4H_6(부타디엔)

05 폭발하한계가 가장 낮은 가스는?
① 부탄 ② 프로판
③ 에탄 ④ 메탄

해설 연소범위
① 부탄 : 1.8~8.4%
② 프로판 : 2.1~9.5%
③ 에탄 : 3~12.5%
④ 메탄 : 5~15%

06 불완전 연소의 원인으로 가장 거리가 먼 것은?
① 불꽃의 온도가 높을 때 ② 필요량의 공기가 부족할 때
③ 배기가스의 배출이 불량할 때 ④ 공기와의 접촉 혼합이 불충분할 때

해설 불완전연소의 원인
① 공기공급량 부족시
② 가스 조성이 맞지 않을 때
③ 배기 및 환기 불충분시
④ 후레임의 냉각시

정답 04. ③ 05. ① 06. ①

07. 표면연소란 다음 중 어느 것을 말하는가?

① 오일표면에서 연소하는 상태
② 고체연료가 화염을 길게 내면서 연소하는 상태
③ 화염의 외부표면에 산소가 접촉하여 연소하는 현상
④ 적열된 코크스 또는 숯의 표면 또는 내부에 산소가 접촉하여 연소하는 상태

해설 연소형태
① 표면연소 : 적열된 코크스 또는 숯의 표면 또는 내부에 산소가 접촉하여 연소하는 형태
② 분해연소 : 석탄, 목재, 종이 등의 고체가연물질이 열분해해서 연소하는 것
③ 증발연소 : 액체의 증발에 의해 증기가 착화하여 연소.
　　　　　　알콜, 에테르, 나프탈렌, 파라핀, 유황
④ 분무연소 : 액체를 미세입자로 분무하고 공기와 혼합시켜서 연소하는 방법

08. 가스의 폭발범위(연소범위)에 대한 설명 중 옳지 않은 것은?

① 일반적으로 고압일 경우 폭발범위가 더 넓어진다.
② 수소와 공기 혼합물의 폭발범위는 저온보다 고온일 때 더 넓어진다.
③ 프로판과 공기 혼합물에 질소를 더 가할 때 폭발범위가 더 넓어진다.
④ 메탄과 공기 혼합물의 폭발범위는 저압보다 고압일 때 더 넓어진다.

해설 프로판과 공기 혼합물에 질소를 더 가할 때 폭발범위는 더 좁아진다.

09. 이상기체에서 정적비열(C_V) 정압비열(C_P)과의 관계로 옳은 것은?

① $C_P - C_V = R$　　　　② $C_P + C_V = R$
③ $C_P + C_V = 2R$　　　 ④ $C_P - C_V = 2R$

해설 정압비열
① $C_P > C_V$　　　　　　② $K = \dfrac{C_P(정압비열)}{C_V(정적비열)} > 1$
③ $C_P - C_V = R$　　　　④ 정적비열과 R의 합은 정압비열이다.
⑤ $C_V = \dfrac{R}{K-1}$

정답 07. ④　08. ③　09. ①

10. 액체연료의 연소형태 중 램프등과 같이 연료를 심지로 빨아올려 심지의 표면에서 연소시키는 것은?

① 액면연소　② 증발연소　③ 분무연소　④ 등심연소

해설 연소의 형태
① 액면연소 : 화염으로부터 방사나 대류에 의해 오일 연료표면이 가열되어 증발이 일어나며 발생한 연료증기가 공기와 접촉하여 유면의 상부에서 확산 연소하는 것(등유, 경유)
② 등심연소(등화연소) : 램프등과 같이 연료를 심지로 빨아올려 심지일단에서 확산연소하는 것
③ 분무연소(액적연소) : 액체연료를 수, μm에서 수백 μm으로 만들어 증발 표면적을 크게하여 연소시키는 것으로 공업적으로 주로 사용(B-C유)
④ 증발연소 : 인화성액체의 온도상승에 따른 증발에 의해 연소가 일어나는 것(알콜, 에테르, 등유, 경유)

11. 폭굉유도거리를 짧게 하는 요인에 해당하지 않는 것은?

① 관경이 클수록　② 압력이 높을수록
③ 연소열량이 클수록　④ 연소속도가 클수록

해설 폭굉유도거리(DID)가 짧아지는 조건
① 압력이 높을수록 폭굉유도거리는 짧아진다.
② 점화에너지가 높을수록 유도거리가 짧아진다.
③ 관 지름이 작을 때 유도거리가 짧아진다.
④ 정상연소속도가 큰 혼합가스일수록

12. 실제가스가 이상기체 상태방정식을 만족하기 위한 조건으로 옳은 것은?

① 압력이 낮고, 온도가 높을 때　② 압력이 높고, 온도가 낮을 때
③ 압력과 온도가 낮을 때　④ 압력과 온도가 높을 때

해설 실제가스 $\xrightleftharpoons[\text{저온, 고압}]{\text{고온, 저압}}$ 이상기체

정답 10. ④　11. ①　12. ①

13 대기압 상태에서 분해폭발을 일으키는 물질이 아닌 것은?

① 아세틸렌 ② 산화에틸렌 ③ 시안화수소 ④ 히드라진

해설 · 분해폭발 : C_2H_2, C_2H_4, C_2H_4O, N_2H_4
· 중합폭발 : HCN, C_2H_4O

14 상온, 상압 하에서 메탄-공기의 가연성 혼합기체를 완전연소시킬 때 메탄 1kg을 완전연소시키기 위해서는 공기 몇 kg이 필요한가?

① 4 ② 17.3 ③ 19.04 ④ 64

해설 $CH_4 + 2O_2 \rightarrow CO_2 + 2H_2O$
16 kg 2×32 kg
1 kg x

$$x = \frac{1\,\text{kg} \times 2 \times 32\,\text{kg}}{16\,\text{kg}} = 4$$

$$\therefore A_o = \frac{4}{0.232} = 17.24\,\text{kg}$$

15 가연성가스의 위험성에 대한 설명으로 틀린 것은?

① 폭발범위가 넓을수록 위험하다.
② 폭발범위 밖에서는 위험성이 감소한다.
③ 온도나 압력이 증가할수록 위험성이 증가한다.
④ 폭발범위가 좁고 하한계가 낮은 것은 위험성이 매우 적다.

해설 폭발범위가 넓고, 하한계가 낮은 것은 위험성이 매우 크다.

정답 13. ③ 14. ② 15. ④

16
상용의 상태에서 가연성가스가 체류해 위험하게 될 우려가 있는 장소를 무엇이라 하는가?
① 0종 장소　② 1종 장소　③ 2종 장소　④ 3종 장소

해설 위험장소
① 0종 장소 : 상용상태에서 가연성가스의 농도가 연속해서 폭발하한계 이상으로 되는 장소
② 1종 장소
　· 상용상태에서 가연성가스가 체류하여 위험하게 될 우려가 있는 장소
　· 정비보수 또는 누설 등으로 인하여 종종 가연성가스가 체류하여 위험하게 될 우려가 있는 장소
③ 2종 장소
　· 1종 장소 주변 또는 안전한 실내에서 위험한 농도의 가연성가스가 종종 침입할 우려가 있는 장소
　· 환기장치의 이상이나 사고가 발생한 경우 가연성가스가 체류하여 위험하게 될 우려가 있는 장소
　· 밀폐된 용기 또는 설비 내에 밀봉된 가연성가스가 그 용기 또는 설비의 사고로 인해 파손되거나 오조작의 경우에만 누설할 위험이 있는 장소

17
일산화탄소와 수소의 부피비가 3:7인 혼합가스의 온도 100°C, 50atm에서의 밀도는 약 몇 g/L인가? (단, 이상기체로 가정한다.)
① 16　② 18　③ 21　④ 23

해설 밀도 $= \dfrac{PM}{RT} = \dfrac{50 \times (28 \times 0.3 + 2 \times 0.7)}{0.082 \times (273 + 100)} = 16.02 \text{g}/l$

18
다음 연료 중 착화온도가 가장 낮은 것은?
① 수소　　　　　② 목재
③ 아세틸렌　　　④ 프로판

해설 착화온도
① 메탄 : 615~682°C　　② 프로판 : 460~520°C
③ 부탄 : 430~510°C　　④ 아세틸렌 : 400~440°C
⑤ 수소 : 580~590°C　　⑥ 건조목재 : 280~300°C
⑦ 목탄 : 250~320°C　　⑧ 석탄 : 330~450°C
⑨ 에틸렌 : 500~519°C　⑩ 일산화탄소 : 637~658°C

정답 16. ②　17. ①　18. ②

19
다음 반응식을 이용하여 메탄(CH_4)의 생성열을 구하면?

㉠ $C+O_2 \rightarrow CO_2$, $\triangle H = -97.2$ kcal/mol
㉡ $H_2+1/2O_2 \rightarrow H_2O$, $\triangle H = -57.6$ kcal/mol
㉢ $CH_4+2O_2 \rightarrow CO_2+2H_2O$, $\triangle H = -194.4$ kcal/mol

① $\triangle H = -20$ kcal/mol
② $\triangle H = -18$ kcal/mol
③ $\triangle H = 18$ kcal/mol
④ $\triangle H = 20$ kcal/mol

[해설] (-194-(-97.2+-2×57.6))= -18kcal/mol

20
연소에서 유효수소를 옳게 나타낸 것은?

① $H - \dfrac{C}{8}$
② $O - \dfrac{C}{8}$
③ $O - \dfrac{H}{8}$
④ $H - \dfrac{O}{8}$

[해설] 유효수소값 $= \left(H - \dfrac{O}{8}\right)$

이론산소량 $= 1.867C + 5.6\left(H - \dfrac{O}{8}\right) + 0.7S$

제2과목 : 가스설비

21
공기액화분리장치의 폭발원인으로 가장 거리가 먼 것은?
① 공기 취입구로부터의 사염화탄소의 침입
② 압축기용 윤활유의 분해에 따른 탄화수소의 생성
③ 공기 중에 있는 질소 화합물(산화질소 및 과산화질소 등)의 흡입
④ 액체 공기 중의 오존의 혼입

[해설] 공기액화분리 장치의 폭발 원인
① 액체공기중의 오존의 혼입
② 공기중의 질소산화물 혼입
③ 압축기용 윤활유 분해에 따른 탄화수소의 생성
④ 공기중의 아세틸렌의 혼입

정답 19. ② 20. ④ 21. ①

22 실린더의 단면적 50cm², 피스톤 행정 10cm, 회전수 200rpm, 체적 효율 80%인 왕복압축기의 토출량은 약 몇 L/min인가?
① 60 ② 80 ③ 100 ④ 120

해설》 $Q = FSNE$
$= (50 \text{ cm}^2 \times 10 \text{ cm} \times 200 \times 0.8)$
$= 80000 \text{ cm}^3/\text{min} \div 1000 \text{ cm}^3/1\ell = 80 \ell/\text{min}$
∴ $1 \ell = 1000 \text{ cm}^3$

23 고압가스용기 및 장치 가공 후 열처리를 실시하는 가장 큰 이유는?
① 재료표면의 경도를 높이기 위하여
② 재료의 표면을 연화시켜 가공하기 쉽도록 하기 위하여
③ 가공 중 나타난 잔류응력을 제거하기 위하여
④ 부동태 피막을 형성시켜 내산성을 증가시키기 위하여

해설》 열처리를 하는 가장 큰 이유 : 가공 중 나타난 잔류응력제거

24 다음과 같이 작동되는 냉동 장치의 성적계수(ϵ_R)는?

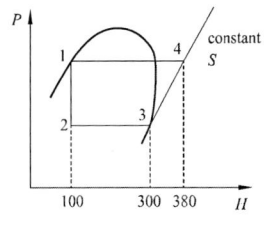

① 0.4
② 1.4
③ 2.5
④ 3.0

해설》 성적계수 $= \dfrac{Q_2(냉동능력)}{Aw(압축일량)} = \dfrac{(300-100)}{(380-300)} = 2.5$

정답 22. ② 23. ③ 24. ③

25
LPG를 탱크로리에서 저장탱크로 이송 시 작업을 중단해야 하는 경우로서 가장 거리가 먼 것은?

① 누출이 생긴 경우　② 과충전이 된 경우
③ 작업 중 주위에 화재 발생 시　④ 압축기 이용 시 베이퍼록 발생 시

[해설] LPG를 탱크로리에서 저장탱크로 이송시 작업을 중단해야 하는 경우
① 누출이 생긴 경우
② 과충전시
③ 작업중 주위에 화재 발생시
④ 압축기 사용시 액압축이 일어날 때
⑤ 펌프사용시 베이퍼록이 일어날 때

26
LP가스를 이용한 도시가스 공급방식이 아닌 것은?

① 직접 혼입방식　② 공기 혼합방식
③ 변성 혼입방식　④ 생가스 혼합방식

[해설] LP가스를 이용한 도시가스 공급방식
① 생가스공급방식 : 기화기에 의해 기화된 가스를 그대로 공급(부탄 재액화방지필요)
② 공기혼합가스공급방식 : 기화한 부탄에 공기를 혼합하여 공급하는 방식, 부탄을 다량 소비하는 경우
③ 변성가스공급방식 : 부탄을 고온의 촉매로 분해하여 CO, H_2, CH_4등의 연질가스로 변성시켜 공급

27
다음 중 동 및 동합금을 장치의 재료로 사용할 수 있는 것은?

① 암모니아　② 아세틸렌　③ 황화수소　④ 아르곤

[해설] 동 및 동합금 사용금지
① 암모니아 : 착이온 생성
② 황화수소 : 황화부식
③ 아세틸렌 : 폭발성 물질인 동아세틸라이드 생성

정답 25. ④　26. ①　27. ④

28 다음 중 가스홀더의 기능이 아닌 것은?
① 가스수요의 시간적 변화에 따라 제조가 따르지 못할 때 가스의 공급 및 저장
② 정전, 배관공사 등에 의한 제조 및 공급설비의 일시적 중단 시 공급
③ 조성의 변동이 있는 제조가스를 받아들여 공급가의 성분, 열량, 연소성 등의 균일화
④ 공기를 주입하여 발열량이 큰 가스로 혼합공급

해설) 가스홀더의 기능
① 일시적 중단 시 공급량 확보
② 제조가 수요를 따르지 못할 때 공급량 확보
③ 공급가스의 성분, 열량, 연소성 등 균일화
④ 피크 시 도관의 수송량을 감소시킨다.

29 기지국에서 발생된 정보를 취합하여 통신선로를 통해 원격감시제어소에 실시간으로 전송하고, 원격감시제어소로부터 전송된 정보에 따라 해당 설비의 원격제어가 가능하도록 제어신호를 출력하는 장치를 무엇이라 하는가?
① Master Station
② Communication Unit
③ Remote Terminal Unit
④ 음성경보장치 및 Map Board

해설) 리모트 터미널 유닛 : 기지국에서 발생된 정보를 취합하여 통신선로를 통해 원격감시제어소에 실시간으로 전송하고 원격감시제어소로부터 전송된 정보에 따라 해당설비의 원격제어가 가능하도록 제어신호를 출령하는 장치

30 고온, 고압 하에서 수소를 사용하는 장치공정의 재질은 어느 재료를 사용하는 것이 가장 적당한가?
① 탄소강
② 스테인리스강
③ 타프치동
④ 실리콘강

해설) ① 내식성이 강하며 산에 잘 견디도록 강에 니켈이나 크롬 등을 많이 첨가한 스테인리스강이 좋다.
② 내수성인 금속인 크롬강(Cr)을 사용하는 것이 좋다.

정답 28. ④ 29. ③ 30. ②

31 고압가스 배관에서 발생할 수 있는 진동의 원인으로 가장 거리가 먼 것은?
① 파이프의 내부에 흐르는 유체의 온도변화에 의한 것
② 펌프 및 압축기의 진동에 의한 것
③ 안전밸브 분출에 의한 영향
④ 바람이나 지진에 의한 영향

해설 → 배관계에서 발생되는 진동의 원인
① 관의 굴곡에 의해 생기는 힘에 의한 영향   ② 펌프 및 압축기의 진동에 의한 것
③ 안전밸브 분출에 의한 영향   ④ 바람이나 지진에 의한 영향
⑤ 파이프의 내부에 흐르는 유체의 압력에 의한 것

32 펌프에서 일어나는 현상으로 유수 중에 그 수온의 증기압 보다 낮은 부분이 생기면 물이 증발을 일으키고 기포를 발생하는 현상을 무엇이라고 하는가?
① 베이퍼록 현상   ② 수격현상
③ 서징 현상   ④ 공동 현상

해설 → 펌프의 현상
· 공동현상 : 유수 중에 그 수온의 증기압보다 낮은 부분이 생기면 물이 증발을 일으키고 기포를 발생하는 현상
① 영향
   ㉠ 소음과 진동 발생
   ㉡ 깃의 침식
   ㉢ 양정곡선과 효율곡선저하
② 발생조건
   ㉠ 흡입양정이 지나치게 길 때
   ㉡ 관로내의 온도 상승시
   ㉢ 흡입관 입구 등에서 마찰저항 증가시
   ㉣ 과속으로 유량 증가시
③ 방지법
   ㉠ 흡입관 손실 수두를 줄인다.
   ㉡ 관경을 크게 한다.
   ㉢ 임펠러를 액중에 완전히 잠기게 한다.
   ㉣ 펌프의 설치 위치를 낮춘다.
   ㉤ 양흡입 펌프를 사용한다.
   ㉥ 펌프를 2대 이상 설치한다.

정답 31. ① 32. ④

33 LPG 저장탱크를 지하에 묻을 경우 저장탱크실 상부 윗면으로부터 저장탱크 상부까지의 깊이는 몇 cm 이상으로 하여야 하는가?

① 10cm   ② 30cm
③ 50cm   ④ 60cm

해설) LPG 저장탱크를 지하에 묻을 경우 저장 탱크실 상부윗면으로부터 저장탱크 상부 윗면까지의 깊이는 60 cm 이상으로 한다.

34 도시가스 수요가 증가함으로써 가스 압력이 부족하게 될 때 사용하는 가스공급 시설은?

① 가스 홀더   ② 압송기
③ 정압기   ④ 가스계량기

35 용접부 내부 결함 검사에 가장 적합한 방법으로서 검사 결과의 기록이 가능한 검사방법은?

① 자분검사   ② 침투검사
③ 방사선투과검사   ④ 누설검사

해설) 방사선투과법 : 용접부 내부결함검사에 가장 적합한 방법으로서 검사 결과의 기록이 가능한 검사법

36 압축기에서 다단 압축을 하는 주된 목적은?

① 압축일과 체적효율 감소   ② 압축일과 체적효율 증가
③ 압축일 증가와 체적효율 감소   ④ 압축일 감소와 체적효율 증가

해설) 다단 압축의 목적
① 소요일량을 줄일 수 있다.
② 가스의 온도 상승을 피할 수 있다.
③ 힘의 평형이 유지된다.
④ 압축일 감소와 체적효율 증가

정답 33. ④ 34. ② 35. ③ 36. ④

37
증기압축기 냉동사이클에서 교축과정이 일어나는 곳은?
① 압축기
② 응축기
③ 팽창밸브
④ 증발기

해설➡ 증기압축기 냉동사이클에서 교축과정이 일어나는 곳 : 팽창밸브(팽창변)

38
공기액화 분리장치에서 산소를 압축하는 왕복동 압축기의 1시간당 분출가스량이 6,000kg이고, 27°C에서의 안전밸브 작동압력이 8MPa라면 안전밸브의 유효분출면적은 약 몇 cm²인가?
① 0.52
② 0.75
③ 0.99
④ 1.26

해설➡ $A = \dfrac{W}{230P\sqrt{\dfrac{M}{T}}} = \dfrac{6000}{230 \times 81.0332 \times \sqrt{\dfrac{32}{273+27}}} = 0.985 \text{ cm}^2$

39
탄소강에 각종 원소를 첨가하면 특수한 성질을 가진다. 다음 중 각 원소의 영향을 바르게 연결한 것은?
① Ni - 내마멸성 및 내식성 증가
② Cr - 인성 및 저온충격저항 증가
③ Mo - 고온에서 인장강도 및 경도 증가
④ Cu - 전자기성 및 경화능력 증가

해설➡ ·Mo(몰리브덴) : 뜨임 취성 방지, 고온강도개선, 저온취성방지
·Cr(크롬) : 내식성, 내마멸성 증대, 흑연화물 안정, 탄화물 안정, 담금질성 증대
·Ni(니켈) : 인성증가, 저온충격저항 증가, 질화촉진, 주철의 흑연화 촉진

40
실린더의 지름이 10cm, 행정거리가 20cm, 회전수가 1,000rpm인 왕복 압축기의 토출량은 약 몇 m³/h인가?(단, 압축기의 체적효율은 70%이다)
① 46
② 56
③ 66
④ 76

해설➡ 압축기 토출량 = $\dfrac{\pi D^2}{4} LNRE$
$= 0.758 \times 0.1^2 \times 0.2 \times 1000 \times 0.7 \times 60 = 65.94 \text{ m}^3/\text{h}$

정답 37. ③ 38. ③ 39. ③ 40. ③

제3과목 : 가스안전관리

41 고압가스 안전관리법에서 정하고 있는 특정 고압가스가 아닌 것은?
① 천연가스 ② 액화염소 ③ 게르만 ④ 염화수소

해설> 특정고압가스
① 포스핀 ② 셀렌화수소 ③ 게르만
④ 디실란 ⑤ 오불화비소 ⑥ 오불화인
⑦ 삼불화인 ⑧ 삼불화질소 ⑨ 삼불화붕소
⑩ 사불화유황 ⑪ 사불화규소 ⑫ 산소
⑬ 수소 ⑭ 아세틸렌 ⑮ 액화염소
⑯ 액화암모니아 ⑰ 천연가스

42 액화석유가스 설비의 가스안전사고 방지를 위한 기밀시험 시 사용이 부적합한 가스는?
① 공기 ② 탄산가스 ③ 질소 ④ 산소

해설> 조연성가스(지연성가스)
① 산소 ② 불소 ③ 염소 ④ 이산화질소

43 암모니아 저장탱크에는 가스 용량이 저장탱크 내용적의 몇 %를 초과하는 것을 방지하기 위하여 과충전 방지조치를 하여야 하는가?
① 65% ② 80% ③ 90% ④ 95%

해설> 저장탱크 내용적이 90%초과시 과충전방지장치설치

44 차량에 고정된 탱크에 의하여 가연성 가스를 운반할 때 비치하여야 할 소화기의 종류와 최소 수량은? (단, 소화기의 능력단위는 고려하지 않는다.)
① 분말소화기 1개 ② 분말소화기 2개
③ 포말소화기 1개 ④ 포말소화기 2개

정답 41. ④ 42. ④ 43. ③ 44. ②

45. 수소의 특성에 대한 설명으로 옳은 것은?

① 가스 중 비중이 큰 편이다.
② 냄새는 있으나 색깔은 없다.
③ 기체 중에서 확산 속도가 가장 빠르다.
④ 산소, 염소와 폭발반응을 하지 않는다.

해설 수소의 특징
① 기체 중에서 확산속도가 가장 빠르다.
② 모든 기체 중 비중이 가장 적다.
③ 열전도율이 대단히 크고 열에 대해 안정
④ 산소, 염소, 불소와 반응하여 격렬한 폭발을 일으켜 폭명기형성
  ㉠ $2H_2 + O_2 \rightarrow 2H_2O + 136.6 kcal$
  ㉡ $2H_2 + Cl_2 \rightarrow 2HCl + 44 kcal$
  ㉢ $H_2 + F_2 \rightarrow 2HF + 128 kcal$
⑤ 수소는 고온에서 금속산화물을 환원시킴
  $CuO + H_2 \rightarrow Cu + H_2O$
⑥ 고온·고압에서 질소와 반응 NH_3 생성
  $N_2 + 3H_2 \rightarrow 2NH_3$

46. 다음 액화가스 저장탱크 중 방류둑을 설치하여야 하는 것은?

① 저장능력이 5톤인 염소 저장탱크
② 저장능력이 8백톤인 산소 저장탱크
③ 저장능력이 5백톤인 수소 저장탱크
④ 저장능력이 9백톤인 프로판 저장탱크

해설 방류둑
(1) 적용범위
  ① 고압가스 일반제조시설
    ㉠ 가연성 및 산소의 액화가스 저장능력이 1,000톤 이상일 때(독성가스는 5톤 이상)
  ② 냉동제조시설 : 독성가스를 냉매로 하는 수액기의 내용적이 10,000[l]이상인 것
  ③ 액화석유가스 저장시설 : LPG의 저장능력이 1,000톤 이상일 때(충전사업에서)
  ④ 도시가스시설 중 LPG용량이 다음과 같을 때
    ㉠ 가스도매사업 : 저장능력이 500톤 이상
    ㉡ 일반 도시가스사업 : 저장능력이 1,000톤 이상
(2) 방류둑용량
  ① 액화산소저장탱크 : 저장능력상당용적의 60% 이상
  ② 냉동설비의 수액기 : 수액기내용적의 90% 이상의 용적

정답 45. ③ 46. ①

(3) 방류둑의 구조 및 기준
① 가연성 및 독성 또는 가연성과 조연성의 액화가스 방류둑을 혼합배치하지 말 것.
② 방류둑의 내면과 그 외면으로부터 10[m] 이내에는 저장탱크 부속설비 이외의 것을 설치하지 아니할 것.
③ 성토는 수평에 대하여 45°이하의 구배를 가지고 성토한 정상부의 폭은 30[cm] 이상일 것.
④ 방류둑의 계단 및 사다리는 출입구 둘레 50[m] 마다 1개 이상 설치하고 그 둘레가 50[m] 미만일 경우는 2개소 이상 분산 설치할 것.
⑤ 저장탱크를 건물 내에 설치한 경우에는 그 건물구조가 방류둑의 구조를 갖는 것일 것.

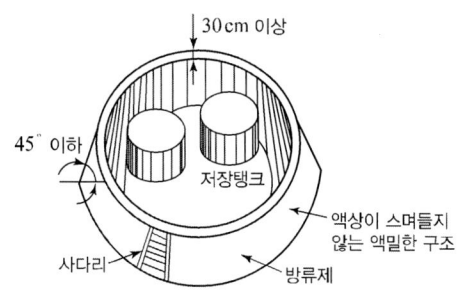

47
LP가스 사용시설의 배관 내용적이 10L인 저압 배관에 압력계로 기밀시험을 할 때 기밀시험 압력 유지시간은 얼마인가?
① 5분 이상
② 10분 이상
③ 24분 이상
④ 48분 이상

해설 ⊃ 배관내용적에 따른 기밀시험 압력자유시간

배관 내용적	기밀시험 압력자유시간
10L 이하	5분
10L 초과 50L 이하	10분
50L 초과	24분

정답 47. ①

48. 공업용 용기의 도색 및 문자표시의 색상으로 틀린 것은?

① 수소 – 주황색으로 용기도색, 백색으로 문자표기
② 아세틸렌 – 황색으로 용기도색, 흑색으로 문자표기
③ 액화암모니아 – 백색으로 용기도색, 흑색으로 문자표기
④ 액화염소 – 회색으로 용기도색, 백색으로 문자표기

해설 공업용기 도색
청탄산 산녹에서 황아체 안주삼아 소주잔 높이들고 백암산 바라보니 염소는 갈색으로
① ② ③ ④ ⑤ ⑥ ⑥
보이고 쥐들은 기타를 치더라
⑦ ⑦
① 탄산가스 : 청색   ② 산소: 녹색   ③ 아세틸렌 : 황색
④ 수소 : 주황   ⑤ 암모니아 : 백색   ⑥ 염소 : 갈색
⑦ 기타 : 쥐색(회색)
가스명칭
① 아세틸렌(흑색)   ② 암모니아(흑색)   ③ LPG(적색)   ④ 기타(백색)

49. 전기기기의 내압방폭구조의 선택은 가연성가스의 무엇에 의해 주로 좌우되는가?

① 인화점, 폭굉한계
② 폭발한계, 폭발등급
③ 최대안전틈새, 발화온도
④ 발화도, 최소발화에너지

해설 전기기기의 내압 방폭구조의 선택은 가연성 가스의 최대안전틈새, 발화온도에 의해 주로 좌우된다.

50. 고압가스 특정제조 시설에서 배관의 도로 밑 매설기준에 대한 설명으로 틀린 것은?

① 배관의 외면으로부터 도로의 경계까지 2m 이상의 수평거리를 유지한다.
② 배관은 그 외면으로부터 도로 밑의 다른 시설물과 0.3m 이상의 거리를 유지한다.
③ 시가지 도로노면 밑에 매설할 때는 노면으로부터 배관의 외면까지의 깊이를 1.5m 이상으로 한다.
④ 포장되어 있는 차도에 매설하는 경우에는 그 포장부분의 노반 밑에 매설하고 배관의 외면과 노반의 최하부와의 거리는 0.5 m 이상으로 한다.

해설 배관의 매설
① 철도부지와 수평거리, 도로경계와 수평거리, 산이나 들, 도로 폭이 8 m 미만 : 1 m 이상
② 시가지외 도로 노면 밑, 인도, 보도, 도로 폭이 8 m 이상 : 1.2 m 이상
③ 시가지의 도로 노면 밑 : 1.5 m 이상
④ 공동주택부지 내 : 0.6 m 이상

정답 48. ④   49. ③   50. ①

51 고압가스 충전 등에 대한 기준으로 틀린 것은?
① 산소충전작업 시 밀폐형의 수전해조에는 액면계와 자동급수장치를 설치한다.
② 습식아세틸렌 발생기의 표면은 70℃ 이하의 온도로 유지한다.
③ 산화에틸렌의 저장탱크에는 45℃에서 그 내부가스의 압력이 0.4MPa 이상이 되도록 탄산가스를 충전한다.
④ 시안화수소를 충전한 용기는 충전한 후 90일이 경과되기 전에 다른 용기에 옮겨 충전한다.

해설 ⊃ 시안화수소를 충전한 용기는 충전한 후 60일이 경과되기 전에 다른 용기에 옮겨 충전한다.

52 아세틸렌용 용접용기 제조 시 다공질물의 다공도는 다공질물을 용기에 충전한 상태로 몇 ℃에서 아세톤 또는 물의 흡수량으로 측정하는가?
① 0℃   ② 15℃   ③ 20℃   ④ 25℃

해설 ⊃ 아세틸렌용 용접용기 제조 시 다공질물의 다공도는 다공질물을 용기에 충전한 상태로 20℃에서 아세톤 또는 물의 흡수량으로 측정

53 처리능력 및 저장능력이 20톤인 암모니아(NH_3)의 처리설비 및 저장설비와 제2종 보호시설과의 안전거리의 기준은? (단, 제2종 보호시설은 사업소 및 전용공업지역 안에 있는 보호시설이 아님)
① 12m   ② 14m   ③ 16m   ④ 18m

해설 ⊃ 안전거리

처리능력 및 저장능력(kg)	독성 및 가연성가스		산소		기타의 가스	
	1종 보호시설	2종 보호시설	1종 보호시설	2종 보호시설	1종 보호시설	2종 보호시설
1만 이하	17 m	12 m	12 m	8 m	8 m	5 m
2만 이하	21 m	14 m	14 m	9 m	9 m	7 m
3만 이하	24 m	16 m	16 m	11 m	11 m	8 m
4만 이하	27 m	18 m	18 m	13 m	13 m	9 m
4만 초과	30 m	20 m	20 m	14 m	14 m	10 m
5~99만	30m 1종 $\left[\frac{3}{25}\sqrt{x+10{,}000}\,m\right]$				20m 2종 $\left[\frac{2}{25}\sqrt{x+10{,}000}\,m\right]$	
99만 초과	30 m(가연성가스 저온저장탱크) 120 m				20 m(가연성가스 저온저장탱크) 80 m	

정답 51. ④ 52. ③ 53. ②

54

액화가스 저장탱크의 저장능력을 산출하는 식은? [단, Q : 저장능력(m^3), W : 저장능력(kg), V : 내용적(L), P : 35°C에서 최고충전압력(MPa), d : 상용온도 내에서 액화가스 비중(kg/L), C : 가스의 종류에 따른 정수이다.]

① $W = \dfrac{V}{C}$ ② $W = 0.9dV$

③ $Q = (10P+1)V$ ④ $Q = (P+2)V$

해설 저장탱크의 저장능력 산출식
① 압축가스(Q)m^3 = $(P+1)V_1$ = $(10P+1)V_1$
② 액화가스(W)kg = $0.9dV_2$
③ 용기질량(G)kg = $\dfrac{V_3}{C}$

55

다음 [보기] 중 용기 제조자의 수리범위에 해당하는 것을 모두 옳게 나열된 것은?

[보기]
Ⓐ 용기몸체의 용접   Ⓑ 용기부속품의 부품교체
Ⓒ 초저온용기의 단열재 교체   Ⓓ 아세틸렌용기 내의 다공질물 교체

① Ⓐ, Ⓑ   ② Ⓒ, Ⓓ   ③ Ⓐ, Ⓑ, Ⓒ   ④ Ⓐ, Ⓑ, Ⓒ, Ⓓ

해설 용기 등의 수리기준 및 수리범위
[별표 13] <개정 2015.9.17.>
① 용기 몸체의 용접
② 아세틸렌 용기 내의 다공질물 교체
③ 용기의 스커트·프로텍터 및 넥크링의 교체 및 가공
④ 용기 부속품의 부품 교체
⑤ 저온 또는 초저온용기의 단열재 교체
⑥ 초저온용기 부속품의 탈·부착

56

가연성가스와 공기혼합물의 점화원이 될 수 없는 것은?

① 정전기   ② 단열압축
③ 융해열   ④ 마찰

해설 점화원(활성화에너지) : 불꽃, 단열압축, 산화열의 축적, 정전기 불꽃, 고열체, 아크불꽃, 나화 및 고온표면, 마찰 및 충격, 단열압축, 자연발화 등이 있다.

참고 용해열(heat of dissolution)
어떤 물질 1몰[mol]이 액체에 용해될 때 흡수 또는 방출되는 열량이다.

정답 54. ② 55. ④ 56. ③

57
독성가스 충전용기를 운반하는 차량의 경계표지 크기의 가로 치수는 차체 폭의 몇 % 이상으로 하는가?

① 5%　　② 10%　　③ 20%　　④ 30%

[해설] 가로치수는 차체 폭의 30% 이상, 세로치수는 가로치수의 20% 이상이어야 한다.

[참고] 고압가스사업소의 경계표지 및 경계책 등

고압가스를 운반하는 차량의 경계표지는 다음 각 호의 기준에 의한다. 다만, 소방차·구급차 종·레카차·경비차 및 그 밖의 긴급사태가 발생한 경우에 사용하는 차량에 있어서는 긴급시에 사용하기 위한 충전용기, 냉동차·활어운반차 등에 있어서는 이동중에 소비하기 위한 충전용기, 타이어의 가압용으로 자동차의 비품으로서 판매하는 용기(플로르카본, CO_2 가스 그 밖의 불활성 가스를 충전한 것에 한한다) 또는 당해 차량의 장비품으로서 적재하는 소화기만을 적재한 차량은 그러하지 아니한다.

① 경계표지는 차량의 앞뒤에서 명확하게 볼 수 있도록 "위험고압가스"라 표시하고 적색 삼각 기를 운전석 외부의 보기 쉬운 곳에 게시한다. 다만, RTC의 경우는 좌우에서 볼 수 있도록 하여야 한다.

② 경계표지 크기의 가로치수는 차체 폭의 30% 이상, 세로치수는 가로치수의 20% 이상으로 된 직사각형으로 하고 KS M 5334(발광도료)를 사용할 것. 다만, 차량 구조상 정사각형 또는 이에 가까운 형상으로 표시하여야 할 경우에는 그 면적을 600cm² 이상으로 한다.

표지의 예 :

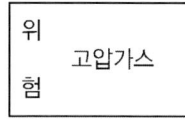
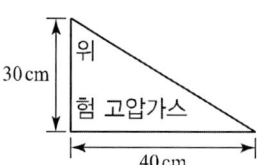

58
자동차 용기 충전시설에서 충전용 호스의 끝에 반드시 설치하여야 하는 것은?

① 긴급차단장치　　② 가스누출경보기
③ 정전기 제거장치　　④ 인터록 장치

[해설] 가연성 가스의 사용설비에는 그 설비에서 생기는 정전기를 제거하는 조치를 할 것

59
저장능력이 20톤인 암모니아 저장탱크 2기를 지하에 인접하여 매설할 경우 상호간에 최소 몇 m 이상의 이격거리를 유지하여야 하는가?

① 0.6m　　② 0.8m　　③ 1m　　④ 1.2m

[해설] 저장탱크 2기를 지하에 인접하여 매설시 1m 이상의 간격유지
1m 미만시 1m 이상으로 한다.

정답 57. ④　58. ③　59. ③

60 물질의 위험정도를 나타내는 지표로 공기 중에서 액체를 가열하는 경우 액체표면에서 증기가 발생하여 그 증기에 착화원을 접근하면 연소가 되는 최저의 온도를 무엇이라 하는가?

① 최소점화에너지 ② 발화점 ③ 착화점 ④ 인화점

해설> 인화점 : 공기 중에서 액체를 가열하는 경우 액체 표면에서 증기가 발생하여 그 증기에 착화원을 접근하면 연소가 되는 최저온도

제4과목 : 가스계측

61 계측계통의 특성을 정특성과 동특성으로 구분할 경우 동특성을 나타내는 표현과 가장 관계가 있는 것은?

① 직선성(Linerity) ② 감도(Sensitivity)
③ 히스테리시스(Hysteresis) 오차 ④ 과도응답(Transient response)

해설> 응답 : 입력과 출력은 결과 현상이며 자동제어에서 어떤 요소에 대한 출력의 결과를 입력에 대해 응답이라 한다.
㉠ 정상응답 : 자동제어계가 완전히 정상상태를 유지하고 있을 때의 자동제어계의 응답.
㉡ 과도응답 : 목표의 기준값이 변하면 평형상태가 무너지고 시간이 지나 새로운 평형상태가 유지될 때의 응답. 정특성과 동특성으로 구분시 동특성을 나타내는 표현
㉢ 주파수응답 : 정상응답을 주파수함수로 표시한 응답.
㉣ 인디셜응답(스텝응답) : 입력과 출력이 평형상태에 있을 때 입력을 다소 변화시켜 새로운 평형상태로 변화할 때 출력의 시간적 결과를 말한다.

62 아르키메데스 부력의 원리를 이용한 액면계는?

① 기포식 액면계 ② 차압식 액면계
③ 정전용량식 액면계 ④ 편위식 액면계

해설> 아르키메데스의 부력원리이용 : 편위식 액면계

정답 60. ④ 61. ④ 62. ④

63
평균유속이 3m/s인 파이프를 25L/s의 유량이 흐르도록 하려면 이 파이프의 지름을 약 몇 mm로 해야 하는가?
① 88mm
② 93mm
③ 98mm
④ 103mm

[해설] $Q = A \times V = \dfrac{\pi D^2}{4} \times V$

$D = \sqrt{\dfrac{4Q}{\pi V}} = \sqrt{\dfrac{4 \times 0.025}{3.14 \times 3}} = 0.103m \times 1000mm/m = 103mm$

64
계통오차(systematic error)에 해당되지 않는 것은?
① 계기오차
② 환경오차
③ 이론오차
④ 우연오차

[해설] 계통적 오차
① 이론오차 ② 환경오차 ③ 계기오차

65
작은 압력 변화에도 크게 편향하는 성질이 있어 저기압의 압력측정에 사용되고 점도가 큰 액체나 고체 부유물이 있는 유체의 압력을 측정하기에 적합한 압력계는?
① 다이어프램 압력계
② 부르동관 압력계
③ 벨로우즈 압력계
④ 맥클레오드 압력계

[해설] 2차 압력계(탄성식 압력계)
① 부르동관 압력계(bourdon tube)
  ㉠ 고압장치에 가장 많이 사용되는 압력계로 2차 압력계의 대표적이다.
  ㉡ 부르동관의 재질은 저압인 경우에는 황동, 청동, 인청동 등을 사용하며 고압일 때는 니켈강 등 특수강을 사용한다.
  ㉢ 암모니아용, 아세틸렌용 압력계에는 Cu 및 Cu 합금의 사용을 금하고 연강재를 사용한다.
  ㉣ 산소용 압력계는 '금유'라는 표시가 되어 있는 전용의 것을 사용한다.
  ㉤ 금속의 탄성원리를 이용한 압력계로 상용압력의 1.5배 이상 2배 이하의 눈금이 있는 것을 사용한다.
② 다이어프램 압력계(격막식 압력계)
  ㉠ 미소한 압력을 측정할 때 사용(+, -차압을 측정할 수 있다)

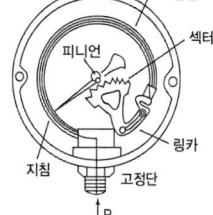

정답 63. ④ 64. ④ 65. ①

ⓒ 재질은 고무, 테프론, 양은, 스테인리스 등이 쓰이
　　　며 측정 가능범위는 공업용이 20~5,000 mmAq이다.
　　ⓒ 부식성 유체의 측정이 가능하다.
　　ⓔ 온도의 영향을 받기 쉽다.
　　ⓜ 측정의 응답속도가 빠르다.
　　ⓗ 이상 압력으로 파손되어도 위험성이 작다.
③ 벨로우즈 압력계
　　㉠ 신축에 의한 압력을 이용한다.
　　㉡ 유체 내의 먼지 등의 영향이 적고 압력 변동에 적
　　　응하기 어렵다.
　　㉢ 측정압력은 0.01~10 kg/cm², 정밀도는 ±1~2%이다.

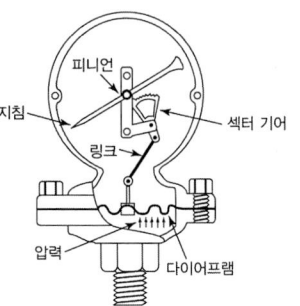

66
FID 검출기를 사용하는 가스크로마토그래피는 검출기의 온도가 100℃ 이상에서 작동되어야 한다. 주된 이유로 옳은 것은?
① 가스소비량을 적게 하기 위하여
② 가스의 폭발을 방지하기 위하여
③ 100℃ 이하에서는 점화가 불가능하기 때문에
④ 연소 시 발생하는 수분의 응축을 방지하기 위하여

67
30℃는 몇 °R(rankine)인가?
① 528°R　② 537°R　③ 546°R　④ 555°R

해설〉 온도
$$°F = \frac{9}{5} × ℃ + 32 = \frac{9}{5} × 30 + 32 = 86°F$$
$$°R = °F + 460 = 86 + 460 = 546°R$$

68
전자밸브(solenoid valve)의 작동 원리는?
① 토출압력에 의한 작동　② 냉매의 과열도에 의한 작동
③ 냉매 또는 유압에 의한 작동　④ 전류의 자기작용에 의한 작동

해설〉 전자밸브(solenoid valve)의 작동 원리 : 솔레노이드 밸브라고도 하며 전자 코일의 전자력의 힘을 사용하여 자동적으로 밸브를 조작하는 원리이다.

정답　66. ④　67. ③　68. ④

69
압력계 교정 또는 검정용 표준기로 사용되는 압력계는?
① 표준 부르동관식 ② 기준 박막식
③ 표준 드럼식 ④ 기준 분동식

해설⊃ 기준 분동식 압력계
① 기준 분동식 압력계는 정하중 시험기이다.
② 피스톤형 압력계라고 하며 측정 정도가 높아 교정용으로 사용한다.

70
다음 열전대 온도계 중 가장 고온에서 사용할 수 있는 것은?
① R형 ② K형 ③ T형 ④ J형

해설⊃ 열전대의 종류 및 특성

종류	약호	측정온도
백금-백금로듐	R	0~1600°C
크로멜-알루멜	K	0~1200°C
철-콘스탄탄	J	-20~800°C
구리-콘스탄탄	T	-200~350°C

71
헴펠(Hempel)법에 의한 가스분석 시 성분 분석의 순서는?
① 일산화탄소 → 이산화탄소 → 탄화수소 → 산소
② 일산화탄소 → 산소 → 이산화탄소 → 탄화수소
③ 이산화탄소 → 탄화수소 → 산소 → 일산화탄소
④ 이산화탄소 → 산소 → 일산화탄소 → 탄화수소

해설⊃ 헴펠법
① CO_2 : KOH 30% 수용액
② C_mH_n : 발연황산 25%
③ O_2 : 알칼리성 피롤카롤용액
④ CO : 암모니아성 염화제1동용액

정답 69. ④ 70. ① 71. ③

72 다음 중 계측기기의 측정 방법이 아닌 것은?
① 편위법   ② 영위법   ③ 대칭법   ④ 보상법

해설> 계측기기의 측정방법
① 보상법   ② 영위법   ③ 편위법

73 HCN 가스의 검지반응에 사용하는 시험지와 반응색이 옳게 짝지어진 것은?
① KI전분지 - 청색   ② 초산벤젠지 - 청색
③ 염화파라듐지 - 적색   ④ 염화제일구리착염지 - 적색

해설> 시험지명 및 변색상태
- 암모니아(NH_3) : 적색리트머스시험지 : 청색
- 염소(Cl_2) : KI전분지 : 청색
- 시안화수소(HCN) : 질산구리벤젠지(초산벤젠지) : 청색
- 일산화탄소(CO) : 염화파라듐지 : 흑색
- 황화수소(H_2S) : 연당지(초산납시험지) : 흑색
- 포스겐($COCl_2$) : 하리슨시험지 : 심등색(오렌지색)
- 아세틸렌(C_2H_2) : 염화제1동착염지 : 적색
- 아황산가스(SO_2) : 암모니아 적신헝겊 : 흰연기

74 어느 수용가에 설치한 가스미터의 기차를 측정하기 위하여 지시량을 보니 $100m^3$을 나타내었다. 사용공차를 ±4%로 한다면 이 가스미터에는 최고 얼마의 가스가 통과되었는가?
① $40m^3$ ② $80m^3$ ③ $96m^3$ ④ $104m^3$

해설> 가스통과량 = $100m^3 - 4m^3 = 96m^3$

정답 72. ③ 73. ② 74. ③

75

다음 [그림]과 같은 자동제어 방식은?

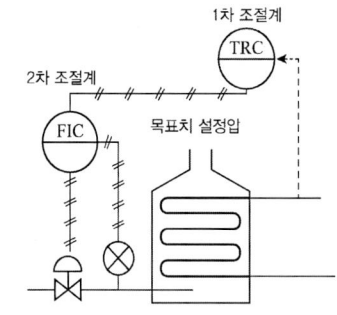

① 피드백제어
② 시퀀스제어
③ 캐스케이드제어
④ 프로그램제어

해설 • 피드백제어 : 출력측의 신호를 입력측으로 되돌려 정정동작을 행하는 제어
• 시퀀스제어 : 처음 정해진 순서에 의해 제어의 각단계를 순차적으로 제어
• 프로그램제어 : 목표값이 시간에 따라 미리결정된 일정한 제어
• 캐스케이드제어 : 1차제어장치가 제어명령을 발하고 2차제어장치가 이 명령을 바탕으로 제어량 조절

76

다음 중 기본단위가 아닌 것은?

① 길이
② 광도
③ 물질량
④ 압력

해설 기본단위
① 길이
② 질량
③ 시간
④ 물질량
⑤ 온도
⑥ 광도

77

H₂와 O₂ 등에는 감응이 없고 탄화수소에 대한 감응이 아주 우수한 검출기는?

① 열이온(TID) 검출기
② 전자포획(ECD) 검출기
③ 열전도도(TCD)검출기
④ 불꽃이온화(FID) 검출기

해설 검출기(가스크로마토그래피)
① 캐리어가스 : H_2, He, N_2, Ar(수헬질아)
② 부품 및 성분 : 컬럼(분리관), 기록계, 압력계, 항온조, 유량조절기, 가스샘플
③ 충진제 : 활성탄, 실리카겔, 소바비드, 뮬레큘러시브
④ 분리가 잘 안될 때 : 시료주입구 온도 높인다.

정답 75. ③ 76. ④ 77. ②

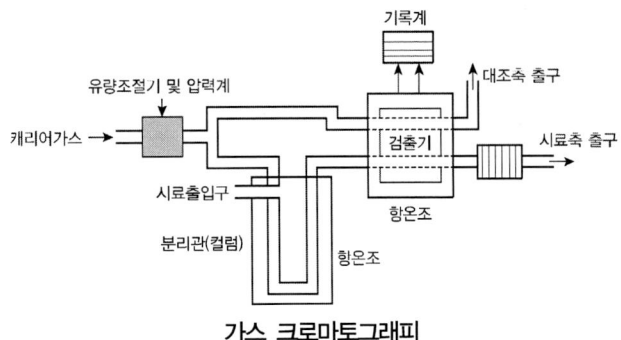

가스 크로마토그래피

⑤ 종류
  ㉠ FID(수소이온화검출기)
    ⓐ 전극간의 전기 전도도가 증대하는 것을 이용
    ⓑ 탄화수소에서 감도가 최고이다. (프로판, 부탄, 프로필렌 등)
    ⓒ H_2, O_2, CO, CO_2, SO_2 등은 감도가 적다.
    ⓓ 무기가스나 물에 거의 응답하지 않음
  ㉡ TCD(열전도도형검출기)
    ⓐ 금속필라멘트의 저항변화를 이용하는 것   ⓑ 일반적으로 가장 널리 사용
  ㉢ ECD(전자포획이온화검출기)
    ⓐ 이온전류가 감소하는 것을 이용   ⓑ 할로겐 및 산화물에서는 감도가 최고이다.
  ㉣ FPD(염광광도 검출기) : 황화합물이나 인화합물 검출

78 배관의 유속을 피토관으로 측정할 때 마노미터의 수주 높이가 30cm이었다. 이때 유속은 약 몇 m/s인가?
 ① 0.76   ② 2.4   ③ 7.6   ④ 24.2

해설 $V = \sqrt{2gh} = \sqrt{2 \times 9.8 \times 0.3} = 2.42$ m/sec

79 염화파라듐 시험지로 검지할 수 있는 가스는?
 ① H_2S ② CO   ③ HCN   ④ $COCl_2$

해설 시험지명 변색상태
  ① H_2S(황화수소) : 연당지, 흑색변
  ② CO(일산화탄소) : 염화파라듐지, 흑색변
  ③ HCN(시안화수소) : 질산구리벤젠지, 청색
  ④ $COCl_2$(포스겐) : 하리슨시험지, 심등색

정답 78. ②   79. ②

80 다음 중 유체에너지를 이용하는 유량계는?
① 터빈 유량계　　　　② 전자기 유량계
③ 초음파 유량계　　　④ 열유량계

[해설] 유체에너지를 이용한 유량계 : 터빈 유량계

정답 80. ①

가스산업기사 모의고사

CBT 제7회

제1과목 : 연소공학

01 정압하에서 30℃의 기체가 100℃로 되었을 때 부피는 최초 부피의 몇 배가 되는가?
① 1.4배 ② 1.6배 ③ 2.0배 ④ 2.5배

해설> $\dfrac{V_1}{T_1} = \dfrac{V_2}{T_2}$

$V_2 = \dfrac{V_1 \times T_2}{T_1} = \dfrac{1 \times (273+150)}{(273+30)} = 1.396 \fallingdotseq 1.4$배

02 다음은 폭굉의 정의에 관한 설명이다. ( )에 알맞은 용어는?

> 폭굉이란 가스의 화염(연소)( )가(이) 음속보다 큰 것으로 파면선단의 압력파에 의해 ( )을 일으키는 것을 말한다.

① 화염온도, 충격파
② 연소, 충격파
③ 전파속도, 파괴작용
④ 충격파, 전파속도

해설> 폭굉 : 가스중의 화염의 전파속도가 음속보다 큰 경우로 파면선단에 충격파라고하는 압력파가 생겨 격렬한 파괴작용을 일으키는 현상

03 다음 중 중합폭발을 일으키는 가스는?
① 히드라진   ② 시안화수소
③ 프로판   ④ 아세틸렌

해설> ① 중합폭발 : 산화에틸렌, 시안화수소
② 분해폭발 : 산화에틸렌, 아세틸렌, 히드라진
③ 촉매폭발 : 염소와 암모니아, 염소와 수소, 염소와 아세틸렌

정답 01. ① 02. ③ 03. ②

04
연료의 저위발열량과 고위발열량의 차이는 연료 중 어느 성분 때문인가?
① 탄소　　② 유황　　③ 산소　　④ 수소

해설　$Hl = Hh - 2.5(9H + W)$
$2.5(9H + W) = Hh - Hl$
수소성분이 크기 때문에

05
부탄의 완전연소 반응식을 옳게 나타낸 것은?
① $C_4H_{10} + 3O_2 \rightarrow 4CO_2 + 5H_2O$
② $C_4H_{10} + 5O_2 \rightarrow 3CO_2 + 4H_2O$
③ $2C_4H_{10} + 13O_2 \rightarrow 8CO_2 + 10H_2O$
④ $2C_4H_{10} + 12O_2 \rightarrow 6CO_2 + 8H_2O$

해설　완전 연소 반응식
$C_4H_{10} + 6.5O_2 \rightarrow 4CO_2 + 5H_2O$ 혹은 $2C_4H_{10} + 13O_2 \rightarrow 8CO_2 + 10H_2O$

06
다음 연료 중 착화온도가 가장 낮은 것은?
① 수소　　② 메탄
③ 일산화탄소　　④ 부탄

해설　착화온도
① 아세틸렌 : 400-440°C
② 부탄 : 430-510°C
③ 프로판 : 460-520°C
④ 에틸렌 : 500-520°C
⑤ 수소 : 580-590°C
⑥ 메탄 : 615-682°C

07
다음 기체 가연물 중 위험도(H)가 가장 적은 것은?
① 메탄　　② 부탄
③ 수소　　④ 아세틸렌

해설　연소범위
① 메탄 : 5-15%
② 부탄 : 1.8-8.4
③ 수소 : 4-75%
④ 아세틸렌 : 2.5-81%
연소범위가 넓을수록 위험도가 크다

정답 04. ④　05. ③　06. ④　07. ①

08
1 kWh의 열당량은 약 몇 kJ인가?

① 2,500kJ ② 3,600kJ ③ 4,200kJ ④ 5,300kJ

해설: 1kWh = 102kg·m/sec × 4.2kJ/427kg·m × 3600sec/1h = 3612kJ
1PSh = 75kg·m/sec × 4.2kJ/427kg·m × 3600sec/1h = 2656kJ

09
일정량의 기체의 체적은 온도가 일정할 때 어떤 관계가 있는가? (단, 기체는 이상기체로 거동한다.)

① 온도에 비례한다. ② 온도에 반비례한다.
③ 비열에 비례한다. ④ 비열에 반비례한다.

해설:
- 보일의 법칙 : 온도가 일정할 때 기체의 부피는 압력에 반비례한다.
- 샬의 법칙 : 압력이 일정할 때 기체의 체적은 절대온도에 비례한다.
- 보일-샬의법칙 : 기체의 체적은 압력에 반비례하고 절대온도에 비례한다.

10
가로, 세로, 높이가 각각 3m, 4m, 3m인 가스 저장소에 최소 몇 L의 프로판가스가 누출되면 폭발될 수 있는가? (단, 부탄가스의 폭발범위는 2.1~9.5%이다.)

① 857 ② 987 ③ 1080 ④ 1150

해설:
① 저장소 부피 : 3×4×5=60m³
② 폭발 하한값 : 60×1.8/100=1.08m³×1000=1080L
③ 폭발 상한값 : 60×9.5/100=5.7m³×1000=5700L

11
산소 64kg과 질소 28 kg의 혼합가스가 나타내는 전압이 30 atm이다. 이때 산소의 분압은 몇 atm인가?

① 5 ② 10 ③ 15 ④ 20

해설:
① 산소 : 64/32 = 2mol
② 질소 : 28/28 = 1mol
③ 분압 = 전압×성분기체몰수/전몰수=30×2/3=20atm

정답 08. ② 09. ① 10. ③ 11. ②

12
LP 가스의 연소 특성에 대한 설명으로 옳은 것은?
① 일반적으로 발열량이 작다.
② 금수성 물질이므로 흡수하여 발화한다.
③ 연소시 다량의 공기가 필요하다.
④ 착화온도가 낮다.

해설 ◦ LP 가스의 연소특성
① 연소시 다량의 공기가 필요하다.
② 연소범위가 좁다.
③ 발열량이 크다.
④ 착화온도가 높다.
⑤ 연소속도가 느리다.
⑥ 공기보다 무거워 누설시 바닥에 체류한다.

13
탄소 3Kg이 연소시 이론공기량은 약 몇 kg인가?
① 15.5 ② 26.7 ③ 34.5 ④ 42.7

해설 ◦ $C + O_2 \rightarrow CO_2$
2Kg 32Kg 44Kg   12Kg=32Kg
                 3Kg =X
X = 3×32/12=34.47Kg

14
고체연료의 일반적인 연소방법이 아닌 것은?
① 표면연소 ② 미분탄연소 ③ 화격자연소 ④ 유동층연소

해설 ◦ ① 연소형태 : 분해연소, 증발연소, 표면연소, 자기연소, 확산연소
② 고체연료의 연소방법 : ㉠ 화격자연소 ㉡ 미분탄연소 ㉢ 유동층연소

정답 12. ③ 13. ③ 14. ①

15
다음 중 열역학의 법칙 중 온도를 정의한 법칙은 제 몇 법칙인가?
① 열역학 제 0법칙　　　　② 열역학 제1법칙
③ 열역학 제 2법칙　　　　④ 열역학 제3법칙

해설 ① 열역학 제1법칙 : 일은열로 열은일로 변환시킬 수 있다 (에너지보존의 법칙)
② 열역학 제2법칙 (비가역성을 설명하는 법칙, 엔트로피의 법칙, 일할 수 있는 능력에 관한 법칙)
　㉠ 일은열로 변환시킬 수 있으나 열은 일로 변환시킬 수 없다
　㉡ 열은 고온에서 저온으로 흐른다.
　㉢ 외부에서 일을 하여 주지 않고는 열은 저온에서 고온으로 흐르지 않는다.
　㉣ 제2종영구기관은 존재할 수 없다.(100% 열효율을 가지는 기관)
　㉤ 제1종영구기관은 제작이 불가능 하다.(에너지 공급없이 기관이 작동하는 것)

16
다음 중 가연물의 조건으로 옳지 않은 것은?
① 열전도율이 작을 것　　　　② 활성화 에너지가 작을 것
③ 산소와 친화력이 클 것　　　④ 발열량이 적을 것

해설 가연물의 구비 조건
① 활성화에너지(점화에너지)가 작을 것
② 열전도율이 작을 것
③ 산소와 친화력이 클 것
④ 발열량이 클 것
⑤ 표면적이 클 것

17
기체상수 R을 계산한 결과 8.314이었다. 이때 사용되는 단위는?
① L·atm/mol·K　　　　② cal/mol·K
③ erg/kmol·K　　　　　④ Joule/mol·K

해설 ① 0.082L·atm/mol·K　　② 848kg·m/kmol·K
③ 1.987cal/mol·K　　　　④ 8.314Joule/mol·K

정답　15. ①　16. ④　17. ④

18. 위험장소 분류 중 폭발성가스의 농도가 연속적이거나 장시간 지속으로 폭발한계 이상이 되는 장소 또는 지속적인 위험상태가 생성되거나 생성될 우려가 있는 장소?
① 제 0종 위험장소　　② 제 1종 위험장소
③ 제 2종 위험장소　　④ 제 3종 위험장소

해설　위험장소
① 제 0종 위험장소 : 상용상태에서 가연성가스의 농도가 연속해서 폭발하한계 이상으로 되는 장소
② 제1종 위험장소 : 상용상태에서 가연성가스가 체류하여 위험하게 될 우려가 있는 장소 또는 정비보수 및 누설등으로 인하여 종종 가연성가스가 체류하여 위험하게 될 우려가 있는 장소
③ 제 2종 위험장소 : 밀폐된 용기 또는 설비내에 밀봉된 가연성가스가 그 용기 또는 설비의 사고로 인해 파손되거나 오조작의 경우에만 누설할 위험이 있는 장소 또는 1종장소의 주변이나 인접한 실내에서 위험한 농도의 가연성가스가 종종 침입할 우려가 있는 장소

19. 500L의 용기에 40atm·a 30°C에서 산소가 충전되어 있다. 이때 산소는 몇 kg인가?
① 7.8kg　　② 12.9kg　　③ 25.7kg　　④ 31.2kg

해설　$PV = \dfrac{W}{M}RT$

$W = \dfrac{PVM}{RT} = \dfrac{40 \times 500 \times 32}{0.082 \times (273+30)} = 25758.67g ≒ 25.76kg$

20. 다음 중 표면연소에 해당하는 것은?
① 석탄　　② 목재　　③ 목탄　　④ 플라스틱

해설　연소형태
① 표면연소 : 코크스, 목탄, 숯
② 분해연소 : 석탄, 목재, 종이, 플라스틱
③ 증발연소 : 알콜, 에테르, 가솔린
④ 자기연소 : TNT, 피크린산, 니트로글리세린
⑤ 확산연소(기체연료의 연소) : 가연성가스가 배관의 출구등에서 분출하면서 연소 (산소-아세틸렌, 산소-수소, 산소-프로판)

정답 18. ①　19. ③　20. ③

제2과목 : 가스설비

21 입구측 압력이 0.5MPa 이상인 정압기의 안전밸브 분출부의 크기는 얼마 이상으로 하여야 하는가?

① 20A　　② 25A　　③ 32A　　④ 50A

해설 → 정압기 안전밸브 분출부의 크기
① 정압기 입구측 압력이 0.5MPa 이상인 것 : 50A 이상
② 정압기 입구측 압력이 0.5MPa 미만인 것
　㉠ 정압기 설계유량이 1,000Nm^3/h 미만 : 25A이상
　㉡ 정압기 설계유량이 1,000Nm^3/h 이상 : 50A이상

22 도시가스 공급관에서 전위차가 일정하고 비교적 작기 때문에 전위구배가 적은 장소에 적합하고 마그네슘, 아연, 알루미늄 양극을 사용하는 전기방식법은?

① 강제배류법　　② 유전양극법　　③ 선택배류법　　④ 외부전원법

해설 → 희생양극법(유전양극법)의 특징
장점 ① 시설비가 적게든다.
　　② 소규모설비에는 경제적
　　③ 다른배설금속체에 간섭우려 없다.
　　④ 과방식의 염려가 없다.
단점 ① 전류조절이 불가능
　　② 강한전식에는 무력하다.
　　③ 대규모설비시 시설비가 많이 든다.
　　④ 정기적으로 양극(Mg) 보충 필요
　　⑤ 방식 범위가 좁다.

23 물 수송량이 12000L/min, 전양정이 50m, 효율이 75%인 터빈펌프의 소요 동력은 몇 kW인지 고르시오?

① 90　　② 100　　③ 110　　④ 130

해설 → 펌프의 소요동력
kW= r×Q×H/102×60×효율 = 1000×12×50/102×60×0.75 = 130.72kW

정답 21. ④　22. ②　23. ④

24 원심펌프를 직렬로 연결하는 것은 무엇을 증가시키기 위한 것인지 고르시오.
① 양정　　② 동력　　③ 유량　　④ 효율

해설　직렬연결 : 양정증가
　　　병렬연결 : 유량증가

25 액화석유가스 사용시설에서 배관의 이음부와 전기계량기와는 최소 얼마 이상의 거리를 두어야 하는가?
① 15cm　　② 30cm　　③ 40cm　　④ 60cm

해설　① 절연조치를 한 전선 : 10cm이상
　　　② 절연조치를 하지 않은 전선 : 15cm이상
　　　③ 전기접속기, 전기점멸기, 굴뚝 : 30cm이상(단열조치를 하지 않은 굴뚝 15cm이상)
　　　④ 전기계량기, 전기개폐기 : 60cm이상

26 도시가스 배관의 내진설계 기준에서 일반도시가스사업자가 소유하는 배관의 경우 내진 1등급에 해당하는 압력은 최고사용압력이 얼마의 배관을 말하는가?
① 0.1MPa　　② 0.3MPa　　③ 0.5MPa　　④ 1MPa

해설　내진등급 압력
　　　① 내진 1등급 : 0.5MPa이상
　　　② 내진 특등급 : 7MPa이상

27 배관설계시 고려할 사항으로 가장 거리가 먼 것은?
① 굴곡을 적게 할 것　　② 가능한 옥내에 설치 할 것
③ 은폐·매설을 피할 것　　④ 최단거리로 할 것

해설　배관설계시 고려사항
　　　① 최단거리로 할 것
　　　② 은폐·매설을 피할 것
　　　③ 구부러지거나 오르내림이 적을 것
　　　④ 가능한 옥외 설치 할 것

정답　24. ①　25. ④　26. ③　27. ②

28
비중이 1.5인 프로판이 입상 20m일 경우 압력손실은 약 몇 Pa인가?
① 127 ② 135 ③ 182 ④ 215

해설⊃ 입상배관에 의한 압력손실
① H=1.293(S-1)h = 1.293(1.5-1)20 = 12.93mmH₂O
② 10332mmH₂O=101325Pa
  12.93mmH₂O= x   x=12.93×101325/10332= 126.80Pa

29
정압기의 기본구조 중 2차압력을 감지하여 그 2차압력의 변동을 메인밸브로 전하는 부분은?
① 메인밸브 ② 다이어프램 ③ 스프링 ④ 슬리브

해설⊃ 다이어프램
물체의 탄성체의 탄력을 이용한 압력계로 2차 압력을 감지하여 그 2차 압력의 변동을 메인밸브로 전한다.

30
고압가스 충전구 나사가 왼나사인 것은?
① 수소 ② 암모니아 ③ 질소 ④ 브롬화메탄

해설⊃ ① 가연성가스 전부 : 왼나사(단, 암모니아, 브롬화메탄 : 오른나사)
② 조연성가스, 불연성가스, 불활성가스 : 전부 오른나사

31
재료 내외부의 결함 검사법으로 가장 적당한 것은?
① 육안검사법 ② 자분탐상법 ③ 침투탐상법 ④ 초음파탐상법

해설⊃ 초음파탐상법 : 검사하고자 하는 검사체에 초음파를 전달하여 반사한 초음파 에너지의 증가·감소를 분석함으로서 내부의 결함을 검사하는 방법
[특징]
① 두께가 두꺼운 개소 검출
② 균열검출이 가능
③ 검사방법이 간편하고 결과를 즉시 알 수 있다.
④ 거의 모든재질과 제품에 적용 가능
⑤ 시험체의 크기, 형상에 크게 영향을 받지 않는다.

정답 28. ①   29. ②   30. ②   31. ④

32

외경이 216.3mm, 구경 두께 5.8mm인 200A의 배관용탄소강관이 내압 1.2MPa을 받았을 경우 관에 생긴 원주방향 응력은 약 몇 MPa인가?

① 10.9　　② 15.8　　③ 21.2　　④ 35.4

[해설] 원주방향응력 = PD/2t = P(D-2t)/2t = 1.2(216.3-2×5.8)/2×5.8 = 21.17MPa

33

냄새가 나는 물질(부취제)의 구비조건으로 옳지 않은 것은?
① 토양에 대한 투과성이 커야한다.　　② 물에 잘 녹아야 한다.
③ 부식성이 없어야 한다.　　④ 화학적으로 안정하여야 한다.

[해설] 부취제의 구비조건
① 독성 및 가연성이 아닐 것
② 도관내의 상용온도에서 응축되지 말 것
③ 토양에 대한 투과성이 클 것
④ 도관을 부식 시키지 말 것
⑤ 보통 존재하는 냄새와 명확히 구별 될 것
⑥ 가스관이나 가스미터에 부착되지 말 것

34

다음 중 LP가스의 성분이 아닌 것은?
① 메탄　　② 프로판　　③ 부탄　　④ 프로필렌

[해설] LP가스의 주성분
프로판, 부탄, 프로필렌, 부틸렌, 부타디엔, 프로틴

35

압축기 실린더 윤활유에 대한 설명으로 옳지 않은 것은?
① 공기압축기에는 광유를 사용한다.
② 산소압축기에는 글리세린유를 사용한다.
③ 염소압축기에는 진한황산을 사용한다.
④ 아세틸렌 압축기에는 양질의 광유를 사용한다.

[해설] ① 공기, 수소, 아세틸렌압축기 : 양질의 광유
② 염소압축기 : 진한황산
③ 산소압축기 : 물 또는 10%이하의 묽은 글리세린수
④ LP가스 압축기 : 식물성유

정답　32. ②　33. ②　34. ①　35. ②

36 가로 15cm, 세로 20cm의 환기구에 철재 갤러리를 설치한 경우 환기구의 유효면적은 몇cm²인가? (단, 개구율은 0.3이다.)
① 60　　② 90　　③ 150　　④ 300

[해설] 환기구 유효면적 : 15×20×0.3 = 90cm²

37 LiBr-H₂O계 흡수식 냉동기에서 가열원으로서 가스가 사용 되는 곳은?
① 응축기　　② 흡수기　　③ 증발기　　④ 재생기

[해설] 흡수식냉동기
① 1RT=278000KJ=6640Kcal/h
② 가열원으로 가스가 사용 되는 곳 : 재생기
③ 사이클순서 : 재생기 → 흡수기 → 응축기 → 증발기
④ 냉매　　　　흡수제
　 암모니아　　물
　 물　　　　　리튬브로마이드

38 도시가스공급방식에 의한 분류방법 중 중압공급 방식이란 어떤 압력을 말하는가?
① 0.1MPa미만　　② 0.5MPa미만
③ 1MPa미만　　　④ 0.1MPa이상 1MPa미만

[해설] 도시가스 공급방식 중 압력에 따른 분류
① 저압공급방식 : 0.1MPa미만
② 중압공급방식 : 0.1MPa이상 1MPa이상
③ 고압공급방식 : 1MPa이상

39 배관설비에 있어서 유속을 5m/s, 유량을 20m³/s이라고 할 때 관경의 직경은
① 175cm　　② 200cm　　③ 225cm　　④ 250cm

[해설] $\therefore D = \sqrt{\dfrac{4Q}{\pi V}} = \sqrt{\dfrac{4 \times 20}{3.14 \times 5}} = 2.257m \times 100cm/1m = 225.73cm$

정답 36. ②　37. ④　38. ④　39. ③

40 왕복압축기의 특징에 대한 설명으로 틀린 것은?
① 기체의 비중에 영향이 없다. ② 압축효율이 높다.
③ 압축하면 맥동이 생기기 쉽다. ④ 토출압력에 의한 용량 변화가 적다.

해설ⓒ 왕복식 압축기의 특징
① 고압력을 얻을 수 있다.
② 용량조정 범위가 넓다.
③ 압축기 효율이 높다.
④ 기체의 송출에 맥동이 있다.
⑤ 저속이며, 고가이며, 형태가 크다.
⑥ 토출압력 변화에 의한 용량 변화가 적다.

제3과목 : 가스안전관리

41 다음 가스 안전성평가기법 중 정량적 평가기법이 아닌 것은?
① 체크리스트 기법 ② 결함수 분석 기법
③ 원인결과 분석 기법 ④ 작업자실수 분석 기법

해설ⓒ 안전성평가기법
① 체크리스트법 : 공정 및 설비의 오류, 결함상태, 위험상황등을 목록화한 형태로 작성하여 경험적으로 비교함으로서 위험성을 평가
② 위험과 운전 분석기법 (Hazard And Operability studies, HAZOP) : 공정에 존재하는 위험요소들과 공정의 효율을 떨어뜨릴수 있는 운전상의 문제점을 찾아내어 그 원인을 제거하는 방법
③ 이상위험도 분석기법 (Failure mode, Effects and criticality Analysis): 공정 및 설비의 고장의 형태 및 영향 고장형태별 위험도 순위등을 결정하는 기법
④ 결함수 분석법 (Fault Tree Analysis, FTA) : 사고를 일으키는 장치의 이상이나 운전자의 실수의 조합을 연역적으로 분석하는 기법
⑤ 원인결과 분석기법 (Cause Consequence Analysis) : 잠재된 사고의 결과와 이러한 사고의 근본적인 원인을 찾아내고 사고결과와 원인의 상호관계를 예측평가 하는 기법
⑥ 사건수분석기법 (Event Tree Analysis, ETA) : 초기사건으로 알려진 특정한 장치의 이상이나 운전자의 실수로부터 발생되는 잠재적인 경과를 평가하는 기법

정답 40. ④ 41. ①

42 고압가스특정제조시설에서 안전구역안의 고압가스설비는 그 외면으로부터 다른 안전구역 안에 있는 고압가스 설비의 외면까지 몇 m이상의 거리를 유지해야 하는가? 3
① 10m ② 20m ③ 30m ④ 40m

해설 ① 제조설비는 제조소 경계와 20m 이상의 거리 유지
② 안전구역내의 고압가스 설비는 다른 안전구역내의 고압가스 설비와 30m이상의 거리를 유지
③ 가연성가스 저장탱크는 20만m^3이상의 압축기와 30m 이상의 거리유지

43 가연성가스의 정의로 옳은 것은? 1
① 폭발한계의 하한 10%이하, 폭발범위 상한과 하한의 차가 20% 이상인 것
② 폭발한계의 하한 10%이하, 폭발범위 상한과 하한의 차가 10% 이상인 것
③ 폭발한계의 하한 20%이하, 폭발범위 상한과 하한의 차가 10% 이상인 것
④ 폭발한계의 하한 20%이하, 폭발범위 상한과 하한의 차가 20% 이상인 것

해설 가연성가스의 정의
폭발하한이 10%이하이거나 하한과 상한의 차가 20%이상인 가스

44 액화염소가스 75kg을 용기에 충전하려면 용기의 내용적은 약 몇 L가 되어야 하는가? 1
① 60 ② 70 ③ 80 ④ 90

해설 $G = \dfrac{V}{C}$
$V = G \times C = 75 \times 0.8 = 60\,l$

45 산소 중에서 물질의 연소성 및 폭발성에 대한 설명으로 틀린 것은? 3
① 산소 중에서는 물질의 점화에너지가 낮아진다.
② 폭발한계 및 폭굉한계는 공기 중과 비교 할 대 산소 중에서 현저하게 넓어진다.
③ 산소농도나 산소분압이 높아질수록 물질의 발화온도는 높아진다.
④ 기름이나 그리스 같은 가연성 물질은 발화시에 산소 중에서 거의 폭발적으로 반응한다.

해설 산소농도나 산소분압이 높아질수록 물질의 발화온도는 낮아진다.

정답 42. ③ 43. ① 44. ① 45. ③

46
가연성 및 독성가스 용기의 도색 및 문자표시의 색상으로 틀린 것은?
① 수소 : 용기도색은 주황색, 문자표기는 백색
② 아세틸렌 : 용기도색은 황색, 문자표기는 흑색
③ 액화암모니아 : 용기도색은 백색, 문자표기는 흑색
④ 액화염소 : 용기도색은 회색, 문자표기는 백색

해설 액화염소 : 용기도색은 갈색, 문자표기는 백색

47
전기방식전류가 흐르는 상태에서 토양 중에 매설되어 있는 도시가스 배관의 방식 전위는 포화황산동 기준전극으로 몇 V이하여야 되는가?
① -0.75   ② -0.85   ③ -1.2   ④ -1.5

해설 전기방식의 기준
① 전기방식 전류가 흐르는 상태에서 자연전위와의 전위변화 : -300mmV이하
② 전기방식전류가 흐르는 상태에서 환산염 환원 박테리아가 번식하는 토양 : -0.95V 이하
③ 전기방식 전류가 흐르는 상태에서 토양 중에 있는 배관 등의 방식 전위는 포화황산동 기준전극 : -0.85V이하

48
아세틸렌 용기에 충전하는 다공물질이 아닌 것은?
① 규조토   ② 목탄   ③ 산화철   ④ 활성탄

해설 다공물질 : 석회석, 규조토, 목탄, 탄산마그네슘, 산화철, 다공성플라스틱

49
HCN은 충전후 며칠이 경과되기 전에 다른용기에 옮겨 충전하여야 하는가?
① 30일   ② 60일   ③ 90일   ④ 120일

해설 시안화수소
① 독성이며 가연성가스이다.
② 충전 후 60일이 경과되기 전에 다른용기에 충전한다.
③ 충전 후 24시간 정치
④ 순도 98%이상
⑤ 안정제 : 오산화인, 염화칼슘, 인산, 아황산가스, 동, 황산
⑥ 1일1회 이상 질산구리벤젠지로 검사

정답 46. ④ 47. ② 48. ④ 49. ②

50
고압가스 특정제조 시설에서 배관의 도로 밑 매설기준에 대한 설명으로 틀린 것은?
① 배관은 그 외면으로부터 도로 밑의 다른 시설물과 0.3m이상의 거리를 유지한다.
② 시가지 도로노면 밑에 매설할 때는 노면으로부터 배관의 외면까지의 깊이를 1.5m 이상으로 한다.
③ 포장되어 있는 차도에 매설하는 경우에는 그 포장부분의 노반 밑에 매설하고 배관의 외면과 노반의 최하부와의 거리는 0.5m이상으로 한다.
④ 배관의 외면으로부터 도로의 경계까지 2m 이상의 수평거리를 유지한다.

해설 배관의 매설
① 철도부지와 수평거리, 도로경계와 수평거리, 산이나 들, 도로폭이 8m 미만시 : 1m 이상
② 시가지외 도로 노면 및 인도, 보도, 도로폭이 8m이상인 경우 : 1.2m 이상
③ 시가지의 도로 노면 및 : 1.5m 이상
④ 공동주택 부지내 : 0.6m 이상
⑤ 철도궤도 중심과 : 4m 이상

51
산소의 품질검사에 사용하는 시약으로 옳은 것은?
① 동·암모니아시약
② 피롤카롤 시약
③ 발연황산 시약
④ 브롬시약

해설 품질검가 기준
① 산소
 ㉠ 동·암모니아시약의 오르자트법
 ㉡ 순도 99.5% 이상
② 수소
 ㉠ 피롤카롤 또는 하이드로썰파이드 시약의 오르자트법
 ㉡ 순도 98.5% 이상
③ 아세틸렌
 ㉠ 발연황산 시약의 오르자트법, 브롬시약의 뷰렛법, 질산은 시약의 정성시험에 합격 할 것
 ㉡ 순도 98% 이상

52
용접결함에 해당되지 않는 것은?
① 오버랩　　② 언더컷　　③ 비드　　④ 피트

해설 용접결함의 종류
오버랩, 용입불량, 내부기공, 슬래그혼입, 언더컷, 선상조직, 은점, 균열

정답 50. ④　51. ①　52. ③

53
밸브가 돌출한 용기를 용기보관소에 보관하는 경우 넘어짐 등으로 인한 충격 및 밸브의 손상을 방지하기 위한 조치를 하지 않아도 되는 용기의 내용적의 기준은?
① 1L 미만　　② 3L 미만　　③ 5L 미만　　④ 10L 미만

[해설] 넘어짐 방지 조치를 하지 않아도 되는 용기의 내용적 기준 : 5L 미만

54
염소 누출에 대비하여 보유하여야 하는 제독제가 아닌 것은?
① 소석회
② 물
③ 가성소다 수용액
④ 탄산소다 수용액

[해설] 제독제
① 염소 : 소석회, 가성소다 수용액, 탄산소다 수용액
② 포스겐 : 가성소다 수용액, 소석회
③ 황화수소 : 가성소다 수용액, 탄산소다 수용액
④ 시안화수소 : 가성소다 수용액
⑤ 아황산가스 : 물, 가성소다수용액, 탄산소다 수용액
⑥ 암모니아, 산화에틸렌, 염화메탄 : 다량의 물

55
고압가스를 압축하는 경우 가스를 압축하여서는 아니 되는 기준으로 옳은 것은?
① 에틸렌, 수소, 아세틸렌 중 산소용량이 전용량의 2% 이상 시
② 산소 중 에틸렌, 수소, 아세틸렌의 용량이 전용량의 4% 이상 시
③ 산소 중 가연성가스 용량이 전용량의 10% 이상 시
④ 가연성가스 중 산소용량이 전용량의 8% 이상 시

[해설] 압축금지 기준
① 가연성가스 중 산소용량이 전용량의 4% 이상시
② 산소 중 가연성가스 용량이 전용량의 4% 이상시
③ 에틸렌, 수소, 아세틸렌 중 산소용량이 전용량의 2% 이상시
④ 산소 중 에틸렌, 수소, 아세틸렌 용량이 전용량의 2% 이상시

정답 53. ③　54. ②　55. ①

56
아세틸렌가스에 대한 설명으로 옳은 것은?
① 충전 중의 압력은 일정하게 1.5MPa 이하로 한다.
② 아세틸렌이 아세톤에 용해되어 있을 때에는 비교적 안정해 진다.
③ 아세틸렌을 압축하는 때에는 희석제로 PH_3, H_2S, O_2를 사용한다.
④ 습식아세틸렌 발생기 표면은 62°C 이하의 온도를 유지한다.

해설 아세틸렌가스
① 습식아세틸렌 발생기 표면온도는 70°C이하로 한다.
② 2.5MPa 압력으로 충전시 메탄, 일산화탄소, 에틸렌, 질소등의 희석제를 첨가한다.
③ 아세틸렌의 용제는 아세톤, DMF이다.
④ 고압가스 안전관리법상의 다공도 75%이상 92%미만
⑤ 용해아세틸렌의 양= 905(A-B)
⑥ 융점과 비점이 비슷하다.

57
저장탱크에 의한 액화석유가스 저장소에 설치하는 방류둑의 구조 기준으로 옳지 않은 것은?
① 성토 윗부분의 폭은 30cm 이상으로 한다.
② 방류둑은 그 높이에 상당하는 액화가스의 액두압에 견딜 수 있어야 한다.
③ 성토는 수평에 대하여 30°이하의 기울기로 한다.
④ 방류둑은 액밀한 구조일 것

해설 방류둑의 구조 기준
① 액밀한 구조일 것
② 높이에 상당하는 당해가스의 액두압에 견딜 수 있을 것
③ 성토는 수평에 대하여 45° 기울기를 가질 것
④ 성토 윗부분의 폭은 30cm 이상으로 할 것
⑤ 방류둑 내면과 그 외면으로부터 10m이내에는 저장탱크 부속설비 이외의 것을 설치하지 아니 할 것
⑥ 계단 및 사다리는 출입구둘레 50m마다 1개 이상 설치하고 그 둘레가 50m 미만일 경우 2개소 이상 분산 설치 할 것

정답 56. ② 57. ③

58

고압가스 안전관리법에서 정하고 있는 특정고압가스가 아닌 것은? 4

① 셀렌화수소 ② 액화알진 ③ 게르만 ④ 염화수소

해설> 특정고압가스
① 산소, 수소, 아세틸렌, 액화염소, 액화암모니아, 천연가스
② 디시란, 포스핀, 게르만, 셀렌화수소
③ 삼불화질소, 삼불화인, 삼불화붕소
④ 사불화유황, 사불화규소
⑤ 오불화인, 오불화비소

59

냉동기의 냉매설비에 속하는 압력용기의 재료는 압력용기의 설계압력 및 설계온도 등에 따른 적절한 것이어야 한다. 다음 중 초음파탐상검사를 실시하지 않아도 되는 재료는? 3

① 두께가 6mm 이상인 9% 니켈강
② 두께가 38mm 이상인 저합금강
③ 두께가 40mm 이상인 탄소강
④ 두께가 19mm 이상이고 최소인장강도가 568.4N/mm^2 이상인 강

해설> 초음파탐상검사를 실시하는 재료
① 두께가 6mm 이상인 9% 니켈강
② 두께가 13mm 이상인 2.5% 니켈강 또는 3.5 니켈강
③ 두께가 19mm 이상이고 최소인장강도가 568.4N/mm^2 이상인 강
④ 두께가 38mm 이상인 저합금강
⑤ 두께가 50mm 이상인 탄소강

60

20kg의 LPG가 누출하여 폭발할 경우 TNT 폭발 위력으로 환산하면 TNT 약 몇 kg에 해당하는가? (단, LPG 폭발효율은 3% 이고 50400kJ/Kg, TNT의 연소열은 4620kJ/Kg 이다)

① 4.5 ② 6.5 ③ 15.5 ④ 26.5

해설> ① 20kg×50400×0.03 = 30240kJ
② 1kg = 4620kJ
    x = 30240   x = 1×30240/4620 = 6.545kg

정답 58. ④ 59. ③ 60. ②

제4과목 : 가스계측

61 암모니아를 충전·저장하는 시설에서 가스누출에 따른 사고예방을 위하여 누출검사시 사용하는 시험지는?

① 적색리트머스 시험지
② 질산구리벤젠지
③ 요드칼륨전분지
④ 염화파라듐지

[해설] 시험지명 및 변색상태
① 암모니아 : 적색리트머스 시험지 : 청색변
② 염소 : KI 전분지 : 청색변
③ 시안화수소 : 질산구리벤젠지 : 청색변
④ 일산화탄소 : 염화파라듐지 : 흑색변
⑤ 황화수소 : 연당지(초산연시험지) : 흑색변
⑥ 포스겐 : 하리슨시험지 : 심등색 (오렌지색)

62 25°C, 1atm에서 0.21mol%의 O_2와 0.79mol%의 N_2로된 공기 혼합물의 밀도는 약 몇 kg/m³인가?

① 0.82 ② 1.18 ③ 1.35 ④ 1.84

[해설] 밀도 = PM/RT = 1×(32×0.21+28×0.79)/0.082×(273+25) = 1.18

63 400K는 약 몇 °R인가?

① 550 ② 620 ③ 720 ④ 850

[해설] °R= 1.8K = 1.8×400 = 720

64 자동제어계의 일반적인 동작순서로 맞는 것은?

① 판단 → 비교 → 검출 → 조작
② 검출 → 비교 → 판단 → 조작
③ 조작 → 비교 → 검출 → 판단
④ 비교 → 판단 → 조작 → 검출

[해설] 자동제어계의 동작순서 : 검출 → 비교 → 판단 → 조작

정답 61. ① 62. ② 63. ③ 64. ②

65 비접촉식 온도계의 종류가 아닌 것은?
① 색온도계　　② 광고온도계　　③ 방사온도계　　④ 바이메탈온도계

해설⊃　비접촉식 온도계
　　　① 광고온도계
　　　② 방사(복사) 온도계
　　　③ 광전관식온도계
　　　④ 색온도계

66 유속이 6m/s인 물속에 피토관을 세울 때 수주의 높이는 약 몇 m인가?
① 1.53　　② 1.83　　③ 2.25　　④ 3.36

해설⊃　$H = \dfrac{V^2}{2g} = \dfrac{6^2}{2 \times 9.8} = 1.83 \text{ m}$

67 적외선 흡수식 가스분석계로 분석하기에 가장 어려운 가스는?
① CH_4　　② CO　　③ N_2　　④ CO_2

해설⊃　・분석하기 어려운 가스 : 산소, 수소, 질소, 염소
　　　・분석하기 쉬운가스 : CH_4, CO_2, CO

68 상대습도가 0이라 함은 어떤 뜻인가?
① 공기 중에 수증기가 존재하지 않는다.
② 공기 중에 수증기가 760mmHg만큼 존재한다.
③ 공기 중에 포화상태의 습증기가 존재한다.
④ 공기 중에 수증기압이 포화수증기압보다 높음을 의미한다.

해설⊃　상대습도 : 상대습도가 0이라함은 공기중에 수증기가 존재하지 않는다.

정답　65. ④　66. ②　67. ③　68. ①

69 방사선 동위원소의 자연붕괴 과정에서 발생하는 베타입자를 이용하여 시료의 양을 측정하는 검출기는?
① TCD　　　　② FPD　　　　③ FID　　　　④ ECD

해설⊃　가스크로마토그래피
(1) 캐리어가스 : 수소, 헬륨, 질소, 아르곤
(2) 부품 및 성분 : 기록계, 압력계, 유량검출기, 분리관(컬럼), 항온조
(3) 원리 : 이동속도차 이용
(4) 검출기의 종류
　① FID(수소이온화검출기)
　　㉠ 무기가스나 물에 거의 응답하지 않음
　　㉡ 전극간의 전기전도도가 증대하는 것 이용
　　㉢ 탄화수소에서 감도가 최고이다(프로판, 부탄, 부틸렌, 프로필렌)
　　㉣ CO, H_2, CO_2, O_2, SO_2 등은 감도가 적다.
　② ECD(전자포획이온화검출기)
　　㉠ 이온전류가 감소하는 것 이용
　　㉡ 할로겐 및 산화물에서는 감도가 최고이다
　　㉢ 방사선 동위원소의 자연붕괴 과정에서 발생하는 베타입자를 이용하여 시료의 양 측정
　③ FPD(염광광도검출기)
　　㉠ 황화합물이나 인화합물 검출
　④ TCD(열전도도형검출기)
　　㉠ 일반적으로 가장 많이 사용
　　㉡ 금속필라멘트의 저항변화를 이용 하는 것

70 막식 가스미터에서 회전자 베어링의 마모에 의한 접촉시 날개조절기등의 납땜이 떨어진 경우 가스가 가스미터를 통과하지 못하는 고장형태는?
① 부동　　　　② 기차불량　　　　③ 불통　　　　④ 누출

해설⊃　가스미터의 고장 및 원인
　① 불통 : 가스가 가스미터를 통과하지 못하는 고장
　　㉠ 날개 조절기 등의 납땜이 떨어진 경우
　　㉡ 회전자 베어링의 마모에 의한 접촉시
　　㉢ 밸브와 밸브시트가 타르, 수분 등에 의해 고착 또는 동결시
　② 기차불량 : 부품의 마모등에 의해 기차가 변화하는 경우 계량법에 규정된 사용공차 ±4%를 넘어서는 현상
　　㉠ 계량막이 신축하여 부피가 변화하는 경우
　　㉡ 밸브와 밸브시트사이 또는 막패킹부에서의 누설
　　㉢ 회전부분의 마찰저항 증가에 의한 진동

정답　69. ④　70. ③

③ 부동 : 가스는 가스미터를 통과하지만 미터의 지침이 움직이지 않는 고장
   ㉠ 감속 또는 지시장치의 기어물림 불량
   ㉡ 지시장치의 톱니바퀴 불량
   ㉢ 계량막의 파손, 밸브의 탈락, 밸브와 밸브시트 사이에서의 누설

71. 온도 25°C, 노점 19°C인 공기의 상대습도를 구하면? (25°C 및 19°C에서의 포화수증기압은 각각 25.76mmHg 및 17.47mmHg이다.)
① 57% ② 68% ③ 80% ④ 85%

[해설] 상대습도 = $17.47 \times 100 / 25.76$ = 67.81%

72. 화학공장 내에서 누출된 유독가스를 현장에서 신속히 검지할 수 있는 방식은?
① 간섭계형 ② 분광광도법 ③ 검지관법 ④ 열선형

[해설] ① 분광광도법 : 화학공장 내에서 누출된 유독가스를 현장에서 신속히 검지할수 있는 검출기
② 안전등형 : 불꽃길이를 측정하여 CH_4의 농도를 측정하는 방법으로 탄광내에서 메탄의 발생을 검출 하는데 사용
③ 간섭계형 : 가스의 굴절율차를 이용하여 논도 측정, 메탄외의 가연성가스 측정에도 사용

73. 고속회전이 가능하므로 소형으로 대유량의 계량이 가능하나 유지관리로서 스트레이너가 필요한 가스미터는?
① 루트가스미터 ② 습식가스미터 ③ 막식가스미터 ④ 회전식가스미터

[해설] 가스미터의 종류
① 습식가스미터
   ㉠ 기차변동이 거의 없다
   ㉡ 계량이 정확하다
   ㉢ 수위조정등의 관리 필요
   ㉣ 설치면적이 크다
② 루트가스미터
   ㉠ 대유량가스 측정
   ㉡ 중압가스 계량가능
   ㉢ 설치면적이 적다
   ㉣ 소유량에서는 부동의 우려가 있다
   ㉤ 스트레이너 설치후 유지관리 필요

[정답] 71. ② 72. ② 73. ①

74
가스분석에서 흡수분석법이 아닌 것은?
① 게겔법 ② 헴펠법 ③ 오르자트법 ④ 적정법

해설〉 흡수분석법
① 오르자트법 ② 헴펠법 ③ 게겔법

75
오리피스 유량계의 측정원리로 옳은 것은?
① 아르키메데스의 원리
② 하이젠-포아제의 원리
③ 베르누이 원리
④ 패닝의 법칙

해설〉 차압식 유량계 : 관내 교축기구를 설치하여 전·후 압력차를 이용하여 순간유량을 측정, 베르누이의 원리 이용
① 종류 : ㉠ 벤튜리미터 ㉡ 플로우미터 ㉢ 오리피스미터

76
국제 단위계(SI 단위) 중 압력단위에 해당하는 것은?
① atm ② Pa ③ kgf/cm^2 ④ bar

해설〉 SI단위 : Pa, kPa. MPa, N/m^2, N/mm^2

77
다음[보기]에서 설명하는 열전대 온도계는?

[보기]
- 금속증기에 침식이 된다.
- 측정온도범위는 0 ~ 1600℃정도이다.
- 산화성분위기에 강하다.
- 환원성분위기에 약하다.

① 철-콘스탄탄 열전대
② 크로멜-알루멜 열전대
③ 백금-백금·로듐 열전대
④ 동-콘스탄탄 열전대

해설〉 열전대온도계(접촉식 중 가장 높은 측정, 열기전력 이용(제백효과))
① PR(백금-백금로듐)(R형)
  ㉠ 산화성 분위기에 가장 강하다.
  ㉡ 환원성 분위기에 약하다.
  ㉢ 금속증기에 침식
  ㉣ 온도 : 0~1600℃
  ㉤ 백금 87%(+극), 백금로듐 13%(-극)

정답 74. ④ 75. ③ 76. ② 77. ③

ⓑ 값이 싸고, 정도가 높고 안정성 우수
ⓢ 열전대온도계 중 가장 고온 측정
② CA(크로멜-알루멜)(K형)
  ㉠ 크로멜(Ni(90%)+Cr(10%),
    알루멜(Ni(94%)+Mn(2.5%)+Al(2.0%)+Fe(0.5%)
  ㉡ 산화성 분위기에 약하다.
  ㉢ 온도 : 0~1200℃
③ CC(동-콘스탄탄)(T형)
  ㉠ 수분에 의한 내식성이 크다.
  ㉡ 콘스탄탄(Cu(55%)+Ni(45%))
  ㉢ 온도 : -200~350℃
  ㉣ 열전대 온도계 중 가장 저온 측정
④ IC(철-콘스탄탄)(J형)
  ㉠ 환원성 분위기에 강하다.
  ㉡ 온도 : -20~850℃

78. 다음 중 기본단위가 아닌 것은?
① cm(센티미터) ② A(암페어) ③ K(켈빈) ④ kg(킬로그램)

해설 SI 기본단위
① 길이   ② 질량
③ 시간   ④ 전류
⑤ 물질량   ⑥ 온도
⑦ 광도

79. MAX 1.5m³/h, 0.5L/rev로 표기된 가스미터가 시간당 100회전 하였을 경우 가스의 유량은?
① 1.0m³/h ② 30L/h ③ 25m³/h ④ 50L/h

해설 가스 유량
① 0.5 L/rev : 계량실 1주기 체적이 0.5 L을 의미한다.
② 유량=100×0.5=50 L/h

정답 78. ①   79. ④

80 1차 제어장치가 제어량을 측정하여 제어명령을 발하고 2차 제어장치가 이 명령을 바탕으로 제어량을 조절하는 측정제어는?

① 프로그램 제어　② 캐스케이드제어　③ 비율제어　④ 자력제어

해설⇨ 캐스케이드 제어
1차제어장치가 제어명령을 발하고 2차 제어장치가 이 명령을 바탕으로 제어량을 조절하는 측정제어

정답 80. ②

 **이러닝 강의 및 교재내용 문의**

올배움 홈페이지 www.kisa.co.kr 에
방문하시면 본 교재의 저자직강 강의를 통하여
자격증 단기합격을 할 수 있습니다.
또한 본 교재의 정오표는
올배움 홈페이지를 통해 확인이 가능하며
그 밖의 다른 의견 및 오탈자를 제보해주시면
더 좋은 강의와 교재로 보답하겠습니다.

www.kisa.co.kr

📞 1544-8509    카톡 ID : kisa

올배움BOOK
홈페이지
바로가기 >

가스산업기사 필기

1판 1쇄 발행 2018년 02월 25일	2판 1쇄 발행 2019년 01월 28일
3판 1쇄 발행 2020년 01월 28일	4판 1쇄 발행 2021년 01월 10일
5판 1쇄 발행 2022년 01월 10일	6판 1쇄 발행 2023년 01월 10일
7판 1쇄 발생 2024년 01월 10일	8판 1쇄 발생 2025년 01월 10일
9판 1쇄 발생 2026년 01월 10일	

지 은 이 • 최 갑 규
펴 낸 이 • 이 정 훈
펴 낸 곳 •
주   소 • 서울시 금천구 가산디지털1로 168 B동 B105(가산동, 우림라이온스밸리)
전   화 • 1544-8509 / FAX 0505-909-0777
홈페이지 • www.kisa.co.kr

법인등록번호 • 110111-5784750
I S B N • 979-11-6517-197-1 (13570)

정가 35,000원

이 책에서 내용의 일부 또는 도해를 다음과 같은 행위자들이 사전 승인없이 인용할 경우에는
저작권법 제93조 「손해배상청구권」에 적용 받습니다.
① 단순히 공부할 목적으로 부분 또는 전체를 복제하여 사용하는 학생 또는 복사업자
② 공공기관 및 사설교육기관(학원, 인정직업학교), 단체 등에서 영리를 목적으로 복제·배포
   하는 대표, 또는 당해 교육자
③ 디스크 복사 및 기타 정보 재생 시스템을 이용하여 사용하는 자

※ 파본은 구입하신 서점에서 교환해 드립니다.